Jörg Stadelbauer
Georgien

Georgien

Geographie. Geschichte. Wirtschaft

von

Jörg Stadelbauer

Reichert Verlag

Umschlagsabbildungen: Ushguli-Chazhashi; Rückseite: Tbilisi
© Jörg Stadelbauer

Bibliografische Information der Deutschen Nationalbibliothek
Die Deutsche Nationalbibliothek verzeichnet diese Publikation in der Deutschen Nationalbibliografie; detaillierte bibliografische Daten sind im Internet über http://dnb.dnb.de abrufbar.

Gedruckt auf säurefreiem Papier
(alterungsbeständig – pH7, neutral)

www.reichert-verlag.de
ISBN: 978-3-7520-0792-3
eISBN: 978-3-7520-0297-3
DOI: 10.29091/9783752002973

Vorwort

Am Rande Europas ebenso wie am Rande Asiens gelegen, vielfältig in räumlichen Strukturen und gesellschaftlichen Verhältnissen, mit einer langen Geschichtstradition zwischen Eigenstaatlichkeit, territorialem Zerfall und Fremdherrschaft fasziniert Georgien wohl jeden Besucher. Herzlichkeit und Gastfreundschaft stehen dabei in schroffem Kontrast zu zeitweise weitverbreiteter Korruption und individueller Abschottung. Die Lebenswelten Georgiens offenbaren die volle Breite und alle Widersprüchlichkeiten menschlichen Sozialverhaltens.

Meine eigene Beschäftigung mit diesem Land reicht in die Mitte der 1970er Jahre zurück, als ich als Geograph erstmals durch Georgien – damals Teil der Sowjetunion – reisen konnte, auf den wenigen Straßen, die Ausländern zugänglich waren. Knapp anderthalb Jahrzehnte später entstanden erste Notizen für einen nie abgeschlossenen Text über den Kaukasus, der durch die aufflammenden Konflikte und die Unabhängigkeit der sehr ungleichen drei südkaukasischen Staaten Georgien, Armenien und Aserbaidschan ins Blickfeld der Weltöffentlichkeit gerückt war und ein völlig anderes Gesicht erhielt. Abermals zwei Jahrzehnte später erfolgte ein erneutes Eintauchen in ein Land, das neben vielen Neuerungen auch das Verharren überkommener Verhältnisse nicht leugnen konnte. Der jetzt vorgelegte Text, der sicher vieler Ergänzungen bedürfte, entstand über eine längere Zeitspanne, in welcher räumliche Distanz und neue Begegnungen sich die Waage hielten. Allerdings besteht ein deutliches Manko: Die georgische Sprache habe ich nicht erlernt, musste mich also bei allen Gesprächen im Land über Drittsprachen verständigen, meist auf Englisch oder Russisch, und auch Publikationen in georgischer Sprache blieben mir verschlossen.

Ist es überhaupt angemessen, über ein fremdes Land zu publizieren, ohne längere Zeit dort gelebt zu haben und in den Alltag eingebunden gewesen zu sein? Ist dies nicht eine spezifische Form kultureller Aneignung, die ich hier beabsichtige? Und dies auch noch in der äußeren Form einer geographischen Länderkunde, also einer fachwissenschaftlichen Veröffentlichungsgattung, die seit einem halben Jahrhundert nicht mehr als tragend für die Disziplin angesehen wird? Kein Zweifel: Es ist ein Wagnis. Wenn ich diesen Weg dennoch gehe, dann aus der Überzeugung, dass jede etwas umfassendere Darstellung ihre Berechtigung findet, sobald ein Interesse erkennbar ist. Und aus der Überzeugung, dass es nicht die eine, allein richtige Darstellungsweise räumlicher Sachverhalte und Entwicklungen gibt, sondern dass es viele Geographien Georgiens geben kann. Aus dieser Überlegung ergibt sich auch der Hinweis auf den unterschiedlichen Umfang der einzelnen Kapitel. Die geographischen Kernthemen Naturraum, Bevölkerung, Siedlung und Wirtschaft sollen etwa gleiches Gewicht haben, ebenso der kursorische historische Überblick und das Einführungskapitel mit drei sehr ungleichen Annäherungen an das Land, die aus der geopolitischen Situation, einer der ersten Orientierung dienenden Raumgliederung und dem Blick auf historische Reiseberichte gewonnen werden. Bewusst sehr knapp gehalten ist dagegen die Übersicht über Elemente des Staatsaufbaus, kurz, aber aus kulturgeographischer Sicht zu rechtfertigen, auch der Seitenblick auf Aspekte der georgischen Kultur. Ein Schlusskapitel nennt Herausforderungen, vor denen Staat und Gesellschaft Georgiens heute stehen. Auf lange Tabellen habe ich verzichtet; wichtiger erschien mir die Anschauung durch Fotos – auch ihre Auswahl ist als Teil der individuellen Sichtweise zu verstehen.

Nach Fertigstellung des Manuskripts habe ich zahlreichen Personen zu danken. Den georgischen Kolleginnen und Kollegen, die mit ihrem Wissen zahlreiche Tagungen bereicherten, in

Publikationen die alte Wissenschaftstradition des Landes fortführen und mich mit Gastfreundschaft empfingen, sei pauschal gedankt. Persönlich genannt sei Ketevan Gurchiani, die als Professorin an der Staatlichen Ilia-Universität in Tbilisi durch die Organisation vieler Sommerschulen und ihre herausragende intellektuelle Fähigkeit, der georgischen ebenso wie der deutschen Denkkultur gerecht zu werden, wesentliche Impulse zur kulturellen Vermittlung gab. Hervorheben möchte ich ebenso Oliver Reisner; er hatte Anfang der 2000er Jahre als Koordinator eines Berliner Studiengangs dafür gesorgt, dass der Kaukasus und seine neuen Staaten nicht aus dem Blickfeld fächerübergreifender universitärer Lehre verschwanden, und befördert jetzt in Georgien auf einer Jean Monnet-Professur an der Ilia-Universität geschichts- und politikwissenschaftliches Denken. Frau Silke Dutzmann (Leipzig) gestaltete mit viel Einfühlungsvermögen die den Text ergänzenden Karten; für die konstruktive Zusammenarbeit sei ihr sehr herzlich gedankt. Einige Karten waren bereits vorher in der Zeitschrift OSTEUROPA veröffentlicht worden; die Möglichkeit, sie kaum modifiziert in dieses Buch übernehmen zu können, verdanke ich dem Chefredakteur der Zeitschrift Manfred Sapper. Danken möchte ich auch Nino Aivazishvili-Gehne, die mich davor bewahrte, die komplizierte Transliteration georgischer Namen und Bezeichnungen zu fehlerhaft werden zu lassen. Frau Ursula Reichert, Inhaberin des Dr. Ludwig Reichert Verlags Wiesbaden, ertrug mit unendlichem Verständnis alle Verzögerungen bei der Fertigstellung des Manuskripts und brachte dennoch gerne auch in schwierigen Zeiten den Druck des Buches voran, nachdem Frau Henrika Peters alle Ungereimtheiten des Layouts geduldig und mit großer Sorgfalt beseitigt hatte; beiden und dem gesamten Verlagsteam ein aufrichtiges Dankeschön! Und schließlich danke ich, *last but not least*, meiner Familie: Frauke, Benedikt und Franka sahen es mir nach, dass ich auch im sogenannten Ruhestand viele Stunden und Tage am Schreibtisch oder auf Reisen verbrachte – ihnen sei das Ergebnis gewidmet.

Freiburg und Brühl

Inhaltsverzeichnis

Verzeichnis der Textboxen

Verzeichnis der Karten

Verzeichnis der Tabellen

0

räumlicher Vielfalt

Die Kiefern, die heute zwischen den beiden vielspurigen Fahrrichtungen der Zufahrtsstraße nach Tbilisi stehen, wenn man von Mtskheta, der Georgischen Heerstraße oder aus Westgeorgien kommt, sind letzte Reste eines kleinen Waldes. 1975 versteckte sich in diesem Kiefernwald ein auch für ausländische Autotouristen zugelassener Campingplatz, damals noch außerhalb des überbauten Areals der Hauptstadt der Georgischen Sowjetrepublik gelegen. Heute wird die dicht befahrene, nach König Davit Agmashenebeli benannte Straße von Tankstellen, Autosalons, einigen Wohnblocks, vielen Ladengeschäften und mehreren Einkaufszentren gesäumt, darunter der *Galleria Tbilisi*, die zum Wirtschaftsimperium von Bidzina Ivanishvili gehört, dem Milliardär und ehemaligen Ministerpräsidenten, der bis in die Gegenwart maßgeblichen Einfluss auf die Politik Georgiens nimmt. In der Innenstadt von Tbilisi gab es damals, 1975, ein kleines privates Restaurant im Souterrain eines Eckhauses an der Rustaveli-Avenue, Hinweis auf die Existenz von Wirtschaftsaktivitäten jenseits des dominanten staatlichen Sektors; aber große staatliche Einrichtungen mit spärlichem Angebot beherrschten das Bild dieser Prachtstraße ebenso wie die Zentren der *mikro-rajony*, der durchgeplanten Neubaugebiete des Massenwohnungsbaus. Um die heutige Vielfalt an Restaurants zu erkunden, muss man auch Nebenstraßen und Peripherien aufsuchen. Die ruralen Siedlungen waren eher unspektakulär, wären da nicht viele Kirchenbauten gewesen, die damals oft verschlossen waren oder zweckentfremdet genutzt wurden, inzwischen aber restauriert und ihrer eigentlichen Bestimmung zurückgegeben sind. Der weite ländliche Gebiete prägende, seit Jahrhunderten kulturbestimmende Weinbau erholte sich nach dem Einschnitt, den Gorbačëvs Antialkoholkampagne und die Unsicherheit der Transformationszeit brachten, und produziert inzwischen wieder eines der wichtigsten Exportgüter des Landes. Unverändert blieb, sieht man vom klimawandelbedingten Rückgang der Gletschermassen ab, die Gebirgskulisse des schnee- und eisbedeckten Großen Kaukasus, drohend und lockend zugleich.

Georgien übt auf viele Besucher in hohem Maße Faszination aus, gerade auch und besonders mit den Widersprüchlichkeiten, die sich in den geschilderten Facetten zeigen. Was fasziniert an diesem Land? Zunächst erlebt man eine außerordentliche Vielfalt an unterschiedlichsten Landschaften, die sich zudem von Jahreszeit zu Jahreszeit zu verändern scheinen. Das quirlige Leben im mediterran-südländischen Flair der Hauptstadt Tbilisi steht im Kontrast zu den majestätisch über Ebenen und Becken thronenden Kaukasusgipfeln. Besucher erleben Menschen, die dem Fremden gegenüber trotz schwieriger Lebensumstände Entgegenkommen und Gastfreundschaft bewahren. Immer sind schroffe Gegensätze im Naturraum, in der materiellen Kultur, in der Gesellschaft erlebbar. Die Begegnung mit Georgien wird zudem schnell zur Zeitreise: Die Monotonie der in der Sowjetzeit entstandenen Stadtviertel, ausgedehnte landwirtschaftliche Brachflächen und verfallende Industrieanlagen vermitteln den morbiden Charme einer vergangenen, aber nicht überwundenen Zeit. Über einige Unbequemlichkeiten bei Reisen mit der *maršrutka* im Land berichtet man später eher schmunzelnd. Und präsent sind bei jeder Fahrt über Land die Konflikte im kaukasischen Raum, die bis heute manchen davon abhalten, dorthin zu reisen.

Wer ein fremdes Land besucht, möchte über dieses gerne mehr erfahren. Gute Reiseführer – und es gibt sie für Georgien – vermitteln umfassende Informationen zu einzelnen Orten, greifen

←0.01 "Sprechendes" Autokennzeichen in Tbilisi (August 2010)

unterschiedliche Themen auf, bieten viele nützliche Hinweise, erwähnen vieles aber nur knapp und bedienen zielgerichtet touristische Interessen. Eine vertiefende Analyse und das Aufzeigen von Zusammenhängen sind eher Aufgabe einer länderkundlichen Darstellung. Aber für wen in einer Zeit, in der dieser Typ von Länderkunde fachlich in der Geographie an Anerkennung verloren hat? Das vorliegende Buch wendet sich zunächst an alle, die einfach etwas mehr über den Raum Georgien erfahren und verstehen wollen. Da sind neugierige Besucher des Landes, so unterschiedlich die Reisemotivation sein mag: Besuch und Erholung, kulturelles oder wissenschaftliches Interesse, Anbahnung oder Vertiefung von Wirtschaftsbeziehungen – Georgien hat jedem etwas zu bieten. Das Buch will Studierende und Wissenschaftler aus den verschiedensten Fachgebieten, ferner Politiker und Praktiker, die sich von Berufs wegen mit Georgien befassen, schließlich aber auch den oft zitierten fachlichen Laien ansprechen, der seine Kenntnis über das Land erweitern will. Das erfordert Zugeständnisse an den Stil, um verständlich zu bleiben, selbst wenn der Autor die Fachterminologie nicht immer vermeiden kann und will.

Faszination vermitteln: Zur Konzeption der Darstellung

Konzeptionell folgt der Text weitgehend überkommenen, manchen Fachkollegen überholt erscheinenden Konventionen länderkundlicher Darstellung, denen zufolge Natur-, Kultur- und Wirtschaftsraum systematisch nach Themenbereichen beschrieben und im Zusammenhang interpretiert werden. Regionale Beispiele vertiefen allgemeine Aussagen. Kurze Exkurse gelten Einzelaspekten, vermitteln ergänzende Informationen oder illustrieren den Text. Auf einen alle Teilregionen gleichmäßig darstellenden regionalen Teil wird hingegen verzichtet.

Geleitet wird die Darstellung von vier Grundüberlegungen:

(1) Der Text will im Wesentlichen räumliche *Strukturen* darlegen und zu erklären versuchen. Er kann damit jedoch nicht – was Aufgabe einer sozialgeographischen Analyse wäre – den äußerst unterschiedlichen Lebenswelten und Handlungsweisen der Bevölkerung gerecht werden. Auch von Mentalitäten wird keine Rede sein.

(2) Georgien weist eine außerordentliche *Vielfalt* an Naturräumen und Nutzungspotentialen, an Bevölkerungselementen und wirtschaftlichen Aktivitäten, aber auch an Konfliktsituationen und darauf bezogenen Politiken auf. Facetten dieser Vielfalt wirken oft wie Steinchen in einem schwer zu überblickenden und sich immer wieder ändernden Mosaik. Aus dem Zusammenspiel der einzelnen Faktoren Interpretationsansätze zu gewinnen, ist ein wesentliches Anliegen.

(3) Das Land blickt auf eine überaus ereignisreiche und wechselvolle *Geschichte* zurück, die im positiven wie im negativen Sinn Spuren hinterlassen hat – zum unverkennbaren Vorteil, bisweilen aber auch zum deutlichen Nachteil für folgende Generationen. So beruft sich Georgien bis heute auf das „Goldene Zeitalter“ im 11. und 12. Jahrhundert (auch wenn dabei diskussionswürdige Geschichtskonstruktionen nicht ausbleiben), es erlebte in der frühen Neuzeit massive Eingriffe durch Kriegszüge des Osmanischen und des Persischen Reichs, und es ist bis in die Gegenwart von Problemen belastet, die sich unter sowjetischer Herrschaft aufbauten. Die historische Verankerung verlangt immer wieder einen Rückblick in die Geschichte, wobei jedoch nicht nur die Sowjetzeit, sondern auch ältere Einflüsse dort angesprochen werden, wo sie bis heute die Gestaltung der Kulturlandschaft mitbestimmen.

(4) Wenn strukturelle Vielfalt und historische Verankerung im Vordergrund stehen, bedeutet dies auch, dass jeweilige *Politiken* entscheidende Bedeutung für die Prägung des Raumes besitzen. Dieser vierte Leitgedanke darf aber etwas zurücktreten, weil zur politisch-geopolitischen Entwicklung Georgiens aktuelle Publikationen vorliegen.[1]

0.02 a/b Landschafts- und Nutzungskontraste: Natur- und Agrarraum in West- und Ostgeorgien (August 2019 / August 2010)
0.03 a/b Siedlungskontraste: Dorf bei Abastumani und Hochhaussiedlung in Tbilisi (September 2010 / Oktober 2018)

Noch ein Wort zur Perspektive: Der Autor wirft den Blick von außen auf das Land und fühlt sich einer „westlichen" Wissenschaftstradition verpflichtet. Das bedeutet, dass kein Anspruch auf Deutungshoheit erhoben wird und bei manchen Interpretationen eher Zurückhaltung geboten ist. Die georgische Wissenschaft hat ein hohes Niveau, ist aber häufig national orientiert; sie versteht sich als Teil eines nationalen Diskurses, der im Einzelnen, wieder von außen gesehen, durchaus auch problematisch erscheinen mag. In der Geschichtswissenschaft werden diese unterschiedlichen Perspektiven „von außen" und „von innen" reflektiert.[2] Manches, was einem georgischen Autor hinsichtlich „seiner" Geschichte eindeutig zu sein scheint, gilt vielleicht im Westen als umstritten und zu wenig durch historische Quellen belegbar. Aus der Distanz, aber von Empathie getragen soll die Darstellung daher sein. Denn die Gefahr der Voreingenommenheit gilt auch in der Geographie: Aussagen zu wirtschaftlichen und gesellschaftlichen Aspekten werden schnell tendenziös oder sind in anderer Weise wertend.

Kleinere Stolpersteine: Festlegungen zur Schreibweise

Georgien hat nicht nur die eigene Sprache, sondern auch eine eigene Schrift bewahrt. Fast immer wirft die Schreibung fremder Toponyme in einem anderen Schriftsystem Probleme auf. Diese

0.04 a/b Landschaftliche Kontraste: Shchara-Massiv bei Ushguli und Alazani-Ebene in Kachetien (August 2019 / August 2010)

0.05 a/b Bauhistorische Kontraste: Jvari-Kloster bei Mtskheta und Friedensbrücke in Tbilisi (September 2012 / August 2010)

können auch hier nicht vollkommen zufriedenstellend gelöst werden. Vielmehr sind erhebliche Kompromisse erforderlich. Dies beginnt beim Namen des Landes: Wenn im Folgenden von „Georgien" die Rede ist, wird in der Regel das völkerrechtliche Subjekt in den Grenzen gemeint, die nach Auflösung der Sowjetunion bestanden. Wo explizit die Sezessionsgebiete Abchasien und Südossetien ausgeschlossen werden, die immerhin 18 % der Fläche Gesamtgeorgiens ausmachen, soll von „Rumpf-Georgien" gesprochen werden; das englische „*Georgia proper*"[3] setzt eine etwas andere Nuance. Während die Grobgliederung in West- und Ostgeorgien geläufig ist und im Wesentlichen den Regionen Mingrelien, Gurien, Svanetien, Imeretien mit Rach'a und Lechkhumi einerseits, Kartlien und Kachetien andererseits entspricht, ist vor allem im historischen und politischen Kontext häufig auch von Südgeorgien die Rede. Davon sind Samtskhe und Javakhetien als Ergebnis zahlreicher historischer Grenzverschiebungen heute Landesteile Georgiens, während Lori zu Armenien zählt und das ehemalige Königreich T'ao-K'larjetien, Teile Adschariens und der Siedlungsraum der Lazen zur Türkei gehören.

Zur Visualisierung des Wunsches, die sowjetische Überprägung zu überwinden, gehörte es, dass nach Erlangung der Unabhängigkeit sehr rasch die vorher allgegenwärtigen russischen Beschriftungen auf Straßen- und Ortsschildern verschwanden. Georgien betont stolz seine eigene

Sprache und Schrift. Heute ist im Land bei Hinweisen (Straßenschilder, Wegweiser, Werbung usw.) vielfach außer der georgischen Originalschreibweise eine vereinfachte latinisierte Transkription aus dem Georgischen nach englischer Lautung anzutreffen. Sie beruht auf Festlegungen, die die staatliche Abteilung für Geodäsie und Kartographie und das Institut für Linguistik der Georgischen Akademie der Wissenschaften im Februar 2002 vornahmen und die 2018 vom georgischen *State Language Department* veröffentlicht wurden.[4] Diese Umschrift wird auch hier zugrunde gelegt, obwohl sie im deutschen Sprachraum wegen der abweichenden, der englischen Aussprache entsprechenden Schreibung der Phoneme etwas verwirrend wirkt. Aber diese Transliteration kommt mit den Buchstaben des lateinischen Alphabets ohne diakritische Zeichen aus und berücksichtigt nur die Konsonanten mit hartem Stimmeinsatz durch einen nachgestellten Oberstrich (Unicode 0027). Auch für Personennamen und georgische Begriffe wird die genannte Umschrift verwendet. Für einige gängige Orts- und Gebietsbezeichnungen und die davon abgeleiteten Adjektive (Adscharien, adscharisch, Abchasien, Kachetien, Kasbek [Berg], Kolchis usw.) gilt die herkömmliche deutsche Schreibweise.

Korrekt, aber in unserem Zusammenhang unpraktikabel wäre eine Wiedergabe nur in der georgischen Landessprache mit ihrer eigenen Schrift. Nur als Zusatz wird daher bei einzelnen Orten und Begriffen die georgische Schreibweise angeführt. In manchen Fällen bestehen deutsche Exonyme aus der Tradition des 19. und frühen 20. Jahrhunderts oder aber über das Russische (Tiflis für Tbilisi; Kura, früher Kur, für Mt'k'vari); auch wenn es etwas befremdlich erscheint, wird hier in der Regel der – transkribierte – georgische Name verwendet. In anderen Fällen hat sich die Transkription über die russische Sprache erhalten, die bis 1991 Verkehrssprache der gesamten Sowjetunion war. Namen und Bezeichnungen der russischen und sowjetischen Zeit werden nach der wissenschaftlichen Transliteration des Kyrillischen geschrieben. In der deutschen Sprachform müssten auf Vokal und -si auslautende Ortsnamen konventionell mit Doppel-s geschrieben werden (z. Bsp. „Tbilissi"), weil es sich um einen stimmlosen Laut handelt, während das einfache „s" zwischen zwei Vokalen nach den phonetischen Regeln des Deutschen stimmhaft gesprochen wird. In Analogie zur Umschrift in anderen Sprachen wurde es inzwischen aber üblich, auf die Doppelung zu verzichten und der originären Orthographie zu folgen, also „Tbilisi" statt „Tbilissi" zu schreiben.[5]

Die Schreibung von Toponymen hat sich nicht nur mit den Problemen unterschiedlicher Schrift- und Lautsysteme auseinanderzusetzen, sondern besitzt auch eine politische Dimension. Deutliche Georgisierungstendenzen bestehen in den Siedlungsgebieten ethnolinguistischer Minderheiten. Der Name der abchasischen Hauptstadt – bei uns meist in der über das Russische vermittelten Form „Suchumi" bekannt – erhielt erst 1936 das Suffix -i als georgische Nominativendung; die transliterierte georgische Form lautet „Sochumi" bzw. in englischer Transkription „Sokhumi" bzw. "Sukhumi". 1992 wurde vom Obersten Sowjet Abchasiens die Anfügung des -i rückgängig gemacht, um die Loslösung Abchasiens von Georgien zu unterstreichen. Selbst dies ist ein Exonym; die abchasische Bezeichnung Aqwa ist jedoch wenig verbreitet. Analog bezeichnet sich die südossetische Hauptstadt heute als Tskhinval (statt georgisiert: Tskhinvali).

Für Raumschaften verwendet die georgische Sprache das Suffix „-et-i". Eingedeutscht wird daraus in der Regel eine Endung -etien, die an ein Ethnonym angehängt wird, und so soll es auch hier gehandhabt werden (Svaneti > Svanetien). So ist Svanetien das Gebiet der Svanen, Khevsuretien das der Khevsuren. Die administrativen Regionen werden allerdings in der offiziellen Form genannt, also beispielsweise „Samegrelo-Svaneti". Eigentlich dürfte auch nicht von Ossetien die Rede sein, da das Suffix „et-i" eine georgische Wortbildung ist, es sich jedoch nicht um eine georgische (sub)ethnolinguistische Gruppe handelt; auch die Bewohner wären besser als Os(s)en denn als Os(s)eten zu bezeichnen.

Auf zwei Besonderheiten der georgischen Sprache sei noch hingewiesen, weil auch Toponyme betroffen sind: Das Georgische kennt keine Unterscheidung nach dem grammatischen Geschlecht sowie weder einen bestimmten noch einen unbestimmten Artikel. Die Hinzufügung von Artikeln, wie sie im Deutschen bei Fluss- und Bergnamen üblich ist, ist daher eine sprachliche Konvention, die eingebürgerten Routinen folgt, wenn etwa „die" Kura (eigentl. Mt'k'vari, im älteren Schrifttum „der" Kur) oder „der" Kasbek (Q'azbegi [eigentl. Mq'invarts'veri]) angesprochen werden. Ferner wird im Georgischen bei Verwendung der üblichen Mchedruli-Schriftzeichen nicht zwischen Groß- und Kleinschreibung unterschieden; wo die georgischen Toponyme in latinisierter Transkription verwendet werden, wählen wir dennoch nicht nur am Satzanfang die Großschreibung. Wenn heute bisweilen Großbuchstaben nach dem Vorbild der historischen Asomtavruli-Schrift zur plakativen Hervorhebung verwendet werden, ist das keine Abweichung von dieser Regel, sondern eher eine ästhetische Attitüde.

Personenbezogene Begriffe gelten im vorliegenden Text normalerweise für alle Geschlechter in gleichem Maß. Um eine bessere Lesbarkeit des Textes zu ermöglichen, wird auf ein „Gendern" verzichtet und nur eine Sprachform gewählt.

Tabelle 1: Transliteration[6]

ა	a	ს	s
ბ	b	ტ	t'
გ	g	უ	u
დ	d	ფ	p
ე	e	ქ	k
ვ	v	ღ	gh
ზ	z	ყ	q'
თ	t	შ	sh
ი	i	ჩ	ch
კ	k'	ც	ts
ლ	l	ძ	dz
მ	m	წ	ts'
ნ	n	ჭ	ch'
ო	o'	ხ	kh
პ	p	ჯ	j
ჟ	zh	ჰ	h
რ	r		

0.06 Buchstabenturm in Batumi (August 2019)

1

Erste Annäherungen

Den heutigen Staat Georgien zum Gegenstand einer geographischen Darstellung zu machen, bedeutet, politisch-geographische Aspekte in einer ersten Annäherung zu berücksichtigen und auf geopolitische Bezüge zu verweisen. Hierfür bietet die jüngere Geschichte Georgiens ausreichend Stoff, denn der Schritt von einer Verwaltungseinheit der wesentlich größeren Sowjetunion zum vollständig unabhängigen Staat erfolgte zwar sehr rasch, zog aber langwierige Prozesse der Staatsbildung und der Festigung nationaler Strukturen nach sich.

Dieser erste Zugang wird durch eine zweite Überlegung ergänzt. Die geographische Analyse eines Landes verlangt neben der Berücksichtigung von Sachkategorien einen raumdifferenzierenden Blick. Er soll die wichtigsten Teilräume Georgiens in kurzen Charakteristiken vorstellen.

Schließlich beruhen unsere Kenntnisse vom Land nicht nur auf aktuellen Einblicken, sondern sollen auch frühere Erkenntnisse einbeziehen, die oftmals Stereotype entstehen ließen. Daher sind die Erfahrungen Reisender insbesondere des 19. Jahrhunderts, die in sehr unterschiedlichen Kontexten das Land erlebten und es im westlichen Europa bekannt werden ließen, ebenfalls bedenkenswert.

Georgien, georgisch საქართველო (*sakartvelo*), umfasst zwar nur 69 700 km^2, was fast der Fläche Bayerns oder Irlands entspricht,[1] weist aber große räumliche Unterschiede in Relief und Klima sowie allen damit zusammenhängenden Geofaktoren auf, die sich ebenso bei Besiedlung, Bevölkerungsverteilung und Wirtschaftsaktivitäten durchpausen. Die Bevölkerungszahl – 3 713 800 bei der letzten Zählung 2014 bzw. 3 688 600 in der Fortschreibung am 1. Januar 2022 – ist wenig größer als die von Berlin. Die Eigenbezeichnung wird etymologisch auf den protogeorgischen Stamm der Karten zurückgeführt, deren Name auf den Kernraum Kartlien überging. Der im Westen gebräuchliche Name Georgien (engl. *Georgia*, franz. *Géorgie*) leitet sich von der persischen Bezeichnung *gurg* ab, deren türkische Verballhornung zu *gürçü* die Wurzel des russischen *Грузия* (Gruzija) ist. Daher rührt die deutsche Nebenform Grusien oder Grusinien, welche vor allem in der DDR üblich war. In der Volksetymologie wird der Landesname gerne auf den Hl. Georg oder das griechische *γεωργιος* (geórgios = Landmann, Bauer) zurückgeführt, da die ersten Siedler in Kolchis sich als Landwirte niederließen. Seit dem 24. August 1995 führt der Staat die offizielle Bezeichnung Georgien (*sakartvelo*).

Schon ein erster Zugang zum Land verweist auf Probleme der geopolitischen Situation. Dass sich das Georgiertum über alle äußeren Ein- und Angriffe erhielt, ist vor allem hoher kultureller Resilienz zu verdanken. Nicht nur führte die relative Isolation von Sprache und Schrift zu einer ständigen Rückbesinnung auf das Eigene, sondern mit großer Energie

1.02 Parlamentsgebäude in Tbilisi mit Protestcamp (Mai 2019)

←1.01 Flüchtlingssiedlung bei Ts'erovani (September 2010)

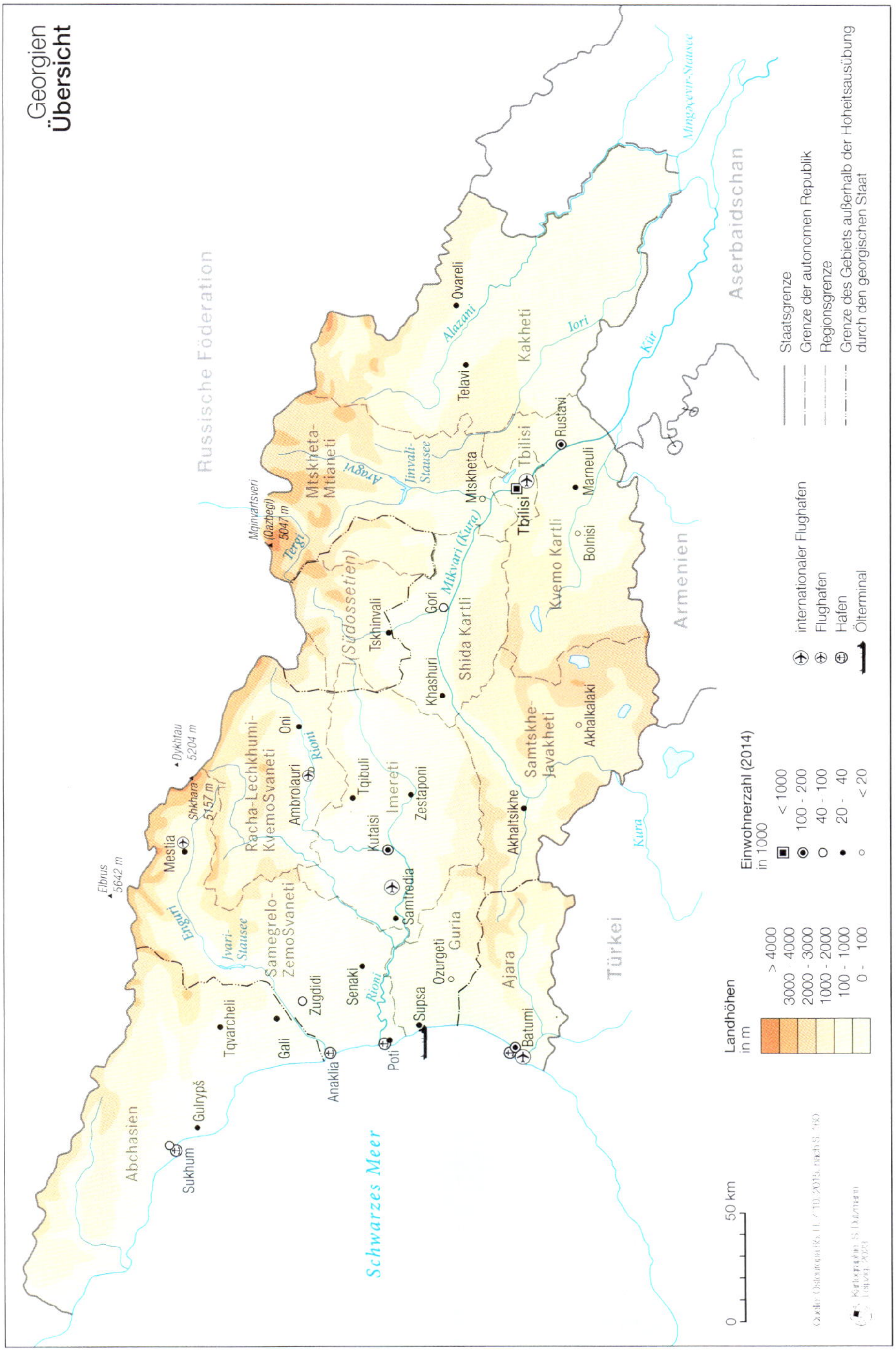

Karte 1: Übersicht

wurden auch Fremdherrschaften aufgefangen, Kontakte zu anderen Ländern hergestellt und ausgebaut, Eigenständigkeit betont und eine Vielzahl hervorragender Leistungen in allen Bereichen der Kultur erbracht. Dies schließt auch das Wirken der georgisch-orthodoxen Kirche ein, die im wahrsten Sinne des Wortes konservativ agiert.

Eine komplexe geopolitische Situation

Eine junge Demokratie nach der Systemtransformation?

Noch steht ein Fragezeichen hinter der Überschrift, denn anderthalb Jahrzehnte nach dem Krieg gegen Russland und mehr als ein Vierteljahrhundert nach dem Bürgerkrieg ist noch nicht ausgemacht, wie dauerhaft demokratisches Handeln der politischen Führung, wie verwurzelt demokratisches Bewusstsein bei der Bevölkerung ist. War dem Machtwechsel 2003/2004 ein Aufbegehren, die „Rosenrevolution", vorausgegangen, so verlief die Ablösung des damals an die Macht gekommenen Präsidenten Mikheil Saak'ashvili im Jahr 2012 trotz eines völligen Politikwechsels weitgehend geordnet, und dies wurde von den politischen Akteuren beider Seiten anerkannt. Aber es blieben zwei wesentliche Probleme bestehen: (1) Georgien sieht sich seiner territorialen Integrität beraubt, seitdem Abchasien und Südossetien *de facto* nicht mehr von Tbilisi aus regiert werden können, und muss – allein um der Bevölkerung gegenüber glaubhaft zu erscheinen – die Wiedererlangung dieser Gebiete, mag sie im Augenblick auch in weite Ferne gerückt sein, mit höchster Priorität auf die politische Agenda setzen. (2) Alle bisherigen Regierungen des unabhängigen Georgien vertreten einen Nationalismus, der sprachlich-ethnische Differenzierungen, die sich mit regionalen Identitäten verbinden, ebenso zurückstellt wie die Interessen von bedeutenden Minderheiten. Die große Mühe, mit der allmählich wirtschaftliche Dynamik entsteht, hat bislang eine befriedigende Lösung dieser Probleme verhindert.

Blicken wir einen Moment zurück: Im 19. Jahrhundert hatte Georgien eine Phase erlebt, in der die nationale Bewusstwerdung über Diskussionen in einer Lesegesellschaft gefördert wurde, die zunächst Alphabetisierung und Grundbildung der Bevölkerung zum Ziel gehabt hatte.[2] Auf dieser Basis entstand eine Gruppe junger Gebildeter, die in Russland die Universität besucht hatten und als *„tergdaleulebi"* („die aus dem Tergi [Terek] getrunken haben") in die Geistesgeschichte eingingen. Sie und ihre Folgegenerationen waren am Ende des Ersten Weltkriegs maßgeblich an der Entstehung des georgischen (National-)Staates beteiligt, der am 26. Mai 1918 proklamiert wurde. Der junge Staat unterlag jedoch innerhalb weniger Monate dem von Baku aus vordringenden Bolschewismus, dessen Ziel die enge Anbindung des Südkaukasus an Russland war. Nachdem die Bol'ševiki Ende Februar 1921 die Macht in Tiflis übernommen hatten, unterzeichneten kommunistische Vertreter Georgiens gemeinsam mit jenen aus Armenien und Aserbaidschan am 12. März 1922 einen Vertrag, der – nach kurzer Zeit im Rahmen der Sowjetunion – die Transkaukasische Sozialistische Föderative Sowjetrepublik (ZSFSR) begründete. Diese wurde 1936 aufgelöst, und Georgien ging am 5. Dezember 1936 als Georgische Sozialistische Sowjetrepublik im Verband der Sowjetunion auf. Mit Stalin (eigentlich Iosif Visarionovič Džugašvili [Ioseb Besarionis dze Jugashvili]; 1878–1953), Grigorij Ordžonikidze ([Grigol Orjonikidze] 1886–1937) und dem aus Mingrelien stammenden Lavrentij Beria ([Lavrent'i Beria] 1899–1953) gelangten in den folgenden Jahrzehnten mehrfach Georgier in höchste Partei- und Staatsämter.

Innerhalb der Sowjetunion beanspruchte Georgien eine gewisse Eigenständigkeit, so etwa, als es im März 1956 nach Chruščëvs „Geheimrede" auf dem XX. Parteikongress der KPdSU zu Unruhen in Tiflis kam, weil Georgiens Jugend der Demontage Stalins nicht zustimmen wollte. Jugendliche Demonstranten wurden damals von sowjetischen Truppen hinterrücks getötet – über ihre Zahl gibt es unterschiedliche Abgaben, die von 20 bis über 150 reichen. Eine Gedenktafel erinnert in Tbilisi daran. 1978 wandten sich Georgier erneut gegen den sowjetischen Zentralismus, als das Russische neben dem Georgischen als gleichberechtigte Amtssprache in der neuen Verfassung der Georgischen Sowjetrepublik verankert werden sollte. Diesmal konnte der Georgier Shevardnadze in Moskau erreichen, dass man der Forderung der Studierenden nachgab.[3]

1.03 Gedenktafel zur Erinnerung an die Niederschlagung der Demonstration von 1956 (Mai 2019)

Im Auflösungsprozess der Sowjetunion entstand ab 1989 mit der Allianz *Runder Tisch – Freies Georgien* unter der Leitung von Zviad Gamsakhurdia eine Unabhängigkeitsbewegung. Nachdem eine Demonstration am 9. April 1989 in Tbilisi durch Sowjettruppen blutig niedergeschlagen worden war, erklärte die Sowjetrepublik Georgien zunächst ihre Souveränität und am zweiten Jahrestag 1991 ihre formelle staatliche Unabhängigkeit. Erster vom Volk gewählter Präsident wurde mit Gamsakhurdia ein Intellektueller aus dem Westteil des Landes, dem es jedoch wegen seiner ausgeprägt nationalistischen Politik nicht gelang, divergierende politische Ansichten zusammenzuführen. Damit verbundene innere Unruhen führten zur einseitigen, international nicht anerkannten Abtrennung Abchasiens und Südossetiens, die seither als sezessionistische de-facto-Staaten eine territoriale Integrität Georgiens in den völkerrechtlich noch immer gültigen Grenzen verhindern. Die Folgen sind weitreichend, denn wichtige Wirtschaftsbeziehungen bleiben unterbrochen, nationale Sektoralpolitiken leben auf, und die Verunsicherung über den Status der Sezessionsgebiete hält an.

Gamsakhurdias Vertreibung aus dem Amt und die Rückkehr des früheren Ersten Sekretärs der Kommunistischen Partei der Georgischen Sowjetrepublik Edvard Shevardnadze als gewählter Präsident wurden noch von einer breiten Bevölkerungsmehrheit getragen, da Shevardnadze sich als letzter Außenminister der Sowjetunion unter Michail Gorbačëv ein hohes internationales Ansehen verschafft hatte, das jetzt dem Staat zugute kommen sollte. In Georgien wurde Shevardnadze jedoch immer tiefer in innere Rivalitäten zwischen den politischen Gruppierungen verstrickt und entwickelte nach einem Attentat, das er verletzt überstand, zunehmend autoritäre Verhaltensweisen, so dass er ab 2003 untragbar schien. In der „Rosenrevolution" wurde er gedrängt, das Amt aufzugeben und einem seiner früheren politischen Zöglinge, Mikheil Saak'ashvili, den Platz zu räumen. Möglich geworden war dieser unblutige Machtwechsel durch den Bedeutungsgewinn der Zivilgesellschaft in Georgien, die Entstehung freier Medien wie dem

Fernsehsender Rustavi-2, die Schwäche des georgischen Staates unter Shevardnadze und durch die Betonung nationaler Einheit und Identität.[4]

Saak'ashvili schlug einen strikt nach Westeuropa und Nordamerika gerichteten Kurs ein und strebte den Beitritt zu NATO und Europäischer Union an. Sein Versuch, von den verlorenen Territorien zunächst Südossetien im Handstreich zurückzuerobern, scheiterte jedoch im August 2008 kläglich und führte Georgien in einen fünf Tage dauernden Krieg mit Russland, der mit einer herben Niederlage endete. Immerhin konnte die Tatsache, dass Georgien in diesem kurzen Krieg nicht kollabierte, als Indiz für eine gewisse politische Stabilität gelten, die das Land inzwischen erreicht hatte.[5] Hatte Saak'ashvili es noch geschafft, die „kleine" Korruption – etwa bei der Polizei – weitgehend zu beseitigen, so schadeten der verlorene Krieg, der ausbleibende Wirtschaftsaufschwung, vor allem aber ein zunehmender Autoritarismus seinem Renommee. Während seine Wiederwahl als Präsident im Jahr 2009 vermutlich nur mit Wahlfälschungen zustande kam, verlief der Übergang zu seinem Nachfolger Giorgi Margvelashvili im Jahr 2013 vergleichsweise reibungslos, obwohl damit ein erneuter Politikwechsel verbunden war. An die Stelle einer einseitigen Ausrichtung nach Westen trat eine Orientierung, die auch einen gewissen Ausgleich mit Russland anstrebte und damit der Exportwirtschaft half. Allerdings hatte eine noch unter Saak'ashvili durchgesetzte Verfassungsänderung die Macht im Staat vom Staatspräsidenten auf den Ministerpräsidenten verlagert. Dieses Amt übernahm im letzten Jahr von Saak'ashvilis Präsidentschaft zunächst der einflussreiche Milliardär Bidzina Ivanishvili, der sich nach reichlich einem Jahr aus der aktiven Politik zurückzog, aber im Hintergrund in die Politik eingreift und als heimlicher Regent Georgiens gilt.[6] Die Präsidentschaftswahl 2018, bei der sich in einer Stichwahl die frühere Außenministerin Salome Zurabishvili durchsetzte, lief ebenfalls weitgehend regulär ab, doch ist die inzwischen geringe politische Bedeutung des Amtes zu bedenken. Bei den kommenden Präsidentschaftswahlen soll nicht mehr die Bevölkerung direkt wählen, sondern ein Gremium von Wahlpersonen entscheiden.

Hatte Georgien unter der Sowjetherrschaft eine wirtschaftliche Entwicklung erlebt, die auch von außen anerkannt wurde, so war der Einbruch, den das Land in der Transformationszeit hinnehmen musste, stärker als in anderen Nachfolgestaaten. Die alten ökonomischen Verflechtungen waren weitgehend abgerissen, neue zu schaffen erwies sich als schwierig, so dass sich das Land auf ausländische Hilfe verließ, die in den Präsidentschaften Shevardnadze und Saak'ashvili gerne gewährt wurde. Georgien war, so schien es, zum Entwicklungsland geworden, das internationaler Unterstützung bedurfte. In den folgenden anderthalb Jahrzehnten erlebte das Land jedoch einen deutlichen Wirtschaftsaufschwung, und die staatlichen Institutionen scheinen inzwischen gefestigt. Damit wäre eine weitere Demokratisierung möglich. Allerdings machen Umfragen deutlich, dass das Vertrauen der Bevölkerung nicht allen staatlichen Institutionen gilt.

Transformation mit unterschiedlichen Facetten

Die Transformation, die die überkommenen Strukturen des Sowjetsystems überwinden sollte, besaß nicht nur die politische Komponente, welche darauf abzielte, aus einem zentralistisch gelenkten Staat eine Demokratie mit Gewaltenteilung zu machen. Der Hebel für alle Veränderungen war vielmehr die Notwendigkeit wirtschaftlicher Reformen, die schon in den 1980er Jahren erkannt worden war. In einer behutsamen Umsetzung sollten, so die Absicht in der Ära Gorbačëv, politische und ökonomische Transformation Hand in Hand gehen, ohne jedoch die Dominanz der Kommunistischen Partei und den bisherigen Staat Sowjetunion in Frage zu stellen. Für die Lösung der politischen Fragen wurde zuletzt ein Unionsvertrag angestrebt, der die

Abhängigkeit der peripheren Unionsrepubliken vom Zentrum mildern und mehr Mitspracherecht in politischen Entscheidungen gewähren sollte. Für die wirtschaftlichen Änderungen waren „Experimente" geplant, die man zunächst erst im kleinen Maßstab – gedacht war an Estland – erproben wollte, ehe sie generell eingeführt werden konnten.

Dieser Plan eines allmählichen Übergangs zu mehr Demokratie und mehr Marktwirtschaft im Rahmen des bisherigen Sowjetsystems scheiterte. Einerseits war die politische und wirtschaftliche Elite zum größten Teil nicht bereit, auf Routinen und Privilegien zu verzichten, auf der anderen Seite erhielten national ausgerichtete Bewegungen unerwarteten Zustrom, und die aufflammenden Konflikte, hinter denen sich jeweils Forderungen einzelner Gruppen verbargen, machten einen geordneten Übergang unmöglich. Die Übernahme westlicher Vorbilder erwies sich als unpraktikabel, da sie die Folgen von siebzig Jahren Sowjetsystem verkannte. Auch orientierten sich die Vorstellungen von „Marktwirtschaft" zunächst eher an der Preisbildung auf einem Bazar als an dem komplexen Institutionen- und Regelwerk etwa einer ordoliberalen Marktwirtschaft. So mischten sich die negativen Begleiterscheinungen der „Schocktherapie" mit jenen des „Gradualismus": Einerseits war die durch Rückgang der Wirtschaftsleistung bedingte Transformationskrise mit unterbrochenen Verflechtungen, wachsender Arbeitslosigkeit und Massenverarmung besonders heftig; andererseits verschleppte die politische Krise der 1990er Jahre die Einführung institutioneller Strukturen der Marktwirtschaft, deren Funktionieren sich dann wieder durch das Aufleben überkommener Handlungsweisen weiter verzögerte. So konnten viele notwendige Reformen erst nach der Jahrhundertwende umgesetzt werden. Auch in dieser Beziehung schien Georgien zu einem Entwicklungsland zu werden.

Von der Kolonie zu einem Land des globalen Südens?

Um es vorwegzunehmen: Beide Zuordnungen sind problematisch. Im Hinblick auf das Russische Reich neigen manche Autoren dazu, die Gebiete ohne ursprüngliches Russentum, die zwischen dem 17. und späten 19. Jahrhundert in das Imperium einbezogen wurden, als Kolonien anzusprechen;[7] bisweilen wird dies auch auf die sowjetische Zeit übertragen. Tatsächlich kamen in russischer und sowjetischer Zeit die Ressourcen Georgiens vor allem Russland zugute, eine eigenständige Industrie entstand nicht. Zunächst diente der Raum südlich des Großen Kaukasus der Herrschaftssicherung, ehe man nach Bodenschätzen suchte und mit dem Manganerz einen von der Stahlindustrie nachgefragten Rohstoff fand, der wie das aserbaidschanische Erdöl um die Wende von 19. zum 20. Jahrhundert Weltgeltung erlangte. Die Entwicklung von Tiflis als quasi-europäische Stadt unter Voroncov deutete allerdings Mitte des 19. Jahrhunderts einen Paradigmenwechsel an: Außer der städtebaulichen Gestaltung wurden Bildung und Kultur gefördert, Handel sollte auch die regionale Wirtschaft ankurbeln.[8] Erholungsmöglichkeiten und landwirtschaftliche Produkte traten in der Sowjetzeit als georgische Potentiale für die gesamte Sowjetbevölkerung hinzu. Aber es war wohl keine einseitige Ausbeutung; immer spielten georgische Eliten auch eine besondere Rolle im Russischen Reich und in der Sowjetunion. Nach der russischen Annexion Georgiens beließ man großen Teilen des georgischen Adels die überkommenen Privilegien, und die Russifizierungspolitik des späten 19. Jahrhundert fand einen Gegenpol in aufkeimendem Nationalismus. Auch die poststalinistische Sowjetmacht nahm Georgier in die innerste Führungsriege auf.

Nach der Auflösung der Sowjetunion erlebte Georgien unter allen Nachfolgestaaten wohl die am tiefsten greifende Transformationskrise. Sie dauerte über ein halbes Jahrzehnt, trieb große Teile der Bevölkerung in die Verarmung und wurde nur sehr langsam überwunden. Jetzt stellte man die südlichen Nachfolgestaaten vielfach auf eine Stufe mit den „Entwicklungsländern" in Lateinamerika, Afrika und Asien, für die heute die euphemistische Bezeichnung „Länder des globalen Südens" die Probleme andeuten soll, die sich aus der Ausweitung von Globalisierungsphänomenen und die unterschiedliche Teilhabe der Staatenwelt und Wirtschaftskräfte an diesem Prozess ergeben. Georgien erhielt Unterstützung durch internationale und nationale Organisationen der Entwicklungszusammenarbeit, um Reformen in Politik, Recht und Wirtschaft durchzuführen, die Infrastruktur auszubauen und damit an die „entwickelte" Welt der Industrie- und Dienstleistungsstaaten anzuschließen. Tatsächlich sind inzwischen erhebliche Fortschritte erzielt worden: Das ererbte hohe Bildungsniveau und die zunehmende Überwindung der sozialen Folgen der Transformation tragen dazu bei, dass der *Human Development Index* eine steigende Tendenz zeigt; 2020 wurde Georgien auf Rang 61 unter 189 Staaten gereiht.[9] Es zählt damit zu den Ländern mit hohem Entwicklungsstand und hat die Nachbarschaft der zentralasiatischen Nachfolgestaaten hinter sich gelassen. Die Folgen der Corona-Pandemie ab 2020 und des russischen Kriegs gegen die Ukraine können dabei noch nicht berücksichtigt werden.

Tabelle 2: Indices internationaler Bewertung

Index	Indexwert					Rang
	2006	2010	2014	2018	2019	2019
Human Development Index	0.718	0.735	0.761	0.786		70
Ease of Doing Business Index		73.75	80.69	82.80	83.7	7[a]
Index of Economic Freedom	64.5	70.4	72.6	76.2	77.1	12
Global Competitiveness Index[b]	3.7	3.8	4.2	4.3	60.6[c]	74
Global Innovation Index		31.87[d]	34.53	35.05		48
Corruption Perception Index			57[e]	58	56	44
Global Gender Gap Index	0.6665	0.6598	0.6855	0.708[f]		74
Environmental Performance Index		45.45	46.72	64.96	55.69	
World Press Freedom Index					28.59[f]	60

[a] 2020
[b] ab 2007/08 nicht mehr auf das Kalenderjahr bezogen
[c] bis 2018: zwischen 1 (niedrigster Wert) und 7; 2019 zwischen 0 und 100 (höchster Wert)
[d] 2011
[e] 2015
[f] 2017

(Quellen: Economy-related Country Rankings. – In: *caucasus analytical digest* 107, 27 November 2018; <https://www.globalinnovationindex.org/userfiles/file/reportpdf/GII_2019_EN_English.pdf>; <https://www.heritage.org/index/ranking?version=591>; <http://hdr.undp.org/en/content/table-2-human-development-index-trends-1990%E2%80%932018>; <https://rsf.org/en/ranking_table>; <https://openknowledge.worldbank.org/bitstream/handle/10986/32436/9781464814402.pdf>; <http://www3.weforum.org/docs/WEF_GGGR_2020.pdf>; <http://www3.weforum.org/docs/WEF_TheGlobalCompetitivenessReport2019.pdf>; <https://www.transparency.org/cpi2019?/news/feature/cpi-2019> [22.4.2020])

Auch andere internationale Rankings (vgl. Tabelle 2) zeichnen die Verbesserungen nach, die Georgien seit Wiedererlangung der Unabhängigkeit erfahren hat: Der *Ease of Doing Business Index* der Weltbank anerkennt den Wirtschaftsliberalismus Georgiens und setzt das Land auf Rang 9, wobei der grenzüberschreitende Handel, die Abwicklung von Insolvenzen, die Energieversorgung und das Einholen von Baugenehmigungen als größte Hindernisse wahrgenommen werden. Der *Global Competitiveness Index* des World Economic Forum sieht Georgien allerdings wegen der immer noch relativ geringen Wirtschaftsleistung und des Mangels an Innovativität nur auf dem 67. Rang.[10] Der *Corruption Perceptions Index* 2017, der das Ausmaß der Korruption im Land erfasst und Dänemark und Neuseeland als Staaten geringster Korruptionswahrnehmung anführt, nennt Georgien auf Platz 46, während das benachbarte Armenien den 107. Rang, Aserbaidschan Rang 122 und Russland Platz 135 einnehmen.[11] Der *World Press Freedom Index*, der die Pressefreiheit misst und von Norwegen angeführt wird, setzt für 2018 Georgien auf Platz 61, Russland dagegen auf Rang 168.[12] Sich allmählich verbessernder Entwicklungsstand, erfolgreiche Bekämpfung der „kleinen" Korruption und Gewährung von Pressefreiheit sind deutliche Hinweise auf strukturelle Fortschritte. Allerdings sollten diese Rangwerte nicht darüber hinwegtäuschen, dass die Erhebungen derartiger Indices meist auf Erfahrungen in den Hauptstädten beruhen und innere Disparitäten der Staaten unzureichend abbilden.

Eine problembelastete Lage – räumlich wie politisch

Der Hinweis auf räumliche Disparitäten spricht ein hervorstechendes Merkmal Georgiens an. Schon der Gegensatz zwischen Gebirge und Tiefland gehört zu den grundlegenden regionalen Unterschieden, aber auch die Differenzierung zwischen West- und Ostgeorgien muss erneut genannt werden. Dazu kommen Unterschiede zwischen (groß-)städtischen und (peripher-)ländlichen Gebieten sowie zwischen den Verwaltungsregionen, ihrer Bevölkerungs- und Wirtschaftsentwicklung. Dass Georgien als Gebirgsland zum Rückzugsgebiet wurde, als Durchgangsraum im Tiefland aber den Begehrlichkeiten mächtigerer Nachbarn ausgesetzt war, gehört zu den historischen Konstanten, die bis in die jüngste Vergangenheit gelten.[13]

So befindet sich Georgien nicht erst seit der Wiedererlangung seiner staatlichen Unabhängigkeit im Jahr 1991 in einer schwierigen geopolitischen Situation. Zwar erfolgte sehr rasch eine Aufnahme in die großen internationalen Organisationen wie die Vereinten Nationen mit ihren Unterorganisationen, aber der Herauslösung aus der Sowjetunion entsprach bislang keine stabile Einbindung in regionale zwischenstaatliche Kooperationen: Aus der GUS, die inzwischen ihre Bedeutung als überstaatliche Nachfolgeorganisation der aufgelösten Sowjetunion weitgehend einbüßte, trat das Land mit Wirkung ab 2009 wieder aus, nachdem es bereits nur zögerlich beigetreten war. Die GUAM, die von Georgien, der Ukraine, Armenien und Moldova ins Leben gerufen worden war, um rings um das Schwarze Meer einen sicheren Erdöltransport zu gewährleisten, ist inzwischen wirkungslos, weil die politische Orientierung der beteiligten Staaten zu weit auseinanderdriftet. Auch die Schwarzmeerkooperation (*Black Sea Cooperation*) entwickelte kein tragfähiges Konzept für eine enge Zusammenarbeit. Zwischen der Türkei als NATO-Mitgliedsstaat und Russland nimmt Georgien räumlich eine Pufferstellung ein; es ist auf ein nachbarschaftliches Verhältnis zu beiden Staaten angewiesen. Dieses entwickelte sich allerdings in den 1990er Jahren nur zögerlich, denn die nationalistische Politik unter Gamsakhurdia widersprach der gemäßigten türkischen Unterstützung für die Lösung Abchasiens von Georgien. Auf beiden Seiten förderten wirtschaftliche Interessen dagegen eine zunächst bescheidene, dann intensivere georgisch-türkische Zusammenarbeit, die durch den Bau der BTC-Pipeline Auftrieb erhielt und sich im Ausbau der Eisenbahnverbindung über Akhalkalaki und eines grenzübergreifenden Stromnetzes weiter verfestigte.[14]

Noch bis 2007 stand russisches Militär in Georgien, nachdem Russland 1999 auf einer von der OSZE durchgeführten Konferenz dem Abzug seiner Truppen aus dem Land (außer Abchasien und Südossetien, über die Rumpf-Georgien keine politische Kontrolle mehr ausübte) zugestimmt hatte. Der Stützpunkt Vaziani bei Tbilisi wurde 2001/04, die Stützpunkte Akhalkalaki und Batumi wurden 2007 verlassen. Der Militärstützpunkt Gudauta wird heute offiziell von den GUS-Friedenstruppen in Abchasien (CISPKR) genutzt, die jedoch der OSZE jeden Zugang verweigern. Seit 2010 sind an diesem Stützpunkt wieder offiziell russische Truppen stationiert. Das Verhältnis Georgiens zu Russland erreichte während Saak'ashvilis Präsidentschaft und vor allem nach dem Augustkrieg von 2008 einen Tiefpunkt. Eine gewisse Entspannung ist zwar seither eingetreten, doch ist an eine vollständige Normalisierung nicht zu denken, solange die Konflikte um die Sezession Abchasiens und Südossetiens nicht gelöst sind. Prowestliche politische Kreise in Georgien wünschen eine rasche Einbindung in NATO und EU, aber derzeit ist nicht absehbar, ob und wann dieses Ziel erreicht werden kann, solange beide Organisationen wenig Bereitschaft zur Ausweitung nach Südkaukasien zeigen und innere Machtrangeleien in Georgien anhalten.

Scheinbar beschleunigte der russisch-ukrainische Krieg 2022 den pro-europäischen Entscheidungsprozess. Georgien strebt früher als bisher geplant die Mitgliedschaft in der Europäischen Union an: Am 3. März 2022 unterzeichnete Ministerpräsident Irak'li Garibashvili das Beitrittsgesuch des Landes. Während die EU jedoch bereits Ende Juni 2022 Moldova und der Ukraine den Status von Beitrittskandidaten verlieh, verzögert sich dies im Falle Georgiens, da das Land sich nicht bereit finden konnte, die von der EU gegen Russland verhängten Sanktionen mitzutragen. Auch gibt es im Land bedeutende politische Kräfte, die prorussisch orientiert sind.

Das Verhältnis zu den unmittelbaren Nachbarstaaten ist somit nicht unbelastet: Die Spannungen mit Russland nahmen durch den Augustkrieg 2008 zu und äußerten sich vor allem in reduzierten Wirtschaftsbeziehungen. Man mag es als nebensächlich abtun, aber für Georgien hatte große symbolische (und auch wirtschaftliche) Bedeutung, dass ausgerechnet die Ausfuhr von Wein und Mineralwasser (*Borjomi*) zeitweise unterbrochen war. Dies schlug sich nicht nur negativ in der Außenhandelsbilanz Georgiens nieder, sondern zog auch einen enormen Imageschaden nach sich. Gegenüber der Türkei leben frühere Animositäten fort, bei denen der Konflikt um die in der Stalinzeit deportierten Meskheten noch immer eine Rolle spielt. Auch das Verhältnis zu Armenien ist trotz der gemeinsamen christlichen Religion – wenn auch mit unterschiedlichen Bekenntnissen – nicht spannungsfrei, weil Georgien in der Region Samtskhe-Javakheti einen Drang der armenischen Minderheit nach größerer Eigenständigkeit fürchtet, nachdem es lange Zeit eine überhebliche Minderheitenpolitik betrieben hatte. Das Verhältnis zum östlich anschließenden Aserbaidschan kann als hinhaltend nachbarschaftlich umschrieben werden. Aber auch in diesem Fall wird befürchtet, dass die beträchtliche Azeri-Minderheit im Südosten Georgiens mehr Autonomie einfordert. Allerdings ist dies nur eine Seite. Im Alltag gibt es durchaus ein friedliches, nachbarschaftliches Zusammenleben von Georgiern, Armeniern und Azeri, wie es sich in Tbilisi zeigt, wo traditionelle Siedlungsbereiche der drei ethnischen Gruppen in der Altstadt unmittelbar aneinandergrenzen. Zwischen Georgien und Aserbaidschan wurden vor einigen Jahren sogar Gespräche auf höchster politischer Ebene geführt, die auf eine Föderation der beiden südkaukasischen Staaten abzielten, was die Isolation Armeniens erhöht hätte. Bislang fehlt jedoch jegliche konkrete Umsetzung.

Nicht nur die politischen Beziehungen nach außen, auch die innere Lage Georgiens ist problembelastet: Völkerrechtlich gelten Abchasien und Südossetien weiterhin als Territorien Georgiens, doch stehen beide Länder in einem Sezessionsprozess, auf den noch zurückzukommen sein wird. Beide sind eng an Russland gebunden: Russland hält Truppen stationiert, russisches Militär übernimmt die Grenzkontrolle, Russland steuert die Wirtschaft. Südossetien ist ökonomisch fast vollständig auf Transferleistungen aus Russland angewiesen. Die in der Verfassung Georgiens von 1995 verankerte Forderung nach territorialer Integrität in den völkerrechtlich verbindlichen Grenzen (Verfassung von Georgien, Art. 1(2)) bleibt zwar aus georgischer Sicht vorrangiges politisches Ziel, doch ist nicht sichtbar, wie dieses Ziel erreicht werden kann.

1.04 Batumi: Stahlskulptur „Ali und Nino" der Bildhauerin Tamara Kvesitadze (Juni 2018)

Europa oder Asien?

Das georgische Streben in die europäischen Institutionen scheint erneut die Frage aufzuwerfen, ob Georgien zu Europa oder Asien gehört. Doch auf diese Frage gibt es keine Antwort, die dem Anspruch wissenschaftlicher Wahrheitsfindung genügen kann, denn Frage und Antwort sind Teil geopolitischer Diskurse, in denen es nicht um die „richtige" Zuordnung, sondern um Raumkonstruktionen, politische Zuschreibungen, Identitäten und kulturelle Orientierungen geht. Eindrucksvoll ist dieser Gegensatz literarisch am Beispiel der Unterschiede der gehobenen Gesellschaft in Tbilisi und Baku zu Beginn des 20. Jahrhunderts verdichtet worden. Unter dem Pseudonym Kurban Said, dessen Identifizierung bis heute nicht vollkommen gesichert ist, erschien erstmals 1937 der Roman „Ali und Nino", der die Liebesgeschichte eines jungen Azeri und einer jungen Georgierin vor dem historischen Hintergrund der Oktoberrevolution, der kurzen Unabhängigkeit der drei südkaukasischen Staaten und des Vormarsches der Bolschewiken in den Gegensatz zwischen zwei Kulturräumen, zwischen Islam und Christentum, zwischen Asien und Europa einbettet.[15] Trotz des Erdölbooms erscheint Baku als asiatische Lokalität, geprägt von muslimischen Azeri, während Tiflis und die georgische Gesellschaft als europäisch wahrgenommen und dargestellt werden. Eine Skulptur am Nordende der neu gestalteten Ufer-Promenade in Batumi ist den beiden Protagonisten des Romans gewidmet.

Die Autorenschaft von „Ali und Nino"

Der Roman „Ali und Nino" gehörte nach seinem Erscheinen zu den Bestsellern der Zeit und wurde in über dreißig Sprachen übersetzt. Aber bis heute ist nicht eindeutig geklärt, wer sich hinter dem Pseudonym des Autors verbirgt. In Frage kommen vor allem der in Kiew geborene Jude Lev Nussimbaum, der sich nach dem Übertritt zum Islam Essad Bey nannte, und die Baronin Elfriede von Ehrenfels, um die sich auf dem Schloss ihres Mannes im österreichischen Waldviertel in den frühen 1930er Jahren ein Kreis von Literaten scharte. Lev Nussimbaum (1905–1942) stammte als Sohn eines in Tbilisi gebürtigen jüdischen Kaufmanns aus einer im aserbaidschanischen Erdölgeschäft wirkenden Familie, verbrachte mehrere Jahre in Baku, bevor sein Vater mit ihm vor den Kommunisten nach Berlin floh, und hatte Ende der 1920er Jahre einige geopolitische Essays veröffentlicht. Baron Rolf von Ehrenfels (1901–1980), Sohn eines Philosophen, war zum Islam konvertiert und hatte den Namen Umar angenommen. Seine Tochter aus zweiter Ehe erbte in der Nachkommenschaft die Autorenrechte am Buch und sieht in Elfriede von Ehrenfels die Fürwalterin, die nach dem Anschluss Österreichs an das Deutsche Reich die Erträge aus dem Verkauf des äußerst erfolgreichen Buches weiterleitete. Es gibt aber noch eine weitere Überlegung: Die Sozialanthropologin und Literaturwissenschaftlerin Betty Blair versucht nachzuweisen, dass – wie bereits 1971 in einer türkischen Übersetzung des Romans behauptet – der aserbaidschanische Politiker und Essayist Yusuf Vazir Chamanzaminli (1887–1943) der eigentliche Urheber sei; sie argumentiert, dass Nussimbaum das Rohmanuskript nur überarbeitet habe.[15]

Dass im Festlandbereich die Grenze zwischen Kontinenten eine gedankliche Konstruktion darstellt, die als eine Konvention entsteht und sich je nach geopolitischer Situation im Lauf der Geschichte verändern kann, ist in Kaukasien besonders deutlich nachzuvollziehen: Herodot hatte den Rioni in Westgeorgien als Teilabschnitt der Grenze Europas zu Asien gesehen. In der Vorstellungswelt der frühen Neuzeit lag die Grenze zwischen Europa und Asien noch am Don, dem Tanais der Antike, doch „verschob" sie der deutschstämmige, dann in schwedischem Dienst stehende und in russische Kriegsgefangenschaft geratene Offizier, Kartograph und Geograph Philip Johan von Strahlenberg nach Osten, weil der Gebirgszug des Ural und der Ural-Fluss eine „natürliche" Grenze zu bilden schienen. Der in russischen Diensten reisende Forscher Peter Simon Pallas erkannte zudem im ausgehenden 18. Jahrhundert die Kuma-Manyč-Senke als geologische Verbindung zwischen Schwarzem und Kaspischem Meer und bestimmte sie damit als Südgrenze zwischen Europa und Asien. Die Uralgrenze wurde von der Kaiserlich-Russischen Geographischen Gesellschaft aufgegriffen und westlich von Ekaterinburg mit einem als Obelisk gestalteten Denkmal markiert, das vor einigen Jahren durch ein moderneres Denkmal ergänzt wurde, welches – ganz im Sinne des geopolitischen Diskurses in der Russländischen Föderation – die nicht nur trennende, sondern Europa und Asien verbindende Funktion dieses kontinentalen Grenzkonstrukts betont. Die Kuma-Manyč-Senke findet ihre Berechtigung als naturräumliche Grenze zwischen den beiden Kontinenten durch den Nachweis einer bis ins Eiszeitalter bestehenden Abflussverbindung zwischen Kaspischem und Schwarzem Meer. Sie bewirkte, dass die Entwicklung von Fauna und Vegetation nördlich und südlich der Senke unterschiedlich verlief. Spätestens mit dem Vorschieben des russischen Kulturraums nach Nordkaukasien wurde diese Abgrenzung zwar obsolet, aber die Bergvölker des Großen Kaukasus ordnete man in Russland noch in der Zeit der Annexion Georgiens Asien zu, so dass auch Georgien als Teil des (asiatischen) Orients galt – ein Hinweis auf den eurozentrischen Charakter des russischen Georgienbildes im frühen 19. Jahrhundert.[17]

Nachdem die drei südkaukasischen Staaten unabhängig geworden waren, ging man dazu über, die Staatsgrenze zwischen der Russländischen Föderation einerseits und Georgien und Aserbaidschan andererseits als europäisch-asiatische Grenze zu sehen, obwohl dadurch der in vielen kulturellen Aspekten außer in Sprache und Religion relativ einheitliche Kaukasus zwei Kontinenten zugeordnet wird. Außerdem folgt die Staatsgrenze im Gebirgsraum nicht der Wasserscheide, wie sich an der Georgischen Heerstraße zeigt: Der Kreuzpass zwischen den Einzugsgebieten des dem Mt'k'vari tributären Aragvi und des nach Norden entwässernden Tergi [Terek] liegt rd. 40 km südlich der Landesgrenze, doch schlägt die politische Grenze den Raum um St'epants'minda dem Südkaukasus zu. Auch in Khevsuretien und Tushetien greift das nordkaukasische Flusssystem nach Georgien aus.

Eine geoökologische Großgliederung des WWF schließlich sondert eine kaukasische Ökoregion als eigenständige Einheit aus, dehnt diese bis in den Norden der angrenzenden Staaten

Türkei und Iran aus und definiert sie über eine besonders hohe biologische und kulturelle Diversität.[18] Die kaukasische Ökoregion gehört zu den 25 artenreichsten Gebieten der Erde, zugleich aber auch zu jenen, in denen die Biodiversität besonders gefährdet ist.

Das Fazit mag etwas ernüchternd klingen, aber jeder Versuch, im kaukasischen Raum eine Grenze zwischen „Europa“ und „Asien“ zu ziehen, erweist sich als obsolet, weil es *die* Grenze nicht gibt. Grenzen zwischen Kontinenten können auf dem Festland nur gedankliche Konstrukte sein, die je nach historischen Gegebenheiten unterschiedlich gezogen werden und in der Regel geopolitische Vorstellungen abbilden.

Nach Westen!

Europa spielt allerdings in Georgiens Identitätsdiskurs eine große Rolle, und zwar in erster Linie das politische Europa der Europäischen Union (EU). Immer wieder sieht man im Land neben der Staatsflagge auch die Europaflagge, die den Anspruch auf Zugehörigkeit sichtbar machen soll. Dieser schließt zwar die Wechselseitigkeit ein, mit der westeuropäische Staaten die Unabhängigkeit Georgiens unterstützten und mit der Georgien auf diese Unterstützung eingeht, findet aber nur verhaltenen Rückhalt innerhalb der EU. Nachdrücklich betonte Georgien die Zugehörigkeit zu Europa unter Saak'ashvilis Präsidentschaft; belastet wurde der Diskurs allerdings durch den Krieg mit Russland 2008 und durch die zunehmend autoritäre Regierungsweise Saak'ashvilis in seiner zweiten Amtsperiode, so dass die Zustimmung im Land – bei freilich häufig sehr rudimentären Kenntnissen über die EU – nicht immer dem politischen Wunschdenken der damaligen Regierungspartei entsprach.[19] Hintergrund für die Europa-Orientierung Georgiens ist die Ausrichtung der Politik auf ein Modell des Nationalstaats, der den europäischen Staaten und insbesondere vielen postsozialistischen Staaten im östlichen Europa in relativ kurzer Zeit Stabilität und wirtschaftliche Erfolge brachte, allerdings der supranationalen Integration nicht immer dienlich ist.[20]

Die postulierte Zuordnung Georgiens zu Europa, zum globalen Westen findet ihren politischen Ausdruck in der Annäherung an die europäischen Institutionen und die NATO. Dem Antrag Georgiens, in die OECD aufgenommen zu werden, war im März 1992 stattgegeben worden. Mitglied des Europarats wurde Georgien 1999. Die Zusammenarbeit mit der EU beruht seit dem 1. Juli 1999 auf dem 1996 geschlossenen Abkommen über Partnerschaft und Zusammenarbeit (*Partnership and Cooperation Agreement*). Im Juni 2004 wurde Georgien in die Europäische Nachbarschaftspolitik (*European Neighbourhood Policy*) einbezogen, die vor allem eine engere Kooperation mit anderen Schwarzmeeranrainerstaaten ermöglichte. Seit dem 1. Juli 2016 besteht ein 2014 geschlossenes Assoziierungsabkommen mit der EU, das die Europäische Nachbarschaftspolitik und die seit 2009 daran anknüpfende Östliche Partnerschaft fortführt und wirtschaftliche Erleichterungen gewährt. Mit der NATO besteht ein Partnerschaftsvertrag. Beide Abkommen zielen auf intensivere Zusammenarbeit ab, stellen aber höchstens in einer fernen Perspektive eine engere Bindung oder gar Mitgliedschaft in Aussicht – nicht ohne Rücksichtnahme auf russische Befindlichkeiten.[21] Selbst eine Einbindung Georgiens in die von Russland geführte Eurasische Wirtschaftsgemeinschaft, der auch Armenien angehört, wird diskutiert, und eine Meinungsumfrage im April 2015 sah immerhin 31 % Befürworter eines solchen Anschlusses, doch überwiegt die Ablehnung.[22]

Das Engagement der EU in Georgien reicht in die Zeit unmittelbar nach Auflösung der Sowjetunion zurück. In den frühen 1990er Jahren wurde Georgien in das TACIS-Programm (TACIS – *Technical Assistance for the Commonwealth of Independent States*) eingebunden, das die Nachfolgestaaten der Sowjetunion beim Aufbau moderner staatlicher Strukturen und der technischen Infrastruktur unterstützte. 2007 ging dieses Programm im Rahmen der europäischen Nachbarschaftspolitik im *European Neighbourhood and Partnership Instrument* (ENPI) auf. Zu den wirtschaftspolitischen Konkretisierungen dieser Zusammenarbeit gehört das Programm TRACECA (*Transport Corridor Europe – Caucasus – Asia*), das 1993 startete und darauf abzielt, die Fernhandelsbeziehungen zwischen Europa und Ostasien durch Ausbau der Verkehrsinfrastruktur zu verbessern. In Georgien ist der Ausbau der Schienenverbindung zwischen Kars und Tbilisi eine der geförderten Maßnahmen. Die Zusammenarbeit der Anrainer an Schwarzem Meer und Kaspischem Meer auf energiewirtschaftlichem Sektor wurde durch das Programm INOGATE (*Interstate Oil and Gas Transportation to Europe*) unterstützt, das zunächst aus den TACIS-Fördermitteln finanziert wurde, danach seit 2007 bis 2013 aus dem ENPI. Mit diesem Programm wollte sich die EU die Belieferung mit Erdöl und Erdgas aus dem Raum sichern; Georgien spielte dabei als Transitland eine wichtige Rolle. Der Förderung von Landwirtschaft und der Wiederbelebung des ländlichen Raumes dient seit 2013 das Programm ENPARD (*European Neighbourhood Programme for Agriculture and Rural Development*), dessen dritte Phase von 2018 bis 2022 lief.[23]

Die EU sieht ihre derzeitige Hauptaufgabe in Georgien darin, bei der wirtschaftlichen Entwicklung und bei der politischen Konsolidierung Hilfestellung zu leisten, insbesondere in den grenznahen Regionen zu Abchasien und Südossetien. Gegenüber Abchasien vertritt die EU eine Politik der Duldung der de-facto-Unabhängigkeit, ohne damit eine völkerrechtliche Anerkennung zu verbinden. Die *United Nations Observer Mission in Georgia* (UNOMIG) kontrollierte seit 1994 die Einhaltung des Waffenstillstands im Abchasienkonflikt, bis ein Veto Russlands im Sicherheitsrat der Vereinten Nationen 2009 eine Verlängerung der Mission unmöglich machte. Nach dem russisch-georgischen Krieg entstand 2008 mit der *European Union Monitoring Mission* (EUMM) eine Art politisches Frühwarnsystem, das versucht, Konfliktpotential frühzeitig zu erkennen und durch Mediatisierung zwischen den Konfliktparteien zu vermitteln. Politisches oder gar militärisches Eingreifen ist jedoch nicht vorgesehen. Zuletzt wurde Ende 2022 das Mandat der EUMM abermals um weitere zwei Jahre bis Mitte Dezember 2024 verlängert.[24]

Das Europäische Amt für Humanitäre Hilfe (*European Community Humanitarian Office* (ECHO), heute *European Civil Protection and Humanitarian Aid Operations*) leistete während des Bürgerkriegs in Georgien Hilfe und unterstützte den Wiederaufbau. Heute ist diese EU-Organisation in Südkaukasien im Rahmen der Vorsorge für den Fall von Naturkatastrophen tätig.

Die Bundesrepublik Deutschland begründete 2001 eine Kaukasieninitiative, die insbesondere vom Bundesministerium für wirtschaftliche Zusammenarbeit und Entwicklung getragen wurde und die für die drei südkaukasischen Staaten vor allem eine Stärkung der Demokratie im Rechtswesen, auf kommunaler Körperschaftsebene und in der Zivilgesellschaft verfolgt. Daneben gilt der Energiewirtschaft besonderes Interesse. Im Gesundheitswesen steht die Bekämpfung der Tuberkulose im Vordergrund, in der Umweltpolitik der Aufbau von Nationalparks. In diesem Zusammenhang wurde dem Ausbau des Nationalparks Borjomi-Kharagauli gezielte Aufmerksamkeit geschenkt. [25] Vonseiten Europas wurde viel getan, um einen späteren EU-Beitritt Georgiens zu ermöglichen. Aber muss hinter der Überschrift dieses Unterkapitels vielleicht doch ein Fragezeichen stehen? Die endgültige Richtung, die Georgien einschlagen wird, ist mittelfristig nicht voraussehbar, solange der persönliche Konflikt zwischen Ivanishvili und Saak'ashvili, die beide offiziell nicht in der Politik aktiv sind, fortbesteht, ins Parlament getragen und bisweilen auch auf der Straße manifest wird.

Nur scheinbar kontinuierlich stabil: Staatliche Abgrenzungen

Die heutige Republik Georgien setzte bei der Auflösung der Sowjetunion die Territoritalität der Georgischen Sowjetrepublik fort und knüpfte zugleich an die erste Republik an, die nach dem Ende des Russischen Reiches entstanden war. Die Frage, auf welche historische Rechtfertigung sich der georgische Staat beruft, ist nicht trivial, weil alle aus der Auflösung der Sowjetunion als selbstständig hervorgegangenen Nachfolgestaaten ihre nationale Legitimation in der Geschichte suchen und dabei zu sich überschneidenden Ansprüchen gelangen können. Kirgistan bemüht sich, über die Konstruktion einer nicht ganz vollständigen „Ahnenreihe“ von Herrschern die Kontinuität von Staatlichkeit über 3000 Jahre zurückzuverfolgen, während Usbekistan in Timur (1336–1405) den Begründer des Staates sieht. Jeder der drei südkaukasischen Staaten kann sich auf eine territoriale Ausdehnung berufen, die ihn – wenn auch zu unterschiedlichen Zeiten – dominant in der Region zwischen Schwarzem und Kaspischem Meer erscheinen lässt. So knüpft das gängige Narrativ der georgischen Territorial- und Nationalgeschichte an das „Goldene Zeitalter“ im 12. und 13. Jahrhundert an; übergangen wird dabei, dass dieses Reich noch im Mittelalter zerfiel und dass die zahlreichen kleineren Herrschaftsterritorien Ende des 18. und zu Beginn des 19. Jahrhunderts Ziel der russischen Expansion in Kaukasien wurden. Als zweites nationales Narrativ wird daher die kurze Periode der Staatlichkeit am Ende des Ersten Weltkriegs bemüht, auf die die georgische Staatsidee der 1990er Jahre zurückgreift. Die Herauslösung aus der Sowjetunion galt als Wiederherstellung dieser früheren Eigenstaatlichkeit. Allerdings folgt der Staat heute nicht mehr vollständig dieser Argumentationslinie. War bei der Wiedergewinnung der Staatlichkeit symbolträchtig die Flagge der ersten Republik zur Staatsflagge erklärt worden, so möchte die Anfang 2004 vom georgischen Parlament eingeführte Staatsflagge an die Tradition des christlichen Georgien anknüpfen, wobei Ansprüche der nichtchristlichen Minderheiten – selbst innerhalb der georgischen Ethnie – geflissentlich übersehen werden.

Die heutigen Staatsgrenzen Georgien mögen unverückbar erscheinen, haben jedoch keine große historische Tiefe, sondern waren teilweise selbst in sowjetischer Zeit umstritten und wurden mehrfach verändert, wie einige Beispiele zeigen.[26]

Im Grenzraum zu Armenien lebte in der Zeit der ersten georgischen Republik ein georgischer Anspruch auf einen Teil der Region Lori auf, im Grenzraum zu Aserbaidschan ein Anspruch auf die südöstliche Fortsetzung der Ebene von Gardabani und auf das Saingilo mit Zaqatala und Kakhi (Qax).[27] Lori und Samtskhe waren latente Konfliktregionen, seitdem das russische Gouvernement Tiflis zwischen den beiden entstehenden Nationen Georgien und Armenien aufgeteilt worden war. 1918 kam es um die beiden Provinzen zu einem kurzen Krieg, den eine britische Intervention beendete. Samtskhe wurde damals Georgien zugeschlagen, Lori zwischen den beiden Ländern aufgeteilt. Erst die bolschewistische Grenzziehung 1921/22 beendete den Grenzkonflikt. Umstritten war auch das Siedlungsgebiet der Ingiloer im Westen Aserbaidschans, das auf das historische Heretien zurückgeht.[28] In der ersten Republik Georgien wurde diesem Gebiet Zaqatala eine Autonomie eingeräumt, 1921 das aserbaidschanische Territorium etwas über den Alazani nach Süden ausgeweitet, und erst 1944 wurde der Fluss zur Grenze.[29] 1976 lebte der georgisch-aserbaidschanische Konflikt um Saingilo auf, nachdem von aserbaidschanischer Seite versucht worden war, die georgische Bevölkerung ihrer Identität zu berauben: Georgische Schulen wurden geschlossen, orthodoxe Kirchen entweiht, Geistliche verhaftet und nationale Symbole beseitigt.[30] Damals machte sich Zviad Gamsakhurdia zum Fürsprecher der georgischen Minderheit in Aserbaidschan.

Ein Grenzkonflikt im no-where und die Macht der Karten

Die georgisch-aserbaidschanische Grenze bei Davit Gareja wurde im Frühjahr 2019 – wieder einmal – zum Schauplatz eines für Außenstehende fast absurd erscheinenden Grenzkonflikts, der aber die politischen Empfindlichkeiten der postsowjetischen Staaten zeigt. Die georgische Präsidentin Salome Zurabishvili hatte die Klöster von Davit Gareja besucht und dabei auch das Udabno-Kloster betreten, für dessen Besuch aserbaidschanisches Territorium gequert werden muss. Da keine Absprache mit dem aserbaidschanischen Präsidialamt oder wenigstens den Grenzbehörden erfolgt war, wurde dies als Missachtung der territorialen Souveränität des Nachbarstaats gesehen und die Grenze an dieser Stelle gesperrt.[31] Damit war es den Touristen, die täglich in beachtlicher Zahl die Klöster besuchen, nicht mehr möglich, das Udabno-Kloster aufzusuchen, das für seine Fresken berühmt ist. Wenige Wochen später wurde der Versuch georgischer Christen, Ikonen in einem der Klöster an ihren ursprünglichen Platz zu bringen, als erneute Provokation aufgefasst und der Zugang erneut gesperrt.

Hinter der Grenzschließung verbirgt sich ein doppelter Konflikt: Zum einen ist die aserbaidschanisch-georgische Grenze in diesem Bereich nicht demarkiert, weil die zuständige bilaterale Grenzkommission den exakten Verlauf im Gelände noch nicht geklärt hat. Zum anderen besteht ein latenter Anspruch Aserbaidschans auf den gesamten Klosterkomplex von Davit Gareja. Dabei wird argumentiert, dass Aserbaidschan sich als Nachfolgestaat des mittelalterlichen Albaniens sehe, das christlich ausgerichtet war und zu dem auch die Klöster von Davit Gareja gehörten. Dass Georgien im Alleingang die Klosteranlagen von Davit Gareja auf seine Vorschlagsliste für das UNESCO-Welterbe aufgenommen hatte, verschärfte die Verstimmungen auf aserbaidschanischer Seite. Darüber hinaus wird aus dem Konflikt ersichtlich, wie weit man geht, um nationale Staatlichkeit zu demonstrieren, die seit der Unabhängigkeit Aserbaidschans und Georgiens in beiden Staaten zu den politischen Hauptzielen gehört.

Die Frage der Delimitation bzw. Demarkation der georgisch-aserbaidschanischen Grenze, im Sommer 2019 mit dem Ziel eines raschen Abschlusses wieder aufgenommen, geriet im Herbst 2020 auf die Bühne der Tagespolitik:[32] Im Vorfeld der Parlamentswahlen 2020 wurden zwei frühere georgische Mitarbeiter der Delimitationskommission unter dem Vorwurf festgenommen, sie hätten im Rahmen ihrer Arbeit in den Jahren 2006 und 2007 rund 3500 ha Land Aserbaidschan zugeordnet, weil sie anstelle einer als rechtlich maßgeblich geltenden Karte 1 : 500 000 (russ.: *soglasovannaja karta*) aus dem Jahr 1938 größermaßstäbliches Kartenmaterial aus den 1970er Jahren verwendet hätten. Da der Archimandrit Kirion von Davit Gareja, der generell die Arbeit der Grenzkommission kritisch sieht, den georgischen Verteidigungsminister Garibashvili und dieser Bidzina Ivanishvili informierte, welcher wiederum einen im Ausland lebenden georgischen Geschäftsmann mit der Beschaffung der Originalkarte von 1938 betraute, zog der Vorfall weitere Kreise in die Politik, denn Ivanishvili konnte als Vorsitzender der georgischen Partei „Georgischer Traum" die Angelegenheit im Wahlkampf 2020 nutzen. Die genannte Karte erscheint besonders relevant, weil sie von den Obersten Sowjets der drei südkaukasischen Unionsrepubliken als gesetzliche Grundlage für die Delimitation angesehen wurde, aber angeblich von den beiden Verhafteten zurückgehalten wurde. Die der Kommission vorgelegte Karte von 1978 – so der Vorwurf – beruhe jedoch nicht auf dieser Karte von 1938, sondern auf älteren Materialien und könne damit nicht maßgeblich sein. Damit habe ein Verstoß gegen die verfassungsrechtlich gebotene Bewahrung der territorialen Einheit Georgiens stattgefunden. Derzeit stehen die Vorwürfe der Staatsanwaltschaft und die Gegenargumente der Anwälte beider

Verhafteten einander gegenüber; die beiden ehemaligen Kommissionsmitglieder wurden zwar inzwischen auf Kaution freigelassen, unterliegen aber weiterhin Vorwürfen in den sozialen Medien. Ein älteres Übereinkommen zwischen Georgien und Aserbaidschan zur Grenzziehung, das 2006/2007 erarbeitet worden war, wurde aber von georgischer Seite nach den Vorwürfen gegen die beiden Mitarbeiter aufgekündigt, so dass auch die bisherige Arbeit der Grenzkommission in Frage steht. Immerhin wurde bei einem Treffen des georgischen Außenministers mit dem stellvertretenden aserbaidschanischen Außenminister im Juni 2023 die Notwendigkeit diskutiert, die Gespräche über den Grenzverlauf fortzuführen.

Zu bedenken ist, dass aus den Berichten nicht hervorgeht, ob und wie viel tatsächliche Geländearbeit hinter der auf der Karte von 1938 vorgenommenen Grenzziehung steht und dass, rein technisch gesehen, selbst die maximale Genauigkeit, die bei einem Maßstab 1 : 500 000 erreicht werden kann (schon 1 mm auf der Karte würde 500 m in der Natur entsprechen!), kaum die für die Demarkation erforderliche Präzision erreicht, dass also genauere Karten in größerem Maßstab erforderlich sind. Das in diesem Rechtsfall fragliche Gebiet betrifft zwar nicht die Grenze bei Davit Gareja, sondern andere Grenzabschnitte, doch war zusätzlich aktuelle politische Brisanz dadurch gegeben, dass die Verhaftung im Oktober 2020 kurz nach Wiederausbruch des armenisch-aserbaidschanischen Kriegs um Nagorno-Karabach erfolgte und damit die anhaltende Brisanz von Fragen staatlicher Abgrenzung zeigte.

Nachdem den deportierten Völkern im Nordkaukasus die Rückkehr in ihre Heimatgebiete gestattet worden war, wurde 1957 die Grenzziehung von 1943/44, die Georgien von der Russländischen Föderation trennt, rückgängig gemacht. Damals wurde ein Gebiet im gebirgigen Süden Čečeniens im Einzugsgebiet des Argun mit Itum Kale (zeitweise georg.: Akhalkhevi) nach der Rehabilitation der Čečenen wieder der Čečeno-Ingušischen ASSR zugeordnet. Bereits 1955 waren der zuvor karačaisch besiedelte Landkreis Klukhor (bis 1943/44: Mikojan) an die Karačaevo-Čerkessische Autonome Oblast' und ein östlich anschließendes, bis 1944 balkarisches Siedlungsgebiet am Oberlauf des Baksan (unter Einschluss des Elbrus) an die Kabardino-Balkarische ASSR rückübertragen worden, das nach der Angliederung an Georgien mit Übersiedlern aus Svanetien, Rach'a und Lechkhumi hatte besiedelt werden sollen.[33]

Die Auflösung der Sowjetunion war von dem Bestreben begleitet, den *status quo* territorialer Abgrenzung zu erhalten, nachdem eine erste Analyse von Konfliktsituationen in der noch bestehenden Sowjetunion gerade für Kaukasien ein hohes Konfliktpotential aufgezeigt hatte.[34] Dabei hatten die zum Teil kriegerischen Aushandlungsprozesse um Grenzziehungen und Zugehörigkeiten schon begonnen – nicht entlang der Grenzen der Unionsrepubliken, sondern bei den ihnen zu- und untergeordneten, über Titularnationen definierten Autonomen Republiken und Gebieten. So wurden die Grenzen bisheriger Sowjetrepubliken bei der Ausrufung der Unabhängigkeit relativ un-

1.05 Georgisch-aserbaidschanisches Grenzgebiet bei Davit Gareja (Mai 2019)

umstritten zu neuen Staatsgrenzen, und die Republik Georgien übernahm das Territorium der bisherigen Georgischen Sowjetrepublik. Die Sezessionsbestrebungen von Abchasien und Südossetien wurden zur innergeorgischen Angelegenheit, vollzogen sich aber gewissermaßen im Schatten des großen nördlichen Nachbarn Russland, der die Chance erkannte, eigene Ansprüche auf Erweiterung des Macht- und Einflussbereichs zu verwirklichen.

Die Jahrzehnte der Einbindung in die Sowjetunion änderten in Südkaukasien nichts an den Außengrenzen zu den nicht-sowjetischen Staaten. Die Grenze zwischen Sowjet-Georgien und der Türkei blieb stabil und wurde nicht in Frage gestellt, obwohl die Meskhetenfrage durchaus Probleme aufwarf und Georgien Ansprüche auf das Territorium des ehemaligen Königreichs T'ao-K'larjetien erheben könnte. Die Wiedererlangung der Unabhängigkeit verlagerte die Grenzproblematik auf die georgisch-russische Grenze und damit auf die Frage der Zugehörigkeit Abchasiens und Südossetiens.[35] Die Sezession dieser beiden Territorien stellt sich in die Tradition von Konfliktsituationen, die die Sowjetherrschaft über Jahrzehnte zu kaschieren versucht hatte. Die Grenzen zu den Nachbarstaaten sind bis heute nicht durchgehend demarkiert; Bezugspunkt für die Arbeit der zuständigen Kommissionen sind im Wesentlichen die zu Beginn der Sowjetzeit delimitierten Grenzen.[36]

Eine territoriale Verwaltungsgliederung als Abbild zentralistischer Machtstrukturen?

Angesichts der äußeren Grenzpobleme ist kaum verwunderlich, dass Georgien nach Erlangung der Unabhängigkeit zunächst die inneren Territorialstrukturen aus der Sowjetzeit übernahm, um Verwaltungsabläufe zu stabilisieren. Erst seit der ersten Verwaltungsreform im Jahr 2005 gliedert sich das Land in Regionen, Munizipalitäten und Gemeinden. Die städtischen Siedlungen sind je nach Größe diesen Einheiten gleichgestellt, so dass Tbilisi wie eine Region unmittelbar der staatlichen Verwaltung untersteht. Adscharien (აჭარა, Ajara) besitzt wie in der Sowjetzeit die Autonomierechte einer Autonomen Republik innerhalb Georgiens. Denselben Status erkennt Georgien Abchasien zu, das sich selbst jedoch als unabhängigen Staat betrachtet.

Die in der Sowjetzeit bestehende Autonomie Südossetiens als Autonomes Verwaltungsgebiet (*avtonomnaja oblast'*) hatte Georgien dagegen 1990 aufgehoben; später wurden die damaligen Landkreise administrativ der Region Shida Kartli zugeordnet. Im georgischen Sprachgebrauch gilt das Gebiet als „Region Tskhinvali", seitdem für Georgien der Bezug auf eine Autonomie obsolet geworden war, die Zugehörigkeit zu Georgien aber weiterhin eingefordert wird. Als historischen Landschaftsnamen findet man für einen großen Teil Südossetiens die Bezeichnung Samachablo (სამაჩაბლო), abgeleitet vom Namen der adligen Familie Machabeli, die in der Region begütert war. Durch Samachablos Ausgliederung aus Shida Kartli war im April 1922 das Autonome Gebiet Südossetien entstanden. Die dabei erfolgte Zusammenfassung von vier Landkreisen entsprach keinem ossetischen Siedlungsraum, da sich die Osseten schon damals auf zahlreiche, verstreut gelegene Siedlungen mit ethnisch gemischter Bevölkerung verteilten. Selbst die Hauptstadt Tskhinvali hatte eine überwiegend georgische Bevölkerung. Unberücksichtigt blieb bei der Festlegung der Autonomie auch das ossetische Siedlungsgebiet südwestlich von Gori im Nordwesten des Trialetischen Gebirges, wo Forderungen nach Einbeziehung in die Autonomie Südossetiens laut geworden waren.[37] Damit war die Einrichtung dieses Autonomen Gebietes in der frühen Sowjetzeit eine recht willkürliche Maßnahme, die indirekt auch der Russifizierung dienen konnte, weil mit dem Nebeneinander von Georgiern und Osseten das Russische als Verkehrssprache an Bedeutung gewann.[38]

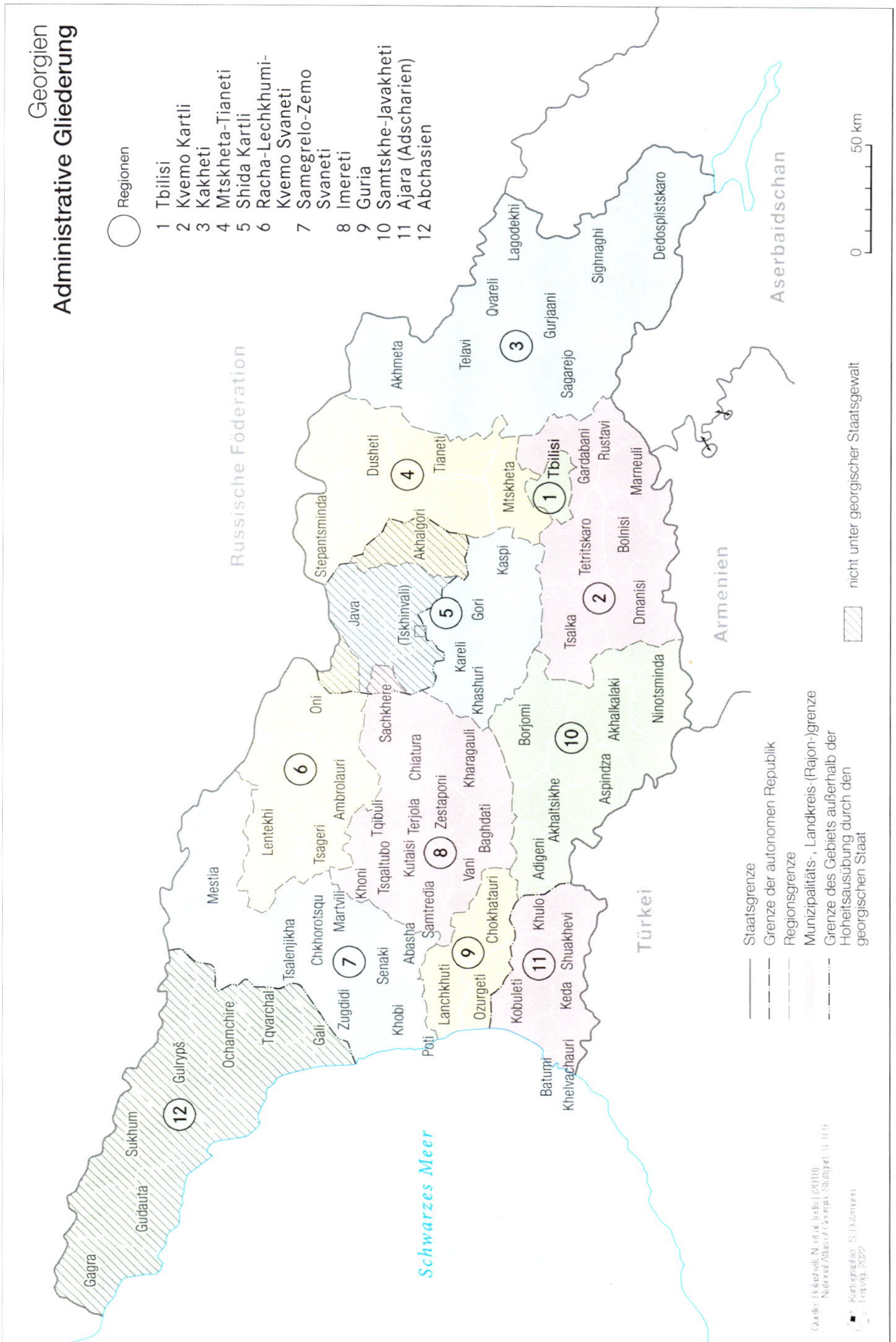

Karte 2: Administrative Gliederung

Keine territorialen Autonomierechte genießen die armenischen und aserbaidschanischen Minderheiten in der Region Samtskhe-Javakheti bzw. im Gebiet Borchalo im Süden von Kvemo Kartli. Dort war es den Behörden im Juni 1989 gelungen, kleinere Unruhen auf lokaler Ebene zu besänftigen.[39] In Javakhetien erwuchs aus den Autonomieansprüchen der Armenier Ende der 1990er Jahre durchaus Konfliktpotential, und erst seit 2012 greifen Maßnahmen zur Beruhigung.

Die neun Regionen (მხარე / *mkhare*; pl. *mkhareebi*)[40], die keine gewählte Volksvertretung besitzen und die hauptsächlich Koordinationsaufgaben haben oder statistische Daten der untergeordneten Munzipalitäten sammeln, bilden eine administrative Zwischenebene, die in der Sowjetzeit nicht bestand und erst in der Verfassung von 1995 verankert wurde. Ihre oft als Gouverneure bezeichneten Staatskommissare werden vom Präsidenten per Dekret ernannt und haben weitreichende Befugnisse. Die Regionen sind inzwischen etabliert, obwohl die georgische Verfassung von 1995 in Art. 2.3 vorsieht, dass ihre endgültige Festlegung erst nach der Wiedergewinnung der territorialen Einheit des ganzen Landes erfolgen soll.[41] Da die Regionen weitgehend an frühere, im Bewusstsein der Bevölkerung verankerte Raumeinheiten anknüpfen, die Namen historischer Territorien aufgreifen und in vielen Fällen auf Ethnonymen beruhen, fördern sie die regionale Identitätsfindung der Bevölkerung. Andererseits können sich die Staatskommissare zu Regionalmachthabern entwickeln, da sie keiner Kontrolle durch eine Legislative unterworfen sind. Korruption wird dadurch eher befördert als zurückgedrängt. Manche Regionen fassen zudem ältere, ethnisch begründete Teilgebiete zusammen wie Samegrelo-Svaneti mit den sehr unterschiedlichen Teilgebieten Mingrelien und (Hoch-)Svanetien, oder sie sind eher Kunstgebilde wie Mtskheta-Mtianeti. Im Fall von Samtskhe-Javakheti fühlt sich die armenische Minderheit unterrepräsentiert.

Die – unter Einschluss Abchasiens und Südossetiens – 72 Munizipalitäten (მუნიციპალიტეტი / *munits'ipalit'et'i*) umfassen fünf Städte (zwischen 2014 und 2017 waren es durch Festlegung im *Local Self-Government Code* sieben weitere) mit Selbstverwaltung (ქალაქი / *kalaki*) und 67 ländliche Distrikte. Letztere sind deutlich auf ein städtisches oder stadtartiges Zentrum ausgerichtete ländliche Räume mit mehr oder weniger dichter Bevölkerung und Besiedlung. Die zu den fünf Städten zählende Hauptstadt Tbilisi mit ihrem regionsgleichen Sonderstatus ist in zehn Distrikte (რაიონი / *raioni*) unterteilt. Die Einteilung in Munizipalitäten folgt weitgehend den Verwaltungseinheiten (*rajony* [Landkreise]) der Sowjetzeit. Eine Identifikation der Bevölkerung findet jedoch kaum statt, was sich in geringer Beteiligung an Wahlen und geringem Bekanntheitsgrad der jeweiligen lokalen Repräsentanten zeigt.[42]

Eine der zentralen Aufgaben der Munizipalitäten ist die Verteilung der zugewiesenen Mittel auf die nachgeordneten Verwaltungseinheiten (Gemeinden), die in der Regel nur geringe eigene Steuer- und Gebühreneinnahmen haben. Ein wesentliches Hemmnis bei der Aufteilung der Steuern ist die Regelung, dass die Lohnsteuer am Ort der Lohn zahlenden Einrichtung (Behörde, Unternehmen) zu entrichten ist und nur über einen regionalen Steuerausgleich auch den Munizipalitäten zugutekommt, die dann die weitere Verteilung bis auf kommunale Ebene übernehmen. Die lange Liste der durch Gesetze und Verordnungen festgelegten Zuständigkeiten entspricht jedoch nicht unbedingt der Realität; sie können weitaus weniger durchgesetzt werden, als es für das Funktionieren des Staates wünschenswert wäre.

Die kommunale Verwaltungsebene besteht aus selbstständigen Dörfern (სოფელი, *sopeli*), Kommunitäten (Gemeinschaften oder Niederlassungsverbände, die jeweils mehrere Dörfer umfassen; თემი, *temi*), Minderstädten oder Siedlungen städtischen Typs (დაბა, *daba*) und (kleinen) Städten (ქალაქი, *kalaki*).[43] Die Gemeinden sind für ihre Belange, die auch die Siedlungsplanung umfassen, überwiegend selbst verantwortlich, leiden aber unter dem Fehlen einer fachlichen Ausbildung der Bürgermeister und Verwaltungsangestellten sowie unter Einschränkungen, die sich aus einem Mitspracherecht der Munizipalitäten ergeben. Damit sind die 842 Gemeinden bislang das Stiefkind der Verwaltungsgliederung, da sie zwar eigenverantwortlich handeln (sollen), aber unzureichende Finanzmittel zur Erfüllung ihrer Aufgaben erhalten. Diese waren ihnen nach der Auflösung der agrarischen Großbetriebe der Sowjetzeit zugefallen, welche neben ihrer wirtschaftlichen Tätigkeit für einen großen Teil der lokalen materiellen und sozialen Infrastruktur zu sorgen hatten. Dies gilt auch für die Minderstädte (Siedlungen städtischen Typs) innerhalb der Munizipalitäten. Allein die Städte, die im Rang von Munizipalitäten stehen, sind bei den staatlichen Zuweisungen besser gestellt.

Die Liste der Zuständigkeiten der Selbstverwaltungseinheiten in Georgien ist lang, doch handelt es sich nicht durchweg um exklusive Zuständigkeiten. Vielmehr kann jederzeit von der obersten, gesamtstaatlichen Verwaltungsebene eingegriffen werden, und die Kompetenzen sind deutlich weniger scharf abgegrenzt, als es erscheint.

Im Vordergrund der öffentlichen Aufgaben der Kommunen stehen zunächst funktionale Zuständigkeiten wie Management und Verfügung über das kommunale Eigentum, speziell über die Landressourcen im kommunalen Eigentum.[44] Hieraus ergeben sich Aufgaben für die Bauleitplanung, d. h. die Flächennutzungsplanung, die die Ausweisung von Industrie-, Einzelhandels-, Erholungs- und anderen speziellen Nutzflächen, aber auch die Bepflanzung der Grünflächen einbezieht, sowie die Verkehrsplanung auf dem Gebiet der Kommune mit Ausnahme internationaler und nationaler Straßen. Dies schließt den Unterhalt, den Bau und die Weiterentwicklung lokaler Straßen sowie die Festlegung von Parkplätzen ein. Weiterhin sind die Gemeinden zuständig für Baugenehmigungen und die Aufsicht über unterirdische Bauarbeiten. Sie vergeben Namen und (Haus-)Nummern für Straßen, Plätze und Gebäude. In das Aufgabenfeld der Gemeinden fällt weiterhin das Management der Forst- und Waldressourcen von lokaler Bedeutung.

Im sozialen Bereich gehören die Information der Bevölkerung über mögliche Gesundheitsrisiken, der Betrieb von Vorschuleinrichtungen und die Genehmigung ihrer Statuten, die Durchführung sozial-kultureller Aktivitäten und Unterstützung der Aktivitäten der zuständigen Einrichtungen (Archive, Bibliotheken, Museen, Bildungs- und Kinderinstitutionen usw.) von lokaler Bedeutung zum Aufgabenspektrum. Ordnungsaufgaben betreffen die lokale Personenbeförderung, den Straßenhandel und das Anbringung von Außenwerbung.

Die Gemeinden erstellen ferner Regelungen für Dienstleistungen, planen Straßenreinigung und -beleuchtung, die Wasserversorgung und das Abwassermanagement sowie die Abfallbeseitigung. Maßnahmen zu Brandschutz und Betrieb und Unterhalt von Friedhöfen ergänzen diese Liste.

Im fiskalischen Bereich prüfen und genehmigen die Gemeinden ihr jeweiliges Budget. Sie erheben lokale Steuern und Gebühren im Rahmen der gesetzlichen Bestimmungen, ziehen lokale Gebühren ein und legen die Gebühren und Tarife für Wohnungen und kommunale Dienstleistungen fest. Mittel stehen zur Erfüllung der Aufgaben im Gebiet des Gesundheitswesens, des Sozialschutzes und der Wohlfahrt zur Verfügung.

Die Verwaltungsgliederung Georgiens ist aus der sowjetischen hervorgegangen, die jedoch zuletzt, sieht man von den Autonomien ab, mit den Landkreisen (russ. *rajony*) bzw. republikunmittelbaren Städten nur eine Zwischenebene zwischen Unionsrepublik und Gemeinde/Stadt kannte. Auch hier hatte es Veränderungen gegeben: Zwischen dem 11. Mai 1929 und Herbst 1930 bestand eine Zwischenebene mit der Hauptstadt Tbilisi sowie den fünf Kreisen (russ. *okrug*) Akhaltsikhe, Gori, Kachetien, Kutaisi und Poti; zwischen dem 5. November 1951 und 23. April 1953 wurden zwei Verwaltungsgebiete (russ. *oblast'*) Kutaisi und Tbilisi analog zur Verwaltungsgliederung anderer Unionsrepubliken eingerichtet.[45] Eine Abkehr von der zentralistischen Verwaltung brachten diese relativ kurzlebigen Veränderungen nicht.

Zwei De-facto-Staaten als Entwicklungshemmnis

Die Schwierigkeiten, die bei der Aufgabenerfüllung durch die Gemeinden entstehen, verblassen aus gesamtstaatlicher Perspektive vor den Problemen, die sich aus der Belastung der nationalen Integrität durch Sezession ergeben. Bei der Auflösung der Sowjetunion beanspruchten die Autonome Sowjetrepublik Abchasien und das Autonome Gebiet Südossetien mit einseitigen Souveränitäts- und Unabhängigkeitserklärungen den Status unabhängiger Staaten. In beiden Fällen führte dieser Anspruch, der dem Willen der georgischen Zentralregierung widersprach, zu blutigen Regionalkriegen. Als Folge bestehen heute auf dem Territorium Georgiens zwei De-facto-Staaten. So bezeichnet man politische Gebilde, die zwar völkerrechtlich nicht als eigenständige Staaten anerkannt sind (und damit auch keine Aufnahme in internationale Organisationen finden), die aber wesentliche Merkmale von Staaten aufweisen, insbesondere ein abgegrenztes Territorium, eine diesem Territorium zugeordnete, dauerhafte Bevölkerung und eine eigenständig handlungsfähige politische Führung; ihren Ausdruck findet die Staatlichkeit durch die auf diesem Territorium von der dortigen Bevölkerung anerkannten Symbole wie Staatswappen, Staatsflagge und Hymne, in der Regel auch durch Ausweise (Pässe), die die ansässigen Personen als Mitglieder des Staates bezeichnen. Um aus De-facto-Staaten vollgültige Staaten werden zu lassen, fehlt also vor allem die Anerkennung von außen innerhalb der internationalen Staatengemeinschaft. Im Fall Abchasiens und Südossetiens agierte Russland als regionale Ordnungsmacht, stellte russische Pässe aus und bereitete damit eine künftig mögliche „Umstaatlichung“ vor, nachdem bereits vorher Abchasien und Südossetien begonnen hatten jeweils eigene, aber international nicht anerkannte Pässe auszustellen.[46]

Abchasien (abchas. Аҧсны / Apsny, georg. აფხაზეთი / Apkhaseti), das sich 1918 aus Russland gelöst hatte und für 40 Tage als selbstständiger Staat existierte, hatte am 4. März 1921 den Status einer Sowjetrepublik erhalten, war dabei aber vertraglich an Georgien gebunden (*dogovornaja sovetskaja socialističeskaja respublika*) und wurde 1931 als Autonome Sowjetrepublik (*avtonomnaja sovetskaja socialističeskaja respublika*) der Georgischen SSR zugeordnet.[47] Es betrachtet sich auch heute wieder als selbstständigen Staat.

Unruhen hatte es in Abchasien bereits gegeben, als 1977/78 die neue Sowjetverfassung auch von den Unions- und Autonomen Republiken in regionale Verfassungen umgesetzt werden sollten. Ein Brief von 130 abchasischen Intellektuellen an den Obersten Sowjet der UdSSR beklagte im Dezember 1977 den zunehmenden georgischen Einfluss, der sich u. a. in der Verdrängung der abchasischen Sprache aus dem öffentlichen Leben äußerte. Im April 1978 erlebten mehrere abchasische Städte Massenkundgebungen, denen auf höchster politischer Ebene halbherzige Ministerratsbeschlüsse zur weiteren Entwicklung von Wirtschaft und Kultur folgten, die den Konflikt jedoch nicht lösen konnten.[48] 1989 lebten die Dispute erneut auf. Georgien versuchte zunächst noch, eine Sezession Abchasiens zu verhindern. Da der abchasische Bevölkerungsanteil in der Region mit 17,8 % weit unter dem Anteil der Georgier (45,6 %) lag, sollte wenigstens über einen neuen Zuschnitt der Wahlkreise gewährleistet werden, dass die abchasische Bevölkerungsminderheit bei den Wahlen im September 1990 aussichtsreich blieb. Tatsächlich fielen 29 der 65 Sitze an Abchasen, 26 Sitze an Georgier, die restlichen an Vertreter anderer ethnischer Gruppen.[49] Doch die Loslösung Georgiens von der Sowjetunion verstärkte die sezessionistische Bewegung in Abchasien; in dem von der georgischen Regierung für illegal betrachteten Referendum über den (noch) sowjetischen Unionsvertrag stellte sich die Bevölkerung Abchasiens ebenso wie die Südossetiens hinter Gorbačëv und stimmte mehrheitlich dem Entwurf zu.[50] 1992 setzte ein im abchasischen Parlament mit der abchasischen Stimmenmehrheit beschlossenes Gesetz die Verfassung der Abchasischen Sowjetrepublik von 1925 wieder in Kraft, die die Basis für eine Unabhängigkeit von Georgien sein sollte und das Gebiet als souveräne Republik nennt.[51]. Auf der anderen Seite hatte Georgien nach Ausrufung der Unabhängigkeit seine Verfassung von 1918 zum Grundgesetz gemacht. Unterstützung erhielt Abchasien durch die Konföderation der Völker Kaukasiens.

Die Unvereinbarkeit der unterschiedlichen politischen Positionen führte in Abchasien zu einem blutigen Sezessionskrieg und zur Vertreibung der georgischen Bevölkerung. Etwa 200 000 Menschen mussten ihre Wohnsitze aufgeben und nach Georgien übersiedeln, großenteils nach Zugdidi, Kutaisi und Tbilisi, wo sie hofften, Arbeitsplätze zu erhalten. Am 23. Juli 1992 rief Vladislav Ardzinba, als Vorsitzender des Obersten Sowjets Abchasiens der ranghöchste Politiker der Region und politisch eng mit konservativen Kräften in Moskau verbunden, die Unabhängigkeit aus. Anerkannt wurde diese bisher nur von der Russländischen Föderation, außerdem von Venezuela, Nicaragua, Nauru sowie – zeitweise – Tuvalu und Vanuatu, seit 2018 auch von der syrischen Regierung unter Bashar al-Assad.

1.06 Von Binnenflüchtlingen bewohntes ehemaliges Sanatorium in Borjomi (September 2010)

1.07 Flüchtlingssiedlung Ts'erovani bei Mtskheta (September 2010)

Die Flüchtlinge fanden Zuflucht in Notunterkünften; Bilder von dem mit Binnenflüchtlingen belegten ehemaligen Intourist-Hotel Iveria am heutigen Platz der Ersten Republik in Tbilisi gingen seinerzeit um die Welt. Ein internationales Eingreifen kam nicht in Frage, solange die Sowjetunion noch bestand, da es sich um einen Konflikt im Innern des Staates handelte. Ein Teil der georgischen Flüchtlinge konnte nach einer gewissen Zeit zurückkehren, die meisten Rückkehrer wurden aber nach wenigen Jahren ein zweites Mal vertrieben. Um die Binnenflüchtlinge dauerhaft unterzubringen, errichtete Georgien im Zusammenwirken mit dem UNHCR und internationalen Donoren eine Reihe von Flüchtlingssiedlungen, deren Bewohner jedoch von der übrigen Bevölkerung relativ isoliert blieben. Auch in Abchasien war die Situation für die Bevölkerung prekär, weil die Region unter einer Blockade litt. Die medizinische Versorgung brach weitgehend zusammen, so dass vermehrt als Kriegsfolge auftretende psychische Störungen nicht behandelt werden konnten. Lehrkräfte an Schulen wurden nicht mehr entlohnt und mussten von Eltern bezahlt werden, die dazu jedoch häufig nicht in der Lage waren.[52]

Im Mai 1993 kam nach dem erzwungenen Rücktritt von Tengis K'itovani als georgischem Verteidigungsminister und nach Verhandlungen zwischen Boris El'cin und Edvard Shevardnadze ein Waffenstillstand zustande, dem auch Ardzinba zustimmte. Allerdings blieb die Lage angespannt, und die Waffenruhe wurde immer wieder verletzt. Im Spätsommer 1993 brachen erneut Kämpfe aus, bei denen es den abchasischen Truppen mit russischer Unterstützung gelang, Sukhum zurückzuerobern. Anfang Oktober 1993 war der georgische Widerstand in Abchasien gebrochen. Seither gibt es zwar vielfältige Versuche, die Konfliktparteien zum Gespräch zu bringen, aber die politische Entwicklung erlaubt auf beiden Seiten keine Annäherung – über alle Regierungswechsel in Georgien hinweg. Auch Bemühungen von Nicht-Regierungs-Organisationen blieben erfolglos.[53] Im November 1994 gab sich Abchasien eine neue Verfassung. Der erste Präsident, Vladislav Ardzinba (1945–2010), regierte das Gebiet von 1994 bis 2005, erschien aber wegen Erkrankung ab 2002 nicht mehr in der Öffentlichkeit. Sein Nachfolger wurde nach internen Auseinandersetzungen Sergej Bagapsh.

Ober-Abchasien (K'odorital) wurde beim Waffenstillstand 1993 Georgien zugeordnet. Im Hauptort Chkhalta nahm damals die von Georgien unterstützte Exilregierung Abchasiens ihren Sitz. Nach dem russisch-georgischen Krieg im August 2008 beendete der Einmarsch abchasischer und russischer Truppen die georgische Kontrolle über Ober-Abchasien; die Exilregierung musste nach Georgien ausweichen, das K'odorital gelangte unter abchasische Kontrolle, so dass – wenn auch unter anderen Rahmenbedingungen – die frühere Territorialität Abchasiens wieder hergestellt wurde. In der abchasischen Verwaltungsgliederung wurden die aus dem früherem Landkreis Ochamchire bis 2008 an Rumpf-Georgien abgetrennten Gebiete als Landkreise Tkuarchal (T'q'varcheli) und Gali festgelegt. Verbliebene georgische Bevölkerung musste fliehen, darunter auch Svanen, die in der Munizipalität Tetrits'q'aro unterkamen. Das Grenzregime Abchasiens ermöglichte seit dem Waffenstillstand in der Regel einen „kleinen Grenzverkehr" (Kontakte zu Verwandten, Schulbesuch von Kindern, Versorgungsgänge) an mehreren Grenzübergängen. Anfang März 2017 wurden jedoch die beiden Grenzübergänge bei den Dörfern Otobaia und Nabak'evi am unteren Enguri einseitig von abchasischer Seite geschlossen – die Situation bleibt unberechenbar.[54]

Dass Abchasien dem georgischen Nationalismus eine eigene ethnisch-nationalistische Politik entgegensetzt, wird bei den Wahlen sichtbar: Bewerber um das Präsidentenamt müssen ethnische Abchasier sein und die abchasische Sprache beherrschen. Das Wahlrecht bewirkt zudem, dass das Parlament inzwischen zu 88,5 % aus ethnisch abchasischen Abgeordneten besteht. Die rd. 23 000 noch in Abchasien lebenden Georgier, die immerhin 15 % der Wählerschaft ausmachen, sind überhaupt nicht vertreten.[55]

Südossetien (osset. Хуссар Ирыстон / Chussar Iryston) geht auf ein am 20. April 1922 gegründetes sowjetisches Autonomes Gebiet (*avtonomnaja oblast'*) zurück. Es hatte zunächst am 10. November 1989 – noch auf der Basis der sowjetischen Verfassung von 1977 – einseitig die Umgründung in einer Autonome Sowjetrepublik beschlossen, was mit erweiterten Autonomierechten verbunden gewesen wäre, aber von Georgien nicht akzeptiert wurde.[56] Vorausgegangen war ein Sprachenstreit: Die georgische Zentralregierung wollte Georgisch als Amtssprache in Südossetien durchsetzen, wo man stattdessen Georgisch, Ossetisch und Russisch als gleichberechtigte Amtssprachen einzuführen bestrebt war. Als dann Ossetisch einseitig von der Regionalregierung zur Amtssprache erklärt wurde, brach der Konflikt offen aus und ließ in Südossetien den Wunsch nach einem Zusammenschluss mit Nordossetien laut werden.[57] Am 20. Dezember 1990 erfolgte die ebenso wenig anerkannte Ausrufung einer Demokratischen Sowjetrepublik Südossetien, die – von Georgien getrennt – Teil der Sowjetunion geworden wäre. Die Lage wurde zusätzlich dadurch kompliziert, dass Georgien im Dezember 1990 die Autonomie Südossetiens aufhob, die vier Landkreise (*rajony*, heute Munizipalitäten) größtenteils Shida Kartli, zum geringeren Teil Rach'a-Lechkhumi zuordnete und damit die Verwaltungsgrenzen veränderte, was von Südossetien nicht anerkannt wurde.

Der Umbenennung in ‚Republik Südossetien' am 1. September 1991 war eine Reaktion auf die Aufhebung der Autonomie Südossetiens durch Georgien. Schließlich folgte am 28. November 1991 eine dritte Unabhängigkeitserklärung des Territoriums. Im Juni 1992 kam es zwar zu einem Waffenstillstand, doch wie im Falle Abchasiens blieb eine breite internationale Anerkennung aus. Das Gebiet hatte mit seinen Unabhängigkeitserklärungen und einem im Januar 1992 abgehaltenen Referendum eine ethnisch begründete territoriale Vereinigung mit Nordossetien (Russländische Föderation) gesucht, die jedoch bislang – auch wegen Zurückhaltung auf russischer Seite – nicht erreicht wurde. Andererseits erfolgte eine Annäherung der Positionen, die Ende der 1990er Jahre eine Rückkehr Südossetiens als autonome Republik in den Staatsverband Georgiens nicht ausgeschlossen erscheinen ließ.[58]

Im August 2008 versuchte Georgien jedoch, die Sezession Südossetiens gewaltsam zu beenden – mit der Folge, dass Russland militärisch eingriff und aus dem missglückten Wiederanschluss ein Krieg („Fünf-Tage-Krieg") entstand. Die Darstellung der Ereignisse zeigte Diskrepanzen zwischen georgischer und russischer Lesart auf und ließ dadurch zwei „Fronten" der Berichterstattung entstehen.[59] Nach Erkenntnissen einer unabhängigen Kommission der Europäischen Union unter Leitung der Schweizer Diplomatin Heidi Tagliavini (*Independent International Fact Finding Mission on the Conflict in Georgia*) ging die Initiative zum Militärschlag eher von Georgien aus, das einen raschen Coup anstrebte, der aber von Russland zurückgeschlagen wurde.[60] Russland begründete sein Eingreifen mit dem Schutz der Zivilbevölkerung – analog zu westlichen Argumentationslinien beim Eingreifen der NATO im Kosovo 1999, ein Vergleich, der vor allem von Russland immer wieder bemüht wird.[61] Die politische Führung des Territoriums sucht seither engen staatlichen Anschluss an Russland, sei es durch die weiter angestrebte Vereinigung mit Nordossetien, sei es als eigenständige administrative Einheit. Eine Aufnahme in die Eurasische Wirtschaftsunion würde eine völkerrechtliche Anerkennung durch die anderen Mitgliedsstaaten voraussetzen, die bisher nicht erfolgte. Auch besteht derzeit wohl kein besonderes Interesse Russlands an einer Annexion – anders als im Fall der Krim 2014. Immerhin gab der russische Präsident Putin nach einjährigen Verhandlungen seine Zustimmung dazu, dass einige südossetische Truppenverbände in die russische Armee inkorporiert werden, was ein erster Schritt zu einer vollständigen militärischen Integration sein könnte, wenn auch Südossetien im Augenblick eine kleine eigene Armee behalten soll.[62] Für alle Seiten war dieser Krieg äußerst kostspielig, wobei auf georgischer Seite nicht nur die militärische Aufrüstung und die Beseitigung der unmittelbaren Kriegsschäden, sondern auch die Unterbringung und Versorgung geflüchteter Georgier zu Buche schlug. Während für Südossetien die Abhängigkeit von Russland wuchs, erhielt Georgien Unterstützung von internationalen Donoren, um die zunehmenden sozialen Aufgaben zu bewältigen, die aus dem Krieg erwachsen waren.[63]

Am 9. April 2017 wählte Südossetien nicht nur einen neuen Präsidenten, wobei der bisherige Parlamentsvorsitzende Anatoli Bibilov den bisherigen Präsidenten Leonid Tibilov ablöste, sondern stimmte in einem Referendum auch über einen neuen Namen ab; der Zustimmung zur Bezeichnung „Republik Südossetien – Staat Alanien“ (russ. *Gosudarstvo Alania*) folgte die unmittelbare Umbenennung.[64] Damit hat Südossetien auch in seiner Selbstbezeichnung einen weiteren Schritt bei der Annäherung an das zu Russland gehörende Nordossetien unternommen, das sich offiziell als *Severnaja Osetia – Alania* (Nordossetien – Alanien) bezeichnet. Die Annäherung zeigt sich auch darin, dass Nord- und Südossetien die gleiche Flagge (weiß-rot-gold quergestreift) haben. Bibilovs Nachfolger Alan Gagloev, seit Mai 2022 im Amt, hob den nach dem Ausbruch des russisch-ukrainischen Krieges verkündeten Erlass über ein Referendum, das Südossetiens Beitritt zur Russischen Föderation vorbereiten sollte, wieder auf und reduzierte damit und mit der Öffnung von Grenzübergängen zwischen Südossetien und Rumpf-Georgien ein wenig das Spannungspotential in Kaukasien.

Die derzeitige *de facto*-Abgrenzung Südossetiens entspricht weitgehend den vormaligen Grenzen des Autonomen Gebiets.[65] Allerdings wurden an einigen Stellen nach dem Augustkrieg 2008 die Grenzmarkierungen Südossetiens, meist Stacheldraht, im Rahmen einer „*borderization*“ einseitig zu Lasten Georgiens verschoben.[66] Außerdem erhebt das Gebiet territoriale Ansprüche auf das Truso- und das Ghudatal sowie das Plateau von Kobi, die nach der heutigen Abgrenzung zur Munizipalität Q'azbegi gehören.[67] Eine Grenzdemarkation im Gelände, die klare Verhältnisse schaffen könnte, ist nicht erfolgt und würde von Georgien vermutlich abgelehnt, weil damit eine indirekte Anerkennung der Eigenstaatlichkeit Südossetiens verbunden wäre.

In beiden Fällen, in Abchasien ebenso wie in Südossetien, hat sich Russland nicht nur zum Fürsprecher der Unabhängigkeit gemacht, sondern es leistet auch umfangreiche politische, militärische und wirtschaftliche Unterstützung und sieht sich als Schutzmacht über beide protostaatlichen Gebilde. Im Falle Südossetiens wird das Budget zu über 90 % durch Transferzahlungen aus Russland getragen, außerdem übernehmen russische Truppen die Grenzsicherung.

Zeitweise drohte Georgien auch Adscharien zu verlieren. In Batumi hatte Aslan Abashidze (geb. 1938)[68], der aus einer seit Jahrhunderten in der Region einflussreichen Familie entstammt, eine lokale Macht aufgebaut, mit deren Hilfe er sich von Tbilisi abzuspalten drohte. Er war 1991 Vorsitzender des Obersten Sowjets und kommissarischer Parlamentspräsident der Autonomen Republik Adscharien geworden und ließ sich 1998 zum Präsidenten Adschariens wählen. Auf ein autokratisches Regime gestützt, baute er sogar eigenes Militär auf; er isolierte Adscharien zunehmend gegenüber Georgien, weigerte sich, Zahlungen an die Zentralregierung zu leisten, und verwaltete die Region wie eine Wirtschaftssonderzone, aus der er persönlichen Gewinn zog. Aufsehen erregte er bei der Parlamentswahl 2003, als die von ihm getragene „Union für demokratische Wiedergeburt“ 19 % der Stimmen auf nationaler Ebene erhielt, obwohl seine Partei außerhalb Adscharien unbedeutend war und in Adscharien weniger als ein Zehntel der georgischen Bevölkerung lebte.[69] Während der „Rosenrevolution“ im November 2003 unterstützte Abashidze den georgischen Präsidenten Shevardnadze. Nach Saak'ashvilis Wahl zum Präsidenten flammten jedoch in Batumi Unruhen auf, die Abashidze zum Amtsverzicht zwangen und ihn Abchasien verlassen und Exil in Russland suchen ließen.[70] Damit konnte Adscharien wieder von der georgischen Zentralregierung verwaltet werden. Innerhalb Georgiens bleibt die Region aber latent unruhig.

Die Sezession Abchasiens und Südossetiens kam nicht plötzlich, sondern hat eine lange Vorgeschichte allein schon in sowjetischer Zeit. Beide Konfliktherde gelten heute als „eingefroren", was jedoch auch bedeutet, dass Feindseligkeiten sehr rasch wieder aufflammen können, wie der Fünf-Tage-Krieg gezeigt hatte. Die Positionen der beteiligten politischen Akteure haben sich jedoch in den beiden zurückliegenden Jahrzehnten gegenüber der Mitte der 1990er Jahre kaum verändert.[71] Alle internationalen Bemühungen, die beiden Konflikte zu bereinigen, sind bisher gescheitert, da sich die Positionen, die Georgien und Russland einnehmen, als miteinander unvereinbar erwiesen haben. So liegt der Schwerpunkt internationaler Aktivität vor allem darauf, den Waffenstillstand zu erhalten, auf unterster, meistens lokaler Ebene vertrauensbildende Maßnahmen zu unterstützen und bewaffnete Auseinandersetzungen an den Grenzen bzw. Waffenstillstandslinien zu verhindern.[72]

Von georgischer Seite wird derzeit nur anerkannt, dass keine hoheitlichen Rechte über Abchasien und Südossetien ausgeübt werden können; der völkerrechtliche Anspruch auf beide Territorien besteht weiterhin. Ein georgisches Gesetz vom 23. Oktober 2008 bekräftigte diese Rechtsposition.[73] Um den georgischen Staat jedoch nicht zu sehr zu blockieren und nötige Reformen anstoßen oder weiterführen zu können, wurden mit dem Bevölkerungszensus und dem Agrarzensus 2014 erstmals Großzählungen durchgeführt, ohne fiktive Werte für Abchasien und Ossetien einzufügen.

Die Georgier: linguistische Gruppe – Ethnos – Nationalität – Nationalvolk?

Wer sind nun „die" Georgier und Georgierinnen, von denen hier immer die Rede ist? Im umfassendsten Sinn bezeichnet der Begriff die Gesamtheit der Bewohner des Staates Georgien – und ist damit unscharf, weil er der ethnischen und linguistischen Vielfalt im Land nicht gerecht wird, die auch Armenier, Azeri, Griechen und Angehörige anderer Nationalitäten umfasst. Sie alle bilden, soweit sie die Staatsangehörigkeit besitzen, das Staatsvolk Georgiens. Klammert man die Minderheiten aus, bleiben als „Georgier" die eine Sprache der südkaukasischen Sprachfamilie sprechenden Personen; die Sprache ist neben der kollektiven Erinnerung an eine gemeinsame (mythologische) Herkunft und dem darauf begründeten Bezug zu Vaterland und Kirche eine der wichtigsten kulturellen Klammern der Gesellschaft.[74] Nach dem Eigenverständnis Georgiens bilden sie das Ethnos der Georgier, und zwar sowohl als im Lande Ansässige als auch als im Ausland Lebende.

In der Sicht der modernen Sprachwissenschaft, die in Georgien nicht generell geteilt wird, umfasst die südkaukasische Sprachfamilie jedoch vier Sprachen und eine Reihe von Dialekten. Neben dem Kartvelischen (*kartuli ena*), dem Georgischen im engeren Sinn, das sich schon im ersten nachchristlichen Jahrtausend als Schriftsprache entwickelte, sind dies das Svanische sowie die wohl aus dem ursprünglichen Zanischen entstandenen Sprachen der Mingrelier und Lazen. Die Sprecher dieser drei erhaltenen Sprachen betonen ihre jeweilige linguistische Eigenständigkeit und grenzen sich damit gegenüber den Kartveliern (*kartveli*, pl. *kartvelebi*) ab. Dieser Anspruch auf Anerkennung der Eigenständigkeit steht ebenso wie die häufige Missachtung der Minderheiten im Kontrast zu der Dominanz der Kartvelier und verhindert die Entwicklung eines Nationalvolkes in Georgien, das sich seiner Vielfalt bewusst ist und sie nicht unter einen ethnolinguistischen Zentralismus zwingt.

In der Textgestaltung kann dieser terminologischen Schwierigkeit kaum ausgewichen werden; wenn im Folgenden „Georgier" genannt werden, kann dieser Begriff je nach Zusammenhang die Gesamtbevölkerung Georgiens, die Angehörigen der südkaukasischen Sprachfamilie samt allen

Dialekten und auch der unterschiedlichen Religionen ebenso bedeuten wie die „Georgier im engeren Sinne“, d. h. die Kartvelier.

Landschaftliche Vielfalt und geographische Raumgliederung

Geodeterministen würden versuchen, die politisch-geographische Komplexität Georgiens aus der zweifellos gegebenen Vielfalt des Naturraums herzuleiten und daraus möglicherweise Szenarien für die künftige Entwicklung zu konstruieren. Tatsächlich gibt es einige natürliche Grundgegebenheiten wie die Trennung von West- und Ostgeorgien durch die Likhi-Gebirgskette oder die Unterschiede zwischen Nieder- und Hochgeorgien, doch führt das geodeterministische Erklärungsmuster nicht viel weiter. Sinnvoller ist es daher, in der Vielgestaltigkeit der Teilräume des Landes ein eigenständiges Merkmal der Faszination zu sehen, die Georgien auf Besucher ausübt. Dabei wird man schnell auf Raumbezeichnungen stoßen, die ehemalige Territorien benennen, und nur nachgeordnet auf orographische Namen, die ihrerseits häufig auch aus der Geschichte abgeleitet sind.

Unter den natürlichen Grundlagen für die räumliche Differenzierung stehen an erster Stelle die unterschiedlichen Höhenlagen, die vom Meeresspiegel am Schwarzen Meer bis zu einigen über 5000 m aufragenden höchsten Gipfeln reichen. Vier Fünftel des Landes liegen über 400 m, die Hälfte sogar über 1000 m hoch, doch weite Gebirgsräume sind nur sehr spärlich oder überhaupt nicht besiedelt, während sich die dichtere Besiedlung auf Tiefländer und Beckenlandschaften konzentriert. In kulturhistorischer Hinsicht war daher immer die Unterscheidung zwischen „Tiefland“ und „Gebirge“ üblich, ohne dass damit spezifische Höhenlagen gemeint wären; die Bergbewohner galten immer als „anders“. Ein vielleicht nicht besonders bedeutendes Beispiel bot das bevorzugte Getränk: Die Bewohner der Bergländer kannten keinen Weinbau, dafür Bier, für dessen Herstellung der Anbau von Gerste nötig war.[75] Andererseits reicht der Weinbau in Rach'a bis in Höhenlagen von rd. 750 m, also weit in die unteren Gebirgslagen hinein.

Feucht-subtropische Wälder prägen den Westen, steppen- und nahezu wüstenhafte Areale den Osten. Diese können nur extensiv weidewirtschaftlich genutzt werden, ziehen aber aufgrund kleinerer Erdölfunde auch weiterreichendes wirtschaftliches Interesse auf sich. Die zentrale Gebirgskette des Großen Kaukasus (georg. კავკასიონი / *K'avk'asioni*), die teilweise die Grenze zu Russland bildet, wird von Shkhara (შხარა; 5201 m) und Kasbek (georg. ყაზბეგი / *Q'azbegi*, auch მყინვარწვერი / *Mq'invarts'veri*; 5047 m) als höchsten Erhebungen des Landes überragt. Im Verlauf einer quer zu den Gebirgen streichenden Aufwölbung der Erdkruste werden in Georgien Großer und Kleiner Kaukasus durch die Likhi-Kette (auch: Surami-Kette, früher auch: Meskhisches Scheidegebirge) miteinander verbunden, eine wenig hohe (Rikoti-Pass 997 m) Erhebung von fundamentaler naturräumlicher, historischer und wirtschaftlicher Bedeutung. Denn der Kamm dieses schroff aufragenden und schwer zugänglichen Gebirgszugs mit der Wasserscheide zwischen Schwarzem und Kaspischem Meer ist die Trennlinie zwischen dem feuchteren West- und dem trockeneren Ost-Georgien. Da somit neben den geologischen Verhältnissen das Klima ein wesentlicher Steuerungsfaktor ist, besteht ein markanter Unterschied bei Vegetation und Landnutzung. Und selbst für die historische Entwicklung war dieses Scheidegebirge wichtig, trennte es doch die beiden historischen Kernräume voneinander, Iberien im Osten und Kolkhetien im Westen. In der Antike schied es den Einfluss Roms von dem des Persischen Reichs, später zeitweise den byzantinischen Einfluss vom arabischen Kalifat, dann wieder den osmanischen vom iranischen. Den Königreichen Mingrelien und Imeretien im Westen standen die von Kartli

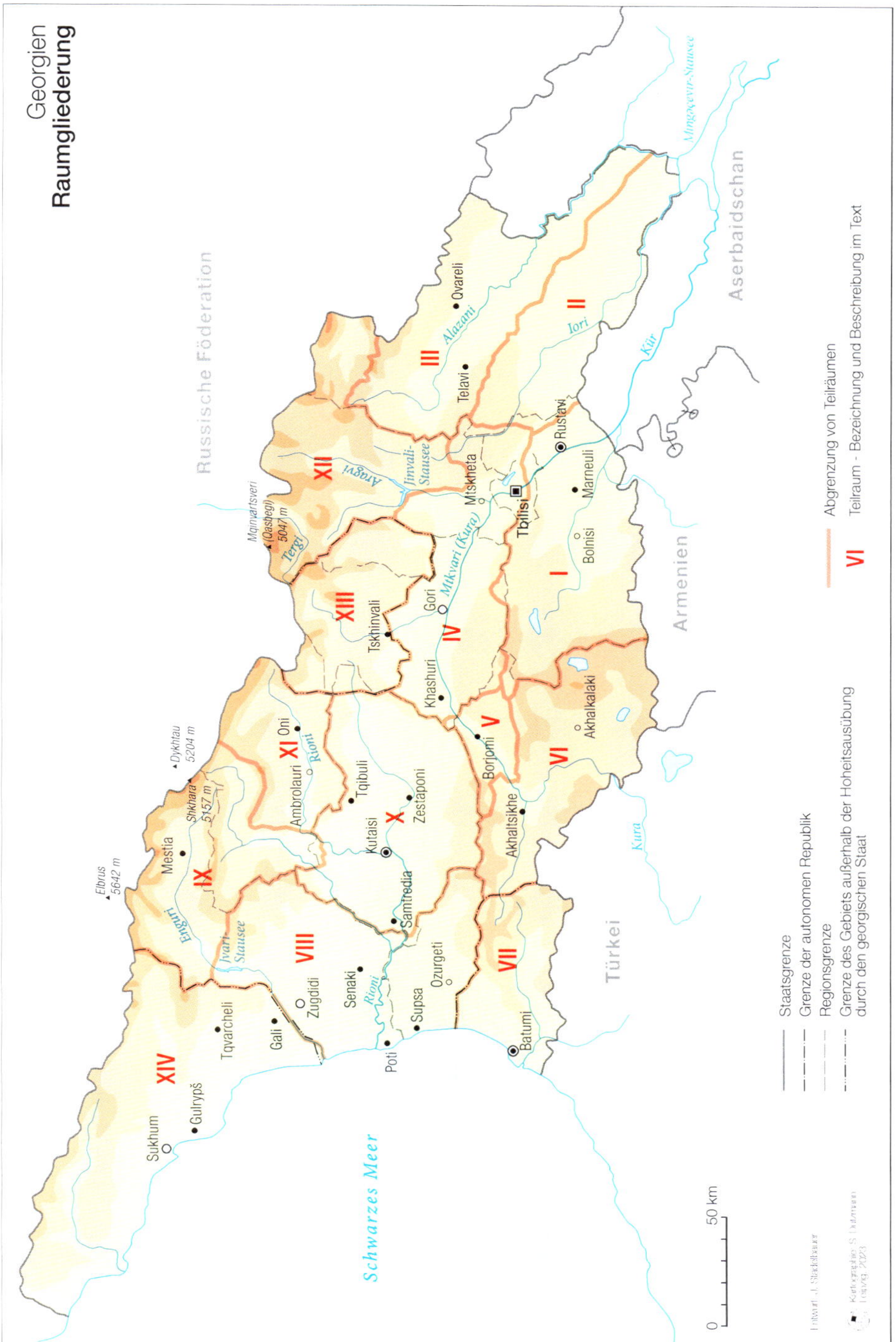

Karte 3: Raumgliederung

und Kachetien im Osten gegenüber. Und selbst in der jüngsten Geschichte stehen sich Politiker aus West- und Ostgeorgien gegenüber.

Da spezifische Toponyme für größere natürliche Landschaftseinheiten fehlen, greift die Namengebung immer wieder die von ethnisch-sprachlichen Gruppen hergeleiteten Bezeichnungen für historische Herrschafts-, Siedlungs- und Wirtschaftsräume auf, so dass man kaum der Versuchung entgeht, diese Aspekte miteinander zu vermengen. Offensichtlich verbirgt sich dahinter eine in der Bevölkerung verankerte Raumwahrnehmung, die sich unterhalb der großen orographischen Raumeinheiten an ethnisch-historischen Bezügen, an schwer überwindbaren Wasserscheiden in einzelnen Gebirgszügen und Einzugsgebieten orientiert.[76] Die Zahl der historischen Landschaftseinheiten und -namen ist groß: In Westgeorgien wurden in der Antike Kolchis, später Lazica, Abasgia [Abchasien] und Imeretien unterschieden. Südlich und östlich davon schloss sich Iberien oder Kartlien an, und zwar im Bereich der Täler von Ch'orokh und Mt'k'vari das historische Zemo Kartli oder Ober-Iberien, dem weiter nördlich Shida Kartli (Inner-Kartlien) sowie dem Mt'k'vari flussab folgend Kvemo Kartli (Nieder-Iberien, später Nieder-Kartlien) entsprachen. Ober-Iberien umfasste die Teilgebiete Achara [Adscharien], Nigal, Shavshetien, K'larjetien und T'ao (letztere im Nordosten der heutigen Türkei); nach Osten folgten Samtskhe oder Meskhetien, Javakhetien, Artani und K'ola. Nieder-Iberien bezog Trialetien, Gachiani, Gardabani, Tashiri und Abotsi ein. Nach Osten ergänzten noch Kakhetien, Kukhetien und Heretien das georgische Siedlungsgebiet.[77] Im Gebirgsraum des Großen Kaukasus wurden die Ethnonyme zur Grundlage der Raumbezeichnungen. Viele historische Landschaftsnamen sind noch gebräuchlich (Kartlien, Kakhetien, Samtskhe, Javakhetien), wenn auch bisweilen in anderer räumlicher Zuordnung, die sich aus Territorialgewinnen und -verlusten ergab. Für eine pragmatische Raumgliederung muss eine Kombination zwischen den Bezeichnungen der administrativen Regionen, historischen Namen und der Abgrenzung nach naturräumlichen Einheiten herhalten. Dabei sollen die nicht unter georgischer Hoheitsausübung stehenden Territorien Abchasien und Südossetien (aus georgischer Sicht: Region Tskhinvali) als Einheiten begriffen werden, obwohl eine Abgrenzung nach natürlichen Gegebenheiten etwas anders aussähe.

Die einzelnen Teilräume sollen in einem groben Überblick vorgestellt werden:

(I) Nieder-Kartlien: Mt'k'vari -Tal mit der Ebene von Gardabani und der Senke von Marneuli, südöstliche Ausläufer der Trialetischen Gebirgskette, nördliches Lori-Bergland und Ostanstieg zur Javakhetischen Gebirgskette

Südöstlich der östlichen Ausläufer des Trialetischen Gebirges, die bei Mtskheta und Tbilisi vom Mt'k'vari durchbrochen werden, öffnet sich das Flusstal zu der weiten Ebene, die der Fluss in die (östlich gelegene) Ebene von Gardabani und die (westliche) Senke von Marneuli und Bolnisi unterteilt. Diese erscheint als weitwellige Hügellandschaft, denn die tektonisch angelegte Senke von Marneuli ist mit tertiären flysch- und molasseartigen Sedimenten aufgefüllt, die in die Auffaltung des Kleinen Kaukasus einbezogen wurden. Sie sind von flachlagernden spätpleistozänen Ablagerungen überdeckt, in die sich die Flüsse Debed, Khrami, Algeti und Mt'k'vari nachträglich mit einem System von wenigstens drei Terrassenniveaus eingeschnitten haben. Wegen der geringen Niederschlagssummen von nur 300 bis 500 mm/Jahr dominiert steppenartiger Charakter, wenn bei der Besiedlung die ursprüngliche Bewaldung beseitigt wurde. Weithin wird Weidewirtschaft betrieben, denn Ackerbau erfordert Bewässerung, die problematisch ist, weil die Flüsse durch die Kupferverhüttung im armenischen Alaverdi, die Kupfer- und Goldgewinnung im georgischen K'azreti und die sowjetische und aktuelle Industrie von Rustavi mit Schwermetallen belastet

1.08 Kultursteppe bei Kumisi (Oktober 2017)

1.09 Schichtrippenlandschaft bei Davit Gareja (Mai 2019)

sind. Nach Westen schließen das Hochbecken der Ktsia mit dem Stausee von Tsalk'a sowie die vulkanogenen Plateaus von Chochiani, Gomareti und Dmanisi an die Flussebenen und Hügelländer an, nach Süden das Somkhetische Bergland (Loki-Gebirgskette). Dieses von streckenweise canyonartigen Tälern durchschnittene Gebiet bietet als Rohstoffe vor allem Baumaterialien, aber auch die Kupfer- und Goldvorkommen bei K'azreti. Plateaus und Bergländer sind im westlichen Teil von Mischwäldern überzogen und entwickelten nur in den Tälern einige Ansatzpunkte für Siedlungen und eine bescheidene Landwirtschaft, in welcher die Viehhaltung eine größere Rolle als der Ackerbau spielt. Nach Norden findet das Gebiet seinen Abschluss im Trialetischen Gebirge, an dessen Südabfall der Algeti-Nationalpark eingerichtet wurde. Westlich des Tsalk'a-Plateaus und einer Linie Tsalk'a – Dmanisi steigt das Gelände zum vulkanogenen Javakhetischen Gebirge an, dessen meist 2700 bis 2800 m hohe Bergzüge im Leili an der georgisch-armenischen Grenze (3157 m) und dem Emlik'li (3054 m) kulminieren und die Grenze zu Samtskhe-Javakhetien bilden. In diesem siedlungsarmen Gebiet besteht eine besonders hohe seismische Aktivität. Die Nutzung beschränkt sich auf Sommerweiden für Schafherden. Die spärliche Besiedlung reicht bis in Höhen von 1500, vereinzelt bis 1700 m. Noch im 19. Jahrhundert wurden Griechen beim heutigen Tsalk'a angesiedelt. Der Süden der Munizipalitäten Marneuli und Bolnisi macht das historische Borchalo aus, das bis 1736 ein kleines, von Azeri bewohntes Sultanat bildete. Auch heute dominieren dort die Azeri mit mehr als zwei Dritteln der Bevölkerung, die vor allem landwirtschaftlich tätig ist. Beim heutigen Bolnisi wurde von deutschen Siedlern, württembergischen Pietisten, die Anfang des 19. Jahrhunderts die Siedlung Katharinenfeld anlegten, Weinbau eingeführt und der Kartoffelanbau ausgeweitet.

Die östlich des Mt'k'vari gelegene, von Natur steppenhafte Ebene von Gardabani (Samgori, Kuchetien) ist landwirtschaftlich mit Getreide- und Maisanbau genutzt, benötigt aber Bewässerung und Windschutzhecken gegen die häufigen, den Boden austrocknenden Winde. Rustavi hat die aus sowjetischer Zeit ererbte Funktion als Industriestandort in reduzierter Form behalten.

(II) Iori-Plateau, Iori-Tal und Shiraki-Hügelland mit nordwestlich begrenzenden Gebirgszügen

Östlich von Rustavi und der Ebene von Gardabani steigt das Gelände leicht zum Iori-Plateau an, das parallel zu Großem Kaukasus und Gomborikette durch mehrere von Nordwesten nach Südosten verlaufende Bergzüge, Hügelzonen und Senken gegliedert ist. Es ist überwiegend aus sehr unterschiedlichen, flysch- und molasseartigen tertiären Sedimenten aufgebaut, die teilweise

1.10 Alazani-Becken bei Nekresi (Mai 2019)

1.11 Gombori-Gebirgskette (Oktober 2017)

noch in die Auffaltung des Großen Kaukasus einbezogen wurden. Der Iori führt als Fremdlingsfluss meist wenig Wasser und untergliedert das Gebiet in das südwestliche Gareji-Plateau und das östliche Plateau mit der Katarkeli-Bergkette, welche nach Osten in die Shiraki-Steppe übergeht. Im Grenzgebiet zu Aserbaidschan erheben sich die Ialaji- und Chobandagh-Gebirgsketten bis 890 m (Chobandaghi), ehe sich das Iori-Tal zum Eldari-Tiefland öffnet. Das Klima ist arid mit durchschnittlichen jährlichen Niederschlagssummen von 300 bis 500 mm, die sich auf Frühjahr und Herbst konzentrieren, meist als singuläre Ereignisse in Form von Starkregen fallen und daher der Landwirtschaft wenig nützen. Große Teile des Plateaus und Hügellandes gehören zu den traditionellen Winterweidegebieten der Bergvölker. Durch diese Nutzung wurde die Vegetation zu einer hemixerophytischen Steppenformation und im äußersten Südosten sogar zu halbwüstenhaften Formationen degradiert, die auch im Umland der Klosteranlagen von Davit Gareja zu sehen sind. Besonders deutlich wird der Nutzungskonflikt mit dem Naturschutz im Ch'ach'una-Wildnisschutzgebiet, wo ein besseres Weidelandmanagement angestrebt wird, um neben der Nutzung auch den Schutz zu verwirklichen. In dem seit 1928 bestehenden Vashlovani-Schutzgebiet (Nationalpark und Naturschutzgebiet) sollen die naturnahe Vegetation mit lichten Pistazienwäldern und eine artenreiche Fauna erhalten werden.

Die Besiedlung dieses Gesamtraums erfolgte spät und blieb gering. Sie konzentriert sich auf wenige Orte im Iori-Tal und um Dedoplists'q'aro. Flächenhaft ackerbaulich genutzt wird das Plateau von Arkhilosk'alo, Kvemo Kedi und Zemo Kedi mit seiner regelmäßig aufgeteilten, kleingliedrigen Flur. In jüngerer Zeit wurde der Obstbau zwischen Sagarejo und Udabno ausgeweitet. Sonst erlaubt die kontinentale Trockenheit kaum Anbau, so dass sich die Wirtschaft auf Winterweide konzentriert. Kleinere Erdölvorkommen wurden bereits erschlossen, bei weiteren läuft die Prospektion. An der Grenze zu Aserbaidschan sind die Klosteranlagen von Davit Gareja ein touristischer Anziehungspunkt.

Nach Norden werden die Plateaus und Hügelländer von der Saduramo-Ialno- und der Gombori-Gebirgskette begrenzt, deren Gesteinsaufbau in die Kreidezeit zurückreicht. Sie sind Ausläufer der südlichen Kaukasus-Vorberge, werden vom Hauptgebirgszug aber durch die tektonischen Senken von Tianeti und Alazani getrennt. Im Innern sind die Gebirgszüge, die im Ialno (1847 m) bzw. Tsivi (1991 m) kulminieren, dicht bewaldet und nur in den Tälern besiedelt. Für die Verbindung zwischen Kartlien und Kachetien ist vor allem die Gomborikette ein deutliches Hindernis; die heutigen Straßenverbindungen zwischen Tbilisi und der kachetischen Hauptstadt

1.12 Becken von Gori, Blick nach Süden (August 2010)

1.13 Becken von Gori, Blick nach Norden (August 2019)

Telavi müssen entweder nach Osten das Gebirge umgehen und über Gurjaani ausholen oder aber den 1620 m hohen Gombori-Pass überwinden.

(III) Alazani-Becken, eingerahmt von Gombori-Kette, Kachetischer (T'batana-) Gebirgskette und Kaukasus-Hauptkette

Der Rand der weiten, tektonisch zwischen der Kaukasus-Hauptkette und der Gombori-Kette angelegten und mit jungen Sedimenten erfüllten Senke ist der wichtigste Siedlungs- und Wirtschaftsraum Kachetiens. Während der Auenbereich des Alazani, eines der bedeutendsten Nebenflüsse des Mt'k'vari, wegen seiner Feuchtigkeit und der Überschwemmungsgefahr weitgehend siedlungsleer blieb, gehen nordöstlich und südwestlich am Anstieg zum Kaukasus bzw. zur Gomborikette die langgestreckten, von Garten- und Rebland eingefassten Siedlungen fast ineinander über. Trotz der latenten Gefahr von Muren und Schuttströmen sind die Schwemmfächer der aus dem Kaukasus austretenden Täler bevorzugte Siedlungslagen. Die weitaus wichtigste Wirtschaftsgrundlage ist der Weinbau, im Übergang zum Innern der Senke wird auch Getreide- und Maisanbau betrieben; im Südosten wird bei Dedoplists'q'aro Kalk als Baumaterial abgebaut. Neben der kachetischen Hauptstadt Telavi sind Iq'alto und Alaverdi sowie die Kirchenfestung Gremi und Aleksandre Ch'avch'avadzes Gut Ts'inandali kulturhistorisch bedeutende Zentren des mittelalterlichen und neuzeitlichen Georgien. Nach Nordwesten wird die Senke von der dicht bewaldeten kachetischen (T'batana-) Gebirgskette abgeschlossen, an die sich östlich das Pank'isi-Tal mit dem Oberlauf des Alazani anschließt. Nach Südosten setzt sich die Senke, jetzt schon fast steppenhaft mit der Gefahr weiterer Desertifikation, in Aserbaidschan fort, wo die Landkreise Balakən (georg.: Belakani) und Zaqatala, bewohnt u. a. von Ingiloern (islamisierte Georgier), zur historischen Provinz Heretien gehören, die auch den heute ebenfalls in Aserbaidschan liegenden Unterlauf des Iori umfasste.

(IV) Beckenlandschaft von Inner-Kartlien (mit den Teilbecken von Khashuri, Agara, Gori, Kaspi, Mtskheta und Tbilisi), Nordabfall des Trialetischen Gebirges und südliche Vorbergketten des Großen Kaukasus

Kartlien ist der historische und geographische Kernraum Georgiens, von dem mehrfach die Staatswerdung Georgiens ausging, im Mittelalter ebenso wie in der Neuzeit. Zudem ist es auch

1.14 Mt'k'vari-Tal bei Borjomi (September 2010))

1.15 Mt'k'vari-Tal (September 2010)

der Raum, in dem sich frühe Handels- und Heerstraßen kreuzten und Phasen wirtschaftlicher Blüte brachten, wo es aber auch immer wieder zu kriegerischen Einfällen und Zerstörungen kam. Die westliche Grenze bildet die Likhi-(Surami-)Gebirgskette. Im westlichen Teil (Inner-Kartlien, Shida Kartli) liegen entlang des Mt'k'vari die fruchtbaren, vor allem von Obst- und Gemüseanbau geprägten Beckenlandschaften von Khashuri, Agara, Gori, Kaspi und Mtskheta zwischen den nördlichen Rändern des Trialetischen Gebirges im Süden und den Kaukasusvorbergen, die im Norden nach Südossetien hineinreichen und durch die Nebenflüsse des Mt'k'vari (Großer und Kleiner Liakhvi, Ksani, Aragvi) in einzelne Gebirgszüge (Gudisi-, Kharuli-, Alevi-, Gudamaq'ari-, Kartli-Kette) untergliedert werden. Im Innern der Beckenstruktur verläuft zwischen Gori und Kaspi die Kvernakebi-Bergkette, die den Lauf des Mt'k'vari von den fruchtbaren Teilbecken entlang der Autobahn trennt. Bei Mtskheta und Tbilisi durchbricht der Mt'k'vari die östlichen Ausläufer des Trialetischen Gebirges. Dort liegt im Übergang von Inner- zu Nieder-Kartlien die georgische Hauptstadt, die sich zunächst in einem kleinen Becken entwickelte, aber längst über dessen Ränder hinausgewachsen ist. Naturräumlich vermitteln die Beckenlandschaften zwischen dem Großen Kaukasus im Norden und den Gebirgen des Kleinen Kaukasus im Süden sowie der Gomborikette im Osten. Klimatisch sind sie Ostgeorgien zuzurechnen. Wirtschaftlich gehören sie zum gut erschlossenen Kernraum Georgiens, wobei der Großraum Tbilisi-Rustavi-Mtskheta nochmals eine Sonderstellung einnimmt.

(V) Trialetisches Gebirge und mittleres Mt'k'vari-Tal

Der Mt'k'vari folgt beim Durchbruch durch den Kleinen Kaukasus einer tektonischen Linie, die das Aufdringen von Mineralwasser begünstigt. Das enge Durchbruchstal, das sich beim Kurort Borjomi nur wenig weitet, ist eine Verkehrsachse, deren Bedeutung noch vom weiteren Ausbau der Wirtschaftsbeziehungen zur Türkei profitieren kann. Das Tal trennt die ostwärts liegenden Ketten des weithin bewaldeten Trialetischen Gebirges vom westwärts anschließenden Nationalpark Borjomi-Kharagauli. Das Trialetische Gebirge ist ein stark gegliedertes Bergland, dessen höchste Gipfel auf der südlich des Gujaretits'q'ali gelegenen, fast nur weidewirtschaftlich genutzten Hauptkette liegen und durchweg unter 2900 m Höhe bleiben (höchster Gipfel: Shavik'lde [auch: Karakaja], 2850 m). Die Hauptentwässerung des Gebirges erfolgt asymmetrisch nach Norden und Nordwesten zum Mt'k'vari, in geringerem Maße nach Süden zum Khrami und in

1.16 Kultursteppe zwischen Akhaltsikhe und Abastumani (September 2010)

1.17 Samtskhe: Tal von Abastumani (September 2011)

das Becken von Tsalk'a in Kvemo Kartli. Zwischen den einzelnen, teilweise bis in die Gipfelregion bewaldeten Massiven zwischen Gujaretits'q'ali und Innerkartlien sind die Flusstäler zugleich Ansatzpunkte der spärlichen, meist späten und ursprünglich vor allem von Osseten getragenen Besiedlung. Dort wird etwas Getreideanbau betrieben, während sonst Forstwirtschaft und Sommerweiden der Schafhaltung dominieren. Historisch entspricht der zentrale Teil dem kleinen Territorium Kheoba, das im 17. Jahrhundert an das Königreich Kartli kam. Die touristische Nutzung beschränkt sich bisher weitgehend auf Borjomi und Bakuriani sowie den westlich des Mt'k'vari anschließenden Nationalpark.

(VI) Westen des Kleinen Kaukasus mit Samtskhe [Meskhetien] und Javakhetien, Adscharisch-Imeretische [Meskhetische] Kette, Samsari-Kette und Erusheti-Hochland

Südwestlich an die Bergzüge, Ebenen und Beckenlandschaften Kartliens und an das Durchbruchstal des Mt'k'vari schließen sich weitere Gebirgszüge und Becken an, die ebenfalls dem Kleinen Kaukasus zugerechnet werden. Auch hier boten intramontane Becken und Talzüge Ansatzpunkte für die Besiedlung. Nach Osten wird die Region durch das nach Nordarmenien reichende, großenteils aus vulkanischen Gesteinen aufgebaute Javakhetische Gebirge und die Samsari-Kette begrenzt, die beide in nordsüdlicher Richtung verlaufen. Zwischen ihnen erstreckt sich das Paravani-Hochland mit dem Paravani-See, dem größten natürlichen See Georgiens. Nach Norden trennen das Trialetische Gebirge mit dem Tsia-T'abats'q'uri-Wildschutzgebiet und – westlich des Mt'k'vari – das Meskhetische oder Imeretische Gebirge den Raum von Inner-Kartlien bzw. Gurien und Kolchis. Eine Westgrenze kann mit der Arsiani-Gebirgskette gezogen werden, die am Goderdzi-Pass von der Fernstraße 1 zwischen Akhaltsikhe und

1.18 Nationalpark Borjomi-Kharagauli (September 2010)

1.19 Adscharische Landschaft bei Batumi (August 2019)

1.20 Kolchis-Tiefland (September 2010)

Batumi überquert wird. Bei Akhaltsikhe und Vale weitet sich das Tal des Mt'k'vari mit den Zuflüssen von Kvabliani und Potskhovists'q'ali zum Becken von Akhaltsikhe mit frühen Siedlungsansätzen im historischen Meskhetien. Das Javakhetische Plateau von Akhalkalaki findet seinen südlichen Abschluss mit dem Ektapi-Gebirge (Gekdaghi 2790 m), dem die georgisch-türkische Grenze folgt. Die Beckenlandschaft von Akhaltsikhe und Vale wird im Süden von dem aus tertiären Laven und Tuffen aufgebauten Erusheti-Hochland begrenzt, das zum georgisch-türkischen Grenzraum führt und im Gumbati (2964 m) kulminiert; an seinem Ostabfall zum Mt'k'vari entstand die in den Tuff gegrabene Höhlensiedlung Vardzia. Große Teile dieser Gebirgslandschaften sind in den höheren Lagen heute nur sehr weitständig erschlossen. Die Gebirgsketten waren ursprünglich auch in den unteren Höhenlagen dicht bewaldet, wurden dort aber durch Rodung und Viehweide ihrer Bestände beraubt, so dass es örtlich zu starker Bodenerosion bis hin zu Badlandbildungen kommt. Wegen der Grenzlage war die Besiedlung immer wieder Angriffen ausgesetzt. Massive Bevölkerungsverschiebungen ergaben sich 1944 aus der Deportation der Meskheten. Daher sind von der früheren Kulturlandschaft vielfach nur noch Spuren zu finden, Reste wüstgefallener Siedlungen und Relikte aufgelassener Obst- und Weinbauterrassen. Im Mittelalter spielten diese Siedlungsräume jedoch eine wichtige Rolle innerhalb des Königreichs T'ao-K'larjeti, das weit in den Nordosten der heutigen Türkei reichte. Ein großer Teil des Ostens der Adscharisch-Imeretischen Gebirgskette wird vom Nationalpark Borjomi-Kharagauli eingenommen. Der südlich von Akhalkalaki sich erstreckende Javakhetische Nationalpark soll mit dem Arip-Nationalpark in Nordwestarmenien und einem auf türkischer Seite noch einzurichtenden Schutzgebiet zwischen Ektapi-Gebirge und Çıldır-See zu einem transnationalen Nationalpark weiterentwickelt werden.

(VII) Ajara (Adscharien) mit dem Küstenstreifen Batumi – Kobuleti und dem Tal von Ch'orokh mit Ach'arists'k'ali

Der Kernraum Adschariens liegt zwischen dem Westen des Adscharisch-Imeretischen Gebirges und der Shavsheti-Gebirgskette mit dem Tal des Ach'arists'k'ali. Letzteres führt als Siedlungs- und Wirtschaftsachse von Batumi ins Bergland, welches im Süden vom Ch'orokh (türk.: Çoruh) entwässert wird, in den der Ach'arists'k'ali beim gleichnamigen Ort einmündet. Dieser Fluss entwässert den größten Teil des Inneren Adschariens; sein Tal bildet die Leitlinie für die noch

1.21 Gurisches Vorland des Adscharisch-Imeretischen Gebirges (August 2019)

1.22 Kolchis-Tiefland in Mingrelien (August 2019)

im Ausbau befindliche Fernverkehrsstraße 1, die Batumi durch Nieder- und Hoch-Adscharien mit Akhaltsikhe verbindet. Die klimatischen Verhältnisse sind feucht-subtropisch. Hohe Luftfeuchtigkeit und relative Frostsicherheit erlauben in Küstennähe den Anbau von Zitrusfrüchten. Feuchte Luftmassen, die vom Schwarzen Meer herangeführt werden, können sich im Stau der genannten Gebirge abregnen, so dass vor allem an der Küste und im Luv der Gebirgszüge hohe Niederschlagssummen erreicht werden. In den Bergen werden dadurch häufig Erdrutsche auch größeren Ausmaßes ausgelöst, wenn die ursprüngliche, schützende Waldbedeckung durch Rodung entfernt wurde. Parallel zum westlichen Teil des Adscharisch-Imeretischen Gebirges bildet die Shavsheti-Kette die Grenze zwischen Adscharien und der Türkei. Die Siedlungen konzentrieren sich an der Küste, als Streusiedlung auf den westlichen Ausläufern des Adscharisch-Imeretischen Gebirges und im Talzug des Ach'arists'k'ali. Den Kern der Bevölkerung machen Adscharen aus, die sich von Georgiern nicht durch die Sprache, sondern durch die religiöse Orientierung (überwiegend sunnitische Muslime) unterscheiden. Trotz der hohen Niederschläge spielt der Tourismus insbesondere im Küstenabschnitt zwischen Batumi und Kobuleti eine große Rolle. Hinzu kommt als Wirtschaftsaktivität der Handel mit der Türkei, der über den Hafen von Batumi oder den Grenzübergang Sarpi läuft.

(VIII) Das Rioni-Tiefland (Gurien und Mingrelien)

Den tiefstgelegenen Teil Westgeorgiens bildet das Rioni-Tiefland (oft gleichgesetzt mit der Kolchisniederung). Über Ablagerungen aus Kreidezeit und Tertiär sowie quartärzeitlicher Molasse hat sich die heutige Landschaft nach dem Höchststand der letzten Kaltzeit im Wechselspiel von Sedimentation und Meeresspiegelanstieg herausgebildet. In den zurückliegenden acht Jahrtausenden stieg der Meeresspiegel um etwa neun Meter an, doch verhinderte die hohe Sedimentfracht von Rioni, Supsa, Enguri und kleineren Flüsse eine weitflächige Überflutung des Tieflands, das sich nach Nordwesten in Abchasien fortsetzt. Nur an der Küste bildeten sich zeitweilig Lagunen aus. Bis ins frühe 20. Jahrhundert war das Gebiet stark versumpft mit einer wegen der Feuchtigkeit hohen Malariagefährdung. Meliorationsarbeiten haben seither große Flächen trockengelegt und die Agrarfläche mit Ausnahme der Alluvialflächen an der Mündung von Rioni und Khobi ausgeweitet. Siedlungsleer blieben östlich von Poti eine rd. 40 km südlich des Rioni ins Landesinnere reichende Schwemmlandebene und die küstennahen Feuchtgebiete nördlich

1.23 Hoch-Svanetien: Rioni-Tal (August 2019)

1.24 Hoch-Svanetien: Weltkulturerbe Ushguli-Chazhashi (August 2019)

und südlich des Khobits'k'ali. Große Teile von ihnen sind als Kolchis-Nationalpark ausgewiesen und wurden 2021 als Weltnaturerbe in die UNESCO-Liste aufgenommen. Eine landwirtschaftliche Nutzung setzt bei den über diese tiefsten Bereiche der Niederung ansteigenden Hügeln an, wo in sowjetischer Zeit der Teeanbau am wichtigsten war. Im Gegensatz zum Tiefland waren diese etwas höher gelegenen Randbereiche zu den Gebirgen, dem Adscharisch-Imeretischen Gebirge im Süden und der dem Großen Kaukasus vorgelagerten Egrisis-Kette, die im Norden Mingrelien von Nieder-Svanetien trennt, immer dichter besiedelt. Mit Gurien (Hauptstadt Ozurgeti) im Süden und Mingrelien (Hauptstadt Zugdidi) im Norden sind diese Bereiche über den Teeanbau hinaus das Hauptanbaugebiet subtropischer Baum- und Strauchkulturen. Dazu kommt die Verkehrsbedeutung mit dem Hafen von Poti (Erdölterminal von Supsa) und künftig möglicherweise von Anak'lia. Samt'redia, Senak'i und Zugdidi entwickelten sich als kleine Verkehrsknoten. Nachdem durch die Sezession Abchasiens die Verkehrsverbindung von Kutaisi und Samt'redia über Zugdidi nach Sukhum an Bedeutung verloren hat oder gar unterbrochen ist, wurden Straßen- und Eisenbahnverbindung von Samt'redia nach Batumi wichtiger.

(IX) Svanetien

Während der Nordabfall des Großen Kaukasus überwiegend von Quertälern bestimmt wird, trennen auf der Südseite hochgelegene Längstäler den Hauptkörper des Gebirges von etwas niedrigeren vorgelagerten Ketten. Hoch-Svanetien, das sich zwischen der Hauptkette des Großen Kaukasus und der südlich vorgelagerten Svanetischen Kette erstreckt, gehört gemeinsam mit Mingrelien einer gemeinsamen Verwaltungsregion an, weist aber als historische Landschaft eine große Eigenständigkeit auf. Mit seinem Hauptort Mest'ia bildete es ein mittelalterliches Fürstentum, das lange weitgehend von der Außenwelt

1.25 Wohn- und Wehrturm in Mest'ia (August 2019)

1.26 Weltkulturerbe Kloster Gelati bei Kutaisi (Mai 2019)

1.27 Imeretisches Mittelgebirge (Juni 2019)

abgeschieden blieb und von dem sich die Dörfer im östlichen Teil des Mulkhura-Flusses als „Freies Svanetien“ trennten. Über Mest'ia gewinnt man Zugang zur Gletscherzone des zentralen Kaukasus zwischen Ushba (4700 m) und Shkhara, dem höchsten Gipfel Georgiens (5201 m). Am Oberlauf des Enguri, der bei Potskhoetseri zum größten Stausee Georgiens (Jvari-Stausee) aufgestaut ist, verläuft der einzige ausgebaute Zugang zu dem Hochtal von Hoch-Svanetien und den entlang dieser Achse aufgereihten Siedlungen. Die Grenze zwischen Georgien und Russland trennt den höchsten Gipfel des Großen Kaukasus von Georgien: Der Elbrus (5642 m), ein ehemaliges Vulkanmassiv, liegt – wie auch der Kasbek – nicht auf der Wasserscheiden-, sondern der nördlich vorgelagerten Seitenkette. Am Oberlauf des Tskhenists'q'ali und an der ihm tributären Kheledula schließt sich südlich der Svanetischen Gebirgskette Nieder-Svanetien mit der Hauptstadt Lent'ekhi an, nach Süden wiederum begrenzt durch die Egrisi- und die Tskhenists'q'ali-Kette, deren Jurakalke stark verkarstet sind. Der von Mest'ia über Ushguli nach Melo führende Fahrweg soll ausgebaut werden, um eine zweite direkte Verbindung zu ermöglichen. Administrativ ist Nieder-Svanetien, das über das imeretische Kutaisi erreichbar ist, mit der Hochgebirgsregion Rach'a-Lechkhumi zusammengeschlossen. Die schon lange anhaltende Abwanderung setzt sich bis in die Gegenwart fort und schwächt die ohnehin wirtschaftlich schwache Region nachhaltig.

(X) Imeretien: Mittleres Rioni-Tal, „Mittelgebirge“ oberhalb Kutaisi

Imeretien tradiert den Namen eines früheren Königreichs, welches immer wieder mit Kartlien um die Vorherrschaft über Georgien rang. Die mittelalterliche Bedeutung wird im Kloster Gelati sichtbar, das eine der beiden großen georgischen Akademien beherbergte. Noch die russische Verwaltung im 19. Jahrhundert trug mit dem Nebeneinander der beiden Gouvernements Tbilisi und Kutaisi dieser historischen Dualität und oft auch Rivalität Rechnung. Imeretien umfasst den Übergang vom östlichen Rioni-Tiefland mit dem Imeretischen Becken zu den Vorbergen am Südabfall der Rach'a-Gebirgskette (Imeretisches Hochland) und im Süden zum Meskhetischen Gebirge. Die Besiedlung konzentriert sich zwar auf die tiefer gelegenen Bereiche, folgt aber auch den Tälern ins Gebirgsinnere. Die stark gegliederten Gebirge der Region sind dicht bewaldet, die Täler und Becken, teilweise auch die niedrigeren Hangpartien dicht besiedelt; wegen der Streusiedlungsweise und des üppigen Pflanzenwachstums vollzieht sich der Übergang von der

1.28 Rach'a: Rioni-Tal bei Bostana (September 2022)

1.29 Hoch-Rach'a (September 2022)

Natur- zur Kulturvegetation fast unmerklich. Das Gelände ist so stark reliefiert, dass in der Bergbaustadt Ch'iatura im Q'virila-Tal noch bis in den Sommer 2019 zwei (von ursprünglich 26 dafür vorgesehenen) Seilbahnen einen Teil des ÖPNV übernahmen; ein Wiederaufbau dieses Verkehrssystems ist geplant. Steinkohle- (T'q'ibuli) und Manganerzvorkommen (Ch'iatura) besaßen in sowjetischer Zeit eine große volkswirtschaftliche Bedeutung für die Industrialisierung, für die der Standort Zest'aponi an der Eisenbahn geschaffen wurde. Die imeretische Hauptstadt Kutaisi, die heute mit Batumi um den Rang der zweitgrößten Stadt Georgiens konkurriert und mit dem zeitweiligen Sitz des Parlaments politische Aufgaben erhielt, leidet unter dem Verlust großer Industriebetriebe, die der De-Industrialisierung nach Auflösung der Sowjetunion zum Opfer fielen. Ts'q'alt'ubo nordwestlich von Kutaisi blickt auf eine Tradition als sowjetischer Kurort zurück. Die westlich benachbarte Talschaft des Tskhenists'q'ali führt in die Lechkhumi-Kette und ist das Kerngebiet der Landschaft Lechkhumi. Auch hier hatten sich im Mittelalter recht eigenherrlich agierende Territorialherrschaften herausgebildet. Ausgeprägten Mittelgebirgscharakter besitzt das Imeretische Hochland nordwestlich des Likhvi-Gebirges.

(XI) Westliches Hochgeorgien (Rach'a-Lechkhumi)

Die historische Provinz Rach'a umfasst als Teil Hochgeorgiens den Oberlauf des Rioni mit seinen Nebentälern und den Hauptorten Ambrolauri und Oni (Nieder- bzw. Hoch-Rach'a), den nördlich anschließenden Abschnitt der vergletscherten Hauptkette des Großen Kaukasus im Grenzgebiet zu Nordossetien und zu Kabardino-Balkarien, ferner die südlich anschließenden, dichter besiedelten Mittelgebirgslandschaften mit dem Hauptort Ambrolauri (Nieder-Rach'a) sowie den Nordabfall der Rach'a-Gebirgskette mit der Khikata-Kette. Diese bildet die Grenze zum östlichen Imeretien, mit dem Rach'a wegen des dem Rioni folgenden Verkehrswegs immer eng verbunden war. Weite Teile der mittleren Lagen sind bewaldet; in mittleren Höhenlagen dominieren Buchenwälder, die nach oben zunehmend von Nordmann-Tannen abgelöst werden. Ein heftiges Erdbeben erschütterte die Region im Jahr 1991 und förderte zusätzlich zur peripheren Lage und zur kritischen Situation im weiter östlich benachbarten Südossetien die Abwanderung von Teilen der Bevölkerung. Künftige Entwicklungschancen werden im Tourismus gesehen (Weintourismus in Nieder-Rach'a, Bädertourismus und geplanter Skitourismus in Hoch-Rach'a), doch bedarf es dazu umfassender Maßnahmen in der Infrastruktur. Der Zugang

1.30 Blick von Sno auf das Kasbek-Massiv (August 2011)

1.31 Blick auf die südossetischen Kaukasusvorberge (August 2019)

zu den Gebirgstälern erfolgt vom imeretischen Tiefland durch die Täler von Rioni und seinen Nebenflüssen, Querverbindungen zwischen den Talschaften waren bisher kaum ausgebaut, doch konnte eine Verbindungsstraße zwischen Oni und Sachkhere über die Khikata-Kette dem Verkehr übergeben werden; sie zeigt die Schwierigkeiten, die mit der Überwindung der Gebirgswelt verbunden sind.

(XII) Östliches Hochgeorgien (Mokhevien, Khevsuretien, Mtiuletien, Pshavien, Tushetien)

Die tief zertalte Hochgebirgslandschaft am Südabfall des Großen Kaukasus ist der Lebens- und Wirtschaftsraum von georgischen Gruppen, die sich nach Dialekten, aber auch nach einigen Traditionen und Elementen der geistigen und materiellen Kultur sowie insbesondere nach ihrem ethnischen Identitätsgefühl unterscheiden. Mokhevien, Khevsuretien, Mtiuletien, Pshavien und Tushetien bilden daher historisch gesehen eigenständige Identifikations- und Kulturlandschaftsräume. Es wird angenommen, dass sich die ethnischen und sprachlichen Unterschiede in der relativen Abgeschiedenheit herausbildeten, bewahrten und zu kleinräumig abgegrenzten Identitäten führten. Zwar verloren diese Hochregionen in sowjetischer Zeit und danach durch Abwanderung und Umsiedlung an Bevölkerung, doch blieb der Zusammenhalt zwischen in Gebirgsraum verbliebenen und abgewanderten Familienangehörigen auch über die Distanz bestehen. In den zurückliegenden Jahrzehnten kam es zwar nicht zu einer Rückwanderung, aber zur Wiederbelebung einer Bilokalität, die die besseren Ausbildungs- und Arbeitsmöglichkeiten im Tiefland mit einer Betonung familiärer Beziehungen in den Ursprungsorten im Gebirge verband. Dies gilt insbesondere für Tushetien, wo sich inzwischen ein spezifischer Trekkingtourismus entwickeln konnte.

Die Hochtäler entwässern teilweise nach Norden, das Gebiet um Kobi – St'epants'minda durch den Tergi [Terek] nach Nordossetien, das khevsuretische Gebiet bei Shat'ili durch die Quellflüsse des Argun nach Čečenien, Tushetien durch den in den Andischen Kojsu mündenden Tushischen Alazani nach Daghestan. Da der Gebirgskörper durch die tief eingeschnittenen Täler des Aragvi mit seinen Quellflüssen, des Iori und des Alazani in einzelne Bergzüge untergliedert ist (von Westen nach Osten: Alevi-Kette, Gudamaq'ari-Kette, Kartli-Kette und K'akheti-Kette), sind die Teilräume nach Süden orientiert. Straßen sind mit Ausnahme der Georgischen Heerstraße, die durch Mokhevien führt, kaum ausgebaut, so dass die Hochgebirgsgebiete zur räum-

1.32 Abchasien: Kloster Neu-Athos (Novyj Afon) (April 1984)

1.33 Abchasien: Westkaukasus mit Austritt eines Gebirgsflusses (April 1984)

lichen Peripherie gehören. Die Ausweisung des Nationalparks Tushetien im Jahr 2003 und die Entwicklung des Tourismus haben allerdings dazu geführt, dass zunehmend auch Ausländer die Hochregion besuchen. Trekkingrouten verbinden die Teilgebiete miteinander.

(XIII) Süd-Ossetien mit Vorhügeln und südlichen Ausläufern der kaukasischen Hauptkette

Südossetien (historischer Name: Samachablo) geht als historisch-politische Raumschaft auf die Zuwanderung ossetischer Gruppen zurück, die unter dem Druck der Mongolen seit dem 13. Jahrhundert und dann wieder bei der frühneuzeitlichen Ausbreitung des Islam im 17. Jahrhundert ihre Siedlungsgebiete im Norden des Großen Kaukasus verließen. Auf der Südseite des Gebirges im Bereich der Täler von Großem und Kleinem Liakhvi sowie Ksani wurden sie angesiedelt, weil der georgische Adel auf diese Weise die Verluste an Arbeitskraft ausgleichen konnte, die durch Kriege und Abwanderung georgischer Bevölkerung entstanden waren. Bis in spätsowjetische Zeit blieben die räumlichen Verflechtungen nach Nordkaukasien bestehen, wenn Schafherden entlang der in geringer Entfernung östlich verlaufenden Georgischen Heerstraße über das Gebirge zu den Winterweiden im Gebirgsvorland zogen. Landschaftlich reicht Südossetien von den Randhügeln der innerkartlinischen Becken bis zu den vergletscherten Gipfeln der Dvaletischen Kette als Teil der Wasserscheide. Die Oberläufe der in Inner-Kartlien in den Mt'k'vari mündenden Flüsse Liakhvi, Mejuda, Lekhura und Ksani gliedern Südossetien in mehrere Talschaften. Über den Roki-Pass (2995 m; heute untertunnelt) besteht eine Straßenverbindung nach Nordossetien, die seit der Sezession die wichtigste Versorgungslinie für das Gebiet darstellt; der Mamison-Pass (2820 m) im Nordwesten Südossetiens kann derzeit wegen der Straßenführung über südossetisches und georgisches Territorium von beiden Seiten nicht genutzt werden.

(XIV) Abchasien mit der K'odori-Enguri-Küstenebene, dem nordwestlichen Küstenstreifen und den Gebirgsketten des Westkaukasus

Abchasien umfasst sowohl eine von Südosten nach Nordwesten sich verschmälernde, dicht besiedelte Küstenebene als auch Gebirgszüge, die als Ausläufer des Westkaukasus das Hinterland untergliedern (von Nordwesten nach Südosten: Gagra-Kette, Bzip-Kette, Chkhalta-Kette, K'odori-Kette). Sie sind größtenteils dicht bewaldet und siedlungsleer; nur in den Tälern (von

Nordwesten nach Südosten: Psou als Grenzfluss zu Russland, Bzip, Khipsta, Apsta, Gumista, K'elasuri, K'odori, Mogvi, Ghalidzga, Okumi) dringt die Besiedlung in den Gebirgskörper vor. Das Rits'a-Naturreservat und das auf zwei Areale aufgeteilte Pskhu-Gumista-Naturreservat sollen den Erhalt der besonderen floristischen und faunistischen Artenvielfalt der Region gewährleisten, doch ist über die Fortführung der Bemühungen unter den aktuellen politischen Rahmenbedingungen nichts bekannt. Teile des Küstenstreifens sind im Bichvinta-Miusera-Naturreservat bei Bichvinta (Pitsunda) geschützt. Im Süden geht die Küstenebene in die von jungen Sedimenten des Enguri aufgeschüttete nördliche Fortsetzung der Kolchis-Niederung über. Die ins Schwarze Meer mündenden Flüsse haben wegen der in der Summe hohen, aber unregelmäßigen Niederschläge in ihren Einzugsgebieten eine jahreszeitlich sehr variable Wasserführung und daher breite Torrentebetten mit Schottersohlen; bei Hochwasser sind Brückenbauten und andere Infrastruktur bedroht. In der Sowjetzeit lebte Abchasien als Autonome Republik innerhalb Georgiens vor allem von der Nutzung subtropischer Baum- und Strauchkulturen und vom Tourismus, für den Küstenstandorte wie Bitchvinta (Pitsunda), Gagra oder Sukhum als Regionalhauptstadt ausgebaut wurden. In der Gegenwart knüpft die hohe Frequenz russischer Gäste daran an.

Erfahrungen aus älteren Forschungsreisen

Unsere heutigen Kenntnisse von Georgien schreiben eine Tradition fort, die aus Reiseerfahrungen früherer Jahrhunderte erwuchs. Unter den antiken Schriftstellern berichteten schon Herodot, Plinius und Strabon von der Region, die damals am Rand der bekannten Welt lag. Die Berichte arabischer Reisender des 10. und 11. Jahrhunderts sind im Hinblick auf das heutige Georgien noch wenig bekannt und ausgewertet. Der älteren georgischen Literatur sind kaum Informationen zu Raumkenntnis und -struktur zu entnehmen, da sie weit überwiegend religiös ausgerichtet war. Erst Vakhusht'i Bagrat'ioni, Sohn von König Vakht'ang VI., legte Mitte des 18. Jahrhunderts eine historische und geographische Beschreibung Georgiens vor.[78] Für die europäische Welt wurden vor allem Reiseberichte wichtig, die seit dem ausgehenden 17. Jahrhundert entstanden, doch gibt es auch einige ältere Zeugnisse.[79]

Die ersten westeuropäischen Reisenden, die den Vorderen Orient besuchten, lernten meist das östliche Südkaukasien kennen, wenn sie den Weg nach Persien über Derbent und Baku nahmen. Mitteilungen über Georgien und seine Bewohner sind zunächst rar und nehmen erst seit Beginn der russischen Herrschaft zu.[80] Wenn im Folgenden vor allem auf deutsche Reisende abgehoben wird, so ist dies nicht als Missachtung anderer Forschungen und Expeditionen zu verstehen; vielmehr entspricht es dem deutlichen Übergewicht, das Deutsche bei Reisen in Kaukasien wenigstens bis ins beginnende 19. Jahrhundert besaßen, wie der britische Arzt Robert Lyall in seinem 1825 erschienenen Reisebericht feststellte.[81] Zu begründen ist dies mit den engen wissenschaftlichen Beziehungen, die zwischen den deutschen Staaten und dem Russischen Reich bestanden und die sich in der hohen Präsenz deutscher Wissenschaftler an der St. Petersburger Akademie der Wissenschaften und im russischen Militärdienst zeigten.

Blicken wir kurz etwas weiter zurück. Johannes (Hans) Schiltberger (1380 bis nach 1427) aus München geriet als Teilnehmer am Kreuzzug von Nikopolis in osmanische Gefangenschaft, musste unter Timur und dessen Nachfolgern dienen und konnte erst 1426/27 fliehen und nach Bayern zurückkehren. Sein danach abgefasster Reisebericht ist in mehreren Handschriften und frühen Drucken überliefert. Er querte auf dem Weg nach „Xacitarxan", dem heutigen Astrachan, damals Hauptstadt der Goldenen Horde, Georgien (... zog er... *„durch ein land genant Gursey.*

Daryn sind cristen und halten auch cristenlichen gelauben unnd sant Jörg ist haubtherr. …“)[82] und das heutige Aserbaidschan, gelangte später nochmals nach Mingrelien, ehe er an Bord eines genuesischen Schiffes fliehen konnte. Sein Reisebericht enthält neben der Schilderung seiner erzwungenen Reisen viele ethnographische Beobachtungen, aber keine Landschaftsschilderungen.

Da Georg Tectander von der Jabel (1581–1614), Teilnehmer einer Gesandtschaft, die im Auftrag Kaiser Rudolfs II. im Jahr 1602 nach Persien reiste, Georgien wohl nicht berührte (*Iter Persicum…*, Altenburg 1609), ist der Bericht des französischen Hugenotten Jean Chardin (1643–1713) die erste gründliche Darstellung, auf die Reisende bis ins 19. Jahrhundert Bezug nehmen. Er begleitete 1664 einen Kaufmann aus Lyon auf dessen Reise nach Persien und kehrte erst nach sechs Jahren mit einer umfangreichen Sammlung zurück. Eine zweite Reise führte ihn zunächst nach Mingrelien, das er mit seinem in den Vorbergen abwechslungsreichen Relief und der dichten Bewaldung, dem Wein- und bescheidenen Ackerbau, der lockeren Streusiedlung beschreibt. Auch die gesellschaftlichen Verhältnisse und die Religionsausübung werden ausführlich geschildert, Gurien und Imeretien kurz dargestellt. Die weitere Reiseroute führte Chardin über Akhaltsikhe und Gori nach Tiflis. Mit seiner detaillierten Darstellung, die bereits 1687 in deutscher Übersetzung erschien, trug Chardin wesentlich zur frühneuzeitlichen Kenntnis Georgiens bei.[83]

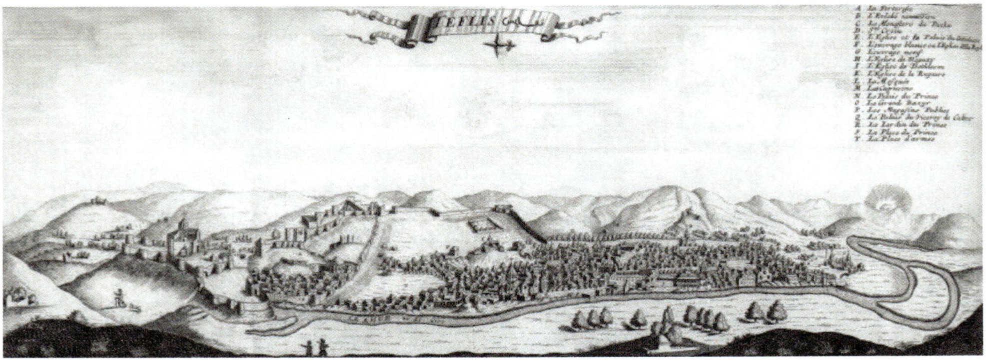

1.34 Darstellung von Tiflis / Tbilisi bei Chardin

Joseph Pitton de Tournefort (1656–1708), ein französischer Forschungsreisender und Naturforscher, besuchte 1700–1701 Georgien auf einer von Ludwig XIV. befohlenen Reise in den Vorderen Orient, auf der er von dem deutschen Arzt Andreas von Gundelsheimer begleitet wurde. Sein 1717 postum erschienener, in Briefen abgefasster Reisebericht wurde 1776/77 ins Deutsche übersetzt. Im 18. Brief wird von der Reise durch Georgien nach Armenien berichtet, wobei Pitton de Tournefort Tiflis als zwar große, aber nur mäßig interessante Stadt schildert. Im Vordergrund des Berichts stehen detaillierte Beschreibungen unterwegs angetroffener Pflanzen. Der erste Eindruck, den Pitton de Tournefort vom damals persisch beherrschten Georgien hat, ist überaus positiv:[84]

»C'est un excellent pays que la Georgie. Dés qu'on est sur les terres du Roy de Perse, on vient vous presenter toutes sortes de provisions, pain, vin, poules, cochons, agneaux, moutons. On s'adresse sur tout aux Francs avec un visage riant, au lieu qu'en Turquie on ne voit que des gens serieux qui vous mesurent gravement depuis les pieds jusques à la teste. Ce qui nous surprit le plus c'est que les Georgiens méprisent l'argent & ne veulent pas vendre leurs denrées. Ils ne les donnent pas non plus, mais ils les troquent pour des brasselets, des bagues, des coliers de verre, de petits couteaux, des aiguilles ou des epingles. [...]«

„Georgien ist ein vortrefliches Land. Sobald man sich auf dem Gebiete des Königs von Persien befindet, so wird einem alles, was zur Leibes Nahrung und Nothdurft gehöret, Brod, Wein, Hühner, Schweine, Lämmer, Schaafe, angeboten. Man wendet sich hauptsächlich an die Franken mit einem freundlichen Gesichte, da man im Gegentheil in der Türkey nichts als ernsthafte Gesichter siehet, die einem vom Fuß bis auf den Kopf ausmessen. Das was uns am meisten wunderte, war dieses, daß die Georgier das Geld verachten, und ihre Waaren nicht verkaufen wollten. Sie vertauschen solche bloß für Armbänder, Ringe, Glascorallen um den Hals, kleine Messer und Nadeln. [...]"

Die Briefe machen deutlich, in welchem Maß die politischen Rahmenbedingungen die Reise beeinflussten: In Kars konnte eine drohende Verhaftung wegen vermeintlicher Spionage nur durch Fürsprache eines hohen Beamten verhindert werden, dem Tournefort bereits vorher begegnet war und dem er wohl auch medizinisch geholfen hatte. Bei der Einreise in das persische Herrschaftsgebiet hebt Tournefort positiv hervor, dass es keinerlei Beschränkungen für die Reisenden gebe.[85]

Der Botaniker Johann Christian Buxbaum (1693–1730) bereiste die Küste des Schwarzen Meers und gehörte zu den ersten Wissenschaftlern, die die Vielfalt der kolchischen Vegetation beschrieben.

Der Mediziner und Naturforscher Johann Anton Güldenstädt (1745–1781) bereiste 1770/1772 große Teile Kaukasiens, konnte jedoch seine Ergebnisse nicht mehr selbst auswerten und niederschreiben. Seine Reise erfolgte im Rahmen der großen Expeditionen der russischen Akademie der Wissenschaften, die zunächst Sibirien und dem Norden des Fernen Ostens gegolten hatten und dann unter Katharina II. auf den Süden des Russischen Reiches ausgedehnt wurden. Die Reise führte Güldenstädt nicht nur in den Nordkaukasus (Kabardei, Ossetien), sondern 1771 auch über die damaligen Reichsgrenzen hinaus nach Kartlien an König Irak'lis Hof, der die medizinischen Kenntnisse des Wissenschaftlers schätzte, und nach Imeretien zu König Salomon. Von Tiflis aus konnte Güldenstädt eine längere Exkursion nach Kachetien unternehmen. Die weitere Reise 1773–1775 führte von Kizljar durch Nordkaukasien, zur Kuban'-Halbinsel, in die heutige Südukraine und nach Südrussland und berührte Georgien nicht mehr. Peter Simon Pallas und Heinrich Julius von Klaproth gaben 1791 bzw. 1815/34 Güldenstädts Tagebuch und einen umfassenden Bericht mit der enzyklopädischen Materialsammlung postum heraus.[86] Das Material umfasst eine regionale Darstellung nach Königreichen und Provinzen, Listen von Städten und den ihnen zugeordneten Dörfern, Flüssen, aber auch Fürstenfamilien, Maßen und gängigen Münzen, landwirtschaftlichen Produkten und Pflanzen; dazu kommen Informationen über die ethnische Zusammensetzung der Bevölkerung, lange Wörterlisten der zahlreichen Sprachen sowie griechische Inschriften. Güldenstädt schildert beispielsweise den georgischen Weinbau im Vergleich zum mitteleuropäischen und bemängelt schlechte Qualität und geringe Haltbarkeit. Ferner verdanken wir ihm auch eine Darstellung von Tiflis, die Beachtung verdient, da sie die Stadt vor der Zerstörung durch die Perser 1795 beschreibt:[87]

„Die Häuser sind von Ziegeln und Fliesen, mit thonigten Kalk, 1 Stockwerk, etwa 15 Fuß hoch aufgeführet, die Dächer aber flach mit Thon beschüttet; die Stuben haben Kamine und die Fenster statt Glas geöltes Papier. Alles ist leicht, schlecht, nicht dicht und sehr unansehnlich gebauet. Neben dem östlichen Theil der Stadt ist eine Brücke über den Kur, die in die kleine Festung Metchi am linken Kurufer führet.“[88]

D. Johann Anton Güldenstädt
Rußisch-Kayserl. Akademikers und Professors der Naturgeschichte auch der Churfürstl. Maynzischen und der Berlin. Naturforschenden, wie auch der St. Petersburgischen ökonomischen Gesellschaft Mitgliedes,

Reisen
durch
Rußland
und im Caucasischen Gebürge.

Auf Befehl der Rußisch-Kayserlichen Akademie der Wissenschafften herausgegeben
von
P. S. Pallas.
D. A. D. Rußisch-Kayserl. Collegienrath, des St. Wolodimer-Ordens Ritter und Akademikus; auch der Römisch-Kayserlichen, der Königl. Französ. medicinischen, der Schwed. histor. u. Stockholmer, der Großbrit. zu Göttingen, der zu Montpellier u. der Neapol. Akademien, ferner der Londoner, Schwed. patriot. St. Petersb. und Schlesischen ökonom. Berlin. naturf. Utrecht. u. Lundischen physikal. Societäten Mitgl. u. der Soc. der Bergbaukunde Directors.

St. Petersburg,
bey der Kayserl. Akademie der Wissenschaften,
1787.

1.35 Titelbatt der von Peter Simon Pallas besorgten Ausgabe des Reiseberichts von Johann Anton Güldenstädt 1787

Die Reise nach Imeretien führte den Naturforscher durch Südossetien in das obere Rionital und von dort nach Kutaisi, woran sich kleinere Rundreisen anschlossen, ehe er nach Tiflis zurückkehrte. An den tagebuchartigen Abriss der Reisen fügte Pallas die thematischen Ausarbeitungen an, die Güldenstädt zur administrativen Gliederung, zur Geschichte und zu den einzelnen Verwaltungsgebieten gemacht hatte, oft mit einer genauen Nennung der Siedlungen. Güldenstädts Charakterisierung der Čečenen als räuberisch entsprach dem damals sich in Russland herausbildenden Klischee, das sich bis in die Gegenwart gehalten hat. In seiner Edition der Materialien, die Güldenstädt gesammelt hatte, beklagte sich Klaproth in der Einleitung zu seiner Ausgabe, dass Pallas das Material nur oberflächlich geordnet, dann aber „einem unwissenden Corrector“ überlassen habe, durch den der Text insbesondere des ersten Teils unzählige Schreibfehler, Auslassungen und Ungenauigkeiten erhalten habe.[89] Andererseits fügte Klaproth eigene Kenntnisse aus seinen Erkundungen aus den Jahren 1807 und 1808 hinzu, so dass keine der Editionen als authentisch im Hinblick auf Güldenstädts Erfahrungen und Aufzeichnungen anzusehen ist.

Bevor auf Klaproths Reise eingegangen wird, muss Jacob Reineggs (eigtl. Christian Rudolph Ehlich; 1744–1793) genannt werden, eine durchaus schillernde Persönlichkeit, gleichermaßen Abenteurer, Mediziner und Diplomat.[90] Er war in Leipzig zunächst als Barbiergeselle tätig, hatte dann Medizin und Chemie zu studieren begonnen, musste aber wegen Geldmangels und Schulden die Universität verlassen. Danach schloss er sich einer Schauspielertruppe an, mit der er durch Böhmen und Mähren zog. In Wien gab er, nunmehr etwa dreißig Jahre alt, die Schauspielerei auf und ging nach Tyrnau (ungar. Nagyszombat; heute Slowakei) und Pest in Ungarn, um Medizin zu studieren und mit dem Doktorat abzuschließen. Die praktische Arzttätigkeit in Wien war wohl weniger erfolgreich, so dass er sich mit dem Bergwesen befasste, dessen Studium er im ungarisch-slowakischen Schemnitz (Banská Štiavnica) betrieb. Da die Praktikantenstelle, die er bekleidete, ihm zu bescheiden erschien, wollte er den lang gehegten Plan umsetzen, in den Orient reisen, um dort als Arzt tätig zu sein. Er lernte Türkisch, und mit anfänglicher finanzieller Unterstützung durch Johann (III.) Graf Kohary, mit dem er sich später überwarf, gelangte er zunächst in das Osmanische Reich, von dort 1779 auf Einladung von Erekle II. (bzw. dessen Gesandten) nach Georgien. Dort erwarb er sich während seines bis 1782 ausgedehnten Aufenthalts Ansehen und Einkommen und avancierte zum Hofarzt. Seine Kenntnisse im Bergwesen und in den Naturwissenschaften unterstützten diesen gesellschaftlichen Aufstieg und ließen ihn zum Entwicklungshelfer werden, Reisen in Kaukasien erweiterten seine Kenntnisse. Mit der Einrichtung einer Druckerei förderte er die Verbreitung von Schrifttum.

Von St. Petersburg aus nahm er an diplomatischen Missionen teil, die unter anderem den Vertragsschluss von Georgievsk (1783) vorbereiteten. In St. Petersburg bezog Reineggs seinen Wohnsitz, und dort ist er wohl auch verstorben. 1792 wurde er unter dem Beinamen Jason VI. in die Kaiserliche Leopoldino-Carolinische deutsche Akademie der Naturforscher, die heutige Nationale Akademie der Wissenschaften Leopoldina, aufgenommen.[91]

Ob sich in Reineggs Leben bei seinen Reisen tatsächlich alles so zugetragen hat und insbesondere, ob er tatsächlich derart in die politischen Entscheidungen vor der russischen Annexion Georgiens eingebunden war, bleibt umstritten. Reineggs Verleger Gerstenberg lässt im biographischen Anhang durchblicken, dass Reineggs selbst unterschiedliche Versionen seiner Reisen und Aktivitäten verbreitete und offensichtlich zu Übertreibungen neigte.[92]

Die Erfahrungen seiner Reisen und sein gesammeltes Wissen fasste Reineggs in einer Darstellung „Allgemeine historisch-topographische Beschreibung des Kaukasus" (1795/97) zusammen, die postum von Friedrich Enoch Schröder in zwei Bänden in Gotha und St. Petersburg herausgegeben wurde. Es handelt sich dabei nicht um eine eigentliche Reisebeschreibung, sondern um den Versuch einer systematischen Darstellung des Großen Kaukasus mit Ländern, Flüssen, ethnischen Gruppen, größeren Siedlungen, aktuellen Herrschern usw. Immerhin beruht das Werk auf den Erfahrungen, die Reineggs unterwegs und bei seinem Aufenthalt in Georgien sammeln konnte. Einen kurzen Bericht hatte Pallas 1783 unter eigenem Namen, aber mit Hinweis auf Reineggs' Autorenschaft, in St. Petersburg publiziert.

Während der erste Band den Nord- und Ostkaukasus behandelt und im Wesentlichen nach den ethnischen Hauptgruppen gegliedert, wegen fehlender Zwischenüberschriften jedoch etwas unübersichtlich ist, erscheint der zweite Band stärker gegliedert und besser strukturiert. Er umfasst jeweils kurze Abschnitte über einzelne Völker im West- und Südkaukasus: Abchasien und die Abchasen, die Lazen („besondere Sprache, die ein äußerst verdorbener griechischer Dialekt ist") sowie die Alanen und Soanen (Svanen), die als besonders unsauber und unzivilisiert beschrieben werden. Die Lytschu werden nach unterschiedlicher Auffassung als Abkömmlinge der Soanen oder Ossen dargestellt, die Mingrelier und die Bewohner von Lechkhumi zusammengefasst. Dabei nennt und beschreibt Reineggs einzelne Siedlungen. Er beruft sich mehrfach auf Strabon, korrigiert z. T. aber auch dessen Zuordnungen und Detailangaben. Bei der Landwirtschaft werden insbesondere die Potentiale für Anbau und Obstbau in Mingrelien hervorgehoben:

> „Ich mag des Ueberflusses an Aepfeln, Birnen, Pflaumen, Aprikosen, Pfirsichen, Feigen und Mandeln kaum gedenken, da die Natur ganze Berge voll Kastanien, ganze Hügel voll Oliven, Ebenen voll Granaten- und Lorbeerwäldern hervorgebracht hat, welches alles so wild dahin wächst. Der Mandel- und Mispelbaum stehen in dunklen Quitten- und Aepfelwäldern mit Früchten überladen. Birn-, Aepfel und Pflaumenbäume tragen ihre Früchte öfters im Jahre zweimal. […] Wenn ich mit diesem Ueberflusse noch die reiche Erndte betrachte, die der Einwohner an Reiß, Hirsen, Getraide, Baumwolle, Flachs und Hanf überflüssig erndten könnte, und noch dazu die Seide rechne, welche jede Familie zwar für sich zur Nothdurft erzeugt, aber nur bei geringer Arbeit in weit größerer Menge erzeugen würde, sollte wohl ein glücklicheres Land gefunden werden? – Und dennoch quält nur zu oft der Hunger diese mit allem versehenen Bewohner, weil der Mangel der Ordnung ihren nothdürftig gesammelten Vorrath noch

vor dem Ende der Rechnung verzehrt, und durch die fast gänzliche Unthätigkeit der Einwohner und die Gesetzlosigkeit ihrer Verfassung wird dieses glückliche und reiche Land zu einer Wüste werden.“[93]

Nach einem kurzen Blick auf Gurien, Akhaltsikhe[94] und die Herrschaft Waghan (Vakh'tangs) geht Reineggs auf den Staat Georgien ein.[95] Gori war zu seiner Zeit eher unbedeutend:

„Acht und zwanzig Werst von Suram östlich liegen einige zerstreuete Dörfer der verwüsteten Herrschaft Ruisch, und östlich von hier die elende kleine Stadt Gori, die man kaum für ein mittelmäßiges Dorf halten würde, wenn nicht die hiesigen armenisch-katholischen Christen eine steinerne Kirche erbauet und diesem Ort den Namen einer Stadt gegeben hätten [...].“[96]

Ein Überblick über einzelne Herrschaften in den Provinzen Kartli, „Armenien“, Kaget (Kachetien) und Kisik schließt sich an. Die (etymologische) Erklärung von Namen bleibt oft unsicher, wird aber immer wieder versucht. Ausführlich sind dabei die Überlegungen zum Namen der „Georgianer“. Es folgt eine Darstellung der politischen Situation Georgiens und des Naturraums („physikalische Beschaffenheit“) des westlichen und südlichen Kaukasus mit Schilderung der Gesteine und der Nutzung von Mineralien.

Jacob Reineggs ist vermutlich einer der weniger bekannten Georgien-Reisenden des „langen“ 19. Jahrhunderts, da er nicht in das Muster der sich entwickelnden Wissenschaftlichkeit der Zeit passte. Mit seinem geradezu schwärmerischen Interesse am Osten ist er aber auch ein Kind der Orientbegeisterung seiner Zeit. Vermutlich galt er als Außenseiter. Seine Darstellung wurde zwar gelesen, und man setzte sich auch damit auseinander, aber zu den bedeutenden Reisenden wurde er kaum gerechnet – vielleicht weil er auch als Person nicht leicht zu fassen war.

Der Anschluss großer Teile Georgiens an das Russische Reich im Jahr 1801 änderte die Rahmenbedingungen für das Reisen. Einerseits wurden Genehmigungen von russischer Seite erforderlich, doch konnte andererseits auf die militärische Infrastruktur zurückgegriffen werden, wenn es um Unterkunft und Schutz ging. Kaum ein Reisender im 19. Jahrhundert versäumte es, seine Begegnungen mit hohen Offizieren zu erwähnen.[97]

Am Anfang des 19. Jahrhunderts steht die Forschungsreise von Heinrich Julius Klaproth (1781–1835), der nach dem Studium asiatischer Sprachen in Halle nach St. Petersburg berufen wurde und

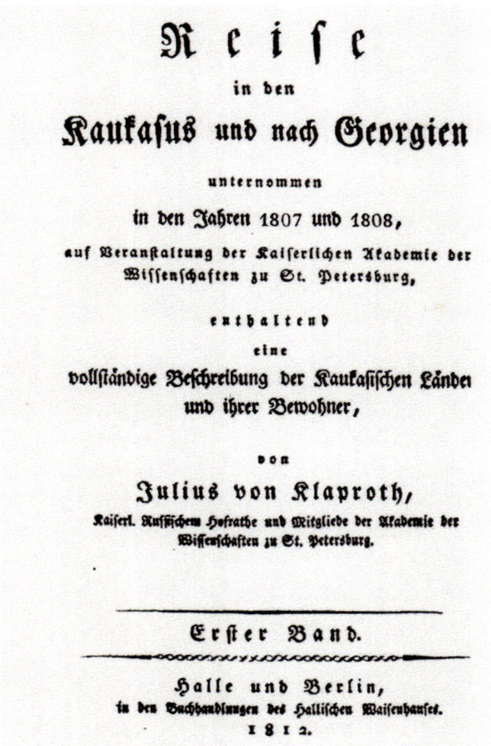

Reise
in den
Kaukasus und nach Georgien
unternommen
in den Jahren 1807 und 1808,
auf Veranstaltung der Kaiserlichen Akademie der Wissenschaften zu St. Petersburg,
enthaltend
eine
vollständige Beschreibung der Kaukasischen Länder und ihrer Bewohner,
von
Julius von Klaproth,
Kaiserl. Russischem Hofrathe und Mitgliede der Akademie der Wissenschaften zu St. Petersburg.

Erster Band.

Halle und Berlin,
in den Buchhandlungen des Hallischen Waisenhauses.
1812.

1.36 Titelblatt des ersten Bandes von Klaproths Reisebericht, erschienen 1812

1807/08 eine Reise in den Kaukasus unternahm. Ihm lag an einer historisch-topographischen Aufarbeitung der Erkenntnisse und an einer Systematisierung der ethnischen Vielfalt Kaukasiens. Für den Geisteswissenschaftler standen zwar ethnische Differenzierung, Sprachen und Geschichte im Vordergrund des Interesses, doch fehlen auch Beobachtungen zum Naturraum nicht. Klaproth konnte auf die Berichte der früheren Reisenden zurückgreifen, wobei er sich vor allem auf Pallas, Gmelin und Güldenstädt bezog; Reineggs dagegen warf er Besserwisserei vor (»*Reineggs, qui prétend tout comprendre et tout expliquer, …*«)[98]; an mehreren Stellen setzte er sich mit Reineggs Angaben auseinander und korrigierte sie. Klaproths Reiseergebnisse wurden zunächst in deutscher, dann mit Ergänzungen in französischer Sprache veröffentlicht.[99] Ihm lag vor allem an einer historisch-topographischen Aufarbeitung der Erkenntnisse und an einer Systematisierung der ethnischen Vielfalt Kaukasiens und seiner Sprachen.

Wo es um die Erläuterung von Toponymen und anderen Begriffen ging, konnte Klaproth auf seine Kenntnisse der orientalischen Sprachen zurückgreifen. Mehrfach berichtet er von Inschriften, die er meist an Kirchen fand. Eingestreut finden sich aber auch zahlreiche naturwissenschaftliche Bemerkungen, etwa zu den vulkanogenen Gesteinen des Mq'invarts'veri [Kasbek] oder zum Gebirgsbau in Nordkaukasien.[100] Geomorphologische und mineralogisch-petrographische Beobachtungen im Tergi-Tal und – nach dem Abstieg vom Kreuzpass – im Tal des Aragvi werden über die Nennung von Ortschaften räumlich festgelegt, bei deren Darstellung Klaproth auf die Bevölkerung, ihre ethnische Zugehörigkeit und Religion eingeht. Zu seinen Beobachtungen gehört aber auch die unterschiedliche Schwebstoffführung von Aragvi und Mt'k'vari bei ihrem Zusammenfluss unweit von Mtskheta, das relativ klare und grünliche Wasser des Aragvi und das durch Sedimentbelastung bräunliche Wasser des Mt'k'vari.[101]

Der zweite Band beginnt mit einer ausführlichen Beschreibung von Tiflis, wobei auf die räumliche Gliederung, die Bauweise und die beiden Bazare (mit zusammen 704 Ständen und unterschiedlichen Handwerken)[102] eingegangen wird.[103] Den wirtschaftlichen Aufschwung der Stadt führt Klaproth vor allem auf die Tätigkeit der armenischen Bevölkerung zurück. Bei der Schilderung der Landwirtschaft erläutert er ausführlich die Handhabung des einheimischen Pfluges. Seine Reise führte ihn von Tiflis nach Pshavien mit Informationen über Tushetien und Didoetien (Lopoti, Gremi, Qvareli). Dabei stellt er auch die Abflussverhältnisse zwischen Aragvi und Alazani gegenüber der Darstellung bei Reineggs klar. Eine Reise nach Nordossetien und zurück erfolgte wohl über den Mamison-Pass nach Glola und Rach'a und wieder nach Mozdok. Klaproth erwähnt dabei, dass einige Dörfer bei (Kr)tskhinvali von Juden bewohnt werden, die in Imeretien zahlreicher als in Kartlien seien.[104] Ausführlich behandelt werden die Osseten, die Klaproth auf die Sarmaten zurückführt. Als Anhang hat Klaproth hinzugefügt: *Langues du Caucase*, wobei auch dialektale Unterschiede genannt werden und über Wortlisten Verwandtschaften mit anderen Sprachen gezeigt werden. Behandelt werden die Sprachen der Lesghier (unter Einschluss anderer dagestanischer Ethnien), die Mitzdjeghen (nordwestlich davon, von Güldenstädt als Kisten bezeichnet, hier wohl als Sammelbezeichnung für Ingušen und Čečenen und im Vergleich mit den Tuschen, für die von Klaproth viele verwandte Vokabeln angeführt werden), Čerkessen (Adyge), Abazen, Osseten, Georgier mit den Lazen, ferner die Sprecher türkischer Sprachen im Vergleich zu den Türken Sibiriens und Istanbuls.

Nur nebenbei erwähnt sei Friedrike von Freygang, die aus einer russischen Familie stammte. Sie begleitete 1812 ihren Mann (Wilhelm von Freygang) auf einer Gesandtschaftsreise nach Persien und schickte von unterwegs literarisch beeindruckende, emotionsgeladene Briefe, die sich vielfach auf ein bestimmtes Thema konzentrieren (beispielsweise der Brief 38 vom 14. Februar

1812 auf Bäume und Kulturpflanzen).[105] Als Beispiel für ihren Schreibstil mag der erste Anblick des Großen Kaukasus dienen:

> »Le voilá, ce célèbre Caucase, habité par tant de peuples barbares, où chaque montagne, inaccessible, est un repaire de brigands; le voilà, ce mur aussi ancien que le monde, posé par la main du créateur entre l'Europe et l'Asie; ce monument incontestable d'une terrible révolution du globe, qui a entassé montagne sur montagne, rocher sur rocher; ce glacier éternel; ce vaste cabinet d'histoire naturelle, dont la science a à peine franchi le seuil; ce laboratoire mystérieuse de la nature, que l'enfance de l'homme a cherché à embellir par tant de fables.«[106]

Die Briefe vermitteln Einblicke in das Alltagsleben – allerdings aus dem Blickwinkel einer Angehörigen gehobenen Standes. Wo die gesellschaftlichen Aspekte mit den Augen einer Frau gesehen werden, würden sie sich auch für eine vertiefte gender-orientierte Analyse anbieten.

Während Reineggs' diplomatische Tätigkeit etwas schillernd bleibt, ist sie bei Moritz von Kotzebue (1789–1861) klar erkennbar, der Abenteurer tritt zurück: Der Deutschbalte aus Estland, Sohn des Dichters August von Kotzebue und jüngerer Bruder des Forschers Otto von Kotzebue, an dessen Weltumsegelung 1803–1806 er teilnahm, war zunächst als russischer Beamter Mitglied einer von General Ermolov geleiteten Gesandtschaftsreise, die 1817 Persien aufsuchte, ehe er die Aufgabe erhielt, Messungen in Georgien durchzuführen. Kotzebue sieht Reise und Land aus dem Blickwinkel des russischen Staatsdieners. Er schildert die Stadt Tiflis, hebt die Veränderungen hervor, die durch den Wiederaufbau nach der Zerstörung von 1795 und die russische Herrschaft entstanden, und resümiert: „Wenn das einige Jahre so fort geht, so wird Tiflis eine schöne Stadt."[107] Allerdings zitierte der Brite Robert Lyall, der Kotzebue in Tiflis traf, Klaproths Bemerkung von 1812, dass die Stadt nach der massiven Zerstörung erst etwa zu einem Drittel wieder aufgebaut worden sei.[108]

Wenige Jahre später besuchten auch mehrere Reisende aus Frankreich und Großbritannien Georgien: Die russische Herrschaft hatte sich konsolidiert, das Reisen war sicherer geworden, das politische Interesse mit der Entstehung der europäischen Nationalstaaten nach dem Wiener Kongress gewachsen. Neugier verband sich daher oft mit dem Wunsch, ein aufgrund publizierter Reisebeschreibungen zwar nicht unbekanntes, aber doch exotisch erscheinendes Land zu besuchen. Die Reisenden gehörten gehobenen Schichten an, reisten nicht als Abenteurer, sondern in staatlichem Auftrag und unter dem Schutz der noch jungen russischen Herrschaft; viele Bemerkungen in ihren Berichten sprachen die teilweise als äußerst bescheiden wahrgenommenen Unterkünfte an. Andererseits wurden – vor allem in Bezug auf die Urbanisierung in Tiflis – Modernisierungseffekte hervorgehoben, die mit der Übernahme in Europa üblicher Verhaltensweisen und Auftretensformen bei Teilen der georgischen Bevölkerung verbunden waren.

Robert Ker Porter (1777–1842) war Künstler, Reisender und auch Diplomat. Er bereiste zwischen 1817 und 1820 große Teile des Orients, insbesondere Iran.[109] Seine Reise führte ihn durch Nordkaukasien in die Garnisonsstadt Mozdok, von wo die Weiterreise nach Kizljar oder der Zugang zum Gebirge möglich ist. Vladikavkaz als nördlicher Endpunkt der Georgischen Heerstraße war zu jener Zeit bereits als bedeutende Garnison ausgebaut. Sehr ausführlich schildert Porter die Passage auf der Georgischen Heerstraße, etwa den steilen und engen Abstieg von Gudauri nach Mleta, auf dem jeweils Reiter vorausgeschickt werden mussten, um den Abstieg zu sichern, weil entgegenkommende Kutschen nicht ausweichen konnten.[110] Der Aufenthalt in Tiflis veranlasste ihn zu Überlegungen über die allmähliche, auf europäische Verhaltensweisen ausgerichtete Modernisierung der georgischen Gesellschaft. Porter verließ Georgien auf dem Weg nach Iran über Koda und Shulaveri und gelangte von dort in das noch zu Iran gehörende Ostarmenien. Auf der Rückreise berührte er das Gebiet des heutigen Georgien nicht mehr.

Robert Lyall (1789–1831), der bereits eine Geschichte Moskaus verfasst hatte, konnte sich 1822 dank seiner Russischkenntnisse und als Arzt der kleinen Gruppe zweier italienischer Adliger und eines Engländers anschließen und in den Süden des Russischen Reichs reisen. Nach einem Aufenthalt auf der Krim gelangte er über Vladikavkaz auf der Georgischen Heerstraße nach Tiflis, das er ausführlich beschreibt. Unter anderem erwähnt Lyall den Bazar mit zwei Karawansereien, einer für türkische, der anderen für persische Händler, doch blieb der Bazarbetrieb insgesamt hinter seinen Erwartungen zurück.[111] Der Rückblick auf die Geschichte Georgiens am Anfang des zweiten Bandes lässt erkennen, dass Lyall die Literatur über das Land umfassend ausgewertet hat. Eine Rundreise durch Kachetien führte den Briten nach Telavi, Gremi und Alaverdi; überall wurde die kleine Reisegruppe gastfreundlich von Adligen eingeladen und aufgenommen. Von den deutschen Siedlungen in Georgien erwähnt Lyall sowohl Sarich'ala (mit den deutschen Siedlungsteilen Marienfeld und Petersdorf), das er auf der Exkursion nach Kachetien kennen lernte, als auch Neu-Tiflis, das als besonders gelungene europäische Siedlung beschrieben wird.[112] Die Rückreise erfolgte wieder über die Georgische Heerstraße. Lyalls Interpretation der Reise zeigt eine politische Motivation, die Expansion Russlands in Asien zu beobachten und einzuschränken. Ausführlich schildert er seine Sicht der Südexpansion des Russischen Reiches.[113]

Auch von französischer Seite wuchs zu Beginn des 19. Jahrhunderts das Interesse an Kaukasien. Zu den ersten französischen Reisenden in der Region gehörte Jacques-François Gamba (1763–1833). Er stammte aus einer in der Holzwirtschaft tätigen Familie, war bestrebt, Wirtschaftsbeziehungen zwischen dem russisch gewordenen Georgien und Frankreich aufzubauen, und wirkte als Diplomat in Tiflis. Er hatte Georgien 1819 bei seiner zweiten Reise nach Südrussland kennen gelernt, Tiflis und Kachetien besucht und bereiste in den folgenden Jahren den östlichen Kaukasus mit Dagestan. Auf dieser Basis veröffentlichte er die beiden Bände „*Voyage dans la Russie méridionale et particulièrement dans les provinces au delà du Caucase, fait depuis 1820 jusqu'en 1824*" mit einem „Atlas" (Bildband), ehe er 1826 abermals nach Tiflis zurückkehrte, wo er bis zu seinem Tod blieb.[114] Ausführlicher schilderte auch er die beiden deutschen Kolonistendörfer Marienfeld und Petersdorf (Sarich'ala).[115]

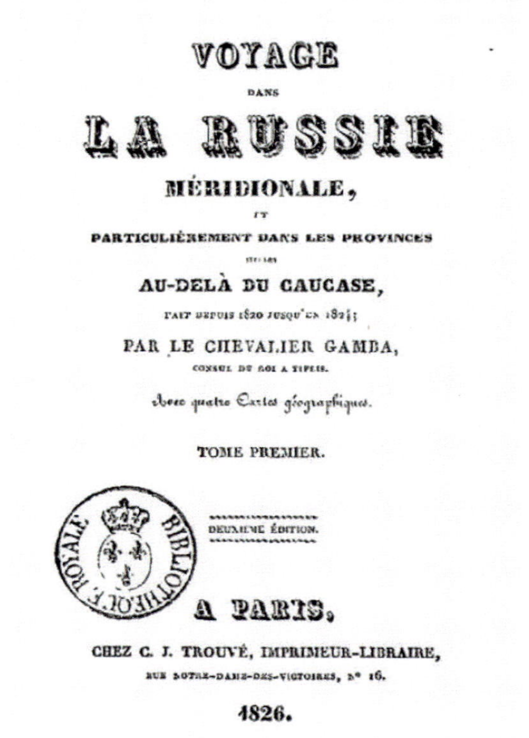
VOYAGE
DANS
LA RUSSIE
MÉRIDIONALE,
ET
PARTICULIÈREMENT DANS LES PROVINCES
AU-DELÀ DU CAUCASE,
FAIT DEPUIS 1820 JUSQU'EN 1824;
PAR LE CHEVALIER GAMBA,
CONSUL DU ROI A TIFLIS.
Avec quatre Cartes géographiques.
TOME PREMIER.
DEUXIÈME ÉDITION.
BIBLIOTHÈQUE ROYALE
A PARIS,
CHEZ C. J. TROUVÉ, IMPRIMEUR-LIBRAIRE,
RUE NOTRE-DAME-DES-VICTOIRES, N° 16.
1826.

1.37 Titelblatt von Gambas Reisebericht, erschienen 1826

Henri Victor FONTANIER (1797–1857), ein französischer Naturforscher und Diplomat, bereiste ab 1821 von Konstantinopel aus weite Teile des Orients, darunter auch Teile Südkaukasiens. Seine Reiseeindrücke und politischen Überlegungen sind in den beiden Bänden „*Voyage en Orient entrepris par ordre du gouvernement français*" niedergelegt. Er verband dabei die Darstellung des Reiseablaufs mit thematischen Überblicken, so etwa einer zusammenfassenden Übersicht über die größeren Flüsse der Region.[116]

Der aus Mitau (lett. Jelgava) stammende Karl Eduard EICHWALD (1795–1876) besuchte als Arzt und Naturforscher 1825/26 die bereits unter russischer Herrschaft stehenden Küstenregionen im Westen des Kaspischen Meeres und Kaukasien und legte darüber eine zweibändige „*Reise auf dem Caspischen Meere und in dem Kaukasus*" (Tübingen bzw. Stuttgart, 1834/37) vor. Nach Georgien gelangte er vom Kaspischen Meer über Baku, Šemacha (aserb.: Šamaxı) und Elisavetpol' (Gəncə). Tbilisi hatte sich seit Beginn der russischen Herrschaft zu einem räumlichen Mittelpunkt entwickelt, so dass er von dort aus Anschlussreisen unternahm, die ihn nach Westgeorgien (Mingrelien, Gurien und Imeretien), Kachetien und zum Sevansee in Armenien und damit an die damalige russisch-persische Grenze führten. Die 1828 im russisch-persischen Friedensschluss von Turkmančaj an das Russische Reich gefallenen armenischen Gebiete konnte Eichwald noch nicht besuchen, doch ermöglichte es das späte Erscheinen seines Berichts, in der Zwischenzeit erfolgte Erkundungen darüber einzubeziehen. Die Darstellung der Reise ist außerordentlich detailliert, insbesondere dann, wenn Begegnungen mit den regionalen Herrscherfamilien berichtet werden. Nach einer sehr ausführlichen Schilderung der aktuellen kriegerischen Ereignisse in Kaukasien setzt Eichwald den reinen Reisebericht mit der Darstellung der Rückreise fort, die über die Georgische Heerstraße nach Kazan' erfolgte. Eichwald reicherte seine Publikation in hohem Maße mit Zusatzinformationen an, die sowohl die Geschichte (auch Kulturgeschichte) als auch die Wirtschaft, insbesondere Landwirtschaft und Außenhandel, umfassen. Selbst die Vorkommen von Erdöl im Iori-Plateau wurden bereits erwähnt.[117] Neben aller historischen Vertiefung bezog er die Erfahrungen der Reise und Notizen aus anderen Quellen ein, so etwa bei der Darstellung der Anfänge eines russisch geprägten höheren Schulwesens in Tiflis und anderen Kreisstädten oder bei den Ausführungen über Krankheiten und ihre Behandlung.[118] Sehr ausführlich ging Eichwald auf den russisch-persischen Krieg ein, dessen Vorbereitungen er am Sevansee bemerkt hatte und der auch bereits seine Rückkehr aus Nordarmenien nach Tiflis bestimmte. Detaillierte Darstellungen des russisch-türkischen Kriegs, der 1829 mit dem Friedensschluss von Adrianopol [heute Edirne] endete, und der kriegerischen Auseinandersetzungen in Dagestan schlossen sich an. Eine umfassende Kenntnis der vorhandenen Literatur über Kaukasien zeigte sich in weit gespannten Erörterungen. In Mingrelien traf Eichwald wohl eher zufällig im sumpfigen Dickicht mit Fontanier [bei Eichwald: de Fontaignes] zusammen, dem er eine geheime Mission zuschrieb, ohne jedoch weiter auf die Begegnung einzugehen.[119] Dass der Orient ins Blickfeld der europäischen Nationen rückte, die sich macht- und wirtschaftspolitisch zu positionieren versuchten, zeigte sich bereits bei Eichwalds Aufenthalt in der von Russen zum Schutz Mingreliens vor den Türken angelegten Festung Redout-Kalé (etwa 17 km nördlich des heutigen Poti an der Mündung des Khobi in das Schwarze Meer, heute Q'ulevi), die als Handelsort wichtig war, ehe in den 1830er Jahren Poti als Hafenstandort ausgebaut wurde und Sukhum-Kalé 1854 die militärischen Aufgaben übernahm.

Die beginnende Konsolidierung der russischen Herrschaft ermöglichte auch der bürgerlichen Oberschicht den Zugang nach Kaukasien, wenn die erforderlichen Empfehlungsschreiben an die lokalen Verwaltungen das Vorwärtskommen sicherten. Die wenig bekannte Reise, die B. JÄGER (keine Lebensdaten) im Jahr 1825 mit dem russischen Offizier Gregor V. Lichačev zur Krim und nach Südkaukasien unternahm und die er in einem relativ kurzen Reisebericht schilderte, ist wohl hier einzuordnen. Georgien erreichte Jäger zu Pferde über die Georgische Heerstraße. Von Tiflis unternahm er einen Ausflug nach Kachetien, dessen ertragreiche Obst- und Weinpflanzungen er hervorhebt, wenn er das Tal des Alazani als einen einzigen Garten bezeichnet.[120] Ein kurzer Abschnitt über den Bazar von Tiflis lässt die Spannung zwischen orientalischen und europäischen Einflüssen in der Entwicklung der Stadt erkennen:

> „Der hiesige große Basar (Kaufhof), ist der beliebteste Spaziergang, vorzüglich der europäischen Damen; denn die Ansicht der vielen daselbst ausgehängten persischen Shawls ist gar zu anlockend, und die Buden der armenischen, georgischen und persischen Kaufleute enthalten viele schöne Waaren, besonders an Stoffen. Nur Schade, daß dieser Basar blos drei Schritte breit ist und die Hauptstraße durchgeht, wo ein ewiges Fahren und Reiten statt findet, wodurch der Durchwandelnde immer der Gefahr ausgesetzt ist, entweder von einem Wagen gerädert, oder von einem vorbeigehenden Büffel zertreten zu werden. Die Anzahl der hiesigen Buden wird auf 800 gerechnet."[121]

Den Anhang zu Jägers Reisebericht bildet ein ganz im Geiste des Nationalökonomen Adam Smith verfasster Überblick über die wirtschaftlichen Potentiale Transkaukasiens und ihre bisherige Nutzung, wobei insbesondere die Chancen für die Landwirtschaft und die Gewinnung von Seide betont werden.

Ebenfalls wenig bekannt ist der Jurist Friedrich Christian Wilhelm Vetter (um 1775 – nach 1829), der einen Überblick über seine 1827 wohl zu Bildungszwecken durchgeführte Reise im Jahr 1829 veröffentlichte.[122] Er reiste von Char'kov [Charkiv] über Stavropol' und Vladikavkaz nach Tiflis und verband seinen Bericht mit allgemeinen Reflexionen, bei denen er nicht versäumte, seine in Schulpforta erlangte humanistische Bildung durch zahlreiche Hinweise auf die Antike und auf philosophische Überlegungen in den Text einfließen zu lassen. Zu den Besonderheiten seines Berichts gehörten Abschnitte in Versform, die den Text auflockern sollten. Vetter überquerte unter dem Schutz einer Kosakentruppe den Kaukasus im Februar nach Schneefall und schilderte ausführlich die damit verbundenen Erschwernisse und Gefahren, wie er auch auf seinen Aufenthalt in Tiflis zur Karnevalszeit und die damit verbundenen Bälle der sich europäisierenden Oberschicht erwähnte.

Johann Friedrich Parrot (1792–1841), als Mediziner und Naturforscher seit 1816 Mitglied der Russischen Akademie der Wissenschaften und seit 1821 Professor in Dorpat (heute Tartu / Estland), hatte bereits 1811/12 zusammen mit dem Mineralogen Moritz von Engelhardt (1779–1842) eine Forschungsreise auf die Krim und in den Kaukasus unternommen und dabei barometrische Messungen und pflanzengeographische Bestandsaufnahmen durchgeführt. Von Vladikavkaz aus wurde die Reise an den Oberlauf des Tergi bei St'epants'minda und Kobi und in den Quellbereich des Flusses in der Truso-Schlucht bei Resi ausgedehnt. Immer wieder verwiesen die beiden Forscher nicht nur auf die engen Kontakte zu den behördlichen Würdenträgern, sondern auch auf den militärischen Schutz, der sie vor Übergriffen bewahren sollte.[123] Parrots Versuch, den Kasbek bis zum Gipfel zu ersteigen, scheiterte zwar an Witterungsunbilden, doch konnte er die Höhenstufen der Vegetation detailreich darstellen.[124] 1829 hielt Parrot sich erneut in Kaukasien auf, wobei die Besteigung des Ararat der Höhepunkt seiner Reise war. Mit Alexander von Humboldt stand er in brieflichem Austausch, doch kam ein persönliches Treffen in Dorpat bei Humboldts Durchreise wegen der Überschneidung mit Parrots Kaukasienreise nicht zustande.[125] Ganz in der noch jungen Tradition der Humboldtschen Forschungsreise nach Lateinamerika hatte Parrot sich Messinstrumente aus Dorpat schicken lassen, um astronomische Lagebestimmungen, barometrische Höhenmessungen und Pendelmessungen durchzuführen.[126] Vor der Weiterreise nach Armenien unternahm er mit seinen Begleitern einen Ausflug nach Kachetien, dessen agrarische Vielfalt er hervorhob. Besonderes Interesse galt der Landbewirtschaftung, wobei er Bodenbearbeitung und Weinherstellung ausführlich schilderte. Auf dem Rückweg von der Besteigung des Ararat suchte Parrot auch Katharinenfeld (heute Bolnisi) auf, das 1826 Ziel eines kurdischen Überfalls gewesen war und erst wieder neu belebt wurde.[127] Über Tiflis besuchte er schließlich noch Westgeorgien mit Redut-Kalé, ehe er auf der Georgischen Heerstraße und von dort über Kizljar und Astrachan' die Rückreise in den europäischen Teil Russlands und nach Dorpat antrat. Der zweite Teil des Berichts fasste die umfangreichen Messergebnisse systematisch zusammen.

Gebürtig aus Môtiers, heute Kanton Neuenburg [Neuchâtel] in der Schweiz, bereiste Frédéric Dubois de Montpéreux (1798–1850) nach dem Studium in Berlin (u.a. bei Carl Ritter und Leopold von Buch) mit russischer Unterstützung zwischen 1831 und 1834 die Krim und den Kaukasus. Er folgte auf dem Schwarzen Meer der Küste und unternahm den Versuch, die griechischen Wurzeln damaliger Orte aufzuspüren, die teilweise bereits als russische Vorposten im Gebiet der noch nicht unterworfenen Tscherkessen angelegt worden waren. Immer wieder bezog er sich auf die älteren Reiseberichte (Chardin, Reineggs, Klaproth u.a.), verglich sie mit eigenen Beobachtungen und korrigierte offensichtliche Fehler. In Redut-Kalé, das als kleine Hafensiedlung ausgebaut und noch nicht von Poti abgelöst worden war, ging der Reisende an Land, um durch Mingrelien in die imeretische Hauptstadt Kutaisi zu gelangen, dessen multiethnische Bevölkerung und Entwicklungsgeschichte er ausführlich beschrieb.[128]

Karl Koch (1809–1879), der nach dem Studium von Medizin und Botanik eine Hochschultätigkeit in Jena aufgenommen hatte, bereiste auf seiner ersten Forschungsreise durch Kaukasien in den Jahren 1836 bis 1838 – ohne finanzielle Unterstützung – unter anderem Rach'a-Lechkhumi und Teile (Nieder-)Svanetiens in Georgien. Auf ihn geht die Unterscheidung von Großem und Kleinem Kaukasus zurück, ebenso die Kenntnis der Surami-Kette als Teil des Meskhetischen Gebirges und dessen Funktion als Hauptwasserscheide. Für eine zweite Reise legte er ein umfassendes Forschungsprogramm von, das von einem größeren Wissenschaftlerteam durchgeführt werden sollte. Allerdings konnte nur der Philologe Gustav Rosen an der zweiten Kaukasienreise Kochs (1843–1844) teilnehmen. Wie fast alle Reisenden in der ersten Hälfte des 19. Jahrhunderts musste Koch mehrere Tage in einer Quarantäne-Station verweilen, die zum Schutz vor einer Seuchenausbreitung eingerichtet waren und deren wenig erfreulichen Zustand er in der Einleitung seines Berichts eindringlich schilderte – nicht ohne kolonialistische Nebenbemerkungen, die den zivilisatorischen Fortschritt in den europäischen Ländern gegenüber „Asien" betonten.[129] Ebenso wurde ausführlich von der weit verbreiteten Korruption bei den russischen Beamten berichtet. Für Tiflis stellte Koch positive Veränderungen zwischen seinen beiden Aufenthalten fest: Das Wachstum war mit der Anlage von breiteren Straßen und Erweiterungen beim Bazar verbunden, weil auch der Handel zugenommen hatte; zu den beiden älteren Karawansereien war eine weitere, größere hinzugekommen. Auf der östlichen Seite des Mt'k'vari hatte die Bebauung das Unterstadtviertel „Sand" (russ. *Peski*, georg. *Riq'e*) mit der deutschen Siedlung Neu-Tiflis verbunden; vor allem aber hatten Verhalten und Kleidung der bürgerlichen Bevölkerungsschicht in den Augen des Besuchers gewonnen.[130] Reisen in den Großen Kaukasus waren in den 1840er Jahren wegen der kriegerischen Auseinandersetzungen Russlands mit den

Bergvölkern nicht möglich. Eines der wichtigsten Ergebnisse der Reise war eine Karte Kaukasiens im Maßstab 1 : 1 000 000 in vier Blättern, die ihren besonderen Wert durch biogeographische Einträge erhält.[131]

Nochmals andere Töne ließ Koch anklingen, wenn er neben eigenen Erfahrungen den britischen Blickwinkel vermittelte.[132] Er versuchte, durch die Einbeziehung von Auszügen aus den Reisewerken britischer Reisender ein Gesamtbild zu erstellen, das allerdings vom Eindruck des russischen Eroberungskrieges im Kaukasus geprägt wurde, wobei die Auseinandersetzung mit Šamyl dominierte. Von O. Spencer übernahm er die Darstellung Abchasiens und Mingreliens, auf eigenen Erkundungen beruhte die daran räumlich anknüpfende Darstellung des Küstenabschnitts zwischen Sukhum und Adscharien. Im Anschluss an Textauszüge zu Ostanatolien und Westarmenien (A. Curzon und Richard Wilbraham) steuerte A. F. Macintosh Reisenotizen zwischen Ostanatolien, Armenien und Georgien bei, ehe Koch selbst auf den kaukasischen Krieg einging und damit sein eigenes Reisewerk fortschrieb. Die Darstellung des kolchischen Küstenabschnitts mit dem Rioni-Delta lässt die schwierigen Lebensumstände erahnen, die für die Zivilbevölkerung und das russische Militär bestanden. Ganz im Unterschied zu Poti, das Mitte des 19. Jahrhunderts kaum eine Rolle als Zivilhafen spielte, wurde Batumi als lebhafte, auf den Handel ausgerichtete Stadt beschrieben.

1.38 Siedlerhaus („Schwabenhaus") in Katharinenfeld / Bolnisi (Mai 2019)

August von Haxthausen (1792–1866) war ein westfälischer Jurist und Agronom sowie Initiator bei der Wiederbegründung des Malteserordens. Er hatte sich durch Forschungen zur Agrarverfassung in Preußen einen Namen gemacht und unternahm 1843/44 auf Einladung des Zaren Nikolaus I. eine Reise nach Russland und Kaukasien, die Phänomenen der Agrarverfassung galt. Haxthausen war Verfechter einer Bodenreform im Vorfeld der Bauernbefreiung, verband dies aber mit romantisierenden Vorstellungen von der ländlichen Urgemeinde (*mir*) in Russland.[133] Der ausführliche Bericht, den er darüber veröffentlichte, enthält eingehende Schilderungen des Lebens in der gehobenen Gesellschaft des Landes, versucht aber auch, viele Parallelen zu den mitteleuropäischen Verhältnissen zu ziehen, die oft voreingenommen und daher wenig tragfähig erscheinen. Haxthausen reiste über das Schwarze Meer an, so dass er erste Eindrücke in Westgeorgien (Mingrelien und Imeretien) sammelte. Von Tiflis aus besuchte er die Siedlungen der württembergischen Kolonisten, lernte Kachetien kennen, hielt sich dann aber länger in Armenien als in Georgien auf. Zu den deutschen Kolonistendörfern schreibt er:

> „Die deutsche Colonie bei Tiflis ist, wie gesagt, sehr blühend, sie ist für die europäisch lebende Bevölkerung von Tiflis, das russische Militär und die russischen Beamten wichtig, fast unentbehrlich. Die ganze Gartencultur ist in ihren Händen, sie ziehen und liefern alles Gemüse, das meiste Obst, sowie fast alles Geflügel. Die Grusier sind träg und nicht im mindesten industriös. Sie lieben z. B. die Kartoffeln,

sie kaufen, betteln und stehlen sie bei den Colonisten; aber es fällt ihnen bis jetzt nicht ein, sie selbst zu bauen und zu ziehen."[134]

Fast gleichzeitig besuchte 1843–46 Moritz Wagner (1813–1887) Südkaukasien. Als Naturforscher und Geograph hatte er das Reisen zum Beruf gemacht. Wagner bereiste Algerien, verschiedene Länder des Orients sowie Nord- und Südamerika, legte umfangreiche Sammlungen an, wurde 1860 in die Leopoldina, 1862 in die Bayerische Akademie der Wissenschaften aufgenommen, arbeitete als Konservator der bayerischen ethnographischen Sammlungen. Über den Geologen Leopold von Buch erhielt er Kontakt zu Alexander von Humboldt und Carl Ritter, die sich für die finanzielle Förderung von Wagners zweiter Südamerikareise einsetzten.[135] Die Ergebnisse seiner Reisen publizierte er jeweils in Werken, die nicht nur Schilderungen von Natur- und Kulturraum sowie naturwissenschaftliche Beobachtungen enthielten, sondern auch auf die politische Situation in den besuchten Gebieten eingingen. Da er seinen Lebensunterhalt aus dem Verkauf der Publikationen finanzieren musste, orientierte er sich mit einem flüssigen, gefälligen Schreibstil am Publikumsgeschmack, so dass seine wissenschaftlichen Leistungen gegenüber der Darstellung von Reiseabläufen und Begegnungen zurücktreten. So schilderte er den Durchzug von russischen Duchoborcen, die zunächst am Asovschen Meer angesiedelt worden waren und sich jetzt auf dem Weg in ihre neuen Kolonisationsgebiete im georgisch-armenischen Grenzraum befanden.[136] Mit seinem Buch über Kolchis und die deutschen Siedlungen in Südkaukasien[137] wollte Wagner Themen aufgreifen, die in der bisherigen Reiseliteratur zu Georgien noch nicht behandelt worden waren. Ausführlich wurde dabei Tiflis mit seinem gesellschaftlichen Leben beschrieben; Wagner hob insbesondere die raschen Veränderungen hervor, die nach Beginn der russischen Herrschaft entstanden waren, schilderte auf der anderen Seite aber auch das „orientalische" Leben auf dem Bazar.

Bei der Betrachtung der deutschen Siedlungen, insbesondere von Neu-Tiflis, hob Wagner – vermutlich nicht ganz vorurteilsfrei – den Unterschied zu den georgischen Dörfern hervor:

> „Wie alle deutschen Ansiedlungen jenseits des Kaukasus hat auch Neu-Tiflis ein ziemlich wohlhabendes, behagliches Ansehen, besonders wenn man die hässlichen grusischen Dörfer der Nachbarschaft mit ihren elenden Häuschen, aus Rollsteinen und Lehmerde schlecht zusammengekittet, mit ihnen vergleicht; die Häuser der Colonisten sind klein, aber sauber."[138]

Von den deutschen Dörfern wurden Elisabethtal (heute Asureti), nachdem Wagner einen Seiler aus Weinsberg kennen gelernt hatte, und Katharinenfeld (Bolnisi) ausführlicher dargestellt, wobei auch hier bei Ort und Bewohnern mehrfach die Unterschiede zu georgischen Dörfern und Landbewohnern betont wurden. Insgesamt kam seine Auflistung der deutschen Kolonien (unter Einschluss der im heutigen Aserbaidschan gelegenen) für 1843 auf 588 Familien mit mehr als 3000 Personen.[139]

Einen ganz anderen Bezug zu Georgien hatte Friedrich Bodenstedt (1819–1892). Er kam im Gegensatz zu Klaproth und Parrot nicht als Forschungsreisender, sondern als Schriftsteller und Übersetzer nach Russland und Georgien. Nach sieben Jahren in Moskau lebte er ab 1844 in Tiflis, wo er als Lehrkraft für Französisch am städtischen Gymnasium tätig war. Er zählt zu den frühen Vermittlern russischer Literatur in den Westen Europas. Seine Darstellung der Lage in Kaukasien[140] stand ganz unter dem Eindruck des Freiheitskampfes der Kaukasier unter Shamyl.

Bodenstedt positionierte sich dabei russlandkritisch und romantisch-verklärend. Sein aus der Erinnerung erst um 1850 verfasster Reisebericht ist gleichermaßen ein literarisches wie dokumentarisches Werk; literarisch, weil er wortgewaltig darzustellen weiß und Poesie mit dem nüchternen Bericht verknüpft; dokumentarisch, weil er aus kultureller (und bisweilen auch persönlicher) Distanz, aber doch eingebunden in das Leben in Tiflis Alltagssituationen beschreibt, die sich dem reinen Wissenschaftler vielleicht nicht so leicht öffnen wie dem Literaten.[141]

Auch der aus Friedrichstal bei Freudenstadt stammende Carl von Hahn (1848–1925) war – allerdings eine Generation später – seit 1874 als Lehrer in Tiflis tätig. Er veröffentlichte auf der Grundlage seiner Landeskenntnis, die er sich auf Reisen im Land seit 1888 erwarb, und ethnographischer Studien einige durchaus noch heute lesenswerte Bücher, die jeweils mehrere kleinere Einzelstudien zusammenfassen.[142]

Als in den 1840er Jahren die russische Herrschaft in weiten Teilen Georgiens gesichert war und Tiflis sich zu einem von europäischer Kultur mitgeprägten Zentrum entwickelt hatte, verschob sich die Motivation für Reisen nach und durch Georgien auf spezifische wissenschaftliche Ziele. Nicht mehr der umfassende Überblick wie bei den Akademieexpeditionen, sondern naturkundliche, geologische und archäologische Ziele traten hervor. Unverändert blieb die Einbindung der Reisen in das Verwaltungssystem des Russischen Reiches. Dadurch wurde die Sicherheit der Reisenden gewährleistet, aber zugleich wurde das Ergebnis der Reisen zu Herrschaftswissen. Die mehr oder weniger zeitgleich in Georgien arbeitenden Wissenschaftler hatten über die engeren Fachgrenzen hinaus Kontakt zueinander. So erwähnt, um nur ein Beispiel zu nennen, Marie Félicité Brosset Inschriften, die Hermann Abich in einem Kloster in Gurien, in Ani und an anderen Orten kopiert hatte, und Forschungsergebnisse von Dubois de Montpéreux.[143]

Wie Haxthausen waren Hermann Abich und Gustav Radde als wissenschaftlich ausgewiesene Fachleute in Kaukasien für Russland tätig.[144] Hermann Abich (1806–1886) gehört auch aus heutiger Sicht zweifellos zu den herausragenden Erforschern der geologischen Verhältnisse Südkaukasiens. Er hatte zunächst in Heidelberg ein Jurastudium begonnen, dann aber in Berlin das Studium von Geologie, Mineralogie, Chemie und Geographie – unter anderem bei Leopold von Buch und Carl Ritter – aufgenommen. Nach vulkanologischen Studien in Italien konnte er 1842 eine Professur für Mineralogie an der Universität Dorpat antreten. Als 1840 die Region am Ararat von einem Erdbeben erschüttert wurde, forschte er nach den Ursachen und veröffentlichte 1843 eine Studie, die die russische Regierung veranlasste, Abich zu einer Forschungsreise nach Kaukasien zu entsenden, die weit über die zunächst veranschlagte Zeit ausgedehnt wurde und der zahlreiche weitere Reisen folgten. Für die Region begeistert hatte ihn Heinrich Julius Klaproth, der Bruder seiner Mutter; für die Form wissenschaftlichen Reisens war der Kontakt zu Alexander von Humboldt wichtig, mit dem Abich Briefe wechselte. Seine Professur in Dorpat verließ er nach mehreren Beurlaubungen 1847, um als „Beamter für besondere Aufträge" in das Kaiserlich Russische Bergkorps einzutreten. Die Reise- und Forschungstätigkeit im Kaukasus wurde mehrfach durch längere Aufenthalte in Westeuropa unterbrochen, wo er mit Vorträgen hervortrat und weitere Kontakte knüpfte. Inzwischen galt er als einer der herausragendsten Geologen und wurde 1853 in die Russische Akademie der Wissenschaften, 1858 in die Preußische Akademie der Wissenschaften berufen. Zwischen 1858 und 1875 bereiste er erneut große Teile Kaukasiens mit Schwerpunkten an den nordkaukasischen Vulkanen, in den Hochregionen des georgischen Kaukasus (Svanetien, Rach'a, Lechkhumi) und im Armenischen Hochland. Neben geologischer Grundlagenforschung im gesamten Kaukasien arbeitete er auch auf dem Gebiet der angewandten Lagerstättenkunde und trug damit erheblich zur Kenntnis der Bodenschätze bei.

Unter anderem erkundete er in Zusammenarbeit mit der Unternehmerfamilie Siemens Kupferlagerstätten (dies allerdings überwiegend außerhalb Georgiens in Kedabeg [Aserbaidschan] und Kapan [Armenien]). Für die wirtschaftliche Entwicklung Georgiens besonders wichtig wurde 1846 Abichs Entdeckung der Manganvorkommen von Ch'iatura; der Abbau begann allerdings erst nach 1879, als der Bedarf bei der Stahlherstellung wuchs.[145] Zeitweise waren diese Manganlagerstätten die weltweit wichtigsten. Die Kohlevorkommen im Westen Georgiens hatte Abich schon früher beschrieben.

1876 zog Abich sich im Ruhestand nach Wien zurück; von der geplanten mehrbändigen Darstellung seiner Forschungsergebnisse konnte er allerdings nur den ersten und einen Teil des zweiten Bandes selbst fertigstellen; der dritte Band wurde 1887 postum von seiner Frau und dem Geologen Eduard Suess herausgegeben, welcher Teile der Materialien für einen geplanten vierten Band in sein Werk „Das Antlitz der Erde" (1885–1909) einbezog. Abichs Schriften sind nicht rein geologisch-mineralogisch, sondern enthalten auch zahlreiche Hinweise auf die physiogeographischen Verhältnisse Kaukasiens.[146] In der heutigen Bewertung sind die Ergebnisse seiner Forschungen nicht unumstritten, gelten sie doch in postkolonialer Interpretation als Beitrag zur kapitalistischen Durchdringung der Wirtschaft. Einen Reisebericht hat Abich nicht verfasst, doch wurden die meist ausführlichen Briefe der Jahre 1842–1853 und 1859–1874 postum von seiner Frau veröffentlicht; sie zeichnen das Bild einer umfangreichen Reisetätigkeit in Transkaukasien nach.[147]

Abich sah sich in der wissenschaftlichen Tradition der häufig als Ahnväter der Geographie genannten Alexander von Humboldt und Carl Ritter, mit denen er korrespondierte und die er mehrfach erwähnte. So schrieb er Anfang Februar an seine Mutter:

> „Wie würde sich Humboldt freuen, wenn er wüsste, was ich auf dem Wege seiner grossen Lehren hier zu erreichen so glücklich bin; er ahnt nicht, dass ich mit einer derjenigen bin, die die grosse Seelenfreude haben, alles das zu bestätigen, was sein Seherblick, der in die Tiefen der Natur sich zu senken versteht, für jene merkwürdigen Gegenden geahnt hat, die er selbst zu sehen nicht so glücklich war. Wieviel danke ich auch Ritter und den Ideenkreisen, die er eröffnet hat, und durch welche ich zur Erkenntnis des inneren Zusammenhanges der physikalischen Erscheinungen des grossen Ganzen gelange; mein längeres Verweilen hier war unerlässlich."[148]

1847/48 unternahm Marie Félicité Brosset (1802–1880), Mitglied der russischen Akademie der Wissenschaften, als Orientalist eine historisch-archäologische Forschungsreise durch Georgien und Armenien, die vor allem der Bestandsaufnahme von Altertümern und schriftlichen Zeugnissen (u. a. Grabinschriften, Urkunden, Kirchendokumente) diente. Von den elf Monaten seines Aufenthalts in der Region verbrachte er vier in Tiflis, zwei Monate in Mingrelien und Abchasien, je anderthalb Monate in Imeretien und im Bezirk Gori, fünf Wochen im Bezirk Akhaltsikhe sowie drei Wochen in Kachetien.[149] Seine acht an den Statthalter in Kaukasien, Fürst Michail Voroncov, gerichteten Berichte enthalten eine Fülle an Dokumentationen, die neben dem Inhalt von Inschriften auch linguistische Feinheiten abbilden.

Als Naturwissenschaftler kam Gustav Radde (1831–1903) nach Tiflis, nachdem er 1855–1859 floristische und zoologische Untersuchungen auf der Krim durchgeführt und botanische wie zoologische Sammlungen angelegt hatte. Danach nahm er bis 1859 an einer Expedition der Russischen Geographischen Gesellschaft nach Sibirien teil, deren Ergebnisse er nach 1860 als Kustos des Zoologischen Museums der Russischen Akademie der Wissenschaften in St. Peters-

1.39 Bevölkerungskarte („Feuerstellen“) Khevsuretiens von Gustav Radde 1878 (Ausschnitt)

burg auswertete. Nachdem er 1862 den Naturforscher Karl Ernst von Baer nach Südrussland begleitet hatte, konnte er im darauf folgenden Jahr eine Stelle als Gehilfe am Physikalischen Observatorium in Tiflis antreten, die ihm aber offensichtlich nicht zu sehr lag, denn bereits nach vier Monaten gab er sie auf, um sich wissenschaftlichen Aufgaben zu widmen. Inzwischen hatte er einen Plan zur naturwissenschaftlichen Erkundung des Kaukasus ausgearbeitet, den er dem russischen Statthalter, Großfürst Michail Romanov, vorlegte. Von diesem wurde Radde mit der Durchführung beauftragt. Ziel war es, in vier aufeinander folgenden Jahren jeweils einem der großen Flüsse (Mt'k'vari [Kura], Kuban', Tergi [Terek], Rioni) zu folgen, um den Naturraum und insbesondere die Vegetation zu untersuchen und um daraus Folgerungen für die landwirtschaftliche Nutzbarkeit zu ziehen. Die erste Reise führte ihn von der Kolchis in die Täler von Rioni, Tskhenists'q'ali und Enguri, wobei sich insbesondere Hoch-Svanetien am oberen Enguri, das sog. Freie Svanetien, noch gegenüber Fremden verschloss, daher weitgehend unbekannt war und erst in den 1860er Jahren in russische Verwaltung genommen werden konnte. Radde ging bei seinen Arbeiten nicht nur der botanischen Vielfalt nach, sondern arbeitete auch die Unterschiede zwischen dem zersiedelten Tiefland und den kompakten Siedlungen in den Gebirgstälern heraus oder erkannte die Bedeutung der Steinkohlelager von T'q'ibuli. Von dieser Reise mitgebrachte Sammlungsstücke gehörten zum Grundstock des Kaukasischen Museums in Tiflis, zu dessen Gründungsdirektor Radde 1867 bestellt wurde. In dieser Funktion baute er nicht nur allmählich die Sammlungen auf, bis das Museum 1881 eröffnet werden konnte, sondern unternahm selbst weitere naturkundlich-ethnographische Reisen in verschiedene Teile Kaukasiens, über die er in mehreren Büchern und zahlreichen Aufsätzen, insbesondere in *Petermanns Geographische Mitteilungen*, berichtete. In Georgien galt eine weitere Reise den Hochtälern Khevsuretiens. Besonders bemerkenswert ist die diesem Werk beigegebene Karte, auf der die Bevölkerungzahl der pshavischen, khevsurischen und tushischen Bevölkerung – nach Feuerstellen quantifiziert – für die Siedlungen angegeben ist. Es zeigen sich fast geschlossene Siedlungsgebiete der ethnischen Gruppen, sieht man von einem kleinen Gebiet nahe der Straße zwischen Tianeti und Tbilisi am oberen Iori ab, wo die georgische Bevölkerung von khevsurischer und geringfügiger pshavischer durchsetzt ist und wo einige wenige Orte ethnisch gemischte Bevölkerung aufweisen.[150] 1893/94 bereiste Radde das Ostufer des Schwarzen Meeres und den nordwestlichen Kaukasus. Er leitete das Museum bis zu seinem Tod und zählte zu den führenden Vertretern des geistigen Lebens in Tiflis. Dort starb er 1903; beigesetzt wurde Gustav Radde in Borjomi.[151]

Mit Alexander Petzholdt (1810–1889) hielt sich 1863 und 1864 – zwei Jahrzehnte nach Haxthausen – erneut ein Agrarfachmann in Kaukasien auf, der 1866/67 eine zweibändige Publikation vorlegte, die – deutlich über einen Reisebericht hinausgehend – fast Handbuchcharakter annahm und in Empfehlungen für eine Verbesserung der Landwirtschaft einmündete.[152] Im Einleitungskapitel werden die bis dahin üblichen Zugangswege nach Südkaukasien kurz geschildert, die über Astrachan' und Vladikavkaz, Odessa und Poti sowie Konstantinopel oder Novočerkassk führten. Einem längeren, in etwas schulmeisterlichem Stil verfassten Abschnitt über die praktische Seite des Reisens in Kaukasien folgte eine systematische Darstellung des Naturraums (Relief, Geologie, Klima, Vegetation …), wobei auch die Kulturpflanzen mit den Höhengrenzen von Anbau und Waldverbreitung genannt werden.[153] Der zweite Band gibt einen Überblick über die ethnischen Gruppen Kaukasiens[154] und eine systematische Darstellung der Landwirtschaft. Petzholdts erste Reise, die vor allem dem östlichen Transkaukasien galt, führte von Tiflis durch Kachetien und über Şəki (damals Nucha) nach Baku und Shusha, dann über Ordubat nach Erivan und zurück nach Tiflis. Auf seiner zweiten Reise gelangte der Wissenschaftler in das westliche Transkaukasien, wobei ihn neben dem Besuch landwirtschaftlicher Betriebe auch der Bergbau interessierte, etwa der Kohlebergbau bei T'q'ibuli und der sehr bescheidene, mit veralteter Technik betriebene Eisenerzbergbau von Ts'edisi (südöstlich Oni).[155] Eingehend beschrieb Petzholdt die Landwirtschaft der Regionen Westgeorgiens (Imeretien, Mingrelien, Gurien), wo sich zur Zeit seiner Reise noch kein Teeanbau ausgebreitet hatte; im Vordergrund stand die Besichtigung größerer Güter, die vom lokalen Adel betrieben wurden. Über den Zek'ari-Pass reiste Petzholdt nach Abastumani, das in den 1860er Jahren einen guten Ruf als Heilbad erworben hatte und sogar mit Pjatigorsk in Nordkaukasien gleichgestellt wurde.[156] Über Akhaltsikhe und Manglisi kehrte Petzholdt nach Tbilisi zurück. Sein Bericht vermittelt neben allen regionalen Details insbesondere einen guten Überblick über die Anbauverhältnisse in den 1860er Jahren, d.h. unmittelbar vor der Bauernbefreiung in Südkaukasien, die 1864 (Gouvernement Tbilisi) und 1865 (Gouvernement Kutaisi) erfolgte. Ein separater Ausflug von Tbilisi galt dem Besuch des deutschen Kolonistendorfes Katharinenfeld und der etwa 15 km südlich davon gelegenen Eisenverhüttung von Chadag.[157]

Während Petzholdt ähnlich wie Haxthausen, Abich und Radde aus fachspezifischem, wissenschaftlichem Interesse Kaukasien bereiste, lassen sich seit den späten 1850er Jahre erste Ansätze von Reisen feststellen, die eher touristischen Hintergrund hatten – in dem Sinne, in dem man Tourismus in dieser Region in der Mitte des 19. Jahrhunderts zu verstehen hat: getragen von Adel und gehobenem Bürgertum, geprägt durch Bildungsorientierung der Reisenden, ausgerichtet auf den beginnenden Bädertourismus und zudem bestimmt durch den exotischen Hintergrund, den der fortwirkende Orientalismus schuf.

Am Anfang dieser neuen Reisemotivation stehen ein Schweizer und ein Franzose, der weniger bekannte Florent A. Gille und der als Schriftsteller berühmt gewordene Alexandre Dumas. Der aus Genf stammende und als Direktor der Ersten Abteilung der St. Petersburger Ermitage tätige Florent Antoine de Gille (1801–1865) sollte sich 1858 zu Heilzwecken einer Bäderkur unterziehen und zog aus balneologischen Gründen den Kaukasus gegenüber den Heilbädern in den deutschen Ländern vor; der Text seines Berichts macht deutlich, dass die enge räumliche Nachbarschaft von Mineralquellen für sehr unterschiedliche medizinische Indikationen im Gebiet von Pjatigorsk den Ausschlag für diese Entscheidung gab. Er folgte nach dem Aufenthalt in Pjatigorsk den Flussläufen von Terek/Tergi und Sunzha bis Daghestan, ehe er über Vladikavkaz nach Tiflis und von dort ins heutige Armenien weiterreiste. Im folgenden Jahr veröffentlichte er seine Reisebriefe.[158] Gille benutzte Routen, die bereits beschrieben waren, denn nicht die Entdeckung bislang unbekannter Regionen war sein Ziel, sondern das Sammeln von Eindrücken, die er im Tagebuch festhielt, auf dessen Basis sein Buch entstand. Mit der stilistischen Form von (fiktiven) Briefen wollte er sich wohl bewusst von der bisherigen Kaukasien-Literatur absetzen und den Rahmen einer bewusst subjektiven Darstellung verschaffen – bei allem Bemühen um faktische Korrektheit nach dem Stand der Kenntnisse, auch mit Rückgriff auf die gängige und ältere Literatur, so dass seine Schrift zugleich eine klassische Belesenheit dokumentiert. Nach Transkaukasien gelangte Gille über die Georgische Heerstraße, einen der üblichen Zugangswege nach Georgien, der mit Darialschlucht und Kasbek auch landschaftlich besonders beeindruckend wirkte. In Tiflis erlebte er eine Aufführung der Oper *Norma* von Vincenzo Bellini, die ihn über europäische Kultur im Orient reflektieren ließ.[159] Seine Reise führte ihn weiter nach Erivan und von dort über Akhalkalaki und Akhaltsikhe wieder auf das Gebiet des heutigen Georgiens, wo er noch Imeretien, Mingrelien und Gurien besuchte, nachdem er für Borjomi den beginnenden Bädertourismus geschildert und die beiden Quellen aufgesucht hatte. Die Fahrt auf dem

Rioni in einem einfachen Schiff ließ ihn antike Nachrichten über den Phasis der Griechen, aber auch die Überlegungen zu einer Eisenbahnverbindung zwischen Poti und Tiflis aufgreifen.[160] Die Rückreise erfolgte von Poti mit dem Schiff entlang der abchasischen Küste zur Krim und von dort nach Konstantinopel, Athen und durch mehrere norditalienische Städte, ehe Gille in Genf alte Freunde traf und in Berlin nochmals Alexander von Humboldt besuchen konnte, den er bereits 1829 in St. Petersburg getroffen und 1843 in Potsdam besucht hatte.[161]

Wesentlich bekannter wurde der Reisebericht, den Alexandre Dumas d. Ä. (1802–1870) nach seiner Reise 1858/59 veröffentlichte. Er besuchte Südkaukasien auf einer Reise, die ihn von Paris über St. Petersburg, Moskau und Astrachan' zunächst nach Baku führte, ehe er am Südrand des großen Kaukasus nach Tiflis kam. Eine Fahrt auf der Georgischen Heerstraße zum Kreuzpass und nach Q'azbegi scheiterte oberhalb von Pasanauri an heftigem Schneefall. Von Tiflis folgte Dumas dem Landweg nach Poti, von wo er mit dem Schiff über Trabzon und Konstantinopel zurückreiste. Allerdings ist dieser „Reisebericht" eher die Rahmenhandlung für eine Aneinanderreihung von historischen, romanesk ausgeschmückten Anekdoten über den russischen und kaukasischen Adel. So erwähnt Dumas zwar seine Fahrt durch Kachetien und den Besuch des Schlosses der Familie Ch'avch'avadze in Ts'inandali, verbindet damit aber eine ausführliche Schilderung des Überfalls lesghischer (damals im erweiterten Sinn eine Sammelbezeichnung für die ethnischen Gruppen Dagestans) Banden auf die Fürstenfamilie, die Gefangennahme der Fürstin und ihrer Kinder, die abenteuerliche Verschleppung zu Shamyl und schließlich die Freilassung im Tausch gegen Shamyls Sohn, der sich in russischer Gefangenschaft befand. Immerhin werden Erlebnisse und Unannehmlichkeiten während der Reise durch Südkaukasien ausgemalt und in der Rahmenerzählung die eigene Person des Schriftstellers betont.[162]

Als junger Diplomat – er war nach der Reichsgründung Attaché an der deutschen Botschaft in St. Petersburg – unternahm Max Franz Guido von Thielmann (1846–1929) 1872 eine Bildungsreise nach Vorderasien. Die Anreise von Odessa über das Schwarze Meer nach Poti und die Weiterreise über Kutaisi folgten den jetzt schon fast eingespielten Bahnen, wie auch die weiteren Reiseziele im Land (Tiflis, Ausflug nach Kachetien, Fahrt über die Georgische Heerstraße nach Q'azbegi/St'epants'minda und Vladikavkaz) als Standards anzusehen waren. Der Ausbau von Fernstraßen in den zurückliegenden Jahrzehnten hatte eine Infrastruktur geschaffen, die mehr oder weniger regelmäßig mit Postkutschen bedient wurde.[163]

STREIFZÜGE

IM

KAUKASUS, IN PERSIEN

UND IN DER

ASIATISCHEN TÜRKEI

VON

FREIHERR MAX VON THIELMANN

LEIPZIG.

1.40 Titelblatt von Thielmanns Reisebericht, erschienen 1875

Abseits dieser Hauptziele besuchte Thielmann von Kutaisi aus Svanetien, wobei er sich auf Raddes Berichte stützte, sowie mit Akhalkalaki, Vardzia und den Siedlungen der russischen Duchoborcen das südliche Georgien an der Grenze zum heutigen Armenien. Ausführlich beschrieb er den Tourismus in Borjomi, der sich auf die Mineralquellen, die angenehmen klimatischen Verhältnisse und die Nähe zur Zarenfamilie gründete.

Zum Abschluss seines Berichtes, der über die Schilderung des Reiseablaufs hinaus recht umfangreiche Informationen zu Kaukasien zusammentrug, widmete Thielmann, wie es Petzholdt ein knappes Jahrzehnt vorher getan hatte, ein ausführliches Kapitel dem, was in einem modernen Reiseführer als „Praktische Hinweise" zusammengestellt würde. Gepäck, Kleidung, Unterkunft wurden ausführlich angesprochen und die Routen der Reise mit Entfernungsangaben zusammengestellt, um späteren Reisenden Hilfestellungen zu geben. Ein Beispiel aus der langen Auflistung des nötigen Reisegepäcks sei angeführt, um zu zeigen, dass die Reisenden, die nicht als Abenteurer oder Bergsteiger unterwegs waren, auf einen gewissen Komfort ungern verzichten wollten:

> „[...] Ein Reisebett muss unter allen Umständen mitgeführt werden, da selbst in Gasthöfen Betten nicht immer zu finden sind; recht empfehlenswerth sind die Gummireisebetten von Sauermann & Sohn in Flensburg; sie bestehen aus Reihen von Kautschukröhren, und sind auf der einen Seite mit Filz, auf der anderen mit Kautschuk überzogen, so dass man nach Belieben warm oder kühl liegen kann; zusammengerollt nehmen sie nicht mehr Platz weg, als eine Reisedecke und sind ohne Mühe in 1–2 Minuten aufzuschlagen, ausserdem enthalten sie ein Kopfkissen, eine Flanelldecke, einen Feldstuhl, und Stricke mit Haken, um sie als Hängematte zu benutzen. [...]"[164]

Der britische Rechtsanwalt James Bryce (1838–1922) verfolgte bei seiner Reise durch Südkaukasien im Herbst 1876 offensichtlich keine wissenschaftlichen Zwecke und wurde erst durch den Ausbruch des russisch-osmanischen Kriegs (1877/78) zu einer Publikation veranlasst, die weit über einen Reisebericht hinausging.[165] Umfassend historisch und politisch interessiert, konnte auch er die gut eingespielte Infrastruktur nutzen und erscheint daher eher als bildungsorientierter Tourist (und Bergsteiger) denn als Forscher, reflektiert aber andere Berichte über Kaukasien. Bryce hob hervor, dass Südkaukasien unter der russischen Herrschaft als befriedet gelten konnte, wovon er selbst bei seiner Reise profitierte. Eines der Hauptziele war für ihn die Besteigung des Ararat. Auf der Rückreise konnte er bereits den Zug zwischen Tiflis und Poti benutzen, ehe er auf dem Schwarzen Meer über Batumi nach Kontantinopel zurückkehrte. In abschließenden Überlegungen zur Politik anerkannte Bryce wohl die langsamen Fortschritte bei der Modernisierung Kaukasiens, sah aber auch die Gefahren und vor allem Kosten, die jede weitere Expansion Russland nach sich ziehen würde.

Parrot hatte vergeblich versucht, den Kasbek zu besteigen, doch war es ihm gelungen, den Gipfel des Ararat zu erreichen. Es dauerte bis zum Ende der 1860er Jahre, ehe – nach Befriedung des Kaukasus durch Russland – Bergsteiger nach und nach die Kaukasushöhen bezwangen.[166] Ihre Berichte prägen die Reiseliteratur über Kaukasien in der zweiten Hälfte des 19. Jahrhunderts. Zu nennen sind insbesondere Douglas William Freshfield, Moriz von Déchy, Gottfried Merzbacher und Willy Rickmer-Rickmers.

Douglas William Freshfield (1845–1934), Rechtsanwalt, Bergsteiger und Schriftsteller, ging als offizieller Erstbesteiger des Kasbek (1868) in die Erschließungsgeschichte Kaukasiens ein. Er war mit dem Schiff von Konstantinopel über Samsun und Trabzon nach Georgien gelangt und konnte dann bereits vom Eisenbahnbau zwischen Poti und Tiflis berichten. Ein längerer Ausflug, der ihn nach Erevan und Täbriz führte, machte ihn mit dem Ausbau der Straße zwischen Tiflis und Erevan bekannt, so dass seine Schilderung auch die infrastrukturellen Verbesserungen in Südkaukasien dokumentiert. Im Kaukasus griff er bereits auf Blätter der russischen Fünf-Werst-Karte (1 : 210.000) zurück, die sich zwar als nicht völlig exakt, teilweise sogar als reichlich falsch,[167] aber dennoch als für die Orientierung genügend herausstellten. In Tiflis traf Freshfield mit Abich und Radde zusammen, die als wissenschaftliche Kapazitäten internationale Bekanntheit erreicht hatten und dem jungen Bergsteiger einige wichtige Hinweise geben konnten. Der Schilderung seiner Erstbesteigung schickte Freshfield einen Überblick über die erfolglosen Versuche voraus, die Friedrich Parrot und Moritz Wagner unternommen hatten.[168] Nachdem die Besteigung des Kasbek geglückt war, planten Freshfield und seine Begleiter die Besteigung des Elbrus. Dazu folgten sie, um eine direkte Verbindung zwischen den beiden Gipfeln im Hochgebirge zu erkunden, zunächst den höchstgelegenen Hochtalabschnitten der Hauptkette des Kaukasus, vom obersten Tergital (Truso-Schlucht) zu den Quellflüssen des Ardon im heutigen Nordossetien und weiter über den Mamison-Pass in das Quellgebiet des Rioni, über das der Bergsteiger von Radde informiert worden war, der große Abschnitte der Hochtäler erkundet hatte. Damals waren diese Hochtäler noch besiedelt, der Oberlauf des Tergi und die Täler der Ardon-Quellflüsse von Osseten. Über den Oberlauf des Tskhenists'q'ali gelangte die kleine Gruppe an den Oberlauf des Enguri nach Hoch-Svanetien, das Freshfield offensichtlich so faszinierte, dass er später noch sieben Mal auf unterschiedlichen Wegen dorthin zurückkehrte.[169] Eindrucksvoll schildert Freshfield, wie sich die kleine Gruppe in dem zu Ushguli gehörenden Weiler Zhibiani vor der Zudringlichkeit der Einheimischen schützen und für alle Leistungen vermeintlich überhöhte Preise zahlen musste.[170] Vom hochsvanetischen Nakra-Tal erreichten die Bergsteiger das Elbrusmassiv. Nach einem Besuch der Mineralbäder von Pjatigorsk und Kislovodsk führten sie ihre Reise nach Vladikavkaz fort; dann überquerten sie den Kaukasus auf der Georgischen Heerstraße. Die Rückreise von Tiflis ließ Freshfield auch das obere Mt'k'vari-Tal erkunden und erfolgte über Borjomi, Akhaltsikhe und Abastumani zur Schwarzmeerküste. Borjomi wird von ihm als aristokratischstes unter den kaukasischen Bädern beschrieben, während Abastumani deutlich dagegen abfiel.[171] Über den Zek'ari-Pass wurden Baghdati und Kutaisi erreicht,

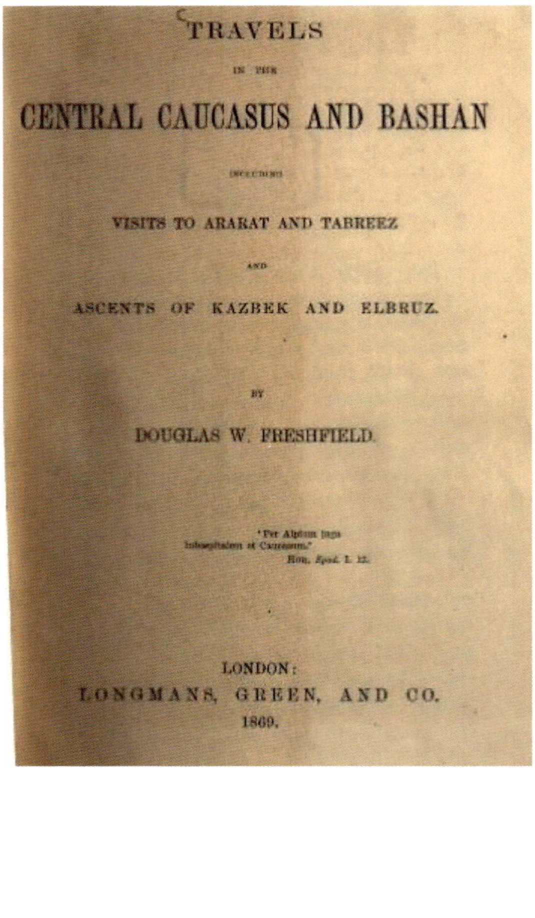
TRAVELS

IN THE

CENTRAL CAUCASUS AND BASHAN

INCLUDING

VISITS TO ARARAT AND TABREEZ

AND

ASCENTS OF KAZBEK AND ELBRUZ.

BY

DOUGLAS W. FRESHFIELD.

LONDON:
LONGMANS, GREEN, AND CO.
1869.

1.41 Titelblatt von Freshfields Reisebericht, erschienen 1869 ehe der Bergsteiger von Poti über das Schwarze Meer seine Rückreise zur Krim und nach Odessa antrat, um über Kiew, Moskau und St. Petersburg zurückzukehren. Der Publikation seiner Reise fügte Freshfield noch Übersichten über barometrische Höhenmessungen und floristische Beobachtungen an, mit denen er sich in die Tradition früherer Forschungsreisender einreihte. Freshfield veröffentlichte drei Jahrzehnte nach Besteigung des Kasbek zwei Bände, deren besonderen Wert die Photographien von Vittorio Sella (1859–1943) ausmachen; der vergleichende Blick auf den Kaukasus und andere Hochgebirgsregionen und ihre alpinistische Erschließung vor dem Hintergrund eigener Erkundungen bestimmen auch heute den Reiz dieses äußerst reflektierten Werkes.[172]

Der aus Ungarn stammende Moriz von Déchy (1851–1917), der ursprünglich Rechtswissenschaften studiert hatte, durch seine Bergbesteigungen in den Alpen, im Himalaya und im Kaukasus aber zum Geographen wurde, reiht sich in die nicht geringe Zahl von Bergsteigern ein, die mit ihren Erkundungen wesentlich zur Kenntnis des Großen Kaukasus beitrugen. Sein dreibändiges Werk umfasst die Darstellung eigener Forschungsreisen und Bergbesteigungen, die er ab 1884 vornahm, und auch die Herausgabe naturräumlicher Forschungergebnisse, an denen er als Geomorphologe wesentlichen Anteil hatte.[173] In Hoch-Svanetien traf Déchy 1884 noch weitgehend überkommene Sozialstrukturen an, doch sah er auch die mit der russischen Herrschaft verbundenen Veränderungen:

> „Im freien Swanetien hatten sich zumeist mehrere Dörfer zu Genossenschaften vereinigt. Nur zu oft trat aber Widerstreit von Interessen auf, Streitigkeiten, deren Folge langjährige, blutige Fehden zwischen den einzelnen Genossenschaften, ja einzelnen Dörfern waren. Den Beschlüssen, welche den Beratungen der Genossenschaften entsprangen, fehlte jede gesetzliche Kraft, so dass wir uns die Verhältnisse im freien Swanetien als eigentlich anarchische vorstellen müssen, in welchen Gesetzlosigkeit, Blutrache und Unsicherheit des Lebens und des Eigentums herrschten. In früheren Zeiten wurden auch nach dem Norden der Hauptkette Raubzüge unternommen, um dort den mohammedanischen Tataren Vieh zu stehlen, wodurch diese sich gezwungen sahen, Wächterposten gegen diese Einfälle aufzustellen, wie wir einen solchen bei der Karaula im oberen Tscherektale in Balkarien gesehen haben."[174]

> „Manches hat sich in den letzten Jahren in Swanetien zum Bessern geändert. Die russische Regierung scheint dem verlorenen Erdenwinkel nunmehr erhöhte Aufmerksamkeit zu schenken. In jeder Gemeinde wurden verantwortliche Dorfschulzen (Starschina) angestellt, mehrere Priester wurden hingeschickt, in den grösseren Dörfern wurden Häuser als Gemeindekanzleien eingerichtet und fast scheint es, als ob diese Aenderung der Verhältnisse sich auch äusserlich zu erkennen gibt, denn in der jüngeren Bevölkerung zeigte sich nicht mehr jener verwilderte Gesichtsausdruck, wie ihn die älteren Swanen zur Schau trugen."[175]

Als Déchy 1885 erneut den Hochkaukasus aufsuchte, verband er die Aussicht beim Mamison-Pass, angeregt durch den kontinuierlichen Vergleich mit den europäischen Alpen, mit einer Vision künftiger touristischer Möglichkeiten:

> „Vielleicht ist die Zeit nicht mehr fern, in welcher Reisende in aller Bequemlichkeit den edeln Mamisson-Pass in ihren Wagen befahren und Exkursionen auf die umliegenden Höhen machen werden, um dieses Panorama zu geniessen, unterstützt durch Zeichnungen und Karten, welche die vorgeschrittene Erforschung dieses mächtigen Gebirges ermöglichen wird, und kundige Bergbewohner werden ihre Führer sein."[176]

Auch danach setzte Déchy seine Erkundungen im Kaukasus fort, wobei er mehrfach die Hauptkette auf Pässen überquerte, die selbst der einheimischen Bevölkerung kaum bekannt waren, so dass er Schwierigkeiten hatte, immer die gewünschte Zahl an Lastpferden und – bei Gletscher- und Schneepassagen – Trägern zu gewinnen. 1887 wurde er von Douglas Freshfield begleitet, dem er Anregungen für etliche Passagen verdankte. Eine wichtige Aufgabe sah Déchy darin, die Gletscherwelt des Kaukasus, die Schroffheit von Tälern, aber auch die Vielfalt der Menschen in Photographien – damals noch durch Belichtung beschichteter Glasplatten – festzuhalten, die er seinem Bericht beifügte.[177] An den Passübergangen entstand eine Reihe eindrucksvoller Panoramen, die heute für die Beurteilung der Gletscherentwicklung hilfreich sind. 1897 konnte Moriz von Déchy Kaukasien erneut besuchen; Schwerpunkte waren das čečenisch-georgische Grenzgebiet, Tushetien, Khevsuretien und der Kasbek, dessen Besteigung trotz mäßiger Witterungsbedingungen gelang. Die Route, die der Bergsteiger zwischen Parsma am Pirikitelischen Alazani über den Atsunta-Pass in das Khonists'q'ali-Tal nach Shat'ili wählte, ist heute Teil einer Trekkingroute zwischen Tushetien und Khevsuretien.[178] Für Khevsuretien werden die religiösen Verhältnisse und Kultstätten geschildert, die Déchy zeigten, dass das Christentum nur aufgesetzt erschien und dass vorchristliche Riten bewahrt wurden.[179] Bis Anfang des 20. Jahrhunderts unternahm Déchy noch mehrere Erkundungen im Großen Kaukasus, die ihn sowohl ins Innere Dagestans als auch in den westlichen, abchasischen Kaukasus führten. In seiner umfangreichen Publikation lassen sich sowohl die zurückgelegten Wege als auch die sehr unterschiedlichen Kontakte zur einheimischen Bergbevölkerung nachvollziehen. Der Forscher reiste mit voller Unterstützung der russischen Verwaltung, konnte auf behördliche Schreiben verweisen, die Befehlen an die lokalen Beamten gleichkamen, und verstand es meist, seine Wünsche und Forderungen mit Nachdruck, bisweilen auch mit unverhohlenen Drohungen durchzusetzen.

Mit dem Geographen und Bergsteiger Gottfried Merzbacher (1843–1926) erhielt die von Deutschen ausgehende Forschung in Kaukasien fast zeitgleich zu den Erkundungen und Bergbesteigungen von Moriz von Déchy eine weitere alpinistische Dimension. 1891 und 1892 reiste Merzbacher im Kaukasus, wobei er zahlreiche Bergbesteigungen im Zentralen Kaukasus und in Dagestan vornahm. Allerdings scheiterte sein Versuch, als erster den Südgipfel des Ushba zu besteigen. Merzbachers

1.42 Gottfried Merzbacher: Aus den Hochregionen des Kaukasus, 1901 (Außentitel)

→1.43 Doppelgipfel des Ushba (August 2019)

Reiseerfahrungen schlagen sich in einem monumentalen, zweibändigen Werk nieder, das detaillierte Beschreibungen von Land und Leuten enthält und damit eine Kombination von nüchterner landeskundlicher Darstellung und launig schilderndem Reisebericht ist. Besonders ausführlich wird mit vielen ethnographischen Details auf die Svanen und Khevsuren eingegangen, wofür Merzbacher auch die einschlägige Literatur auswertete. Für den zeitlichen Vergleich wertvoll sind die Beschreibungen von Hochgebirgssiedlungen, die heute teilweise aufgegeben sind. Dem Werk sind drei Karten beigegeben, die an der Wende vom 19. zum 20. Jahrhundert als genaueste Darstellung des kaukasischen Hochgebirgsraumes galten.[180] Merzbacher wurde nicht nur durch seine beiden Reisen im Großen Kaukasus bekannt: 1902/03 hielt er sich als Wissenschaftler und Alpinist im zentralen Tian Shan, 1907/08 im östlichen Tian Shan auf. 1907 wurde ihm eine Honorarprofessur für Geographie in München verliehen. Neben der Reisetätigkeit hatte Merzbacher umfassende Literaturstudien betrieben und eine umfangreiche Bibliothek gesammelt, die aus seinem Nachlass an die Bayerische Staatsbibliothek kam, wo sie als gesonderte Sammlung erhalten blieb. Bei ihm zeigt sich um die Jahrhundertwende mit der Abkehr von der großräumigen Überblicksexpedition, die eine umfassende, fachlich nicht genau festgelegte Datensammlung anstrebte, zur fachlich eng umgrenzten Einzelunternehmung ein erneuter Paradigmenwechsel der Forschung.

1895, 1900 und 1903 unternahm Willy Rickmer-Rickmers (1873–1965), der später durch die deutsch-österreichisch-russische Alai-Pamir-Expedition im Jahr 1928 bekannt wurde, mehrere Hochgebirgserkundungen in Adscharien und im zentralen Kaukasus zwischen dem Elbrus-Massiv und Hoch-Svanetien. Höhepunkt war die Ushba-Expedition, die im Sommer 1903 ein

Dutzend Bergsteiger aus Deutschland, Österreich und der Schweiz nach Svanetien brachte. Nachdem ein erster Versuch von Adolf Schulze, Heinz von Ficker und dessen Schwester Cenzi von Ficker kurz zuvor unmittelbar unter dem Gipfel gescheitert war, gelang einer fünfköpfigen Bergsteigergruppe die Erstbesteigung des Ushba-Südgipfels.[181]

Noch einmal scheint am Ende des 19. Jahrhunderts der Kontrast zwischen der weithin als kaum verändert und natürlich begriffenen Hochgebirgswelt des Kaukasus und der europäische und asiatische Einflüsse verbindenden Urbanität in Tiflis auf: Der Schriftsteller Arthur Leist (1852–1927) besuchte Georgien 1884 und 1885, ehe er nach einer dritten Reise 1892 ganz übersiedelte und bis zum Lebensende in Georgien blieb. Dort wirkte er als Vermittler georgischer Literatur und wurde als Chefredakteur der Wochenzeitung *Kaukasische Post,* die er 1906 bis 1922 betreute, weithin bekannt. Seine impressionistische Darstellung des Landes ist in hohem Maße emotional geprägt; nicht nüchterne Fakten oder Beschreibungen stehen im Vordergrund (auch wenn sie nicht fehlen), sondern der Autor lässt die Leser an seinen Empfindungen teilhaben, nimmt ihn gewissermaßen mit auf seine Erkundungen. Als Beispiel mag die Schilderung des bunten Bazarlebens in Tiflis dienen, die die ethnische Vielfalt aufleben lässt und dabei überkommene Klischeebilder bedient:[182]

> „Der am meisten die Neugierde erweckende Teil der Altstadt ist der Bazar, welcher vom Morgen bis zum Abend mit Ausnahme der heißen Mittagsstunden ein höchst verschiedenartiges Bild gewährt. Hier kann man allen Typen des Kaukasus und Westasiens begegnen und infolge dieses bunten Völkergemisches scheint ein ununterbrochenes Kostümfest stattzufinden. Das Gedränge und der Lärm der umherwogenden Menge sind geradezu unbeschreiblich, denn neben den Einwohnern der Stadt und ihrer nächsten Umgebung schlendern hier stets zahlreiche Ankömmlinge aus allen Gegenden des Kaukasus umher. Die vielen Lasttiere, wie Pferde, Esel und Büffel vermehren noch dieses Gedränge und hemmen oft völlig den Verkehr.
>
> Hier schreitet eine Schar von Tataren mit hohen Schafsmützen, die von ihren Köpfen wie wollene Pyramiden emporragen. Hinter ihnen reitet ein bis an die Zähne bewaffneter Tscherkesse, der ziemlich hochmütig auf die vor ihm ausweichenden Mongolen herabschaut. Er trägt den dunkeln tscherkessischen Oberrock und eine elegante niedrige Schafsmütze, während an seiner Seite eine Pistole und ein in silberner Scheide steckender Kinschal hängen. Ihm folgt ein bärtiger Lesgier, gleichfalls hoch zu Ross und nicht minder gut bewaffnet als der Tscherkesse. Mit gierigen Augen schaut er auf die zu beiden Seiten der Strasse, vor den Läden aufgetürmten Waaren, die in hohem Grade seine nur eingeschlummerte Raublust wachrufen. Heute sind die Lesgier übrigens scheinbar friedliche Leute geworden, aber bei der ersten Gelegenheit würden wohl diese beurlaubten Räuberhelden wieder scharenweise in Georgien einfallen und wie früher die schönsten Mädchen und fettesten Hämmel wegholen. […]“

Durch Übersetzungen georgischer Literatur ins Deutsche wurde Leist zu einem bedeutenden Kulturvermittler.

Der britische Diplomat und Literat Oliver Wardrop (1864–1948) unternahm 1887 und 1894 Reisen nach und in Georgien; auf der Basis der ersten Reise veröffentlichte er 1888 ein Buch, das auch über die Geschichte des Landes, politische Verhältnisse, Sprache, Literatur und Musik informierte und sich streckenweise weniger wie ein Reisebericht als vielmehr wie ein Reiseführer liest, wenn bei jedem besuchten Ort zunächst die besseren Hotels genannt und dann der Leser auf einen Gang zu den verschiedenen Sehenswürdigkeiten mitgenommen wird.[183] 1919 kehrte Wardrop nochmals als britischer Kommissar nach Tiflis zurück, musste das Land aber beim Einmarsch der Bolschewiken 1921 wieder verlassen. In London gründete er eine *Georgian Society*, 1930 mit dem Historiker W. E. D. Allan die *Georgian Historical Society*. Seine Schwester Marjory Scott WARDROP (1869–1909) bereiste Georgien in den Jahren 1894/95 und 1896 und trat als Übersetzerin aus dem Georgischen durch die Übertragung von Rustavelis *Recke im Pantherfell* ins Englische hervor.

1.44 Dadiani-Schloss in Zugdidi (August 2019)

Schließlich sei die aus böhmischem Adel stammende Bertha von SUTTNER (geb. Kinsky von Wchinitz und Tettau; 1843–1914) erwähnt, die 1864 in Bad Homburg die Bekanntschaft mit der mingrelischen Fürstin Ekaterine Dadiani machte und daraus eine emotionale Zuneigung zu Georgien entwickelte:[184]

> „Das Orientalische, Exotische, vermischt mit dem russisch und parisierisch Weltlichen, gewürzt von Romantik und eingerahmt von Reichtumsglanz, das übte einen eigenen Zauber auf mich; ich war wirklich geradezu glücklich über diese Beziehung, sie war mir wie die Erfüllung unbestimmter, langgehegter Träume."

Mehrere weitere Begegnungen folgten in den nächsten Jahren in Bad Homburg und Paris. Nachdem sie Arthur Gundaccar von Suttner geheiratet hatte und das Paar darüber in Konflikt mit seinen jeweiligen Familien geraten war, folgte es der Einladung der mingrelischen Fürstin und unternahm 1876 eine Hochzeitsreise nach Georgien, aus der ein neunjähriger Aufenthalt wurde. Das junge Paar ließ sich zunächst in Kutaisi, 1878 in Tbilisi nieder, lebte von privatem Sprach- und Musikunterricht sowie der Veröffentlichung kurzer Berichte in verschiedenen Wochenblättern, ehe es nach Zugdidi in die Nähe des Fürstenhauses Dadiani zog. Diesen Ort beschrieb Bertha von Suttner in ihren Memoiren, die sonst eher das persönliche Leben schilderten:[185]

> „Eine lange Zeile orientalischer Häuser mit offenen Buden, Laden an Laden; darum hieß diese Zeile der ‚Bazar', sie hieß aber auch der ‚Boulevard', weil die Straße mit einer Doppelreihe von hohen Bäumen besetzt war. Und was für Bäume! Bitte, nichts Geringeres als Mimosen. Wenn diese in Blüte standen, da war der ganze Ort mit betäubenden Düften gefüllt. Außer dieser orientalischen Zeile gab es ein Häuflein kleiner Bauernhäuser, bewohnt von – württembergischen Bauern, das war die ‚deutsche Kolonie'. Dann, verstreut in größeren und kleineren unfriedeten Grasplätzen oder Kukuruzfeldern, einstöckige Häuser in kaukasischem Stil, das heißt aus Holz gebaut und rings mit Veranden versehen; ferner in einem Garten die Villa des Grafen Rosmorduc, dann das Interimswohnhaus der Fürstin am Rande des großen Parks, in dessen Mitte sich der unvollendete Prachtbau des Schlosses erhob – das war Zugdidi."

Überblickt man den Beitrag Deutscher an der Erforschung Kaukasiens und insbesondere Georgiens im langen 19. Jahrhundert, so steht am Anfang die Tradition der Expeditionen der

Russischen Akademie der Wissenschaften; systematisch werden die Topographie, natürliche Gegebenheiten, natürliche Ressourcen, die Siedlungs- und Wirtschaftsweise sowie die Völker- und Sprachenvielfalt verfolgt. Mitte des 19. Jahrhunderts erleben wir eine Politisierung im Zusammenhang mit dem Kaukasischen Krieg und dem Auftreten von Imam Shamyl. Gleichzeitig traten – parallel zur Ausdifferenzierung der wissenschaftlichen Disziplinen – Fachleute in den Vordergrund, sei es für die Übertragung von Ideen einer neuen ländlichen Sozialordnung, sei es für den Transfer natur- und geisteswissenschaftlicher Forschungsansätze. Das von Reisenden nach Westeuropa vermittelte Bild des Kaukasus betonte die Einzigartigkeit und dabei Wildheit der Natur und schilderte die Bergbewohner zugleich als „Wilde", deren Armut als fehlende Zivilisation wahrgenommen wird. Auf der anderen Seite wurden die zunehmenden Einflüsse der europäischen Zivilisation insbesondere im städtischen Umfeld gesehen. Die Statthalterschaft von Fürst Michail S. Voroncov (1845–1854) markiert für Tbilisis städtebauliche Entwicklung eine wichtige Etappe bei dieser Europäisierung. Gegen Ende des 19. Jahrhundert spielte der Alpinismus eine größere Rolle und machte durch die Berichte von fachlich vorgebildeten Bergsteigern auch den entlegenen Hochgebirgsraum nach außen hin bekannt.

Da den Reisenden wohl jeweils die wichtigsten Arbeiten ihrer Vorgänger bekannt waren, entstanden Überlieferungslinien, auf denen auch Stereotype weitergegeben wurden. Der Kaukasus galt als Teil Asiens bzw. des Orients; die russische Herrschaft wurde sowohl lobend (Ordnung, Sicherheit, Verkehrserschließung, Stadtentwicklung) als auch kritisch (Unterdrückung) gesehen. Zudem waren die Wissenschaftler, die in der Mitte des 19. Jahrhunderts Georgien besuchten, in der Regel in das öffentliche Leben des gehobenen Bürgertums in Tiflis eingebunden. Im Verlauf des Jahrhunderts änderten sich Rahmenbedingungen: War anfangs fast das gesamte Gebiet noch *terra incognita*, so galt dies im späten 19. Jahrhundert höchstens für entlegene Hochgebirgsbereiche und selbst dort hatte die russische Verwaltung begonnen, Infrastrukturen zu schaffen, von denen die Reisenden profitierten: Eisenbahnen, Fahrstraßen und verbreiterte Wege fanden Erwähnung, wo wenigstens abschnittsweise Reiseerleichterungen bestanden. Auf den Postrouten benötigten die Reisenden eine *podorožnaja*, eine offizielle Bescheinigung der festgelegten Reiseroute. Mit diesem Schreiben erhielten sie an den Poststationen ein Anrecht auf Gestellung von Reisegefährt und Pferden zu festgelegtem Entgelt. Zum Ausbau der Wege auch abseits der Hauptstraßen konnte Moriz von Déchy 1898 am Kluchorpass feststellen: „Wo ich bei meiner Reise im Jahre 1886 hier noch einem im steinigen Talgrunde kaum erkenntlichen Pfade folgte und dann plötzlich steil emporklettern musste, führt jetzt an der östlichen Talwand der in Stein gesprengte Weg in mehreren langen Kehren abwärts."[186] Von entlegenen Talschaften und unbewohnten Gebirgsbereichen abgesehen, waren im Lauf des Jahrhunderts große Teile Georgiens von außen erreichbar geworden und gleichzeitig hatte sich eine gewisse Verwaltung des Reisens etabliert.[187]

Wenn hier vor allem auf deutsche Reisende abgehoben wurde, darf nicht übersehen werden, dass auch andere Reisende durch ihre Berichte wesentlich am Kenntnistransfer beteiligt waren. Systematische Erkundung und Berichterstattung erfolgten auf Veranlassung der russischen Verwaltung, nachdem sich die russische Herrschaft über Südkaukasien konsolidiert hatte: Als ‚Transkaukasien' aus Moskauer oder St. Petersburger Sicht wurde es ‚Ciskaukasien' gegenübergestellt, dessen Einbeziehung in das Russische Reich schon zweihundert Jahre früher begonnen hatte. Übergangen wird Knut Hamsun, der 1899 die Georgische Heerstraße bereiste und seinen Aufenthalt in Tiflis schilderte.[188] Alle Reisenden, deren Berichte veröffentlicht und gelesen wurden, haben ganz wesentlich das im westlichen Europa entstehende Bild von Georgien und seinen Bewohnern geprägt.[189] Wieder anders würde vermutlich eine Interpretation russischer Darstellungen Georgiens ausfallen.

Zwischenfazit: Faszination und Ausstrahlung einer Problemregion

Die Vielfalt des Landes Georgien sollte aus einem dreifachen Zugang deutlich werden: Die aktuelle (geo)politische Situation in ihrer historischen Dimension, insbesondere im Hinblick auf die jüngste Geschichte seit der Unabhängigkeit des Landes verweist auf unbewältigte Probleme, die die weitere Entwicklung belasten. Insbesondere scheint die Demokratisierung noch gefährdet zu sein. Die räumliche Differenzierung nach Territorien und Landschaften ermöglicht ein erstes Verständnis des Einflusses der Geographie auf diese Entwicklung. Und Eindrücke, die sich aus den Berichten früherer Reisender ergeben, machen deutlich, dass Georgien für Besucher aus westeuropäischen Ländern immer eine besondere Anziehungskraft ausübte. Damit zeigt sich, dass die Vielfalt der Raumstruktur des Landes sich nur durch eine mehrdimensionale Analyse erschließt. Zu den Faszinosa Georgiens gehören die Widersprüchlichkeiten, die sich aus der (geo-)politischen Situation ergeben und die von außen nicht leicht zu durchschauen sind. Georgien mag auf dem Weg in eine moderne Demokratie sein, nimmt aber auch immer wieder historische Kehrtwendungen vor. Dem dominanten Nationalismus stehen eine problematische Minderheitenpolitik und eine wechselvolle Wahl politischer Partner gegenüber. Die Vorstellung eines reichen natürlichen Potentials, das für Landwirtschaft, Bergbau und Tourismus in Wert gesetzt werden kann, wird durch die Erfahrung des ökonomischen Zusammenbruchs nach dem Ende des Sowjetsystems konterkariert. Erst allmählich erholt sich das Land von diesem Einbruch. Die Gastfreundschaft, die dem Fremden im Land zuteil wird, wenn er Zugang zu den Menschen gefunden hat, steht im Gegensatz zu den Feindseligkeiten, die sich immer wieder entladen, zur Korruption in einigen Bereichen des öffentlichen Lebens und zu einem noch nicht überwundenen Desinteresse, das die Entwicklung der Zivilgesellschaft behindert. Diese Widersprüche sind keine Erscheinung der letzten drei Jahrzehnte, sondern ererbt. Zumindest teilweise beruhen sie auf den sehr unterschiedlichen Entwicklungen, die die Landesteile Georgiens in der Neuzeit erlebten. Dies wird bereits in den Reiseberichten des 19. Jahrhunderts deutlich. Die regionale Differenzierung des Landes ist vor diesem Hintergrund weniger eine Abfolge unterschiedlicher physischer Raumstrukturen als ein räumliches Patchwork historischer Erfahrungen und Auseinandersetzungen, die allerdings auch von der physischen Raumstruktur beeinflusst wurden. Im Verlauf des 19. Jahrhunderts sehen sich die Reisenden zunehmend dem Strukturwandel gegenüber, der mit der russischen Herrschaftsübernahme einsetzte, in Georgien eine auf Europa – damals selbstverständlich unter Einschluss Russlands – orientierte Modernisierung erfuhr, aber auch ein nationales Selbstbewusstsein im gebildeten Bürgertum entstehen ließ, das schließlich 1919 zur ersten Republik führte.

2

Der Naturraum:

Vielfalt – Potentiale – Risiken

Der Naturraum wird in diesem Kapitel nicht betrachtet, weil es einer Tradition geographisch-länderkundlicher Darstellungen entspricht, einen Überblick über die natürlichen Gegebenheiten – Geologie, Relief, Klima, Gewässer, Böden und Vegetation – an den Anfang zu stellen, sondern weil natürliche Strukturen und Prozesse wesentliche Rahmenbedingungen für die Vielfalt des Landes, für die Gestaltung und Abgrenzung von Lebensräumen, für die Möglichkeiten wirtschaftlicher Nutzung bieten. Dabei ist insbesondere an das Potential natürlicher Ressourcen wie Bodenschätzen, Ackerboden, Wasser, Wäldern zu denken. Ein solcher Überblick muss etwas weiter ausholen, um zu zeigen, wie komplex die natürlichen Lebensgrundlagen der Gesellschaft Georgiens sind. Und er darf Gefährdungspotentiale nicht übergehen, die sich aus Naturrisiken ergeben und die nur teilweise durch Naturschutzmaßnahmen gemildert werden.

Bau und Dynamik des Untergrunds: Geologie, Geotektonik, Bodenschätze

Eine Lage an den Grenzen tektonischer Platten als Risikofaktor

Dass die Erde ein dynamischer Himmelskörper ist, wird gerade in Georgien deutlich. Erdbeben, die bisweilen zerstörerisches Ausmaß annehmen, und Erdrutsche, die im Gebirge Verkehrswege unterbrechen, zeigen in unterschiedlichem Maßstab die Dynamik in einem Relief, dessen Schroffheit im Gebirge im Kontrast zu weitgespannten Ebenen und sanften Hügelländern im Tiefland steht. Die Bereitstellung angepasster, kostspieliger Infrastrukturen belastet die Volkswirtschaft, aber Ausblicke auf atemberaubende Landschaftsbilder bieten zugleich touristische Potentiale, wie alle Schilderungen der Georgischen Heerstraße mit der Darialschlucht und dem serpentinenreichen Straßenverlauf zwischen Mleta und Gudauri zeigen.

Die aktuelle geologische Struktur und damit auch das Großrelief werden durch junge tektonische Prozesse bestimmt: Erst in jüngerer geologischer Vergangenheit erfolgten Auffaltung und Heraushebung des Großen Kaukasus im Rahmen der alpidischen Gebirgsbildung. Damit verbunden waren die Entstehung von Senken und Hügelländern sowie ein komplexer Aufbau der Gebirge, die unter der Bezeichnung Kleiner Kaukasus zusammengefasst werden. Nach dem heute üblichen plattentektonischen Deutungsansatz wird die Gebirgsbildung durch die Bewegung von Lithosphärenplatten verursacht, die auf der unteren Erdkruste „schwimmen", sich

2.02 Serpentinen der Georgischen Heerstraße zwischen Mleta und Gudauri (September 2011)

←2.01 *sameba*-Kirche von Gergeti vor der massigen Wucht des Kasbek (August 2011)

verschieben, aneinanderstoßen oder zu überlagern versuchen. Südkaukasien liegt vor allem im Kollisionsbereich zweier Platten: Unter die außerordentlich ausgedehnte skythische (eurasische) Platte im Norden schiebt sich seit etwa 10 Millionen Jahren von Süden mit einer Geschwindigkeit von maximal 4,65 cm/Jahr die arabische Platte mit leichter, durch seitlichen Druck der afrikanischen Platte verursachter Drehung gegen den Uhrzeigersinn. Davon werden allerdings zwei Drittel bereits südlich des Kleinen Kaukasus aufgefangen, so dass der Druck im Bereich des Großen Kaukasus reduziert ist. Zusätzliche Bewegungsrichtungen zeigen der anatolische (türkische) und der iranische Block, die durch die Bewegung der arabischen Platte nach Westen bzw. Osten abgedrängt werden. Die Kollision betrifft in der Gegenwart vor allem den östlichen Kaukasus östlich einer möglichen Scherungslinie zwischen St'epants'minda und Borjomi; der Verlauf des mittleren Mt'k'varitals zwischen Khashuri und Akhaltsikhe zeichnet diese in der Diskussion umstrittene geotektonische Linie nach.[1] Die von der Plattenkollision ausgelöste Gebirgsbildung ist auch heute nicht abgeschlossen: Entlang der genannten Scherungslinie werden Bewegungen um 1,8 bis 2,5 cm/Jahr gemessen. In Ostgeorgien ist das Alazani-Becken als Randsenke des Mt'k'vari-Beckens eine durch Bruchlinien scharf gegen die Verbindung zwischen Gombori-Kette und Shiraki-Plateau einerseits und den Südabfall des Großen Kaukasus andererseits abgesetzte Struktur, in der neotektonische Bewegungen bis in die Gegenwart nachzuweisen sind.

Unter der Bezeichnung ‚Kleiner Kaukasus' (engl. *Lesser Caucasus*) wird eine Reihe von Gebirgszügen zusammengefasst, die einer komplizierten Aufwölbung der Erdkruste mit Gebirgsbildung im Gefolge der genannten Plattentektonik entsprechen. Die wichtigsten Gebirgssysteme in Georgien bilden das Adscharisch-Imeretische Gebirge westlich, das Trialetische Gebirge östlich des Mt'k'vari und das Javakhetische Gebirge im Grenzgebiet zu Armenien. Aufgebaut sind sie überwiegend aus Sedimenten und vulkanischen Ablagerungen der oberen Kreidezeit und des unteren Tertiärs. Die Gebirgsbildung setzte im mittleren Tertiär (Oligozän) ein und war von ausgedehntem Vulkanismus begleitet.

Aufgrund der anhaltenden tektonischen Dynamik kommt es bis in die Gegenwart häufig zu Erdbeben (1988 Spitak/Armenien; 1991 Rach'a/Georgien; 2002 Tbilisi – vgl. u. S. 129f.) und zu (post-) vulkanischen Erscheinungen. Der bedeutendste (erloschene) Vulkan ist der Kasbek an der Grenze zu Russland. Es ist ein relativ kleiner Vulkan, der auf einem etwa 4700 m aufragenden nichtvulkanischen Sockel sitzt. Der Vulkanismus in dieser zentralen Kette des Großen Kaukasus hielt bis ins Holozän an und manifestiert sich heute in Gesteinsablagerungen. Eine 12 km lange Lavazunge ergoss sich über dem Aragvi-Tal von Gudauri nach Mleta. Die bis zu 500 m mächtige Goderdzi-Formation in Adscharien besteht aus Basalten und pyroklastischem Material und stammt aus einer vulkanischen Phase zwischen

2.03 Erdbebenschäden an einem älteren Backsteinhaus in Tbilisi (September 2019)

2.04 Trinkbrunnen im Kurpark von Borjomi (September 2011)

Oberem Miozän und Unterem Pliozän (etwa 9,4 bis 7,0 Mio. Jahre vor heute). Der Vulkanismus im Kleinen Kaukasus ließ ausgedehnte Ablagerungen von Andesiten und Basalten in Javakhetien entstehen, die die jurassischen Sedimente überlagern. Auch die südgeorgischen Plateaus von Tsalk'a und Akhalkalaki sind aus basaltischen Laven aufgebaut, deren Entstehung bis ins frühe Holozän (2,0 bis 0,5 Mio. Jahre vor heute) reicht. Dazu zählen ferner die Basalte und Tuffe von Dmanisi, die wegen der Hominienfunde für die Erforschung der Urgeschichte Georgien wichtig sind.[2] Basaltische Lavaergüsse füllten im Pleistozän die vorher bestehenden Täler aus und zwangen die Flüsse zu erneutem Einschneiden mit der Bildung spektakulärer Canyons.

Zu den postvulkanischen Erscheinungen gehören Thermal- und Mineralwässer in sehr unterschiedlicher chemischer Zusammensetzung. Die größte wirtschaftliche Bedeutung für Georgien besitzen die Thermal- und Mineralquellen von Borjomi. Für die beiden Thermalquellen werden im Expeditionsbericht von Martin Rikli 27,8° (Jekaterinen-[Katharinen-]quelle) und 21,8° (Evgenij-[Eugen-]quelle) angegeben.[3] Nach seinem Mineralgehalt wird das als Wirtschaftsgut begehrte Borjomi-Wasser mit dem Wasser des französischen Vichy verglichen.[4] Das in Russland zwischen 2006 und 2013 geltende Importverbot für Borjomi-Wasser belastete die Außenwirtschaft Georgiens vor allem finanziell, schadete aber auch dem Image. Andere bekannte Mineralquellen werden beispielsweise in Ts'q'alt'ubo, Sairme, Lugela und Uts'era genutzt.

Gesteine als Zeugnisse der geologischen Geschichte

Während die Thermal- und Mineralwässer Georgiens eher aus der jüngeren geologischen Vergangenheit stammen, zeichnen die Gesteine wesentlich längere Entwicklungen nach. Die ältesten Gesteine finden sich im Zentralen Kaukasus, der seit dem Jungtertiär herausgehoben wurde, und im imeretischen Hochland. Dominant sind in diesen Gebirgsmassiven Gneise, Migmatite und kristalline Schiefer.[5] Präkambrische und paläozoische Schichten unterlagen bereits zwischen dem mittleren Karbon und dem Perm einer variziskischen Gebirgsbildung. Ihr folgte eine lange Zeit der Abtragung und seit dem unteren Jura die Einsenkung in einer Synklinale als Voraussetzung für das Eindringen eines Meeres, in dem sich das Feinmaterial ablagerte, aus dem die heutigen Kalke entstanden. Jüngerer Entstehung sind Intrusionen bei der alpidischen Gebirgsbildung, deren Hebungsachse im Westlichen und Zentralen Kaukasus der Wasserscheidenkette folgt, und schließlich einige Vulkane, die noch im Pleistozän aktiv waren wie der Elbrus im Nordkaukasus und der Kasbek. Nach Süden schließt sich eine Zone jurassischer Ablagerungen mit vorherrschenden Tonschiefern und Sandsteinen sowie Kalksteinen in den jüngeren Schichten an, die nach ihrer Ablagerung noch in die Auffaltung des Gebirges einbezogen wurden und in Abchasien und im nordöstlich an Kutaisi angrenzenden „Mittelgebirge" eine ausgedehnte Faltungszone bilden.[6] In die Schichten des Jura sind Kohle- und Erzlagerstätten eingebettet. Etwas jüngerer Ent-

2.05 Karstlandschaft bei Motsameta / Imeretien (Juni 2018)

2.06 Kluse des Rioni in Rach'a (September 2022)

stehung sind die Kalke und Flysche Westgeorgiens, die heute die Basis der regionalen Zementindustrie darstellen. Sie gehen in das Tertiär der Vorberge über. In den verkarsteten Kalkgebieten ist eine größere Zahl von Höhlensystemen entdeckt und erschlossen worden. Am bekanntesten war zu Sowjetzeiten das Höhlensystem von Novyj Afon in Abchasien, das als touristische Attraktion viele Besucher anzog. Allein in Westgeorgien (unter Einschluss Abchasiens) waren in den 1970er Jahren in jurassischen, kreidezeitlichen und frühtertiären Sedimenten bereits 340 Höhlen mit einer Gesamtlänge von 55 431 m bekannt.[7] Davon gehören die Prometheus-Höhle nördlich Ts'q'alt'ubo und die Tropfsteinhöhle im Naturpark Sataplia nordwestlich Kutaisi inzwischen ebenfalls zu den touristischen Zielen. Ein weiteres Merkmal der Kalklandschaften sind tief eingeschnittene Canyons – auch sie bereits Objekte touristischer Vermarktung.

In Südgeorgien prägen Andesite und Basalte eines vom Miozän bis ins frühe Pleistozän reichenden Vulkanismus ein von Plateaus und schroff eingeschnittenen Tälern bestimmtes Relief. So liegt das mittelalterliche Dmanisi (P'at'ara Dmanisi), an dessen Stelle nur ein Kloster mit der Sioni-Sameba-Kirche erhalten ist, auf einem Basaltplateau zwischen Mashavera und Pinezauri; bei Tsalk'a bildet ein Quellfluss des Khrami bei Dashbashi einen Canyon im Basalt. Der K'oundaghi (auch: Chikiani, 2417 m) ist teilweise aus Obsidianen aufgebaut, deren Nutzung in vorgeschichtlicher Zeit durch Ausgrabungen belegt wird.[8]

In Ostgeorgien bestimmen tertiäre Ablagerungen die Hügelzone am Rand der aus kretazischen Sandsteinen aufgebauten Gombori-Kette und das Iori-Plateau.

Mehrere tausend Meter mächtige tertiäre und quartäre Ablagerungen füllen die Becken von Rioni-

2.07 Dashbashi-Canyon bei Tsalk'a (August 2019)

Enguri und Alazani. Wo sich in der Kolchis die geotektonische Senke des Schwarzen Meeres fortsetzt, liegt das paläozoische Gebirgsfundament in etwa 5000 bis 6000 m Tiefe. Junge Sedimente, die Rioni und Enguri seit dem Spättertiär herangeführt haben, füllen die Senke. Dieser Prozess ist nicht abgeschlossen, weil sich das Schwarze Meer weiterhin leicht absenkt und die Sedimentzufuhr anhält.

Phänomene einer dynamischen Reliefformung

Die Dynamik der Erdkruste in geologischen Zeiträumen bis zur Gegenwart und die Vielfalt dabei entstandener Gesteine tragen wesentlich zu den höchst unterschiedlichen Landschaftsbildern bei, die Reisende in Georgien faszinieren. Sie unterlagen und unterliegen ständigen Veränderungen durch die Andauer der Gebirgsbildung, durch den Einfluss klimatischer Faktoren und durch Eingriffe des Menschen. Die aktuelle Reliefentwicklung lässt sich dabei aus exogenen Einflüssen herleiten, die anders als die meisten endogenen reliefgestaltenden Vorgänge nahezu kontinuierlich einwirken.[9] Das Zusammenspiel von Gestein, Klima, Wasser, Abtragung und Ablagerung bestimmt sowohl die Großformen der Gebirge und Tiefländer als auch Prozesse kleinräumiger Geländeformen.

Der Große Kaukasus erhielt durch die plattentektonischen Vorgänge eine asymmetrische Gestalt mit einem insgesamt steileren Abfall nach Süden, obwohl vor allem im Westen und in Rach'a-Lechkhumi niedrigere, großenteils aus mesozoischen Gesteinen aufgebaute Gebirgsketten der Hauptkette südlich vorgelagert sind. Mehrere Täler gliedern sich in obere, zwischen den Gebirgsketten verlaufende Längstal- und mittlere, die Ketten durchschneidende Quertalabschnitte. Enguri, Tskhenists'q'ali und Rioni greifen mit ihren tektonisch angelegten Längstälern weit in das Gebirge ein; diese Talabschnitte gelten als Relikte des ältesten Talnetzes im Zentralen Kaukasus.[10] In ihren oberen Abschnitten sind die Täler durch frühere Vergletscherung übertieft; die Talsohlen bieten bescheidene Möglichkeiten für Besiedlung und etwas Agrarwirtschaft, die Flanken sind steil und werden durch Seitentälchen gegliedert. Die Quertalabschnitte weisen reizvolle und schroffe Felsbildungen auf wie die Rioni-Kluse südwestlich von Oni in Rach'a. Sie bilden Hemmnisse für alle Verkehrswege, erlauben aber die Anlage von mächtigen Staumauern zum Aufstau der Flüsse für die Stromerzeugung. Im Gebirge wurden Reste von Verebnungsflächen festgestellt, die als Hinweise auf Hebungspausen während der Gebirgsbildung gedeutet werden. Wo Weidewirtschaft die ursprüngliche Vegetation zu stark geschädigt hat, lösen Erosions- und Denudationserscheinungen häufig Erdrutsche (engl. *landslides*) aus. Diese Dynamik ist im steil eingeschnittenen Tal des Aragvi gut zu beobachten.

Ein großer Teil des Formenschatzes im Großen Kaukasus geht auf pleistozäne und rezente,

2.08 Erosion und Denudation im Tal des Aragvi (August 1982)

in den Gebirgen des Kleinen Kaukasus auf die pleistozäne Vergletscherung zurück. Typische Formen sind Kare und Kartreppen, Trogtäler und von Sedimenten aufgefüllte Übertiefungsbecken, die wie am oberen Tergi [Terek] bei Kobi eine weite Ebene im Gebirgskörper bilden. Da es sich auch beim Höchststand der Vergletscherung überwiegend um Talgletscher handelte und sich weder ein Eisstromnetz noch eine Plateauvergletscherung ausbildete, fehlen weithin Diffluenzen, die entstehen, wenn sich ein Gletscher auf mehrere Täler aufteilt, oder Transfluenzen, die eine Folge des Abflusses eines Gletschers über den Gebirgskamm in ein benachbartes Tal sind. So bildeten sich im Kaukasus weniger Passlandschaften als in anderen Hochgebirgen wie den europäischen Alpen aus. Da die Pässe zudem durchschnittlich deutlich höher als in den europäischen Alpen liegen, eignen sie sich auch weniger zur Anlage von Verkehrsverbindungen. Eine Ausnahme ist der Jvari-[Kreuz-]pass (2379 m), über den die Gletscher am oberen Aragvi und Tergi miteinander in Verbindung standen. Roki- und Mamisonpass (2995 bzw. 2850 m) liegen schon deutlich höher, und selbst der Klukhor-Pass, über den früher die Sukhumer Heerstraße führte, erreicht 2782 m.

Die rezente Reliefdynamik im Hochgebirge wird durch intensive Abtragung bestimmt, wobei die wirtschaftliche Nutzung diese Prozesse noch verstärkt. Frostverwitterung und Solifluktion in den höchsten Gebirgspartien stellen viel Material bereit, das in den tief eingeschnittenen Tälern in der Zeit der Schnee- und Gletscherschmelze weitertransportiert wird. Hinzu kommt Material der Hangabtragung, die durch extensive Weidenutzung unterstützt wird. Steinschlag und Lawinenrinnen gliedern die Hänge und leiten den Materialtransport. Dabei entstehen in der Verbindung mit Starkregen, mit einer bei schneller Lufterwärmung besonders raschen Schneeschmelze und daraus resultierenden Hochwässern Schlammströme und Muren, die die im Tal liegenden Siedlungen bedrohen. Aber auch bei „normaler" Abtragung erhalten die nach Süden entwässernden Flüsse viel Gesteinsmaterial, wobei die Mengen nach Osten zunehmen, weil am Südabfall des Zentralen Kaukasus die dichte Bewaldung die Abtragung verringert. Höher sind die Abtragungsmengen wegen der größeren Niederschlagssummen wieder im Westkaukasus.

Quartärer Vulkanismus und junge Heraushebung bewirken in den gebirgigen Teilen des Landes besonders schroffe Reliefformen. Dazu gehören im Javakhetischen Gebirge kleinere Vulkankegel, steile Hänge, in den östlich anschließenden, aus Basalt aufgebauten Plateaus tiefeingeschnittene Canyons. Für den Unterlauf des Algeti östlich Marneuli wurden mehrere Terrassenniveaus nachgewiesen, die die phasenförmige Einschneidung und Akkumulation des Flusses sowie mehrere Bodenbildungsphasen belegen, welche auf Klimaschwankungen und historische Ereignisse verweisen. So entspricht die lang andauernde Erosionsphase und Bodenbildung im 4. und 3. Jahrtausend v. Chr. einem Klimaoptimum, in

2.09 Gedenkstein am Jvari- (Kreuz-) Pass (September 2011)

dem flächenhafte Waldausbreitung, aber auch Besiedlung mit landwirtschaftlicher Bodennutzung erfolgten. Die Sedimentationsphase in der zweiten Hälfte des 18. Jahrhunderts n. Chr. wird mit den Verheerungen der Kulturlandschaft durch Persereinfälle in Zusammenhang gebracht.[11]

Im Kontrast zu den schroffen Formen des Gebirgsreliefs stehen die Tiefländer als Ablagerungsbereiche. Wo im Westkaukasus direkt aus dem Gebirge kommende Flüsse in die Ebene bzw. den schmalen Küstenstreifen eintreten, kann man erkennen, welche Sedimentfracht sie aus dem Bergland mitgebracht haben. Wo keine Gebirgszüge bis ans Schwarze Meer reichen, sind die Schwemmfächer am Gebirgsrand zusammengewachsen und bilden die heutige Küstenebene. Die Flussbetten sind breit und mit Schottermaterial aufgefüllt. Unter normalen Bedingungen beschränkt sich der Abfluss auf einen kleinen Teil der Flussbettbreite, doch nach Starkregen und in Zeiten der Schnee- und Gletscherschmelze können selbst kleine, unscheinbare Flüsse, in ganzer Breite der Schotterflächen mit Wasser erfüllt, zu reißenden Strömen werden, während sie in Trockenphasen den Charakter vegetationsloser Schotterebenen annehmen; nach ihrem Vorkommen in Italien werden sie auch als Torrentebetten bezeichnet. Am Unterlauf des Rioni bilden sich beim Ende von Hochwasserphasen aus Ablagerungen Dammufer aus, die verhindern, dass das über die Flussufer getretene Hochwasser zurückfließen kann. So kommt es auf der weiten Akkumulationsebene der Kolchis bis heute zu Flussverlagerung, Abtrennung von Altwasserarmen, Verlandung und Versumpfung – Vorgänge, die umfangreiche kulturtechnische Eingriffe zur Trockenlegung zu erfordern schienen. Die Zuwächse des Rionideltas werden mit 4–5 m/Jahr angegeben, die abgelagerte Sedimentfracht mit 8,3 Mio. t/Jahr.[12] Die Anlage von Staudämmen an den Flüssen verringerte zwar den Materialtransport ins Tiefland, doch sind die so entstandenen Staubecken von allmählicher Zusedimentation bedroht.

Die Schwarzmeerküste wird im Bereich der Seebäder Batumi, Kobuleti und Anak'lia von Grobkies gebildet, während im Deltabereich von Rioni und Supsa auch Feinmaterial abgelagert wurde. Küstenparallele Strömungen verfrachten im Schwarzen Meer den Sedimenteintrag unmittelbar vor der abchasischen und kolchischen Küste überwiegend von Norden nach Süden, vor der adscharischen Küste von Süden nach Norden. Ehemalige Lagunen, die sich nach dem Meeresspiegelanstieg bei zunehmender Sedimentführung der Flüsse, Deltabildung und Aufbau

2.10 Flussbett des Liakhvi bei Gori (September 2010)

2.11 Fast ausgetrocknetes Flussbett des Alazani in Kachetien (August 2010)

von Sandbarren durch diese küstenparallelen Strömungen gebildet hatten, sind weitgehend verlandet, und nur der Paliast'omisee hat sich erhalten. Der Seespiegel des Schwarzen Meeres stieg im Postglazial wohl relativ kontinuierlich um etwa zehn bis zwölf Meter an.[13]

Die Beckenlandschaften in Shida Kartli sind weniger tief abgesenkte Bereiche der südkaukasischen Depression, ebenso die Senken von Alazani und Mt'k'vari/Iori unterhalb des letzten Durchbruchs, den der Mt'k'vari in Tbilisi durch den Härtlingsriegel in den östlichen Ausläufern der Trialetischen Gebirgskette vornimmt. Diese Beckenlandschaften sind intensiv für Besiedlung und Landwirtschaft genutzt, so dass die vom Menschen verursachte Bodenerosion die wichtigste aktuelle Abtragungserscheinung ist. Sie trägt wesentlich zur Sedimentfracht der Flüsse bei. An den Rändern des Beckens von Akhaltsikhe und Vale hat die Weidewirtschaft die Vegetation teilweise derart degradiert, dass die Pflanzendecke fast völlig verschwunden ist und badlandartige Erosionsformen entstehen, wie sie auch unter trockeneren Klimabedingungen an den Rändern des Iori-Plateaus oder in der Schichtrippenlandschaft bei Davit Gareja auftreten.

Bodenschätze – ein eher bescheidener Teil des wirtschaftlichen Potentials

Auf die geologische Entwicklung des Raumes kann auch das Vorkommen unterschiedlichster Bodenschätze zurückgeführt werden. Sie sind zwar nur ein kleiner Teil des natürlichen Potentials, aber teilweise sehr wichtig für die wirtschaftliche Entwicklung des Landes.

In Georgien sind 128 Lagerstätten von Bodenschätzen bekannt; die Liste umfasst Kohlenwasserstoffe, Erze, nichtmetallische Materialien, Baustoffe und Ziersteine; Mineralwässer sind dabei noch nicht berücksichtigt.[14] Die lange Liste darf aber nicht darüber hinwegtäuschen, dass es sich meist nur um kleinere Vorkommen handelt, deren wirtschaftliche Bedeutung, wenn überhaupt vorhanden, schon in sowjetischer Zeit zurückging und die heute großenteils erschöpft sind. Wo der Abbau ohne Rücksicht auf Folgeschäden vorgenommen wurde und keine Rekultivierung erfolgte, blieben Bodenbelastungen und wüst gefallene Bergbausiedlungen zurück. Anlagen, die in sowjetischer Zeit zur Gewinnung, Aufbereitung und Verarbeitung der Bodenschätze errichtet wurden, sind heute im besten Fall veraltet, großenteils jedoch aufgegeben, verlassen und verfallen. Dies gilt insbesondere für die Manganvorkommen von Ch'iatura, aber auch für die

2.12 Badlands zwischen Akhaltsikhe und Abastumani (September 2012)

2.13 Erosionsschäden in der Schichtrippenlandschaft bei Davit Gareja (Mai 2019)

Kohlevorkommen von T'q'varcheli und T'q'ibuli. Die Erdöl- und Erdgaslagerstätten im Südostgeorgien (Iori-Bergland und Shirakisteppe) sind dagegen bisher nur teilweise erschlossen. Gold- und Kupfererzvorkommen spielen erneut eine wirtschaftliche Rolle.

Gold: Saq'drisi und das Goldene Vlies

Nach der Schilderung in Homers Odyssee begaben sich die Argonauten unter Jasons Führung auf die Suche nach dem goldenen Vlies des im Zeus-Tempel der Kolchis geopferten Widders Chrysomallos, raubten es dort aus dem heiligen Hain des Ares und brachten es zu Pelias nach Iolkos.[15] Ein goldenes Schaffell? Die antike Sage hat vermutlich einen realen Hintergrund: Bis in die Neuzeit wird versucht, gering ergiebige Goldseifen dadurch zu nutzen, dass man Schaffelle in das Bett kleiner Bäche legt. Feinster Goldstaub, der vom Wasser im Bachbett transportiert wird, bleibt zwischen den Haaren der Felle hängen und kann nach dem Trocknen aus diesen ausgeklopft werden. Ursprung dieses Goldstaubs können goldhaltige Quarzadern sein, wie sie in Svanetien und Rach'a nachgewiesen sind.[16] Allerdings sind die Goldvorkommen im Großen Kaukasus bescheiden; ein „Goldenes Vlies" wird heute niemand aus einem Bach bergen.

Aber der Goldbergbau in Georgien besitzt an einer anderen Lagerstätte eine lange Tradition: Im georgischen Saq'drisi bei K'azreti im heutigen Kvemo Kartli wurde 2004 ein frühgeschichtliches, fünftausend Jahre altes Goldbergwerk entdeckt, an dem über mehrere Jahre archäologische Untersuchungen erfolgten, ehe ein Gericht in K'azreti die ministerielle Entscheidung bestätigte, dass moderner Abbau der Goldvorkommen stattfinden kann und keine erhöhte Rücksichtnahme auf das Kulturdenkmal erforderlich ist.[17] Nach Protesten gegen die Zerstörung des Kulturdenkmals entschied die georgische Regierung zugunsten der vom Bergbauunternehmen *RMG Gold* versprochenen Schaffung weiterer Arbeitsplätze und erlaubte den Abbau.[18]

Die neuzeitliche Prospektion und Erschließung der Bodenschätze setzte um die Mitte des 19. Jahrhunderts ein und erfolgte im Zusammenhang mit der russischen Durchdringung und beginnenden Industrialisierung Südkaukasiens. Zu den Pionieren der Prospektion gehörte der deutsche Geologe Hermann Abich, der die Region auf zahlreichen Reisen erkundete (s. S. 79 f.). Im 20. Jahrhundert wurde die bergbaugeologische Arbeit fortgeführt, doch verlagerte die Sowjetunion den räumlichen Schwerpunkt der Suche nach Bodenschätzen in Richtung Sibirien. Nach Erlangung der Unabhängigkeit ermöglichte Georgien ausländischen Unternehmen den Zugang, lief damit aber Gefahr, auch negative Erscheinungen der Globalisierung seiner Ressourcenwirtschaft zu erleben.

2.14 Denkmal in Batumi: Medea mit dem Goldenen Vlies (August 2019)

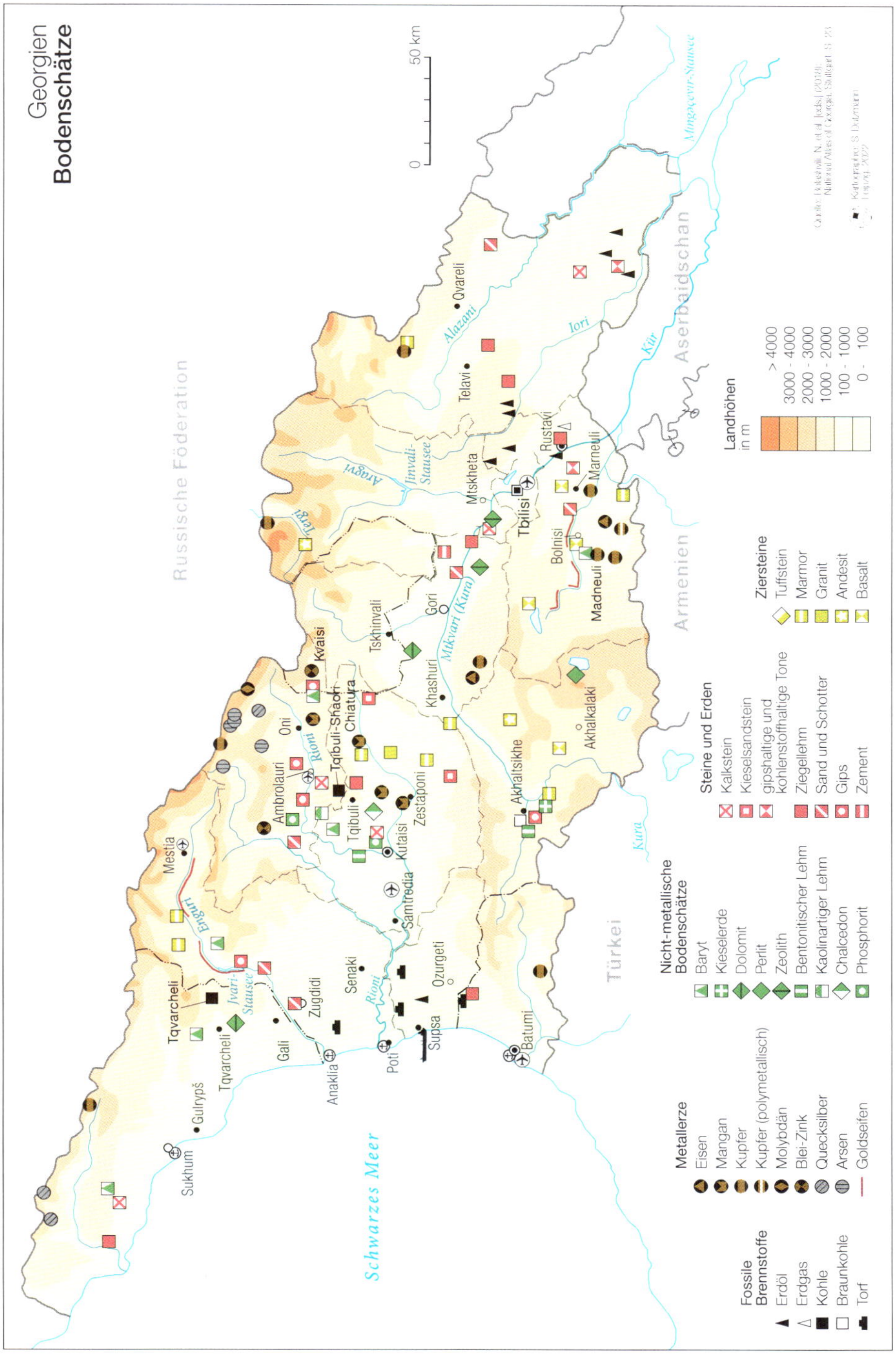

Karte 4: Bodenschätze

Kohle wird vor allem in den westgeorgischen Lagerstätten von T'q'varcheli und T'q'ibuli abgebaut, die seit Mitte des 19. Jahrhunderts bekannt sind. In der Sowjetzeit wurden sie jedoch weitgehend ausgebeutet. Die Kohle sollte vor allem als energetische Basis für ein Hüttenkombinat dienen, für das 1944 der Standort Rustavi vorgesehen wurde: Kohle und Mangan aus Westgeorgien, Eisenerz aus der aserbaidschanischen Lagerstätte Daškesan (Daşkəsən) und Kalkstein aus den Vorbergen des Kaukasus wollte man unter Minimierung der Transportkosten zusammenführen. Wegen der mangelhaften Verkokbarkeit der westgeorgischen Kohle musste schließlich jedoch Kohle aus russischen Revieren und auch Eisenerz von russischen Lagerstätten herantransportiert werden. 1978 wurden an den beiden georgischen Standorten und Shaori zusammen noch 1,9 Mio. t Kohle gefördert. Danach ging die Förderung bis zur politischen Wende zurück. Der Energiemangel, der wegen ausbleibender Zufuhren von außerhalb in der ersten Hälfte der 1990er Jahre besonders deutlich wurde, bewirkte zwar die Wiederaufnahme eines bescheidenen Bergbaus, aber erst nach Übernahme durch die *Saknaskhiri Group* im Jahr 2006 wuchsen die Fördermengen wieder (Maximum 2012: 444 000 t) mit einem jährlichen Produktionswert, der in den Jahren 2011 bis 2015 zwischen 36 und 51 Mio. GEL stagnierte.[19] Wenn heute in T'q'ibuli-Shaori wieder Kohle gefördert wird, so geschieht dies weniger wegen des Energiebedarfs in Georgien, sondern vor allem für die Verwendung bei der Herstellung von Zementklinker, einem Bestandteil des Zements, der in den Zementwerken von Rustavi und Kaspi hergestellt wird.[20] Mittelfristig soll die Förderung aber auf bis zu 3 Mio. t/Jahr gesteigert werden, um ein geplantes Wärmekraftwerk in Gardabani zu versorgen (Reserven: 331 Mio. t), doch wurde nach mehreren Unfällen mit Todesfolge deutlich, wie notwendig infrastrukturelle Verbesserungen sind. Braunkohle war in Vale bei Akhaltsikhe für eine regionale Verwendung abgebaut worden, doch gilt diese Förderung inzwischen als erloschen; die Vorräte werden auf 75,7 Mio. t geschätzt. Die in Abchasien gelegene Abbaustätte T'q'varcheli (Vorräte: 20 Mio. t) wird seit 2002 vom türkischen Unternehmen *Tamsash* genutzt.[21]

Wie bereits erwähnt, war es das Verdienst des deutschen Geologen Hermann Abich, auf die Potentiale von *Mangan* in der Lagerstätte von Ch'iatura aufmerksam gemacht zu haben. Mangan wurde als Beigabe bei der Stahlgewinnung im Bessemerverfahren eingesetzt, nachdem seine Fähigkeit erkannt worden war, die Formbarkeit von Stahl zu erhöhen. Der industrielle Abbau in Ch'iatura begann 1879 und profitierte vom vergleichsweise hohen Mangangehalt des Erzes dieser Lagerstätte (teilweise bis 57 %). Die Erschließung war von deutschen Unternehmen (Krupp, Gutehoffnungshütte u. a.) ausgegangen, die sich die wichtigsten Abbaurechte gesichert hatten. Um die Wende vom 19. zum 20. Jahrhunderts lieferte die Lagerstätte die Hälfte, vor dem Ersten Weltkrieg zwei Fünftel des weltweit verwendeten, bis etwa 1960 noch die Hälfte des sowjetischen Mangans. Mit der Sowjetisierung erfolgte zwar eine Verstaatlichung, doch erhielt 1925 der amerikanische Unternehmer W. A. Harriman eine Konzession für zwanzig Jahre. Sie erlosch schon 1928 mit der erneuten Verstaatlichung, und wenig später wurde ein Werk für Ferrolegierungen in Zest'aponi errichtet, das seither der Hauptabnehmer für Mangan aus Ch'iatura ist.[22] Angesichts der politischen Rolle, die die Schwerindustrie beim Industrieaufbau der UdSSR spielte, gewann auch Georgien an Bedeutung. 1965 erreichte die Förderung noch 2,9 Mio. t Manganerz; exportiert wurde aber fast nur noch in die Tschechoslowakei und nach Polen, der Rest war für die sowjetische Eisen- und Stahlindustrie bestimmt. Die Entdeckung anderer Lagerstätten (v. a. bei Nikopol' in der Ukraine) und die Erschöpfung der höherwertigen Vorkommen ließ seit den 1960er Jahren die Bedeutung von Ch'iatura als Abbaustätte deutlich zurückgehen, so dass die georgische Lagerstätte Anfang der 1980er Jahre gerade noch 8 %

der sowjetischen Reserven ausmachte.[23] In der Transformationskrise sank die Förderung weiter. Ch'iatura verlor durch Abwanderung die Hälfte seiner Einwohner; die ausgedehnten Förderanlagen, die in sowjetischer Zeit entstanden waren, wurden weitgehend zu Bergbau- und Industriebrachen oder sind erneuerungsbedürftig. Zwischen 2000 und 2004 nahm der Abbau von Manganerz nochmals von 63 100 auf 218 700 t zu, das darin enthaltene Mangan von 18 300 auf 63 600 t. Derzeit kommen aber nur noch 0,9 % der weltweiten Manganförderung aus Ch'iatura; für Georgien macht dies einen jährlichen Exportwert von etwa 2,5 Mio. US-$ aus. Ein 2007 mit *Stemcor* (Großbritannien) geschlossener Verkaufsvertrag verpflichtete den neuen Eigentümer und die *Georgian Manganese Holding* als georgisches Tochterunternehmen, innerhalb von zwei Jahren 100 Mio. $ zu investieren und jährlich wenigstens 200 000 t Erz für die Aufbereitung und Weiterverarbeitung in Georgien zu fördern. Beliefert wird heute vor allem das Ferromanganwerk im 36 km entfernten Zest'aponi. Tatsächlich stieg die Abbaumenge auf (2014) 380 000 t Erz mit rd. 110 000 t Mangan. Die Förderung sollte danach auf 700 000 t gesteigert werden, um die Herstellung von 400 000 t Ferrolegierungen zu gewährleisten.[24] Im März 2013 verkaufte die *Georgian Manganese* die sieben noch fördernden Bergwerke an die *Georgian American Alloys*. Zur Modernisierung des Abbaus in Ch'iatura lieferte das Duisburger Unternehmen *Allmineral* eine Aufbereitungsanlage.[25]

2.15 Bergbaulandschaft von Ch'iatura (Mai 2019)

Eisenerz ist an den Lagerstätten Dzama im Trialetischen Gebirge, Poladauri in Kvemo Kartli und in den Magnetitsanden von Supsa und Nat'anebi nachgewiesen, wird aber in Georgien nicht mehr zur wirtschaftlichen Nutzung gewonnen.

*Gold*vorkommen sind seit vorgeschichtlicher Zeit aus dem Gebiet um Martvili bekannt. In der Vergesellschaftung mit Buntmetallerzen werden sie auch in der Gegenwart genutzt. In sehr geringen Mengen kommt Gold in den Sandsedimenten von Enguri und Rioni vor, wohin es aus Vorkommen am Südabfall des Großen Kaukasus (Hoch-Svanetien, Rach'a) gelangt.[26] Ebenfalls geringe wirtschaftliche Bedeutung haben bisher die Goldvorkommen im Adscharisch-Imeretischen (Meskhetischen) Gebirge.[27] Bereits seit 1974 wird die *Kupfer-* und Goldmine Madneuli (heute: *RMG Copper*) in den oberkretazischen Ablagerungen bei Bolnisi ausgebeutet; die Erze stammen aus hydrothermal zersetzten Basalten eines vulkanogenen Plateaus und enthalten Baryt, Gold, Kupfer, Zink sowie Quarzit.[28] Um die Goldablagerungen aus dem anstehenden Quarzit zu lösen, verwendet man in einem üblichen, aber umweltgefährdenden Verfahren seit 1994 Zyanid. In Abraumhalden und Flotationsrückständen sammeln sich dabei Schwermetalle an, die über den K'azretula und eine Reihe kleiner Bäche in den Mashavera gelangen, dessen Wasser für Bewässerungszwecke genutzt wird; sie belasteten seit Jahren die Böden in dem sonst fruchtbaren Anbaugebiet der Munizipalität Bolnisi. Über Obst und Gemüse geraten die ausgeschwemmten Schwermetalle auch in die menschliche Nahrungskette.[29] Die Madneuli-Mine wechselte mehrfach den Eigentümer: 1991 wurde mit *Quartzite Ltd* (*Kvartsiti*) ein georgisch-australisches Joint Venture begründet, das seit 1996 Vorbereitung für den Abbau betrieb und im April 1997 das erste Gold förderte. Nach der Privatisierung 2005 übernahm *GeoProMining Ltd* 97 % der Anteile. Bis 2008 erreichte die Produktion in K'azreti 11.000 t Kupfer und 2000 kg Gold. Damals machten die auf der Eisenbahn nach Poti transportierten Madneuli-Produkte 10 % des georgischen Außenhandelswertes aus. 2012 wurde das georgische Unternehmen von zwei russischen Investoren aufgekauft und in *Rich Metals Group* (RMG) umbenannt, die zwischen 2011 und 2014 rd. 300 Mio. $ in den Kupfer- und Goldbergbau Georgiens investierte. Bis 2015 stieg der Wertanteil von Kupfererz und Kupferkonzentraten am Außenhandel auf 12,3 %. Etwa 1600 Arbeitskräfte waren damals in der Mine beschäftigt.[30] Weitere Goldvorkommen sind außerdem aus den mitteljurassischen Ablagerungen Svanetiens bekannt (worauf sich vermutlich die Argonautensage bezieht), ferner aus eozänen Sedimenten Adschariens, Guriens und Trialetiens sowie schließlich aus jurassischen Ablagerungen am Südabfall des Großen Kaukasus, in denen sie mit Quecksilber, Arsen, Antimon, Wolfram und Kupfer vergesellschaftet sind. Das gesamte georgische Potential an Gold wird auf 306 Tonnen geschätzt.[31]

Buntmetallerze (Kupfer, Zink, Blei) wurden bei Kvaisi im Nordwesten Südossetiens erschlossen und in sowjetischer Zeit abgebaut. Ihre weitere Nutzung scheitert derzeit an der politischen Situation, weil die früher für den Abtransport genutzte Straße über Oni nach Ambrolauri durch Rumpf-Georgien führt; außerdem wurde die Region von dem Rach'a-Erdbeben 2009 besonders getroffen.

Arsen wurde aus Lagerstätten bei Lukhumi am Oberlauf des Lukhumits'q'ali (Rach'a, Munizipalität Ambrolauri) und Tsana bei Lent'ekhi (Nieder-Svanetien) gewonnen, die nach dem Zusammenbruch der Sowjetunion aufgegeben wurden. Später hat man dort Folgen für die Bevölkerung festgestellt und in einem Bericht der BBC veröffentlicht: Toxische Abwässer dezimierten den Fischbestand der Gewässer, um das Dorf Uravi sind die Böden kontaminiert, und das Blut der Bewohner, vor allem der Kinder, weist teilweise beängstigende Belastungen auf; Starkregen beschädigte das Rückhaltebecken eines früheren metallurgischen Betriebs in Lent'ekhi, setzte Arsen-haltigen Schlamm frei und verwies damit auf das fortbestehende, aber verdrängte Risiko, das mit den offenen Abraumhalden der früheren Abbaue verbunden ist.[32]

Seit sowjetischer Zeit gewinnt man *Baryt* (Schwerspat) außer in der Madneuli-Mine auch in Chordi (Munizipalität Oni); 2007 bemühte sich Georgien um ausländisches Kapital, um den Betrieb fortführen zu können.

Regional bedeutende *Erdöl-* und *Erdgas*vorkommen liegen vor allem in Ostgeorgien in den jungen Sedimenten des Iori-Plateaus, sind aber erst teilweise erschlossen. In den 1970er Jahren wurde zunächst die alte Pipeline von Baku nach Batumi für den Abtransport mitbenutzt, danach eine neue Erdölpipeline angelegt, um den Transport mit Kesselwagen auf der Eisenbahn zu entlasten. In den zurückliegenden Jahren stieg der

2.16 Erdölförderung auf dem Iori-Plateau (September 2010)

Produktionswert, nicht nur durch die Preisentwicklung auf dem Weltmarkt bedingt, deutlich von 67,8 Mio. GEL (2011) auf 104 Mio. GEL (2015) an, fiel aber in den Folgejahren auf rd. 30 Mio. GEL (2021: 46,0 Mio. GEL) zurück.[33] Das geförderte Erdöl (2019: 266 800 barrel) wird exportiert, weil Georgien nur über unzureichende Raffineriekapazitäten verfügt. Seit 1997 ist die *Frontera Resources Corp.* in Ostgeorgien tätig und erschließt seit 2011 durch ihr mit der *AG Gruzneft* gegründetes Joint Venture *Frontera Eastern Georgia* die Lagerstätte Mtsare Khevi in der Munizipalität Sagarejo; die dort lagernden Vorräte werden auf 42 Mrd. m³ geschätzt.[34] Die heutige Förderung kann aber bei weitem nicht den georgischen Bedarf decken. Das Land ist auf Importe angewiesen, die vor allem aus Aserbaidschan kommen. Vor der Schwarzmeerküste wurden um 2009 von einem niederländischen Unternehmen Explorationen begonnen, jedoch nicht weiterverfolgt.

Insgesamt hat der heutige Bergbau in Georgien fast nur noch regionale Bedeutung, die Nutzung dient überwiegend der Selbstversorgung. Daher spielt Georgien in der Ressourcenwirtschaft eher die Rolle des Vermittlers, wie am deutlichsten an der BTC-Erdöl- und der BTE-Erdgaspipeline zu sehen ist.

Eine klimatische Zweiteilung

Georgien weist bei aller klimatischen Vielfalt insbesondere einen markanten West-Ost-Gegensatz auf. Von Westen treffen mediterrane Luftmassen, die über Mittelmeer und Schwarzem Meer Feuchtigkeit aufgenommen haben, auf das Festland und regnen sich im Stau vor den Gebirgsketten des westlichen Großen Kaukasus und des adscharisch-imeretischen Gebirgslandes als Steigungsregen ab. Im Sommer kommt es zudem zu konvektiven Niederschlägen, die relativ hohe Niederschlagssummen bewirken. So fallen in Batumi im langjährigen Durchschnitt 2400 bis 2500 mm/Jahr mit Monatsmitteln zwischen 80 und 300 mm, am östlich von Batumi gelegenen Mt'irala (1336 m) sogar über 4500 mm.[35] Bei Sommertemperaturen um 23 °C (Julimitteltemperatur) entsteht mit dieser verhältnismäßig hohen Feuchtigkeit das Wuchsklima für subtropische Kulturen. An heißen Tagen können die Temperaturen an der Küste auf 35 bis 40 °C ansteigen. Bei einer Jahresdurchschnittstemperatur von 14 bis 15 °C zeigt die Schwarzmeerküste relativ milde Winter, in der Kolchis mit einem Januarmittel von 2 bis 3 °C. Die ausgleichende Wirkung des Schwarzen Meers lässt die Temperaturen im Winter nicht so stark absinken, während im Lee des Trialetischen Gebirges ausgeprägte Kälteperioden bestehen. Bei den (seltenen) winterlichen Kaltlufteinbrüchen kommen allerdings selbst im Küstenraum Kältewerte bis -14 °C vor, die die Zitruspflanzungen schädigen und deutlich machen, dass die Einführung dieser subtropischen Kultur im ausgehenden 19. Jahrhundert an der nördlichen Anbaugrenze unter marginalen Bedingungen erfolgte.

Ganz anders sind die Verhältnisse im Osten Georgiens, wo die höhere Aridität vor allem im Iori-Bergland, im Grenzraum zwischen Georgien und Aserbaidschan, zu steppen- und halbwüstenhaften Verhältnissen führt. Hier wirken kontinentale Tropik- und Polarluft zusammen. Im Januar bleiben die durchschnittlichen Temperaturwerte nur im Alazani-Becken, im Shiraki und in der Ebene von Gardabani über dem Gefrierpunkt, während im Juli dort ebenso wie im Innern der Beckenlandschaften von Kartlien ähnlich wie in Westgeorgien Mittelwerte um oder über 24 °C erreicht werden. Die Minimalwerte im Winter können im Extremfall allerdings auf -23 bis -28 °C absinken, so dass die jährlichen Durchschnittswerte 3 bis 4 Grad niedriger als in Westgeorgien sind. Meist handelt es sich im Sommer um eine trockene Hitze, die in Tbilisi als besonders belastend gilt. Im Grenzgebiet des Iori-Hügellandes zu Aserbaidschan und am Ausfluss des Mt'k'vari ins Nachbarland beträgt die Jahresniederschlagssumme im langjährigen Durchschnitt kaum 500 mm. Tbilisi empfängt im langjährigen Durchschnitt nur etwa 560 mm.

Klimascheide ist die Likhi- oder Surami-Kette, die mit ihrem Nord-Süd-Verlauf den Großen mit dem Kleinen Kaukasus verbindet. Der Große Kaukasus verhindert weitgehend das Eindringen kalter polarer Luftmassen von Norden, weil die Mächtigkeit der Kaltluftschicht selten 1500 bis 2000 m übersteigt und selbst die niedrigsten Passregionen (außer im Westkaukasus) deutlich höher liegen.[36] Allerdings kann kontinentale Kaltluft Georgien von Osten her erreichen. Die Auswirkungen dieser östlichen Zirkulation reichen bis Shida Kartli, beeinflussen aber das Witterungsgeschehen in Westgeorgien nicht. Während im Winter das kontinentale sibirische Hochdruckgebiet sich weit nach Westen und damit auch bis zum Kaukasus ausdehnt und Kaltluft in den Osten, seltener auch in den Westen Südkaukasiens einfließen lässt, wird der Sommer durch die Lage zwischen dem subtropischen Hochdruckgebiet („Azorenhoch") und dem asiatischen Tiefdruckgebiet bestimmt. Die zentralen Beckenlandschaften bleiben in der Regel vor extremen Kaltlufteinbrüchen aus dem Norden geschützt. Längere Trocken- und Dürreperioden, die die Wasserversorgung und damit besonders die Landwirtschaft gefährden, treten periodisch vor allem in Ostgeorgien (Inner- und Niederkartlien, Kachetien) auf; etwa einmal in 15 bis 20 Jahren ist damit zu rechnen. In den zurückliegenden Jahren scheint die Häufigkeit etwas zugenommen zu haben, und eine Verursachung durch den globalen Klimawandel ist wahrscheinlich.[37] Wurde der Zustand der erforderlichen Bewässerunganlagen bereits in sowjetischer Zeit kritisiert, so sind mit der Transformation zu einer privatisierten Landwirtschaft neue Herausforderungen hinzugekommen, denn die geringe Kapitalverfügbarkeit in den Kleinbetrieben verhindert eine kontinuierliche Instandhaltung der Bewässerungsinfrastruktur.

Die genannten Mittelwerte sind allerdings nur bedingt aussagekräftig, da das Relief die meso- und mikroklimatischen Bedingungen in hohem Maße mitbestimmt. Höhen- und Expositionsunterschiede steuern die Anbaumöglichkeiten, wirken sich bei Bodenbildung und Vegetation aus und beeinflussen Abtragungsvorgänge. Vor allem modifiziert die Höhenlage das Klima. In den unteren und mittleren Höhen Westgeorgiens werden im Durchschnitt 1500 bis 2500 mm Jahresniederschlagssumme registriert, doch erreichen die Extremwerte auch 3000 bis 4000 mm. In Ostgeorgien sinkt dieser Wert auf 400 bis 900 mm.

Am Großen Kaukasus sind Föhnerscheinungen zu beobachten, die vor allem für Kutaisi beschrieben werden, wo im Jahresmittel 114 Föhntage gezählt werden.[38] Im Bereich des Kleinen Kaukasus wirkt sich die kleine Antizyklone aus, die auf der Abkühlung über dem Armenischen Hochland beruht. Im Sommer führt die starke Einstrahlung zu einem regionalen Hitzetief.

Bisherige Untersuchungen zu regionalen Folgen des globalen Klimawandels lassen erwarten, dass das Klima Südkaukasiens im Lauf des 21. Jahrhunderts trockener und wärmer werden wird. Besonders davon betroffen ist Ostgeorgien. Die prognostizierte Erwärmung an der Schwarzmeerküste verbindet sich dagegen mit einer Zunahme der jährlichen Niederschlagssumme. Die Niederschlagstätigkeit könnte sich vor allem im Winter verstärken, allerdings eher in Form von Regen als mit zusätzlichen Schneefällen. Bisher scheinen nur die generelle Temperaturzunahme und die Verlängerung sommerlicher Trockenperioden nachweisbar, ohne dass es zu einer Kompensation zusätzlicher Verdunstungsverluste durch erhöhte winterliche Niederschläge käme. In Ostgeorgien werden die Niederschläge eher geringer ausfallen. So kann der Abfluss im Flussgebiet des Mt'k'vari und seiner Nebenflüsse im östlichen Landesteil zurückgehen. Dann wäre für eine Aufrechterhaltung der Landwirtschaft mehr Bewässerungswasser als bisher erforderlich,

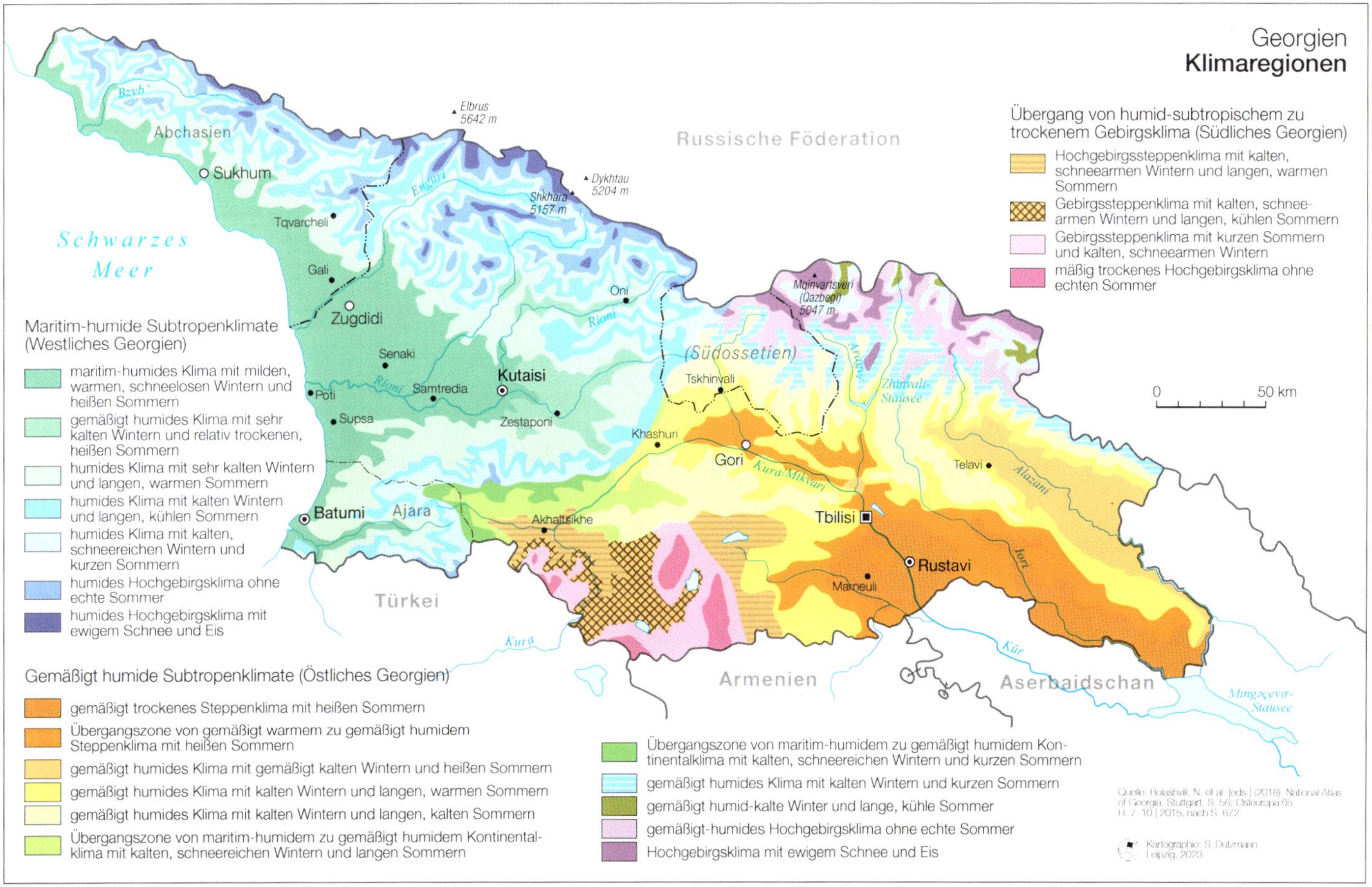

Karte 5: Klimaregionen

wenn es nicht rechtzeitig gelingt, Bewässerungsmethoden mit geringerem Wasserverbrauch einzuführen.[39] Der schon seit längerem beobachtete Massenverlust der Gletscher wird sich fortsetzen. Prognostiziert wird auch eine Zunahme von Extremereignissen wie Starkregen. In der Vegetation wird sich der Klimawandel im 21. Jahrhundert zunächst in einer weiteren Ausbreitung von Xerophyten in Südostgeorgien und Javakhetien zeigen. Wenn Bewässerung gewährleistet ist, kann sich die Kulturvegetation in der Transkaukasischen Depression ausdehnen. An der Schwarzmeerküste dürfte sich dagegen der mediterrane Charakter mit der weiteren Ausbreitung von Hartlaubgehölzen verstärken. Für Hoch-Svanetien konnte gezeigt werden, dass die immer wieder mit Naturkatastrophen konfrontierte Bevölkerung vermutlich in der Lage ist, Resilienz auch gegenüber dem Klimawandel zu zeigen.[40]

Die elementare Ressource Wasser: Hydrologie und Glaziologie

Die Wassersituation Georgiens scheint auf den ersten Blick paradox, denn der Wasserhaushalt zeigt nebeneinander Reichtum und Knappheit dieser Ressource. Unverkennbar ist der Zusammenhang mit den eben geschilderten klimatischen Verhältnissen und dem Gegensatz zwischen West- und Ostgeorgien: Von den insgesamt 66 km³ jährlichem Abfluss in den georgischen Flüssen entfallen drei Viertel auf Westgeorgien, nur ein Viertel auf Ostgeorgien.[41] Einen zweiten Einflussfaktor zeigt das Relief: Hohe Niederschlagsmengen führen an den Bergketten des Westlichen Kaukasus wenigstens jahreszeitlich zu großen Abflussmengen. Da ein Teil des Niederschlags vor allem in Gebirgslagen als Schnee fällt, kann die plötzliche Schneeschmelze bei sehr raschem Temperaturanstieg zu verheerenden Überschwemmungen führen. In tieferen Lagen werden die Flüsse dagegen überwiegend vom Regenwasser gespeist, so dass die jahreszeitliche Verteilung der Niederschläge das Abflussregime bestimmt. Der höchste Wasserstand wird meist im Frühjahr und Frühsommer erreicht.

Wegen der großen Niederschlagssummen besteht im Einzugsgebiet von Enguri und Rioni ein hoher Abflusskoeffizient: 68 bis 81 % der gesamten Niederschlagsmenge kommen dem Abfluss zugute.[42] Dagegen wird das Iori-Bergland im Südosten Georgiens nur spärlich beregnet, weil aus Westen herangeführte Luftmassen sich bereits weitgehend abgeregnet haben und auch die umgebenden Gebirge als Regenfänger wirken. In den von vulkanischen Gesteinen geprägten Gebieten Südgeorgiens erfolgt ebenso wie in den Karstgebieten ein beträchtlicher Teil des Abflusses unterirdisch, so dass Grundwasserströme den Abfluss bestimmen.

Eine besondere Rolle spielt das Wasser, das in den *Gletschern* der höchsten Gebirgsbereiche des Großen Kaukasus gebunden ist. Zwischen dem 4700 m hohen Ushba und dem Mamison-Pass ist der Gebirgshauptkamm fast durchgehend von Gletschern bedeckt, deren Zungen als Talgletscher nach Norden (Russland) und Süden in die obersten Talabschnitte reichen. Weiter westlich fehlen mit Ausnahme des Kvishi-Gletschers größere und zusammenhängende Gletschergebiete, aber kleinere, nach Süden orientierte Gletscher kommen auch noch an der abchasisch-russischen Grenze des Hauptkamms vor. Nach Osten weisen die Dvaletische Gebirgskette und die Khokhi-Kette mit dem Kasbek Gletschereis auf. Weiter östlich gibt es nur noch einzelne, voneinander isolierte Gletscher, und an der Grenze zwischen Dagestan und Georgien setzt die Vergletscherung wegen zunehmender Aridität und fehlender Niederschlagsspeisung aus. Die bedeutendsten Gletscher auf der georgischen Seite sind der Lekhziri-Gletscher am Oberlauf des Mest'ia-Flusses und der Gerget'i-Gletscher am Südhang des Kasbek. In der Regel handelt es sich um Kargletscher, die in den obersten Abschnitten der Gebirgstäler reliefbildend wirkten. Die heutige Vergletscherung des Kaukasus ist nur noch der Rest einer früher wesentlich weiter ausgreifenden Eisbedeckung auch des Kaukasus-Südabfalls.

2.17 Shchara-Gletscher (August 2019)

Eine umfassende Auswertung von Karten, Luftbildern und Satellitendaten aus neuerer Zeit erlaubt Aussagen über die Dynamik der Vergletscherung im 20. Jahrhundert und den derzeitigen Rückgang der Vergletscherung, wobei Ungenauigkeiten bei den ersten Kartenaufnahmen im ausgehenden 19. Jahrhundert bestehen, weil auch Firnflächen den Gletschern zugeschlagen wurden. Genauer lässt sich zwischen 1960 und 2014 am Bereich des Mest'iach'ala ein Rückgang der vergletscherten Fläche von 57,5 auf 44,1 km² nachweisen. Allein der Lekhziri-Gletscher, dessen Fläche für 1911 mit 40,8 km² berechnet wurde und der 1960 noch bis 1970 m herunterreichte, ging auf 36 km² zurück; bis 2014 teilte er sich in zwei Zungen auf, die zusammen 23,3 km² umfassen und inzwischen schon bei 2330 m enden.[43] Der Verlust an Gletschereis dürfte damit innerhalb eines Jahrhunderts mehr als die Hälfte der ursprünglichen Masse betragen. Einige kleinere Gletscher sind inzwischen völlig verschwunden. Eine Vergleichsstudie zu der östlich anschließenden Gletscherzone im Einzugsgebiet der Quellflüsse des Enguri zwischen dem Gisstola und dem Nankvami-Gipfel des Großen Kaukasus, einem Gebirgsabschnitt, der in der Literatur auch als „Bezingi-Mauer" erscheint, ergab zwischen 1960 und 2014 einen Rückgang von insgesamt 34,4 auf 27,1 km² Gletscherfläche mit erheblichen Unterschieden zwischen den einzelnen Gletscherzungen.[44] Die Klimastation von Mest'ia, dem nächstgelegenem Ort, zeigt für die zurückliegenden Jahrzehnte einen leichten, seit Anfang der 1990er Jahre etwas beschleunigten Anstieg der Lufttemperaturen, so dass die gegenwärtige Erderwärmung ein bestimmender Faktor für den weiteren Gletscherrückgang ist.

Tabelle 3: Die größten Flüsse Georgiens (ohne Nebenflüsse)

Fluss	Länge, km	dav. in Georgien	Einzugsgebiet, km²	Abfluss, m³/s
Mt'k'vari [a]	1364	326	188 000	575
Rioni	327	327	13 400	405
Enguri	213	213	4 060	170
Ch'orokh	438	26	22 130	307
Supsa	108	108	1 130	...

[a] unter Einschluss der nichtgeorgischen Abschnitte

(Quelle: Caucasus Environment Outlook 2002: 35))

2.18 Mt'k'vari mit befestigtem Ufer in Tbilisi (September 2019)

Georgien ist in hohem Maße auf seine *Flüsse* ausgerichtet, wie schon der Ansatz von Gustav Radde, die russischen Besitzungen in Südkaukasien von den vier großen Flussgebieten her wissenschaftlich zu erkunden, deutlich gemacht hatte. Hauptfluss im zentralen Georgien ist der Mt'k'vari (მტკვარი, deutsches Exonym aus dem Russischen: Kura), der im türkischen Ostanatolien am Kisirindagi-Berg entspringt. Aus dem Becken von Akhaltsikhe gelangt er in ein Durchbruchstal, das vermutlich einer tektonischen Linie folgt. Zwischen Akhaldaba und Khashuri tritt der Fluss aus dem Gebirge heraus und quert die Beckenlandschaften Innerkartliens. Dort nimmt er bei Gori den Liakhvi, dann den Ksani und schließlich bei Mtskheta den wasserreichen Aragvi, unterhalb von Tbilisi den Algeti auf. Kurz nach der Querung der Grenze zu Aserbaidschan mündet noch der das südwestliche Niederkartlien und über den Debed Teile Nordarmeniens entwässernde Khrami in den Mt'k'vari ein. Der Alazani, Hauptfluss Kachetiens, fließt ebenso wie der Iori in das Staubecken von Mingəçevir (Aserbaidschan) und wird dort vom Mt'k'vari aufgenommen. Dieser größte und längste georgische Fluss ist zugleich der am stärksten belastete. An der Grenze zu Aserbaidschan wurden 371 mg/l Verunreinigungen ermittelt, dazu 0,15 mg Ölrückstände und 0,03 mg/l Phenole.[45] Da das Einzugsgebiet des Mt'k'vari Teile aller drei südkaukasischer Staaten erfasst, wurde er für angewandte Forschungsprojekte zu Gewässermanagement und -schutz ausgewählt, weil man sich davon auch politische Impulse für eine transnationale Zusammenarbeit versprach.[46] Seine wirtschaftliche Bedeutung erhält das Mt'k'vari [Kura]-Arax-System dadurch, dass Bewässerungswasser aus ihm abgeleitet wird und dass es in Aserbaidschan als Vorfluter für Drainagewasser auch aus denjenigen Bewässerungsgebieten dient, die unmittelbar von Flüssen gespeist werden, welche im Großen oder Kleinen Kaukasus entspringen. Im Stadtgebiet von Tbilisi wurde das Ufer des Mt'k'vari über viele Kilometer im Rahmen des stalinistischen Stadtausbaus und bei der Anlage der Uferstraßen begradigt und befestigt. Dadurch verlor er natürliche Retentionsflächen und droht bei Hochwasser über die Ufer zu treten.

Der Tergi (russ. Terek), dessen Quellgebiet südlich des Kasbek auf georgischem Territorium liegt (Truso-Schlucht), fließt mit seinen Nebenflüssen durch die Ketten im Norden des Großen Kaukasus in das nördliche, russische Vorland des Gebirges und mündet in Dagestan ins Kaspische Meer.

Für den Westen Südkaukasiens sind Enguri, Khobists'q'ali, Rioni und Supsa die wichtigsten Vorfluter. Der Rioni bringt dem Schwarzen Meer einen durchschnittlichen jährlichen Zufluss von 13,38 km^3, der im Kleinen Kaukasus entspringende Supsa nur knapp 3 km^3. Beträchtlich sind die Sedimentfrachten, beim Rioni 60,2 Millionen Tonnen pro Jahr, beim Supsa 246 000 Tonnen jährlich.[47] Enguri und Rioni sind zugleich die Flüsse mit dem größten hydroenergetischen Potential, das erst teilweise genutzt wird.

2.19 Rioni in Kutaisi (Juni 2018)

Die meisten *Seen* Georgiens liegen im Süden des Landes im vulkanogen entstandenen Bergland westlich der Javakhetischen Gebirgskette: T'abats'q'uri-, Paravani-, Mada-, Saghama-, Khanchali- und der an der georgisch-türkischen Grenze gelegene K'arts'akhi-See sind natürlichen Ursprungs. Der Tsalk'a-See ist dagegen künstlich: Er entstand in den 1940er Jahren durch den Aufstau des Khrami, um die beiden Wasserkraftwerke Khrami-1 (1947) und Khrami-2 (1963) zu speisen. Das Wasser des Paravani soll in Zukunft für die Energiegewinnung genutzt werden. Unter den Seen des Großen Kaukasus hat der Rits'a-See trotz seiner geringen Fläche (150 ha) die größte Aufmerksamkeit gewonnen. Er liegt, eingeschlossen von der Gagra-Gebirgskette im Westen, dem Massiv des 2538 m hohen Atsetuka im Norden und der Bagrasht'a-Kette im Südosten in 884 m Höhe im Tal des Lashipse, eines Nebenflusses des Bzip. Der See und seine Umgebung gehören zu dem 1930 gegründeten Rits'a-Naturschutzgebiet (162,9 km²), in dem vor allem die üppige Gebirgsvegetation des westlichen Kaukasus unter Schutz steht. Der Rits'a-See gehört mit seiner imposanten Gebirgsumrahmung und den dichten Wäldern zu den Sehenswürdigkeiten Abchasiens und wird daher seit Beginn der Tourismusentwicklung gerne aufgesucht.

Aufbereitungsanlagen für die Wassernutzung gibt es bisher kaum, so dass das meiste Wasser ungeklärt abfließt – in der Regel mit allen Belastungen und Kontaminationen. In ländlichen Gebieten kann dies zu einem Mangel an unbelastetem Wasser führen, da bisher kaum zentrale Wasserversorgungsanlagen existieren. Die höchste Belastung der Wasserqualität besteht unterhalb von Bergbaustätten und großen Industrieanlagen, so etwa am Q'virila unterhalb von Ch'iatura und Zest'aponi, am Mt'k'vari unterhalb der Einmündung von Algeti und Debedi oder am K'azretula im Mt'k'vari-Becken aufgrund hoher Schwermetallbelastung.

2.20 Paravanisee vor der Samsari-Gebirgskette (August 2019)

Vielfalt an Böden als Grundlage der Landnutzung

Die Böden eines Landes mögen zunächst unspektakulär erscheinen und nicht dem Leitgedanken faszinierender Vielfalt entsprechen. Aber als oberste Schicht des Untergrunds werden sie vom unterschiedlichen Gesteinsuntergrund, dem regional differenzierten Einwirken der Klimafaktoren und der Wechselwirkung mit Vegetation und Mikroorganismen bestimmt und zeigen im wechselvollen Relief weitere Variationen, also doch eine Vielfalt, die sich auch in der Nutzbarkeit spiegelt. Die Abstufung mit der Höhe entspricht der Abnahme der Wärmeversorgung, der unterschiedlichen Feuchtigkeitsversorgung und der damit verbundenen Veränderung von Vegetation und Fauna. Zugleich sind die Böden aber dem Einfluss des wirtschaftenden Menschen unterworfen; sie sind die Basis regionaler landwirtschaftlicher Fruchtbarkeit, sind aber auch Schädigungen durch unsachgemäße Behandlung ausgesetzt. So entspricht der bislang aufgezeigten Vielfalt an Naturgegebenheiten auch eine Vielfalt der Bodentypen, die den berühmten russischen Bodenkundler Vasilij V. Dokučaev (1846–1903) Ende des 19. Jahrhunderts veranlasste, Kaukasien als natürliches Bodenmuseum zu bezeichnen.[48] Die Benennung der Böden folgt in der georgischen Wissenschaft meist noch der in Russland entwickelten, von der im frischen Anschnitt des Bodens sichtbaren Färbung ausgehenden Terminologie, doch bietet die entsprechende Karte im Nationalatlas Georgiens eine „Übersetzung“ in die internationale Nomenklatur.[49]

Unter den feucht-subtropischen Bedingungen Westgeorgiens haben sich im Tiefland hydromorphe Alluvialböden (Fluvisole), auf etwas höher gelegenen Standorten Gleye mit podsolartiger Auswaschung, in der Hügelzone Roterden (ferralitische Litisole) und bei Nährstoffarmut Gelberden (Acrisole) ausgebildet. Gemeinsam ist diesen Bodentypen die wegen der hohen Niederschläge weit verbreitete podsolartige Auswaschung, bei den subtropischen Luvisolen teilweise mit Ortsteinbildung. Wo die ursprünglichen Wälder abgeholzt wurden, sind diese Böden eine wichtige Grundlage für die landwirtschaftliche Nutzung. Unter Wald überwiegen in der unteren montanen Stufe bei Kalkuntergrund Rendzinen mit Rohhumusauflage (Leptosole), in den Tälern braune Waldböden (Cambisole), die mit zunehmender Höhe in braune Gebirgswaldböden mit Podsolierung übergehen. In der alpinen Wiesen- und Mattenstufe dominieren Gebirgswiesenboden (umbrische Leptosole). Für das Gebiet um St'epants'minda wurden Cambisole und cambische Umbrisole (letztere auf vulkanogenem Untergrund) beschrieben, die ein gewisses Potential für eine agrarische Nutzung bieten.[50]

Die Ebene von Gardabani weist graue zimtfarbene Böden (chromische Cambisole) auf, die bei ungeregelter Bewässerung in Flussnähe zu Versumpfung, auf trockeneren Standort zu Bodenversalzung neigen. Auch in den landwirtschaftlich genutzten Beckenlandschaften Ostgeorgiens (mit Kachetien) treten zimtfarbene Böden als zonaler Bodentyp auf, auf die im semiariden Südosten Schwarzerden (Vertisole) folgen. Die Steppen und Halbwüsten des Shiraki zeigen teilweise Versalzungserscheinungen. Im Übergang zum Südabfall des Großen Kaukasus erscheinen braune Waldböden (Cambisole), im Bereich der Hochweiden Gebirgswiesenböden (umbrische Leptosole), in den höchsten Lagen mit unvollständiger Bodenentwicklung.

Das südliche Georgien weist neben Gebirgsschwarzerden und – in höheren Lagen – Wiesenbraunerden vor allem unterschiedliche Varietäten zimtfarbener Böden auf, über kalkigem Untergrund auch Rendzinen. In den höchsten Lagen des Javakhetischen Gebirges herrschen primitive Gebirgswiesenböden (umbrische Leptosole) vor.

In den Bereichen agrarwirtschaftlicher Nutzung unterliegen die Böden chemischen und physikalischen Überformungen. Die Folgen unangepasster Agrartechnik, in sowjetischer Zeit insbesondere des Einsatzes schwerer Landmaschinen, und zeitweilig hohe Einträge von Agrochemikalien lassen sich kaum korrigieren; sie haben zu Bodenverdichtung mit reduzierter Bodenwasserzirkulation und zu Kontaminationen geführt. Weit verbreitet ist Bodenerosion, die mit der Anlage großer Feldparzellen begann und sich bis heute fortsetzt, wo bodenschützende Anbaumethoden fehlen. Vor allem pflanzenbaulich genutzte Hänge sind von Abwaschung betroffen und neigen im Gebirge zu Erdrutschen, insbesondere bei Mais- und Tabakanbau. In Trockengebieten tritt bei unsachgemäßer Bewässerung eine Bodenschädigung durch Salzaustritt auf. Eine andere Gefährdung der Böden geht in Bergbaugebieten von der unsachgemäßen Lagerung des Abraums aus. So werden Schwermetalle aus den Abraumhalden im Bergbaugebiet südwestlich von Bolnisi vom Mashevera mit dem Bewässerungswasser auf Felder geleitet, wo sie zu toxischen Schädigungen des Bodens führen.[51]

Ein Hotspot der Biodiversität

Pflanzenvielfalt und Endemismen

Georgiens floristische und faunistische Vielfalt wird von der Wissenschaft seit langem gerühmt. Schon im 19. Jahrhundert entstanden botanische Gärten u. a. in Tbilisi, Sukhum und Batumi. Gustav Radde, Begründer des heutigen Nationalmuseums in Tbilisi, beschrieb eindrücklich als Ergebnis zahlreicher Reisen die biotische Vielfalt Georgiens. Und Teilnehmer einer Studienreise, die unter Leitung des Schweizer Botanikers Martin Rikli 1912 den Westkaukasus besuchten, äußerten sich ebenso wie schon vorher Moriz von Déchy begeistert über die Hochstaudenflur im westlichen Kaukasus.[52] Die gesamte kaukasische Ökoregion gehört zu den Gebieten mit besonders hoher Biodiversität. Die Statistik spricht von rd. 5 000 Arten Blütenpflanzen (Phanerogamen), 8300 Arten von Versteckblühern (Kryptogamen), darunter 73 Farnarten, etwa 600 Moosarten. 380 Arten sind als endemisch gelistet. In Georgien, wo 4150 Gefäßpflanzen, darunter 260 Endemiten, gezählt wurden,[53] weisen vor allem das Hinterland der Schwarzmeerküste und der Nationalpark Borjomi-Kharagauli eine große Zahl an Endemismen auf. Einen aktuellen Einblick in die Vegetationszusammensetzung verschiedener Standorte Georgiens bietet der Bericht einer botanischen Exkursion, die die Universität Innsbruck 2012 durchführte.[54]

Allerdings können Geländeaufnahmen der Pflanzenzusammensetzung immer nur ein Augenblicksbild der Vielfalt vermitteln. In allen Landesteilen hat sich die Vegetation durch Landbewirtschaftung und Waldwirtschaft allein seit dem Ende des 19. Jahrhunderts stark verändert. Ein neues Problem stellt die Ausbreitung invasiver Arten dar, die in Georgien wie in anderen Gebieten beobachtet werden kann.[55] Und blickt man in der Vegetationsgeschichte etwas weiter in geologische Zeiträume zurück, so verschwanden mit dem Wechsel vom Tertiär zum Pleistozän die meisten wärmeliebenden Pflanzen, die Höhenstufen verschoben sich, und boreale Elemente hielten Einzug. In dieser Periode des Wechsels bestand die höchste Artenvielfalt, wie sich in altpleistozänen Ablagerungen nachweisen lässt. Auf die tertiäre Flora gehen noch heute die Buchsbaumvorkommen in der Kolchis zurück.[56] Andererseits breiteten sich neue Arten aus, so etwa die Nordmann-Tanne (*Abies nordmanniana*) und die Hemlocktanne (*Tsuga diversifolia*), während die Weißtanne (*Abies alba*) verschwand. Buche (*Fagus orientalis*) und Linde (*Tilea sp.*) dominierten im älteren Pleistozän in den unteren Höhenstufen die Laubholzbestände neben Walnuss (*Juglans*), Hainbuche (*Carpinus*), Eiche (*Quercus*) und Zelkove (*Zelkova*).[57] Im mittleren Pleistozän breiteten sich Farne aus, in Ostgeorgien war die Kiefer (*Pinus*) bestimmend. Im Spätpleistozän verschwanden einige Arten wie die Himalaya-Zeder (*Cedrus deodara*).[58] Die holozäne Vegetationsentwicklung sah unter dem Einfluss tektonischer Bewegungen im Schwarzmeerbecken, Meeresspiegelschwankungen, Sedimentation an der Küste und anthropogener Eingriffe nach dem Klimaoptimums im Atlantikum vor 4 500 Jahren einen raschen Rückgang von Kastanien- zugunsten Hainbuchen-Buchenwäldern.[59] Heute dienen einzelne Pflanzenarten als Anzeiger für die Veränderungen der natürlichen Verhältnisse. Wenn Kastanienmischwälder inzwischen nach massiven Holzeinschlägen und Pilzerkrankungen auf Standorte der mingrelischen und adscharischen Hügelzone beschränkt sind, gehen sie teilweise auf junge Anpflanzungen zurück.[60]

Im derzeitigen Vegetationsbild sind die Kolchis mit den anschließenden Küstenstreifen in Adscharien und Abchasien von einer subtropischen Vegetation bestimmt, die sich durch eine hohe Produktion von Pflanzenmasse auszeichnet. Als wichtige Vertreter werden Erle (*Alnus barbata*), Kaukasische Flügelnuss (*Pterocarya fraxinifolia*) und Bruchweide (*Salix fragilis*), als Schlingpflanzen Efeu (*Hedera colchica*) und wilder Wein (*Vitis vinifera*), für trockenere Standorte Kaukasische Hainbuche (*Carpinus caucasica*), Eiche (*Quercus hartwissiana*) und Orientalische Buche (*Fagus orientalis*) genannt, für die angrenzenden Gebirgslagen auch die Kaukasusfichte (*Picea orientalis*).[61] Im Adscharisch-Imeretischen Gebirge kommen bis in Höhenlagen von 500 bis 600 m außerdem Hainbuche (*Carpinus caucasica*) und Edelkastanie (*Castanea sativa*) vor.[62] Bambus und Eukalyptus sind dagegen nicht einheimisch, sondern wurden eingeführt. In der Kolchisniederung haben Trockenlegungsmaßnahmen und die Ausbreitung landwirtschaftlicher Nutzung die Vegetation im Lauf des 20. Jahrhundert erheblich verändert. Daher gilt den verbliebenen Feuchtgebieten, in denen die ursprüngliche Vegetation sich erhielt, besondere Aufmerksamkeit. Die seit der späten Sowjetzeit unter Schutz stehenden Bereiche wurden 2021 in die UNESCO-Liste des Weltnaturerbes aufgenommen; die dazugehörende Dokumentation zeigt den Artenreichtum und greift frühere Studien auf.[63]

Auf der Leeseite der Gebirgszüge des Kleinen Kaukasus finden sich auch in Westgeorgien trockenheitsliebende Gehölze mit Eichen und Hainbuchen, an feuchteren Standorten Buchen. Durch anthropogene Eingriffe (außer der Feuerholzentnahme vor allem die Waldweide) sind diese Gehölze teilweise degradiert. Östlich der Klimascheide ändert sich die Vegetationszusammensetzung: Trockenheit liebende Gehölze nehmen zu, doch sind die aus Pistazien gebildeten Lichtwälder auf den zimtfarbenen Böden weitgehend einer Kulturvegetation oder nach Verbrachung sekundären Beständen gewichen und nur in Schutzgebieten wie dem Vashlovani-Nationalpark erhalten. Im Südosten Kachetiens nimmt die Vegetation Steppencharakter mit Federgras (*Stipa sp.*), Schwingel (*Festuca sp.*) und Bartgras (*Bothriochloa sp.*) sowie Wermut (*Artemisia fragans*) an. Halbwüstenhafte Pflanzenformationen mit *Salsola*-Arten kommen in den tieferen Lagen

2.21 Waldbild in Mingrelien (Enguri-Tal) (August 2019)

Ostgeorgiens im Bereich des Iori-Plateaus vor. Von Wacholder (*Juniperus sp.*) dominierte Lichtwälder treten an den steilen Nordhängen des Iori-Plateaus und in der Umgebung von Mtskheta auf. An die mediterrane Garrigue- oder Šibljak-Formationen erinnernde Trockengehölze mit Christusdorn (*Paliurus spina-christi*), Weißdorn (*Crataegus orientalis*) und Heckenkirsche (*Lonicera iberica*) sind auf den Vorgebirgshügeln Kachetiens und Kartliens verbreitet.

Die hohe Artenvielfalt der georgischen Vegetation ist seit langem bedroht. Die sowjetischen Naturschutzgesetze gehörten zwar zu den striktesten weltweit und hätten einen guten Schutz garantieren können, wurden jedoch nie ernsthaft genug umgesetzt. So dienten Naturschutzgebiete auch als Jagdgebiete für die Nomenklatura, und manches Ferienhaus führender Politiker entstand dort. Erst nachdem das unabhängige Georgien die Zusammenarbeit mit internationalen Organisationen wie dem WWF intensiviert hatte, konnte die Einhaltung der Bestimmungen besser durchgesetzt werden.

Die erhaltene Pflanzenvielfalt insbesondere der Gebirge bietet sogar Chancen für eine bescheidene Nutzung insbesondere von Heilkräutern, wie ethnobotanische Studien in mehreren Hochgebirgsregionen ergaben. Eine in Samtskhe-Javakhetien durchgeführte Untersuchung zeigt, dass 261 unterschiedliche Pflanzen genutzt werden, von denen etwa zwei Drittel wildwachsend sind. Dabei wurde indigenes Wissen über die Heilwirkung einzelner Pflanzen vor allem in höher gelegenen Siedlungen tradiert, die heute aber besonders unter Bevölkerungsverlusten leiden; selbst die Schafweide ist dort rückläufig. Eine Überführung genutzter Pflanzen in Hausgärten, auch in tiefer gelegenen Siedlungen, scheint eine Chance zu bieten, dieses Wissen zu erhalten.[64] Darüber hinaus besteht in Georgien auch bei einigen Kulturpflanzen wie Weizen und anderen Getreidearten, ferner bei vielen Gemüsearten und insbesondere bei der Weinrebe eine außerordentliche Vielfalt; teilweise werden die traditionellen Sorten auf lokaler Ebene noch verwendet. Im Hinblick auf die Ernährungssicherung wird ihrem Erhalt und in weiterer Verbreitung ein spezifisches Potential gesehen.[65]

2.22 Alter Buchenbestand bei Shuamta (September 2012)

2.23 Buchenwald im Khikata-Gebirge (Imeretien; September 2022)

Wälder und die Gefahr ihrer Degradation

Wälder nehmen in Georgien knapp 40 % der Landesfläche ein. Es sind zu 83 % Laubgehölze, unter denen die Buchenbestände dominieren. Mit 8,5 % der gesamten Waldfläche ist die Nordmann-Tanne nach der Buche die in Georgien am weitesten verbreitete Baumart.[66] Als besonders schützenswert gelten die subtropischen Wälder in Südwestgeorgien (unter Einschluss Adschariens).[67] Am Nordabfall des Adscharisch-Imeretischen Gebirges reichen diese Wälder mit Buche (*Fagus orientalis*), Kastanie (*Castanea sativa*), Kolchischer Eiche (*Quercus imeretina*; endemisch in Westgeorgien) und Zelkove (*Zelkova carpinofolia*) bis 1 000–2 000 m Höhe, wenn die Feuchtigkeitsversorgung mit rd. 2 500 mm durchschnittlicher Jahresniederschlagssumme ausreicht. In Ostgeorgien werden die kleinen Laubwaldareale auf trockeneren Standorten am Rand der Alazani-Senke zusätzlich von verschiedenen Eichenarten, insbesondere *Quercus iberica*, bestimmt.

Hinsichtlich der Höhenstufung folgt die Waldverbreitung klimatischen Gegebenheiten, wurde aber durch den Menschen stark beeinflusst. Weitgehend flächenhaft bewaldet blieb der westliche Kaukasus, in dem subalpine Wiesen und Matten nur inselartig auftreten. In Westkaukasien reichen von Buchenbeständen dominierte Wälder bis zur Küste, wo auch immergrüne mediterrane Wälder vorkommen.[68] Buche, Fichte und Kiefer sind wichtige Bestandsbildner in den höheren Abschnitten der Waldstufe am Südanstieg zum Großen Kaukasus und am Nordanstieg zu den Ketten des Kleinen Kaukasus. Im Süden Georgiens, im Javakhetischen Gebirge, spielt die Buche wegen der langen Trockenperioden keine Rolle. Die dort die Wälder bestimmenden Hainbuchenbestände sind in besonderem Maße von Degradation betroffen.

Dies ist ein Hinweis darauf, dass die heutigen Wälder massiven anthropogenen Einflüssen und Eingriffen zu ganz unterschiedlichen Zeiten unterlagen. Die ursprünglichen Eichenwälder der unteren Waldstufen, aber auch Hainbuchen-Buchenwälder wurden schon im Mittelalter stark zurückgedrängt, in der frühen Neuzeit gar flächenhaft abgeholzt. Illegaler Holzeinschlag der lokalen Bevölkerung für Brenn- und Bauzwecke wurde auf Gemeindeebene gebilligt und griff seit dem 19. Jahrhundert um sich. Umfangreiche kontrollierte Abholzungen für den Export reduzierten die Bestände, ehe im sowjetischen Rahmen die Wälder Sibiriens die Rolle des Exportholzlieferanten übernahmen. Zwischen den 1950er Jahren und der Auflösung der Sowjetunion verbesserte sich die Versorgung der Bevölkerung mit Gas, so dass die Holzentnahme für die Brennholzgewinnung erheblich zurückging. Schwieriger wurde es in der Energiekrise der 1990er Jahre mit der Verteuerung von Gasimporten und der Verschlechterung der Versorgungslage; illegale Eingriffe in die Waldbestände oder auf die Privatisierung folgende Holzentnahmen verstärkten sich in dieser Zeit.[69] Zwar waren die für den Holzmarkt bestimmten Abholzungen zurückgegangen, doch unterblieben – meist aus finanziellen Gründen –

2.24 Nordmanntanne in Rach'a (September 2022)

Wiederaufforstungen, die für den Fortbestand der Wälder erforderlich gewesen wären. Aber trotz aller Eingriffe konnten sich auch alte Buchenbestände erhalten, so etwa in der Gomborikette. Die Abwanderung der Bevölkerung aus einigen Hochgebirgstälern (u. a. in der Region Rach'a) führte punktuell sogar zu einer natürlichen Wiederbewaldung. Ausgedehnte Waldgebiete bilden den Kern von Schutzgebieten, insbesondere im West- und Zentralkaukasus sowie im Kleinen Kaukasus (Nationalpark Borjomi-Kharagauli). An trockeneren Standorten Ostgeorgiens treten Kiefernwälder (*Pinus kochiana*) auf.

Alexander von Nordmann und der Weihnachtsbaum

Die Nadelwälder Kaukasiens gelten als Ursprungsgebiet der feuchtigkeitsliebenden Nordmann-Tanne (*Abies nordmanniana*), die heute weithin in Mitteleuropa eingeführt und wegen ihres relativ gleichmäßigen Wuchses vor allem als Weihnachtsbaum beliebt ist. Der Baum kann bis zu 50 m Höhe und anderthalb Meter Stammdurchmesser erreichen. Die 10 bis 15 cm langen Zapfen befinden sich an den obersten Ästen. Für ein Wachstum benötigt der Baum, der mehrere hundert Jahre alt werden kann, humusreiche Böden und humides Klima in Höhenlagen zwischen 800 und 2000 m. Die Nutzungsmöglichkeiten sind vielfältig: Das Holz der Nordmann-Tanne findet vor allem als Baumaterial Verwendung. Das Harz dient, mit Eigelb und salzfreiem Schmalz vermischt, in der Volksmedizin als Umschlag zur Heilung von Ekzemen; junge Sprosse werden kleingehackt und als Kräuter bei der Zubereitung von Pkhali verwendet.[70]

Die derzeit vor allem im Gebiet von Ambrolauri betriebene Gewinnung der Samen dieser Tannenart, die auch über das Internet angeboten werden, ist eine kurzfristig einträgliche, wegen oftmals mangelhafter Ausrüstung der Sammler jedoch nicht ungefährliche Einnahmequelle für die lokale Bevölkerung.[71]

Der Name des Baumes geht auf Alexander von Nordmann (1803–1866) zurück. Dieser entstammte einer aus Schweden nach Finnland eingewanderten Familie. Da Finnland nach dem Nordischen Krieg im 18. und 19. Jahrhundert zum Russischen Reich gehörte, gelangte Nordmann wie schon der Vater in den zarischen Dienst. Als Lehrer und Naturforscher auf dem Gebiet der Zoologie und Botanik, aber auch der Paläontologie war er im Süden des russischen Herrschaftsbereichs tätig, wo er 1834 die Position eines Konservators im botanischen Garten von Odessa übernahm. Mitte der 1830er Jahre beschrieb er auf der Basis eines Vorkommens nordöstlich von Borjomi erstmals den dann nach ihm benannten Baum und ging dabei auch auf die Gewinnung der Samen für die Nachzucht ein. 1849 kehrte Nordmann nach Finnland zurück, wo er eine Professur für Naturgeschichte in Helsingfors/Helsinki übernahm.

Prinzipien moderner Forstökonomie beginnen sich erst neuerdings durchzusetzen. 2011 wurde in Georgien mithilfe der *Österreichischen Entwicklungszusammenarbeit* eine umfassende Reform des Forstwesens initiiert, um auf der Basis einer systematischen Forstinventur eine nachhaltige Bewirtschaftung einzuführen. Das österreichische Waldgesetz wurde Grundlage für das georgische Forstgesetzbuch. Sowohl auf gesamtstaatlicher wie lokaler Ebene soll in enger Zusammenarbeit zwischen Georgien und Österreich die Ausbildung von Forstfachkräften vorangetrieben werden. Als konkrete Maßnahme wird gemeinsam mit der deutschen *Gesellschaft für internationale Zusammenarbeit* (GIZ) in Kachetien die Wiederaufforstung eines 100 km langen Windschutzstreifens betrieben, der dem Erosionsschutz, aber auch der Brennholzversorgung der lokalen Bevölkerung dienen soll.[72] Verstärkte Forstaufsicht konnte den illegalen Holzeinschlag in den zurückliegenden Jahren deutlich reduzieren. Allerdings zeigten sich sehr deutlich zwei Probleme: Für etwa ein Zehntel der Wälder Georgiens waren langjährige Lizenzverträge mit ausländischen, vornehmlich chinesischen Unternehmen abgeschlossen worden, wodurch den georgischen Forstbehörden jegliche Eingriffsmöglichkeit genommen wurde.[73] Und: Für die ländliche Bevölkerung, insbesondere in strukturschwachen, peripheren Lagen, ist die Nutzung der Ressourcen des Waldes, vor allem der Zugang zu Feuerholz, fast unverzichtbar, wenn keine anderen Brennstoffe verfügbar sind. Unklare, aufgesplitterte Zuständigkeiten auf behördlicher Seite erschweren eine rasche Lösung der damit verbundenen sozialen Probleme.[74]

Vertikale Differenzierung: Höhenstufen der Vegetation

Eine generalisierende Höhenstufung zeigt in Westgeorgien Wälder, die bis 1 900 m reichen und in der collinen Stufe von Kaukasischer Flügelnuß (*Pterocarya pterocarpa*), Schwarzerle (*Alnus barbata*), Pitsunda-Kiefer (*Pinus pityusa*) bestimmt sind; hinzu treten an südexponierten Hängen Traubeneiche (*Quercus iberica*), Hartwiss-Eiche (*Quercus hartwissiana*) und Kaukasische Hainbuche (*Carpinus caucasica*), in der montanen Stufe über 600 bis 700 m auch Rotbuche (*Fagus*) und Nordmann-Tanne (*Abies nordmanniana*), über 1 200 bis 1 300 m Kaukasus-Fichte (*Picea orientalis*) und Transkaukasische Birke (*Betula medwedievii*). Zum immergrünen Unterwuchs der kolchischen Wälder gehören Pontischer Rhododendron (*Rhododendron ponticum*), Kirschlorbeer (*Laurocerasus officinalis*), Kolchischer Buchsbaum (*Buxus colchica*) und Schwarzmeer-Stechpalme (*Ilex colchica*). Die montane Stufe war ursprünglich ein dichter Waldgürtel; Holzentnahme, Rodung und Weide veränderten ihn massiv. In der Region Lechkhumi-Rach'a ist die Nordmann-Tanne bestandsbildend, auf trockenen Standorten dominieren Kiefern (*Pinus sosnowskyi*, *Pinus sylvestris*). Die Erschließung von Hochweiden führte in den letzten Jahrhunderten zu einer anthropogenen Absenkung der oberen Waldgrenze um 300 bis 400 m. Über der Waldgrenze folgt in der Höhenstufung bis 2 500 m eine subalpine Stufe, für die im feuchten Westkaukasus Trautvetter-Ahorn (*Acer trautvetteri*), Litvinov-Birke (*Betula litwinowii*), Kolchische Hasel (*Corylus colchica*) und Pontische Eiche (*Quercus ponticus*) – oft in der Wuchsform von Krummholz – charakteristisch sind, während im Zentralkaukasus Kaukasischer Rhododendron (*Rhododendron caucasicum*) verbreitet ist. In der darüber folgenden alpinen Stufe bis etwa 3 100 m Höhe weisen trockene Wiesen auf gut besonnten Berghängen beispielsweise Straußgras (*Agrostis tenuis*), Seidigen Frauenmantel (*Alchemilla sericata*), Meinshausen-Segge (*Carex meinshauseniana*), Wiesenhafer (*Helicotrichon asiaticum*) und Kaukasischen Klee (*Trifolium ambiguum*) als charakteristische Arten auf. Außerordentlich artenreich sind die subalpinen Wiesen und Matten, die eine hohe Phytoproduktion zeigen und daher als (Sommer-) Weidegebiete gefragt sind; man rechnet mit jährlich 2,5 bis 4 Tonnen Pflanzenmasse je Hektar.[75] Über der Vegetationsgrenze reicht die subnivale Stufe mit Flechten bis 3 600 m, ehe die nivale Stufe einsetzt. In der subnivalen Stufe kommen Blütenpflanzen, die auch für die alpine Stufe typisch sind, an Standorten vor, die lange mit Schnee bedeckt bleiben. Im Zentralkaukasus besteht unterhalb der Wiesenstufe ein Bereich mit niederwüchsigen Gehölzen. Neben Zwergbuchen und Zwergbirken sind Rhododendronsträucher weit verbreitet.

In Ostgeorgien reichen Trockensteppe und lichte Wälder bis 600 m. Darüber schließt sich auf Südhängen eine Waldstufe mit Traubeneiche (*Quercus iberica*) und Orientalischer Hainbuche (*Carpinus orientalis*) bis 1 900 m an, in 1 300 m eine schmale Stufe mit *Carpinus-Fagus*-Wäldern, darüber Persische Eiche *Quercus macranthera*. An Nordhängen dominieren über den *Carpinus-Quercus*-Wäldern der unteren Substufe ausgedehnte Birkenwälder zwischen 600 und 1 800 m, durchsetzt von *Acer trautvetteri* und *Fagus orientalis*. Über der Baumgrenze treten weitverbreitet Gehölze von *Rhododendron caucasicum* (georg. *dekiani*) auf. Die subalpine (1 900–2 500 m) und die alpine Stufe (bis 3 000 m) reichen bis zur Vegetationsgrenze; darüber folgen die subnivale Stufe bis 3 500 m und die nivale Stufe.[76] Vergleichsweise niedrige Sommertemperaturen im Gebirge und eine kurze Vegetationsperiode schränken das Pflanzenwachstum in den Gebirgen Ostgeorgiens ein, heftige Winde erhöhen die Feuchtigkeitsverluste durch Verdunstung. Markante Expositionsunterschiede bestehen in Tälern mit west-östlicher Ausrichtung: Während die nordexponierten Hänge häufig bewaldet sind, erstrecken sich auf den südexponierten Hängen Grasfluren, die durch Beweidung entstanden. Im Kleinen Kaukasus von Samtskhe-Javakhetien ist die unterste Waldstufe durch einen lichten, xerophytischen Wald bestimmt. Die obere Waldgrenze steigt von Westen nach Osten von 2 000 auf 2 700 m an.

Nur teilweise ist in den Höhenlagen noch flächendeckend natürliche Vegetation anzutreffen. Die Weidewirtschaft verursachte anthropogene Veränderungen, denn zur Ausweitung der Nutzungsmöglichkeiten wurden weite Flächen gerodet und dadurch die Wald- und teilweise auch die Baumgrenze abgesenkt. Diese Ausweitung der Weidewirtschaft hatte zu massiven Abholzungen bei den Rhododendronbeständen im Zentralen Kaukasus geführt. Mit der Beweidung war auch eine Artenreduktion im subalpinen Grasland verbunden. Neuere Untersuchungen zeigen jedoch, dass die Ausbreitung von Pflanzen, die von Tieren nicht gefressen werden (wie *Cirsium obvalatum* und der Germer *Veratrum lobeliatum*), die Wiederansiedlung einzelner Arten und damit auch eine Erhöhung der Biodiversität auf Weidegebieten ermöglicht, wenn das Weidevieh auch Pflanzen im nahen Umkreis der ohnehin gemiedenen Vegetation stehen lässt.[77] Die Aufgabe zahlreicher Weideareale hat in jüngerer Zeit die Ausbreitung neuer Arten gefördert, nicht aber die Expositionsunterschiede aufgehoben.

Wildfeuer als Element des Ökosystems

Wildfeuer besitzen einerseits eine wichtige ökologische Funktion im Nährstoffkreislauf, für die Stabilität der Biodiversität und für das Pflanzenwachstum, können aber andererseits Tierwelt und Siedlungen bedrohen. Für Georgien bestehen kaum Informationen dazu. Es wurde nur publik, dass im Augustkrieg 2008 durch schweren Artilleriebeschuss Feuer entstanden, die ausgedehnte Waldgebiete bei Borjomi schädigten. Dadurch wurde die Aufmerksamkeit der Behörden auch auf „natürliche" Wildfeuer und mögliche Gegenmaßnahmen gelenkt.[78] Während in den feuchten Subtropen Westgeorgiens die Gefahr meist relativ gering ist, steigt sie in den trockenen Gebieten Samtskhe-Javakhetiens und in den Steppengebieten Südostgeorgiens. In allen drei südkaukasischen Ländern haben in den zurückliegenden Jahren Seminare und Trainingskurse zur Bekämpfung von Wildfeuern stattgefunden.[79]

Landschaften: Ein spezifisch georgischer Zugang zur natürlichen Vielfalt

In der georgischen Geographie etablierte sich eine Tradition der Landschaftskunde, die der bisher beschriebenen naturräumlichen Vielfalt gerecht werden will. Vor allem der Geograph Nik'olaz Beruchashvili (1947–2006) entwickelte daraus einen naturwissenschaftlichen Forschungszweig.[80]

Der landschaftskundliche Ansatz geht von den Merkmalen des Naturraums aus, begreift diese als einen systemaren Zusammenhang und bezieht Veränderungen durch Menschen und Landbewirtschaftung ein. Dadurch wird die Landschaft zu einem dynamischen System, in dem nicht nur Strukturen, sondern auch Stoffflüsse untersucht werden. Im Geographischen Informationssystem wird die räumliche Ausdehnung der einzelnen Ausprägungen visualisiert und analysiert.

Nach diesem Ansatz zeigt Georgien folgende Hauptlandschaften, die der Vielfalt an Vegetation, Böden, klimatischen Einflüssen, Gesteinsuntergrund und morphodynamischen Prozessen sowie anthropogenen Modifikationen in dreidimensionaler Differenzierung entsprechen:[81]

Die Kolchis im Dreieck zwischen Sukhum, Kutaisi und Kobuleti ist im Bereich des Rionitieflands von schwer nutzbaren Feuchtgebieten gekennzeichnet, die im ersten Anstieg zu Vorhügeln in etwas trockenere Standorte mit intensiver landwirtschaftlicher Nutzung übergehen. Zum Gebirge hin schließt sich eine colline Stufe von feuchten Waldgebieten an, in die sich die größeren Flüsse (Unterlauf von Enguri, Tskhenists'q'ali, Rioni) eingeschnitten haben; eine anthropogene Überformung erfolgt durch die Streusiedlung und landwirtschaftliche Nutzung. Waldnutzung mit geringer Verbreitung von Landwirtschaft dominiert in der unteren montanen Stufe am Südabfall des Großen Kaukasus und am Nordrand der Adscharisch-Imeretischen Gebirgskette. Am Bzyb' und K'odori in Abchasien, um Ozurgeti / Chokhat'auri und im Einzugsgebiet des Ch'orokh in Adscharien reicht die feucht-subtropische colline Stufe weit ins Landesinnere.

Im westlichen Kaukasus schließen sich an die colline und untere montane Stufe die genannten übrigen Höhenstufen an, wobei sich in den teilweise canyonartig eingeschnittenen Tälern entweder die tiefer liegenden Landschaftstypen ins Gebirge fortsetzen oder lokale Sondertypen ausbilden, die vor allem durch das Mikroklima bestimmt sind. Die in Längstalabschnitten parallel zum Hauptkamm verlaufenden Oberläufe von K'odori, Enguri und Tskhenists'q'ali trennen kleinere Gebirgsmassive (K'odorimassiv, Egrisikette, Svanetische Kette, Lechkhumi-Kette) ab, bei denen Expositionsunterschiede zwischen nord- und südexponierten Hängen hervortreten. Während der Westliche Kaukasus bis in die glazial-nivale Höhenstufe reicht, wird im Adscharischen Gebirge am Goderdzi-Pass (2025 m) nur die subalpine Stufe erreicht.

Das südöstlich der Adscharisch-Imeretischen Kette gelegene obere Mt'k'vari-Tal weist die Waldvegetation eines gemäßigt-feuchten Typs auf, während im Becken von Akhaltsikhe und Vale eine wesentlich trockenere, aber nutzbare Mittelgebirgssteppe besteht, über der dichte Misch- und Nadelwälder aufsteigen. Auch der südlich anschließende Bereich Javakhetiens zwischen Etrusheti-Mtianeti westlich des Mt'k'vari und der Samsari-Gebirgskette zeigt Steppencharakter mit einzelnen Gehölzen, wovon sich die deutlich feuchteren Niederungen abheben. Der Nordabhang der Ektapi-Kette ist der Kernbereich des Javakheti-Nationalparks, der sich als grenzübergreifendes Schutzgebiet auf türkischer Seite fortsetzen soll.

Die intensiv landwirtschaftlich genutzten Beckenlandschaften von Khashuri, Agara und Gori gehören zu einem gemäßigt trockenen, subtropischen Landschaftstyp, an den sich nach Norden, an der Grenze zu Südossetien, stark durch Nutzung veränderte Wälder eines gemäßigt feuchten Klimas anschließen, ehe nach Norden hin der Anstieg zu den Höhenstufen des Zentralkaukasus erfolgt. Vergleichbare Wälder bestimmen die untere montane Stufe nach Osten bis in den Norden Kachetiens. Im Tal des Mt'k'vari schließen sich zwischen Gori und Tbilisi stark vom Relief abhängige Gebiete an, in denen bei ausreichender Feuchtigkeit Mischwälder, bei Trockenheit waldsteppenartige Landschaften ausgebildet sind. Die Gebirgsketten des Samsari- und des Javakhetischen Gebirges sind durch die Weidewirtschaft überprägt und steppenhaft; Wälder beschränken sich auf kleine Areale. In dem zwischen den beiden Gebirgsketten liegenden Paravani-Becken sind die Wälder auf Reliktstandorte reduziert, und extensive landwirtschaftliche Nutzung herrscht vor, während im Übergang zum Hügelland von Bolnisi und Marneuli die Waldverbreitung zunimmt. Ein landschaftlicher Sondertyp findet sich in den großen Tälern des östlichen Georgien, weil tiefes Einschneiden und natürliche Terrassierung der Talseiten große edaphische Unterschiede zwischen den feuchten Auen, stark beschatteten Talflanken und trockenen Standorten bedingen.

Östlich des Mt'k'vari wurde die Ebene von Gardabani durch Bewässerungsanlagen in eine agrarische Kulturlandschaft transformiert; natürliche Verhältnisse werden im Iori-Hügelland und im Shiraki beim Übergang von Steppen zu Halbwüsten deutlich, deren Nutzung sich auf Winterweide eines transhumanten Pastoralismus beschränkt. In Kachetien wird die weite Alazani-Ebene von Eichen und Zelkove-Wäldern bestimmt, die durch dichte Besiedlung und intensive Landwirtschaft zurückgedrängt sind. Der Fluss selbst wird von feuchten Auenwäldern begleitet.

Vom natürlichen Risiko zur Naturkatastrophe

Die touristische Attraktivität „wilder" Landschaften, die Vielfalt floristischer Vielfalt und die Gegensätze in den klimatischen Rahmenbedingungen dürfen nicht darüber hinwegtäuschen, dass es sich nicht um einen „harmonischen" Raum für staunende Besucher handelt. Der Naturraum Georgiens unterliegt unregelmäßig auftretenden Vorgängen, die aus gesellschaftlicher Sicht als Störungen wahrgenommen werden, die aber als natürliche Prozesse zum Ökosystem gehören. Die gesellschaftliche Bewertung sieht in ihnen Veränderungen des natürlichen Landschaftsgefüges sowie Verluste von Menschenleben und Sachwerten. Für die Bewohner entstehen hieraus Risiken, aus denen bei hohen Verlusten Katastrophen erwachsen. Allerdings entwickelt die Gesellschaft auch Gegenkräfte, die zu Anpassung und Resilienz führen. Hinzu kommen kontinuierliche massive Störungen des Naturraums durch den Menschen, die im nächsten Abschnitt betrachtet werden.

Doch dieser Trennung haftet etwas Künstliches an; das Beispiel der Naturkatastrophe vom Spätwinter 1986/87, bei der heftige Schneefälle, massive Lawinenabgänge, Überschwemmungen und Bergrutsche zusammenkamen, zeigt das Ineinandergreifen natürlicher und gesellschaftlicher Triebkräfte, wenn die generelle Verwundbarkeit einer montanen Gesellschaft in eine reale Katastrophe umschlägt. In der Erinnerung der Bevölkerung Hoch-Svanetiens blieb diese Katastrophe haften, denn bei der (damals noch sowjetischen) Regierung entstanden sogar Überlegungen zu einer vollständigen Umsiedlung der Bevölkerung, die jedoch wegen der Bindung der ethnischen Svanen an ihren Lebensraum nur mit Gewalt durchsetzbar gewesen wären.[82]

Eine Jahrhundertkatastrophe im Spätwinter 1986/87[83]

Ende 1986 und Anfang 1987 wurde der Westkaukasus in Sowjet-Georgien von heftigen Schneefällen – nach Meinung einiger Bewohner den stärksten seit Menschengedenken – heimgesucht. Gleichzeitig fiel im Hügelland und in den westgeorgischen Niederungen ein Dauerregen, der gemeinsam mit der Schneeschmelze bei einströmender, erwärmter Luft zu weitflächigen Überschwemmungen führte, während im Gebirge Lawinen abgingen und einige Dörfer ganz oder teilweise verschütteten. Die Katastrophe hatte Auswirkungen für ganz Georgien, denn Hilfsmannschaften kamen aus allen Landesteilen, und ein Teil der Bevölkerung aus den am stärksten betroffenen Gebirgstälern wurde nach Ostgeorgien umgesiedelt. Eine zeitnahe Analyse der Vorgänge anhand der Berichterstattung in der in russischer Sprache in Tbilisi erscheinenden Tageszeitung *Zarja Vostoka* (ZV) zeigte als politischen Hintergrund die größere Offenheit (russ. *glasnost'*), mit der in den Medien damals berichtet werden konnte.

Die meteorologische Prognose vom 3. Januar 1987 ließ noch keine besondere Anomalität im Witterungsablauf des eben begonnenen Jahres erwarten. Der kälteste Monat, in dem die Temperaturen in den Niederungen West-Georgiens zwischen +3 und +7 Grad liegen, aber im Extremfall auf absolute Minima von -6 bis -18 Grad absinken können, versprach, eher mild zu werden. Ergiebige Schneefälle hatten jedoch bereits in der letzten Dezember-Dekade eingesetzt. Seit dem 24. Dezember war der Straßenverkehr beeinträchtigt. Gleichzeitig wurden die Wintersportler vor möglichen Lawinenabgängen gewarnt. Die Niederschläge hielten auch weiterhin an. Da die Temperaturen tagsüber leicht über den Nullpunkt anstiegen, wuchs die Lawinengefahr. Nunmehr war in den Zeitungsberichten von einer Naturkatastrophe (*stichijnoe bedstvie*) die Rede; staatliche und politische Hilfmaßnahmen setzten ein (ZV 11.1.1987: 1). Wie nötig Hilfe war, zeigen die ersten Opfer: Am 13. Januar wurde allein für den *rajon* Mest'ia von 26 Toten gesprochen, denen auch ein offizieller Nachruf gewidmet ist (ZV 13.01.1987: 1). Die Witterung hatte sich in dieser Zeit kaum geändert. Es blieb wolkig mit Regen, Schneefall und selbst in den Gebirgslagen mit Temperaturen, die um den Gefrierpunkt pendelten. Ein Krisenstab hatte sich mittlerweile in Jvari (*rajon* Ts'alenjikha) etabliert und stand von dort in regelmäßiger Hubschrauberverbindung mit Mest'ia, von wo aus auch die entlegeneren, von der Umwelt abgeschnittenen Dörfer zu erreichen waren. Nach einer relativen Beruhigung verschlechterte sich am 24. Januar das Wetter erneut, und es kam zu weiteren Niederschlägen, im Gebirge zu einer Neuschneeauflage.

Ende Januar war die Zeit relativer Stabilisierung abrupt beendet, und die zweite Phase der Naturkatastrophe brach über West- und Zentralgeorgien herein. Die Zufuhr feuchter Luftmassen aus dem Schwarzmeerraum und ihr Aufgleiten am Kaukasus leiteten in der Nacht vom 28. auf den 29. Januar 1987 eine neue Welle sehr heftiger und ergiebiger Niederschläge ein. Die Altschneedecke hatte sich inzwischen etwas gesetzt, aber mit der Neuschneeauflage wurden rasch Schneehöhen von 3 bis 4 m erreicht. Betroffen waren die Oberläufe der Flussgebiete von Bzyb, K'odori, Enguri, Techura, Tskhenists'q'ali, Rioni, Liakhvi, Ksani und Aragvi, also der gesamte Südabfall des Großen Kaukasus zwischen Abchasien und Khevsuretien. Nach rascher Lufterwärmung gingen zahlreiche Lawinen in den Landkreisen (*rajony*, heute: Munizipalitäten) Mest'ia, Lent'ekhi, Tsageri, Ambrolauri, Oni, Dusheti und Q'azbegi ab. Eine Unterbrechung von Verkehrswegen und sogar die Evakuierung eines Teils der Bevölkerung einzelner Gebirgssiedlungen war vorauszusehen (ZV 31.1.1987, S. 4). Die heftigen Niederschläge Ende Januar, die innerhalb von 24 Stunden Mengen erreichten, wie sie sonst nur im Monatsmittel üblich sind, waren Höhepunkt der Unwetterserie. Damals wurden auch einige knappe Meldungen von der westlichen Presse aufgegriffen, die auf den ungewöhnlichen Witterungsgang und seine Folgen aufmerksam machten. Einige Siedlungen des *rajon* Mest'ia waren besonders hart betroffen (Zhamushi, Artskheli, Zardlashi, Murq'meli), so dass nicht nur 1200 Familien evakuiert, sondern auch erste Umsiedlungen (in die *rajony* Marneuli und Bolnisi) erfolgten: In der Nacht zum 4. Februar erreichten die ersten svanischen Familien den *rajon* Bolnisi in Nieder-Kartlien.

Am 12. Februar 1987 beschlossen die zentralen politischen Gremien, das ZK der KPdSU und der Ministerrat der UdSSR, der Georgischen SSR bei der Beseitigung der Unwetterschäden zu helfen (Verordnung "Über Hilfsmaßnahmen für die Georgische SSR zur Beseitigung der Folgen der Naturkatastrophe"). Es dauerte jedoch bis zum 21. Februar, bis das Plenum des ZK der KP Georgiens diese Verordnung aufgriff und behandelte.

Bis Mitte Februar hatte sich die Situation in den Bergen einigermaßen normalisiert, aber allmählich wurde auch das Ausmaß der Schäden messbar. Während für die Gebirgsdörfer Hilfslieferungen erforderlich waren, brachen im Tiefland an verschiedenen Stellen die Flussdeiche. Die Dämme zu erneuern, wurde zur ingenieurtechnischen Hauptaufgabe: Unterbrochene Straßen- und Stromverbindungen wurden wieder hergestellt, Dammlücken geschlossen. Die ersten Evakuierten konnten in ihre Heimatdörfer zurückkehren, Versicherungsschäden wurden reguliert (allein im *rajon* Khobi zahlte die staatliche Versicherung 747 800 Rubel für Gebäudeschäden und 239 500 Rubel für umgekommenes Vieh; insgesamt kamen bis zum 13. Februar 1987 elf Millionen Rubel in einem Hilfsfonds für die Geschädigten zusammen; ZV 19.2.1987: 3).

Nunmehr bahnte sich eine dritte Phase an. Zwar hatte sich die Wetterlage stabilisiert, und auch die Überschwemmungen waren zurückgegangen, doch war die Lawinengefahr im Gebirge angesichts der gewaltigen Schneehöhen noch nicht gebannt. Außerdem hatte sich mittlerweile mit dem Abschmelzen der Schneemassen die Erdrutschgefahr erheblich erhöht. Berichte über Berg- und Erdrutsche bestimmten daher zum Monatsende die Informationen aus den Katastrophengebieten. Besonders betroffen wurde der Landkreis Tsageri, wo seit dem 22. Februar mehrere Erdrutsche von großen Ausmaßen registriert wurden. Erneut wurden Leitungen und Straßen unterbrochen, Gebäude beschädigt, Vieh getötet und landwirtschaftliche Nutzfläche überschüttet (ZV 28.2.1987: 3).

Klimatologisch begründen lässt sich das Geschehen mit der Zufuhr relativ feuchter Luftmassen aus dem mediterran-pontischen Raum in die Kolchis und mit ihrem Aufsteigen am Großen Kaukasus. Ausläufer des Island-Tiefs werden in weitem Bogen nach Süden und dann nach Osten gelenkt, wenn ein Ausläufer des hochwinterlichen eurasiatischen Hochs nach Mitteleuropa reicht oder wenn sich dort eine eigenständige Hochdruckzelle ausbildet. Trifft die mediterrane Zyklone auf die üblicherweise im Winter über Nordkaukasien lagernde Kaltluft, kommt es zu heftigen advektiven Niederschlägen. Wenn die Kaltluft über den Hauptkamm des Gebirges, das normalerweise als Sperre wirkt, nach Süden vordringen kann, spielt sich dieses Aufgleiten, oft von heftigen Gewittern begleitet, über den dichter besiedelten Gebieten der südkaukasischen Becken ab. So war es am 21. Dezember 1986 über Tbilisi der Fall gewesen. Die Niederschläge fallen in den Niederungen als Regen, im Gebirge als Schnee. Der Effekt wird noch verstärkt, wenn auf einer zwischen einem zentralrussischen Tiefdruckgebiet und einem vorderasiatischen Hochdruckgebiet gelegenen Zugbahn in rascher Folge Niederschlagsgebiete über Mittelmeer und Pontus nach Kaukasien gelenkt werden wie in der Nacht vom 28. auf den 29. Januar 1987. Anhaltende Nassschneeauflagerungen im Hochgebirge, Lawinenabgänge auf den Steilhanglagen mit aufgleitender relativ warmer Luft, spontan einsetzende Schneeschmelze in mittleren Gebirgslagen bei andauernder Niederschlagstätigkeit sowie heftige Regenfälle in den Niederungen bewirkten nunmehr eine Zunahme des Wasserdargebots, was sehr rasch zu Überschwemmungen führte. Den Gesamtschaden schätzte man inzwischen auf 300 Mio. USD.

War das Ereignis vom Spätwinter 1986/87 "normal", war es einmalig, oder war es die Folge anthropogener Eingriffe in die Landschaft? Unter den Westgeorgien beeinflussenden Zirkulationstypen sind breitenparallele zyklonale Vorgänge im Januar-Februar selten; es überwiegen meridionale Luftmassenbewegungen, oder es bilden sich kräftige Hochdruckgebiete aus; heftige Frontalvorgänge sind eher für den Herbst charakteristisch. Im Jahresgang und in den Jahresmengen der Niederschläge gehört das Gebiet nur teilweise zu den Bereichen mit Höchstwerten und starker winterlicher Belastung. Bei "normalen" Schneeverhältnissen fallen in Mest'ia 34 % der Jahresniederschläge als Schnee. In einer mittleren Höhenlage von 1 500 m rechnet man mit einer Schneedecke etwa zwischen dem 20. November und dem 15. April, d. h. an 140 bis 150 Tagen. In Höhenlagen um 2 000 m ist die Schneedeckendauer um dreißig bis vierzig Tage ausgedehnt, in Höhenlagen um 1 000 m reduziert sie sich auf durchschnittlich 108 bis 114 Tage (Vladimirov et al. 1974: 78). Große Schneemassen sind damit durchaus normal, nur das Anwachsen der momentanen Schneedecke auf die Mächtigkeit vom Spätwinter 1987 muss als Extremereignis angesehen werden. Auch die Lawinentätigkeit ist im Kaukasus ein durchaus normales Phänomen; die Besonderheit im Winter 1987 lag darin, dass die Zahl der abgehenden Lawinen weit über dem Durchschnitt lag und dass Lawinen wegen des übergroßen Schneeangebots auch abseits der bekannten Bahnen auftraten. Das Abflussregime der Flüsse im Kaukasus ist durch eine hypsometrische und jahreszeitliche Variation der einzelnen Komponenten gekennzeichnet. In den Niederungen entfallen bis zu zwei Drittel auf die pluviale Komponente: Der Khobi wird bei Khorga zu 66,1 % aus Regen gespeist, während die nivale Wasserzufuhr 14,2 %, die Grundwasserspeisung 19,7 % ausmacht. Mit zunehmender Höhe verschiebt sich das Regime zum pluvionivalen Typ, und in den meisten Oberläufen erhält die glaziale Komponente ein großes Gewicht. Singulär waren die hohen Abflussmengen und -schwankungen. Sie treten normalerweise in den Frühjahrsmonaten, insbesondere April bis Juni, auf, nicht jedoch im Winter. Einschränkend muss allerdings hinzugefügt werden, dass spätwinterliche Überschwemmungen auch nicht völlig außergewöhnlich sind. Das Schadensereignis von 1987 hatte Vorgänger, zuletzt im Winter 1975/76, davor im Dezember 1963 und 1964 sowie im Februar 1932, als auf ergiebige Schneefälle im Großen Kaukasus starke Lawinenabgänge folgten. So lässt sich das Geschehen Anfang 1987 als ein zwar nicht alljährliches, im Zeitmaßstab von Dezennien jedoch nicht völlig ungewöhnliches Schadensereignis erkennen.

Schäden wurden in den Hochgebirgsregionen, am Übergang der aus dem Westkaukasus herausfließenden Flüsse (Khobi, Rioni mit dessen wasserreichen Nebenfluss Tskhenists'q'ali) in die Kolchisniederung und bis in die Schwemmlandbereiche registriert, die erstgenannten durch Schneefälle, Schneeverwehungen und Lawinenabgänge (mit Folgen für Gebäudebestand, Verkehrswege und Versorgungsleitungen), letztere durch Überschwemmungen (mit Einsturz einiger Brücken, Unterbrechung von Verkehrswegen, Überflutung landwirtschaftlicher Nutzflächen und Schäden an Gebäuden). Zu den unmittelbar auf die Katastrophe folgenden Maßnahmen gehörte die zeitweilige Evakuierung von etwa 16 000 und die als dauerhaft vorgesehene Umsiedlung von 2 500 Personen aus den am meisten betroffenen Bereichen Svanetiens nach Imeretien und Südost-Georgien. Als neue Siedlung entstand beispielsweise nach der Schnee- und Lawinenkatastrophe der Ort Sakulia in der Nähe von Ts'q'alt'ubo. Zu den ersten Bewohnern gehörten sechs umgesiedelte Familien, die weitere Planung wurde auf 1 200 Bewohner ausgelegt. Weitere Folgen waren für den Tourismus in der betroffenen Region denkbar: Hoch-Svanetien war erst vor wenigen Jahren für den Tourismus geöffnet worden, wobei Mest'ia als Zentrum diente. Außer der Naturlandschaft des Hochkaukasus galt vor allem die traditionelle Siedlungsweise der Svanen (dichte Hau-

fendörfer mit wuchtigen Wohn- und Wehrtürmen) als ethnohistorisches Potential. Umsiedlungsaktionen hätten dazu führen können, dass letztlich menschenleere Räume entstehen, die musealen Charakter annehmen, wie es im nordossetischen Dargavs bereits der Fall ist. Dazu hätten sich auch Folgeaufgaben für die Erhaltung historisch bedeutender Kulturlandschaften ergeben können. Die Umsiedlungen waren aber nur zu einem geringen Teil dauerhaft; viele svanische Familien kehrten in ihre Heimatdörfer im Gebirge zurück. Der Eintrag Ushgulis (Hoch-Svanetien) in die Welterbeliste der UNESCO förderte den Infrastrukturausbau und trug zur Stabilisierung der Hochgebirgsregion bei.

Ein systematischer Überblick zeigt die Vielfalt und Unterschiedlichkeit natürlicher Risiken, lässt aber auch Ansätze erkennen, mit ihnen zu leben und Schutzmaßnahmen zu ergreifen.[84] Keine Rolle spielt heute der *Vulkanismus*. Er war vor allem im mittleren und späten Tertiär verbreitet und lebte auch im Quartär mit den Laven und Tuffen Südgeorgiens auf. Einige Gipfel des Großen Kaukasus, außer dem vollständig auf russländischem Territorium liegenden Elbrus insbesondere der Mq'invarts'veri (Q'azbegi, Kasbek)[85], sind Vulkane, doch gelten sie – anders als vulkanogene Erscheinungen in Armenien – als erloschen. Für die Zukunft wird aber ein Wiederaufleben des Vulkanismus nicht für unmöglich gehalten, nachdem Fernerkundung durch das NOAA-Satellitensystem Anfang des 21. Jahrhunderts Temperaturanomalien am Kasbek nachwies, die eine Magmakammer abbilden könnten.[86] Im Augenblick sind Thermalwässer und Schlammvulkane die einzigen protovulkanischen Erscheinungen, die jedoch wenig Gefährdungspotential bergen.

Anders verhält es sich mit der *Erdbeben*gefährdung: Die anhaltende tektonische Aktivität im Bereich des Großen und Kleinen Kaukasus macht Georgien zu einem Gebiet erhöhter Seismizität. Bedeutende zerstörerische Erdbeben ereigneten sich in historischer Vergangenheit mehrfach.[87] Aus dem Mittelalter sind das Tmogvi-Beben im Süden Georgiens im Jahr 1088, das Samtskhe-Beben von 1283 und das Lechkhumi-Beben von 1350 bekannt. Zwischen 1652 und 1679 fanden fünf heftige Beben statt, aber es gab bis zu den 1970er Jahren nur fünf Dekaden mit mehr als drei Beben von einer Mindeststärke 5,5. Die heftigsten Beben bis zur zweiten Hälfte des 20. Jahrhunderts waren 1742 das Alaverdi-Beben in Kachetien und 1920 das Kartli-Erdbeben.[88] Die Beben der jüngeren Vergangenheit weisen das fortbestehende Risiko nach.

Das Tmogvi-Erdbeben war eines der schwersten Beben in der Geschichte Georgiens überhaupt. Es erlangte in der georgischen Historiographie besondere Aufmerksamkeit, weil es sich am Ostersonntag ereignete und die Burg Tmogvi zum Einsturz brachte, wobei der dort ansässige Feudalherr den Tod fand. Das Kartli-Beben zerstörte 1920 etwa 70 % aller Gebäude

2.25 Teilweise durch Lawinen zerstört: Ushguli-Murq'meli (August 2019)

der Stadt Gori und das benachbarte Dorf Khidistavi; rd. 200 Menschen verloren ihr Leben; Gori wurde nach dem Beben mit neuer Gestaltung der Innenstadt wiederaufgebaut. Im April 1940 wurden die Siedlungen Zemo und Kvemo Boshuri im Tal des Kleinen Liakhvi durch das T'abats'q'uri-Beben zerstört.[89]

Das am 29. April 1991 registrierte Erdbeben von Rach'a im georgischen Kaukasus war das erste beobachtete und beschriebene Beben in diesem Teil des Gebirges. Es hatte etwa dieselbe Stärke wie das Beben von Gori (7,0) und gilt als bisher stärkstes mit Instrumenten erfasstes Erdbeben im Großen Kaukasus. In der dünn besiedelten Region forderte es 270 Menschenleben und machte 100 000 Bewohner obdachlos. Im Gebirge wurde eine andere natürliche Gefahr entscheidend: Das Erdbeben löste Felsstürze, Erdrutsche und Schuttlawinen aus, die heftigere Folgewirkungen als das Beben selbst hatten und kleine Bergsiedlungen wie Khokheti zerstörten. Nachbeben erschütterten die Region noch drei Monate später.[90] Ebenfalls im Hochgebirge bebte die Erde am 8. September 2009 nördlich der Stadt Oni; hier wurde ein siedlungsleerer Raum betroffen, so dass keine Opfer zu beklagen waren.

Nicht nur wegen der sieben Todesopfer war das Erdbeben, das am 25. April 2002 die Stadt Tbilisi traf, folgenreich, obwohl es „nur" die Stärke 4,8 hatte: Es beschädigte in der Innenstadt eine ohnehin von Mängeln gekennzeichnete Bausubstanz.[91] Vor allem Wohnhäuser aus Ziegelmauerwerk waren betroffen. Viele Bewohner waren gerade erst durch die Privatisierung zu Eigentümern dieser Wohnungen geworden. Dass sie mit der Privatisierung auch die Kosten für den Erhalt und gegebenenfalls den Wiederaufbau des übereigneten Wohnraums zu übernehmen hatten, war ihnen oft nicht bewusst. Finanzielle Mittel für eine Sanierung existierten in den meisten Fällen nicht, zumal die Erdbebenschäden offen legten, dass schon in sowjetischer Zeit zu wenig für den Erhalt des (damals noch weitgehend kommunalen) Wohnraums getan worden war. Weil Fundamente beschädigt worden waren, wirkten die Erdstöße umso heftiger. Es existierte wohl eine Bestandsaufnahme der potentiell gefährdeten Gebäude, doch wurde diese nach dem Beben von 2002 nicht zur Schadenerfassung herangezogen. Maßnahmen zur Sicherung des Baubestandes unterblieben.[92] Nutznießer der Situation waren Projektentwickler, die nach dem Beben in der Innenstadt, die vorher für Neubauten gesperrt war, nunmehr die Möglichkeit erhielten, neue Gebäude zu errichten, oft ohne Sensibilität für eine Anpassung an die Umgebung. Der Schaden, den das Beben in Tbilisi verursachte, wird auf mindestens 150 Mio. USD geschätzt; für etwa 18 000 Haushalte, deren Wohnungen betroffen waren, mussten neue Unterkünfte gefunden werden.[93]

Lawinen bedrohen regelmäßig die Hochgebirgslandschaft des Westlichen und Zentralen Kaukasus sowie die höchsten Gebirgsbereiche in Adscharien.[94] Sie entstehen, wenn auf eine konsolidierte Altschneedecke große Mengen Neuschnee fallen und wenn dann rasche Erwärmung, möglicherweise verbunden mit Regenfällen, zur Destabilisierung der Lagerung führt. An der Georgischen Heerstraße wurden daher schon im 19. Jahrhundert erste Lawinengalerien errichtet. Bedeutende Lawinenkatastrophen ereigneten sich in Georgien 1850 in Ginati mit 68 Todesopfern, 1932 mit der Zerstörung des südossetischen Dorfes Arashenda und 112 Opfern, ferner 1987 in Hoch-Svanetien bei der bereits geschilderten Naturkatastrophe.[95] Eine Häufung von Lawinenabgängen lässt sich für Kaukasien etwa einmal im Jahrzehnt feststellen; in Georgien gilt ein Zehntel der Landesfläche als besonders gefährdet. Einmal in jeder Generation ist mit besonders heftigen Schneefällen und anschließenden Lawinenkatastrophen zu rechnen.

Im Hochgebirge besteht eine zusätzliche latente Gefährdung durch *Eisbruch*, wenn sich größere Eismassen von den Gletschern lösen. Eisbruch und Gletschersturz am Kasbek gehörten im frühen 19. Jahrhundert zu den Risiken für die Georgische Heerstraße. Ein Eisbruch im Jahr 1817 blockierte unterhalb von St'epants'minda die Georgische Heerstraße über zwei Jahre, und auch 1832 ereignete sich ein besonders heftiger Abbruch, der die Nutzung der Georgischen Heerstraße noch 1834 behinderte.[96]

Unterhalb vergletscherter Gebiete besteht eine latente Gefahr durch *Ausbrüche von Gletscherseen*. Solche entstehen, wenn Schmelzwasser durch das Material von Erdrutschen oder Bergstürzen aufgestaut wird. Bei Erdbeben oder wachsendem Wasserdruck kann dieser Damm brechen, so dass das ausfließende Wasser die talabwärts liegenden Siedlungen und Nutzflächen bedroht. Besonders betroffen sind die Täler am Oberlauf von Tergi und Rioni, wo es fast regelmäßig im Zeitabstand von rund zwei Jahrzehnten zu Gletscherseeausbrüchen kam.[97] Im zentralen Kaukasus wurden 71 solcher durch Lockermaterial abgedämmter Seen erfasst, die meisten allerdings im Bereich der Nordabdachung des Gebirges. Man vermutet, dass die Zahl derartiger Ereignisse in Zukunft zunimmt, wenn die Erderwärmung die Bodengefrornis in der Hochgebirgsstufe zurückgehen und die Labilität des Lockermaterials wachsen lässt.

Von *Massenselbstbewegungen* spricht man, wenn die Bodendecke und Teile des darunter liegenden Gesteins sich lockern und mit oder ohne die Mitwirkung von Wasser durch die Schwerkraft verlagert werden; Auslöser können heftige Niederschläge ebenso wie Erdbeben oder anthropogene Einflüsse sein. Keine Seltenheit im steilen Hochgebirgsrelief Kaukasiens sind die oft durch Starkregen ausgelösten Massenselbstbewegungen, die von Steinschlag und kleinen Rutschungen bis zu umfangreichen Hangrutschungen, Bergstürzen und Schlamm- und Schuttströmen (Muren, *mudflow*, *debris flow*; russ. *selevyj potok*) reichen. Vor allem der Südabfall des Großen Kaukasus und die Gombori-Kette sind davon betroffen. Die Zahl der Murgänge, d. h. der in das Relief eingetieften Rinnen, in denen das Schutt-Geröll-Wasser-Gemisch abgehen kann, wird in Georgien auf 3 000 geschätzt.[98] Man rechnet, dass die Zahl der durch dort abgehende Muren verursachten Todesfälle seit Ende der 1970er Jahre über 1 000 betrug und dass 60 000 Haushalte umgesiedelt werden mussten.[99] Die Flanken der wegen der raschen Heraushebung des Gebirgskörpers tief und steil eingeschnittenen Täler sind besonders anfällig, wie das Tal des

2.26 Von einer Mure verschüttete Viehhütte an der Georgischen Heerstraße (August 1989)

2.27 Hangrutschung bei Ts'q'neti (September 2022)

Aragvi jedem Reisenden auf der Georgischen Heerstraße unterhalb des Kreuzpasses anschaulich zeigt. Ein anderes Beispiel führt nach Ostgeorgien: Am 18. September 1961 ging ein Schlammstrom im Tal des Duruji bei Q'vareli nieder, welches für seine Weine bekannt ist, aber häufig von Schuttströmen bedroht ist; 1,2 Mio. m^3 Lockermaterial wurden damals bewegt.[100]

Neben dem küstennahen Abfall des Westlichen Kaukasus, der Region Rach'a-Lechkhumi und dem gebirgigen Imeretien ist Adscharien wegen hoher Niederschläge regelmäßig von *Erdrutschen* (engl. *landslide*) betroffen.[101] In der späten Sowjetzeit dehnte sich der Tabakanbau in dieser Region aus, da die staatlichen Aufkaufstellen hohe Preise an die aufliefernden Kolchoze zahlten. Viele Bergbewohner konnten neue, nunmehr aus Ziegelsteinen statt Holz erbaute Wohnhäuser errichten, nutzten dabei aber das flachere Gelände lieber für den Tabakanbau. Die Bautätigkeit erhöhte die Gefährdung durch Erdrutsche. 1989 stieg nach reichlichem Schneefall die Temperatur sehr rasch an und leitete eine beschleunigte Schneeschmelze ein; im Boden und den oberen Gesteinsschichten sammelte sich Wasser, das nicht mehr abfließen konnte, und verursachte heftige Erdrutsche. Im östlich anschließenden Samtskhe-Javakhetien sind rd. 200 Stellen bekannt, an denen sich regelmäßig Hangrutschungen ereignen; 38 % aller Siedlungen sind durch Steinschlag, Hangrutschung, Schlammströme oder Muren gefährdet. Steinschlag bedroht latent die Wohnsiedlungen auf dem linken Ufer des Mt'k'vari in Borjomi; ein in den 1950er Jahren angelegter rd. 200 m langer Graben ist mittlerweile aufgefüllt und müsste erneuert werden, um seiner Aufgabe weiterhin nachkommen zu können.[102] Das Auftreten von Erdrutschen an den Flanken des Enguritals gehört zu den Risiken, die den Enguri-Stausee bedrohen, nicht nur, weil sie zur allmählichen Sedimentfüllung beitragen, sondern auch, weil sie gefährliche Flutwellen im Wasserkörper des Stausees auslösen können.[103]

Hochwässer und *Überschwemmungen* sind eine häufige Folge von raschem Abschmelzen des Schnees im Frühjahr und von heftigen, meist lokalen Starkregen im Frühsommer. Solche Starkregen können Sturzfluten von teilweise zerstörerischem Ausmaß verursachen, insbesondere wenn die Entwässerung über kanalisierte Flüsse verläuft. Das Bild des in Tbilisi durch überflutete Straßen irrenden Flusspferdes, das aus dem am 13. Juni 2015 von Niederschlag und Hochwasser stark betroffenen Zoo der georgischen Hauptstadt ausgebrochen war, ging um die Welt; für die georgische Hauptstadt wurde es derart zum Sinnbild für die Bedrohung, die im Tal der Vere durch unbedachte Flussverbauung entstanden war, dass ihm im Mziuri-Park ein Denkmal errichtet wurde.[104]

Überschwemmungen treten am Gebirgsfuß auf, wenn plötzliche Erwärmung im Spätwinter die Schneeschmelze beschleunigt und gleichzeitig heftige Regenfälle den Abfluss im Tiefland steigern. Wenn dann auch noch das in den breiten, zu trockenen Jahreszeiten fast wasserfreien Flussbetten abgelagerte Schottermaterial mitgeris-

2.28 Alltagsrisiko Steinschlag bei St'epants'minda (September 2011)

sen wird, ist leicht nachvollziehbar, dass Brückenbauwerke nicht immer standhalten und große Zerstörungen am Ufer entstehen. Recht eindrucksvoll schildert Jacob Reineggs ein historisches Hochwasser mit Murenabgang im Jahr 1776:[105]

> „Im Jahre 1776 am 18. Juny spürte man in den Thälern und auf den Bergen um diesen gedachten Schneeberg eine ganz ungewöhnliche Hitze, die bis in den folgenden Morgen fortdauerte, endlich entstand um 9 Uhr Vormittags ein entsetzliches Donnerwetter, welches mit Blitzen, Stürmen und Regen anhielt. Die Berge selbst schienen sich zu bewegen. Eine reissende Fluth, vom Schneeberge herabströmend, spülte große Lasten von Steinen, bläulichen Eisstücken und Schnee in so unglaublicher Menge in das Thal herab, in welchem der Terek fließt, daß dessen Lauf drei Tage lang gehemmt wurde, und da weder der Terek, noch die Menge des Gebirg-Wassers einen Ausfluß fanden, so entstand eine Überschwemmung aller innern Thäler. Viele Dörfer und Menschen unterlagen dieser Verwüstung, ob sie gleich 258 Fuß höher als der Terek lagen, sahen schon ihrem Untergange entgegen, als plötzlich unter dem entsetzlichsten Krachen der aufgethürmte Damm riß, und der wieder frei fließende Terek die Furcht und Gefahr der nahe wohnenden Völker mit sich dahin nahm."

Katastrophale Hochwässer wurden 1895 und 1922 am Rioni und 1968 am Mt'k'vari in Tbilisi registriert. Das Hochwasser am unteren Rioni im Spätwinter 1987 war so verheerend, weil die Lawinenkatastrophe am Oberlauf des Flusses in Svanetien und der bei rasch steigenden Temperaturen erhöhte Abfluss mit heftigen Regenfällen zusammenfielen. An der kaukasischen Schwarzmeerküste wurden und werden durch Überschwemmungen immer wieder Brücken zerstört und Verkehrsverbindungen beeinträchtigt: Die Schwarzmeereisenbahn zwischen Sukhum und Tuapse wurde mit großer Verzögerung fertiggestellt und gewann nie die Bedeutung, die die Bahnverbindung über Baku trotz des wesentlich weiteren Weges hat. Heftige Frühsommerregenfälle verursachen fast regelmäßig kleinräumige Überflutungen. Zwischen 1995 und 2010 wurden in Georgien 164 Sturzfluten und Überschwemmungen registriert, die zusammen 24 Menschenleben forderten und einen Schaden von etwa 200 Mio. Euro verursachten.[106] Tbilisi gilt als besonders bedroht, weil die Enge des Mt'k'varitals eine Retention abseits der Siedlungsflächen oder raschen Abfluss verhindert und den Wasserspiegel des Flusses auch bei heftigen Niederschlägen im Einzugsgebiet der Nebenflüsse sehr schnell ansteigen lässt.

Anthropogene Eingriffe in die Landschaft

Gibt es überhaupt noch vom Menschen unbeinflusste, natürliche Landschaften in Georgien? Tatsächlich ist der gesamte Raum durch massive Einflüsse geprägt, die seit Jahrtausenden in unterschiedlicher Intensität wirken und den Naturraum weitgehend

2.29 Denkmal zur Erinnerung an die Sturzflut 2015 in Tbilisi (September 2022)

verändert haben – zusätzlich zu den natürlichen Prozessen, die mit langfristigen Klimaänderungen im Holozän zusammenhängen. Eine Analyse potentiell ursprünglicher Landschaften ohne anthropogene Eingriffe kommt zu dem Ergebnis, dass solche Gebiete durchaus bestehen, insbesondere in schwer zugänglichen Gebirgsbereichen. Aber sie sind fragmentiert und kleinflächig und werden in der Summe auf bestenfalls ein Zehntel der Landfläche Georgiens geschätzt.[107] Weitaus umfangreicher sind die Flächen, die heute nach fehlgeleiteter Bewirtschaftung, vor allem in sowjetischer Zeit, deutliche Zeichen der Schädigung aufweisen.

Bodenerosion ist in weiten Bereichen des Landes ein Problem. In sowjetischer Zeit hatte die Anlage von Großblockfluren in der kollektivierten Landwirtschaft den flächenhaften Bodenabtrag begünstigt, nach der postsowjetischen Umgestaltung war es mangelnde Pflege der oftmals zu kleinen Parzellen. An Hängen wurde bisweilen im Gefälle gepflügt, was den Bodenabtrag erhöhte. Verfallene Zuleitungen der Bewässerungswirtschaft vergeuden vielfach nicht nur Wasser, sondern fördern ebenfalls die Erosion, wenn das für die Bewässerung eingesetzte Wasser an Leckstellen unkontrolliert die angrenzenden Feldflächen überschwemmt. Insgesamt gilt die Hälfte des Ackerlandes als von Bodenerosion betroffen; der Verlust an Ackerboden wird mit Werten bis zu 160 t/ha im Jahr angegeben.[108] Winderosion schädigt vor allem die Trockenräume Ostgeorgiens. Anfang der 2000er Jahre galten 380 000 ha Ackerland sowie 547 000 ha Weidegebiete und Heuland als erosionsgeschädigt, dazu 100 000 ha als von Winderosion betroffen. An der Schwarzmeerküste griffen auf 87 000 ha Flüsse wegen des fehlenden Erosionsschutzes an ihren Ufern in landwirtschaftliche Nutzflächen ein.[109]

Am Beispiel des Algeti (Nieder-Kartli) hat eine Detailanalyse des Reliefs, insbesondere der Terrassenbildung, den Zusammenhang von Reliefentwicklung und klimatisch wie anthropogen bedingten Vegetationsveränderungen für die letzten rd. 8 000 Jahre nachgewiesen: Der postglazialen Waldausbreitung folgte zur Zeit des holozänen Klimaoptimums vor 5 000 Jahren auf dem Tsalk'a-Plateau eine Besiedlung, die mit Rodung und Ausbreitung landwirtschaftlicher Nutzung verbunden war. Dadurch wurden ehemalige Waldgebiete allmählich zu Grasländern mit einzelnen Bäumen, schließlich zu Steppen. Zugleich nahm die Häufigkeit von Wildfeuern zu. Selbst historische Ereignisse lassen sich in den Sedimenten des Flusses nachweisen, so die mittelalterliche Blütezeit Georgiens im „Goldenen Zeitalter“ und der Einfall der Perser im späten 18. Jahrhundert mit seiner Devastierung der Agrarlandschaft.[110]

Kaum noch nachvollziehbar ist heute, welche Auswirkungen die Weidewirtschaft in den Gebirgsräumen hatte: Sie beeinflusste zunächst die Vegetation durch Tierfraß, Schneiteln und Holzentnahme bis hin zur völligen Entblößung von Berghängen. Der Viehtritt lockerte den Boden und begünstigte die Abtragung,

2.30 Viehtritt und Bodenerosion: Hang bei St'epants'minda (September 2011)

die zur Destabilisierung von Hängen führten und die eben erwähnten Hangrutschungen förderten.

Eine Detailstudie im Aragvi-Tal bei Mleta zeigt den Einfluss der Viehweide auf das Grasland. Die Talhänge werden gemeinschaftlich als Rinderweide genutzt, nur kleine, abgezäunte Parzellen zur Heugewinnung sind davon ausgenommen. Entferntere Weideflächen dienen im Sommer als Schafweide. Die stärkste Degradation der Vegetation tritt in der hochmontanen Stufe zwischen der unmittelbaren Umgebung der Siedlungen und etwa 1 900 m auf, wo die Beweidung intensiver hinsichtlich Dauer und Bestockung ist. Ferner steigt das Erosionsrisiko mit der Steilheit der Hänge. Jede Schädigung der Vegetationsdecke erhöht die Abtragung und damit im Weideland die Gefahr weiterer Schädigung. Daher gilt eine Vegetationsbedeckung von mindestens 70 % als Voraussetzung für eine nachhaltige Weidenutzung an den Steilhängen. Während in stark geschädigten Bereichen die Beweidung solange ausbleiben sollte, bis die Vegetationsdecke sich durch Wiederbegrünung geschlossen hat, wird für die schwächer geschädigten Bereiche ein sorgsames Weideflächenmanagement empfohlen.[111]

In den Gebirgsbereichen kann der moderne Straßenbau zu verstärkter Erosion und Hangdenudation führen, weil das steile Relief kräftige Eingriffe in die Hänge erfordert und das dabei abgetragene Lockermaterial hangabwärts gekippt wird, wo es als „Erosionswaffe“ wirken kann oder Massenselbstbewegungen wie Erdrutsche oder gar Muren auslösen kann. Der Straßenausbau im Engurital oder zwischen Oni und Sachkhere liefert reichliches Anschauungsmaterial.

Ganz anderer Art waren Bodenschädigungen, die auf intensiv landwirtschaftlich genutzten Flächen bis in die späte Sowjetzeit durch übermäßigen Einsatz von Agrochemikalien entstanden. Die derzeitige Agrarstruktur macht solche Eingriffe wegen der Flurzersplitterung und der Verarmung der ländlichen Bevölkerung, der die Kaufkraft für Düngemittel und Schädlingsbekämpfung meist fehlt, zwar kaum noch möglich, doch sind die Folgen früherer Bodenkontaminierung nicht überwunden, wie Untersuchungen zur Schwermetallbelastung landwirtschaftlich genutzter Böden in Ostgeorgien zeigten. Bis in die Gegenwart reichen Bodenschädigungen durch Versalzung, die von fehlerhafter Bewässerung hervorgerufen wird, und durch Auswehungen über ausgetrockneten Landwirtschaftsflächen.[112]

Auch der Bergbau wirkt auf Landschaft und Gewässer ein. Um die Abbaustätten von Ch'iatura und K'azreti breiten sich devastierte Gebiete aus, die Flüsse Debeda (Nieder-Kartli) und Jejora (Rach'a-Lechkhumi) weisen eine hohe Schwermetallbelastung auf, die vom Kupfer-, Blei- und Zinkbergbau beim armenischen Alaverdi bzw. dem südossetischen Kvaisi herrühren. Der zeitweilige Rückgang der Belastung in den 1990er Jahren war nicht durch eine Verbesserung der Abbaumethoden, sondern vor

2.31 Unsensibler Straßenbau in Hoch-Svanetien unterhalb Mestia (August 2019)

allem durch den Rückgang des Abbaus von Bodenschätzen verursacht. Auf Agrarflächen, die Bewässerungswasser aus dem Mashavera erhalten, wurde eine dauerhaft hohe Kontamination mit Schwermetallen (v. a. Kupfer, Zink und Cadmium) festgestellt, welche aus dem Bergbau bei K'azreti stammen. Nach Versuchen auf Testfeldern scheint eine weitgehende Sanierung durch die Beigabe von Eisenpulver möglich, das die Schwermetalle adsorbieren kann.[113] Allerdings muss auch damit gerechnet werden, dass Wasser- und Bodenkontaminationen unerkannt (und damit stillschweigend geduldet) bleiben, wenn routinemäßig mitgeteilte Messwerte nicht nachvollziehbar, vielleicht sogar gefälscht sind.[114] Manche Belastungen reichen weit zurück: Arsenhaltiger Abfall, der in sowjetischer Zeit in inzwischen durchgerosteten Eisenfässern gelagert worden war, gelangte im September 2013 am Tskhenists'q'ali durch Überflutung aus dem Bereich eines metallurgischen Werks in Lent'ekhi ins Tiefland.[115] Boden- und Wasserkontamination, insbesondere durch Schwermetalle, wurde auch in der Umgebung von Deponien festgestellt, die noch immer die übliche Art der Abfallbeseitigung sind.[116]

Besonders gefährdet sind die Gewässer, weil immer noch Abwässer selbst in städtischen Siedlungen, erst recht aber im ländlichen Raum, ungeklärt eingeleitet wird. Auch Bergbau- und Industriebetriebe sorgen für eine Belastung von Flüssen. Die Uferbereiche vieler Flüsse dienen als Deponie für Müll, der mit dem nächsten Hochwasser fortgeschwemmt wird. Dabei darf nicht übersehen werden, dass die Fließgewässer der Trink- und Brauchwassernutzung dienen, insbesondere der Bewässerung.[117]

An der Schwarzmeerküste belastet die Einleitung von Abwässern die Umwelt, insbesondere die in sowjetischer Zeit übliche Einleitung industrieller Abwässer, wie sie die Ölraffinerie von Batumi in den 1980er Jahren vornahm. Außerdem wurde das Meerwasser durch die Einleitung von Drainagewasser aus der Landwirtschaft geschädigt, weil Rückstände von Düngemitteln und Pestiziden in das Wasser gelangten. Rioni und Supsa gelten auch heute als die beiden am stärksten belasteten Flüsse. Nach der Auflösung der Sowjetunion haben solche Belastungen zwar deutlich abgenommen – jedoch weniger wegen der Einsicht in erforderliche Schutzmaßnahmen als vielmehr infolge der ökonomischen Krise. Siedlungsabwässer gelangen nach wie vor in die Flüsse und ins Schwarze Meer; der Erdölterminal von Supsa ist eine weitere Quelle für Wasserverschmutzung. In jüngerer Zeit hat auch die Verschmutzung durch Plastikabfälle zugenommen.

Doch nicht alle Eingriffe des Menschen schädigen den Naturraum. Landschaftsprägende und -erhaltende Maßnahmen sind Terrassierungen im Zusammenhang mit der Erschließung landwirtschaftlicher Nutzflächen. Früherer Ackerbau ließ in Lauf von Jahrhunderten Ackerterrassen entstehen, die viele Talseiten strukturieren.[118] Ausgedehnte an-

2.32 Wüstgefallene Acker- und Obstterrassen im ehemaligen Meskhetien zwischen Akhaltsikhe und Akhalkalaki (September 2010)

thropogene Terrassensysteme entstanden mit dem früheren Obst- und Weinbau in Samtskhe-Javakhetien. Im ehemaligen Siedlungsgebiet der Meskheten sind sie zwar großenteils aufgelassen, aber erhaltene Stützmäuerchen und alte Obstbaumbestände sind wertvolle ökologische Nischen.

Seit langem eingeführt, nicht immer umgesetzt: Landschafts- und Naturschutz

Einer Schädigung der Landschaft durch den Menschen kann man durch Schutzmaßnahmen vorbeugen. Georgien beansprucht für sich, zu den Vorreitern des Naturschutzes zu gehören: Bereits 1912 wurde im Gebiet Lagodekhi ein Naturschutzgebiet eingerichtet, seinerzeit als erstes im Russischen Reich. Man kann sogar noch weiter zurückgehen: Im Mittelalter waren große Bereiche im Eigentum von Territorialherren oder der Kirche und durften von der Bevölkerung nicht betreten werden, während es den Eigentümern freigestellt war, die Ressourcen dieser Gebiete zu nutzen.[119]

Auch in der Sowjetzeit rühmte man sich, zu den internationalen Vorbildern zu zählen; in den 1920er und 1930er Jahren wurden zahlreiche Schutzgebiete ausgewiesen, doch scheiterte eine Umsetzung in die Praxis, so dass 1951 alle Schutzgebiete mit Ausnahme von Lagodekhi aufgegeben wurden. Erst seit 1957 grenzte man wieder Naturschutzgebiete ab, und die sowjetische Verfassung von 1977 (für die Georgische Sowjetrepublik 1978 umgesetzt) gehörte im internationalen Vergleich zu den ersten Grundgesetzen, die den Schutz von Natur und Umwelt einbezogen – allerdings im Zusammenhang mit einer „rationellen Nutzung der Naturressourcen", d.h. einer deutlich ökonomischen Komponente. Damals bestand bereits eine Systematik von Schutzgebieten, die bis heute Grundlage in den Nachfolgestaaten geblieben ist. Grundtyp ist der „*zapovednik*", das für mitteleuropäische Verhältnisse sehr große Schutzgebiet, das allerdings selten unter umfassendem Schutz als Totalreservat oder im Sinne eines umfassenden Nicht-Eingreifens des Menschen steht – ganz abgesehen von illegalen Eingriffen. Am Ende der Sowjetzeit umfassten die vierzehn Naturreservate 2,4 % der Fläche Georgiens.[120] Der „*zakaznik*" ist ein Schutzgebiet mit speziellem Schutzziel und dadurch eingeschränkter Nutzung. Meist handelt es sich um Waldgebiete, oft auch um Vogel- oder Pflanzenschutzgebiete. Der „*pamjatnik prirody*" entspricht dem Naturdenkmal oder dem geschützten Landschaftsteil des deutschen Naturschutzes. Erst relativ spät wurde in sowjetischer Zeit das Nationalparkkonzept aufgegriffen; diese Parks waren aber in der Regel als Erholungsgebiete geplant, wie der Tbilisi-Nationalpark in aller Deutlichkeit zeigte.[121] Da sich mit dem Naturschutz fast immer eine touristische Nutzung verband, entstand in besonders nachgefragten Gebieten wie im Umland von Pitsunda und am Rits'asee eher Stress als Schutz.

Am Ende der Sowjetzeit formierte sich in Georgien wie in anderen Landesteilen eine Umweltbewegung, die sich auch als Protest gegen die Russifizierung verstand. Zu einzelnen Aktionen gehörten der Protest gegen den Bau einer Eisenbahn durch den Großen Kaukasus (vgl. S. 345 f.) und der Protest gegen den Truppenübungsplatz bei Davit Gareja, wo Erschütterungen bei Schießübungen die Fresken der Klöster teilweise zerstört hatten und weiter bedrohten.[122]

Nach der Erlangung der Unabhängigkeit wurden die bisherigen Schutzbestimmungen vielfach missachtet: Freiflächen dienten als Weideland, Wälder nutzte man unkontrolliert, eine Aufsicht beim Zugang zu Schutzgebieten fehlte, Jagd und Fischerei wurden unabhängig vom Schutzstatus betrieben. Das unabhängige Georgien hat die oben genannten Kategorien des Landschafts- und Naturschutzes aus der Sowjetzeit übernommen, unter dem Einfluss ausländischer Beratung aber weitgehend den Vorgaben der *International Union for Conservation of Nature and Natural Resources* (IUCN) angepasst. Der *World Wide Fund for Nature* (WWF) entwickelte 1993 bis 1995 auf dieser Basis ein Schutzgebietssystem für Georgien, das 1996 in nationales Recht umgesetzt wurde. Allerdings ist in diesen Schutzgebieten nicht die gesamte Biodiversität Georgiens repräsentiert, wie das Fehlen der Eichenwälder unterer Hanglagen zeigt. Zahlreiche Tier- und Pflanzenarten gelten als bedroht.[123] Eine Kombination von Natur- und Kulturlandschaftsschutz besteht im Falle Davit Garejas.

Heute gibt es in Georgien unter staatlicher Verwaltung durch die *Agency of Protected Areas* zehn Nationalparks und vierzehn nationale Naturreservate, dazu 19 *„managed reserves“*, 40 Naturdenkmäler sowie die beiden geschützten (Kultur-) Landschaften von Tushetien und K'intrishi (im Hinterland von Kobuleti).[124] Die größeren Nationalparks – Lagodekhi an der Grenze zu Aserbaidschan, Tusheti an der Grenze zu Čečenien, Kolchis im Hinterland von Poti, Borjomi-Kharagauli sowie Mt'irala in Adscharien – schließen jeweils ein Naturreservat ein oder grenzen an ein solches. Die kolchischen Regenwälder und Feuchtgebiete erhielten 2021 durch die UNESCO den Rang eines Weltnaturerbes. Nur der auf drei Teilgebiete aufgeteilte Nationalpark Q'azbegi, die relativ kleinen Nationalparks von Tbilisi und Algeti und der an der Grenze zu Armenien gelegene Nationalpark Javakheti sind nicht mit einem Naturreservat verbunden. In Abchasien stehen außer dem Küstengebiet bei Pitsunda/ Bich'vinta-Miussera mit dem Gebiet um den Rits'a-See und den beiden Abschnitten von Pskhu und Gumista beträchtliche Teile des Westkaukasus als Naturreservate unter Schutz.

Das mehrfach erweiterte Schutzgebiet von Lagodekhi umfasst heute nach Einbeziehung von Gebirgsweiden und früher genutzter Wälder 24 451 ha, ist zu etwa 70 % bewaldet und zeigt eine besonders artenreiche Vegetation über mehrere Höhenstufen hinweg.[125] Es umspannt Höhen von der Grenze des Agrarlandes der Alazanisenke bis zum Khochaldag (3428 m). Jurassischer und kreidezeitlicher Tonschiefer und Sandstein wird von zahlreichen Flüssen in tief eingeschnittenen, oft schluchtartigen Tälern mit steilem Relief durchschnitten.

Der Nationalpark Borjomi-Kharagauli war der erste Nationalpark, der internationalen Richtlinien entsprach; an seiner Einrichtung und Entwicklung arbeiteten Spezialisten aus zahlreichen Ländern zusammen. Er erweitert das ehemalige Reservat Borjomi. Ein erster Managementplan entstand 1994. Zwei Jahre danach trat Georgien der UN-Konvention zum Erhalt der biologischen Vielfalt bei. 1998 setzte eine gezielte Förderung mit Mitteln des deutschen Bundesministeriums für wirtschaftliche Zusammenarbeit ein, die über die Kreditanstalt für Wiederaufbau in ein Projekt flossen, in dem gemeinsam mit dem WWF Deutschland ein Nationalpark nach IUCN-Richtlinien entwickelt werden sollte. 2001 wurde er offiziell eröffnet. Der Nationalpark umfasst etwa 78 000 ha mit Bergwald, subalpinen Wiesen und alpinen Matten. Die Kernzone nimmt etwa 26 % der Gesamtfläche ein und entspricht weitgehend dem ehemaligen *zapovednik* nordwestlich des Mt'k'vari bei Borjomi. Die nach Westen bis ins Gebiet von Abastumani, nach Norden bis Saqondria und nach Nordosten bis Akhaldaba reichende Anschlusszone (Wildnis- und Gästezone mit 64,5 % der Gesamtfläche) kann touristisch genutzt werden und schließt auch einige traditionelle Nutzungsbereiche (insbesondere Hochweiden, 9 % der Gesamtfläche) ein. Touristische Angebote sind wegen der räumlichen Nachbarschaft des Kurorts Borjomi wichtig und sollen den finanziellen Handlungsspielraumes beim Management erweitern. Davon profitieren auch die einbezogenen und benachbarten ländlichen Gebiete; die Förderung von Dörfern gehört daher zu den ergänzenden Maßnahmen bei der Einrichtung und Entwicklung des Nationalparks. Dort soll ein ruraler Ökotourismus belebt werden. An den Zugängen zum Park und in ihm bilden einfache Unterkünfte eine Basis für ein Netz von Wegen für mehrtägige

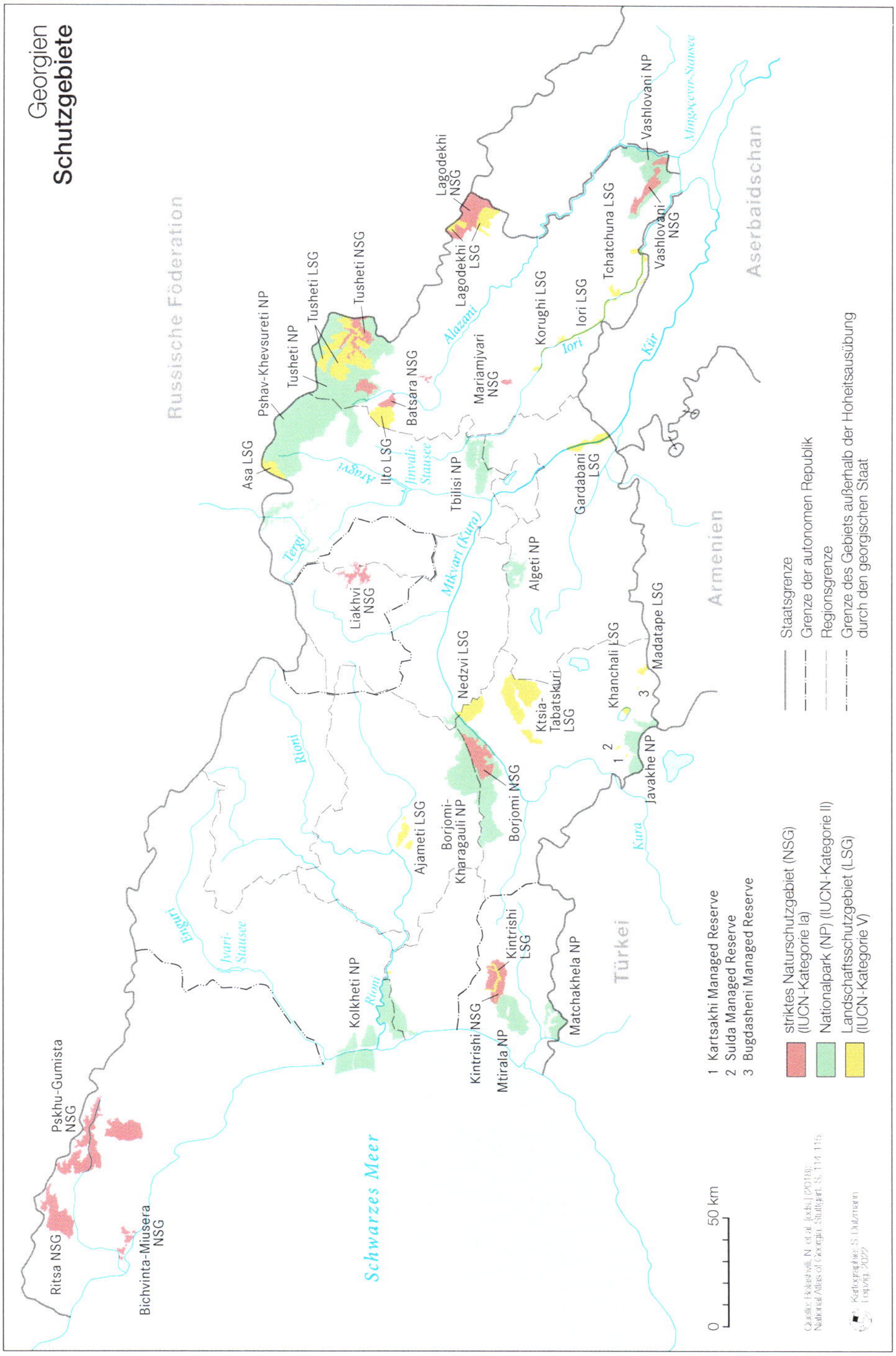

Karte 6: Schutzgebiete

2.33 Nationalpark Borjomi-Kharagauli (September 2010)

Wanderungen. Karten- und Informationsmaterial ergänzt die touristische Infrastruktur. Steigende Besucherzahlen sind ein Hinweis darauf, dass der Nationalpark auch als touristischer Erlebnisraum angenommen wird.[126] Allerdings gibt es auch hier Konflikte zwischen Schutz und traditioneller Ressourcennutzung, denn die Wälder am Rand des Schutzgebiets werden von der Bevölkerung der benachbarten Siedlungen für die Feuerholzgewinnung beansprucht.[127]

Auf die Kaukasusinitiative des deutschen Bundesministeriums für wirtschaftliche Zusammenarbeit und Entwicklung geht der grenzüberschreitende Nationalpark zurück, der seit 2009 den georgischen Nationalpark Javakhetien (42 509 ha) mit dem armenischen Nationalpark Arpi-See (58 711 ha) verknüpft. Seine Einrichtung sollte einerseits dem Schutz bedeutender Vogelbrutplätze, andererseits der Armutsminderung in einer besonders peripheren Region Georgiens dienen, in der bescheidener Anbau und die Nutzung von Sommerweiden bisher die wichtigsten Wirtschaftsaktivitäten sind. Der georgische Teil dieses transnationalen Schutzgebiets umfasst 16 209 ha mit subalpinen Wäldern (Birke, Pappel, Eberesche und Kiefer) in einem wirtschaftlich wenig entwickelten ländlichen Raum, in dem etwas Anbau von Kartoffeln, Gerste und Weizen sowie Weidewirtschaft als Subsistenz dienen. Die Einrichtung des Nationalparks hat allerdings auch Unwillen hervorgerufen, denn die Bevölkerung der zehn Dörfer der Pufferzone befürchtet, dass der Zugang zu bisherigen Nutzflächen, insbesondere zu den nicht in Privatbesitz befindlichen Weideflächen erschwert oder gar verhindert wird. Auch das Sammeln von Wildpflanzen und die Entnahme von Brennholz gehören zu den traditionellen Nutzungen, die die Bewohner gefährdet sehen. Daher besteht wenig Bereitschaft zu Tätigkeiten für den Park. Bescheidene Entwicklungschancen sieht man im Ökotourismus, wie er auf armenischer Seite bereits in Ansätzen besteht. Ein weiteres Potential bietet die Verbesserung der heute nur für Eigenkonsum oder Tausch betriebenen Käseherstellung.[128]

2.34 und →2.35 Im Nationalpark Borjomi-Kharagauli (Sept. 2010)

In allen Schutzgebieten werden nach Möglichkeit die Besucher registriert, um Anhaltspunkte über die touristische Nutzung zu gewinnen. 2016 hielten sich insgesamt 182 683 ausländische Besucher in den georgischen Schutzgebieten auf, davon 42,2 % russischer Herkunft. Am häufigsten gewähltes Ziel war in den zurückliegenden Jahren der Nationalpark Q'azbegi.[129]

Im Rahmen der *Caucasian Ecoregion* des WWF hat Georgien eine Gesamterfassung seiner Naturdenkmale vorgenommen und entwickelte ein Gesetz zum Schutz der Naturdenkmale. Rund 7 % der Landesfläche sind danach einer Schutzkategorie zugeordnet. Ein 23 000 ha umfassendes grenzüberschreitendes Schutzgebiet ist im georgisch-türkischen Grenzraum am K'arts'akhi-See geplant.

Internationale Zusammenarbeit stieß zahlreiche Aktivitäten an, die dem Natur- und Umweltschutz dienen. Sie versuchen mit kleinen Projekten sowie Aus- und Fortbildungsmaßnahmen Wege aufzuzeigen, die nach Möglichkeit auch zu einem friedlichen Miteinander führen sollen. Allerdings sind nicht alle Initiativen erfolgreich.[130] In einem anderthalb Jahre dauernden Vorbereitungsprojekt wurden 2007/08 die Voraussetzungen dafür entwickelt, in den drei südkaukasischen Staaten Landschaftsplanung als Naturschutzinstrument einzuführen, um Landschaftsschutz und ökologisch verträgliche Landnutzungsentwicklung miteinander zu verbinden. Für Georgien wurde Adscharien wegen seiner besonders hohen biotischen und landschaftlichen Vielfalt als Modellregion gewählt, um ein Landschaftsprogramm zu entwickeln. Als Ergebnis zeichnen sich Kernbereiche, die als Schutzgebiete, und Verbindungsbereiche ab, die als Korridore entwickelt werden können. Allerdings muss zunächst noch die rechtliche Basis geschaffen werden, damit die Landschaftsplanung auch für andere Behörden verbindlich wird. Eine weitere Voraussetzung besteht in der Ausbildung von Fachkräften, damit die Natur- und Umweltschutzbehörden als kompetente Gesprächspartner anerkannt werden.[131] Ungelöst ist das Problem zu geringer Kontrolle. Noch immer können Wilderei, Holzentnahme, das Sammeln von Heilkräutern (selbst von Pflanzen der Roten Liste) und Fischerei in Gebirgsbächen um sich greifen.

Als spezifisches Problem auf der Ebene der nationalen Umweltpolitik zeigt sich damit das Nebeneinander unterschiedlicher Behörden, die für einzelne Naturschutzfragen zuständig sind, aber mangelhaft kooperieren. Dies gilt insbesondere für das Umweltministerium, die Forstverwaltung, die Verwaltung der Schutzgebiete und das Ministerium für Ernährung und Landwirtschaft. Georgien ist den einschlägigen internationalen Abkommen zum Naturschutz beigetreten, lässt zahlreiche Nichtregierungsorganisationen arbeiten (WWF mit einem Büro in Tbilisi; *Georgian Centre for the Conservation of Wildlife* (GCCW), das ein *Caucasian Environmental NGO Network* einrichtete) und erhält internationale Finanzhilfe (außer für die Einrichtung des Nationalparks Borjomi-Kharagauli beispielsweise von USAID für ein Mt'k'vari-Wasserprojekt), aber es bleiben Probleme: Ein notorischer Finanzmangel hemmt den Einsatz moderner Technik; im Managementbereich fehlen gut ausgebildete Fachkräfte, in der Bevölkerung mangelt es an Umweltbewusstsein. Zu wenig Verbreitung haben bislang Monitoringmethoden zur dauerhaften Beobachtung der Schutzgebiete gefunden. So sind Umwelt- und Naturschutz zwar organisatorisch gut aufgestellt, bleiben aber in ihrer Wirksamkeit hinter den Möglichkeiten zurück. Positiv ist festzuhalten, dass Georgien durchaus das Potential für effizienten Natur- und Umweltschutz besitzt. Allerdings sind staatliche und nichtstaatliche Organisationen nur auf gesamtstaatlicher Ebene gut miteinander vernetzt, nicht jedoch auf lokaler Ebene. Die Ursachen hierfür sind darin zu suchen, dass die häufige Finanzierung von außen zentralen Einrichtungen zufließt und dass Informationen von dort unzureichend an die Peripherie weitergegeben werden.[132]

Untersuchungen zur Akzeptanz größerer Schutzgebiete durch die betroffene Bevölkerung zeigen, dass die Einrichtung von Schutzgebieten nicht nur begrüßt, sondern auch als Eingriff in die Lebensverhältnisse empfunden wird, etwa bei Einschränkungen für die Weidewirtschaft. Tourismus wird positiv gesehen, wenn mit ihm neue lokale Erwerbsmöglichkeiten verbunden sind, die etwa die Einschränkungen bei Land- und Forstnutzung ausgleichen. Als Möglichkeit für die Lösung von Landnutzungskonflikten gilt die Einrichtung von Pufferzonen in den Randbereichen der Parks.

Zwischenfazit

Georgien ist ein Land außerordentlich reizvoller (natur-)landschaftlicher Gegensätze, die sich in schroffen Reliefformen, ausgedehnten Flachländern, in abgeschlossen erscheinenden Beckenlandschaften und schneebedeckten Gebirgsgipfeln, in großen klimatischen Unterschieden und einer daran angepassten vielfältigen Vegetation besonders deutlich zeigen. Es sind Gegensätze, die den Besucher in der Landschaftswahrnehmung die gesamte Empfindungsskala von „wild“ bis „lieblich“ durchleben lässt und den Wissenschafter zu Detailanalysen reizt. Zugleich birgt die natürliche Vielfalt ein großes Potential für eine wirtschaftliche Nutzung, das sicher auch heute noch nicht vollständig erschlossen ist. Dies gilt etwa für die Landwirtschaft, auch wenn diese durch die agrarsoziale Situation geschwächt ist, ebenso für den Tourismus, der in beträchtlichem Maße von den natürlichen Faszinosa lebt. Der Bergbau ist als Nutzung des natürlichen Potentials eher rückläufig, die darauf beruhende Industrie bescheiden. Zugleich zeigt sich Georgien aber auch als ein Raum, der ganz unterschiedlichen natürlichen Bedrohungen ausgesetzt ist. Wo immer die natürlichen Risiken zur Katastrophe zu werden drohen, wirken sie entwicklungshemmend. Die Katastrophenvorsorge ist im Gegensatz zur Nutzung von Potentialen noch unzureichend ausgebildet; nur im Hinblick auf die Überschwemmungsgefahr am Mt'k'vari wurden spezifische Programme entwickelt. Allerdings arbeiten die Organisationen, die solche Projekte initiieren und finanzieren, in der Regel transnational, während die Wahrnehmung von natürlichen Potentialen und Einschränkungen ihrer Nutzbarkeit meist national gebunden bleibt, so auch in Georgien. Klare Zuständigkeiten bei den nationalen Behörden, ein gestärktes Bewusstsein für Möglichkeiten und Gefahren bei Verantwortlichen und Bevölkerung sowie eine engere Vernetzung nationaler mit internationalen Organisationen könnten zur Verbesserung beitragen. Neue Herausforderungen bringt der auch in Georgien nachweisbare Klimawandel mit sich. Er wird sicher nicht die natürliche Vielfalt an sich aufheben, aber regionale Entwicklungen beeinflussen und vor allem die gesellschaftliche Bewertung und Nutzung der Potentiale beeinflussen. Allerdings werden die bisherigen Veränderungen nicht generell wahrgenommen, so dass das Land in dieser Beziehung noch unzureichend auf die Zukunft vorbereitet ist.

3

Geschichte und Raum:
Ein historischer Rückblick

Nicht nur die Vielfalt seines Naturraums, auch seine wechselvolle Geschichte trägt zur Faszination bei, die Georgien heute mit kulturellen Traditionen, mit seinen historischen Bauwerken und archäologischen Fundstätten, mit musealer Präsentation und kulturlandschaftlichen Relikten ausstrahlt. Dies schließt außer der jüngeren Entwicklung seit russischer Herrschaft, Sowjetisierung und Wiedererlangung der Unabhängigkeit auch die Anfänge und die zahlreichen Auseinandersetzungen ein, die Territorialherrscher im Gebiet des heutigen Georgien miteinander führten oder bei denen sie sich gegen Herrschaft von außen zur Wehr zu setzen hatten.[1]

Die Stichworte „Territorialherrscher“ und „Herrschaft von außen“ umschreiben ein Spannungsfeld an Herrschaftsmodellen, in dem sich das Territorium, das heute Georgien ausmacht, in sehr wechselvollen Prozessen herausbildete: Georgien beruft sich selbst auf ein autochthones Erbe, wobei dessen Ausmaß schwer zu umschreiben ist, da die Ethnogenese der Bewohnergruppen des Landes außerordentlich komplex verlief und erst sehr spät zur Idee einer georgischen Nation führte. Sie entstand im wiederholten Widerstreit von regionaler Zersplitterung und großräumiger Zentralisierung. Diesen beiden Modellen innerer Eigenständigkeit stehen die von außen kommenden Einwirkungen mehrerer Großreiche gegenüber, unter welchen die der griechisch-römischen Antike und deren byzantinischer Erben, die des Osmanischen Reiches, und Irans am dauerhaftesten, die Russlands und der Sowjetunion für die Gegenwart am prägendsten waren. Die daraus entstandene Einbindung in den räumlich-kulturellen Kontext des Orients sollte bei aller kulturellen Eigenart Georgiens nicht übersehen werden. In ihm führten frühe Migrationsbewegungen zu Einflüssen der vorderasiatischen Großreiche und zu kulturellen Überschichtungen. In den zurückliegenden zweihundert Jahren war jedoch – unabhängig vom jeweiligen politischen System – der Einfluss Russlands entscheidend, der sich bis heute im täglichen Leben, in der politischen Diskussion und der materiellen Kultur zeigt. Russland bewirkte insbesondere zwei Modernisierungswellen, von denen die erste, die Mitte des 19. Jahrhunderts die Städte Georgiens erfasste, den nationalen Diskurs als Parallel- und Gegenbewegung anstieß, die zweite, im 20. Jahrhundert durch die Sowjetherrschaft gesteuert, nationales Denken nicht beseitigen konnte. Damit ist die Geschichte Georgiens im europäisch-vorderasiatischen Kontext auch eine Geschichte des Gegensatzes von regionalem Nationalismus, innerer Fragmentierung und ausländischen Herrschaftsansprüchen.[2] Und: Geschichte wird instrumentalisiert, wenn an die Stelle quellenmäßig belegbarer Fakten Mythen in das Narrativ einfließen. Dazu gehört auch der Mythos einer seit langem ererbten nationalen georgischen Einheitlichkeit, welchem in den Sezessionsgebieten Abchasien und Südossetien eigene Erzählungen gegenüberstehen.[3] Das Narrativ der georgischen Nation war nicht nur der Historiographie der Schule um den Historiker Ivane Javakhishvili zu Eigen, sondern wird über Schulbücher in die breite Bevölkerung weitergegeben. Dabei verschob sich nach 2005 der Akzent von einer ethnisch-georgischen Orientierung zu einer Akzeptanz der multiethnischen Struktur des Landes und damit zu einer staatsbürgerlichen Sicht.[4]

Der folgende Überblick über die Geschiche Georgiens kann nur sehr kursorisch sein; er setzt bewusst einige Akzente und übergeht viele Details, Herrschernamen und Ereignisse. Vor allem

←3.01 Festung Goristsikhe oberhalb der Stadt Gori – Machtanspruch territorialer Herrscher (August 2011)

ist es nicht möglich, jegliche Einflussnahme mächtiger Nachbarn und die jeweiligen Gegenbewegungen nachzuzeichnen. Es handelt sich um keine quellenbasierte Darstellung, sondern um den Versuch, aus historischen Abläufen territorialräumliche und kulturlandschaftliche Entwicklungen zu schildern, die wiederum zum Verständnis der heutigen Kulturlandschaft beitragen.

3.02 Ausgrabungsstätte Dmanisi (Mai 2019)

Ergrabene Vergangenheit: Ur- und Frühgeschichte

Der erste Europäer?

Funde bei einem kleinen Ort veränderten die Menschheitsgeschichte – zumindest aus georgischer Sicht: 1991 wurden bei Dmanisi im südlichen Georgien erste Werkzeuge und ein Unterkiefer, 2005 weitere menschliche Knochen entdeckt. Ihre Datierung belegt, dass bereits vor etwa 1,8 Millionen Jahren Homininen in der Region lebten. Die genetische Verwandtschaft mit dem in Europa gefundenen Material lässt manche Georgier heute argumentieren, dass die Wiege Europas in Georgien gestanden habe und folglich Georgien zu Europa gehöre. Folglich könne es auch Mitglied der Europäischen Union werden...

Im Mittelalter bestand in Dmanisi eine städtische Siedlung, die auf einem Basaltplateau über den etwa 90 m tief eingeschnittenen Canyons der Flüsse Mashavera und Pinezauri angelegt worden war und sich zwischen dem 6. und 14. Jahrhundert zu einem bedeutenden Ort an einer Karawanenroute nach Zentralasien entwickelt hatte. Ausgrabungen, die seit 1936 auf Initiative des Historikers Ivane Javakhishvili begonnen und dann 1960 wieder aufgenommen wurden, galten dieser mittelalterlichen Stadt, obwohl schon frühere Funde auch auf eine bronzezeitliche Besiedlung hingewiesen hatten. 1982 wurden aber tierische Knochenreste gefunden, deren Alter auf mehr als 1 Mio. Jahre geschätzt wurde. Daraufhin eingeleitete paläontologische Grabungen endeten wegen Geldmangels und wurden erst 1991 erneut vorgenommen. Dabei kamen in den vulkanischen Ascheablagerungem über dem Basaltplateau zunächst Tierknochen, dann Steinwerkzeuge zu Tage, die in die Altsteinzeit datiert werden konnten. Nunmehr wurden zwischen 1991 und 1999 weitere Grabungen von Davit Lordkipanidze (Georgisches Nationalmuseum Tbilisi) in Zusammenarbeit mit dem Römisch-Germanischen Nationalmuseum Mainz (Gerhard Bosinski und Antje Justus) durchgeführt, die am 25. September 1991 zur Entdeckung des Unterkiefers eines Primaten führten, der größte Ähnlichkeit mit entsprechenden Funden in Ostafrika aufwies und von unterschiedlichen Forschergruppen auf ein Alter von 1,79 bis 1,85 Mio. Jahren bestimmt wurde. Demnach hätte die Migration aus dem afrikanischen Ursprungsgebiet deutlich früher als – wie bisher angenommen – vor 1 Mio. Jahren stattgefunden. 1997 wurde ein Mittelfußknochen unter dem geborgenen Material entdeckt, 1999 Stücke aus dem Schädelknochen. Die Rekonstruktion zeigte größte Ähnlichkeit mit dem *Homo ergaster* als Nachkommen des *Homo habilis*. Allerdings ist diese Zuordnung (und damit auch die wissenschaftliche Benennung) bis heute umstritten. Durch die Publikation der Grabungsergebnisse wurde Dmanisi zu einer der bekanntesten archäologischen Ausgrabungsstätten des beginnenden 21. Jahrhunderts. Bis 2010 konnte man aus den Sedimenten von Dmanisi fünf Schädel, fünf Unterkiefer, zwölf einzelne Zähne und fünfzig weitere Knochenbruchstücke bergen. Der Fund des zahnlosen Unterkiefers eines älteren Mannes führte die Archäologen zu der Annahme, dass dieser Mann über längere Zeit von anderen Homininen versorgt wurde, weil er ohne Zähne sonst kaum Überlebenschancen gehabt hätte. Damit hätte es innerhalb dieser Homininengruppe bereits eine Art sozialen Zusammenhalts gegeben. Ungeklärt ist noch die Frage nach Auslöser und Ablauf des Migrationsvorganges, der nach Südkaukasien führte. Die Analyse der unterschiedlich bearbeiteten und unbearbeiteten Artefakte, die inzwischen an den verschiedenen Ausgrabungsplätzen im Areal von Dmanisi geborgen wurden, zeigt, dass am Fundort eine Bearbeitung von Steinen aus den benachbarten Flüssen stattfand oder immer wieder teilweise bearbeitete Steine an den Ort gebracht wurden. Der Vergleich mit ostafrikanischen Fundstätten lässt vermuten, dass Bearbeitungstechniken bei der frühen Einwanderung von dort mitgebracht wurden.[5]

Georgien ist reich an archäologischen Fundstätten. Während manche seit Jahrzehnten bekannt sind, verdanken andere ihre Entdeckung dem Zufall. So stieß man nicht nur im Zusammenhang mit Ausgrabungen in der mittelalterlichen Stadt Dmanisi auf die erwähnten Knochenreste altsteinzeitlicher Homininen, sondern auch in den Chobareti-Bergen beim gleichnamigen Dorf (Munizipalität Asp'indza) während des Baus einer Gaspipeline auf eine Siedlung der bronzezeitlichen Mt'k'vari [Kura]-Kultur und Reste einer antiken und mittelalterlichen Festung.[6] Es kann angenommen werden, dass auch in Zukunft noch überraschende Funde möglich sein werden. Die Ausgrabungen tragen dabei nicht nur zum besseren Verständnis der Siedlungsentwicklung, sondern auch als geoarchäologische Forschungsbeiträge zur Kenntnis von anthropogenen Veränderungen der Umwelt bei.[7]

Nachweise aus der Altsteinzeit sind in Georgien bisher gering an Zahl. Außer den Funden von Dmanisi hat man Niederlassungen aus dem Acheuléen in Höhlen in einem 80 bis 100 m über dem Meeresspiegel liegenden Niveau nördlich von Sukhum entdeckt. Im Moustérien drangen erste Menschen bis in Höhen vom 800 bis 1 000 m sowie in die Täler von Rioni, Tskhenists'q'ali und Q'virila vor, und für das Jungpaläolithikum weisen Ähnlichkeiten mit Funden im Nordkaukasus eine weite Verbreitung von Menschen nach.[8] Ostgeorgien war wohl noch kaum besiedelt, sondern weist Relikte erst seit dem späten Mesolithikum auf.

Der als neolithische Revolution bekannte agrarwirtschaftliche und soziale Umbruch erfolgte in Südkaukasien früh, möglicherweise war Kaukasien im 8. bis 6. Jahrtausend v. Chr. sogar ein Ausgangsraum für Neuerungen, die sich aus Sesshaftwerdung, Anbau und Domestizierung ergaben. Im 6. Jahrtausend v. Chr. verbreitete sich im südlichen Georgien die Shulaveri-Shomutepe-Aratashen-Zivilisation des Äneolithikums oder der Kupferzeit. Sie kannte bereits Obsidianwerkzeuge, eine einfache Lehmziegelbauweise und die Kultivierung der Weinrebe; an Khrami, Mashavera und Shulaveri existierten erste Bewässerungsanlagen.[9] In dieser Zeit ist auch ein früher Bergbau nachgewiesen, so die Gewinnung von Kupfererzen bei Marneuli zwischen der Mitte des 6. und des 5. Jahrtausends v. Chr., bei Ts'q'alt'ubo zwischen dem Ende des 5. und dem Anfang des 4. Jahrtausends mit der Herstellung einfacher Metallwerkzeuge sowie bei Saq'drisi mit einem ins 4. Jahrtausend zurückreichenden Goldbergbau.[10] Daran knüpften in der frühen Bronzezeit (Chalkolithikum der Mt'k'vari [Kura]-Arax-Kultur, zwischen 3100 und 2200 v. Chr. in Ostgeorgien) auch einfache Handwerke wie Metallverarbeitung und Töpferei an. Dominante Wirtschaftsform blieb die Landwirtschaft, Emmer und Weichweizen sind archäologisch in Südgeorgien nachgewiesen. Als Wohnstättenform konnte man Rundhäuser mit kuppelförmigem Dach und zentraler Herdstelle nachweisen – vielleicht Vorgänger des *darbazi*-Hauses. Da die Töpferscheibe noch nicht bekannt war, wurde eine relativ grobe, dickwandige Keramik hergestellt, die mit geometrischen Figuren wie Kreisen, Halbkreisen, Schlangenlinien und Kreuzornamenten verziert war, bisweilen auch kleine stilistische Frauenfiguren aufwies, die auf einen Fruchtbarkeitskult hindeuten. Aus dem Umkreis des Chikiani (K'oundaghi) nordöstlich des Paravani-Sees stammen Funde, die einen intensiven Abbau von Obsidian im späten Neolithikum und in der Bronzezeit nachweisen.[11] Selbst in Hoch-Svanetien wurden Siedlungsspuren aus dem dritten vorchristlichen Jahrtausend entdeckt.

In der Zeit der Mt'k'vari-Arax-Zivilisation, die in Westgeorgien unmittelbar an die äneolithische Kultur anschloss, war der gesamte Raum wohl einheitlich organisiert. In der Wirtschaft erlebten der Feldbau mit verschiedenen Weizensorten und die Viehhaltung einen Aufschwung. Große Tongefäße dienten der Aufbewahrung der Körner; Tiere wurden als Zugvieh eingesetzt. Die archäologischen Fundstätten von Natsagora und Aradetis Orgora im Mt'k'varital östlich von Khashuri zeigen, dass natürliche Hügel, die bei Laufverlagerungen des Flusses entstanden, wegen der Hochwassersicherheit als Siedlungsstandorte bevorzugt waren; im Fall von Aradetis Orgora lässt sich eine Besiedlung sowohl in der frühen wie in der späten Bronzezeit und erneut in der römischen Antike nachweisen.[12] Der Verfall dieser Kulturphase und die nun beginnenden Einwanderungswellen ließen im darauf folgenden Hethiterreich zahlreiche regionale Entwicklungen zu, darunter die Mart'q'opi- und die Trialeti-Zivilisationen, zwischen denen in der mittleren Bronzezeit (etwa 2000 bis 1200 v. Chr.) Handel auf der Basis einer dynamischen Wirtschaft florierte.[13] In der Kolchisniederung zeigen Siedlungshügel (*dikhagudzuba*) zwischen Enguri und Khobits'q'ali zwar eine relativ dichte Besiedlung in der ersten Hälfte des zweiten vorchristlichen Jahrtausends an, verweisen aber auch auf eine feuchte Umgebung, in der diese Siedlungshügel erweitert werden mussten; ihre archäologische Untersuchung weist für das ausgehende zweite und beginnende erste Jahrtausend den Übergang zur Eisennutzung nach.[14] Keine einigende politische Macht gab es im Innern, da der Einfluss der aus dem nordwestlichen Persien stammenden Churriter bestimmend war. Neue Lagerstätten von Buntmetallerzen wurden am Südabfall des Großen Kaukasus entdeckt und genutzt, in Hoch-Rach'a außer Kupfer auch Antimon.[15] Kleine Lagerstätten wurden im heutigen Abchasien bekannt.

Am Ende des zweiten vorchristlichen Jahrtausends setzten erste Kontakte zur mediterranen Kultur von Mykene ein; die Argonautensage findet vermutlich hier einen historischen Hintergrund. Auf die Einfälle von Kimmerern und Skythen an der Schwarzmeerküste und im zentralen Georgien folgten seit dem 8. Jahrhundert v. Chr. die griechische Kolonisation und die Herausbildung eines ersten kolchischen Staates, der seine größte Bedeutung zwischen dem 6. und 4. Jahrhundert erlebte. Kolchis geriet damit in den Gesichtskreis der entstehenden abendländischen Kultur. Aus dieser Zeit sind über die Schriftsteller der persischen Frühzeit sowie der griechischen und römischen Antike (u. a. Herodot, Strabon, Plinius) die ersten schriftlichen Zeugnisse über unseren Raum erhalten, in dem sich neue Herrschaften konstituierten.[16]

Die Zerstörung der Reiche der Assyrer, der Urartäer und der Meder löste jeweils Migrationsströme aus, in deren Verlauf das Mt'k'varital besiedelt wurde. Erst damals konnte man vom Beginn der Entstehung eines iberischen oder georgischen Volkes sprechen. Die georgische Sprache geht vermutlich auf ein autochthones Proto-Georgisch zurück, das nicht mehr zu rekonstruieren ist, während die Ethnogenese sich allmählich durch Verschmelzung in mehreren Migrationswellen vollzog. Erste Stammesvereinigungen lassen sich am Ende des zweiten und im ersten vorchristlichen Jahrtausend nachweisen, die Diaukhi oder Diaeni am Ch'orokh und die Kolkha am Schwarzen Meer.[17]

Ausgrabungen in der Höhlensiedlung Uplistsikhe bei Gori, die in das 10. bis 6. vorchristliche Jahrhundert zurückreicht, dokumentieren eine bereits hoch entwickelte Zivilisation. Vani am Rand des Rioni-Tieflandes war zwischen dem 7. Jahrhundert v. Chr. und seiner Zerstörung durch ein Feuer im ersten vorchristlichen Jahrhundert eine reiche Stadt im Königreich Egrisi, wie Ausgrabungen gepflasterter Straßen und eines Tores sowie Fundamente von Kultbauten zeigen.[18]

Im Einflussbereich antiker Großreiche

Die Ausbreitung der persischen Achämenidenherrschaft veränderte die politische Landschaft erneut; die proto-georgischen Territorien der von Herodot erwähnten Moskher, Tibarener, Makroner, Mossynoiker und Marer wurden in die neunzehnte Satrapie des Achämenidenreiches eingegliedert, während Kolchis tributpflichtig war. Die Zuwanderung proto-georgischer Gruppen aus Anatolien in das heutige (Ost)Georgien setzte sich fort; die Tibarener gaben möglicherweise den Iberern den Namen, der Name der Moskher findet sich in dem der Meskh[et]en und der Hauptstadt Mtskheta wieder.[19] Um 400 v. Chr., als Xenophon Kleinasien bereiste und danach in seiner *Anabasis* Auseinandersetzungen zwischen den westgeorgischen Stämmen und den Händlern in den griechischen Hafenstädten beschrieb, konnten sich sowohl die Kolcher als auch die übrigen georgischen Stämme weitgehend von der Herrschaft der Achämeniden befreien, ehe der Feldzug Alexanders des Großen mit dem Sieg in der Schlacht von Arbela (Gaugamela; 331 v. Chr.) die iranische Herrschaft über das damalige Georgien beendete, ohne jedoch die kulturellen Einflüsse aufzuheben.

Im Osten des heutigen Georgien begründete Parnavaz I. um 300 v. Chr. das Königreich Iberien (Kartlien) mit der Hauptstadt Mtskheta. Er konnte Iberien, das er mit Unterstützung von Dagestanern und Osseten von Azon zurückerobert hatte, durch die Einnahme von K'larjeti (heute zur Türkei gehörig) vergrößern und bereichern, sogar Kolchis-Egrisi angliedern und damit seine eigene Machtstellung festigen. Nur die Gebirgsstämme blieben ausgenommen. Parnavaz' 65 Jahre dauernde Regentschaft brachte mit agrarischer Ausrichtung wirtschaftlichen Aufschwung und damit eine erste Blütezeit des Landes. Zugleich entstand eine soziale Differenzierung mit der Königsfamilie, dem militärischen Adel und dem heidnischen Priestertum an der Spitze, einem freien Bauerntum und einer Unterschicht von Sklaven.[20] Die relative Stabilität im Land kam auch dem Fernhandel auf der Route von Indien zur Kolchis zugute. Die gängige Interpretation, in Parnavaz' Herrschaft den Beginn einer (gesamt-)georgischen Staatlichkeit zu sehen, übersieht allerdings die lange Vorgeschichte. Sicher war aber mit der Staatlichkeit auch eine erste Phase kartvelisch-georgischen Bewusstseins verbunden, da es Parnavaz gelungen war, die kartvelischen Gruppen (eigentliche Kartvelier, Svanen, Mingrelier und Lazen) zu vereinen.[21] Der Ausbau der Hauptstadt Mtskheta wird seit 1975 in systematischen Ausgrabungen erfasst; dadurch bestehen für diese polyglotte Stadt nunmehr archäologische Nachweise, die die schriftlichen Befunde bei

Strabon und Dio Cassius ergänzen und bestätigen. Parnavaz und seine Nachfolger sahen ihre Hauptaufgabe in einer Sicherung des Reiches, die sie durch den Bau von Festungen erreichen wollten.[22] Bis ins achte nachchristliche Jahrhundert beriefen sich die Herrscher in Kartlien immer wieder auf diese Nachfolge, um mit Parnavaz' Namen ihre eigene Herrschaft als ebenbürtig zu legitimieren.[23]

In der Regierungszeit von Parnavaz war Südkaukasien längst in den Gesichtskreis der mediterranen Antike gelangt. Die Einbindung in die antike Welt, die vor allem aus eurozentrischer Sicht interessieren mag, erfolgte zunächst durch Mythen, aber schon Alexander von Humboldt verwies darauf, dass selbst der sagenumwobene Zug der Argonauten einen realen Hintergrund in dem beginnenden kolonisatorischen Ausgreifen der Griechen in den Schwarzmeerraum besaß.[24] Wann griechische Siedler die östliche Schwarzmeerküste erreichten, wissen wir nicht; vermutlich fanden erste Kontakte bereits am Ende des zweiten vorchristlichen Jahrtausends statt. Lebhafter wurde die griechische Zuwanderung ab etwa 800 v. Chr. Später entstanden die griechischen Kolonien Phasis (heute Poti), Dioskurias (Sukhum), Pityus (Bitchvinta/ Pitsunda), Gyenos (Ochamchire) und Triglif (Gagra). Erst späterer mehrfacher Herrschaftswechsel löschte das architektonische Erbe der antiken Städte weitestgehend aus, doch wurden die Siedlungsplätze oder ihre Nachbarschaft immer wieder aufgesucht. Zu einem der wichtigsten Handelsplätze entwickelte sich das 10 km nördlich von Kobuleti gelegene Pichvnari; dort hat man ionische und attische Importkeramik nachgewiesen und aus den Beigaben in 235 Gräbern einer Nekropole die soziale Differenzierung der ansässigen Bevölkerung abgelesen.[25] Viele andere Siedlungen entstanden wohl als Handelsniederlassungen in dem zunächst als Agrarland entwickelten Königreich Kolchis. Dort kannte man aber auch bereits die Herstellung von Eisenwerkzeugen, da Eisenerz an verschiedenen kleinen Fundstellen abgebaut werden konnte. Dass auch Bronze- und Golderzeugnisse hergestellt wurden, ist aus Grabfunden bekannt. Das Griechische wurde zur Sprache von Handel und Stadtkultur und strahlte zeitweise nach Kartlien aus. Auch die Flussnamen wurden griechisch: Der Rioni war allgemein als Phasis bekannt, ein Name, den auch die an seiner Mündung gelegene Stadt trug und der im heutigen „Poti" fortlebt. In Kolchis entwickelte sich ein eigenes Münzwesen. Exportiert wurden Holz, Wachs, Harz, Metalle, Leinengewebe und Pferde.[26] Handel wurde über den Großen Kaukasus hinweg auf einem Handelsweg betrieben, der die Georgische Heerstraße vorwegnahm. Aber trotz aller wirtschaftlichen Entfaltung: Sowohl in der griechisch-hellenistischen als auch in der römischen Antike blieb Georgien meist Peripherie.

3.03 Goldfund aus Pichnvari (Archäologisches Museum Batumi) (August 2019)

Mythen und die kaukasische Gebirgswelt: Prometheus und das Goldene Vlies

Die Überlieferung durch die Bibel und die antike Dichtung hat die kaukasische Gebirgswelt im weiten Sinne mit drei Mythen in Verbindung gebracht. Am nachhaltigsten wirkte wohl die in Genesis 8.4 geschilderte Geschichte der Sintflut, des Baus der Arche und schließlich Noahs Landung nach dem Ende der unheilvollen Überschwemmung. Seit alters wird aufgrund der biblischen Überlieferung der heute auf türkischem Territorium gelegene Ararat als Endpunkt angesehen, und bis ins 19. Jahrhundert suchte man nach Relikten der Arche Noah; die Erstbesteigung durch Friedrich Parrot im Jahr 1829 wurde noch wesentlich von diesem Mythos vorangetrieben.[27] Ob der Mythos der Sintflut einen Anstieg des Seespiegels im Schwarzen Meer reflektiert, bleibt indes umstritten.

Die antike Raumwahrnehmung, die sich in der griechischen Sagenwelt widerspiegelt, prägte in den folgenden Jahrhunderten das Bild von Georgien im Abendland: Es war die Welt der Kyklopen, vielleicht die Heimat der Amazonen (beide wurden dem Schwarzmeerraum zugeordnet); auf Georgien verweisen die Mythologien der Argonauten, des Goldenen Vlieses und des Prometheus.

Nach der griechischen Mythologie wird der Titan Prometheus für zwei Verfehlungen bestraft: Zunächst hält er von den Tieren, die Zeus geopfert worden waren, das genießbare Fleisch zurück, um es unter die Menschen zu verteilen. Als die Götter daraufhin den Menschen den Zugang zum Feuer verweigern, bringt Prometheus es ihnen. Zur Strafe wird er im Kaukasus an einen Felsen gekettet, den die Auslegung der Sage im Kasbek, der Bericht bei Strabon in Felsen an der Schwarzmeerküste sieht.[28] Ein Adler nährt sich regelmäßig von der Leber des Bestraften, die jeweils nachwächst. Herakles erlegt schließlich den Adler. Allerdings bleibt Prometheus, Zeus' Schuldspruch entsprechend, an den Kaukasus gefesselt, indem aus seiner Gefangenenkette ein Ring geschmiedet wird, in dem ein Felsstück des Kaukasus eingelassen ist und den er forthin trägt.

Komplizierter sind die Argonautensage und die Geschichte vom Goldenen Vlies:[29] Pelias, der sich das Königreich Thessalien gegen seinen Bruder Aison, Iasons Vater, gesichert hat, schickt Iason, um sich seiner zu entledigen, auf die gefahrenvolle Suche nach dem Goldenen Vlies. Dieses Vlies ist das Fell des sprechenden Widders Chrysomallos, der Phrixos, einen Königssohn aus Boiotien, vor der zweiten Frau des Königs gerettet und nach Kolchis zu König Aietes, Sohn des Helios, Bruder der Kirke und Vater von Medea und Apsyrthos, gebracht hat. Phrixos opfert Zeus zum Dank für seine Rettung den Widder und schenkt Aietes das goldene Fell, der es im Hain des Ares aufhängt. Iason gelangt mit seiner Heldenmannschaft, den Argonauten (so genannt nach deren Schiff Argo) zu Aietes und verlangt das Vlies. Aietes fordert Iason dafür auf, ein großes Stück Land im Areshain mit den erzfüßigen Stieren, die Aietes von Poseidon erhalten hatte, umzupflügen und Drachenzähne auszusäen – eine schier undurchführbare Aufgabe. Medea, die sich in Iason verliebt hat, hilft ihm, das Vlies zu entwenden, verlangt aber, dass er sie heiratet. Nach langer Irrfahrt können Iason und Medea mit dem Goldenen Vlies zu Pelias zurückkehren, von dem Iason nunmehr den Thron fordert. Als Pelias sich weigert, lässt Medea ihn mit einer List töten. Iason und Medea werden von Pelias' Sohn Akastos vertrieben und gelangen nach Korinth, wo sie zehn Jahre leben, bis Iason sich in die Tochter des dortigen Königs Kreon verliebt und damit Medeas Rache verfällt. Der weitere Verbleib des Goldenen Vlieses entzieht sich der mythologischen Überlieferung.

Der Stoff der Sage wurde mehrfach literarisch aufbereitet: Homer schildert sie im zehnten Gesang der *Odyssee*, von Euripides (5. Jahrhundert v. Chr.) stammt die Tragödie *Medea*, und im 3. Jahrhundert v. Chr. verfasste Apollonios von Rhodos eine epische Fassung in der *Argonautika*.

Das Goldene Vlies, das auf Vorkommen von Seifengold in den Flüssen Svanetiens und die Methode, dieses durch das Auslegen von Schaffellen im Flusswasser aufzufangen, zurückgeführt werden kann,[30] galt als Symbol von Macht und Wohlstand. Tatsächlich existierte schon im 14./13. Jahrhundert v. Chr. ein mächtiger Stammeszusammenschluss in der Region. Von den antiken Schriftstellern erwähnen Strabon, Plinius d. Ä. und Appianos von Alexandria die Goldgewinnung, deren Zentrum wohl Svanetien war.

Die erste Staatsbildungen (Lazik'a / Egresi im Hinterland des Schwarzen Meeres; Iberien im Landesinneren) erfolgten im 4. und 3. Jahrhundert v. Chr., nachdem die Herrschaft der Achämeniden beendet, das heutige Georgien aber nicht in das hellenistische Reich Alexanders des Großen eingegliedert worden war, sondern sich eigenständig zu entwickeln begonnen hatte. Dabei blieb der Kontakt zur mediterran-antiken Welt insbesondere in Westgeorgien bestehen. Als weitere Städte mit antiker Wurzel seien Urbnisi bei Gori, Kaspi und Sark'ine erwähnt. Außerdem werden Ts'undo, Khertvisi, Rustavi, Samshvilde und Khunani genannt.[31] Nicht alle Siedlungsplätze haben sich erhalten. Die im iberischen Königreich bedeutende Festung Odzr(a)khe bei Abastumani, die bei Güldenstädt nach der von Klaproth besorgten Ausgabe für die Zeit Alexanders des Großen erwähnt wird, ist heute gänzlich verschwunden.[32]

Ins Blickfeld der Römer rückte Georgien erstmals nach Roms Sieg über den Seleukidenkönig Antiochus III. (190 v. Chr.). Weite Teile Ostgeorgiens und die Handelswege zum Schwarzen Meer gerieten damals unter die Herrschaft der Armenierkönige Artashes und Arshak. Handel wurde bereits im Bereich der heutigen Georgischen Heerstraße betrieben; bei Plinius wird möglicherweise der Kreuzpass als καυκασιαι πυλαι oder *portae caucasiae* erwähnt.[33] Aber das Interesse der Römer galt eher der Schwarzmeerküste, deren Städte Schutz vor Angriffen aus dem Binnenland bieten sollten, während wirtschaftliche Aufgaben zurücktraten. Kolchis, das unter der Herrschaft von Mithridates VI. (Eupator) noch energischen Widerstand gegen die Römer geleistet hatte, wurde an der Wende vom zweiten zum ersten Jahrhundert als Teil der Provinz Pontus in das Römerreich eingegliedert. Damit wurde Rom aber auch in die regionalen Herrschaftskonflikte hineingezogen. Im ersten vorchristlichen Jahrhundert hatte Armenien seine größte territoriale Ausdehnung unter Tigran II. erfahren, doch galt es erst jetzt als Bedrohung

3.04 Argonautenbrunnen in Kutaisi (Juni 2018)

für das aufstrebende Römerreich. Gnaeus Pompeius unterwarf 66/65 v. Chr. die Armenier und die Iberer, so dass nach seinem Feldzug Kartlien-Iberien, Armenien und das im östlichen Südkaukasien entstandene Albanien von Rom abhängige Staaten wurden.[34] Damit setzte ein Einfluss ein, der sich vor allem im aufblühenden Handel zeigte und in der georgischen Oberschicht aktive Nachahmer fand. Die Küstenstädte profitierten in besonderem Maße vom Handel; Münzfunde weisen weitreichende Handelsbeziehungen nach. Eines der Zentren war Apsaros, das heutige Gonio südlich von Batumi, das seit 1995 intensiv archäologisch untersucht wird.[35] Auch der Handel innerhalb der Kolchis lebte auf und wird anhand von Münzen aus Athen, Kappadokien, Olvia und Chersones nachgewiesen. Ausgrabungen bei Vani bestätigten eine Hofbauweise, die Vitruv für kolchische Wohnhäuser sowie Wohn- und Wehrtürme beschrieben hatte. Plinius d. Ä. registrierte dagegen im letzten Drittel des ersten nachchristlichen Jahrhunderts Plünderungen und Verfall in Kolchis. Das Ende der römischen Herrschaft bahnte sich an.

Während Kolchis noch als römische Provinz verwaltet wurde, lösten sich Albanien und Kartlien-Iberien in den letzten Jahrzehnten des 1. Jahrhunderts v. Chr. aus der römischen Herrschaft, so dass der römische Kaiser Augustus das weitgehend selbstständige Iberien als Freund und Verbündeten betrachten konnte, während Armenien in die römisch-parthischen Auseinandersetzungen der nächsten Jahrzehnte gezogen wurde.[36] Die folgenden Jahrhunderte sahen mehrfache Herrschaftswechsel: Zunächst konnten die in Armenien herrschenden Arsakiden ihre Herrschaft über Kartlien-Iberien ausdehnen, dann geriet das Land in die Vassalität der in Persien herrschenden Sassaniden. Am Ende des 3. Jahrhunderts übernahmen erneut Römer die Oberherrschaft und anerkannten Mirian III. (Meribanes) als König von Iberien. Ein Herrschaftswechsel hatte im Hinterland der Schwarzmeerküste die Dominanz der Kolkher beendet, zunächst mehrere kleine Königtümer entstehen lassen und schließlich das Königreich Egrisi, in der griechischen und römischen Überlieferung weiterhin Lazika genannt, wieder aufleben lassen, das sich noch einige angrenzende Territorien sichern konnte und bis ins 5. Jahrhundert bestand. Wichtige Zentren waren die Hauptstadt Archaeopolis (Nakalak'evi, identisch mit Tsikhe-Goji) sowie Vardtsikhe südlich Kutaisi am Zusammenfluss von Rioni und Tskhenists'q'ali.[37] Kartlien wurde unter den Sassaniden erneut tributpflichtiger Teil des Perserreiches und suchte nunmehr Unterstützung von Rom, doch war das Römerreich zu schwach geworden, als dass es Kartlien gegen einen iranischen Angriff hätte schützen können; 368 marschierte Shahpur II. in Kartlien ein und überließ die Königswürde einem Verwandten, Varaz-Bakur. Dieser musste zwar zeitweise den abgesetzten Kartli-König Saurmag als regionalen Herrscher über das heutige Shida-Kartli anerkennen, doch wurde das Gebiet bald wieder ein Vasallenstaat der Sassaniden.

Die kulturlandschaftlichen Einflüsse der römischen Herr-

3.05 Ausgrabungen in Gonio (Apsaros) (August 2019)

schaft sind in Georgien gering. Es gibt aber einige Hinweise auf die innere Struktur: Von dem griechischen Historiker und Geographen Strabon wird das Land als fruchtbar und mit gutem Weideland gesegnet bezeichnet. Die Gesellschaft war hierarchisch gegliedert und umfasste unterhalb des Königshauses und des Adels eine Priesterkaste, eine Kaste von Soldaten und freien Bauern, aus denen sich später der niedere Adel entwickelte, sowie das gemeine Volk.[38] Eine römische Festung Sebastopolis an der Stelle des heutigen Sukhum erwähnt der römische Schriftsteller Flavius Arrian. Sowjetische Ausgrabungen wiesen Mauerreste aus dem 1. bis 4. Jahrhundert nach. Möglicherweise bereits in den folgenden Jahrhunderten wurden Teile Abchasiens durch eine Verteidigungsmauer („Große abchasische Mauer" oder Kelasuri-Mauer) von 160 km Länge geschützt, die südlich Sukhum an der Mündung des Kelasuri ansetzte, landeinwärts zum Fuß des Kaukasus und dann nach Südosten bis zum Enguri und dann wieder zur Schwarzmeerküste reichte. Wahrscheinlicher ist die Auffassung, dass zumindest ein Teil dieser Mauer erst im 17. Jahrhundert entstand, als sich Levan Dadiani von Mingrelien gegen die Angriffe der Abchasen schützen wollte.[39]

Von der Christianisierung zum Goldenen Zeitalter

Eine Königin wird zur Legende: Tamar

Die Lebensdaten der bedeutendsten mittelalterlichen Königin Georgiens sind nur ungefähr bekannt: Sie lebte von 1160 oder 1166 bis 1213. 1178 wurde Tamar Mitregentin ihres Vaters Giorgi III., dessen Nachfolge sie sechs Jahre später antrat. In ihrer Regentschaftszeit trat sie vor allem als Reformerin und als Förderin von Wissenschaft und Kunst hervor. Zu den wichtigsten Reformen gehörte eine Rechtsreform, die Gerichte auf lokaler Ebene und einen Gerichtshof als Berufungsinstanz vorsah und die Todesstrafe abschaffte. Eine besondere Förderung erfuhren die Wissenschaften, die damit sogar gegenüber den hoch entwickelten arabischen Wissenschaften konkurrenzfähig wurden und eine lange georgische Bildungstradition begründeten. Der adlige Dichter Shota Rustaveli schrieb auf ihr Geheiß das Epos „Der Recke im Tigerfell" (in anderer Übersetzung „Der Ritter im Pantherfell"), das zum georgischen Nationalepos wurde.[40] Ihre Macht sicherte sich die Königin durch zahlreiche, durchweg siegreiche Kriege und durch eine Entmachtung des Kleinadels. Ihr Reich umfasste außer dem heutigen Georgien das alte Königreich von T'ao und K'larjeti im Nordosten der heutigen Türkei, größte Teile Armeniens sowie mit West-Shirvan und Karabakh auch weite Teile des heutigen Aserbaidschan.

Bald nach ihrem Tod bildeten sich verklärende Legenden um sie, die Tamar vor allem als vorausschauende, dem Volk dienende Königin darstellten und die mit ihrer Herrschaft ebenfalls verbundenen Grausamkeiten übergingen. Ihre Regierungszeit galt als Höhepunkt – und zugleich als Endphase – des „Goldenen Zeitalters" Georgiens.

Der Mythos „Tamar" zeigt sich heute u. a in den zahlreichen Burgen und Burgruinen, die nach ihr benannt sind und auf sie zurückgeführt werden. Ein Beispiel ist die Burgruine, die auf einem Bergsporn oberhalb des Odzrkhe-Tales bei Abastumani liegt und deren Bezeichnung auf Tamar verweist. Eine Wallfahrt zur Ikone der Gottesmutter im Höhlenkloster Vardzia unternahm sie Anfang des 13. Jahrhunderts; in der Nähe des Klosters ließ sie eine Stadt bauen, die zu einem mittelalterlichen Handelszentrum wurde.

Zur Erinnerung an die Königin, die von der Georgischen Apostolischen Kirche heilig gesprochen wurde, stiftete die Provisorische Regierung Georgiens 1915 als Auszeichnung für Angehörige der Georgischen Legion den Orden der Heiligen Tamara, der 1918 von der Demokratischen Republik Georgien bestätigt wurde.

Im 4. Jahrhundert übernahmen in kurzem zeitlichem Abstand die georgischen Königreiche Kartli und Egrisi (Lazika) das *Christentum*. Die Datierungsversuche zeigen, dass kein gesichertes Wissen besteht, sondern aus Legenden und Fakten Konstruktionen vorgenommen werden: Nach der Legende wurde König Mirian bei der Jagd von plötzlicher Dunkelheit überrascht, die aber nach einem Gebet zur Heiligen Nino wieder verschwand. Wenn dieses Ereignis mit einer totalen Sonnenfinsternis am 6. Mai 319 in Zusammenhang gebracht wird und die Übernahme des Christentums am Osterfest des nächsten Jahres gefolgt sein soll,[41] bleibt außer Acht, dass die aus Kappadokien stammende Heilige Nino vermutlich erst gegen 325 nach Georgien kam. Anders wäre es, wenn die Sonnenfinsternis vom 17. Juli 334 gemeint ist.[42] Als Jahr der Christianisierung Georgiens wird aber üblicherweise 337 angegeben, während die Georgische Apostelkirche das Jahr 326 nennt. Die Christianisierung, die zunächst sicher nicht die gesamte Bevölkerung, sondern insbesondere die führenden Eliten erreichte, war wohl kaum allein dem neuen Glauben geschuldet. Vielmehr brachte sie dem herrschenden König Mirian III. massiven Machtzuwachs in der engen Allianz, die mit dem Römischen Reich vor allem gegen die Perser zustande kam. Diese hatten zunächst das Christentum geduldet, schwenkten aber, nachdem Konstantin I. („der Große") das Christentum zur römischen Staatsreligion erhoben hatte, auf Konfrontation um. Nachdem die Perser 387 einen Vertrag mit dem römischen Kaiser Theodosius I. geschlossen hatten, ging in Kartlien die Bedeutung des Christentums etwas zurück und der Zoroastrismus, Staatsreligion der Perser, gewann an Gewicht. Auf diese Zeit geht in Tbilisi der Bau der Festung Nariq'ala und wohl auch der Ateshgah im Stadtteil Betlemi zurück.

Während ein großer Teil der Bevölkerung im dichter besiedelten Tiefland rasch zum neuen Glauben konvertierte, dauerte der Prozess im Gebirge länger; selbst nach der formellen Christianisierung hielten sich vorchristliche religiöse Praktiken noch sehr lange, relikthaft bis in die Gegenwart. Im kolchidischen Westen hatte es zwar bereits früher als in Kartlien christliche Gemeinden gegeben, doch erfolgte die flächenhafte Christianisierung erst im 6. Jahrhundert. Bis ins 10. Jahrhundert wurde die griechische Bibel verwendet, während im Osten Gottesdienste bereits in georgischer Sprache abgehalten wurden, nachdem die Bibel schon im 5. Jahrhundert übersetzt worden war. Hier blieb der kirchliche Einfluss Armeniens bis zum Schisma zu Beginn des 7. Jahrhunderts bestehen.[43] Fast generell wurde der umfangreiche Landbesitz der vorchristlichen Priesterschaft vom Königtum konfisziert.

3.06 Kloster Shiomghvime (Oktober 2018)

Seit der Christianisierung prägen Kirchenbauten die Kulturlandschaft Georgiens; sie wurden nicht nur als Stätten der Gottesverehrung errichtet, sondern dienten auch in Zeiten der Verfolgung als oftmals befestigte Rückzugsorte und erhielten dadurch Symbolcharakter, den sie bis in die Gegenwart besitzen. Die ersten Kirchenbauten waren zum großen Teil im 5. Jahrhundert von den Iranern zerstört worden. Neue Kirchen wurden daraufhin zu Beginn des 6. Jahrhunderts im Basilikastil errichtet; in Abchasien sind die Kirchen von Dranda, Tsandryphsh (Gantiadi) und Pitsunda Beispiele dafür. In Urbnisi haben sich Reste einer Kirche aus dem 6. Jahrhundert erhalten. Auch ein Vorgängerbau der heutigen Svet'itskhoveli-Kathedrale in Mtskheta entstand im Basilikastil, ebenso die Sioni-Basilika im Dorf Bolnisi und in Alaverdi. Gut erhalten ist die Basilika von Nakalak'evi.[44] Seit dem 6. Jahrhundert kam der Bautypus der Kreuzkuppelkirche auf, deren ältestes Beispiel die zu Beginn des 7. Jahrhunderts vollendete Jvari-Kirche oberhalb Mtskheta ist.[45] Daraus entwickelte sich im Lauf des Mittelalters eine vielfältige Baukunst.[46] Die Zuwanderung der „dreizehn syrischen Väter" Mitte des 6. Jahrhunderts führte zu einer umfassenden Reform des Klosterlebens; das Kloster Shiomghvime westlich von Mtskheta geht auf einen dieser missionierenden Mönche aus Antiochia, Shio Mghvimeli, zurück und entwickelte sich mit zeitweise rd. 2000 Mönchen in Klosterbauten und Felshöhlen zu einem der größten und einflussreichsten in Georgien.

Auch für die Entstehung des ersten georgischen Königreichs im 5. Jahrhundert war die vorherige Annahme des Christentums konstitutiv. Seither waren alle Einigungs- und Selbstständigkeitsbemühungen Georgiens immer mit dem Christentum verbunden – bis auf den heutigen Tag, wo die Besinnung auf die Georgische Apostolische Kirche staatstragende Bedeutung besitzt. In der zweiten Hälfte des 5. Jahrhunderts bemühte sich Vakht'ang Gorgasali um eine Stärkung der Zentralgewalt. Er schränkte die Befugnisse der Feudalherren ein, verlegte die Hauptstadt von Mtskheta nach Tbilisi und wandte sich gegen Iran, dessen Oberherrschaft über Iberien nicht mehr anerkannt wurde. Zur Sicherung seines Reiches ließ Vakht'ang Gorgasali zahlreiche Burganlagen errichten, unter anderem wohl auch in der Darial-Schlucht; Stadtgründungen dienten der Belebung der Wirtschaft.[47] Allerdings starb er früh im Kampf an den Folgen einer Verletzung.[48] In der georgischen Geschichtsüberlieferung gilt er als Symbolfigur des Kampfes der Iberer gegen die iranische Fremdherrschaft. Schon 537 wurde Iberien jedoch erneut von Persern erobert und zu einer Provinz Irans. Die Zustimmung der iberischen Fürsten, die sich davon größeren Einfluss im jeweiligen Territorium erhofften und die gleichzeitig eine Schwächung des von Iran abhängigen Königtums erreichten, ließ mehrere Herrschaftsgebiete entstehen, in denen sich jeweils Dynastien herausbildeten, die zwar der georgischen Gesellschaft Konstanz verliehen, aber auch einen bis in die Gegenwart bestehenden Regionalismus begründeten. Im Nordwesten entstand

3.07 Denkmal für Vakht'ang Gorgasali in Tbilisi (August 2019)

Ende des 8. Jahrhundert, auch Mingrelien und Teile Imeretiens umfassend, durch Abspaltung vom früheren Egresi ein eigenständiges abchasisches Königreich, das erst im „Goldenen Zeitalter" wieder im georgischen Königreich aufging. Lazika konnte sich den Persern widersetzen und bekräftigte den auf den Einfluss Ostroms zurückgehenden Bund mit den Byzantinern, der der griechischen Sprache eine bleibende Bedeutung im westgeorgischen Tiefland und an der Schwarzmeerküste sicherte. Südlich daran anschließend erstreckte sich inzwischen das Königreich von T'ao-K'larjetien. Dort gelang es König Ashot I. aus der Familie der Bagrat'ioni, die Territorien Shida Kartli, T'ao, Artani (heute Ardahan in der Türkei), K'ola, K'larjeti, Javakheti, Samtskhe und Trialeti zusammenzufassen. Tbilisi war damals Hauptort eines Emirats im Bereich des heutigen Kvemo Kartli, an das sich nördlich und östlich das Fürstentum Kachetien anschloss. Östlich davon bildete das christliche Albanien eine Wurzel des heutigen Aserbaidschan.[49]

Die genannten Königreiche und Fürstentümer darf man sich wohl kaum als zentralisierte Staaten vorstellen. Vielmehr bestanden – insbesondere in entlegeneren Gebirgsräumen – zusätzliche Lokalherrschaften auf Clanbasis. Sie hatten jeweils eigene Rechtsvorstellungen, die auf überlieferten Bräuchen beruhten. Die größeren Territorien wurden zu mehrfachem Frontwechsel gezwungen: Im 6. Jahrhundert hatten die Iraner die Herrschaft über Albanien, Armenien und Iberien übernommen, die aber in den 570er Jahren wieder zu Ende ging, als sich Iberien mit Hilfe von Byzanz befreite, dann aber auch rasch wieder die Unabhängigkeit von Byzanz suchte.

Betrachtet man die Entwicklung der Kulturlandschaft Georgiens im Früh- und Hochmittelalter, sind Klimaschwankungen zu berücksichtigen, die die Besiedlung höherer Gebirgslagen und den Handel über den Großen Kaukasus in der Spätantike und im Mittelalter beeinflussten: Auf relativ warme Verhältnisse in den ersten nachchristlichen Jahrhunderten folgte bis zum Beginn des 11. Jahrhunderts eine Abkühlung, die den Handel über das Gebirge wegen verschneiter Pässe erschwerte. In der Folgezeit ermöglichte das hochmittelalterliche Klimaoptimum wieder eine Besiedlung und Bewirtschaftung höherer Lagen, bis die frühe Neuzeit mit der sog. Kleinen Eiszeit weniger günstige Verhältnisse zeigte.

Arabereinfälle veränderten die politischen Beziehungen in der Mitte des 7. Jahrhunderts. In Westgeorgien wurden die Araber von den Herrschern Lazika-Egrisis nunmehr zur Unterstützung gegen Byzanz gerufen. Andere Landesteile blieben von Übergriffen verschont, weil die Araber Geschenke der Fürsten als freiwillige Tributzahlung auffassten, so dass sie Schutzabkommen schlossen, die den Kartliern persönliche Freiheit, allerdings unter arabischer Oberherrschaft, sicherten. 645 wurde die iberische Hauptstadt Tbilisi eingenommen und ein Emirat eingerichtet. Ein Aufstand gegen die Araber 681/82 blieb zwar erfolglos, doch wuchs der Widerstand, und mehrere Fürstentümer wie T'ao-K'larjetien, Kachetien, Heretien, Egrisi und Abchasien bemühten sich um größere Eigenständigkeit. Westgeorgien fühlte sich dabei von zwei Seiten bedroht, nicht nur von den Arabern, sondern auch von Byzanz. Während Egrisi unter diesem Druck an Bedeutung verlor, erstarkte Abchasien, das sich Ende des 8. Jahrhunderts von der Araberherschaft befreite und seinen Einfluss auf große Teile Westgeorgiens (unter Einschluss von Svanetien und Rach'a) ausdehnte. Staatlichkeit bildete sich im Lauf des 8. und 9. Jahrhunderts auch in Kachetien und anderen Fürstentümern aus, dazu in einigen untergeordneten Herrschaften wie in den heretischen Eristaventümern Sht'ori, Khornabuji, Vejini, Machi, Arishi und anderen, deren Konsolidierung die zunehmende territoriale Zersplitterung Georgiens verdeutlicht.[50] 735 unternahmen die Araber eine Strafexpedition gegen Kartlien und erneuerten das Emirat von Tbilisi. Dieses Vordringen der Araber löste Bevölkerungsbewegungen aus, die insbesondere den Südwesten Georgiens und die heutige Nordosttürkei betrafen. Während Teile der herrschenden Oberschicht nominell zum Islam übertraten, behielt der größte Teil der Bevölkerung trotz zeitweiliger Verfolgung und arabischer Islamisierungsbemühungen seine christliche Orientierung; nur der Osten Südkaukasiens wurde muslimisch. Die arabische Kultur, vor allem Sprache und Schrift, konnte jedoch in Georgien kaum Fuß fassen. Stattdessen lebte die georgische Literatur auf, damals vor allem in Form von Hagiographien. Zahlreiche neue Kirchen und Klöster wurden gebaut, mit besonderer Dichte in T'ao-K'larjetien.[51] Der Niedergang des Kalifats der Abbasiden ließ die Territorien in Georgien wieder erstarken; Abchasien im Westen, Kachetien und das Fürstentum Heretien im Osten konsolidierten sich ebenso wie T'ao-K'larjeti im Südwesten. 853 wurde Tiflis nochmals von den Arabern eingenommen, doch verlor das Emirat Tbilisi im Lauf des 9. und 10. Jahrhunderts an Bedeutung und musste auch territoriale Verluste beim Aufstieg anderer Staatsbildungen hinnehmen. Ende des 9. Jahrhunderts löste es sich vom Kalifat, existierte aber als selbstständiges Emirat noch zwei Jahrhunderte fort, bis Davit Aghmashenebeli 1122 die Stadt eroberte, von da an immer der wichtigste Ort in Georgien. Zunehmend geriet das Land in den Einflussbereich mächtiger Nachbarn, insbesondere der Sassaniden. Eine erste kulturelle Blüte im 10./11. Jahrhundert wurde durch den Seldschukeneinfall 1064 beendet, der Javakhetien verheerte und Flüchtlingsströme auslöste.

Die Auseinandersetzungen im Mittelalter machten vielfachen Festungsbau erforderlich. Eine der größten Festungen entstand in Anakopia (heute Neu-Athos – Novyj Afon; abchas. Афон ҿыц) mit der Zitadelle, deren Ursprünge wohl bis ins 4. Jahrhundert n. Chr. zurückreichen. Weitere bedeutende Festungen wurden in Tbilisi mit dem Ausbau von Shuristsikhe (Nariq'ala), mit der großen Festungsmauer in Telavi oder der Festung Kvet'era am Ilt'o/Alazani errichtet.

Der Beginn des „*Goldenen Zeitalters*" in der mittelalterlichen Geschichte Georgiens wird mit Davit Aghmashenebeli, dem Erbauer / Erneuerer (Davit IV.; reg. 1089–1125), angesetzt, dem es zu

3.08 Denkmal für Davit Aghmashenebeli – jetzt an der nördlichen Stadteinfahrt nach Tbilisi (Mai 2019)

3.09 Grabplatte für Davit Aghmashenebeli im Kloster Gelati bei Kutaisi (Juni 2018)

Beginn des 12. Jahrhunderts gelang, die seldschukische Macht abzuschütteln, die Ansprüche der Regionalfürsten zu beschneiden, das kartvelische Königtum zu restaurieren, die Herrschaft über Tbilisi, Dmanisi und Kachetien-Heretien auszudehnen und damit ein Reich auf der Grundlage gleicher Sprache und Religion zu begründen. Davit Aghmashenebeli führte Reformen in Militär und Verwaltung durch und konnte die königliche Autorität über die georgische Kirche wiederherstellen. Damals wurde auch der heutige Staatsname *sakartvelo* für das vereinigte Königreich üblich.[52] Die Kreuzzüge unterstützten indirekt die Expansion Georgiens, weil die Kampfeshandlungen um das Heilige Land die militärischen Kräfte der Gegner Georgiens banden. Dies ermöglichte ein weiteres Ausgreifen nach Osten, wo Davit Širvan (Sharvan) eroberte und damit schließlich ein vom Schwarzen Meer zum Kaspischen Meer reichendes Königreich schuf. Er sicherte die Pässe über den Großen Kaukasus, insbesondere im Bereich der späteren Georgischen Heerstraße. So legte er zwar die Grundlagen für ein Großreich – jedoch mit einer Belastung, die durch die ethnische und religiöse Gemengelage zustande kam, denn er lud auch Ausländer ein, die in den vorangegangenen Kriegen devastierten Gebiete zu besiedeln. So gelangte eine bedeutende Gruppe armenischer Händler in das als Stadt neu gegründete Gori. Auf Davit geht schließlich der Bau bedeutender Kirchen und Klöster zurück, so beispielsweise die Anlage des als Akademie ausgelegten Klosters Gelati bei Kutaisi.

Dem Mythos ein Gesicht geben: Denkmalkultur in Georgien

Die georgische Geschichtsschreibung feiert die Großen ihrer Vergangenheit nicht nur in historiographischen Darstellungen, sie würdigt sie auch in Denkmälern, die gewissermaßen als Stein gewordene Geschichte zu lesen sind, und dies in dreifacher Hinsicht: (1) Zunächst wird die dargestellte Persönlichkeit in ihrer Bedeutung hervorgehoben. Dies gilt für Herrscher und Politiker ebenso wie für Künstler und Wissenschaftler. (2) Da für Persönlichkeiten aus der weit zurückliegenden Vergangenheit keine Ansichten überliefert sind, idealisiert in der Regel die Darstellung der Person zugeschriebene Eigenschaften und Fähigkeiten. (3) Zugleich sind Denkmäler für die Zeit, in der sie entstanden und aufgerichtet wurden, Ausdruck der Geschichtsauffassung, denn mit der Auswahl erfolgt zugleich eine Bewertung.

Die meisten heute in Georgien stehenden Denkmäler stammen aus der Sowjetzeit; Geschichte sollte – in wohl überlegter Auswahl, versteht sich – auch in der Siedlungsentwicklung einen Platz finden; der Standort hat Symbolcharakter. So steht „Mutter Georgien" allmächtig über dem zentralen Bereich von Tbilisi; Vakht'ang Gorgasali behielt seinen Standort bei der Met'ekhi-Kirche über dem linken Mt'k'vari-Ufer, während Davit Aghmashenebeli der Expansion der Hauptstadt nach außen folgte und heute nahe der Einfallstraße in Didube steht.

Geschichtswahrnehmung unterliegt kontinuierlichem Wandel und lässt Denkmäler auch verschwinden. Lenin musste in Tbilisi „seinen" Platz im doppelten Sinn räumen: Der sowjetische Leninplatz wurde zum Freiheitsplatz, die Statue durch eine (durchaus umstrittene) Säule mit dem Hl. Georg ersetzt. Stalin verlor den Platz vor dem Rathaus seiner Geburtsstadt Gori, ohne dass ein Nachfolger an seine Stelle rückte.

Mit den Größen aus Kunst und Wissenschaft geht die Nachwelt nachsichtiger um: Die zahlreichen Plaketten, die an Gebäuden in Sololak'i, Mtats'minda, Vera und Vak'e an verdiente Persönlichkeiten des 19. und 20. Jahrhunderts erinnern, haben die politischen

Umbrüche größtenteils unverändert überstanden. Aber auch hier gibt es Ausnahmen: Am Gebäude des ehemaligen Priesterseminars in Tbilisi befand sich in den 1970er Jahren noch eine Tafel in russischer Sprache, die an den ehemaligen Priesterschüler Josif Džugašvili (Jugashvili) erinnerte (leider hat der Autor es damals versäumt, diese Tafel zu fotografieren); in den 1980er Jahren waren nur noch die Löcher für die Anbringung der Tafel zu sehen, und inzwischen wird das Areal neu bebaut.

Zu Beginn des 12. Jahrhunderts dehnte die Dynastie der Bagrat'ioni ihren Einfluss über Armenien aus. Das führte dazu, dass Tbilisi und Gori eine erhebliche Zuwanderung von Armeniern erlebten, die nunmehr als Teil der Stadtbevölkerung den Handel dominierten. Der Einigungsprozess in Georgien ging von den randlichen Territorien aus, die die Macht über Kartlien anstrebten, nicht von Städten.[53] Dass dabei das Bewusstsein eines gemeinsamen Georgiertums tragend war, erscheint allerdings als eine nationale Interpretation aus späterer Zeit. Ohne einem unangebrachten Geodeterminismus das Wort reden zu wollen, begünstigten wohl die klimatischen Verhältnisse im mittelalterlichen Wärmeoptimum den Aufstieg Georgiens: Die Erwärmung öffnete zusätzliche Handelswege über Hochgebirgspässe, und die landwirtschaftliche Produktion konnte in größere Höhen ausgedehnt werden, was Besiedlung und Bewirtschaftung auch im Gebirge ermöglichte. Da aus dem Handel zusätzliche Einnahmen generiert wurden, wurden die natürlichen Ressourcen nicht übermäßig strapaziert, sondern konnten nachhaltig genutzt werden. Allerdings mussten die Handelswege auch gesichert werden; in dieser Zeit entstanden die Wehrtürme, die bis heute das Landschaftsbild Hoch-Svanetiens und Tushetiens bestimmen.[54]

Davits Nachkommen, die weitverzweigte Familie der Bagrat'iden, stellten bis zum Ende der georgischen Monarchie die Könige und Königinnen. Seine Enkelin, die legendäre Königin Tamar (reg. 1184–1213) machte Georgien zur regionalen Führungsmacht, erreichte die größte territoriale Ausdehnung Georgiens und förderte Kunst und Bildung. Bedeutende kulturelle Zentren entwickelten sich mit den beiden georgischen Akademien, in denen sich mittelalterliche Gelehrsamkeit sammelte, in Imeretien in Gelati, in Ostgeorgien (Kachetien) in Iqalto. Eine Blü-

3.10 Kathedrale Svet'itskhoveli in Mtskheta (September 2019)

3.11 Höhlensiedlung und -kloster Vardzia (September 2010)

3.12 Ausgrabung der mittelalterlichen Stadt Dmanisi (Mai 2019)

3.13 Kloster Davit Gareja an der georgisch-aserbaidschanischen Grenze (Mai 2019)

te der Literatur wurde mit Shota Rustavelis Epos „Der Recke im Tigerfell" (*vepkhistiqaosani*) begründet, daneben entstanden weitere Heldenlieder. Auch Philosophie und Geschichtsschreibung florierten, kurz: Georgien entwickelte sich zu einem nach damaligen Maßstäben modernen Staat mit hohem Bildungsniveau. Allerdings entstand kein Nationalstaat, denn das mittelalterliche Georgien umfasste auch christliche Bevölkerung in armenisch besiedelten Gebieten sowie schiitische und sunnitische Muslime im Westen und Osten Südgeorgiens. Da die Wirtschaft aufblühte, waren die Genueser Kolonien Lo Vati (heute Batumi) und Sevastopol (heute Sukhum) wichtige Umschlagplätze, die am Ufer des Schwarzen Meeres für den Handel mit dem Abendland entstanden. Die Bauern gerieten zwar unter zunehmende Abhängigkeit ihrer jeweiligen Herren, profitierten aber von technischen Neuerungen, insbesondere im Bewässerungswesen. Exportiert wurden Wein, Weizen, Pferde, Wolle und Textilien sowie hochwertige Juwelierarbeiten und Töpfereierzeugnisse.[55]

Als markante Kirchenbauten des „Goldenen Zeitalters" entstanden im 11. Jahrhundert an der Stelle einer Vorgängerkirche die Kathedrale Svet'itskhoveli in Mtskheta, die Kuppelkirche von Samtavisi sowie die Bagrat'i-Kathedrale in Kutaisi. Im 11. und 12. Jahrhundert wurden zudem zahlreiche kleine Kuppelkirchen errichtet, oft an sehr entlegenen Plätzen. Geschützt vor feindlichen Angriffen, aber exponiert in peripherer Lage wurden die Klöster von Davit Gareja und das Höhlenkloster Vardzia angelegt. Burgen sicherten die Herrschaft in Khertvisi, Azguri, Okros Tsikhe und an anderen Plätzen. Dmanisi erlangte große Handelsbedeutung, wie systematische Ausgrabungen aus späterer Zeit nachweisen.

Äußerer Druck und innere Fragmentierung: Jahrhunderte der Fremdherrschaft

Die Blütezeit des mittelalterlichen Georgien fand um 1220/21 ein abruptes Ende mit der mongolischen Invasion, die zunächst von Choresmiern als Vasallen der Mongolen getragen wurde, ehe diese im darauf folgenden Jahrzehnt selbst eingriffen und ab 1235 Ost- und Südgeorgien eroberten. Hohe Abgaben, die die neuen Herrscher forderten, schwächten die Wirtschaft. Vom

Herrschaftswechsel besonders stark betroffen war die Landwirtschaft, da die Mongolen kein Interesse an der Bewässerungskultur zeigten. Nach der Mitte des 13. Jahrhunderts wurden zusätzlich innermongolische Auseinandersetzungen zwischen den Ilkhanen und der Goldenen Horde, deren Angehörige von Norden her Weideland in Aserbaidschan zu besetzen versuchten, bis nach Südkaukasien getragen.[56] Diese Kämpfe auf ostgeorgischem Territorium führten zu massiven Verwüstungen im ländlichen Raum. Vergeblich versuchte man, die Mongolenherrschaft abzuschütteln. Sie dauerte bis in die erste Hälfte des 14. Jahrhunderts an und schuf zunächst durch die Aufteilung, die die Mongolen unter zwei Mitglieder der Bagrat'ioni-Familie vornahm, die beiden Königreiche Kartlien und Imeretien mit den Hauptstädten Tiflis bzw. Kutaisi, ehe die Schwäche dieser Nachfolgestaaten mehrere kleine Fürstentümer (*samtavro*) entstehen ließ. Unter König Giorgi V., dem „Glänzenden" (reg. 1314–1346), konnte sich Georgien 1327 von der Mongolenherrschaft befreien, allerdings zunächst nur die Tief- und Beckenländer. Die Bergbewohner, vor allem die Mtiulen im Aragvital, wurden erst einige Jahre später durch ein Gesetzeswerk (*dzeglis dadeba*) einbezogen, das Rechtssicherheit durch Kodifizierung versprach. In Stadt und Land lebte die Wirtschaft wieder auf.[57]

Die Restauration des georgischen Königtums wurde jedoch durch den *Einfall Timurs* und seiner Truppen jäh beendet. Zwischen 1386 und 1402 soll er das Land achtmal zerstörend durchzogen haben, ohne sein Ziel einer vollständigen Islamisierung und Türkisierung zu erreichen, wohl aber unter massiven Verlusten an Menschen, Kulturlandschaften und Wirtschaftskraft.[58] Viele Dörfer wurden entvölkert, fielen wüst und wurden vom Wald überwuchert, rückläufiger Handel schwächte vormals blühende Städte wie Samshvilde, Tmogvi und Dmanisi und ließ sie untergehen.[59] Ein erster Friedensschluss von Shamkori (1401), der zu Timurs Gunsten ausgefallen war, blieb erfolglos, so dass es 1403 zu einem nochmaligen Angriff auf das georgische Territorium kam. Erst in der Mitte des 15. Jahrhunderts konnte die Fremdherrschaft abgeschüttelt werden, wobei das Land in die Königreiche von Kartlien, Kachetien, Imeretien und das Fürstentum Samtskhe-Saatabago (Meskhetien) zerfiel. Die territoriale Zersplitterung setzte sich mit der Herauslösung Mingreliens, Guriens, Abchasiens und Svanetiens aus Imeretien fort. Nur in der Auseinandersetzung mit dem expandierenden Osmanischen Reich agierten die georgischen Herrschaftsgebiete meist gemeinsam. Indes ermöglichte es die anhaltende Schwächung Südkaukasiens durch innere Kämpfe Iran, Tiflis, Lori und Armenien zu besetzen. Ende des 15. Jahrhunderts gab es schließlich auf dem Boden des heutigen Georgien drei Königreiche (Kachetien, Kartlien, Imeretien), ferner ein mächtiges (Samtskhe) und mehrere schwache Fürstentümer (Mingrelien, Abchasien, Gurien, Rach'a-Lechkhumi).

Das östliche Hoch-Svanetien war keiner Territorialherrschaft unterworfen. In diesem "freien" Svanetien hatte sich nicht ein feudalistisches System wie in den anderen Territorien ausgebildet, sondern es entstand eine von Clans dominierte Struktur unabhängiger Dorfgemeinschaften in Lat'ali, Lenjeri, Mulakhi, Mulazhi, Ieli, Tsvirmi, Ipari, Adishi, Kala und Ushguli, die sich auch in den folgenden Jahrhunderten hielten und die Basis für besondere Rechtsansprüche bei der Landnutzung darstellten.[60] Die Weiler innerhalb der heutigen Gemeinden spiegeln noch heute die auf familiäre Zusammengehörigkeit gegründete Sozialstruktur nach, der die Landnutzung folgt. Dabei bezog sich das „frei" in der Gebietsbezeichnung nicht nur auf die Freiheit von jeglicher Oberherrschaft, sondern auch auf das Bestreben jeder Familie, unabhängig von anderen zu leben und zu wirtschaften – im Ernstfall auch in blutiger Auseinandersetzung mit den Nachbarn.[61] Die übrigen ethnisch definierten Hochgebirgsterritorien gerieten unter die Herrschaft von Tieflandterritorien, Lechkhumi und Nieder-Svanetien unter die Herrschaft Mingreliens,

3.14 Festungsanlage Khertvisi (September 2010)

Rach'a unter diejenige Imeretiens, Khevi und Mtiuletien unter die Kartliens, Pshavien, Khevsuretien und Tushetien unter die Kachetiens. Dadurch konnten Hochgebirgsgebiete den Tieflandbewohnern bei Auseinandersetzungen Zuflucht bieten, während sie umgekehrt wesentliche Versorgungsgüter aus den Tieflandterritorien erhielten.[62]

Dass sich die Regionalfürsten um größeren Einfluss und politische Unabhängigkeit ihrer Territorien bemühten, lief nicht ohne kriegerische Auseinandersetzungen ab. Diese wurden von sehr häufig wechselnden Koalitionen zwischen den einzelnen Herrschern durchgeführt, die zusätzlich Hilfe bei ausländischen Nachbarn suchten, wodurch die Auflösung Georgiens in Fürstentümer und Feudalherrschaften noch unterstützt wurde. Ausdruck der erstarkenden Lokal- und Regionalmächte, aber auch der Rivalitäten und kriegerischen Auseinandersetzungen war der erneute Bau von Burgen, als Festungen meist an prominenten Plätzen errichtet. Sie dienten der Machtdemonstration und boten Rückzugsmöglichkeit, ermöglichten aber auch die Kontrolle über den Handel. Einige Territorialherren bemühten sich, mit eigenen Münzprägungen wirtschaftliches Gewicht zu erreichen. So ist für Akhaltsikhe eine Münzstätte nachgewiesen, die vom 14. bis 16. Jahrhundert eigene Münzen prägte.[63]

Zu den kulturellen Leistungen des Mittelalters, die für die Kulturlandschaft von Bedeutung sind, gehört die weitere Entwicklung der Kirchenbaukunst. Die umfassende Kraft der georgischen Orthodoxie bewirkte, dass Kirchen zum prägenden baulichen Element aller Siedlungen wurden und damit – soweit sie erhalten sind – das Bild der Kulturlandschaft bestimmten.

Die territorialen Auseinandersetzungen werden aber auch in Höhlensiedlungen wie Vardzia sichtbar, dem im 12. Jahrhundert als Klostersiedlung angelegten, in junge Tuffe eingegrabenen Kloster in Javakhetien, das im Kriegsfall viele tausend Menschen beherbergen konnte.

Zerfall in Territorialherrschaften

Wie ganz Südkaukasien blieb das durch den Auflösungsprozess geschwächte Georgien unter dem Druck benachbarter Reiche. Vom 16. bis ins späte 18. Jahrhundert spiegeln die Grenzen in Kaukasien den ständigen Wechsel der Vorherrschaft im regionalen Kräftedreieck zwischen Georgien, dem Osmanischen und dem Persischen Reich wider; zugleich zeichnen Grenzverschiebungen den beginnenden säkularen Konflikt zwischen dem Russischen Reich und seinen vorderasiatischen Nachbarn nach. Und schließlich dokumentiert die Geschichte der Binnengrenzen das Vordringen russischer Herrschaft in diesen Teil des Orients.[64] War oben mit dem hochmittelalterlichen Wärmeoptimum argumentiert worden, um die wirtschaftliche Konsolidierung im „Goldenen Zeitalter“ zu begründen, zeichnet der Auflösungsprozess im Spätmittelalter den

Übergang zu feucht-kühleren Zeiten (sog. „Kleine Eiszeit“) nach. Die Hochtäler des Hochgebirges verloren an wirtschaftlicher Bedeutung, die Passwege waren weniger zugänglich, so dass sich auch die Handelswege umorientierten. Die Eroberung Konstantinopels 1453 bewirkte ein Übriges: Der Handel Genueser Kaufleute über die Hafenstädte am östlichen Schwarzen Meer kam zum Erliegen, die Handelswege durch Südkaukasien verloren ihre frühere Bedeutung, und die Wirtschaft der Städte ging zurück – außer in Kachetien, das Mitte des 16. Jahrhunderts von der Nähe zu dem Seidenstraßenzweig zwischen Nordiran und Astrachan' profitieren konnte.

Als sich im frühen 16. Jahrhundert die Safaviden-Dynastie in Persien etabliert hatte, traf sie in Georgien auf die vier relativ schwachen Königreiche und etliche Fürstentümer. Hinzu kamen kleine Feudalherrschaften (*satavado*, russifiziert: *eristavstvo*) des Adels. Grenzen, wie sie für diese Zeit auf manchen Geschichtskarten eingetragen werden, bestanden nicht im Sinne von Delimitationen, sondern die Herrschaft wurde durch die Macht über Festungen, Klöster, Brücken gesichert. Und durch die Macht über Menschen, die als Soldaten oder als Arbeitskräfte dienten, im Kriegsfall zu Beute oder zu Verhandlungsmasse bei Friedenverträgen wurden.[65]

Während Westgeorgien unter osmanische Herrschaft fiel, wurde Ostgeorgien immer wieder von Kriegszügen der eigentlich verbündeten Iraner überrannt. Iran setzte sich in Ostgeorgien gegen eine drohende Vorherrschaft des Osmanischen Reiches durch und machte Kartlien und Kachetien zu Vasallenstaaten. Der Vertrag von Amasya legte 1555 das Likhvi-(Surami-)Gebirge als Grenze zwischen dem Osmanischen und dem Safavidenreich fest. Da diese beiden Großmächte einander misstrauten, blieben die georgischen Königreiche und Fürstentümer nominell bestehen. Um sich Macht und Einfluss zu sichern, konvertierte sogar die Königsfamilie der Bagrat'iden formal zum Islam. Ende des 16. Jahrhunderts hielten Osmanen einen großen Teil Südkaukasiens besetzt und erreichten einen Friedensschluss mit Iran. Als Shāh Abbās I. (1571–1629; reg. 1587–1629) die osmanische Vorherrschaft anerkannte, wurden die europäischen Staaten so beunruhigt, dass sie eine Allianz mit Iran gegen das Osmanische Reich eingingen. Selbst nach den verheerenden Invasionsfeldzügen zu Beginn des 17. Jahrhunderts musste Shāh Abbās I. den Fortbestand der georgischen Territorien garantieren. Immer wieder wurden weite Landstriche verwüstet, Bevölkerung zur Abwanderung oder Umsiedlung gezwungen.[66] Unter anderem wurden Zehntausende Georgier nach Persien umgesiedelt, um die Landwirtschaft in der Provinz Fereydan zu entwickeln, wo heute noch Nachkommen jener Immigranten leben und einen eigenständigen georgischen Dialekt bewahren.

Da die Entwicklung in den einzelnen Territorien nicht auf gleiche Weise verlief, ist ein differenzierender Blick sinnvoll.

Kachetien erlebte schon seit der zweiten Hälfte des 15. Jahrhunderts eine relativ friedliche Entwicklung und konnte sich, nachdem es die Oberherrschaft von Shāh Abbās I. erst einmal anerkannt hatte, aus den Auseinandersetzungen weitgehend heraushalten. Auch in der Zeit der iranischen Vasallität blieb das patrimoniale System des Grundbesitzes erhalten. Die Landwirtschaft entfaltete sich mit Weinbau, Krappanbau, Seidenraupenzucht und Pferdezucht, das Land nahm Handelsbeziehungen zu den Nachbarstaaten auf. König Alexandre II. (1527–1605; reg. 1574–1605), der Städtebau und Landwirtschaft besonders förderte, wurde allerdings von Shāh Abbās zur Abdankung gezwungen, nachdem er sich politisch Russland anzunähern versucht hatte. Um eine zu deutliche Eigenständigkeit zu unterbinden, gewährte der Shah einer Turkmenengruppe die Ansiedlung in Kachetien. Zugleich nahm der Druck, zum Islam zu konvertieren, so zu, dass der kachetische König Teimuraz zeitweise gezwungen war, Exil in Imeretien zu suchen. Zur Sicherung der persischen Herrschaft wurden die drei Festungen Alaverdi, Bacht'rioni und Q'araghaji weiter ausgebaut, denn nach dem Tod von Abbās I. verlor die iranische Oberherrschaft an Zustimmung. Immer wieder wurden die fremden Truppen in Überfälle verwickelt, die teilweise von den Bergbewohnern ausgingen. So gelang es dem Tushen Zezva Gaprindauli, Tushen, Khevsuren und Pshaven zum Aufstand gegen die Fremdherrschaft zu vereinigen und die Unterstützung des Eristavi des Aragvi-Tals zu gewinnen. Der Sieg der Georgier 1659 bei Bakht'rioni und Alaverdi verhinderte möglicherweise eine umfassendere Islamisierung Kachetiens. War bislang Gremi Hauptstadt dieses Königreichs gewesen, so verlegte Artchil (reg. 1663–1675) diese Funktion nach Telavi. Anfang des 18. Jahrhunderts erlebte Kachetien vermehrt Überfälle dagestanischer Feudalherren, danach lebte die Macht der Shahs nochmals auf. Zeitweise wurde Kachetien in die großräumige Auseinandersetzung zwischen Persischem und Osmanischem Reich einbezogen, erfuhr die Zerstörung von Siedlungen und landwirtschaftlichen Kulturen und damit einen erneuten Verfall der Kulturlandschaft, bis es 1749 seine Souveränität wiedererlangte.

Imeretien hatte 1535 Samtskhe erobert und dort die Herrschaft übernommen, während gleichzeitig Javakhetien an Kartlien fiel. Die Verteidigung Samtskhes gegen die Osmanen erforderte den Ausbau von Befestigungen und Burgen, konnte aber Mitte des 16. Jahrhunderts die Herrschaft der Osmanen über große Teile West- und Südgeorgiens nicht verhindern. Die imeretische Vormachtstellung unter den westgeorgischen Territorien war nicht unumstritten: Ein Bündnis zwischen Odishi (Mingrelien) und Gurien ließ in der zweiten Hälfte des 16. Jahrhunderts eine neue Machtkonstellation entstehen, und im folgenden Jahrhundert entschied sich der Kampf um die Vorherrschaft unter Fürst Levan Dadiani zugunsten Mingreliens. Er übernahm auch die Herrschaft über Abchasien und Gurien. Bis zu seinem Tod 1657 kam es jedoch zu keiner endgültigen Vereinigung Westgeorgiens, sondern vor allem zu einem Verfall der Wirtschaft, hervorgerufen durch zahlreiche Kriege. Städte verödeten, ein Teil der Bevölkerung wanderte ab, teils in höhere Gebirgstäler, teils nach Ostgeorgien. Die Herrschaft, die Vakht'ang V. in der Mitte des 17. Jahrhunderts von Kartlien aus auch über Kachetien und Imeretien übernahm, beruhte auf einer schwachen Herrschaftskonstruktion und währte daher nicht lange.

Die Schwäche insbesondere Mingreliens nutzte der abchasische Fürst Sust'ar Sharvidze aus, um sich an der Wende vom 17. zum 18. Jahrhundert das Gebiet zwischen K'odori und Enguri anzueignen. Die gesamte georgische Schwarzmeerküste mit den angrenzenden Territorien galt im ersten Drittel des 18. Jahrhunderts als gefährlich: Zu den inneren Auseinandersetzungen kamen die Übergriffe von Sklavenjägern, aber es erfolgte keine Eingliederung in das Osmanische Reich. Im 18. Jahrhundert nahmen die inneren Unruhen mit Bauernaufständen zu, die durch die Erhöhung der Besteuerung und die schlechte Wirtschaftslage ausgelöst wurden. Gurien näherte sich Russland an und ließ sich 1804 in den Schutzvertrag einbeziehen, den Russland mit Imeretien schloss.

Samtskhe konnte sich Mitte des 15. Jahrhunderts zeitweise völlig unabhängig von Kartliens Einfluss entwickeln, wurde aber 1578 von den Osmanen erobert und in der Folgezeit in ein osmanisches Verwaltungsgebiet (Akhaltsikhe / Çildiri) umgewandelt, ehe es erneut ein Bündnis mit Kartlien einging. 1590 erhielt Samtskhe, nun wieder unter osmanischer Herrschaft, eine neue Verwaltungseinteilung mit 1160 Dörfern in acht Verwaltungsbezirken. Der Druck auf die Bevölkerung, sich dem Islam zuzuwenden, führte zu Beginn des 17. Jahrhunderts zu massiven Abwanderungen, wobei zahlreiche Siedlungen aufgegeben wurden. Samtskhe blieb bis zum Beginn des 19. Jahrhunderts Teil des Osmanischen Reichs und wurde erst 1829 nach dem Friedensschluss von Adrianopel als Provinz Akhaltsikhe direkt dem Russischen Reich eingegliedert.

Die wirtschaftlichen Aktivitäten waren jeweils auf relativ kleine Gebiete bezogen, denn die Routen des Welthandels führten im späten Mittelalter und in der frühen Neuzeit an Georgien vorbei. An der Süd- und Ostküste des Schwarzen Meeres war als Nachfolgestaat von Byzanz das griechisch dominierte Reich von Trapezunt entstanden, das bis 1461 bestand. Dann stärkte die Eroberung von Konstantinopel das Osmanische Reich und zwang den Handelsaustausch zwischen (West-) Europa und (Ost-) Asien, auf andere Routen auszuweichen: Entdeckungsreisen, die von den westeuropäischen Seemächten ausgingen, eröffneten neue Schifffahrts- und Handelswege, Eroberung und Erschließung Sibiriens durch Russland verschoben die Landwege nach Norden. Damit büßte Georgien sein wirtschaftliches Gewicht ein: Die nach dem „Goldenen Zeitalter" entstandenen kleineren Territorien und Herrschaften schotteten sich gegeneinander ab und befehdeten einander, die Handelswege verloren an Bedeutung, und auch die Städte empfingen keine Entwicklungsimpulse mehr. Der Bau oder die Wiederherstellung von Burgen und Festungen wurde zu einem weiteren Kennzeichen des Spätmittelalters und der frühen Neuzeit. Im Einzugsgebiet des Mt'k'vari zwischen Akhaldaba und Mtskheta (also auch an den Nebenflüssen Suramula, Liakhvi, Mejuda, Ksani und an den westlichen Nebenflüssen des Aragvi) ließen sich die baulichen Reste von 66 Festungen feststellen. Zu den bekanntesten Befestigungen gehört neben Tiflis mit der erneut ausgebauten Festung Nariq'ala über der Altstadt die Burganlage von Gori, Goristsikhe. Als isolierte, in ihren Kirchenbauten erhaltene Festung ist Ananuri prominent.[67] Hinzu kam, dass Armenien nicht mehr als christliche Macht existierte, sondern zum größten Teil unter türkischer Gewalt stand, die zwar das Christentum bestehen ließ, aber die weltliche Herrschaft in Khanaten organisierte. Da auch Nordkaukasien mehr und mehr unter den Einfluss des sunnitischen Islams geriet, während sich im östlichen Südkaukasien von Iran aus der schiitische Islam ausbreitete, wurde Georgien als staatliches Gebilde zu einem isolierten christlichen Archipel, zunehmend zerfallen in kleine Territorien, geeint nur durch die gemeinsame Religion, Schrift und weithin auch Sprache.[68]

Als Musterbeispiel für die Festungen kleiner Lehnsherren hat sich Ananuri im Aragvi-Tal bis heute gut erhalten.[69] Es war im 15. Jahrhundert vom Eristavi des Aragvi-Gebiets als eine

3.15 Klosterfestung Ananuri im Aragvi-Tal (August 1989)

3.16 Festungsruine Minda bei Tsesi-Barakoni (Rach'a) (September 2022)

der größeren Festungen in Ostgeorgien angelegt worden und diente im 18. Jahrhundert den georgischen Königen von Kartlien als Zufluchtsstätte. Eine ähnliche Bedeutung gewann Gremi in Kachetien, das – auf einem Felsen über der Niederung gelegen – im 16. Jahrhundert gleichermaßen Kloster und Festung war. Von der einst mächtigen Festung Minda in Rach'a haben sich dagegen nur Ruinen erhalten.

Versuche, die Mitte des 17. Jahrhunderts von dem von Iran eingesetzten Regenten Rostom Khan (reg. 1633–1658) ausgingen, von Kartlien aus die georgischen Territorien zu vereinigen, waren nur im Falle Kachetiens erfolgreich. Widerstand gegen Rostoms Nachfolger Vakht'ang V. wurde u. a. vom Eristavi des Aragvi-Tals geleistet, doch nach und nach gelang es Vakht'ang V., auch weitere Territorien an sich zu binden, indem er königstreue Gefolgsleute einsetzte, so etwa in Imeretien. Damit erlangte er schließlich – direkt oder indirekt – die Herrschaft über ganz Georgien, ohne sich der iranischen Oberhoheit zu widersetzen. So wurde seine Regierungszeit eine Phase der inneren Ruhe und der wirtschaftlichen Konsolidierung.

Zu Beginn des 18. Jahrhundert setzte sich in Kartlien unter König Vakht'ang VI. zunächst diese Phase relativer Stabilität und kultureller Blüte fort. Die Gesetzessammlung *dast'urlamali* entstand als Basis einer umfassenden Gesetzgebung, die Rechtssicherheit bringen sollte.[70] Prinz Vakhusht'i zeichnete eine Chronik und eine ausführliche geographische Landesbeschreibung des damaligen Georgiens auf.[71] Zerstörte Siedlungen wurden erneut erbaut, der Handel lebte auf, nachdem Straßen und Karawansereien wieder hergestellt worden waren, und die Landwirtschaft erlebte die Reaktivierung von Bewässerungsanlagen. Auch Tiflis sah als Hauptstadt eine neue Blütezeit; eine erste Druckerei wurde eröffnet. Es blieb aber die Fremdherrschaft. Der drohenden Überfremdung Kartliens durch Iraner und Westgeorgiens durch Osmanen stellte sich mit Sulkhan Orbeliani (Sulkhan-Saba) ein außerhalb der Königsfamilie stehender Dichter und Politiker entgegen, der sich um eine Europa zugewandte Entwicklung Kartliens bemühte, allerdings nicht die angestrebte Unterstützung Frankreichs gewann und letztlich scheiterte.

Nach dem Zusammenbruch des Safavidenreichs (1722) sah sich das Land gleich von mehreren Seiten bedroht: 1723 fielen die Osmanen in Kartlien ein und griffen in den folgenden Jahren nach Gjandža und Karabagh aus, Raubzüge der Lesghier verheerten Kachetien, und 1735 eroberten die Perser erneut das Land. Wieder suchten die eingesetzten Könige von Kartlien Hilfe von außen; dabei begannen sie nunmehr, sich nach Russland zu orientieren. 1744 musste Nadir Shāh hinnehmen, dass Erekle II. (Irak'li) in der Svet'itskhoveli-Kathedrale in Mtskheta mit orthodox-christlichem Ritus zunächst zum König von Kachetien gekrönt wurde.[72] Die Ermordung des Shāhs im Jahr 1747 ließ 1762 erneut ein georgisches Königreich mit der Vereinigung von Kartlien und Kachetien unter Erekle entstehen, der von 1762 bis 1798 regierte. Er rief die Russen als Schutzmacht ins Land, auch um Widerstände von Seiten der Regionalfürsten zu überwinden. Da seit 1789 in Imeretien mit Solomon II. ein Enkel Erekles II. herrschte, konnte mit ihm leicht ein Beistandspakt geschlossen werden. Dies verhinderte aber 1795 nicht einen letzten großen iranischen Angriff auf Tiflis unter dem Qajaren Agha-Mahmad-Khan. Die überlebende Bevölkerung wurde zum großen Teil vertrieben oder versklavt, so dass ihre Zahl in Kartlien und Kachetien auf etwa die Hälfte schrumpfte.[73]

Als Russland in der zweiten Hälfte des 18. Jahrhunderts im Vorland des nördlichen Kaukasus die ersten Stanicen (Militärsiedlungen kosakischer Wehrbauern) anlegte, waren Adscharien und Meskhetien Territorien des Osmanischen Reiches, Abchasien und Imeretien-Mingrelien standen in osmanischer Abhängigkeit. Tiflis war von iranischen Truppen erobert und zerstört worden, so dass nunmehr nicht nur das Gebiet des heutigen Aserbaidschan und Armeniens, sondern auch

Ostgeorgien vom Safavidenreich abhängig war, doch selbst dessen Zusammenbruch brachte keine Befriedung der Region.

Die Wirtschaft war – nicht zuletzt wegen der fehlenden Fernhandelsbeziehungen – im Wesentlichen agrarisch geprägt, oft auf bloßem Subsistenzniveau. Die Handwerker und Händler, die sich in Städten niederließen, gehörten vielfach anderen Glaubensrichtungen an und waren daher minder geachtet. Es blieb eine latente Bedrohung durch die Nachbarreiche der Osmanen und Perser, zu denen nun mit dem Russischen Reich eine weitere Großmacht trat, welcher sich Georgien wegen der Gemeinschaft im christlich-orthodoxen Glauben annäherte.

Russische Hegemonie und Herrschaft

Mit dem Eingreifen Russlands im Südkaukasus änderte sich die Blickrichtung: Während das Osmanische Reich und Iran als Fremdherrschaften wahrgenommen wurden, die den Islam durchzusetzen bemüht waren, bestand für Georgien mit Russland wenigstens diese Verwandtschaft des orthodoxen Glaubens. Russland hatte seine Herrschaft seit dem 18. Jahrhundert nach Süden ausgeweitet und den Kaukasus in den Blick genommen. Als das Königtum Kartlien-Kachetien Ende des 18. Jahrhunderts erneut unter den Druck Persiens geriet, trat Russland mit dem zwischen Zarin Katharina II. und dem auf Einigung Georgiens und wirtschaftlichen Aufschwung bedachten König Erekle II. 1783 geschlossenen Vertrag von Georgievsk als Schutzmacht auf.[74] Danach sollte das Königtum der Bagrat'iden formell weiterbestehen, Kartlien-Kachetien aber zum russischen Protektorat werden. Nach dem frühen Tod von Erekles Nachfolger Giorgi XII. beschloss Zar Alexander I. jedoch, keinen neuen König einzusetzen. 1800 übernahm Russland auf Betreiben einiger georgischer Adliger die Herrschaft im Land vollständig und annektierte Kartlien-Kachetien, wobei dem georgischen Adel die bisherigen Privilegien belassen wurden.[75] Jetzt musste das Russische Reich sich mit beiden südlichen Anrainern auseinandersetzen; mehrere Kriege gegen die Osmanen und die Perser prägen die Entwicklung Südkaukasiens und das Vorschieben der russischen Macht im 19. Jahrhundert. Nach der Annexion Kartlien-Kachetiens fielen auch die anderen georgischen Territorien (1803 Mingrelien, 1804/10 Imeretien und Teile Guriens, 1809 Abchasien (als Protektorat), 1828 Poti und die Rionimündung sowie der Rest Guriens und der abchasischen Küste, 1829 Meskhetien bzw. Samtskhe-Javakheti, 1838 Svanetien, 1857 Teile Abchasiens) und darüber hinaus schließlich das gesamte Südkaukasien an das Russischen Reich.[76] Die Friedensschlüsse von Gjulistan (1813), Turkmančaj (1828) und Adrianopel (1829) bestätigten Russlands territoriales Ausgreifen; das Osmanische Reich verlor auch die kaukasischen Festungen. Der Abschluss war erreicht, als 1864 Abchasien vollständig der russischen Verwaltung unterstellt und in das Gouvernement Kutaisi eingegliedert worden war. Damit hatte Georgien zum erstenmal seit dem Mittelalter wieder eine territoriale Einheit erreicht, wenn auch unter russischer Herrschaft und administrativ aufgeteilt auf die beiden Gouvernements Kutaisi und Tiflis. Der Berliner Kongress 1878 sprach schließlich das Gebiet von Kars und damit große Teile des ehemaligen Königreichs T'ao-K'larjetien Russland zu.

Georgien hatte sein Königtum verloren; die entmachteten Bagrat'iden erhielten Exil in Russland, verloren aber die Bindung an ihr Land. Die Aufhebung der Autokephalie der georgischen Kirche schwächte einen weiteren Stützpfeiler der georgischen Identität. Doch änderte sich die Sozialstruktur zunächst kaum.[77] Der weit verstreute georgische Adel konnte sich von der russischen Verwaltung anerkennen lassen und behielt dann seinen wirtschaftlichen Einfluss, soweit dieser nicht bei den in Tbilisi und Gori dominierenden Armeniern lag. Die ländliche Bevölkerung verblieb in der Abhängigkeit von adligen Grundbesitzern, und erst im Lauf des 19. Jahrhunderts wanderte nach der Bauernbefreiung ein Teil in die wenigen durch erste Industrialisierungsansätze wachsenden Städte ab. Russlands Interesse an den Gebietsannexionen war kaum ökonomisch bestimmt, denn Südkaukasien bot dem Russischen Reich (noch) keine Bodenschätze. Auch zusätzliches Siedlungsland war in dieser Phase nicht gefragt, denn die Ansiedlung russischer Sektierer war eher ein Abschieben unbequemer Bevölkerung an die Peripherie des Reiches als ein planmäßiger Kolonisationsvorgang. Allein die Sicherung der Machtbasis gegenüber Iran und dem Osmanischen Reich stand im Vordergrund. Daher scheuten die russischen Militärführer auch nicht davor zurück, zur Durchsetzung der Staatsgewalt die Zivilbevölkerung im ländlichen Raum zu verfolgen und umzusiedeln oder Dörfer niederzubrennen.

Fürst Michail Semënovič Voroncov

Zu den bedeutendsten frühen Statthaltern in Südkaukasien gehört Fürst Voroncov (1782–1856). Er war als Diplomatensohn in Großbritannien geboren worden und erst im Alter von 16 Jahren nach Russland gekommen, dann im Militär aufgestiegen, nachdem er sich in den russisch-persischen Auseinandersetzungen 1803–1804 hervorgetan, an den Napoleonischen Kriegen 1805–1807 teilgenommen und 1809–1811 gegen die Türken gekämpft hatte. 1825 wurde er zum General befördert, ehe er 1828–1829 wieder am russisch-türkischen Krieg teilnahm. Es folgten mehrere Posten in Südosteuropa. Nachdem Voroncov 1845 zum Oberbefehlshaber und als Statthalter (*namestnik*) quasi zum Vizekönig im Kaukasus ernannt worden war, bewies er neben militärischer Stärke (letztlich erfolgloser Dargo-Feldzug gegen Shamyl 1845) auch große Vertrautheit mit zivilen Aufgaben: Er führte administrative und soziale Reformen durch und bemühte sich um eine im damaligen Rahmen moderne Entwicklung der Wirtschaft Südkaukasiens. So sorgte er für freien Gütertransit für europäische Güter und initiierte Tarifregelungen, die den Handel ankurbelten. Auch die beginnende Umgestaltung von Tiflis zu einer mehr und mehr europäisch wirkenden Großstadt geht im großen Maße auf ihn zurück: Breite Avenuen und repräsentative Plätze bestimmten das Aussehen der Stadterweiterungen Mitte des 19. Jahrhunderts. Die ersten Theater und eine öffentliche Bibliothek öffneten zwischen 1846 und 1850, ferner ließ Voroncov Schulen, u. a. in Kutaisi das zweite Gymnasium in Südkaukasien, und Krankenhäuser einrichten. Besonderes Augenmerk galt Ausbauten und Verbesserungen im Verlauf der Georgischen Heerstraße.[78]

Inzwischen war die Großmacht in kriegerische Auseinandersetzungen mit den kaukasischen Bergvölkern geraten, woraus sich ein langer Krieg entwickelte. Die Herrschaft über Südkaukasien, das als zu Asien gehörig galt, sollte nicht nur die Südflanke freihalten, sondern diente auch dem Schutz des orthodoxen Christentums in Georgien. Daraus entwickelte sich eine ambivalente Sicht, die Russland auf den Kaukasus hatte: Die Gebirgsmauer des Großen Kaukasus überstieg alles, was bisher im Russischen Reich an Hochgebirge wahrgenommen werden konnte, sieht man zum Zeitpunkt der Eroberung Kaukasiens von den fernab gelegenen Gebirgen Südsibiriens und des Fernen Ostens ab. Die Bergvölker erschienen als Wilde, wurden aber in Literatur und Bildender Kunst schnell als edle Wilde stilisiert; die Inbesitznahme Südkaukasiens, aus russischer Sicht Transkaukasiens, musste angesichts des milden Klimas, der landwirtschaftlichen Vielfalt und bald auch der heilbringenden Thermalquellen als Zugewinn eines Refugiums erscheinen – insbesondere, nachdem die südlichen Nachbarstaaten in mehreren Kriegen in ihre Schranken gewiesen worden waren. Die russische Literatur des 19. Jahrhunderts hat an der Konstruktion dieses Bildes kräftig mitgewirkt, und über die russische Literatur gelangten die genannten Stereotype auch nach Westeuropa. Erwähnt seien einige der bedeutendsten russischen Schriftsteller des 19. Jahrhunderts: Aleksandr Puškin (1799–1837), 1829 am Feldzug nach Erzerum beteiligt, brachte in seinem Poem *Der Gefangene im Kaukasus* den Schauplatz des Jahrzehnte währenden Kaukasienkriegs in einer Weise näher, die nicht auf militärische Erfolge abzielte. Aleksandr Bestužev(-Marlinskij) (1897–1837) entging als Dekabrist einer Verbannung nach Sibirien nur dadurch, dass er sich 1829 in den Militärdienst nach Kaukasien beordern ließ, wo er 1837 in einem Gefecht bei Adler den Tod fand. Seine Werke, insbesondere *Ammalat-Bek*, waren im 19. Jahrhundert in Russland sehr beliebt. Michail Lermontov (1814–1841) wurde zweimal zum Militärdienst in den Kaukasus strafversetzt und starb im Duell im nordkaukasischen Pjatigorsk; sein *Izmail-Bej* ist ein Musterbeispiel für die russische Wahrnehmung der kaukasischen Gesellschaft. Lev Tolstoj (1828–1910) nahm ab 1851 an russischen Feldzügen im Kaukasus teil; seine Erzählungen *Die Kosaken* und insbesondere *Hadschi Murat* schildern die Zerrissenheit der kaukasischen Bergbevölkerung zwischen Eigenständigkeit und russischer Herrschaft.[79]

3.17 Ehemaliges Statthalterpalais von Voroncov in Tbilisi, heute Palast der Jugend Georgiens (Juni 2018)

In ihrer Verwaltung war die russische Herrschaft zunächst militärisch organisiert, nachdem sich Russland gegenüber den südlichen Anrainern (Osmanisches Reich und Iran) durchgesetzt hatte. Den Zar vertrat ein Statthalter (*namestnik*). Erst 1841 übertrug man die in Russland geltende Territorialgliederung; dabei wurde Südkaukasien zunächst in das Gouvernement (*gubernija*) Georgien-Imeretien und das Kaspische Verwaltungsgebiet (*oblast'*) untergliedert. Bereits nach fünf Jahren wurde das georgisch-imeretische Gouvernement, das damals weit ins heutige Aserbaidschan reichte und auch das Gebiet von Elizavetpol' (heute Gəncə) umfasste, in die beiden Gouvernements Tiflis und Kutaisi aufgegliedert, 1849 das Gouvernement Erivan abgetrennt. Samtskhe (Meskhetien) wurde dabei dem Gouvernement Kutaisi zugeordnet, so dass das Gouvernement Tiflis keine gemeinsame Grenze mit dem Osmanischen Reich hatte. Die Neuordnung von 1867 schuf das Gouvernement Elizavetpol'.[80] Abchasien erhielt als Distrikt (*okrug*) Sukhum eine gewisse Eigenstellung. Damit wurde die vorherige Gliederung nach herrschaftlichen Territorien durch eine auf administrative Belange ausgerichtete Ordnung abgelöst, die jedoch den teilweise ethnisch und linguistisch bedingten Gegensatz zwischen Ost- und Westgeorgien nicht aufhob, sondern eher verstärkte.

Die zivile Verwaltung konnte erst nach und nach an das russische System angepasst werden; anfangs wurden, sowie keine russischen Interessen betroffen waren, die überkommenen Rechtsnormen respektiviert. Zum ersten Statthalter berief Zar Nikolaj I. den bisherigen Generalgouverneur von Novorossijsk, Fürst Michail S. Voroncov (1782–1856). Da der relativ umfangreiche georgische Adel dem russischen gleichgestellt und mit leitenden Verwaltungsaufgaben betraut wurde, entfiel eine mögliche Quelle des Widerstands gegen die russische Machtübernahme. Fürst Voroncov förderte sogar die Zusammenarbeit zwischen russischem und georgischem Adel. Mehrfache Reformen in der Verwaltung beschnitten die Rechte des Statthalters zugunsten einer Hauptverwaltung und zielten dann darauf ab, regionale Sonderbestimmungen zu reduzieren und gleichzeitig das russische Element zu stärken, ehe im Gefolge der russischen Revolution von 1905 erneut das Amt eines Statthalters eingeführt wurde. Die größten Städte Tiflis und Kutaisi waren die ersten, die eine Selbstverwaltung erhielten. Dabei ist zu bedenken, dass Tiflis bis zum späten 19. Jahrhundert von armenischer Bevölkerung dominiert wurde; Armenier konnten damit ihren wirtschaftlichen Einfluss auf die kommunale Politik ausweiten und wichtige Posten besetzen. Verwaltungssprache wurde das Russische, was vor allem im Justizwesen wichtig war. Erst die Kenntnis der russischen Sprache ermöglichte den sozialen Aufstieg, Unkenntnis hemmte ihn. Dadurch wurde jedoch die von der russischen Herrschaft angestrebte Integration nicht vorangetrieben, sondern eher eine Zweiteilung der Gesellschaft bewirkt.

Gegen die russische Herrschaft erwuchsen seit Beginn des 19. Jahrhunderts mehrfach regionale Aufstände, die sich aber nie zu einer umfassenden Befreiungsbewegung entwickelten. Nach einem ersten Aufstand 1804 führten hohe Abgabenforderungen zu Bauernaufständen in Kachetien (1812), Imeretien (1819) und Gurien (1841). 1821 bis 1824 wandten sich mehrere kleinere Aufstände gegen den russischen Kolonialismus, 1840 bis 1842 kam es zu Unruhen im abchasischen Gebirgsland. Unruhen brachen 1832 auch in Tiflis aus.[81] Weiterer Unmut entlud sich wegen der von der russischen Regierung geplanten Agrarreform, die die Privilegien des georgischen Adels einzuschränken drohte.

Die russischen Entwicklungsmaßnahmen waren zunächst bescheiden. Georgien blieb auch unter russischer Herrschaft in erster Linie ein Agrarland, doch verhinderten Landmangel und veraltete Anbautechniken dauerhafte Ertragssteigerungen. Protoindustrielle Ansätze in kleinen Manufakturen aus dem 18. Jahrhundert wurden nicht weitergeführt. Erst in den 1830er und 1840er Jahren gab es nach der Konsolidierung der russischen Herrschaft neue frühindustrielle Ansätze auf der Basis des örtlichen Handwerks, Mitte des Jahrhunderts gefolgt von neuen Bergbauaktivitäten und Tiflis' Entwicklung zum Wirtschafts- und Handelszentrum. Die meisten Industriebetriebe waren klein und produzierten vor allem für den lokalen oder regionalen Bedarf. Die Agrarreform, die 1861 im Kernraum des Russischen Reichs begonnen hatte, wurde im Gouvernement Tiflis 1864 durchgeführt. Das Gouvernement Kutaisi folgte 1865, Mingrelien 1867, Abchasien 1870, Svanetien 1871 und schließlich Kachetien 1878. Die Refom galt in Südkaukasien zunächst nur für christliche Leibeigene auf gutsherrlichem Besitz, wurde aber wenig später auch auf Muslime ausgedehnt.[82] Allerdings brachte die Agrarreform den georgischen Bauern kaum eine Erleichterung. Sie erhielten zwar die persönliche Freiheit, mussten aber Grund und Boden käuflich erwerben, wobei bei der Aufteilung großer Besitztümer zunächst die Ansprüche des Adels befriedigt wurden, so dass die Aufteilung der Restflächen unter die nunmehr Unabhängigen nur Kleinbesitz entstehen ließ. Es schwächte das Kleinbauerntum zusätzlich, dass das bisherige Gewohnheitsrecht freier Wald- und Weidenutzung aufgehoben und durch eine Entgeltregelung ersetzt wurde. Staatliche Kredite standen zudem in geringerem Umfang als in Russland zur Verfügung. So entstand großer zusätzlicher Druck auf die ländliche Bevölkerung, in andere Landesteile oder in die Städte abzuwandern, wo vor allem Tiflis fast unaufhaltsam wuchs.[83] Damit fehlte dem ländlichen Raum wichtiges Innovationspotential, und die Landwirtschaft konnte sich kaum entfalten. Dies wurde insbesondere in Westgeorgien deutlich, wo fast nur Mais und Hirse ohne Fruchtfolge angebaut wurden, so dass die Bodenfruchtbarkeit nach wenigen Jahren erschöpft war.[84]

3.18 Jugendstilfassade der Alten Karawanserai, heute Museum für Stadtgeschichte, in Tbilisi (August 2010)

Mit der Stabilisierung der Herrschaft und der Ausweitung wirtschaftlicher Aktivitäten gewannen andere Akteure an Bedeutung. Tiflis war in der zweiten Hälfte des 19. Jahrhundert nicht nur politisches und wirtschaftliches, sondern als Gouvernementshauptstadt auch kulturelles Zentrum ganz Südkaukasiens. Den Handel übernahmen großenteils armenische Kaufleute, die aus der Diaspora am Schwarzen Meer zuwanderten und Tiflis zur armenischen Stadt zu machen schienen. Gleichzeitig begann mit der Förderung der Wissenschaft eine neue Phase der Informationssammlung im Dienste der russischen Herrschaftssicherung: 1851 gründete die Russische Geographische Gesellschaft eine Zweiggesellschaft in Tbilisi, die in der Folgezeit in Zeitschriften und Monographien ein reiches Material zum Kaukasus bereitstellte, das heute eine wichtige Quelle für jede historisch-geographische Untersuchung des Raumes ist. Ein Statistisches Komitee und eine archäologische Kommission folgten in den 1860er Jahren, eine staatliche Kommission gab ab den 1880er Jahren den *Sbornik materialov dlja opisanija mestnostej i plemen Kavkaza* mit zahlreichen Detailbeschreibungen heraus.[85]

Ein Teil des georgischen Adels blieb im Land, ein anderer Teil orientierte sich im 19. Jahrhundert nach Russland. Als *tergdaleulebi* (sg. *tergdaleuli*), als „die, die aus dem Tergi [Terek] getrunken haben“ (d.h. die ihn überquert und hinter sich gelassen haben), wurden die jungen Leute bezeichnet, die zur höheren Ausbildung russische Hochschulen besuchten; manche unter ihnen kehrten als Intellektuelle zurück und bereiteten die Entstehung nationalstaatlichen Denkens vor.[86] Herausragende Vertreter dieser Gruppe waren Ilia Ch'avch'avadze und Ak'ak'i Ts'ereteli, die zu führenden Wegbereitern der georgischen Nationalbewegung wurden. Doch zunächst nahm die Russifizierung des Bildungswesens als Gegenbewegung im späten 19. Jahrhundert weiter zu; Russland war in Südkaukasien wie in anderen Randgebieten des Reichs bemüht, nationalstaatliche Ansprüche und Bewegungen zu unterdrücken, wogegen sich wiederum liberale georgische Adlige wehrten, die insbesondere nach mehr kultureller Eigenständigkeit suchten. Diese Forderungen wurden erneut nach der Revolution von 1905 aufgegriffen, scheiterten aber unter anderem daran, dass keine Kooperation zwischen Georgiern und Armeniern in Tiflis zustande kam und dass die Agrarbevölkerung außerhalb der größeren Städte überhaupt nicht erreicht wurde.[87]

Ilia Ch'avch'avadze (1837–1907)

Ilia Ch'avch'avadze stammte aus einer kachetischen Adelsfamilie in Q'vareli. Nachdem er das Gymnasium Nr. 1 in Tbilisi absolviert hatte, vor dessen Gebäude heute ein Denkmal an ihn und seinen Mitstreiter Ak'ak'i Ts'ereteli erinnert, begann er 1857 das Studium von Philosophie, Ästhetik, Soziologie und Politischer Ökonomie in Sankt Petersburg. Dort leitete er einen studentischen Zirkel, der sich in Diskussionen mit den zeitgenössischen Ideen auseinandersetzte. 1861 kehrte er nach Georgien zurück, wo er als Literat wirkte, aber auch politisch tätig wurde. Von liberalen Ideen beeinflusst, beteiligte er sich an Maßnahmen zur Aufhebung der Leibeigenschaft und an der Agrarreform, wobei sowohl das städtische Zentrum Tiflis als auch das Umfeld seines Landguts Saguramo bei Mtskheta den räumlichen Rahmen bildeten. Vor allem aber förderte er Bestrebungen, die nationale Einheit Georgiens wiederherzustellen, wie er es an den Beispielen Italien und dann auch Deutschland gesehen hatte. Dabei setzte er auf die Fähigkeit des Einzelnen, sich gesellschaftlich und wirtschaftlich zum Wohl der Gemeinschaft einzubringen; daraus resultierte die Forderung nach allgemeinen und gleichen Wahlen. Entsprechend unterstützte er seit 1870 die kommunalen Wahlen in Tbilisi und rief die Bevölkerung auf, an diesen Wahlen teilzunehmen. 1907 wurde er von politischen Gegnern, die man unter radikalen Sozialdemokraten vermutet, überfallen und ermordet.

Ch'avch'avadze war Herausgeber einflussreicher zeitgenössischer Zeitschriften wie (1863–1877) *sakartvelos moambe* und (1877–1905) *iveria*. Gemeinsam mit Ak'ak'i Ts'ereteli und Jacut Gogebashvili gründete er die *Gesellschaft zur Verbreitung der Lese- und Schreibkunde unter den Georgiern*; aktiv beteiligte er sich an der Tätigkeit der historisch-ethnologischen Gesellschaft. 1906/07 wurde er in die russische Duma gewählt. Die georgisch-orthodoxe Kirche kanonisierte Ch'avch'avadze 1987. Namengebend wurde er für die Staatliche Ilia-Universität in Tbilisi, die sich als liberale Bildungsstätte bewusst gegenüber der eher konservativ ausgerichteten Staatlichen Ivane-Javakhishvili-Universität profiliert.[88]

Nach dem Tod des russischen Zaren Alexander II. (1818–1888) verstärkten sich Russifizierungstendenzen auch im Südkaukasus. Die territoriale Verwaltungsordnung blieb weitgehend unverändert, nur wurde dem Gouvernement Kutaisi außer dem Distrikt Sukhum auch das Gebiet von Batum als Distrikt zugeordnet. Eine eigene Verwaltung erhielt das vom Osmanischen Reich abgetretene Verwaltungsgebiet Kars. Das südliche Georgien umfasste nunmehr von Westen nach Osten die drei Landkreise (russ.: *u-ezd*) Akhaltsikhe, Akhalkalaki (diese beiden in der administrativen Einteilung der 1860er Jahre im Gouvernement Kutaisi, in den 1870er Jahren dem Gouvernement Tiflis zugeschlagen) und Borchalo, das weit in das heutige Armenien hineinreichte. Dieser weithin unwirtliche Raum wurde zum Ansiedlungsgebiet für russische Übersiedler, vor allem Molokanen und Duchoborzen, nachdem vorher bereits deutsche Kolonisten nach Tiflis und in einige Siedlungen südwestlich davon gekommen waren (vgl. u. S. 221ff.). Offensichtlich sollten die dünn besiedelten Gebiete im Süden Georgiens, die schon aus dem Osmanischen Reich abgewanderte Armenier und Griechen aufgenommen hatten, durch diese Kolonisation gesichert werden. Vom Gouvernement Tiflis abgetrennt wurde der Distrikt Zakataly.[89] Eine weitere Gebietsänderung betraf Ende 1904 das Gebiet von Gagra, das vom Distikt Sukhum abgetrennt und dem Schwarzmeergouvernement (Küstenstreifen zwischen Novorossijsk und Soči-

Adler) zugeschlagen wurde, um die Ansiedlung russischer Kolonisten an der Schwarzmeerküste zu erleichtern.

Die Verkehrserschließung sollte die Konsolidierung der russischen Herrschaft unterstützen: Die Georgische Heerstraße wurde als direkte Verbindung Russlands nach Georgien und als wichtigste Passstraße über den Großen Kaukasus ausgebaut und militärisch gesichert, aber auch andere Verkehrsverbindungen entstanden oder wurden der Zeit entsprechend modernisiert.[90] Dem Eisenbahnbau galt wegen des Abtransportes von Rohstoffen (Mangan, später Erdöl) besonderes Augenmerk. Die erste, 290 Werst (309 km) lange Strecke verband Poti mit Tiflis; der erste Abschnitt Poti – Kvirili (heute Zest'aponi) wurde 1871 eröffnet, der folgende Abschnitt bis Tiflis ein reichliches Jahr später. Bis 1883 erfolgte der Ausbau nach Osten bis Baku, um den Export von Erdöl aus dem Bakuer Revier zu erleichtern. Die gesamte Strecke war zunächst ohne Anschluss an das russische Bahnnetz angelegt worden und erhielt diesen erst 1900 durch die Verbindung von Baku über Derbent und Machačkala nach Rostov am Don. Beim Eisenbahnbau entstanden erste „moderne“ Industriebetriebe in Form von Reparaturwerkstätten in Tbilisi und an einigen Knotenpunkten. Sie wurden später zu Ansatzpunkten der Metallverarbeitung und des Maschinenbaus.

3.19 Denkmal für Ilia Ch'avch'avadze und Ak'ak'i Ts'ereteli vor dem ehmaligen Knabengymnasium in Tbilisi (Mai 2019)

Der Ausbau von Städten brachte „westliche“, „europäische“ Elemente ins Siedlungswesen; zugleich wurde aber die „orientalische“ Tradition beibehalten, so dass Alt- und Neustädte einander gegenüberstanden. Dies ist gut in Tiflis nachzuvollziehen, wo die „Altstadt“ Wohnhäuser in Holzbauweise mit verzierten Balkonen und Veranden aufweist, während die jüngeren Stadterweiterungen mit Steinhäusern sowie Balkonen mit eisernen Geländern Baustile aus Europa imitierten, wie es im Stadtviertel Sololak'i mit seiner regelmäßigen Straßenanlage und an der Rustaveli-Avenue am deutlichsten zu sehen ist. Theater und Museen wurden zum Ausdruck des Kulturwandels, höherer Bildung und des sozialen Aufstiegs einer bürgerlichen Mittel- und Oberschicht. Neue Kirchenbauten entstanden für die Gläubigen außerhalb der orthodoxen Konfession. Dazu gehörten die katholischen Kirchen in Tiflis und Batumi ebenso wie die Kirchen der protestantischen Siedler aus Württemberg.

Die auf russischer Seite begonnene Entwicklung einer für die aufkommenden Tourismus gedachten Reihe von Seebädern an der Schwarzmeerküste (allen voran Soči) setzte sich in Abchasien bis Sukhum fort; dadurch entfaltete sich dort um die Wende vom 19. zum 20. Jahrhundert ein mediterranes Flair, da gleichzeitig subtropische Zier- und Kulturpflanzen wie Kirschlorbeer, Oleander, Ölbaum und Zitruspflanzen eingeführt wurden. In den gleichen Zusammenhang gehört die Entstehung von Kurbädern der Belle Epoque wie Borjomi.

3.20 Gut der Familie Ch'avch'avadze in Ts'inandali (August 2010)

Selbst Adelssitze ahmten bisweilen westliche Erfahrungen nach, wie das Schloss der Fürstenfamilie Ch'avch'avadze mit einem Park im englischen Stil in Ts'inandali zeigt. Heute befindet sich dort ein Museum, das Geschichte und Lebensstil der Familie dokumentiert und zugleich dem Weinbau gewidmet ist.[91] In ähnlicher Weise wurde das 1894 abgebrannte Schloss der Familie Dadiani in Zugdidi im historisierenden Stil der Zeit wieder aufgebaut.

Die Entwicklungen in Georgien und speziell in Tiflis blieben nicht ohne Folgen für die innenpolitische Situation. Fronten hatten sich zwischen dem selbstbewussten georgischen Adel und dem armenischen Großbürgertum, aber auch zwischen der russischen Herrschaft und einer georgischen Intellektuellenschicht herausgebildet. Von dieser setzte sich die neu entstandene Arbeiterschaft deutlich ab, die sozialistisches Gedankengut aufgriff.[92] So konnten in Georgien die in Russland im 19. Jahrhundert aufkommenden politischen Strömungen Fuß fassen, die Volkstümler (*khalklosnebi*, russ. *narodniki*) und die marxistischen Sozialdemokraten (*mesame dasi*, „dritte Gruppe"), die in heftiger Opposition zu den *tergdaleulebi* standen. Für die aufkommende Nationalbewegung wurden vor allem drei Gesellschaften wichtig: Die *Gesellschaft zur Verbreitung der Lese- und Schreibkunde unter den Georgiern*, die mehrfach von Ilia Ch'avch'avadze und nach dessen Ermordung von Aleksandre Q'azbegi geleitet wurde, wollte Bildung auf der Basis der georgischen Kultur der Russifizierung entgegensetzen. Die *Historische und Ethnographische Gesellschaft* unter Ekvtime Taq'aishvili widmete sich der Vielfalt der Geschichte Georgiens. Und die *Gesellschaft der Volksuniversitäten*, die ab 1907 unter der Leitung von I. Nakashidze stand, wurde nach Einrichtung einer ersten Volksuniversität, die allen an Bildung Interessierten offen stehen sollte, zur Basis für die Gründung der Universität Tbilisi 1918, welcher Volksuniversitäten in Kutaisi und einigen weiteren größeren Städten folgten. Von den Eisenbahnreparaturwerkstätten in Tbilisi ausgehend, erfasste die russische Revolution des Jahres 1905 auch Georgien.[93] Dabei entluden sich Gegensätze zwischen georgischer, armenischer und russischer Bevölkerung, und in der Folge verschob sich die Macht hin zu den georgischen Men'ševiki um Noe Zhordania, Irak'li Ts'ereteli, Nik'olai Chkheidze und Evgenij Gegech'k'ori.[94]

Wurde das Land oder die gesamte südkaukasische Region seit der Mitte des 19. Jahrhunderts zur russischen „Kolonie"? Es gibt gewichtige Argumente gegen eine solche These. Anders als in Zentralasien wurden die georgischen Eliten bereits kurz nach der Herrschaftsübernahme in den Gesamtstaat integriert, die Intellektuellenschicht allerdings in ähnlicher Weise beargwöhnt wie in Russland. Die georgische Kultur genoss in Russland hohe Anerkennung, bisweilen sogar Bewunderung. Im Land fortwirkende Leistungen waren der Ausbau der Verkehrsinfrastruktur, die Förderung des Bergbaus sowie Erschließungsmaßnahmen für eine intensivierte Landwirtschaft mit teilweise neu eingeführten Kulturen. Verhaltener blieben die Leistungen für die soziale Infrastruktur. Teile der Agrarproduktion und insbesondere die Bodenschätze waren weniger für den Wirtschaftsaufbau der Region als für eine Entwicklung Russlands gedacht; Ähnliches gilt für den Handel, der die neu geschaffene Infrastruktur nutzte. Nur für die gebildete städtische Bevölkerung bestanden günstige soziale Aufstiegschancen. Dabei bezog ‚Bildung' gründliche Russischkenntnisse ein; über das russische Bildungssystem wurde seit dem ausgehenden 19. Jahrhundert die Russifizierung massiv vorangetrieben. So bleibt die Bilanz einigermaßen ausgeglichen.

Ein gescheiterter Versuch moderner Staatlichkeit

Als wirtschaftlicher Zusammenbruch, Erster Weltkrieg und Revolution die zarische Herrschaft hinweggefegt hatten, unternahmen die transkaukasischen Völker den Versuch, einzeln oder gemeinsam eine eigene Staatlichkeit zu erlangen. Für die Position des Einzelnen in diesen Bemühungen spielten sowohl die ethnische Zugehörigkeit als auch die sozioökonomische Stellung eine Rolle: Gegen den bürgerlich geprägten georgischen Menschewismus wandte sich 1917 insbesondere die russische Garnison in Tiflis, die den Zusammenhalt des gesamten Staates ohne Separation einzelner Nationalitäten vertrat, aber die georgischen Men'ševiki mussten sich auch gegen die machtvollen armenischen Kaufleute behaupten.[95] Die bolschewistische Partei unterstützte in ihrer Propaganda das Ziel, drei unabhängige Staaten in Südkaukasien zu schaffen, suchte aber eigentlich eine sehr enge Anbindung an Russland. Nachdem der Versuch einer Föderation im April/Mai 1918 bereits nach wenigen Wochen gescheitert war, gingen Georgien, Armenien und Aserbaidschan eigene Wege. Diese selbst gewählte Aufteilung eines politischen Machtpotentials erleichterte später die bolschewistische Machtübernahme.

Am Ende des Ersten Weltkriegs hoffte Georgien, sich aus der Herrschaft Russlands lösen zu können. Am 26. Mai 1918 erfolgte die Unabhängigkeitserklärung, zwei Tage vor entsprechenden Erklärungen Aserbaidschans und Armeniens. Die Demokratische Republik Georgien (*sakartvelos demokrat'iuli resp'ublik'a*) bestand vom 26. Mai 1918 bis zum 25. Februar 1921. Da bei der Ausrufung der Unabhängigkeit die territorialen Grenzen nicht klar gezogen waren, versuchte man in lokalen Auseinandersetzungen die unterbliebene Delimitation nachzuholen. Die Gebiete von Ardagan, Kars und Batumi wurden 1918 von der russischen Regierung ohne Rücksicht auf Georgien an die Türkei abgetreten.[96] Armenien beanspruchte Javakhetien, Georgien Teile von Lori. Zwischen Georgien und Aserbaidschan war das Gebiet um Zakataly (Saingilo) umstritten. Abchasien und Südossetien bemühten sich um eine Loslösung von Georgien. Die seit 1991 aufgeflammten Konflikte knüpften an solche Forderungen an.

Der neue Staat wurde international nicht allgemein anerkannt. Eine Aufnahme Georgiens in den Völkerbund fand keine Mehrheit. Deutschland hatte eine solche politische Integration mit Nachdruck unterstützt, da es hoffte, seine schon vor dem Ersten Weltkrieg den Rohstoffen der Region, insbesondere den Kupfer- und Manganvorkommen, geltenden Interessen besser verfolgen zu können. Noch 1918 kam eine deutsche Delegation, die von General Friedrich Freiherr Kreß vom Kressenstein angeführt wurde, nach Tbilisi, um im Auftrag des Auswärtigen Amtes und der Obersten Heeresleitung den Zugang zu Verkehrswegen und Arbeitsstätten zu sichern.[97] Deutsche Truppenteile wurden von der Krim nach Poti und Tbilisi verlegt, um beim Aufbau einer georgischen Armee mitzuwirken. Deutschland gerierte sich damit als Schutzmacht für das die Unabhängigkeit von Russland suchende Georgien. Abgelöst wurde das deutsche Engagement nach Kriegsende durch eine britische Mission unter dem Kommissar Oliver Wardrop, die das Land jedoch nach dem Einmarsch der Bolschewisten sofort verlassen musste.

3.21 Gedenktafel für die Britische Mission unter Sir Oliver Wardrop (September 2012)

Die menschewistische Regierung in Tbilisi vertrat unter den beiden Premierministern Noe Ramishvili und Noe Zhordania eine nationalistische Ausrichtung, obwohl die Georgische Demokratische Republik genauso wenig wie die Aserbaidschanische Republik oder die Republik Armenien nach ethnischen Kriterien abgegrenzt war, sondern historischen Grenzen folgte. In manchen Randgebieten waren die ethnischen Georgier teilweise in deutlicher Minderheit, in anderen wie Meskhetien oder Adscharien bemühten sie sich, eine regionale Identität unter georgischer Führung zu entwickeln. Zu einem bewaffneten Konflikt wegen der umstrittenen Gebiete von Javakhetien und Borchalo kam es 1919 zwischen Armenien und Georgien; Javakhetien fiel nach dem Schiedsspruch der Entente an Georgien, Borchalo wurde in einen georgischen, einen armenischen und einen neutralen Teil gegliedert, wobei Georgien, als Armenien im folgenden Jahr in einen Krieg mit der Türkei verwickelt war, dieses neutrale Gebiet ebenfalls seinem Territorium eingliederte. Bei der Abgrenzung Abchasiens, wo es Befürworter und Gegner der Zugehörigkeit zu Georgien gab, wurde die Grenze zu Sowjetrussland wieder nach Norden an den Psou verschoben. Kritisch war die Situation in Südossetien, weil sich der ossetische Bevölkerungsteil von der georgischen Regierung dominiert fühlte und trotz des langen Zusammenlebens in einer Gemengelage mit den Georgiern und trotz zahlreicher Mischehen einen ausgeprägten ossetischen Nationalismus entwickelte. Zu den wirtschafts- und sozialpolitischen Leistungen der Regierung Zhordania gehörten eine erneute Agrarreform und eine moderne Sozialgesetzgebung.

Als länderübergreifende Organisation der Bol'ševiki wurde im Januar 1920 das „Kaukasische Büro" (russ. *Kavbjuro*) eingerichtet, das vor allem eine enge Anbindung Südkaukasiens an Moskau sichern sollte. Der Vertrag von Sèvres, der im August 1920 die Auflösung des Osmanischen Reiches besiegelte und den armenischen Staat bestätigte, behob die Unsicherheiten nicht. Die Entstehung des unabhängigen georgischen Staates wurde zwar von deutscher Seite massiv unterstützt; da aber die europäischen Staaten nach dem Ersten Weltkrieg keine klare Konzeption im Südkaukasus verfolgten, konnten schließlich die Bol'ševiki die Oberhand gewinnen, nachdem der relativ geordnete, aber innenpolitisch schwache georgische Staat den Einmarsch der Roten Armee bis zum Februar 1921 verhindert hatte, während das Kaukasische Büro einen Aufstand in Borchalo inszenierte, der den Einmarsch der Roten Armee rechtfertigen sollte. Am 25. Februar 1921 hörte die erste georgische Republik *de facto* zu existieren auf. *De iure* blieb Georgien auch nach Konsolidierung der Sowjetmacht zunächst noch unabhängig, wurde aber von Moskau aus wie ein Protektorat gesteuert. Durch den Vormarsch türkischer Truppen auf Georgien und nach einem türkischen Ultimatum verlor Georgien aufgrund eines Abkommens zwischen Russland und der Türkei Artvin und Ardagan; damit war der größte Teil des früheren Königreichs T'ao-

K'larjetien für Georgien verloren, ebenso der Süden des Gebiets Batum und die Quellgebiete von Ch'orokh und Mt'k'vari.[98] An der Schwarzmeerküste wurde das Gebiet von Soči von Georgien abgetrennt, im Großen Kaukasus der Elbrus. Aserbaidschan erhielt bei der Neufestlegung der Grenzen die ostgeorgische Provinz Heretien, Armenien Lori und den Süden von Borchalo.[99]

Prägend im 20. Jahrhundert: Die sowjetische Herrschaft

Nach der bolschewistischen Machtübernahme in Südkaukasien wurde das Modell sowjetischer Staatlichkeit auf Georgien übertragen. Die Nationalitätenpolitik der frühen Sowjetunion gewährte unter dem Schlagwort *korenizacija* (Indigenisierung; wörtlich: „Einwurzelung") ethnischen Gruppen territoriale Eigenständigkeit mit gewissen, meist kulturellen Rechten.[100] Dafür wurden 1921/22 in Georgien territoriale Autonomien für Abchasien, Adscharien und Südossetien geschaffen, im Fall Abchasiens in Form einer an Georgien gebundenen Sowjetrepublik, im Fall Adschariens in Form einer Autonomen Sowjetrepublik, in Südossetien als Autonomes Gebiet. Nur bedingt entsprach dies der tatsächlichen ethnischen Bevölkerungszusammensetzung: Südossetien ging als Autonomes Gebiet aus dem bisherigen Samachablo hervor, ohne das tatsächliche Siedlungsgebiet der Osseten südlich der Kaukasus-Hauptkette abzubilden. Die Tualläg-Osseten waren zwar in vielen, aber nicht allen Siedlungen Südossetiens in der Mehrzahl, doch die Hauptstadt Tskhinvali (zwischen 1934 und 1961: Staliniri) war überwiegend von ethnischen Georgiern bewohnt. Beide Sprachen wurden neben Russisch gesprochen, doch musste das Ossetische in Südossetien zwischen 1938 und 1953 die georgischen Schriftzeichen verwenden, während die Sprache in Nordossetien mit kyrillischen Zeichen geschrieben wurde.[101]

Um ein Wiederaufleben nationalistischer Strömungen zu unterbinden, wurden die drei sehr ungleichen transkaukasischen Staatsgebilde, die die Bolschewiken erobert hatten, im Dezember 1921 in einer föderativen Sowjetrepublik (*Zakavkazskaja Socialističeskaja Federativnaja Sovetskaja Respublika*) nach russischem Vorbild vereinigt. Dazu mussten zunächst wirtschaftliche Voraussetzungen geschaffen werden, indem man das Eisenbahnsystem und den Außenhandel organisatorisch zusammenfasste. Am 30. Dezember 1922 trat diese Sowjetrepublik formell der Sowjetunion bei, von der sie schon vorher vollständig kontrolliert worden war. Damit war für Georgien wie für Armenien und Aserbaidschan die wenige Jahre zuvor erlangte staatliche Souveränität bereits wieder verloren.

Bei der beginnenden Sowjetisierung erfolgten nochmals, jetzt von Moskau dekretiert, Grenzkorrekturen, als das vorher umstrittene Gebiet von Lori 1922/23 Armenien angegliedert wurde, während Georgien die Verwaltungshoheit über Borchalo behielt, obwohl die Georgier nur eine Minderheit darstellten. Der Distrikt Zakataly (Saingilo) fiel endgültig an Aserbaidschan. Abchasien erhielt in den bestehenden Grenzen zwischen Psou und Enguri den offiziellen Status einer „vertragsmäßigen Sowjetrepublik" und wurde erst 1931 – wohl auf Stalins Druck – formell zu einer Autonomen Sowjetrepublik innerhalb Georgiens.[103] Südossetien wurde der Status eines autonomen Gebietes innerhalb Georgiens zugesprochen. Die Grenze mit der Türkei fixierte 1921 ein sowjetisch-türkischer Vertrag derart, dass der nördliche Teil Adschariens mit Batum und Meskheti-Javakhetien Georgien zugeschrieben wurden, wobei Adscharien gleichzeitig das Autonomierecht einer ASSR erhielt.[104]

Trotz aller Unterstützung aus Moskau stand Georgien nicht sofort vollständig unter bolschewistischer Herrschaft, denn 1922 und 1923 beharrte Svanetien, vor allem Hoch-Svanetien, auf seinen historischen Freiheitsrechten.[105] 1924 kam es in verschiedenen Teilen Georgiens noch-

Stalin und Stalinkult

Von den in Georgien aufgewachsenen Revolutionären gelang Iosif Visarionovič Džugašvili (1879–1953), der sich Stalin, der „Stählerne", nannte, der Aufstieg an die Spitze der Kommunistischen Partei und damit des Sowjetstaates. Im Jahr 1879 in Gori geboren, wuchs er unter bürgerlichen Bedingungen auf. Bei der Ausbildung am Priesterseminar in Tiflis (1894–1897) gewann er Kontakt zu revolutionären Kreisen. 1907 war er der Anführer eines Banküberfalls. Stalins spätere Beziehungen zu Georgien zeigen ein zwiespältiges Bild: Einerseits blieb er auch im Moskauer Umfeld Georgier, andererseits hatte er sich so lange außerhalb seiner Heimatregion aufgehalten, dass Bindungen verblassten.

Bis heute ist Stalin in der Bevölkerung präsent, wenn auch in unterschiedlichem Maß in einzelnen Bevölkerungsschichten. Eine räumliche Analyse von Umfrageergebnissen, in die das CRRC im Jahr 2012 auch Fragen zu Stalin einbezog, ergab außerdem, dass er in seiner Heimatstadt Gori noch besonders als großer Sohn der Stadt geschätzt, teilweise geradezu verehrt wird, während er beispielsweise in Tbilisi kaum noch eine Rolle in der öffentlichen Meinung spielt.[102]

In Gori wurde zwar im Juli 2010 das letzte große Denkmal, das an Stalin erinnerte, von dem großen Aufmarschplatz vor dem Rathaus entfernt, doch gibt es – in der Öffentlichkeit stark umstritten – Überlegungen, dieses Denkmal in der Nachbarschaft seines Geburtshauses und des daran anschließenden Museums wieder zu errichten. Das Museum selbst, bei dem noch ein kleineres Stalindenkmal steht, ist bis heute ein Zeugnis des Personenkultes der Zeit: Die großen Ausstellungssäle zeichnen nahezu unverändert das Bild eines großen Staatsmannes, der aus kleinen Verhältnissen aufsteigt und die Sowjetunion im aufgezwungenen Weltkrieg zum Sieg führt. Nur in einem Nebenraum zeigt eine in den 1990er Jahren eingerichtete Ergänzung der Ausstellung auch Gräueltaten des Diktators. Die eigentliche Abrechnung mit der Vergangenheit findet nicht in Stalins Geburtsort, sondern in Tbilisi im Museum der Okkupation statt.

3.22 Stalin-Museum mit dem Geburtshaus des Diktators (August 2010)

3.23 Bis 2010 vor dem Rathaus in Gori: Denkmal für Iosif Stalin (August 1975)

mals zu einem blutigen Aufstand, der sich vor allem gegen die sich kontinuierlich verschlechternde Wirtschaftslage der Bevölkerung richtete. Er stand zunächst in der Tradition früherer Bauernaufstände, fand dann aber auch die Beteiligung von Arbeitern und Intellektuellen. Im Kontakt mit der nach Paris ausgewichenen Exilregierung Georgiens unter Noe Zhordania bemühte man sich vergeblich, die Unabhängigkeit wieder herzustellen. Eine gemeinsame Volkserhebung, die für Ende August vorgesehen war, scheiterte, unkoordinierte lokale Unruhen wurden rasch niedergeschlagen. Die bolschewistische Regierung reagierte mit Terror und einer Repressionswelle, in welcher Beria zum Leiter des Geheimdienstes aufstieg.

Eine politische Reaktion war die Einführung der Neuen Ökonomischen Politik auch in Transkaukasien, wodurch sich die Lage der ländlichen Bevölkerung zeitweise etwas verbesserte. Abgelöst wurde diese kurze Phase der Wirtschaftsliberalisierung durch einen Industrialisierungsschub, der Georgien zu einer Industrie- und Agrarregion innerhalb der Sowjetunion machen sollte. Es war aber eine Industrialisierung, die einen unkontrollierten Umgang mit den Naturressourcen einschloss; so wurden für den Aufbau einer Papierindustrie am Enguri ausgedehnte Wälder in Svanetien abgeholzt. Auch die nächste Phase entsprach der gesamtsowjetischen Entwicklung: 1927 begann man die Kollektivierung der Landwirtschaft, die ab 1929 beschleunigt wurde und die Landwirtschaft in Kolchozen (*k'olmeurneoba*) neu organisierte, zunächst in kleinen Einheiten, später in der Zusammenfassung zu Großkolchozen.[106]

1936 wurde die Transkaukasische Föderation aufgelöst und stattdessen unter dem Schlagwort „Nationalitätenprinzip" die Gliederung in drei Sowjetrepubliken eingeführt. Die politischen „Säuberungen", die Ende der 1930er Jahre von Stalin und vor allem von Beria betrieben wurden, trafen Georgien in vollem Umfang. Politische und soziale Eliten wurden auf lokaler Ebene durch Hinrichtung oder Verbannung in Straflager weitgehend vernichtet. Es scheint sogar, als habe Georgien stärker gelitten als andere Gebiete der Sowjetunion.[107] Eine andere Richtung nahmen die Repressionen während des Zweiten Weltkriegs, als Stalin die Meskheten, denen eine zu enge politische Nähe zur Türkei nachgesagt wurde, nach Zentralasien deportieren ließ. Trotz Ansiedlung von Georgiern und Armeniern in dem insgesamt schwach besiedelten Gebiet haben sich bis in die Gegenwart Wüstungen erhalten, insbesondere im Flurbild, wo aufgelassene Terrassen ein Relikt der früheren Obst- und Weinbaukultur sind.

Im Zweiten Weltkrieg erreichten die deutschen Truppen Georgien zwar nicht; sie gelangten nur bis zum Klukhor-Pass und in Nordossetien bis kurz vor Ordžonikidze (Vladikavkaz), aber die Bevölkerung erlitt durch gefallene Soldaten gewaltige Verluste, die mit über 300 000 Personen beziffert werden. Zudem brach die Wirtschaft ein, weil Zulieferungen aus Russland

3.24 Nach Entsiedlung aufgelassene Reb- und Obstbauterrassen (oberes Mt'k'vari-Tal) (September 2011)

ausblieben, Fachkräfte wegen des Kriegsdienstes fehlten und die Produktion auf Rüstungsgüter umgestellt wurde.[108] Andererseits versuchte eine kleine Gruppe georgischer Emigranten, mit Hilfe des NS-Regimes Georgien aus der Sowjetunion herauszuführen und die Monarchie wieder aufleben zu lassen. Im Sommer 1942 wurde mit Unterstützung des deutschen Ostministeriums ein „Georgischer Nationalausschuss" begründet, der jedoch nur den rechten Flügel der georgischen Emigranten, im Hintergrund von Alexander Nik'uradze (Pseudonym: A. Sanders) vertreten, repräsentierte und daher rasch wieder an Bedeutung verlor. Aus dem 1943 aus einem „Sonderstab Kaukasus" hervorgegangenen „Georgischen Verbindungsstab" mit jüngeren Emigranten konstituierte sich zwar ein noch im März 1945 von deutschen Behörden anerkanntes „Georgisches Nationalkomitee", dessen Geschichte jedoch mit der Kapitulation des Deutschen Reiches endete. In Georgien selbst gab es wohl Widerstandsgruppen gegen das Sowjetsystem, möglicherweise 1942 auch Unruhen, die vor allem von georgischen Nationalisten betrieben wurden, doch blieben sie folgenlos.[109]

Nach Stalins Tod und Berias Hinrichtung 1953 setzte sich in den internen Nachfolgekämpfen zunächst Chruščëvs Politik durch, die zur „Tauwetter"-Periode der späten 1950er Jahre führte. Politischer Führer in Georgien wurde Vasilij Mzhavanadze. Im März 1956 schlug die Sowjetmacht in Tbilisi pro-stalinistische Demonstrationen blutig nieder, die sich dem antistalinistischen Kurs Moskaus widersetzten, gegen die Autonomiebestrebungen der Abchasen richteten, den Austritt Georgiens aus der Sowjetunion verlangten und die lokale Rundfunkstation zu besetzen drohten. Immerhin konnte der Russifizierungsdruck gemildert werden, und die Betonung des georgischen Kulturerbes nahm zu. Gleichzeitig bildete sich eine national orientierte Dissidentenbewegung heraus, der Zviad Gamsakhurdia und Merab K'ostava angehörten. Mzhavanadze wurde 1972 von Edvard Shevardnadze abgelöst, der bis zu seiner Ernennung zum sowjetischen Außenminister (1985) im Amt des Ersten Sekretärs der Kommunistischen Partei Georgiens blieb, die Korruption bekämpfen, die Wirtschaft voranbringen und ein Erstarken des georgischen Nationalismus möglichst verhindern sollte. In Januar 1977 wurden Gamsakhurdia und K'ostava verhaftet, ohne dass jedoch die nationalistische Bewegung erstickt werden konnte, wie sich bald zeigte.[110] Denn im April 1978 kam es zu heftigen Protesten gegen Moskaus Versuch, bei der Umsetzung der neuen sowjetischen Verfassung von 1977 in eine Verfassung für die Georgische SSR das Russische neben dem Georgischen als Amtssprache festzuschreiben. Moskaus Versuch scheiterte, der georgische Nationalismus erhielt neue Nahrung.

Während der Perestroika entstanden seit 1987 von Neuem nationalistische Gruppierungen wie die Ilia Ch'avch'avadze-Gesellschaft oder die Helsinki-Union Nationale Wiedergeburt, die von ehemaligen Dissidenten wie Zviad Gamsakhurdia, Merab K'ostava, Giorgi Ch'ant'uria und Irak'li Ts'ereteli gegründet und geführt wurden. Ihre Aktivitäten waren zeitgleich mit dem Entstehen ethnisch orientierter Bewegungen der Abchasen und Osseten und zogen in Georgien in den Folgejahren die Entstehung zahlreicher Oppositionsgruppierungen nach sich, darunter auch einer Stalin-Vereinigung, die in Gori von Irak'li Jorjadze gegründet wurde, oder einer monarchistisch-konservativen Partei.[111] Sie führten in eine Polarisierung der georgischen Gesellschaft, die sich wenig später im unabhängigen Georgien noch deutlicher zeigte.

Das Sowjetsystem zog einen weitreichenden Umbau der Kulturlandschaft nach sich. Im ländlichen Raum verlief die Kollektivierung der Landwirtschaft anfangs zögerlich, wurde jedoch zwischen Oktober 1929 und März 1930 beschleunigt, als der Anteil der in Kollektivwirtschaften eingebundenen Familien von 3,4 % auf 65,2 % stieg, ehe sie nach Stalins *Pravda*-Artikel „Schwindlig vor Erfolgen" rapide zurückging und erst Ende der 1930er Jahre 92,3 % erreichte.[112]

3.25 Verwaltungsgebäude in der Zentralsiedlung des Baumschulen-Sovchoz Bebnisi (August 1975)

3.26 Verfallende ehemalige Großstallanlage (September 2010)

Nach dem Zweiten Weltkrieg erfolgte mit der Zusammenlegung kleiner Kolchoze zu Großkolchozen eine Umstrukturierung, bei der kleinere Siedlungen an Bedeutung gegenüber Zentraldörfern verloren und vor allem in entlegeneren Gebirgstälern völlig aufgegeben wurden – oftmals nach erzwungenen Umsiedlungen. In den Zentraldörfern wurden die wichtigsten Einrichtungen konzentiert, so die Kolchoz- oder Sovchoz-Verwaltung, das Kulturhaus, Schulen, kleine Krankenhäuser und wenigstens je ein Ladengeschäft für Lebensmittel, Haushaltswaren und Bekleidung. Diese Zentralsiedlungen entwickelten sich zu späteren Gemeindezentren.

Mit dieser Umgestaltung im ländlichen Raum verbanden sich der Verlust regionaler Besonderheiten und eine weitgehende Vereinheitlichung der ländlichen Bauweise. Auch andere Elemente der von großen Agrarbetrieben bestimmten Landwirtschaft breiteten sich aus wie etwa Anlagen der Tiermassenhaltung. Die Anbaufläche wurde erweitert, und Bewässerung sollte eine Erhöhung der Erträge in bislang nur extensiv genutzten Landesteilen ermöglichen.

Neben den großflächigen Fluren der kollektivierten Landwirtschaft erlaubte das mehrfach modifizierte Kolchozstatut den Mitgliedern der Kollektivbetriebe maximal 0,5 ha Hofland, das intensiv für den Obst- und Gemüseanbau genutzt wurde und über den Verkauf auf Kolchozmärkten eine etwas bessere Versorgung der städtischen Bevölkerung sowie einen finanziellen Ertrag für die ländliche Bevölkerung sicherte. Informelle Lieferketten reichten bis in die russischen Metropolen. Der relative Landmangel führte allerdings dazu, dass das Hofland oft nicht im erlaubten Maximalumfang zugewiesen werden konnte.

In entlegenen Gebieten brachten die Umsiedlungen, die im Rahmen der Kollektivierung und der Zusammenlegung kleiner Kolchoze erfolgten, einen Substanzverlust der Kulturlandschaft. In besonderem Maße gilt dies für die Hochtäler im Großen Kaukasus, wo zahlreiche Dörfer partiell oder vollständig aufgegeben wurden. Im südgeorgischen Samtskhe war die Deportation der Meskheten im Jahr 1944 mit Wüstungen in Flur und Siedlung verbunden. Im Tal des Mt'k'vari haben sich zwischen Khertvisi und Akhaltsikhe ausgedehnte Terrassensysteme erhalten, die auf früheren Wein- und Obstanbau zurückgehen und bei denen die Bewässerung kunstvoll über die Terrassen geleitet wurde. Bei Khizabavra werden seit einigen Jahren im Rahmen eines von der zum Wirtschaftsimperium von Bidzina Ivanishvii gehörenden *Kartu Foundation* finanzierten Projektes ehemalige Terrassen auf 23 ha restauriert; sie sollen mit Weinreben von siebzehn traditionellen meskhetischen Rebsorten bepflanzt werden und ebenso wie das historische Tchachkari, ein ins Mittelalter zurückreichendes und nur in Relikten erhaltenes Weinbauerndorf, als kulturlandschaftliches Denkmal erhalten bleiben.[113]

Ein wichtiger Effekt der Sowjetisierung im ländlichen Raum war der Ausbau der sozialen Infrastruktur. Einfache Versorgungseinrichtungen entstanden auch in entlegenen Siedlungen, Schul- und Gesundheitswesen wurden zumindest auf unterstem Niveau eingeführt, so dass der Analphabetismus auch in peripheren Hochgebirgsdörfern beseitigt wurde. Im Bereich der materiellen Infrastruktur wurden spätestens in der Mitte des 20. Jahrhunderts Fahrwege angelegt, Telefonleitungen gelegt und Elektrizität bereitgestellt; die Funktionsfähigkeit war allerdings nicht immer gegeben. Aber vor allem die Verstädterung wurde vorangetrieben, da die Stadt als Lebens- und Arbeitsraum als dem ländlichen Raum überlegen galt. Für die durch Zuwanderung – freiwillig und staatlich gesteuert – zunehmende Stadtbevölkerung entstanden Großwohngebiete in Plattenbauweise, oft nach dem Modell der Mikrorajone mit den wichtigsten Infrastrukturen ausgestattet. 1966 wurde eine Untergrundbahn in Tbilisi als Beitrag zur Bewältigung des zunehmenden innerstädtischen Personentransportaufkommens in Betrieb genommen.

Prestigebauten prägten insbesondere den zentralen Bereich der Hauptstadt; dazu gehören vor allem die Gebäude der Partei- und Regierungsspitze, aber auch außergewöhnliche architektonische Bauwerke. Denkmäler (darunter z.T. später aufgegebene, umgedeutete oder verlagerte [Denkmal für Davit Agmashenebeli in Tbilisi]) und neue Erinnerungsorte entstanden als staatliche Interpretation einzelner Personen und historischer Ereignisse. Einen Ausbau erlebten die Bildungseinrichtungen. An die 1918 gegründete Universität in Tbilisi schlossen weitere Hochschulen in den größeren Städten an, an die Gründung der Georgischen Akademie der Wissenschaften mehrere Akademieinstitute in Tbilisi oder als Außenstellen in anderen Landesteilen wie das Observatorium in Abastumani. Hotels wurden in den Großstädten als städtebauliche Dominanten errichtet, wie das *Iveria* und das *Adžaria* in Tbilisi zeigten.

3.27 Astrophysikalisches Observatorium, Abastumani (September 2011)

3.28 Wasserkraftwerk Zemo-Avch'ala (August 2011)

Georgien wurde zwar in der sowjetischen Periode nicht zu einem Industrieland, aber große Industrieanlagen entstanden als Beitrag zur Modernisierung der Wirtschaft. Am ausgedehntesten war dabei wohl das Eisen- und Stahlkombinat in Rustavi (s. u. S. 378 f.), das die Entwicklung der Stadt bestimmte. In etwas untergeordnetem Maße gilt dies auch für das Werk für Ferrolegierungen in Zest'aponi, das im Verbund mit der Manganerzförderung in Ch'iatura und dem Hafenausbau in Poti eine Sicherung der Eisenbahnverbindung erforderte.[114] Eine Lokomotivfabrik in Kutaisi und Betriebe am Stadtrand von Tbilisi verdienen weitere Erwähnung.

Zu den landschaftsprägenden, technischen Bauten der Sowjetzeit zählen ferner Wasserkraftwerke wie das 1927 im Rahmen des Planes zur Elektrifizierung des Landes (GOELRO) fertiggestellte Kraftwerk Zemo-Avch'ala am Mt'k'vari zwischen Mtskheta und Tbilisi, der Aufstau des Tsalk'a-Sees mit den Kraftwerken Khrami-1 und -2 (1934–1947 bzw. 1954–1963), das Enguri-Kraftwerke bei Jvari (1961–1986) oder das Wasserkraftwerk von Jinvali (im Bau bis 1988).

Seit den 1930er Jahren investierte der Sowjetstaat in den (organisierten) Tourismus an der Schwarzmeerküste und errichtete über die bestehenden Destinationen wie Batumi, Kobuleti, Sukhum usw. auch neue Anlagen wie in Pitsunda. Damit standen sich bald in den Seebädern an der Schwarzmeerküste sehr unterschiedliche Baustile gegenüber, der Neoklassizismus der 1930er Jahre in Sukhum und moderne Großanlagen in Pitsunda. In Ts'q'alt'ubo entstanden um einen zentralen Park, in dem die Kuranlagen ihren Platz fanden, rund ein Dutzend Sanatorien im Stil des sozialistischen Neoklassizismus.

3.29 Quelle Nr. 6 im Kurort Ts'q'alt'ubo (Juni 2018)

Die Transformationszeit: Unabhängigkeit, aber Bürgerkrieg

Eine Zeit der Wirren

Georgiens Wiedererlangung der Unabhängigkeit wurde bereits oben kurz skizziert (s. S. 27 f.). Seit den 1970er Jahren hatten sich Dissidentengruppen gebildet, die unter anderem die Stellung der georgischen Sprache als kulturelles Erbe bewahren wollten. Vielschichtiger Hintergrund war das Streben der Unionsrepubliken nach Überwindung der Fremdsteuerung durch die Moskauer Planungsbürokratie und nach größerer Eigenständigkeit, insbesondere in wirtschaftlichen Fragen. Dabei spielte – anders als in den baltischen Ländern – die Kritik an massiven Umwelteingriffen des Systems eine geringe Rolle, während die Auseinandersetzung mit der Frage ethnischer Minderheiten Sprengstoff lieferte. Mitte der 1980er Jahre leitete Michail Gorbačëv mit seiner Politik der Perestroika den politischen Wandel ein. Wenige Jahre später stand nach ersten interethnischen Zusammenstößen die völkerrechtliche Struktur der Sowjetunion zur Disposition, und die Diskussion über Menschenrechte nahm zunehmenden Raum ein. In diesem Vorfeld der Unabhängigkeitserklärung vermischten sich damit drei Prozesse, die wirtschaftliche Verschlechterung der Lage für die Bevölkerung, die zunehmende Einforderung von Menschenrechten durch ethnische Minderheiten und die wachsende Politisierung großer Teile der städtischen Bevölkerung, die in Georgien schließlich zu den Demonstrationen im April 1989 führten. Begleitet wurde diese Phase von abchasischen und (süd-) ossetischen Separationsforderungen. Am 9. April 1989 gingen Truppen des sowjetischen Innenministeriums gegen Demonstranten auf der Rustaveli-Avenue in Tbilisi vor und schlugen den von der orthodoxen Kirche in Georgien mitgetragenenen Aufstand nieder, nachdem Shevardnadzes Nachfolger in Tbilisi, Jumber P'at'iashvili, militärische Hilfe in Moskau angefordert hatte. Als „Blutsonntag" ging dieser Tag in die jüngere georgische Geschichte ein. Offiziell war von 19, bisweilen von 21, inoffiziell von bis zu 220 Toten die Rede.[115] Die Brutalität des Einsatzes, der sich auch gegen Unbeteiligte richtete, brannte sich in das kollektive Gedächtnis der georgischen Bevölkerung ein und ließ als Reaktion den Nationalismus im Lande aufleben. Dies wiederum förderte die Sezessionsbewegungen in Abchasien und Südossetien. Während einerseits die staatliche Ordnung der Sowjetzeit zunächst fortlebte und das politische Alltagshandeln bestimmte, wurde andererseits aber die nationale Unabhängigkeitsbewegung zur zweiten Kraft im Land.[116] Im August 1989 erklärte schließlich der Oberste Sowjet Georgiens trotz der Dominanz der Kommunistischen Partei der Georgischen SSR die Souveränität der Republik.

Die Parallelität zur Entwicklung in mehreren anderen Sowjetrepubliken erleichterte dabei den Übergang von der Sowjetherrschaft zur vol-

3.30 Erinnerung an den „Blutsonntag" 1989 in Tbilisi: Denkmal „Gefallene Helden der Freiheit" (September 2022)

len staatlichen Unabhängigkeit Georgiens. Zur führenden Persönlichkeit wurde dabei Zviad Gamsakhurdia, der mit dem Wahlbündnis „Runder Tisch / Freies Georgien" bei den Parlamentswahlen im November 1990 eine Mehrheit erlangte. Ein Referendum am 31. März 1991 bestätigte die Wiederherstellung der staatlichen Souveränität und die Unabhängigkeit, die am zweiten Jahrestag der Niederschlagung des Aufstandes von 1989 verkündet wurde. Nationalhymne und Staatsflagge griffen die staatlichen Symbole der ersten Unabhängigkeit auf. Problematisch blieb die Stellung der Minderheiten, da Gamsakhurdia als Vertreter eines nationalen Kurses diesen keine Autonomierechte zubilligen wollte. Nach dem Augustputsch 1991 in Moskau wuchs auch der Widerstand der früheren Nomenklatura, so dass der Staatspräsident schließlich fliehen musste. Mit den Sezessionskriegen um Abchasien und Südossetien waren inzwischen zwei weitere Fronten entstanden, und kriminelle Banden und paramilitärische Vereinigungen wie die Nationalgarde unter Tengiz K'itovani oder die Mkhedrioni unter Jaba Ioseliani stürzten das Land ins Chaos.[117]

Zviad Gamsakhurdia und Edvard Shevardnadze – zwei umstrittene politische Führer

Zviad Gamsakhurdia (1939–1993) war der Sohn des in Georgien sehr geschätzten Schriftstellers Konstantine Gamsakhurdia (1893–1975). Er gehörte seit den 1970er Jahren der Menschenrechtsbewegung in Georgien an und wurde als Dissident zu Lagerhaft verurteilt. Nach seiner Freilassung stellte er die politische Tätigkeit zunächst ein und näherte sich anthroposophischen Richtungen. Ende der 1980er Jahre wurde er erneut politisch aktiv und gewann großes Ansehen in der georgischen Bevölkerung. Sein politischer Aufstieg begann nach dem „Blutsonntag". Politisch vertrat er einen ausgeprägten georgischen Nationalismus und drängte die ethnischen Minderheiten zurück. 1991 wurde er zum Präsidenten der Republik Georgien gewählt, doch putschten Ende 1991 Teile der Nationalgarde und paramilitärische Einheiten gegen ihn und zwangen ihn 1992 zur Flucht erst nach Armenien, dann nach Sukhum und Groznyj. Im Spätjahr 1993 kehrte Gamsakhurdia zurück, wo er eine Gegenregierung in Westgeorgien aufzubauen versuchte, jedoch am letzten Tag des Jahres unter ungeklärten Umständen starb.

Edvard Shevardnadze (1928–2014) hatte in Georgien 1972 den wegen Korruption in Misskredit geratenen Parteiführer Vasilij Mzhavanadze abgelöst. Michail Gorbačëv, der in Moskau zunächst den Parteivorsitz, dann die höchsten politischen Ämter im Staat übernommen hatte, berief im Jahr 1985 Shevardnadze, der bereits Mitglied des Politbüros war, in das Amt des Außenministers. In dieser Funktion begleitete der Georgier die Verhandlungen, die zum Zwei-plus-vier-Vertrag und der Vereinigung Deutschlands führten. Shevardnadze genoss auf internationaler Ebene hohes Ansehen, was sich auch in der Einschätzung in seiner Heimat widerspiegelte. Um in Georgien eine Befriedung nach dem Bürgerkrieg und der Sezession Abchasiens und Südossetiens zu erreichen, lag es nahe, ihn wieder ins Land zu rufen und zunächst mit dem Vorsitz im Staatsrat zu betrauen. 1995 wurde er zum Präsidenten Georgiens gewählt und 2000 in diesem Amt bestätigt. Allerdings zeigte er sich nach einem gescheiterten Attentat 1998 den Aufgaben immer weniger gewachsen und verfiel zunehmend in einem autoritären Regierungsstil. Dies führte schließlich 2003 zu Demonstrationen und der „Rosenrevolution", die ihn zum Amtsverzicht zwang. Shevardnadze verließ Georgien zeitweilig, verbrachte dann aber die meiste Zeit bis zu seinem Tod in Tbilisi.

In der damaligen Situation schien der frühere Chef der Kommunistischen Partei Georgiens, Eduard Shevardnadze, die Chance zu bieten, die vielfältigen Konflikte zu lösen. Ihm traute man zu, die Situation im Land aufgrund seiner früheren Tätigkeit zu kennen, dem einseitig nationalistischen Kurs Gamsakhurdias entgegenzusteuern und damit auch den Bürgerkrieg zu beenden. So wurde Shevardnadze am 11. Oktober 1992 zunächst zum Parlamentsvorsitzenden und drei Jahre später zum Staatsoberhaupt gewählt. Vor allem das außenpolitische Renommee, das er sich als sowjetischer Außenminister erworben hatte, sicherte ihm im Innern eine unumstrittene Führungsrolle und stützte Georgien als souveränen Staat auf der internationalen Bühne. Als Gamsakhurdia von Mingrelien aus mit Unterstützung der dortigen Bevölkerung die Macht wiederzuerlangen versuchte, bemühte sich Shevardnadze durch den Beitritt zur von Russland angeführten GUS um russische Unterstützung, was zunächst auch gelang. Aber die innere Schwäche des Staates ließ autoritäre Enklaven in Georgien entstehen, zu denen außer Adscharien auch die Regionen Kvemo-Kartli und Samtskhe-Javakheti gehörten,[118] beides Regionen mit bedeutenden ethnischen Minderheiten, Azeri und Armeniern, die sich um ihre Rechte betrogen fühlten. Westgeorgien, das unter der wirtschaftlichen Not in der Transformationskrise und unter dem Zustrom von georgischen Flüchtlingen aus Abchasien litt, unterstützte weiterhin Gamsakhurdia. Die Transformationskrise verschärfte sich weiter: Ende 1993 war die Wirtschaftsleistung Georgiens auf den Stand von 1964 zurückgefallen, weil die steigenden Energiepreise für importierte Brennstoffe und ausbleibende Zulieferungen von Halbfertigprodukten die Industrie und damit auch den Export belasteten.[119]

Mit der Annahme der neuen Verfassung im August 1995 konnte Shevardnadze seine Macht im Staat festigen, und auch der missglückte Attentatsversuch am 29. August 1995 stärkte seine Position, so dass er bei den Präsidentschaftswahlen am 5. November 1995 mit 72,9 % der Stimmen eine deutliche Mehrheit erlangte. Die von ihm geführte „Bürgerunion Georgiens" war bei den Parlamentswahlen 1995 und 1999 siegreich, aber es zeigte sich, dass es zwar viele kleine politische Gruppierungen, aber keine eigentlichen Parteien mit Büros im ganzen Land gab. Bei den Parlamentswahlen von 1995 konnten nur drei von 54 sich zur Wahl stellenden „Parteien", meist Gefolgschaften einzelner Persönlichkeiten, mindestens 5 % der Stimmen auf sich vereinigen und ins Parlament einziehen. 1995 begannen für Georgien einige wenige Jahre politischer Stabilität und allmählicher wirtschaftlicher Erholung. Allerdings zeigte der Staat deutliche Schwachstellen. So gelang es der Finanzverwaltung nicht, ausreichend Steuern einzuziehen, was dazu führte, dass Staatsbedienstete unzureichend oder gar nicht entlohnt wurden. Der Sechs-Tage-Krieg im Landkreis Gali, der zum Verlust dieser bisherigen Pufferzone an Abchasien führte, und ein zweiter Attentatsversuch gegen den Präsidenten schwächten den Staat weiter. In den letzten Jahren seiner Präsidentschaft führte Shevardnadze ein zunehmend autoritäres Regime, was den Rückhalt, den er bislang bei Bevölkerung und Politikern gehabt hatte, schmälerte und die wirtschaftliche Entwicklung des Landes belastete. Proteste in der Bevölkerung lösten schließlich die so genannte Rosenrevolution aus.

Hoffnung auf einen Neubeginn: Die Rosenrevolution

Das Jahr 2003 markiert eine abermalige Wende der georgischen Politik. Shevardnadze war es nicht gelungen, die überkommenen Strukturen aufzubrechen, um Modernisierung und Demokratisierung des Staates voranzutreiben. Stattdessen nahmen Klientelismus und Korruption zu, ohne dass die Wirtschaftskrise überwunden wurde. Die Unzufriedenheit in der Bevölkerung entlud sich 2003 von neuem in Unruhen. Interimspräsidentin wurde zwischen November 2003 und Januar 2004 Nino Burjanadze (geb. 1964). Die „Rosenrevolution“ brachte mit Saak'ashvili einen früheren politischen Zögling Shevardnadzes, der sich aber inzwischen von seinem Ziehvater losgesagt hatte, an die Macht und sah in ihm einen neuen Hoffnungsträger. Nach amerikanischem Vorbild und mit amerikanischer Unterstützung machte er sich an politische und wirtschaftliche Reformen, die auf eine Demokratisierung des Landes und eine nach Europa und Nordamerika ausgerichtete Marktwirtschaft abzielten. Polizei, Rechtswesen und Bildungssystem wurden reformiert.[120] Außenpolitisch schlug Saak'ashvili einen Weg ein, der möglichst rasch in die NATO und in die EU führen sollte. Die internationale Reaktion zeigte sich u. a. in größerer internationaler Bereitschaft, Georgien finanziell zu unterstützen. Da die hierfür bewilligten Mittel tatsächlich in den Ausbau der Verkehrs- und Energieinfrastruktur flossen, wuchs das Ansehen der Regierung im Ausland. Binnen weniger Jahre zeigte sich nach Verbesserung der Steuereinziehung eine Zunahme der Steuereinnahmen: Waren es 2003 noch 806,6 Mio. GEL gewesen, so konnten 2008 bereits 4 541,6 Mio. GEL verbucht werden.[121]

Zu den unbestrittenen Erfolgen Saak'ashvilis gehörte die Beseitigung der alltäglichen „kleinen“ Korruption: Ein großer Teil der Polizisten wurde entlassen, statt dessen wurden neue Kräfte eingestellt und deren Arbeit von Anfang an so vergütet, dass sie nicht zum Mittel der Korruption greifen mussten, um ihr Leben zu fristen.[122]

Der Glanz der Rosenrevolution verblasste nach wenigen Jahren. Der Präsident hatte vor allem den Staatsaufbau gegenüber der Entwicklung von Demokratie betont;[123] die sozialen und wirtschaftlichen Erwartungen, die in der Bevölkerung geweckt hatte, konnten dagegen nicht so schnell oder überhaupt nicht erfüllt werden, so dass die Enttäuschung zunahm. Die Medien standen zunehmend unter Druck und wurden zu unkritischen Sprachrohren der Regierung. Gleichzeitig regierte der Präsident zunehmend autokratisch, so dass die Stärkung der Demokratie in Frage stand. Im November 2007 wurden Demonstrationen blutig niedergeschlagen. Abermals übernahm die Parlamentspräsidentin Nino Burjanadze zwischen November 2007 und Januar 2008 interimistisch das Präsidentenamt, ehe Saak'ashvili nach seiner Wiederwahl als Präsident zurückkehren konnte. Der Augustkrieg 2008 war ein endgültiger Wendepunkt. Danach wurde Saak'ashvilis Regierungsstil zunehmend autoritär, so dass es 2012 zu einem politischen Wechsel kam, der die Partei ‚Georgischer Traum' des Geschäftsmanns und Milliardärs Bidzina Ivanishvili an die Regierung brachte. Bei den im Folgejahr durchgeführten Präsidentschaftswahlen war Giorgi Margvelashvili erfolgreich. Allerdings hatte das Präsidentenamt durch eine von Saak'ashvili eingeleitete Verfassungsänderung an Gewicht verloren. Die folgenden Wahlen 2018 brachten mit der ehemaligen Außenministerin Salome Zurabishvili die Kandidatin der Regierungspartei ‚Georgischer Traum' ins höchste Staatsamt.

Die Wiedergewinnung der staatlichen Unabhängigkeit war für Georgien zunächst ein historischer Umbruch, der in seiner Tragweite und Bedeutung für die Bevölkerung allerdings durch den Abfall der beiden Sezessionsgebiete belastet wurde. Über den politischen Effekt hinaus wirkten sich das Ende des Sowjetsystems in Georgien und die wiedergewonnene Unabhängigkeit massiv in der Kulturlandschaft aus. Im ländlichen Raum zog die Privatisierung von Grund und Boden eine neue Betriebsstruktur und die Parzellierung der landwirtschaftlichen Nutzfläche nach sich. An der Stelle bisheriger Kolchoze und Sovchoze (1979: 680 [ohne Fischereikolchoze] bzw. 471)[124] entstanden Klein- und Kleinstbetriebe. Die sowjetischen Großbetriebe waren nicht nur für die landwirtschaftliche Produktion verantwortlich gewesen, sondern auch für die materielle und soziale Infrastruktur im ländlichen Raum und für den Absatz. Da zunächst unklar war, wer diese Aufgaben übernehmen würde – die Gemeinden waren reine Verwaltungsorganisationen mit geringen Finanzierungsmöglichkeiten –, verfielen große Teile der Infrastruktur, als sich niemand mehr darum kümmerte. Schulen wurden vom Staat übernommen, aber unzureichend alimentiert, die medizinische Versorgung konzentrierte sich auf größere Ortschaften, und die Versorgung der Bevölkerung mit Lebensmitteln und anderen Alltagsgütern wurde privatisiert, was in kleineren Siedlungen meist einer Aufgabe bisheriger Verkaufseinrichtungen gleichkam. Erst ganz allmählich erholt sich der ländliche Raum von diesem Schnitt, und auch das nicht flächendeckend.

In den Städten, insbesondere abseits der Zentren, lassen sich deutliche Verfallserscheinungen bei älterer Bausubstanz feststellen. Einige Ansätze zur Stadtsanierung reichen bei weitem nicht aus, um den Rückstand aufzuholen. In Tbilisi und Telavi wurden entsprechende Maßnahmen von Fachleuten aus den Partnerstädten Saarbrücken bzw. Biberach an der Riss unterstützt. Der staatlich gesteuerte Siedlungsausbau in der Ära Saak'ashvili konzentrierte sich auf die Hauptstadt und einzelne Orte, in denen der Tourismus gefördert werden sollte. Dazu gehörten zunächst Gudauri, Batumi und Sighnaghi, später Mest'ia und ansatzweise Anak'lia/Lazik'a bei Poti. In Tbilisi entstanden Prestigebauten wie die Friedensbrücke, der Präsidentenpalast und das Bürgeramt, in Kutaisi das neue Parlamentsgebäude, das nach dem Rück-Umzug des Parlaments nach Tbilisi wieder einer neuen Nutzung zugeführt werden muss.

Beim Ausbau der Verkehrswege hat die Autobahn zwischen Tbilisi und Westgeorgien Vorrang; sie ist Teil einer Magistrale, die zwischen Baku und Batumi bzw. Sukhum als Verkehrsachse

3.31 Neubautätigkeit im Westen Tbilisis (Juni 2018)

in die chinesischen Vision einer „neuen Seidenstraße“ (OBOR bzw. BRI, s. S. 404) einbezogen ist; fertiggestellt ist bisher neben Teilstücken bei Kutaisi und Batumi der Abschnitt zwischen Mtskheta und Khashuri. Die Pipelines BTC und BTE sowie Fernleitungen für elektrischen Strom sollen Georgien zu einem wichtigen Verteiler von Energie machen.

Erst mit Verzögerung wurde man sich auch der Bedeutung des kulturellen, auch architektonischen Erbes bewusst. Einige Dokumentations- und Restaurierungsarbeiten wurden mit internationaler Finanzhilfe begonnen. Beim Kirchenbau entfaltete die wieder zur Autokephalie zurückgekehrte orthodoxe Kirche ihre Aktivität. Alte Kirchen wurden sehr rasch wieder belebt und ihrer ursprünglichen Nutzung zugeführt. Neue Kirchenbauten griffen die überkommenen architektonischen Grundformen auf. Besonders monumental zeigt sich dies in der Dreifaltigkeits-Kathedrale in Tbilisi.

Eine zweite treibende Kraft bei der Wiederherstellung traditioneller Gebäude ist der Tourismus. Unter der Präsidentschaft von Michail Saak'ashvili wurden einige Orte als Zentren des (internationalen) Tourismus betont und geradezu herausgeputzt. Neben der Hauptstadt Tbilisi waren dies die Hafenstadt Batumi, die ehemalige Hauptstadt Mtskheta und Orte wie Sighnaghi, die man mit „schönen“ Ortsbildern attraktiv machen wollte – bisweilen durchaus abweichend von den Traditionen.

Die Wirtschaft profitierte vom liberalen Kurs der Wirtschaftspolitik. Die jetzt etablierte freie Marktwirtschaft ließ zwar Investoren ins Land kommen, verstärkte aber die sozialen Gegensätze.

3.32 Für den Tourismus verschönert: Sighnaghi (August 2010)

Mit der Einbindung der Wirtschaft in internationale Verflechtungen wuchs das Außenhandelsdefizit, das zunehmend zur Belastung der Wirtschaft wird. Darauf wird noch zurückzukommen sein.

Zwischenfazit: Ein Land auf der Suche nach der Zukunft

Zwei Narrative durchziehen die Auseinandersetzung Georgiens mit seiner Geschichte: Auf der einen Seite ist es das Narrativ der geeinten Nation, das in der georgischen Geschichtsschreibung des 20. Jahrhunderts insbesondere durch den Historiker Ivane Javakhishvili repräsentiert wird, auf der anderen das der regionalen Eigenständigkeit einzelner Territorien. Beide wurden im Wechsel immer wieder aufgegriffen, erwiesen sich zwar als langlebig, aber auch als wenig alleingültig. Glorifiziert und gewissermaßen zur Staatsraison erhoben wurde das Narrativ der geeinten Nation seit 2003 durch das *United National Movement* unter Saak'ashvili, der es für sein Streben nach einem Anschluss an Westeuropas Staatenwelt einsetzte. Allerdings ist daran zu denken, dass Georgien mit dieser Ausrichtung nicht allein steht; die Nationalstaatsidee, für Georgien seit dem 19. Jahrhundert grundlegend, fand vielmehr auch in anderen postsowjetischen Staaten Südkaukasiens und Zentralasiens viele Anhänger, weil sie als Gegenmodell zum russischen und sowjetischen Vielvölkerimperium willkommen war.

Die derzeitige historische Situation ist von einer problematischen Staatlichkeit Georgiens bestimmt. Einerseits hat das letzte Jahrzehnt gezeigt, dass durchaus demokratische Wahlen möglich geworden sind, nach denen die unterlegene Partei auch die Macht abzutreten bereit ist. Dabei wiederholt sich das Muster, das die politische Situation in vielen Staaten des östlichen Europas in den 1990er Jahren bestimmte: Unzufriedenheit mit der jeweiligen Regierung führt zu einem politischen Wechsel, der angesichts der geringen Handlungsspielräume auch nicht in der Lage ist, die aufgestauten Probleme zu lösen. Immerhin war es in Georgien möglich, nach Saak'ashvilis Ablösung zeitweise eine gewisse Wiederannäherung an Russland zu schaffen, ohne die „westliche Option" aufzugeben. Bis heute besteht aber ein nur rudimentäres Parteiensystem, das von den Positionen „für" und „gegen" die jeweilige Regierung bestimmt wird.

Ein ererbtes politisches Hauptproblem bleibt neben den sozialen Ungleichgewichten im Land und der anhaltenden Wirtschaftsschwäche der momentane Verlust der beiden Territorien Abchasien und Südossetien, die dogmatisch als integrale Bestandteile des georgischen Staatsgebietes angesehen werden. Dies gilt weiterhin, obwohl in beiden Fällen eine rasche Rückkehr nicht abzusehen ist. Dadurch werden jedoch notwendige Entscheidungen zurückgestellt, und der Staat lähmt sich selbst. Dies ordnet sich insofern in die Herrschafts- und Territorialgeschichte Georgiens ein, als diese sich als ein wiederholtes Ringen zwischen staatlicher Einheit, regionalen Eigenständigkeiten und Unterwerfung unter Fremdherrschaften darstellt. Den drei Herrschaftsmodellen entsprechen drei unterschiedliche Grundkonzepte politischer Raumorganisation, die Georgien seit der Antike im mehrfachen Wechsel durchlebte.

Wenn Georgien heute einen ausgeprägten Nationalismus zeigt, kann auf historische Vorbildsituationen verwiesen werden: Parnavaz und Davit Aghmashenebeli mehrten jeweils zu ihrer Zeit die Bedeutung Kartlien-Georgiens durch räumliche Expansion und durch die Zusammenfügung einzelner, vorher isolierter oder gar im Streit gegeneinander stehender Herrschaftsräume, während lange Zwischenzeiten durch Regionalismen geprägt waren, in der frühen Neuzeit ebenso wie unter russischer Herrschaft, als die Einrichtung zweier Provinzen Tiflis und Kutaisi eben eine Vereinheitlichung verhinderte. Die Vereinigung Georgiens unter der Sowjetherrschaft blieb unvollständig, da die Einbindung Abchasiens umstritten war und die historischen Landschaftsräume T'ao-K'larjetien, Heretien und Lori nicht mit dem Kernraum vereinigt wurden. Aber die jüngere Geschichte nach 1990 belegt auch, wie lebendig regionalistische Konzepte sind: Die Sezession Abchasiens und Südossetiens, die zeitweiligen Eigenständigkeitsbemühungen Adschariens und die von ethnolinguistischen Minderheiten getragenen Regionalismen in Samtskhe-Javakheti (Armenier), im südlichen Kvemo Kartli (Azeri), im Pank'isital (Kisten) zeigen, dass das Konzept des nationalen Einheitsstaats nicht von allen Bevölkerungsgruppen und politischen Akteuren in gleicher Weise getragen wird. Die sowjetische Fremdherrschaft konnte Georgien abschütteln – ob auf Dauer, muss die Zukunft zeigen; die in der offiziellen Politik betonten, aber nicht von allen politischen Strömungen getragenen Bestrebungen, in NATO und EU aufgenommen zu werden, zeigen eine ganz anders ausgerichtete Internationalisierung.

Auch für die Kulturlandschaftsentwicklung hatte diese wechselvolle Geschichte des Landes Folgen: Da insbesondere beim territorialen Zerfall im Mittelalter die regionalen Herrscher ihre Macht zu sichern versuchten, gehören Burgen und befestigte Klöster zu prägenden Merkmalen. Die ländlichen Siedlungen mögen sich an alten Siedlungsplätzen befinden – da sie immer wieder zerstört, ihre Bewohner vielfach vertrieben wurden, sind oft nur Kirchenbauwerke oder Festungsruinen eine Reminiszenz an eine lange und wechselvolle Geschichte. Die sowjetischen Eingriffe in den Agrarraum taten ein Übriges und ließen nicht nur alte Fluren, sondern auch viel alte ländliche Bausubstanz in traditioneller Bauweise verschwinden. Nur in den Städten, insbesondere in Tbilisi, kann man in Kultbauten, Resten des Bazars oder in Straßenzügen wie in einem Palimpsest Hinweise auf die Vergangenheit lesen. Hinzu kommen die baulichen Errungenschaften, die seit dem 19. Jahrhundert als Ausdruck der Macht, aber auch der kulturellen Vielfalt entstanden. Der Umgang mit baulichem Erbe in der Gegenwart dokumentiert eine spezielle Facette der Wertschätzung geschichtlicher Entwicklung; dass dabei die Authentizität nicht immer gewahrt bleibt, entspricht Wertmaßstäben, die eine besondere Art, die Vergangenheit für die Zukunft zu planen, widerspiegelt.

Bevölkerung:
Demographie – ethnolinguistische Gruppen – Sozialstruktur

Georgien – das Land der Georgier? Diese Frage berührt einen zentralen Aspekt der Bevölkerung, die ethnische Identität. Sicher stellen die Georgier den weitaus größten Teil der Bewohner, doch leben auch Angehörige nicht-georgischer Minderheiten im Land. In der Sowjetzeit galt Georgien als diejenige Unionsrepublik, in der der höchste Anteil der Angehörigen der Titularnation im Heimatland lebte. 1970 waren 96,5 % aller sowjetischen Georgier in Georgien ansässig, 1989 noch 95,1 %. Diese Bindung an das Heimatland gehörte zu den traditionellen Werten und Verhaltensweisen, die durch die Sonderstellung von Sprache und Schrift, aber auch durch die gesellschaftliche Wertschätzung familiärer Beziehungen bedingt wird. Außerhalb Georgiens lebten damals nur rund 194 000 Georgier in anderen Teilen der Sowjetunion; dazu kamen georgische Minderheiten in der Türkei und in der iranischen Provinz Fereydan – zusammen ebenfalls etwa 200 000 Menschen. Und wer sind die „Georgier"? Sind es nur die Bewohner des kartlinischen Kernlandes, oder gehören auch Gruppen dazu, die sich als sprachlich eigenständig betrachten, in der Statistik aber als Georgier geführt werden? Und von welchen Bevölkerungszahlen sprechen wir überhaupt?

Demographische Entwicklung und Situation

Eine nicht immer einfache Datengrundlage

Genauere Daten zur Bevölkerung liefern die Großzählungen der zarischen, sowjetischen und postsowjetischen Zeit. Sie erheben den Anspruch, einigermaßen gesicherte Aussagen für das ausgehende 19. Jahrhundert und wenigstens für die zurückliegenden fünfeinhalb Jahrzehnte zu ermöglichen. Eine erste Bestandsaufnahme erfolgte bereits 1886 nach der Konsolidierung der russischen Herrschaft, doch ist der Vergleich wegen des anderen Gebietszuschnitts schwierig. Der 1897 durchgeführte Zensus im Russischen Reich ist die Basis für Vergleichsanalysen mit der Entwicklung im 20. Jahrhundert. Die sowjetischen Zählungen von 1926, 1939, 1959, 1970, 1979 und 1989 sowie die postsowjetischen Zählungen von 2002 und 2014 sind wichtige Quellen für eine Einschätzung der demographischen Entwicklung. Abweichend davon wurden 2003 und 2011 Zählungen in Abchasien durchgeführt. Der Eindruck einer soliden Datenreihe trügt, denn die Zuverlässigkeit der publizierten Daten wird unterschiedlich beurteilt. Während der Zensus von 1926 ein sehr differenziertes Bild vermittelt, wurde der Zensus 1939 in der Sowjetunion durchgeführt, um die massiv gefälschten Ergebnisse einer 1937 durchgeführten Zählung zu ersetzen, ohne dass jedoch die Daten in angemessener Zeit veröffentlicht worden wären. Der erste Zensus nach dem Zweiten Weltkrieg (1959) belegte gewaltige Bevölkerungsverluste der Sowjetunion und auch Georgiens durch die Säuberungen Ende der 1930er Jahre und durch den Krieg. 1970 wurden erstmals Migrationen erfasst. Die Zählung von 1989 stand schon im Schatten beginnender Unruhen und Auflösungserscheinungen in der Sowjetunion; für Georgien dürfte sie – anders als in Armenien und Aserbaidschan – noch einigermaßen zuverlässige Daten liefern.

←4.01 Zusammenhalt in der georgischen Gesellschaft: Wallfahrt zur *sameba gergetis* am Fuß des Kasbek (August 2011)

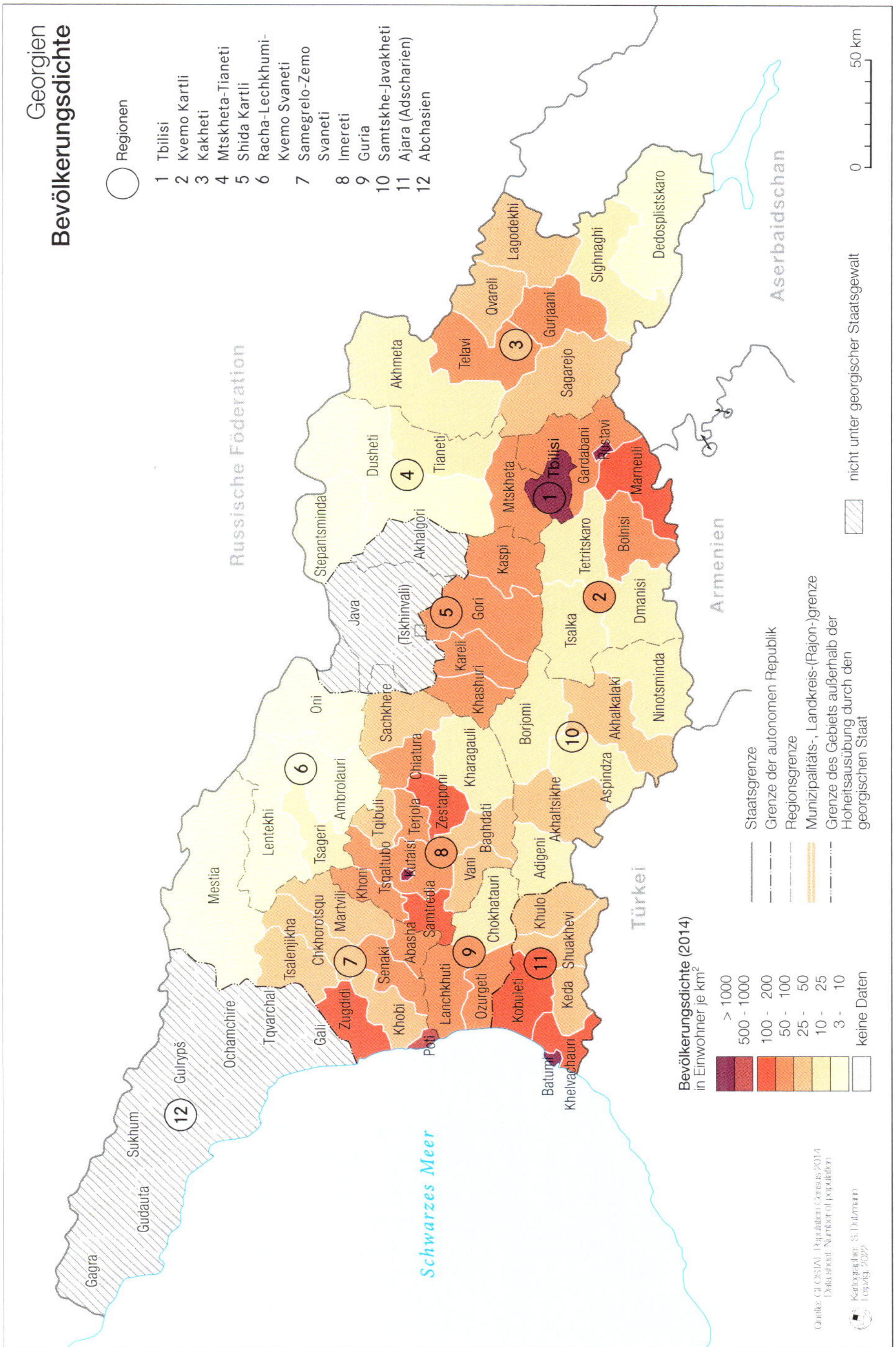

Karte 7: Bevölkerungsdichte

Der jüngste Zensus wurde zwischen dem 5. und 19. November 2014, in den Gebirgsregionen des Großen Kaukasus aus Witterungsgründen bereits im September 2014 durchgeführt. Zur methodologischen Vorbereitung des Zensus, der Bevölkerungs- und Haushaltsdaten (unter Einschluss agrarwirtschaftlicher Aktivitäten) erfasste, war zwischen dem 8. und 15. November 2007 eine Probezählung in der Munizipalität Senak'i vorgenommen worden.[1] Ein Großteil der Zensusergebnisse ist inzwischen digital zugänglich.[2] Zur nicht geringen Überraschung ergab der Zensus von 2014 eine weitaus geringere Zahl an Einwohnern, als nach den Zahlen von 2002 und ihrer Fortschreibung erwartet worden war. Hatte Georgien tatsächlich eine Dreiviertelmillion Menschen verloren? Genauere Analysen verwiesen auf eine Unzulänglichkeit des Zensus von 2002: Damals waren in großem Ausmaß Personen berücksichtigt worden, die zum Zeitpunkt der Zählung im Ausland lebten, von den Angehörigen aber noch ihrem früheren Wohnplatz zugeordnet wurden und somit Eingang in die Statistik fanden. 8,7 % der Zensusbevölkerung von 2002 konnten, so wurde 2014 berechnet, zwar *de iure* der Bevölkerung Georgiens zugerechnet werden, weil sie das Wohnrecht nicht verloren hatten, lebten aber *de facto* nicht mehr im Land. Daraufhin musste für die Fortschreibungen der Jahre 2002 bis 2014 durch Rückrechnung eine neue Zahlenreihe aufgestellt werden, die diese Verluste berücksichtigt. Es zeigte sich auch, dass im ländlichen Raum die Abweichung von den Fortschreibungsdaten erheblich größer (16,4 %) als in den Städten (1,7 %) war.[3] Eine weitere Quelle der Unstimmigkeit war die Einbeziehung oder Ausklammerung Abchasiens und Südossetiens: 2014 wurden keine fiktiven Werte mehr eingesetzt, sondern die Publikation auf die Zensusergebnisse Rumpf-Georgiens beschränkt. Der nächste Zensus ist für 2024 vorgesehen.

Die Fortschreibung der Bevölkerungszahl zeigt für die Jahre 2015 bis 2021 geringe Veränderungen: Waren 2014 noch 3 716 900 Bewohner (Rumpf-)Georgiens gezählt worden, so stieg die Zahl bis 2021 leicht auf 3 728 600. Der Wert für 2022 (3 688 600) zeigt einen Bevölkerungsverlust, der einerseits die nach den ersten anderthalb Covid-19-Jahren wieder etwas gestiegene Mobilität mit grenzüberschreitender Migration als auch die durch die Pandemie verursachte Übersterblichkeit (rd. 17 000 durch oder mit Corona verursachte Todesfälle) widerspiegelt.[4]

Eine uneinheitliche räumliche Bevölkerungsverteilung ergibt sich allein schon aus dem Gebirgscharakter des Landes: Die Hochgebirgsregionen des Großen Kaukasus sind nur äußerst dünn in einigen Talräumen besiedelt, und auch die Gebirgszüge des Kleinen Kaukasus sind fast bevölkerungsleer. Die Region Rach'a-Lechkhumi - Kvemo Svaneti verlor zwischen den Zählungen von 2002 und 2014: 37,3 % ihrer Bevölkerung, Samegrelo-Zemo Svaneti 29 %. Da beide Regionen eine überdurchschnittlich alte Bevölkerung aufweisen, ist mit weiterem Rückgang der Einwohnerzahlen zu rechnen. Dagegen zeigen die Tiefland- und Beckenlandschaften entlang der zentralen Siedlungsachse höhere Bevölkerungsdichten, obwohl auch diese Regionen von rückläufigen Bevölkerungszahlen bestimmt sind. Die höchsten Dichtewerte werden in Teilen Imeretiens, in den Munizipalitäten Gardabani und Marneuli sowie in Adscharien erreicht. Die Region Samegrelo-Zemo Svaneti zeigt eine Abfolge von höherer Bevölkerungsdichte in den küstennahen Munizipalitäten, eine etwas niedrigere Dichte in den unteren Gebirgsstockwerken und geringe Dichtewerte im Hochgebirge. Vergleichsweise niedrig ist die Bevölkerungsdichte auch im Süden des Landes, insbesondere in Samtskhe-Javakheti. Spontane und im 20. Jahrhundert mehrfach erzwungene Abwanderung, geringere Verstädterung und die kargen Existenzbedingungen in den Gebirgen des Kleinen Kaukasus spielen dafür eine Rolle.

Der Verstädterungsgrad zeigt ein etwas anderes Muster. Die niedrigsten Werte liegen nicht im Hochgebirgsraum des Großen Kaukasus, wo im Zug der Abwanderung aus den Hochtalgemein-

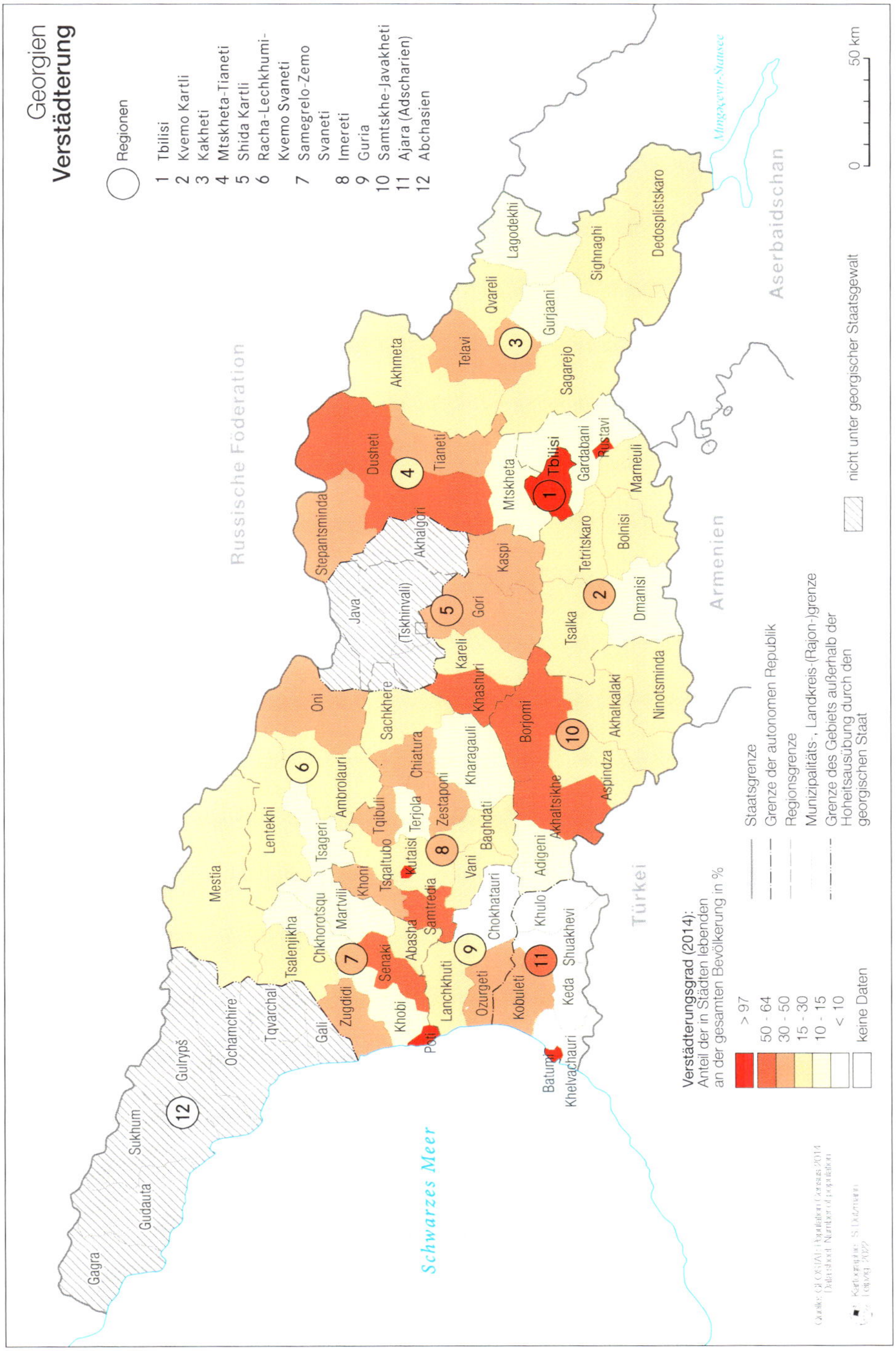

Karte 8: Verstädterung

den oft zunächst einige (wenige) Städte innerhalb der jeweiligen Munizipalitäten an Gewicht gewannen, sondern im Innern Adschariens. Die Streusiedlungsgebiete Westgeorgiens blieben oft städtearm, doch war die Abwanderung im Tiefland und in den Vorbergen gering. Dagegen zeigen die drei Munizipalitäten am Mittellauf des Mt'k'vari einen vergleichsweise hohen Verstädterungsgrad, weil die jeweiligen Zentren Khashuri, Borjomi und Akhaltsikhe einen beträchtlichen Teil der Bevölkerung an sich binden. Bei den Städten hat Batumi seine Einwohnerzahl zwischen 2002 und 2016 um 26 % auf 154 600 gesteigert, während Tbilisi (1 114 600, ohne administrativ zugehörige Nachbarsiedlungen 1 082 400 Einw.) nur gerade die Abwanderungsverluste kompensieren konnte und um 0,6 % wuchs. Deutliche Verluste erlebten das nahe der Grenze zu Abchasien gelegene Zugdidi (2016: 42 700) mit 38,0 %, Kutaisi (147 900) mit 20,5 % und Zest'aponi (20 800) mit 14,6 %.[3] Damit weisen insbesondere monoindustriell geprägte Städte und ehemalige Verkehrsknoten abseits der Hauptstadtregion hohe Verluste auf.

Wechselhafte Bevölkerungsentwicklung im letzten halben Jahrhundert

Welche demographischen Vorgänge lassen sich aus den Zählungsergebnissen und ihrer Fortschreibung ablesen? Die Bevölkerungsentwicklung Georgiens zeichnet sich durch einen mehrfachen Wechsel zwischen Zunahme und Stagnation oder gar Abnahme aus. Es gab jedoch nie überdurchschnittliche natürliche Zuwächse – darin unterscheidet sich Georgien von den Nachbarrepubliken Aserbaidschan und Armenien und auch von den vom Islam bestimmten Autonomen Republiken Nordkaukasiens.

Die bedeutendste Bevölkerungszunahme erfolgte zwischen 1926 und 1939. Bedingt war sie durch steigende Geburtlichkeit nach Erstem Weltkrieg und Bürgerkrieg und durch sinkende Sterblichkeit. Ferner kam es zu einer Zuwanderung aus anderen Sowjetrepubliken. Die hohe Geburtenrate von 27,4 (je 1000 Einw.) im Jahr 1940 bildete den Abschluss der Phase hoher natürlicher Zuwächse. Im Zweiten Weltkrieg verlor Georgien wenigstens 200 000 männliche Bewohner als Soldaten und einen großen Teil der im Grenzgebiet zur Türkei ansässigen Meskheten durch Deportation. Nach dem Zweiten Weltkrieg nahm das natürliche Bevölkerungswachstum fast kontinuierlich ab, weil die natürliche Reproduktion zurückging und sich gleichzeitig die Lebenserwartung vor allem der männlichen Bevölkerung reduzierte. Deutlich niedrigere natürliche Zuwächse zeigten sich bereits bei den Volkszählungen von 1970 (19,2) und 1989 (16,7 je 1000 Einw.). Die Reproduktionsraten änderten sich wegen der zunehmenden Berufstätigkeit von Frauen, wegen ihres Zugangs zu höheren Bildung (und damit mehr Selbstbestimmung) und als Folge der Urbanisierung. Die Sterberate stieg wegen der zunehmenden Überalterung der Bevölkerung. Zwischen 1959 und 1989 errechnet sich eine durchschnittliche jährliche Wachstumsrate von 8,8 je 1000 Einwohner.[6] Damit gehörte Georgien in sowjetischer Zeit zu den Unionsrepubliken mit relativ geringem natürlichem Zuwachs und niedrigem Migrationssaldo. So wuchs die Bevölkerung zwischen 1959 und 1989 nur um ein Drittel von 4,04 Mio. auf 5,44 Mio. Personen, während im benachbarten Aserbaidschan ein Zuwachs um 89,9% zu verzeichnen war.

Nach der Auflösung der Sowjetunion folgte eine Zeit der Bevölkerungsabnahme, bedingt durch die Massenarmut in der Transformationskrise mit dadurch sinkender Lebenserwartung insbesondere der männlichen Bevölkerung und durch Abwanderung. Dabei ist an die Rahmenbedingungen zu denken, an Mangelernährung, an unzureichende medizinische Versorgung und in der ersten Hälfte der 1990er Jahre an den Bürgerkrieg.[7] Durch Abwanderung verlor das Land 8,8 % seiner Bevölkerung. Allerdings verteilen sich diese Verluste sehr ungleich im Land: Während die Hauptstadt Tbilisi ihren Einwohnerstand fast halten konnte, waren hohe relative

Bevölkerungsverluste in monofunktionalen Städten wie Ch'iatura (Manganbergbau), T'q'ibuli (Kohlebergbau), Ts'q'alt'ubo (Kurbad) oder in den Städten der südlichen Peripherie (Dmanisi, Tsalk'a, Akhalkalaki, Akhaltsikhe) zu verzeichnen, ferner in den ländlichen Hochgebirgsregionen und den ländlichen Gebieten Kvemo Kartlis und Adschariens.[8] Selbst überdurchschnittliche natürliche Zuwachsraten, die in den 1990er Jahren in den Munizipalitäten entlang der georgischen Südgrenze, d. h. in den Siedlungsgebieten der armenischen und azerischen Minderheiten, registriert wurden, konnten die Abwanderungsverluste nicht ausgleichen. Geringe Zuwachsraten gab es vor allem in den zentralen Gebieten Westgeorgiens. In absoluten Zahlen war der Bevölkerungsrückgang in den meisten Städten größer als im ländlichen Raum. Denn in den Städten war der Anteil nicht-georgischer Bevölkerung, die unter besonderem Abwanderungsdruck stand, höher als auf dem Land, und sicher existierten in den Städten bessere Informationsmöglichkeiten, wie sie einer Migrationsentscheidung vorausgehen. Ferner war die Nahrungsversorgung im ländlichen Raum in Notzeiten auf dem Subsistenznivau besser als in Städten, und vermutlich bestand auf dem Land auch eine engere Bindung an den Wohnort. Dazu kamen die Folgen der De-Industrialisierung mit dem Verlust vieler Arbeitsplätze. Dass die nicht-georgische, insbesondere die russische Bevölkerung abwanderte, wird am Beispiel von Tbilisi deutlich, das drei Viertel der dort ansässigen Russen verlor. Eine nur geringe Zunahme in den beiden zurückliegenden Jahrzehnten konnte diese statistisch erfassten Verluste nicht ausgleichen. Dabei bestehen regionale Unterschiede in der Bevölkerungsdynamik. Tbilisi und Adscharien, d. h. vor allem Batumi, wiesen 2012 genauso wie Kvemo Kartli eine überdurchschnittliche Zunahme auf, während Kachetien einen Bevölkerungsverlust erlebte und die Regionen Guria und Samegrelo-Zemo Svaneti nur einen geringen Zuwachs verzeichneten.

Beim Geschlechterverhältnis gab es seit Mitte der 20. Jahrhunderts Veränderungen, die auch in der Transformationszeit weitgehend anhielten. So klafft die Lebenserwartung deutlich auseinander; 1991 betrug sie bei Frauen 75,0, bei Männern 67,1 Jahre, bis 2015 stieg sie leicht auf 77,2 bzw. 68,6 an.[9] Ein weiteres differenzierendes Merkmal ist die Familiengröße, die sich nach Ethnien unterscheiden lässt. Während die georgischen Familien in den Städten durchschnittlich vier Personen, in den ländlichen Gebieten 4,2 Personen umfassen, sind es bei den Azeri 4,9, bei den Kurden sogar 5,1 Personen, bei den Angehörigen slavischer Gruppen dagegen nur 2,8 bis 3,1.[10] Dabei ist das traditionell relativ niedrige Heiratsalter georgischer Frauen ebenso wie die Scheidungsrate zu bedenken, die früher vergleichsweise gering war und erst in jüngerer Vergangenheit zunahm. Sie lag zwischen 1996 und 2007 bei nur 0,4 und 0,5 je 1000 Einwohner und stieg in den 2010er Jahren auf (2015) 2,5 je 1 000 Personen.[11] Und der Trend verstärkte sich: 2018 standen 23 202 Eheschließungen 10 288 Scheidungen gegenüber.[12]

Bereits erwähnt wurde die enge Bindung an das Heimatland. Ethnische Georgier waren in sowjetischer Zeit weitaus seltener außerhalb ihrer Republik wohnhaft als Armenier und Azeri: 1989 machten die außerhalb Georgiens lebenden Georgier gerade 4,9 % der Gesamtzahl der in der Sowjetunion lebenden Georgier aus, während 14,3 % der Azeri und 27,8 % der Armenier außerhalb ihrer jeweiligen Republik in der Sowjetunion lebten,[13] wobei allerdings die Angaben für die Nachbarrepubliken wegen des Konflikts um Nagorno-Karabakh und wegen des Erdbebens von Spitak 1988 höchst unsicher sind. Heute besteht in Georgien das früher gültige Muster einer engen räumlichen Bindung an das Heimatland nur noch bedingt. Vor allem die Massenverarmung zwang viele Georgier dazu, außerhalb Georgiens eine neue Lebensgrundlage zu suchen, bis 2008 durchaus auch und besonders in Russland. In der Transformationsphase reduzierte sich durch Abwanderung, Verlust der beiden Territorien Südossetien und Abchasien sowie geringere

Lebenserwartung die Bevölkerungszahl in Rumpfgeorgien bis 2002 auf 3,99 Mio. Einwohner, obwohl – nach unterschiedlichen Berechnungen und Schätzungen – etwa 200 000 bis 350 000 Binnenflüchtlinge aufgenommen werden mussten; wahrscheinlicher ist die vom UNHCR verbreitete Zahl von etwas mehr als 250 000 Personen. In der offiziellen Statistik sind für die Zeit des Zensus von 2002 allerdings nur 161 597 Binnenflüchtlinge aufgeführt, davon die knappe Hälfte in der Region Samegrelo-Zemo Svaneti, 48 000 in Tbilisi.[14] Nach einem knappen Jahrzehnt der Stagnation schien die Bevölkerungszahl langsam, aber fast kontinuierlich anzusteigen, so dass die Fortschreibung für 2013: 4,48 Mio. Personen nannte,[15] doch musste diese Zahl nach dem Zensus von 2014 deutlich nach unten auf 3,72 Mio. korrigiert werden.

Während der letzte sowjetische Zensus von 1989 sowohl die *de iure-* als auch die *de facto*-Bevölkerung erfasst hatte, registrierte die Zählung 2002 nur die *de iure*-Bevölkerung, also die jeweils dauerhaft gemeldeten Bewohner. Weder der 2002 noch der 2014 erfolgte Zensus konnte die Bevölkerung Abchasiens und Südossetiens erfassen. 2002 wurden Zählungen über Rumpf-Georgien hinaus auch im K'odori-Tal (Abchasien) und im Landkreis Akhalgori (Südossetien) durchgeführt. So nannte der Zensus von 2002: 4 371 535 Personen, denen noch geschätzte 230 000 Personen in den Sezessionsgebieten hinzuzurechnen waren;[16] allerdings gelten diese Daten als nicht vollständig zuverlässig. Anfang 2014 wurden in der Fortschreibung zwar 4 490 500 Einwohner geschätzt, doch ergab der Zensus 2014 mit nur 3 729 600 Personen eine um 14,7 % niedrigere Bevölkerungszahl. Im Jahr 2016 verlor Georgien etwa 2 200 Einwohner, im Jahr 2018 nach einem leichten Nettogewinn von 3 200 Personen im Jahr 2017 gab es eine erneute Abnahme von 6 100 Bewohnern. Die Fortschreibung zum 1.1.2019 nennt 3 723 500 Einwohner, von denen mit 1 171 100 fast ein Drittel (und zugleich die reichliche Hälfte der städtischen Bevölkerung) in Tbilisi lebten.[17] Der in Abchasien unter russischer Regie durchgeführte Zensus von 2011 ist vor allem hinsichtlich der ethnischen Differenzierung interessant: Waren bei der letzten sowjetischen Zählung 1989 nur 17,8 % der damals 525 000 Bewohner Abchasiens ethnische Abchasen gewesen, aber 45,7 % Georgier (insbesondere Mingrelier), waren es 2011 (insgesamt 240 705 Einwohner) 50,7 % Abchasen und nur noch 17,9 % Georgier.[18]

Die Verteilung der Bevölkerung nach Altersgruppen zeigt nach längerem Rückgang der jüngeren Kohorten dort wieder eine Zunahme, was auf eine Konsolidierung des Gesundheitswesens und einen Rückgang der Säuglings- und Kindersterblichkeit zurückgeführt wird. Die früher publizistisch immer hervorgehobene Langlebigkeit von Männern in Abchasien, wo es angeblich regional weit überdurchschnittlich viele Überhundertjährige gab, ist allerdings wohl eher ein Mythos als eine demographische Realität.

Bei der ländlichen Bevölkerung ist die Verteilung auf Siedlungsgrößen aufschlussreich. Von damals insgesamt 3633 ländlichen Siedlungen wurden 2014: 223 als bewohnerlos registriert; sie sind Hinweis auf die Umsiedlungs- und Abwanderungsprozesse während des 20. Jahrhunderts. Die höchste Zahl wurde in der Region Mtskheta-Mtianeti (75 von insgesamt 480 Siedlungen) erfasst, die große Teile der Siedlungsgebiete der georgischen Bergvölker einschließt; allein in der Munizipalität Q'azbegi sind 21 von 45 Siedlungen einwohnerlos. In der benachbarten Munizipalität Dusheti, in der 40 von 287 Siedlungen keine Bewohner (mehr) haben, zählen 165 Siedlungen nur zwischen 1 und 50 Bewohner. Dabei ist zu bedenken, dass landesweit die Hälfte der ländlichen Bevölkerung in Siedlungen mit 500 bis 2 000 Einwohnern lebt.[19] Hinter diesen Zahlen verbergen sich Prozesse, die teils der wirtschaftlichen und sozialen Entwicklung geschuldet, teils politisch initiiert sind. Landflucht ist ein weitverbreiteter Vorgang in Räumen, in denen sich die Wirtschaft von der agrarischen zur industriellen Tätigkeit oder Dienstleistungsdominanz bewegt. Damit verbunden ist eine Verstädterung, die in sowjetischer Zeit gezielt als Politik betrieben wurde. Wenn in Krisenzeiten Städte schlecht versorgt werden können, tritt wenigstens zeitweise eine gegenläufige Tendenz auf, weil die Versorgungslage auf Subsistenzbasis im ländlichen Raum oft etwas günstiger als in der Stadt ist. Wirtschaftswachstum lässt dagegen den Zustrom in die mehr Arbeitsplätze bietenden Städte steigen. Massive Eingriffe erfolgten von politischer Seite während der Kollektivierung und nach dem Zweiten Weltkrieg bei der Zusammenlegung kleiner Kolchoze: Umsiedlungen galten sowohl der Verbesserung der Wirtschaftsgrundlagen als auch der besseren Kontrolle. Dadurch verloren die Hochtäler des Großen Kaukasus bis Mitte der 1950er Jahre einen Großteil ihrer Bevölkerung. In der Folgezeit änderte sich das Migrationsmuster: An die Stelle dauerhafter Abwanderung trat eine saisonale Zirkulation, bei der frühere Bewohnerfamilien zur Sommerzeit wieder die Hochtalsiedlungen aufsuchten, Kontakt zu der verbliebenen, mit ihnen verwandten Bevölkerung hielten und sich an der Sömmerung des Viehs auf den Hochweiden beteiligten.[20] Mit dem (Hochgebirgs-)Tourismus entstand ein neuer Typ saisonaler Zuwanderung, der jedoch auf wenige Schwerpunkträume wie Hoch-Svanetien und Tushetien beschränkt bleibt.

Geburtlichkeit und Sterblichkeit, Altersaufbau und Lebenserwartung

Georgien zeichnete sich schon in sowjetischer Zeit durch eine eher niedrige Geburtlichkeit aus. Zu Beginn des 20. Jahrhunderts wurde die Zahl der Geburten niedrig gehalten, um in den (zahlreichen) adligen Familien einer weiteren Verarmung vorzubeugen und um eine weitere Zersplitterung der landwirtschaftlichen Nutzfläche zu verhindern. In der Zwischenkriegszeit stieg die Geburtenrate zwar bis 1940 auf 27,4 je 1 000 Einwohner an, ehe sie bis 1970 auf 19,2, bis 1989 auf 16,7 fiel. Die Sterberate blieb dagegen weitgehend stabil mit 8,8 Sterbefällen je 1 000 Einwohnern 1940, 7,3 im Jahr 1970 und 8,6 in 1989.[21] Nach der Umbruchs- und Bürgerkriegszeit wurden die niedrigsten Geburtenraten mit 10,7 in den Jahren 2002, 2003 und 2005 registriert, ehe wieder ein leichter Anstieg mit Schwankungen erfolgte und 2015: 15,9 erreicht wurden. Die Sterberaten reichten in der Transformationsphase teilweise an die Geburtenraten heran (2002 hatten beide Kennziffern den Wert 10,7 je 1 000 Einw.), ehe nach der Rosenrevolution eine optimistischere Einstellung der Bevölkerung die Geburtenzahl erhöhte, die anhaltende Abwanderung jüngerer Menschen aber zugleich die Sterberate bis 2014 und 2015 auf 13,2 ansteigen ließ.[22] Ursachen für die erhöhte Sterblichkeit sind im häufigen Auftreten von Krankheiten wegen der Verschlechterung der hygienischen Bedingungen, der Mangelernährung und dadurch bedingter höherer Krankheitsanfälligkeit zu suchen. Vor allem der Mangel an reinem oder wenigstens chloriertem Trinkwasser und das Fehlen einer umfassenden Lebensmittelkontrolle wirkten sich negativ auf die Entwicklung aus. In den größeren Städten sind diese Missstände inzwischen teilweise überwunden. Dabei muss an die Zweiteilung des Gesundheitswesens und an dessen Reformen gedacht werden. Nach Erlangung der Unabhängigkeit bestand das staatliche Grundheitswesen zunächst fort, doch galt es als schlecht; auch war es nicht immer in der Lage, geeignete Medikamente und Therapien bereitzustellen. Daneben entwickelte sich ein Privatsektor im Gesundheitswesen, der zwar gut arbeitete, aber teuer war und bei Betroffenen rasch zur Verarmung führen konnte. Bis 2010 wurden zwar fast alle Krankenhäuser privatisiert, doch entstanden 2007 ein Hausarztsystem und eine staatliche Krankenversicherung, um vulnerable Bevölkerungsgruppen zu unterstützen. Seit 2013 soll die *Universal Health Care* (UHC) über eine kostenlose Krankenversicherung eine generelle Grundversorgung sichern, doch ist dafür eine nachhaltige staatliche Finanzierung erforderlich.[23]

Die Lebenserwartung bei Geburt hat sich nach einem deutlichen Rückgang in der ersten Hälfte der 1990er Jahre inzwischen wieder stabilisiert. Sie lag 2012 für Jungen bei 70,2, für Mädchen bei 79,0 Jahren. Mitbedingt durch die Übersterblichkeit während der Corona-Pandemie sank sie zuletzt auf 67,5 Jahre für Jungen bzw. 75,4 Jahre für Mädchen.[24] Die anhaltend hohe Säuglings- und Kindersterblichkeit ist eine wesentliche Ursache für diesen vergleichsweise niedrigen Wert, denn die Lebenserwartung von 65-jährigen Männern liegt inzwischen bei 14,5, die von 65-jährigen Frauen bei 18,4 Jahren.[25]

Der Vergleich von Svanetien und Rach'a verweist auf regionale Besonderheiten in den Gebirgsregionen: Die svanisch besiedelten Munizipalitäten Mest'ia und Lent'ekhi weisen eine leichte Bevölkerungszunahme auf, während die Muniziplitäten Ambrolauri, Oni und Tsageri, die von der subethnischen Gruppe der Rach'a (Sprache: Rachuli) bewohnt werden, trotz ähnlicher Naturbedingungen eher Bevölkerungsabnahme zeigen. Selbst der bergbaulich-industrielle Impuls, der von dem Erzabbau am oberen Rioni und seinen Nebenflüssen (Molybdän bei K'arobi, Quecksilber bei T'alakhiani. Arsen bei Lukhumi) ausgeht, konnte die Bergflucht nicht stoppen. Eine detaillierte Analyse scheitert freilich daran, dass die einzelnen georgischen (kartvelischen und imerischen) Dialektgruppen bei der statistischen Erfassung nicht unterschieden werden, und dass die aktuellen Verwaltungsgrenzen nicht den ethnisch-sprachlichen Grenzen entsprechen. Daher sind auch keine weiterführenden Aussagen zu anderen georgischen Hochgebirgsgruppen wie den Pshaven, Mtiulen, Khevsuren, Tushen, Mokheven usw. möglich.

Einen Sonderfall stellte in sowjetischer Zeit Südossetien dar. Die Bevölkerungszahl des autonomen Gebietes hatte 1939: 106 100 erreicht, musste im Zweiten Weltkrieg starke Verluste hinnehmen, die bis 1955 ausgeglichen werden konnten, und stagnierte danach bei knapp 100 000 Einwohnern. Die dahinter stehenden Verluste resultieren nicht nur aus der abnehmenden Geburtlichkeit und zunehmenden Sterblichkeit, sondern sind vor allem das Ergebnis einer lang andauernden Abwanderung. Der natürliche Zuwachs lag immerhin 1983 mit 8,4 o/oo im Durchschnitt nicht wesentlich unter jenem der gesamten Georgischen SSR (9,6 o/oo). Allerdings zeigt eine Aufgliederung nach *rajony* die Probleme der Berggebiete an: Wie die nordgeorgischen *rajony* Ambrolauri, Oni und Tsageri wies auch der südossetische *rajon* Java einen negativen Saldo auf, Folge einer Überalterung nach langjährigen Abwanderungsverlusten.[26]

Der Altersaufbau der Bevölkerung Südossetiens zeigt darüber hinaus, dass das 20. Jahrhundert mehrere Phasen starker Bevölkerungseinbußen brachte: Nach der Revolutions- und Bürgerkriegszeit waren es die Kollektivierungsphase Ende der 1920er Jahre, dann Zweiter Weltkrieg und Nachkriegszeit, ferner die Industrialisierungszeit in den 1960er Jahren, als die Beschäftigung von Frauen rapid zunahm. Die Ursachen für die Abwanderung sind vielfältig; zu den wirtschaftlichen Problemen einer nur zögernd einsetzenden Industrialisierung, einem fehlenden Ausbau des tertiären Sektors und den Ertragsverlusten in der Gebirgslandwirtschaft war es sicher auch politischer Druck, der von Georgiern ausgeübt wurde, die im klimatisch begünstigten Siedlungsgebiet Inner-Kartlis die südossetische Bevölkerung verdrängten, in Städten vielleicht auch russischer Einfluss (der Anteil der Russen an der Bevölkerung von Tskhinvali lag in spätsowjetischer Zeit bei 5 %). Die Abwanderungstendenz schwächte sich Mitte der 1970er Jahre etwas ab, außerdem erfolgte kurzfristig eine leichte Zuwanderung, die zwischen 1975 und 1977 einen positiven Wanderungssaldo ergab. 1979 wurden allerdings in Südossetien je 1 000 Einwohner wieder 20,2 Abwanderer bei nur 13,7 Zuwanderern registriert. Bei der Abwanderung überlagern sich Berg- und Landflucht. Einzelne Weiler wurden vollständig aufgegeben. Nicht auf Südossetien beschränkt ist die saisonale Wanderung: Ein Teil der ursprünglich ländlichen Bevölkerung hat den ersten Wohnsitz (mit Arbeitsplatz) in der Stadt, zieht aber im Sommer auf das Land und unterstützt die jeweilige Familie beim sommerlichen Weidegang in das Gebirge.

In postsowjetischer Zeit haben die Auseinandersetzungen zwischen den Osseten Südossetiens und den Georgiern zu einer Entmischung geführt: Die Osseten, die auch im weiten Becken von Gori siedelten, wurden von dort ebenso vertrieben wie die meisten Georgier aus Südossetien. Seit dem georgisch-russischen Augustkrieg 2008 ist die georgisch-südossetische Grenze weitgehend geschlossen, ein Bevölkerungsaustausch findet nicht mehr statt.

Ethnische und sprachliche Differenzierung

Keine Darstellung Kaukasiens kann die ethnische und sprachliche Vielfalt übergehen. Georgien präsentiert sich zwar als Nationalstaat mit den Georgiern als staatstragender Nationalität, ist aber auch ein Abbild der Sprachenvielfalt des Kaukasus, den die an Metaphern reichen Darstellungen arabischer Geographen des Mittelalters als den "Berg der Sprachen" (*jabal al-alsun*) bezeichneten. Neben Angehörigen der indogermanischen, der turko-altaiischen und der semitischen Sprachfamilien, die zu unterschiedlichen Zeiten durch Zuwanderung nach Georgien gelangten, sind Vertreter aller drei autochthonen Sprachfamilien Kaukasiens im Land anzutreffen, wenn auch in sehr unterschiedlicher Anzahl. Dabei verweisen mehrere nichtgeorgische Gruppen auf ihre zum Teil jahrhundertelange Präsenz und leiten daraus Selbstbestimmungsansprüche ab. Dass sie in ihren heutigen Siedlungsgebieten leben, geht auf Grenzverschiebungen nach Kriegen sowie auf An- und Umsiedlungsmaßnahmen zurück.

Oft wird einfach von der Völkervielfalt in Kaukasien gesprochen. Sie ist hinsichtlich der Selbstidentifikation der Bevölkerung gegeben, unterscheidet aber vielfach nicht zwischen ethnischer und sprachlicher Zuordnung. Eine ethnolinguistische Differenzierung berücksichtigt beide Aspekte, steht aber vor mehreren Problemen:[27]

- Wie anderswo bestehen multiple Identitäten: Eine Person kann sich als „Georgier" bezeichnen und als „Khevsure" spezifizieren; aber sie kann auch das Khevsurentum als eigentliche Identität hervorheben und das Georgiertum als die politisch und territorial erfolgte Zuschreibung unterordnen.
- Kaukasien war immer ein Gebiet hoher Bevölkerungsmobilität. Dadurch wurden ethnische Gruppen überschichtet, durchmischt oder fremd beherrscht, was sich auf Sprachentwicklung und Sprachgebrauch auswirkte.
- So gibt die Linguistik zwar klare Definitionen zur Sprachlichkeit vor, doch führten Fremdherrschaft, Mobilität und Warenaustausch dazu, dass viele Sprachen Elemente benachbarter Sprachen aufgenommen haben.[28]
- Andererseits ermöglichte die Abgeschiedenheit zahlreicher Gebirgshochtäler und die vor allem im Winter oft Monate währende Unterbrechung aller Kontakte nach außen die Isolation kleiner Sprachen und Dialekte, die bis heute trotz geringer Zahlen von Sprecherinnen und Sprechern fortbestehen, aber als gefährdet gelten.
- Schließlich sind die Übergänge zwischen „Sprache" und „Dialekt" fließend, so dass auf administrativem Weg leicht aus Sprachen Dialekte werden können, wenn eine dominante Gruppe dies politisch anstrebt, oder aus Dialekten Sprachen, wenn zugleich ethnische Identität betont wird.

Die aktuelle Zuordnung ist ein Politicum: Die statistische Kategorie „Georgier" ist weit gefasst und bezieht heute Mingrelier, Svanen und Angehörige anderer Bergvölker ein, während der Zensus von 1926 noch Georgier sowie als deren Untergruppen Mingrelier, Adscharen, Svanen und Lazen aufführte.[29] Dies muss bei einem Blick auf die sehr genau erscheinenden statistischen Daten berücksichtigt werden. Nach der offiziellen Statistik stieg der Anteil der Georgier an der Gesamtbevölkerung von 1989 (damals unter Einschluss Abchasiens und Südossetiens): 70,1 % auf 2002: 83,8 % und 2014 (jetzt ohne die Sezessionsgebiete): 86,8 %, während der Anteil der russischen Bevölkerung von 6,3 auf 1,5 bzw. 0,7 % sank. Bei den Azeri bewirkte die etwas höhere Geburtlichkeit einen Anstieg von 5,7 auf 6,5 bzw. 6,3 %, während der Anteil der Armenier, die auch in größerer Zahl in Abchasien vertreten waren, von 8,1 auf 5,7 bzw. 4,5 % zurückging. Juden und Griechen (2014 noch 1 400 bzw. 5 500 Personen) sind zu unbedeutenden Minderheiten geworden, und auch Abchasen (900) und Osseten (14 600) spielen in Rumpf-Georgien keine bedeutende Rolle mehr. Die kurdische Bevölkerung, 1989 noch 33 300 Personen, sank auf 13 800 Angehörige zurück, die ukrainische, ebenfalls in Abchasien ansässig, ging von 52 400 auf 6 000 zurück.[30] Die Zahl der Russen reduzierte sich zwischen 1989 und 2002 um 74,4 %, die der Osseten um 61,7 % und die der Armenier um 30,8 %.[31] Dass die Zahl der Georgier überproportional zunahm, liegt also weniger an höherer Geburtlichkeit als an einer bescheidenen Zuwanderung und vermutlich einigen ethnischen „Re-identifikationen“ aus Opportunitätsgründen. Vor allem ist die Zunahme des Georgieranteils nach 1989 auf die Abwanderung von Angehörigen nichtgeorgischer Gruppen zurückzuführen. Während im ländlichen Raum Siedlungsgebiete der einzelnen ethnolinguistischen Gruppen ausgemacht werden können, sind die Städte größtenteils multiethnisch. In Westgeorgien, das in der Sowjetzeit fast rein georgisch war, hat es durch den Abchasienkonflikt gewisse Veränderungen gegeben, die aber an der Dominanz der georgisch Sprechenden nichts geändert hat. In Adscharien hat vermutlich das christliche Georgiertum etwas zugenommen, und auch Kachetien ist, von südlichen Randbereichen und Gebirgslagen abgesehen, fast rein georgisch bestimmt.

Ethnolinguistische Gruppen[32]

Die Dominanz der *Georgier* im engeren Sinn, der Kart(ve)lier, gilt zahlenmäßig, birgt aber Konfliktpotential, wenn andere linguistische Gruppen subsummiert und dadurch zurückgestellt werden. Als gesichert gilt heute, dass die ältere Migrationstheorie, nach der die Entstehung der kaukasischen Sprachen in einem weiten Raum des Vorderen Orients erfolgte, aus dem die Sprecher abgedrängt wurden, bis sie in Kaukasien einen Zufluchtsort fanden, aufgegeben werden muss zugunsten einer Auffassung, dass „die Träger der Kaukasussprachen schon immer im Kaukasus ansässig waren“,[33] dass aber andere ethnolinguistische Gruppen nach Kaukasien zuwanderten, so dass es zu Vermischungen und Überschichtungen kam. Als wichtiger Vorgang gilt die Zuwanderung von Skythen im mittleren Kaukasus seit dem 7. Jahrhundert v. Chr., auf die sich die Osseten zurückführen. Sie drangen im 13./14. Jahrhundert über den Kaukasus nach Süden vor.

Die ältere Sprachwissenschaft hatte noch eine einzige kaukasische Sprachfamilie angenommen, die in drei regionale Gruppen ([nord]westkaukasische, südkaukasische und [nord]ostkaukasische Gruppe) gegliedert sei.[34] Heute bilden nach überwiegender Auffassung die [nord-]westkaukasischen (abchasisch-adygischen), die [nord]ostkaukasischen (nachisch-dagestanischen) Sprachen und die südkaukasischen oder kartvelischen Sprachen, deren verbreitungsmäßig bedeutendste das Georgische ist, jeweils eine eigenständige Sprachfamilie, wobei viele genetische Fragen offen bleiben.[35] Zu den südkaukasischen Sprachen gehören außer dem Georgischen (Kartvelisch, *kartuli*) das Svanische (*svanuri*) sowie das ehemalige Zanische (*zanuri*), aus dem das Mingrelische (oder Megrelische; *megruli*) und das Lazische (*lazuri*) entstanden. Die Dominanz

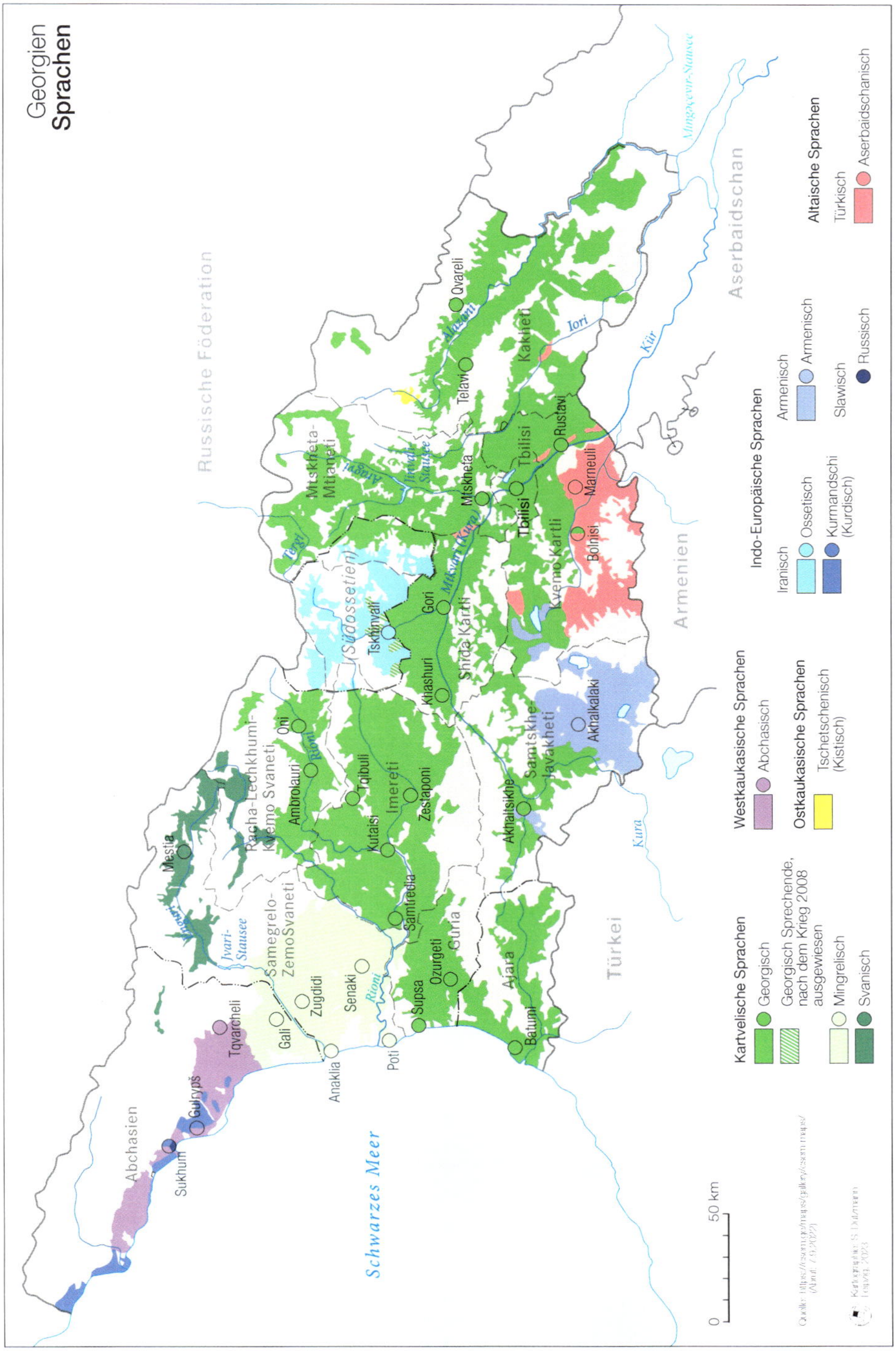

Karte 9: Sprachen

des Kartvelischen erklärt sich daraus, dass historische Einigungsversuche in Georgien mehrfach von Kartlien ausgingen und dass die anderen drei Sprachen lange Zeit keine Schriftlichkeit entwickelten. Aus georgischer Sicht handelt es sich bei den zuletzt genannten Gruppen um subethnische Einheiten, nicht um eigenständige ethnische Gruppen.[36] In der Statistik und auf kartographischen Darstellungen erscheint Georgien daher als ethnisch weitgehend einheitlich. Selbst die jüngste Darstellung der Georgier in der russischen Fachliteratur bewahrt diese Fiktion.[37]

Dass sprachliche Zusammengehörigkeit und Differenz schon in der Sowjetzeit politisiert wurden, zeigt das Mingrelische. Der Zensus von 1926 erfasste es noch als eigenständige Sprache; zwischen 1925 und dem Beginn der Repressionen 1937 genoss es sogar eine gewisse Kulturautonomie, so dass mingrelisches Schrifttum entstehen konnte. Danach sah die offizielle Sprachenpolitik das Mingrelische als Dialekt des Georgischen. Ähnliches geschah mit dem Lazischen, dessen Hauptverbreitungsgebiet in der nordöstlichen Türkei liegt, das in der georgisch-türkischen Grenzsiedlung Sarpi (türk. Sarp) aber nach Adscharien reicht.[38] Seit der Perestrojka entsteht jedoch wieder eine mingrelische Literatur; ein Wörterbuch ermöglicht die Übertragung ins Deutsche.[39] Dabei ist die Eigenständigkeit der Mingrelier wie auch der Svanen vor allem als sprachliches Phänomen zu sehen, dem politischer Separatismus fern liegt, obwohl es durchaus auch solche Strömungen gibt. Die Identität der georgischen Nation soll dadurch aber nicht in Frage gestellt werden.

Mehrere weitere Gruppen im Gebirge betonen ihre kulturelle Eigenständigkeit, doch gelten ihre Sprachen nur als Dialekte des Georgischen.[40] Dazu gehören die *Mokheven, Mtiulen, Khevsuren, Tushen* und *Pshaven*. Khevsuretien, Pshavien und Tushetien waren in der Vergangenheit unabhängig vom georgischen Königshaus gewesen und wurden daher weniger assimiliert. Insgesamt unterscheidet die Sprachwissenschaft 17 Dialekte des Georgischen.[41] Retardierende Elemente finden sich in der fortbestehenden Bindung eines Teiles der Gebirgsbevölkerung an die räumlichen Herkunftsgebiete. Sie scheint in mehreren Hochtälern Svanetiens, Khevsuretiens und Tushetiens stark zu sein. Allerdings wies bereits eine ältere Detailanalyse zum georgischen *rajon* Q'azbegi nach, dass der Ausbau der Verkehrswege – hier der Georgischen Heerstraße – die Abwanderungstendenz verstärkte.[42] Aber selbst bei denjenigen Tushen, deren Familien heute im kachetischen Tiefland oder in Tbilisi leben, ist die Bindung an den Herkunftsort nach wie vor groß.[43] Nach Tushetien wanderten Čečenen zu, die später als *Tsova-Tushen* auftraten und weitestgehend an die Georgier assimiliert wurden. Sie wurden bereits in dem ethnolinguistisch besonders differenzierenden Zensus von 1926 als Georgier registriert.[44]

Die *Adscharen* [Ajaren] sprechen ebenfalls einen georgischen Dialekt und betrachten sich ethnisch als Georgier. Ihre relative Eigenständigkeit, die durch die Gewährung von Autonomierechten unterstrichen wird, beruht nicht auf der Sprache, sondern auf der Islamisierung nach 1595, als das Territorium des georgischen Fürstentums Samtskhe-Saatabago in das Osmanische Reich eingegliedert wurde. Konvertiten bot diese Islamisierung durchaus Vorteile: Die Kopfsteuer für Christen entfiel, für Adlige ergaben sich aus dem Übertritt zum Islam Privilegien, ein Aufstieg in höhere Ämter war möglich, und Landbesitztitel blieben erhalten. Auf der anderen Seite fehlte den verbleibenden christlichen Geistlichen oft eine ausreichende Ausbildung, die georgische Kirche genoss verhältnismäßig geringes Ansehen, während der Islam sich tolerant zeigte. Hinzu kamen Wanderungsgewinne aus dem schon muslimischen Erzurum in das Gebiet der Adscharen, wodurch der Druck der Islamisierung noch verstärkt wurde.[45] Auf der Basis von religiöser Alterität, peripherer Lage und leichter Durchmischung mit ethnischen Gruppen aus der Nachbarschaft entwickelte sich eine adscharische Eigenart, die sich im Gegensatz zu Abchasen und

Osseten kaum auf sprachliche Differenz begründete.[46] Erst Mitte des 19. Jahrhunderts erwachte in Georgien wieder ein zunächst wissenschaftliches, dann auch zunehmend politisches Interesse an Adscharien. Vor allem Ilia Ch'avch'avadze hob die Bedeutung der Region für die frühmittelalterliche Vereinigung Georgiens hervor; da aber die gemeinsame Religion nicht (mehr) gegeben war, wurde die georgische Nation kulturell bestimmt. Der russisch-türkische Krieg von 1877/78 und der Berliner Kongress 1878 schlugen die Gebiete Ardahan, Kars und Batumi dem Russischen Reich zu. Diese Angliederung führte zu erneuten Wanderungen, an denen vor allem Abchasen, Lazen und muslimische Georgier beteiligt waren. Problematisch war die Neuordnung der Landbesitzverhältnisse, da die Registrierung im Osmanischen Reich nicht abgeschlossen worden war. Im Zwiespalt zwischen der Eingliederung nach Georgien (unter dem Vorzeichen eines denkbaren Nationalstaats) und der Rücksichtnahme auf die kulturellen, insbesondere religiösen Belange der Bevölkerung entstanden die ersten Überlegungen für eine Autonomie Adschariens innerhalb Georgiens; sie führten bei der Verfassungsgebung im wieder unabhängigen Georgien zum Fortbestand der aus der Sowjetzeit überkommenen Autonomie.[47]

In Kachetien-Heretien reicht das georgische Siedlungsgebiet über die heutige Staatsgrenze nach Aserbaidschan in das Gebiet von Zaqatala. Die dort lebenden Kacheter haben großenteils den Islam angenommen, werden als *Ingiloer* bezeichnet und sprechen einen besonderen Dialekt des Georgischen, das Ingiloische, das Elemente der aserbaidschanischen Spache einschließt.[48]

Im Gegensatz zu den bisher genannten georgischen Gebirgsethnien sprechen die *Svanen* eine eigenständige Sprache, das Svanische (*svanuri*). Es hatte ursprünglich ein wesentlich größeres Verbreitungsgebiet und hat sich wohl wegen der relativen Abgeschiedenheit vor allem in Hoch-Svanetien als einem Rückzugsraum bis in die Gegenwart erhalten. In den 1990er Jahren sahen sich 90 % der Bevölkerung Svanetiens auch als ethnisch-sprachliche Svanen. Es existiert also nicht nur eine emotionale oder funktionale Bindung an den Raum, sondern auch eine reale. Vor allem in Hoch-Svanetien bestehen soziokulturelle Relikte aus der Zeit des „Freien Svanetien", als mehrere Dörfer unabhängig von einer Territorialgewalt kommunale Gemeinschaften bildeten, die jeweils auf einen dominanten Clan ausgerichtet waren. In der Vergangenheit galten die Svanen als besonders räuberisch, wild und ungehobelt. Auch bewahrten sie bis in die Gegenwart Rechtspraktiken, die nicht im staatlichen Recht abgebildet sind.[49] Zwar wurde die Blutrache schon in sowjetischer Zeit verboten und ist wohl auch weitestgehend verschwunden, aber Rechtsauseinandersetzungen, die früher nach den Regeln der Blutrache ausgetragen worden wären, werden heute parallel zu strafrechtlichen Verfahren mit Mediationsverfahren innerhalb der jeweiligen Dorfgemeinschaft verfolgt. Am Beispiel eines Autounfalls, bei dem ein Todesopfer zu beklagen war, wurde gezeigt, wie nebeneinander das staatliche Recht zu einer Verurteilung des Autofahrers und die Praktik des svanischen Rechtsbrauchs zu einer Kompensationsleistung des Schuldigen, hier zum Ausschluss aus der Dorfgemeinschaft und der erzwungenen Abwanderung, führten.[50]

Das *Mingrelische* (*megruli*) ist die wichtigste Sprache in Westgeorgien mit dem Kernraum in Mingrelien. Die Eigenständigkeit als Sprache wird zwar von georgischer Seite oft bestritten, gilt aber in der internationalen Sprachforschung als gegeben. In den 1880er Jahren hatte es sogar Bemühungen der russischen Administration gegeben, das Mingrelische als Unterrichtssprache in den Schulen einzuführen.[51] Es werden zwei Dialekte unterschieden, der Zugdidi-Samurzaq'an-Dialekt und der Senak'i-Dialekt. Allerdings handelt es sich nicht um eine Literatursprache; für die literarische Schriftlichkeit verwenden die Mingrelier meist die georgische Schriftsprache, nachdem sich eine eigene Schriftlichkeit auf der Grundlage eines modifizierten kyrillischen Alphabets nicht hatte durchsetzen können.[52] Sie beanspruchen aber aufgrund ihrer Sprache und

Geschichte eine Eigenständigkeit. Da diese ihnen jedoch kaum gewährt wird, gibt es immer wieder politische Differenzen zwischen West- und Ostgeorgien, obwohl Saak'ashvili es verstanden hatte, einem Konflikt entgegenzuarbeiten.[53]

Das *Lazische* wird von einer kleinen Bevölkerungsgruppe im adscharisch-türkischen Grenzraum, nach den Grenzkorrekturen im frühen 20. Jahrhundert vor allem auf türkischer Seite, gesprochen. Als Minderheit leben Lazen in der durch die georgisch-türkische Grenze geteilten Stadt Sarpi. Wie bei Svanen und Mingrelier negierte die sowjetische Politik ihre ethnolinguistische Eigenstellung in den 1920er/1930er Jahren und rechnete sie den Georgier zu.[54]

Die heute weithin sichtbare Betonung des Georgiertums darf nicht darüber hinwegtäuschen, dass auf dem Territorium Georgiens auch Angehörige anderer Gruppen leben.

Das Meskhische wird dem Türkischen zugerechnet, besitzt aber so viele georgische Sprachelemente, dass eine eindeutige Zuordnung schwierig und umstritten ist. Die *Meskhen* (in der Literatur meist: Mes'cheten bzw. Meskheten; auch: Ahiska) sind eine georgisch-türkische Mischbevölkerung;[55] das ursprüngliche Siedlungsgebiet umfasste den Westen der heutigen Region Samtskhe-Javakheti, Teile Adschariens und angrenzende Bereiche in der Türkei.

Die *Abchasen* werden sprachlich zur (nord)westkaukasischen Sprachfamilie gerechnet, deren Sprachen vor allem von Gruppen im Nordkaukasus (u.a. Adyge [Westtscherkessen], Kabardiner [Osttscherkessen]) gesprochen werden.[59] Sie sind großenteils Muslime. Nach der russischen Eroberung Abchasiens wurde zwar 1867 und 1877/78 ein Teil der muslimischen Bevölkerung ebenso wie die Tscherkessen und Ubychen Nordwestkaukasiens zur Emigration ins Osmanische Reich getrieben, wo eine allmähliche Assimilation an die türkische Bevölkerung erfolgte, doch blieb ein beträchtlicher Teil der abchasischen Muslime in ihrer Heimat. Sprache und Religion unterscheiden sie demnach von den Georgiern und begründen die seit der Sezession auch politisch angestrebte Eigenständigkeit, die früher zunächst im Königreich Lazik'a / Egrisi, dann wieder im abchasischen Königreich bestanden hatte. Schriftlichkeit entwickelte sich in zarischer Zeit mit dem modifizierten kyrillischen Alphabet. 1937 – in der Zeit, in der Mingrelier im Gali-Distrikt Abchasiens angesiedelt wurden – mussten die Abchasen das georgische Alphabet übernehmen; erst Mitte der 1950er Jahren kehrten sie auf der Grundlage der Kyrilliza mit Sonderzeichen zu einem eigenen Alphabet zurück.[60] In der Abchasischen ASSR hatten die Abchasen nach den Zensusdaten von 1989 nur 17,8 % der Bevölkerung ausgemacht, eine Minderheit neben 46,2 % Georgiern und 14 % Russen.

Heute stellen sie die dominante Gruppe in der Autonomen Republik dar, doch findet erneut eine Überfremdung durch zuziehende Russen statt. Die Georgier sind inzwischen in Abchasien in

4.02 Aufschrift am abchasischen Sovchoz imeni Il'iča 1975. Man beachte, dass offensichtlich mehrere ältere Namenstafeln entfernt und ersetzt wurden. (August 1975)

Meskhen: Ein Volk im Grenzland

Zur Entstehung und Entwicklung des meskhischen Ethnos bestehen unterschiedliche, teilweise nationalistisch geprägte Auffassungen. Türkische Historiker sehen in den Meskhen überwiegend ethnische Türken, die unter georgischen Einfluss gerieten, so dass nur ein kleiner Anteil der Bevölkerung als georgischen oder armenischen Ursprungs anerkannt wird. In der georgischen Historiographie sind die Meskhen frühere Georgier, die, im heutigen Samtskhe-Javakhetien lebend, bis 1828, als dieses Gebiet vom Osmanischen an das Russische Reich fiel, die türkische Sprache annehmen und zur Hanafi-Schule des sunnitischen Islam konvertieren mussten. Auch diese Auffassung ist nicht unumstritten, da das Beispiel der Adscharen zeigt, dass mit der Eingliederung in das Osmanische Reich nicht unbedingt ein Verlust der georgischen Sprache verbunden war. Für die zarische Politik erschienen diese Muslime jedoch politisch unzuverlässig, so dass ein Teil von ihnen ins Osmanische Reich abgedrängt und ihre Siedlungen mit armenischen Flüchtlingen aus Erzurum aufgesiedelt wurden.[56] Angaben für 1886 sprechen davon, dass im Bezirk (russ. *u-ezd*) Akhaltsikhe 19,3 % der Bevölkerung orthodoxe Georgier, 18,1 % katholische Georgier, 19,4 % zweisprachige Muslime mit georgischer und türkischer Sprachkompetenz und 43,2 % türkisch-sprechende Muslime waren.[57] Im 19. Jahrhundert setzte sich die Türkisierung der Bevölkerung fort. Im November 1944 wurden die Meskhen wie Angehörige anderer kaukasischer Ethnien deportiert, weil die sowjetische Führung noch fürchtete, die Türkei könnte den Achsenmächten beitreten und die Meskhen würden sich anschließen. Die Zahl der deportierten Meskhen ist unsicher; sie mag bei etwa 100 000 gelegen haben. Ihnen wurde – im Gegensatz zu Balkaren, Ingušen und Čečenen in Nordkaukasien – nach 1956 keine Rückkehr in die angestammten Siedlungsgebiete gestattet. Dort hatten sich inzwischen Adscharen, imeretische Georgier und vor allem Armenier angesiedelt. Erneut aufmerksam wurde man auf die nicht vollständig rehabilitierte ethnische Gruppe, als es 1989 im usbekischen Ferghana-Becken zu einem Pogrom an den Nachkommen der nach Zentralasien deportierten Meskhen kam. Sie wurden – noch innerhalb des rechtlichen und politischen Rahmens der Sowjetunion – umgesiedelt und gelangten als Binnenflüchtlinge in den Moskauer Raum, nach Nordkaukasien (Regionen Krasnodar und Stavropol'), nach Kasachstan und nach Aserbaidschan, einige in die Türkei. Allein die Rückkehr nach Georgien blieb ihnen weiterhin verwehrt. Nach 1990 konnten sich nur einige kleine Gruppen wieder in Samtskhe-Javakhetien ansiedeln, doch werden sie als islamische Minderheit mit eingeschränkter Freizügigkeit an einer Auswanderung in die Türkei gehindert. Von meskhischer Seite wird argumentiert, dass nicht alle ehemaligen Siedlungen wieder bewohnt seien und dass das frühere Agrarland, das insbesondere Obst- und Weinbauterrassen umfasse, großenteils brach liege. Da Georgiens Beitritt zum Europarat mit der Verpflichtung verbunden war, die europäische Minderheiten-Charta anzuerkennen, erhofften sich auch die Meskhen eine Rückkehrmöglichkeit. Gesetzliche Regelungen erlaubten 1997 eine Rückehr nach Georgien, setzten aber ein Bewerbungsverfahren voraus, an dem nur eine kleine Gruppe ausländischer Meskhen teilnahm. Auch eine zweite Öffnung dieses Verfahrens im Jahr 2011 blieb ohne große Resonanz, zumal Georgien die Repatriierung nicht mit Energie betrieb. Der georgische Staat anerkennt zwar die Unrechtmäßigkeit der Deportation, sieht sich aber nicht in der Verpflichtung, für Verbechen der Sowjetunion aufzukommen.[58]

der Minderheit; Armenier und Griechen stellen weitere Minoritäten. Eine Sonderstellung besitzt das Gebiet zwischen den Flüssen Galidzga und Enguri, das im Georgischen als Samurzaq'ano bezeichnet wird (heutige Munizipalität Gali und ein Teil der Munizipalität Ochamchire). Schon im Mittelalter hatte sich dort ein kleines Fürstentum mit einer gemischt abchasisch-mingrelischen Bevölkerung herausgebildet. Im Territorialstreit um die abchasische Sezession begründete Georgien darauf seinen Anspruch auf das südliche Abchasien und betrachtete die teilweise als eigene Gruppe erfasste Bevölkerung als Mingrelier mit georgischer Sprache.[61]

Die *Osseten* (besser, heute aber ungebräuchlich: Os[s]en; Eigenbezeichnung Iron) sprechen eine dem Iranischen verwandte indoeuropäische Sprache, die sich wiederum in mehrere Dialekte gliedert, von denen südlich des Großen Kaukasus das Tual (Dvaletisch) vorherrscht. Geschrieben wird das Ossetische heute mit dem um einige Sonderzeichen erweiterten kyrillischen Alphabet, nachdem die Südosseten zwischen 1937/38 und 1954 georgische Schriftzeichen hatten verwenden müssen (während Nordossetien beim kyrillischen Alphabet blieb).[62] Die Osseten waren seit dem Mittelalter von Norden her in die Täler auf der Südseite des Großen Kaukasus eingedrungen und im 17./18. Jahrhundert bis zum Gebirgsfuß gelangt. Dort wurden sie als vergleichsweise billige Landarbeiter von georgischen Landbesitzern eingesetzt. Feindseligkeiten zwischen Georgiern und Osseten hatte es bereits 1919 gegeben, nachdem in den 1890er Jahren und erneut 1919 etwa 300 georgische Familien aus Rach'a zugewandert waren und nun von radikalen Osseten in Alagir verfolgt, vertrieben oder getötet wurden (sog. *Alagir incident*).[63] Die Bezeichnung Südossetien war im 19. Jahrhundert aufgekommen; 1922 erhielt das Territorium den Status eines Autonomen Gebiets. 1926 lebten 53,3 % aller in Georgien ansässigen Osseten in Südossetien, weitere in Gori und seiner Umgebung. Da viele Osseten Mischehen mit Georgiern eingingen, wurden Osseten in ganz Georgien ansässig. Georgische Sprachkenntnisse waren bei ihnen weit verbreitet, viele Osseten gaben bei den sowjetischen Volkszählungen sogar Georgisch als Muttersprache an.[64] 1979 machten die Osseten 68,4 % der Bevölkerung des Autonomen Gebietes aus, aber 59,5 % der in Georgien lebenden Osseten waren außerhalb Südossetiens gemeldet.[65] Nach 1991 wanderte ein beträchtlicher Teil der in Südossetien lebenden Osseten durch den Roki-Tunnel nach Nordossetien ab. Der Augustkrieg von 2008 führte zu einer weitgehenden Entmischung von Osseten und Georgiern, soweit sie nicht in ethnisch gemischten Famiien lebten: Die meisten Georgier, die vorher in Südossetien gelebt hatten, mussten diese Region verlassen und wurden als Binnenflüchtlinge in Georgien angesiedelt, so dass Südossetien (aus georgischer Sicht: Region Tskhinvali) inzwischen eine ethnisch fast homogene Bevölkerung aufweist. Umgekehrt wurden Osseten, deren Familien nach und nach von den Kaukasusvorbergen in das Becken von Gori zugewandert waren, dazu gezwungen, diese Stadt und ihr Umland verlassen. Die ossetischen Familien, die in Rumpf-Georgien verblieben sind, fühlen sich heute weniger gut in die Gesellschaft integriert als vor dem Fünf-Tage-Krieg, obwohl sie weitgehend assimiliert sind und in der Regel die georgische Sprache gut beherrschen und diese auch im Alltag anwenden.

Im Südosten Georgiens bestehen in den Regionen Kvemo Kartli und Kachetien Siedlungsgebiete von *Azeri*, insbesondere in den Munizipalitäten Dmanisi, Bolnisi und Marneuli. Sie gehen auf die Ansiedlungspolitik von Shāh Abbās I. zurück, der im 17. Jahrhundert die Zuwanderung in diese an Armenien grenzenden Gebiete veranlasste.[66] Die Bezeichnungen waren nicht einheitlich und wechselten zwischen „Türken“ und „Tataren“; erst seit 1937 ist generell von Azeri die Rede, wobei im Zensus 1939 auch die muslimischen Meskheten noch als Azeri gezählt wurden. 1989 erreichte der Anteil der Azeri an der Gesamtbevölkerung in der Munizipalität Marneuli 83,8 %, in der Munizipalität Bolnisi 66,0 % und in der Munizipalität Sagarejo 26,3 %.

Bis zum ersten Zensus in der Republik Georgien (2002) verschoben sich die Anteile auf 88,1 bzw. 67,0 und 31,9 %.[67] Von den etwa 280 000 Azeri, die Anfang des 21. Jahrhunderts in Georgien lebten, konzentrierten sich 244 000 auf die drei genannten Munizipalitäten Kvemo Kartlis und Kachetiens, dem historischen Borchalo, 18 000 auf Tbilisi.[68] Der georgische Nationalismus, der eine weitgehende Anpassung fordert, wird zwar als Belastung empfunden, doch zeigen die in Georgien lebenden Azeri geringe Bereitschaft zur Abwanderung, weder nach Aserbaidschan noch in andere Länder. Überwiegend handelt es sich um eine ländliche, in mono-ethnischen Dörfern lebende Bevölkerung. Hieran entzündete sich im Juni und Juli 1989 ein heftiger Konflikt, als georgische Vereine im Landkreis Marneuli Häuser und Land aufzukaufen begannen und der Protest der ansässigen Azeri, deren Landerwerb auch nicht immer legal abgelaufen war, durch das Erscheinen von Truppen des Innenministeriums niedergeschlagen wurde.[69] Auch bei der Landprivatisierung im unabhängigen Georgien fühlten sich die Azeri übervorteilt. Hauptproblem bei der sozialen und wirtschaftlichen Integration sind die geringen georgischen Sprachkenntnisse der Azeri. Dies führt neben generellen Informations- und Kommunikationsdefiziten dazu, dass Arbeit vor allem in den angestammten Siedlungsgebieten gesucht wird, kaum anderswo.

Uden, die sich auf die christianisierten kaukasischen Albanier, Vorläufer der Azeri im heutigen Aserbaidschan, zurückführen, sind die Bewohner des Dorfes Zinobiani / Oktomberi (gegründet 1922 von Übersiedlern aus dem in Aserbaidschan gelegenen Vartashen) westlich Akhalsopeli in der Munizipalität Q'vareli. Ihre zur nordostkaukasischen Familie zählende Sprache gilt als vom Aussterben bedroht, denn die Uden unterliegen der Assimilation an das Georgische; in Georgien wird ihre Sprache mit dem georgischen Alphabet geschrieben.[70] Ein kleines Museum in Zinobiani erinnert an ihre Geschichte.

Georgische Juden sind seit fast zweitausend Jahren in Georgien ansässig, ihre verbliebenen Gruppen leben heute in und bei Tbilisi sowie im Westen des Landes, wo in Kutaisi erst kürzlich die Synagoge im ehemals jüdischen Stadtviertel (Jerusalem-Straße) renoviert wurde. Sie sprechen einen georgischen Dialekt, der zahlreiche jüdische und aramäische Lehn- und Fremdwörter aufgenommen hat und als Judäo-Georgisch bezeichnet wird. Die Gruppe ist von anhaltender Emigration (nach dem Ende des Zweiten Weltkriegs und in den 1970er Jahren, vor allem nach Israel und in die USA) und zunehmendem Sprachverlust gekennzeichnet.[71] So wurde die Zahl der verbliebenen georgischen Juden Mitte der 1990er Jahre auf nur noch 15 000 geschätzt. Von den georgischen Juden zu unterscheiden – und lange in Abgrenzung von ihnen lebend – sind außer den Tatisch sprechenden Bergjuden die Ashkenasi-Juden (oder "europäischen Juden"), deren Vorfahren nach dem Anschluss Georgiens an das Russische Reich nach Georgien, vor allem nach Tbilisi, gelangten. Sie sprachen ursprünglich Jid-

4.03 Synagoge in Kutaisi (Juni 2018)

disch, haben aber überwiegend die russische Sprache angenommen. Zusammen waren die beiden jüdischen Gruppen vor allem in Tbilisi bedeutend, wo sie 1926 rd. 3% der Bevölkerung ausmachten. Damals lebten etwas über 30000 Juden in Georgien, von denen 68,2% georgische Juden, 30,2% Ashkenasi-Juden waren.[72] Die Gesamtzahl der Juden in Georgien stieg bis Ende der 1960er Jahre noch an, ehe die Emigration einsetzte. Der sowjetische Zensus von 1979 registrierte noch 14 878 Juden in Tbilisi, d. h. 52,6% der damals in Georgien lebenden Juden.[73] Kleinere Zentren des georgischen Judentums waren die städtische Siedlung (*daba*) Kulashi nördlich von Samt'redia, ferner Sachkhere und Surami, die durch Abwanderung jüdischer Bevölkerung große Teile ihrer Einwohnerschaft verloren.[74] 2014 registrierte der georgische Zensus nur noch 1400 Angehörige des mosaischen Glaubens.[75]

Im Süden Georgiens leben in den Munizipalitäten Akhalkalaki und Ninotsminda sowie angrenzenden Gemeinden und auch in Akhaltsikhe *Armenier* als eine bedeutende Minderheit. Dieses räumlich an Armenien anschließende Gebiet geht auf die Eingliederung in das Russische Reich nach dem russisch-türkischen Krieg 1828/29 und nach den Friedensschlüssen von Turkmanchai und Adrianopel, auf die Vertreibung der muslimischen Bevölkerung in das Osmanische Reich und auf die Einladung an westanatolische Armenier, sich dort niederzulassen, zurück. Das Armeniertum in Georgien hat alte Wurzeln, denn die ältesten Zuwanderungen erfolgten bereits im 12. Jahrhundert. Damals lag der Schwerpunkt ihrer Präsenz in Tbilisi und Gori, das von Davit Aghmashenebeli als Handelsstadt gegründet worden war. In anderen Teilen Georgien lebte ebenfalls armenische Bevölkerung, so etwa im 17. Jahrhundert in einigen Siedlungen Kachetiens und in Surami, doch waren die Anteile an der lokalen Bevölkerung niedriger.[76] Im 18. Jahrhundert erlebte Georgien eine bedeutende Zuwanderung von Armeniern aus Karabakh. Zwischen 1897 und 1902 wurden rund 55 000 Armenier aus dem Osmanischen Reich im heutigen Georgien angesiedelt. Besonders bedeutend war der armenische Bevölkerungsanteil in Tbilisi als Handelsplatz; im frühen 19. Jahrhundert war die georgische Hauptstadt von der Bevölkerung her sogar armenisch dominiert. 1897 lebten nach bedeutender Zuwanderung von Georgiern aus dem ländlichen Raum und von Russen noch 46700, 1910 bereits 124900 Armenier in der Stadt. Eine weitere Zuwanderung erfolgte bei der Verfolgung der Armenier im Osmanischen Reich 1915. Geflüchtete Armenier kamen in Tbilisi und Abchasien unter. Nach dem Zweiten Weltkrieg übersiedelten zahlreiche Armenier, darunter auch georgisch-sprachige, nach Erevan. 1989 lebten 34,3% der in Georgien ansässigen Armenier in Tbilisi; mit einer Zahl von etwa 150 000 machten sie 12,1% der Bevölkerung aus. Sie waren hauptsächlich als Händler und Handwerker tätig. 22,3% konzentrierten sich 1989 auf Javakhetien, 17,5% auf Abchasien.[77]

Nach den Angaben im Zensus von 2002 waren rd. 95% der Bevölkerung in den beiden Munizipalitäten Akhalkalaki und Ninotsminda armenisch, in der benachbarten Munizipalität Tsalk'a 55%.[78] Die wirtschaftliche Lage verschlechterte sich nach der Schließung der russischen Militärbasis in Akhalkalaki, die einer der wichtigsten Arbeitgeber in der Region Samtskhe-Javakheti war. Der Bau der Bahnstrecke Tbilisi – Akhalkalaki – Kars sollte zwar Beschäftigung gerade für die bislang auf der Militärbasis Tätigen schaffen, doch wurden für anspruchsvollere, besser vergütete Arbeiten eher Georgier von außerhalb als ansässige Armenier eingesetzt. Nachdem ihre kulturellen Belange über Jahrzehnte unbeachtet blieben und auch bei der Konstituierung des unabhängigen Georgien keine Berücksichtigung fanden, zeichnet sich in jüngerer Zeit ein Wandel ab, seitdem latent immer wieder Forderungen nach Autonomie für die von den Armeniern Javakh genannte Region oder gar nach einem Anschluss an das Nachbarland laut geworden waren. Inzwischen bemüht sich – nicht zuletzt unter dem Einfluss der europäischen Minderheitenkonvention – Georgien um eine bessere Beachtung der kulturellen Autonomie der Armenier. So bestehen wieder armenische Schulen. Das Problem, ethnische Identität und Loyalität gegenüber dem Staat zu vereinbaren, bleibt jedoch bestehen.[79] Auch reduzieren die geringen georgischen Sprachkenntnisse der Armenier die Möglichkeiten, am öffentlichen Leben zu partizipieren.

4.04 Straßenschild in Akhalkalaki (September 2010)

Mit den Armeniern zu nennen sind die *Hemschinen*, deren Siedlungsgebiet in der heutigen Türkei liegt, aber bis ins erste Drittel des 20. Jahrhunderts auch etwas nach Südgeorgien reichte. Bei ihnen handelt es sich um Armenier, die im Osmanischen Reich die türkische Sprache und den islamischen Glauben annehmen mussten. Der Zensus von 1926 hatte ihre Zahl in Georgien noch mit einigen hundert angegeben. 1944 wurden sie mit Angehörigen anderer türkisierter Gruppen im südlichen Grenzgebiet deportiert und danach nicht mehr statistisch ausgewiesen.[80]

Im Pank'isi-Tal, das im frühen 18. Jahrhundert noch dicht besiedelt war, dann aber weitgehend verödete, reicht der Siedlungsraum der Čečenen, die sprachlich der Vejnachischen Gruppe der ostkaukasischen Sprachen angehören, nach Georgien hinein. Die hier lebende Bevölkerung, als *Kisten* bezeichnet, bekennt sich heute überwiegend zum sunnitischen Islam. Eingewandert waren sie aus dem Norden zwischen den 1830er und 1860er Jahren, teilweise noch als Anhänger älterer Glaubensvorstellungen, teilweise als Christen, die in der Zeit des kaukasischen Krieges zunehmend unter den Druck der Islamisierung im östlichen Nordkaukasien geraten waren. Auch die kriegerischen Auseinandersetzungen zwischen Russen und den kaukasischen Bergvölkern, insbesondere in der Zeit, in der sich Shamyl zum Führer der Bergvölker erhob, ferner die Blutrache, der man durch Abwanderung zu entgehen suchte, sowie Unzufriedenheit mit dem Gewohnheitsrecht der Allmendnutzung trugen zu den Bevölkerungsverschiebungen bei. Sechs Dörfer im Pank'isi-Tal gehen auf die Zuwanderung von Čečenen zurück; die innere Struktur der Dörfer entsprach wie bei anderen kaukasischen Bergvölkern einem Familienprinzip, nach dem patrilinear Verwandte in räumlicher Nachbarschaft siedelten, so dass ursprünglich nur wenige Familiennamen vorkommen.[81] Nach ihrer Ansiedlung im Pank'isi-Tal wurden die Muslime im ausgehenden 19. Jahrhundert zur Übernahme des christlichen Glaubens gedrängt, doch kehrte der größte Teil im 20. Jahrhundert zum sunnitischen Islam zurück, bewahrte aber Elemente der angenommenen georgischen Kultur. So wurde von georgischer Seite in Joloq'o eine orthodoxe Kirche errichtet, im benachbarten Duisi von Čečenien aus eine Moschee, die allerdings nach der Oktoberrevolution geschlossen und erst 1960 wieder geöffnet wurde. In beiden russisch-čečenischen Kriegen wurde das Pank'isi-Tal zum Zufluchtsort von Bewohnern Čečeniens, darunter auch von Kisten, die nach der Auflösung der Sowjetunion von Georgien nach Čečenien übergesiedelt waren, jetzt aber der russischen Gewalt auswichen und den Salafismus nach Georgien brachten.[82] Seit etwa 1997 gelangten hunderte Čečenen, die einen politisierten Islam vertreten, in die kleine Region und bemühten sich, junge Kisten zum „reinen Islam“ zu bekehren. Die Angaben sind allerdings unsicher, da der georgische Staat in dieser Zeit die Kontrolle über den Talabschnitt verloren hatte und im Diskurs über islamischen Terror generell von „Wahhabiten“ die Rede war. Als nach dem 11. September 2001 diese Kontrolle wiedergewonnen werden sollte, kam es zu Verhaftungen und Geiselnahmen, so dass die georgische Regierung den Zugang zum Tal zu schließen versuchte. Der Bevölkerungszensus von 2002 nennt für die 41 600 Bewohner der Munizipalität Akhmeta einen kistischen Anteil von 16,6 %.[83] Die Zuwanderung aus Čečenien führte dazu, dass das Hochtal von außen her als Zentrum des Extremismus und Terrorismus gesehen wurde, wogegen sich die ältere kistische Bevölkerung zu wehren versucht.[84] Tatsächlich stand das Tal seit etwa 2004 wieder unter staatlicher Kontrolle und galt als ruhig und sicher. Es gelang sogar, etwas Tourismus zu entwickeln, der auf den ethnischen Traditionen und den szenischen Ressourcen der umgebenden Hochgebirgslandschaft aufbaut und dem Negativimage des Tales entgegenarbeitet. Allerdings belastete die Einbindung von Dschihaddisten aus dem Pank'isital in die Kämpfe in Syrien und dem Irak das Bild einer sicherer Tourismusdestination.[85]

Eine andere aus Čečenien zugewanderte Gruppe sind die *Batsbi(nen)* oder Tsova-Tushen. Ihre Sprache, das Batsb(in)ische, blieb ohne eigene Schriftlichkeit und wird in Georgien nur im Ort Zemo Alvani, einer Plansiedlung östlich von Akhmeta (Kachetien), und vereinzelt in Tushetien gesprochen. Sie gehört zu den vom Aussterben bedrohten Idiomen unter den Sprachen Kaukasiens, da sie nur noch von älteren Menschen beherrscht und in der Schule nicht gelehrt wird.[86]

Minderheiten von *Griechen* leben in Abchasien, insbesondere in den Küstenstädten, und im südlichen Georgien um den Tsalk'a-See. Ihre Geschichte zeigt eine Abfolge von meist erzwungenen Migrationsbewegungen. Eine erste Zuwandererwelle aus Kappadokien stammender Griechen gelangte im 18. Jahrhundert aus dem Osmanischen Reich auf Einladung von König Erekle II. in das Gebiet von Marneuli, eine zweite in das Gebiet des heutigen Tsalk'a-Sees, als sie in den 1820er Jahren im Osmanischen Reich verfolgt wurden und ihnen nach dem Friedenschluss von Adrianopel erlaubt wurde, sich im Süden Georgiens anzusiedeln. Zu ihnen zählen die türksprachigen Urum (auch: Graeko-Tataren), die in den georgischen Zensusdaten als orthodoxe Christen unter die Gruppe der Griechen subsumiert sind. Ihre Vorfahren waren um 1780 aus Anatolien kommend vom georgischen König zunächst in Abchasien angesiedelt worden und hatten bereits eine eigene Sprache entwickelt, die viele griechische und türkische Elemente enthielt. Sie blieben aber als „pontische Griechen“ der griechischen Orthodoxie treu. Teilweise übernahmen die neuen Siedler die von Georgiern verlassenen Dörfer und gaben ihnen neue, türkische Namen; so wurde Gvelparecha in Kushchi umbenannt, Sabate in Darakoi und Tezy in Avranlo. Bis 1907 stieg die Zahl der von Griechen bewohnten Siedlungen im Gebiet um Tsalk'a auf 28.[87] Als seit den 1930er Jahren der Tsalk'a-(Beshtasheni-)Stausee angelegt und zwei Wasserkraftwerke am Khrami errichtet wurden, wurde eine der griechischen Siedlungen in Tsalk'a umbenannt und als Siedlung städtischen Typs zum Zentrum der Bauarbeiten. Nachdem Industrie angesiedelt und die Eisenbahnlinie Tbilisi – Akhalkalaki durch das südliche Georgien erbaut worden war, erhielt Tsalk'a 1984 den Stadttitel. Viele der am Stausee lebenden Griechen waren im Zweiten Weltkrieg nach Kasachstan deportiert worden, wenige kehrten nach 1956 zurück. Kleinere Gruppen pontischer Griechen ließen sich in Adscharien nieder, wo sie im ausgehenden 19. Jahrhundert im Teeanbau, im späten 20. Jahrhundert im Anbau von Mandarinen tätig wurden. Auch Nachkommen der pontischen Griechen in Abchasien, großenteils Händler und Tabakbauern, die nach

1870 Siedlungen übernommen hatten, welche bei der Übersiedlung muslimischer Abchasen in das Osmanische Reich verlassen worden waren, wurden im Juni 1949 nach Zentralasien deportiert; nur ein Bruchteil kehrte nach 1956 zurück.[88] Seit Ende der 1980er Jahre, verstärkt nach der Auflösung der Sowjetunion und Georgiens Wiedererlangung der Unabhängigkeit kam es zu einer massiven Abwanderung der griechischen Bevölkerung, so dass ihr Anteil in der heutigen Munizipalität Tsalk'a zwischen 1989 und 2002 von 61 auf 22 % zurückging. Ein Teil der aufgelassenen Siedlungsplätze wurde von Flüchtlingen aus den Sezessionsgebieten eingenommen. Einige aus dem ländlichen Raum abgewanderte Griechen siedelten nach Tbilisi über, wo schon 1989 mit 22 000 Personen etwa ein Drittel der Griechen in Georgien lebte.

4.05 Griechisch-orthodoxe Kirche in Tsalk'a (August 2019)

Eine wenig beachtete Minderheit sind die rd. 1 000 bis 1 500 *Roma* in Georgien.[89] Wie in manchen europäischen Staaten bestehen in Georgien nur geringe Ansätze zu ihrer Integration. Sie gehören zu den ärmsten Bevölkerungsteilen, haben kaum Zugang zu Bildungs- und Gesundheitswesen und sind von der übrigen Bevölkerung weitgehend isoliert. Sie leben in kleinen Gruppen in einigen größeren Städten (Tbilisi, Kutaisi, Batumi, Kobuleti und Telavi) sowie – zusammen mit anderen ethnischen Gruppen – in zwei Dörfern in den Munizipalitäten Gardabani (Gachiani) und Dedoplists'q'aro (Leninovka). Die meisten sind im kleingewerblichen Handel tätig. In Leninovka gelang es, die dort ansässigen Roma von der Notwendigkeit des Schulbesuchs der Kinder zu überzeugen und sie besser in die dörfliche Gemeinschaft mit Georgiern und Russen zu integrieren. Allerdings leben in einigen Orten auch Gruppen von Roma, von denen viele keine Dokumente haben, weil sie den Kontakt zu den staatlichen Behörden meiden, die ihrerseits die problematische Situation zu wenig wahrnehmen.

Schließlich dürfen die *Russen* nicht übergangen werden, deren Zahl nach 1991 außer in Abchasien und Südossetien stark rückläufig war. Russen waren seit Anfang/Mitte des 19. Jahrhunderts nach Transkaukasien gekommen, um im Militär, in der Verwaltung, im kulturellen Bereich und später auch in Verkehrswesen, Industrie und Handel tätig zu werden. Andere kamen als in Russland unerwünschte Angehörige kleiner Glaubensgruppen (Duchoborzen, Molokanen) und wurden als Agrarkolonisten im peripheren ländlichen Raum Südgeorgiens angesiedelt. In sowjetischer Zeit intensivierte sich der Zuzug von Verwaltungs- und Wirtschaftsfachleuten in die größeren Städte, Verwaltungszentren und neuen Industriestandorte. Den höchsten Anteil an der Bevölkerung Georgiens hatten Russen Mitte der 1950er Jahre mit 13 %. Bereits seit den 1970er Jahren setzte eine leichte Rückwanderung ein: Waren beim Zensus von 1970 noch 8,5 % der Bevölkerung Georgiens als Russen erfasst worden, so sank der Anteil 1979 auf 7,4 % und 1989 auf 6,3 %. Nach dem Zensus von 2002 machten Russen noch 1,5, nach dem Zensus von 2014 nur noch 0,7 % der Bevölkerung aus, allerdings ohne Berücksichtigung der Sezessionsgebiete

Abchasien und Südossetien.[90] Überdurchschnittlich hoch war der russische Bevölkerungsanteil zuletzt in Tbilisi und Batumi. Ukrainer und Weißrussen zeigen ähnliche Verteilungsmuster wie die Russen, sind sprachlich häufig russifiziert, so dass sie kaum als eigenständige Gruppen in Erscheinung treten. Im Vergleich zu anderen Ethnien weisen die Russen, Ukrainer und Weißrussen durchschnittlich kleine Familiengrößen auf, was bis in 1990er Jahre auf den hohen Anteil unverheirateter Militärangehöriger zurückzuführen ist.

Die Russifizierung, die schon einmal im ausgehenden 19. Jahrhundert bedeutsam gewesen war, wurde unter Brežnev nochmals forciert. Bei den damaligen Großbauten von Industrie und Infrastruktur wie beispielsweise dem Staudamm und Wasserkraftwerk am Enguri wurden gezielt Russen angesiedelt, von denen ein Teil in Mischehen assimiliert und kartvelisiert wurde. „Erfolgreicher" war die Russifizierung im kulturellen Bereich: Einige georgischsprachige Schulen wurden geschlossen und, begründet mit der Zunahme der Nachfrage, durch russischsprachige ersetzt. An die Hochschulen erging die Aufforderung, Fachliteratur in russischer Sprache zu veröffentlichen. Dissertationen und alle Dokumente zu Promotionsverfahren mussten grundsätzlich auf russisch oder wenigstens auch in russischer Übersetzung vorliegen; Entscheidungen in diesen Verfahren fielen in Moskau durch die höchste Attestatkommission. Übersetzungen fremdsprachiger Literatur in das Georgische sollten nur erfolgen, wenn bereits eine russische Übersetzung vorlag.[91] Partei- und Staatsdokumente wurden nur in russischer Sprache veröffentlicht, in Rundfunk und Fernsehen ging der Anteil georgischsprachiger Sendungen zurück.

Nach der Unabhängigkeit Georgien kam es zu keiner massiven Abwanderung der verbliebenen russischen Bevölkerung, da der Wechsel nach Russland zu teuer erschien, das Leben in Georgien – trotz der Probleme der Transformationszeit – als angenehmer empfunden wurde. Die oft nur mangelhaften georgischen Sprachkenntnisse erschweren allerdings bis heute die Integration. In jüngerer Zeit ist wieder eine Zuwanderung von Russen festzustellen, deren Umfang jedoch nicht quantifiziert werden kann. Jüngster Auslöser war 2022 der russische Krieg gegen die Ukraine.[91a] Nachdem die anfängliche Ablehnung in den 1990er Jahren überwunden war, spielt die russische Sprache im Alltag als *lingua franca* wieder eine größere Rolle, so vor allem bei der älteren Bevölkerung, in den größeren Städten und in den Zentren des Tourismus. Auch im Bildungswesen findet sich eine gewisse Wiederbelebung des Russischen als Fremdsprache.

Zu den kleineren Minderheiten ohne Siedlungstradition in Georgien gehören *Chinesen*, die erstmals mit der Einführung der Teekultur in den 1890er Jahren und dann wieder nach der Öffnung des Landes für ausländische Investoren in den 2000er Jahren nach Georgien gelangten. Sie sind vor allem in der Wirtschaft tätig. Auf ihre Initiative gehen der Bau eines Wasserkraftwerks in der Pank'isi-Schlucht, die Nutzung von Holzressourcen sowie die Realisierung mehrerer Bau- und Verkehrsprojekte zurück, zu Beginn der 2020er Jahre beispielsweise beim Ausbau der Ost-West-Autobahn im Bereich der Surami-Kette. Nach 2003 wanderten kleine Gruppen chinesischer Arbeiter zu, die jeweils für ein Investitionsprojekt angeworben worden waren und nach dessen Fertigstellung das Land wieder verließen. Als temporäre Bewohner stellen sie die zweitgrößte Gruppe nach den Türken.[92] Im Randbereich von Tbilisi, an den Stadtteil Vark'etili anschließend, entstand der von Chinesen geplante und angelegte Stadtteil Hualing Tbilisi Sea New City mit Condominiums, einem Einkaufszentrum und einem Hotel; weitere Einrichtungen sollen folgen, um alle Facetten städtischen Lebens zu bedienen, doch zeigen sich gerade hier die Grenzen: Die Wohnhochhäuser sind nur teilweise belegt, und dies vor allem in staatlich angekauften Wohnungen für Binnenflüchtlinge, das Einkaufszentrum weist Leerstand auf und wird wenig besucht.[93]

Dass in Tbilisi und anderen größeren Städten Angehörige westeuropäischer Nationen leben, geht auf die Aktivität internationaler Organisationen und wirtschaftliche Globalisierungseffekte zurück. Das liberale Grenzregime Georgiens erleichtert Zuzug und Aufenthalt.

Der Blick auf die ethnolinguistischen Gruppen muss noch um einen Blick auf die Sprachen ergänzt werden. Die Bergvölker mussten auch die Sprache der benachbarten Bevölkerungsgruppen in der Hügelzone und im Tiefland sprechen, um in Handelskontakt zu kommen, und im urbanen Kontext spielen über die jeweilige Muttersprache hinaus Verkehrssprachen eine wichtige Rolle. War seit der zweiten Hälfte des 19. Jahrhunderts bis zur zweiten Unabhängigkeit 1991 das Russische die dominante Verkehrssprache jenseits des Georgischen, so tritt heute das Englische als Sprache der Globalisierung deutlicher hervor, auch wenn es nur im (groß)städtischen Umfeld eine weite Verbreitung besitzt und rd. 70 % der Bevölkerung nach einer Stichproben-Befragung durch das *Caucasian Research Resource Center* keine Englisch-Kenntnisse besitzen. Englische Fremdwörter aus dem technisch-wirtschaftlichen Bereich durchdringen aber das Georgische, wie es auch bei anderen Sprachen feststellbar ist. Auch die Kommunikation in den modernen digitalen Medien fördert den Gebrauch des Englischen. Zwar versucht das Georgische, sich als Staatssprache durchzusetzen, indem Ausländern ebenso wie Angehörigen ethnolinguistischer Minderheiten im Land Universitätskurse angeboten werden,[94] doch zeigt die Analyse moderner Kommunikationsmittel, dass der häufige Gebrauch des Internet von Alter, wirtschaftlicher Situation, Urbanisierung und insbesondere von englischen Sprachkenntnissen abhängt.[95]

Nationalstaat vs. Multiethnizität: Staatliche Minderheitenpolitik

Die ethnische und ethnolinguistische Vielfalt einerseits, die politisch gewollte Dominanz von Georgiertum und georgischer Sprache andererseits lassen vermuten, dass die Minderheitenfrage und ihre Lösung zu den wichtigsten innenpolitischen Herausforderungen gehören, die Georgien belasten. Die Sowjetunion hatte Multinationalismus beschworen (und war teilweise daran gescheitert). In den 1920er Jahren verfolgte die Politik der „Einwurzelung" (russ. *korenizacija*) zeitweise sogar eine Betonung des Ethnischen, aber später bezog sich die Nationalitätenpolitik vor allem auf die Titularnationen der einzelnen Verwaltungseinheiten, denen abgestufte Autonomierechte im kulturellen Bereich zugesprochen wurden. Für Georgien bedeutete dies trotz des erheblichen Anteils ethnolinguistischer Minderheiten in der Bevölkerung eine Betonung der Georgisierung, die zeitweise sogar in die Autonomierechte der territorialen Autonomien Abchasien und Südossetien eingriff, wenn man an die Schriftreformen denkt. Mit diesem Erbe musste sich Georgien auseinandersetzen. Der sowjetische Ethnoföderalismus war selektiv vorgegangen und hatte nur den Abchasen, Adscharen und Osseten Autonomierechte im Gebiet dafür geschaffener Autonomer Republiken bzw. eines Autonomen Gebietes zugestanden, nicht jedoch den anderen Minderheiten. Dies blieb, wie der Blick auf die Verwaltungsorganisation gezeigt hatte, auch im unabhängigen Georgien so. Azeri und Armenier fanden keine Unterstützung im georgischen Staat, weil man befürchtete, sie könnten dann vehement den territorialen Anschluss an die jeweiligen Nachbarstaaten fordern; die griechische Minderheit erschien zu gering, bei den Kisten fürchtete man ein Übergreifen des Čečenienkonflikts, und die Städte wurden ohnehin als multiethnisch wahrgenommen.

Die Nationalstaatsidee in Georgien hat ihre Wurzeln im 19. Jahrhundert. Sie lebte in der kurzen Phase der ersten staatlichen Unabhängigkeit auf und wurde nach 1990 erneut betont, um die inneren Auseinandersetzungen, die Animositäten zwischen Kartliern und Mingreliern einschloss, zu überwinden und damit die zweite Aufgabe zu erfüllen, das Etablieren eines Staates mit Institutionen, die das Machtmonopol, aber auch die Lebensgrundlagen der Bewohner und die öffentlichen Güter sichern und das neu entstehende politische Gebilde nach außen vertreten konnten. Darüber wurde eine dritte Aufgabe vernachlässigt, das Aufbauen einer bürgerlichen Gesellschaft, in der sich alle Bewohner des Landes wiederfanden. Selbst die demokratischen Institutionen des Staates agierten keineswegs immer „demokratisch".

Erste Auseinandersetzungen mit Minderheiten begannen im Oktober 1988, als in Marneuli eine georgische Frau angeblich von einem Azeri vergewaltigt wurde, und 1989, als ethnische Azeri aus der Stadt Bolnisi vertrieben wurden, doch rückte dieser Vorfall rasch in den Hintergrund, als ethnische Eliten in Abchasien und Südossetien sich in Auseinandersetzung mit ethnischen Eliten in Tbilisi sahen. Der Versuch, in Sukhum eine Filiale der georgischen Ivane-Javakhishvili-Staatsuniversität einzurichten, führte im Juli 1989 zu Zusammenstößen mit mehreren Toten.[96] Nachdem zu den Wahlen zum Obersten Sowjet Georgiens im Oktober 1990 ethnisch begründete Parteien nicht zugelassen worden waren, eskalierte die Situation in Südossetien, bis in Tskhinvali eine überwiegend ossetische Stadtverwaltung eingerichtet wurde. In der Zeit des georgischen Bürgerkriegs wurden die von Armeniern besiedelten Gebiete im Süden Georgiens von der armenischen Selbsthilfeorganisation *Javakhk* (so genannt nach dem armenischen Regionsnamen) kontrolliert, während in den Siedlungsgebieten der Azeri georgische und aserbaidschanische Banden das Sagen hatten. Präsident Shevardnadze konnte zwar eine gewisse Ordnung wiederherstellen, aber gleichzeitig begann eine deutliche Georgisierung zu Lasten der ethnischen Minderheiten. Dies betraf insbesondere die armenischen Gebiete in Javakhetien und die azerischen Gebiete in Kvemo Kartli; die dort lebenden Armenier bzw. Azeri orientierten sich eher nach dem jeweiligen Patronagestaat als nach Georgien, was Schulbücher und Gebrauch von Medien betraf. In dem Maß, in dem das Russische als interethnische Kommunikationsplattform an Bedeutung verlor, bauten sich Sprachbarrieren auf und führten zu einer Isolation der Minderheiten vom Staat. Während die armenische *Javakhk* von der armenischen Bevölkerung als Repräsentation einer Selbstverwaltung angesehen wurde, fehlte in den von Azeri besiedelten Gebieten eine vergleichbare Struktur; auch die Verwaltung der Munizipalitäten Marneuli, Bolnisi, Dmanisi und Gardabani blieb trotz des hohen Azeri-Anteils georgisch. Bei der Privatisierung der landwirtschaftlichen Großbetriebe gelang es den – meist georgischen – Direktoren oder anderen Führungskräften, sich aufgrund ihrer engen Beziehungen zur lokalen Verwaltung große Anteile zu sichern. Erneut sahen sich die Angehörigen ethnischer Minderheiten auf der Verliererseite.

Während Saak'ashvilis Präsidentschaft wurden zwar, bisweilen unter dem Druck ausländischer oder internationaler Geldgeber, infrastrukturelle Verbesserungen in den Minderheitengebieten (außer Abchasien und Südossetien, die bereits außerhalb des staatlichen Einflusses Georgiens lagen) vorgenommen, zugleich aber die Georgisierung fortgeführt: Das Georgische sollte allmählich das Russische auch als *lingua franca* zwischen den ethnischen Gruppen ersetzen, ein Georgien-Bewusstsein sollte von allen Bewohnern entwickelt werden. Die Minderheitensprachen durften zwar noch unterichtet werden, aber schon der Geschichtsunterricht konzentrierte sich auf die Geschichte der georgischen Nation. Das Vorhaben, die georgische Sprache bei den ethnischen Minderheiten Süd- und Südost-Georgiens einzuführen, hatte indes wenig Erfolg. 2006 konnten nur ein Viertel der Armenier in Samtskhe-Javakheti georgisch sprechen und dies weit überwiegend in der ethnisch gemischten Munizipalität Akhaltsikhe; der Anteil der georgisch sprechenden Azeri in Kvemo Kartli lag bei einem Sechstel der dortigen Azeri. Bis heute ist die Sprachbarriere ein Hindernis auf dem Weg zu einer stärkeren Einbindung der Minderheiten in die staatliche Verwaltung. Das Bildungswesen versäumt es zudem, die Integration der Minderheiten zu fördern: Lehrkräfte sind zu wenig für die Belange der Minderheiten sensibilisiert, Schulbücher sind in georgischer Sprache verfasst oder Übersetzungen aus dem Georgischen, wobei eine nationale Ausrichtung vertreten wird.[97] Nahezu völlig vom Staat abgeschnitten blieben die Minderheiten in ländlichen Gebieten, wo das Fernsehen die wichtigste Informationsquelle ist. Da die Sprachkenntnisse fehlen, wird das nationale georgische Fernsehen nicht wahrgenommen, sondern die Antennen sind auf die Programme des benachbarten Auslands ausgerichtet.

Während in Rumpf-Georgien das Georgiertum betont wird, zeigt sich in Abchasien und Südossetien eine De-Georgisierung, die bei den Schulen ansetzt. Schon nach dem georgisch-abchasischen Krieg waren in Abchasien 31 bislang georgische Schulen in russisch-sprachige Schulen übergeleitet worden. 2013 wurden in Südossetien sechs georgische Schulen im Landkreis Akhalgori und je eine in den aus den Landkreisen Sachkhere und Kareli herausgelösten, an Südossetien gefallenen Gebieten ab dem Schuljahr 2017/18 russifiziert.[98]

Seit einigen Jahren kommt Bewegung in die Minderheitenpolitik Georgiens. Nicht zuletzt unter dem Druck des Europarats wurde seit 2014 mit dem Anti-Diskrimierungsgesetz ein rechtlicher Rahmen für eine Politik geschaffen, die den Minderheiten bessere Rechte einräumt. In der Folge stieg auch die Präsenz von Vertretern ethnischer Minderheiten in den parlamentarischen Vertretungen. Allerdings sind derzeit nur 11 % der Mitglieder des georgischen Parlaments Angehörige von Minderheiten, die einen Anteil von 13 % an der Gesamtbevölkerung haben. Und nur in drei von sechs Städten, in denen die Minderheiten die Mehrheit der Bevölkerung stellen, gehört auch die Mehrheit der Stadträte diesen Minderheiten an, nämlich in Marneuli, Akhalkalaki und Ninotsminda.[99] Es gibt aber immer noch Desiderate, etwa bei der Verfügbarkeit und Verbreitung von Unterrichtsmaterialien, und es fehlt eine Kampagne, in der die Gesamtbevölkerung auf Existenz und Probleme der Minderheiten hingewiesen wird.

Zwei Jahrhunderte Tradition: Deutsche in Georgien

Eine ethnische und sprachliche Gruppe, die in der Geschichte Georgiens eine nicht unwesentliche Rolle spielt, war bisher nicht genannt worden: Vor zwei Jahrhunderten gelangten erste württembergische Kolonistenfamilien nach Georgien. Hieraus erwuchs im Kontakt zwischen Georgien und dem europäischen Ausland ein besonders enges georgisch-deutsches Verhältnis.

Übersiedler aus dem Südwesten Deutschlands

Deutsche waren an der sozioökonomischen und kulturellen Entwicklung Georgiens vor allem seit dem 19. Jahrhundert auf verschiedenen Feldern beteiligt. Reiseberichte hatten das Land in Mitteleuropa bekannt gemacht, und die politische Lage schien durch die russische Herrschaft gesichert zu sein. Andererseits drückte in Mitteleuropa wirtschaftliche Not, weil nach den Belastungen durch die napoleonischen Kriege und Missernten in den Jahren 1809, 1810 und 1812–1815 der Vulkanausbruch des Tambora auf der indonesischen Insel Sumbawa (1815) Asche in einem solchem Umfang in die Atmosphäre brachte, dass sie sich wie ein Schleier über Teile der Nordhemisphäre legte und die Sonneneinstrahlung reduzierte. 1816 wurde zum „Jahr ohne Sommer", in dem das Brotgetreide nicht ausreifen konnte und Hungersnöte ausbrachen. Die damit entstandene „Endzeitstimmung" war Wasser auf die Mühlen der Chiliasten unter den württembergischen Pietisten. Sie suchten die Nähe des Berges Ararat, der nach biblischer Überlieferung schon für Noah und seine Arche zum Rettungsort geworden war.[100]

4.06 Hauptstraße (Schwabenstraße) in Elisabethtal / Asureti (September 2022)

Als Kolonisten gelangten 1817 die ersten Deutschen aus Württemberg ins heutige Georgien, wo sie sich in mehreren Dörfern ansiedelten. Außer der Notsituation waren religiöse Motive und die Hoffnung auf bessere Erwerbsmöglichkeiten treibende Kräfte.[101] Nachdem ihre Kultur in der Sowjetzeit, insbesondere nach den Deportationen der Stalinzeit,[102] lange unterdrückt worden war, wird sie heute als bedeutende historische Komponente der Kulturlandschaftsentwicklung wieder entdeckt. In Tbilisi existiert eine evangelisch-lutherische Kirchgemeinde, die Gottesdienste auch in deutscher Sprache abhält, ein Dokumentationsprojekt gilt kulturlandschaftlichen Relikten der deutschen Besiedlung, und die Erinnerung an die Zuwanderung der Kolonisten führte zu zahlreichen Aktivitäten im Jahr 2017.

Am 21. September 1817 gründeten schwäbische Pietisten mit Alexandersdorf (heute im Stadtteil Didube von Tbilisi) die erste deutsche Siedlung in Georgien. 1818 folgte eine Siedlung Neu-Tiflis, dann Elisabethtal (heute Asureti), Katharinenfeld (Bolnisi) sowie Marienfeld (Sartichala; 1818) und Petersdorf (ebenfalls ein Ortsteil von Sartichala; 1820) am Südrand der Gombori-Kette, 1879 Neudorf, Gnadenberg (Dsiguta) und Lindau (Linda) in Abchasien, ferner Helenendorf (1818), Annenfeld (1819) und Georgsfeld (1887) im heutigen Aserbaidschan. Alexandershilf (Trialeti, 1861) beim heutigen Tsalk'a und Georgsfeld bei Gəncə (damals Elizavetpol', Aserbaidschan) (1887) verdanken ebenso wie Petrovka bei Kars, das zwischen 1878 und 1918 zu Russland gehörte, ihre Entstehung als Ausgründungen aus den bestehenden Kolonien, die den Bevölkerungszuwachs nicht mehr aufnehmen konnten.[103] Bei den Kolonistendörfern handelte es sich fast durchweg um regelmäßige Siedlungsanlagen; die Landzuteilung (35 Desjatinen [ca. 38,2 ha]) war großzügig, und es wurden Nutzungsrechte für Wald und Weide gewährt.[104] Eine weitere Ansiedlung von zehn württembergischen Kolonistenfamilien erfolgte mit der Siedlung Freudenthal im heutigen Abastumani, dessen Thermalquellen bereits bekannt waren. Allerdings wurde dieser Wohnort nach wenigen Jahren zugunsten eines neuen Dorfes in der Nähe von Marienfeld (Sartichala) aufgegeben.[105] Abastumani selbst entwickelte sich zu einem Kurort und versucht heute, an diese Tradition anzuknüpfen.

War die Zuwanderung demographisch bedeutsam? Die Angaben über die Zahl der Siedler variieren in den Quellen; allein im Jahr 1818 waren es wohl an die 500 Familien.[106] Insgesamt wurden in Georgien einige tausend Kolonisten, überwiegend Württemberger, angesiedelt. Wichtiger als die Zahl war jedoch der Einfluss, denn die Übersiedler brachten handwerkliche und landwirtschaftliche Innovationen mit, und in Tiflis widmeten sie sich auch dem Handel oder waren als Künstler und Lehrer tätig. In Nieder-Kartlien förderten die Siedler den Kartoffelanbau; besonders erfolgreich waren sie als Winzer. Bis zum Ende der Zarenzeit wuchs die deutsche Bevölkerung in Georgien auf etwa 35 000 bis 40 000 Menschen an.[107] Für ihre Wohnhäuser verwendeten die Siedler ihnen bekannte Vorbilder, übernahmen aber auch Bauelemente wie umlaufende Balkone, die sie in Südkaukasien kennenlernten. In einigen ehemals deutschen Siedlungen wie Katharinenfeld (Bolnisi) oder Elisabethtal (Asureti) wird den erhaltenen Wohngebäuden, oft Fachwerkbauten, wie man sie sonst in Kaukasien nicht kennt, in jüngster Zeit als kulturlandschaftlichen Relikten neue Aufmerksamkeit zuteil: Ein Großprojekt versucht, dieses historische Erbe zu erfassen und zu dokumentieren.[108] In Asureti sind die im 19. Jahrhundert angelegten Straßenzüge noch heute gut nachvollziehbar; die Kirche wurde erneuert, und auf dem deutschen Teil des Dorffriedhofs dokumentieren alte Grabsteine die sozialen Verhältnisse. Der *Verein zur Bewahrung deutschen Kulturguts im Südkaukasus* bemüht sich um Fördergelder, die dem Erhalt einzelner Gebäude aus der Gründungszeit der Kolonistendörfer und einer musealen Aufbereitung des Kulturerbes zugute kommen sollen.[109]

4.07 Renoviertes Fachwerkhaus in Elisabethtal / Asureti (September 2022)

Zwei ehemalige Kolonistendörfer gingen im heutigen Stadtgebiet von Tbilisi auf: Als „Neu-Tiflis“ wurden in dem damals K'ukia genannten Bereich nördlich des Mt'k'vari entlang der Michaelsstraße (ab 1899 Michael-Avenue, später Plechanov-, heute Davit Aghmashenebeli-Avenue) kleine Kolonistenhäuser mit Obstgärten und Reben sowie einige öffentliche Gärten angelegt. Die regelmäßige Siedlungsanlage hat sich im heutigen Straßengrundriss erhalten, auch wenn die ersten Siedlungshäuser verschwunden sind. Die Spezialisierung der Bewohner auf Obst- und Gartenbau trug wesentlich zur Versorgung der wachsenden Bevölkerung von Tiflis bei. Nach der Mitte des 19. Jahrhunderts nahm die Siedlung einen städtischen Charakter an: An der Michaelsstraße entstanden neben und zwischen den bäuerlichen Anwesen auch Handelshäuser und Hotels sowie Villen. Die vom Architekten Leopold Bielfeld zwischen 1894 und 1897 errichtete lutherische Peter- und Pauls-Kirche wurde allerdings 1946 eingerissen. Der moderne Neubau der evangelisch-lutherischen Versöhnungs-Kirche greift an anderer Stelle die Tradition auf.

Alexanderdorf entstand weiter nördlich im heutigen Stadtteil Didube an der jetzigen Ts'ereteli-Straße und wurde auf ähnliche Weise regelmäßig angelegt.[110] Dort spezialisierte man sich auf den Anbau von Kartoffeln, die in Tiflis verkauft werden konnten. Als Handwerker waren die deutschen Siedler gerne gesehen; einige machten eigene Werkstätten auf, die unabhängig von den Zünften (*amkari*) waren. So hatte der Schneider Karl Kugler zeitweise ein Monopol auf die Herstellung der Schulkleidung für das Tifliser Gymnasium.[111]

Wirtschaftsbeziehungen und Unternehmer

Es blieb nicht bei der Ansiedlung ländlicher Kolonisten. Ab der Mitte des 19. Jahrhunderts verdichteten sich die wirtschaftlichen Beziehungen zwischen Georgien und Deutschland. Ge-

4.08 Grabstein auf dem deutschen Friedhof in Elisabethtal / Asureti (Sept. 2022)

4.09 Schwabenhaus in Katharinenfeld / Bolnisi (Oktober 2018)

winnung von Rohstoffen und Ausbau der Infrastruktur waren gewinnträchtige Vorhaben, für das deutsche Unternehmertum ebenso wie für den russischen Staat. Deutsches Kapital wurde bei der Mangan- und Kupfergewinnung, später bei Erdölförderung und -verarbeitung sowie in der Metallurgie eingesetzt. Das Ziel war sicher die Ertragssteigerung, aber es wurden auch Arbeitskräfte ausgebildet, da der Einsatz deutscher Arbeitskräfte zu teuer gewesen wäre. Unter den ausländischen Vertretern der Wirtschaft verdienen die Brüder Siemens besondere Erwähnung. Von der Erschließung der Kupfererzlagerstätten in Kedabeg (heute Gədəbəy, Aserbaidschan) bis zur Entwicklung eines modernen Kommunikationssystems und zum Handel gehörten sie zu den Gestaltern der Wirtschaft. Die Entwicklung der russischen Elektroindustrie ist ohne sie kaum denkbar.

Die deutsche Unternehmertätigkeit im Georgien des ausgehenden 19. und beginnenden 20. Jahrhunderts ist nicht unumstritten. Die ersten Erfolge von Siemens & Halske in Russland können auch als Ausnutzung der prekären Lage des Russischen Reichs nach dem Krimkrieg und im Krieg gegen die Türkei gesehen werden, die Aquisition von Kapital durch Walter Siemens als begünstigt durch seine Stellung, denn er war Konsul des Norddeutschen Bundes in Tbilisi. Die deutsche Rüstungsindustrie (Krupp, Thyssen) zeigte besonderes Interesse an den Manganerzen von Ch'iatura, da Mangan zur Herstellung von Qualitätsstahl benötigt wurde. Kurz vor dem Ersten Weltkrieg begann zudem die Gelsenkirchener Bergwerks-Aktien-Gesellschaft selbst mit Abbau und Ausfuhr von Manganerz.[113] Die Interpretation dieser Aktivitäten wie auch der vorangehenden wissenschaftlichen Erforschung als Handlangerfunktion für einen deutschen Imperialismus im Kaukasus muss jedoch in der Überbetonung geopolitisch-geoökonomischer Ziele etwas einseitig erscheinen, da sie die bedeutenden Entwicklungsimpulse für die Region vernachlässigt.

4.10 Protestantische Kirche in Tbilisi-Marjanishvili (August 2019)

4.11 Erinnerungstafel für Walter Siemens in Tbilisi (September 2019)

Siemens & Halske

Nachdem die Firma Siemens und Halske mit ihrer 1847 in Berlin gegründeten „Telegraphen-Bauanstalt Siemens & Halske" 1852 eine Telegraphenleitung zwischen Riga und Bolderaa, dann eine unterirdische Leitung von St. Petersburg nach Oranienbaum und eine unterseeische Leitung zwischen Kronstadt und Oranienbaum eingerichtet hatte, wurde in St. Petersburg eine erste Niederlassung gegründet, deren Leitung Karl Siemens übernahm. Als das Russische Reich nach dem verlorenen Krimkrieg bemüht war, seine Stellung in Kaukasien zu sichern, legte das Unternehmen 1858 eine Telegraphenleitung von Tbilisi zur Garnison K'ojori, der eine Reihe weiterer Leitungen folgten, bis hin zu einer Fernleitung von Europa über Tiflis nach Indien. Inzwischen war 1860 in Tiflis eine Niederlassung eröffnet worden, die zunächst Walter Siemens, nach dessen Tod (1868) der jüngste Bruder Otto Siemens leitete. In den folgenden Jahrzehnten verlagerte sich die Aktivität des Unternehmens im Russischen Reich nach Südkaukasien. Das Netz der Telegraphenleitungen wurde ausgeweitet, auf Nachbarländer ausgedehnt. Die Erschließung von Kupferlagerstätten und erste Erdölfunde bei Sighnaghi und in der Shiraki-Steppe erweiterten das Tätigkeitsfeld. Für die Erdölförderung entwickelten die Brüder Siemens Ende der 1860er Jahre Bohrverfahren, die bei Baku erst 1870 eingesetzt wurden. Das Unternehmen konnte die steigende Nachfrage nach Kupfer für die Leitungsdrähte befriedigen und überflügelte kleinere Konkurrenzbetriebe. Erst die Erschließung der armenischen Kupfererzlagerstätten bei Alaverdi durch französisches und bei Chinkachevi durch britisches Kapital wurde zur Konkurrenz. Der Erste Weltkrieg brachte zwar einen Einschnitt, aber noch keinen Verlust des russischen Marktes.[112]

Architekten und Künstler

Um die Wende vom 19. zum 20. Jahrhundert beteiligten sich zahlreiche europäische Architekten an der Ausgestaltung von Tbilisi, darunter mehrere deutsche.[114] Die Stadt hatte seit Mitte des 19. Jahrhunderts zunehmendes Renommee als internationale Drehscheibe für den Handel mit dem Orient erlangt und zog nicht nur Kaufleute und Handelsfirmen aus dem Russischen Reich, sondern auch viele Westeuropäer an. Als sie sich zu einer regionalen Metropole entwickelte, entstand ein westlich orientiertes Kulturleben, an dem die deutsche Bevölkerung ebenfalls Teil hatte. Für die Musik eröffnete die Musikalienhandlung „Karl Schumann" an prominenter Stelle an der Golovin-Avenue (heute Rustaveli-Avenue).[115] Dominant am heutigen Freiheitsplatz erhebt sich in Tbilisi das Rathaus, dessen Fassade nach einem Entwurf des deutschen Architekten Peter Stern gestaltet wurde. Mehrere Wohnhäuser im Stadtteil Sololak'i gehen auf Entwürfe der Architekten Albert Salzmann und Otto Jakob Simonson zurück. An der Golovin-Avenue baute Simonson das erste Gymnasium um, von Viktor Schröter stammen die Entwürfe für den Wiederaufbau des 1874 abgebrannten Theaters. Es war eine Blütezeit der Stadtentwicklung, deren bauliches Erbe bedauerlicherweise aus finanziellen Gründen in den zurückliegenden Jahrzehnten unbeachtet blieb und abseits der öffentlichen Einrichtungen allmählichem Verfall anheim fällt.

Die Tätigkeit deutscher Architekten fand hundert Jahre später eine Fortsetzung: Während Saak'ashvilis Präsidentschaft trat das Berliner Architektenbüro von Jürgen Hermann Mayer („*Jürgen Mayer H.*"; „*J.Mayer.H*") mit mehreren futuristischen Gebäuden hervor (Autobahnraststätte bei Gori, Flughafengebäude und Polizeistation in Mest'ia, Grenzstation Sarpi, Bahnhof Akhalkalaki, Seaside Pavillon Batumi u. a.), die bei der Bevölkerung angesichts der hohen Kosten höchst umstritten sind.

Verdrängung und Wiederbelebung

Im Zweiten Weltkrieg erfuhren die verbliebenen Deutschen Georgiens die gleiche staatliche Ächtung durch die Sowjetmacht wie die Wolgadeutschen: Soweit sie nicht in deutsch-georgischen Mischehen lebten, wurden sie nach Zentralasien deportiert. In der zweiten Oktoberhälfte 1941 sollten 23 580 Deutsche aus Georgien deportiert werden – mehr, als der Zensus von 1939 festgestellt hatte (20 527); tatsächlich betrug zum 1. Januar 1942 die Zahl der aus Georgien deportierten Deutschen 20 423.[116] Nach 1956 war eine Rückkehr möglich, aber die Integration in die sowjetgeorgische Gesellschaft blieb schwierig. Erst langsam entspannte sich das deutsch-sowjetische Verhältnis und erlaubte auch die Wiederbelebung früherer Kontakte. Die 1975 geschlossene Städtepartnerschaft zwischen Saarbrücken und Tbilisi war eine der ersten zwischen einer westdeutschen und einer sowjetischen Stadt; zehn Jahre später folgte eine Länderpartnerschaft zwischen dem Saarland und dem damaligen Sowjet-Georgien. Seit 1987 pflegen Telavi und Biberach a. d. Riß eine Städtepartnerschaft, 2012 begann die partnerschaftliche Zusammenarbeit zwischen Batumi und Rostock. In der DDR bestanden engere Beziehungen zwischen Tbilisi und Berlin, Kutaisi und Leipzig sowie Gori und Weimar.[117] Nach Wiedererlangung der Unabhängigkeit änderte sich das Verhältnis grundlegend. Deutschland war der erste europäische Staat, der nicht nur die Republik Georgien anerkannte, sondern 1992 auch volle diplomatische Beziehungen zu ihr aufnahm. Die evangelisch-lutherische Kirche wurde zum Initiator religiöser und kultureller Begegnungen. Daneben bemühen sich die Assoziation der Deutschen Georgiens „Einung" und das Schwaben-Netzwerk Kaukasus um Zusammenhalt der Deutschen in Georgien, um die Förderung kleiner Entwicklungsprojekte, die den ehemals deutschen Siedlungen zugute kommen sollen, und um die Zusammenarbeit zwischen Georgiern und Deutschen.[118] Die Rolle Georgiens als Gastland für die Frankfurter Buchmesse 2018 förderte die Bekanntheit der georgischen Gegenwartsliteratur mit allen ihren Facetten, die Gastlandrolle auf der Internationalen Tourismusbörse (ITB) in Berlin 2023 sollte den Tourismus nach der Corona-Pandemie wieder neu beleben.

Eine Leitreligion und zahlreiche andere Glaubensrichtungen

Das Verbreitungsbild der im Land vertretenen Religionen ist ähnlich komplex wie das der ethnolinguistischen Gruppen; vielfach besteht eine weitgehende Übereinstimmung von ethnischer Identität, Sprache und Religion.[119] Neben dem dominanten orthodoxen Christentum haben sich das armenische Christentum und der Islam in den Minderheitengebieten, letzterer auch in Adscharien, gehalten; dazu kommt eine Vielzahl weiterer Glaubensrichtungen vor allem in den Großstädten. In den Bergregionen hat das Christentum die vorchristlichen Glaubensvorstellungen, die bei Svanen, Khevsuren, Pshaven und Tushen in zahlreichen Bräuchen fortleben, nicht vollständig ersetzt. Auch der Austausch der georgischen Bergvölker mit den vainachischen Gruppen im Nordkaukasus wirkt fort: Die Kisten verehren bis heute khevsuretische Gottheiten, und im Pank'isital bestehen vorchristliche Kultstätten. In der Regel ist das Nebeneinander der Religionen unproblematisch, und in ethnisch und religiös gemischten Siedlungen kann die soziale Kohärenz wichtiger erscheinen als die religiöse Abgrenzung, wie das Beispiel von Gombori zeigt.[120] Im Einzelfall sind aber auch Konfliktsituationen möglich: Mehrfach hatte es Konflikte um muslimische Gebetsstätten und Unterrichtseinrichtungen gegeben; nach den Parlamentswahlen von 2016 überfielen christliche Georgier drei von Muslimen bewohnte Dörfer in West- und Ostgeorgien.[121]

In der Spätantike und im Mittelalter hatte die Religionszugehörigkeit eine größere Rolle für die Herausbildung von Identitäten bei der Bevölkerung gespielt als die ethnisch-sprachliche Zusammengehörigkeit. Dies wurde deutlich, als sich Kartlien auf dem Konzil von Chalcedon (451) vom Monophysitismus abwandte, der von der armenischen und albanischen Kirche vertreten wurde. Damit grenzte sich das georgische dauerhaft bis in die Gegenwart vom armenischen Christentum ab.

Die *georgische orthodoxe Apostelkirche* ist nach der armenischen Kirche die zweitälteste Staatskirche.[122] Die Christianisierung des Landes erfolgte vermutlich 337, nach georgischer Überlieferung jedoch bereits 326. In den ersten Jahrzehnten stand sie voll unter dem Einfluss der Orthodoxie im Byzantinischen Reich, ehe sie 466 nach der Abtrennung auf dem Konzil von Chalcedon die Autokephalie verkündete. Volle Eigenständigkeit erhielt sie durch das Schisma von 607: Während die armenische Kirche am Monophysitismus festhielt, behauptete sich in der georgischen Kirche der Dyophysitismus. In dieser Form wurde die Kirche bis heute zu einer tragenden Säule des georgischen Nationalbewusstseins. Im 11. Jahrhundert breitete sie sich nach Norden über das Gebirge aus, während dort gleichzeitig der Islam räumlich ausgriff. Im 14. Jahrhundert wurde das Christentum bei der Mongoleninvasion und Timurs Kriegszügen zeitweise zurückgedrängt, ohne jedoch völlig überschichtet zu werden. Denn immer wurde die georgische Kirche als staatstragend und identitätsstiftend empfunden. Einen Einschnitt brachte die Eingliederung Georgiens in das Russische Reich, weil nach dem Tod des damals amtierenden Patriarchen (Anton II., 1788–1811) die georgische Kirche in die russische orthodoxe Kirche eingegliedert und die Selbstständigkeit aufgehoben wurde. Formell wurde die Autokephalie 1917 wiederhergestellt, ging aber nach der Einbeziehung Georgiens in die Sowjetunion erneut verloren. Die Zahl der Kirchenbauten stieg vor der Oktoberrevolution auf über 1 000 an, doch fielen die meisten den Repressionen unter Stalin zum Opfer und mussten geschlossen werden, so dass es schließlich weniger als dreißig „arbeitende" Kirchen in Georgien gab. Erst mit dem Pakt, den Stalin im Zweiten Weltkrieg mit der Kirche schloss, um sich ihrer Unterstützung beim Kampf gegen die deutsche Aggression sicher zu sein, wurde auch die religiöse Praxis wieder belebt, bis es unter Chruščëv zu neuen Einschnitten für das religiöse Leben kam. Mit dem Amtsantritt des Patriarchen Ilia II. (geb. 1933, inthronisiert 1977) setzten innere Reformen und eine Verstärkung der Kirchenaktivitäten ein, als nur noch 44 Kirchen geöffnet waren.[123] Seit Ende der 1980er Jahren wurden immer mehr Kirchen wieder geöffnet, instandgesetzt oder neu erbaut. Schließlich löste sich die georgische Orthodoxie endgültig von der russisch-orthodoxen Kirche und beanspruchte die volle Autokephalie, die ihr zwar 1943 zuerkannt, aber erst 1989 vom Ökumenischen Patriarchat akzeptiert worden war. Aus dem Weltkirchenrat, dem sie seit 1962 angehört hatte, trat die georgisch-orthodoxe Kirche 1997 wieder aus, als konservative Kräfte, die keine christliche Kirche neben der georgischen Orthodoxie anerkennen wollten, mit einer Spaltung drohten.

Die politische Bedeutung der Kirche ist in der georgischen Verfassung festgeschrieben: Die georgisch-orthodoxe Kirche gilt – bei aller Trennung von Staat und Kirche – als staatstragende Gewalt. Ihr wird in Artikel 8 der Verfassung in der Fassung von 2018 eine herausragende Rolle zuerkannt, die in einem Verfassungsvertrag zwischen Staat und Kirche festgeschrieben ist. Sie versteht sich als *die* Kirche und begründet damit einen Alleinvertretungsanspruch, der alle anderen christlichen Kirchen letztlich als Häresien auffasst. Zugleich vertreten viele Geistliche einen ausgesprochenen religiösen Nationalismus.[124] Neben Abstammung, Sprache und Schrift gilt die Zugehörigkeit zur Kirche als wichtiges, wenn nicht wichtigstes Identitätsmerkmal der Georgier – selbst auf die Gefahr, dass dadurch ein beträchtlicher Teil der Bevölkerung ausgeschlossen wird.[125] Seit 2002 regelt ein Vertrag das Verhältnis zwischen Staat und Kirche. Dabei sieht sich die georgische Orthodoxie auch zuständig für orthodoxe Christen russischer oder griechischer Herkunft, weil sie das Territorialprinzip über liturgische Unterschiede stellt. Die Nähe zur russischen Orthodoxie lässt Teile des georgischen Klerus jegliche Annäherung an westliche Orientierungen skeptisch bis ablehnend sehen.[126] Einen großen Einfluss nimmt die Kirche auf die Bevölkerung durch alltägliche Praktiken, die sich in reziproken Beziehungsgeflechten und wirtschaftlichen Nebeneinnahmen aus religiösen Leistungen zeigen. Sie knüpfen an Verhaltens- und Handlungsweisen der Sowjetzeit an, als staatliche Restriktionen dazu zwangen, die Religionsausübung in die häusliche Sphäre zu verlagern.[127] Obwohl für das Erziehungswesen eine strikte Trennung von Staat und Kirche vorgesehen ist, wird vielfach im Literatur- und Geschichtsunterricht ein enger Bezug zur Orthodoxie aufrechterhalten.[128] Karitative Aufgaben werden seit 1994 von der Organisation *Lazarus* wahrgenommen.

Nach 1991 konnte die georgische Orthodoxie viele Kirchenneubauten im traditionellen Baustil errichten. Das markanteste Beispiel ist wohl die monumentale *sameba-*(Dreifaltigkeits-) Kathedrale über dem linken Ufer des Mt'k'vari in Tbilisi, heute in der Nachfolge der Zionskathedrale (Sioni-Kathedrale) Zentrum und Sitz des Patriarchen. Auch für die Hauptstadt wurde dadurch betont, wie landschaftsprägend die Kirchenbauten der georgisch-orthodoxen Kirche sind: Unübersehbar erhebt sich der Kirchenbau am Hang über dem Präsidentenpalast. Aber auch außerhalb der Hauptstadt dient jeder Kirchenneubau symbolisch der Raumaneignung durch die georgische Kirche. So sind zahlreiche Kirchen in Adscharien errichtet worden, um auch dort den Dominanzanspruch der georgischen Kirche gegenüber dem Islam zu unterstreichen.

4.12 Sioni-Kathedrale in Tbilisi (August 2010)

4.13 *sameba*-(Dreifaltigkeits-)Kathedrale in Tbilisi (September 2012)

Außer der georgischen Orthodoxie ist eine Reihe anderer Bekenntnisse in der Bevölkerung vertreten, wenn auch deutlich weniger dominant und meist auf wenige Siedlungen oder Regionen beschränkt.

Die *russisch-orthodoxe* Kirche spielt in Georgien eine untergeordnete Rolle, nachdem die georgische Kirche ihre Autokephalie wiedererlangt hatte; sie tritt nur in Abchasien deutlicher hervor. Dort gehört das Kloster Novyj Afon zu den herausragenden Anlagen des 19. Jahrhunderts. Mit dem Kloster verbindet sich eine landwirtschaftliche Tätigkeit, außerdem ist die Anlage seit der Sowjetzeit eines der wichtigsten touristischen Ziele Abchasiens.

Kleine Gemeinschaften von *Altgläubigen* entstanden durch Zuwanderung: 1918 ließ sich eine Gruppe russischer Altgläubiger aus der Türkei in Laituri (Munizipalität Ozurgeti) nieder, deren Nachkommen jedoch nach 1990 größtenteils nach Russland abwanderten. Eine andere Gruppe gelangte mit georgischen Glaubensanhängern nach Maltaq'va (Munizipalität Poti) und brach die Beziehungen nach Russland ab.[129] Seit 1912 besteht eine russische Altgläubigengemeinde im Seebad Grigoleti (Munizipalität Lanchkhuti). Die bisherigen Siedlungen der Altgläubigen in Javakhetien wurden teilweise von Übersiedlern aus Adscharien übernommen, deren Heimatdörfer von Schlammströmen betroffen waren; durch diese Umsiedlung sollte eine Übernahme der Sektiererdörfer durch die armenische Minderheit verhindert werden.[130]

Zu den im Russischen Reich wenig beliebten und vielfach verfolgten Sektierern gehörten die *Duchoborzen*, die im 19. Jahrhundert in andere Gebiete des Reichs umgesiedelt wurden. So entstand seit 1841 eine Gruppe von achtzehn Siedlungen mit Mittelpunkt Bogdanovka (wörtl. „von Gott gegeben"; heute Ninotsminda) im Süden Georgiens auf dem Territorium, das 1828/29 vom Osmanischen Reich an Russland gefallen war. Ein Teil der Siedler wanderte schon 1899 nach Kanada aus und gründete in Saskatchewan zwei Dörfer Bogdanovka. Nach 1990 sind die meisten verbliebenen Duchoborzenfamilien aus Georgien nach Russland (zurück)emigriert. Wurden 1989 noch 7500 Duchoborzen in Georgien gezählt, waren es 2002 nur 958. Damals existierte noch eine landwirtschaftliche Kooperative, die völlig unabhängig von der lokalen Verwaltung arbeitete. *Molokanen* wurden im 19. Jahrhundert im Südkaukasus vor allem nach Armenien umgesiedelt, nur kleine Gruppen kamen nach Kachetien, wo sie sich in Ulyanovka (damals Aleksandrovka) niederließen. Als sie Ende des Jahrhunderts zum Militärdienst gezwungen werden sollten, verließen viele Molokanen das Land und siedelten nach Nordamerika über. Das Dorf Ulyanovka, heute der Munizipalität Sighnaghi zugeordnet, wurde Standort eines von USAID geförderten Agribusiness-Projekts.

Die Armenier Javakhetiens fühlen sich nicht nur durch die Sprache, sondern auch durch die Zugehörigkeit zur *armenisch-gregorianischen Kirche* eng mit dem benachbarten Armenien verbunden. In armenischen Diasporagebieten, darunter Tbilisi, führte das Katholikat von Echmiadzin eine geradezu missionarische Tätigkeit durch. Neue Kirchenbauten entstanden, etliche Georgier kamen zu armenischen Gottesdiensten und fühlten sich konfessionell der gregorianischen Glaubensrichtung zugehörig; zum Teil wurden sie dann in offiziellen Papieren als Armenier bezeichnet, und erst in den 1990er Jahren wurden entsprechende Zuordnungen korrigiert.[131]

Die *römisch-katholische Kirche,* der Anfang des 20. Jahrhunderts etwa 50000 Christen in Georgien angehörten, ist ebenso wie die anderen katholischen und die verschiedenen protestantischen Richtungen vor allem ein Phänomen der Städte und einzelner Siedlungsinseln. Der Katholizismus hat seine Wurzeln in der Westorientierung, mit deren Hilfe georgische Fürsten im 12. und 13. Jahrhundert Unterstützung in der Abwehr nichtchristlicher Fremdherschaft gesucht hatten. Ein römisch-katholischer Kirchenbau existiert in der Altstadt von Tbilisi. Die zwischen 1898 und 1902 von katholischen Christen erbaute und genutzte Muttergottes-Kirche in Batumi wurde 1989 der georgischen Kirche übereignet und ist seither umstritten.[132] Die *evangelisch-lutherische Kirche* geht auf die Zuwanderung württembergischer Pietisten im frühen 19. Jahrhundert zurück und findet ein weiteres Zentrum außerhalb Tbilisi in Bolnisi, dem früheren Katharinenfeld.[133]

Das *Judentum* und die mosaische Religion sind stark zurückgedrängt worden.[134] Dabei kann das georgische Judentum auf eine Geschichte zurückblicken, die von manchen Historikern, alten Legenden folgend, bis in die Zeit der babylonischen Gefangenschaft, von anderen wenigstens bis ins erste nachchristliche Jahrhundert zurückgeschrieben wird. Im 6. Jahrhundert gelangten weitere Zuwanderungswellen aus dem byzantinischen Reich nach West- und Ostgeorgien; Beziehungen bestanden zu persischen Juden. Bis zum Beginn der russischen Herrschaft gab es keinen nennenswerten Antisemitismus.

4.14 Armenische Kirche Surb Gework in Tbilisi (August 2010)

Während der Zugehörigkeit zum Russischen Reich kamen Ashkenasi-Juden aus Osteuropa nach Georgien, wo sie sich jedoch von den georgischen Juden isoliert ansiedelten, in der Zeit zunehmenden Handels insbesondere in den größeren Städten. Erst mit der Entstehung des Zionismus im ausgehenden 19. Jahrhundert näherten sich die beiden Gruppen an. Während die Juden in der Zarenzeit unter antisemitischen Vorwürfen zu leiden hatten, genossen sie in der kurzen Zeit der ersten Unabhängigkeit Georgiens alle Freiheiten, die ihnen wirtschaftlichen Aufschwung und Teilhabe am intellektuellen Leben sicherten. Nach der bolschewistischen Machtübernahme entstanden im ländlichen Raum mehrere jüdisch-georgische Kolchoze, in denen jüdisches Brauchtum fortgeführt werden konnte, vor allem aber kam es zu einer massiven Auswanderung, u. a. nach Istanbul. Eine weitere Auswanderungswelle nach Israel folgte in den 1970er Jahren, nachdem sich die Situation der verbliebenen georgischen Juden weiter verschlechtert hatte. Erst die Wiedererlangung der Unabhängigkeit brachte einen neuen Wandel. In Tbilisi besteht noch eine kleine jüdische Gemeinde, die ihren Mittelpunkt in der 1901 erbauten Synagoge findet. Weitere jüdische Bevölkerung gibt es in Kutaisi, Batumi, Oni, Gori und wenigen anderen Städten. Insgesamt werden für 2010 noch 3 200 Juden in Georgien angeführt, eine Zahl, die allerdings die kleine Gruppe der Bergjuden (Taten) einschließt.

Die *Yeziden* folgen einer synkretistischen und monotheistischen Religion, die Elemente des nestorianischen Christentums, des Islam, des Judentums und des Zoroastrismus aufgreift. Ihre Lebensgemeinschaft ist in sich geschlossen, denn das Yezidentum kennt als ethno-religiöse Gruppe eine strenge Endogamie: Wer einen Ehepartner anderen Glaubens heiratet, verliert die Mitgliedschaft in der Gemeinschaft. Das Hauptverbreitungsgebiet liegt zwar im Norden des Irak, in Nordsyrien und der südöstlichen Türkei, doch gibt es kleinere Yezidengruppen auch in Georgien, wo indessen die Endogamieregel wegen der geringen Größe der Gruppe nicht ganz streng beachtet werden kann. Im frühen 20. Jahrhundert lebten Yeziden vor allem in Tbilisi und Batumi; dort suchten sie – großenteils Analphabeten – ihr Auskommen in einfachsten Berufen. Die Zahl der in heute Georgien lebenden Yeziden wird auf 6 000 bis 12 000 geschätzt.[135] In Tbilisi wurde 2015 eine Kultstätte des Siltan Ezid eingeweiht.

Nur der *Islam*, dem sich beim Bevölkerungszensus von 2014: 10,7 % der Bevölkerung zurechneten, hat unter den nichtchristlichen Religionen ein größeres Verbreitungsgebiet mit vor allem vier regionalen Schwerpunkten.[136] Er erscheint im Siedlungsgebiet der Azeri in Kvemo Kartli überwiegend in der schiitischen, in Adscharien und Abchasien in der sunnitischen Form. Ebenfalls sunnitisch ist die Ausrichtung der Kisten im Pank'isital, doch ist dort auch der Sufismus vertreten. Die Zusammenarbeit der Gruppen ist gering, aber die große Moschee in Tiflis wird von Muslimen sunnitischer und schiitischer Richtung gleichermaßen genutzt.

4.15 Synagoge in Tbilisi (August 2010)

Die historischen Wurzeln des Islam in Georgien reichen in die Zeit der arabischen Eroberung zurück; zur Zeit der Mongoleneinfälle unter Dschingis Khans Urenkel Uzbek Khan, der für die Goldene Horde zum Islam konvertiert war, lief Georgien zeitweise Gefahr, ebenfalls islamisiert zu werden. Während der Herrschaft des Osmanischen Reichs und der Safavidenherrschaft in Persien (1501–1732) gelangte der Islam in die heutigen Grenzregionen Georgiens. Mit dem Vorrücken der russischen Herrschaft nach Südkaukasien im 19. Jahrhundert verlor er in Georgien an Bedeutung. Die Ansiedlung der Azeri durch die Safaviden, die Zuwanderung von Griechen und Armeniern aus dem Osmanischen Reich sowie die Ansiedlung russischer und deutscher Kolonisten machten das südliche Georgien zu einem Gebiet mit einer besonderen Gemengelage ethnischer Gruppen und unterschiedlicher Konfessionen. Selbst bei den Azeri im heutige Kvemo Kartli lagen Gebiete mit sunnitischer und schiitischer Bevölkerung in unmittelbarer Nachbarschaft.[137] Obwohl die heutige Verfassung Georgiens das georgisch-orthodoxe Christentum als staatstragend betont, gibt es im Alltag kaum eine Diskriminierung, sondern der Islam wird als traditionelle Form der Religiosität respektiert. Nach der Unabhängigkeit Georgiens verließen viele Muslime das Land, doch wurden diese zahlenmäßigen Verluste durch die höhere Kinderzahl kompensiert, so dass man heute von etwa 400 000 Muslimen in Georgien ausgehen kann.

In Adscharien und einigen angrenzenden Gebieten konnte sich die sunnitische Glaubensrichtung ausbreiten, nachdem diese Region 1595 in das Osmanische Reich eingegliedert worden war und zunächst einige lokale Eliten, dann auch größere Teile der Bevölkerung zum Islam konvertierten. Nach der Angliederung Adschariens an das Russische Reich wurde 1872 eine Verwaltung für die Muslime geschaffen, die ihren Sitz in Tiflis hatte und eine geistliche Hochschule aufbaute. Damit wechselte die Selbstidentifikation von der ethnischen Zugehörigkeit zum Georgiertum hin zur religiösen Ausrichtung auf den Islam. Als Adscharien mit der Region Kars nach dem Berliner Kongress 1878 an Russland fiel, emigrierte ein Teil der muslimischen Bevölkerung in andere Gebiete des Osmanischen Reichs, doch bemühte sich die russische Regierung, diese Abwanderung durch Zugeständnisse bei Verwaltung, Militärdienst und Besteuerung aufzuhalten, so dass sich der Islam in Adscharien halten konnte. In den ersten Jahrzehnten der Sowjetherrschaft gab es mehrere Wellen der Repression, die jedoch nicht zur Beseitigung der Traditionen und Rituale führten, so dass seit Ende der 1980er Jahre eine Rückkehr zum Islam und die Neueröffnung von Moscheen und Medresen möglich wurde. Nach 1990 fürchtete Georgien einen stärkeren islamischen Einfluss aus der Türkei, doch verstand es der sonst umstrittene Aslan Abashidze, selbst Muslim, zwischen den Religionen auszugleichen, indem er seine muslimische Anhängerschaft hielt und gleichzeitig der orthodoxen Kirche Privilegien zusicherte. In Adscharien rechnete man in den 1990er Jahren mit rd. 150 000 Muslimen und

4.16 Moschee in Batumi (Juni 2018)

einem markanten türkischen Einfluss, bei dem sich Handel und vorsichtige Missionierung miteinander verbanden.[138] Bis 2010 gehörten die Muslime dem adscharischen Muftiat an, das der Kaukasischen Geistlichen Verwaltung der Muslime unterstand; seit 2011 besteht eine eigenständige geistliche Verwaltung der Muslime ganz Georgiens, die von den Muslimen überwiegend positiv beurteilt wird. 2010 wurden insgesamt 197 muslimische Kultstätten gezählt.[139] Allerdings nahmen in den zurückliegenden Jahren der Einfluss der georgischen Orthodoxie und damit nationalistisches Denken in Batumi und dem angrenzenden Tiefland Adschariens zu, während sich der Islam vor allem in der Munizipalität Khulo und in geringerem Maße in den Landkreisen Shuakhevi und Keda hält. Dort sind nach der Auflösung der Sowjetunion und dem Wegfall religiöser Zurückstellung zahlreiche neue Moscheen und Medresen errichtet worden. Inzwischen breitet sich das Christentum auch in Ober-Adscharien aus, weil viele, auch jüngere Personen zur georgischen Kirche konvertieren, oft nach zeitweiliger Bildungsmigration an eine Universität in einem anderen Landesteil Georgiens; auch der Ausbau des georgischen Bildungswesens in Adscharien trägt zu dem Religionswechsel bei, der sich wiederum in Kirchenneubauten manifestiert. Abseits der städtischen Siedlungen und der Fernstraße Batumi - Akhaltsikhe bleiben muslimische Traditionen jedoch dominant.[140]

In den Siedlungsgebieten der Azeri im Südosten Georgiens ist der Islam überwiegend in seiner schiitischen Form verbreitet. Unter Shāh Abbās I. (1587–1629) wurden Abkömmlinge der Kizil Bash-Stämme aus den persischen Gebirgen nach Georgien umgesiedelt, um die Herrschaft der Safaviden in Südkaukasien zu festigen.[141] In der zweiten Hälfte des 19. Jahrhunderts wurde die Russifizierung zur Belastung, in den 1930er Jahren die antireligiöse Politik der Sowjetmacht, die vor allem die schiitischen Azeri von der Pilgerreise nach Mekka und zu den religiösen Zentren Mashhad, Qom, Najaf und Kerbala isolierte. Erst die Unabhängigkeit Georgiens schenkte wieder mehr Freiheiten. Sie erlaubte islamischen Stiftungen die Unterstützung auch der georgischen Azeri, insbesondere im Bildungswesen.

Der größte Teil der Abchasen konvertierte im 17. und 18. Jahrhundert unter osmanischer Herrschaft wenigstens oberflächlich zum Islam. In den 1990er Jahren wurde während der Sezessionskämpfe die Hinwendung zum Islam unter dem Einfluss čečenischer Kämpfer ausgeprägter.

Die Kisten, die zunächst überwiegend als Christen Čečenien unter dem Druck des sich ausbreitenden Islam verlassen hatten, kehrten teilweise zum Islam zurück. Das Pank'isi-Tal kannte bei den Kisten seit der Mitte des 19. Jahrhunderts eine starke Gruppe georgisch-orthodoxer Christen, die in Georgien ausgebildet waren und Gottesdienste in georgischer Sprache abhielten, sowie Muslime mit eigenen Moscheen und Mullahs, die ebenfalls die georgische Sprache benutzten. Zu Beginn des 20. Jahrhunderts fanden die Sufi-Orden der Naqshbandiyya und der Qadiriyya mit ihren wandernden Mullahs Eingang bei den Kisten; dieser „inoffizielle Islam“ überstand auch die religiöse Verfolgung der Sowjetzeit. Anfang des 20. Jahrhunderts nahm der islamische Einfluss zu, unterstützt von Predigern aus Čečenien und Ingušetien. Nach der Sowjetisierung Georgiens wurden Moschee und Kirche geschlossen, das Freitagsgebet der Muslime aber im Haus eines der Mitglieder weiter abgehalten. Zwischen 1996 und 2001 entstanden mit arabischer Finanzierung vier neue Moscheen in den kistischen Dörfern des Pank'isi-Tals.[142]

Die georgischen Bergvölker wurden zwar christianisiert, doch haben sich im Brauchtum Elemente *vorchristlicher und vorislamischer Glaubensvorstellungen* und Handlungsweisen erhalten.[143] Selbst muslimische Elemente wurden teilweise aufgenommen, und es bestanden keine Schwierigkeiten, Feste gemeinsam mit Christen und Muslimen zu feiern. Ein Beispiel war bis vor wenigen Jahren das in Alaverdi (Kachetien) Ende September zum Erntedank begangene Fest *alaverdoba* mit Tieropfern und gemeinsamen Feiern. Der zunehmende Anspruch der georgisch-orthodoxen Kirche, die georgische Nation allein zu vertreten, hat jedoch in jüngster Zeit diese Möglichkeiten beschnitten.[144] Die vorchristlichen Glaubensvorstellungen zeigen sich in der Bewahrung von „heiligen Plätzen“, in der Vorstellung von *chati*, „Engeln“, die unterschiedliche Aufgaben übernehmen, aber letztlich aus einer Geistervorstellung stammen, ferner in der Deutung atmosphärischer Erscheinungen und bei den Übergangsriten. Insbesondere der Totenkult ist hier zu nennen, der – ähnlich wie bei den Osseten Nordossetiens – auch kleine Totenhäuser für die Verstorbenen einer Familie kannte.[145]

Eine problembelastete Sozialstruktur

Die Vielfalt von ethnischer Selbst- oder Fremdidentifikation und die zahlreichen religiösen Bekenntnisse dürfen nicht darüber hinwegtäuschen, dass die moderne Gesellschaft noch ganz andere Merkmale sozialer Differenz aufweist. Die Bevölkerung Georgiens besitzt wie in früheren Jahrhunderten eine in hohem Maße disparitäre Sozialstruktur, nur dass sich die Kategorien verändert haben. Nicht mehr der Gegensatz zwischen Adel und Abhängigen oder zwischen städtischer Kaufmannschaft und ländlichem Kleinbauerntum ist entscheidend, sondern die Einkommensverhältnisse (reich und arm), der Zugang zu Bildung und Erwerb (Arbeit und Arbeitslosigkeit) oder der Lebenskontext (städtischer und ländlicher Raum) bestimmen im Wesentlichen die Stellung des einzelnen in der Gesellschaft. Daher sind die Werte des *Human Development Index* (HDI), der mit 0,802 (2021) Georgien auf Rang 63 unter 191 berücksichtigten Staaten setzt,[146] nur bedingt aussagekräftig, weil sie zwischen Gegensätzen nivellieren und einen durchschnittlichen Zustand abbilden, nicht die Polarisierungen.

Der Vergleich mit der frühen Transformationsphase lässt aber Fortschritte gerade bei diesem Indikator des Entwicklungsstandes erkennen. So stieg die Lebenserwartung zwischen 1990 und 2015 um 4,7 Jahre, die durchschnittliche Dauer des Schulbesuchs um ein halbes Jahr und das Pro-Kopf-Bruttonationalprodukt (BNP) um 17,1 %.[147] Dabei ist zu berücksichtigen, dass in der Sowjetunion generell eine sehr geringe Analphabetenrate bestand, aber die Wirtschaftsleistung bei der Systemtransformation einen massiven Einbruch erlebte. Hatte das kaufkraftbereinigte Pro-Kopf-BNP 1990 noch 7561 USD betragen, so sank es bis 1995 auf 2264 USD und überstieg erst 2012 den Wert vom Ende der Sowjetzeit. In den letzten drei Jahren ist eine deutliche Verlangsamung des Wachstums eingetreten. Ungleichheit, die innerhalb des HDI unberücksichtigt bleibt, aber durch den *Inequality Human Development Index* erfasst wird, ergibt sich vor allem im Bereich des Einkommens, am wenigsten bei der Bildung, wobei allerdings nur der faktische Zugang, nicht die Qualität erfasst wird. Eine noch weitere Kriterien berücksichtigende Untersuchung kann nachweisen, dass sich zwischen 2010 und 2017 die soziale Mittelschicht vergrößerte und dass dabei ländliche Räume zwar nach wie vor hinter den Städten, insbesondere Tbilisi, herhinken, aber etwas aufgeholt haben.[148]

Die Wahrnehmung sozialer Probleme änderte sich nach 1991 schlagartig. Waren in der spätsowjetischen Zeit vor allem Defizite in der materiellen Versorgung hervorgetreten, so waren es jetzt die durch steigende Preise in der Marktwirtschaft anwachsende Armut, die Zunahme der Kriminalität und eine tiefe moralische Krise, Zeichen einer drohenden Arbeitslosigkeit und Hungersnot, die Gefahr eines Bürgerkriegs, in nachgeordnetem Maß die Umweltprobleme und die Folgen der Privatisierung.[149] Allerdings gab es im Alltag auch Mechanismen zur Überwindung, wie es für die Wohnviertel (*ubani*) in Tbilisi beschrieben wird: Wo in der Sowjetzeit der

Verkauf von Mangelware „unter dem Ladentisch" nur an Bekannte erfolgte, entstanden nunmehr im kleinen Viertelsladen oder beim Friseur Vermittlerstellen für knappe Alltagsgüter und -dienste.

Merkmale hoher *sozialer Verwundbarkeit* prägen jedoch bis heute die Gesellschaft Georgiens. Die Massenverarmung der Transformationszeit ist noch nicht überwunden, zumal die mit den Sezessionskriegen Abchasiens und Südossetiens verbundenen Flüchtlingsbewegungen und -ansiedlungen keineswegs zur Integration der Geflüchteten führten. Wie in vielen Ländern zeigt die Landbevölkerung besondere Verwundbarkeit, weil die reale Arbeitslosigkeit hoch und die Erwerbsmöglichkeiten gering sind. Die Versorgung mit sozialen Diensten im Bildungs- und Gesundheitswesen ist teilweise unzureichend oder – soweit privatisiert – kostspielig, die technische Infrastruktur, vor allem die Versorgung mit Wasser und die Ableitung von Abwasser, mangelhaft. Unbefriedigend ausgebaute Verkehrswege in der Peripherie erschweren den Zugang zu den Angeboten benachbarter Städte. Als besonders arm gilt die ländliche Bevölkerung in den verkehrsfernen Gebirgsdörfern im Norden Georgiens, aber auch die infrastrukturell schlecht erschlossenen Gebiete im Süden bleiben weitgehend von der wirtschaftlichen Entwicklung abgehängt. Tourismusförderung im Hochgebirge und landwirtschaftliche Entwicklungsprogramme konnten in den zurückliegenden Jahren nur punktuell neue Beschäftigungen schaffen. In den größeren städtischen Siedlungen ist vor allem die ältere Bevölkerung von Armut betroffen, soweit sie ohne familiäre Unterstützung auskommen muss.

Hinzu treten regional wirksame Faktoren: In den Gebirgsdörfern wird die Verwundbarkeit durch natürliche Risiken mitbestimmt. In Grenznähe zu Abchasien und Südossetien haben sich die Lebensbedingungen der Binnenflüchtlinge aus den 1990er Jahren nicht entscheidend verbessert. So mussten in Westgeorgien rd. 100 000 Personen untergebracht und versorgt werden. Allein in Zugdidi stammen etwa 60 % der rd. 43 000 Einwohner aus Abchasien; sie hoffen auf eine Rückkehr in ihre Herkunftsgebiete. Nicht unterschätzt werden dürfen die Konflikte zwischen einzelnen politischen Richtungen, die Abhilfe oft erschweren. Besonders hohe soziale Verwundbarkeit wird bei Frauen der größeren ethnischen Minderheiten, der Armenier und Azeri, festgestellt, da sie in ihren hauptsächlichen Siedlungsgebieten in Samtskhe-Javakheti und Kvemo Kartli in relativer sozialer und räumlicher Isolierung und damit in größerer Abhängigkeit von den jeweiligen Familien leben und somit auf tradierte Muster festgelegt sind. Ebenfalls als besonders verwundbar gelten die Frauen in der vielleicht etwa 1 000 bis 1 500 Personen zählenden Gruppe der Roma, die verstreut in Georgien leben.[150] Die traditionelle Einbindung in die (Groß-)Familie mildert bis heute die Existenznot; außerordentlich prekär ist die Situation älterer Menschen, die diese Einbindung verloren haben.

Die Transformationsphase nach 1991 führte zu einer *Massenverarmung* großer Teile der Bevölkerung. Es dauerte in Georgien länger als in den anderen ehemaligen Sowjetrepubliken, ehe das „Transformationstal", d. h. der niedrigste Einkommens- und Entwicklungsstand, erreicht und überwunden wurde. Mitte der 1990er Jahre galten 50 bis 55 % der Bevölkerung als arm; sie verfügten nur über ein Einkommen unterhalb der offiziellen Subsistenzgrenze, so fragwürdig solche Zuschreibungen sind. Geht man von den Durchschnittseinkommen der Haushalte aus, werden üblicherweise Haushalte, die über weniger als 60 % des Durchschnittseinkommens verfügen, als arm, solche mit weniger als 40 % als sehr arm bezeichnet. Nach dieser Berechnung waren im Jahr 2015 noch 20,1 % der Bevölkerung arm, 7,1 % sehr arm. Dabei erfolgte seit 2010 ein Rückgang der Armut um 2,6, der extremen Armut um 2,9 Prozentpunkte.[151] Die Jahre 2012 bis 2015 brachten einen merklichen Rückgang der Armut, regional am deutlichsten in Tbilisi, aber auch in Adscharien und Gurien; generell steigende Einkommen trugen am meisten zu dieser Entwicklung bei.[152] Die verbleibende arme Bevölkerung blieb jedoch von der Entwicklung von Märkten weitgehend abgehängt und konnte Einkommenssteigerungen höchstens aus informeller Beschäftigung generieren. Allerdings sagen solche Zahlen relativ wenig aus. Sichtbar ist die Armut in Stadt und Land, und die Gefahr besteht, dass ein Teil der Bevölkerung von der wirtschaftlichen Erholung und Entwicklung abgekoppelt wird. Dazu trug bei, dass die Entwicklungspolitik des Staates in der zweiten Amtsperiode von Saak'ashvili zwar umfangreiche Investitionen in der Verkehrsinfrastruktur förderte, aber die soziale Infrastruktur zurückstellte und soziale Entwicklung nur als Teilaspekt von Wirtschaftsentwicklung sah.[153]

Armut war in der Transformationsphase ein gleichermaßen städtisches und ländliches Phänomen. Im städtischen Raum traf die De-Industrialisierung in monostrukturellen Städten die Bevölkerung und leitete eine Phase der Abwanderung ein. Im ländlichen Raum trug die erste Phase der Agrarreform mit ihren Klein- und Kleinstbetrieben zur Ausbreitung von Armut bei, obwohl der erzwungene Übergang zur Subsistenzwirtschaft eine Hungersnot in einigermaßen ertragssicheren Regionen verhinderte. Aber es konnte keine finanzielle Sicherung erarbeitet werden. Noch 2002, als das Existenzminimum im Land mit 127,9 GEL berechnet wurde, lag das durchschnittliche reguläre Pro-Kopf-Einkommen bei nur 24 GEL.[154] Dabei gehen allerdings die im ländlichen Raum erwirtschafteten Selbstversorgungsanteile kleinbäuerlicher Familien ebenso wenig wie die im informellen Sektor abseits steuerlicher Erfassung erzielten Einkünfte in die monetäre Bewertung ein. Im ländlichen Raum brach nicht nur die bislang von den sowjetischen Großbetrieben getragene Infrastruktur zusammen, sondern die Ablehnung dieser Großbetriebe führte auch zu einer Entpolitisierung der Bevölkerung, welche kaum noch bereit war, kommunale Dienste zu übernehmen. Besonders von der Verarmung betroffen waren allein lebende Rentner, Familien mit weiblichem Haushaltsvorstand, Arbeitslose und Binnenflüchtlinge, die allerdings bei offizieller Anerkennung ihres Status in Hilfsprogramme internationaler Organisation eingebunden werden konnten. Nur sehr langsam finden entlegenere ländliche Räume in Rach'a oder Javakhetien zurück zum Aufbau einer geordneten Wasser- und Gasversorgung, während der Anschluss an die Elektrizität inzwischen generell gegeben ist.[155]

Die individuellen *Einkommen* entwickelten sich in postsowjetischer Zeit analog zum BIP, wobei auch hier die Durchschnittswerte nur bedingt aussagekräftig sind. Zwischen 1990 und 1995 reduzierte sich das um Wechselkursschwankungen bereinigte durchschnittliche Jahreseinkommen von 4 299 auf 1 031 USD,[156] bevor ein langsamer Anstieg begann. Die für 2008 angeführten Werte von 900 GEL/Monat (damals etwa 450 EUR) für einen Privatunternehmer in Tbilisi und von 70 GEL (35 EUR) als durchschnittliche Rente zeigen die Spannweite der Einkünfte, wobei die Rente damals nur gerade die Hälfte der 141 GEL betrug, die als Minimum für eine normale Lebenshaltung anzusetzen waren.[157] Diese Diskrepanz lässt sehr deutlich die fortbestehende Altersarmut erkennen, die auch viele Rentner dazu zwingt, irgendeine Arbeit zu übernehmen. Nach wie vor besteht ein großer Unterschied zwischen Frauen und Männern bei den Einkommen: Im Landesdurchschnitt erreichen die Einkommen der Frauen gerade nur etwa zwei Drittel jener der Männer, weil familiäre Aufgaben und Teilzeittätigkeiten den Wert nach unten drücken. Nur im Bereich der Landwirtschaft erreichten Frauen 2017 einen minimal höheren Betrag als Männer (441,1 bzw. 433,0 GEL) – allerdings liegt dieser deutlich unter der Hälfte des georgischen Durchschnittslohnes (999,1 GEL).[158]

Gerade bei den individuellen Einkommen zeigt sich der Einbruch deutlich, den die Transformation bewirkte. In sowjetischer Zeit, insbesondere in den 1960er und frühen 1970er Jahren, galt Georgien als Gebiet mit relativ hohem Lebensstandard.[159] Die Spezialisierung auf subtropische Agrarprodukte, die als Importsubstitution in der Sowjetzeit hoch bewertet wurden, glichen die negativen Einkommenseffekte aus, die normalerweise mit einer hohen Agrarerwerbsquote verbunden sind; insbesondere der Verkauf von Produkten aus der Hoflandwirtschaft und die Zusatzeinnahmen aus dem Tourismus der Seebäder an der Schwarzmeerküste trugen zu Einkommenssteigerungen bei. Nach der Unabhängigkeit Georgiens lösten sich aber Lieferketten für subtropische Produkte auf, der georgische Binnenmarkt konnte bei geringen Einkommen in anderen Bereichen diese Verluste nicht ausgleichen, das durch Privatisierung entstandene Kleinbauerntum musste teilweise zur Subsistenzwirtschaft zurückkehren, und der Seebädertourismus brach im abchasischen Sezessionskrieg zusammen.Dem Staat gingen gleichzeitig Steuereinnahmen verloren, einerseits weil weder Unternehmen noch Bevölkerung genügend Steuern aufbringen konnten, andererseits weil die Zahlungsmoral unterhöhlt war. Die Folge war, dass der Staat Löhne an seine Bediensteten nicht oder nur mit großer Verzögerung zahlen konnte, von Anhebungen ganz zu schweigen, die einen Erhalt des Lebensstandards ermöglicht hätten. Besonders betroffen waren Polizei und Bildungswesen. Dies wiederum begünstigte die Korruption: Studierende „kauften" sich den Abschluss, wenn sie die dafür erforderlichen Mittel besaßen; Polizisten besorgten sich den fehlenden Lohn durch bar zu zahlende Strafmandate, deren Berechtigung wiederum niemand anzuzweifeln wagte. So wurde letztlich die gesamte staatliche Infrastruktur in Frage gestellt.

Nachdem 2012 die bisherige Oppositionspartei „Georgischer Traum" die Parlamentswahlen für sich entschieden hatte, kam es zu mehreren Streiks, die vor allem Bergbau und Industrie betrafen: Im Februar 2013 traten 200 Arbeiter in Rustavi in den Ausstand, im Mai 2400 Arbeitskräfte des Ferrolegierungswerks in Zest'aponi, denen sich die Bergleute im Manganbergbau von Ch'iatura anschlossen. Im November folgten 700 Arbeiter der Madneuli-Lagerstätte im Kupfer- und Goldbergbau von K'azreti.[160] Im Juni 2018 streikten die Mitarbeiter der Metro in Tbilisi, um eine bessere Bezahlung durchzusetzen.

2016 wurde die *Arbeitslosigkeit* von offizieller Seite mit knapp 15 % angegeben, doch greifen Schätzungen weitaus höher und gehen von 30 bis 50 % aus, da es nicht gelungen ist, die im arbeitsfähigen Alter stehende Bevölkerung in formale Beschäftigungsverhältnisse einzugliedern. Die ländliche Bevölkerung gilt, auch wenn sie nur kleine Parzellen bewirtschaftet, als „beschäftigt"; dies erklärt das Paradox, dass die registrierte Arbeitslosigkeit im ländlichen Raum geringer als die in den städtischen Gebieten ist. Es ist das Fehlen vergüteter Beschäftigungsverhältnisse, das die Armut im ländlichen Raum besonders ansteigen lässt und die soziale Verwundbarkeit steigert. Dabei gehört die Arbeitslosigkeit schon lange zu denjenigen Problemen, deren Beseitigung der Bevölkerung besonders wichtig ist. Bei einer Befragung, die 2003 im Vorfeld der Präsidentschaftswahlen durchgeführt wurde, nannten 85 % der Befragten die Verringerung der Arbeitslosigkeit als besonders wichtiges Ziel, gefolgt von 70 %, für die die Erhöhung der Löhne und Renten am wichtigsten war (Mehrfachnennungen möglich). Mit 46 und 43 % folgten Bekämpfung der Korruption und Entwicklung der Landwirtschaft, während die Unterbringung der Binnenflüchtlinge 20 % bewegten und nur 4 % den Stop der Umweltdegradation anführten.[161] Auch 2018 war die Arbeitslosigkeit für 48 % der Befragten als größtes Problem Georgiens (nur eine Nennung möglich), gefolgt von Armut (20 %), den ungelösten Territorialkonflikten (8 %) und den Preissteigerungen (4 %).[162]

Die Diskrepanz zwischen statistisch erfasster und tatsächlicher Arbeitslosigkeit hat Tradition. In der Sowjetunion bestand nach dem Gesetz Vollbeschäftigung – nach der Arbeitsleistung wurde weniger gefragt. In der Transformationskrise der 1990er Jahre waren 1994 gerade einmal 76 000 Personen als Arbeitslose gemeldet, obwohl in den ersten Jahren der Unabhängigkeit die Beschäftigtenzahl um mehr als ein Drittel zurückgegangen war. Aber da die finanzielle Unterstützung für Arbeitslose äußerst gering war (ein Zehntel des Existenzminimums), meldeten sich viele Personen nicht als arbeitslos. Ländliche Arbeitslosigkeit wurde ohnehin negiert. Noch höhere Arbeitslosenraten als in Rumpf-Georgien bestanden in den Sezessionsgebieten, in Abchasien wurde sie 1997 auf über 50 % geschätzt.[163] Verbesserungen der Beschäftigungsstruktur erhofft man sich heute abseits der größeren Städte vor allem von der Wiederbelebung der Landwirtschaft und von der weiteren Entwicklung des Tourismus, wo Arbeitskräfte für Bau und Unterhalt der Infrastruktur, aber auch für alle Aufgaben entlang der Servicekette vom Transportwesen bis zum lokalen Fremdenführer benötigt werden.

Als *soziale Infrastruktur* werden Einrichtungen bezeichnet, die keinen direkt wirtschaftlich messbaren Ertrag erbringen, aber dazu beitragen, dass die Bevölkerung erhöhte Chancen für einen solchen Ertrag erhält. Auf der einen Seite sollten sie überall vorhanden sein, auf der anderen muss die Bevölkerung auch Zugang zu ihnen haben. Überwiegend ist der Staat auf allen räumlichen Ebenen von der Nation zur Gemeinde in der Pflicht, für diese Einrichtungen zu sorgen, die letztlich aus Staatseinnahmen finanziert oder zumindest unterstützt werden. In einigen Bereichen haben sich inzwischen private Parallelstrukturen herausgebildet, die vom Nutzer bezahlt werden müssen, dafür aber in der Regel eine höhere Qualität anbieten. Zu den grundlegenden Bedingungen für ein gesichertes Leben gehören über die Deckung der Grundbedürfnisse hinaus die innere Sicherheit, das Bildungs- und das Gesundheitswesen, Bereiche, an deren Effizienz der Staat selbst ein Interesse haben muss. Mit der Unabhängigkeit Georgiens und dem Beginn der Transformation brach die Vollbeschäftigung zusammen, die den Menschen zumindest eine bescheidene Sicherung der Grundbedürfnisse (Behausung, Bekleidung, Ernährung) ermöglicht hatte. Da auch die Staatsfinanzen unmittelbar betroffen waren, wurde die Kontinuität in Schulen und Krankenhäusern ebenso in Frage gestellt. Auch die materielle Infrastruktur, die uns selbstverständlich erscheint, war nicht mehr funktionsfähig, was am deutlichsten in der Energiekrise der 1990er Jahre hervortrat. Inzwischen hat Georgien ein Entwicklungsniveau erreicht, bei dem eine Mehrheit der Bevölkerung dem Gesundheit- und dem Bildungswesen mindestens einigermaßen vertraut.

Etwas detaillierter zeigte eine um die Jahrhundertwende in Tbilisi und Zest'aponi durchgeführte Haushaltsuntersuchung, die sich der Wasserversorgung, der Heizung und dem Schulwesen widmete, Unterschiede bei den Verteilungssystemen auf: Die Versorgung mit Wasser in der Hauptstadt und die im Winter erforderliche Heizung sollten durch die materielle Infrastruktur gewährleistet sein, der Zugang zu Heizung auch zusätzlich über den Markt, das Schulwesen durch den Staat mit zunehmender Exklusivität im höheren Bildungswesen. Damit war auch der Zugang unterschiedlich mit einer allgemeinen Verpflichtung zum Grundschulbesuch, aber zunehmender Selektivität im Bereich höherer Bildungsangebote. Die Energieversorgung wird über den Markt geregelt und ist damit unmittelbar vom Einkommen abhängig. Im Vergleich der beiden Städte zeigten sich deutliche Unterschiede: Während Wasser in Tbilisi in mehr als der Hälfte der Haushalte immer, in weiteren 30 % länger als sechs Stunden am Tag verfügbar war und überwiegend als sicher oder wenig gesundheitsgefährdend angesehen wurde, war es in Zest'aponi bei den meisten Haushalten weniger als sechs Stunden täglich verfügbar und wurde von 43% der Haushalte als gefährdet bewertet. Bei Elektrizität und Heizung kam es nach der Unabhängigkeit zum Kollaps, weil Gaslieferungen aus Russland ausfielen und auch das Zuleitungssystem zunehmend Schaden erlitt. Hier konnten sich die mit Feuerholz arbeitenden Haushalte in Zest'aponi besser versorgen als die von Leitungen abhängigen Haushalte in Tbilisi.

Die innere Sicherheit ging in der Transformationszeit mit Bürgerkrieg und Bandenkriminalität verloren, und die äußere Sicherheit litt unter der Sezession von Abchasien und Südossetien. Es ist dem persönlichen Engagement Einzelner zu verdanken, dass die sozialen Dienste nicht völlig zusammenbrachen.

Wissenschaftliche und kulturelle Einrichtungen zeigen eine deutliche Konzentration auf Tbilisi. Während Schulen und einfache Kultureinrichtungen (Dorfclubs, sozialistische Kulturhäuser) in sowjetischer Zeit relativ gleichmäßig über das Land verteilt waren, mussten in der Transformationszeit viele Einrichtungen aufgegeben werden. Seit Mitte der 1990er Jahre nahm vor allem die Zahl privater *Bildung*seinrichtungen zu. Allerdings waren sie häufig in die alltägliche Korruption verstrickt, denn die Zertifikate konnten (und mussten) gekauft werden, ohne einen Wert zu besitzen. Im Schulwesen wurde zwar die Infrastruktur aufrecht erhalten, aber die mangelhafte oder ausbleibende Entlohnung der Lehrkräfte zwang diese, Zusatzeinkommen außerhalb ihres eigentlichen Berufs zu generieren, hauptsächlich in Form von Nachhilfeunterricht. Damit wurde Bildung kommodifiziert, denn wegen des häufigen Unterrichtsausfalls wegen Abwesenheit der Lehrkräfte mussten Eltern Nachhilfe einplanen, damit die Kinder das Klassenziel erreichten; gut bewertete Abschlüsse erforderten entweder sehr gute Leistungen oder mussten erkauft werden.[164] Sicher trug die zunehmende Kommodifizierung im Bildungs- und Gesundheitswesen dazu bei, die Kluft zwischen arm und reich zu vergrößern. Die Regierung Saak'ashvili sorgte nach 2005 für die rasche Schließung zahlreicher Einrichtungen und stärkte das staatliche Bildungswesen.[165] Dieses spielt auch eine bedeutende Rolle im Kontakt zwischen den ethnischen Gruppen. Dominant ist die georgische Unterrichtssprache. Das Russische wird noch als Fremdsprache unterrichtet, hat aber zeitweise an Bedeutung verloren, während das Englische in breiterem Umfang an weiterführenden Schulen gelehrt wird. Bei den Azeri führt der immer noch übliche frühe Eintritt in die Ehe dazu, dass viele Mädchen ihre Schulausbildung vorzeitig abbrechen. Eine gleich umfassende Schulausbildung von Jungen und Mädchen sahen bei einer Befragung in Kvemo Kartli nur 71,6 % der befragten Azeri im Vergleich zu 94 % der anderen ethnischen Gruppen als wichtig an.[166] Das Universitätsstudium hat zwar bei den Azeri beiderlei Geschlechts zugenommen, doch sind die Beschäftigungsmöglichkeiten im eigenen Siedlungsgebiet so schlecht, dass viele Universitätsabgänger eine Berufstätigkeit in Aserbaidschan, Russland oder der Türkei suchen. Bei den Armeniern hat sich für beide Geschlechter der Zugang zu mittleren und höheren Bildungseinrichtungen in den letzten zehn Jahren deutlich verbessert.

4.17 Deutsche Internationale Schule in Tbilisi (Mai 2019)

Ein ganz anderer Aspekt der Sozialstruktur ist die mit der Berufstätigkeit verbundene alltägliche

Mobilität. Mit der sowjetischen Industrialisierung wurde zwar der Zuzug in die städtischen Zentren verstärkt, aber es entwickelte sich auch ein *Pendlerwesen*. Schon Anfang der 1970er Jahre gelangten selbst aus dem rd. 80 km entfernten Gori Arbeitskräfte nach Tbilisi.[167] Am Ende der Sowjetzeit waren beispielsweise 80 % der 10 000 Arbeiter im Stahlwerk Zest'aponi Pendler aus 20 km Umkreis um den Industriestandort.[168] Solange noch wenige Privatautos existierten, waren Züge auf den wenigen Bahnstrecken, Autobusse und vor allem Kleinbusse (russ.: *maršrutka*) die üblichen Transportmittel. Wo der Aufwand für tägliches Pendeln zu groß wurde, entwickelte sich ein bilokales Siedlungssystem: Die Beschäftigten in besser dotierten Stellungen besorgten sich eine städtische Wohnung, behielten aber ihr dörfliches Haus als Zweitwohnsitz, gewissermaßen in Abwandlung des russischen Modells der *dača*. Die *maršrutka* ist auch heute ein wichtiges Transportmittel, das die größeren Zentren und Transportknotenpunkte auch mit entlegeneren Standorten verbindet. Und mit dem Pendlerwesen wird eine Form alltäglicher Mobilität angesprochen, die aber quantitativ deutlich hinter anderen Formen zurücksteht. Tatsächlich scheint es aber, als sei die Gesellschaft Georgiens insgesamt mobiler geworden.

Von der Beharrung zur Mobilität: Migration, Flucht und Emigration

Diese regelmäßige, meist berufsbedingte Mobilität ist von längerfristigen Wanderungen zu trennen, die als Binnen- oder internationale Migration auftreten. Bei der internationalen Wanderung galten die Georgier bis in die späte Sowjetzeit als ein Volk, das – ganz anders als die benachbarten Armenier – eher weniger zur Migration neigte, sieht man von den nach Westeuropa gerichteten Emigrationswellen bei der Sowjetisierung und in der Zeit der Repressionen Ende der 1930er Jahre ab. Zwar gab es erhebliche Binnenwanderungen, die teilweise politisch erzwungen wurden, aber im sowjetischen Rahmen, erst recht über die Grenzen der Sowjetunion hinaus war das Migrationsvolumen eher gering oder beschränkte sich auf saisonale Wanderarbeiterschaft. Die Bevölkerung bewahrte eine enge Beziehung zu ihren Familienangehörigen und zur Heimatrepublik, sie pflegte mit Sprache und Schrift ein Merkmal kultureller Differenz, und sie behielt auch unter dem Druck des Sowjetregimes den Bezug zur Kirche als identitätsstiftender Institution. Diese Beharrung hat sich nach der Auflösung der Sowjetunion und während der Transformationskrise deutlich verändert.

Freiwillig und erzwungen: Binnenmigration

Der Hinweis auf die Bindung an das Herkunftsgebiet darf jedoch nicht darüber hinwegtäuschen, dass es in historischer Zeit immer wieder umfangreiche Binnenwanderungen gab. So erfolgten im 19. Jahrhundert geplante Umsiedlungen von Georgiern vor allem in die relativ dünn besiedelten Grenzräume zum Osmanischen und Persischen Reich, um diese Gebiete durch Peuplierung weniger angreifbar zu machen – ganz dem Muster folgend, das im 17./18. Jahrhundert die persischen Safaviden angewandt hatten, um den Nordwesten ihres Herrschaftsgebietes, d. h. Teile des heutigen Kvemo Kartli, durch die Ansiedlung von Azeri zu sichern.

Innerhalb des Russischen Reiches wurde Georgien, inbesondere das Gouvernement Tiflis, Zielgebiet für die durch den Druck der Behörden initiierte Übersiedlung von Angehörigen kleinerer Glaubensrichtungen. Als Sektierer wurden Molokanen im 19. Jahrhundert zur Abwanderung unter anderen nach Transkaukasien gezwungen; kleinere Gruppen siedelten sich in Ostgeorgien bei Sagarejo und Sighnaghi an. Duchoborzen wurden 1841 in den *u-ezd* Akhalkalaki umgesiedelt, wo sie eine geschlossene Gemeinschaft von achtzehn Dörfern bildeten, u. a. nach

Bogdanovka, das heutige Ninotsminda. Die russischen Ortsnamen Gorelovka, Spasovka und Orlovka erinnern noch heute daran, doch ist nur noch Gorelovka teilweise von den Nachkommen der angesiedelten Duchoborzen bewohnt (erneut aufgesiedelt wurde das Dorf nach 2004 durch 68 Familien, die als Geschädigte nach Naturkatastrophen aus Adscharien umgesiedelt wurden)[169], während die anderen Glaubensanhänger nach der Unabhängigkeit Georgiens nach Russland übersiedelten. Einige Duchoborzenfamilien waren im 19. Jahrhundert auf mehrere Dörfer in der Erts'o-Ebene am oberen Iori nördlich von Tiflis verteilt worden.[170]

Im 20. Jahrhundert erfolgten Binnenwanderungen vor allem aus politischen und wirtschaftlichen Gründen. Die russische und sowjetische Wirtschaftsentwicklung schuf neue Produktionsstandorte, für die Arbeitskräfte gewonnen werden mussten, die vor allem im dicht besiedelten Westgeorgien vorhanden waren. Das mit der Industrialisierung verbundene Städtewachstum ist auf Zuwanderung aus dem ländlichen Raum zurückzuführen. Ein zweiter Auslöser war die Kollektivierung der Landwirtschaft, die viele Bewohner ihre bisherigen Wohnorte aufgeben ließ; teils wanderten sie, nachdem sie die Hoffnung auf eine Agrarreform verloren hatten, in die Städte ab, teils wurden sie aus Gründen der Kontrolle und der Arbeitsorganisation in neue Gruppensiedlungen umgesiedelt. Massiver administrativer Druck wurde auf die Bewohner entfernter Hochtäler ausgeübt, wo es zu gezielten Umsiedlungen kam, so dass heute viele kleine Dörfer bevölkerungsleer sind.[171] Diese Politik galt selbst dann noch, als nach dem 20. Parteikongress der KPdSU 1956 und der Abrechnung mit Missständen aus der Stalin-Zeit eine Förderung der Gebirgsgebiete versprochen wurde.[172] An anderen Orten wanderte die jüngere, wirtschaftlich aktive Bevölkerung ab, während die ältere Generation zurückblieb. Die Zuwanderung von Georgiern nach Abchasien wird von abchasischen Historikern als Teilaspekt der von Beria betriebenen Georgisierung Abchasiens interpretiert.[173]

Diese Migrationsvorgänge wurden durchweg administrativ gesteuert. Der Kontrolle von Wohn- und Arbeitsorten dienten Inlandpässe, die in der Sowjetunion lange Zeit sehr restriktiv vergeben wurden, vor allem, um den ungehinderten Zuzug in die großen Metropolen zu bremsen. Als nach der Stalinzeit Inlandpässe ausgegeben wurden, erleichterte dies in den späten 1950er Jahren auch in Georgien den Wechsel von Wohn- und Arbeitsorten. Vor allem aus den wirtschaftlich schwachen Landkreisen der südlichen Peripherie zwischen Akhaltsikhe und Bolnisi gingen zwischen 1968 und 1972 jährlich 10 000 bis 16 000 Saisonarbeiter in andere Regionen der Sowjetunion.[174]

Die anhaltende Abwanderung aus Gebirgsregionen bleibt bis in die Gegenwart ein Problem. Rach'a und Lechkhumi sind besonders davon betroffen,[175] aber auch die ohnehin nicht dicht besiedelten Gebirge im Süden Georgiens sehen sich mit den Folgen eines solchen Exodus konfrontiert. Denn es ist gerade die junge Bevölkerung mit vollständiger Schulausbildung, die in die Städte abwandert und den ökonomisch schwächeren Bevölkerungsteil zurücklässt. Allerdings zeigte sich vor allem nach 1990 bei vielen Binnenmigranten, dass die Bindungen an die bisherigen Wohnorte nicht völlig abgerissen waren und dass vor allem eine hohe symbolische Verbindung Bestand hatte. Für die Tushen wird beschrieben, dass sie sich bis heute an ihre Herkunftsorte gebunden fühlen und selbst bei einem Hauptwohnsitz in Tbilisi regelmäßig in ihre Herkunftsorte zurückkehren, zur Sömmerung des Viehs, bei Festen oder zur Aufrechterhaltung der Bindung in der Großfamilie.[176] Wie in anderen Regionen des Kaukasus hat sich daraus eine Bilokalität entwickelt. Mit der Entwicklung des Hochgebirgstourismus kehren sogar ehemaligen Bewohner von Gebirgssiedlungen in der Hoffnung auf einträgliche Erwerbsmöglichkeiten zurück.

Umsiedlung von „Umweltvertriebenen"

Seit den 1980er Jahren ist ein neuer Umsiedlungstyp hinzugekommen, als der Staat versuchte, den Folgen von Naturkatastrophen zu begegnen. 1981 bis 1983 sollten 1 010 durch Hangrutschungen geschädigte Familien aus den Gebirgen Adschariens in die Landkreise (*rajony*) Dedoplists'q'aro, Gurjaani, Sagarejo, Khobi, Asp'indza, Adigeni und Kaspi umgesiedelt werden. Jeder Umsiedlerhaushalt erhielt 4 500 Rubel, von denen 45 % als langfristiger Kredit vergeben wurden. Damit sollten Wohnhäuser gebaut werden, wobei die lokalen und regionalen Behörden für Baumaterial und Arbeitshilfen zu sorgen hatten. Den Bestimmungen für die ländliche Bevölkerung entsprechend, wurden den Übersiedlern 0,25 ha Hofland zur privaten Nutzung zugesprochen. Nach der Lawinen- und Überschwemmungskatastrophe in Svanetien im Spätwinter 1986/87 wurden 16 000 Personen evakuiert; Ziel für 2 500 Personen waren die Landkreise Marneuli, Tetrits'q'aro, Bolnisi, Sagarejo, Gardabani, Dmanisi, Kaspi, Ts'q'alt'ubo, Khoni, Ozurgeti und Lanchkhuti, doch nur 1 645 folgten dieser Aufforderung.[177] Dabei konnten auch neue Gemeinden gegründet werden: Der Siedlung Akhali-Khaishi, die auf dem Territorium des Sovchoz Ts'ints'q'aro (*rajon* Tetrits'q'aro) für Übersiedler aus dem Gebiet Mest'ia errichtet worden war, wurde mit Verordnung des Obersten Sowjets der Georgischen SSR vom 9. August 1989 der Status einer eigenständigen Gemeinde (*sel'sovet*) verliehen. Und dies war sicher nicht der einzige Fall. Möglicherweise wollte man damit auch Konflikten ausweichen, die sich zwischen der ansässigen Bevölkerung und zugewanderten Svanen wegen unterschiedlicher Rechtsauffassungen ergaben.[178] Solche Konflikte mögen eine Ursache dafür sein, dass die Umsiedlung nur bedingt erfolgreich war. Zahlreiche Umsiedler kehrten bereits nach kurzer Zeit nach Svanetien zurück. Heute ist zumindest Udabno in der Steppenlandschaft des Iori-Berglandes als Neuanlage auch weiterhin von einigen umgesiedelten Familien bewohnt. Wegen der Abgeschiedenheit drohen trotz der Nähe zu Aserbaidschan keine Konflikte. Der Ort liegt an der Route zu dem touristisch interessanten Klosterkomplex von Davit Gareja und zeigt daher auch selbst bescheidene touristische Ansätze (Privatunterkünfte, Restaurants, Ausleihe von Reitpferden).

Aus Adscharien sollten im April 1989 nach Erdrutschen 24 287 Personen in die oben genannten Landkreise umgesiedelt werden. Doch die bereits von Auflösungserscheinungen gezeichnete Sowjetunion war nicht mehr in der Lage, die Umsiedlung geordnet durchzuführen, und es kam zu Korruptionsfällen, bei denen die staatlichen Finanzhilfen dazu verwendet wurden, neue Wohngebäude an oder bei den alten Standorten zu errichten.[179] Mitte der 2000er Jahre zeigte sich, dass die Übersiedler nicht überall freundlich aufgenommen wurden; in einigen Minoritätengebieten Südgeorgiens entstanden Feindseligkeiten, weil die ansässige nicht-georgische Bevölkerung in den Übersiedlern die Vorboten weiterer Georgisierung und einer nationalistischen Siedlungspolitik vermutete. Hier wurde eine Neuorganisation des Umsiedlungsprogramms geplant. Um die Notwendigkeit der Umsiedlung belegen, übernahm ab 2006 der Staat die Bewertung des Schadens und ermöglichte nur noch Familien, deren Haus durch eine Naturkatastrophe völlig zerstört war, eine Umsiedlung mit staatlicher Finanzhilfe. Einträge von 37 000 Familien standen 2011 in einer Datenbank von Personen, die in Adscharien umgesiedelt werden mussten, entweder in die Nähe des bisherigen Wohnplatzes oder ins Tiefland. Tatsächlich errichtet wurden zwischen 2006 und 2009 jedoch nur 574 Wohnhäuser für Umsiedler, denen zusätzlich in der Regel wenigstens 0,5 ha Landwirtschaftsfläche je Familie zugesprochen wurden. 2010 und 2011 fehlten die Mittel für weitere Umsiedlungsmaßnahmen.[180] Seit 2007 wurde das Dorf Kvemo Tkhilvana (Adscharien) durch mehrere Erdrutsche auf abgeholzten Flächen geschädigt und teilweise durch den Einsturz einer Brücke von der Außenwelt abgeschnitten. Umsiedlungen fanden

4.18 Umsiedlung von Umweltflüchtlingen: Udabno (Mai 2019)

2008/2009 nach Khikhani 2 km östlich von Mamkhut'i (Munizipalität Marneuli) statt, wo schon nach Umsiedlungen Anfang der 1990er Jahre eine neue Siedlung entstanden war, allerdings mit so erheblichen Mängeln (unfertige, teilweise undichte Häuser, mangelhafte Wasserversorgung, schlecht isolierte und störungsanfällige Stromleitungen, Zusatzkosten für Gasanschluss, Verzögerungen bei der Landzuteilung), dass einige Übersiedler in ihre ursprünglichen Dörfer in Adscharien zurückkehrten.[181] 2016 war die Bautätigkeit mit rd. 160 Häusern noch nicht abgeschlossen. 33 Umsiedlerfamilien aus Adscharien wurden im Dorf Areshperani (Munizipalität Lagodekhi) untergebracht, wo schon Anfang der 1990er Jahre die Hälfte der vorher dort ansässigen Osseten das Dorf verlassen hatte.

Die Beispiele zeigen, dass die Umsiedlungen von „Öko-Migranten" nicht problemfrei verliefen. Auf der einen Seite stellten sie den Staat – bis 1990/91 noch die Sowjetunion, dann das unabhängige Georgien – vor große organisatorische und finanzielle Aufgaben, denen er nicht gewachsen war, auf der anderen Seite waren wegen unzureichender Kommunikation in den Zuzugsgebieten Konflikte vorprogrammiert, die zwischen den neuen Bewohnern und der oft nicht-georgischen Bevölkerung aufbrachen. Insbesondere in den armenisch besiedelten Gebieten Samtskhe-Javakhetiens wurden die Übersiedler von den ansässigen Armeniern wenig freundlich aufgenommen. In Kvemo Kartli fühlten sich die mit der Zusiedlung konfrontierten Azeri zurückgesetzt, weil sie das Gefühl hatten, dass die Umsiedler bevorzugt mit Land versorgt würden.[182]

Arbeits- und Bildungsmigration

Die wirtschaftliche Not, die in der Transformationskrise der frühen 1990er Jahre einen großen Teil der georgischen Bevölkerung erfasste, verursachte Wanderungen, die meist nur als vorübergehende Lösung gedacht waren, oft jedoch zu dauerhafter Umsiedlung führten. Da nach der Auflösung der Sowjetunion die Arbeitslosigkeit in Georgien ein nie bekanntes Ausmaß erreicht hatte, suchten viele Bewohner Georgiens nach Arbeitsmöglichkeiten im Ausland, zunächst vor allem in Russland (dort vor allem die russische Bevölkerung Georgiens) und im mediterranen Raum (Türkei, Griechenland, Italien), dann auch zunehmend in anderen europäischen Ländern (u.a. in Deutschland, Österreich, Frankreich). Au-pair-Mädchen-Stellen zur Kinderbetreuung, Pflegedienste, Tätigkeiten im Gaststättengewerbe waren Angebote für Migrantinnen, medizinische, intellektuelle und künstlerische, in Einzelfall auch sportliche Tätigkeiten solche für gut ausgebildete Migranten, die nach Westeuropa zogen. Diese Arbeitsmigration wurde auch nicht durch die Reformen während Saak'ashvilis Präsidentschaft gestoppt. Allerdings waren nicht alle Migrationsvorgänge erfolgreich: Zahlreiche Emigranten kamen mit den vorgefundenen Verhältnissen in den Zielländern nicht zurecht, andere fanden keine ihrer Ausbildung entsprechende Arbeit, wieder andere trieb die Bindung an die Heimat nach Georgien zurück, oft mit finanzieller Unterstützung durch die *International Organization for Migration*, wie auch zahlreiche im Ausland lebende Georgier nach der De-Sowjetisierung zurückkehrten, insbesondere aus Russland und Armenien.[183]

Remissen der im Ausland, vor allem in Russland arbeitenden Georgier tragen in beträchtlichem Maß zum BIP bei; der Anteil stieg in den 2000er Jahren sogar noch (2000: 63 Mio. USD oder 2,2 % des BIP, 2008: 1002 Mio. USD oder 7,8 %; 2010: 8,1 % des BIP).[184] Für die individuellen Haushalte ermöglichen es die Remissen, längerlebige Konsumgüter anzuschaffen; auch Ausgaben für die Gesundheitsvorsorge und die Schulausbildung von Kindern sowie Rückzahlung ausstehender Schulden werden durch diese Finanzmittel möglich. Dazu kommt ein Effekt, der als Aufstockung des Sozialkapitals umschrieben werden kann: Im weiteren Verwandtschaftsumfeld profitieren Familien, die selbst keine Arbeitsmigranten haben, von den Rücküberweisungen anderer, deren Ansehen in der Gemeinschaft dadurch steigt. Investitionen außerhalb des Privathaushaltes sind dagegen seltener. Für die Wirtschaft der weniger entwickelten Munizipalitäten im Süden Georgiens sind die Remissen eine besonders wichtige Einnahmequelle, auch bei den dort siedelnden ethnischen Minderheiten wie bei den Armeniern in Samtskhe-Javakhetien.

Um die Tätigkeit von Georgiern im Ausland zu legalisieren, streben zahlreiche Länder bilaterale Abkommen mit Georgien an; mit Deutschland besteht ein solches Rückübernahmeabkommen seit 2008. Als Erleichterung ist georgischen Staatsbürgern, die unbefristet in Deutschland leben, gestattet, bis zu zwei Jahre das Land zu verlassen, ohne das Aufenthaltsrecht zu verlieren. Von georgischer Seite wurden gesetzliche Regelungen erst nach den größeren Auswandererwellen geschaffen. An Universitäten europäischer Ländern wuchs von Seiten georgischer Absolventen die Nachfrage nach Studienplätzen in Aufbau- und Masterstudiengängen. Später stellte sich allerdings häufig heraus, dass die guten Zeugnisnoten aus dem Herkunftsland, mit denen sich viele um einen Studienplatz bewarben, „gekauft“ worden waren.[185]

Deportationen und ihre Nachwirkungen

Im Zusammenhang mit der ethnolinguistischen Differenzierung war bereits auf Deportationen verwiesen worden. Ohne auf Zwangsumsiedlungen in älterer Vergangenheit einzugehen, ist hier vor allem an Maßnahmen in der Stalinzeit zu denken. Sie betraf in Georgien neben in Abchasien lebenden Griechen insbesondere die Meskheten im Süden des Landes, die ihre Wohnsitze nahe der Grenze zur Türkei hatten und deren Vorfahren in früheren Jahrhunderten unter der Herrschaft des Osmanischen Reiches gestanden hatten. Dadurch waren sie weitgehend türkisiert und islamisiert worden, so dass ihr Verhalten seit Ende der 1930er Jahre als unsicher galt. Ihre Deportation – größtenteils nach Zentralasien – erfolgte 1944. Danach gab es zwischen 1949 und 1952 nochmals Zwangsumsiedlungen, von denen Iraner, Azeri und Lazen betroffen waren.[187] Vorausgegangen war 1941 die Deportation der in Georgien lebenden Deutschen.

Emigration

Bis Mitte der 1950er Jahre gewann Georgien zusätzliche Bevölkerung durch gelenkte Zuwanderung aus anderen Unionsrepubliken der Sowjetunion. Das südliche Ambiente in Tbilisi und an der Schwarzmeerküste, die relativ günstige Lebensmittelversorgung und die Möglichkeit des Schwarzmeerurlaubs waren wichtige Pull-Faktoren, die Arbeitsmöglichkeit beim Industrieauf-

Arbeitsmigration zwischen Georgien und der Türkei

Ein spezieller Fall von Arbeitsmigration ist die zirkuläre Wanderung zwischen Georgien und der Türkei. Sie schafft vor allem Beschäftigungsmöglichkeiten für Bewohner in Adscharien und im Westen Samtskhe-Javakhetiens. Allerdings fehlen bisher Regulierungen, was dazu führt, dass die Beschäftigung teilweise illegal erfolgt, dass die Wanderarbeiter unter schlechten äußeren Bedingungen arbeiten müssen und dass keine Verbesserung der beruflichen Ausbildungssituation damit verbunden ist. Die 1,76 Mio. Einreisen von Georgiern in die Türkei (2014) machen inzwischen bis zu 5 % der jährlichen Einreisen aus; die weitaus überwiegende Zahl kommt auf dem Landweg mit dem Auto und bleibt in der grenznahen Provinz Artvin. Dort bieten die Tee- und Haselnusspflanzungen Arbeitsmöglichkeiten, die keine besondere Vorbildung erfordern. Allerdings gibt es kein spezielles Abkommen zwischen Georgien und der Türkei zur Entsendung von Arbeitskräften, oft wird ohne Arbeitserlaubnis gearbeitet, und die Löhne sind niedrig. Dennoch bietet diese Form der Arbeitsmigration für die Bevölkerung im ländlichen Adscharien eine Chance, der Armut zu entgehen.[186]

bau ein ökonomisches und auch politisches Motiv. Das änderte sich in der zweiten Hälfte der 1950er Jahre mit der Verlagerung der Aufbautätigkeit in andere Teile der Union. Damit setzte auch bereits eine allmähliche Abwanderung russischer Bevölkerung ein, gefolgt von der zunehmenden Emigration jüdischer Bevölkerung. Einer wachsenden Georgisierungstendenz versuchte die politische Führung noch Einhalt zu gebieten; sie setzte bis Anfang der 1980er Jahre eine verstärkte Russifizierung dagegen, ehe nach Erlangung der Unabhängigkeit die Georgisierung erneut politisch forciert wurde.

Die Emigration während der zurückliegenden dreieinhalb Jahrzehnte ist vor allem ein Indikator für die schlechte sozioökonomische Lage der Bevölkerung, für die geringe politische Zufriedenheit, aber auch für das Fehlen einer auf Integration abzielenden Minderheitenpolitik. Schätzungen sprechen von bis zu 650 000 Personen, die zwischen 1990 und 1995 das Land verließen, zum größten Teil in die Russländische Föderation. Bis 2005 wird von weiteren 598 000 Emigranten gesprochen. Allein 273 500 Russen wanderten zwischen 1989 und 2002 aus Georgien ab, d. h. etwa vier Fünftel der ansässigen russischen Bevölkerung. Georgien verlor damit viele Fachkräfte in Industrie und Verwaltung, konnte sich aber auch von der russischen Militärpräsenz befreien. Aus wirtschaftlichen Gründen verließen zahlreiche Armenier die größeren Städte, meist ebenfalls nach Russland. Diese zweite Wanderungswelle bis 2004/05 war insbesondere durch die wirtschaftliche Instabilität im Land bedingt. Im internationalen Vergleich gehörte Georgien in diesen Jahren damit zu den Ländern mit der stärksten Auswanderung. Bis 2012 hatten insgesamt etwa 68 700 Bewohner Georgiens das Land verlassen, um in Länder der Europäischen Union überzusiedeln, davon 17 200 nach Deutschland. Israel war bis 2005 das Ziel für 44 500 meist jüdische Auswanderer. Die georgische Gesetzgebung erleichtert die Auswanderung insofern, als sie georgischen Staatsbürgern explizit das Recht einräumt, den Wohnsitz in einem anderen Land zu nehmen. Die „Rosenrevolution“ war für viele Georgier mit der Hoffnung auf Stabilität und Wirtschaftswachstum verbunden. 2005 überstieg daher die Zuwanderung deutlich die Abwanderung. Doch die Hoffnung währte nur kurz, und schon bald stellten sich Wirtschaftsprobleme ein, die erneut die Auswanderung ansteigen ließen. Dass der Augustkrieg 2008 wieder zur Zuwanderung führte, mag daran liegen, dass viele Georgier, die nach Russland emigriert waren, nach Georgien zurückkehrten. Wachsende Unzufriedenheit mit der politischen Führung ließ nach 2011 den Saldo wieder in leicht negative Werte absinken.

Fluchtbewegungen seit dem ausgehenden 20. Jahrhundert

Massive Fluchtbewegungen und Bevölkerungsverschiebungen zogen zu Beginn der 1990er Jahre die Sezessionskriege nach sich. Aus Abchasien mussten etwa 200 000 Georgier nach Georgien fliehen, aus Südossetien eine geringere Zahl, aber auch die Osseten, die im Gebiet von Gori gewohnt hatten, wichen nach Südossetien aus. 1999 gab die Weltflüchtlingsorganisation UNHCR die Zahl der Binnenflüchtlinge (*Internally displaced persons*; IDP) in Georgien mit 277 000 an. Ein Teil der georgischen Abchasienflüchtlinge konnte nach einigen Jahren zurückkehren, geriet aber bald erneut unter Druck und floh abermals. Eine spätere Aufstellung nennt für September 2008 als Folge des russisch-georgischen Kriegs um Südossetien 127 000 Binnenflüchtlinge in Georgien, 30 000 in Südossetien sowie 35 000 nach Nordossetien Geflüchtete. 2010, als sich die Fluchtbewegungen etwas beruhigt hatten, meldete das für Flüchtlingsfragen zuständige Ministerium eine Zahl von 250 658 registrierten Binnenflüchtlingen.[188]

Während die Flüchtlinge aus Abchasien kaum Hilfe von staatlichen oder sozialen Institutionen erhielten, von der übrigen Bevölkerung segregiert wurden und daher marginalisiert leben mussten, kamen die Flüchtlinge des Ossetienkriegs in den Genuss staatlicher und internationaler Hilfe.[189] An verschiedenen Stellen im Land wurden Siedlungen für die Binnenflüchtlinge errichtet, die von den Folgen des Augustkriegs betroffen wurden. Allein zwischen Oktober und Dezember 2008 entstanden in dreizehn verschiedenen neuen Siedlungen nahezu 4 000 einfache Wohnhäuser für Durchschnittskosten von 27 800 GEL, die über Anleihen bei der Weltbank und der Europäischen Kommission finanziert wurden.[190] Im Einzelnen waren dies die Siedlungen bei Gori: Berbuki (134 Häuser), Sk'ra (86), Shavshvebi (177), Karaleti und Ts'mindats'q'ali (zus. 480), Khurvaleti (139); bei Kaspi: Akhalsopeli (100), Teliani (54), Met'ekhi (35), Mokhisi (58) sowie bei Mtskheta: Ts'erovani (2 000), Ts'ilk'ani (400) und Prezeti (300).[191] Vorher war versucht worden, Flüchtlinge in bestehenden Städte und Dörfern anzusiedeln, wo sich durch Abwanderung erheblicher Wohnungsleerstand ergeben hatte. Das Folgeproblem war die soziale Integration, die vor dem Dilemma stand, dass einerseits eine rasche Einbindung in den aufnehmenden Kommunen angestrebt wurde, andererseits eine Rückkehr in die verlassenen Wohnstätten aber ebenso wünschenswert war. Vor allem die internationalen Flüchtlingsorganisationen, voran der *Norwegian Refugee Council* (NRC) und UNHCR, vertraten beide Strategien, während die georgische Regierung zunächst wenig Bereitschaft zu einer dauerhaften Aufnahme der Binnenflüchtlinge zeigte, deshalb Parallelstrukturen im Bildungswesen und bei der Verwaltung schuf und erst unter internationalem Druck eine Integrationspolitik entwickelte.

Die meisten Binnenflüchtlinge hatten die Städte Tbilisi, Kutaisi mit dem benachbarten Ts'q'alt'ubo sowie Zugdidi aufzunehmen; oft kamen sie isoliert in „Kollektivzentren" wie ehemaligen Hotels, Sanatorien, Krankenhäusern, Kindergärten und Bürogebäuden unter.[192] Die mangelnde kommunale Integration zeigte sich in dem hohen Arbeitslosenanteil, der um 2007 noch zwischen 35 und 45 % lag.[193] Obwohl sich 2007 mit einer staatlichen Integrationsstrategie die offizielle Politik gegenüber den Binnenflüchtlingen änderte, sie als Mitglieder der georgischen Nation anerkannte und in einen gegen die russische Politik in Südkaukasien gerichteten Diskurs einbezog,[194] blieben die Kontakte der Flüchtlinge weitgehend auf Mitglieder der Familie beschränkt. Vor allem Geflüchtete, die bei einer Befragung 2013 älter als 55 Jahre waren, hatten zur Hälfte nie oder selten Kontakte zur ansässigen Bevölkerung, während zwei Drittel der unter

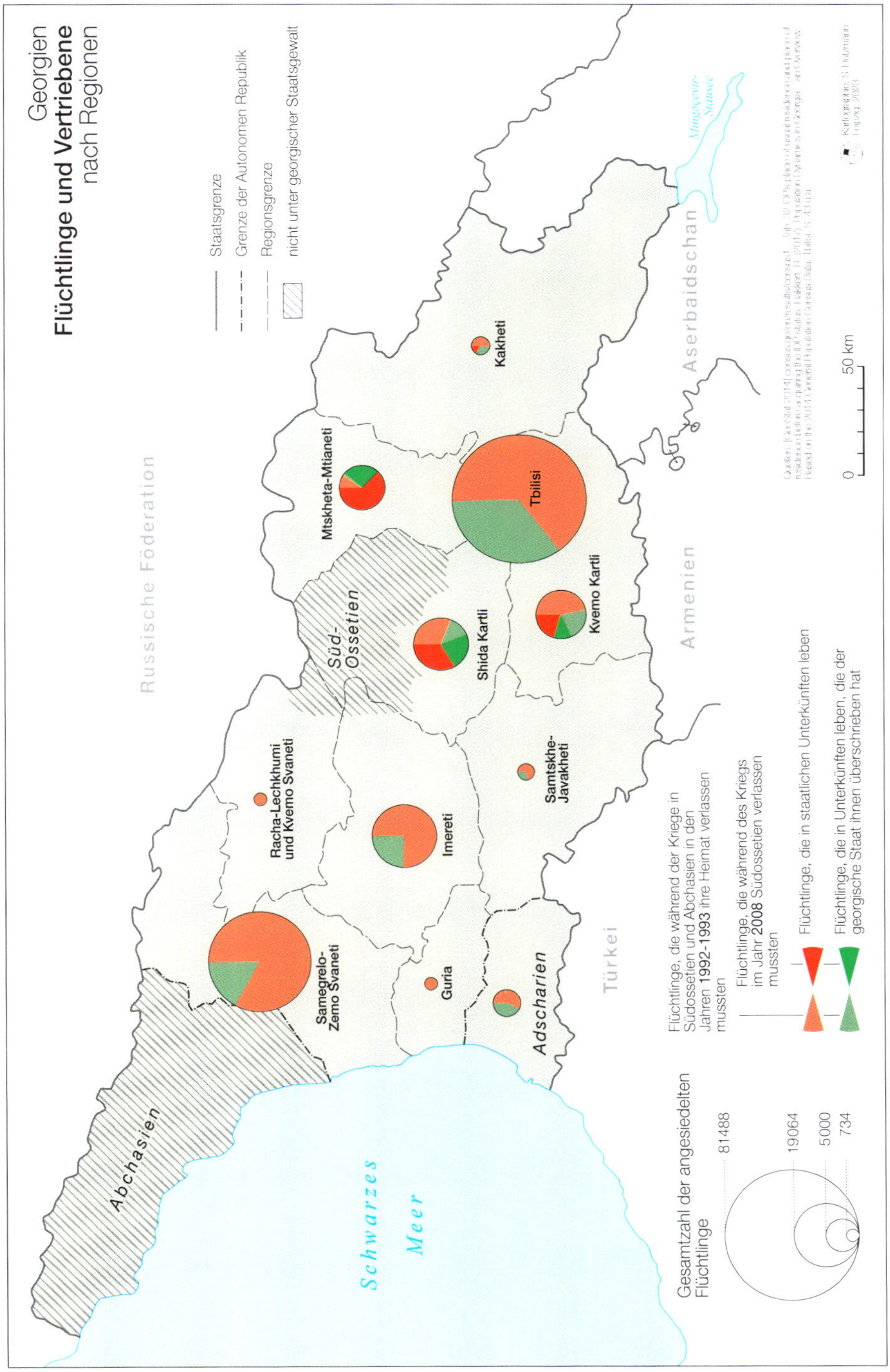

Karte 10: Flüchtlinge und Vertriebene nach Regionen

4.19 Von Geflüchteten bewohnt: ehemaliges Sanatorium in Ts'q'alt'ubo (Juni 2018)

35-Jährigen solche Kontakte unterhielten. Von der Arbeitslosigkeit waren die Binnenflüchtlinge nicht ausgenommen; immerhin versuchten viele, ihre Lebenssituation durch informellen Anbau von Gemüse auf wohnungsnahen Flächen zu verbessern. Die gut gemeinte Einrichtung von speziellen Schulen, in denen Kinder aus Flüchtlingsfamilien von ebenfalls geflüchteten Lehrern unterrichtet wurden, erwies sich ebenfalls als hinderlich für die soziale Integration.[195] Dies verstärkte die soziale Isolation. Der schnelle Bau der Flüchtlingssiedlungen bei Gori, Kaspi und Mtskheta führte allerdings auch zu Problemen, die sowohl die kommunale Integration der Bewohner als auch die Bauqualität der äußerst rasch hochgezogenen Häuser betrafen. Schäden traten vor allem durch eindringende Nässe auf, die das Leben in diesen Einfachstunterkünften erschwerte.[196]

Zwischenfazit

Kann man von Faszination auch angesichts der negativen Folgen sprechen, die ererbte Strukturen und unvollständige Transformation zeitigten? Ethnische, linguistische und religiöse Vielfalt, belastende soziale Disparitäten und hohe, oft politisch oder wirtschaftlich erzwungene Mobilität zeigen ein wenig einheitliches Georgien, lassen Konfliktpotential ahnen. Der Blick auf die Bevölkerung zeigt damit die Spannung zwischen kartlischen Bestrebungen nationaler Entwicklung einerseits und Minoritätsansprüchen andererseits, zwischen nationaler Abschirmung und Einbindung in internationale Migrationsströme. Diese Gegensätze, die vor dem Hintergrund einer stagnierenden oder gar abnehmenden Einwohnerzahl entstanden, tragen zur Belastung der

Bevölkerung bei, die wegen der noch nicht überwundenen Transformationskrise vulnerabel ist. Ethnische und religiöse Vielfalt liefert nicht nur eine Begündung für mögliche Regionalismen, sondern lässt auch die Fragilität eines ausgeprägt nationalstaatlichen Konzepts erkennen, das sich auf das orthodoxe Kartveliertum stützt. Dies alles trägt dazu bei, dass ein latenter Abwanderungsdruck besteht und Georgien weiterhin zu einem eher negativen Saldo der Bevölkerungsentwicklung, natürliche Entwicklung und Migration zusammengefasst, tendiert. Folgerungen ergeben sich auch für das politische Handeln: Die Parteien und politischen Gruppierungen im Land müssen auf die genannten Probleme eingehen, sind aber selbst in dem nationalen Kontext gefangen, und große Teile der Bevölkerung sind bereit, ihre Unzufriedenheit in Demonstrationen zu zeigen – zumindest in den größeren Städten, insbesondere in Tbilisi, während in vielen ländlichen Räumen solche Manifestationen weit entfernt zu sein scheinen. Aber ist es nicht auch faszinierend, dass sich trotz dieser Verwerfungen im zwischenmenschlichen Umgang Verhaltensweisen erhalten haben, die die Würde des Einzelnen beachten, die Hilfsbereitschaft im familiären Kreis und auch im nachbarschaftlichen Umfeld kennen und die traditionelle Gastfreundschaft gegenüber Fremden bewahren?

5

Urbane und
rurale Räume

Die Unterschiede zwischen dem weltstädtischen Tbilisi und Dörfern in entlegenen ländlichen Räumen sind so gewaltig, als handele es sich um unterschiedliche Welten: auf der einen Seite die Millionenstadt, die ein Drittel der Bevölkerung und die Hälfte der Wirtschaftskraft des Landes an sich bindet, auf der anderen Seite die ärmlich erscheinenden, weitgehend auf Subsistenzwirtschaft ausgerichteten ruralen Siedlungen mit abnehmender Einwohnerzahl und oftmals unsicheren ökonomischen Zukunftsaussichten für die verbliebene Bevölkerung. Die Verstädterungspolitik der Sowjetzeit, die postsowjetische Transformation und städtebauliche Maßnahmen unseres Jahrhunderts verstärken den Gegensatz, wobei Städtebau und Wirtschaft eng zusammenwirken: Während die größeren Städte, allen voran die Hauptstadt, zu Zentren der Modernisierung, zu Experimentierfeldern neuer architektonisch-städtebaulicher Ideen, zu Zielen junger Wirtschaftsansiedlung werden, fallen manche ländliche Siedlungen seit der Auflösung der sowjetischen Agrarbetriebe in vormoderne Strukturen zurück. Daher sind nur wenige Gestaltungsprinzipien von den städtischen auf ländliche Siedlungen übertragbar. Nach der Einwohnerzahl dazwischenliegende Siedlungen können sich nur dort dynamisch weiterentwickeln, wo sie von einer günstigen Verkehrslage profitieren, neue Aufgaben übernehmen oder aus politischen Erwägungen gefördert werden. Die formal-strukturelle Gegensätzlichkeit zwischen ländlichen und städtischen Siedlungen darf aber nicht über soziale Beziehungen hinwegtäuschen, die bis in die Gegenwart bestehen: Viele heute städtische Familien besitzen ihren Ursprung im ländlichen Raum, manche unterhalten in einem bilokalen Lebensentwurf nach wie vor familiäre Beziehungen dorthin. Ein Außenstehender mag dies als ein Leben in zwei Welten sehen, doch im sozialen, vor allem familiären Kontext löst sich diese Diskrepanz auf. Die entgegengesetzten Entwicklungstendenzen von Dynamik im großstädtischen und Stagnation im ländlichen Raum hängen durchaus eng miteinander zusammen.

Das unabhängige Georgien erbte das regionale Siedlungssystem, das unter den Bedingungen der sowjetischen Wirtschaftsplanung aus dem historischen Siedlungswesen hervorgegangen war. Es hatte bis in die 1980er Jahre auf (zu) optimistischen Prognosen künftiger Wirtschaftsentwicklung beruht und daher die Notwendigkeit betont, Arbeitskräfte unterzubringen. Während den Kleinstädten nur ein eingeschränktes Entwicklungspotential zugesprochen wurde, erwartete man in Tbilisi ein überdurchschnittliches Wachstum, das nicht zuletzt auf der Konzentration von Ausbildungsstätten beruhte. Der küstennahe Bereich am Schwarzen Meer (mit Ausnahme der Rionimündung), die zentralen Beckenlandschaften und das Mt'k'vari-Tal sowie das Innere Kachetiens wurden als potentielle Verdichtungsregionen identifiziert, in großen Teilen der Gebirgsräume sah man eher Gebiete weiterer Abwanderung und Entsiedlung. Daraus leiteten sich für die künftige Raumentwicklung Ziele ab, die für Tbilisi eine administrativ erzwungene Reduktion des Zuwachses, für Kutaisi Wachstum und Siedlungsflächenerweiterung, ferner die Ausweisung einer Reihe städtischer Regionalzentren, die vorrangige Entwicklung eines Gruppensiedlungssystems im südlichen Georgien zwischen Akhaltsikhe und Marneuli sowie die

←5.01 Der Blick auf Tbilisi geht von der Altstadt in der Bildmitte auf den seit der zweiten Hälfte des 19. Jahrhunderts entstandenen Stadtteil Sololak'i im Vordergrund und auf die Hochhaussiedlungen des ausgehenden 20. und beginnenden 21. Jahrhunderts (Mai 2019)

Förderung touristischer Zentren im Hochgebirge vorsahen.[1] Viele Prognosen und Planungen erwiesen sich jedoch in den über drei Jahrzehnten der Unabhängigkeit als unrealistisch: Der Zuzug nach Tbilisi wurde kaum gestoppt, bloß die parallel erfolgte Emigration ließ die Einwohnerzahl der Hauptstadt nur geringfügig steigen, mittlere und kleinere Städte wurden nicht zu Attraktivitäts- und Aktivitätspolen, und vom Tourismuskonzept konnten nur wenige Standorte profitieren. Damit haben sich die Disparitäten innerhalb des Siedlungssystems eher vergrößert als vermindert. Diese schon in den letzten Jahren der Sowjetzeit sichtbare Tendenz hielt nach Erlangung der Unabhängigkeit an, ja, sie verstärkte sich sogar, denn die Investititionstätigkeit internationaler Geldgeber und Investoren orientierte sich nicht an älterer Planung, sondern an den vorgefundenen Gegebenheiten (Arbeitskräfteverfügbarkeit, Bildungschancen, Versorgung) sowie Agglomerations- und Fühlungsvorteilen.

Die offizielle Klassifikation der Siedlungen geht vom administrativen Status aus. Die Hauptstadt hat den Rang einer Region, fünf weitere Städte, vor allem die Regionszentren, nehmen den Rang von Munizipalitäten ein. Alle übrigen Städte unterstehen den Munizipalitäten, in denen sie liegen, und sind damit ländlichen Gemeinden gleichgestellt. Dieser Unterscheidung folgt die Zuweisung finanzieller Mittel. Aus sowjetischer Zeit übernommen wurde die Kategorie „Siedlung städtischen Typs“, in Georgien als *daba* (დაბა) bezeichnet; in der Literatur erscheinen sie oft als „Minderstädte“. In der Sowjetzeit verstand man darunter kleine Siedlungen im ländlichen Raum, in denen nicht die Landwirtschaft, sondern Bergbau, Fremdenverkehr oder Handel die dominante Rolle spielten. Nicht alle Siedlungen städtischen Typs von damals behielten im unabhängigen Georgien ihren Titel, manche wurden zu ländlichen Gemeinden zurückgestuft, einige wenige stiegen zu Titularstädten auf.

In der städtebaulichen und architektonischen Gestaltung führten vor allem das späte 19. Jahrhundert in den größeren Städten und die Sowjetzeit weitreichende Veränderungen herauf. Während im ländlichen Raum die traditionellen Hausformen weitgehend verschwanden, einfache Bauweisen und Dächer aus Zinkblech oder Faserzement sich ausbreiteten und nur mehr oder weniger gut erhaltene Kirchenbauten ein vielfältiges bauliches Erbe bewahrten, wurden die meisten Städte durch Wohnsiedlungen des Massenwohnungsbaus und durch Industrieanlagen vergrößert, historische Stadtzentren häufig durch Verwaltungsgebäude überprägt. Umfassende Sanierungsmaßnahmen waren in den ersten Jahren der staatlichen Unabhängigkeit aus finanziellen Gründen kaum möglich, haben inzwischen aber in einigen städtischen Siedlungen neue Akzente gesetzt. Konkrete Beispiele für beginnenden Wandel mit modernistischen architektonischen Akzenten sind die im ersten Jahrzehnt des 21. Jahrhunderts entstandenen „durchsichtigen“

5.02 Kreative Architektur: Bank of Georgia; früher Ministerium für Straßenverkehrswesen (Sept. 2010)

Polizeistationen, neue Flugplatzgebäude und die ersten Autobahnraststätten. Über verbliebener Monotonie vieler Siedlungsbereiche darf nicht übersehen werden, dass Georgien bereits innerhalb der Sowjetunion für seine kreative Architektur bekannt war, die auch international beachtet wurde.[2]

Seitdem Russland die Herrschaft über Georgien übernommen hatte, wirkten sehr unterschiedliche Ideen auf das Siedlungswesen ein. In der zweiten Hälfte des 19. Jahrhunderts erlebte Tbilisi eine massive Europäisierung, in abgeschwächtem Maße aufgegriffen in Kutaisi, Sukhum und Batumi. Die Sowjetzeit wurde vom Diktat einer Modernisierung bestimmt, deren Umsetzung jedoch oft am Kapitalmangel scheiterte. Seit den 1970er Jahren entstanden einige „Vorführorte“, auch im ländlichen Bereich, die zwar Kulissencharakter hatten, aber den Tourismus förderten. Dieser Gedanke führt weiter ins erste Jahrzehnt des 21. Jahrhunderts, wo selbst in weitgehend verkehrsfernen, entsiedelten Gebieten Siedlungen wie Shat'ili erhalten werden, andere in Hoch-Svanetien durch den Eintrag von Ushguli auf die Weltkulturerbeliste sogar wieder belebt werden. Ein generelles Entwicklungsmodell für ländliche Siedlungen entstand dabei jedoch nicht.

Traditionen der Jahrhunderte: Siedlungsschichten

Es wird deutlich: Das heutige Siedlungssystem Georgiens entstammt nicht einem einmaligen Entwurf, sondern ist über die Jahrhunderte gewachsen. Ohne auf die vor- und frühgeschichtliche (Kultur-)Landschaftsentwicklung einzugehen,[3] sei darauf verwiesen, dass älteste Siedlungsansätze, die eine gewisse Kontinuität – zumindest des Siedlungsplatzes – bis zur Gegenwart besitzen, in die Antike zurückreichen, als von Milet aus griechische Kolonien an der Küste des Schwarzen Meeres angelegt wurden. Poti (griech.: Phasis) und Sukhum (Dioskurias) gehören ebenso dazu wie Pitsunda (Pityus). Für das Römische Reich war das Gebiet des späteren Georgien eine Peripherie mit geringen Siedlungsansätzen; Gonio bei Batumi entstand als Grenzfestung.

Im Mittelalter und in der frühen Neuzeit veranlassten religiöse Verfolgung, territoriale Auseinandersetzungen und Bevölkerungsdruck in den fruchtbaren Agrarregionen die Abwanderung eines Teils der Bevölkerung in das Gebirge und trugen dort zur Besiedlung der Hochtäler bei, ein Vorgang, der zunächst durch das hochmittelalterliche Klimaoptimum unterstützt wurde. Die wachsende Bedeutung der georgischen Kirche manifestiert sich in den großen Kirchen von Mtskheta (Kathedrale Svet'itskhoveli), Tbilisi (Anchiskhat'i-Kirche, Sioni-Kathedrale), Kutaisi (ursprüngliche Bagrat'i-Kathedrale) und Alaverdi sowie den beiden Akademieanlagen von Gelati und Iq'alto in Imeretien bzw. Kachetien, dazu aber auch in einer Fülle kleinerer Kirchen und

5.03 Die antike Grenzfestung Gonio (August 2019)

Klosteranlagen, deren Bau und Ausschmückung ins Mittelalter zurückreicht.[4] Neben dem Ausbau der Königsresidenzen entstanden zahlreiche Burgen und Festungen wie Khertvisi an der Einmündung des Paravani in den Mt'k'vari, eine Festung, deren Anlage einen in vorchristliche Zeit zurückreichenden Platz einnahm, oder Ananuri am Aragvi, das gleichermaßen befestigte Kirchensiedlung und Rückzugsort für die lokale Herrschaft wurde, oder Minda in Rach'a.[5] Auf diesen teilweise nur als Ruinen erhaltenen Bauwerken beruht ein wesentlicher Teil des materialisierten kulturellen Erbes, dem man in Georgien heute wieder größere Aufmerksamkeit schenkt. Zu den Merkmalen der „dunklen Jahrhunderte" gehörten neben Neuanlagen auch – zum Teil mehrfach! – Zerstörung und Wiederaufbau zahlreicher Siedlungen bei Kriegen zwischen den einzelnen Territorien oder mit Osmanen und Persern. Andererseits förderte jede Fremdherrschaft die Ansiedlung von Kolonisten in einzelnen Siedlungsgebieten, die Osmanen vor allem in Südwestgeorgien mit Adscharien, die Iraner in der Ebene von Gardabani.

Seit dem 19. Jahrhundert begründete die russische Herrschaft eine neue Siedlungsgeneration. Am umfassendsten war die flächenhafte Ausweitung der Bebauung in Tiflis, zunächst in den Stadtteilen Sololak'i, Avlabari und Chugureti. Die russische Verwaltung förderte eine Reihe von Verwaltungszentren in den Gouvernements Tiflis und Kutaisi auf der Ebene der Landkreise (russ. *u-ezd*, etwa den heutigen Munizipalitäten entsprechend). Poststationen wurden entlang der Hauptverkehrswege errichtet, so auch an der Georgischen Heerstraße, wo das Gebäude der Poststation Gudauri oberhalb des heutigen Tourismusortes erhalten blieb. Dem Bahnbau zwischen Baku und dem Schwarzen Meer war eine Reihe von Städten zu verdanken, die mit Bahnbetriebswerken zu Ansatzpunkten späterer Industrieansiedlung wurden (Zest'aponi, Senak'i, Zugdidi). Im ländlichen Raum bildeten die Kolonistendörfer württembergischer Übersiedler und russischer Sektenangehöriger eine neue Siedlungsgeneration im 19. Jahrhundert.

In sowjetischer Zeit lag der Schwerpunkt der Entwicklung weniger auf der Neuanlage von Städten als auf ihrer Ausweitung und Ausgestaltung, bei den größeren Städten vor allem auf dem Bau neuer, standardisierter Wohnbaukomplexe und auf Industrieansiedlung. Am deutlichsten wird diese Bautätigkei in Tbilisis innenstadtnahem Stadtteil Saburtalo, wo bereits seit den 1930er Jahren Massenwohnungsbau entstand. Jüngere Beispiele sind die Stadtteile Vark'etili im Osten und Gldani im Norden, dessen Territorium erst 2007 von der Munizipalität Mtskheta abgetrennt und der georgischen Hauptstadt zugeschlagen wurde. Doch einige Städte kamen als Neugründungen hinzu: T'q'ibuli (1939) und T'q'varcheli (1942) im Zusammenhang mit dem Kohlebergbau, Jvari (1981) beim Bau des Wasserkraftwerks am Enguri, K'azreti (ca. 1974) für den Buntmetall- und Goldbergbau.[6] Rustavi (1944/48) wurde an der Stelle ländlicher Siedlungen im südöstlichen Umland von Tbilisi als Standort der Schwermetallur-

5.04 Ruinen des mittelalterlichen Khertvisi (Sept. 2011)

gie ausgebaut. Ts'q'alt'ubo (1926/53) entstand als neues sozialistisches Kurbad und sollte mit seiner großzügigen Gesamtanlage dem traditionsorientierten Borjomi, das sich nur im Mt'k'vari-Tal ausdehnen konnte, eine moderne Kurortplanung entgegensetzen. Im ländlichen Raum gab es einige Neuanlagen, insbesondere von planmäßig angelegten Zentralsiedlungen der Kolchoze und Sovchoze. Allerdings konnte das Vorhaben, generell mehrere kleine ländliche Siedlungen, für die der Aufbau einer eigenen Infrastruktur zu kostspielig gewesen wäre, in modernen Wohnsiedlungen zusammenzulegen, nicht umgesetzt werden.

Die Wiedererlangung der Unabhängigkeit konzentrierte städtebauliche Aktivitäten zunächst auf die (größeren) Städte und wenige politisch geförderte Zentren. In weiten Teilen des Landes, vor allem in Gebieten mit allmählicher Überalterung, anhaltender Abwanderung und wirtschaftlicher Stagnation gibt es daher weniger bauliche Veränderungen. Damit sind Politik und kapitalistische Marktwirtschaft die beiden wichtigsten Treiber der jüngeren Siedlungsentwicklung geworden, nicht selten verbunden mit einer Finanzierung einzelner baulicher Maßnahmen von außen. Zu den aktiven Trägern der Bautätigkeit gehört erneut die georgische Kirche, die mit Spenden in der Lage ist, verfallene Kirchen zu erneuern und neue Kirchenbauten zu errichten. Auf der anderen Seite kann ein großer Teil der Bevölkerung dringend erforderliche Erneuerungsarbeiten an ihren Häusern und Wohnungen nicht vornehmen, so dass Anzeichen von Siedlungsverfall weit verbreitet sind; bei vielen älteren Gebäuden besteht akute Einsturzgefahr. Und noch immer liegt ein großer Teil der nach 1990 verlassenen Industrieanlagen brach. Allerdings gibt es auch Renovierung und Sanierung; in Ch'iatura und Ts'q'alt'ubo wurden stalinzeitliche Gebäude mit solider Bausubstanz teilweise aufwendig erneuert.

Im ländlichen Raum steht die Siedlungsentwicklung bis in die neuere Zeit in enger Beziehung zu Migrationsprozessen: Neusiedlungen gab es für Flüchtlinge aus den Sezessionsgebieten und für Umsiedler, die nach Naturkatastrophen ihr bisheriges Siedlungs- und Wirtschaftsgebiet verlassen mussten und in peripheren Gebieten vor allem des südlichen Georgien angesiedelt wurden. Als neue Dörfer wurden beispielsweise Iveria (südlich Asp'indza über dem Mt'k'vari-Tal), Gulsunda und Mirashkhani (südlich Vardzia im Mt'k'vari-Tal) in der Munizipalität Asp'indza angelegt, die 1944 bei der Deportation der Meskheten entsiedelt und in der Zwischenzeit verfallen waren. Das Mirashkhani benachbarte Azmana ist ausschließlich von Umsiedlern aus Gebieten bewohnt, die von Naturkatastrophen betroffen waren. Da dieses Gebiet überwiegend von Armeniern besiedelt ist, musste die jüngere Generation sich nach der Übersiedlung sprachlich anpassen. Andere Zielorte waren die ursprünglich von russischen Duchoborzen besiedelten, von diesen aber nach 1990 weitgehend verlassenen und heute überwiegend armenischen Dörfer zwischen Ninotsminda und der georgisch-

5.05 Verfallende sowjetzeitliche Industrieanlagen bei Zest'aponi (August 2019)

armenischen Grenze. Dort gelangten zwischen 1990 und 2004 insgesamt 86 Übersiedlerfamilien nach Spasovka, davon 76 aus der Munizipalität Khulo in Adscharien.[9] In der Munizipalität Tsalk'a war beim Zuzug von Umsiedlern keine Neuanlage von Dörfern erforderlich, da die verlassenen Wohnhäuser der nach 1990 abgewanderten griechischen Minderheit übernommen werden konnten. Für diese Häuser interessierten sich aber auch Zuzügler, die von den Arbeitsmöglichkeiten an der BTC-Pipeline angelockt worden waren. Neue Siedlungen wurden zwischen Gori und Mtskheta mit internationaler Hilfe für Flüchtlinge aus Südossetien und Abchasien angelegt.

Ein Hindernis für die aktuelle Organisation der Siedlungsentwicklung sind die behördlichen Zuständigkeiten. Fragen der Landnutzung, die auch die Zuteilung von Privat- und Pachtland einschließen, fielen lange in den Bereich des *State Department for Land Resources Management* und des Umweltministeriums und dort speziell des *Department for Waste Management and Land Resources Protection*. Die Kompetenzen waren aber nicht eindeutig gegenüber denen des Ministeriums für Regionalentwicklung und Infrastruktur abgegrenzt. Die Raumplanung liegt in den Händen des *Spatial Planning and Construction Policy Department* im Ministerium für Wirtschaft und nachhaltige Entwicklung. Um die Katasteraufnahme als Grundlage eines geregelten Bodenverkehrs voranzubringen, entwickelten GIZ, World Bank und UNDP ein Projekt, das Fernerkundungsdaten für die Grundstückerfassung nutzt. Erst nach Klärung der Zuständigkeit erscheint auch eine Regulierung der Flächennutzung möglich. Während in Ostgeorgien, insbesondere in Kachetien, die Abgrenzung der Siedlungsfläche gegen die landwirtschaftlich genutzte Fläche relativ klar erscheint, führt die Streusiedlungsweise in weiten Teilen Westgeorgiens zu erheblichen Problemen bei der Siedlungs- und Nutzungsplanung.

Die Siedlungshierarchie und das Städtesystem

Die Gesamtheit aller Siedlungen, vor allem aber der größeren und nach Funktionen unterschiedlichen Städte eines Landes, kann als ein System begriffen werden, in dem die Aufgaben über den Bereich der einzelnen Siedlung hinaus durch administrative Zuordnung, ökonomische Verflechtung, funktionale Arbeitsteilung und gegenseitige Wahrnehmung mit denen anderer Siedlungen verknüpft sind. Die Einwohnerzahl und ihre Entwicklung sowie die Bedeutung und Dynamik eines wirtschaftlichen Standorts sind wichtige Indikatoren für die Stellung der einzelnen Siedlung in diesem hierarchischen System.

Für eine Hierarchisierung der georgischen Städte verschafft, da ergiebigere Zentralitätsdaten nicht zur Verfügung stehen, neben der administrativen Hierarchie die Rang-Größen-Verteilung einen ersten Einblick. Hierbei werden die Städte nach ihrer Einwohnerzahl gereiht und ein Zusammenhang zwischen Einwohnerzahl und Rangplatz hergestellt. Eine ausgeglichene („ideale") Verteilung wird angenommen, wenn die Einwohnerzahl einer Stadt etwa der Einwohnerzahl der größten Stadt, dividiert durch die Rangzahl der Stadt, entspricht.[10] Hat die größte Stadt weitaus mehr Einwohner als das Doppelte der zweitgrößten Stadt, spricht man von einer Primatstadt. Da der georgische Geograph Jaoshvili für das Jahr 1976 detaillierte Einwohnerzahlen aller georgischen Städte veröffentlichte, erlaubt ein Vergleich mit jüngeren Daten, die Entwicklung des Städtesystems zu beurteilen.[11] In einer späteren Arbeit differenziert Jaoshvili zwischen Großstädten (Tbilisi, Kutaisi, Rustavi, Suchumi und Batumi) und Regionalzentren.[12] Dabei handelte es sich funktional um Industrie- und Verwaltungsstädte, nach der Einwohnerzahl um Siedlungen mit damals mehr als 18 000 Einwohnern. Nicht berücksichtigt wurden Kurorte und Bergbauorte, selbst wenn sie diese Einwohnerzahl überschritten. Problematisch ist allerdings jede funktionale Typologie, die nicht auf belastbaren Daten beruht und nur qualitativ argumentieren kann.[13]

Zweifellos ist Tbilisi die Primatstadt Georgiens, während die anderen Großstädte seit Georgiens Unabhängigkeit zunächst von Stagnation und Bedeutungsverlust belastet waren. Bei den Regionalzentren holten die einwohnerschwächeren etwas auf, während die größeren stagnierten. Die Kurorte schließlich schienen sowohl an der Küste wie im Landesinneren eine größere Dynamik aufzuweisen. Schon am Ende der Sowjetzeit wies die damals zweitgrößte Stadt, Kutaisi, mit 235 000 Einwohnern (1989) einen übermäßigen Abstand gegenüber Tbilisi (1 260 000 Einw.) auf. Auch die Gruppe der größeren Mittelstädte war unterrepräsentiert. So hatte Gori als 1989 sechstgrößte Stadt Georgiens (unter Einschluss Abchasiens und Adschariens) mit 69 000 Einwohnern nur etwas mehr als ein Zwanzigstel der damaligen Einwohnerzahl von Tbilisi.[14]

Bis heute ist es nicht gelungen, die Regionalzentren nachhaltig zu fördern. Zu ihren Bestimmungsmerkmalen gehören verkehrsgünstige Lage und Anbindung an das Eisenbahn- und Fernstraßennetz.[15] Dass nicht die Transportbedeutung, sondern das durch die Stellung in der administrativen Hierarchie initiierte Wachstum im Zweifelsfall höher wiegt, zeigt das Beispiel von Ts'nori in Kachetien (1976: 2900 Einw.). Der Ort könnte als Endpunkt der Bahnlinie nach Kachetien eine regionale Transportbedeutung besitzen, ist aber kein Munizipalitäts-Hauptort; zwischen 2002 und 2014 verlor das Städtchen ein Fünftel seiner rd. 6000 Einwohner. Andererseits wurde Poti trotz schwacher Umlandverflechtungen wegen seiner Hafenbedeutung in die Gruppe der Regionalzentren einbezogen. Im Migrationsgeschehen sind Klein- und Mittelstädte oft Zwischenstationen einer schrittweisen Abwanderung aus dem ländlichen Raum in größere Städte. Regionalpolitisch könnte man daraus die Aufgabe ableiten, einige Regionalzentren so gut auszustatten, dass sie als Dauerziele von Binnenmigranten angenommen werden. Dies würde aber die Polarisierung zwischen verkehrsgünstig und verkehrsfern gelegenen Städten verstärken.

Im Vergleich zu detaillierten Analysen aus sowjetischer Zeit fehlt eine vergleichbare Untersuchung für das gegenwärtige Städte- und Siedlungssystem.[16] Vermutlich hat sich das Bild nicht grundlegend verändert. Tbilisi bleibt Primatstadt, Kutaisi und Batumi haben die Plätze getauscht, weil Kutaisi eher Stagnation durch De-Industrialisierung erlebte und erst allmählich wieder auflebt, Batumi dagegen als Hafenstadt, Kurort und Transitort in die Türkei an Bedeutung gewann und zusätzlich seine Einwohnerzahl durch Eingemeindungen erhöhte. Aus der Gruppe der größten Städte fällt heute Sukhum heraus; die Stadt erlebte durch die erzwungene Abwanderung der Georgier und auch zahlreicher Russen massive Bevölkerungsverluste.

Die Dominanz von Tbilisi wird dadurch belegt, dass dort die Hälfte des georgischen Bruttoinlandsprodukts erwirtschaftet wird und ein noch höherer Anteil der landesweiten unternehmerischen und baulichen Aktivitäten besteht.[17] Unter den Industriestädten konnten nur diejenigen ihre Position halten, die sich nicht auf nur einen Zweig oder gar nur einen einzelnen Betrieb stützten. Monostrukturierte Industriestädte erlebten dagegen Bevölkerungs- und Bedeutungsverluste. Die größten Probleme haben in dieser Hinsicht Kutaisi und Zugdidi sowie die Bergbaustädte Ch'iatura und T'q'ibuli, während Rustavi von der Nähe zu Tbilisi profitiert. Noch massiver sind die relativen Einwohnerverluste bei kleineren Städten in der Peripherie, wo die Arbeitslosigkeit hoch und der Abwanderungsdruck in der jüngeren Generation groß ist. Zugdidi konnte nur mit dem Zuzug von Flüchtlingen aus Abchasien den Abwanderungsverlust statistisch teilweise kompensieren.

Tabelle 4: Einwohnerzahl der Städte Georgiens

	1966	1989[a]	2014[a]	2022[b]	Veränderung 2014 in % von 1989
Tbilisi	822 700	1 259 692	1 144 400	1 171 200	90,85
Kutaisi	156 000	234 870	197 000	129 300	83,88
Batumi	98 200	136 609	161 200	173 700	118,00
Rustavi	88 600	158 661	122 990	128 800	77,52
Sukhum	85 500	121 406	62 900 (2011)		
Poti	45 800	50 922	47 800	41 100	93,87
Gori	41 300	68 924	54 700	44 500	79,36
Zugdidi	34 800	50 022	43 000	40 700	85,96
T'q'varcheli	31 400	21 578	5 000 (2011)		
Ch'iatura	26 700	29 228	14 300	12 300	48,93
Tskhinvali	26 700	42 934	30 400 (2015)		
T'q'ibuli	22 800	21 867	13 900	8 600	63,57
Ozurgeti	21 800	23 399	18 600	14 200	79,49
Samt'redia	21 700	34 468	30 100	22 400	87,33
Senak'i	21 400	29 161	28 600	15 500	98,08
Gagra	20 600	26 635	12 100 (2011)		
Khashuri	20 400	32 639	29 400	24 600	90,08
Telavi	19 400	28 325	20 900	19 500	73,79
Zest'aponi	19 100	26 098	25 200	20 400	96,56
Akhaltsikhe	17 800	24 570	20 000	17 000	81,40
Ochamchire	17 500	20 379	5 300 (2011)		
Kobuleti	15 500	20 932	19 700	17 200	94,11
Borjomi	15 400	19 007	13 500	11 000	71,03
Bolnisi	15 300	15 047	11 600	8 200	77,09
Gudauta	14 700	15 264	7 700 (2003)		
Marneuli	14 500	27 557	24 100	23 900	87,46
Ts'q'alt'ubo	12 400	21 280	11 281	8 600	53,01
Surami	11 600		8 615	7 400	
Q'vareli	11 100	11 165	8 700	9 100	77,92
Kaspi	11 000	17 305	15 800	12 700	91,30
Gali	10 900	15 687	7 485 (2011)		
Gardabani	10 900	17 176	15 400	11 600	89,66
K'ulashi	10 800		2 000 (2002)		
Vale	10 300	6 305	3 646	5 100	57,83
Dedoplists'q'aro	10 100	10 249	5 940	5 600	57,96
Khoni	9 900	14 425	8 987	8 100	62,30
Akhalkalaki	9 400	15 572	9 800	7 700	62,93
Sagarejo	8 500	14 563	10 871	10 300	74,65
Gurjaani	8 400	12 872	8 024	7 400	62,34
Mtskheta	7 900	9 588	10 000	7 500	104,30
Ambrolauri	3 600	2 933	2 400	2 000	81,83
Pitsunda	3 600	11 030	4 147 (2014 geschätzt)		

Berücksichtigt sind alle städtischen Siedlungen, die 1966 oder 1989 mehr als 10 000 Einwohner hatten, ferner einige heute als Verwaltungszentren wichtige Städte.

[a] Zensus (in Abchasien: 2011; abweichende Jahreszahlen: Schätzung)
[b] Fortschreibung (nur Rumpf-Georgien)

Quellen: Džaošvili 1968: 266ff.; National Statistics Office of Georgia 2014: 36ff.; Statistical Yearbook of Georgia 2022: 35ff. u. a.

Probleme der Regional- und insbesondere der Stadtplanung

Hinter aktuellen Stadtstrukturen und derzeitigem Siedlungssystem stehen langfristige historische Entwicklungen und jüngere planerische Eingriffe. Dabei muss sich Georgien noch heute mit Folgewirkungen des sowjetischen Systems der regionalen Planung auseinandersetzen.[18] Die sozialistische Stadtplanung war großzügig mit den Flächenressourcen umgegangen, was zur Weitläufigkeit größerer Städte beitrug. Auf allen Maßstabsebenen hatte die Regionalplanung die jeweils sehr eigenständigen Interessen einzelner Fachressorts zu integrieren, wobei Industrialisierung und Sicherung von Militäranlagen einen Vorrang besaßen, während Wohnungsbau und Ausstattung der Wohngebiete mit Wohnfolgeeinrichtungen eher zurückstanden.[19] Dass die Fachplanungen der Ressorts kaum untereinander abgestimmt waren, erschwerte alle Entscheidungen. Ein weiterer Gesichtspunkt war der Primat der Verstädterung, nachgewiesen am zunehmenden Anteil der in Städten lebenden Personen an der Gesamtbevölkerung. Da dieser Aspekt mit der gezielten Förderung von Groß- und Industriestädten zusammenfiel, bedeutete dies eine zunehmende Entwicklungsdiskrepanz zwischen diesen größeren Städten und dem ländlichen Raum einschließlich der Kleinstädte. Von hier ist die in Georgien bis heute noch zunehmende Konzentration von Bevölkerung und Siedlung auf den Ost-West-Korridor zu verstehen, eine „Entwicklungsachse", die von Tbilisi nach Samt'redia reicht und sich dort in einen nordwestlichen Ast nach Zugdidi und einen südwestlichen Ast nach Batumi aufspaltet; der Osten Georgiens (Kachetien) ist wegen der erforderlichen Querung der kaum bevölkerten Gombori-Gebirgskette oder des Umwegs über Sighnaghi weniger gut angeschlossen. Der Ausbau der Autobahn A 1 zeichnet dieses „Rückgrat" der Regionalentwicklung nach.

Instrumente einer modernen Stadt- und Regionalplanung mussten für das unabhängige Georgien erst entwickelt werden. In sowjetischer Zeit waren Vorgaben, die meist aus Moskau kamen, umgesetzt worden (oder auch nicht), nach 1991 waren zunächst die Regelung von Zuständigkeiten und Planungssicherheit gefragt. Ferner mussten Eigentumsverhältnisse geklärt, dann Vorgaben für die Grundstücknutzung geschaffen werden. Da regionale Planung Strukturen zumindest für den mittleren Zeitraum von einigen Jahrzehnten bereitstellen soll, mussten auch Instrumente für die Aushandlung eines Konsenses über Gestaltung und Nutzung entwickelt werden. Prinzipiell galt diese Forderung für alle Siedlungen, am dringlichsten war eine Umsetzung jedoch in Tbilisi, um drohenden Verfall, ungerechtfertigte Aneignung und baulichen Wildwuchs zu verhindern, was bis in die Gegenwart nur teilweise gelang. Die Aufstellung eines Grundbuchs und Katasters, das die Privatisierung von Wohnungen und von Grund und Boden begleitete, war Gegenstand eines von der damaligen Gesellschaft für technische Zusammenarbeit (GTZ; heute GIZ) ab 1994 betriebenen Projekts. Dabei lehnte sich die Organisation der Stadtplanung an das deutsche Vorbild an.

Besondere Problemgebiete für die Stadtplanung sind die älteren Stadtviertel (19. und frühes 20. Jahrhundert), in denen wegen des baulichen Erhaltungszustands nicht mehr alle Wohnungen dauerhaft genutzt werden können, den verbliebenen Bewohnern, die nach der Privatisierung der Wohnungen oftmals Eigentümer sind, jedoch die finanziellen Mittel für Instandhaltung und Modernisierung fehlen. Probleme werfen auch die Industrieflächen auf, weil die De-Industrialisierung der 1990er Jahre ausgedehnte Brachen schuf, die wegen komplizierter Eigentumsverhältnisse nicht immer genutzt oder umgewidmet werden können. Weitere potentielle Entwicklungsflächen gehen auf aufgelassene Militäranlagen zurück, für die jedoch keine Angaben vorliegen.

Die Stadtplanung wird heute teilweise von privaten Planungsbüros durchgeführt. Im Fall von Kutaisi wurde ein vorher staatliches Planungsbüro privatisiert und von früheren Mitarbeitern übernommen, von denen nach massivem, wirtschaftlich erforderlichem Stellenabbau allerdings nur ein Teil auch tatsächlich dort arbeitet.[20] Ein Raumordnungs- und Städtebaugesetz ist seit Juni 2005 in Kraft. Dennoch blieben Defizite bestehen: Die ökonomische Liberalisierung förderte die Aktivität von Entwicklern, deren Bautätigkeit auf raschen Profit ausgerichtet ist, die kommunale Bauaufsicht blieb schwach und korruptionsanfällig, weniger zahlungsfähige Bevölkerung wurde aus angestammten zentrumsnahen Wohnlagen verdrängt.[21]

Tbilisi: Hauptstadt und Schaufenster des Landes

Überblick

Tiflis/Tbilisi (2023: 1 241 700 Einw.) ist für die Georgier die Stadt (*kalaki*) schlechthin, selbst in den langen Zeiten territorialer Zersplitterung. Der Zuzug ethnischer Georgier in die zunächst von armenischen Händlern dominierte Siedlung, die räumliche Expansion im 19. Jahrhundert und die wachsende Weltoffenheit brachten dem nationalen Zentrum zusätzlichen Prestigegewinn. Die Stadt liegt in 380 bis 520 m Höhe an der Stelle, an der der Mt'k'vari die östlichen Ausläufer des Trialetischen Gebirges durchbricht, ehe er das steppenartige Plateau von Rustavi durchschneidet und die Ebene von Gardabani erreicht. An den Hängen der Gebirgsausläufer reicht die flächige Bebauung sogar bis etwa 600 m Höhe. Tbilisi erstreckt sich auf beiden Seiten des Flusses über eine Distanz von mehr als 35 km und dehnt sich in einige Nebentäler aus. Die administrative Abgrenzung des Stadtgebiets änderte sich mehrfach durch Erweiterung und Eingemeindung benachbarter Siedlungen; allein die 1970 erfolgte Eingliederung von Ts'q'neti, einer Siedlung städtischen Typs, ließ das Stadtgebiet auf 34 860 ha anwachsen.[22] Inzwischen wurden dem Stadtgebiet weitere Nachbargemeinden zugeordnet, so dass die Stadtfläche auf 72 600 ha zunahm, von denen etwa ein Zehntel überbaut ist. Im Nordwesten ist Tbilisi nahezu mit Mtskheta zusammengewachsen, seitdem Gldani territorial der Hauptstadt zugeordnet wurde.

Der georgische Name Tbilisi (თბილისი), der erst seit 1936 die offizielle Bezeichnung der Stadt ist, leitet sich von den Thermalquellen her (*tbili* – „warm"); das immer noch gebräuchliche Exonym Tiflis geht auf eine persische Namensform zurück, die im Russischen und in westlichen Sprachen aufgegriffen wurde. Als Hauptstadt in günstiger Lage empfing die Stadt zwar immer Entwicklungsimpulse von außen, wurde aber gleichzeitig als Herrschaftssitz eines Landes, das sehr oft in kriegerische Auseinandersetzungen verwickelt war, auch häufig Opfer von Überfällen und Zerstörungen. Bauliche Relikte früherer Entwicklungsphasen sind daher fast nur die Kirchen, die schon seit dem Mittelalter in Stein erbaut wurden. Die Zerstörung durch Iraner im Jahr 1795 war so gründlich, dass wohl höchstens einige Grundmauern der älteren profanen Stadtbebauung und Teile des Straßengrundrisses erhalten sind. Die heutige Bausubstanz auch der Altstadt entstand also erst in den zurückliegenden beiden Jahrhunderten, viele Gebäude sind Produkte eines jüngeren, historisierenden Ausbaus, wenn nicht bewusst moderne Architektur neben die überkommene Baustruktur gesetzt wird.

Administrativ ist Tbilisi seit 2013 in zehn Stadtbezirke (*raioni*, რაიონი) gegliedert, die den Rang von Munizipalitäten besitzen. Ihre Benennungen greifen teilweise überkommene Quartiersbezeichnungen auf, doch decken sich die Abgrenzungen nicht. Einzelnen Stadtbezirken sind zudem benachbarte Ortschaften administrativ zugeordnet. Früher eigenständige Stadtbezirke wie die Altstadt (*dzveli Tbilisis raioni*, 2007–2013) wurden aufgelöst und benachbarten *raioni* zugeordnet. An den zentralen Stadtbezirk Mtats'minda schließen sich nach Westen und Nordwesten Vak'e und Saburtalo, nach Südosten K'rts'anisi, nach Osten jenseits des Mt'k'vari Chughureti, Isani und Samgori, nach Norden Nadzaladevi, Didube und Gldani an.[23]

Historische Entwicklung und Struktur

Archäologische Funde weisen nach, dass es im heutigen Stadtgebiet spätestens im vierten oder dritten vorchristlichen Jahrhundert Siedlungsplätze gab. Seit dem 5. Jahrhundert n.Chr. ist die Stadt urkundlich zu verfolgen; damals wurde sie unter König Vakht'ang Gorgasali Hauptstadt Iberiens, und seither galt sie immer als das führende städtische Zentrum Georgiens.[24] Nach der Überlieferung wurde Tbilisi an einer Stelle gegründet, an der schwefelhaltige Thermalquellen bereits bekannt waren und genutzt wurden; dem entspricht der heutige Stadtteil Abanotubani (Bäderviertel).

Mit der Ausbreitung der russischen Macht in Transkaukasien zu Beginn des 19. Jahrhunderts wurde Tiflis zugleich Verwaltungs-, Wirtschafts- und Kulturzentrum. Im Handel übernahm es eine Mittlerrolle zwischen dem Russischen Reich und Vorderasien; im kulturellen Bereich vermittelte die Stadt zwischen (West-) Europa und Orient. Dass es im 19. Jahrhundert militärisches und ziviles Verwaltungszentrum der russischen Besitzungen in Südkaukasien wurde, ergab sich allein schon aus der Lage am Kreuzungspunkt der Ost-West- und der Nord-Süd-Verbindungswege zwischen Schwarzem und Kaspischem Meer, zwischen Großem und Kleinem Kaukasus. Zunehmend übte Tiflis eine Sogwirkung auf die Intellektuellen des Landes aus, ließ Kutaisi als zweitgrößte Stadt des Landes und Zentrum Westgeorgiens (Gouvernement Kutaisi) zurückfallen und zog alle führenden wissenschaftlichen Einrichtungen an sich.[25] Damit verbunden waren eine fast kontinuierliche Zuwanderung und ein nur geringer Bevölkerungsrückgang selbst in der Phase starker Bevölkerungsverluste im Land. Mediterranes Flair und die Entwicklung einer spezifischen Bauform mit hölzernen Balkonen bewirkten eine hohe Attraktivität. Industrie siedelte sich seit dem 19. Jahrhundert an, stand aber hinsichtlich der wirtschaftlichen Bedeutung deutlich hinter dem Handel zurück; größtes Unternehmen war lange Zeit das Ausbesserungswerk der Eisenbahn. Nach 1920 entwickelte sich Tiflis/Tbilisi entweder aufgrund der Wirkung von Marktkräften oder durch zentralisierende Planung, selten durch eine Kombination von beiden.[26]

In der Sowjetzeit wurde Tbilisi zum wichtigsten Industriestandort Georgiens, an dem sich ein Drittel der georgischen Industrieproduktion konzentrierte, weil auch Verarbeitungsbetriebe der Nahrungsgüter- und Leichtindustrie hier abseits der Hauptrohstoffgebiete angesiedelt wurden. Damit trat der Charakter als Primatstadt immer deutlicher hervor. Die wichtigsten Industriegebiete liegen noch heute entlang der Leitlinien der Stadt, dem Mt'k'vari und der etwas nördlich davon angelegten Eisenbahnlinie. Wohngebiete erstrecken sich beiderseits dieser Hauptachse auf die begleitenden Höhenzüge sowie in Seitentäler des Mt'k'vari. In postsowjetischer Zeit wurden durch Auswanderung verursachte Bevölkerungsverluste durch Zuwanderung aus kleineren Städten und vom Land weitgehend ausgeglichen. Die Liberalisierung der Wirtschaft brachte zu Beginn des 21. Jahrhunderts neue Impulse; architektonische Akzente wollen nunmehr historische Traditionen mit der Modernisierung der Gegenwart verknüpfen, wobei „*Developer*" und unter ihrem Einfluss arbeitende junge Architekten modernistische und postmoderne Elemente in die Stadtlandschaft einfügten.[27]

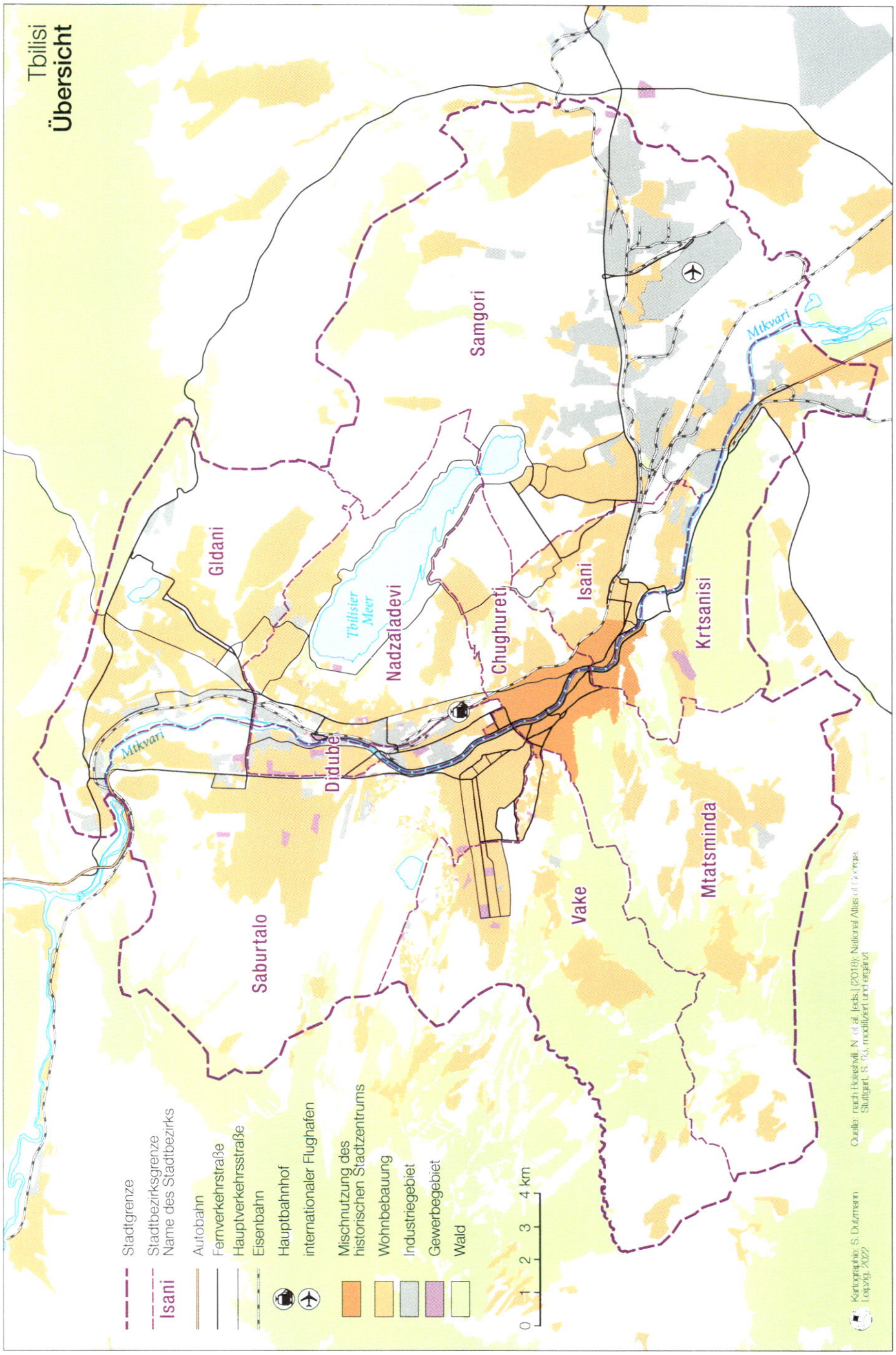

Karte 11: Tbilisi: Übersicht

Innerstädtische Differenzierung

Die *Altstadt* (georg.: *dzveli kalaki*, teilweise einfach *kala*) erstreckt sich über dem Südufer des Mt'k'vari am Fuß der Festung Nariq'ala, deren Anlage bis ins 4. Jahrhundert zurückreicht und bis ins 16. und 17. Jahrhundert erweitert wurde. Die Altstadt war von einer Mauer umgeben und wurde immer wieder zerstört (zuletzt durch die Perser 1795). Daher ist die Bezeichnung „Altstadt" etwas irreführend, weil heute erhaltene Wohnbebauung überwiegend zwischen den 1830er und 1860er Jahren entstand, wenn es sich nicht gar um historisierende Neubauten des 21. Jahrhunderts handelt. Traditionell unterschied man die obere von der unteren Altstadt – in Fließrichtung des Mt'k'vari gesehen, so dass das „untere *kala*" am Berghang teilweise höher liegt als das „obere *kala*". Eine Beschreibung aus der Zeit vor der Zerstörung durch die Perser finden wir bei Johann Anton Güldenstädt, der Georgien 1771/72 bereiste:[28]

> „Die jezige Stadt bildet fast ein stumpfes Dreyeck, und ist bis auf eine Stelle am Kur mit einer Mauer von Backsteinen umgeben; auch ist in der ostlichen Ekke die kleine Festung Narekla und in der westlichen, die Fortresse Schardachty. Die Stadtmauer zwischen beiden 600 Faden lang und der ganze Umfang der Stadt beträgt etwa 3 rußische Werste oder 1500 Faden. In diesen nicht großen Raum leben etwan 20,000 Einwohner; daher die Straßen nur etwan 1 Faden breit und die Queerstraßen noch schmaler sind.
>
> Die Häuser sind von Ziegeln und Fliesen, mit thonigten Kalk, 1 Stockwerk, etwan 15 Fuß hoch aufgeführet, die Dächer aber flach mit Thon beschüttet; die Stuben haben Kamine und die Fenster statt Glas geöltes Papier. Alles ist leicht, schlecht, nicht dicht und sehr unansehnlich gebauet. Neben dem ostlichen Theil der Stadt ist eine Brücke über den Kur, die in die kleine Festung Metechi am linken Kurufer führet.
>
> Unter der Stadt, nahe an derselben und am rechten Ufer des Kur, sind warme Quellen und bey denselben öffentliche Bäder für beyde Geschlechter. Unter den Bädern ist die Vorstadt Garetubani oder vielmehr alt Tiflis. Um der Stadt und Vorstadt stehen ansehnliche Wein- und Obstgärten, die am Fluß an 5 Werst hinab reichen und mittelst kleiner Mühlwerke- und Rinnen aus dem Kur gewässert werden. An und auch unter den Gärten sind auch kleine Kornfelder. Eben so sind am linken Kurufer gegen die Stadt Gärten und Felder.
>
> [...]
>
> Die Stadteinwohner leben zu einem großen Theil von ihren Weingärten und Pflanzungen, besonders von der Kultur der Baumwolle. Viele sind auch Kaufleute oder vielmehr nur Krämer, bey welchen man hier gangbare Zeuge, kurzen Kram, Lebensmittel, Gewürze und andere Materialien findet. Verschiedene sind Gerber, Zeugdrucker, Weber, Schmiede. Alle städtische Gewerbe werden nur ins Kleine und von Liebhabern, nicht von Meistern betrieben."

Auch das Bild, das Johann Friedrich Parrot auf seiner Reise zum Ararat (1829) vom Wiederaufbau der Altstadt zeichnete, ist nicht sehr positiv:[29]

> „Warum muss an den Häusern in Tiflis das zweckmässige wagrechte Dach aus Erde mit Kräutern bewachsen, welchem Tiflis das Glück dankt, von keiner Feuersbrunst zu wissen, obgleich auch dort heftige Gewitter eintreten, und jährlich bei grosser Hitze die dürren Gewächse des Daches selbst in prachtvoller Flamme auflodern – warum muss dieses südlich-morgenländische Dach, der Ort angenehmer Erholung und freundlicher Aussicht, – dem schrägen Ziegeldach des Nordens allmählig weichen? So wird der Georgier dereinst den gänzlichen Untergang georgischer Sitte unter dem Einflusse moderner Civilisation betrauern, und der Hauptgrund davon ist der, dass nur eine auf innige und reine

Religiosität gegründete Volksthümlichkeit Achtung gebieten und von segensreicher Dauer seyn kann, die georgische Nationalität aber dieser Grundlage ermangelt."

Innerhalb der Altstadt lässt sich das für orientalische Städte typische unregelmäßige Straßennetz mit engen, bisweilen in Sackgassen endenden Straßen und Gassen verfolgen, die in Hanglagen durch Treppen miteinander verbunden sind. Die heute charakteristisch erscheinende Bauweise mit hölzernen Balkonen und Veranden ist eine relativ junge Zutat, als sich in den 1830er Jahren ein spezifischer Baustil durchsetzte.[30] Über bildliche Darstellungen prägte aber dieser Haustyp die Wahrnehmung des „historischen" Tbilisi. Auch die Wohnhöfe dürften keine längere Tradition besitzen. Der Wohnbereich am Hang befindet sich in einer Umbruchssituation: Im Hinblick auf den zunehmenden Tourismus wurden die nördliche Stadtmauer an der heutigen Baratashvili-Straße und die Sharden[Chardin]-Straße seit Ende der 1970er Jahre saniert. Damals war vorgesehen, Souvenirläden für Besucher in den wiederhergestellten Gebäuden unterzubringen. In den 1990er Jahren leiteten die Wirtschaftskrisen, die Massenverarmung und die Umbewertung von Standorten einen Verfall ein, dem bei einzelnen Objekten durch Neubau eine gewisse Aufwertung und Gentrifizierung folgte. Erneut wurde das Viertel zu Beginn des 21. Jahrhunderts saniert; gastronomische Betriebe ziehen in- und ausländische Besucher an, in einzelnen Gassen sind Hostels und einfachere Hotels entstanden.

Wichtigste Geschäftsstraße in der Altstadt ist die K'ote-Abkhazi- [vormals Leselidze-]Straße, die sich vom Freiheitsplatz zum Mt'k'vari-Ufer zieht und in ihren östlichen Abschnitt den Zuschnitt der früheren Argutinskij-Straße behalten hat. Sie geht ebenso wie die Sioni-Straße auf ehemalige Karawanenwege zurück, die vom östlichen Stadttor zu Karawansereien führten. Von diesen werden einige heute von der Gastronomie genutzt. Eine große Karawanserei sollte seit Jahren renoviert werden (2022 im Umbau begriffen), eine andere, allerdings erst im 19. Jahrhundert auf den Fundamenten einer älteren erbaute und mehrfach umgestaltete, beheimatet das Stadtmuseum. Für die 1860er Jahre ist von siebzehn Karawansereien, rund 300 kleinen Ladengeschäften, 71 Weinkellern und fünf Hotels die Rede. Bis in die Zeit vor dem Ersten

5.06 Tbilisi: Altstadt – Betlemi-Viertel (September 2010)

5.07 Tbilisi: Bäderviertel – Abanotubani (August 2019)

5.08 Tbilisi: Anchiskhat'i-Kirche (September 2010)

5.09 Tbilisi: ehemalige Karawanserei, heute ein Wohnhaus (August 2010)

Weltkrieg waren die Bazare von armenischen, teilweise auch von iranischen Händlern dominiert. Ladengeschäftsreihen entlang der K'ote-Abkhazi-Straße und an der Pushkin-Straße knüpfen in der Gegenwart daran an.

In der Altstadt blieben über alle Umbrüche und Zerstörungen hinweg zahlreiche Kirchen erhalten. Dazu gehören neben der Anchiskhat'i-Kirche, Tbilisis ältestem erhaltenem Kirchenbauwerk, das Ensemble der armenischen Surb Gework- und der Ivaris-Mama-Kirche sowie die Sioni-Kirche, die bis zum Bau der Dreifaltigkeits-Kathedrale die Hauptkirche der georgischen Kirche war. Noch heute schließen sich auf einem ausgedehnten Areal Liegenschaften des georgischen Patriarchats an.

Nach Norden wird der Altstadtbereich durch die ehemalige Muchranskaja- und heutige Baratashvili-Straße begrenzt, die in Fortführung der Pushkin-Straße den Autoverkehr zur Uferstraße und zum östlichen Mt'k'vari-Ufer aufzunehmen hat. Der ursprüngliche Plan, auf beiden Seiten dieser Durchgangsstraße mehrgeschossige, „moderne" Gebäude zu errichten, wurde erst nach Protesten Tbilisier Architekten zugunsten einer Rekonstruktion der ehemaligen Stadtmauer aufgegeben.[31] In und vor der Altstadt siedelten sich beiderseits des Mt'k'vari Händler an, woraus ein ausgedehnter Bazarbereich entstand. Zu sowjetischen Zeiten erstreckte sich an der Pushkin- und V. Vek'ua-Straße ein weitläufiger Kolchozmarkt (russ. „*bazar*"). In der wohl in den 1960er/1970er Jahren errichteten großen Markthalle (V. Vek'ua-/ G. Atoneli-Straße) befinden sich heute nach der Umgestaltung zum modernen Einkaufszentrum ein großer Supermarkt einer französischen Kette und bereits die zweite und dritte Generation kleiner Ladengeschäfte mit exklusiven Angeboten. Vom ehemaligen Markt geblieben ist nur der Verkauf von Blumen in einer offenen Halle am Rand des kleinen Orbeliani-Parks. Gebäude im Umfeld bis zur Vakht'ang-Orbeliani-Straße wurden zwischen 2016 und 2018 aufwendig saniert.

5.10 Tbilisi: Staatliches Akademietheater an der Rustaveli-Avenue (September 2022)

5.11 Tbilisi: Palast der Rituale (September 2012)

Unterhalb des Mtats'minda (Davidsbergs) zeigen sich im Stadtteil *Sololak'i* im Bereich von Leonidze-, Lermontov- und Asatiani-Straße Merkmale der russischen Kolonialstadt mit einem geradlinigen, kaum dem ansteigenden Gelände angepassten Grundrissmuster, einer meist zwei- bis dreistöckigen Bebauung und einer beachtlichen Durchgrünung. Diese Stadterweiterung war in hohem Maß von russischer und auch westeuropäischer Bevölkerung, von Verwaltungseinrichtungen und Handelshäusern bestimmt; sie zählt heute auch zu „Alt-Tiflis". Zahlreiche Wohnhäuser wurden von westeuropäischen Architekten für neu ansässige Geschäftsleute entworfen; so findet man an der Lado-Asatiani-Str. 30 eine Tafel für Walter Siemens, der hier 1860–1868 lebte. Sololak'i weist zwar heute eine alte, wenn auch teilweise heruntergekommene Bausubstanz auf, genießt aber wegen seiner zentralen Hanglage und der Möglichkeit, durch Sanierung guten Wohnraum zu erhalten, hohes Prestige. Dieser Wandel verläuft nicht konfliktfrei: Die ältere Bevölkerung entwickelt wenig Kontakt zu den Bewohnern von Neubauten, die mit Privatmitteln errichtet wurden. Bis zu 20 % der ursprünglichen Bevölkerung sollen aus dem Stadtteil abgewandert sein;[32] ein Teil ihres Wohnraums wurde von Binnenflüchtlingen übernommen, deren Integration in die gewachsene Wohnumgebung sich jedoch als schwierig erwies.

Zwischen Sololak'i und dem genannten vorstädtischen Bazarbereich wurde die Golovin- (heute Rustaveli-) Avenue mit ihrer anspruchsvollen Bebauung aus der zweiten Häfte des 19. Jahrhunderts zum zentralen Bereich der Vorstadt (*Garetubani*). In den Nebenstraßen überwiegt bis zum Mt'k'vari-Ufer ältere Bausubstanz mit einfachen Wohnhäusern, allerdings zunehmend durchsetzt mit Verwaltungsgebäuden, Kultureinrichtungen und Büroneubauten.[33]

Die Stadtteile *Avlabari* und *Isani*, auf einer Terrasse über dem linken Mt'k'vari-Ufer gelegen, gehören auch zu den älteren, im 19. und frühen 20. Jahrhundert mit regelmäßigem Grundriss erweiterten Gebieten von eigenem Charakter. Innenstadtnah dominieren kleine Gartengrundstücke mit einer älteren, meist einfachen, ein- bis zweistöckigen Bebauung, die an den Hauptstraßen unter Verdrängungsdruck gerät; in einigen Nebenstraßen haben Sanierungsmaßnahmen begonnen, in der Nachbarschaft der Met'ekhi-Kirche greift die Touristifizierung mit zahlreichen Hotels um sich. In Isani setzt der Hochzeitspalast („Palast der Rituale"; Architekt: Viktor Jorbenadze) über dem linken Mt'k'vari-Ufer, als Bauwerk der „entwickelten sozialistischen Gesellschaft" Anfang der 1980er Jahre errichtet, einen städtebaulichen Akzent, der Elemente des georgischen Kirchenbaus ebenso wie solche des Expressionismus der 1920er Jahre aufgreift und einmal mehr die Suche georgischer Architekten nach Eigenständigkeit innerhalb der Sowjetunion dokumentiert.[34] Nach Südosten schließen sich regelmäßig angelegte Wohn- und Geschäftsbereiche, zum Flussufer auch moderne Häuserkomplexe an.

Bereits im 19. Jahrhundert hatte die Bebauung nach Nordwesten ausgegriffen, wo in Fortsetzung der Golovin-Avenue der Stadtteil *Vera* entstand, während sich auf der gegenüberliegenden Mt'k'vari-Seite der Stadtteil *Chughureti* zwischen Mt'k'vari und der Eisenbahntrasse erstreckte. Nordwestlich davon existierte bereits die Anfang des 19. Jahrhunderts angelegte deutsche Kolonistensiedlung Neu-Tiflis an der Michail-Straße (später Plechanov-, heute Davit Aghmashenebeli-Avenue). An der Elisabeth-Straße (später Klara-Zetkin-Straße, heute M. Ts'inamdzghvrishvili-Straße) wurde ein ausgedehntes Geschäfts- und Wohnviertel geschaffen, ein weiteres entstand zwischen der heutigen Davit Aghmashenebeli-Avenue und dem heutigen Hauptbahnhof an der Tamar Mepe-Avenue.

Das Modell einer städtebaulichen Entwicklung, nach dem jeweils neue Stadtteile mit weitgehend einheitlicher Struktur an die bestehende Siedlung angefügt wurden, hat sich bei allen Erweiterungen im 20. Jahrhundert erhalten. So setzt sich die Bebauung von Vera im westlich anschließenden *Vak'e* fort, die Bebauung von Avlabari im östlich anschließenden Isani und die Bebauung des Bahnhofsviertels in *Nadzaladevi*. Als Siedlung des sozialistischen Massenwohnungsbaus mit großen Wohnkomplexen wurde seit den 1960er Jahren *Saburtalo* nordwestlich von Vera nördlich des Vere-Flusses angegliedert. Eine bedeutende Ausbauphase erlebte Tbilisi seit den 1960er und 1970er Jahren, als auch nach und nach die Stadtteile Didube, Avch'ala, Dighomi,

5.12 Tbilisi: Busbahnhof Ortach'ala (August 2019)

5.13 Tbilisi: Blick auf die Stadtteile Isani und Vark'etili (September 2022)

Gldani und Ponich'ala angelegt und ausgebaut und weite Flächen zwischen der bisherigen Stadt und dem Stausee „Tbilisier Meer" aufgesiedelt wurden. Der vor allem in Saburtalo entstandene Massenwohnungsbau unterscheidet sich wenig von analogen Entwicklungen in anderen sowjetischen Großstädten. In den 1960er Jahre war der industrielle Geschosswohnungsbau entwickelt worden, der dazu führte, dass Wohnhochhäuser mit zehn und mehr Geschossen gebaut wurden – oftmals so weitläufig angelegt, dass sich zwischen den Gebäude kaum städtisches Leben entwickeln konnte, zumal die Gestaltung der Grünanlagen auch nicht regelmäßig erfolgte. Die in Plattenbauweise entstehenden Gebäude waren dennoch bei der Bevölkerung begehrt, weil sie mit (Fern-)Heizung und (Warm-)Wasserversorgung Annehmlichkeiten boten, die in den alten Wohngebieten oft fehlten. Obwohl schon seit den 1950er Jahren kontinuierlich Wohnraum geschaffen wurde, konnte die Bautätigkeit nicht mit der vor allem durch Zuwanderung bedingten Bevölkerungszunahme Schritt halten. Zugleich musste wegen beschränkter Baukapazitäten selbst auf notwendige Instandhaltungsmaßnahmen verzichtet werden, so dass sich gegen Ende der Sowjetzeit zunehmender Verfall bemerkbar machte, der bis heute nicht generell gestoppt ist. Da der Wohnraummangel auch in postsowjetischer Zeit nicht behoben war, wurden die Balkone der Neubauten in vielen Fällen mit Holzverschlägen und Fenstern verschlossen und als zusätzlicher Raum als *„pristroika"* der Wohnung zugeschlagen; vereinzelt entstanden Dachslums.[35] Die Ausweitung der Bebauung nach Didube und Nadzaladevi zeigt einfachere Gebäude, wobei die Bebauung teilweise entgegen bestehenden Bauvorschriften erfolgte und die infrastrukturelle Ausstattung vernachlässigte. Zwischen 1970 und 1990 expandierte die Stadt entlang der Ausfallstraße nach Norden (heutiger Stadtbezirk Gldani) und Südosten (Ortach'ala, Vark'etili).

In den 1990er Jahren stagnierte der Ausbau der Stadt wegen fehlender Finanzmittel und unklarer Rechtsverhältnisse. Erst nach 1998 setzte Neubautätigkeit ein. Seit 2003 wuchs die Bauwirtschaft, und zugleich begann ein struktureller Wandel mit stärkerer Differenzierung zwischen den Stadtvierteln und zunehmender Modernisierung im Geschäftsleben entlang der Hauptstraßen auch in innenstadtferneren, erst vor wenigen Jahren eingemeindeten Siedlungen wie Didi Dighomi und Ts'avk'isi. Didi Dighomi wurde in post-sozialistischer Zeit auf dem Gelände des

5.14 Tbilisi: ältere Bebauung in Marjanishvili (August 2019)

5.15 Tbilisi: Davit Aghmashenebeli-Avenue (September 2012)

Agrarwissenschaftlichen Instituts („Agraruniversität") angelegt. Das Land wurde unter der Hand in kleine Parzellen von etwa 1 000 m^2 aufgeteilt, verkauft und mit Eigenheimen bebaut. Gegen die Agraruniversität wurde zwar 2003 wegen dieses illegalen Verkaufs ein Gerichtsverfahren eröffnet, das jedoch angesichts geschaffener Tatsachen nichts mehr ändern konnte. Im Anschluss an die Datschensiedlung Ts'avk'isi entstand dagegen Ts'avk'isi Valley, dessen Planung einem Entwickler überlassen wurde. Problematisch ist in beiden Fällen, dass abseits der Hauptstraßen außer den meist von Mauern abgetrennten Grundstücken mit Wohnbebauung keine zusätzlichen Funktionen angesiedelt wurden, so dass sich auch dort kaum Urbanität entwickeln konnte.

Administrativ zu Tbilisi gehört inzwischen auch die etwa 10 km vom Zentrum entfernte Siedlung *Ts'q'neti*. Sie hatte sich, deutlich höher als die Innenstadt in den Ausläufern des Trialetischen Gebirges gelegen, schon während der Sowjetzeit zu einer Art *hill station* der Hauptstadt entwickelt, wohin Teile der Bevölkerung in der heißen Sommerzeit auswichen. In jüngster Vergangenheit sind neue, oft sehr repräsentative Villen und Einfamilienhäuser sowie ein Hotel und Ferienwohnungen entstanden.

Bauliche Ausgestaltung: Repräsentation in Architektur und Städtebau

Als regionale Hauptstadt wurde Tbilisi seit der Mitte des 19. Jahrhunderts architektonisches Experimentierfeld für repräsentative Gebäude. In der Zeit der zarischen Herrschaft zählten hierzu das Gebäude des Statthalters, das Gymnasium, das Opernhaus und das Theater im Ensemble der heutigen Rustaveli-Avenue. Die bauliche Ausgestaltung im ausgehenden 19. und beginnenden 20. Jahrhundert machte Tbilisi zu einer (fast) europäischen Stadt, denn zahlreiche ausländische Architekten beteiligten sich daran.[36] So trug der 1829 in Dresden geborene Otto Jacob Simonson durch die Neugestaltung der Fassade am Palast des Statthalters, durch Umbauten an Gerichtskammer und Knaben-Gymnasium wesentlich zur Gestaltung der Prachtstraße bei; ab 1858 wirkte er als Generalarchitekt für Tbilisi. Auf Albert Salzmann (1833–1897, Vater des Malers Alexander von Salzmann) gehen nicht nur zahlreiche Wohnhäuser in den Stadtteilen Sololak'i und Mtats'minda sowie in der ehemaligen deutschen Kolonie an der Michaelstraße

5.16 Tbilisi: Geschäftszentrum in Vark'etili (September 2019)

5.17 Tbilisi: Geschäftszentrum und Wohnbebauung in Gldani (September 2022)

(Davit Agmashenebeli-Avenue), sondern auch das Kaukasische Museum und andere Gebäude an der Golovin-(Rustaveli-)Avenue zurück. Peter Stern wurde als Architekt der Fassade des 1880 errichteten Rathauses am heutigen Freiheitsplatz (damals Erivaner Platz, in sowjetischer Zeit Lenin-Platz) bereits erwähnt.

Zu den wichtigsten Parkanlagen im zentralen Bereich der Stadt gehören der Park der Ersten Republik (vormals Park des Pionierpalastes) neben dem für Voroncov errichteten Statthalterpalast und der Park des 9. April (vorher wie schon nach seiner Anlage 1859: Alexandergarten, in sowjetischer Zeit: Kommunarden-Park), der, von Otto Simonson (1829–1914) architektonisch gestaltet, von Heinrich Scharrer gärtnerisch angelegt wurde. Jüngeren Datums ist der Riq'e-Park auf dem linken Mt'k'vari-Ufer; er entstand auf Gelände, das ursprünglich eine Sandbank im Fluss (daher bis heute der in der Bevölkerung noch geläufige Name „*Peski*" [russ. für „Sande"], georg. *riq'e*) war, die im frühen 20. Jahrhundert landfest gemacht und dann mit einfachen Handwerkerhäusern bebaut wurde. Zu den repräsentativen Parkanlagen gehört auch die Gestaltung des Plateaus auf dem Mtats'minda, wo sich heute ein Vergnügungspark ausdehnt.

Heinrich Scharrer[37]

Der Botaniker und Landschaftsgärtner Heinrich Scharrer wirkte von 1859 bis 1889 in Georgien. Auf ihn gehen der Alexanderpark in Tbilisi sowie Parkanlagen in Borjomi und Tetrits'q'aro zurück; viele Jahre lang war er Direktor des Botanischen Gartens der georgischen Hauptstadt.

Scharrer wurde am 21.7.1828 in Magdeburg an der Elbe geboren. Seine akademische Ausbildung erhielt er an der Universität in Göttingen. Nebenbei war er als Obergehilfe im Botanischen Garten der Stadt tätig. Im Anschluss an sein Studium bildete sich der junge Wissenschaftler in der „Wildparkstation" des Oberlandesgerichtsrates Augustin in Potsdam weiter. Besondere Erfolge hatte er dort mit der Zucht der Seerose *Victoria amazonica* (früherer Name: *Victoria regia*). Zu dieser Zeit pflegte Scharrer engen Kontakt zu Professor Karl

5.18 Tbilisi: Einkaufszentrum an der Ausfallstraße nach Norden (September 2022)

5.19 Tbilisi: moderner Villenneubau in Ts'q'neti (Oktober 2018)

Koch in Berlin, für dessen Veröffentlichungen er viele Zeichnungen von Pflanzen, insbesondere von Blüten, anfertigte.

Als Anfang 1859 der Abgesandte Oberst Linov'ev mit der Bitte des Statthalters von Tiflis an Koch herantrat, ihm eine geeignete Person als Gartendirektor für die geplanten Parks und Gärten der Stadt zu empfehlen, erinnerte sich Koch an Heinrich Scharrer und lud ihn ein. Am 24. Oktober 1859 traf Scharrer in Tiflis ein. Die unberührte Landschaft mit dem üppigen, fast tropisch anmutenden Wald aus Eichen, Ulmen, Rhododendren, Lorbeer und Buchsbaum, begeisterte ihn. Im Erdgeschoss des Palastes des Statthalters Fürst Barjatinskij an der Golovin-Avenue (Rustaveli-Avenue) bezog er seine erste Wohnung. Gleich neben diesem Palast, zwischen Golovin-Avenue und Mt'k'vari befand sich der Alexanderplatz, auf dem das Militär exerzierte und paradierte.

Zu Scharrers ersten Aufgaben gehörte die Planung eines öffentlichen Parks auf diesem Gelände. Dies geschah in enger Zusammenarbeit mit dem deutschen Architekten Otto J. Simonson (1832–1914), der vermutlich die Pläne für die Bauten schuf, während Scharrer das landschaftsgärtnerische Konzept aufstellte. Die Planung und Ausführung des Parks bedeutete für Scharrer vier Jahre konzentrierter Arbeit. Bäume und Sträucher suchte er in der Baumschule des Deutschen Gustav Vieweg in K'ojori bei Tiflis selbst aus.

Scharrer machte sich bereits nach kurzer Zeit einen Namen in der Stadt. So erwähnte die Zeitung *Kavkaz* in ihrer Ausgabe Nr. 101 vom Dezember 1861 „die Hingabe mit der der angesehene und geschickte Gelehrte und Gartenarchitekt H. Scharrer, die ihm vom Statthalter übertragenen Aufgaben wohlüberlegt, umsichtig und mit unermüdlichem Eifer bearbeitet". Im Hochsommer des Jahre 1863 war der Alexanderpark als großer öffentlicher Park nach europäischem Vorbild vollendet. Zur Eröffnung fanden sich Georgier, Armenier, Tataren [Azeri] und Angehöriger anderer ethnischer Gruppen in ihren malerischen Nationaltrachten sowie Russen, Deutsche und weitere Europäer ein. Mit der Anlage des Parks trug Scharrer dazu bei, dass Tiflis immer mehr europäischen Charakter annahm.

Im Botanischen Garten stellte Scharrer die drei ursprünglichen Terrassen wieder her und errichtete im Jahr 1871 ein eingeschossiges Gebäude für den Gartenbau. In den Jahren 1871–1873 wurden im oberen Teil des Gartens die ersten beiden Gewächshäuser aufgestellt. Ein aus Ziegelsteinen gemauertes Gewächshaus für tropische und subtropische Pflanzen folgte 1875/76. Damit wurde erstmals die Zucht kälteempfindlicher Zimmerpflanzen möglich, welche bisher im Land unbekannt gewesen waren. Im Jahr 1886 wurde das botanische Museum eingerichtet und ein Jahr darauf erschien der erste Samen-Katalog von 457 Gehölzen und Pflanzen des Gartens. Scharrers bemerkenswerteste Leistung besteht in der Umgestaltung des Gartens in eine wissenschaftliche Einrichtung.

Die Familie Scharrer hatte sich in der Wohnungseinrichtung den georgischen Verhältnissen angepasst. Teppiche bekleideten die Wände und der Wohnraum wurde von der Takhta, einem langen und breiten Diwan, beherrscht. Da die Kinder eine deutsche Schulbildung erhalten sollten, blieben sie bei den Großeltern. Die Reisen nach Deutschland waren inzwischen längst nicht mehr so anstrengend und langwierig wie zu Beginn von Scharrers Tätigkeit im Kaukasus. 1889 reichte Scharrer nach dreißig Jahren intensiver Arbeit seinen Abschied ein. Zuvor war er vom Großfürsten für seine Verdienste mit dem St. Stanislaus-Orden III. Klasse geehrt worden. Er starb am 24. 09.1906, seine Frau Auguste 1909.

In den 1940er und 1950er Jahren erfolgte auch außerhalb des Zentrums ein massiver Stadtumbau. Geradlinige, breite Straßen, abschnittsweise von Ladengeschäften flankiert, führten zu den einzelnen Stadtteilen oder wurden die Basis für deren innere Erschließung; sie nehmen heute den Hauptverkehr auf. Die architektonische Gestaltung entsprach Stalins Forderung, Städtebau „national in der Form, sozialistisch im Inhalt“ zu gestalten; bis heute haben sich die Fassaden erhalten, wenn auch im Inneren der großzügig angelegten Gebäude Veränderungen erfolgten. Stalins Forderung folgten auch Repräsentativbauten wie beispielsweise das Hauptgebäude der Akademie der Wissenschaften zwischen dem Platz der Ersten Republik und dem Rustaveli-Platz oder das Ausflugsrestaurant auf dem Mtats'minda. Später entstanden die zentral gelegenen Regierungsgebäude und einige städtebauliche Dominanten (z. Bsp. in Form des damaligen Hotels Iveria, heute Radisson Blue). Dazu gehörte die Kulisse des Platzes der Ersten Republik (nach 2003 zeitweise Platz der Rosenrevolution), der für die politischen Aufmärsche am 1. Mai und zum Jahrestag der Oktoberrevolution umgestaltet wurde; der Volksmund bezeichnete das für Tribünen errichtete Bauwerk nach dem aus dem Geheimdienstbereich des KGB stammenden sowjetischen KP-Führer als „Andropovs Ohren“ – es verschwand nach der Unabhängigkeit sehr bald aus dem Stadtbild.

5.20 Tbilisi: Alexandergarten (August 2019)

Zu den wichtigsten städtebaulichen Maßnahmen der frühen Sowjetzeit gehörte die Einfassung des Mt'k'vari-Ufers seit 1933, denn dadurch wurde der Ausbau der Uferstraßen möglich. Dieser Straßenbau am Mt'k'vari zog allerdings zusätzlichen Verkehr an, was zu einer deutlichen Verschlechterung der Luftqualität in der Stadt führte. Sehr problematisch ist die Regulierung des Mt'k'vari bei Starkregen, weil Rückhalteflächen fehlen, so dass die Uferstraßen unter Wasser stehen können. Im Juni 2015 zeigten sich die Nachteile mit aller Deutlichkeit, als Teile der Stadt überschwemmt wurden. Die Ausrichtung des Autoverkehrs auf den Mt'k'vari hat zudem zur

5.21 Nur noch in der Erinnerung vorhanden: „Andropovs Ohren“ (August 1984)

5.22 Tbilisi: Hotelneubau „Radisson Blue“ statt „Iveria“ (August 2011)

Folge, dass das Ufer des Flusses über weite Strecken nicht zugänglich ist. Der Transitverkehr soll zwar die Innenstadt meiden – hierfür wurde eine Umgehungsstraße nördlich des Tbilisier Meeres angelegt –, aber innerstädtische Verbindungen konzentrieren sich auf die Uferstraßen.

Für den öffentlichen Personennahverkehr erhielt Tbilisi – als erste sowjetische Großstadt bereits, ehe die Marke von 1 Mio. Einwohnern erreicht war – eine Untergrundbahn, die auf zwei Linien das Stadtzentrum mit einigen Außenbereichen im Norden, Westen und Südosten verbindet. Die seit langem geplanten Erweiterungen wurden bisher nicht verwirklicht. Modernisiert wurde vor wenigen Jahren der innerstädtische Autobusverkehr, der den größten Teil des innerstädtischen Personentransports zu bewältigen hat.

Nach Wiedererlangung der Unabhängigkeit wurden während Saak'ashvilis Präsidentschaft markante bauliche Akzente gesetzt: Die Freiheitsbrücke von 2009/2010 verbindet die beiden Ufer des Flusses und gibt den Blick auf den neuen Präsidentenpalast frei, und das Bürgeramt (*Public Service Hall*) ist seit 2012 ein weiteres Beispiel. Das Mt'k'vari-Ufer wurde in diesem Bereich zum Riq'e-Park mit dem futuristischen Bau eines Museums und eines Konzertsaals umgestaltet. Mit der Dreifaltigkeits-Kathedrale oberhalb der Präsidentenresidenz wurde die linke Mt'k'variseite aufgewertet; die Initiative hierfür ging von Bidzina Ivanishvili aus, der auch hinter dem neuen Projekt *Panorama Tbilisi* steht.

Demographie und ethnische Differenzierung

Tbilisi erlebte immer wieder Phasen bedeutender Bevölkerungszunahme, aber auch Einbrüche in der Bevölkerungsentwicklung. Historisch belegt ist eine Epidemie im Jahr 1770, der wenige Jahre später, 1795, die Einnahme und Zerstörung der Stadt durch die Perser folgte. Bemerkenswertes Wachstum erfuhr die Stadt im ausgehenden 19. Jahrhundert ebenso wie in der Mitte des 20. Jahrhunderts. 1817 lebten etwa 15 000 Menschen in der Stadt, 1864 waren es, bedingt durch die Ausweitung von Handel und russischer Verwaltung, bereits 60 085, 1897 beim ersten gesamtrussischen Zensus schon 159 590. Allerdings bestand eine beträchtliche Fluktuation mit ständigen Zu- und Wegzügen. Der Zentralismus der frühen Sowjetzeit ließ die Einwohnerzahl erneut rasch steigen (1926: 295 600; 1939 bereits 522 900 Einw.), und auch die positive Bewer-

5.23 Tbilisi: Freiheitsbrücke (Okt. 2017)

5.24 Tbilisi: Bürgeramt (Oktober 2018)

tung des Wirtschaftsstandorts nach dem Zweiten Weltkrieg förderte den Zuzug (1959: 694 700; 1970: 889 000 [jeweils mit administrativ zugeordneten Umlandsiedlungen], 1979: 1 052 700, 1989: 1 243 200 Einw.). In der wirtschaftlichen und sozialen Krise, die nach dem Zerfall der Sowjetunion über Georgien hereinbrach, verließen jedoch viele oft gut ausgebildete Bewohner die Hauptstadt, zunächst Russen und Armenier, dann auch Georgier, die großenteils nach Russland, teilweise auch ins westliche Ausland auswanderten. Stattdessen zogen weniger gut ausgebildete Bewohner kleinerer Städte und ländlicher Gebiete ein; sie fanden in der schwierigen Wirtschaftslage vielfach keine Arbeit und erweiterten mit Gelegenheitstätigkeiten den informellen Sektor, so dass von einer zunehmenden Provinzialisierung der städtischen Bevölkerung gesprochen wurde.[38] Immerhin konnte durch diesen Zuzug die Bevölkerungszahl fast gehalten werden, wenn auch keine der Sowjetzeit vergleichbare Bevölkerungszunahme mehr festzustellen ist. 2002 hatte Tbilisi 1 081 700 Einwohner, Anfang 2023 waren es 1 241 700. Dabei stieg der Anteil, den die Hauptstadt an der Gesamtbevölkerung Georgiens hatte, kontinuierlich an: Waren es 1897 gerade 7,6 %, so errechneten sich 1970 bereits 19,0 % und 2023 (allerdings bezogen auf Rumpf-Georgien) 33,2 %.[39]

Tbilisi war immer eine multiethnische Stadt, denn der Handel führte Angehörige unterschiedlicher Ethnien und Sprachen zusammen. Lange Zeit dominierte im 19. Jahrhundert die armenische Bevölkerung; Armenier machten 1817: 75,6%, 1864: 47,4% und 1899: 36,4% der Bevölkerung aus.[40] Ein Siedlungszentrum außerhalb der Altstadt fanden die Armenier jenseits des Mt'k'vari im Stadtteil Avlabari (armenische Kirche Surb Etchmiadzin bei der heutigen Metrostation Avlabari). Unterhalb der Festung Nariq'ala besteht im Bereich der ob ihrer Heilwirkung bekannten Schwefelbäder und der Jumah (Freitags-Moschee) ein Siedlungsbereich der Azeri, der sich an der Gorgasali-Straße nach Osten fortsetzt. Nach Nordwesten benachbart sind in der Altstadt die armenische Surb Gework-Kirche (St. Georg) als geistliches Zentrum sowie die 1901 errichtete Synagoge als Hinweis auf ein früheres Judenviertel, wenn auch die Zahl jüdischer Bewohner deutlich zurückgegangen ist. Deutsche Siedler hatten sich im frühen 19. Jahrhundert an der heutigen Davit Aghmashenebeli-Avenue niedergelassen; noch heute besteht dort eine evangelisch-lutherische Kirchengemeinde. Russische Prägung zeigen die in der zweiten Hälfte

5.25 Tbilisi: *sameba*-Kathedrale (August 2010)

5.26 Präsidentenpalast (August 2010)

des 19. und in der ersten Hälfte des 20. Jahrhunderts entstandenen Erweiterungsgebiete beiderseits des Mt'k'vari, denn in der Mitte des 19. Jahrhunderts setzte neben georgischem Zuzug vom Land eine bedeutende russische Zuwanderung ein. Vor Ende des Jahrhunderts stellten Georgier im Gouvernement Tiflis 26,3 % der städtischen Bevölkerung, Russen bereits 24,7 %.[41] In Tbilisi selbst sah erst der sowjetische Zensus von 1970 eine georgische Mehrheit in der Bevölkerung. Während die Armenier lange ihre wirtschaftliche Stärke als Händler behaupteten, übernahmen Russen große Teile der Verwaltung, Angehörige anderer Nationalitäten einen Teil der Wirtschaft. Der georgische Adel verlor seine Führungsposition, die zugewanderte georgische Landbevölkerung geriet in die Abhängigkeit armenischer Arbeitgeber.[42] In der Sowjetzeit verloren die Armenier an Gewicht in der Verwaltung; mehr und mehr Positionen wurden von Georgiern eingenommen. Nach 1990 wanderten zahlreiche Armenier nach Armenien oder Russland ab, Russen und Ukrainer verließen Tbilisi nach Russland, Juden reisten wie schon vorher nach Israel aus. Dadurch wurde das gegenwärtige Tbilisi zwar zu einer im Wesentlichen georgischen Stadt, was die ethnische Zugehörigkeit der Bevölkerung betrifft, aber immer noch bestehen bedeutende Minderheiten anderer Nationalitäten, zu denen inzwischen auch viele Westeuropäer zählen.

Soziale Räume

Um die Wende vom 19. zum 20. Jahrhundert war mit ethnischen Bevölkerungsunterschieden zugleich soziale Differenz verbunden: Gleichheit der Sprache ermöglichte die Kommunikation zwischen den sozialen Gruppen, zwischen Ansässigen und Zuwandernden, während Unterschiedlichkeit von Sprache trennend wirkte. Ethnizität wurde außerdem zunehmend als Zugehörigkeit zu einer Nationalität empfunden, ein Phänomen, welches im ländlichen Raum nicht bekannt war, wo monoethnische Siedlungen dominierten. Ende des 19. Jahrhunderts wurde die ethnisch-nationale Zugehörigkeit sogar zum Streitpunkt bei den Wahlen zum Stadtrat, in dem die Georgier sich gegenüber Armeniern und Russen unterrepräsentiert empfanden.

5.27 Tbilisi: Wohnhof in der Altstadt (September 2010)

Das Sowjetsystem propagierte zwar den *homo sovieticus*, der ethnische Bindungen und (ehemaligen) sozialen Rang hinter sich ließ, scheiterte jedoch bei der Umsetzung dieser Ideologie. Zwar entsprachen die Großwohnsiedlungen dem Gleichheitsprinzip für einen Großteil der Bevölkerung, doch konnte die Führungselite, die Nomenklatura, sich Privilegien sichern – etwa den Zuzug in bevorzugte Wohnlagen. Der Prestigegewinn von Vak'e wurde damals fortgeführt und ist noch heute in der baulichen Gestaltung solid gebauter stalinzeitlicher Wohnhäuser abzulesen, die die Ch'avch'avadze-Avenue säumen.

Dass diese Differenzierung sich bis in die Gegenwart fortsetzt, ist eine Folge der Transformation, in der sich die Schere zwischen den sozialen Schichten öffnete. Während die Nomenklatura oft ihre frühere Position halten konnte, verlor vor allem die Mittelschicht, darunter auch die gebildete Bevölkerung, deren Arbeitsplätze entfielen, an wirtschaftlicher Bedeutung, verarmte und musste sozialen Abstieg hinnehmen. Erst in der Folgegeneration war wieder ein sozialer Aufstieg möglich, wobei Hochschulausbildung oder die Beschäftigung bei internationalen Unternehmen und Nicht-Regierungs-Organisationen von Vorteil war. Besonders benachteiligt sind bis heute ältere Menschen, die in ihrem erlernten Beruf freigesetzt wurden oder denen der familiäre Rückhalt fehlt; sie finden in schlecht dotierten Tätigkeiten als Aufseher an Parkplätzen o. ä. eine leichte Aufbesserung der bescheidenen Renten.

Die soziale Entwicklung spiegelt sich im Stadtbild. In der Altstadt bildeten Balkone zur Straße und Wohnhöfe (*ezo*), die von mehreren Familien gemeinsam als kleine Nachbarschaften (*samezoblo*) genutzt wurden, einen halböffentlichen Raum mit allen Merkmalen sozialer Kontrolle.[43] In der Transformationsphase wurden mit der Privatisierung vieler Wohnungen auch Wohnhöfe aufgeteilt und zu privaten Räumen. Heute verschwinden sie durch Abriss, und die Balkone, ursprünglich sichtbares Element des Reichtums armenischer Händler, werden zur Fassade. Dem Mangel an Wohnraum, den die Bautätigkeit schon in spätsowjetischer Zeit nicht mehr befriedigen konnte, suchte die Bevölkerung mit Umgestaltungen zu begegnen. So war es seit 1989 gestattet, Balkone, die zu den Wohnhäusern des Massenwohnungsbaus gehörten, als zusätzliche Wohnräume auszubauen, wobei die Bestimmungen, die für solche *pristrojki* galten, teilweise großzügig ausgelegt wurden. Ästhetisch sind solche „vertikalen Slums" sicher fragwürdig, aber sie entstanden aus einer Notsituation heraus.[44] Auch die Umgestaltung von Höfen, die teilweise als Gärten durch Zäune zwischen den den angrenzenden Wohnparteien aufgeteilt oder mit Garagen überbaut wurden, erscheinen als Phänomen einer Übergangszeit.

Bei der Privatisierung nach 1990 konnten sich erneut privilegierte Sozialgruppen bereichern, weil die besten Immobilien systematisch unterbewertet und „unter der Hand" weitergegeben wurden.[45] Erst ab Ende der 1990er Jahre verbesserte sich die Situation, als die *National Agency for Public Registry* das Grundeigentum systematisch aufnahm. Dieses inzwischen allgemein akzeptierte Verfahren war eine wesentliche Voraussetzung für die Entstehung eines geordneten Immobilienmarkts. Die Aneignung ungenutzter Flächen durch Behörden und Unternehmer war damit jedoch noch nicht beendet.

Im gesamten 20. Jahrhundert verstärkten sich die Imageunterschiede zwischen einzelnen Stadtteilen, und dieser Prozess setzt sich auch heute fort. Während der Sowjetzeit galten anfangs noch Vera und Teile von Vak'e, später Vazisubani und Vark'etili in der Bewertung durch die Bevölkerung als Stadtviertel von eher geringem Prestige, weil die Bewohner nicht aufgrund gewachsener Beziehungen, sondern durch Zuweisung von Wohnraum dorthin kamen. In der Gegenwart gelten Mtats'minda mit Sololak'i, soweit Ge-

5.28 Tbilisi: Individueller Ausbau von Balkonen im Massenwohnungsbau (August 2011)

5.29 Tbilisi: neue Ladengeschäfte in Vak'e (August 2010)

5.30 Tbilisi: gehobene Wohnbebauung am Mtats'minda (August 2019)

bäude saniert oder durch Neubauten ersetzt wurden, ferner Vak'e und Vera als prestigereiche Stadtviertel, Saburtalo, Didube und Gldani dagegen als Viertel mit etwas geringerem Prestige. Im Stadtteil Vak'e werden relativ hohe Immobilienpreise (im ersten Quartal 2021: durchschnittlich 3774 GEL/m² in Mehrfamilienhäusern, 3687 GEL/m² in Einzelgebäuden)[46] erzielt, weil eine gute Infrastruktur vorhanden ist und das positive Image von Angehörigen der früheren sowjetischen *intelligentsia* in der Nachbarschaft der staatlichen Ivane-Javakhishvili-Universität an ihre Nachkommen weitergegeben wurde; die jüngere Ilia-Universität wirkt verstärkend. In Vak'e haben sich inzwischen zahlreiche Organisationen mit gut vergüteten Arbeitsplätzen niedergelassen, die wiederum von zahlreichen Bewohnern des Viertels eingenommen werden.[47] Trotz des ungünstigen Baugrunds (schräg gelagerte, wenig verfestigte Tonschiefer) gehört auch der Hangbereich des Mtats'minda zu den gefragten Vierteln; in Analogie zu den durch hochpreisige Condominia geprägten mittleren Lagen auf der Insel Hong Kong könnte man von „*mid levels*" sprechen, für die einige Neubauten an der K'ak'abadze-Straße charakteristisch sind, die zwar an Höhe dem Hongkonger Vorbild nachstehen, mitunter wohl auf zweifelhafte Grundstückkäufe zurückgehen, aber von einer kaufkräftigen Klientel nachgefragt werden.

Gentrifizierung und Touristifizierung

Mit dem Prestigegewinn einzelner Stadtviertel sind Gentrifizierungsprozesse verknüpft, die durch Bau-, speziell Sanierungsmaßnahmen eingeleitet werden. Dazu ein konkretes Beispiel: Beim Lado-Gudiashvili-Platz am Übergang vom Altstadtviertel Betlemi nach Sololak'i standen sich zunächst Investoren und Bewohner gegenüber. Die Investoren strebten mit der Sanierung eine rasche Kommerzialisierung des Wohnungsbestandes und eine Aufwertung des Standorts durch Ladengeschäfte mit hochpreisigen Luxusgütern an, die Bewohner des Viertels wünschten eine langsame, eher bewahrende Stadtentwicklung. Die Stadtverwaltung unterstützte zwar die Befürworter einer erhaltenden Stadtentwicklung, verhinderte jedoch nicht eine luxuriöse Sanierung, mit der im Endeffekt eine massive Gentrifizierung des Viertels begünstigt wird.[48] Die Bewertung des Lado-Gudiashvili-Platzes ist

5.31 Tbilisi: Sanierung am Lado-Gudiashvili-Platz (August 2019)

5.32 Tbilisi: Sanierung am Lado-Gudiashvili-Platz (September 2022)

durch zwei vorangegangene Prozesse beeinflusst: Im ersten Jahrzehnt des 21. Jahrhunderts wurde das zur Altstadt zählende Betlemi-Viertel saniert, und etwa gleichzeitig hat sich im Bereich von Dadiani-, Galak'tioni- und Machabeli-Straße eine Gastronomie ausgebreitet, die vom zunehmenden Tourismus profitiert. Daraus erhofft man sich eine Aufwertung des gesamten Gebietes zwischen Freiheitsplatz und Nariq'ala. Immerhin ist es im Fall des Lado-Gudiashvili-Platzes gelungen, Interessen der Bewohner wenigstens teilweise durchzusetzen; daher gilt die dortige Entwicklung als eines der wenigen Beispiele für die erfolgreiche Aktion einer zivilen Bürgerinitiative.[49]

Das Betlemi-Viertel war zwischen 2001 und 2010 Zielgebiet eines Untersuchungs- und Sanierungsvorhabens. Das Areal weist eine besonders große Dichte historischer Bausubstanz auf und bot sich daher für eine erhaltende Erneuerung und stadtarchäologische Sondierungen an. Dabei wurde auf die ansässige Bevölkerung, auf vorhandene handwerkliche Fähigkeiten und großen Kooperationswillen gesetzt. Tatsächlich gelang es, unter den Quartiersbewohnern auch Handwerker zu finden, die mit Sachverstand an Renovierungen mitarbeiteten – selbst als nach 2010 keine Projektmittel mehr flossen. Als Ratgeber fungierten das norwegische Direktorat für Kulturerbe (*Rikantiksvaren*) und ICOMOS, das Forschungsinstitut, das die UNESCO als Beratungsorganisation zur Durchführung der Welterbekonvention betreibt. In der Projektzeit wurde gegen den Verfall der Bausubstanz gekämpft, das Ineinander von Gassen und Treppen wieder hergestellt, ein kleiner, begrünter Platz mit Blick auf die Stadt angelegt und auch eine Reihe von Wohnhäusern revitalisiert. Sogar ein Themenpfad führt durch das kleine Viertel, erläutert die baulichen Maßnahmen und berührt die untere und die obere Betlemi-Kirche sowie die Ateshgah, einen früheren zoroastrischen Feuertempel. Allerdings konnten die Maßnahmen nicht verhindern, dass inzwischen eine Reihe von Gebäuden zu Gästehäusern und Cafés umfunktioniert wurden, so dass der im östlich anschließenden unteren Kala bereits dominante Tourismus auch das Betlemi-Viertel erfasst.

Sanierung, Gentrifizierung und Touristifizierung müssen vor dem Hintergrund der Bewerbung um den Welterbe-Titel der UNESCO gesehen werden. Seit über zwei Jahrzehnten steht die Altstadt von Tbilisi auf der georgischen Vorschlagsliste, doch ist es bisher

zu keiner Entscheidung gekommen. Zwar wird anerkannt, dass die Altstadt von Tbilisi die geforderte universelle Bedeutung besitzt, doch kann eine Stadtentwicklungspolitik, die eine massive Verwestlichung und Touristifizierung der Innenstadt betreibt und die Belange der ursprünglich ansässigen, großenteils von Armutsphänomenen geprägten Bevölkerung zurückstellt, international tätige Investoren aktivieren, die eng mit der kleinen, aber aufstrebenden urbanen Oberschicht zusammenarbeiten, nicht jedoch unbedingt die Authentizität des Viertels erhalten wollen.[50]

Eine besondere Rolle spielt die Rustaveli-Avenue als innerstädtischer Raum, weil hier von besonders prägnanter Sichtbarkeit ausgegangen wird. Die Avenue ist für Touristen eine bevorzugte Flaniermeile, auf der zusätzlich zum lebhaften Straßenverkehr ganz unterschiedliche Aktivitäten zu finden sind: Theater und Museen repräsentieren das Kulturleben der Metropole, Ladengeschäfte spiegeln mit Angeboten internationaler Marken den Eintritt in die Globalisierung wider, viele Restaurants erweitern ihr Lokal durch Freisitze, Bukinisten bieten zwischen Voroncov-Palais und Metrostation Bücher aus sowjetischer Vergangenheit an, Aktivisten vor dem Parlamentsgebäude weisen mit Transparenten, Hungerstreiks und ähnlichen Aktionen auf politische Probleme hin, Arme heischen an Fußgängerunterführungen Aufmerksamkeit und Hilfe – der Straßenzug wird zum Abbild sozialer Verhältnisse und dabei zugleich politisiert. Denn auch für Demonstrationen bildet er den Hintergrund,[51] und die Stadtverwaltung ist sogar bereit, ihn für mehrere Tage zu sperren, wenn er Kulisse für einen Film wird.[52]

Wirtschaft

In Tbilisis Wirtschaftsstruktur verband sich seit dem ausgehenden 19. Jahrhundert eine Vielfalt von Dienstleistungen mit industrieller Produktion. Zunächst förderte die Eisenbahn durch Eigenbedarf und Liefermöglichkeiten den Übergang von rein handwerklicher Produktion zu industrieller Fertigung, später erweiterte sich das Spektrum um zahlreiche weitere Branchen. Wie im Handel bestand zunächst auch bei den Industriebetrieben eine deutliche armenische Dominanz: Von den rd. 150 größeren Betrieben, die um die Wende zum 20. Jahrhundert in Georgien existierten, waren 44 % in armenischer Hand, ähnlich viele in der Hand von Russen und anderen Ausländern und nur etwa ein Zehntel wurde von Georgiern, 2 % von Azeri besessen.[53] In der Sowjetzeit galten bedeutende Werke in Tbilisi der Luftfahrt, dem Bau von elektrischen Lokomotiven und der Leicht- und Nahrungsgüterindustrie. Die postsowjetische De-Industrialisierung traf Georgiens Hauptstadt empfindlich, aber im Unterschied zu anderen Standorten boten sich potentiellen ausländlichen Investoren die Nähe zu politischen Entscheidungsträgern, die internationale Verkehrslage (Flughafen) und die Flächenverfügbarkeit an. Dennoch hat die Industrie nur einen Anteil von 12 % am regionalen GDP, während 88 % vom Dienstleistungssektor erwirtschaftet werden.

Das innerstädtische Geschäftsleben konzentriert sich in der Altstadt auf die K'ote Abkhazi-Straße und ihr näheres Umfeld und greift damit die Tradition des früheren Bazars auf, ist dort heute jedoch im Wesentlichen auf eine touristische Klientel ausgerichtet. Auch die Rustaveli-Avenue, die sich (wieder) zur Flaniermeile entwickelt hat, lebt mit Hotels, Museen, Theaterhäusern, Restaurants, Reiseveranstaltern, Andenkenverkauf und Geldwechselstellen vom Tourismus. Die Ch'avch'avadze-Avenue in Vak'e wird dagegen von Ladengeschäften internationaler Marken flankiert. Nördlich des Mt'k'vari entstand seit dem Bau der Eisenbahn Baku – Poti (1872–1880) Chughureti als kolonialrussisch bestimmte Eisenbahnsiedlung. Sie wurde später zum Ansatz-

5.33 Tbilisi: Hauptgebäude der Ivane-Javakhishvili-Staatsuniversität (September 2012)

5.34 Tbilisi: Philharmonie (August 2010)

punkt eines weiteren Einzelhandelszentrums, das heute zwischen Hauptbahnhof und Stadion von einem ausgedehnten Bazarbereich (*dezert'iris bazari*) bestimmt wird. In den zurückliegenden anderthalb Jahrzehnten sind die langen Reihen offener Verkaufsstände weitgehend durch kioskartige Ladengeschäfte in niedrigen Hallen ersetzt wurden; nur unmittelbar am Bahnhofsgebäude hat sich ein informeller Verkauf erhalten. Die Aghmashenebeli-Avenue auf der linken Mt'k'vari-Seite knüpft an die frühere Tradition einer Hauptgeschäftsstraße an, während umgewidmete ehemalige Industrianlagen in Chughureti wie die *Fabrika* als Zentren populärer Kultur sogar zu touristischen Attraktionsorten wurden. Entlang der Ausfallstraße in Richtung Mtskheta siedelten sich außer dem automotiven Gewerbe moderne Geschäftsviertel mit Einkaufszentren an, im Südosten Verwaltungseinrichtungen und Bürozentren.

Bildung, Wissenschaft und Kultur dürfen als bedeutende Wirtschaftsfaktoren nicht übergangen werden, da sie zahlreiche Arbeitsplätze bieten, das Qualifikationsniveau beeinflussen und zur Internationalisierung der urbanen Gesellschaft beitragen. Außer der Akademie der Wissenschaften bestehen mehrere Universitäten und Hochschulen, von denen die Ivane Javakhishvili-Staatsuniversität, die staatliche Ilia-[Ch'avch'avadze-] Universität, die Medizinische Universität und die Technische Universität die wichtigsten sind. Opernhaus und Theater gehen zum Teil auf Baulichkeiten des 19. Jahrhunderts zurück, das Hauptgebäude der Akademie der Wissenschaften (erbaut 1950–1953), die Philharmonie (1969–1971) sind Bauwerke der Sowjetzeit. In jüngerer Zeit entstanden ein Erweiterungsbau der Nationalgalerie und die Mediathek im Vak'e-Park.

Planungsprobleme

Die ersten zwei Jahrzehnte der Transformationszeit vergingen weitgehend ohne geregelte Stadtplanung. Unmittelbar nach Erlangung der Unabhängigkeit fehlte in Georgien das Kapital für staatliche Maßnahmen, um die aus der Sowjetzeit ererbte Wohnraumknappheit zu überwinden. Die Bevölkerung erhielt das Recht auf Eigeninitiative und Selbsthilfe. In der zweiten Hälfte der 1990er Jahre, als die der Transformation folgende wirtschaftliche Depression ihren Tiefpunkt erreicht hatte und ein allmählicher Wiederaufstieg begann, lag die Stadtentwicklung weitgehend in der Hand von Investoren, doch bis zur Rosenrevolution war der Bausektor von Korruption bestimmt, denn es fehlten nicht nur gesetzliche Regelungen und Planungsinstrumente, sondern auch die Bereitschaft, sie einzusetzen und einzuhalten. Da weder Arealfestlegungen für Kauf oder Pacht noch eine öffentliche Aufsicht existierten, waren illegale Aneignungen durch Flächenokkupation häufig. Der Neoliberalismus der 2000er Jahre erlaubte baulichen Wildwuchs und eine Fixierung von Routinen, die nachträglich schwer zu überwinden sind. Erst im Lauf der Zeit griffen Reformen und lenkten den Städtebau wieder in geordnetere Bahnen.

Problematisch bleibt der Mangel an sozialem Wohnungsbau, eine Folge der Auflösung sowjetischer Wohnungsbaustrukturen. Zugleich wurde die Stadtentwicklung politisiert. Vor allem unter der Präsidentschaft von Saak'ashvili entstanden neue Bauwerke, die die Abkehr von den bisherigen, aus sowjetischer Zeit ererbten *landmarks* brachten. Mit der Sameba-Kathedrale, dem Präsidentenpalast und der Gestaltung des Riq'eparks wurde zugleich die linke Mt'k'variseite, die vorher nur mit Dynamo-Stadion, Bahnhof und Davit Agmashenebeli-Avenue stärker ins Bewusstsein getreten war, deutlich aufgewertet.

Zum Verständnis der heutigen Planungsprobleme muss nochmals etwas weiter zurückgeschaut werden, da Tbilisi sich bis heute mit den Folgen früherer Planung auseinanderzusetzen hat. Ein erster Generalplan – etwa einem Flächennutzungsplan entsprechend – wurde 1934 erstellt, als die Stadt mehr als 400 000 Einwohner besaß. Dabei wollte man sowohl dem weiteren Wachstum als auch der baulichen Gestaltung und dem Infrastrukturbedarf Rechnung tragen. 1950 basierte ein zweiter Generalplan bereits auf 525 000 Einwohnern, der dritte Generalplan von 1969/70, der erst 1975 endgültig angenommen wurde, auf 863 000 Einwohnern. Damals ging man von einer werdenden Millionenstadt aus, denn für das Wachstum bis zum Jahr 2000 waren damals 1,2 Mio. Einwohner vorgesehen, denen durchschnittlich jeweils 15 m² reine Wohnfläche (ohne Küche, Bad und Flur) zur Verfügung stehen sollten. Industriebetriebe sollten, um die Luftbelastung zu verringern, teilweise umgesiedelt werden, wobei an eine Verstärkung der Industrie in Kutaisi, verbunden mit dortigem Stadtwachstum, gedacht wurde.[54] Diese Ziele des dritten Generalplans wurden nur zum Teil realisiert. Vor allem kam eine großflächige Wohnbebauung nordöstlich des „Tbilisier Meeres“, die sehr großen Erschließungsaufwand verlangt hätte, nicht zustande; stattdessen wurde die Bandstruktur entlang des Mt'k'vari noch ausgedehnt. Ein vierter Generalplan sollte ab 1985 erarbeitet werden, aber die Arbeiten daran wurden nicht mehr in der Sowjetzeit abgeschlossen.

Nach Erlangung der Unabhängigkeit berief sich Georgien zwar auf fortbestehende Regelungen, die in den älteren Generalplänen niedergelegt waren, doch war es letztlich Aushandlungssache, auf welchen Grundstücken Genehmigungen für welche Bebauung erteilt wurden. Die Folge war „Wildwuchs“, der von der Flächenaneignung zu Bebauungen ohne Rücksicht auf die Nachbargrundstücke und zur unkontrollierten Villenbebauung in Hanglagen reichte. Erst 2005 wurde ein Zonenplan für das Zentrum von Tbilisi rechtskräftig; er dient seither als Grundlage für die Erteilung von Baugenehmigungen, aber auch hier zeigt die Realität erhebliche Überschreitungen der Bauvorschriften.[55] Die Fortführung dieses Planungsansatzes in die äußeren Stadtteile soll vor allem durch Abgrenzung der Bauflächen eine weitere unkontrollierte Expansion zugunsten der Innenentwicklung verhindern.

2009 wurde ein neuer Flächennutzungsplan für Tbilisi angenommen, an dessen Vorbereitung die GTZ (GIZ) maßgeblichen Anteil hatte.[56] Er soll insbesondere die Verbindlichkeit der Planung erhöhen. Allerdings zeigt es sich, dass Regeln wie etwa eine Festlegung der Geschossflächenzahl nur in eingeschränktem Maß beachtet werden, da mit Sondernehmigungen, die zwar gebührenpflichtig, aber relativ leicht zu erhalten sind, weitaus höhere Nutzungsintensitäten erzielt werden können. Dies wurde vor allem an Neubauten in Vak'e nach 2005 deutlich, wo die Bautätigkeit teilweise sogar Parkanlagen und Kinderspielplätze drastisch beschnitt. In sowjetischer Zeit sollten 30 % der Flächen neuer Wohngebiete Grünanlagen sein, jetzt gelten bereits 10 % als ausreichend.[57] Hauptverantwortlich für die Planung ist mit dem „City-Architekten" als oberstem Planer eine Institution, die in den ersten zwei Jahrzehnten nach der Unabhängigkeit einen zehnmaligen personellen Wechsel erlebte, so dass sich keine Kontinuität einstellen konnte.[58] Im Juli 2018 wurde ein neuer Flächennutzungsplans vorgestellt;[59] die rasche Aufeinanderfolge lässt vermuten, dass ältere Festlegungen schnell von den Realitäten überholt wurden.

Neubauten entstanden oft ohne Rücksicht auf die bauliche Umgebung. Das Fehlen städtebaulicher Leitbilder für die künftige Entwicklung der georgischen Hauptstadt gilt als eines der wesentlichen Hemmnisse.[60] Dabei ist zu bedenken, dass der Immobilienmarkt inzwischen eine erhebliche Dynamik mit einer Vielzahl unterschiedlicher Organisationsformen zeigt: Bewachte Wohnkomplexe (*gated communities*) sind ebenso wie Wohnhochhäuser für Bessergestellte (*condominiums*) oder Villenbebauung möglich geworden, ohne dass in jedem Fall von Korruption oder kriminellen Akten ausgegangen werden muss.

Spezifische Probleme zeigen sich in einigen Details, mit denen die Planung seit den 1990er Jahren konfrontiert ist. Die Wohnhäuser, die sich als Gemeinschaftsbauten mit Sondereigentum um einen Innenhof gruppieren, gehören zur charakteristischen Architektur des 19. Jahrhunderts. Die komplizierte Eigentumsstruktur erfordert für jede Instandsetzung gegenseitige Absprachen, die jedoch bei sehr unterschiedlichen, oft prekären Einkommensverhältnissen kaum zu erzielen sind. Der Hofraum ist eigentlich halböffentlicher Raum und befindet sich in Gemeinschaftsbesitz; für ihn fühlen sich daher die städtischen Behörden nicht zuständig. Nur die weit verbreitete Bereitschaft der Bevölkerung, sich für kleine Aufgaben in der Nachbarschaft zu engagieren, kann als Potential für künftige Mitwirkung beim Erhalt des baulichen Erbes gesehen werden.[61] Die städtische Planung unterstützt aber eher finanzkräftige Investoren, die zu Abriss und Neubau neigen. Dies wurde in den Vorgaben „Neues Leben für Alt-Tiflis" (2009) deutlich, dessen Lenkungsorgan von Entwicklern und städtischen Beamten, weniger von Planern und Heritage-Befürwortern bestimmt war. Inzwischen ist in Publikationen der Stadtverwaltung von Neu-Tiflis die Rede, wenn es um Maßnahmen für eine bessere Infrastruktur, städtebauliche Verschönerung,

Ein städtebauliches Prestigeprojekt

Eines der größten und zugleich in der Zivilgesellschaft umstrittensten aktuellen Entwicklungsprojekte der georgischen Hauptstadt ist *Panorama Tbilisi*, ein seit 2014 in Entwicklung und Bau befindlicher Verbund von vier multifunktionalen Anlagen zwischen dem Freiheitsplatz und den Hängen oberhalb Sololak'i, wo Hotels, Sport- und Erholungseinrichtungen sowie Dienstleistungsunternehmen eingerichtet werden. Das Projekt zielt auf eine internationale Käuferschaft und soll den Tourismus fördern. Umstritten ist es nicht nur wegen des politischen Hintergrunds – einer der Hauptinvestoren ist der Multimilliardär und frühere Ministerpräsident Bidzina Ivanishvili –, sondern auch aus Umweltgründen, weil große Waldflächen gerodet werden müssen, deren Retentionsbedeutung zuletzt bei der Hochwasserkatastrophe 2015 sichtbar wurde. 2019 wurde der Bau kurzfristig unterbrochen, nachdem es zu einem Unfall gekommen war, dem drei Arbeiter zum Opfer fielen.[62] Sicher wird sich die Ästhetik des Stadtbilds ändern, wenn die Bebauung der oberen Hänge über dem Botanischen Garten weitere Akzente setzt.

5.35 Tbilisi: Gedenktafel für Paolo Jashvili (1894–1937), der als Vertreter des Symbolismus im Rahmen der stalinistischen „Säuberungen" 1937 in den Selbstmord getrieben worden war (September 2022)

Sanierung einzelner Gebäude und Straßenzüge geht.

Erinnerungsorte

Tbilisi vereinigt auf relativ kleinem Raum die Erinnerung an zahlreiche Entwicklungen Georgiens, die sich nochmals in einzelnen Gebäuden oder Monumenten zeigen. Wenigstens einige wenige Beispiele seien erwähnt.

Die Erinnerung an die Dauerhaftigkeit der georgischen Nation bei inneren und äußeren Bedrohungen wird von der Ivane Javakhishvili-Universität ebenso aufrechterhalten wie vom Pantheon am Mtats'minda, wo Beisetzungen und Umbettungen in den 1930er Jahren und nach 1990 jeweils anzeigten, wem man bei der Konstruktion eines georgischen Nationalnarrativs besondere Beachtung schenkte.[63] Aber auch das Museum für georgische Geschichte und Kunst, die Ausgestaltung von Alt-Tiflis und selbst – nach 1990 allerdings wegen der sowjetischen Herkunft recht umstritten – das über der Innenstadt sich erhebende Denkmal Mutter Georgien stützen den georgischen Nationalgedanken. Für das Narrativ, welches das orthodoxe Christentum als Basis für die georgische Identität sieht, steht heute die Dreifaltigkeitskathedrale als monumentaler Neubau. Den nach der Rosenrevolution eingetretenen Wandel symbolisieren das Okkupationsmuseum und – ebenfalls umstritten – die St.-Georgs-Statue auf dem Freiheitsplatz, wobei der Künstler Zurab Ts'ereteli eher der spät- als der postsowjetischen Zeit zuzuordnen ist. Eine Vielzahl an Gedenktafeln an einzelnen Gebäuden soll an frühere Bewohner erinnern, an Politiker, Wissenschaftler, Künstler, wobei die sowjetzeitlichen Tafeln (meist zweisprachig georgisch/russisch) nahezu unverändert erhalten blieben.

In der Erinnerungskultur finden auch Umdeutungen und Fortführungen statt. So erhielt das Denkmal „Gefallene Helden der Freiheit", das an die Toten des „Blutsonntags" 1989 erinnert, 2022 eine zusätzliche Bedeutung durch die Erinnerung an die Georgier, die im russisch-ukrainischen Krieg zu Tode kamen.[64]

Im Schatten der Hauptstadt: Ein Blick auf die anderen Städte

Hafenstadt am Schwarzen Meer: Batumi

Batumi, Adschariens Hauptstadt am Schwarzen Meer, ist derzeit hinsichtlich der Einwohnerzahl (2023: 179 200) die zweitgrößte Stadt Georgiens. Es wurde nach Abashidzes Ausscheiden aus der Politik (2004) massiv durch nationale und internationale Investitionen gefördert, um der Gateway-Funktion als Grenzort nahe der georgisch-türkischen Grenze und als Hafenstadt gerecht zu werden, nachdem Adschariens Verbleib in Georgien gesichert erschien, Sukhum sich jedoch mit der einseitigen Unabhängigkeitserklärung Abchasiens dem Einfluss Georgiens entzogen hatte.

5.36 Batumi: Stadtzentrum mit dem Batumi Tower (für eine technische Universität geplant, jetzt von einem Hotel genutzt) (August 2019)

Batumis Geschichte reicht in die Antike zurück. Griechische Kolonisten gründeten die Stadt Batis. Plinius und Flavius Arian erwähnen eine Siedlung, und unter Kaiser Hadrian bestand eine Militärkolonie; wenige Kilometer entfernt war Gonio eine wichtige Festung in der Römerzeit. In späteren Jahrhunderten war Batumi als befestigter Platz bedeutsam, allein schon um den Handel zu sichern, der von italienischen, levantinischen und türkischen Kaufleuten betrieben wurde. Mehrfach wechselte die Stadt die territoriale Zugehörigkeit. Im 15. Jahrhundert geriet Batumi unter osmanische Herrschaft, 1878 wurde es im Berliner Kongress Russland zugesprochen, das mit diesem Zugewinn seine geopolitische Stellung im Schwarzmeerraum und in Südkaukasien ausbaute. Die Tatsache, dass der Hafen sich auf britisches Drängen als Freihafen dem Handel öffnete, förderte die städtische Entwicklung.[65] Bereits 1883 entstand eine Eisenbahnverbindung zur transkaukasischen Bahn, auf der Erdöl von den Feldern bei Baku und Manganerz von Ch'iatura herangebracht wurden.[66] Der Erdöltransport über die erste Pipeline, die zwischen 1896 und 1906 von Baku nach Batumi angelegt wurde, hatte wegen ihrer geringen Kapazität und der Beschränkung auf reines Erdöl deutlich geringere Bedeutung.[67] Die frühe Industrialisierung im ausgehenden 19. Jahrhundert galt vor allem Betrieben, die in die Erdölwirtschaft eingebunden waren; erst später kamen Schiffsbau, Maschinenbau und Nahrungsgüterindustrie hinzu. Noch heute ist Batumi Georgiens wichtigster Umschlagplatz für Erdöl; diese Aufgabe sollte in Zukunft der nördlich von Poti für einen Ausbau vorgesehene Hafenstandort Anak'lia mit seiner Wirtschaftssonderzone[68] an der Mündung des Enguri in das Schwarze Meer übernehmen, um Konflikte mit der für die adscharische Küste betriebenen Tourismusförderung zu vermeiden, doch steht dieses Ausbauprojekt derzeit still. Der Erdölterminal von Batumi, heute eines der größten Unternehmen der Stadt, wurde 2008 von dem kasachischen Unternehmen *KazTransOil* übernommen.[69]

Als touristische Destination wurde Batumi ausgebaut, obwohl die Witterungsbedingungen gerade im Sommer wegen relativ hoher Niederschläge (2400 mm durchschnittliche Jahresniederschlagssumme) nicht nur günstig sind. Zahlreiche Hotelneubauten in allen Preisklassen bieten Übernachtungsmöglichkeiten, eine Strandpromenade wurde in sowjetischer Zeit angelegt und in den letzten beiden Jahrzehnten verlängert und repräsentativ ausgestaltet.

Wie die meisten Städte Georgiens verlor Batumi, das 1970 gerade 100 603 Einwohner gezählt hatte, nach 1989 einen beträchtlichen Teil seiner Bevölkerung, vor allem durch Abwanderung

5.37 Batumi: Altstadt (August 2019)

5.38 Batumi: Erdölhafen (August 2019)

nicht-georgischer Bevölkerung. So sank die Einwohnerzahl zwischen den Zählungen 1989 und 2002 von 136 900 auf 121 800. Nach umfangreichen Eingemeindungen (Teile der Munizipalität Khelvachauri) wurden beim Zensus 2014 zwar wieder 152 839 Einwohner gezählt und bis 2023 auf 179 200 fortgeschrieben, doch hielt der Bevölkerungsrückgang in der Kernstadt an.[70]

Im Stadtbild Batumis haben sich wenige Elemente der älteren historischen Entwicklung erhalten. Die am Anfang des 20. Jahrhunderts noch vorhandenen, enggassigen Viertel, die von Türken bewohnt wurden, waren bereits am Ende der Sowjetzeit verschwunden,[71] doch wirbt der Tourismus mit der auf den regelmäßigen Stadtausbau Ende des 19. und zu Beginn des 20. Jahrhunderts zurückgehenden „Altstadt“. Seit Saak'ashvilis Präsidentschaft erhielt Batumi architektonische Impulse, die die Bedeutung der Großstadt am Schwarzen Meer betonen sollen. Die 2012 nach einem Besuch des späteren US-amerikanischen Präsidenten Donald Trump in Georgien initiierte Planung eines Trump Tower wurde allerdings 2017 nach Trumps Amtsantritt ebenso aufgegeben wie die Planung eines entsprechenden Wohnturms am Platz der Ersten Republik in Tbilisi. Dafür entstanden mehrere vielstöckige Hotelneubauten und ein ursprünglich für die Technische Universität vorgesehenes Hochhaus, das teilweise von einem Hotel genutzt wird. Der Erholungszone beim Hafen zugeordnet ist der Alphabetturm, an dem die 33 Buchstaben des georgischen Alphabets in Form einer Doppelhelix angeordnet sind.

Eng mit Batumi verbunden sind die nordöstlich am Schwarzen Meer gelegenen Kurorte Makhinjauri (heute Endpunkt des Personenfernverkehrs der Eisenbahn), Chakvi, das auf das antike Petra zurückgehende Tsikhisdziri und vor allem Kobuleti, die von der heutigen Tourismuspolitik als Gegenentwurf zu den für Georgien derzeit verlorenen Badeorten in Abchasien angesehen werden. Shek'vetili mit der Black Sea Arena setzt die Reihe der Küstensiedlungen im südwestlichen Gurien fort. Ebenfalls zu einer Art Vorort von Batumi wurde Sarpi an der georgisch-türkischen Grenze.

Das Zentrum Westgeorgiens: Kutaisi

Kutaisi (2023: 130 400 Einw.), als wichtigstes Zentrum Westgeorgiens lange Zeit zweitgrößte Stadt des Landes, gehört ebenfalls zu den Städten mit langer Siedlungstradition. Die Entstehung

5.39 Kutaisi: Bagrati-Kathedrale (Juni 2018)

5.40 Kutaisi: Innenstadt (Juni 2018)

reicht in die Zeit der griechischen Kolonisation in der Kolchis zurück; eine erste schriftliche Erwähnung findet sich in der Argonautika des Apollonios von Rhodos im 3. Jahrhundert v. Chr. Als Hauptstadt von Imeretien hatte Kutaisi seit dem Mittelalter große politische, wirtschaftliche und kulturelle Bedeutung, die in dem auf der UNESCO-Welterbeliste eingetragenen Kloster Gelati deutlich wird. Dort befand sich im „Goldenen Zeitalter" die bedeutendste Akademie Westgeorgiens. Die Bagrat'i-Kathedrale, in der Größe der Svet'itskhoveli-Kathedrale in Mtskheta vergleichbar, war bis 2013 mit Gelati zusammen auf der Welterbeliste eingetragen, wurde aber bei einer Neuabgrenzung des Schutzgebietes gestrichen, nachdem der von Präsident Saak'ashvili forcierte Wiederaufbau der Kirche zwischen 2008 und 2010 Empfehlungen der UNESCO zum Erhalt der Authentizität missachtet hatte.[72]

Die ursprüngliche Stadtanlage erfolgte über dem rechten Ufer des Rioni, wo ein Kalkfelsen einen hochwassersicheren Standort bot. Nach Übernahme der russischen Herrschaft verlagerte sich der Schwerpunkt auf das linke, östliche Ufer des Rioni in flacheres Gelände, in dem eine großzügige Stadtanlage möglich wurde, wie sie für den rasch zunehmenden Handel angemessen erschien.[73]

In der Sowjetzeit ließ die Beschäftigung in der Industrie die Bevölkerungszahl Kutaisis 1970 auf 160 937, 1989 auf 230 000 Einwohner ansteigen. Als traditionelles Gewerbe hatten sich die Seidenraupenzucht und die Herstellung von Seidenstoffen erhalten, als moderne Zweige kamen der Fahrzeugbau (Lastkraftwagen, landwirtschaftliche Maschinen wie Bodenfräsen) und die chemische Industrie (Grundstoffe für die Farbenherstellung) hinzu. Mit T'q'ibuli (Kohlebergbau), Ch'iatura (Manganerzförderung) und Zest'aponi (Verarbeitung von Eisenlegierungen) bildete sich in Imeretien ein kleines, durch Lieferverflechtungen vernetztes Industriegebiet heraus. Der Generalplan von 1971 sah für Kutaisi ein städtisches Wachstum bis zur Jahrhundertwende auf 0,4 bis 0,5 Mio. Einwohner vor, doch ist davon nach der De-Industrialisierung und dem Abbruch der meisten Wirtschaftsverflechtungen in den frühen 1990er Jahre nur wenig übriggeblieben. Vielmehr sank die Einwohnerzahl massiv auf 2002: 183 691 und 2014: 147 600.

Kutaisi wurde 2001 in das Projekt „Landmanagement Georgien" der GTZ mit dem Ziel eingebunden, einen Generalplan zu erarbeiten, auf dessen Grundlage eine geordnete Stadtplanung möglich werden sollte. Diese wiederum sollte vor allem die Sanierung der teilweise verfallenden Bausubstanz und die Wiederbebauung innerstädtischer Brachen fördern. Da jedoch kein Zonenplan zustandekam, wurde die bisherige Art und Weise beibehalten, ohne Vorgaben zu bauen, wenn auch wegen Kapitalmangels und geringen Engagements ausländischer Investoren in weitaus geringerem Umfang als in Tbilisi. So sind in der Innenstadt zahlreiche Gebäude aus dem ausgehenden 19. und beginnenden 20. Jahrhundert erhalten, deren Renovierung heute als Potential für den Tourismus gesehen wird.

Nur ein Großprojekt wurde verwirklicht: In der Stadt befand sich bis zu seiner Sprengung 2009 ein Denkmal zur Erinnerung an die 200 000 im Zweiten Weltkrieg umgekommenen Georgier. Die Sprengung erfolgte als politische Reaktion auf den Fünf-Tage-Krieg und löste in Russland heftige Kritik aus. Anstelle des Denkmals entstand ein hochmodernes Parlamentsgebäude. 2012 wurde der Parlamentssitz aus Tbilisi offiziell nach Kutaisi verlegt. Damit sollte – so die offizielle Lesart – der Westen Georgiens aufgewertet werden, nachdem die inneren Auseinandersetzungen der 1990er und 2000er Jahre immer wieder auf Rivalitäten zwischen west- und ostgeorgischen Politikern beruht hatten. Saak'ashvilis Nachfolger machte allerdings die Parlamentsverlegung schon nach wenigen Jahren rückgängig.

In der Gegenwart macht Kutaisi neue Schritte zu wirtschaftlichem Wachstum. Nach dem Ausbau und der Modernisierung des Flughafens K'opitnari kann die Stadt auch von ausländischen Fluggesellschaften angeflogen werden, was Billigfluglinien nützen. Die Erweiterung der Hotelkapazitäten soll die Stadt zum Ausgangspunkt nicht nur für Besuche nahegelegener (Ts'q'alt'ubo, Gelati, Prometheushöhle), sondern auch fernerer Tourismusziele im Hochgebirge (Hoch-Svanetien) machen. Zwei Wirtschaftssonderzonen sollen ausländische Investoren anlocken; darunter befindet sich die Hualing Kutaisi Free Industrial Zone mit 36 ha, die sich in den Rahmen der chinesischen Belt and Road Initiative einordnen lässt.[74]

Derzeit von Georgien isoliert: Sukhum

Die abchasische Hauptstadt Sukhum[i] (abchas. Aҟəa; georg. Sokhumi; 65 530 Einw.[75]) geht auf das Dioskurias griechischer Kolonisten aus Milet im 7.-5. Jahrhundert v. Chr. zurück, dessen Zentrum etwa 20 km südlich der heutigen Stadt angelegt worden war. Auf seinen Ruinen entstand im ersten vorchristlichen Jahrhundert die römische Siedlung Sebastopolis. Ob die antiken Siedlungsreste heute, bedingt durch einen Meeresspiegelanstieg im Schwarzen Meer oder die Absenkung des tektonischen Schwarzmeerbeckens, vor der Küste liegen, ist umstritten.[76] Im 8. nachchristlichen Jahrhundert wurde die Stadt bei Arabereinfällen zerstört, ehe sie als Zentrum des mittelalterlichen abchasischen

5.41 Bessere Zeiten: Sukhum als Tourismusdestination 1975 (August 1975)

Fürstentums erneut aufstieg. Im 16. Jahrhundert eroberten Osmanen die Stadt und befestigten sie zu einer Militärbasis (Suchum-Kaleh), wie sie von O. Spencer geschildert wird.[77] 1847 fiel Sukhum mit Abchasien an das Russische Reich. Im Russisch-Türkischen Krieg 1877/78 besetzten Osmanen nochmals die Stadt und brannten sie bei ihrem erzwungenen Abzug nieder. Die Eingliederung in das Russische Reich brachte einen Neuaufbau nach einem regelmäßigen, rechtwinkligen Straßengrundriss. Ein wichtiger Entwicklungsimpuls war die Entwicklung zum Lungenkurort nach einem 1898 in Moskau abgehaltenen Medizinischen Kongress. Um die Wende vom 19. zum 20. Jahrhundert galt die Stadt bereits als für damalige Verhältnisse modern ausgebaut, sie verfügte über mehrere Sanatorien und war von breiten Straßen mit exotischen Bäumen durchzogen. Schon 1838 war ein botanischer Garten eröffnet worden, der für die Umbewertung der russischen Schwarzmeerküste für den Anbau subtropischer Kulturpflanzen wichtig wurde. Neben der Ansiedlung von Betrieben der Nahrungs- und Genussmittelindustrie und der Einrichtung mehrerer spezialisierter Forschungsinstitute wurde später der Tourismus zu einer der bestimmenden Funktionen der Stadt.

Die Bevölkerung stieg während der Sowjetzeit nahezu kontinuierlich; 1939 hatte die Stadt noch 44 300, 1970 bereits 101 798 Einwohner, 1989 waren es 119 500, darunter zwei Fünftel Georgier und über ein Fünftel Russen, aber nur 12,5 % Abchasen.[78] Mit den Auseinandersetzungen in den 1990er Jahren war ein gewaltiger Bevölkerungs- und Bedeutungsverlust verbunden. Bis Anfang des 21. Jahrhunderts fiel die Einwohnerzahl auf 40 000, ehe eine gewisse Beruhigung einsetzte. Der Zensus von 2011 ergab wieder 64 500 Einwohner – wenig mehr als die Hälfte des Höchststandes. Das georgische Bevölkerungselement ist weitgehend verschwunden, das russische tritt dafür deutlicher hervor. Heute bemüht sich die Stadt, die unter den Folgen der kriegerischen Ereignisse der 1990er Jahre und der relativen Isolation Abchasiens zu leiden hat, an die frühere Bedeutung anzuknüpfen.

Ungleiche Elemente des nationalen Städtesystems: Weitere Städte

Rustavi (2023: 132 300; 1970: 98 210 Einw.)[79] ist zwar vor allem als sowjetische Industriestadt bekannt, hat aber alte Wurzeln und bestand bereits in der Mitte des ersten vorchristlichen Jahr-

5.42 Rustavi: Innenstadt (Oktober 2018)

5.43 Rustavi: Neustadt (Oktober 2018)

tausends als Festungssiedlung. Beim Einfall der Goldenen Horde im 13. Jahrhundert wurde die bei der Festung entstandene Stadt fast vollständig zerstört. Rustavi blieb unbedeutend, bis es als Industriestandort ausgebaut wurde. Ab 1944 entstand das größte Stahlwerk Südkaukasiens (s. u. S. 378 f.), an das sich Werke der Chemischen Industrie und der Bauindustrie anschlossen. Die Bautätigkeit konzentrierte sich zunächst auf den an das Industriegebiet anschließenden Stadtteil östlich des Mt'k'vari („Alt-Rustavi"), für dessen Anlage deutsche Kriegsgefangene eingesetzt wurden; dort hat bis heute die Stadtverwaltung ihren Sitz. Seit den 1970er Jahren wuchsen westlich des Mt'k'vari ausgedehnte neue Wohnviertel („Neu-Rustavi") in Plattenbauweise hoch, für deren Instandhaltung jedoch die Mittel fehlen. Südöstlich an den älteren Stadtkern schließen sich die Anlagen des früheren Stahlwerks an; östlich von ihnen führt die *Rustavi Azot* die Tradition des früher wichtigsten Stickstoffdüngerwerks in Südkaukasien fort, das 1947 zur Nutzung der bei der Koksverbrennung im Stahlwerk entstehenden Gase errichtet wurde. In der Sowjetzeit wurde die Produktion schrittweise auf die Herstellung von Kaliumpermanganat, schwacher Salpetersäure, Caprolactam für die Kunstfasererzeugung und Natriumzyanid ausgeweitet. Die Produktionslinie von Grundstoffen für die kosmetische Industrie führte schließlich 1990 zur Aufnahme der Herstellung von Lippenstiften. Heute gehört der Betrieb zu der 2011 in Luxemburg registrierten *Agrochim S.A.*[80] Zu den negativen Folgen dieser raschen Industrialisierung gehörte eine massive Zunahme der Luftverschmutzung. Von der De-Industrialisierung und überaus hohen Arbeitslosigkeit nach Auflösung der Sowjetunion erholt sich der Standort nur langsam. Zwar sind inzwischen die früheren Hauptzweige noch vertreten, doch ist das Produktionsvolumen geschrumpft. Der ältere Teil der Stadt überrascht durch seine recht einheitliche Architektur, die vom Stil der späten Stalinzeit mit einheitlichem Gebäudehöhen, gegliederten Fassaden und Schmuckelementen gekennzeichnet ist; zumindest die straßenseitigen Fassaden sind an den Hauptstraßen ansprechend saniert. Offensichtlich bemüht sich die Stadt, das Image der sowjetischen Industriesiedlung abzuschütteln.

Mtskheta (2022: 7 500 Einw.) ist Hauptstadt der Region Mtskheta-Mtianeti. Es hatte immer eine strategische Bedeutung am Zusammenfluss von Mt'k'vari und Aragvi und wurde erste Hauptstadt Kartliens. Mit der Jvari-Kirche hoch über dem Zusammenfluss, mit dem Samtavro-Kloster und der Svet'itskhoveli-Kathedrale spielte es zudem eine dominante Rolle in der Entwicklung der georgischen Kirche. Diese Anlagen wirkten schon in der Sowjetzeit als touristische Magnete und ließen das Ortszentrum zu einer „Museumsstadt" werden; 1994 wurden die genannten drei Bauwerke in die UNESCO-Liste des Weltkulturerbes aufgenommen.

Gori (2022: 44 500 Einw.), an der Einmündung des Liakhvi in den Mt'k'vari gelegen, wurde vor allem als Stalins Geburtsstadt bekannt. Bis heute dokumentiert

5.44 Gori: Innenstadt (September 2010)

das 1956 eröffnete Museum das Leben des sowjetischen Führers, wobei nur zögerlich auch die negativen Seiten seines politischen Handelns gezeigt werden. Das unter einem steinernen Baldachin vor dem Museum stehende Geburtshaus Stalins ist unverändert. Das Museum befindet sich am Ende der Hauptachse der Stadt, welche von einem weiten (Aufmarsch-)Platz vor dem Rathaus, vor dem bis 2010 ein großes Stalin-Denkmal stand, zu einer zentralen Parkanlage führt. Diese im Zentrum regelmäßige Stadtanlage beruht auf dem Wiederaufbauplan, der nach dem verheerenden Erdbeben im Jahr 1920 umgesetzt wurde. 1936 wurde der erste Generalplan erarbeitet, dem aktualisierte Pläne in den Jahren 1949, 1965 und 1971 folgten, die durchweg von weiterem industriellem Wachstum und dadurch bedingtem Bevölkerungszuzug und steigender Wohnraumnachfrage ausgingen. Allerdings wurden geplante Industrieansiedlungen nicht verwirklicht, so dass auch die Bevölkerungszunahme hinter den Erwartungen zurückblieb; die De-Industrialisierung führte vielmehr in den 1990er Jahren zur Abwanderung, insbesondere russischer Fachkräfte (1970: 45 979; 1989: 68 924; 2002: 49 137 und 2014: 48 143 Einw.) und zu viel Leerstand und Brachflächen innerhalb des bebauten Gebietes, so dass die Stadtplanung sich vor allem auf Sanierung und Innenentwicklung ausrichten muss. Die Wirtschaft war bis 1990 von mehreren Großbetrieben geprägt, darunter einem Baumwollkombinat, das zentralasiatische Baumwolle nutzte. Betriebe der Konservenindustrie verarbeiteten Obst und Gemüse aus den ertragsreichen Agrargebieten Shida Kartlis, die hier ihr wichtigstes Lager fanden. Von dieser Industrie sind heute nur Ansätze im Nahrungsgütersektor erhalten.

Als Zentrum einer fruchtbaren Beckenlandschaft reicht Goris Bedeutung weit zurück. Unter der die Stadt überragenden mittelalterlichen Festung Goristsikhe wurden Reste einer älteren Festungsanlage aus dem 3. oder 2. Jahrhundert v. Chr. entdeckt, doch setzte eine wirtschaftliche Entwicklung vor allem unter Davit Aghmashenebeli ein. Im 19. Jahrhundert war Gori ein Handelszentrum, das von armenischer Bevölkerung dominiert wurde; sie stellten in den 1880er Jahren die Mehrheit unter den rd. 5 400 Einwohnern.[81] Bald nach dem Anschluss an das Russische Reich soll sogar überlegt worden sein, die Hauptstadtfunktionen für den russischen Südkaukasus nach Gori zu verlegen, das vor allem in den Sommermonaten ein weitaus angenehmeres Klima als Tbilisi bot.[82] In postsowjetischer Zeit erhielt Gori zusätzliche Bedeutung im Zusammenhang mit der Sezession Südossetiens, weil sich hier eine bedeutende Garnison befindet, deren Anlagen nach der Zerstörung im Krieg von 2008 schnell wieder aufgebaut wurden.

Historische und touristische Bedeutung besitzt in Goris Nachbarschaft die Höhlenstadt Uplistsikhe, die schon im ersten vorchristlichen Jahrhundert erwähnt und im 13. Jahrhundert bei einem Mongoleneinfall zerstört wurde. Für den durch Südkaukasien verlaufenden Strang der (historischen) Seidenstraße war Uplistsikhe ein bedeutender Handelsplatz.

5.45 Ambrolauri: Tourismuswerbung (September 2022)

Tskhinvali, Hauptstadt des abtrünnigen autonomen Gebiets Südossetien, war lange eine von georgischer Bevölkerung geprägte Siedlung, hinzu kamen in Verwaltung, Militär und Industrie tätige Russen. Seit dem Augustkrieg 2008 ist die georgische Bevölkerung nahezu verschwunden, doch konnte die Stadt ihre Einwohnerzahl wegen der Zuwanderung von Osseten aus Rumpf-Georgien und wegen der anhaltenden Berg- und Landflucht weitgehend halten (1976: 34 500 Einw., 2015: 30 432 Einw.). Zwischen 1934 und 1961 trug die Stadt den Namen Staliniri.

Ambrolauri (2022: 2 000 Einw.) wird als sehr kleines städtisches Zentrum hier erwähnt, weil es als Hauptstadt der Region Rach'a-Lechkhumi-Kvemo Svaneti und als Zugang zum Fremdenverkehrsgebiet von Oni eine gewisse zentralörtliche Funktion im oberen Rioni-Tal besitzt. Das Rach'a-Erdbeben von 1991 rief starke Beschädigungen an der Bausubstanz hervor, doch hatte ein massiver Bevölkerungsverlust schon in den 1960er Jahren eingesetzt. Heute setzt die Kleinstadt auf den Tourismus und wirbt mit dem Khanchkara-Rotwein als regionaler Spezialität.

Ein wichtiger Verkehrsknoten ist *Khashuri* (vorsowjetisch: Michailovo; 1970: 24 469; 2014: 26 135; 2022: 24 600 Einw.). Die Stadt entstand an der Abzweigung der Bahnstrecke nach Borjomi (und später weiter nach Akhaltsikhe) von der Transkaukasischen Bahnlinie. Beim Erdöltransport findet hier die Verladung von der Eisenbahn auf die Pipeline nach Batumi statt. Heute ist der Ort auch ein Knotenpunkt für den Automobilverkehr: Von der Ost-West-Achse zweigt die nach Akhaltsikhe und in die Türkei führenden Fernstraße ab. Daraus entwickelte sich ein Handelsplatz und Standort automotiver Dienstleistungen.

Zest'aponi (1970: 21 701; 1989: 26 098; 2002: 24 002; 2014: 20 814; 2022: 20 400 Einw.) gehört als Industriestadt zu den Verlierern der Transformation. Zwar werden noch immer Eisenlegierungen produziert, aber ein großer Teil der in sowjetischer Zeit errichteten Anlagen liegt brach und verfällt. Auf der anderen Seite ist die Stadt ein wichtiger Verkehrsknoten auf der Westseite der Surami-Kette. Dies führte dazu, dass sich die Bevölkerungsverluste in Grenzen halten.

Ch'iatura (2022: 12 300 Einw.) entstand im Zusammenhang mit dem Untertageabbau von Manganerz im sehr stark reliefierten Q'virila-Tal und war immer monostrukturiert. Die Stadt erlebte einen massiven Ausbau nach dem Zweiten Weltkrieg bis in die Mitte der 1950er Jahre.

5.46 Khashuri: „Gläserne" Polizeistation (September 2012)

5.47 Ch'iatura: Stadtzentrum mit sanierten Gebäuden (Mai 2019)

Heute ist jedoch ein großer Teil der ehemaligen Förder- und Betriebsanlagen verfallen. Die Einwohnerzahl zeichnet daher die Entwicklung des Bergbaus nach. Hatte die Stadt 1970: 25474, Anfang 1976 noch 26000 und 1989: 29228 Einwohner, so sank diese Zahl bis zum Zensus 2002 auf 13832 und 2014 auf 12802 Einwohner. Im Stadtzentrum wurden zwar Renovierungsmaßnahmen vorgenommen, doch zeigen die Wohngebäude in den Außenbereichen den Verfall, mehrere ehemalige Wohnsiedlungen von Bergarbeiterfamilien stehen leer. Eine Ursache hierfür ist der weitgehende Zusammenbruch der Infrastruktur nach der De-Industrialisierung; die Stromversorgung konnte zwar 2004 wiederaufgenommen werden, Wasser- und Gasleitungen funktionierten jedoch noch nicht regulär. Dass die Luftverschmutzung nicht mehr zu den Hauptproblemen der Bevölkerung gehört, ist auf die Stilllegung zahlreicher Förderstellen zurückzuführen.[83] Nach wie vor wird Ch'iatura vom Manganbergbau bestimmt, doch im Unterschied zur Sowjetzeit fühlt sich die *Georgian Manganese* wesentlich weniger für die soziale Infrastruktur der Stadt verantwortlich. Eine verkehrstechnische Besonderheit sind die ursprünglich 26 Seilbahnen, die dem öffentlichen Personenverkehr dienen, und die 50 Materialseilbahnen; sie waren größtenteils nach 1950 angelegt worden, um dem Steilrelief im Tal des Q'virila gerecht zu werden.[84] Zwei Seilbahnen wurden gleichermaßen von der lokalen Bevölkerung und von Touristen bis zum Frühsommer 2019 noch genutzt, eine neue Seilbahn ist im Bau und soll an die Tradition anknüpfen. Eine bergbau-, industrie- und architekturgeschichtliche Aufbereitung von Anlagen und Gebäuden böte durchaus das Potential für die Einbindung in ein touristisches Angebot. Eindrucksvoll schildert der Film „*City of the Sun*" (2017; Regie: Rat'i Oneli) die Probleme der Stadt.

Samt'redia (1970: 21 974; 1989: 34 468; 2002: 29 732; 2014: 25 318; 2022: 22 400 Einw.) entwickelte sich als Eisenbahnknoten westlich von Kutaisi und griff damit die Tradition eines älteren, für die drei westgeorgischen Regionen Imeretien, Gurien und Mingrelien wichtigen Handelsplatzes auf, an dem bis zum Eisenbahnbau in den 1870er Jahren der Umschlag zwischen dem Landverkehr und der Schifffahrt auf dem Rioni erfolgte. Samt'redia könnte von dem nahe gelegenen Flughafen Kutaisi-K'opitnari profitieren, da es im Unterschied zu Kutaisi unmittelbar an der durch die Autobahn vorgegebenen West-Ost-Achse liegt.

Auch *Senak'i* (1970: 25354; 1989: 29161; 2002: 27703; 2014: 21596; 2022: 17500 Einw.) verdankt seine Bedeutung der Eisenbahn; hier zweigt die Strecke nach Abchasien von der Hauptstrecke Tbilisi – Poti ab. Heute hat sich allerdings die Bedeutung verringert, da die ursprünglich nach Sukhum führende Strecke in Zugdidi endet und die wichtigere Strecke nach Batumi bereits in Samt'redia abzweigt.

Zugdidi (1970: 39 896; 2022: 40 700 Einw.), am Enguri-Nebenfluss Didi Chkhoushi gelegen, zeigt zwar eine statistische Bevölkerungszunahme,

5.48 Ch'iatura: bis Juli 2019 in Betrieb befindliche Seilbahn (Mai 2019)

erlebte aber die relativ bedeutendsten Bevölkerungsverschiebungen: Die postsowjetische De-Industrialisierung führte zu starker Abwanderung, doch musste die Stadt wenig später einen großen Teil der Flüchtlinge aufnehmen, die im Sezessionskrieg Abchasien verließen. Historisch hatte sich Zugdidi als Hauptstadt des Königreichs und Fürstentums Mingrelien entwickelt; in der zweiten Hälfte des 19. Jahrhunderts errichtete die Fürstenfamilie Dadiani ein Schloss, das nach einem Brand (1894) erneuert wurde. Im 20. Jahrhundert wurde die Stadt zum Verkehrsknoten, heute ist sie Endpunkt der Bahnstrecke, die von Tbilisi ursprünglich nach Sukhum führte. Als Hauptstadt der Region Mingrelien - Hoch-Svanetien (Samegrelo-Zemo Svaneti) übt sie Verwaltungsfunktionen aus, während die Industrie noch nicht wiederbelebt werden konnte, die sich in Zugdidi wegen seiner Verkehrslage und im Zusammenhang mit dem Bau des Jvari-Wasserkraftwerks am Enguri angesiedelt hatte.

Poti (1970: 45 979; 1989: 50 922; 2002: 46 161; 2014: 41 465; 2022: 41 100 Einw.) entwickelte sich als Hafenstadt, die aber wegen der problematischen Baugrundsituation im jungen Schwemmland des Rioni kaum ein besiedeltes Umland ausbilden konnte. Der Name der Stadt trägt die Tradition der antiken griechischen Siedlung Phasis fort, die für den Mündungsbereich des gleichnamigen Flusses (heute Rioni) genannt wird, deren genaue Lage jedoch nicht archäologisch nachgewiesen ist.[85] Etwa 10 km nördlich des heutigen Poti legten Russen im frühen 19. Jahrhundert den Hafenort Redut Kalé an, der zeitweise 2 500 Einwohner hatte und vor allem dem Warenumschlag diente. Südlich der Stadt entstand am Endpunkt der Pipeline zwischen Baku und dem Schwarzen Meer der Erdölterminal Supsa. Der frühe Eisenbahnanschluss ermöglichte die Verbindung zu den Bergbaustätten Südkaukasiens. Nicht nur Erdöl aus dem Bakuer Revier, sondern auch Mangan von Ch'iatura wurde exportiert – zwischen 1886 und 1901 etwa 93 % des gesamten exportierten georgischen Mangans.[86]

Ozurgeti (1970: 21 679; 2022: 14 200 Einw.), zwischen 1934 und 1989 Makharadze nach dem georgischen Kommunisten Philipe Makharadze, ist die Hauptstadt der Region Gurien. Der Ort profilierte sich im 20. Jahrhundert als ein Zentrum der georgischen Teewirtschaft. Eine gewisse internationale Bedeutung erlangte in Anaseuli südwestlich des Stadtzentrums das Forschungsinstitut für Tee und subtropische Kulturen, an das Teepflanzungen angeschlossen waren. Diese werden heute wieder im Rahmen einer experimentellen Teefabrik gepflegt.

Borjomi (1970: 16 316; 1989: 19 007; 2002: 14 442; 2014: 10 546; 2022: 11 000 Einw.), auf das im Zusammenhang mit der touristischen Entwicklung Georgiens näher eingegangen wird (S. 386 ff.), erlangte als Kurbad überregionales Renommee. Ähnlich wie Ts'q'alt'ubo diente auch Borjomi als Ansiedlungsort für Binnenflüchtlinge, weil mit den in der frühen Phase der Unabhängigkeit leerstehenden

5.49 Zugdidi: Verkaufsstand auf dem Markt (August 2019)

Sanatorien sowjetischer Träger Wohnraum zur Verfügung stand. Inzwischen kann zumindest das Zentrum des Ortes im Umkreis des Kurparks an die alte Bedeutung anknüpfen. Funktional eng mit Borjomi verbunden ist *Bakuriani* (2014: 1879 Einw.), das im 16. Jahrhundert als Siedlung entstand und zu Beginn des 20. Jahrhunderts auf 5000 Einwohner angewachsen war. Es erhielt 1926 Stadtstatus und wurde 1929 auf Betreiben von Giorgi Nik'oladze von der Georgischen Geographischen Gesellschaft als Wintersportort weiterentwickelt.[87] In den 1990er Jahren ging die Bedeutung stark zurück, aber seit Beginn des 21. Jahrhunderts wird der Ort mit Investitionen in die Infrastruktur analog zu Borjomi wieder ausgebaut.

Akhaltsikhe (1970: 18972; 2022: 17000 Einw.) geht auf das frühere Lomsia zurück und entwickelte sich im 19. Jahrhundert zur zweitgrößten Stadt des Gouvernements Tiflis (1897: 15357 Einw.). Bis heute erlebte die Stadt markante Veränderungen in der ethnischen Zusammensetzung der Bevölkerung: Dominierten 1897 die Armenier mit 58,8 % der Einwohner, waren es 2014 Georgier mit 71,7 %, während der Anteil der Armenier auf 26,7 % sank. Russen machten 1959 noch 13,3 % aus; 2014 waren es 0,4 %.[88] Heute ist Akhaltsikhe als wichtigste Stadt in der Region Samtskhe-Javakheti ein Handelszentrum sowie Verkehrsknotenpunkt im Landverkehr. Die dem Mt'k'vari flussauf folgende Fernstraße kreuzt sich hier mit der Straße, die von Batumi durch Adscharien weiter nach Osten Richtung Akhalkalaki verläuft und von der Straßenverbindungen in die Türkei und nach Armenien abzweigen. Wegen der Isolation Armeniens läuft auch der Straßengütertransport zwischen Iran und der Türkei (u. a. Benzin) über Akhaltsikhe. Nördlich und westlich führen mit der BTC und der BTE die beiden wichtigsten Transit-Pipelines vorbei, und auch die große Stromtrasse, die das georgische und das türkische Elektrizitätssystem verbindet, verläuft in der Nähe der Stadt. Akhaltsikhe soll ebenso – mit dem Zugang zum Javakhetischen Gebirge und der Höhlensiedlung Vardzia – für den Tourismus ausgebaut werden. Dazu wurde die Festungsanlage über der Stadt (*Akhaltsikhe rabati*) aufwendig, wenn auch nicht unbedingt denkmalgerecht restauriert. Die Industrieansiedlung ist gering, so dass kein ausreichendes Angebot an Arbeitsplätzen besteht und auch Akhaltsikhe seine frühere Bevölkerungszahl nicht wieder erreicht hat.

5.50 Akhaltsikhe: Festung (September 2012)

5.51 Akhaltsikhe (September 2012)

Akhalkalaki (1989: 15 572; 2002: 9 802; 2014: 8 295; 2022: 7 700 Einw.) ist das Zentrum des armenischen Siedlungsgebiets im Süden Georgiens. Ausgrabungen in den 1960er Jahre galten der Festungsanlage aus dem 11. bis 13. Jahrhundert und zeigten, dass die mittelalterliche Siedlung (übersetzt: „Neue Stadt") im Bereich einer in schriftlichen Quellen nicht nachgewiesenen älteren Siedlung liegt.[89] Das Gebiet wurde 1590 von den Osmanen erobert und fiel erst 1829 nach dem Frieden von Adrianopel an das Russische Reich, das die Herrschaft über Georgien übernommen hatte. Die Zuwanderung von Armeniern aus Anatolien ließ den armenischen Bevölkerungsanteil rasch steigen. 1897 machten Armenier mehr als drei Viertel der Bevölkerung aus, während Georgier eine verschwindende Minderheit waren. Da bis 2007 russisches Militär stationiert war, ist die russische Sprache auch heute noch präsent. Der Ausbau der Eisenbahn von Tbilisi nach Kars kann der Stadt eine größere Bedeutung im Eisenbahnverkehr bringen.

Marneuli (1970: 15 829; 2022: 23 900 Einw.) ist der Hauptort des historischen Borchalo und damit ein Zentrum des von Azeri bewohnten Gebietes in Kvemo Kartli.

Telavi (1970: 21 179; 1989: 28 325; 2002: 21 582; 2014: 19 629; 2022: 19 500 Einw.) ist ein wichtiger Zentralort Ost-Georgiens. Dies verdankt die Stadt der heutigen Funktion als Hauptstadt Kachetiens und der Lage an einem Verkehrsknoten, an dem östlich der Gombori-Kette die Fernstraßen nach Tbilisi und Baku sich mit der Fernstraße zwischen Akhmeta und Sighnaghi kreuzen. Auch Telavi blickt auf eine lange Geschichte zurück: Als Hauptstadt von Kachetien wurde es befestigt (mittelalterliche Festung Bat'onistsikhe), aber auch mehrfach zerstört. Die derzeitige bauliche Gestaltung der Innenstadt soll den Ort für den Tourismus attraktiv machen. Aus der Städtepartnerschaft mit Biberach an der Riß und der Zusammenarbeit mit der dortigen Fachhochschule resultierte unter anderem ein ansprechender Stadtplan.[90] Administrativ ist Ts'inandali ein Stadtteil von Telavi. Der Ort ist durch seinen Wein und das heute zum Museum gestaltete schlossartige Weingut von Aleksandre Ch'avch'avadze ein beliebter Ausflugsort.

Uniformität oder Vielfalt: Ländliche Räume

Obwohl Tbilisi aus dem Siedlungsgefüge Georgiens durch Einwohnerzahl, Bedeutung und Architektur herausragt und obwohl eine Reihe von mittelgroßen und selbst einwohnerschwächeren Städten regionale Dominanz besitzt, ist Georgien doch traditionell rural geprägt. Das gilt für die landwirtschaftliche Ausrichtung weiter Landstriche ebenso wie für die Siedlungsweise. In sowjetischer Zeit wurde zwar Verstädterung als Teilprozess der Modernisierung betrieben und damit zum Leitbild der Siedlungsentwicklung, doch wenn im postsowjetischen Umbruch die Not manchen zurück ins Dorf trieb, dann geschah dies, weil an Industriestandorten die Arbeitsplätze verloren worden waren, im ländlichen Raum jedoch jeder bei der Bodenprivatisierung wenigstens den Anspruch auf eine kleine Parzelle zur individuellen Bewirtschaftung hatte und damit die Chance partieller Selbstversorgung erhielt. Die Wirtschaftsdynamik des zurückliegenden Jahrzehnts hat die ländlichen Siedlungen allerdings mit deutlicher Verzögerung erreicht.

Zu Beginn der 1970er Jahre zählte Georgien – damals unter Einschluss Abchasiens und Südossetiens – rund 4 700 Dörfer, von denen etwa 1 000 weniger als 100 und nur 1 250 zwischen 1 000 und 5 000 Einwohner hatten. Oftmals bildeten mehrere Dörfer eine der 1 700 Gemeinden (russ. *sel'skie sovety*).[91] Beim Zensus von 2014 wurden 3 633 Siedlungen erfasst; die 1 015 Siedlungen der Sezessionsgebiete blieben dabei unberücksichtigt. Die Zunahme der Siedlungszahl trotz genereller Bevölkerungsabnahme ist vor allem auf Neugründungen zurückzuführen, die in Gebieten mit hohem Bevölkerungsdruck (beispielsweise im Minderheitengebiet der Azeri) oder für Binnenvertriebene als geplante Anlagen in der Nachbarschaft bestehender Siedlungen oder in kaum erschlossenen Teilen Kachetiens entstanden. Dabei ist ein Merkmal der meisten ländlichen Siedlungen hervorzuheben: Sie sind ethnisch monostrukturiert, während die Städte Georgiens in der Regel eine multiethnische Bevölkerung aufweisen.

Tabelle 5: Größenverteilung der ländlichen Siedlungen nach Einwohnerzahlen

Einwohner	1926	1959		1979[a]	2014[b]
über 5000	8	12		83	12
3001–5000	}	}	42	184	45
2001–3000	431	556	102	220	86
1001–2000	}	}	412	282	271
501–1000	858	890		110	517
201–500	1226	1389			893
101–200	1023	788		}	503
51–100	588	595		46	378
11–50	}	}		}	450
1–10	451	560			255
ohne Einw.	}	}			223
Gesamtzahl	4885	4790			3633

[a] die Zahlen beziehen sich auf *sel'skie sovety* („Gemeinden"), die in der Regel mehrere Siedlungen umfassen, und sind daher nicht ganz vergleichbar
[b] ohne Abchasien und Südossetien.

Quellen: Džaošvili 1968: 298; *Itogi Vsesojuznoj perepisi naselenija 1959 goda, Gruzinskaja SSR*, 1963: 16f.; *Itogi Vsesojuznoj perepisi naselenija 1979 goda*, Tom I, 1989: 206f.; *GeoStat*, Census 2014 „Rural settlements by size of population".

Eine umfassende, systematische Darstellung der ländlichen Siedlungsformen Georgiens fehlt bisher; ein Überblick über die Siedlungsstrukturen im ländlichen Raum Mitte des 20. Jahrhunderts hebt auf die unterschiedliche Einwohnerzahl, die Dichte der Dörfer und die durch die sowjetische Kollektivierung entstandene funktionale Differenzierung ab.[92] Von diesen Strukturmerkmalen ist das letztgenannte wichtig, weil es den relativen Bedeutungsgewinn von Mittelpunktsiedlungen der sowjetischen Agrargroßbetriebe erklärt. In ethnographischen Überblicksdarstellungen stehen die traditionellen (meist vorsowjetischen) Haus-und Ortsformen im Vordergrund, doch wird wenig auf jüngere Veränderungen eingegangen.[93]

Verlorene Traditionen bei Haus- und Hofformen

Die überkommenen Haus- und Hofformen sind heute aus dem Landschaftsbild der dichter besiedelten Gebiete Georgiens weitgehend verschwunden und können fast nur noch im Freilichtmuseum am Rand Tbilisis als ethnographische Objekte studiert werden.[94] Die große Bandbreite unterschiedlicher Konstruktionsformen entstand in der Regel in Anpassung an die natürlichen Gegebenheiten, an lokales Baumaterial und an Traditionen baulicher Konstruktion.

Ein ursprünglicher Gestaltungstyp wird am besten im Hochgebirge sichtbar. Dort blieben zahlreiche Wohn- und Wehrtürme erhalten, die im Falle des hochsvanetischen Chazhashi (Gemeinde Ushguli) einen Eintrag auf die Welterbeliste der UNESCO erfuhren; das khevsurische Shat'ili steht auf der Vorschlagsliste potentiellen Welterbes. Die Wohn- und Wehrtürme in Hoch-Svanetien sind viereckige, hohe, nach oben sich verjüngende Türme, die oft neben den niedrigen, viereckigen Wohnhäusern (*khot* mit dem im Winter von Mensch und Tier bewohnten Erdgeschoss [*machub*] und dem als Lager für Heu und Vorräte dienenden Obergeschoss [*darbazi*]) in einer nach außen meist abgegrenzten Hofanlage (als *machubi* bezeichnet) stehen.[95] Ihre frühere Funktion als Schutz vor Lawinen und vor Überfällen haben sie weitgehend verloren, doch prägen sie bis heute das Bild der Kulturlandschaft. Traditionell wurde in ihrem Grundgeschoss das Großvieh, darüber das Kleinvieh untergebracht, im zweiten Obergeschoss Frauen und Kinder, im dritten die erwachsenen Männer zur Verteidigung der Anlage. Die Entstehung der Türme ist in Hoch-Svanetien an die Sozialstruktur der „freien" Dorfgemeinschaften geknüpft, die jeder Familie ermöglichte, ohne Anerkennung einer übergeordneten Autorität, allerdings auch auf sich selbst gestellt zu leben. Bis in die Zeit der georgischen Unabhängigkeit hinein galt (Hoch-)Svanetien daher als gefährlich, weil Fremde vom Wohlwollen der Bewohner abhängig waren. In Khevsuretien sind die Häuser am Steilhang übereinander gebaut, so dass das Flachdach eines Hauses zum Vorplatz des nächst höher errichteten wird, wie das Beispiel Shat'ili mit seinen *bani* zeigt. Dass Wissen um mögliche Gefährdungen vorhanden war und angewendet wurde, zeigt wiederum das Beispiel Hoch-Svanetien. Zumindest in der Vergangenheit wurden die Siedlungen außerhalb der Lawinenbahnen angelegt; die Zerstörungen bei der Naturkatastrophe vom Winter 1986/87 betrafen vor allem jüngere Häuser, die außerhalb der alten Siedlungsbereiche gebaut worden waren. Auch das Siedlungsbild Tushetiens ist von Schutztürmen geprägt, wenn auch mit einer regionalen architektonischen Form.

In den Ebenen Kartliens und in mittleren Höhenlagen des Kleinen Kaukasus in Javakhetien war das *darbazi*-Haus die traditionelle Behausungsform, möglicherweise seit der Antike. Bei ihm geht der große Zentralraum in das Dach über, das nach Art eines unechten Gewölbes in Stufen aufsteigt und außen die Form eines abgestumpften Kegels oder ineinander geschachtelter Pyramidenstümpfe hat. Dieses Dach dient als Rauchabzug für den zentral aufgestellten Herd

5.52 Mulakhi: Siedlungsbild in Hoch-Svanetien (August 2019)

5.53 Tbilisi: Darbazi-Haus im Freilichtmuseum (Mai 2019)

(*kera*). An den *darbazi*-Raum schließen sich ein abgeschlossener Wohnraum für den Winter und mehrere kleine Räume für Hausarbeiten und Vorratshaltung an. Traditionell verbreitet waren diese Anlagen im südlichen Georgien, doch auch dieser Haustyp ist in den georgischen Dörfern weitgehend verschwunden.[96] Für Samtskhe-Javakheti wird das *erdoian-gvirgviniani*-Haus als regionaler Typ des *darbazi*-Hauses beschrieben.

Zuwanderer nach Georgien brachten traditionelle Hausformen aus ihrer bisherigen Heimat mit. Besonders deutlich wird das am Beispiel der „Schwabenhäuser", die von württembergischen Übersiedlern in den deutschen Kolonistendörfern Kvemo Kartlis errichtet wurden und die in Bolnisi (Katharinenfeld) und Asureti (Elisabethtal) in einzelnen Fällen saniert wurden. War die erste Generation noch wenig aufwendig, so entstanden mit zunehmender Konsolidierung der wirtschaftlichen Lage der Siedler auch größere Hofanlagen, die Elemente aus der Herkunftsregion wie das Fachwerk oder die Hofeinfahrt aufgriffen, gleichzeitig aber auch bauliche Elemente wie die teilweise umlaufende Veranda im ersten Obergeschoss übernahmen.[97]

Für Kachetien schilderte der Reisende und Naturforscher Güldenstädt eine Fachwerkbauweise, die heute verschwunden sein dürfte:[98]

> „Die kachetische Bauweise der Häuser ist von der kartelischen sehr verschieden; erstere ist über, letztere in der Erde. Die kachetischen Häuser sind nehmlich von leichtem Fachwerk, mit Wänden von Strauch geflochten und mit einem Gemeng aus Thon und Kuhfladen beworfen. Die Dächer sind geringes Sparrwerk mit Schilf bedeckt. Das Wohnzimmer ist meist 5 Faden lang und 4 Faden breit, der Fußboden die Erde, die Stelle auf welcher Krapp, Baumwolle – getroknet wird. Licht fällt blos durch die geöfnete Thür und Zimmer. In der Mitte ist eine flache Grube für Feuer und über derselben eine Kette, an welche der kupferne Kochkessel gehangen wird. Der Rauch geht durch die Decke und den Dachgiebel, auch zur Stubenthür hinaus. Diese schlechte Bauart hat doch vor der kartelischen in der Erde, für Gemächlichkeit und Gesundheit viel voraus. [...]"

Typisch ist für Teile Kachetiens der solide Stein- oder Ziegelbau der Weinbausiedlungen, der in der historisch-ethnographischen Literatur in die 1920er Jahre gestellt wird[99] und der noch heute

5.54 Westgeorgisches Verandahaus bei Abasha (August 1975)

5.55 Tbilisi: Imeretischer Maisspeicher im Freilichtmuseum (Mai 2019)

neben jüngeren Häusern das Ortsbild der Siedlungen zwischen Telavi und Sighnaghi prägt. Neben dem fast städtischen Aussehen sind bei ihm Keller für den Weinbau charakteristisch.

In Westgeorgien sind traditionell Holzkonstruktionen weit verbreitet, die im Tiefland wegen der Überschwemmungsgefahr oft auf Pfählen gegründet werden. Eingeschossig öffnen sie sich zu einer überdachten Veranda, bei zweigeschossiger Bauweise befindet sich ein ebenfalls in die Konstruktion integrierter, überdachter Balkon über der Eingangsseite. Nebengebäude für Mais und Stroh wurden ebenfalls auf Pfählen gebaut, um vor Tierfraß und Hochwasser zu schützen. Dieses Verandahaus ist – insbesondere in Mingrelien – nicht völlig verdrängt worden, aber es wurde vielfach weiterentwickelt; vor allem ist der Freiraum zwischen den Pfählen („Erdgeschoss") inzwischen meist Hausbestandteil; geblieben ist die oft breite und geschwungene Außentreppe, die auf die Veranda und in den eigentlichen Wohnbereich im Obergeschoss führt. Zwar breiten sich quasi-städtische Bautypen (mehrstöckiger Wohnungshausbau mit separaten, heute oft verfallenden Komplexen von Wirtschaftsgebäuden der ehemaligen Kolchoze und Sovchoze) aus, genauso verbreitet sind damit auch moderne Adaptionen der traditionellen Bautypen. Mit Ausnahme der modernen ländlichen Zentren mit mehrstöckiger Bauweise nehmen alte wie junge Siedlungen wegen der zu den Häusern gehörenden Gärten relativ große Areale ein. Die Grundstücke sind üblicherweise eingezäunt, oft auch von einer Mauer umgeben, so dass sie von außen kaum einsehbar sind.

Eine relative Vereinheitlichung der Hausformen geht vor allem auf die Zeit nach der Kollektivierung zurück, als die bisherige Individualität des Bauernbetriebs hinter der Einheitlichkeit des sowjetischen Kollektivs zurücktreten musste. Die Bauweise eines einfachen, eingeschossigen Hauses, meist mit einem Blechdach, sollte auch nach außen hin die Gleichheit innerhalb der ländlichen Gemeinschaft versinnbildlichen.[100] Da allerdings im ländlichen Georgien der Bau von Wohnhäusern der Privatinitiative überlassen blieb, entstanden keine einheitlichen Siedlungsbilder, wie man es sich von staatlicher Seite gewünscht hätte. Ende der 1960er Jahre arbeiteten nur in dreizehn von 67 Landkreisen die von der Regionalplanung vorgesehenen Architekten, deren Aufgabe es war, die Einhaltung offizieller Vorgaben für die Siedlungsanlage und den Hausbau

5.56 Gehöft („Schwabenhaus") in Bolnisi (Mai 2019)

5.57 Siedlungsbild in Samtskhe zwischen Akhaltsikhe und Abastumani (September 2011)

zu kontrollieren.[101] Damals wurde noch eine Politik der Verstädterung in den ländlichen Raum getragen; vor allem für die Angestellten der Sovchoze entstanden mehrgeschossige Mehrfamilienhäuser, die sich heute oft wie Fremdkörper ausnehmen. Eine Gegenbewegung, die den Erhalt älterer Bauformen, bisweilen sogar durch Wiederherstellung anstrebt, setzte in der Sowjetunion gegen Ende der 1970er Jahre ein, stand aber von Anfang an unter dem Diktat des Kapitalmangels, bei der Öffentlichen Hand ebenso wie bei privaten Eigentümern.

Die Wohngebäude in den heutigen ländlichen Siedlungen befinden sich zu 93 % im Privateigentum der Bewohner. Die ausgeprägte Armut der Bevölkerung in der Transformationszeit und die sehr unterschiedlichen Möglichkeiten, Erneuerungsarbeiten durchzuführen, lassen kaum Einheitlichkeit in den Siedlungen entstehen.

Siedlungsformen im ländlichen Raum

Vom Haus zum Dorf

Die traditionelle Dorfstruktur im georgischen Hochgebirge bildet Zuordnungen in der Gesellschaft ab. Ursprünglich bestand ein Dorf aus kleinen, auf patronymischer Verwandtschaft beruhenden Einheiten, die vielfach räumlich etwas getrennt voneinander waren. Für die Siedlungen gibt es in der georgischen Sprache ein differenziertes Begriffssystem, das nicht von baulichen, sondern von sozialen Gegebenheiten ausgeht und diese teilweise auf Verwaltungseinheiten überträgt:
k'ari bedeutet eigentlich "Tür"; als Grundwort an einen Personennamen (meist den Namen des Gründers oder Erbauers) angefügt, bezeichnet es den Hof, der die Wohnstätte einer Großfamilie bildet;
ubani ist der Name für die Gruppe benachbarter Höfe einer Verwandtschaftsgruppe; übertragen wurde diese Begriff auf den urbanen Raum, wo er für städtische Nachbarschaften Verwendung findet;
sopeli wurde zur Bezeichnung für „Dorf“, nachdem die Siedlung über die Basis einer Verwandtschaftsgruppe hinaus gewachsen war und sich auch Gruppen anderer Großfamilien angesiedelt hatten;
temi bedeutet eigentlich Clan, ist in Khevsuretien und auch in Hoch-Svanetien der Begriff für die über eine Verwandtschaftsgruppe hinausgehende Gemeinde, weil – mitbedingt durch die Kleinheit und Abgesondertheit der *sopeli* – diese sich meist nur auf eine Verwandtschaftsgruppe zurückführen lässt;
khevi und *kheoba* („Schlucht“) werden als Lagebezeichnungen für Gebirgsdörfer verwendet.
Diese Bezeichnungen sind damit zunächst sozial konnotierte Raumbegriffe. Das zeigt sich u. a. darin, dass das traditionelle Bewässerungswesen, das als kollektive Aufgabe verstanden wurde, auf diesen Einheiten aufbaute, wenn es um die Organisation von Arbeiten an den Bewässerungsanlagen ging.[103]

Nach formalen Kriterien sind die meisten ländlichen Siedlungen in den Beckenlandschaften und Ebenen mehr oder weniger regelmäßige, im Hochgebirge dagegen eher unregelmäßige Anlagen, oft in Anpassung an das Relief, aber auch bedingt durch die genannten ethnosozialen Beziehungen. Die Regelmäßigkeit in den Flachländern folgte häufig den Umgestaltungen während der Kollektivierung, als insbesondere bei der Einrichtung von Großkolchozen eine administrativ-wirtschaftliche Hierarchie der Siedlungen entstand. Plansiedlungen wurden zudem im Zuge gelenkter Umsiedlungsmaßnahmen und bei der Erschließung neuer Siedlungs- und Wirtschaftsflächen angelegt, so vor allem in Bewässerungsgebieten. Für eine genaue Datierung fehlen jedoch Detailuntersuchungen.

In Westgeorgien ist Streusiedlung bis heute weit verbreitet. Eine deutliche Konzentration ländlicher Siedlungen zeigt sich in den vor Versumpfung sicheren Lagen der warmen bis gemäßigten Höhenstufen. Die bereits von den Reisenden des 19. Jahrhunderts beschriebene Streu- und Weilersiedlung in den Gebirgstälern hat sich erhalten, obwohl sie nicht den agrarpolitischen Konzentrationsbestrebungen entsprach, die sich mit der sowjetischen Kollektivierung verbanden.

Wo in den Hochtälern des Großen Kaukasus einer Siedlung nur ein schmaler Talgrund zur Verfügung steht, bleibt dieser oft frei von Häusern, weil die Gefahr von Hochwasser, Erdrutschen, Schlamm- und Schuttlawinen groß ist. Die traditionelle Anlage der Gebirgssiedlungen, die Carl von Hahn am Beispiel Khevsuretiens beschrieb und mit den Aulen Daghestans verglich, ist heute meist nur noch am Beispiel vollständig oder großenteils verlassener Dörfer zu sehen: Sie sind „terrassenförmig an die Berghalde angeklebt." Die Häuser „bestehen aus zwei oder drei Stockwerken, welche sich staffelartig übereinander aufbauen, indem der zweite Stock um einige Faden hinter dem ersten zurücktritt etc. So bildet das flache Dach des Stocks, soweit es vom zweiten nicht bedeckt ist, eine Art Veranda oder Balkon für diesen."[104] Bekanntes Beispiel dieses Gebirgssiedlungstyps ist Shat'ili, Station und Ziel von Trekkingtouren im Norden Georgiens. Zahlreiche kleine, heute meist aufgelassene Gebirgssiedlungen waren ursprünglich nur von einer Familie bewohnt, wie es für die aus Tushetien umgesiedelten Batsben beschrieben wird.[105]

Die soziale Differenzierung der Siedlungen ist in Hoch-Svanetien (Munizipalität Mest'ia) deutlich nachvollziehbar. So bestehen Ushgulis weilerartigen Siedlungen Zhibiani, Chvibiani, Chazhashi und Murq'meli jeweils aus mehreren *machubi*. Die flussab am Enguri gelegene Gemeinde Kala setzt sich aus den teilweise von massiver Abwanderung betroffenen Siedlungsplätzen Davberi, Lalkholi, Iprali, Lask'rali, Agrai, Khe und Vichnashi zusammen.[106]

Die Organisation der Nutzung im Umkreis der Gebirgssiedlungen ist vergleichbar mit der anderer Hochgebirgsregionen alpinen Charakters: In der Nähe der Siedlung liegt – soweit es das Relief zulässt – das Ackerland (*k'aris mamuli*), an das sich Wiesen zur Heugewinnung anschließen. Größere Entfernung zum Dorf haben die Weiden. Dass mit dem Aufkommen des Tourismus und dem Ausbau der Verkehrswege die Landbewirtschaftung an Bedeutung verliert, lässt sich in Hoch-Svanetien sehen.

Ein Blick auf eine Siedlung – fast wie aus dem Flugzeug

Einen Einblick in die Siedlungsstruktur und -dynamik bietet Mleta im Aragvital, das an der Georgischen Heerstraße von einem Aussichtspunkt unterhalb Gudauri und auch von der 1983 errichteten, im Stil des sowjetischen Realismus ausgeschmückten Aussichtsplattform, die an den 1783 geschlossenen Vertrag von Georgievsk erinnert, gut einzusehen ist und deshalb schon früh siedlungsgeographisches Interesse fand.[107] Vergleicht man Aufnahmen aus den letzten Jahrzehnten miteinander, wird deutlich, dass die Nähe zur Fernstraße offensichtlich eine massive Abwanderung und damit verbundenen Verfall der Bausubstanz verhinderte. Der bauliche Bestand ist nahezu unverändert, etliche Häuser erhielten in der Zwischenzeit eine neue Dachhaut, und nur die wirtschaftliche Nutzung der Flur hat sich geändert: An die Stelle der Mitte des letzten Jahrhunderts noch weitverbreiteten Äcker (u. a. wohl für den Kartoffelanbau) sind extensiv genutzte Weideflächen getreten.

Die intensive Nutzung des Hoflandes im Stockwerksbau (Obstbäume und -sträucher, verschiedene Gemüse, in West-Georgien weit verbreitet Mais) hebt die Siedlungen vor allem in der trockenen Jahreszeit als grüne Oasen gegen das Weideland und gegen zeitweise nicht bewässerte Flurstücke ab.

Massive Umgestaltungen brachten Kollektivierung und Sovchozierung mit sich, denn mit der Änderung der landwirtschaftlichen Betriebsform verband die sowjetische Führung bald auch den Anspruch, eine umfassende Umgestaltung und Modernisierung des ländlichen Raumes vorzunehmen. Bis weit in die 1970er Jahre sollte diese Zielsetzung zur Aufgabe zahlreicher kleiner und zum Ausbau einiger weniger größerer ländlicher Siedlungen führen. Dazu wurden Planskizzen vorgelegt, die meist Modellvorstellungen des künftigen sowjetischen Dorfes darstellten oder an konkreten Beispielen die vorgesehenen Umgestaltungen zeigten. Hierbei wurde in gewissem Umfang auch auf regionale Besonderheiten eingegangen. Für die Sovchoze des subtropischen Georgien berücksichtigten entsprechende Planungen neben der innerbetrieblichen Hierarchie von Siedlungspunkten die im Vergleich zum sowjetischen Durchschnitt geringere Flächengröße der Betriebe, die klimatischen Verhältnisse, die Schwierigkeiten des Reliefs, aber auch historische Bedingungen und ethnisch-nationale Besonderheiten.

Als neue Elemente des sowjetischen Siedlungsausbaus, der mit starker Durchgrünung und parkähnlicher Anlage vorgesehen war, kamen in den Zentralsiedlungen der ehemaligen Großbetriebe die Sovchozverwaltung, eine Kantine, ein Kindergarten, die Schule, wenigstens ein oder zwei Ladengeschäfte, ein Kulturhaus oder Club sowie ein ärztlicher Stützpunkt hinzu. Neben den privaten Wohnhäusern der alten Siedlung sollten mehrstöckige Mehrfamilienhäuser die Unterbringung der Sovchozbeschäftigten sichern, wie sie in Bebnisi errichtet wurden. Allerdings musste im Rahmen dieser Überlegungen festgestellt werden, dass für die meisten Siedlungen keinerlei Generalpläne bestanden.[108] Daher folgten die Planungen sehr unterschiedlichen Vorbildern. Gestaltungsvorschläge für Gudani am khevsuretischen Aragvi griffen, um ein Beispiel anzuführen, das Modell kaukasischer Aule mit ihren an- und teilweise übereinander gebauten Wohnhäusern, den Dachterrassen zur Vorratsspeicherung und der an das Gelände angepassten Gestaltung eines Ortszentrums auf.[109]

5.58 a/b Mleta im Aragvital (August 1975 bzw. August 2011)

5.59 Bebnisi: Wohnhaus im ehemaligen Sovchoz (August 1975)

5.60 Bebnisi: Freizeitbereich im ehemaligen Sovchoz (August 1975)

Anlagen der Massentierhaltung entstanden in der Nachbarschaft zahlreicher Dörfer vor allem seit den 1960er Jahren. Häufig handelte es sich um Spezialbetriebe, die von mehreren benachbarten Kolchozen als „zwischenbetriebliche Einrichtungen" betrieben wurden.[110] Zum großen Teil sind die Anlagen nach der Auflösung der landwirtschaftlichen Großbetriebe ganz oder teilweise aufgegeben worden und verfallen.

Einige Hinweise auf völlig regelmäßige Siedlungsanlagen sollen diesen Überblick ergänzen, obwohl keine Detailuntersuchungen dazu vorliegen. Für manche Teilregionen Georgiens ist daran zu denken, dass die Verwicklungen in Kriege mit Persien und dem Osmanischen Reich wie auch Raubüberfälle (in den Reiseberichten des ausgehenden 18. und des 19. Jahrhunderts werden vor allem die Lesghier dafür verantwortlich gemacht – vermutlich in Übertragung des Namens auch auf Angehörige anderer ostkaukasischer Ethnien) immer wieder mit Brandschatzung und Zerstörung verbunden waren.[111] Die wenigen Informationen zu völlig regelmäßigen Orten zeigen aber, dass es sich in fast allen Fällen um Neuanlagen aus dem 20. Jahrhundert handelt, die bei freiwilligen oder erzwungenen Umsiedlungen entstanden.

Akhalsopeli in Kachetien („Neudorf"; Koordinaten 41°54'08" E 45°58'35" N; 2014: 4 158 Einw.) umfasst rd. 1 200 Hofstellen auf regelmäßig rechteckigen Gartengrundstücken, von denen wohl nicht alle besetzt sind. Ein Teil der Flur erstreckt sich nördlich des Ortes zum Kaukasus hin, ein größerer Teil südlich in Richtung Alazani-Ebene. Dabei wird das Ackerland durch Hecken und Baumreihen in voneinander getrennte Teilflächen untergliedert, wobei die etwa einen Hektar umfassenden Felder wohl nochmals in Besitz- oder Nutzungsparzellen aufgeteilt sind. Der Ort bietet auch ein Beispiel für ländliche Regionalentwicklung, denn im Projekt der *Association Rural Development for Future Georgia* (RDFG) von LIFE Georgia wurde im Ort eine Werkstatt für Eisenwaren eingerichtet. Nach Osten und Westen ist die Siedlung durch Flüsse begrenzt, deren starke Abflussschwankungen aus den breiten Trockenbetten mit verwildertem Flusslauf abzulesen sind. Westlich schließt sich, über eine kleine Brücke erreichbar, Tivi an, ebenfalls eine regelmäßige Anlage mit fünf parallel auf den Fluss zulaufenden Straßen. Zum Innern der Alazani-Senke hin besteht ein weiterer größerer Neusiedlungsbereich um Ch'abuk'iani; dabei könnte es sich um eine Flüchtlingsansiedlung handeln, während Zemo Alvani bei Akhmeta auf die Ansiedlung der Batsben (s. o. S. 216) zurückgeht.

Eine besondere Planform weist Golteti (Munizipalität Tetrits'q'aro) (2014: 385 Einw.; Koordinaten 41°33'48" E 44°35'32" N) auf: Neben einem lockeren Haufendorf wurden vierzehn Siedlungsgruppen mit je zwölf kreisförmig angeordneten Häusern in Form von „Rundlingen" angelegt, von denen allerdings nur elf weitgehend vollständig sind. Der Ort wurde als selbstständige Gemeinde ebenso wie Khaishi, Didgori, Marabda und Samgereti angelegt, als für Umsiedler aus Hoch-Svanetien, die unter der Lawinenkatastrophe Anfang 1987 gelitten hatten, Siedlungsraum benötigt wurde.[112]

Samtats'q'aro (2014: 1 037 Einw.) entstand wie andere Siedlungen in der Munizipalität Dedoplists'q'aro unweit des Alazani im Übergang vom Shiraki-Plateau zum Alazani-Tal. Die Besiedlung begann in den 1930er Jahren, als Ingiloer aus Azerbaidschan nach Georgien kamen, und wurde dann von Umweltflüchtlingen aus Adscharien fortgesetzt. 2013 ereigneten sich religiöse Unruhen, als christliche Familien die Muslime am Freitagsgebet zu hindern versuchten.[113]

Eine gewisse Dynamik des ländlichen Raums zeigt sich über die Neusiedlungen hinaus in infrastruktureller Hinsicht. Gas- und Wasserversorgung besteht noch nicht generell, während die Elektrifizierung wohl alle Täler erreicht hat. In Südossetien hatte um 1980 die Hauptstadt Tskhinvali eine Wasserver- und -entsorgung, doch wurde selbst im *rajon*-Hauptort Znauri gerade erst eine Gasleitung, in der Siedlung Dzau eine Wasserleitung gelegt.[114] In sowjetischer Zeit war der landwirtschaftliche Großbetrieb, Kolchoz oder Sovchoz, auch für die lokale Infrastruktur (soziale Infrastruktur wie Kindergarten, Schule, Gesundheitsversorgung, Angebot an Waren des täglichen Bedarfs sowie materielle Infrastruktur wie Strom, Gas- und Wasserversorgung, innerbetriebliche Straßen und Wege, Bewässerungsanlagen) zuständig gewesen. Die Auflösung dieser Großbetriebe oder ihre Überführung in neue Rechtsformen schnitten diese Tradition ab, ohne dass die Gemeinden die Lücke ausfüllen konnten, weil ihnen die finanzielle Basis fehlte, denn die ökonomische Transformationskrise erschwerte Maßnahmen für eine bessere Infrastrukturausstattung im ländlichen Raum. Der partielle Niedergang der Landwirtschaft, der mit der Auflösung der Kolchoze und Sovchoze und mit der Bodenprivatisierung einherging, verhinderte Verbesserungsmaßnahmen auf lokaler Ebene. Erst mit Verzögerung werden diese Aufgaben umfassend wahrgenommen, fast ohne Unterbrechung beim Schulwesen, mit deutlicher Leistungsreduktion beim Gesundheitswesen. Der Einzelhandel ist vollständig der Privatinitiative überlassen und beschränkt sich daher häufig auf wenige Kioske mit geringem Angebot. Bei der Wasserversorgung besteht für die meisten Bewohner des ländlichen Raumes noch kein Zugang zu sicherem Trinkwasser; vielfach muss das Trink- und Nutzwasser fließenden Gewässern entnommen oder über einfache Pumpen aus dem Grundwasser gewonnen werden.

Ein prägendes Element der ländlichen Kulturlandschaft Georgiens sind heute wie in früheren Zeiten Kirchen- und Klosterbauten. Waren die ältesten Kirchen noch im Basilikastil errichtet, so breitete sich seit dem 7. Jahrhundert der Kreuzkuppelbau aus, der im Lauf der Jahrhunderte eine immer weiterreichende Verfeinerung und Ausgestaltung erfuhr.[115] In der Sowjetzeit wurden die Kirchengebäude wohl seltener als in Russland für andere Nutzungen missbraucht, waren aber meist über Jahrzehnte geschlossen und dem Verfall anheimgegeben. Sie zu restaurieren und im überkommenen Sinn zu nutzen, gehörte zu den Aktivitäten, mit denen nach 1990 das Dorf wieder belebt wurde.

Entwicklungprobleme und -dynamik des ländlichen Raums

Es wird noch zu zeigen sein, wie die Änderungen der Agrarstruktur, die mit der Unabhängigkeit Georgiens verbunden waren, zu einer massiven Krise der Wirtschaft des ländlichen Raums führten. In der Transformation fielen die meisten Landwirte auf einen Stand zurück, der vor der Kollektivierung bestanden hatte. Hinzu tritt ein beschönigender Effekt für die offizielle Statistik: Wer ein Stück Land hat, das er bewirtschaften könnte, gilt als beschäftigt; in der Sozialstatistik taucht die massive ländliche Unterbeschäftigung daher nicht als Arbeitslosigkeit auf. Die Munizipalitäten, die für die Verteilung der Finanzmittel für ihre unterschiedlichen Aufgaben zuständig sind, sehen deshalb keine Notwendigkeit, einzugreifen. In den Bergregionen führt die Situation zu einer Bi- oder Multilokalität von Bewohnern: Das Haupteinkommen muss außerhalb, vorzugsweise in Tbilisi, erwirtschaftet werden, das Hochgebirgsdorf bleibt aber sozialer Bezugsort für die Familie und wird insbesondere zu Festen oder aber während der Zeit der Sommerweide aufgesucht. Andererseits kommen Saisonarbeitskräfte aus tiefer gelegenen Landesteilen in der touristischen Saison in die Schwerpunktorte des Fremdenverkehrs. Zur Förderung der Bergregionen wurde zwar im Januar 2015 ein Gesetz für die Entwicklung der Hochgebirgsregionen verabschiedet und zuletzt im März 2021 novelliert, doch erweist sich die Umsetzung als schwierig, unter anderem wegen sich überschneidender Kompetenzen und wegen des geringen Grades kommunaler Selbstbestimmung.[116]

Besonders deutlich zeigen sich die Entwicklungsprobleme des ländlichen Raums in der Infrastruktur. Während der Zugang zu Elektrizität für nahezu alle Haushalte gewährleistet ist, bestehen bei der Wasserversorgung erhebliche Rückstände. Da viele bestehende Wasserleitungen Mängel aufweisen, kommt es zu hohen Wasserverlusten. Mitte der 2010er Jahre hatte gerade die Hälfte der ländlichen Bevölkerung Zugang zu Wasser aus funktionierenden Wasserleitungen.[117] Vor allem in Westgeorgien ist die Bevölkerung häufig auf eigene Brunnen angewiesen. Noch unzureichender ist die Abwasserbeseitigung, und auch die Abfallentsorgung beruht noch weitgehend auf kleinen Deponien, die auch schwer verrottende Abfälle und toxisch wirkende Substanzen aufnehmen.[118]

Inzwischen gehen von einer anfänglichen sektoralen Förderung der Landwirtschaft Impulse für umfassendere Verbesserungen der Lebensverhältnisse im ländlichen Raum aus. Grundlage sind häufig Projekte angewandter Forschung und Entwicklung an wie beispielsweise die Forschungsprojekte AMIES und AMIES II der Universität Gießen, die sich zunächst der Entwicklung einer nachhaltigen Landwirtschaft widmeten und dann im Raum Q'azbegi eine Untersuchung zur möglichen Verknüpfung mit dem Tourismus durchführten, auf dessen Basis nichtagrarische Erwerbsmöglichkeiten im ländlichen Raum generiert werden können.[119]

Es zeigt sich dabei, dass die Entwicklung des ländlichen Raumes in Georgien in hohem Maß von Unterstützung durch ausländische Partner abhängt. So verfolgt die *Association Rural Development for Future Georgia* (RDFG) Projekte zur Beschäftigung im ländlichen Raum, zur Ansiedlung von Binnenflüchtlingen, zu Beratung und Training in landwirtschaftlichen Fragen und zur Implementierung von Maßnahmen, welche die Resilienz bei sozial verwundbarer Bevölkerung (*Strengthening National Disaster Risk Reduction Capacities*) erhöhen sollen. Mit Mitteln, die vor allem von der EU, UNDP, *World Vision* und georgischen Ministerien stammen, ist die Assoziation in ganz Rumpf-Georgien mit Ausnahme Guriens aktiv. Das mit EU-Mitteln geförderte *Tetritskaro Rural Development Project* führte im Mai 2017 einen ersten Workshop durch.[120]

Vonseiten der EU wird die ländliche Entwicklung Georgiens finanziell im Rahmen des *European Neighborhood Program for Agriculture and Rural Development* (ENPARD) unterstützt, das Georgien zwischen 2013 und 2022 insgesamt 179,5 Mio. EUR zur Verfügung stellte.[121] Das Programm strebt danach, Ansätze des innerhalb der EU gültigen LEADER-Programms auf Georgien zu übertragen. Ein wichtiger Förderschwerpunkt für neu gegründete Kooperative war die Finanzierung von modernen, an die Produktionsziele angepassten Maschinen. Lag der Schwerpunkt im ersten Förderzeitraum noch auf der Entwicklung der Landwirtschaft, so stand im zweiten Zeitabschnitt die Schaffung von Beschäftigungsmöglichkeiten für die ländliche Bevölkerung auch außerhalb der Landwirtschaft im Vordergrund. In der dritten Phase (2018 bis 2022; 77,5 Mio. EUR) förderte man die Entwicklungszusammenarbeit auf lokaler Ebene, für die vierte Phase (55 Mio. EUR) werden Lebensmittelsicherheit und Verbraucherschutz betont. Damit ändert sich die Blickrichtung in ähnlicher Weise, wie es für andere Förderprogramme gilt. Basis für die Förderung sind kleinräumige SWOT-Analysen, die versuchen, ein umfassendes Bild von den Stärken und Schwächen zu erarbeiten und dabei die Entwicklungschancen und das Gefährdungspotential zu berücksichtigen. Regionale Beispiele gibt es mittlerweile in größerer Zahl: So wurde eine größere Zahl von Genossenschaften gegründet, die sich von den Pseudogenossenschaften der Sowjetzeit abheben. In zunächst drei Munizipalitäten (Borjomi, Lagodekhi, Q'azbegi) soll die Armut der ländlichen Bevölkerung über Projekte bekämpft werden, die dem europäischen LEADER-Programm entsprechen und Arbeitsplätze außerhalb der Agrarwirtschaft schaffen. Vergleichbare Aktivitäten sind auch in den Munizipalitäten Akhalkalaki, Tetrits'q'aro, Dedoplists'q'aro, Keda und Khulo vorgesehen. Für die acht Munizipalitäten wurden lokale Aktionsgruppen gebildet, die aus den Projektmitteln finanziert werden. Allerdings zeigen sich hier auch Grenzen der Entwicklungsprojekte: Oft reichen die Mittel nur dazu aus, eine kleinbetriebliche Einzelinitiative zu unterstützen, von der man sich eine Innovation verspricht. In Mitgliedsstaaten der EU haben vergleichbare Gruppen die Möglichkeit, nach Projektende ihre Arbeit mit Mitteln aus anderen EU-Förderprogrammen fortzusetzen. Eine Antragsstellung hierfür ist jedoch für Georgien wegen fehlender Mitgliedschaft in der EU nicht möglich, so dass zu befürchten ist, dass die Aktionsgruppen sich schnell auflösen und damit keine Verstetigung ihrer Arbeit erfolgt.[122] Zahlreiche kleinere Projekte werden gemeinsam mit internationalen Hilfsorganisationen oder auf der Basis von Privatinitiative betrieben; sie sollen für die jeweilige Gemeinde Vorbildcharakter haben.[123]

Es gibt auch kleinere Vorhaben: Seit neun Jahren sammelt der Verarbeitungsbetrieb *„Agroland"* in Westgeorgien als Familienbetrieb Lorbeerblätter bei dörflichen Kleinproduzenten, bereitet sie auf und vermarktet sie. Dafür konnten Finanzmittel und Know-how der *Europäischen Bank für Wiederaufbau und Entwicklung* (EBRD) im Rahmen eines Projekts zur Förderung von kleinen und mittleren Unternehmen in Anspruch genommen werden. Die Zielsetzung ist bei allen derartigen Vorhaben ähnlich: Es geht um eine Überwindung der Armut im ländlichen Raum. Dazu sollen Arbeitsplätze im agarischen und nichtagrarischen Bereich geschaffen werden, aus denen sich Kleinunternehmen entwickeln, die wiederum in räumliche Produktions- und Lieferketten eingebunden sind. Die genannten Beispiele dürfen aber nicht darüber hinwegtäuschen, dass die weit gesteckten Ziele bisher höchstens punktuell erreicht wurden. Und noch ein Problem gerade der kleinen Projekte: Die erfolgreiche einzelbetriebliche Förderung, die auf die Implementierung eines speziellen Produktionszweigs abzielt, zieht häufig Nachahmer nach sich, die sich dann einen relativ engen Markt teilen müssen. Viele ländliche Räume Georgiens sind nach wie vor von Merkmalen der Armut und Unterentwicklung geprägt. Aktuelle Programme sehen daher nicht nur eine sektorale Förderung der Landwirtschaft, sondern auch Verbesserungen in den Bereichen Infrastruktur, Arbeitsmarkt, Qualifikation und Siedlungswesen vor.

Kulturlandschaftliches Erbe und Kulturlandschaftsschutz

Es wurde bereits betont, dass Georgien auf eine faszinierende Vergangenheit zurückblickt, deren Erbe sich im Reichtum an Kulturdenkmalen widerspiegelt. Die entsprechende Karte im Nationalatlas zeigt eine räumliche Streuung erhaltener und unter staatlichen Schutz gestellter Kulturdenkmale, die weitgehend der Siedlungs- und Bevölkerungsverteilung entspricht.[124] Viele alte Kirchenbauten haben die Sowjetzeit überstanden, wurden restauriert und wieder ihrer ursprünglichen Nutzung zugeführt, neu entstandene greifen den tradierten Baustil auf. Die Höhlensiedlungen von Uplistsikhe und Vardzia sind bereits wichtige touristische Destinationen. Weiteres Entwicklungspotential besitzen die von Wohn- und Wehrtürmen geprägten Hochgebirgslandschaften in Hoch-Svanetien und Tushetien, aber auch die Terrassensysteme in Meskhetien. Unter den Stadtbildern ist Tbilisis Altstadt schon in der späten Sowjetzeit und dann erneut seit der Unabhängigkeit durch Sanierungsmaßnahmen umgestaltet worden. Die Innenstadt von Akhaltsikhe gewann durch den (allerdings nicht das historische Erscheinungsbild wiederherstellenden) Wiederaufbau der Festung Akhaltsikhe Rabati an Attraktivität.

Das Land hat nach der Unabhängigkeit ein umfassendes System des Kulturschutzes entwickelt. Rechtliche Grundlage ist seit 2007 das Gesetz zum Schutz des kulturellen Erbes. Allerdings neigte man insbesondere unter Saak'ashvilis Präsidentschaft dazu, Renovierung und Rekonstruktion von Bauwerken an idealisierten Vorstellungen auszurichten, die nicht immer der historischen Realität entsprachen, wie Sighnaghi, Akhaltsikhe und die wiedererrichtete Bagrat'i-Kathedrale in Kutaisi zeigen.

Die Welterbeliste der UNESCO führt drei Kulturstätten Georgiens auf, das Kloster Gelati bei Kutaisi, Mtskheta und Hoch-Svanetien mit den Wohn- und Wehrtürmen von Ushguli. Dazu kommt seit Juli 2021 das Naturerbe der kolchischen Regenwälder und Feuchtgebiete als viertes Welterbegebiet.

Gelati, Klosteranlage aus dem frühen 12. Jahrhundert, wurde 1994 wegen seiner kulturellen Bedeutung als herausragendes Bildungszentrum im westlichen Georgien, aber auch wegen seiner architektonischen Ausgewogenheit in die Welterbeliste aufgenommen. Der Baubeginn 1109 fiel in die Regentschaft Davits IV., des „Erbauers" oder „Erneuerers", der als Begründer des mittelalterlichen „Goldenen Zeitalters" in die Geschichte Georgiens einging, also in eine Zeit kultureller Blüte und wirtschaftlichen Aufschwungs. Davits Grab im Südtor der Anlage ist noch heute für die einheimischen Besucher ein besonderer Ort kollektiver nationaler Erinnerung. Entscheidendes Kriterium für die Aufnahme in die UNESCO-Liste war die harmonische architektonische Gestaltung („Kriterium IV" der UNESCO-Klassifikation). Hervorgehoben werden auch die Einbindung in das natürliche Umfeld und die Bemühungen um Restaurierung sowohl der Gebäude als auch der Fresken in den Kirchen der Anlage. Die bauliche Konstruktion gilt als einigermaßen sicher,[125] die räumliche Einbettung soll durch verschiedene Bestimmungen des Umweltschutzes, so des Forstgesetzbuches, des Bodenschutzgesetzes, des Wassergesetzes und des Umweltschutzgesetzes, gesichert werden.[126] Derzeit befinden sich außerhalb der ummauerten Gesamtanlage ein Parkplatz und einige Stände mit Souvenirverkauf, die in einem eingeschossigen Neubau eines Besucherzentrums, etwa 50 m vom Eingang zur Klosteranlage entfernt, untergebracht werden. Sollte die Zahl der Mönche in der Klosteranlage zunehmen, könnte ein zusätzliches Gebäude in der Nordostecke der Klosteranlage oder außerhalb des ummauerten Bereichs errichtet werden, ohne den Gesamteindruck zu beeinflussen; dabei sollte eine klare Trennung zwischen dem ausschließlich klösterlichen und dem für Besucher zugänglichen Bereich erfolgen.[127] Das kirch-

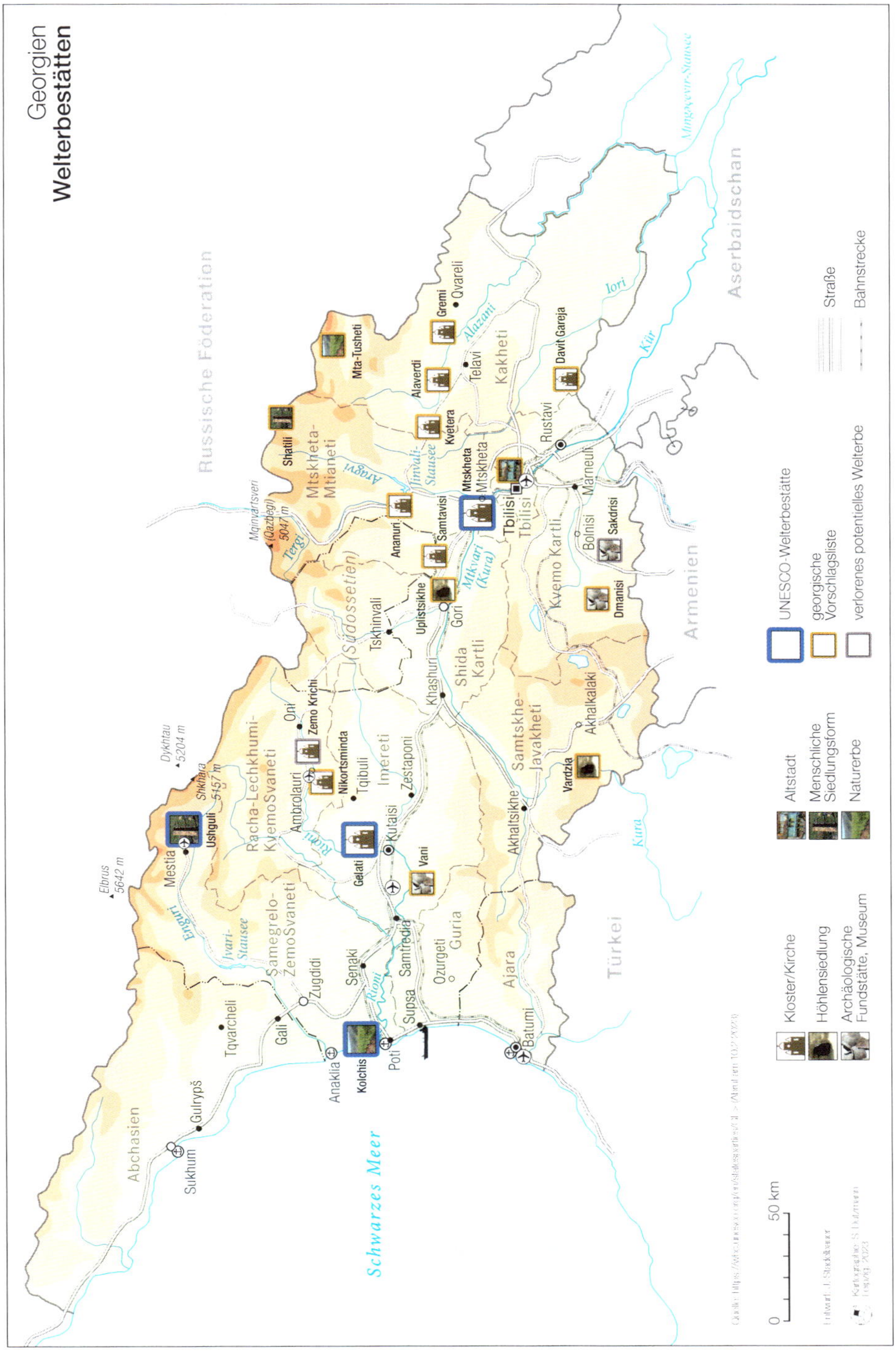

Karte 12: Welterbestätten

5.61 Kloster Gelati (Juni 2018)

5.62 Fresken im Kloster Gelati (Juni 2018)

liche Eigentum an der Anlage ist unumstritten, doch unklare Eigentumsverhältnisse bestehen bei einigen angrenzenden Parzellen. In die Pufferzone einbezogen wurde das unweit von Gelati malerisch über dem in die anstehenden Kalkfelsen tief eingeschnittenen Tsaltsitela-Fluss gelegene Kloster Mots'ameta.

Als 1994 die Aufnahme in die UNESCO-Liste erfolgte, gehörte, wie eingangs erwähnt, auch die Bagrat'i-Kathedrale in Kutaisi dazu. Sie war von Bagrat III. (reg. 1008–1014) gestiftet und Anfang des 11. Jahrhunderts erbaut worden, fiel aber 1691 einem osmanischen Kriegszug zum Opfer und blieb eine Ruine, bis man 1952 daran ging, sie zu restaurieren und neu zu erbauen. Abgeschlossen wurde die Erneuerung erst Jahrzehnte später: Nachdem der Bau 2001 der Georgischen Kirche übergeben wurde, begann diese mit einem vollständigen Wiederaufbau, bei dem jedoch nicht auf die Authentizität von Material und Konstruktionstechnik geachtet wurde. Schließlich wurde dem Bauwerk noch ein moderner Anbau mit einem Aufzug angefügt. Da diese Baumaßnahmen weit von den Empfehlungen des ICOMOS, des der UNESCO zuarbeitenden Internationalen Rats für Denkmalpflege, abwichen und die Authentizität des Bauwerks nicht bewahrten, wurden die Kathedrale und Gelati 2010 zunächst gemeinsam auf die Liste des gefährdeten Kulturerbes gesetzt, ehe schließlich 2015 die Kathedrale aus der Abgrenzung herausgenommen und gleichzeitig der Klosterkomplex Gelati als nicht mehr gefährdet eingestuft wurde.[128] Insbesondere hatte ICOMOS die geplante Verwendung von Stahlbeton beim Aufsetzen einer neuen Kuppel sowie die Anbringung neuer Steinblöcke, die die erhaltenen Blöcke überdecken, kritisiert, nicht jedoch den Anbau für den Aufzug, der einen barrierefreien Zugang zum Obergeschoss des Kirchenbaus ermöglicht. Das imposante Bauwerk der Kathedrale, am Rand von Kutaisi hoch über dem Rioni gelegen und weithin sichtbar, findet auch weiterhin Aufnahme in die einschlägigen Reiseführer und hat damit seine Besucher, die Geistlichkeit verfügt über ihr Gotteshaus, und die Stadt Kutaisi präsentiert sich als Attraktionspunkt für Touristen. Kritisiert wurden von der UNESCO im Vorfeld der Neuabgrenzung der imeretischen Welterbestätte unter anderem die mangelhafte Zusammenarbeit zwischen der georgischen Kirche und den staatlichen Behörden sowie das Fehlen eines koordinierenden Managementplans, wie er für Gelati inzwischen existiert.[129]

5.63 Jvari-Klosterkirche bei Mtskheta (August 2019)

5.64 Mtskheta: Kirche im Samtavro-Kloster (September 2012)

In *Mtskheta* wurden die Jvari-Kirche östlich des Aragvi, die Svet'itskhoveli-Kathedrale und das Samtavro-Kloster ebenfalls 1994 auf die UNESCO-Liste eingetragen. Nach Kriterium III der UNESCO-Klassifikation repräsentieren sie die frühe Ausbreitung des Christentums in Georgien, und nach Kriterium IV sind sie hervorragende Beispiele der mittelalterlichen Kirchenbaukunst. Trotz späterer Umbauten und baulicher Ergänzungen gelten die Bauwerke als authentisch. Allerdings lässt sich aus der Kurzbeschreibung, die die UNESCO gibt, auch vorsichtige Kritik herauslesen. Einerseits wird die Kontinuität des Schutzes betont, der innerhalb der Sowjetunion bereits 1940 und 1957 einer archäologisch-architektonischen Schutzzone gewährt wurde und 1973 Mtskheta den Titel einer Museumsstadt (russ. *gorod-muzej*) eintrug, doch führten die 2006 und 2012 erfolgte Einrichtung einer Schutzzone für kulturelles Erbe und der darauf beruhende Entwurf eines Managementplan auch zu Herausforderungen, weil der Einfluss unterschiedlicher Akteure auf das Management zu wenig koordiniert war. Dies galt insbesondere für die Pufferzone, die von Nutzungsansprüchen bedroht war, welche UNESCO und ICOMOS unangemessen erschienen. Um weitere Auswüchse zu verhindern, wurde Mtskheta zwischen 2009 und 2016 auf die Liste des bedrohten Welterbes gesetzt. Erforderlich war aus der Sicht der UNESCO vor allem ein mit allen Beteiligten abgestimmter Flächennutzungsplan, der innerhalb der Pufferzone auch Bautätigkeiten ausschließt, die Sichtbeziehungen auf die Bauwerke beeinträchtigen könnten.[130] Für die 43. Sitzung des UNESCO World Heritage Comitees, die Juni/Juli 2018 in Manama (Bahrain) stattfand, wurden einige Defizite benannt, die derzeit noch bestehen. Dazu gehören neben der Verwitterungsanfälligkeit des Baumaterials das Fehlen eines Flächennutzungsplans, die unzureichende Koordination zwischen der Georgischen Kirche und den staatlichen Behörden, die massive Privatisierung von Land im Umkreis der Baudenkmäler und der Verlust an Authentizität, der den Bauwerken durch Baumaßnahmen der Georgischen Kirche droht. Die massive Zunahme des Tourismus und die dadurch verbundene Umweltbelastung durch Abfall und Abwässer, aber auch Veränderungen wie geplante Fußgängerbrücken über Aragvi und Mt'k'vari werden kritisch gesehen. Die UNESCO fordert vor allem eine umfassende Partizipation aller beteiligten und betroffenen Akteure und die Berücksichtigung der Kriterien, die UNESCO und

5.65 Ushguli: Weiler Chazhashi (August 2019)

5.66 Talwärtiger Blick auf die vier Weiler von Ushguli (August 2019)

ICOMOS der Bewertung von Auswirkungen aller Veränderungen im *Heritage Impact Assessment* zugrunde legen.[131] Angesichts der kurzen Frist, die den zuständigen Behörden bis Ende 2018 für die Einreichung aller Unterlagen gesetzt wurde, kann man aus den Sitzungsdokumenten die Drohung herauslesen, dass wieder eine Aufnahme auf die Liste des gefährdeten Kulturerbes erfolgen könnte.

Als drittes Weltkulturerbe Georgiens trug die UNESCO 1996 wegen der guten Erhaltung der Wohn- und Wehrtürme von Ushguli und Mulakhi den Weiler Chazhashi in der Gemeinde *Ushguli* in Hoch-Svanetien ein, wo Wohntürme, Kirchen und Burgen das Bild mittelalterlicher Gebirgssiedlungen tradieren. Die Fläche des eigentlichen Welterbes umfasst nur 1,09, die der Pufferzone 19,16 ha. Nach dem Kriterium IV der UNESCO ist das architektonische Ensemble schutzwürdig, nach Kriterium V sind es die traditionellen Formen von Wohngebäuden und Landnutzung. Vor diesem Hintergrund gelten die bestehenden Mensch-Umwelt-Beziehungen, d.h. die überkommene und bis heute praktizierte Form der Landnutzung als authentisch und schützenswert; dabei wird auch die Unerreichbarkeit in den Wintermonaten als Charakteristikum gesehen. Die Wohn- und Wehrtürme entstanden wohl seit dem Mittelalter; sie sind oft nur mit Leitern zugänglich und werden im Inneren mit Holztreppen über mehrere Stockwerke erschlossen. Ein Museum für Geschichte und Ethnographie Svanetiens in Mest'ia vermittelt die kulturelle Sonderstellung des Hochtals; ein kleines Museum in Ushguli-Zhibiani zeigt Gegenstände der Alltagskultur. Die Dorfgemeinschaften bilden bis heute soziale Einheiten; auf den verbliebenen Äckern wird eine lokale Weizensorte angebaut; die Holznutzung zeigt sich in Traditionen der Holzschnitzerei; bei Wandmalereien wurde ein eigener Stil entwickelt. Überkommene Rituale werden teilweise bis in die Gegenwart vorgenommen.[132] In Hoch-Svanetien hatte sich die auf freien Dorfgemeinschaften beruhende Gesellschaftsordnung bis ins 19. Jahrhundert erhalten; sie wurde erst von der russischen Herrschaft gebrochen. Wohl gab es soziale Unterschiede zwischen Adligen und Gemeinen, aber es wurde keine Abhängigkeit von einer territorial übergeordneten Herrschaft anerkannt. Dies führte auch zu einer auf das einzelne Dorf bezogenen Raumorganisation: Das um einen zentralen Platz angelegte und nach Familien (Clans) sozialräumlich gegliederte Dorf wurde von Nutzungsbereichen abnehmender Intensität umgeben, bei denen Felder (*dab*) dorfnah, daran anschließend Heuwiesen (*lare*), Tagesweiden (*lalghier*) und Wald (*ckhek'*) folgten, ehe die alpinen Weiden mit Zweithäusern der Dorfbewohner erreicht wurden.[133] Ein spezieller Managementplan scheint für das Weltkulturerbe nicht erforderlich, sondern die Verantwortlichkeit für den Erhalt des Kulturerbes wird auf die Bevölkerung und ihr Handeln übertragen: *"The local population and its traditional system of community management remain the key factors in the property management."*[134] Das bedeutet zugleich, dass starke Störungen des Sozial- und Wirtschaftssystems als Risiko gesehen werden. Auf der Basis von 2000–2001 durchgeführten Untersuchungen wurden Pläne für den Erhalt und die Weiterentwicklung der Siedlung vorgelegt. Zum Risikofaktor könnte danach eine weitere Zunahme des Tourismus werden, mit der zu rechnen ist, nachdem die Straßenverbindung von Zugdidi nach Mest'ia ausgebaut wurde, der Ausbau der Straße über den Zagaro-Pass nach Lent'ekhi ansteht und Mest'ia mit Kleinflugzeugen erreichbar ist, so dass der Ort sich zu einem Zentrum des sommerlichen Trekking- und des winterlichen Skitourismus entwickelt.[135] Vor allem Mulakhi und Ushguli gelten bereits als gefährdet. Einerseits verträgt der Raum nicht den Andrang größerer Besuchergruppen, wie sie nach den Tourismusplanungen mit dem Ausbau der Zufahrtsstraße und dem Bau weiterer Hotels in Mest'ia erwartet werden, andererseits sind beide Dörfer latent durch Hangrutschungen und Lawinenabgänge bedroht. Positiv ist zweifellos die mit dem Tourismus verbundene Entwicklung weiterer Wirtschaftsaktivitäten: Die Bauwirtschaft, die Herstellung von Souvenirs, die Entstehung kleiner Ladengeschäfte und zahlreiche Dienstleistungen profitieren vom Tourismus. In einzelnen Haushalten werden landwirtschaftliche Aktivitäten neu belebt, weil der Tourismus neue Nachfrage bewirkt und Absatzmöglichkeiten bietet, in anderen allerdings wird die Landwirtschaft aufgegeben, weil einträglichere Serviceleistungen nachgefragt sind. Der damit verbundene Beschäftigungseffekt kann dazu beitragen, die Abwanderung aus dem Gebirgsraum an einzelnen Orten zu bremsen; in einigen Fällen kehren Bewohner sogar in ihre früheren Gebirgswohnorte zurück.[136]

Im Juli 2021 wurden die Feuchtgebiete und Regenwälder der *Kolchis* (Rionitiefland), die sich in einem küstennahen Streifen von etwa 80 km auf sieben Einzelflächen verteilen, von der UNESCO in die Welterbeliste aufgenommen.[137] Dieser einzigartige Naturraum im Hinterland der Schwarzmeerküste stand seit 2007 auf der georgischen Vorschlagsliste, nachdem sie bereits 1997 als Feuchtgebiet nach der Ramsar-Konvention international anerkannt worden waren. Zahlreiche endemische Pflanzenarten, darunter auch einige Reliktpflanzen des Tertiärs, prägen die feuchtigkeitsliebende Vegetation. Die Fauna wird u. a. durch 194 unterschiedliche Vogelarten charakterisiert. Das 31 253 ha umfassende Gebiet, das als Weltnaturerbe registriert wurde, gilt im Gegensatz zu den trockengelegten Gebieten der Kolchisniederung als weitgehend naturbelassen, ebenso die 26 850 ha umfassende Pufferzone. Vergleichbare subtropische Wälder existieren nur im Fernen Osten Eurasiens, während sie in Amerika seit vier Jahrhunderten verschwunden sind.[138] Die Teilabschnitte dokumentieren darüber hinaus die Höhenstufung von Flora und Fauna der kolchischen Wälder, die vom Küstenniveau in Mingrelien und Gurien bis etwa 2500 m in Adscharien reichen.[139] Die Aufnahme in die Welterbeliste folgte den Kriterien IX und X; damit wird anerkannt, dass es sich um ein herausragendes Beispiel für Gebiete mit anhaltenden ökologischen und biologischen Prozessen handelt und dass die Bewahrung von Biodiversität – gerade von gefährdeten und endemischem Pflanzen- und Tierarten – an Ort und Stelle möglich ist. Dementsprechend umfasst die Dokumentation umfangreiche Artenlisten. Sie berücksichtigt aber auch Einflussfaktoren, die sich negativ auswirken könnten wie etwa die Anlage eines geplanten Tiefseehafens im weiter nördlich gelegenen Anak'lia.[140] Der Managementplan kann an entsprechende Pläne für die bereits bestehenden Schutzgebiete anknüpfen.

Neben den vier eingetragenen Welterbestätten gibt es eine Reihe weiterer Objekte, die seit dem 24. Oktober 2007 auf der Vorschlagsliste für das UNESCO-Welterbe (*Tentative List*) stehen, ohne dass bereits Entscheidungen getroffen worden wären. Diese Liste ist wesentlich länger und nennt insgesamt vierzehn Stätten, an deren prinzipieller Bedeutung kaum gezweifelt wird, allerdings auch solche, die möglicherweise in ähnlicher Weise konfliktbeladen sind. Neue Vorschläge sind seit 2007 nicht hinzugekommen. Es lohnt sich, die vorgeschlagenen Stätten kurz zu charakterisieren, weil sie einerseits nicht nur das qualitative, sondern auch das quantitative Ausmaß baulichen Kulturerbes zeigen und weil sie andererseits die Bedeutung der georgischen Kirche als wichtigstem Träger dieses Erbes und Akteur im Aushandlungsprozess mit der UNESCO dokumentieren. Denn zu den Vorschlägen gehören zunächst mehrere Kirchenbauten und Klöster, die zum großen Teil erst nach Georgiens Wiedererlangung der Unabhängigkeit restituiert wurden und deren sakraler Charakter gegen eine zu deutliche Profanierung spricht.

(1) Die Kathedrale des Klosters von *Alaverdi* (Kachetien) ist einer der imposantesten Kirchenbauten Kachetiens. Trotz Zerstörungen bei Überfällen dagestanischer Gruppen im 18. Jahrhundert und Beschädigungen durch Erdbeben sowie trotz mehrerer Wiederaufbau- und Umbaumaßnahmen im Lauf der Jahrhunderte gilt die im frühen 11. Jahrhundert errichtete Anlage als authentisch. Wie andere Kirchen ist sie als Wehranlage (wieder) durch eine hohe Mauer befestigt. Und wie andere Orte war die Stätte vermutlich über Jahrhunderte ein wichtiger Handelsplatz. Daraus erwuchs die Praxis, einmal im Jahr ein großes Fest, das *alaverdoba*, zu feiern, an dem nicht nur Gläubige der Georgischen Kirche, sondern auch Angehörige anderer Glaubensrichtungen, vor allem Muslime, teilhaben konnten. Seit Mitte der 2000er Jahre greifen jedoch Nutzungseinschränkungen, die, von Bischof Davit verhängt, zunächst mit Renovierungsarbeiten begründet wurden, aber ganz offensichtlich dem Standpunkt folgen, dass dieser Ort der christlichen Glaubensausübung vorbehalten sei.[141] Mit dem Kloster Alaverdi ist ein Weinbaubetrieb verbunden, der moderne Methoden des Weinbaus mit traditioneller georgischer Weinherstellung (*qvevri*-Weine) verbindet.

(2) *Ananuri*, eine zwischen dem 15. und 18. Jahrhundert erbaute, befestigte Klosteranlage der Fürsten von Dusheti im Aragvi-Tal, repräsentiert die enge Verbindung zwischen Kirche und weltlicher Gewalt sowie die Bedeutung, welche Regionalfürsten im späten Mittelalter und in der frühen Neuzeit in Georgien zufiel. Die Anlage befindet sich in gutem baulichem Zustand. Allerdings hat der Bau der Staumauer von Jinvali die Sichtbeziehungen verändert. Da Ananuri an der Georgischen Heerstraße liegt, ist es mühelos erreichbar und wird häufig aufgesucht. Ausflüge dorthin gehören zu den Standardprogrammen,

5.67 Kathedrale von Alaverdi (September 2012)

die Touristen in Tbilisi angeboten werden. Für die Georgische Kirche hat Ananuri besondere Bedeutung, weil nach der Überlieferung das Kreuz der Hl. Nino, der legendären Begründerin des georgischen Christentums, zum Schutz vor ungläubigen Feinden von der Svet'itskhoveli-Kathedrale in Mtskheta in die Festung gebracht wurde. Damit erhält Ananuri einen hohen Stellenwert für die Georgische Kirche.[142]

(3) Die Klosteranlagen von *Davit Gareja* an der Grenze zu Aserbaidschan bargen in doppelter Weise Konfliktpotential: Zum einen bestand in der Nachbarschaft ein sowjetischer, zuletzt russischer Truppenübungsplatz; Detonationen bei Schießübungen erschütterten die Anlagen und gefährdeten insbesondere die Freskenbemalung. Auf Betreiben von Abt Davit, dem späteren Bischof in Alaverdi, konnte die militärische Nutzung mit dem Abzug der Truppen zurückgedrängt werden. Zum anderen beansprucht Aserbaidschan latent das Gebiet der Klöster als eigenes Territorium. Dass daraus ein dauerhafter Grenzkonflikt entstand, wurde bereits dargestellt (vgl. o. S. 38 f.). Die touristischen Aktivitäten in Davit Gareja, das zu den landschaftlich und kulturhistorisch attraktivsten Angeboten zählt, haben mit dem Straßenausbau deutlich zugenommen, so dass auch dieser Ort von Tourismusagenturen regelmäßig als Ziel angeboten wird.[143]

(4) Die aus dem 15. und 16. Jahrhundert stammende Erzengelkirche und der Königsturm in *Gremi* verweisen auf die Bedeutung, die der Ort als zeitweilige Hauptstadt Kachetiens besaß. Von der prominent auf einem Felsen gelegenen Kirchenfestung ließ sich die wichtige Straßenverbindung am Fuß des Großen Kaukasus kontrollieren, die zwischen Tbilisi und Telavi auf georgischer Seite und dem alten Chanatshauptort Şəki auf aserbaidschanischer Seite verläuft. Die Stadt Gremi wurde im 16. Jahrhundert durch die Truppen von Shāh Abbās zerstört und nie wieder aufgebaut, die exponiert auf einem Hügel über der Ebene liegende Kirchenanlage blieb erhalten.[144]

(5) Die *Kvet'era*-Kirche im Ilt'o-Tal einige Kilometer westlich von Akhmeta in Kachetien stammt aus dem 10. Jahrhundert und ist damit eines der sehr frühen Beispiele für den Kreuzkuppelbau. Der kleine, aber wuchtig wirkende Bau aus lokal gewonnenem Tuffstein gehört zu einer umfassenderen Wehranlage, die die strategische Bedeutung der aus dem 8. Jahrhundert stammenden Stadt zeigt. Kvet'era war damals Hauptstadt eines kachetischen Fürstentums, verödete aber im 13. Jahrhundert und zeigt keine Siedlungskontinuität. Seit einem halben Jahrhundert wurden siedlungsarchäologische Grabungen durchgeführt, die aber noch zu keinem abschließenden Gesamtbild geführt haben.[145]

(6) Die Kathedrale von *Nik'orts'minda*, die wie die Bagrat'i-Kathedrale in Kutaisi auf König Bagrat III. zurückgeht, gilt als wichtigstes Baudenkmal der Region Rach'a-Lechkhumi. Stilistisch einheitlich gestaltete ornamentale Verzierungen und zahlreiche Tierdarstellungen lockern den Baustein auf, das Innere ist mit Fresken aus dem 16. und 17. Jahrhundert ausgemalt. Der Kirchenbau wurde 1991

5.68 Klosteranlage Davit Gareja (Mai 2019)

5.69 Kathedrale Nik'orts'minda (September 2022)

durch das Rach'a-Erdbeben (s.o.) beschädigt, doch wurden Gebäude und Fresken wiederhergestellt.[146]

(7) Die Kathedrale von *Samtavisi* ist ein Kreuzkuppelbau aus dem 11. und 12. Jahrhundert, der an Stelle einer im 5. Jahrhundert errichteten Kirche entstand. Er wurde mehrfach bei Kriegszügen beschädigt und immer wieder erneuert. Während ein Teil der Fresken im Innern beschädigt wurde, gilt die erhaltene, mit reichem Schmuck versehene Ostfassade als kunstgeschichtlich besonders bemerkenswert. Die Ausgestaltung dieser Kathedrale galt zahlreichen späteren Kirchenbauten als Vorbild.[147]

Die beiden für die Welterbeliste vorgeschlagenen Höhlensiedlungen beherbergten über Jahrhunderte hinweg immer auch religiöse Gruppen; in Vardzia existiert bis in die Gegenwart ein Kloster, das von einer kleinen Mönchsgemeinschaft bewohnt wird.

(8) Die Höhlensiedlung *Uplistsikhe* bei Gori reicht rund dreitausend Jahre zurück, wurde aber immer wieder bei den Invasionen in Georgien beschädigt und teilweise zerstört, so dass die ältesten erhaltenen Bereiche auf das 2. und 3. Jahrhundert n. Chr. datiert werden. Bewohnt waren einzelne Teile bis ins 19. Jahrhundert. Archäologische Grabungen förderten viele Schmuckstücke und Alltagsgegenstände aus unterschiedlichen Perioden zutage, die auf eine zeitweise sehr bedeutende Funktion an dem ost-westlich durch Georgien ziehenden Handelsweg (als Teilabschnitt eines Zweiges der „Seidenstraße") hinweisen. Nach umfangreichen Sicherungsmaßnahmen gehört Uplistsikhe heute zu den bedeutenderen touristischen Zielen und wird von Tbilisi aus meist gemeinsam mit Gori aufgesucht.[148]

(9) Die Höhlensiedlung von *Vardzia* und die Burgruine von *Khertvisi*, die als räumlich eng benachbarte Stätten gemeinsam für die Welterbeliste vorgeschlagen werden, dokumentieren die Schutzbedürftigkeit Georgiens nahe seiner Südgrenze, insbesondere vor den Osmanen. Die Höhlensiedlung Vardzia soll etwa 2 000 Räume unterschiedlicher Größe umfasst haben, die über Leitern und in den Tuff geschlagene Treppen erreichbar waren und im Ernstfall 50 000 Menschen Zuflucht boten. Das Samtskhe-Erdbeben von 1283 und ein Erdbeben im 19. Jahrhundert ließen einen großen Teil des Bergs abbrechen und legten dadurch den Höhenkomplex teilweise frei. Die archäologischen Untersuchungen sind auch heute noch nicht abgeschlossen.[149] Im Inneren der Anlage besteht ein kleines Kloster; die in den Fels gehauene Kirche ist reich mit Fresken ausgestattet. Da aus dem Tuff immer wieder größere Stücke herausbrechen, wurde zur Sicherung des Höhlenkomplexes ein Monitoringsystem entwickelt, das mit Laser-Radar Veränderungen erfasst, die durch tektonische Bewegungen oder anthropogene Eingriffe erfolgen und Steinschlag oder Hangrutschungen bewirken können.[150] Die frühere strategische Bedeutung der Burgruine von Khertvisi ist an der beherrschenden Lage über dem Zusammenfluss von Mt'k'vari und Para-

5.70 Im Kloster der Höhlensiedlung Vardzia (September 2012)

5.71 Ausgrabungsstätte Dmanisi (Mai 2019)

vani zu ersehen. Auch hier ist eine umfassendere touristische Nutzung vorgesehen; zur besseren Erreichbarkeit wurde die Zufahrtsstraße von Khertvisi nach Vardzia ausgebaut.

Zwei von Georgien für die Aufnahme in die Welterbeliste vorgeschlagene Stätten sind archäologische Ausgrabungsorte, ein weiterer stadtarchäologisch und baugeschichtlich bedeutsam:

(10) In *Dmanisi* wurden Reste der ältesten Homininen (*Homo ergaster*) im Südkaukasus gefunden, deren Alter auf rund 1,8 Mio. Jahre datiert wird (vgl. o. S. 147 f.). Es war ein Zufallsfund, denn eigentlich galten die archäologischen Grabungen einer mittelalterlichen Stadt, aber dieser Fund machte den Ort weltweit bekannt.[151] Die weiterhin andauernden Ausgrabungen lassen ergänzende Aufschlüsse über die Ausbreitung früher Homininen erwarten.

(11) *Vani* ist eine archäologische Ausgrabungsstätte südwestlich von Kutaisi, die Einblicke in die Geschichte des ersten vorchristlichen Jahrtausends, vor allem in die in mehreren Phasen verlaufende Siedlungsgeschichte, erlaubt.[152] Wichtige Fundstücke, vor allem Funde von Goldschmuck, die bei Ausgrabungen seit Anfang der 1960er Jahre[153] geborgen wurden, befinden sich zwar in Museen in Tbilisi, doch sind im Museum vor Ort gute Replikate ausgestellt. Die Grabungen lassen unter anderem den Kontakt zur griechischen Kolonisation im Schwarzmeerraum und den Einfluss vorderasiatischer Zivilisationen erkennen. Hier soll der Ansatz zu einem archäologischen (Freilicht-)Museum vorangetrieben werden. Dieses war 1985 auf Initiative des Akademiemitglieds Otar Lordkipanidze gegründet worden, um das politisch-administrative Zentrum der Kolchis aus dem 8. Jahrhundert v. Chr. zu präsentieren. 2007 bis 2009 konnte eine umfassende Ausstellung in Europa und Nordamerika gezeigt werden. Die Finanzierung der derzeitigen Erneuerung und des Infrastrukturausbaus erfolgt durch Weltbank und das Ministerium für regionale Entwicklung.

(12) Auch die *Altstadt von Tbilisi* ist archäologisch interessant. Für den Eintrag auf die Welterbeliste der UNESCO mögen im Bereich der beiden Betlemi-Kirchen wichtige Kriterien erfüllt sein (Authentizität eines großen Teil der erhaltenen Bausubstanz, bereits durchgeführte Analysen, Planungskonzept, Umsetzung unter Beteiligung der Betroffenen usw.), für weite Teile der übrigen Altstadt wohl weniger. Im Bereich des „unteren Kala“ unterhalb der Festung Nariq'ala hat viel-

5.72 Altstadt von Tbilisi (August 2010)

mehr im Anschluss an die Bäder (Abanotubani) eine außerordentliche Umformung stattgefunden. Rasant zunehmende touristische Nutzungselemente (Hotels und Hostels, Souvenirverkauf, Restaurants), Verdrängung von Bevölkerung durch Gentrifizierung bei unklaren Eigentumsverhältnissen, Neupflasterung der Straßen sind einige Merkmale. Die Authentizität ist in Frage gestellt, wie am Innenhof der armenischen Surb Gework-Kirche (bekannt durch das Grab des Dichters Sayat Nova) zu sehen ist: Die ältere Bebauung mit charakteristischen Balkonen und Treppenaufgängen ist durch einem weiß verputzten Neubau ersetzt worden, in dessen Untergeschoss ein Restaurant einzog. Auf der außerordentlichen Sitzung der UNESCO in Helsinki 2001 wurde eine Entscheidung über die Aufnahme in die Welterbeliste zunächst zurückgestellt, weil die gesetzlichen Rahmenbedingungen für Stadtplanung und Sanierung als unzureichend erachtet wurden und ein Managementplan fehlte.[154]

Zwei vorgeschlagene Stätten repräsentieren ähnlich wie Hoch-Svanetien den Natur- und Kulturraum des Hochgebirges, die traditionelle Siedlungsweise, verweisen aber auch auf das Problem, eine adäquate Folgenutzung nach massiver Bevölkerungsabwanderung zu finden:

(13) *Shat'ili* ist eine weitgehend verlassene khevsurische Gebirgssiedlung, am Oberlauf des Argun, nicht weit von der Grenze zu Čečenien gelegen. Der Ort gewinnt derzeit als Zwischenstation für Trekkingtouren zwischen Tushetien und dem georgischen Abschnitt des Tergi-[Terek-]Tals an touristischer Bedeutung. Das Dorf zeigt die für den Raum typischen befestigten Steinhäuser und Wehrtürme, die dicht gedrängt übereinander am Hang angeordnet sind. Die Gesamtanlage, die zwischen dem Mittelalter und dem 19. Jahrhundert anwuchs, ist gut erhalten.[155] Durch Restaurierungsarbeiten hofft man, hier eine kulturhistorische Attraktion für den Hochgebirgstourismus entwickeln zu können. Ende des 19. Jahrhunderts wurden in Shat'ili noch 41 Höfe gezählt.[156]

(14) *Mta-Tusheti* (Tushetien) umfasst ein Areal von 796 km² und ist als Hochgebirgsraum mit Hoch-Svanetien vergleichbar, weist aber eine geringere Siedlungsdichte auf. Der dort eingerichtete Nationalpark schließt sowohl die von Wohn- und Wehrtürmen geprägten Siedlungen als auch ausgedehnte Wälder mit Sosnovsky-Kiefer, Birke und Rhododendren ein. Flora und Fauna zeigen zahlreiche Endemismen. Schutzempfehlungen wurden für die Gebirgsdörfer bereits in sowjetischer Zeit formuliert. Als vor einem halben Jahrhundert die Siedlungen in Tushetien nur noch während der Zeit der Sommerweide von den früheren Bewohnern aufgesucht wurden, die inzwischen in der Nähe Tbilisis wohnten, wurde vorgeschlagen, wenigstens den alten Baubestand der Siedlungen Omalo, Shenako, Dartlo und möglicherweise Parsmu ebenso wie Shat'ili in Khevsuretien als kulturlandschaftliche Denkmale zu erhalten.[157] Obwohl die Straßenverbindung von Akhmeta nach Tushetien noch nicht ausgebaut und selbst mit geländegängigen Fahrzeugen

nur mühsam zu befahren ist, hat in den letzten Jahren der Tourismus zugenommen, seitdem die Grenze zu Čečenien nicht mehr als bloßer Konfliktraum wahrgenommen wird und Reiseschilderungen in Reiseführern und Internetblogs das Gebiet bekannt gemacht haben.[158]

Georgien muss aber auch den Verlust von Kulturerbe beklagen, das vielleicht auch den Weg auf die Vorschlagsliste für die UNESCO geschafft hätte. Zu nennen sind das möglicherweise weltweit älteste Goldbergwerk und die durch das Rach'a-Erdbeben zerstörte Kirche vom Zemo K'rikhi. Im Fall der *Saq'drisi*-Goldmine, die 1987 in Kvemo Kartli im Q'achaghiani-Hügel nahe der Stadt K'azreti entdeckt worden war, wurde seit 1996 in Zusammenarbeit zwischen Georgien und dem deutschen Bergbau-Museum in Bochum der Goldbergbau in mehreren Ausgrabungskampagnen erforscht. Zwei von der VolkswagenStiftung geförderte Forschungs- und Ausbildungsprojekte folgten einer Ausstellung, welche Georgien 2001–2003 als das Land des Goldenen Vlieses vorgestellt hatte. 2004 konnte man nach archäometallurgischen Untersuchungen bereits sicher sein, dass das Goldbergwerk seit dem 4. Jahrtausend v. Chr. genutzt wurde. Die Funde von Steinwerkzeugen erlaubten eine Zuordnung zur Kura-Arax-Kultur und eine Datierung der Bergbautätigkeit zwischen 3330 und 2580 v. Chr. Ein weiterführendes internationales Forschungsprojekt, an dem außer den bisherigen Partnern das französische *Centre National de la Recherche Scientifique* (CNRS) und die französische *Agence Nationale de la Recherche* beteiligt waren, sollte ab 2013 auch den Bergbau auf Salz und Kupfer einbeziehen.[159]

Als die georgische Vorschlagsliste bei der UNESCO eingereicht wurde, waren die Ausgrabungen noch nicht soweit fortgeschritten und publik gemacht worden, dass auch dieses Goldbergwerk Eingang in die Überlegungen gefunden hätte. Zudem war während der archäologischen Arbeiten deutlich geworden, dass der Fundort auch für einen aktuellen Goldbergbau interessant ist. Nunmehr entspann sich ein Nutzungskonflikt zwischen Wissenschaft und Wirtschaft, der die lokale Verwaltung, Ministerien und Gerichte beschäftigte und die Ungleichverteilung von Macht und Verfügungsgewalt offenbarte.

Das frühgeschichtliche Bergwerk hatte 2006 durch die Nationale Agentur für Denkmalpflege den Status von nationalem Kulturerbe erhalten, doch dann bestätigte ein Gericht in K'azreti die Entscheidung des Wirtschaftsministeriums, dass ein moderner Abbau der Goldvorkommen stattfinden könne und keine erhöhte Rücksichtnahme auf das Kulturdenkmal erforderlich sei.[160] Nach einem Wechsel im Ministerium für Kultur und Denkmalschutz verlor Saq'drisi im Juli 2013 den Status als nationales Kulturerbe, so dass seither durch das Bergbauunternehmen *Rich Metals Group* (RMG Gold) in einem Tagebau eine wirtschaftliche Nutzung möglich ist.[161] Inzwischen ist der Hügel, unter dem die Goldmine mit ihren fünfzehn Stollen und Abbauplatten lag, abgetragen und damit das alte Bergwerk nicht mehr existent. Dem Gerichtsbeschluss und der ministeriellen Entscheidung lag ein Gutachten zugrunde, das von einer georgischen Expertengruppe erstellt worden war, in die auch bei der RMG Beschäftigte eingebunden waren. Interlinearkommentare der archäometallurgischen Forschergruppe um Thomas Stöllner (Bochum) sollten die Fehlerhaftigkeit des Gutachtens nachweisen.[162] Damit hat sich die Diskussion in die digitale Welt verlagert, wo auch der zusammenfassende Forschungsbericht die Funde dokumentiert und die Einmaligkeit nachweisen will.[163]

Auf andere Art vernichtet wurde Kulturerbe durch das Erdbeben von Rach'a im Jahr 1991. Unwiederbringlich zerstört wurde die Erzengelkirche in Zemo K'rikhi, deren Fresken erst 1940 in ihrer kunstgeschichtlichen Bedeutung erkannt geworden waren. Der Kirchenbau stammte aus dem späten 10. Jahrhundert, das Innere wurde bereits in der zweiten Hälfte des 11. Jahrhunderts in byzantinischer Gestaltungstradition erneut ausgemalt.[164] Die jüngere Erzengelkirche in

Parakheti wurde in einem Ausmaß zerstört, dass ein Wiederaufbau ohne Verlust der Authentizität ausgeschlossen erscheint, während die Erzengelkirche in Bugeuli, deren Fresken weitgehend erhalten blieben, dem Erdbeben widerstand.

Neben der umfangreichen Vorschlagsliste für die UNESCO, die eher konventionellen Überlegungen zum (Kultur-)Landschaftsschutz folgt, sind durchaus weitere Stätten erwähnenswert, die einzelnen Entwicklungsphasen Georgiens entsprechen. Renovierungs- und Sanierungsarbeiten greifen bereits die Ausbauphasen des ausgehenden 19. und beginnenden 20. Jahrhunderts in Tbilisi, Kutaisi und Batumi auf und widmen sich zunehmend der Architektur der 1930er bis 1950er Jahre. Die Entwicklung von Kurbädern ist am Beispiel von Borjomi (Hotelbauten und Villen der Belle Epoque; Kurpark; Zarenbahnhof) oder Ts'q'alt'ubo (Badeanlagen und Sanatorien aus der Stalinzeit; Bahnhofsgebäude) sichtbar, und für eine Präsentation der Industrialisierung böte sich Ch'iatura im Verbund mit Shorap'ani und Zest'aponi an.[165] Nach Vorbildern in anderen Ländern ließe sich eine erhaltende Restaurierung mit einer Präsentation der sowjetischen Industriekultur verbinden, was wiederum für den Tourismus abseits der bisherigen Zentren interessant sein könnte.

Bemerkungen zu den Toponymen

Die meisten georgischen Toponyme haben zwar eine Bedeutung, doch verliert sich ihre Deutung bisweilen im Mythologischen und führt daher zu Kontroversen um die richtige Einordnung.
Von den zusammengesetzten Ortsnamen seien die 53 mit Akhal- zusammengesetzten Orte erwähnt.[166] „*akhal*" bedeutet „Neu-" und weist damit auf Neugründungen hin – wann auch immer eine solche erfolgte. Der zweite Begriff des Ortsnamen bezieht sich häufig auf die Stellung im Siedlungssystem: Akhalsopeli für „Neudorf", Akhaldaba für eine neue Siedlung städtischen Typs, Akhaltsikhe für „Neuburg" kommen jeweils mehrfach vor.
Auch aus einigen anderen Ortsnamen kann man etwas über die Größe (und Bedeutung) oder über die Lage im Relief herauslesen:
dzveli – alt
didi – groß
p'at'ara – klein (beispielsweise P'at'ara Dmanisi für die nur in Ruinen erhaltene mittelalterliche Stadt bei der archäologischen Fundstätte Dmanisi)
ts'minda – heilig (Beispiel: Mtats'minda in Tbilisi)
khevi – Schlucht
ts'q'ali – Fluss, Wasser
tba – See, Wasser
mta – Berg

Zwischenfazit: Zunehmende Diskrepanz zwischen urbanen und ruralen Räumen?

Die Spannweite der Siedlungsbilder Georgiens ist gewaltig und für sich in ihrer architektonischen und kulturlandschaftlichen Vielfalt faszinierend. Sie reicht von Dörfern, in denen die Zeit seit Jahrzehnten stillgestanden zu haben scheint, zu hypermodernen Ausbauten in Tbilisi oder

Batumi, von armseligen Behausungen zu gelungenen Sanierungen, von den Nobelvillen einer kleinen Schicht von Reichen bis zu den behelfsmäßigen Ausbauten, mit denen unter bescheidenen Verhältnissen lebende Familien ihre Wohnfläche um wenige Quadratmeter zu erweitern versuchen. Verspiegelten Glasfassaden stehen rostende Relikte der industriewirtschaftlichen Vergangenheit und baufällige Ziegelbauten des frühen 20. Jahrhunderts gegenüber. Mit einfachen Mitteln wird im städtischen und ländlichen Raum versucht, die Basis für eine Teilhabe am Geschäft mit Touristen zu schaffen. Dabei präsentiert sich auch im Siedlungswesen Georgiens Nationalstaatlichkeit. Unverkennbar ist die Dominanz der Hauptstadt, die in den zurückliegenden zwei Jahrzehnten des generellen Bevölkerungsverlusts ihre Einwohnerzahl weitgehend halten konnte, weil Zuzüge aus kleineren Städten und vom Land die Verluste durch Emigration ausglichen. Zugleich bemüht sich Tbilisi, Modernität in der Architektur und in der Anpassung von Lebensformen an globale Maßstäbe zu demonstrieren. Selbst wo regionale Zentren oder Siedlungen mit touristischer Sonderentwicklung mitzuhalten scheinen, ahnt man die Abhängigkeit von der Hauptstadt. Im ländlichen Raum gibt es erst wenige Beispiele „moderner“ Entwicklung; wirtschaftlich und sozial – und damit auch baulich – scheinen weite Teile des ländlichen Raums abgehängt zu sein, weil Entwicklungsimpulse bisher meist nur punkthaft erfolgten und noch nicht in die Fläche wirkten. Dies gilt insbesondere für die peripher gelegenen, dünn besiedelten Räume im Hochgebirge (Rach'a-Lechkhumi), aber auch den von ethnischen Minderheiten bestimmten Süden Georgiens (Javakhetien und das frühere Borchalo im Südwesten Kvemo-Kartlis). Verlierer der Systemtransformation sind aber vor allem die monostrukturierten (ehemaligen) Industriesiedlungen, die nach dem Verlust ihrer Wirtschaftsbasis auch massive Bevölkerungsverluste hinnehmen mussten (Ch'iatura, T'q'varcheli, T'q'ibuli, Zest'aponi). Wo die Bevölkerungs- und Arbeitskraftverluste durch die Ansiedlung von Geflüchteten aus Abchasien oder Südossetien ausgeglichen werden sollten, entstanden eher neue Probleme, ohne dass die Folgen der Transformation dadurch gemildert worden wären (Zugdidi). So muss ein Blick auf Wirtschaftspotentiale und ihre Nutzung erweisen, ob diese Entwicklungshemmnisse überwunden werden können.

6

Wirtschaftspotentiale und ihre Nutzung

In spätsowjetischer Zeit galt Georgien als eine der wirtschaftlich am besten entwickelten Unionsrepubliken. Nirgends sonst in der Sowjetunion fuhren so viele Privatautos, nirgends sonst spiegelte sich die Üppigkeit der Kulturvegetation auch im Angebot auf Märkten wider, nirgends sonst wurden allerdings ökonomische Handlungsweisen praktiziert, die staatliche Regelungen derart missachteten, wie in Georgien. Und nirgends im postsowjetischen Raum war der wirtschaftliche Einbruch nach der Auflösung der Sowjetunion so heftig und die Wiedergesundung der Wirtschaft so langwierig. Bis heute hat sich das Land nicht von allen Folgen des als Transformation (engl. *transition*) bezeichneten Übergangs von der Zentralverwaltungswirtschaft zur freien Marktwirtschaft erholt. Scheinbar hoher Entwicklungsstand, private Motorisierung, landwirtschaftliche Produktionsvielfalt, systemkonträres Wirtschaften in der Sowjetzeit sowie eine verzögerte Erholung vom Transformationsschock mögen als Stereotype erscheinen, doch treffen sie jeweils einen Aspekt der Realität des Landes. Vielleicht mag man aus russischer Sicht noch eine fast mythische Verklärung des südländischen Ambiente hinzufügen, die sich bis heute in hoher touristischer Nachfrage äußert. Inzwischen lässt die Wirtschaft Ansätze der Konsolidierung und zudem – oft mit Hilfe ausländischer Entwicklungspartner – vielseitige Ansätze der Modernisierung erkennen, wenn auch zum Preis einer wachsenden Verschuldung. Die mit der Corona-Krise der Jahre 2020 und 2021 verbundenen Rückschritte sind in ihren mittel- und langfristigen Folgen noch kaum abzuschätzen. Es ist Aufgabe des folgenden Kapitels, die wirtschaftliche Seite der Entwicklung Georgiens aufzuzeigen. Das einführende Beispiel des Weinbaus soll dabei die kulturgeschichtliche Einbindung sichtbar machen, doch gleichzeitig steht der Weinbau auch für die Landwirtschaft als einen nach wie vor bedeutenden Wirtschaftssektor.

←6.01 Agrarlandschaft im Becken von Kaspi (September 2011)

Weinbau: Agrarwirtschaftszweig und prägendes Element der Kultur

> „... wenn die Wintzer recht / wie wir mit unseren Weinen / umzugehen wüsten / würde er unsere Weine weit übertreffen. Sie gebrauchen sich ausgehohleter Baume / statt der Wein-Fässer / pressen darinnen die Trauben / giesen so denn den Safft in grose irdene Gefäße / und lassen solche in ihren Häusern / oder nicht weit davon unter die Erde vergraben / diese Gefäße halten zwey biß drey hundert Maaß. Wenn sie angefüllet / verstopffet man sie oben mit einem hölzern Stöpffel / und werffen so denn Erde darauf / diese irdene von Wein angefülte Geschirre vergraben sie so dann eben auff die Art unter die Erde / wie die Morgenländische Völcker ihre Körner und Getreydig zu verwahren gewohnet sind.“ (Jean Chardin 1682: 114 f. zum Weinbau in Westgeorgien)

Der Weinbau ist für weite Teile Georgiens die landwirtschaftliche Leitkultur. Er ist zugleich ein Grundelement georgischer Kulturtradition. Die lateinische Wurzel des Wortes – *„cultura“* – umfasst beide Aspekte. Nachweise frühen Weinbaus reichen rd. 8 000 Jahre zurück bis ins Neolithikum (Shulaveri-Shomutepe-Zivilisation).[1] Bereits in ältesten bildlichen und figürlichen Darstellungen erscheinen immer wieder Weinranke und Weintraube. Die Bedeutung beim christlichen Abendmahl erhebt den Wein zudem über alle Getränke, und ein Gastgelage (*supra*) ist ohne Wein unvorstellbar.

Insbesondere das Landschaftsbild Kachetiens wird an den Rändern der weiten Senke des Alazani-Tales durch ausgedehnte Rebflächen und auf die Weinherstellung spezialisierte Siedlungen geprägt; etwa 70 % der georgischen Rebfläche liegen in Kachetien. Weitere bekannte Weinbaugebiete sind Kartlien, Imeretien und Rach'a-Lechkhumi. Etwas geringere Bedeutung hat – nicht zuletzt wegen der wesentlich höheren Niederschläge – die Küstenzone mit Adscharien und Abchasien.

Es ist ein Beispiel für die Biodiversität der Region, dass Georgien über ein außerordentlich hohes genetisches Potential von *Vitis vinifera* verfügt und etwa fünfhundert unterschiedliche endemische Subspecies kennt, von denen aber nur 38 für den Weinbau zugelassen sind. Sie werden teils sortenrein, teils in Cuvées ausgebaut.[2] Weitverbreitete Rebsorten sind Aladast'uri, Aleksandruli, Avasirkhva, Chinebuli, Mts'vane, Rkats'it'eli, Saperavi, Tsolik'ouri u. a. Für die Vermarktung wurden in sowjetischer Zeit viele Weine nach den Herkunftsorten benannt: Alaverdi, Gurdzhaani, Muk'uzani, Kindzmarauli, Q'vareli, Napareuli, Teliani und Ts'inandali sind einige bekannte Namen. So ist der übliche Ts'inandali eine Cuvée aus etwa 85% Rkats'it'eli und 15% Mts'vane.

Die traditionelle Weinerzeugung unterscheidet sich in Kachetien sehr deutlich von den in Westeuropa bekannten Verfahren. Die Trauben werden mit Schale, Kernen und Stielen ausgedrückt und die Maische in oft übermannsgroße amphorenartige (aber henkellose) Tongefäße (*qvevri*) eingeleitet, die in den Boden eingelassen werden und dort ein Weinlager (*marani*) bilden. Im *qvevri* verbleibt die Maische drei bis vier Monate zur Gärung. Während dieser Zeit sind die Amphoren mit einem Stein- oder Holzdeckel verschlossen, der zusätzlich mit Ton und Asche abgedichtet wird. Weißweine, die nach dieser traditionellen Art entstehen, erhalten einen rötlichen Farbton und werden auch als orangerote Weine bezeichnet. Die UNESCO nahm die *qvevri*-Technik der Weinerzeugung 2013 in die Liste des immateriellen Kulturerbes auf.

6.02 a/b Weinrebe als religiöses Symbol an Kirchenbauten: Svet'itskhoveli-Kathedrale in Mtskheta, Kirche von Nik'orts'minda

Anders als diese kachetische Art der Kelterung besitzt die imeretische Keltertechnik eine größere Nähe zur europäischen Art der Weinherstellung. Nur Kerne und Schale verbleiben in der Maische, und die Gärung dauert nur zwei bis drei Monate. Der so entstehende Wein hat einen höheren Säuregehalt, schmeckt leicht herb-säuerlich, ist aber sanfter als der kachetische Wein.

Anfang des 19. Jahrhunderts brachten schwäbische Siedler in ihren Dörfern bei Tiflis wie auch im Westen des heutigen Aserbaidschan Neuerungen ein, die einen Modernisierungsschub bewirkten.[3] Dies betraf die Sortenwahl, die Ungezieferbekämpfung, die Ausstattung der Kellereien, die Küferei und den Vertrieb von Wein und Spirituosen. Beim Ts'inandali-Wein führten die ins Ausland reichenden Verbindungen der Fürstenfamilie Ch'avch'avadze dazu, dass schon früh westeuropäische Kellereiverfahren eingeführt wurden.

In der Sowjetzeit drängte eine industriemäßige Verarbeitung in großdimensionierten Kellereien mit Lagerung in metallenen Weinsilos seit den 1960er Jahren die traditionelle Kellereiwirtschaft zurück, so dass die *qvevri*-Technik der Weinherstellung für den privaten Gebrauch vorbehalten blieb. Die Wirtschaft der Weinbauorte war in Kolchozen oder Sovchozen organisiert. Das Produkt orientierte sich damals am russischen Geschmack, der einen eher lieblichen Wein bevorzugte, und war aus diesem Grund, aber auch wegen weitgehend fehlender Vermarktungswege kaum auf dem westeuropäischen Markt zu finden.

Die Antialkoholkampagne unter Gorbačëv, bei der großflächig Rebanlagen abgeholzt wurden, erfasste auch Georgien. Nach der offiziellen Statistik reduzierte sich die Traubenlese im Mittel der Jahre 1986 bis 1990 im Vergleich zum vorangehenden Jahrfünft um 20 %, der staatliche Aufkauf von Trauben sogar um 28 %.[4] Nachdem das Land die Unabhängigkeit erlangt hatte, zogen unklare Eigentumsverhältnisse, dann die starke Flurparzellierung und die tiefe wirtschaftliche Depression mit Einbrüchen beim Außenhandel einen mas-

6.03 Unbenutzte, alte *qvevri*-Gefäße beim Kloster Shuamta (September 2012)

6.04 Weinlager (*marani*) im Kloster Nekresi (Mai 2019)

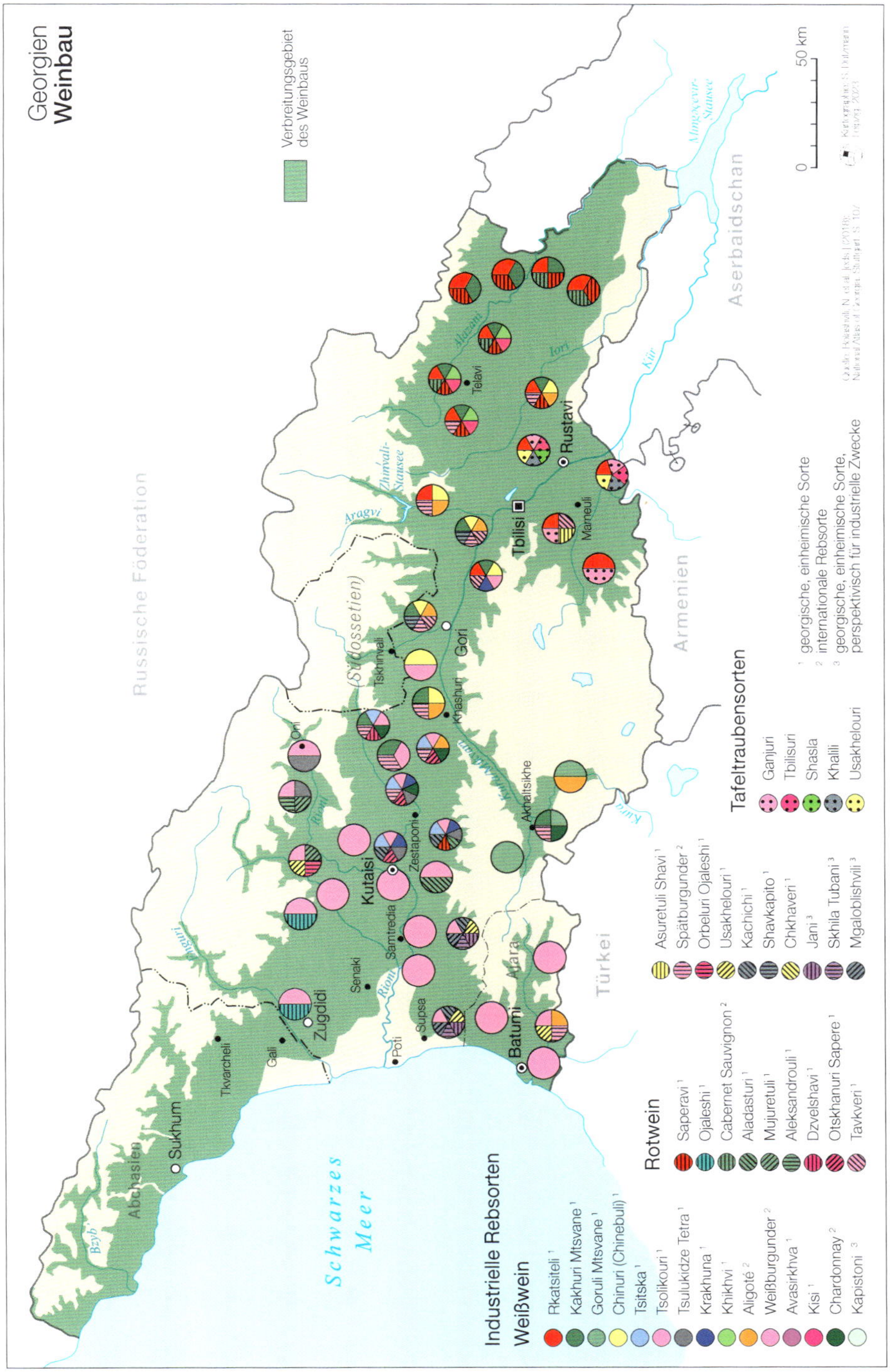

Karte 13: Weinbau

siven Rückgang des Weinbaus nach sich. Es dauerte zwar Jahre, bis sich die georgische Weinwirtschaft davon zu erholen begann, aber schon in der Transformationszeit wurde erfolgreich versucht, die Marktfähigkeit des georgischen Weines zu steigern. Einerseits wurde der *qvevri*-Ausbau, der eine sehr geringe Schwefelung erfordert und daher sehr reine Weine liefert, unter Berücksichtigung moderner Hygienevorstellungen neu belebt, zum anderen führten die größeren Betriebe Kachetiens Methoden moderner Kellereiwirtschaft ein und verknüpften sie mit der traditionellen Weinherstellung im *qvevri*. Dabei gab das Engagement ausländischer Fachleute wichtige Impulse. Flächen, die in den 1980er Jahren zwangsweise gerodet worden waren, wurden nunmehr mit jungen Pflanzen neu bestockt. Die Wiederbelebung von Terrassenkulturen in Samtskhe-Javakhetien und ihre Bestockung mit historischen Rebsorten ist ein junges, kleinräumiges Beispiel. Georgischer Wein konnte inzwischen wieder zum wichtigen Ausfuhrgut werden, insbesondere nachdem russische Importsanktionen, die nach dem Augustkrieg 2008 verhängt worden waren, entfallen waren. Aber auch die Nachfrage im Inland zeigt eine steigende Tendenz – unabhängig von den zahlreichen kleinen Winzerbetrieben, die "ihren" Wein vor allem für den Hausgebrauch ausbauen und im eigenen Keller lagern.

Wenn vom georgischen Weinbau die Rede ist, darf der Tresterbrand (*ch'ach'a*) nicht übergangen werden, der genauso wie Wein allgegenwärtig zu sein scheint. Das Brennen zum Eigenverbrauch unterliegt keinen fiskalischen Regelungen und ist daher im ländlichen Raum Georgiens weit verbreitet. Während im privaten Bereich auch Früchte für die Brennerei verwendet werden, ist der seit dem 19. Jahrhundert eingeführte industrielle Tresterbrand ausschließlich auf Weintrauben beschränkt, wobei in der Regel nur der Trester weißer Rebsorten genutzt wird.

Wurden 1990 noch 441 000 t Traubengut registriert, waren es 2006 nur 162 500 t; die Ernten der Folgejahre schwankten zwischen 120 700 (2010) und 227 300 t (2007), erreichten aber 2020 bereits 271 600 t.[5] Das Jahr 2017 brachte einen neuen Rekord beim Export georgischer Weine, die in 53 Länder geliefert wurden. Zukunftsmärkte werden vor allem in China, aber auch in den USA und in Westeuropa gesehen. Der Export von Wein, Weinbrand und Tresterbrand gehört inzwischen zu den wichtigsten Außenhandelsaktivitäten Georgiens und zeigt steigende Tendenz, seitdem der russische Markt wieder offen steht und sich zunehmend westeuropäische Märkte entwickeln. Für das erste Vierteljahr 2017 wurde gegenüber dem Vergleichzeitraum im Vorjahr eine Steigerung um 76 % auf 58,5 Mio. USD verzeichnet; das stärkste Wachstum zeigte dabei der Export in die VR China, den damals nach Russland zweitwichtigsten Markt für Georgiens Weinexporte, wohin 1,8 Mio. von insgesamt 14,2 Mio. exportierten Flaschen Wein geliefert wurden.[6] 2018 fiel der Weinexport nach China etwas zurück, wichtigste Abnehmer waren Russland und die Ukraine. 62 % des Weinexports flossen nach Russland, 12 % in die Ukraine und 8 % in die VR China.[7]

Zur Modernisierung der georgischen Weinkultur in den zurückliegenden Jahren gehörte auch die noch nicht abgeschlossene parzellenscharfe Erfassung der Rebflächen. Sie begann 2014 in der Weinregion Rach'a und wurde dann in den Munizipalitäten Q'vareli und Telavi fortgesetzt. In der Munizipalität Akhmeta (Kachetien) wurden in dreizehn Kommunen auf 1 897,2 ha insgesamt 5 992 Parzellen von Drohnen über Orthophotos erfasst, vermessen und registriert.[8] Der politische Stellenwert der Weinwirtschaft spiegelt sich darin, dass die Wiederbelebung insbesondere des kachetischen Weinbaus von staatlicher Seite gefördert wurde. Mit der „*National Wine Agency*" entstand eine Behörde, die, dem Landwirtschaftsministerium unterstellt, eine Kontrollfunktion wahrnimmt und zugleich Unterstützung bei der Vermarktung anbietet; dabei spielt die Popularisierung des *qvevri*-Ausbaus eine besondere Rolle.[9]

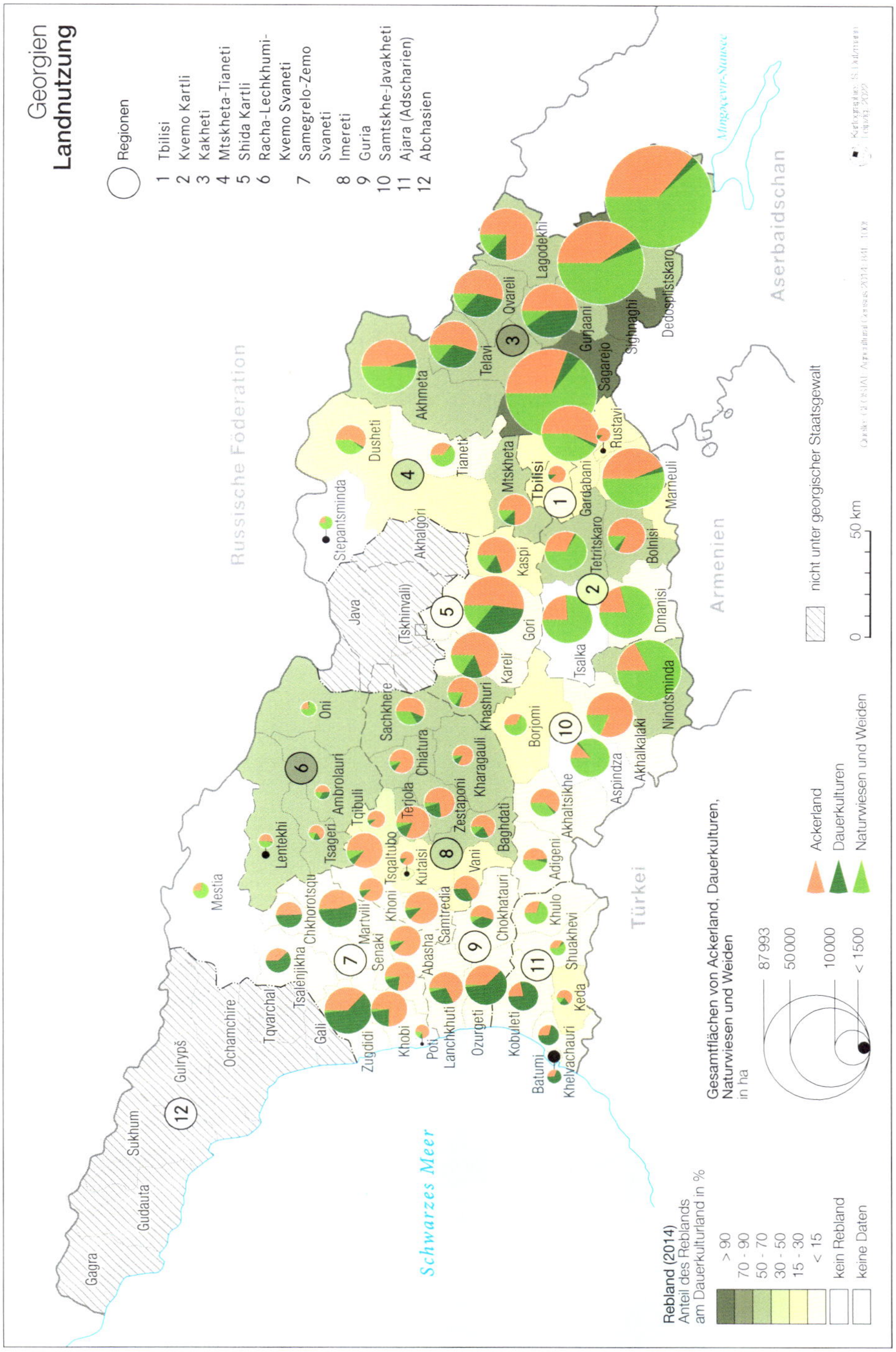

Karte 14: Landnutzung

Leistung und Organisation der Wirtschaft

Die Aussage der Statistik

In keinem anderen Nachfolgestaat der Sowjetunion brach die Wirtschaft nach 1989 so tief und so anhaltend ein wie in Georgien. War das Land vorher ein Aushängeschild der Supermacht gewesen, so wurde selbst zweieinhalb Jahrzehnte nach Wiedererlangung der Unabhängigkeit das Niveau von 1989 noch nicht wieder erreicht. Der Zusammenbruch von Lieferverflechtungen, die Aufgabe von Industriebetrieben, die Folgen der Privatisierung, die Sezession zweier autonomer Territorien, Korruption und innere Machtkämpfe lähmten die Wirtschaft. Das internationale Interesse war eher verhalten, denn Georgien verfügt über keine Schlüsselressourcen für den Weltmarkt.[10] Eine leichte Stabilisierung, die nach Mitte der 1990er Jahre eintrat, erreichte nicht alle Wirtschaftszweige, sondern wurde vor allem vom Konsum einer sich bereichernden Oberschicht gesteuert: Importe von Lebensmitteln und hochwertigen Gebrauchsgütern ließen Handel und Verkehrswesen wachsen, die Bautätigkeit nahm vor allem im Raum Tbilisi zu. Das Produzierende Gewerbe profitierte jedoch kaum und wenn, dann nur durch Produktion für den georgischen Binnenmarkt, so dass der Außenhandel einen negativen Saldo aufwies. Nachdem 1995 der Lari die Couponwährung abgelöst hatte, die zu Wertverfall, Hochinflation und Massenverarmung geführt hatte, wuchs allmählich das Vertrauen der Wirtschaft in die staatliche Wirtschaftspolitik, und ein verhaltener Aufwärtstrend setzte ein. Das geschickte Agieren der Wirtschaftspolitik in der zweiten Hälfte der 1990er Jahre und der Bau der Baku-Tbilisi-Ceyhan-Pipeline (BTC) als Großprojekt brachten eine Verbesserung, die jedoch bei weitem nicht die gesamte Bevölkerung erreichte. Erst nach 2004 konnte nach dem Übergang zu einer liberalen Wirtschaftspolitik von einem bescheidenen Wirtschaftsaufschwung gesprochen werden. Seither sind die Wachstumswerte fast durchweg positiv, sieht man vom Rückgang nach dem verlorenen Fünf-Tage-Krieg 2008 ab.

1990, am Ende der Sowjetherrschaft, betrug das Bruttosozialprodukt etwa 24 Mrd. USD, 2016 – damals allerdings ohne die Sezessionsgebiete – nur 14,3 Mrd. USD. Hatte 2007 das Wachstum des Bruttoinlandsprodukt mit 12,3 % seinen höchsten Wert seit Beginn der Transformation erreicht, so brach es 2008, bedingt durch den Augustkrieg, auf 2,8 % und 2009 auf -3,8 % ein. Seit 2010 wird wieder ein kontinuierliches Wachstum verzeichnet, das sich jedoch auf 2,8 und 3 % (2015 bzw. 2016) verlangsamte, ehe es wieder um 4,5 % erreichte (2017–2018). 2020 betrug das BIP nach Angaben des georgischen Statistikamts 60,0 Mrd. GEL.[12] Im Vergleich zu anderen Ländern ist der geringe, wenn auch allmählich wachsende Anteil der Industrie (2018: 17 %) auffällig; der früher so wichtige Bergbau macht nur noch 4,1 % des industriel-

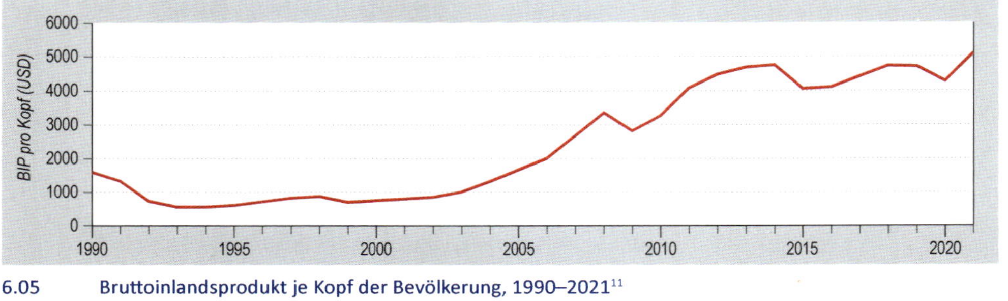

6.05 Bruttoinlandsprodukt je Kopf der Bevölkerung, 1990–2021[11]

len Produktionswertes aus.[13] Da die Landwirtschaft auch nur 9 % zum BIP beiträgt, liegt der Schwerpunkt der Wirtschaftsleistung derzeit im Dienstleistungsbereich, der auch die gesamte Verwaltung umfasst. Einen hohen Anteil hat, insbesondere in Tbilisi, die Immobilienwirtschaft, die durch den neoliberalen Kurs der Wirtschaftspolitik begünstigt wird. Die zunehmende Motorisierung im Land führte dazu, dass der Import von Kraftfahrzeugen bereits Anfang 2004: 5,2 % der gesamten Importe ausmachte und bis 2018 auf 6,7% anstieg.[14]

Räumlich ist die Wirtschaftsleistung sehr ungleich auf die Regionen des Landes verteilt. So entfiel 2019 – vor der Corona-Pandemie – die Hälfte der Entstehung des Bruttoinlandsprodukts zu laufenden Preisen auf Tbilisi (51,2 %), wobei Handel, Transport und Kommunikation sowie Bauwesen wiederum mehr als die Hälfte ausmachten. Adscharien erwirtschaftete mit Batumi 10,1 %, Imereti und Kvemo Kartli folgten mit 8,5 % bzw. 7,5 % vor Samegrelo-Svaneti und K'akheti mit 5,7 % bzw. 5,1 %. Shida Kartli (3,9 %), Samtskhe-Javakheti (3,3 %), Mtskheta-Mtianeti (2,4 %), das flächenmäßig deutlich kleinere Guria (1,7 %) und schließlich Rach'a-Lechkhumi-Kvemo Svaneti (0,6 %) liegen am Ende der Reihe.[15] Selbst auf die ungleich verteilte Bevölkerung umgerechnet ergeben sich regionale Disparitäten. Allerdings darf eine grundsätzliche Schwierigkeit bei der Erhebung der Wirtschaftsleistung nicht übersehen werden: Die Subsistenzleistung bäuerlicher Kleinbetriebe fließt nicht in die Berechnung ein, und auch die durch Kleinhandel auf Bauernmärkten monetarisierte Leistung wird im besten Fall grob geschätzt.

Abgekoppelt von der Wirtschaft Georgiens, sind die beiden De facto-Staaten Abchasien und Südossetien in hohem Maße von Transferzahlungen abhängig, die von Russland geleistet werden. In Abchasien ist zwar der selbst erwirtschaftete Anteil am Budget zwischen 2012 und 2015 von 28,62 auf 45,51 % gestiegen, wozu vor allem der Verkauf landwirtschaftlicher Erzeugnisse und der wieder belebte Tourismus an der Schwarzmeerküste beitrugen, doch wurde die reichliche Hälfte des Budgets noch von Moskau getragen. Für 2018 sah der Staatshaushalt ein Volumen von 7,43 Mrd. Rubel vor, in denen 2,67 Mrd. Rubel als russische Finanzhilfe und 1,62 Mrd. Rubel im Rahmen eines Investitionsprogramms zur sozio-ökonomischen Entwicklung Abchasiens in den Jahren 2017–2019 eingeschlossen waren, d. h. ein russischer Anteil von 57,7 %.[16] In Südossetien betrug die Eigenleistung 2015 sogar nur 11,32 %.[17]

Missachtung von Regeln oder Ausweg aus der Not? Parallelwirtschaft, Informalität, Korruption

Statistische Daten bilden nur eine Seite der georgischen Wirtschaft ab. Zu Sowjetzeiten, als die Verlässlichkeit der publizierten Statistiken ohnehin gering eingeschätzt wurde, war Georgien für seine Parallel- oder Schattenwirtschaft bekannt, d. h. für Aktivitäten, die am Wirtschaftsplan vorbei (aber durchaus mit Wissen und oft auch stillschweigender Billigung der Behörden) stattfanden. So spiegelten die statistischen Daten nie die tatsächliche Wirtschaftsleistung in der damaligen Unionsrepublik wider. Manches war völlig legal: Privateinkommen wurden im ländlichen Raum vor allem dadurch erzielt, dass Erzeugnisse des privat bewirtschafteten Hoflands auf lokalen Kolchozmärkten oder mit noch höherem Gewinn in den Metropolen Russlands verkauft wurden. Seit den 1970er Jahren konnten auch Kolchoze und Sovchoze diese Märkte beschicken, wenn die Planvorgaben erfüllt waren; also versuchten Kolchozvorsitzende und Sovchozdirektoren, diese Vorgaben beim Aushandeln der Plankennziffern nach unten zu drücken. Landwirtschaftliche Betriebe unterhielten zudem „nebenbei" kleine Unternehmen, die oft höhere Erträge einbrachten, als sie aus dem staatlich kontrollierten Agrarsektor resultierten, und der ländlichen Bevölkerung gute Nebeneinkünfte bescherten. In Industriebetrieben wurde ein Teil der Produktion „abgezweigt" und über nichtstaatliche Vermarktungswege vertrieben.[18] In der Fremdenverkehrswirtschaft blühte am Schwarzen Meer die Vermietung von Privatzimmern. Zwar waren offiziell auch hier Preise vorgegeben, doch letztlich bestimmten auf dem Binnenmarkt für Privatunterkünfte Angebot (relativ gering) und Nachfrage (sehr hoch) die Preise. Man verstand es offensichtlich, die Zwänge der Zentralverwaltungswirtschaft zu umgehen. Diese Schattenwirtschaft konnte damit einen Teil der durch unvollkommene Planbarkeit entstandenen Mängel ausgleichen und erhielt dadurch, obwohl teilweise illegal, eine soziale Legitimation.

Eine wesentliche Basis dieser Aktivitäten ist *blat* (georg. *akhlobloba*).[19] Damit bezeichnet die sozialwissenschaftliche Forschung das Netz informeller Beziehungen, die auf persönlicher oder indirekter Bekanntschaft von Personen, die Güter oder Leistungen vermitteln oder besorgen können, und der Reziprozität von Verpflichtungen nach ungeschriebenen, aber als moralische Norm anerkannten Regeln beruht. Es ist vermutlich das wichtigste soziale Kapital, das in allen Bereichen des Alltags eingesetzt wird. Es beruht auf gesellschaftlich akzeptierten Grundwerten wie Ehre und Vertrauen, auf der moralischen Kultur von „Ehre und Schmach".[20] Daraus ergeben sich alltägliche Routinen, die Normalität suggerieren, allgemein praktiziert werden und gesellschaftlich akzeptiert sind. Teilweise kann dieses Handeln auf altangelegte Beziehungen zurückgeführt werden, teilweise entwickelte es sich aber erst unter den frühsowjetischen Bedingungen der Mangelwirtschaft, als in der Güterknappheit der frühen 1920er Jahre, während der Massenkollektivierung und Massenverarmung der ländlichen Bevölkerung Ende der 1920er und zu Beginn der 1930er Jahre sowie in den Notzeiten von Säuberungen und Weltkrieg informelle Wege der Versorgung gesucht wurden.[21] *Blat* ist somit zu trennen von Bestechung und Korruption als kriminellen Akten.[22] Die Klientelwirtschaft unterschied sich auch von anderen Praktiken, die sich in der sowjetischen Mangelwirtschaft ausgebildet hatten. So fehlte in Georgien weithin der „Beschaffer" (russ. *tolkač*), der versuchte, irgendwo im weiten Land bei anderen Betrieben fehlende Zwischenprodukte aufzutreiben und für „seinen" Betrieb zu organisieren.[23] Im postsowjetischen Raum hat das Phänomen nach Privatisierung und Übergang zur Marktwirtschaft zwar an Bedeutung verloren, doch bestehen informelle Beziehungsnetzwerke weiterhin.

Ein wichtiges Segment der Parallelwirtschaft ist die Korruption. Sie nutzt die vermeintliche Schwäche des Staates, die sich in der Reduzierung von Berührungspunkten zwischen Staat und Gesellschaft zeigt, profitiert aber gleichzeitig von der Fähigkeit des Staates, Stärke darin zu zeigen, wirtschaftliche Aktivitäten zu unterbinden, welche sich nicht seiner Patronage unterstellen.[24] In vielen Fällen dient sie dazu, die für den Lebensunterhalt zu niedrigen regulären Einkünfte aufzubessern. Dabei sind die Grenzen zur organisierten Kriminalität fließend. In Georgien hatten sich nach Erlangung der Unabhängigkeit Korruption und organisierte (Wirtschafts-)Kriminalität über das aus der Sowjetzeit überkommene und im Alltag bekannte Maß ausgebreitet und teilweise das Land gelähmt. Die Ursprünge reichen aber auch hier weiter zurück. Ohne dass auf mögliche traditionelle und kulturelle Faktoren eingegangen werden kann, erschien das Sowjetsystem als fremdartig, woraus eine Berechtigung abgeleitet wurde, dessen Regelungen bei Bedarf zu umgehen. Dies war ein Teilaspekt der Entfremdung der Bevölkerung vom Staat. Die Ära Chruščëv brachte nach dem 20. Parteikongress der KPdSU mit der Aufdeckung von Stalins Gräueltaten nicht nur einen Umschwung, der dagegen protestierende Studenten im März 1956 auf die Straße gehen ließ, sondern auch mit der wirtschaftlichen Liberalisierung die Möglichkeit, am Plan vorbei zu wirtschaften und illegale Untergrundunternehmen ins Leben zu rufen. Vor allem die herrschende Klasse, die Nomenklatura, entwickelte Methoden, staatliche Mittel an sich zu ziehen, für eigene Ziele einzusetzen oder einfach für sich zu behalten.

Es dauerte bis 1972, ehe der bisherige georgische Parteiführer Vasili Mzhavanadze von Edvard Shevardnadze abgelöst wurde, der nun – letztlich aber vergebens – gegen die Korruption vorzugehen versuchte. Die Schattenwirtschaft etablierte sich vielmehr als „*second economy*".[25] Als nach Erlangung der Unabhängigkeit anstelle von Demokratie und raschem Aufschwung in der Marktwirtschaft das immer mehr autoritären Stil annehmende Regime Gamsakhurdias das Land bestimmte, wuchs die Kriminalisierung im Land. Ein Raubüberfall auf Studierende im Studentenwohnheim der Ivane Javakhishvili-Staatsuniversität im Dezember 1991 gilt als Symbol für ein Handeln, das auch Ausländer nicht verschonte und damit diese Kriminalität gewissermaßen internationalisierte.[26] Kriminelle Gangs machten zu Beginn der 1990er Jahre Tbilisi unsicher und bestahlen Staatsunternehmen, um gestohlene Waren im Ausland zu verkaufen, Verbrecher kauften Waffen von korrupten Offizieren. Gleichzeitig bildeten sich paramilitärische Vereinigungen wie die berüchtigten Mkhedrioni von Jaba Ioseliani oder die sich als Georgische Nationalgarde bezeichnende Gruppe um Tengiz K'itovani. Sie führten den Staatsstreich gegen Gamsakhurdia im Januar 1992 an und verbanden auch später Aktionen gegen dessen Anhänger in Westgeorgien mit Raubzügen gegen die Bevölkerung. In dieser Zeit galt Georgien als einer der korruptesten Staaten überhaupt. Auch Shevardnadzes Präsidentschaft, die zunächst auf der Zusammenarbeit mit Ioseliani und K'itovani beruhte, konnte dieses Treiben nicht beenden. Erst der Attentatsversuch gegen den Präsidenten im August 1995 brachte einen Einschnitt: Autoritäre Gegenmaßnahmen setzten den illegalen Aktivitäten ein Ende. Die paramilitärischen Gruppen wurden aufgelöst, die Führer verhaftet, doch kehrte gleichzeitig auch die alte Nomenklatura zurück an ihre früheren Stellen, wo sie ihre ehemaligen Privilegien erneut einforderte. Damit war zunächst ein Fortbestehen der geduldeten Korruption unvermeidlich. Adscharien gelang es, sich weitgehend frei vom Einfluss der Mkhedrioni und der Georgischen Nationalgarde zu halten, so dass auch die von diesen paramilitärischen Gruppen ausgehende Kriminalität kaum eindrang und die Region zunächst relativ stabil unter der landesweit anerkannten Führerschaft von Abashidze blieb. Allerdings unterband die adscharische Führung zunehmend demokratische Freiheiten, organisierte regionale Wahlen an der Zentralregierung vorbei und verlor damit zusehends an Ansehen.[27]

Den Behörden gelang es, einige Gangstergruppen auszuschalten, aber die Polizei war selbst von Korruption durchzogen: Unrechtmäßige Verhaftungen, Folterungen, weitergehende Verletzung von Menschenrechten, Erpressung gegenüber Geschäftsleuten, Fälschung von Untersuchungsberichten, Verwicklungen in kriminelle Akte und sogar Morde wurden auch von der Polizei oder mit stillschweigender Billigung ohnmächtiger Behörden begangen, und selbst Regierungsvertreter waren kriminalisiert. Das Ende der Rubelzone und die Einführung der Couponwährung (1993) wurden zur illegalen Bereicherung genutzt, indem billige Kredite der Georgischen Nationalbank nicht für die Entwicklung der Wirtschaft des Landes genutzt, sondern in Dollar umgetauscht und diese gehortet oder ins Ausland verbracht wurden. Auch die Voucher-Privatisierung der Industrie ab 1995 wurde kriminell ausgenutzt, so dass der Staat die leistungsfähigsten Betriebe weit unter Wert an eine geringe Zahl einflussreicher Personen veräußerte. Zoll-, Steuer- und Polizeibeamte galten nach einer Umfrage im Jahr 2002 als korrupteste Gruppen in Georgien, die Beseitigung der Korruption wurde nach der Bekämpfung der Arbeitslosigkeit als zweitwichtigste Aufgabe des Staates angesehen. Der 1997 gegründete, unabhängige und in der Bevölkerung sehr populäre Fernsehsender Rustavi-2 ermittelte, dass dem Staat jährlich 1 Mrd. GEL durch Korruption entgingen – und das bei einem Bruttosozialprodukt von (1998:) 5,28 Mrd. GEL.[28]

Die Rosenrevolution gilt inzwischen als die erste erfolgreich gegen Korruption gerichtete Revolution im postsowjetischen Raum. Lag Georgien 2003 noch auf Platz 124 beim Index der Korruptionswahrnehmung, den *Transparency International* veröffentlicht, so kletterte es bis 2008 auf Platz 67. Es wird als ein früher Erfolg der Präsidentschaft Saak'ashvilis angesehen, dass er die alltägliche Korruption der Verkehrspolizei dadurch weitgehend beseitigte, dass bisherige Polizisten entlassen, jüngere eingestellt und wesentlich besser entlohnt wurden.[29] Das Aufgabenfeld der Verkehrspolizei wurde auf die Überwachung des öffentlichen Raumes erweitert; zugleich sollte die neue Sichtbarkeit einer nicht korrupten Polizei dadurch demonstriert werden, dass der Staat moderne Polizeigebäude mit glasreichen Fassaden erbaute.

Aber nicht nur die Polizei, sondern auch die Rechtsprechung war in die Kritik geraten. Noch 2007 trauten nach einer Befragung 53,7 % der Georgier nicht dem staatlichen Rechtswesen, und bis heute gibt es massive Vorbehalte gegen das Rechtswesen in Georgien, weil es nicht politisch unabhängig arbeitet, und gegen Haftanstalten, die nicht internationalen Standards entsprechen.[30] Das Erkaufen von Leistungen und Vorteilen bei Behörden, im Bildungsbereich, im Gesundheitswesen und beim Transport war weit verbreitet. Dies führte dazu, dass auch in den latenten Konflikten entsprechende Schuldzuweisungen nie fehlten.[31] Aus der Tradition von Korruption und Wirtschaftskriminalität heraus war es nach Erlangung der Unabhängigkeit zunächst schwierig, Steuern zu erheben und einzutreiben – mit verheerenden Folgen für die staatlichen Finanzen. Erst seit Anfang des 21. Jahrhunderts greifen die Antikorruptionsmaßnahmen mit größerem Erfolg auch bei der Wirtschaft. Inzwischen ordnet der Index der Korruptionswahrnehmung Georgien auf Rang 45 ein – eine leichte Verschlechterung gegenüber den vergangenen Jahren.[32] Immer noch bestehen aber enge informelle Beziehungen zwischen Verwaltung und Wirtschaftsunternehmen, sodass es häufig Vorwürfe wegen der Bevorzugung einzelner Unternehmen bei Auftragsvergaben und ähnlichen Aktionen gibt. Andererseits ist das Vertrauen der breiten Bevölkerung in die staatlichen Institutionen deutlich gewachsen. Gerade eine sehr dünne Bevölkerungsschicht von Reichen ist durch die Verquickung staatlicher und privatwirtschaftlicher Aktivitäten entstanden.

Die zunehmende Öffnung des Landes für den Tourismus ließ auch regional die kleine Wirtschaftskriminalität zurückgehen: In den ersten Jahren des 21. Jahrhunderts zählte etwa Svanetien zu den „gefährlichen" Destinationen, in denen Fremde nicht vor Überfällen und Raub sicher sein konnten. Der Tourismus, der in der Sowjetzeit auch die Hochgebirgsreginen erfasst hatte, war fast zum Erliegen gekommen. Dann aber führte die Fremdenverkehrspolitik zu infrastrukturellen Verbesserungen, rasch steigenden Besucherzahlen und dadurch wachsenden Einnahmen, was zu einer deutlichen Beruhigung beitrug.[33]

Ebenfalls in den Bereich der Schattenwirtschaft gehört der Schmuggel, zwischen 1990

6.06 Polizeistation in Mest'ia (August 2019)

und 2004 eine Haupteinnahmequelle in Südossetien, wo georgische Produkte über den Großen Kaukasus nach Russland gebracht und dort mit Gewinn verkauft wurden. Diese Wirtschaftsaktivität auf dem Markt von Ergneti fand ein abruptes Ende, nachdem der georgische Präsident Saak'ashvili den Schmuggel erfolgreich unter Strafe gestellt, Truppen des Innenministeriums die Straße nach Tskhinvali blockiert, damit Südossetien allerdings fast vollständig in die wirtschaftliche Abhängigkeit von Russland gebracht hatten.[34]

Der Hinweis auf die Entstehung der Schattenwirtschaft in der Zeit der Sowjetherrschaft nennt einen wichtigen Einflussfaktor, der die georgische Wirtschaft bis heute bestimmt: Auch nach drei Jahrzehnten marktwirtschaftlicher Entwicklung ist das sowjetische Erbe immer noch greifbar. Die Sowjetunion war nach einer kurzen Phase des Wirtschaftsliberalismus in den 1920er Jahren („Neue Wirtschaftspolitik" – *Novaja ėkonomičeskaja politika* – NEP) zu einer Zentralverwaltungswirtschaft mit weitreichenden Planungsmechanismen übergegangen. Zwar hatte es mehrfach Korrekturen gegeben, aber das Grundschema einer direktiven Planung hatte bis Ende der 1980er Jahre Bestand.[35] Mangelnde Flexibilität der Planungsbehörden, aber auch grundsätzliche Skepsis, wenn nicht Ablehnung gegenüber Anweisungen aus Moskau trugen wesentlich zur Entstehung der georgischen Parallelwirtschaft bei. Noch heute sind einzelne industrielle Produktionsstandorte aus der sowjetischen Wirtschaftsgeschichte, die Betonung der subtropischen Landwirtschaft selbst unter marginalen natürlichen Produktionsbedingungen aus einem gewissen Autarkiestreben, die Vernachlässigung des Dienstleistungssektors aus der ideologischen Ablehnung nichtproduktiver Wirtschaftsaktivitäten zu verstehen. Industriestandorte wie Zest'aponi oder Rustavi gehen auf die Sowjetzeit zurück.

Über den Start in die Unabhängigkeit hinaus blieben die material- und energieintensive Produktionsweise und die mangelhafte Beachtung von Qualitätsstandards verbreitet. Auch fehlender Arbeitswillen wird aus der Sowjetwirtschaft erklärt, die nicht darauf ausgelegt war, besondere Leistungen zu honorieren. Zulieferungen und Abnahmegarantien existierten aber nach 1991 nicht mehr, und damit auch keine sicheren Betriebseinnahmen. Die Folge war, dass auch die Löhne – wenn überhaupt – nicht mehr regelmäßig gezahlt wurden, was Arbeitskräfte wieder dadurch zu kompensieren versuchten, dass sie sich in den Lagerbeständen der Unternehmer bedienten und versuchten, diese Materialien auf einem Sekundärmarkt zu verkaufen. In der Transformationsphase war damit der Übergang zur Wirtschaftskriminalität verwischt.

Eine mildere Abart einer nicht nach geordneten Gesetzesvorgaben ablaufenden Wirtschaft sind Tätigkeiten im informellen Sektor, der sich nach 1990 in Georgien ausbreitete, weil er wenigstens bescheidene monetäre Einnahmen versprach. Während die Schattenwirtschaft sich bewusst verbirgt und dadurch weitgehend der direkten Beobachtung entzieht und die Korruption bewusst die Schranken der Legalität missachtet, gehören Aktivitäten im informellen Wirtschaftssektor zu den Alltagspraktiken, die sich entwickeln, wenn der Staat noch nicht oder nicht mehr in der Lage ist, lenkend einzugreifen oder bewusst auf manche Regelungen verzichtet. Vor allem in der frühen Transformationsphase breitete sich der informelle Sektor im gesamten postsowjetischen Raum aus, wo große Teile der verarmten Bevölkerung gezwungen waren, Hab und Gut feilzubieten, um überleben zu können. Geblieben sind Straßenhändler, für die am Beispiel Tbilisi gezeigt wurde, dass sie von der Verwaltung zeitweise verdrängt wurden, dann aber auch in einem Anpassungsprozess an staatliche Vorgaben immer wieder Systemlücken fanden, um weiter aktiv sein zu können.[36] Mit der zunehmenden Motorisierung verbunden sind informelle Taxidienste, wie sie insbesondere an Knotenpunkten des Fernverkehrs wie Bahnhöfen und Flughäfen und an Schwerpunkten des Tourismus angeboten werden.

Von Kombinat und Zulieferplanung zur Wertschöpfungskette

Die Sowjetunion war unter anderem an fehlender oder verzögerter Reformbereitschaft gescheitert, und die Nachfolgestaaten konnten die dadurch entstandenen Defizite nicht sofort beseitigen. Das unabhängige Georgien war in besonderem Maße wirtschaftlich geschwächt: Der militär-industrielle Komplex der Sowjetunion, dem die meisten größeren Industriebetriebe angehört hatten, war zusammengebrochen, Lieferverflechtungen mit ehemaligen Sowjetrepubliken waren zerrissen, mit Abchasien hatte das Land einen bedeutenden Teil seines touristischen und agrarwirtschaftlichen Potentials verloren, und die theoretischen Vorstellungen von Marktwirtschaft entsprachen bei vielen Akteuren eher dem Feilschen auf dem Bazar als einer modernen Volkswirtschaft. Die ökonomische Transformation traf auf eine dafür weitgehend unvorbereitete Gesellschaft.

Was die Lage besonders erschwerte, war die Tatsache, dass das sowjetische Wirtschaftssystem auf einer räumlichen Arbeitsteilung beruhte, bei der wegen der Knappheit der Investitionsmittel oft nur wenige Betriebe die Zulieferung von Grundstoffen oder Halbfertigprodukten für das ganze Land zu übernehmen hatten. Der Begriff „Wertschöpfungskette" wäre für die Art der Verflechtungen nicht korrekt, denn mit Zulieferungen war keine Wertschöpfung verbunden, da eine knappheitsgerechte Bewertung fehlte und die Zulieferungen in der Realität Zuteilungen waren. Es war Aufgabe der Wirtschaftspläne, für eine ausreichende Belieferung zu sorgen. Wo komplexer werdende Lieferketten nicht mehr funktionierten, sollten in großen Kombinaten wenigstens in gewissem Umfang auch Zwischen- oder Zulieferprodukte hergestellt werden, um die Einbindung anderer Betriebe zu reduzieren, auf deren Zulieferung man sonst angewiesen gewesen wäre. Aber nicht alles konnte auf diese Weise bereitgestellt werden.

Nach dem Zusammenbruch dieses Mechanismus und bei der Einführung der Marktwirtschaft zeigte sich, in welchem Maß gerade die georgische Wirtschaft in horizontale und vertikale Lieferverflechtungen eingebunden war: Das Hüttenkombinat von Rustavi arbeitete eben nicht nur mit Rohstoffen aus Georgien, da zwar Manganerz im Land gewonnen wurde, aber Eisenerz und Kokskohle aus anderen, jetzt unabhängig gewordenen Staaten importiert worden mussten, ohne dass die Rahmenbedingungen für einen freien Wirtschaftsverkehr geschaffen worden waren. Die Produkte der georgischen Landwirtschaft waren in den Nachbarländern durchaus nachgefragt, aber es mangelte an Verpackungs-, Lager- und Transportkapazitäten; zudem hatte die Privatisierung Klein- und Kleinstbetriebe ohne ausreichenden Marktzugang geschaffen. Die Lieferketten, aus denen unter marktwirtschaftlichen Bedingungen Wertschöpfungsketten hätten entstehen können, waren gerissen, nachdem die De-Industrialisierung eingesetzt hatte.

6.07 Reste des metallurgischen Kombinats von Rustavi (Oktober 2018)

Der Aufbau solcher Wertschöpfungsketten erfordert neben der Aktivität der beteiligten Wirtschaftssubjekte ein hohes Maß an Rechtssicherheit. Diese war in der Transformation zunächst kaum gegeben, denn einerseits beherrschten kriminelle Banden die Wirtschaft, zum anderen war der georgische Staat nicht in der Lage, die Gesetze und Institutionen für eine funktionsfähige Marktwirtschaft schnell zu schaffen und ihre Einhaltung und ihr Funktionieren zu garantieren. Der Reformprozess lief viel langsamer als erforderlich ab. Das Mitwirken ausländischer Akteure leitete zwar einen Teil der Gewinne in Drittländer, belebte aber die Wirtschaft und trug zur Konsolidierung von Liefer- und Abnahmebeziehungen bei, wenn auch zum Preis einer hohen Auslandsverschuldung.

Retardierte Wirtschaftsreformen

Die nur nachrangig auf Wirtschaftsentwicklung ausgerichtete Politik von Zviad Gamsakhurdia, die inneren Unruhen und der Zusammenbruch der Wirtschaftsbeziehungen zwischen den Nachfolgestaaten verhinderten, dass die offenkundigen Defizite schnell beseitigt wurden. Es dauerte bis 1995, ehe Wirtschaftsreformen in Gang kamen und damit Voraussetzungen für Kredite internationaler Organisationen gegeben waren. Die ersten Reformen zielten auf Privatisierung ab: Grund und Boden wurde an die Landbevölkerung verteilt, Industriebetriebe öffneten sich ausländischen Investitionen (die wegen der damaligen Rechtsunsicherheit nur sehr zögerlich anliefen), die Privatisierung von Wohnraum begann. Sie konnte jedoch die städtische Wohnungsnot nicht beseitigen, weil nachholende Sanierung und Neubautätigkeit fehlten. Die Privatisierung der Industrie erwies sich als problematisch, weil für die vielfach maroden Großbetriebe keine Investoren gefunden werden konnten und viele Unternehmen weit unter Wert verkauft wurden – zum Schaden des Staates, der mit dem Verkaufserlös weitere Reformen oder infrastrukturelle Maßnahmen hätte finanzieren können. Insgesamt wurden zwischen 1992 und 2003 rund 15 000 Unternehmen privatisiert.[37]

Als Währung behielt Georgien zunächst den (sowjetisch-russischen) Rubel bei, der jedoch mit der Abkoppelung der georgischen von der russischen Wirtschaft keine sichere Planung mehr erlaubte und Inflation bewirkte. 1993 führte Georgien daher zunächst eine Couponwährung ein, was eine Steigerung der Inflationsraten von 78,7 % im Jahr 1991 auf 22 470,6 % im Jahr 1994 bewirkte.[38] Erst die Einführung einer eigenen Währung, des Lari, im September 1995 reduzierte wenigstens die Abhängigkeit Georgiens innerhalb der GUS. Als frei konvertible Währung konnte sich der Lari behaupten. Auf einige Jahre mit Inflationsraten zwischen 7 und 10 % folgte ab 2012 eine Stabilisierung; bis Ende 2017 stieg die Inflation zwar wieder auf 6 %, sank im Folgejahr aber wieder auf 2,4 % ab. In den beiden Sezessionsgebieten Abchasien und Südossetien dient der russische Rubel als Währung.

In dem Maß, in dem Shevardnadze als Staatspräsident politische Handlungsfähigkeit und Reformbereitschaft verlor, verschlechterte sich die wirtschaftliche Lage. Erst die „Rosenrevolution" und die Übernahme des Präsidentenamtes durch Saak'ashvili führten erneut zu Reformen auf der Basis eines Neoliberalismus, der jedoch die sozialen Unterschiede anwachsen ließ. Selbst für die Infrastruktur wichtige Einrichtungen wie Energieversorgung, Wasserversorgung und Häfen wurden privatisiert, um marktwirtschaftliche Prozesse in Gang zu setzen und zugleich Steuereinnahmen zu generieren. So wurden im Mai 2005 Kraftwerksanlagen in Lajanuri, Rioni, Gumati, Shaori und Dzirula zur Privatisierung ausgeschrieben, ebenso das Stromnetz von Adscharien und die Stromgesellschaft von Tbilisi.[39] Das Ausland honorierte diesen Reformeifer; es flossen Kredite der Weltbank ins Land, als sich die Wirtschaft am US-amerikanischen Vorbild orientierte (Mai 2005: Besuch von Präsident George W. Bush in Tbilisi; Benennung der zum Flughafen führenden Straße nach ihm). Ausländische Investoren kamen jetzt aus dem westlichen Europa, aus Kasachstan, Aserbaidschan, Japan, Korea, weniger jedoch aus Russland.[40]

Zu weiteren wirtschaftspolitischen Akzenten, die damals gesetzt wurden, gehörten Vereinfachungen im Steuersystem: Anstelle einer größeren Zahl unterschiedlicher Steuern gibt es seit 2008 nur noch sechs Steuerarten auf Landesebene (Unternehmenssteuer, Einkommenssteuer, Importsteuer, Grundsteuer, Mehrwertsteuer und Verbrauchssteuer auf einige wenige Güter) sowie eine kommunale Gewerbesteuer. Die Herabsetzung des Mehrwertsteuersatzes von 20 auf 18 % sollte Bevölkerung und Wirtschaft entlasten.[41]

Einen erneuten Einschnitt brachte der Augustkrieg 2008, für die georgische Wirtschaft unmittelbar spürbar am zeitweiligen Totalverlust des russischen Marktes für Wein und Mineralwasser. Der Tourismus erlebte einen Rückgang, weil die Destination Georgien wieder als Konfliktraum wahrgenommen wurde. Während sich die Hoffnungen, die an das europäische Projekt TRACECA (*Transport Corridor Europe – Caucasus – Asia*) als Neubelebung der Seidenstraße geknüpft waren, bisher kaum erfüllten, führten der Bau der BTC Erdöl- und der BTE Erdgaspipeline, dann – schleppender – das Projekt der Eisenbahn Tbilisi – Akhalkalaki (– Kars) und schließlich die Stromtrasse in die Türkei zu internationalen, der Ausbau von Fernstraßen zu nationalen Verbesserungen in der Infrastruktur.

In Saak'ashvilis Nachfolge wurde der neoliberale wirtschaftspolitische Kurs beibehalten, die Energieversorgung gesichert und vor allem der Tourismus zu einem Wachstumssektor weiterentwickelt. Die georgische Wirtschaft blieb auf einem positiven Entwicklungspfad. Georgiens Wirtschaft gehört heute zu den liberalsten im weltweiten Vergleich: Der *Index of Economic Freedom* sah Georgien 2019 auf Platz 16, zwischen Estland und Luxemburg; Deutschland belegte 2019 Platz 24 auf einer Liste, die von Hong Kong, Singapore, Neuseeland und der Schweiz angeführt wird.[42] Dieser wirtschaftspolitische Kurs konnte zwar weder soziale Missstände noch regionale Entwicklungsdefizite beseitigen, doch hofft man, dass der Funke von den erfolgreichen Beispielen auf Nachahmer überspringt und dass die Investitionen in die Infrastruktur sich günstig auf andere Wirtschaftsbereiche auswirken. So ist inzwischen die Telekommunikation gut entwickelt, wobei die starke Konkurrenz zu einem relativ hohen Qualitätsniveau zwingt. WLAN ist fast im ganzen Land verfügbar, Mobiltelephone gelten als Selbstverständlichkeit.

Erkauft wurden die Reformfortschritte allerdings durch internationale Kreditaufnahme und wachsende Staatsverschuldung sowie einen negativen Außenhandelssaldo. Nachdem die Staatsverschuldung 1999 auf über 70 % des BIP gestiegen war, sank sie mit dem beginnenden Wirtschaftsaufschwung bis 2007 auf rd. 22 %, stieg dann aber wieder bis 2016/18 auf durchschnittlich 42 % an.[43] Im Juli 2019 betrug die staatliche Auslandsverschuldung 5,36 Mrd. USD, von denen 206 Mio. auf die georgische Nationalbank entfielen; mit 312,9 Mio. USD (280,7 Mio. EUR) ist die deutsche Kreditanstalt für Wiederaufbau (KfW) einer der wichtigsten Gläubiger.[44]

Noch prekärer war lange Zeit die Wirtschaftslage in Abchasien und Südossetien. Die einseitige Schließung der Grenzen zu Rumpf-Georgien wurde zunächst nicht durch einen inneren Aufbau der Wirtschaft kompensiert; die Gefahr weiterer kriegerischer Auseinandersetzungen, Hyperinflation, Mangel an Handelsgütern, Verlust sozialer Dienstleistungen und eine latente Kriminalität trafen die beiden Regionen stark. In Südossetien verschlimmerte der Krieg vom August 2008 die Lage. Während in Abchasien wenigstens der Badetourismus an der Schwarzmeerküste – jetzt unter russischem Vorzeichen – wieder belebt werden konnte, bleibt Südossetien bis in die Gegenwart von russischen Transferleistungen abhängig.

Verhaltene ausländische Direktinvestitionen, Kredite und finanzielle Unterstützung, asymmetrischer Außenhandel

Es wird deutlich, dass die Entwicklung der georgischen Wirtschaft in hohem Maße von ausländischem Engagement abhängt, doch dieses begann in Georgien im Vergleich zum übrigen postsowjetischen Raum relativ spät: 1997 erwarb der amerikanische Konzern *Compass* den georgischen Tabakproduzenten *Kartli*, 1998 begann das kanadische Unternehmen *Canargo Energy* mit Erdölprospektionen im Osten Georgiens, und der japanische Konzern *Marubeni* beteiligte sich am Ausbau des Hafens Poti.[45] Dabei erleichtert Georgien ausländische Investitionen im Vergleich zu anderen Nachfolgestaaten. Seit 2005 ist das Registrierungsverfahren für neu gegründete Unternehmen deutlich vereinfacht, so dass es, wenn alle erforderlichen Unterlagen vorliegen, innerhalb eines Tages abgeschlossen werden kann. Das Fehlen von Untergrenzen für die Mindestkapitalanforderung fördert die Einrichtung einer GmbH oder einer Aktiengesellschaft, führt allerdings auch dazu, dass viele Unternehmen nur kurze Zeit am Markt sind. Die Ausweisung von Wirtschaftssonderzonen (wie z. Bsp. im Hafen von Poti und künftig in Anak'lia, sollte der geplante Tiefseehafen tatsächlich gebaut werden) dient mit Steuer- und Zollerleichterungen als Anreiz für ausländische Investoren. Dies hat aber auch zur Folge, dass die überlebenden oder reaktivierten Betriebe wiederholt Umgründungen erfahren. Mehrfacher Eigentumswechsel, bisweilen durch fragwürdige Gerichtsurteile bedingt, die bei Joint Venture-Unternehmen oft den georgischen Partner begünstigen, kennzeichnen die jüngere Unternehmensgeschichte zahlreicher Betriebe. Daher blieben in den zurückliegenden Jahren die ausländischen Direktinvestitionen hinter den Erwartungen zurück.

Ausländisches Investitionskapital ist bisher vor allem aus Aserbaidschan (20,4 % des Bestands), Großbritannien (15,3 %), den Niederlanden (8,6 %) und der Türkei (6,6 %) nach Georgien geflossen; China hat einen Bestandsanteil von 3,2 %, Russland einen solchen von 2,5 %. Die Allokation der Mittel ist selektiv: Allein 26 % der ausländischen Direktinvestitionen kamen dem Energiesektor zugute.[46]

Von deutscher Seite wurde vor allem versucht, der wenig produktiven Landwirtschaft Impulse zu geben. So engagierte sich der Babynahrungshersteller *Hipp* in der georgischen Obstwirtschaft; er modernisierte in einem größeren Betrieb den Apfelanbau, errichtete eine Verarbeitungsanlage und sorgte auch für die Abnahme der fertigen Produkte. Im kachetischen Weinbau übernahm Burkhard Schuchmann 2008 einen früheren Großbetrieb und gründete in K'isiskhevi bei Telavi den Kellereibetrieb *Schuchmann Wines*. Eine Bündelung der Aktivitäten erfolgt über die 2007 gegründete Deutsche Wirtschaftsvereinigung, deren Mitglieder in der deutsch-georgischen Wirtschaftskooperation tätig sind; ihr wichtigstes Aufgabenfeld sieht sie in der Herstellung von Kontakten und in der Information ihrer Mitglieder. Sie kooperiert mit dem Goethe-Institut in Tbilisi und ist über die Botschaft der Bundesrepublik Deutschland mit der Wirtschaftspolitik vernetzt.[47]

Zahlreiche Entwicklungsprojekte bedürfen einer Finanzierung von außen. Erste internationale Unterstützung erhielt das unabhängige Georgien weniger für seine Wirtschaft als für den Aufbau funktionierender Institutionen. Mittel stellten das Entwicklungsprogramm der Vereinten Nationen und George Soros' *Open Society Foundation* zur Verfügung, um die Vergütung von Staatsbediensteten zu sichern, die in den 1990er Jahren nicht oder nur mit langer Verzögerung hatte ausgezahlt werden können.[48] Bedeutende Mittel flossen nach dem Augustkrieg von 2008 nach Georgien, um den Wiederaufbau als Grundlage für die wirtschaftliche Erholung zu ermöglichen. Auf einer Donorenkonferenz wurden Zusagen über 4,5 Mrd. USD gegeben, von denen ein Zehntel schließlich unmittelbar der Flüchtlingshilfe zugutekam.[49] Die *European Bank for Reconstruction and Development* (Europäische Entwicklungsbank; EBRD) hatte bis Ende 2017 Projekte für knapp 2,88 Mrd. EUR finanziert; bei 79 % der Projekte handelte es sich um privatwirtschaftliche Aktivitäten.[50] Sie dienen überwiegend der Verbesserung der Infrastruktur (Energieversorgung, Telekommunikation, Verkehrswesen, Wasserversorgung und Abwasserentsorgung). In einer ähnlichen Dimension bewegten sich in den zurückliegenden zehn Jahren mit 2,3 Mrd. USD die Finanzierungszusagen der *Asian Development Bank* (ADB); dazu kommen 114 Mio. USD der *Asian Infrastructure Investment Bank* (AIIB) für den Ausbau der Verkehrsinfrastruktur.[51] Die *Asian Development Bank* ist seit 2007 in Georgien tätig. Sie finanziert vor allem Projekte zur Verbesserung der Infrastruktur in den Bereichen von Verkehr, Siedlungswasserwirtschaft und Energie. Zu den konkreten aktuellen Vorhaben gehören der inzwischen abgeschlossene Bau einer 34 km langen Umgehungsstraße um Kobuleti, die den Lkw-Verkehr von den Erholungseinrichtungen fernhalten und die Verkehrsanbindung von Batumi erleichtern soll, die Verbesserung innerörtlicher Straßen und die Sicherung der Wasser- und Abwasserwirtschaft in sieben städtischen Siedlungen.

Im Außenhandel dominieren die Beziehungen zu den unmittelbaren Nachbarn, insbesondere Aserbaidschan, Russland, Armenien und Türkei. 2019 waren sie mit 13,1 bzw. 13,1, 11,4 und 5,3 % Hauptabnehmerländer georgischer Waren und Dienstleistungen, dazu kam die VR China (5,9 %). Deutschland hatte einen Anteil von 2,4 % am georgischen Export, während es mit 5,3 % an den georgischen Importen beteiligt war. Hier führte die Türkei mit 17,0 % vor Russland (10,3 %) und der VR China (9 %). Damit sind Deutschlands Außenhandelsbeziehungen zu Georgien eher bescheiden. Der georgische Import aus Deutschland umfasste Güter für 501,7 Mio. USD, was eine Steigerung um 7,3 % gegenüber dem Vorjahr bedeutete.[52] Der Saldo zwischen Ein- und Ausfuhren entspricht dem hohen Außenhandelsdefizit, das Georgien nach wie vor aufweist.

Die neoliberale Wirtschaft beruht im Außenhandel auf Freihandelsabkommen. Das 2014 zwischen der EU und Georgien beschlossene „Vertiefte und Umfassende Freihandelsabkommen" trat 2016 in Kraft.[53] Ein Freihandelsabkommen mit China, das allerdings einige landwirtschaftliche Güter ausschließt, wurde im Mai 2017 geschlossen und am 1. Januar 2018 wirksam. Zum 1. Mai 2018 trat ein Freihandelsabkommen zwischen Georgien und einigen Ländern der EFTA in Kraft. Weitere Freihandelsabkommen bestehen mit allen Nachfolgestaaten der Sowjetunion außer Russland sowie mit der Türkei, Handelserleichterungen mit den USA, Canada und Japan. Dadurch kann die georgische Wirtschaft einerseits vielfältige Handelsbeziehungen aufbauen, unterliegt andererseits aber auch Einflüssen der Globalisierung.

Infrastrukturen 1: Räumliche Erschließung und Kohärenz durch Verkehrswege

Geographische Lage und geopolitische Situation machen Georgiens Bedeutung als Transitraum aus: Das Land vermittelt zwischen Schwarzmeer- und Kaspischem Raum, zwischen Europa und Zentralasien, zwischen Russland und Vorderasien. Fernhandel, auch wenn er früher überwiegend in armenischer Hand lag, ließ Tbilisi groß werden. Heute ist es vor allem der Transit von Erdöl und Erdgas aus dem kaspischen Raum, der Georgiens Wirtschaft beleben kann; aber auch andere Güter wählen den Weg durch Georgien, zumal der Handel des vom Meer abgeschnittenen Armeniens aus politischen Gründen großenteils über Georgien abgewickelt werden muss. Allein dieses Beispiel zeigt, dass bei der Betrachtung der Außenverflechtungen, die sich aus dieser Transitsituation ergeben, die politische Situation der Nachbarstaaten zu berücksichtigen ist.[54] Immer fällt dem Ausbau der Transportwege eine entscheidende Rolle zu, damit Georgien weiterhin Transitland bleiben kann. Dies gilt auch für die Elektrizitätswirtschaft, in der Georgien zu einem Knoten in alle Richtungen zu werden versucht. Die chinesische *Belt and Road Initiative* greift beide infrastrukturellen Aspekte auf und erweitert die geopolitische Reichweite.

Die Georgische Heerstraße

Der international bekannteste Verkehrsweg Georgiens ist zweifelsohne die Georgische Heerstraße (russ. *Voenno-Gruzinskaja doroga*), die das nordkaukasische Vladikavkaz im zur Russländischen Föderation gehörenden Nordossetien-Alanien mit Mtskheta bzw. Tbilisi auf der Südseite des Großen Kaukasus verbindet. Sie folgt zwar einem alten Handelsweg, änderte aber mehrfach ihre Trasse im Gelände, wurde im Zug der russischen Eroberung Kaukasiens immer wieder ausgebaut und übernahm dabei neben der militärischen zunehmend wirtschaftliche Aufgaben, beginnend mit der Postbeförderung. Der Bau der Straße zog sich über Jahrzehnte hin, machte zahlreiche Zusatzeinrichtungen erforderlich und wurde auch in Russlands Auseinandersetzungen mit den Bergvölkern hineingezogen. Dazu gab und gibt es jahreszeitliche Einschränkungen der Nutzbarkeit: Da der Verkehrsweg auf 2379 m (Passhöhe am Kreuzpass [Jvari-Pass]) hinaufführt, musste er früher im Winter oft für mehrere Monate gesperrt werden, und auch heute kann starker Schneefall zeitweilige Schließung erfordern. Trassenveränderungen erfolgten insbesondere im Tergi-[Terek-]Tal. Der Naturraum verlangte in den höheren Abschnitten umfangreiche Sicherungsmaßnahmen gegen Steinschlag, Hangrutschungen, Schlammströme, Lawinen oder gar Eisbrüche am Fuß des Kasbek. In russischer und sowjetischer Zeit war der Verkehrsweg die wichtigste Straßenverbindung zwischen Nord- und Südkaukasien. Bedeutung hatte er für den Güter- und Personenverkehr, seit Mitte des 20. Jahrhunderts auch und besonders für den Tourismus. Die politischen Spannungen zwischen Georgien und Russland haben das Verkehrsaufkommen zwar kurzfristig reduziert, doch immer bleibt die Anbindung des Tourismuszentrums Gudauri und des Raumes St'epants'minda im oberen Tergi-[Terek-]Tal für Georgien auf regionaler Ebene von Bedeutung. Für den Gütertransport zwischen Georgien und Russland und für russische Touristen ist die Georgische Heerstraße auch in der Gegenwart die wichtigste Verbindung. Landschaftlich besonders spektakulär ist die serpentinenreiche Auffahrt von Zemo Mleta nach Gudauri und zum Kreuzpass, ebenso faszinierend die Aussicht in das Aragvital von der großen Plattform, die in den 1980er Jahren bei Gudauri angelegt wurde. Für die Zukunft könnten sich Änderungen ergeben, wenn der im Bau befindliche, aber ökologisch umstrittene Basistunnel zwischen Q'vesheti und Kobi realisiert wird, der eine Unterfahrung der Kaukasus-Hauptkette ermöglicht.[55]

6.08 Georgische Heerstraße (August 2011)

Einbindung in internationale Verkehrsbeziehungen

In der heutigen Verkehrslage Georgiens wirken außer dem Großen Kaukasus die Sezessionsgebiete von Südossetien und Abchasien als Sperrriegel, und die Grenze zu Russland ist derzeit nur über den Kreuzpass auf der Georgischen Heerstraße passierbar, will man nicht den weiten Umweg durch Aserbaidschan nach Dagestan in Kauf nehmen, der seit der Antike genutzt wird. Andere Pässe über die Zentralkette des Kaukasus unterliegen wegen ihrer Höhenlage längeren Witterungseinschränkungen im Winter, sind nicht ausgebaut oder führen von Russland nach Abchasien oder Südossetien. Die Straßenverbindungen nach Armenien bedürfen eines weiteren Ausbaus, und nur die beiden Straßenverbindungen nach Aserbaidschan im Mt'k'vari-Tal und am Südfuß des Großen Kaukasus knüpfen an die Tradition vielgenutzter sowjetischer Fernverbindungen an.

Ein bis in Gegenwart anhaltender moderner Ausbau der Infrastruktur begann unter Saak'ashvilis Präsidentschaft; Kernstück für den Straßenverkehr ist im West-Ost-Korridor eine Autobahn, die zwischen Tbilisi und Khashuri sowie zwischen Kutaisi und Samt'redia fertiggestellt ist und nach Batumi verlängert wird.[56] Ausgebaut werden auch die Fernstraße und die vormals wenig effiziente Eisenbahn nach Akhalkalaki mit einer Neubaustrecke zur türkischen Grenze. Diese Verkehrsprojekte machen ebenso wie der Pipelinebau im ersten Jahrzehnt des 21. Jahrhunderts deutlich, dass Georgien eine wichtige Vermittlerposition im internationalen Transportwesen Vorderasiens anstrebt. Damit will es an der Vision der neuen Seidenstraße zwischen Ostasien und Westeuropa teilhaben, die von der Volksrepublik China unter dem Schlagwort „*One Belt, One Road*“ (OBOR) oder „*Belt and Road Initiative*“ (BRI) propagiert wird. Gefördert werden mehrere Fernverkehrsverbindungen im Rahmen des Investitionsplanes des Transeuropäischen Verkehrsnetzes (TEN-T), der für Georgien 18 Projekte mit Gesamtkosten von 3,42 Mrd. Euro vorsieht, die von international tätigen Entwicklungsorganisationen und Banken (EIB, ADB, JICA u. a.) finanziert werden sollen.[57]

Welche Bedeutung geologische und orographische Verhältnisse für die Verkehrsanbindung Georgiens besitzen, zeigt sich am Beispiel der Kaukasusquerungen: Die Gebirgspässe im Großen Kaukasus liegen in der Regel deutlich höher als die Pässe in den Alpen, und die Zahl moderner Verkehrsübergänge über das Gebirge ist daher bis heute gering: Die zeitweise existente Sukhumer Heerstraße über den Klukhor-Pass (2781 m) ist nicht mehr durchgängig passierbar. Die Georgische Heerstraße, die wichtigste Verbindung, fällt regelmäßig nach starkem Schneefall aus. Am westlich benachbarten Roki-Pass, der Nord- und Südossetien verbindet, damit eine erhebliche strategische Bedeutung besitzt, aber für Georgien derzeit nicht nutzbar ist, wurde wegen der Passhöhe (2995 m) und der winterlichen Schneefälle ein Tunnel angelegt. Der wenig weiter westlich gelegene Mamison-Pass (2820 m), der das nordossetische Mamikhdon-Tal mit Oni im oberen Rioni-Tal verbindet, kommt derzeit für eine zivile Nutzung nicht in Frage, da die Straße den Nordwesten Südossetiens quert. Ein Straßentunnel, der den obersten Abschnitt der Georgischen Heerstraße, d. h. den Bereich am Kreuzpass (2379 m), unterfährt, wurde erst in der letzten Phase der Sowjetzeit begonnen, ohne dass er fertiggestellt worden wäre. Mehrfach wurde in früheren Jahrzehnten für die Trassierung der Georgischen Heerstraße eine Alternative erwogen, die vom oberen Terektal und durch das Snosts'q'ali-Tal und über den Gudamaq'ari-Pass (2347 m) in das Tal des Shavi Aragvi geführt werden sollte.[58] Diese Pläne wurden jedoch nie umgesetzt. Östlich der Georgischen Heerstraße liegen Khevsuretien und Tushetien nördlich des Kaukasus-Hauptkammes und könnten zur čečenischen Talschaft des Argun bzw. in das avarische Gebiet des Andischen Koisu vermitteln, doch sind auf georgischer Seite die nach Shat'ili bzw. Omalo führenden Straßen nicht ausgebaut und daher nicht regelmäßig passierbar.

Noch ausbaufähig: Eisenbahnwesen

Die jüngere neuzeitliche Verkehrserschließung erfolgte im Russischen Reich seit der Mitte des 19. Jahrhunderts nicht mit Fernstraßen, sondern durch Eisenbahnen. So ist nicht erstaunlich, dass Südkaukasien relativ früh, wenn auch mit Verzögerung gegenüber Zentral- und Westrussland, vom Bahnbau erreicht wurde. Doch nicht für den Passagierverkehr, sondern für den Frachtverkehr verband die erste Bahnstrecke in Südkaukasien den Hafen Poti mit Tiflis und etwas später mit Baku. Sie wurde – damals noch ohne direkten Anschluss an das russische Bahnnetz – angelegt, um einen direkten Abtransport des Manganerzes von Ch'iatura und des Erdöls von Baku zu ermöglichen. Die Strecke Poti – Kvirili (Zest'aponi) entstand zwischen 1865 und 1872, ergänzt im Jahr 1877 durch eine 8 km lange Stichbahn von der Station Rioni nach Kutaisi, an die sich 1887 eine Verlängerung zum Kohlebergbau von T'qibuli anschloss. Mit der Verlängerung nach Baku und der Fertigstellung der Zweigbahn Samt'redia – Batumi (beide 1883) wurde die Hauptstrecke an der Wende von 19. zum 20. Jahrhundert zur wichtigsten Verkehrsverbindung in Südkaukasien und auch für die im Jahr 1900 fertiggestellte Verbindung mit Russland, denn die Strecke Rostov – Derbent – Baku wurde wesentlich früher angelegt als die eigentlich kürzere Strecke Rostov – Sukhum – Tbilisi. Sukhum erhielt erst 1936 einen Eisenbahnanschluss über Zugdidi – Senak'i nach Tbilisi, während die Schwarzmeerstrecke Tuapse – Sukhum bereits 1923 bis Soči, 1927 bis Adler fertiggestellt worden war. Der dann noch fehlende Lückenschluss zwischen Adler und Sukhum erfolgte sogar erst 1943–1949. Wegen der Sezession Abchasiens hat diese Strecke derzeit keine Bedeutung. Es bestehen zwar Planungen für eine Reaktivierung des derzeit nicht in Betrieb befindlichen Streckenabschnitts Psou – Sukhum – Enguri, doch ist eine Umsetzung der Pläne nicht abzusehen. Eine Berechnung des Frachtaufkommens im georgisch-russischen Außenhandel zeigte allerdings, dass die Strecke mit den wichtigsten Exportgütern (Wein, Mineralwasser, Obst und Gemüse) noch nicht einmal zu einem Zwölftel ausgelastet wäre und zudem in Konkurrenz zu den georgischen Schwarzmeerhäfen stände.[59]

Der südliche Abschnitt der georgischen Schwarzmeerküste wird durch die Strecke erschlossen, die von Samt'redia über Kobuleti nach Batumi führt (1883; mit Stichbahn Natanebi – Ozurgeti, 1924). Nachdem Sukhum als Endpunkt am Schwarzen Meer entfallen ist, gilt sie als Teil der Hauptstrecke Tbilisi – Batumi. Kritisch ist nach wie vor die Querung der Suramikette. Bereits 2017 wurde an der Hauptstrecke der 8,5 km lange Tunnel zwischen Kvishkheti und Zvare im Rohbau fertiggestellt, der den Gebirgszug unterfährt und die Reisedauer zwischen Ost- und Westgeorgien um eine Stunde verkürzen soll. Bis 2020 sollte die Verbindung Tbilisi – Makhinjauri (5 km nordöstlich Batumi) ausgebaut werden, um im Rahmen des chinesischen Seidenstraßenprojekts vermehrt Transitgüter zu befördern; dabei war auch eine Anbindung des nahe der Grenze zu Abchasien geplanten neuen Hafens Anak'lia vorgesehen, doch ist dieses Projekt unsicher geworden. Touristische Bedeutung hat der zwischen Tbilisi und Batumi verkehrende „Stadler-Express", so benannt nach der Herstellerfirma des Triebwagenzugs, dem schweizerischen Unternehmen *Stadler Rail AG.*; er bietet die derzeit schnellste Bahnverbindung zwischen Tbilisi und Batumi (Fahrzeit: etwas mehr als 5 Stunden).

Eine Vielzahl kurzer Stichbahnen entstand in sowjetischer Zeit, um Bergbau- und Industriestandorte anzubinden. So wurden für die Erschließung und den Abtransport von Bodenschätzen in Imeretien Zweigstrecken nach T'q'ibuli sowie (1895 als Schmalspurbahn; 1923 erweitert, 1957 erneuert und elektrifiziert) zwischen Shorap'ani und Ch'iatura angelegt. Letztere wurde 1906 im Q'virila-Tal bis Sachkhere verlängert. Ihre Bedeutung ist mit dem Rückgang der Förderung auch rückläufig. Der Kurort Ts'q'alt'ubo ist durch eine weitere Zweigstrecke angebunden.

6.09 Bahnhof in Borjomi (September 2010)

6.10 Renovierter Bahnhof in Zugdidi (August 2019)

In Zusammenhang mit dem Bau des Enguri-Staudamms entstand die Stichbahn von Zugdidi nach Jvari.

Von Khashuri führt eine Bahnlinie durch das Mt'k'vari-Tal nach Borjomi (1894) und Akhaltsikhe. Sie sollte zunächst Kurgästen in Borjomi die beschwerliche Anreise mit der Kutsche ersparen. Von Borjomi gelangt man seit 1902 auf einer 900 mm-Schmalspurbahn zum Wintersportort Bakuriani. Die Verlängerung der Strecke Khashuri-Borjomi nach Akhaltsikhe und Vale (1947) nahe der georgisch-türkischen Grenze diente dem Abtransport der bei Vale geförderten Braunkohle.

In Tbilisi zweigt von der Südkaukasischen Bahnlinie die am Südrand der Gombori-Kette entlangführende Bahnstrecke über Sighnaghi nach Telavi ab (1915), von der zwischen Kach'reti und Chalaubani eine Stichbahn in südöstlicher Richtung nach Dedoplists'q'aro, in Gurjaani ein Abschnitt nach Ts'nori führt. Der 1951 eröffnete Streckenabschnitt nach Dedoplists'q'aro wurde in den 1960er Jahren elektrifiziert, wird aber seit 1992 nicht mehr befahren.

Südlich von Rustavi zweigt die noch im Ausbau befindliche Strecke ab, die über Tsalk'a nach Akhalkalaki führt (1962). Sie geht von einer für den Bergbau angelegten Strecke über Marneuli zur georgisch-armenischen Grenze und zum armenischen Alaverdi im Debed-Tal ab, die bereits zu den frühen Ausbauten gehört (1899). In Marneuli schließt eine Stichbahn über Bolnisi nach K'azreti an.

Die Verbindung von (Baku -) Tbilisi über Akhalkalaki nach Kars, wo ein Anschluss an das türkische Eisenbahnnetz gegeben ist, ist neben dem Ausbau der Hauptstrecke Tbilisi – Batumi als Teil der chinesischen *Belt and Road Initiative* das aktuellste Eisenbahnvorhaben.[60] Diese Verbindung soll in fernerer Zukunft – nach einer weiteren Untertunnelung des Bosporus – einen durchgehenden Gütertransport auf der Bahn von China über Baku nach Europa ermöglichen, ohne russisches oder armenisches Territorium zu berühren, aber auch der georgische Export könnte von der Verbindung profitieren. In Georgien erhoffte man sich vom Bahnbau zwar einen Entwicklungsimpuls für die Minderheitengebiete der Azeri in Kvemo Kartli und der Armenier in Samtskhe-Javakheti, teilt jedoch nicht das Interesse, das die Türkei an der neuen internationalen Verbindung zeigt.[61] Der bislang eingleisige Streckenabschnitt zwischen Tbilisi und Akhalkalaki, dessen Ausbau schon in den 1980er Jahren begann, aber erst nach 2000 abgeschlossen war, wird zur Verwirklichung dieser Planung modernisiert. Da das bisherige Eisenbahnsystem Südkaukasiens auf die russische Spurweite (1524 mm) ausgelegt ist, soll in einem neu errichteten Bahnhof südlich Akhalkalaki beim Dorf Qulalisi ein Spurwechsel auf die Normalspur (1435 mm) vorgenommen werden (derzeit müssen die transportierten Güter noch umgeladen werden). Die Strecke Akhalkalaki – Kars, die die Staatsgrenze in einem 2,4 km langen Tunnel passiert, verläuft in Normalspur. Die Finanzierung des Baus trugen mit jeweils 300 Mio. USD Georgien und die Türkei, wobei Georgien einen langfristigen Kredit (zunächst 200 Mio., dann zusätzliche 575 Mio. USD) von Aserbaidschan erhielt, das besonderes Interesse an dieser Bahn als Armenien umgehenden schienengebundenen Frachtweg zeigt.[62] Ende Oktober 2017 erfolgte die offizielle Eröffnung der Strecke. Danach sollten jährlich zunächst 2 bis 3 Mio. t Güter transportiert werden, nach dem vollständigen Ausbau 8 Mio. t. Ein Passagierverkehr sollte im Juni 2018 aufgenommen werden, bestand aber Mitte 2019 offensichtlich noch nicht.[63]

Eine Eisenbahn über und durch den Kaukasus?

Es mag zunächst erstaunen, dass bis heute keine Eisenbahnverbindung über den Großen Kaukasus besteht, obwohl ein solches Projekt schon seit den 1870er Jahren propagiert worden war; meist wurde dabei an eine Tunnellösung im Passbereich gedacht.[64] 1911 steckte eine internationale Expertenkommission, an der die ETH Zürich beteiligt war, sogar Teile eines Tracés ab,[65] doch erst in den 1970er und 1980er Jahren wurde das Projekt von sowjetischer Seite erneut aufgegriffen. Vorgesehen war jetzt eine Trassierung durch das über inguschisches, tschetschenisches und georgisches Territorium verlaufende Assa-Tal,

6.11 Aufgelassener Bahnhof beim Industriegebiet von Rustavi (Oktober 2018)

6.12 Bauarbeiten an der Strecke Tbilisi – Akhalkalaki (August 2019)

die Untertunnelung der Pshavisch-khevsuretischen Gebirgskette und eine Weiterführung durch das Tal des Pshavischen Aragvi.[66] 1983 bildete eine Machbarkeitsstudie den Auftakt zu umfassenden Konsultationen. Planungsmängel verzögerten jedoch den Baubeginn. Immerhin wurde, obwohl die letzten Bewilligungen noch fehlten, 1985 mit dem Bau begonnen, doch setzte man das Projekt schon 1988 zunächst wegen der vermuteten geringen Effizienz (erwartete Durchschnittsgeschwindigkeit etwa 20 km/h), wegen massiver Eingriffe in traditionelle Kulturlandschaftsräume und fehlender Umweltverträglichkeit in ökologisch sensiblen Gebieten auf unbestimmte Zeit aus. Die territorialen Konflikte in Nordkaukasien, die Unabhängigkeit Georgiens, der Südossetienkonflikt und die zunehmende Diskrepanz zwischen Russland und Georgien ließen schließlich eine Fortführung der Bauarbeiten hinfällig werden. Damit hat man ein wohl unwirtschaftliches Projekt aufgegeben, denn weder war eine Prognose der ökonomischen Entwicklung Südkaukasiens vorgenommen noch der Übergang der industriellen Erzeugung zu weniger rohstofforientierten Produktionsweisen erwogen worden. Und der überwiegende Teil des Transports von Handelsgüter würde ohnehin weiterhin über die Georgische Heerstraße erfolgen. Auch massive Eingriffe in den Naturhaushalt entlang der vorgesehenen Trasse konnten vermieden werden. In den Diskussionen genannt wurden Störungen des Wasserhaushalts in den Einzugsgebieten von Aragvi und Assa, die Auslösung von Hangrutschungen, Schlamm- und Schuttströmen sowie Lawinen, ferner an Eingriffe in die Biozönosen entlang der Trasse. Auch ein erhöhter Einschlag in Primärwäldern wäre zu befürchten gewesen. Die Erwartung gewaltiger Eingriffe in die historische Kulturlandschaft (Wohn- und Wehrtürme der Bergvölker) sowie einer Erhöhung der Luftverschmutzung lieferten weitere Argumente gegen den Bau. Im Bauprojekt waren keine Maßnahmen zur Überwindung der Folgen solcher Störungen und Schädigungen vorgesehen.[67] Insbesondere sah man die Trinkwasserversorgung des Großstadtraumes von Tbilisi gefährdet. Nach dem Zerwürfnis zwischen Russland und Georgien wurden die Pläne aus den 1980er Jahren bislang nicht wieder aufgegriffen.

Ein dichtes Netz mit Verbesserungsbedarf: Die Straßen

Schon in sowjetischer Zeit besaß Georgien eine hohe relative Dichte an Privatautos,[68] aber auch an Lastkraftwagen und anderen Nutzfahrzeugen mit oftmals geringer Leistung. Die zunehmende Zahl an Kraftfahrzeugen erhöhte die Luftverschmutzung, weil es sich oft um ältere Modelle mit mangelhafter Einstellung der Motoren handelte und weil verbleites Benzin mit niedriger Oktanzahl Verwendung fand. In der Phase der politischen Wende litt Georgien wegen unzureichender Zulieferungen unter hohem Benzinmangel, und an den damals noch relativ wenigen Tankstellen waren lange Schlangen wartender Fahrzeuge die Regel. Im Lauf der 1990er Jahre wurde die Kraftstoffversorgung besser, das Verkehrsaufkommen nahm wieder zu, Gebrauchtwagen aus dem Ausland füllten die Straßen, führten aber wegen ihres hohen Verbrauchs, meist von immer noch verbleitem Treibstoff, zu erneuten Abgas- und Feinstaubbelastungen. Der Ausbau des Straßennetzes war weit hinter dem Bedarf zurückgeblieben. In der Zeit des Wirtschaftsaufschwungs wuchs die Zahl der Kraftfahrzeuge weiter; zwischen 2006 und 2015 verdoppelte sie sich auf über 1 Million, davon neun Zehntel Personenkraftwagen.[69]

Das regionale Straßennetz zeigte in der Spätphase der Sowjetherrschaft bei einer Netzanalyse, der allerdings nur die Eintragungen auf einer allgemein zugänglichen Karte zugrundelagen und zugleich angenommen wurde, dass die Eintragungen auf der Karten einer einheitlichen Bewertung folgen, eine geringe Konnektivität. Echte Vernetzungen durch Querverbindungen waren selten und sind es teilweise wegen des Reliefs auch heute noch. Damit wurde zugleich die Anfälligkeit des Straßennetzes deutlich: Unterbrechungen an einer Stelle koppelten ganze Talschaften ab oder machten sehr weite Umwege erforderlich.[70] Es besteht kein Zweifel, dass diese Verkehrsprobleme wesentlich zur Abwanderung aus ländlichen Räumen beitrugen.

6.13 Viele Autos – kein Benzin: Wartende Pkw an einer Tankstelle in Tbilisi 1989 (August 1989)

Teilweise gilt dieser Befund noch heute. Zwar ist in den beiden zurückliegenden Jahrzehnten viel in die Verkehrsinfrastruktur investiert worden, aber die Grobmaschigkeit des Straßennetzes und die relative Entlegenheit zahlreicher Orte bestehen noch immer. Nicht nur die Höhenlagen des Großen Kaukasus, auch die Gebirgsketten des Kleinen Kaukasus sind bis heute Verkehrsbarrieren. Umfassende Verbesserungen gibt es im West-Ost-Korridor, in dem eine moderne Autobahn (M 1) bereits über große Strecken ausgebaut ist; gleichzeitig erneuerte man auch zahlreiche Brücken. Entfernungsangaben nach Istanbul und Teheran binden diese Straße in den Fernverkehr zwischen Europa und dem Mittleren Orient ein. Während die Umgehung von Kobuleti 2019 mithilfe eines Darlehens der *Asian Development Bank* fertiggestellt wurde und jetzt einen rascheren Zugang nach Batumi ermöglicht, fehlen größere Streckenabschnitte in Mingrelien und Gurien. Besonders mühsam ist derzeit noch die Querung der Surami-(Likhi-) Kette, doch ist ein massiver Ausbau im Gang. Ferner sind einige Straßen im Süden des Landes ausgebaut worden, so die Verbindung zwischen Khashuri über Borjomi nach Akhaltsikhe und zur türkischen und armenischen Grenze, und auch das Straßennetz in der Alazani-Senke in Kachetien wurde verdichtet. Dagegen ist die Fernstraße von Tbilisi über Ninotsminda und Akhalkalaki nach Akhaltsikhe nur im östlichen Abschnitt zwischen Manglisi und Tsalk'a gut ausgebaut. Für den zunehmenden Tourismus verkürzt der Ausbau der Verbindung zwischen Ts'q'neti und Manglisi den Zugang von Tbilisi zum westlichen Kvemo Kartli.

Die Georgische Heerstraße verlor durch den Konflikt mit Russland etwas an Bedeutung und bedarf insbesondere in den höher gelegenen Abschnitten, die schon immer problematisch waren, dringend eines erneuernden Ausbaus. Sie gilt als Teil des Nord-Süd-Korridors im georgischen Verkehrssystem. Wichtigstes Vorhaben ist derzeit die Verbindung zwischen Q'vesheti im Aragvi-Tal und Kobi im Tergi-Tal; dadurch sollen die hinderliche Serpentinenstrecke zwischen Mleta und Gudauri, die Ortsdurchfahrt durch das touristisch geprägte Gudauri und die vor allem im Winter schwierige Strecke über den Kreuzpass umgangen werden. Allerdings ist das Projekt, dessen Finanzierung von der *Asian Development Bank* und – in geringerem Maß – von der Kreditanstalt für Wiederaufbau durch langfristige Kredite gesichert werden soll, wegen des massiven Eingriffs in den Naturraum und die Kulturlandschaft des für den Trekking-Tourismus interessanten Khada-Tals umstritten.

Widerstreit der Interessen: Ein Fernstraße durch das Khada-Tal

Ambitioniert ist das aktuelle Projekt, eine Neutrassierung der Georgischen Heerstraße bei Q'vesheti in zwei langgestreckten Serpentinen auf die Höhe von Gudauri ansteigen zu lassen und dann durch das obere Khada-Tal und in einem 8,86 km langen Tunnel unter den Bergen östlich von Gudauri nach Kobi zu führen. Der Ausbau als moderne Fernstraße soll vor allem den wachsenden Lkw-Verkehr aufnehmen, der sich trotz aller Spannungen zwischen Russland und Georgien entwickelt.[71] Die Finanzierung des auf 1,2 Mrd. GEL veranschlagten Projekts liegt überwiegend in den Händen der *Asian Development Bank*, zu einem kleineren Teil bei der *European Bank for Reconstruction and Development*. Der Tunnelbau wird von der *China Railway Tunnel Group Co.* durchgeführt. Bei diesem Neubau des Straßenabschnitts zwischen Q'vesheti und Kobi stehen sich aber die Interessen von Naturschutz und Verkehrspolitik fast unversöhnlich gegenüber. Zwar bescheinigt eine Umweltverträglichkeitsprüfung (*Environmental Assessment Report*) dem Vorhaben die Berücksichtigung ökologischer Belange, verschweigt aber auch die Eingriffe in die traditionelle Kulturlandschaft und Wirtschaftsweise nicht. Tatsächlich könnte das Khada-Tal in noch höherem Maße als bereits bisher von einem sanften Wandertourismus profitieren, in den auch die (zahlenmäßig sehr geringe) lokale Bevölkerung einzubinden wäre.[72]

Die weiter westlich gelegene Zufahrt von Nordossetien durch den Roki-Tunnel ermöglicht zwar seit den späten 1980er Jahren den Transport von schwerem Gerät, ist jedoch für Georgien derzeit ebenso wenig nutzbar wie die nicht so gut ausgebaute Straße über den Mamison-Pass. Dennoch wurde 2016/17 der Abschnitt Uts'era – Shovi der N 16, die von Kutaisi in Richtung auf den Mamison-Pass führt, erneuert, um die Anbindung der alpinen Resorts Shovi und Oni zu verbessern. Die erst 2021 eröffnete Straße zwischen Sachkhere und Oni quert die Khikata-Gebirgskette und dokumentiert den Aufwand, der beim Bau betrieben werden muss. Ebenfalls der erhöhten touristischen Nachfrage entspricht der geplante Ausbau der Straße zwischen Zugdidi und

6.14 Autobahntunnel bei Gori (September 2012)

6.15 Autobahntankstelle und Raststätte bei Gori (August 2019)

Mest'ia samt der Verlängerung nach Ushguli. Die Zufahrten zu den obersten Talabschnitten von Tskhenists'q'ali und Rioni sind derzeit nur mit geländegängigen Fahrzeugen möglich, doch wird seit dem Sommer 2016 die Straßenverbindung zwischen Lent'ekhi und Ushguli über den Zagaro-Pass (2623m) ausgebaut, um einen weiteren Zugang nach Hoch-Svanetien zu schaffen. Auch der Weg nach Tushetien (Omalo) ist erst seit wenigen Jahren wenigstens mit Vierradantrieb befahrbar. Die hohe Priorität, die die Tourismusförderung in der georgischen Wirtschaftspolitik besitzt, unterstützt diese Ausbaumaßnahmen abseits der Hauptachse.

Defizite im Ausbau der Fernstraßen bestehen aber weiterhin. So bleibt die Verbindung zwischen Akhaltsikhe und Batumi (N 1), die auch das Innere Adschariens erschließt, erneuerungs- und ausbaubedürftig. Die Fernstraße zwischen Abastumani und Kutaisi über den Zek'ari-Pass (N 14), die durch den westlichen Teil des Nationalparks Borjomi-Kharagauli führt, ist derzeit nur mit Vierradantrieb zu bewältigen. Nach Armenien führen die N 6 von Tbilisi über Marneuli und Bolnisi zur Grenze bei Guguti und die N 7 von Marneuli zur armenischen Grenze am Debed. Die im Südosten am besten ausgebaute Fernstraße N 4 verbindet Tbilisi über Rustavi mit der aserbaidschanischen Grenze bei der „Roten Brücke“ über den Khrami.

Unverkennbar hat der Straßenausbau seit der späten Sowjetzeit Fortschritte gemacht und auch entlegene Talschaften angebunden. Georgien besitzt ein sicheres „Rückgrat“ zwischen den Hauptzentren wirtschaftlicher Aktivität, konnte aber die Defizite, die durch ein kompliziertes Relief (Gebirgsregionen) und durch eine späte Erschließung (Georgiens Süden) bedingt sind, erst teilweise abbauen. Gerade beim Straßenbau zeigt sich die große Bedeutung, die die Regionalpolitik der Infrastruktur beimisst.

Noch immer eine internationale Peripherie: Der Luftverkehr

Internationales Drehkreuz des Flugverkehrs in und nach Georgien ist der Flughafen von Tbilisi, 2006 modernisiert und von der türkischen Gesellschaft *TAV Airports Holding* betrieben. In den letzten Jahren erlebte Tbilisi eine rasante Zunahme der Passagierzahlen: Waren es 2010 noch 822 728 gewesen, so stieg die Zahl bis 2018 auf 3 808 619, ehe sie 2019 um rd. 3 % zurückging;

6.16 Autobahnausbau für die Querung der Suramikette (September 2022)

6.17 Querung der Khikata-Gebirgskette (September 2022)

6.18 Flugplatz Mest'ia (August 2019)

bedingt durch die weitgehende Schließung während der Corona-Pandemie zählte man 2020 nur 590 123 Fluggäste. Einige internationale Verbindungen führen zudem nach Batumi (2018: 598 891; 2019: 624 151 Passagiere), Kutaisi (2018: 617 373; 2019: 873 616) und – derzeit nicht von Georgien erreichbar, seit den frühen 1990er Jahren geschlossen und zur Wiedereröffnung vorgesehen – Sukhum. Die Bedeutung von Batumi wuchs in den zurückliegenden Jahren mit Flugverbindungen in die Türkei. Der Flughafen Kutaisi-K'opitnari, der im Tourismusgeschäft den Zugang zur Schwarzmeerküste und nach Hoch-Svanetien ermöglicht, gewann nach umfangreichen Erneuerungsarbeiten und dem Ausbau eines neuen Terminals an Bedeutung und ist bereits mit regelmäßigen Flügen von Europa aus erreichbar. 2020 brachte die Coronakrise allerdings den Flugverkehr zeitweise zum Erliegen (Kutaisi: 183 873, Batumi: 51 412 Passagiere).[73]

Über die genannten Standorte hinaus bestehen im Land eine Reihe kleinerer Flug- und Landeplätze. Sie machen auch in der Winterzeit Hochgebirgsregionen zugänglich, die sonst mehrere Monate von der Außenwelt praktisch abgeschnitten sind, da die verschneiten Straßen kaum befahrbar sind. Allerdings ist die Nutzung dieser kleinen Plätze wegen der bescheidenen technischen Ausstattung und komplizierter Relief- und Windverhältnisse in hohem Maß von der jeweiligen Witterung abhängig. Nur Mest'ia als wichtiger Zugang nach Hoch-Svanetien konnte als neues Tourismuszentrum seine Passagierzahl zwischen 2016 und 2018 von 4 214 auf 6 858 erhöhen, während Ambrolauri mit 2018: 1582 Passagieren geringe Bedeutung besitzt.[74]

Nur am Schwarzen Meer nennenswert: Schifffahrt

Die Binnenschifffahrt ist in Georgien unbedeutend. Auf den Unterläufen von Enguri und Rioni ist etwas Schiffsverkehr zwar möglich, doch wird er durch starke Wasserstandsschwankungen erschwert, so dass er in der Gegenwart keine wirtschaftliche Bedeutung besitzt.

Das Schwarze Meer war für ausländische Reisende im 19. Jahrhundert der Hauptzugang nach Georgien, besitzt aber heute nur eine geringe Bedeutung für den Passagierverkehr (Batumi). Die Sezession Abchasiens beeinträchtigte zusätzlich den Passagierverkehr im Hafen von Sukhum. Wesentlich wichtiger bleibt die Meeresschifffahrt für den Gütertransport. Poti hatte sich vor allem als Militär- und Wirtschaftshafen entwickelt. Derzeit erfolgt ein Ausbau, der vor allem zwei Tiefseeliegeplätzen für Containerschiffe gilt und die Umschlagkapazität des Hafens auf 1 Mio. TEU/Jahr erhöht. Der Hafen von Batumi ist hauptsächlich auf den Umschlag von Flüssigladungen ausgerichtet, hat aber darüber auch eine jährliche Kapazität für 1 Mio. t Containerfrachten und 2 Mio. t Massengüter. Ein weiterer Ausbau des Hafens – insbesondere für den Containerumschlag – könnte die Rolle Georgiens als Transitland unterstützen.[75] Supsa und Q'ulevi bewäl-

6.19 Hafenbucht von Batumi (Juni 2018)

tigen den Umschlag von Erdöl, das über Pipelines herangeführt wird. Dies erhöht die Exportbedeutung der Schifffahrt: Insgesamt macht der Transport mit Schiffen etwa 40 % des gesamten Güterexports Georgiens aus, fast soviel wie der Güterexport auf Straßen (42 %).[76] Die georgischen Schwarzmeerhäfen gelten jedoch als veraltet und müssten dringend modernisiert werden, um internationalen Ansprüchen zu genügen.

Derzeit weit von einer Realisierung entfernt: Der Tiefseehafen Anak'lia

Die Pläne gingen weit über die vorhandenen Kapazitäten hinaus und favorisierten ein Megaprojekt: Ein neuer Tiefseehafen, der auch von Containerschiffen bis zu 10 000 TEU angelaufen werden kann, wurde 30 km nördlich von Poti, an den Kolkheti National Park anschließend, in Anak'lia südlich der Mündung des Enguri geplant.[77] Der Standort schien von den natürlichen Gegebenheiten her besonders geeignet, weil sich vor der Küste ein Canyon im Schelf befindet, der auch großen Schiffen den Zugang erlaubt. Das von einem georgisch-US-amerikanischen Konsortium geplante Projekt beruhte auf einer 52 Jahre laufenden Nutzungslizenz für rd. 10 bis 20 km² Fläche, von denen nach dem Planungsstand 2017 zunächst 210 ha für Hafenanlagen, jeweils 200 ha für Logistikunternehmen und Betriebe der Nahrungsgüter- und Leichtindustrie, 50 ha für unternehmensbezogene Dienstleistungen und 25 ha für weitere Immobilien vorgesehen waren. Der offizielle Baubeginn erfolgte im Dezember 2017. 2020 oder 2021 sollte dann der erste von insgesamt neun geplanten Bauabschnitten des auf insgesamt 2,5 Mrd. USD Kosten geschätzten Projekts abgeschlossen werden; bis 2027 hätte das Projekt beendet sein und einen Containerumschlag von 787 000 TEU/Jahr ermöglichen können. Allerdings waren die wirtschaftlichen Aussichten von Anfang an unsicher, und das ließ die ersten Investoren zögern: Die beiden bestehenden georgischen Häfen in Poti und Batumi sind derzeit nur etwa zur Hälfte ausgelastet, und ob sich der Warentransport über die „neue Seidenstraße" zwischen China und Europa durch Südkaukasien in den erhofften Maß einstellen wird, gilt als fraglich, obwohl das chinesische Unternehmen *Zhenhua Heavy Industries Co.* seit 2018 beteiligt war. Nach politischen Differenzen zwischen dem Leiter des *Anaklia Development Consortium* und Bidzina Ivanishvili kündigte die georgische Regierung Anfang 2020 die Verträge auf, die mit dem Konsortium geschlossen worden waren. Damit lag das Projekt erst einmal auf Eis, doch Ende 2022 kündigte Premierminister Garibashvili eine Wiederaufnahme und eine 51-prozentige Beteiligung des georgischen Staates am geplanten Hafen an. [78] An den Tiefseehafen angeschlossen werden soll Anak'lia City, eine Wirtschaftssonderzone, zugeschnitten auf die Aufgaben des Gütertransports und der Logistik. Vorbild ist die Wirtschaftssonderzone Incheon in Südkorea, mit der ein Kooperationsabkommen bestand.

International eingebunden: Pipelines

Die Erdölpipelines Südkaukasiens sind nicht denkbar ohne das Erdöl, das bei der aserbaidschanischen Hauptstadt Baku auf der Halbinsel Abşeron und im off-shore-Bereich des Kaspischen Meeres gefördert wird. Wurde das Öl zunächst ausschließlich in Kesselwagen auf der Eisenbahn von Baku über Tiflis zum Schwarzen Meer transportiert und dort in Poti auf Tankschiffe verladen, so verlegte man 1896–1900 eine erste Pipeline von Baku nach Tiflis für diesen Transport. Bis 1907 wurde diese Pipeline – großenteils entlang der Eisenbahnstrecke geführt – nach Poti verlängert, damals die weltweit längste Pipeline. Technische Voraussetzung war die Entwicklung nahtloser Röhren durch die Firma Mannesmann im Jahr 1886.[79] Die Trasse wurde nochmals während der Diskussion um internationale Pipelines nach 1990 aufgegriffen und als *Western Route Export Pipeline* zwischen 1996 und 1999 von *British Petroleum* für den Transport des „*Early Oil*" ausgebaut, d. h. für einen kleinen Teil des Erdöls, das Aserbaidschan vor allem nach Westeuropa zu exportieren beabsichtigte. Im Zusammenhang damit entstand der Erdölterminal Supsa südlich von Poti. Ein zweiter Ölterminal, betrieben von der aserbaidschanischen SOCAR, wurde zu Beginn des 21. Jahrhunderts nördlich von Poti bei Q'ulevi für den Ölumschlag von der Bahn auf Schiffe eingerichtet und nahm 2008 seinen Betrieb auf.[80]

Die Baku-Tbilisi-Ceyhan-Erdölpipeline (BTC)

Der Bau der BTC zeigte besonders deutlich den Wandel der geopolitischen und geoökonomischen Lage, die nach der Auflösung der Sowjetunion entstanden war. Innerhalb der Sowjetunion waren die Pipelines, durch welche Erdöl und Erdgas aus den südlichen Unionsrepubliken Kaukasiens und Zentralasiens abtransportiert wurden, auf Zentralrussland ausgerichtet, von wo aus die Staatswirtschaft insbesondere die sozialistischen Länder des östlichen Europa belieferte. Inzwischen sind die Lieferverflechtungen vielfältiger geworden. Bei der Erschließung neuer Erdölquellen im Kaspischen Meer durch Aserbaidschan wurden Mitte der 1990er Jahre zwei Hauptrichtungen diskutiert: Eine mögliche Trassenführung folgte einer schon bestehenden Pipeline von Baku durch das östliche Nordkaukasien, aber unter Umgehung des in den Krieg mit Russland verwickelten Čečeniens und hatte den russischen Schwarzmeerhafen Novorossijsk als Endpunkt, die alternative Trasse sollte außerhalb Russlands durch Südkaukasien und die Türkei zum Mittelmeer geführt werden. Wegen des Konflikts um Berg-Karabach war für Aserbaidschan eine Trasse über armenisches Territorium inakzeptabel, mögliche Transportwege über Iran zum Golf scheiterten an US-amerikanischen Einwänden. Der nunmehr gewählte Weg ist zwar die teuerste Alternative, aber Georgien war bereit, als Transitland zu fungieren. Ein Endpunkt am Schwarzen Meer hätte im Großraum Istanbul einen verstärkten Tankschiffverkehr durch Bosporus und Dardanellen bewirkt, wogegen sich insbesondere die Türkei sperrte, die den Megastadtraum durch Havarien gefährdet sah. So wurde für die geplante Pipeline ein Weg gesucht, der von Baku durch Aserbaidschan und Georgien unter Umgehung Armeniens die Türkei erreicht und zum Mittelmeerhafen Ceyhan führt. Die Trasse quert zwar das aus türkischer Sicht unsichere kurdische Siedlungsgebiet in Ostanatolien, doch galt die Gefährdung durch Anschläge als vergleichsweise gering. Baubeginn an der Pipeline war 2002, im Sommer 2006 konnte der Betrieb aufgenommen werden. Seit dem Ringen um die Hauptpipeline für das kaspische Erdöl Mitte der 1990er Jahre haben sich die Rahmenbedingungen abermals geändert: Die Vorratsmengen an Erdöl und Erdgas im Kaspischen Meer werden vorsichtiger eingeschätzt. Parallel zu dem Projekt einer Transanatolischen Pipeline (TANAP), die in gewisser Nachfolge des 2013 gescheiterten NABUCCO-Projekts Erdgas durch die Türkei transportieren soll und über die auch einmal turkmenisches Erdgas nach Europa gelangen könnte, wurde mit TURKSTREAM eine Gaspipeline aus der Region Krasnodar in Russland in die westliche Türkei projektiert und vom russischen Unternehmen *Gazprom* gebaut. Das über diese Pipeline transportierte Gas soll je zur Hälfte an die Türkei und an südosteuropäische Staaten geliefert werden. Alle Projekte sind von der geopolitischen Konstellation, vor allem zwischen Russland, der Türkei und der EU abhängig, da staatliche Großunternehmen an den jeweiligen Konsortien beteiligt sind.

Heute transportieren die Baku-Tbilisi-Ceyhan-Erdölpipeline (BTC) und die Baku-Tbilisi-Erzurum- oder South Caucasus Pipeline (BTE bzw. SCP) Erdöl und Erdgas von den aserbaidschanischen Feldern im Kaspischen Meer in die Türkei. Für das Erdöl erfolgt am Erdölterminal von Ceyhan die Verschiffung vor allem nach Westeuropa. Die SCP wird in der Türkei durch die 2018 in Betrieb genommene Transanatolische Pipeline (TANAP) fortgeführt, an die sich in Kipoi an der türkisch-griechischen Grenze die Trans-Adria-Pipeline (TAP) anschließt. Die Kapazität der SCP wird derzeit durch eine parallel verlaufende Röhre erweitert (SCPx).

Die Anlage der Pipelines erfolgte in Georgien nach Vorgaben, die durch Standards der Europäischen Union gesetzt waren, um einen späteren Beitritt des Landes nicht zu verbauen. Dies betraf insbesondere Auflagen hinsichtlich der Umweltverträglichkeit und sozialer Implikationen. So sollten Umsiedlungen vermieden werden. Die für die Trasse erforderliche Landfläche wurde dem Staat oder den Eigentümern abgekauft. Auf einem 8 m breiten Geländestreifen über der im Boden verlegten Pipeline dürfen keine tiefwurzelnden Pflanzen angebaut, auf einem 58 m breiten Streifen keine Gebäude errichtet werden. Sicherheitsüberlegungen ließen es geboten erscheinen, das armenische Minderheitengebiet um Akhalkalaki, wo sich zur Zeit der Planung noch eine russische Militärbasis befand, zu umgehen. Kleinere Einzelmaßnahmen unterstützen die regionale Entwicklung entlang der Trasse.[82] Die durch Georgien führenden Pipelines sind nicht unumstritten, weil sie durch die Pufferzone des Nationalparks Borjomi-Kharagauli verlaufen und Umweltschützer die Gefahr eines Lecks und daraus sich ergebender Umweltschäden sehen.

6.20 Trasse der BTC westlich Akhaltsikhe (September 2012)

6.21 BTC im Gelände westlich Akhaltsikhe (September 2012)

6.22 Pipeline im Aragvi-Tal (August 2011)

Zwischen dem Tskhrats'q'aro- und dem Kodiana-Pass quert die Pipeline das Grundwassereinzugsgebiet von Borjomi, doch schloss die Planung Risiken aus. Auf der anderen Seite sind die für den Transit von Erdöl und Erdgas erhobenen Gebühren ein wichtiger Beitrag zum georgischen Staatshaushalt. Wo die Pipeline durch agrarisch nutzbares Gebiet verläuft, müssen die Landeigner Nutzungseinschränkungen hinnehmen, die finanziell ausgeglichen werden sollen.

Neben diesen international bedeutenden Pipelines existieren auch Anlagen, die geopolitische Probleme des Raumes widerspiegeln. Als Armenien beim Beginn der Kampfhandlungen zwischen Armenien und Aserbaidschan um Berg-Karabach von aserbaidschanischen Erdöllieferungen isoliert war, beabsichtigte Russland, die Energieversorgung des Landes, das nach dem Erdbeben von Spitak das Kernkraftwerk Echmiadzin abgeschaltet hatte und an Strommangel litt, mit einer Pipeline vom Nordkaukasus durch Georgien nach Armenien zu sichern. Der Bau dieser Anlage wurde 1990/91 mehrfach durch Anschläge boykottiert, da Georgien die Gefahr sah, selbst von der Zufuhr abgeschnitten zu werden. Erst nach einigen Jahren konnte der Bau fertiggestellt werden, nachdem Georgien ebenfalls besser versorgt wurde. In der jüngeren Vergangenheit gab es immer wieder Unstimmigkeiten zwischen Georgien und Russland über die Transitkosten: War zunächst vorgesehen, dass Georgien ein Zehntel des durch das Land transportierten Gases als Kompensation erhalten sollte, bot das russische Unternehmen Gazprom als Gaslieferant 2016 Georgien an, den Transit monetär abzurechnen, und zwar mit einem Zehntel des Wertes des nach Armenien gelieferten Gases. Dafür könnte Georgien seinerseits bei Gazprom Gas erwerben – allerdings zu einem deutlich höheren Preis, als er zwischen Russland und Armenien im Rahmen der Eurasischen Wirtschaftsunion festgelegt worden war.[83]

Infrastrukturen 2: Energiegewinnung und -verteilung

Potentiale und Abhängigkeiten: Die Energiewirtschaft

Die Pipelineproblematik verweist darauf, dass die Energiewirtschaft lange Zeit eine Schwachstelle der georgischen Ökonomie war. Schon seit Mitte der 1980er Jahre litt Georgien unter Energiemangel. Die Anlagen zur Nutzung der Hydroenergie wurden nicht rasch genug ausgebaut, das Land war zunehmend auf Zufuhren von Erdöl und Erdgas angewiesen, um die wenigen Wärmekraftwerke betreiben zu können. In den Umbruchsjahren 1990/91 verlor Georgien seine wichtigsten Bezugsquellen, konnte die eigene Energiewirtschaft aber nicht erneuern und auch keine anderen Lieferanten gewinnen, weil die finanziellen Mittel fehlten. Die Kohlevorkommen in T'q'ibuli und T'q'varcheli waren weitgehend erschöpft, die Bergbauanlagen marode, und

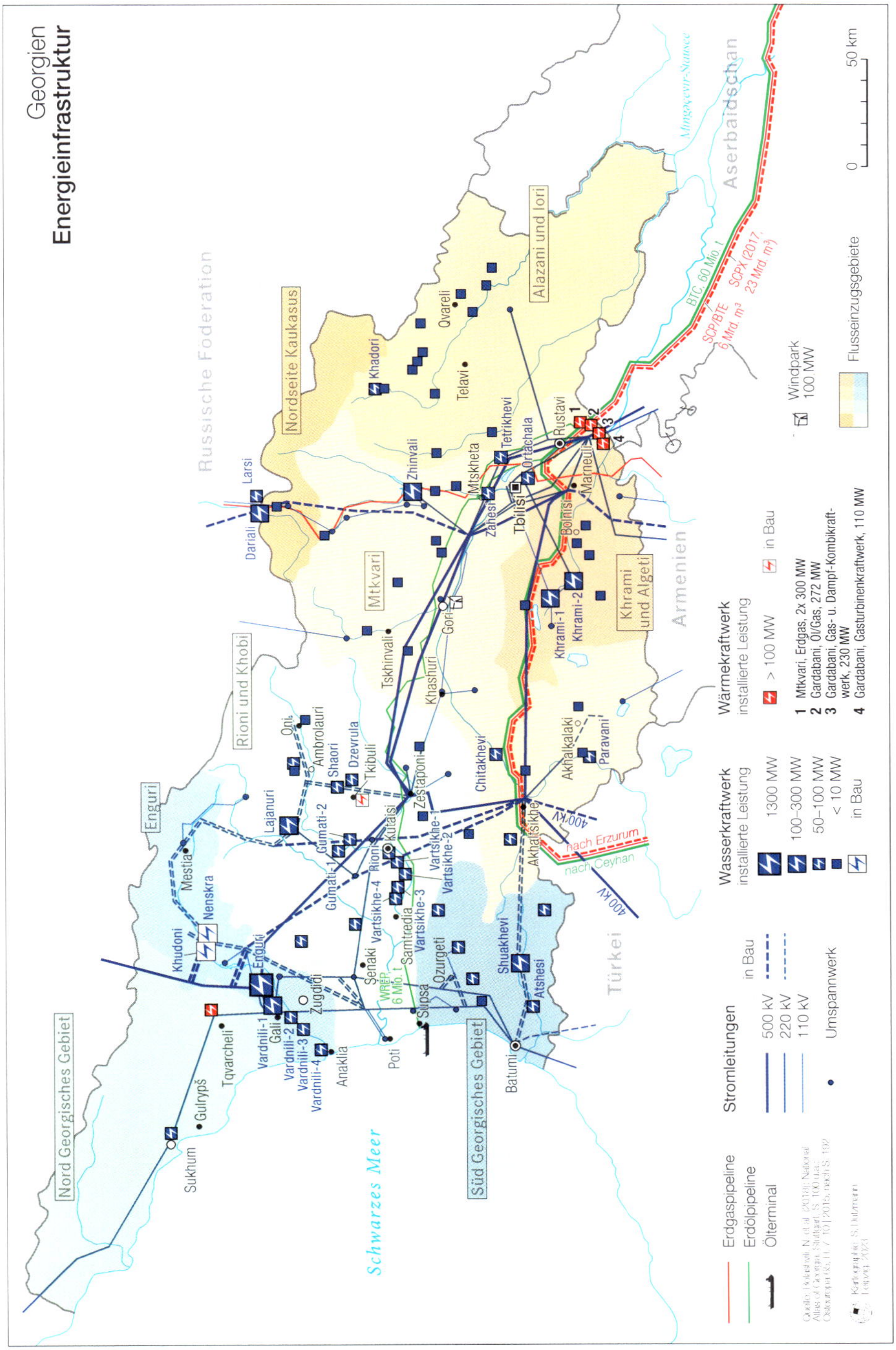

Karte 15: Energieinfrastruktur

die bisherigen Erdölfunde in Ostgeorgien reichten nicht aus, den Mangel an anderen Primärenergieressourcen zu ersetzen. Mit der Unabhängigkeit ging auch das auf Subvention basierende Preissystem verloren, so dass die rasch steigenden Energiekosten nicht mehr finanziert werden konnten. In der Folge wurden Lieferungen reduziert, was die Energieknappheit im Land noch steigerte. Zwar entstanden Lieferverträge mit Turkmenistan, doch sah sich Georgien bald außerstande, die Kosten zu begleichen, so dass Turkmenistan die Lieferungen drosselte. Bis 1997 stiegen Georgiens Zahlungsrückstände allein im Energiesektor auf 700 Mio. USD, und das bei einem BIP, das 1994 nur noch bei 5,6 Mrd. USD gelegen hatte.[84] Die Energieknappheit traf nicht nur die Wirtschaft allgemein, sondern ebenso und insbesondere die privaten Haushalte, die nicht mehr beliefert wurden oder aber wegen ausbleibender Entlohnung oder Arbeitslosigkeit nicht bezahlen konnten. Die Energienot war zu Beginn der Transformationsphase ein deutliches Signal, dass umfassende Reformen erforderlich waren.

Dabei war bereits in frühsowjetischer Zeit begonnen worden, die Hydroenergie auszubauen. Das Wasserkraftwerk Zemo-Avch'ala (*Zahesi*) zwischen Tbilisi und Mtskheta war 1922–1927 das erste, das in sowjetischer Zeit in Südkaukasien errichtet wurde und nach dem Volchov-Kraftwerk bei St. Petersburg (damals Petrograd und Leningrad) das zweite, welches im Rahmen des GOELRO-Planes entstand. In der Sowjetzeit wurde dies immer wieder propagandistisch hervorgehoben. Die installierte Leistung von Zemo-Avch'ala ist allerdings mit 37 MW eher bescheiden. Bis zum Ende der Sowjetzeit wurden neun weitere größere Stauanlagen errichtet (Beginn der Inbetriebnahme: Khrami-I 1947, Khrami-II 1963, Shaori 1955, Jevruli bei T'q'ibuli 1956, Gumati 1958, Lajanuri 1960, Gali 1969, Jvari am Enguri 1978 und Jinvali am Aragvi 1985).[85]

Mit Abstand wichtigstes Wasserkraftwerk ist bis heute das Enguri-Wasserkraftwerk bei Jvari, dessen Staumauer bei der Fertigstellung 1984 mit 271,5 Metern die weltweit höchste in dieser Konstruktionsweise war. Die Sezession Abchasiens führte zu einer besonderen politischen Situation: Während der Stausee am Enguri, ohne dessen Wasser das Kraftwerk nicht betrieben werden kann, auf der Seite Rumpfgeorgiens liegt, befindet sich das eigentliche Kraftwerk mit dem Generatorengebäude auf abchasischer Seite, wird aber von Georgien betrieben. Der erzeugte Strom

6.23 Wasserkraftwerk Zemo Avchala (August 2018)

6.24 Stausee des Enguri bei Jvari (August 2019)

kommt beiden Territorien zugute. Bis 2021 wurde die Gesamtanlage mit einem 38 Mio. EUR umfassenden Darlehen der Europäischen Bank für Wiederaufbau und Entwicklung und einem 7-Mio.-EUR-Zuschuss der Europäischen Union erneuert, so dass sie nach ihrer Sanierung bei einer installierten Leistung von 1300 MW allein rund zwei Fünftel zur Inlandversorgung mit elektrischem Strom beiträgt.

Weitere Wasserkraftwerke sind im Bau oder geplant. Dazu kommen Potentiale für Kleinwasserkraftwerke mit jeweils 1 bis 13 MW installierter Leistung; eine strategische Umweltprüfung für den oberen Aragvi ergab, dass eine Kapazität von etwa 125 MW in Kleinanlagen installiert werden könnte.[86] Insgesamt stellt die Wasserkraft derzeit bereits etwa 85 % der Energieversorgung des Landes sicher, und die Potentiale sind noch nicht ausgereizt. Allerdings ist der Betrieb nicht problemfrei: Insbesondere die Gefährdungen durch die Reliefdynamik gelten als Risiko. Die meisten Kraftwerke wurden an den die Hochlagen des Großen und des Kleinen Kaukasus entwässernden Flüssen errichtet, wo eine latente Gefährdung durch Erdbeben, Schlammströme und Erdrutsche gegeben ist; sie tragen Sedimentfracht in die Stauseen ein und können Flutwellen auslösen, die einen erhöhten Druck auf die Stauanlagen ausüben – befürchtet wird dann eine mögliche Beschädigung oder gar Zerstörung.[87] Das führte u. a. dazu, dass das Wasserkraftwerk von Jinvali mit seinem 100 m hohen Damm mit deutlicher Verzögerung ans Netz ging (Bau bis 1985/86). Hinzu kommt die Saisonalität der Wasserkraftnutzung; in den Wintermonaten müssen Wärmekraftwerke und Energieimporte den Leistungsabfall der Wasserkraftwerke ausgleichen.

Kredite der Europäischen Entwicklungsbank (EBRD) erlaubten den Ausbau eines Hochspannungsnetzes und sollen die Fertigstellung zweier weiterer Wasserkraftwerke ermöglichen, des Paravani-Wasserkraftwerks im Süden des Landes und des Darial-Kraftwerks im Nordosten. Die Energiewirtschaft gehört zu den wichtigsten Aktionsfeldern russischer Auslandsinvestitionen in Georgien. Bereits 2003 hatte die russische Holdinggesellschaft *Inter RAO UES* Anteile des Stromversorgers AES übernommen, zu dessen Versorgungsgebieten insbesondere Tbilisi gehört und der die beiden Wasserkraftwerke Khrami-1 und Khrami-2 betreibt. Da selbst während des

6.25 Stausee und Wasserablass von Jinvali (August 1989)

6.26 Wasserkraftwerk Jinvali (August 2011)

Augustkrieges 2008 die Versorgung nie unterbrochen wurde, blieb das russische Engagement im Energiesektor bestehen, obwohl es auch deutliche Kritik am wachsenden russischen Einfluss auf die georgische Energiewirtschaft gibt – sowohl hinsichtlich des Baus weiterer Wasserkraftwerke als auch bei der Stromversorgung von Wirtschaft und Bevölkerung.[88]

Der Ausbau der Energiewirtschaft gehört zu den Schwerpunkten der georgischen Investitionspolitik. Mitte 2017 waren 43 Kraftwerkprojekte (insges. 1457 MW installierte Leistung) mit einem Investitionsvolumen von 2,5 Mrd. USD in unterschiedlichen Entwicklungsstadien; über hundert weitere Vorhaben werden geprüft und geplant. Kaskaden mehrerer hintereinander geschalteter Wasserkraftwerke sollen insbesondere an Enguri und Rioni entstehen. Ende 2017 begann offiziell an einem Kleinwasserkraftwerk in der Munizipalität Dusheti (installierte Leistung: 3,5 MW) der Bau, der bereits 2018 abgeschlossen werden sollte. Hierfür standen Langzeitkredite der Niederländischen Entwicklungsbank und der DEG in Höhe von 10 Mio. GEL zur Verfügung.

Umstrittene Großprojekte: Nensk'ra und Namakhvani

Wie beim Straßenbau sind auch die Großprojekte, die dem Ausbau der Energieversorgung Georgiens dienen, im internen Diskurs umstritten. Die Konfliktlinien verlaufen zwischen einer sich immer deutlicher artikulierenden Bürgerbewegung, die über mediale Präsenz überregionale Beachtung und Zuspruch erfährt, und der ministeriellen Verwaltung, die für Genehmigungen, aber auch für die Beschaffung internationaler Kredite zuständig ist. Sowohl der Hinweis auf mögliche ökologische Folgen von Baumaßnahmen als auch eine zunehmende Ablehnung ausländischer Einflussnahme und weiterer Verschuldung des Landes tragen die Gegnerschaft zu Großprojekten, während die staatliche Seite die wirtschaftlichen Vorteile ausreichender Energieversorgung für den ökonomischen Fortschritt betont.

Besonders umstritten ist unter den Großprojekten der Energiewirtschaft der Bau des Wasserkraftwerks Nensk'ra im Westen Hoch-Svanetiens. Nationale und internationale Proteste wurden wegen der hohen Kosten und des Eingriffs in ein Naturschutzgebiet erhoben. Mit der Planung und Vorbereitung des Projekts beauftragt war die *Salini-Impregilo SpA*, die ihrerseits die Durchführung der *Lombardi AG* übertrug. Eine anfängliche Finanzierung erfolgte durch die EBRD.[89] Der Protest richtet sich nicht nur gegen die ökologisch fragwürdigen Eingriffe in den Naturraum, sondern bezieht soziokulturelle Aspekte ein: Die ansässige svanische Bevölkerung, die sich beim Beginn des Projekts 2012 übergangen fühlte, sieht sich in ihren ethnischen Interessen angegriffen; dazu gehört die gewohnheitsrechtliche Verfügungsmacht über Wald- und Weideflächen auch jenseits formaler Festschreibungen. Von den rund 400 Haushalten, die in den betroffenen Dörfern Chuberi und Nakra leben, könnten 28 ihre agrar- und forstwirtschaftliche Grundlage verlieren und müssten nach dem Gutachten zu möglichen umweltbezogenen und sozioökonomischen Folgen entschädigt werden. Eine Versammlung der svanetischen Gemeinden (*lalkhor*) im März 2018 verabschiedete eine Resolution, die sich ganz generell gegen den Bau weiterer Wasserkraftwerke in Svanetien wandte, sofern die lokale Bevölkerung nicht in Vorbereitungen, Entscheidungen und Durchführung einbezogen wird.[90]

Ein weiteres kritisches Vorhaben ist die zweistufige Wasserkraftwerkkaskade, die am Rioni oberhalb von Kutaisi mit Staustufen bei Zhoneti/Namakhvani und T'vishi entstehen soll. Hinter dem Vorhaben steht ein norwegisch-türkisches Konsortium der Unternehmen *Clean Energy* und ENKA. Das kleinere Kraftwerk bei T'vishi ist auf 100 MW ausgelegt, das größere mit einem Aufstau des Rioni zwischen Zhoneti und Namakhvani auf 333 MW. Das

georgische Wirtschaftsministerium verweist zur Rechtfertigung der Fortführung der Bauarbeiten auf vier Machbarkeitsstudien, die zwischen 2007 und 2019 von internationalen Consulting-Unternehmen erstellt wurden und die die Bedeutung dieses Vorhabens für die georgische Energiewirtschaft unterstreichen; ein von ENKA in Auftrag gegebenes Gutachten zur Umweltverträglichkeit zielt darauf ab, die Unbedenklichkeit des Vorhabens zu bestätigen.[91] Die zunächst lokalen Proteste weiteten sich in der zweiten Maihälfte 2021 zu Massendemonstrationen in Tbilisi aus; als Reaktion darauf wurde der Weiterbau des Staudamms bei Zhoneti im Mai 2021 für zwölf Monate ausgesetzt.[92]

Die Nutzung der Wasserkraft ist inzwischen in Georgien so weit vorangeschritten, dass das Land hofft, in wenigen Jahren nicht nur seinen gesamten Bedarf an Strom vollständig aus eigenen Kraftwerken decken, sondern auch in größerem Umfang Strom exportieren zu können. 2011 war Georgien erstmals Nettoexporteur für Strom. Der weitere Ausbau des nationalen und die Einbindung in das internationale Verbundsystem gehören daher zu den wichtigsten aktuellen Aufgaben und Maßnahmen der georgischen Elektrizitätswirtschaft. Im Land sind mehrere 220kV-Stromtrassen im Bau. Vor allem die wachsende Nachfrage in der Türkei könnte damit befriedigt werden; eine 500/400 kV-Stromtrasse in die Türkei wurde 2014 fertiggestellt. Im Süden des Landes, unweit der Trasse der BTC, entstand ein Verteilerzentrum, das diesen internationalen Markt bedienen soll.[93] Die Baumaßnahmen waren nicht unumstritten, zumal in den Abschnitten, in dem die Trassen durch Waldgebiete führen. Entsprechende Gutachten versuchen, die Arbeiten der *Georgian State Electrosystems* (GSE) oder ihrer Tochterfirmen abzusichern. Dabei werden mögliche Folgen wie Bodenverdichtung, Eingriffe in die Vegetation von Wäldern und Matten, Gefahr zusätzlicher Sedimentation in Gewässern, Risiko der Einleitung schädlicher Stoffe in Boden und Gewässer zwar gesehen, aber als weitgehend geringfügig beurteilt.[94]

Der Bau eines Kernkraftwerks war in sowjetischer Zeit diskutiert worden, doch wurde für die damalige Wirtschaftsgroßregion Transkaukasien (*Zakavkazskij ėkonomičeskij rajon*) nur ein Werk vorgesehen und mit dem Kraftwerk Armeniya bei Echmiadzin westlich von Erevan gebaut. 2007 kam der Plan nochmals kurzfristig auf, als Georgien in Zusammenarbeit mit dem französischen Unternehmen *Areva* (heute: *Framatome* als Sparte innerhalb von *Électricité de France* [EdF]) die Möglichkeiten für einen Reaktorbau sondierte, doch wird er nicht mehr weiter verfolgt.

Wärmekraftwerke liefern zwar nur etwa 15 % des insgesamt produzierten Stroms, müssen aber den Leistungsabfall der Wasserkraftwerke in der kalten Jahreszeit ausgleichen. Vier Anlagen befinden sich im Raum Gardabani, das sich damit nahe der Grenze zu Aserbaidschan, von wo Erdöl und Erdgas importiert werden, zu einem Zentrum der Energiewirtschaft entwickelt hat. Im Bau befindet sich ein Wärmekraftwerk in Kutaisi.

Potentiale von Biomasse sowie von Solar- und Windenergie werden bislang wenig genutzt; immerhin besteht bei Gori ein 2016 fertiggestellter kleiner Windpark mit sechs Windturbinen, der auf eine Kapazität von 20,7 MW ausgelegt ist. Ein weiterer Ausbau der Nutzung regenerativer Energiequellen ist für die 2020er Jahre vorgesehen.

Die Energiekrise der frühen 1990er Jahre gilt längst als bewältigt, die Versorgung mit elektrischem Strom ist im Land weithin gesichert, insbesondere in den städtischen Siedlungen. Auch der Ausbau des Stromnetzes schreitet voran. Die EU stellt derzeit aus der *Neighbourhood Investment Facility* 9,9 Mio. EUR zur Verfügung, um die Stromversorgung vor allem in peripheren Gebieten Guriens und Kachetiens zu verbessern. Die Kreditanstalt für Wiederaufbau und Entwicklung investierte zwischen 1993 und 2017 rd. 400 Mio. EUR im Energiesektor Georgi-

6.27 Hochspannungsleitung in Samtskhe-Javakhetien – auch für den Export von elektrischer Energie (September 2012)

ens. Nachdem Georgien zwischen 2012 und 2016 bereits einmal Überschüsse an elektrischem Strom exportieren konnte, ist es seit 2017 wieder von Importen abhängig, möchte aber auf längere Frist dauerhaft zum Exporteur werden, wobei insbesondere an die Nachbarstaaten als mögliche Abnehmer gedacht wird. Der Zehnjahresplan 2021–2031 für den Netzausbau sieht neben dem Bau weiterer Wasserkraftanlagen einen Ausbau des Netzes vor, das über die Landesgrenzen diesem Export von elektrischer Energie dienen soll.[95]

Die Landwirtschaft: Eine Entsprechung zur naturräumlichen Vielfalt?

Was macht Georgiens Bedeutung als Agrarland aus? Ein kurzer Blick zurück: Die Landwirtschaft war traditionell der führende und auch wohl angesehenste Bereich der georgischen Wirtschaft. Ihre Leistung beruhte auf der Vielfalt der natürlichen Potentiale bei Klima und Boden, darauf begründeten landwirtschaftlichen Nutzungen und der Knappheit insbesondere subtropischer Agrargüter, für die bei der Planaufstellung hohe Aufkaufpreise ausgehandelt werden konnten. Die sowjetischen Großbetriebe verstanden es, die Einnahmen aus den staatlichen Aufkäufen in die innerbetriebliche und damit auch kommunale Infrastruktur zu investieren, während die ländliche Bevölkerung aus dem bescheidenen legalen Privatsektor vergleichsweise hohe Zusatzeinkommen erwirtschaftete. Außerhalb Georgiens mochten diese Verhältnisse fast paradiesisch erscheinen, doch entsprachen solche Vorstellungen nicht immer der Realität. Denn die Effizienzsteigerung war in Georgien wie in der gesamten sowjetischen Landwirtschaft gering. Schon in den 1970er Jahren stiegen die Ausgaben für die Landwirtschaft rascher als Erträge. Alle mit großem finanziellem und propagandistischem Aufwand durchgeführten Agrarprogramme verfehlten das Ziel einer Produktivitätssteigerung.

Die agrarwirtschaftliche Realität der Gegenwart zeigt nochmals ein anderes Bild: Massive strukturelle Mängel, die sich nach 1990 aus einem verhängnisvollen Transformationspfad ergaben, bestimmen bis in die Gegenwart das Bild der georgischen Landwirtschaft. Die Privatisierung machte zwar große Teile der Landbevölkerung zu Eignern von Grund und Boden, aber sie baute keine Wertschöpfungsketten auf, die den Kleinbauern den Zugang zu Märkten ermöglicht hätten, auf denen aus dem Verkauf der erzeugten Produkte genügend Geld für eine Reinvestition in Saat- und Pflanzgut, Geräte, Handelsdünger und andere Hilfsmittel hätte erzielt werden können. Mit ihrer Verarmung zahlte die ländliche Bevölkerung einen hohen Preis für diese Agrarreform. Der überwiegende Teil kleinbäuerlicher Agrarproduktion ging in den Eigenkonsum oder einen lokalen Tauschhandel.[96] Erst in der jüngsten Vergangenheit gibt es regionale Beispiele für betriebliche Erfolge, für Innovationen, für Kooperation und strukturelle Verbesserungen.

Dabei scheinen sich die großflächigen Grundzüge der Bodennutzung im letzten halben Jahrhundert kaum verändert zu haben; zumindest suggerieren dies die entsprechenden Karten in dem sowjetischen Atlas Georgiens und dem neuen Nationalatlas.[97] Dies wäre umso bemerkenswerter, als der Nationalatlas auch die flächenmäßigen Veränderungen der subtropischen Kulturen, insbesondere des Teeanbaus, ausblendet, die sich durch massive Rodungen und den Wechsel zu Getreide- und Maisanbau in der Transformationsphase ergaben.

In der Georgischen Sowjetrepublik bestand ein Zusammenhang zwischen sozio-ökonomischer Entwicklung, Verstädterungsgrad und Flächenbedarf für Siedlungszwecke – in deutlicher Abweichung von der offiziellen Statistik. Um das günstigste Siedlungsland, einen relativ schmalen Landstreifen zwischen West- und Ost-Georgien, konkurrierten schon lange Intensivkulturen und Verkehrsanlagen, punktuelle Industriestandorte und Siedlungserweiterungen, während in Gebirgstälern Bevölkerungsdichte und Nutzungsintensität abnahmen. Die jährlichen Landverluste, die die Landwirtschaft Georgiens seit Mitte der 1960er Jahre durch Flächenumwidmung erfuhr, wurden auf 3 000 ha geschätzt, die Hälfte davon sind Acker- und Dauerkulturland für subtropische Baum- und Strauchkulturen (nach den statistischen Daten von 1973 kam dies einem durchschnittlichen jährlichen Verlust von 0,1 % der landwirtschaftlich genutzten Fläche gleich). Nur ein Teil des Verlustes konnte durch finanziell aufwendige Neuerschließungen wettgemacht werden, zwischen 1930 und 1970 verringerte sich das Acker- und Dauerkulturland von 1 361 200 ha um 13,9 % auf 1 172 400 ha.[98]

Nicht alles für Landwirtschaft nutzbare Land wird tatsächlich genutzt. Ende der 1980er Jahre wurde die Einführung einer monetären Abgabe auf Landflächen diskutiert, die nicht landwirtschaftlich genutzt wurden, obwohl sie dafür geeignet wären. Aber neben fiskalischen Überlegungen betonte man die Notwendigkeit umfassender Meliorationsmaßnahmen, die mit einer Kontrolle rationeller landwirtschaftlicher Nutzung verbunden sein sollte. Kurz vor dem Umbruch wurden weitere Trockenlegungsarbeiten in der Kolchisniederung erwogen, um drainierte Flächen einer landwirtschaftlichen Nutzung zuzuführen. Verbesserungen bei der Bewässerungstechnik (Beregnung für einjährige Kulturen, Tröpfchenbewässerung für mehrjährige Kulturen) galten als weitere Maßnahmen, deren umfassende Einführung jedoch am Kapitalmangel scheiterte. Für die Gebirgsbereiche forderte man zusätzliche infrastrukturelle Maßnahmen, ebenso den Ausbau der Versorgungseinrichtungen in bestehenden Siedlungen. Aber auch diese Forderungen waren schon damals ebenso alt wie der Appell an die Verantwortlichkeit der Landwirte. Sie wurden nur in geringem Maße umgesetzt, Pläne gingen in der Transformationsphase unter, und erst in der Gegenwart besinnt man sich auf die agrarstrukturellen Erfordernisse.

Eine problematische ererbte Agrarbetriebsstruktur

Um die heutige Agrarstruktur Georgiens und ihre Probleme zu verstehen, ist es erforderlich, einen Blick auf die Agrarstruktur wenigstens in sowjetischer, wenn nicht sogar – zumindest regional – in vorsowjetischer Zeit zu werfen. Die sowjetische Landwirtschaft kannte drei Betriebstypen: den Kolchoz (Kurzform von russ. *kollektivnoe chozjajstvo*), den Sovchoz (*sovetskoe chozjajstvo*) und die Hoflandwirtschaft oder persönliche Nebenerwerbswirtschaft (*ličnoe podsobnoe chozjajstvo*). Seit den 1960er Jahren wurden zahlreiche Kolchoze in große Sovchoze zusammengefasst, so dass das Staatsgut zum dominanten Betriebstyp wurde. Während Kolchoz und Sovchoz als Großbetriebe gelenkt wurden, war die ländliche Bevölkerung beim dritten Betriebstyp weitgehend frei in ihren Entscheidungen. Allerdings waren Fläche und Tierbestand sehr beschränkt, festgelegt durch das Kolchozstatut. Die Fläche des sogenannten Hoflands durfte 1 ha, in Bewässerungsgebieten

0,5 ha nicht überschreiten, die Viehstückzahl war auf zwei Rinder und zehn Stück Kleinvieh begrenzt. Allerdings war es in den dichter besiedelten Gebieten kaum möglich, Hofland in der zulässigen Maximalausdehnung zur Verfügung zu stellen. Da dieses Hofland für die Selbstversorgung und auch für Verkäufe auf den Kolchozmärkten entscheidend war, wurde viel Arbeitsleistung in seine Bewirtschaftung gesteckt, während das gemeinschaftlich genutzte Land eher zurückstand, soweit die Arbeit dafür nicht administrativ erzwungen wurde. Der Verkauf von Agrargütern aus der Privaterzeugung beruhte teilweise auf informellen Absprachen von Mitgliedern der Kollektivbetriebe, von denen einzelne die Produkte anderer in Kommission übernahmen, um damit sowjetische Großstädte auch außerhalb Georgiens zu beliefern. Kolchoze und Sovchoze hatten über die agrarwirtschaftliche Tätigkeit hinaus infrastrukturelle Leistungen zu erbringen: Siedlungsplanung und Straßenbau, Kinderbetreuung und Gesundheitsdienst lagen in ihren Händen oder wurden über sie organisiert, Meliorationen erfolgten in ihrem Rahmen. Zusätzlich verfügten viele Großbetriebe über einen oder mehrere Nebenbetriebe außerhalb ihrer eigentlichen Spezialisierung. So betrieb der als Baumschule für Obstbäume organisierte Sovchoz von Bebnisi in Shida Kartli Mitte der 1970er Jahre „nebenbei“ eine florierende Kaninchenzucht.

Die Phasen der Agrarentwicklung Georgiens bis 1990 entsprachen weitgehend dem gesamtsowjetischen Muster: Auf die Zusammenlegung von Kolchozen zu Großkolchozen folgte eine Betonung des Sovchozsektors, dann die Ausgliederung einzelner Produktionsbereiche in zwischenbetriebliche Einrichtungen sowie in den 1970er Jahren die generelle Förderung von horizontaler Kooperation und vertikaler Integration.[99]

Es gibt aber Hinweise, dass die Kollektivierung im kaukasischen Raum keineswegs alle traditionellen Agrarstrukturen zerschlug. In den Gebirgsgebieten wie Hoch-Svanetien, Tushetien und Pshavien lebten alte Agrargemeinschaften fort. Sie gehen auf die Vorstellung zurück, dass Grund und Boden der Großfamilie gehören und in diesem Rahmen bewirtschaftet werden. Hier hatte Russland schon im 19. Jahrhundert vergeblich versucht, mit der Agrarreform Änderungen herbeizuführen. Innerhalb der sowjetischen Großbetriebe war es für die mit den lokalen Gegebenheiten oft vertrauten Betriebsleiter nicht unmöglich, die innerbetriebliche Arbeitsorganisation nach den überlieferten Strukturen zu gestalten. Ähnliches wird für den Teeanbau und die Kultivierung von Duftpflanzen in Adscharien beschrieben: Die Familie war die Arbeitseinheit, die den Anbau den naturräumlichen und sozialen Gegebenheiten so anpasste, dass ein relativ stabiles Agrar-Ökosystem entstand.[100]

In der Nutzungsstruktur hatte sich die sowjetische Agrarwirtschaft Georgiens auf hochwertigen Obst- und Gemüseanbau, auf Tee und Zitrusfrüchte spezialisiert. Die Folge war, dass Grundnahrungsmittel aus anderen Landesteilen eingeführt werden mussten. An die Stelle dieser Zulieferungen treten heute Importe aus Nachbarländern. Zur Intensivierung der Produktion wurden Mechanisierung und Chemisierung vorangetrieben. Der hohe Einsatz von Pestiziden, vor allem den in der Umwelt persistenten Organochlorpestiziden, führte zu einer Kontamination der Böden,[101] für die erst jetzt Verfahren entwickelt werden, mit denen die ursprüngliche Bodenfruchtbarkeit wiederhergestellt und die Gefahr der Belastung von Agrarprodukten verringert werden kann. Bis zum Ende der Sowjetzeit wurde generell DDT als Pestizid eingesetzt.

Weite Agrarflächen bedürfen insbesondere in Ostgeorgien der Bewässerung. Hierfür entstanden zwar in der Sowjetzeit umfangreiche Anlagen, die die Bewässerungsfläche von 112 000 auf rd. 500 000 ha ausweiteten, doch unterblieb die Instandhaltung.[102] Unkontrollierter Abfluss und Lecks in den Zuleitungskanälen führten schon Ende der 1980er Jahre dazu, dass etwa 29 % des Bewässerungswassers ungenutzt verloren gingen. In postsowjetischer Zeit ergaben sich zusätzliche Probleme, weil die Bewässerungssysteme auf die alten Großbetriebe ausgerichtet gewesen waren und sich in der neuen, kleinbetrieblichen Struktur niemand mehr für den Unterhalt zuständig fühlte und die nötigen Mittel dafür aufbringen konnte. Heute untersteht das Bewässerungswesen der Verwaltung für Melioration und Wasserresourcen im Ministerium für Ernährung und Landwirtschaft. Seit 1997 werden Gebühren für die Wassernutzung erhoben, um eine finanzielle Grundlage für Instandsetzungsarbeiten zu haben. Aber erst nach einer Dürre im Jahr 2000, als nur 160 000 ha bewässert werden konnten, wurden alte Anlagen in größerem Umfang mit internationaler Hilfe erneuert, so dass die Bewässerungsfläche bis 2007 wieder auf 401 290 ha wuchs, die zu 93% mit Oberflächenbewässerung versorgt werden.[103] Die wichtigsten Bewässerungsgebiete liegen in der Alazani-Senke Kachetiens und im Samgori-Becken am mittleren Iori, in Kvemo Kartli in der Ebene von Gardabani sowie in den Beckenlandschaften Shida Kartlis.

Mit der staatlichen Unabhängigkeit 1991 erlitt die georgische Landwirtschaft einen Zusammenbruch, der vor allem durch das Ende der innersowjetischen Lieferbeziehungen und durch den internen Bürgerkrieg verursacht wurde. Es war weniger ein Verlust der Absatzmärkte per se als – neben dem Finanzmangel – das Ausbleiben von Saatgut, Düngemitteln und anderen Agrochemikalien, Maschinen und Ersatzteilen.

Das sowjetische Agrarsystem endete, als Georgien 1992 eine Bodenreform durchführte, große Teile von Grund und Boden privatisierte und begann, das bisherige Land von Kolchozen und Sovchozen unter die ländliche Bevölkerung aufzuteilen.[104] In den Privatisierungsfond flossen rd. 1 Mio. ha, etwa ein Viertel der gesamten landwirtschaftlichen Nutzfläche; davon wurden bis 2005 etwa 770 000 ha, aufgeteilt in über 3 Mio. Parzellen, der ländlichen Bevölkerung überschrieben. Die übrige Fläche blieb in staatlicher Hand, doch konnte zugepachtet werden. Auch das Weideland verblieb beim Staat. Da als Obergrenze für eine Familie aus einem früheren Kolchoz im Tiefland 1,25 ha festgelegt wurden, in vielen ländlichen Gemeinden jedoch nicht genügend Land verfügbar war, entstand eine Vielzahl von Klein- und Kleinstbetrieben. Zupacht ließ zwar einige größere Betriebe entstehen, doch verfügten 98,4 % aller Agrarbetriebe über weniger als 5 ha Land.[105] Weil bei der Neuverteilung auch Boden- und Lagequalitäten berücksichtigt werden sollten, war der Besitz zudem räumlich zersplittert, und es lohnte sich für manchen Landwirt kaum, entfernte Parzellen zu bewirtschaften, so dass Brachen und mindergenutzte Flächen das Bild der Agrarlandschaft prägten. Dies führte zu der paradoxen Situation, dass die ländliche Bevölkerung nunmehr mit Eigentumstiteln an Grund und Boden ausgestattet war, damit aber zu wenig anfangen konnte. Zudem fehlte in der Regel eine schriftliche Dokumentation der Eigentumsübertragung. Die Bewirtschaftung wurde dadurch erschwert, dass die junge private Landwirtschaft einen überalterten Maschinenpark übernehmen musste, der nicht an die neue, kleingliedrige Struktur angepasst war. Hinzu kam, dass die Kleinbetriebe nicht in der Lage waren, ein Vertriebssystem aufzubauen. Die Belieferung regionaler Märkte, die in der Tradition der früheren Kolchozmärkte stehen, mit Gemüse aus dem Anbau im Garten ist möglich, wenn ein Fahrzeug verfügbar ist, aber die regelmäßige Belieferung des großstädtischen Einzelhandels scheiterte, nachdem die sowjetischen Aufkauforganisationen aufgelöst worden waren. An die Stelle des staatlich verordneten und individuell organisierten Kollektivismus trat jetzt ein bewusster Individualismus. Kauf und Verkauf von landwirtschaftlich genutzten Flächen wurde erst durch ein Gesetz vom Februar 1996 ermöglicht.

Eine zweite Phase der Bodenprivatisierung nach 2005 ermöglichte den Pächtern von Staatsland, dieses zu einem günstigen Preis als Eigentum zu erwerben, was die Mittelbetriebe stärkte und leistungsfähiger machte. Bei der Privatisierung weiteren Landes wurde darauf geachtet, dass die Einzelparzellen eine Mindestgröße von 3 ha hatten, um eine weitere Fragmentierung zu verhindern.[106] Eine Initiative von 2007 zielte sogar darauf ab, 40 000 ha in- und ausländischen Investoren zu übereignen, die in wenigstens 50 ha umfassenden Betrieben leistungsfähige Agrarwirtschaften aufbauen sollten.[107] Verbesserungen beim Registrierungsverfahren und die Einführung eines Katasterwesens erhöhten zudem die Sicherheit des Besitznachweises für die neuen Bodeneigner. Es blieben aber Probleme bei unklaren, nicht durch Dokumente belegbaren älteren Eigentumsansprüchen, bei technischen Fragen der Übertragung älterer kartographischer Unterlagen in die digitalen Registrierungssysteme, bei sich überlappenden Ansprüchen auf der Basis unterschiedlicher Kartierungen.[108]

In anderen Bereichen, wo wieder der Weinbau als Beispiel dienen mag, verhinderte die Zerschlagung der Großbetriebe (in sowjetischer Zeit: 42 staatliche Kellereibetriebe, größtenteils in Kachetien) zunächst jegliche Modernisierung, so dass ein großer Nachholbedarf entstand. Außerdem wurden beträchtliche Rebflächen erst in Gorbačëvs Anti-Alkoholkampagne, dann nach der Auflösung der Sowjetunion in Ackerland für den Weizenanbau umgewidmet, weil Georgien einen größeren Anteil des Eigenbedarfs selbst decken wollte, nachdem frühere Zulieferungen ausblieben oder sich verteuerten. Einen weiteren Einschnitt brachte das russische Importembargo für georgische Weine von 2006, verschärft nach dem Augustkrieg von 2008, war doch Russland zuvor der weitaus wichtigste ausländische Abnehmer für georgische Weine gewesen. 2006 hatte Russland massive Importverbote für verschiedene georgische Agrargüter verhängt, nachdem das russische Staatsunternehmen *Gazprom* beim Aufbau einer georgischen Erdgaswirtschaft nicht zum Zuge gekommen war und Russland zum Gegner im Abchasienkonflikt geworden war. Vorgeschoben wurden Gesundheitsgefahren, die angeblich von georgischen Agrargütern ausgingen. Nachdem 2012 Bidzina Ivanishvilis Partei „Georgischer Traum" die Parlamentswahlen gewonnen hatte, wurde das Embargo aufgehoben und Russland rasch wieder wichtiger Importeur georgischer Weine. In den ersten acht Monaten 2014 gingen bereits über 70 % der georgischen Weinexporte nach Russland.[109] Inzwischen zeigt auch die georgische Weinwirtschaft deutliche Fortschritte bei Anbau, Kellerwirtschaft und Vermarktung.

6.28 Flurzersplitterung in Samtskhe (September 2012)

6.29 Flurzersplitterung in Shida Kartli (September 2022)

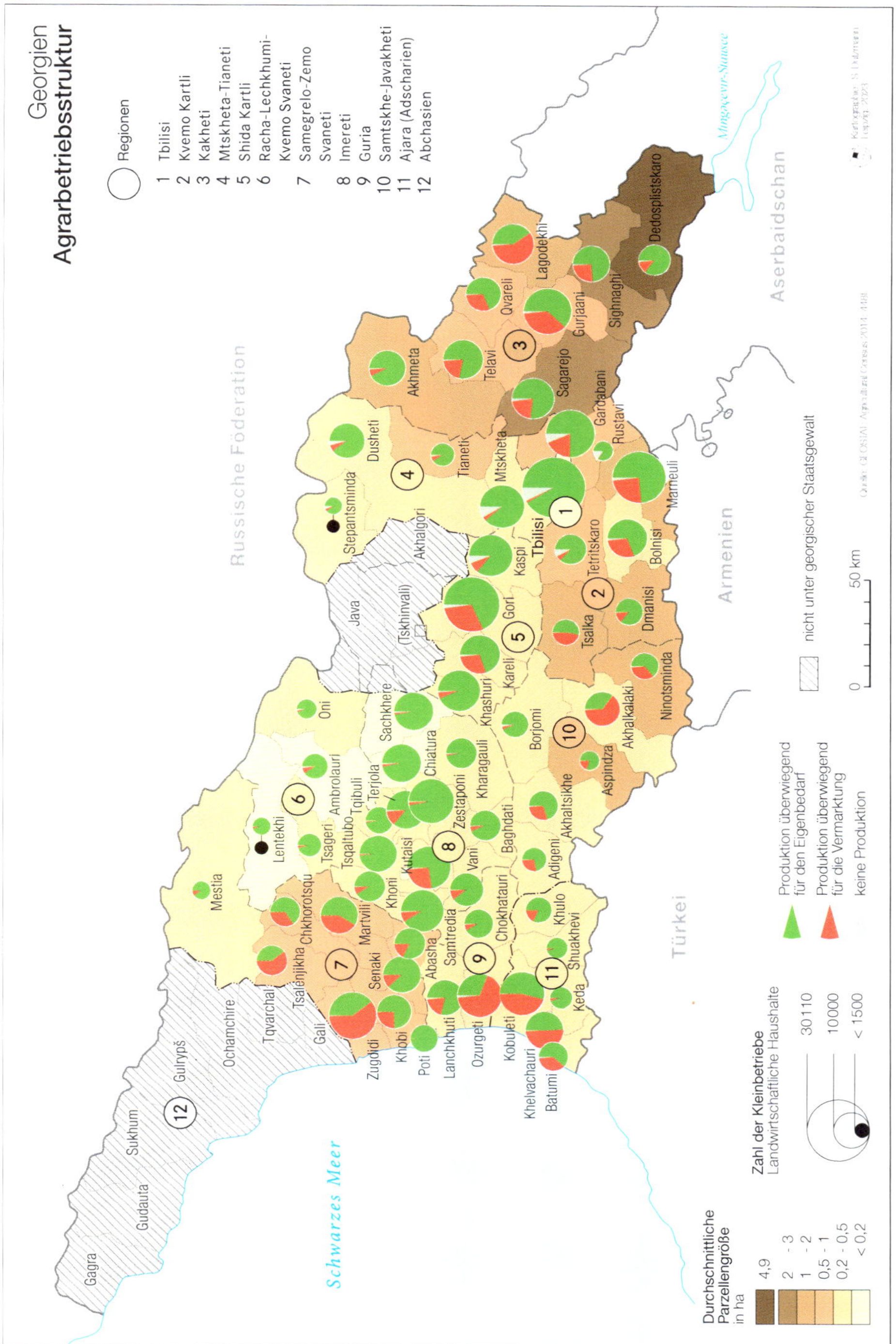

Karte 16: Agrarbetriebsstruktur

Bis heute wirkt die sowjetische Governance nach. Die Rückkehr zur kleingliedrigen Agrarlandschaft ist ein Reflex auf die Einrichtung von Großblockfluren in den Nachkriegsphasen der Agrarpolitik, aber die Rückkehr zum Kleinbauerntum in weiten Teilen des Landes ist nicht weniger problematisch als die Ausrichtung auf die sowjetischen Großbetriebe. Im regionalen Überblick (Karte 18) zeigt sich bei den Kleinbetrieben („landwirtschaftliche Haushalte") die Dominanz der Produktion für den Eigenbedarf, d. h. der Subsistenzcharakter der Landwirtschaft. Nur in den zentralen Munizipalitäten Kachetiens (Weinbau), in den tiefer gelegenen Munizipalitäten Westgeorgiens samt Adscharien (Baum- und Strauchkulturen wie Agrumen, Tee und Feijoa) sowie in den klimagünstigen Bereichen von Shida Kartli (Obstkulturen und Gemüseanbau) zeigen sich höhere Anteile einer Produktion für den Markt. Klein- und Kleinstbetriebe ohne statistisch erfasste Produktion finden sich im Umkreis von Tbilisi; hierbei dürfte es sich um Nebenerwerbswirtschaften handeln, deren Bewohner im städtischen und suburbanen Raum eine außerlandwirtschaftliche Beschäftigung gefunden haben und nur geringen Anbau für die Eigenversorgung betreiben. Georgien muss noch immer in hohem Maß Lebensmittel importieren, darunter frisches Gemüse und Obst. Die Verteuerung von Nahrungsgütern auf dem Weltmarkt belastet sowohl die Volkswirtschaft als auch die privaten Haushalte.

Eine reguläre Erfassung der Umverteilung von Grund und Boden im Grundbuch und eine exakte Neuvermessung unterblieben zunächst, weil die Aufteilung, die von ausländischen Organisationen wie USAID unterstützt wurde,[110] rasch vorgenommen werden sollte. Daher erwiesen sich viele Eigentumsansprüche, die nicht ausreichend durch exakte Zertifikate nachgewiesen werden konnten, als unsicher. Erst Anfang des 21. Jahrhunderts, insbesondere seit 2007 auf der Basis eines neuen Gesetzes zum Eigentumsrecht, wurde das Katasterwesen auf eine moderne technische Basis umgestellt, denn es hatte sich herausgestellt, dass ein großer Teil der ersten Registrierungen fehlerhaft war.[111] Nachdem in Tbilisi erfolgreich eine Grundkarte erstellt und die Grundstücke genau erfasst worden waren, wurde das zunächst mit deutscher Entwicklungshilfe der damaligen GTZ und mit Unterstützung aus Tbilisis Partnerstadt Saarbrücken durchgeführte Vorhaben auf das ganze Land ausgeweitet. Das Projekt, ein multifunktionales Kataster- und Grundbuchsystem für alle wirtschaftlich aktiven Gebiete Georgiens einzurichten, umfasste die Ausbildung von 400 Personen in moderner Vermessungstechnik, woraus sich 40 private Firmengründungen ergaben. Die vermessungstechnische Aufnahme muss etwa 3,5 Millionen Flurstücke und ca. 4,5 Millionen Eigentümerdaten erfassen sowie eine Geodatenbank mit Daten für 48 Landkreise und vier Städte aufbauen. Dazu war es erforderlich, Software für die Datenfortführung und die Registrierung der Eigentumsansprüche zu entwickeln.[112]

Einige wenige Zahlen machen deutlich, welche Probleme die Transformation der Landwirtschaft aufwarf: Innerhalb weniger Jahre ging die Produktion nach der Reprivatisierung massiv zurück. 1994 reduzierte sich die Ernte von Getreide im Vergleich zu 1988 um 32,7 %, bei Gemüse um 32 %, bei Obst um 42,9 %, bei Weintrauben um 44 %, bei Teeblättern – bedingt durch die flächenhafte Rodung von Teepflanzungen – gar um 86,8 %. Der Fleischertrag ging um 28 %, der Milchertrag um 41,9 % zurück. Beim Pflanzenbau war sicher der dramatische Rückgang des Einsatzes von Agrochemikalien mitverantwortlich, der nach Auflösung der Sowjetunion einsetzte: Waren in den späten 1980er Jahren von durchschnittlich 240 bis 250 kg Handelsdünger je Hektar Aussaatfläche ausgebracht worden, standen 1994 nur noch durchschnittlich 10 kg zur Verfügung.[113] Selbst anderthalb Jahrzehnte nach der Unabhängigkeit hatte die Agrarproduktion erst 40 % des Niveaus von 1990 erreicht.[114] Die Folge war eine Verarmung der ländlichen Bevölkerung. Nur Betriebe, die Land hinzupachten konnten, erzielten ausreichende Einkommen.

Auch zu Beginn des 21. Jahrhundert waren die Mängel noch nicht behoben: Die Aussaatfläche, die im Jahr 2000 noch 610 800 ha betragen hatte, ging bis 2010 auf 275 300 ha, d. h. auf 34,3 % des Ackerlands, zurück, der Anteil der Landwirtschaft am BIP fiel von 20,2 auf 8,4 % – nicht nur bedingt durch den Aufschwung anderer Wirtschaftsbereiche, sondern auch verursacht durch die abnehmende Produktivität der Landwirtschaft.[115] Diese wiederum lag sowohl an den genannten Merkmalen der Betriebsstruktur und des mangelnden Zugangs zu landwirtschaftlichen Inputs (Saatgut, Düngemittel, Pestidzide usw.), aber auch an der unzureichenden Ausbildung zum Landwirt.

Erst im zurückliegenden Jahrzehnt gibt es Anzeichen für Verbesserungen: Der Weinbau ist dabei, mit staatlicher Förderung seine Geltung als Leitkultur vor allem in Kachetien zurückzuerlangen, Obstbau in Shida Kartli und Gemüseanbau könnten folgen. Die Wiederherstellung verfallener Bewässerungsanlagen, die Reaktivierung alter Obst- und Weinbauterrassen, die Wiederaufnahme von Trockenlegungsarbeiten in Westgeorgien dienen der Bodenmelioration, Neuanpflanzungen der Ausweitung von Obstkulturen in Kvemo Kartli. Es gibt inzwischen bereits viele Beispiele, dass die soziale Abkehr von allen Arten genossenschaftlicher Zusammenarbeit überwunden wurde, so dass neue Kooperative entstanden. Eine Bestandsaufnahme im Rahmen des europäischen ENPARD-Programms, das zwischen 2014 und 2018 insgesamt 281 landwirtschaftliche Kooperative unterstützte, zeigte vor allem im Bereich von Bienenhaltung, Gemüseanbau und Milchviehhaltung gute Erfolge.[116] Der Aufbau von Zentren für Agrartechnik wirkt der Unterversorgung mit Maschinen entgegen, staatliche Servicezentren bieten Dienstleistungen an.

Einzelne landwirtschaftliche Kulturen

Nach den Daten des Agrarzensus lassen sich in Georgien unterschiedliche regionale Schwerpunkte der aktuellen Landnutzung feststellen (Karte 15): In Westgeorgien überwiegt das Ackerland, und die Nutzung von Naturwiesen und Weideland besitzt eine nachgeordnete Bedeutung, während in den tiefer gelegenen Munizipalitäten Dauerkulturen hervortreten. Ganz anders das Bild im südlichen Georgien und in den Trockenräumen Ostgeorgiens. Dort dominiert die Landnutzung für die Weidewirtschaft. In den kachetischen Munizipalitäten Telavi, Gurjaani und Q'vareli lässt die Konzentration des Weinbaus den Anteil der Dauerkulturflächen ansteigen. Im Hochgebirgsraum des Großen Kaukasus herrscht meist die Nutzung von Naturwiesen und Weiden vor, wenn es sich auch in der Summe nur um relativ kleine Flächen handelt. Die Beckenlandschaften von Shida Kartli zeigen ein Nebeneinander von Ackerland und Dauerkulturen, bei denen es sich dort meist um Obstkulturen handelt.

Reichtum an Baum- und Strauchkulturen

Georgien ist reich an verschiedensten Obstarten. Dabei werden sowohl die in den gemäßigten Breiten bekannten Arten wie Äpfel, Birnen, Kirschen, Pflaumen, Pfirsiche, Aprikosen und Quitten angebaut, als auch Sorten, die ein wärmeres, subtropisches Klima verlangen wie die Kornelkirsche, Jujube, die mit der Guave verwandte Feijoa, die Kakifrucht und die Mispel.

Für Kernobst gilt Shida Kartli als Hauptanbaugebiet, für Steinfrüchte Kachetien. Gängige Obstsorten werden auf rd. 128 000 ha angebaut. Dies entspricht etwa zwei Dritteln der Anbaufläche in den 1970er Jahren, wobei berücksichtigt werden muss, dass damals die Anbauflächen Abchasiens in die Erfassung eingingen. Anpassungsprobleme bestehen in der Überalterung einzelner Baumbestände und in fehlenden Verarbeitungskapazitäten, denn die in der Sowjetzeit in größerer Zahl entstandenen Aufbereitungsbetriebe arbeiten vielfach nicht mehr. So müssen auch bei der Konservenindustrie ausländische Investoren aktiv werden.

Wesentlich erfolgreicher verlief die Anpassung beim Anbau von *Wal- und Haselnüssen*; das Land gehört heute zu den fünf wichtigsten Produzenten von Haselnüssen.[117] In Georgien setzen sich gewissermaßen die nordosttürkischen Anbaugebiete fort, wobei die wichtigsten georgischen Anbaugebiete in den Regionen Gurien und Samegrelo-Zemo Svaneti liegen. Türkische Unternehmen haben sich in diesem Zweig engagiert, und ein großer Teil der geernteten Nüsse geht im Export in die Türkei. Frische und getrocknete Nüsse machen, gemessen am Marktwert, rund ein Viertel der georgischen Agrarprodukte aus.

Der Anbau von *Zitrusfrüchten* hatte in geschützten Lagen an der Schwarzmeerküste im ausgehenden 19. Jahrhundert begonnen. Vor dem Ersten Weltkrieg erreichten Obstgärten bei Batumi gerade 160 ha, doch in den 1930er Jahren setzte eine räumliche Ausweitung ein, in deren Rahmen einige sowjetische Großbetriebe sich auf den Anbau von Zitrusfrüchten spezialisierten. Damit wurde Georgien für die Sowjetunion das wichtigste Anbaugebiet für Zitrusfrüchte. Allerdings waren die Bedingungen hinsichtlich der Wärmeversorgung höchstens suboptimal. Das größte Handicap blieben Fröste: In den Wintern 1949/50, 1952/53, 1963/64, 1971/72 und 1978/79 fielen jeweils beträchtliche Teile der Kulturen Spätfrösten zum Opfer, denen man teilweise mit technischen Mitteln wie Abdecken, Rauchbildung gegen nächtliche Ausstrahlung oder gar Beheizung durch offene Feuer zu begegnen versuchte.[118] Da die Sowjetunion jedoch danach strebte, den Bedarf an Zitrusfrüchten aus eigenem Anbau zu decken, wurde auch nach Verlusten immer wieder neu angepflanzt. In der Transformationsphase verkamen die Kulturen zum großen Teil. Heute liegen wichtige Anbaugebiete in Abchasien und sind daher durch den jüngsten Agrarzensus von 2014 nicht mehr erfasst. In Adscharien hat sich insbesondere der Anbau von Mandarinen etabliert, von denen ein beträchtlicher Teil dem Export in andere Nachfolgestaaten dient. Im Hinterland der adscharischen Schwarzmeerküste sind allerdings weite Flächen verbuscht, im Bereich der touristischen Zone von Kobuleti oft in Erwartung von Baulandnachfrage. Zitrusfrüchte werden derzeit fast ausschließlich in Familienbetrieben angebaut, da sie auch bei

6.30 Obstkulturen in Shida Kartli bei Gori (September 2022)

6.31 Gemüse-Obst-Mischkultur in Shida-Kartli bei Bebnisi (September 2012)

relativ kleinen Flächen gute Erträge und Einkommen ermöglichen. Die Gesamternte bewegte sich in den zurückliegenden Jahren zwischen 57 000 und 66 000 t.[119]

Der *Tung*baum (*Aleuritis fordii*), der zur Gewinnung eines Spezialöls – damals im Flugzeugbau und bei der Herstellung von Farben verwendet – in den 1930er Jahren zunächst in Adscharien eingeführt wurde, sich dann auch auf Gurien, Mingrelien und Abchasien ausbreitete, verlor zwar in der zweiten Hälfte des 20. Jahrhunderts wieder an Bedeutung, gilt aber inzwischen als eine Kulturpflanze mit Marktchancen, obwohl das Anbaugebiet klein ist.[120]

Die aus dem tropischen Südamerka stammende *Feijoa* (*Acca selloviana*, Brasilianische Guave) wurde Anfang des 20. Jahrhunderts im Botanischen Garten von Sukhum eingeführt und anfangs auf sehr kleinen Flächen nur zur Extraktion von Jod angebaut, später auch zur Verarbeitung der Früchte zu Marmelade, Gelee und Likör. Sie ist heute verbreitet in privaten Gärten im Tiefland Mingreliens anzutreffen. Die *Kaki* (Dattelpflaume, *Diospyros kaki*), die im 19. Jahrhundert erstmalig an der Schwarzmeerküste angebaut wurde, ist vor allem wegen ihrer relativen Frostresistenz geschätzt. Erst vor relativ kurzer Zeit wurde die *Kiwi* eingeführt, von der man sich gute Marktchancen verspricht.

Der *Ölbaum* wurde erstmals 1879 beim Kloster Neu-Athos (Novyj Afon; Abchasien) kultiviert. In der Gegenwart bemüht sich Georgien um die flächenmäßige Ausweitung. Bereits seit 2009 engagiert sich das georgisch-türkische Unternehmen *GEOLIVE* um Ölbaumkultur und Olivenölproduktion. Jünger ist die Anpflanzung des Ölbaums in Ostgeorgien. Nachdem eine erste 300 ha umfassende Anpflanzung durch die *Georgian Olives Company* in den Munizipalitäten Sighnaghi und Dedoplists'q'aro 2017 einen vielversprechenden Ernteerfolg zeigte, sollen weitere rd. 1 000 ha bepflanzt werden. Die Oliven sind zur Ölherstellung in einer Fabrik bestimmt, die 2016 mit staatlichen Mitteln und Mitteln eines niederländisch-türkischen Investitionsvorhabens errichtet wurde. Mit dem Öl soll insbesondere der einheimische Markt versorgt werden, doch denkt man in Zukunft auch an Exporte.[121]

6.32 Agrumenkulturen im Hinterland von Batumi (August 2019)

6.33 Feijoa-Kultur bei Zugdidi (August 2019)

Erfolgreiche Innovation: Teekultur

Der *Teestrauch* verlangt Jahresmitteltemperaturen von wenigstens 12,5 °C sowie eine gute Feuchteversorgung mit relativ gleichmäßiger Verteilung über das Jahr. Dürren und Fröste können bestehende Kulturen schädigen. Die ersten Anbauversuche wurden bereits 1833 bei Sukhum vorgenommen, blieben damals aber erfolglos. Unter dem Gouvernorat von Voroncov startete 1847 ein weiterer Versuch in Gurien, bis schließlich 1861 die ersten Teeblätter beim mingrelischen Zugdidi geerntet werden konnten. Aber erst die Einfuhr neuen Pflanzgutes durch die Firma Popov in den 1890er Jahren (als erster soll Liu Junzhou aus der chinesischen Provinz Guangdong den Tee nach Adscharien gebracht haben)[122] wirkte nachhaltig, so dass 1898 die erste Teefabrik in Salibauri eröffnet werden konnte. Seither breitete sich der Teeanbau in Westgeorgien (unter Einschluss von Abchasien und Adscharien) von den küstennahen Gebieten auch in die Vorberge aus, gefördert von einer Agrarpolitik, die auf Reduzierung der Ausgaben für Importe abzielte. Bis zur späten Sowjetzeit wuchs die Anbaufläche auf etwa 68 000 bis 70 000 ha, die Jahresproduktion auf etwa 330 000 t.[123] Wie in anderen Teeanbaugebieten wird der Teestrauch in langen Reihen gezogen und wulstartig beschnitten. Die in der Sowjetzeit übliche, auf Massenproduktion abzielende maschinelle Ernte hatte aber zur Folge, dass die damals gewonnenen Teeblätter kaum weltmarktfähig waren und die Teekultur daher nach der Unabhängigkeit Georgiens zunächst an Bedeutung verlor. Große Flächen gingen durch Rodung verloren oder verwilderten, da die staatliche Produktionskette nicht mehr aufrechterhalten werden konnte und der russische Markt weggebrochen war. Gleichzeitig mussten die Teefabriken ihre Produktion aufgeben; sie wurden verlassen und viele nutzlos gewordene Maschinen als Schrott exportiert. Mitte der 1990er Jahre wurden an Teeblättern gerade noch 5 bis 6 % der Menge von 1989 geerntet.

Erst nach 1995 wurde mit dem Investitionsengagement des deutschen Teeproduzenten *Martin Bauer* aus Vestenbergsgreuth ein Neuanfang gemacht, doch zog sich das Unternehmen 2001 aus Georgien zurück. Heute ist die *Martin Bauer Georgia GmbH & Co. KG* eher im Bereich der Wildkräutertees engagiert.[124] Der frühe Impuls reichte jedoch, um die georgische Jahresproduktion bis Mitte der 2000er Jahre wieder auf 60 000 t ansteigen zu lassen, die zu vier Fünfteln zu Schwarztee, der Rest zu Grünem Tee verarbeitet wurden.[125] 2015 galten noch etwa 10 000 der ursprünglich 67 000 ha Anbaufläche als produktiv, die meisten Teefabriken waren verfallen. Die rund 16 000 Kleinbauern, die nach der Privatisierung von Grund und Boden zu Eignern von Tee-Anbauflächen wurden, lassen sich nur schwer in den Produktionsprozess integrieren. Ihnen fällt es finanziell auch schwer, moderne Pflückmaschinen zu erwerben und einzusetzen. Im Rahmen des ENPARD-Programms[126] gelang es bis Mitte 2015, zunächst 27 Genossenschaften zu

6.34 Verwilderte und neu angelegte Teepflanzung bei Batumi (August 2019)

gründen, davon 23 in Gurien. Sie übernehmen die Produktionsschritte vom Sortieren bis zur Vermarktung unterschiedlicher Teesorten, aber die begriffliche Nähe der Genossenschaften zu den sowjetischen Kollektivbetrieben hemmt nach wie vor die Akzeptanz. Die Aufbereitung und Verarbeitung erfolgt in den wiederbelebten etwa sechs größeren und bis zu zehn kleinen Teefabriken, die immer noch mit der alten sowjetischen Ausrüstung arbeiten.[127] Da georgischer Tee auch immer exportiert wurde, sieht man im Teeanbau erhebliches Potential für den ländlichen Raum Westgeorgiens. So wurden in Adscharien neue Anbauflächen für Tee angelegt. Zwischen 2018 und 2021 erhöhte sich die Anbaufläche von Tee von 1800 auf 2900 t, wobei sich der betriebliche Schwerpunkt von (kleinen) Familienbetrieben auf größere Landwirtschaftsunternehmen verschob.[128] In Abchasien wurden in den 1990er Jahren fast alle Teepflanzungen gerodet und in Ackerland für die Selbstversorgung umgewandelt, insbesondere für den Maisanbau. Die damit verbundene Verstärkung der Bodenerosion schädigte die natürlichen Grundlagen für eine erneute landwirtschaftliche Nutzung des Bodens.[129]

Weitere Marktfrüchte

Im Südwesten Georgiens, insbesondere Adscharien, setzt sich in der collinen und montanen Höhenstufe das türkische *Tabak*anbaugebiet fort. Der Anbau begann in mehreren Etappen im 19. Jahrhundert und wurde in der Sowjetzeit fortgeführt. Als die Sowjetunion in den 1970er/1980er Jahre die staatlichen Aufbaupreise für Tabak erhöhte, breitete sich der Anbau nicht nur auf geeigneten Standorten aus; eine verstärkte Bodenerosion und größere Häufigkeit von Hangrutschungen war die Folge. An den Anbau schloss sich auch schon seit den 1870er Jahren eine Verarbeitungsindustrie an, an deren Spitze eine staatliche Tabakfabrik in Batumi stand. Sie wurde 2006 privatisiert. Heute wird Tabak vor allem in den Gebieten von Kulo und Shuakhevi angebaut und seit 2007 in Keda verarbeitet, wo Zigarren das wichtigste Produkt sind; mit ihnen bemüht sich die adscharische Tabakindustrie auch, auf dem europäischen Markt Fuß zu fassen.

Die *Duftpflanzen* Geranium, Jasmin und Rosen werden ähnlich wie im südfranzösischen Anbaugebiet für die Parfum- und Lebensmittelindustrie angebaut. Geranium wurde erstmals 1924 in Abchasien eingeführt, ehe sich der Anbau in den 1930er Jahren auf Westgeorgien ausdehnte. Den ersten flächenhaften Anbau von Rosen für eine industrielle Nutzung gab es 1898 in Napareuli (Kachetien). Später entwickelte sich ein zweiter Anbauschwerpunkt bei Sukhum in enger Verknüpfung mit der Aufbereitung. Der Zusammenbruch des sowjetischen Organisationssystems in einem regionalen Trust brachte einen Einschnitt, von dem sich dieser Agrarzweig noch nicht erholt hat. Immerhin wurden in Ostgeorgien 2002 erste neue Pflanzungen mit *Rosa gallica* und *Rosa damascena* auf dem Areal eines früheren Kolchoz angelegt und 2010 eine Anlage zur Destillation von Rosenöl in Betrieb genommen. Über ein Förderprogramm sollen auch Kleinbauern ermutigt werden, Duftrosen anzubauen und an diesen Betrieb zur Aufbereitung zu verkaufen.[130]

Basis der Ernährung: Getreidewirtschaft

Die Getreidewirtschaft spielt eine eher untergeordnete Rolle. In sowjetischer Zeit wurde Georgien mit Getreidelieferungen aus anderen Sowjetrepubliken ausreichend versorgt, um die eigenen Anbauflächen vornehmlich subtropischen Kulturen zur Verfügung stellen zu können. Nach der Auflösung der Union sah sich Georgien auf sich selbst gestellt und begann, durch Rodung anderer Kulturen Getreideland zu schaffen. Heute gibt es im Südosten des Landes ausgedehnte Flächen mit Getreideanbau, aber gerade diesem Zweig setzt die Kleinparzellierung des Landes bei der Privatisierung besonders zu. Wichtigstes Brotgetreide – und Brot gehört zu jeder georgischen Mahlzeit! – ist Weizen, doch kann Georgien sich mit einer Jahresernte von 119 000 t (Durchschnitt der Jahre 2015–2017) nur zu einem geringen Teil selbst damit versorgen; für 2014 wird eine Selbstversorgungsquote von 7 %, für die darauf folgenden Jahre von zwischen 15 und 19 %, für 2021 mit 22 % angegeben, während es bei Mais 74 % (Selbstversorgungsquote 2021) sind.[131]

In West-Georgien wird schon in älteren Darstellungen die Dominanz des Maisanbaus hervorgehoben, der in der Ende des 17. Jahrhunderts zunächst von Lazen eingeführt worden war und der sich in der zweiten Hälfte des 18. Jahrhunderts ausbreitete.[132] Mais wird sowohl auf den kleinen Flächen des Gartenlandes als auch als Feldkultur angebaut. Schwerpunktregionen sind Imeretien, Mingrelien und Kachetien; allerdings ging die Anbaufläche in den letzten Jahren etwas zurück. Ein beträchtlicher Teil der Ernte dient als Viehfutter. Hier liegt die Selbstversorgung weitaus höher und variierte in den zurückliegenden Jahren zwischen 91 und 64 % (2014 bzw. 2017).[133] Daneben spielt Maismehl in der georgischen Küche eine wichtige Rolle. Daher arbeitet in den Hauptanbaugebieten in fast jedem Dorf eine Maismühle, die auch Mahlgut von Individualbauern annimmt. Der Export (vor allem nach Aserbaidschan) ist eher unbedeutend.

Ebenfalls in großer Vielfalt: Kartoffel- und Gemüseanbau und die Nutzung von Kräutern, Heil- und Gewürzpflanzen

Auch ganz unterschiedliche Gemüsearten sind für Georgien typisch und finden sich in der georgischen Kulinarik wieder. Tomaten, Gurken, Auberginen, Fenchel, Kohl und andere Gemüsearten werden ergänzt durch Kräuter wie Koriander, Petersilie, Schnittlauch, Thymian, Basilikum, Minze. Unter den Baumkulturen liefert der Lorbeerbaum (*Laurus nobilis*) mit seinen Blättern ein Küchengewürz, mit den Früchten ein medizinisch nutzbares Öl. Als Zentrum des georgischen Gemüseanbaus gelten die Bewässerungsgebiete in der Region Kvemo Kartli (u. a. Tomaten, Melonen, Zwiebeln) und die Beckenlandschaften der Region Shida Kartli um Gori und Kaspi (u. a.

6.35 Traditionelle Verwendung von Weizenmehl für Fladenbrot in einer Bäckerei in Tbilisi (August 2019)

6.36 Kleinflächiges Nutzungsmuster mit Getreide- und Gemüseanbau zwischen Kaspi und Gori in Shida Kartli (September 2011)

verschiedene Kohlarten, Gurken), doch ist der Gemüseanbau – auch zur Subsistenz der bäuerlichen Bevölkerung – in allen Landesteilen verbreitet. Auf den 3700 ha Gemüsefläche von Shida Kartli wurden 2021: 57300 t Gemüse geerntet, auf den 2000 ha von Kvemo Kartli 39300 t.[134]

Der Kartoffelanbau hat sich seit Georgiens Angliederung an das Russische Reich als Innovation russischer und deutscher Kolonisten ausgebreitet. Er findet sich vor allem in mittleren Gebirgslagen, wo anspruchsvollere Gemüse aus klimatischen Gründen nicht gedeihen. Wichtigste Anbaugebiete liegen in der Region Samtskhe-Javakheti, das mit (2021:) 154200 t mehr als die Hälfte der georgischen Kartoffelernte (234700 t) liefert, und im Südwesten von Kvemo Kartli.[135] Ein Schwerpunktraum sind die benachbarten Munizipalitäten Bolnisi, Marneuli und Tsalk'a. Dort wurde seit den 1970er Jahren eine Spezialisierung auf den Anbau von Frühkartoffeln vorangetrieben, mit denen auch die großstädtischen Zentren wie Moskau und Leningrad versorgt werden sollten. Geblieben ist die weite Verbreitung des Kartoffelanbaus bis in die Gegenwart, jetzt vor allem für den georgischen Markt. Die Bedingungen sind in Kvemo Kartli etwas günstiger als in Samtskhe-Javakheti, das eine größere Entfernung zu den großstädtischen Absatzmärkten aufweist, so dass die Kleinbauern wegen der höheren Transportkosten nur geringe Erträge erzielen. Die gesamte Anbaufläche beträgt 16400 ha, davon allein 9300 ha in Samtskhe-Javakheti. Der Kartoffelanbau reicht derzeit für die Selbstversorgung des Landes, wobei daran zu denken ist, dass Kartoffeln in der georgischen Kulinarik bisher keine große Bedeutung besitzen. Anders sieht es mit Gemüse an: Hier kann das Land den Eigenbedarf nur zu 61 % (2021) decken.[136]

Die floristische Vielfalt lässt in Georgien auch ein Potential für Heilpflanzen entstehen. Der in der Sowjetzeit betriebene Anbau[137] ist in der Transformationsphase weitgehend verschwunden, könnte aber wieder belebt werden. Für die Skhalta-Schlucht wird zwar beschrieben, dass das indigene Wissen über Heilpflanzen verblasst,[138] aber eine andere Untersuchung, die in den entlegenen Gebirgsregionen des Großen und Kleinen Kaukasus durchgeführt wurde, um das nutzbare Pflanzenpotential und das indigene Wissen zu erfassen, ergab, dass 480 Arten aus 95 Pflanzenfamilien genutzt werden, davon 282 ausschließlich in der Natur geerntete Arten, 103 in Hausgärten angepflanzte Arten und 84 Arten, die sowohl in der Natur geerntet als auch angebaut werden.[139] Das Potential ist allerdings in den Gebirgsräumen bedroht, weil mengenmäßig ertragreichere Arten wie Mais und Kartoffeln die traditionelle Vielfalt zu verdrängen beginnen, wenn überhaupt noch Gartenkultur betrieben wird und die Bauerngärten nicht nach der Abwanderung der Bevölkerung verfallen und verarmen. Das Sammeln von Offizinalpflanzen kann eine zusätzliche Einkommensquelle für die Bevölkerung der Gebirgsregionen sein, solange diese Nutzung behutsam die Regeln der Nachhaltigkeit beachtet (freiwillige Mengenbeschränkung, Sicherung der Selbstaussaat, Schutz von Pflanzenwurzeln und Rhizomen).

Tierhaltung und Weidewirtschaft

Andere Nutzungssysteme hatte die Tierwirtschaft entwickelt: Während im Bereich des Westkaukasus Milchviehhaltung verbreitet ist, kommt nach Osten mehr und mehr die Schafhaltung zur Geltung. Sie wurde traditionell von den Bergvölkern betrieben, die einen unmittelbaren Zugang zu den Hochweiden im Zentralen Kaukasus besaßen, sich aber um Nutzungsrechte in den Winterweidegebieten der Niederungen der transkaukasischen Beckenflucht bemühen mussten. Teile der Alazanisenke, das Iorihügelland und die Shirakisteppe wurden zu den wichtigsten Weidegebieten in Ostgeorgien. Einzelne ethnische Untergruppen entwickelten individuelle Nutzungssysteme über mehrere Höhenstufen hinweg.[140] Wichtige Winterweidegebiete lagen ferner in den Steppen Nordkaukasiens, wo Gruppen aus dem Zentralen Kaukasus in der Sowjetzeit Flächen

6.37 Schafherde bei der Transhumanz auf der Georgischen Heerstraße (August 1989)

in Dagestan gepachtet hatten. Die Georgische Heerstraße wurde dabei vor allem in der Passregion auch für die Tierwanderung genutzt. Diese Möglichkeit ist nach der Unabhängigkeit Georgiens und seit dem Konflikt mit Russland entfallen, so dass die Wirtschaftsbedingungen für Herdenhalter sich deutlich verschlechtert haben. Heute liegt der räumliche Schwerpunkt der Schafhaltung in der Region K'akheti, gefolgt von Kvemo Kartli.

Im Gegensatz zu den Flächen für den Pflanzenbau wurden die den sowjetischen Großbetrieben zugeordneten Weidelandflächen in der Transformationszeit nicht privatisiert, sondern in Staats- oder Gemeindebesitz überführt; kleinere Weideareale unterlagen ab 2011 der Privatisierung, die großflächigen Weideflächen blieben formal im Staatseigentum.[141] Während die Schafhaltung fast ausschließlich, die Rinderhaltung überwiegend in Familienbetrieben erfolgt, dominieren bei der Geflügelhaltung (und damit bei der Eierproduktion) größere Landwirtschaftsunternehmen. In den Weidegebieten Südgeorgiens, wo auch transhumante Formen der Tierhaltung vorkommen, nutzt die ländliche Bevölkerung, die selbst meist über weniger als 1,5 ha Land verfügt, die Gemeindeweiden für die eigene Tierhaltung. Allerdings fehlt ein Management für Weidegebiete und Wanderrouten, so dass kleinräumig Überweidung und Bodenerosion auftreten. Sie schränken die Produktivität der Tierhaltung ein, obwohl die Herstellung von Käse (*sulguni*) zu den traditionellen Schwerpunkten vieler ländlicher Haushalte gehört. Georgien muss wegen dieses Defizits Milch importieren, um seinen Bedarf zu decken. Neue Nutzungskonflikte entstehen, wenn Weideflächen in Schutzgebiete wie Nationalparks einbezogen werden sollen, weil dann der Zugang erschwert wird und die Gemeinden keine Ersatzflächen für Weideland anbieten können.[142]

Neue Marktchancen zeichnen sich für die Schafhaltung ab: In den Jahren 2015 und 2016 wurden 0,4 Mio. Schafe im Wert von 30 Mio. USD in die arabischen Länder exportiert. Gleichzeitig erlaubt die EU den Import georgischer Schafwolle.[143] Damit wird ein Wirtschaftszweig, der auf Sommer- und Winterweiden außerordentlich periphere Standorte nutzt, in globalisierende Wirtschaftsprozesse einbezogen.

Ebenfalls durchaus marktorientiert ist die Bienenhaltung, die im letzten Jahrzehnt einen Aufschwung erlebte, weil mit relativ geringem Finanzaufwand gute Gewinne gemacht werden können. In den Jahren 2020 und 2021 ging die Zahl der Bienenvölker allerdings um rund 15 % zurück – möglicherweise verursacht durch die die Einschränkungen für die Mobilität während der Covid-Pandemie. Die – auch ausländische – Nachfrage nach hochwertigem Biohonig führte zur Wiederbelebung einer speziellen Herstellungsart von Wildbienenhonig, der nach den als Behausung der Wildbienen verwendeten Baumabschnitten als Jara-Honig bezeichnet wird.[144]

6.38 Landwirtschaftliche Servicestation in Kvemo Kartli (Mai 2019)

6.39 Agrarmarkt von Ruisi in Shida Kartli (September 2022)

Agrarstruktur im erneuten Wandel: Die Folgen der Transformation

Seit einigen Jahren verbessert sich die Situation der Landwirtschaft, wie schon der Agrarzensus von 2014 zeigte. 2016 konnte eine Steigerung der Agrarexporte aus Georgien um 13,1 % gegenüber 2015 erreicht werden, während die Agrarimporte um 4 % zurückgingen.

Nach den Erfahrungen mit den sowjetischen Kollektivwirtschaften wurden *Genossenschaften* lange Zeit sehr kritisch gesehen. Erst allmählich setzte sich, unterstützt durch die Erfahrung aus westlichen Ländern, die Erkenntnis durch, dass Genossenschaften nach dem Raiffeisen-Modell auch in Georgien Vorteile bringen. Das Europäische Nachbarschaftsprogramms für die Landwirtschaft und die ländliche Entwicklung (ENPARD) war maßgeblich daran beteiligt, dass allein bis 2016 rd. 400 Agrargenossenschaften entstanden, die der georgischen Landwirtschaft einen wesentlichen Entwicklungsimpuls verschaffen. Unterstützung der Spezialisierung, Verbesserungen bei der maschinellen Ausstattung, Bau von Gewächshäusern, Bereitstellung von fahrbaren Untersätzen für Bienenstöcke und Ausbildungsprogramme sind die wichtigsten Einsatzgebiete der Finanzmittel, wobei von den Kooperativen auch immer eine Selbstbeteiligung erwartet wird. Erste Evaluationen zeigten allerdings, dass viele Kooperative rein familiengebunden sind und sich kaum durch weitere Mitglieder erweitern und dass die Suche nach Finanzmitteln ein Hauptmotiv für die Gründung ist. Die Negativerinnerung an sowjetische Kolchoze verhindert immer noch die weitere Verbreitung des Genossenschaftsgedankens.[145]

Inzwischen gibt es Servicestationen für landwirtschaftliches Gerät, die wegen der Modernität der Maschinen nicht sofort die sowjetischen Maschinen-Traktoren-Stationen in Erinnerung rufen. Hinzu kommt das Engagement ausländischer Investoren, die nicht nur die Abnahme von Agrarprodukten garantieren, sondern auch Verpackung, Transport und Verarbeitung. Dadurch entsteht wieder eine bescheidene Lebensmittelindustrie im ländlichen Raum, die Arbeitsplätze schafft, wo die Arbeitslosigkeit besonders hoch ist.

Wie in anderen Ländern breitet sich auch in Georgien *ökologischer Landbau* aus. 2011 waren gerade einmal 2 000 ha Landwirtschaftsfläche nach den Kriterien des ökologischen Landbaus genutzt; die Zahl der diese Fläche ökologisch bewirtschaftenden Farmer betrug 150. Institutionelle Dachorganisationen sind die Biobauern-Vereinigung *Elkana* und die Zertifizierungsgesellschaft *Caucascert*. Die Vereinigung *Elkana* wurde 1994 mit dem Ziel gegründet, durch Verbreitung des ökologischen Landbaus die Situation von Kleinbauern zu verbessern; bis 2012 traten ihr über 900 Mitglieder bei.[146] Zusätzliche Betriebseinnahmen werden durch touristische Übernachtungsangebote generiert, und über die gängigen Buchungsportale werden zunehmend auch touristische Unterkünfte („*Guesthouses*") in kleineren Siedlungen beworben. Damit wird über die Landwirtschaft hinaus auch der ländliche Tourismus in Form eines Ökotourismus gefördert. Als regionale Vereinigung von etwa 200 Bauern bemüht sich die *Farezi Farmer Union* in Samtskhe-Javakheti mit Beratung, Trainingskursen und Seminaren um die weitere Ausbreitung des ökologischen Landbaus.[147] Im Dorf Ts'nisi (im Tal des Mt'k'vari etwas unterhalb Akhaltsikhe gelegen) wird von *Farezi* auf 4,3 ha Saatgutvermehrung für alte Nutzpflanzensorten betrieben.[148]

Auch der Weinbau profitiert von veränderten Bedingungen. Die Vielfalt georgischer Rebsorten ist international anerkannt und wird wieder gefördert. Wo an die Stelle früherer Großbetriebe Aktiengesellschaften mit ausländischer Beteiligung entstanden, wird die Modernisierung der Kellertechnik vorangetrieben und der Akzent auf Qualitätsweine gesetzt. Kachetien beginnt, seinen früheren Ruf als führende Weinbauregion zurückzugewinnen, auch und gerade mit der traditionellen *qvevri*-Methode des Weinausbaus.

Ein strukturelles Problem bleibt der Zustand der *Infrastruktur*, insbesondere der Bewässerungsanlagen. Kleinere Projekte bemühen sich auf regionaler Ebene, einzelne Perimeter wieder in Kultur zu nehmen. So sollten bis 2018 insgesamt 900 ha Bewässerungsland bei Gardabani wieder nutzbar werden.[149] Neues Bewässerungsland wird derzeit in der Munizipalität Sagarejo zwischen Sagarejo und Udabno für Obstkulturen erschlossen.

Zu den Versuchen, über die Heranziehung von Fachkräften der Landwirtschaft Georgiens zu helfen, gehört sogar die Anwerbung südafrikanischer Landwirte. Waren große Flächen von Staatsland 1991 zunächst an georgische Farmer für zwanzig Jahre verpachtet worden, so stellte sich diesen 2011 die Frage, dieses Land zu einem reduzierten Preis zu kaufen oder es an den Staat zurückzugeben, der es dann auch an ausländische Investoren veräußern kann. So haben fünf Buren Anfang 2011 zwischen 500 und 750 ha in Sartichala (Kachetien) erworben, das sie jetzt bearbeiten, teilweise in Zusammenarbeit mit georgischen Agrarwirten. Zwar erlauben die georgischen Gesetze keinen direkten Kauf von Grund und Boden durch Ausländer, doch können diese ein Unternehmen in Georgien eröffnen, das dann als Käufer registriert wird.[150] Leider sind keine Informationen verfügbar, ob sich das Modell agrarischen Engagements südafrikanischer Buren bewährt hat.

Und noch ein anderes Beispiel für die Einbindung aus-

6.40 Neu angelegte Obstkulturen mit moderner Bewässerung zwischen Sagarejo und Udabno (Mai 2019)

ländischer Akteure: Mit Hilfe der *Economic Prosperity Initiative* von USAID wurden 2012 in Ulyanovka (Munizipalität Sighnaghi) und Bolnisi die beiden ägyptischen Agribusinessbetriebe *HABIBCO Agriculture Ltd. and Agrowest Ltd.* eingerichtet, die auf 1 650 bzw. 692 ha Getreide und Hülsenfrüchte anbauen; ein Teil der Fläche in Ulyanovka könnte in Zukunft wieder dem Weinbau dienen.[151]

In Bedauri (Munizipalität Sagarejo / Kachetien) öffnete 2013 ein *Agricomplex*, der eine Molkerei und einen Käseverkauf sowie ein Kühllager für Obst und Gemüse aus regionaler Produktion umfasst. Außerdem vertreibt dieses Zentrum Pestizide und Landmaschinen. Das Projekt wurde von der Schweizer EDA (engl.: SDC – *Swiss Agency for Development and Cooperation*) als Teil des Projekts *Market Opportunities for Livelihood Improvement* (MOLI) realisiert, das in fünf Munizipalitäten Kachetiens angesiedelt ist.[152] Als georgisch-schweizerisches Wirtschaftsunternehmen verbindet *Blauenstein* regionale Rinderhaltung und Schlachterei als Musterbetrieb bei Oni mit dem Verkauf hochwertiger Fleischwaren in Tbilisi.[153]

Kein eigentliches Industrieland: Industrie und gewerbliche Produktion

Georgien ist kein Industrieland, der Industriebesatz entsprechend gering, selbst wenn Wirtschaftskarten eine große Dichte von Industriebetrieben suggerieren. 2014 betrug der Anteil der Industrieproduktion am BIP gerade 17,1 %, davon entfielen 4,1 %, d. h. 0,7 % des gesamten BIP, auf den Bergbau; für 2019 nennt die amtliche Statistik für die Industrieproduktion einen Anteil von 10,1 %, für den Bergbau von 1,4 %; Groß- und Einzelhandel (14,1 %) sowie die Immobilienwirtschaft (11,5 %) trugen mehr als das produzierende Gewerbe zur gesamtwirtschaftlichen Leistung (43,14 Mrd. GEL ohne Berücksichtigung des staatlichen Steueraufkommens) bei.[154]

Am weitesten verbreitet war in sowjetischer Zeit die Nahrungsgüterindustrie mit Betrieben der Obst- und Gemüseverarbeitung, mit Teefabriken und Weinkellereien. Sie verarbeiteten lokal in Kolchozen und Sovchozen erzeugte Agrargüter und waren Teil des „Agrarkomplexes". Größere Unternehmen knüpften an den Bergbau an wie etwa der Betrieb für Ferrolegierungen in Zest'aponi, in dem Ende der 1950er Jahre in drei Werken 25 unterschiedliche Legierungen hergestellt wurden; ein Ausbau erfolgte noch in den 1980er Jahren im Werk 5, als aus Japan importierte Hochöfen in Betrieb gingen.[155] Hinzu kamen einige wenige Großbetriebe des Maschinen- und Fahrzeugbaus.

Ein großer Teil der Unternehmen des Produzierenden Gewerbes musste jedoch beim Zusammenbruch der Sowjetunion stillgelegt werden, weil Zuliefer- und Abnahmeverflechtungen unterbrochen wurden; noch heute sind Industriebrachen weit verbreitet. Bei der Privatisierung in den 1990er Jahren gingen viele Industriebetriebe für relativ niedrige Summen an private „Unternehmer", oft aus dem Bereich von Regierung und Verwaltung, die vielfach jedoch keine Produktion aufnahmen, sondern die Anlagen ausschlachteten, den Metallschrott ins Ausland verkauften und damit noch Gewinn machten. Da der Wirtschaftsliberalismus billige Importe ermöglichte, entstand auch kein Druck, im Land zu produzieren. Erst in jüngerer Vergangenheit entstanden neue Betriebe, häufig im Rahmen von Joint Ventures mit ausländischen Unternehmen, da den georgischen Partnern in der Regel die Finanzmittel fehlten, die ausländischen Partner eine Abnahme der Produktion garantieren konnten und zusätzlich von den vergleichsweise niedrigen Löhnen profitierten.

Sowjetisches Standorterbe und Transformationsfolgen: Rustavi

Südöstlich von Tbilisi entwickelte sich Rustavi in sowjetischer Zeit zu einer Industriestadt, die ab 1944 mit einem metallurgischen Kombinat zum bedeutendsten Standort der Eisen- und Stahlindustrie in Südkaukasien ausgebaut wurde. Die Überlegungen entsprachen durchaus klassischen Standortüberlegungen: Am Transportkostenminimalpunkt sollten Eisenerz aus Daškesan (Aserbaidschan, aserb.: Daşkəsən), Kohle aus T'q'ibuli und Manganerze aus Ch'iatura (beide Westgeorgien) zusammengeführt werden. Fließkalk als Zuschlag bei der Verhüttung konnte bei Sadakhlo (Debeda-Tal, nahe der armenischen Grenze) gewonnen werden. Teile der Anlage stammten aus dem Westen der Sowjetunion, von wo im Zweiten Weltkrieg zahlreiche Produktionsanlagen zum Schutz vor dem deutschen Angriff in größere Entfernung von der Westgrenze verlegt wurden. Aber wurde das planerische Ziel der regionalen Metallurgiebasis verwirklicht? Der Eisenerzabbau von Daškesan (jährlich rd. 1 Mill. t; etwa 0,4 % der sowjetischen Vorräte und der sowjetischen Fördermenge) war rückläufig.

Der Ausbau des Standorts Rustavi nach dem Zweiten Weltkrieg erweiterte zunächst die Produktion: 1950 wurde ein Stahlwerk in Betrieb genommen, 1954 folgten eine Kokerei und eine Gießerei. Hauptprodukte wurden in der weiteren Sowjetzeit Röhren für die kaukasische Erdölwirtschaft und Stickstoffdünger aus den Ammoniakabgasen der Kokerei (damals mit 1 Mio. t/Jahr etwa 40 % der Stickstoffdüngerproduktion in Südkaukasien). Als Anschlussindustrien siedelte die Wirtschaftsplanung Werke für Maschinenbau und Metallverarbeitung in Rustavi an. Da es nicht gelang, den Abbau der Rohstoffe auf dem geplanten Stand zu halten, mussten Zulieferungen von außen erfolgen, die die regionale Verhüttung wesentlich verteuerten. Die Anfang der 1980er Jahre ein mittleres Niveau einnehmenden Abbaukosten für Eisenerz und Kohle schlugen zunächst nicht auf die Eisen- und Stahlproduktion durch. Tatsächlich kam aber in der späten Sowjetzeit eine Modellrechnung optimaler Standortauslastung aufgrund minimierter Transporte von Rohstoffen und Halbfertigprodukten zu dem Ergebnis, dass nicht 1,4 Mill. (wie für 1970 geschätzt), sondern nur 1,037 Mill. t Stahl standortgerecht für Rustavi sind.[156] Die Manganerze von Ch'iatura waren dabei das geringste Problem. Obwohl die dort erschließbaren Reserven nur noch 8,9 % der gesamten sowjetischen Reserven ausmachten und bei den Abbaumengen schon in den 1960er Jahren von den reicheren Vorkommen des ukrainischen Nikopol' überholt wurden, konnte der Abbau zu Beginn der 1980er Jahre wieder auf 2,7 bis 2,8 Mill. t/Jahr gesteigert werden (d. h. 28 % des sowjetischen Abbaus), nachdem er in der zweiten Hälfte der 1960er Jahre deutlich zurückgegangen war (1970: 1,6 Mill. t). Die in den 1980er Jahren abgebaute Menge kam über Transkaukasien hinaus auch anderen Hüttenwerken und vor allem dem Export zugute. Aber zusätzliches Erz musste über weite Transportwege aus Russland zugeführt werden, und ebenso wurde die weniger gut zur Verkokung geeignete georgische Kohle (jährlich rd. 0,8 Mill. t) bald um Lieferungen aus dem Donbass ergänzt.

In der Transformationskrise musste Georgien den Standort Rustavi für die Schwermetallurgie weitgehend aufgeben, da die Zulieferungen aus anderen Teilregionen der GUS ausblieben oder sich nach der Konsolidierung der Wirtschaft verteuerten. Zudem fehlten Modernisierungen, so dass das Werk selbst bei sicheren Zulieferungen nicht kostengünstig arbeiten konnte. 2007 wurde das Kombinat von dem britischen Unternehmen *Thames Steel Ltd* gekauft, das jedoch keine unternehmerische Kontrolle durchsetzen konnte und das Werk in einem Rechtsstreit verlor. Es fiel an ein Joint Venture, das die *Georgian Steel Holding* mit der indischen *Steel Ltd* (als Eigentümerin der in Rustavi aktiven *Steel Netherlands BV*) gegründet hatte. Es dauerte bis 2009, ehe eine Umstrukturierung der Anlagen in Angriff genommen wurde und das Werk nunmehr Armierungseisen produzierte.[157] Die *GeoSteel Ltd* war eines der größten ausländischen Investitionsobjekte in Georgien; es war u.a. an Zulieferungen zum Bau des neuen Parlamentsgebäudes in Kutaisi und des Hilton Hotels in Batumi beteiligt. Das Unternehmen ist aber auch in hohem Maße exportorientiert, wobei Handelsbeziehungen mit Russland auch nach dem russisch-georgischen Krieg 2008 aufrechterhalten wurden. Ein wichtiges Produkt des Metallurgiewerks sind nahtlose Röhren, die u.a. seit 2015 nach Russland und seit 2017 auch nach Westeuropa exportiert werden.[158] Problematisch sind bis heute die hohen Bodenbelastungen mit Blei, Kupfer, Zink, Quecksilber und Molybdän. Da sie auf dem Betriebsgelände festgestellt wurden, entzieht sich ihre Beseitigung jedoch der kommunalen Einflussnahme.

6.41 Industrieanlagen in Rustavi (Oktober 2018)

Industriewirtschaftliche Peripherie: Südossetien

Die – sehr geringe – Industrialisierung Südossetiens lässt die Probleme der Peripherie besonders deutlich erkennen. Das Gebiet kannte keine nennenswerten älteren Industrialisierungsansätze. In den 1920er Jahren sah die junge Sowjetmacht die Hauptaufgabe darin, Holzverarbeitung und Baustoffindustrie aufzubauen. Erst in den 1930er Jahren fanden sich Ansätze für einen Maschinenbau, während die Entwicklung der Buntmetallurgie in Kvaisi erst nach dem Zweiten Weltkrieg erfolgte. Die spätsowjetische Industrialisierung Südossetiens beschränkte sich jahrelang auf den Ausbau der Agroindustrie und auf die Erneuerung älterer Werke. Seit den 1960er Jahren konnten sich mit Elektrotechnik und Farbenherstellung auch modernere Zweige ansiedeln, doch blieb eine deutliche Konzentration auf die relativ niedrig gelegene und besser an das georgische Verkehrsnetz angebundene Hauptstadt Tskhinvali bestehen.[159] Die Buntmetallurgie von Kvaisi (Verhüttung von Blei- und Zinkerzen aus nahe gelegenen Vorkommen) bremste im 20. Jahrhundert die regionale Abwanderung deutlich ab, aber eine Verstädterung blieb aus. Am Ende der Sowjetzeit war Kvaisi als "Siedlung städtischen Typs" klassifiziert, d.h. zwar einwohnerarm (1976: 2400 Einw.), aber auch nicht mehr ländlich geprägt.

Über die heutige Industrie Südossetiens ist wenig bekannt. 2007 arbeiteten nur noch sieben der insgesamt 22 registrierten Fabriken, da keine Reparaturen mehr ausgeführt werden konnten.[160] Kvaisi wurde zwar bei der von Georgien vorgenommenen Aufhebung der Autonomie Südossetiens und der administrativen Neugliederung von georgischer Seite dem Landkreis (heute Munizipalität) Oni zugeschlagen, doch beharrten das sich unabhängig erklärende Südossetien und seine Schutzmacht Russland auf den älteren Grenzen, die Kvaisi (russ. Kvaisa) Südossetien zuordnen. Allerdings erlitt die Siedlung 2009 bei dem Rach'a-Erdbeben erhebliche Schäden, die auch die Abbau- und Produktionsstätten betrafen. So findet in Südossetien derzeit wohl keine nennenswerte für andere Regionen bestimmte Industrieproduktion statt.

Einzelne Zweige der Verarbeitungsindustrie

Im Maschinen- und Fahrzeugbau gehörten zur sowjetischen Zeit die Automobilfabrik in Kutaisi, die seit 1946 Lastkraftwagen herstellte, und das Elektrolokomotivwerk in Tbilisi neben dem schon genannten Metallurgiekombinat von Rustavi zu den größten Industrieunternehmen des Landes. Beide waren ganz wesentlich auf Zulieferungen aus der gesamten Sowjetunion angewiesen und lieferten ihre Erzeugnisse auch dorthin und darüber hinaus in andere Staaten des RgW. Da diese Zulieferungen nach der Auflösung des Staatsverbandes unterblieben, ging auch die Produktion drastisch zurück. Auch die Abwanderung russischer Facharbeiter und Ingenieure trug zum Niedergang der Industrie bei. Vor allem für Kutaisi bedeutete dies einen empfindlichen Einschnitt, der bis heute nicht überwunden ist und sich unter anderem in massiver Abwanderung und empfindlichem Bevölkerungsrückgang äußert.

An den Bergbau in Ch'iatura knüpfte die *MnChemical* an, die in den frühen 1980er Jahren vom spanischen Unternehmen *Cegasa* aufgebaut worden war, um die sowjetische Wirtschaft mit elektrolytisch gewonnenem Mangandioxid für die Produktion von Batterien zu beliefern. Die Schließung der früheren Batteriefabriken nach der Auflösung der Sowjetunion führte auch zur zeitweiligen Schließung dieses Betriebes, doch konnte das Unternehmen noch in den 1990er Jahren neu ausgerichtet werden und die Herstellung von Manganoxid und Mangandioxid wieder aufnehmen. 2007 ging das Unternehmen in die Hand der *GeMn Company Ltd* über, deren Handelsbeziehungen Europa (u. a. Deutschland, Frankreich, Niederlande), Nord- und Südamerika sowie Australien einschließen.[161]

Die Baustoffindustrie fand mit der Zementfabrik von Kaspi, die 1928 in Bau ging und Anfang der 1930er Jahre jährlich 130 000 t Zement produzierte,[162] einen prominenten Vertreter, der auch heute fortlebt, nachdem *HeidelbergZement* 2006 zum Mehrheitseigner von *Kartule Cementi* und *SaqCementi* (Werke in Kaspi und Rustavi) geworden war. *HeidelbergCement Georgia* betreibt die beiden Zementwerke und ein Mahlwerk in Kaspi und Rustavi, zwei Terminals in Supsa und Poti sowie vierzehn Transportbetonwerke. Das Unternehmen wurde damit zum Marktführer in Georgien und liefert Zement und Beton an alle größeren Bauprojekte im Land.

6.42 Nussverarbeitung bei Zestaponi (August 2019)

6.43 Bazargelände und Markthalle in Gori (September 2011)

Problematisch ist die Situation der Nahrungsgüterindustrie. Georgien muss einen großen Teil der im Land konsumierten Lebensmittel noch immer importieren. Die Möglichkeiten für die Landwirtschaft sind bei weitem nicht ausgeschöpft, vor allem aber fehlt es an einer leistungsfähigen Produktions- und Distributionskette zwischen dem Agrarbetrieb und dem Konsumenten. Erst mit der Modernisierung einzelner größerer Landwirtschaftsbetriebe entstehen neue Lieferbeziehungen, die auch die Nahrungsgüterindustrie wieder an Bedeutung gewinnen lässt.

Dienstleistungen im Einzelhandel

Der Dienstleistungssektor galt in der sowjetischen Ideologie als unproduktiv und war daher wenig entwickelt worden; der Staat nahm für sich in Anspruch, mit relativ wenigen Einrichtungen die Bevölkerung ausreichend zu versorgen. Da dies eine Form der Mangelbewirtschaftung wurde, konnte die Entstehung eines informellen Sektors nicht ausbleiben. Nicht der gesamte Dienstleistungsbereich wird im Folgenden betrachtet; vor allem über unternehmensbezogene Dienstleistungen liegen bisher kaum Informationen vor, obwohl dies ein Bereich ist, der sich seit der Transformation in einem breiten Spektrum entwickelt. Im Folgenden sei exemplarisch der Einzelhandel herausgegriffen, ehe ausführlicher auf den Fremdenverkehr eingegangen wird.

Im Bereich des Einzelhandels wurde zur Sowjetzeit die Informalität insofern legalisiert, als die ländliche Bevölkerung auf Kolchozmärkten ihre Überschussproduktion zu freien Preisen verkaufen durfte.[163] Georgien mit seiner vielfältigen Obst- und Gemüseproduktion entwickelte daraus sogar eine spezifische Form des Fernhandels: Die staatlich subventionierten, niedrigen Flugpreise machten es möglich, mit einem Koffer Obst und Gemüse nach Moskau oder Leningrad zu fliegen, die Produkte dort auf dem Markt zu verkaufen und noch mit Gewinn (oder mit nur in der Hauptstadt erhältlichen Konsumgütern) zurückzukehren. Im Land selbst waren diese Märkte, für die der Begriff *bazar* ins Russische übernommen wurde, eine wichtige Austauschstelle zwischen ländlicher und städtischer Gesellschaft.

6.44 Gebäude des ehemaligen Kolchozmarkts in Tbilisi (September 2022)

6.45 Modernes Bazargelände beim Bahnhof Tbilisi (September 2012)

Tbilisi hatte zwei große Marktbereiche, einen in Fortführung des früheren Bazarbereichs der Altstadt zwischen Baratashvili- und V. Vek'ua-Straße, einen zweiten im Umfeld des Hauptbahnhofs. Nach 1990 veränderte die Einführung der Marktwirtschaft beide Standorte. Die große Markthalle des innerstädtischen Marktes wurde mehrfach umgestaltet und beherbergt inzwischen einen großen Supermarkt und eine Reihe von Einzelhandelseinrichtungen mit Prestigegütern, der Markt zwischen Bahnhof und Stadion entwickelte sich zu einem Konglomerat von Verkaufshallen mit kleinen, vermieteten Geschäften und ausgedehntem Straßenhandel. Seit Beginn der 2010er Jahre wird dieser Bereich großflächig umgestaltet und dabei der Einzelhandel formalisiert, der öffentliche Raum kommodifiziert. Dies schränkte hier und in anderen Bereichen der Innenstadt insbesondere den Straßenhandel ein, der in den 1990er Jahren zunächst wegen der aus der Sowjetzeit ererbten Defizite toleriert, seit Mitte der 2000er Jahre jedoch als illegal zurückgedrängt wurde, bis er nach 2012 als alltägliche Praxis wieder mehr oder weniger geduldet oder immer wieder neu mit Vertretern der Verwaltung oder Polizei ausgehandelt wird.[164] Der Mangel an Einzelhandelstraditionen und Fachgeschäften führte zu einer weiteren Übergangserscheinung: In zahlreichen Fußgängerunterführungen der Innenstadt von Tbilisi sind kleine Verkaufsläden mit wenigen Quadratmetern Fläche entstanden, in denen – oft mehrfach nebeneinander – Billigwaren, Second Hand-Kleidung, antiquarische Bücher, Süßigkeiten und Gebrauchsgüter angeboten werden. In starkem Kontrast dazu steht die Aufwertung einzelner Straßenabschnitte durch Ladengeschäfte internationaler Unternehmen, die Markenwaren verkaufen; als Beispiel mag die Ch'avch'avadze-Avenue in Tbilisis Prestige-Stadtteil Vak'e dienen. Am Großstadtrand bedienen Einkaufszentren die Nachfrage der wieder wachsenden Mittelschicht.

In den anderen Städten wiederholt sich das für Tbilisi aufgezeigte Bild, wenn auch in wesentlich bescheidenerem Maß. Auch in Batumi und Kutaisi, in Zugdidi und Gori sind die Bazare ein zentraler, außerordentlich lebhafter Einzelhandelsbereich, räumlich etwas getrennt vom formalisierten Verkauf in Ladengeschäften. Der Bazar hat das Warenangebot auf Gebrauchsgüter und Textilwaren ausgeweitet, während Ladengeschäfte entweder die Räumlichkeiten nutzen, die im Rahmen der sowjetischen Stadtgestaltung entstanden, oder aber in einfachen Neubauten unter-

6.46 „Westlicher" Einzelhandel und Imbiss in Tbilisi-Vak'e (August 2019)

6.47 Traditionelles Lebensmittelgeschäft in Batumi (August 2019)

gebracht sind. Da der Einzelhandel die Möglichkeit bietet, mit relativ geringem Kapitalaufwand ein Überleben zu sichern, entstanden nach 1990 zahlreiche kleine Ladengeschäfte und Kioske in den älteren Wohngebieten.

Abseits der Städte ist der Einzelhandelsbesatz nach wie vor gering: Oft müssen Kioske an der Straße den entsprechenden Bedarf der Bewohner decken. Die Lebensmittel- und Gebrauchsgütergeschäfte, die in sowjetischer Zeit bis in den tiefen ländlichen Raum hinein eine Grundversorgung sichern sollten, sind weitgehend verschwunden und nur selten durch Neueinrichtungen ersetzt worden.

Tourismus als Erbe, Chance und Risiko – Potentiale, bisherige Nutzung und Zukunftsperspektiven

Das Virus SARS-CoV-2, das die Corona-Pandemie auslöste, änderte im Jahr 2020 alles. Georgien hatte in den Jahren zuvor ein außerordentliches Wachstum des Tourismus-Sektors erlebt: Die Zahl der Unterkünfte, von einfachen Privatquartieren bis zu Luxushotels, stieg rasant nicht nur in Tbilisi oder an der Schwarzmeerküste, sondern selbst in peripheren Landesteilen an, zahlreiche Reiseveranstalter unterschiedlichster Ausrichtung drängten auf den Markt, und die Zahl der Ankünfte auf den internationalen Flughäfen schnellte mit zweistelligen Zuwachsraten von Jahr zu Jahr nach oben. Der radikale Lockdown, den die Regierung verfügte und der zeitweise im ganzen Land die Mobilität fast zum Erliegen brachte, beendete diesen Höhenflug und ließ bis ins Jahr 2021 hinein die Ankünfte, Gästezahlen, Übernachtungen, Restaurantbesuche, Ausflugsfahrten massiv zurückgehen.[165] Ob, wie und wann sich die gesamte Tourismusbranche Georgiens davon erholt, lässt sich noch nicht ausmachen. Trotzdem sollen Entwicklung, Strukturen und Aussichten des Tourismus bis zum Ausbruch der Pandemie dargestellt werden, da mit dieser Branche besondere Hoffnungen im Land verbunden sind.

Von einer längeren Tradition zum Neubeginn

Die Vielfalt der touristischen Attraktivitäten Georgiens reicht von den Kiesstränden der Seebäder an der Schwarzmeerküste über Mineral- und Thermalwässer in Heilbädern der collinen Höhenstufe bis zu den Wintersport- und Trekkingmöglichkeiten alpiner Resorts und bezieht die zahlreichen Kulturdenkmäler ein, die nicht nur in den Städten, sondern auch versteckt im ländlichen Raum zu finden sind.[166] Nur die zu geringe Bettenkapazität in touristischen Unterkünften, insbesondere in Tbilisi, verhinderte in der Sowjetzeit eine höhere Nutzung dieser Potentiale. An der abchasischen Schwarzmeerküste waren Sukhum, Novyj Afon, Pitsunda (Bichvinta) und Gagra wichtige Destinationen, für den innersowjetischen ebenso wie für den internationalen Tourismus. Dieser Markt brach bei der Auflösung der Sowjetunion und dem Start Georgiens in die Unabhängigkeit fast vollständig fort: Kaukasien wurde insgesamt als Konfliktraum wahrgenommen, der Sezessionskrieg Abchasiens richtete in Sukhum große Schäden an, und mit der Flucht der Georgier verlor die Region einen Großteil der Bevölkerung. Auch im übrigen Georgien konnte kaum ein touristisches Angebot aufrechterhalten werden.

So musste eine touristische Infrastruktur erst allmählich wieder aufgebaut werden. Die 1990er Jahre waren zu sehr von inneren Konflikten geprägt, als dass die Destination Georgien attraktiv gewesen wäre. 1996 besuchten nur gerade 116 000 Touristen das Land.[167] Für 1999 wurde von einer Gesamtzahl von nur noch 12 000 Gästebetten ausgegangen, nachdem die spätsowjetische

Statistik für 1990 eine Kapazität von 187300 Gästebetten und Unterkunftsplätzen gemeldet hatte.[168] Die Modernisierung der erhaltenen und der Ausbau zusätzlicher touristischer Infrastruktur erfolgten sehr langsam, internationale Standards beim Service setzten sich zögerlich durch. Erst nach der Jahrhundertwende nahm die Zahl der Unterkünfte deutlich, in den letzten Jahren sprunghaft zu. Dabei entstanden aus Privatinitiative viele kleinere Mittelklassehotels und erst in Tbilisi, dann auch in anderen Städten eine größere Zahl einfacher Hostels, dann in allen Landesteilen „*Guesthouses*" und Privatunterkünfte, oft buchbar über internationale Internetplattformen. Inzwischen werden neue Hotels im hochpreisigen Segment auch außerhalb der georgischen Hauptstadt errichtet.

Die Tourismuspolitik versucht, an ältere Traditionen der Destination ‚Georgien' anzuknüpfen und zugleich neue Zielorte zu erschließen. Seit Beginn der Präsidentschaft Saak'ashvili gehört die Förderung des Tourismus zu den vorrangigen wirtschaftspolitischen Maßnahmen des Landes. Das Potential ist außerordentlich: 12000 historische Monumente (vor allem mittelalterliche Kirchen, Klöster und Burgen), über 2000 erschlossene Mineral- oder Thermalwasserquellen, 150 Museen, aber auch Nationalparks, Naturreservate und ausgedehnte Waldgebiete sowie die Berggipfel des Großen und Kleinen Kaukasus erlauben ganz unterschiedliche Ausrichtungen des Fremdenverkehrs zwischen Kulturtourismus und Abenteuertourismus, zwischen Ökotourismus und Tagungstourismus, zwischen Erholungsaufenthalten und speziellen Weinbautouren.[169] Umso erstaunlicher ist bei der Vielfalt der Möglichkeiten, dass das Potential bisher erst teilweise in Wert gesetzt worden ist, obwohl Georgien inzwischen auch international wie beispielsweise auf der Internationalen Tourismusbörse (ITB Berlin) aktiv ist und sich zunehmend bemüht, eine „Marke" zu entwickeln.

Mit dem Ausbau von regionalen Schwerpunkten, der Bereitstellung einer staatlichen und vor allem privaten Infrastruktur (gut ausgeschilderte Fernstraßen; Hotels, Restaurants) und umfassender Information (Internetpräsenz, Karten und Reiseführer) gelang es in den zurückliegenden anderthalb Jahrzehnten, den Tourismus in Georgien wiederzubeleben. Schon zwischen 2006 und 2010 konnte der Umsatz in Hotels von 57,7 auf 102 Mio. GEL nahezu verdoppelt werden, der Umsatz in Restaurants stieg von 97,4 auf 245,3 Mio. GEL in noch stärkerem Maße; die Periode bis 2015 brachte bei den Hotels einen weiteren Schub auf 313,8 Mio. GEL, bei Restaurants auf 612,4 Mio. GEL; bis 2019 verdoppelte sich der Umsatz bei Unterkünften auf 659,8 Mill. GEL, bei der Bereitstellung von Speisen und Getränken auf 956,7 Mio. GEL.[170] Im gesamten Zeitraum zeigten sich kontinuierlich positive Steigerungsraten, die nur 2008/2009 im Gefolge des Augustkriegs sehr niedrig ausfielen. Das gilt auch für die Zahl der Besucher, wobei zu bedenken ist, dass die offiziellen Statistiken gemäß den Festlegungen der UNWTO nur internationalen Tourismus erfassen, nicht den Binnentourismus, der mit etwa zwei Dritteln zu den Umsätzen beiträgt. Der Staat ist nur mit wenigen Hotels an den Umsatzsteigerungen beteiligt, während der touristische Privatsektor in beachtlichem Maß profitiert. Damit ist ein nicht unerheblicher Beschäftigungseffekt verbunden. Die Zahl der ausländischen Touristen stieg 2017 auf 7,55 Mio. und wies damit gegenüber dem Vorjahr eine Steigerung um 18,8 % auf.[171] Allerdings muss dabei bedacht werden, dass die hohen Anteile der Besucher aus Nachbarländern (2017: Armenien 1,72 Mio., Aserbaidschan 1,69 Mio., Russland 1,29 Mio., Türkei 1,25 Mio. – zusammen 78,8 % der ausländischen Besucher) auch Geschäftsreisen und private Besuche umfassen und dass der eigentlich bei der touristischen Vermarktung angestrebte Markt (Europa, Nordamerika, Australien) noch wenig erschlossen ist. 2019 dominierten unter den Herkunftsländern ausländischer Gäste Russland und Aserbaidschan vor Armenien und der Türkei mit Anteilen von 20,1 bis

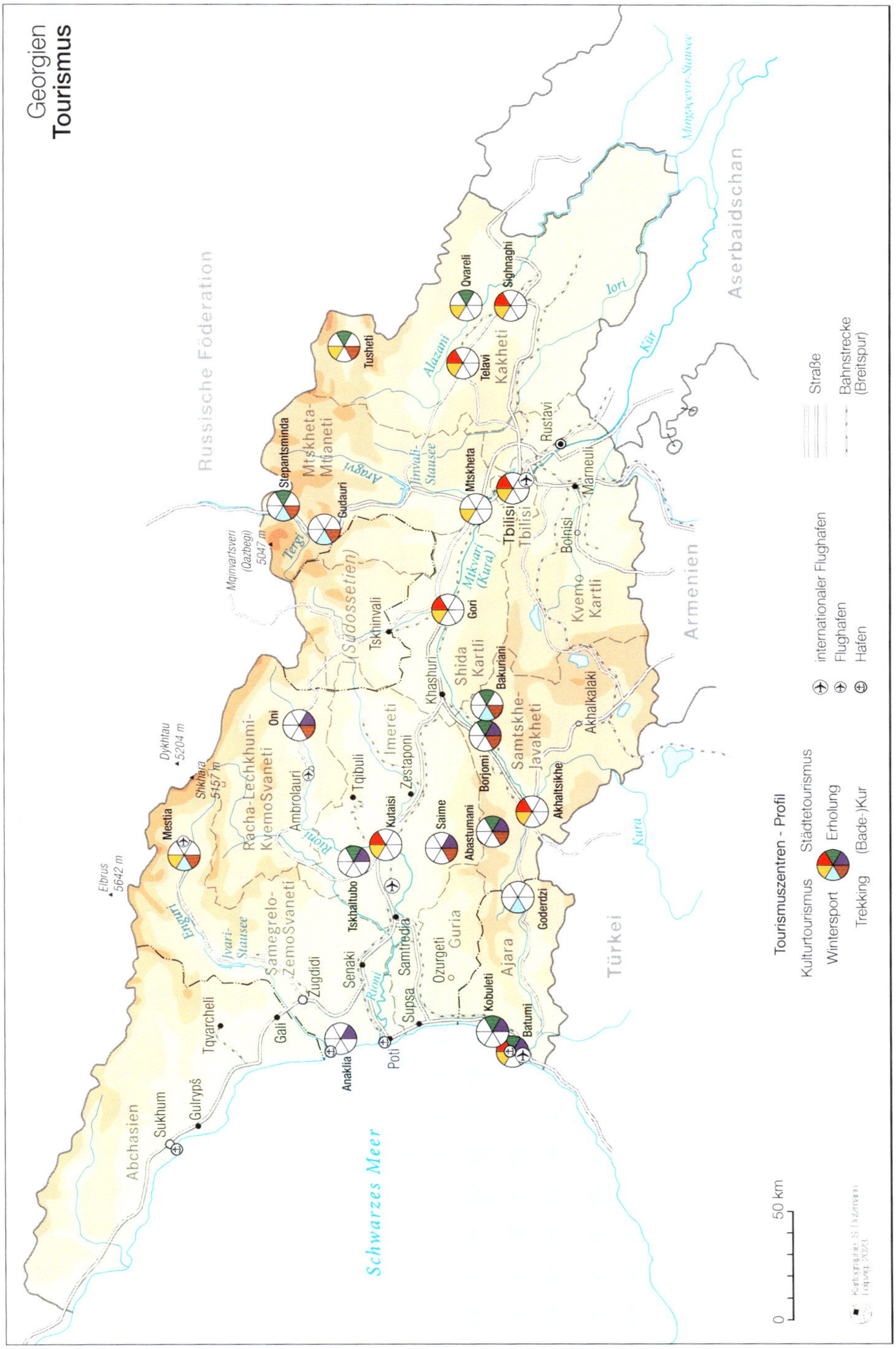

Karte 17: Tourismus

13,2 % an der Gesamtzahl der Besucher. Unter den europäischen Herkunftsländern sind die Ukraine, Polen und Deutschland führend. Ein neuer Besucherkreis entsteht derzeit im Vorderen Orient; von der Arabischen Halbinsel kamen 2015 bereits mehr Personen als aus Deutschland nach Georgien. 2016 brachte der internationale Tourismus 2,2 Mrd. USD Einnahmen und trug damit 7% zum BIP bei; im Vergleich zum Vorjahr war eine Steigerung um 11,9 % zu verzeichnen.[172] Georgien gehörte bis 2019 zu den touristischen Destinationen mit den weltweit höchsten jährlichen Zuwachsraten, ehe die Covid-19-Pandemie einen scharfen Einschnitt brachte.

Die Tradition des Fremdenverkehrs in Georgien reicht anderthalb Jahrhunderte zurück. Im 19. Jahrhundert entwickelten sich einige bereits seit langem bekannte Mineral- und Thermalquellen zu Ansatzpunkten erster Kurorte wie Borjomi, dessen Besuch allerdings zunächst dem Adel vorbehalten war.

Borjomi: Inbegriff und Wandel einer Tourismusdestination

Borjomi ist in Georgien mehr als der Name eines touristisch geprägten Ortes. Es ist auch mehr als der Name für ein Produkt der Mineralwasserindustrie. Und es verbindet sich mit dem Namen die Erinnerung an untergegangene Zeiten, sowohl im ausgehenden Zarenreich als auch in der Sowjetzeit. Inzwischen ist es auch die Erinnerung an eine sehr schwierige Transformationsphase und an die Unterbringung von Binnenflüchtlingen.

Die Glanzzeit des Kurorts im 19. Jahrhundert begann bereits 1864, als für den jüngsten Bruder des Zaren Alexander II., Michail Nikolaevič Romanov (1832–1909; von 1862 bis 1882 Generalgouverneur in Transkaukasien), ein Palast im maurischen Stil errichtet wurde. Ab der Mitte des 19. Jahrhunderts besuchten Mitglieder der Zarenfamilie, dann auch Angehörige der Aristokratie den Ort, nachdem die heilende Wirkung des Wassers entdeckt worden war. Der junge Diplomat Max von Thielmann, der Borjomi 1872 auf einer Bildungsreise in den Vorderen Orient kennenlernte, beschrieb den noch in den Anfängen verhafteten Kurort:[173]

> „Der Ort selbst besteht, wie gesagt, aus zwei Theilen, dem eigentlichen Flecken mit einigen unbedeutenden Läden und einstöckigen kleinen Häusern, und der Villencolonie. Da ein Gasthof nicht vorhanden ist, und das Kronshaus nur für wenige Durchreisende, nicht aber für Badegäste Platz bietet, ist jede Familie genöthigt, sich im Voraus eine Villa, deren Zahl etwa dreissig bis vierzig betragen mag, zu miethen Für gesellige Zusammenkünfte wird durch ein elegantes kleines Kurhaus mit Lesezimmer, Restauration und Conditorei, sowie durch eine Kurkapelle gesorgt; daneben befindet sich das musterhaft bequem und sauber eingerichtete Badeetablissement, und unmittelbar dahinter bietet die Schlucht der Tschornaja Retschka eine Kurpromenade, wie sie so reizend wohl in keinem deutschen Bade gefunden wird."

Und schon vorher bemerkte Florent Gille:[174] *„Borjom est le Baden-Baden de l'Orient"*.

Zu den Besuchern zählten außer Angehörigen der Zarenfamilie und des russischen Adels auch Musiker wie Tschaikowsky, Schriftsteller wie Gorki und Tschechow. War Borjomi anfangs nur als Kurort bekannt, so begann man 1896, das Wasser auch für Trinkkuren abzufüllen. Das Wasser hat einen relativ hohen Mineralgehalt, schmeckt säuerlich-mineralisch. Es ist reich an Magnesium, Kalzium, Kalium, Sulfat und Kochsalz. Damit ist eine Indikation bei Stoffwechselstörungen, Entzündungen von Leber und Gallenblase und anderen Erkrankungen gegeben. Die waldreiche Umgebung und die Luftreinheit abseits vom engen Mt'k'vari-Tal sollen sich bei den Gästen auch positiv auf nervöse Störungen auswirken. Seit

1880 wurde in einem Nebental des Mt'k'vari der Kurpark angelegt, der noch heute gerne aufgesucht wird, nicht zuletzt wegen der Quelle, deren mineralisiertes Wasser viele Besucher nach Hause mitnehmen. Die Jekaterinen-(Katharinen-)quelle trägt ihren Namen nach der Tochter von Evgenij A. Golovin, Oberbefehlshaber des Kaukasischen Korps 1837–1842; sie gab der Evgenij-(Eugen-)quelle, die sich durch hohen Eisengehalt auszeichnet, den Namen ihres Vaters. Ende des 19. Jahrhunderts war damit ein im Russischen Reich und darüber hinaus bekannter Kurort entstanden. Um selbst eine wirtschaftliche Basis zu haben, begann Großfürst Michails Sohn Nikolai (1859–1919) im Jahr 1907 mit der industriellen Abfüllung und dem Verkauf des Borjomi-Mineralwassers. Später war das Mineralwasser aus Borjomi in der gesamten Sowjetunion gefragt; es gelangte als Exportgut auch in die anderen sozialistischen Länder.

In der Sowjetzeit traten Angehörige der kommunistischen Nomenklatura als wichtige Besucher an die Stelle der zarischen Aristokratie. Borjomi blieb bekannter und beliebter Kurort, zugänglich sogar für Touristen aus dem Westen. Zu den wenigen Straßen, die von ausländischen Autofahrern in der Sowjetunion befahren werden konnten, gehörte auch der Abzweig von Khashuri nach Borjomi. Eine neue Ausbauphase erlebte der Ort in den 1960er Jahren, als in der Sowjetunion der gelenkte Massentourismus auflebte. Damals wurden große Sanatorien und Erholungsheime errichtet, deren Träger Unionsministerien und die staatlich organisierten Gewerkschaften waren.

Eine sehr schwierige Situation entstand nach 1990: Nach der Auflösung der Sowjetunion versiegten die gelenkten Besucherströme, in einigen Sanatorien kamen Binnenflüchtlinge unter. Der Zensus von 2002 registrierte 2 622 Flüchtlinge in Borjomi. Auch aufgelassene Wohnungen, in denen vorher das Personal der Erholungseinrichtungen gewohnt hatte, wurden entweder von außen her bewohnt oder verfielen. Mehrfach unterbrach ein von Seiten Russlands gegen Georgien gerichtetes Embargo den Export des Mineralwassers und hemmte damit den wichtigsten Industriebetrieb vor Ort; so verbot Russland 2006 die Einfuhr georgischen Mineralwassers aus Borjomi „aus hygienischen Gründen". Nach diesem Einbruch und den russischen Sanktionen 2008 gehört Russland heute wieder zu den wichtigsten Abnehmern. Seit 2011 ist die russische *Alpha Group* Mehrheitseigner des Unternehmens *Georgia Glass and Mineral Water*.

Borjomi versucht heute mit umfassenden Renovierungen und einigen Neubauten an die Blütezeiten in der Belle Epoque und in der Sowjetzeit anzuknüpfen, zeigt allerdings auch viel unstrukturierten Wildwuchs bei der Bebauung. Zu den spektakulären Maßnahmen gehörte die Sanierung des „Zarenbahnhofs", heute ein Blickfang am Mt'k'vari-Ufer. Im Borjomula-Tal entstanden zwischen Mt'k'vari und Kurpark neue Hotels, aber etliche Villen harren noch einer Renovierung. Auch in anderer Hinsicht wird an Traditionen angeknüpft: Der Likani-Palast, durch den Architekten Leopold Bielfeld, der auch 1904–1910 die Kashveti-Kirche in Tbilisi baute, als Sommerresidenz des Großfürsten Michail Romanov und seines Sohnes Nikolaj Michailovič im maurischen Stil errichtet, wurde in der Sowjetzeit von Stalin aufgesucht, wenn er in Borjomi weilte, und ist heute ein Gästehaus des georgischen Präsidenten. Vorschläge für die künftige städtebauliche Gestaltung von Borjomi setzen vor allem auf die Restaurierung der noch erhaltenen Villen und Hotelbauten aus der Belle Epoque am Übergang vom 19. zum 20. Jahrhundert, wobei Holzkonstruktionen und -verzierungen besondere Aufmerksamkeit wecken. Allerdings stehen diese Gebäude nicht unter staatlichem Denkmalschutz, sondern sind nur lokal registriert, so dass nach der Privatisierung Abriss oder Umgestaltung drohen. Erst allmählich erwacht ein Interesse an der historischen Bausubstanz, die zu den Potentialen der Tourismusdestination gehört. Auch Bauwerke wie die Eisenbrücke zwischen den Ortsteilen Ts'aghveri und Tsemi, deren

Konstruktion auf Gustave Eiffel zurückgeht, oder das kleine Chitakhev-Wasserkraftwerk am Mt'k'vari etwas oberhalb des Ortes, dessen Bau unter Mitwirkung deutscher Kriegsgefangener erfolgte, verdienen Aufmerksamkeit.

Besonderen Bedeutungsgewinn erhofft man sich in Borjomi zudem durch Besucher des Nationalparks Borjomi-Kharagauli, dessen Informationszentrum sich am südwestlichen Ortsausgang an der Straße nach Akhaltsikhe befindet und der sich für Wandertouren ganz unterschiedlicher Länge anbietet. Auch die Wiederbelebung des Wintersportortes Bakuriani, der von Borjomi aus ebenso wie der kleine Kurort Ts'aghveri über eine Schmalspureisenbahn erreichbar ist, trägt zum erneuten Aufschwung von Borjomi bei. Allerdings dürfen auch die Beeinträchtigungen durch Lärm und Abgase nicht übersehen werden, die sich aus der Straßenführung der Fernverkehrsstraße 8 durch das enge Tal des Mt'k'vari ergeben. Eine latente Gefahr wird auch in der BTC-Pipeline gesehen, die in 17 km Entfernung östlich an Borjomi vorbeiführt.[175]

Neben der Südküste der Krim und der russischen Schwarzmeerküste bei Soči gehörte Georgien zu den begehrtesten Destinationen des sowjetischen Binnentourismus.[176] Rund 1,6 Mio. Gäste kamen jährlich über den administrativ oder gewerkschaftlich organisierten Fremdenverkehr in die Kaukasusrepublik, dazu bis zu 2,4 Mio. Besucher, die Privatunterkünfte nutzten. Die Kapazität erreichte in den 1980er Jahren mit 152 000 Gästebetten ihren Maximalwert.[177] Badeurlaub an der Schwarzmeerküste, Badekuren in den Kurorten Borjomi und Ts'q'alt'ubo sowie Wanderurlaub an einigen Schwerpunkten im Großen Kaukasus waren die wichtigsten Angebote. Der internationale Tourismus spielte demgegenüber eine nachgeordnete Rolle, zumal dafür die Unterbringungskapazitäten fehlten. Am Ende der Sowjetzeit zählte man 102 Resorts in Georgien und nannte 340 weitere Plätze mit günstigen Voraussetzungen für die Erholung. Georgien hatte damals einen Anteil von 4 % an der Zahl der sowjetischen Sanatorien und Erholungsheime.[178] Traditioneller Schwerpunkt der sowjetischen Fremdenverkehrsförderung war die Schwarzmeerküste. Im südöstlichen Anschluss an Soči wurden an der Schwarzmeerküste Gagra,

6.48 Borjomi: alte Architektur – neu in Wert gesetzt (September 2012)

6.49 Borjomi: Ortseingang mit Werbung für das Mineralwasser (September 2010)

Pitsunda (Bichvinta), Gudauta, Novyj Afon (georg.: Akhali Atoni; Neu Athos) und Sukhum zu Seebädern ausgebaut und auch für den devisenträchtigen Ausländertourismus geöffnet. Dabei setzte man in Pitsunda in den 1960er Jahren bereits auf einen Massentourismus, für den mehrere einzelstehende Hotelhochhäuser unmittelbar am Strand errichtet wurden, die mehrere tausend Gäste gleichzeitig beherbergen konnten. Nach der Sezession Abchasiens wurde mit russischer Unterstützung ein Teil der touristischen Anlagen an der abchasischen Schwarzmeerküste wieder hergestellt. Touristische Dienstleistungen für russische Gäste machen heute den bedeutendsten Posten in der Wirtschaft Abchasiens aus.

Ts'q'alt'ubo im westgeorgischen Imeretien (radonhaltige Thermalwässer; Indikation: Rheumatismus, Gelenkerkrankungen) war seit den 1930er Jahren mit mehr als einem Dutzend Sanatorien in einer um den zentralen Kurpark angeordneten, weitläufigen Anlage ausgebaut worden, hat aber seine frühere Bedeutung bisher nicht wiedererlangt. Sanatorien, die sowjetrussischen Unternehmen bzw. Ministerialverwaltungen gehört hatten, wurden teilweise mit Flüchtlingen aus Abchasien und Südossetien belegt oder sind verlassen und verfallen. Immerhin sind inzwischen einige frühere Sanatorien, Hotels und andere Gebäude renoviert worden, darunter besonders aufwendig der kleine Bahnhof sowie die Badehäuser bei den Quellen 1, 3 und 6 (letzteres ein stalinistischer Prachtbau); auch die angrenzenden Parkanlagen werden wieder gepflegt. Es gibt Überlegungen, auch diesen Kurort wiederzubeleben, da die Architektur der Stalinzeit wieder Akzeptanz findet und recht solid gebaut ist. Die Nähe zu Kutaisi mit seinem internationalen Flughafen K'opitnari würde eine internationale Vermarktung ermöglichen. Äußerst problematisch ist jedoch die Diskrepanz zwischen dem in Planungen angestrebten hochpreisigen Kurbadsegment und den in ehemaligen Sanatorien untergekommenen Flüchtlingen, die nunmehr schon in der zweiten Generation dort hausen und die nur sehr bedingt in den lokalen Arbeitsmarkt integriert werden können.[179]

Andere bedeutende Kurbäder und Erholungsorte sind Abastumani, dessen Wiederbelebung als Kurort noch in den ersten Anfängen steckt, Akht'ala (einziges georgisches Kurbad mit Fangotherapie), Bakuriani oberhalb Borjomi als Winterkurort, ferner Oni, Uts'era und Lebarde (Ausgangspunkt für Trekkingtouren im Großen Kaukasus), Menji in Westgeorgien (Mineralwasser; 5 km außerhalb von Senak'i), Sairme zwischen Abastumani und Kutaisi sowie Zvare zwischen Surami und Zest'aponi. Ein Problem besteht in der mangelnden Modernisierung und dem geringen internationalen Bekanntheitsgrad, der durch Werbung erhöht werden müsste, aber eine internationalen Standards entsprechende Ausgestaltung und Infrastruktur voraussetzt.

Die Mineralquellen von Uts'era waren bereits im 18. Jahrhundert bekannt und wurden

6.50 Abastumani: Ansatz für einen Neubeginn im Tourismus (September 2010)

genutzt, für die Gewinnung von Trinkwasser ebenso wie für Heilzwecke, wie der Mediziner und Naturforscher Johann Anton Güldenstädt in seinem von Simon Pallas herausgegebenen Reisebericht schrieb:[180]

> „Im Gebiet von Utsera sind auch verschiedene Mineralquellen, theils alkalische, theils martialische, völlig wie am Terek bei Sioni und Kobi. Besonders ist eine alkalische und eine ihr ganz nahe martialische in der Nähe der Kirche vorzüglich. Beide haben viel Aether. Es ist merkwürdig, daß diese heilsamen Quellen sich so nahe sind, denn in chronischen Krankheiten sind beide wesentlich nöthig; der Gebrauch der martialischen muß auf den Gebrauch der alkalischen folgen.
>
> Das alkalische Wasser gebrauchen die Einwohner zum ordinären Getränke. Sie säuren damit Brod ein, welches davon hoch aufgeht, und ohne Salz angenehm schmeckt."

Seit Mitte der 1980er Jahre machte die Perestroika die Beteiligung ausländischer Unternehmen im Tourismus möglich. Den bekannten Tourismuszielen im Nordkaukasus (Pjatogorsk und Kislovodsk, Itkol im Prielbrus'e, Teberda und Dombaj, Archyz) versuchte Georgien in den späten 1980er Jahren, mit Gudauri eine eigene Destination entgegenzusetzen. Dieser Hotelstandort, ehemals eine Poststation an der Georgischen Heerstraße, entstand als ein sowjetisch-österreichisches Gemeinschaftsunternehmen in der Absicht, auch auf der Südseite des Großen Kaukasus den Wintertourismus zu fördern; geplant war damals ein Ausbau für eine Kapazität von 2500 Gästen. Daraus hat sich inzwischen ein durchaus bedeutender Standort mit rund 50 unterschiedlich großen Unterkünften ergeben. Zehn Skilifte erschließen 22 Abfahrten. Negative Rückwirkungen auf die Natur zeigten sich schon bald: Die Anlage eines Systems von Skipisten und Abfahrten schädigte insbesondere die Rhododendronbestände der oberen Wald- und Strauchstufe, bedenkenlose Einführung von belastenden Mobilitätssystemen wie Heliskiing vertrieb Tiere aus ihren bisherigen Habitaten.

Neben dem traditionellen *Wintersport*zentrum in Bakuriani – früher Trainingsort für die sowjetischen Wintersportler – mit dem seit 2015/16 erschlossenen Skigebiet Kochti-Mitarbi

6.51 Gudauri: georgisch-österreichisches Joint Venture (August 1989)

6.52 Gudauri: Ausbautätigkeit im Schwerpunktort des Tourismus (August 2011)

wurde in den letzten Jahren Goderdzi in Adscharien ausgebaut. Höhenlage und hohe Niederschlagssummen garantieren eine gewisse Schneesicherheit, so dass nach dem Masterplan in Zukunft acht Skilifte Höhen zwischen 1700 und 2390 m erschließen und Abfahrten auf 35 km Skipisten ermöglichen sollen, von denen 8 km schon verfügbar sind. Im Winter 2016/17 standen vier unterschiedliche Unterkünfte zur Verfügung; der Bau von sechs weiteren Unterkünften soll sowohl die Beherbergungskapazität als auch die lokale Beschäftungsstruktur verbessern. Aber die Destination will auch in den übrigen Jahreszeiten Gäste anlocken, so vor allem Wandertouristen im Sommer und Frühherbst.[181] Im Zusammenhang mit der touristischen Erschließung Hoch-Svanetiens, die von der Eintragung der traditionellen Wohn- und Wehrtürme von Ushguli in die UNESCO-Welterbeliste profitierte, wurden als viertes Wintersportzentrum Hatsvali und Tetnuldi in 8 bzw. 15 km Entfernung von Mest'ia erschlossen, wo derzeit fünf Skilifte arbeiten. Allerdings scheint die Nachfrage hinter den Erwartungen zurückzuliegen.

Die bisherige Darstellung des Tourismus in Georgien hatte sich auf Ausländerbesucher konzentriert. Darüber darf aber nicht übersehen werden, dass es auch einen bedeutenden Binnentourismus gibt. Die Ziele unterscheiden sich nicht vollständig von denjenigen, die von Ausländern bevorzugt aufgesucht werden, wenn auch die Gewichtungen vielleicht andere sind. Konzentriert man sich auf Erholung als Fremdenverkehrsmotivation, sind die Küstenorte am Schwarzen Meer und die Nationalparks, insbesondere Borjomi-Kharagauli, beliebte Ziele. Auch Besuche von religiösen Kultstätten spielen eine große Rolle, insbesondere wenn Feste zu Ehren verehrter Personen gefeiert werden. Während für die außerhalb der Hauptstadt lebenden Bewohner der Besuch von Tbilisi besondere Attraktivität hat, kehrt ein Teil der zu Studien- oder Arbeitszwecken in die Hauptstadt zugewanderten Bevölkerung während der Sommerzeit in Heimatsiedlungen im Hochgebirge zurück. Die Herausbildung einer neuen Mittelschicht mit höherer Entlohnung, die zunehmende Motorisierung und die Verbesserung der Verkehrsinfrastruktur haben diese Entwicklung begünstigt. Vor allem die in der Zeit der Unabhängigkeit herangewachsene jüngere Generation ist an solchen Reisen beteiligt, während bei der älteren Generation der Besuch von Verwandten und Freunden im Vordergrund steht.

6.53 Tonwarenverkauf bei der Querung der Surami-kette (August 2019)

6.54 Liegestühle und Hängematten: Handwerk in Khashuri (September 2012)

Als Wirtschaftsbereich zieht der Tourismus Folgeeffekte nach sich, nicht nur bei Unterkünften und Restaurants, sondern auch im informellen Einzelhandel. Entlang der Hauptrouten werden an vielen Straßenabschnitten Produkte des lokalen Handwerks angeboten. Bei der Querung der Suramikette, wo die kurvenreiche alte Fernstraße keine hohen Geschwindigkeiten erlaubt und wo auch dicht bevölkerte Siedlungsgebiete durchfahren werden, können Tonwaren von Untersetzern für Zimmerpflanzen bis zu *qvevri*-großen Amphoren erworben werden; in Khashuri scheint sich die ganze Stadt auf die Herstellung von Liegestühlen und Hängematten spezialisiert zu haben.

Sighnaghi – Tradition oder Fake?

Sighnaghi ist ein kleines Landstädtchen am Übergang von den östlichen Ausläufern der Gombori-Kette zur Shiraki-Steppe und am Steilabfall zur Alazani-Senke gelegen. Die Stadt wurde 1722 zum Schutz vor den berüchtigten Einfällen aus Ostkaukasien befestigt, doch reichen archäologische Funde bis in das Paläolithikum zurück. Im Lauf des 18. Jahrhunderts entwickelten sich im Schutz von Festung und Ummauerung Handwerk und Handel. Dabei profitierte Sighnaghi vom Wein-, Obst- und Gemüseanbau in Kachetien, so dass es in der Zeit der russischen Verwaltung Hauptort eines Landkreises (*u-ezd*) wurde. Diese Funktion blieb bis in die Gegenwart (Hauptort einer Munizipalität) erhalten. Die Stadtplanung beruht auf einem 1962 erstellten Generalplan, der 1977 mit einer touristischen Ausrichtung erneuert wurde. Wie viele Kleinstädte hatte Sighnaghi in den zurückliegenden Jahrzehnten starke Bevölkerungsverluste erlebt, die vor allem auf die Verlagerung wirtschaftlicher Aktivitäten nach Ts'nori im Alazani-Tal zurückgehen: Ende des Jahres 1893 wurden in Sighnaghi 4 750 Georgier, 5 854 Armenier und 106 Russen gezählt. Waren Anfang 1976 (Daten der Fortschreibung) noch 3 600 Einwohner registriert, waren es schon 1989 nur noch etwa 3 200 und Ende 2004 noch 2 200 Personen mit weiter abnehmender Tendenz (in der Fortschreibung von 2020: 1 500 Einw.). Dabei war der Ort bereits zu Sowjetzeiten als beliebtes Tourismusziel und als Denkmalort unter Ensembleschutz gestellt worden, um das Überleben der alten Bausubstanz zu gewährleisten. Hieran knüpften ab 2001 mehrere Entwicklungsprojekte international tätiger Organisationen an. 2001 wurde Sighnaghi in das GTZ-Projekt „Landmanagement Georgien" mit dem Ziel aufgenommen, institutionelle Grundlagen für eine geordnete Stadtplanung zu schaffen. Ein Projekt der Schweizer DEZA galt zwischen 2003 und 2005 zunächst der Wasserversorgung. Unter dem Einfluss einer Politik der Tourismusförderung während Saak'ashvilis Präsidentschaft setzte ab 2007 eine umfassende Sanierung der Hauptstraßen ein, die das Ziel verfolgte, ein attraktives Ortsbild mit mediterranem Flair herzustellen. Die erhaltenen Häuser mit ihren farbenfrohen Holzbalkonen wurden grundlegend renoviert, die Hauptstraße mit Kopfsteinpflaster versehen, seitliche Gehwege angelegt, die es vorher nicht gab. Zugleich gelang es, im In- und Ausland einige Investoren zu finden, die sich für den Bau von zusätzlichen Unterkünften engagierten. Mehrere Restaurants bieten Speisen und Getränke auf regionaler Basis an. In der Folge ließen sich Kunsthandwerker in dem Städtchen nieder. Allerdings darf der äußere Schein nicht täuschen: Nicht alle Teile der Siedlung sind in gleichem Maße renoviert worden wie die Fassaden an der Hauptstraße. Dennoch hat Sighnaghi es geschafft, heute zu den wichtigen Destinationen in Georgien zu zählen – wenn auch häufig nur in Form eines Tagesausflugs von Tbilisi aus. Immerhin reicht der Blick bei klarem Wetter über die weite Alazani-Ebene bis zu den Gipfeln des Großen Kaukasus, und der Besuch des nahe gelegenen Klosters Bodbe bietet sich als zusätzliche Attraktion an.[182]

6.55 Sighnaghi: Hauptstraße (August 2010)

6.56 Sighnaghi: Festung (August 2010)

Aktuelle Tourismuspolitik und ihre Umsetzung

In der Regionalpolitik gilt der Tourismus als eine Chance, die lange Zeit vorherrschende Raumwahrnehmung als Konfliktregion zu überwinden. Dem diente eine Reihe von Projekten, die Georgien unter der Präsidentschaft von Saak'ashvili in Angriff nahm. Dabei sind nicht nur beträchtliche Teile der Innenstadt von Tbilisi umgestaltet worden, wobei man in der Altstadt an Sanierungsmaßnahmen der Sowjetzeit anknüpfte, sondern es wurden einzelne Schwerpunktorte gezielt gefördert. Sighnaghi im Südosten der Gomborikette in Kachetien wurde mit großem Aufwand restauriert und bietet sich heute als malerischer Ort in „traditioneller" georgischer Bauweise. In Akhaltsikhe im Süden Georgiens wurde die Festungsanlage umfassend wiederhergestellt. Die Höhlenstadt Uplistsikhe bei Gori, deren Zugänglichkeit lange problematisch war, ist heute gut angebunden und wird über touristische Informationen gemanagt. Ähnliches gilt für Mtskheta, wo der innere Ortskern eine Vielzahl kleiner Cafés aufweist, nachdem der Zugang zur Kirchenfestung Svet'itskhoveli aufwendig umgestaltet, der Verkehr aus dem Ort herausgenommen und ein ausgedehnter Parkplatz angelegt wurden. Hoch-Svanetien (Mest'ia, Ushguli) weist eine Reihe neuer Hotels auf und ist außer mit dem Auto auch über eine Flugverbindung erreichbar. Die Einrichtung des Nationalparks Tusheti und die Entwicklung eines Netzes von Trekkingpfaden zwischen St'epants'minda und Tusheti mit dem khevsuretischen Shat'ili als attraktiver Zwischenstation kann die historische Kulturlandschaft Hochgeorgiens erschließen helfen.

Die Wiederbelebung des Badetourismus an der Schwarzmeerküste konzentriert sich heute auf Batumi und Kobuleti in Adscharien. Beide sollen – trotz hoher Niederschlagssummen gerade im Sommer – Badegäste anlocken, nachdem Sukhum und die anderen Seebäder Abchasiens als „georgische" Destinationen ausgefallen sind. Die Strandpromenade in Batumi wurde neu gestaltet, neben einer Reihe teurer Hotels internationaler Ketten öffneten zahlreiche einfachere Hotels und Gästehäuser; auch einige markante Bauwerke (Turm des georgischen Alphabets; Hochhaus für die Technische Universität Batumi) sollen für die Stadt werben. Außer Batumi und Kobuleti müssen einige weitere Küstenorte genannt werden, die sich als Seebäder profilieren, insbesondere Grigoleti südlich von Poti und Anak'lia. An der Mündung des Enguri in das Schwarze Meer, nördlich des geplanten Tiefseehafens Anak'lia entstand beim alten Ortskern von Anak'lia

6.57 Batumi: Strandpromenade (August 2019)

6.58 Anak'lia: Futuristischer Aussichtsturm (August 2019)

ein neues Zentrum, das die Seebädertradition Abchasiens nach Süden fortsetzt. Eine Reihe von Hotels, ein Vergnügungsbereich und ein Badestrand, der sich fast bis zur abchasischen Grenze hinzieht, lassen jedoch bisher das Flair der älteren Seebäder vermissen. Man fühlt sich an die wertende Darstellung erinnert, die der Agronom Alexander Petzholdt, der das kleine Dorf 1864 besucht hatte, gibt:[183]

> „Anaklea mag früher von größerer Bedeutung gewesen sein als heut zu Tage, wie die Ruinen alter Festungswerke bezeugen; auch sagt man, es habe früher eine nicht unwichtige Rolle als Hafenstadt gespielt. Jetzt ist Anaklea ein kleiner, elender Flecken von nahezu gar keiner Wichtigkeit, obschon sich in demselben ein für die örtlichen Verhältnisse sehr ansehnlicher Bazar, ein starker Kosakenposten und ein kleiner Zollposten befinden."

Allerdings treten mit der Entwicklung von Infrastruktur und Tourismus auch Zielkonflikte auf: Der Neubau eines Streckenabschnitts der Eisenbahn zwischen Khashuri und Zest'aponi führte dazu, dass der 2008 begonnene Wiederaufbau einer Produktionslinie zur Mineralwasserabfüllung in dem kleinen Kurbad Zvare bereits 2010 wieder gestoppt werden musste. Nach Bürgerprotesten wurde auch der Eisenbahnbau unterbrochen, so dass derzeit eine Pattsituation besteht.[184] Ein anderes Problem sind De-facto-Enteignungen, die bei unklaren Eigentumsverhältnissen an Grund und Boden sowie Immobilien erfolgten, wenn Investitionsprojekte durchgesetzt werden sollten, wie es sowohl für die adscharischen Küstenorte als auch für Hoch-Svanetien beschrieben wird.[185]

Auch in bislang weniger häufig aufgesuchten Landesteilen entstanden und entstehen neue Attraktionspunkte. Ein Beispiel ist der diamantförmige Aussichtspunkt in der Mitte einer 240 m langen Fußgängerbrücke hoch über dem Dashbashi- (Tsalk'a-) Canyon; sie soll mit 280 m über Grund die längste und höchste freihängende Fußbrücke der Welt sein.[186] Zur weiteren Förderung des Wintersports soll in Zukunft in Shkmeti an der neuen Straße, die die Khikata-Gebirgskette in Imeretien quert, ein neues Zentrum entstehen; bislang fehlt jedoch noch die

6.59 Dashbashi-Canyon: Wegweiser, Werbung und Abfalllentsorgung (August 2019)

6.60 Shkmeri: Künftiges Skiresort? (September 2022)

Umsetzung dieses Planes, und der Ort ist nur Ausgangspunkt für Trekkingtouren zwischen Rach'a und Imeretien.

Beim Blick auf die Weltkulturerbestätten der UNESCO-Liste wurde schon deutlich, dass Umgestaltungen, die auf touristische Verwertung abzielen, zu weiteren Konflikten führen. Die Eingriffe in die gewachsene Struktur von Mtskheta waren so massiv, dass das Objekt auf die Rote Liste der UNESCO gesetzt zu werden drohte. Auch Ushguli könnte bei weiteren touristischen Ausbauten dieses Schicksal teilen. Andererseits zeigt sich in beiden Fällen wie auch bei den anderen Beispielen, dass das regionalpolitische Konzept der Tourismusförderung aufging: Beide Zielorte leben ganz offensichtlich von touristischer Nachfrage.

Destinationen und Spezialangebote

Der Seebädertourismus am Schwarzen Meer zielt auf große Besucherzahlen ab und wurde zum Massenphänomen, an dem Rumpfgeorgien wenigstens im Raum Batumi-Kobuleti teilhaben möchte, seitdem Abchasien sich abgesondert hat. Daneben gibt es zahlreiche regionale Sehenswürdigkeiten, die die Gunst von Besuchern suchen. Während Kachetien mit Weinbau, Kirchenbauten und älteren Stadtanlagen Gäste anzieht, wirbt Imeretien mit dem Weltkulturerbe Gelati, dem Kurort Ts'q'alt'ubo und einer Reihe von Naturdenkmälern wie Karsthöhlen oder dem Okatse-Canyon mit seinem spektakulären „hängenden Steg". Selbst das von massiver Abwanderung bedrohte Rach'a versucht, das speleologische Potential der Kalkmassive durch moderne dreidimensionale GIS-Methoden im Hinblick auf eine künftige touristische Nutzung zu erfassen.[187] Hoch-Svanetien, Khevsuretien und Tushetien setzen auf den Hochgebirgstourismus. Ferner hat sich für Georgien eine Reihe von Tourismussegmenten herausgebildet, die eher kleinere Gruppen von Interessenten ansprechen, dann aber bei entsprechender Qualität auch Einkommen in räumlich weiter Streuung, wenn auch nur für wenige Haushalte, generieren.

Schwerpunkt des *Städtetourismus* in Georgien ist zweifellos Tbilisi. Die in der Sowjetzeit außerordentlich knappe Hotelbettenkapazität, die dazu führte, dass bei organisierten Reisen der Aufenthalt in der georgischen Hauptstadt immer kurz bemessen war, besteht heute nicht mehr.

Tbilisi weist ein breites Spektrum an Unterkünften auf, das von einfachen Hostels und Privatpensionen über eine ständig wachsende Zahl an Mittelklassehotels bis zu den prominenten Häusern internationaler Ketten reicht. Daneben bestehen über Airbnb buchbare Unterkünfte in Privatwohnungen. Die Stadt bietet malerische Winkel in der Altstadt und auch in der von Verfall bedrohten russischen Stadterweiterung beiderseits des Mt'k'vari, grandiose Ausblicke auf die Stadt von der Festung Nariq'ala und vom Mtats'minda, zahlreiche Restaurants mit der vielgerühmten georgischen Küche, viele Theater und Museen, das ethnographische Freilichtmuseum im Stadtteil Vak'e sowie – vor allem – Einblicke in das georgische Alltagsleben. Zugleich ist Tbilisi Ausgangspunkt für Ausflüge und Reisen in alle Landesteile; viele Ziele sind in Tagesausflügen erreichbar. Dementsprechend wirbt eine große Zahl an Reiseveranstaltern mit Angeboten. Die klimatischen Verhältnisse kommen der Bedeutung der Destination entgegen: Eine Indizierung, die die klimatische Eignung für den Tourismus bewertet, bescheinigt der Stadt gute bis exzellente Verhältnisse von April bis Oktober, eine weitgehend ordentliche bis gute klimatische Situation für die übrigen Monate.[188]

Um den *heritage-Tourismus* zu fördern, wurde in allen drei georgischen Weltkulturerbestätten (Gelati, Mtskheta, Hoch-Svanetien) die touristische Infrastruktur mit Zugangsmöglichkeiten und Unterkünften massiv ausgebaut. Während Mtskheta und Gelati zu den Destinationen zahlreicher Studienreisen gehören (wobei der Besuch von Mtskheta meist im Rahmen eines halbtägigen Ausflugs von Tbilisi aus erfolgt), verbindet sich ein Aufenthalt in Hoch-Svanetien meist mit Wandertouren im Gebirgsraum.[189] In einem weiteren Sinn wird vom Kulturerbe-Tourismus erwartet, dass er tiefere Einblicke in die natürlichen und kulturellen Kontexte der besuchten Destination bietet. Von den drei UNESCO-Weltkulturerbestätten waren Gelati und Mtskheta schon in sowjetischer Zeit gefragte Ziele, während sich Hoch-Svanetien erst in jüngerer Vergangenheit für den Tourismus öffnete. Noch Anfang des 21. Jahrhunderts war von räuberischen Übergriffen die Rede, dann aber brachten staatliche Hilfen mehr Ruhe in die Region, und der Status als Weltkulturerbe beförderte den Tourismus und damit die Erwerbssituation abermals, insbesondere nach dem Fünf-Tage-Krieg.[190] Allein zwischen 2011 und 2014 stieg die Zahl der Besucher nach Angaben des svanetischen Tourismus-Zentrums von 8954 auf 16053 mit einer deutlichen Konzentration auf die Monate Juli, August und September. Die meisten ausländischen Besucher kommen aus Polen und Israel, gefolgt von Russland, Deutschland und der Ukraine. Die Zahl der Unterkünfte in Hoch-Svanetien stieg bis 2014 auf 249 unter Einschluss von privaten Übernachtungsangeboten, wobei sich die zehn Hotels der Region auf Mest'ia konzentrieren.[191]

Mit der Aufnahme der kolchidischen Feuchtgebiete in die Liste des Weltnaturerbes (2021) könnte sich auch im Hinterland der Schwarzmeerküste ein weiterer touristischer Schwerpunkt entwickeln, vorausgesetzt, dass die natürlichen Besonderheiten für Besucher aufbereitet und sichtbar gemacht werden. Dies könnte die Potentiale ergänzen, die in anderen Landesteilen für einen *Geotourismus* bestehen, wie etwa in den Karsthöhlen der Kalkgebiete oder in den Vulkangebieten und vorgeschichtlichen Ausgrabungsstätten Südgeorgiens.[192]

Ein sehr spezielles Segment ist der *Weintourismus*, für den in Georgien aufgrund der langen kulturellen Tradition und Bindung des Weinbaus große Chancen gesehen werden.[193] Bei weintouristischen Angeboten werden Einführungen in die Kulturgeschichte des Weines und der Wiederbelebung einheimischer Rebsorten mit einer Präsentation der *qvevri*-Technik und der Tradition des *supra* verbunden. Vor allem für Kachetien wird im Weintourismus ein zusätzliches Wertschöpfungspotential gesehen, weil kulturelle und historische Aspekte mit wirtschaftlichen zusammentreffen und zur regionalen Identitätsbildung beitragen können. Die erste Weintourismus-Konferenz im Oktober 2016 gilt als markanter Startpunkt für die Entwicklung neuer Destinationen, die über einen Weintourismus hinaus den Gastronomietourismus fördern.

Die Wiederbelebung der *qvevri*-Technik war ein wichtiger Ansatzpunkt auch für die Entwicklung des *ländlichen Tourismus*, dessen Infrastruktur bislang deutlich hinter dem Städte- und Kulturtourismus herhinkt. Potentiale bieten sich für eine Weiterentwicklung von *Ökotourismus*, doch werden die dort angesprochenen Standards eines sorgsamen Umgangs mit natürlichen Ressourcen bisher nur sehr bedingt erreicht.[194] Die offiziell registrierten Unterkünfte für den ländlichen Raum waren vor Ausbruch der Corona-Pandemie sehr ungleich verteilt: 2017 waren es in der Region Samegrelo-Zemo Svaneti 230, in Kvemo Kartli dagegen nur 9; Kachetien sah mit 98 *guesthouses* eine Zunahme um 23 gegenüber dem Vorjahr, und selbst in der dünn besiedelten Region Rach'a-Lechkhumi-Kvemo Svaneti stieg die Zahl von 37 auf 44.[195] In der Munizipalität Tsalk'a wird von der FAO ein durch die österreichische Entwicklungsorganisation finanziertes Projekt zur Förderung des ländlichen Ökotourismus umgesetzt, für das zunächst Ausbildungsprogramme aufgebaut und eine Infrastruktur entwickelt werden. Im Gujareti-Tal östlich Borjomi sieht eine jüngere Studie Potentiale für einen ökologisch orientierten ländlichen Tourismus, der Naturerlebnisse und den Besuch historischer Baudenkmäler bietet, doch fehlt derzeit noch eine ausreichende Infrastruktur zur Raumerschließung durch Straßen und Wanderwege.[196] Nationale und internationale Entwicklungsprojekte sehen jedoch ein erhebliches Potential für einen ländlichen Tourismus im weitesten Sinn. Dies ist nicht unproblematisch, denn die Vermarktung von Gastlichkeit widerspricht eigentlich der Tradition von Gastfreundschaft gegenüber dem Fremden.[197] Ein zweites Problem, das auch aus hochentwickelten ländlichen Tourismusgebieten bekannt ist, ergibt sich aus der zusätzlichen Belastung von Frauen in ländlichen Haushalten: Zu der Arbeit in der Landwirtschaft und im Haushalt und bei der Sorge für die Familienmitglieder tritt die Versorgung von Touristen.[198] Der Touristenboom, den Hoch-Svanetien in den 2010er Jahren erlebte, brachte zwar erhebliche Einnahmen in einen Peripherraum, führte aber auch zu einer Kommodifizierung der Gastfreundschaft, so dass selbst bei gut gemeinten *community-based tourism*-Ansätzen, wie sie von internationalen Entwicklungsorganisationen propagiert worden waren, ein Verlust an Authentizität erfolgte.[199] Nicht übersehen darf man die Gefahr, dass durch Investitionen in den Ausbau bestehender Bausubstanz ebenfalls Authentizität verloren gehen kann. Dies gilt insbesondere für die Hochgebirgsregionen Hoch-Svanetien, Khevsuretien und Tushetien, wo Beratung bei touristischer Bautätigkeit sinnvoll ist. Andererseits gilt für Rach'a, insbesondere für das weitgehend entvölkerte Hoch-Rach'a, der Tourismus als Chance, einer ländlichen Restbevölkerung eine Einnahmequelle zu ermöglichen.

Im Pank'isital hat sich unter Mitwirkung eines polnischen Entwicklungsprojektes (NGO *Fundacja Edukacji Międzykulturowej*) ein interessantes Angebot von Agrotourismus entwickelt, das dem Negativimage gerade dieser kleinen Region entgegenarbeiten und zugleich kulturelle Besonderheiten erhalten und Gästen näher bringen will: Eine kleine Gruppe von Kisten bietet nicht nur Logis und Kost für Gäste, die die umgebenden Schutzgebiete erwandern wollen, sondern greift auch die Tradition des *zikr[dhikr]*-Rituals auf, das ausschließlich von Frauen vorgetragen wird und aus religiösen Traditionen erwachsen ist, und ermöglicht die Teilnahme von Gästen an Übergangsriten.[200] Zwar besteht die Gefahr einer Trivialisierung und Kommerzialisierung religiöser Riten, doch ermöglicht die Einbindung in Tourismusaktivitäten eine Außendarstellung der Kultur, eine Abgrenzung der eher dem Sufismus anhängenden Kisten gegenüber den Wahhabiten sowie bescheidene Nebeneinkünfte. Über das Pank'isi-Tal ist auch ein Zugang zum Nationalpark Tusheti möglich. Eine engere Verbindung zwischen touristischer und agrarwirtschaftlicher Entwicklung hat sich aber nicht generell herausgebildet, wie das Beispiel der Munizipalität Q'azbegi zeigt: Die Nähe zum Kasbek und zur Georgischen Heerstraße förderte zwar das Angebot von Fremdenunterkünften, doch blieb eine Einbeziehung regionaler Agrarprodukte hinter den Möglichkeiten zurück: Anbauflächen wurden aufgegeben, und der Tourismus trat an die Stelle der Landwirtschaft, regionale Agrarprodukte fanden kaum Eingang in die Angebote der Restaurants.[201]

Etwas *Nostalgie-Tourismus* könnte sich im Bereich der ehemals von württembergischen Kolonisten angelegten Siedlungen wie Bolnisi und Asureti entwickeln. 2017 zeigten die Aktivitäten aus Anlass des zweihundersten Jahrestags der Ankunft der ersten Siedler die Möglichkeiten auf. Immerhin gibt es inzwischen gute dokumentarische Arbeiten zu den Deutschen in Kaukasien, und auch vor Ort bemüht man sich um einen Erhalt der traditionellen Gebäude. Angebote spezieller Studienreisen bestehen bereits, sprechen aber vermutlich nur sehr kleine Zielgruppen an.

Der *Alpinismus* hat eine ins 19. Jahrhundert zurückreichende Tradition in Georgien, wobei anfangs wohl eher ausländische als einheimische Bergsteiger den Kaukasus für sich entdeckten.[202] Die einheimische Bevölkerung kannte wohl nur die niedrigeren Gebirgspässe, weil die höheren Gebirgslagen keine Anreize für die Weidewirtschaft boten. Selbst beim russischen Militär fehlte die Tradition einer Gebirgserkundung. Ein Alpiner Club für den Kaukasus wurde 1878 in Tbilisi gegründet, ein erster russischer Gebirgsführer erschien 1904 im Druck.[203] Besondere Erwähnung verdient abermals Gottfried Merzbacher, der die Darstellung seiner Bergbesteigungen im Großen Kaukasus mit umfassenden landeskundlichen Beschreibungen verband.[204]

Anderthalb Jahrhunderte Bergsteigen am Kasbek

Nachdem frühere Reisende wie Heinrich Julius von Klaproth, Johann Friedrich Parrot und Moritz Wagner vergeblich versucht hatten, den Gipfel des Mq'invarts'veri [Kasbek] zu besteigen, erreichten ihn 1868 die englischen Bergsteiger Douglas W. Freshfield, Adolphus Warburton Moore und Charles Comyns Tucker mit einem Schweizer Bergführer als erste Ausländer; sie leiteten damit die bergsteigerische „Eroberung des Kaukasus"[205] ein. Etwas zeitlich versetzt gegenüber der Durchdringung der europäischen Alpen bis in die höchsten Höhen begann damit für den Kaukasus eine ganz andere Art des Zugangs, als es die weidewirtschaftliche Nutzung bisher gewesen war, die die höchsten Lagen der Gletscherzone und der über 4000 m aufragenden Gipfel ausgespart hatte. Es dauerte fast zwanzig Jahre, ehe 1887 Roberto Lerco mit dem Bergführer Jakob Müller den zweiten erfolgreichen Versuch unternahm. Danach gehörte der Kasbek mit mehreren möglichen Aufstiegsrouten zu den häufiger besuchten Kaukasusgipfeln. Bis 1902 erfolgten wenigstens vierzehn erfolgreiche und ausreichend dokumentierte Besteigungen.

Nach den Maßstäben für den Alpinismus bietet der Kasbek – anders als der Shchara oder der Ushba – keine besonderen bergsteigerischen Schwierigkeiten, sieht man von der Höhe und Unsicherheiten bei der Witterungsentwicklung ab, denn mit plötzlichen Wetterumschwüngen muss immer gerechnet werden. Nur die letzten 100 Höhenmeter führen bei 45° Hangneigung über Eis und verlangen Hochgebirgsausrüstung.

Heute gehört die Besteigung des Kasbek trotz der Lage an der georgisch-russischen Staatsgrenze weiterhin zu den touristischen Angeboten des internationalen Alpinismus. Eine aufgegebene meteorologische Station in 3652 m bietet eine einfache Unterkunft, wenn der Aufstieg nicht in einem Tag vorgenommen werden kann oder die Witterung ungünstig ist.[206]

In sowjetischer Zeit gewann der Alpinismus etwa seit den 1920er Jahren an Bedeutung, wobei aufgrund der Reisebeschränkungen der Kaukasus und der zentralasiatische Tien-Shan die wichtigsten Zielgebiete waren. Dabei war allerdings der Nordkaukasus wichtiger als der georgische Teil des Gebirges, in dem die Bergvölkerung ein sehr eigenständiges, Fremden eher ablehnend gegenüberstehendes Leben führten. In postsowjetischer Zeit konnte nur langsam an die bisherigen Erfahrungen angeknüpft werden, weil gerade die Gebirgsregionen konfliktbehaftet waren. Erst etwa seit Beginn des 21. Jahrhunderts öffnet sich Georgien wieder verstärkt dem Alpinismus, und es sind auch einige Kleinunternehmen entstanden, die eigene Bergführer beschäftigen. St'epants'minda, Oni und Mest'ia haben sich als wichtige Ausgangsorte für den heutigen Alpinismus entwickelt.

Fortbestehende Entwicklungsprobleme im Tourismus

Aktuelle Probleme, die dazu beitragen, den Entwicklungsrückstand insbesondere im internationalen Tourismusgeschäft zu erklären, sind in einem gewissen Mangel bei Übernachtungskapazitäten an weniger „attraktiven" Orten, in Mängeln bei der ergänzenden touristischen Infrastruktur und insbesondere bei Serviceleistungen und geringen Fremdsprachenkenntnissen zu sehen. Gerade im Service hatten sich eingefahrene Routinen aus der Sowjetzeit lange erhalten, und erst ganz allmählich gelang es, internationale Standards durchzusetzen. Daher konzentriert sich der internationale Tourismus noch immer auf einige Segmente, insbesondere kulturhistorisch ausgerichtete Studienreisen und Wanderstudienreisen. Ländlicher Tourismus findet zu wenig Beachtung und zeigt auch wenig Innovationsfreude.[207] Deutlich zugenommen hatte bis zum Einschnitt durch die Corona-Pandemie der Backpacker-Tourismus, der nur wenige Arbeitsplätze schafft und dessen Beitrag zur Einkommensgenerierung bei der Bevölkerung eher bescheiden ist.

Da von staatlicher Seite der Tourismus als ein wichtiger Motor für die georgische Wirtschaft angesehen wird, sind bereits mehrere Informationszentren entstanden. Im privatwirtschaftlichen Bereich bieten zahlreiche Agenturen Reisen in verschiedene Landesteile an. Besondere Aufmerksamkeit gewinnen der Wellness- und der Agrar-Tourismus; durch letzteren soll die Entwicklung des ländlichen Raumes unterstützt werden.[208]

6.61 Mest'ia: Unterkünfte (August 2019)

6.62 Ushguli: Parkplatz (August 2019)

Ist damit ein ungebremster Zuwachs möglich? Droht „Overtourism"? Die Covid-19-Pandemie der Jahre 2020 und 2021 brachte Georgiens Tourismusbranche einen herben Rückschlag, denn über Monate musste das Land sich nach außen abschotten, teilweise sogar die freie Mobilität zwischen den Regionen untersagen. Die Gesamtzahl der Gäste fiel von 2019 auf 2020 auf ein Drittel (2019: 4,01 Mio.; 2020: 1,34 Mio.), die der Ausländer ging sogar auf 14,3 % zurück; die Einnahmen aus der Bereitstellung von Unterkunft hatte einen vergleichbaren Rückgang zu verzeichnen (2019: 659,8 Mio. GEL; 2020: 228,7 Mio. GEL). In Tbilisi war der relative Rückgang besonders ausgeprägt (2020 nur 23,1 % der Einnahmen von 2019).[209]

Im Augenblick sind die dadurch entstandenen Verluste noch nicht abzuschätzen, aber von einer Wiederbelebung ist auszugehen, denn die touristische Infrastruktur steht bereit. Für 2021 bis 2023 wurde eine Partnerschaft zwischen der ITB Berlin und Georgien vereinbart, bei der sich Georgien 2021 als *„Adventure and Sustainability Partner"* präsentierte, 2022 trat das Land als offizielle Kulturdestination auf, 2023 war es offizielles Gastland der ITB.[210]

Politiken regionaler Entwicklung

Der Überblick über die Wirtschaftssektoren und insbesondere jüngere Ansätze des Tourismus verdeutlichen die Differenziertheit des georgischen Wirtschaftsraums, der neben der überragenden Hauptstadt und einigen weiteren städtischen Zentren inzwischen wieder agrarwirtschaftlich prosperierende ländliche Gunsträume und Schwerpunktgebiete des Tourismus, aber auch abgehängt und perspektivlos erscheinende ländliche Peripherien umfasst. Um letztere voranzubringen, sind regional ganz unterschiedliche Strategien und Fördermaßnahmen notwendig.

Dazu nur ein Beispiel: Eine Regionalpolitik für die Bergregionen Georgiens wurde bereits in sowjetischer Zeit initiiert – möglicherweise auf Initiative der Verwaltung der Unionsrepublik und ohne Moskauer Direktive.[211] Nach jahrzehntelanger Vernachlässigung erfolgte seit 1976 eine Reihe von Maßnahmen, die vom Ausbau der Straßen über die Einrichtung von Viehhöfen und kleinen Verarbeitungsbetrieben bis zur Gründung zweier neuer Sovchoze in Tushetien und Khevsuretien reichten. Die Abwanderung sollte gestoppt, die Nahrungsmittelversorgung aus eigener Produktion verbessert werden, und selbst die innerbetriebliche Organisation von Kolchozen wurde zugunsten von Familienzuständigkeiten für einzelne Arbeiten geändert. In den Gebirgsregionen Südgeorgiens beschränkten sich die staatlichen Maßnahmen auf die Einrichtung einiger kleinerer Fabriken in den Landkreiszentren. Da meist die lokale Verantwortlichkeit fehlte, waren diese staatlichen Infrastrukturmaßnahmen jedoch nicht nachhaltig angelegt: In der Transformationsphase verfielen zahlreiche Anlagen, und eine neue Abwanderung setzte ein. Bis heute gelten die Bergregionen daher als gefährdet, so dass Entwicklungspläne neben der Nachhaltigkeit der Wirtschaftsaktivitäten vor allem eine Förderung der sozialen Infrastruktur für die Bevölkerung vorsehen.[212]

Das unabhängige Georgien erbte regionale Disparitäten, die zwar bekannt waren, deren Verringerung jedoch lange hintangestellt wurde. So ging insbesondere die Konzentration der Wirtschaftskraft auf die Hauptstadt Tbilisi unverändert weiter, wo sich aber gleichzeitig die Arbeitslosigkeit, wie sie die Statistik registriert, verstärkte, denn die tatsächliche Arbeitslosigkeit oder Minderbeschäftigung in weiten ländlichen Räumen floss nicht in die Statistik ein, weil die Tätigkeit im bäuerlichen Kleinbetrieb bereits als Beschäftigung galt.

Das staatliche Programm für die Regionalentwicklung Georgiens in den Jahren 2018 bis 2021 hebt drei Ziele hervor: Zum einen sollen alle Regionen auf der Basis vorhandener Potentiale und

Ressourcen entwickelt werden, damit die Peripherie nicht weiter abgehängt wird. Ferner soll die Chancengleichheit für alle Bewohner, insbesondere hinsichtlich der Beschäftigungsmöglichkeiten, landesweit erhöht werden. Und schließlich will man infrastrukturelle Defizite ausgleichen, indem man die Erreichbarkeit entlegener Regionen durch Straßenbau und Internetanschluss verbessert und dabei insbesondere ländliche Räume und Gebirgsregionen wirtschaftlich besser stellt, so dass sie in einen Wettbewerb der Regionen eintreten können.[213] Konkret wird beispielsweise für Samtskhe-Javakheti vorgeschlagen, die Zahl bezahlter Arbeitsplätze zu erhöhen, die Versorgung mit Trinkwasser zu garantieren, die Innovationskraft von Hochschulen (Universität in Akhaltsikhe) und Forschungseinrichtungen (Observatorium in Abastumani) zu erhöhen, durch den Ausbau der Eisenbahn Baku – Tbilisi – Kars vom grenzüberschreitenden Güteraustausch zu profitieren und die touristischen Schwerpunkte wie Borjomi und Bakuriani weiter zu fördern.[214] Damit wird im regionalen Entwicklungsplan für diese wie für andere Regionen deutlich, dass insbesondere die vorhandenen Aktivitäten weiter gefördert werden soll.

Neben der staatlichen Regionalpolitik und den zahlreichen Initiativen internationaler Donoren gibt es quasi-private Initiativen, zu denen die Kartu-Stiftung des Milliardärs und zeitweiligen Premierministers Bidzina Ivanishvili gehört. Sie wurde in der Absicht gegründet, durch gezielte Förderung von Projekten die regionale Wirtschaftsentwicklung positiv zu beeinflussen. So entstand an der Autobahn bei Ruisi (Munizipalität Kareli; bekannt für seine Kathedrale, in der 1103/1104 unter König Davit dem Erneuerer ein Konzil der georgischen Kirche abgehalten wurde) ein Agrarmarkt, der Bauern abseits der Informalität des Angebots am Straßenrand eine Verkaufsmöglichkeit bietet, wobei Qualitätsstandards gesetzt und kontrolliert werden. In Samtskhe wurden aufgelassene Obst- und Rebterrassen wiederhergestellt und ein Betrieb zur Zucht von Rebschösslingen gegründet. Andere Projekte sind eher langfristig angelegt oder warten noch auf die Umsetzung. In den Außenbezirken von Kutaisi entsteht auf der Fläche von 150 ha mit einem Volumen von 1 Mrd. EUR ein Universitätscampus, der für maximal 60 000 Studierende ausgelegt ist;[215] hier besteht bereits eine Zusammenarbeit mit der Technischen Universität Berlin. Das deutsche Architektenbüro *Drei Architekten* entwarf nördlich von Batumi den Bau einer auf maxi-

6.63 Reaktivierung aufgelassener Terrassen in Samtskhe (September 2012)

6.64 Agrarmarkt von Ruisi (September 2022)

6.65 Konzerthalle von Shek'vetili bei Batumi (August 2019)

mal 9000 Besucher ausgelegten Konzerthalle in Shek'vetili für 83 Mio. EUR (damals rd. 200 Mio. GEL); dieses 2017 fertiggestellte Bauwerk wurde für den *Mies van der Rohe Award 2019* nominiert. Am gleichen Standort entsteht ein Miniaturpark, der die Vielfalt Georgiens präsentiert. Ein botanischer Garten von 83,5 ha soll in Ganmukhuri bei Zugdidi angelegt werden, der als „Ersatz" für den botanischen Garten von Sukhumi gedacht und der subtropischen Vegetation Georgiens gewidmet ist. Die Mittel werden über die jeweils zuständigen Ministerien eingesetzt.[216]

Auch das europäische ENPARD-Programm ist inzwischen auf eine umfassende Verbesserung der Lebensbedingungen im ländlichen Raum ausgerichtet. Aber davon war bereits oben die Rede (vgl. o. S. 306f. und 375).

Eine aktuelle sozioökonomische Differenzierung zu erarbeiten, ist schwierig, weil die regionale Statistik unzureichend ist. Wenn raumbezogene Daten publiziert werden, erfolgt dies meist auf der Ebene der Regionen, nicht auf Munizipalitätsebene, so dass kleinräumige Disparitäten verschwinden. Aber schon die Regionen zeigen erhebliche Unterschiede.

Entwicklungspotentiale der Wirtschaft: Georgien in der Globalisierung

Mit der Zulassung von Gemeinschaftsunternehmen und mit der Liberalisierung des Außenhandels schuf Georgien wichtige Voraussetzungen für seinen Eintritt in die Globalisierung. Doch geschah dies zum Vorteil oder zum Nachteil des Landes? Von der Zusammenarbeit mit internationalen Unternehmen profitieren zunächst nur einige Branchen und Standorte, während insbesondere periphere ländliche, agrarwirtschaftlich geprägte Räume wenig Nutzen haben. Der Aufschwung der Hauptstadt Tbilisi ist sicher teilweise aus Globalisierungseffekten erklärbar, ebenso Batumis jüngere Entwicklung am Schwarzen Meer und in der Nachbarschaft der Türkei als wichtigem Handelspartner. Kutaisi versucht nachzuziehen, kann jedoch bisher den Verlust der sowjetischen Großindustrie nicht wettmachen. Die Liberalisierung des Außenhandels führte aber dazu, dass das Außenhandelsdefizit in den zurückliegenden beiden Jahrzehnten fast unaufhörlich anschwoll, weil die Einnahmen aus den Exporten nicht einmal ein Drittel der Ausgaben für Importe erreichen. Derzeit ist noch nicht absehbar, wann das Wachstum der Einnahmen aus Exporten größer als das Wachstum der Ausgaben für Importe sein wird, damit das Defizit allmählich wieder abgebaut werden kann. Während die Exporte von Gütern und Leistungen vor allem aus den (wenigen) größeren Zentren – darunter auch einigen Zentren des Tourismus – stammen, müssten die Importe weiter gestreut verteilt werden, ohne die Peripherie auszulassen, wenn deren Wirtschaft angekurbelt werden soll.[217]

Tabelle 6: Privatisierte georgische Großunternehmen

Unternehmensname	Geschäftsfeld	Eigentümer / Sitz
Georgian Water and Power Ltd	Wasserversorgung in Tbilisi, Rustavi, Mtskheta	Georgian Global Utilities / British Virgin Islands
Energo Pro Georgia	Betrieb von Wasserkraftwerken, Elektrizitätsversorgung	EnergoPro / Tschechien
Telasi	Stromversorgung Tbilisi	JSC RAO EES / Amsterdam u.a.
Zestaponi Ferroy Alloy Plant	Eisenlegierungen	Georgia-American Alloy
	Gold- u. Kupfergewinnung	Rich Metals Group
Tkibuli Coal Mines	Kohlebergbau	Georgian Industrial Group Holding, Eigentum von Chemexim International / Marshall Islands
Kutaisi Auto Mechanical Plant	Bau von Lkw	dto.
Rustavi Metallurgical Plant	JSC	Georgian Steel und Rustavi Steel LLC / Amsterdam
Batumi Oil Terminal LLC	Erdöltransport	Batumi Terminals / Zypern
Ksani Glass Container		JSC Mina
JSC Sakkabeli	Kabelproduktion	Sket / ??
Zahesi 2007 Ltd	Wasserkraftwerk	Internat. Terminal Service / Panama u.a.
Ocean Crewing Company Ltd		Georgian Tankers Ltd / Marshall Islands
Zarapkhana Ltd Tbilisi	Schmuck	Zarapkhana Development Ltd, im Eigentum von Florine Ltd /Brit.Virgin Islands

Einflüsse der Globalisierung zeigen sich in der Unternehmensstruktur. So ändern sich die Eigentumsverhältnisse an den privatisierten (Groß-)Betrieben immer wieder; nicht alle Transaktionen sind durchschaubar, vielfach bestehen fiktive Unternehmenszentralen in „Steueroasen“ (offshore-Zonen). Die Zusammenstellung nennt einige Beispiele (Tab. 6). Gegenüber diesen Unternehmen sind rechtliche Ansprüche in Georgien schwer durchsetzbar. Schwer abzuschätzen ist vor allem die tatsächliche Beteiligung von russischem (Privat-) Kapital an der georgischen Wirtschaft. Als NGO engagiert sich *Green Alternative* seit 2000 in die Aufdeckung von Missständen, um eine umwelt- und sozial gerechte Wirtschaftsentwicklung zu fördern.[218]

Was bedeutet nun die derzeitige Wirtschaftssituation Georgiens für die künftige Entwicklung? Sicher zeigen die zurückliegenden anderthalb Jahrzehnte einen deutlichen Aufwärtstrend, sieht man von den negativen Folgen ab, die der Krieg von 2008 mit sich brachte. Bei den Präsidentschafts- und Parlamentswahlen der 2010er Jahren erwies sich, dass Georgien einen Weg zu einer gewissen Demokratisierung einschlägt, wenn man auch nicht die verbliebenen Probleme verkennen darf. Die Gefahr, dass Demokratisierungsgewinne rückgängig gemacht werden, kann nicht ausgeschlossen werden.

Schwerer einzuschätzen ist, ob es zu einer weiteren Abkoppelung von Peripherien im Land kommt oder ob die oben angedeuteten regionalpolitischen Gegenmaßnahmen greifen. Deutlich zeichnen sich Entwicklungsachsen ab, die von Tbilisi aus nach Osten (Telavi – Kachetien), Südosten (Rustavi – Gardabani) und vor allem nach Westen (Gori – Kutaisi – Batumi mit einem Abzweig von Khashuri über Borjomi nach Akhaltsikhe) führen. Ob sich der Ausbau der Bahnstrecke [Baku] – Tbilisi – Akhalkalaki – [Kars] nicht nur für den Transit, sondern auch für die regionale Wirtschaft auszahlt, muss sich noch erweisen. Die dominante wirtschaftliche Stellung von Tbilisi ist ungebrochen; dort sind auch zahlreiche Arbeitsplätze im Entstehen, die auf hochqualifizierte Mitarbeiter angewiesen sind. Auch einige Regionalzentren wie Batumi, Kutaisi, Gori, Telavi und Akhaltsikhe beginnen, von der Wirtschaftsentwicklung zu profitieren. Rustavi könnte sich zu einem industriellen Entlastungsstandort in Hauptstadtnähe entwickeln. Der ländliche Raum, insbesondere in den Hochlagen der Gebirge, in Minderheitengebieten und im Süden Georgiens weist aber immer noch starke Entwicklungsdefizite auf, die sich in anhaltenden Bevölkerungsverlusten manifestieren. Fortschritte kann Kachetien mit der Wiederbelebung und Modernisierung des Weinbaus aufweisen. Hier bestehen sogar Zugänge zum Weltmarkt.

Einen anderen Aspekt der Globalisierung lässt die „neue Seidenstraße" aufscheinen. Seit 2013 verfolgt die Volksrepublik China den Plan, zunächst unter dem Schlagwort „*One Belt, One Road*" (OBOR), dann in der „*Belt and Road Initiative*" (BRI) mit Investitionen in Milliardenhöhe die „Seidenstraße" als Bündel von Handelswegen wiederzubeleben. Konkretisiert wurde das Vorhaben 2017 auf einer internationalen Konferenz in Beijing. Ein Bündel an Verkehrswegen, das sich von Südsibirien bis Europa und Ostafrika erstreckt, soll die Infrastruktur für einen internationalen Handelsaustausch schaffen, von dessen Dynamik sich China eine rasche Amortisation der geplanten Investitionen verspricht.[220] Dass das internationale Interesse groß war, liegt sicher auch am Mythos eines Namens, der vergleichsweise jung ist: Der Geograph Carl Ritter verwendete ihn wohl erstmals 1838, der Geologe und Geograph Ferdinand von Richthofen sprach 1877 von den zentralasiatischen Seidenstraßen – mit großem Erfolg, wie man sieht.[221] Georgien lag sicher nie an einem Hauptstrang der Handels- und Kommunikationswege zwischen dem Fernen Osten und Europa, aber das Land bot sich dem Ost-West-Handel immer als alternativer Durchgangsraum an. Die heute von Baku über Şamaxı (Shemakha; Aserbaidschan) und Tbilisi nach Poti führende Fernstraße zeichnet wesentlich ältere Verkehrs- und Handelswege nach, die den an ihnen liegenden Siedlungen wirtschaftlichen Nutzen brachten. Die Europäische Union griff in den 1990er Jahren auf die Idee zurück, mit Verkehrsinfrastruktur Wirtschaftsentwicklung zu fördern und damit Konfliktpotentiale zu verringern, und bot mit dem Programm TRACECA (*Transport Corridor Europe – Caucasus – Asia*) Hilfe für die

6.66 „*Road and Belt Initiative*": Chinesisches Engagement beim Ausbau der Straßenquerung der Suramikette (September 2022)

jetzt unabhängigen Staaten Südkaukasiens und Zentralasiens an. Mit mehreren kleinen Projekten sollten die Vorteile gut ausgebauter Verkehrsinfrastruktur vermittelt werden. Wo beim Verkehrsausbau Großprojekte durchgeführt werden, schwingt inzwischen die Idee der neuen Seidenstraße mit, sei es beim Ausbau von Eisenbahn und Fernverkehrstraßen oder von Häfen am Schwarzen Meer. Konkretes Beispiel ist bisher die Eisenbahnverbindung Baku – Tbilisi – Kars, die als Teil des Wirtschaftskorridors Zentralasien – Westasien, d. h. einer Landbrücke zwischen Asien und Europa verstanden wird.[222] Damit soll der Bedeutung Georgiens bei Überlegungen zur neuen Konnektivität in Eurasien Rechnung getragen werden.[223] China gehört inzwischen zu Georgiens wichtigen Außenhandelspartnern; während Georgien Kupfererz, Kupfer und Wein nach China exportiert, ist dieses vor allem mit Direktinvestitionen der Hualing-Gruppe vertreten, die eine steuerbefreite Industriezone in Kutaisi betreibt und in Tbilisi den Bau der Tbilisi Sea New City initiierte.[224]

Selbst die Tourismusindustrie der Gegenwart knüpft daran an. Zwar wird in geringerem Maße als beispielsweise in Kirgistan oder Uzbekistan die „neue" Seidenstraße beworben, aber es bestehen derartige Angebote, oft von Agenturen, die auch in Zentralasien tätig sind.[225] Schon 1998 hielt die internationale Tourismusorganisation (UNWTO) ein drittes Treffen über den Tourismus entlang der Seidenstraße in Tbilisi ab.[226] Dabei wurde der enge Zusammenhang zwischen der grenzübergreifenden Tourismusentwicklung und dem TRACECA-Projekt betont, das die Verkehrsinfrastruktur bereitstellen sollte.

Zwischenfazit

In Georgien sind die Abkehr von der Agrargesellschaft und der Übergang zu einer zunächst dominant industriewirtschaftlichen Entwicklung und zu einem darauf folgenden Ausbau des tertiären Sektors, Fourastiés „große Hoffnung des 20. Jahrhunderts",[227] noch nicht abgeschlossen. Die Transformation im politischen und wirtschaftlichen Bereich unterbrach bereits eingeleitete Prozesse. Von den Beschäftigtenzahlen her gesehen blieb Georgien ein Agrarland mit beträchtlicher verkappter Arbeitslosigkeit, nicht jedoch hinsichtlich des Produktionswertes. Die Vielfalt an Kulturpflanzen, die günstige natürliche Anbaubedingungen finden, bietet ein großes Potential, erfordert aber betriebsstrukturelle Förderung. Internationale Standards bei der Produktion durchzusetzen und Zugang zu Vermarktungswegen zu schaffen, sind zwei aktuelle Aufgaben. Die Industrialisierung, die mit dem Bahnbau im 19. Jahrhundert begann und von der Sowjetmacht forciert durchgesetzt werden sollte, verlor hingegen in der Transformationskrise der 1990er Jahre an Bedeutung und tritt gegenüber neuen Aufgaben im tertiären Sektor deutlich zurück. Dabei könnte Georgien in Zukunft eine größere geoökonomische Rolle im Energie- und Transportsektor zufallen. Der Ausbau der Wasserkraft in einigen Groß-, aber auch in zahlreichen Kleinanlagen wird durch das hydroenergetische Potential nahegelegt, und der Transit von Erdöl und Erdgas aus dem Kaspischen Raum spielt schon heute eine wichtige Rolle. Damit und mit dem Tourismus (nach dessen Wiederbelebung nach Abklingen der Covid-19-Pandemie) besitzt Georgien das Potential, an globalen Wirtschaftsabläufen beteiligt zu sein. Durch umfangreiche Kreditaufnahme hat sich das Land allerdings in neue Abhängigkeiten gebracht, die nur schwer zu überwinden sind.

7

Formale Elemente
des Staatsaufbaus

Staatsbürgerschaft und Verfassung

Der Verkündung der neuen Verfassung Georgiens ging ein Gesetz über die *Staatsbürgerschaft* voraus.[1] Es war recht liberal formuliert und folgte dem *ius soli*. Danach besitzt jede auf dem georgischen Territorium geborene Person die georgische Staatsbürgerschaft. Eine Einbürgerung von Ausländern ist möglich, setzt aber mehrjährige geduldete Anwesenheit in Georgien (bis 2018 fünf Jahre, seither zehn Jahre), Kenntnis von georgischer Sprache, Geschichte und Verfassung sowie ein gesichertes Einkommen voraus. Die Annahme einer anderen Staatsbürgerschaft verhindert die Beibehaltung der georgischen, doch erlaubt die Verfassungsänderung von 2018 in Ausnahmefällen eine doppelte Staatsbürgerschaft. Vereinfachte Verfahren der Einbürgerung gelten für Ehepartner georgischer Staatsbürger. Gesetze, die Emigration und Immigration regeln, ergänzen das Staatsbürgerschaftsgesetz.

Bis 1991 hatte – selbst noch nach den Wahlen vom 28. Oktober 1990 – die 1978 erfolgte Anpassung der sowjetgeorgischen an die sowjetische Verfassung des Jahres 1977 gegolten; allerdings waren 1990 einige Änderungen vorgenommen geworden, die insbesondere die Führungsrolle der Kommunistischen Partei und Hinweise auf die Sowjetideologie aufhoben.[2] Danach hatte eine neue Verfassung noch zwei Vorläufer: Am 21. Februar 1992 wurde die genau 71 Jahre zuvor beschlossene Verfassung der ersten Republik Georgien wieder in Kraft gesetzt, auch um nach außen hin zu zeigen, dass der junge Staat an die Tradition der ersten Unabhängigkeit im 20. Jahrhundert anknüpfte. Danach regelte das „Gesetz über die staatliche Macht“ vom 6. November 1992 das Funktionieren des Staates, bis eine neue Verfassung ausgearbeitet war. Diese wurde am 24. August 1995 verkündet.[3] Sie gilt allein schon aus Gründen der Symbolik offiziell als Fortführung des Grundgesetzes von 1921, wie in der Präambel hervorgehoben wird. Auch die Verfassung von 1995 unterlag Korrekturen: Zwei massive Änderungen galten der Rolle des Präsidenten: Während die Ergänzung vom Februar 2004 die Machtbefugnisse des Präsidenten erweiterte und ihm ermöglichte, den Premierminister sowie die Minister für Inneres, Sicherheit und Verteidigung direkt zu ernennen, und ihn ermächtigte, das Parlament aufzulösen, wenn es dreimal seinem Budgetentwurf nicht zustimmt, beschnitt die 2013 in Kraft getretene Verfassungsänderung die Macht des Präsidenten zugunsten von Parlament und Ministerpräsidenten. Eine weitere Verfassungsänderung, für die am 22./23. Mai 2017 eine von der GIZ organisierte Konferenz stattfand, an der georgische Parlamentarier und ausländische Fachleute teilnahmen, bereitete die jetzt gültige Version vor. Sie wurde durch das Verfassungsgesetz Nr. 2071 vom 23. März 2018 festgelegt und trat am 16. Dezember 2018 mit dem Amtsantritt der Staatspräsidentin Salome Zurabishvili in Kraft.[4] Verfassungsänderungen, die vom Parlament zu beschließen sind, benötigen heute eine Dreiviertelmehrheit und sind damit scheinbar schwer durchzusetzen, doch ist nach dem geltenden Wahlrecht selbst eine solche Mehrheit von der jeweiligen Regierungspartei zu erreichen.

Inhaltlich begünstigt die Verfassung trotz der Multinationalität des Staates das (ethnische) Georgiertum. Dies gilt für die georgische Kirche, der in Artikel 8 bei aller generellen Freiheit der

←7.01 Tbilisi:Parlamentsgebäude (August 2011)

Glaubensausübung eine besondere Bedeutung zugewiesen wird, ebenso gilt es für die georgische Sprache als Staats- und Amtssprache. Die Sprachen der Minderheiten bleiben unerwähnt, nur dem Abchasischen wird in der Verfassung der Republik Georgien auf dem Territorium Abchasiens der Charakter einer Staatssprache zuerkannt. Allerdings haben die Bewohner Abchasiens (und ebenso die Bewohner Südossetiens) nach der Sezession die Staatsbürgerschaft der Russländischen Föderation erhalten, die sich als Protektor der beiden abtrünnigen Territorien sieht.[5]

Die georgische Verfassung und die auf ihrer Basis erlassenen Gesetze sehen sich dem kontinentaleuropäischen, auf dem kodifizierten römischen Recht beruhenden Rechtssystem verpflichtet. Dies entspricht der Rechtstradition im Land, wird aber auch im Hinblick auf einen von vielen politischen Akteuren gewünschten späteren Beitritt zur Europäischen Union gepflegt.[6]

Wichtigste Staatsorgane

Das *Parlament* (*sakartvelos parlamenti* oder „Oberster Rat", *umaghlesi sabcho*), dessen Präsident nach dem Staatspräsidenten die zweithöchste Position im Staat einnimmt, besteht als Legislative aus nur einer Kammer. Obwohl die bisherigen Wahlen mehrfache Veränderungen der Mehrheitsverhältnisse mit sich brachten und das Wahlrecht die jeweils siegreiche Partei bei der Sitzverteilung begünstigt, kann das Parlament als einigermaßen anerkannte Institution des demokratischen Georgien gesehen werden. Eine 5 %-Klausel verhindert, dass politische Splittergruppen die Arbeit des Parlaments lähmen. Nach Artikel 48 der Verfassung bestimmt das Parlament die Richtlinien der Innen- und Außenpolitik. Die 2013 in Kraft getretene Verfassungsänderung stärkte sogar die Position des Parlaments. Es kann mit Drei-Fünftel-Mehrheit die Regierung und hohe Beamte abwählen und sogar den Präsidenten stürzen, wenn ihm Verfassungsbruch nachgewiesen wird. Um die Bedeutung Kutaisis zu unterstreichen und Westgeorgien etwas gegenüber der Dominanz Tbilisis aufzuwerten, wurde 2012 der Sitz des Parlaments nach Kutaisi verlegt, wo im Südwesten der Stadt ein futuristisches Parlamentsgebäude errichtet worden war. 2018 wurde diese Funktionsverlagerung jedoch rückgängig gemacht, da sich die räumliche Trennung von Regierung und Parlament nicht bewährt hatte; seit dem 1. Januar 2019 ist Tbilisi wieder der einzige Sitz des Parlaments. Kutaisis Parlamentsgebäude sollte zunächst vom Innenministerium übernommen werden und dann zu einem IT-Zentrum ausgebaut werden.

Der *Staatspräsident* wurde zunächst für eine fünfjährige Amtszeit von den Wahlberechtigten direkt gewählt; einmalige Wiederwahl war möglich. Nach der Verfassung von 1995 hatte der Staatspräsident eine starke Position und bestimmte die Politik des Landes. Die Regierung war in der Realität der präsidialen Macht untergeordnet, und auch die Gesetzgebung wurde durch Vorrechte des Präsidenten

7.02 Tbilisi: Präsidentenpalast (August 2010)

beeinflusst. Der Staatspräsident konnte mit Erlassen, Befehlen und Dekreten eine direkte Exekutive ausüben. Diese umfassende Machtfülle wurde kurz vor Ablauf von Micheil Saak'ashvilis zweiter Amtszeit durch eine Verfassungsänderung beschnitten und gleichzeitig die Position des Ministerpräsidenten gestärkt. Eine zweite Änderung betraf das Wahlverfahren: In Zukunft soll der Staatspräsident auf indirektem Weg von einem Wahlgremium bestimmt werden. Heute kommt dem Staatspräsidenten (bzw. derzeit der Staatspräsidentin Salome Zurabishvili) keine exekutive Macht mehr zu; mit dem Amt ist vor allem die Repräsentation für den Staat verbunden.

Der seit der Verfassungsänderung von 2012 in seiner Funktion gestärkte Premierminister und die Minister bilden die *Regierung*, wobei der Regierungschef formell auf Vorschlag des Präsidenten vom Parlament gewählt wird. Die Ressorts für Inneres, Sicherheit und Verteidigung unterstanden bis 2012 allerdings nicht dem Premierminister, sondern dem Staatspräsidenten. Die Zuständigkeiten der einzelnen Fachministerien, die zunächst in Fortführung der in sowjetischer Zeit üblichen Struktur arbeiteten, unterliegen immer wieder Veränderungen, aus denen die jeweilige Bedeutung des Ministeriums (bzw. seiner Leitung) abgelesen werden kann. Zwischen 1995 und 2003 erfolgten massive Veränderungen durch Umbenennung, Verschmelzung, Ausgliederung und Neustrukturierung, danach unter Saak'ashvili vor allem eine Straffung durch Auflösung von Unterabteilungen und ein massive Reduktion der Mitarbeiterzahl.[7]

Ein unabhängiges *Verfassungsgericht* wurde durch Gesetz vom 31. Januar 1993 geschaffen. Es besteht aus neun Richtern, die für eine zehnjährige Amtszeit ernannt werden, ein Drittel vom Präsidenten, ein Drittel vom Parlament und ein Drittel vom Obersten Gerichtshof. Die Immunität der Verfassungsrichter kann nur vom Verfassungsgericht selbst aufgehoben werden. Der Oberste Gerichtshof gilt als höchste Instanz in allen Rechtsfragen außerhalb des Verfassungsrechts. Neben dem Verfassungsgericht und dem Obersten Gericht gehört seit der Rechtsreform von 1997 ein Hoher Rechtsrat, der von Parlament, Staatspräsident und Oberstem Gerichtshof berufen wird, zu den höchsten Organen der Rechtspflege, die damit nicht länger dem Justizministerium hörig ist.[8] Die Unabhängigkeit der Rechtsprechung von den politischen Machtträgern ist ein wesentliches Element der demokratischen Staatsform. Formell wurde sie daher auch in Georgien mit Ausrufung der Unabhängigkeit umgesetzt. In der Realität erwiesen sich die Gerichte aber als wenig unabhängig, sondern folgten häufig den Weisungen politischer Repräsentanten. Entsprechend gering war für lange Zeit das Vertrauen der Bevölkerung in die Rechtsprechung.

Staatliche Symbole

Die georgische *Staatsflagge* ist seit einem Parlamentsbeschluss am 26. Januar 2004 die „Fünfkreuzeflagge" mit dem roten Jerusalemkreuz und vier kleinen roten Kreuzen auf weißem Grund; sie war unmittelbar zuvor in der „Rosenrevolution" zum Symbol des Änderungswillens geworden. Vorher präsentierte sich Georgien mit der Flagge der ersten Republik 1918 bis 1921, die wieder von 1991 bis 2004 galt (dunkelrot mit schwarz-weißem Feld).[9] Die heutige Staatsflagge soll die christliche Orientierung des Landes symbolisieren und sich damit deutlich von der sowjetischen Ausrichtung vor 1991 abheben. Im Stadtbild von Tbilisi folgt die Errichtung des Sankt-Georgs-Denkmals auf dem Freiheitsplatz (2006) anstelle des schon früher abgetragenen Lenin-Standbilds derselben Logik.[10] Dass in Georgien sehr häufig neben der Staatsflagge die Europaflagge gehisst wird, entspricht dem politischen Ziel einer Annäherung an die Europäische Union.

Die *Nationalhymne tavisupleba* („Freiheit") ersetzte 2004 die nach Erlangung der Unabhängigkeit zunächst aufgegriffene Hymne *dideba* („Es sei gepriesen"), die bereits die Nationalhymne der ersten georgischen Republik 1918–1921 gewesen war, in deren Rechtsnachfolge sich der heutige Staat sieht.

Parteien und zivilgesellschaftliche Organisationen

Als „Parteien" im Sinne der westeuropäisch-nordamerikanischen Demokratien bezeichnet sich eine große Zahl an Gruppierungen, die auf keine lange Tradition zurückblicken können und für die Parlamentswahlen jeweils Zweckbündnisse bilden. Diese Bündnisse sind weitgehend auf die Interessen einzelner Persönlichkeiten ausgerichtet.[11] So ist das seit 2012 regierende Bündnis *Georgischer Traum – Demokratisches Georgien* (ქართული ოცნება–დემოკრატიული საქართველო – *kartuli otsneba–demok'rat'iuli sakartvelo*, *KO*) ein von Bidzina Ivanishvili gegründetes Gebilde, dessen Hauptziel darin bestand, Saak'ashvilis Machtstreben zu beenden. Dessen Partei, die *Vereinte Nationale Bewegung* (ერთიანი ნაციონალური მოძრაობა *ertiani natsionaluri modsraoba*, *ENM*), verfolgt eine liberale, nach Europa orientierte und auf den Beitritt zu EU und NATO abzielende Politik, während der *Georgische Traum* eine Verbesserung des Verhältnisses Georgiens zu Russland anstrebt. Für die Bürger Georgiens sind Verwandtschafts- und Bekanntschaftsbeziehungen wichtiger als Interessenverbände oder andere zivilgesellschaftliche Organisationen. Es ist nicht das Beziehungsnetz einer Behörde, sondern das des einzelnen Amtsinhabers, das sich auf den Bürger auswirken kann. Dies wirkt stärker als eine generelle, anonyme Rechtssicherheit. Nichtregierungsorganisationen sind in Tbilisi relativ wirksam, haben aber in der entlegenen Provinz wenig Bedeutung. Am ehesten konnten sie in den Minderheitengebieten bewirken, dass eine graduelle Besserstellung der Angehörigen ethnischer Minderheiten erfolgte.

Staatliche Strukturen in den *de facto*-Staaten

Abchasien und Südossetien bildeten nach der einseitigen Erklärung ihrer Unabhängigkeit eigene staatliche Strukturen aus, die noch stark an das sowjetische Erbe erinnern. Abchasien erlebte zunächst eine Phase politischer Ruhe unter seinem Präsidenten Vladislav Ardzinba, der allerdings einen zunehmend autoritären Regierungsstil entwickelte und zuletzt auch durch Krankheit geschwächt war. Er wurde 2004 von dem kremlorientierten Raul Khadjimba abgelöst, der jedoch 2009 bei der Wahlwiederholung Sergej Bagapsh unterlag. Dessen unerwartetem Tod 2011 folgten Unruhen, bis sich Khadjimba 2014 durchsetzen konnte. 2020 trat er vom Amt zurück, Nachfolger wurde Aslan Bzhania. Südossetien erlebte eine größere Zahl von Präsidentschaftswahlen mit jeweils mehreren konkurrierenden Kandidaten. Bei der Wahl im April 2017 trug Anatolij Bibilov den Sieg über den bisherigen Amtsinhaber Leonid Tibilov davon. Bibilov wurde bei den 2022 erfolgten Wahlen von seinem Herausforderer Alan Gagloev abgelöst.

Der bewusst knapp gehaltene Blick auf den Staatsaufbau lässt erkennen, dass Georgien formal die Option einer internationalen Einbindung als westliche Demokratie verfolgt. Die jeweils nach Wahlen auftretenden Zweifel an der Rechtmäßigkeit des Ergebnisses, die fast regelmäßig zu Demonstrationen führen, sprechen jedoch auch eine andere Sprache: Nach wie vor besteht eine starke Polarisierung zwischen verschiedenen Hauptlagern. Dem von Irak'li Garibashvili angeführten, unter dem Einfluss von Bidzina Ivanishvili stehenden Parteienbündnis „Georgischer Traum", das demokratische, konservative und nationalistische Strömungen vereinigt, steht polarisierend die liberaldemokratische „Vereinte Nationale Bewegung" gegenüber, deren wichtigster Repräsentant der ehemalige Staatspräsident Mikheil Saak'ashvili war.

8

Facetten kultureller Tradition und Eigenart

Georgien ist ein kulturreiches Land, und die ganz unterschiedlichen Ausprägungen von Kultur gehören sicherlich zu den besonderen Faszinosa, die die Vielfalt des Landes ausmachen. Alle Kunstgattungen sind durch die Jahrhunderte hindurch in zahlreichen Facetten vertreten und zeigen eine enorme Kreativität. Damit sind nicht nur Werke der „hohen" Kultur gemeint und auch nicht nur die in die Landschaft eingebundenen Werke, die sich etwa im Kirchenbau oder der profanen Architektur zeigen, sondern ebenso Ausprägungen von Alltagskultur. Die kunstvolle Rhetorik des *tamada* beim *supra* gehört hier ebenso dazu wie Bilderausstellungen von Laienkünstlern oder das gesellschaftliche Leben in inzwischen international bekannten Discos. Im folgenden sollen einige Aspekte wenigstens schlaglichtartig angesprochen werden, die auf den ersten Blick vielleicht nicht unmittelbar als „geographisch" zu bezeichnen sind, die aber zum Verständnis der historischen Tiefe und der nationalen Identität beitragen, denn Georgien hat immer seine kulturelle Eigenständigkeit betont und blickt über alle politischen Umbrüche hinweg auf eine kontinuierliche Kulturtradition von mehr als anderthalb Jahrtausenden zurück. Nicht jedoch diese lange zeitliche Dauer ist entscheidend, sondern die Verankerung im kollektiven Bewusstsein großer Teile der Bevölkerung macht die Bedeutung der georgischen Kultur aus. Die Tatsache, dass das Georgiertum räumlich bis vor wenigen Jahrzehnten weitgehend auf Georgien beschränkt war, hat hierzu beigetragen, doch sollte dieses Argument nicht überbetont werden, zeigt doch das Beispiel der benachbarten Armenier, dass kulturelles Nationalbewusstsein auch in der Diaspora weiterleben kann, gepflegt wird und einen emotional-kulturellen Bezug zum (Herkunfts-)Raum herstellt. So unterhalten heute auch die im Ausland lebenden Georgier enge Beziehungen zueinander.

Es darf nicht übersehen werden, dass die georgische Kulturtradition ebenso wie die Tradition im gesamten kaukasischen Raum das Erbe mehrerer historischer „Schichten" mit sich trägt, von denen die älteste in vorchristliche Zeiten zurückreicht und vor allem bei den Gebirgsvölkern Nordgeorgiens zu einem Synkretismus kultureller Äußerungen führte. Tief im Bewusstsein der Bevölkerung verankert ist die christliche Tradition, die zunächst von Byzanz beeinflusst wurde, sich aber dann in Georgien verselbständigte. Die georgische orthodoxe Kirche durchdringt heute nahezu alle Lebensbereiche und ist – außer vielleicht in den Siedlungsbereichen ethnischer Minderheiten – nicht aus dem Alltag wegzudenken. Das kulturelle Erbe in Schriftlichkeit, Literatur, bildender Kunst, Musik und Architektur setzt zunächst im Einflussbereich der georgischen Kirche ein. Eine Überschichtung durch islamische Einflüsse ist zwar regional erfolgt, aber bei weitem nicht so wirksam wie in weiten Teilen Nordkaukasiens und wie in Aserbaidschan, wo die christliche Vergangenheit Albaniens verblasste und erlosch. Der Versuch einer umfassenden Russifizierung im ausgehenden 19. und beginnenden 20. Jahrhundert scheiterte, doch fand ein intensiver Kulturaustausch zwischen Georgien und Russland statt. Modifiziert setzte er sich auch im 20. Jahrhundert in der Sowjetzeit fort, wenn man die sowjetische Kultur als einen Ansatz begreift, unter russischer Dominanz die nationalen Kulturen des Gesamtstaats zu harmonisieren.[1]

←8.01 Replika der im Georgischen Nationalmuseum Tbilisi befindlichen Inschrift im Türsturz der Kirche von Bolnisi-Sioni in *asomtavruli*-Majuskeln (Mai 2019)

Das Ende der Sowjetunion brach diesen Prozess weitgehend ab, beschwor eine Rückbesinnung auf ältere Traditionen und betonte das Nationale der Kultur.

Dabei war die georgische Kultur auch in der Sowjetzeit „national" gewesen – bisweilen sogar mehr, als der politischen Führung in Moskau recht sein konnte, denn in Georgien gab es immer eine der Konfrontation mit der verordneten Meinung nicht ausweichende Kunst, die selbstbewusst auftrat und im Ausland auch durchaus wahrgenommen wurde. Sie gehörte wohl zu den Überlebensstrategien eines zahlenmäßig eher kleinen, auf relativ engen Raum begrenzten Volkes, das die Erinnerung an eine große Vergangenheit im kollektiven Gedächtnis mittrug.

Inbegriff der kulturellen Eigenständigkeit: Sprache und Schrift

Das Georgische gehört zur südkaukasischen Sprachfamilie; die anderen Sprachen dieser Familie und die Dialekte der georgischen Bergvölker waren bereits erwähnt worden. Im Unterschied zu vielen indoeuropäischen Sprachen hat das Kartvelische seit der Entwicklung einer eigenen Schrift vor anderthalb Jahrtausenden keine bedeutenden Veränderungen erlebt. Zwar unterscheidet die Sprachwissenschaft nach der literarischen Überlieferung zwischen dem Altgeorgischen (bis zum 11. Jahrhundert), dem Mittelgeorgischen (12. bis 19. Jahrhundert) und dem Neugeorgischen (etwa seit den 1860er Jahren), doch sind die linguistischen Veränderungen so gering, dass mittelalterliche Texte auch heute ohne große Schwierigkeiten gelesen und verstanden werden.[2]

Die Kontinuität der Sprache trägt viel zur Identitätsfindung der Georgier im weiteren Sinne bei, ebenso die Kontinuität der Schrift, doch muss man bedenken, dass genau dadurch die Integration ethnischer und linguistischer Minderheiten erschwert wird. Mit der Sonderstellung des Georgischen als Schriftsprache der südkaukasischen Sprachfamilie verbinden sich Mythen wie die Ableitung von einer japhetitischen Vorgängersprache, die neben der semitischen Sprache stehe, oder wie der Anspruch, eine auserwählte, „heilige" Sprache zu sein, oder wie die Vorstellung, das Georgische bilde mehr als andere Sprachen die Realität besonders gut ab; auch von ausgeprägter Harmonie und besonderer Differenziertheit des Ausdrucks wird gesprochen.[3] Letztlich dienen solche Überlegungen dazu, aus der Sonderstellung eine Überlegenheit abzuleiten, die das Selbstwertgefühl der Sprechenden hebt und damit wieder zur Identitätsbildung beiträgt.

Das Georgische hat immer seine eigene Schrift behalten. Die beiden Schriftreformen, die in den 1920er und 1930er Jahren in weiten Teilen der Sowjetunion durchgeführt wurden und vor allem den islamischen Unionsrepubliken erst die lateinische, dann die kyrillische Schreibweise brachten, fanden – wie in Armenien ebenfalls – keine Anwendung. Wohl war möglicherweise 1926 ein Beschluss zur Latinisierung der georgischen Schrift gefasst worden, doch blockierten angeblich äußere Gründe (fehlende Finanzierung für die erforderlichen Schreibmaschinen) die

8.02 Buchstabenturm in Batumi (August 2019)

Umsetzung.[4] Vermutlich war es nicht nur die Persönlichkeit Stalins, die die Reformen verhinderte, sondern auch eine realistische Einschätzung des Protestpotentials bei der Bevölkerung und ebenso die Tradition von Schrift und Sprache in der geistigen Kultur des Landes: Georgien hatte schon über Jahrhunderte eine hohe Schriftkultur ausgebildet. Es wird angenommen, dass das erste georgische Alphabet *mrglovani*, das als Majuskelschrift (*asomtavruli*) aus dem griechischen Alphabet abgeleitet wurde, mit Siedlern an der östlichen Schwarzmeerküste in die Region gekommen war, die bisherige Silbenschrift ablöste und bis ins 9. Jahrhundert Bestand hatte.[5] Die Reihenfolge der Buchstaben, die zugleich als Zahlzeichen dienten, entspricht dem griechischen Alphabet; entfallen oder hinzugefügt sind einige wenige Buchstaben aus phonetischen Gründen. Im Mittelalter entwickelten sich daraus zwei Schriftsysteme, *nuskhuri* oder *mrglovani khutsuri* als liturgische Majuskelschrift („Priesterschrift") und die „Kriegerschrift" (*mkhedruli*), von denen letztere, im 17. Jahrhundert normiert, zur Grundlage des heutigen georgischen Alphabets wurde.[6]

Die Eigenständigkeit Georgiens in Sprache und Schrift führt dazu, dass zahlreiche Veröffentlichungen zwar in dieser Sprache erscheinen, damit aber einer weiteren Verbreitung und Kenntnisnahme vorenthalten bleiben.

In Abchasien und Südossetien spiegeln sich im mehrfachen Wechsel der Schrift in der Neuzeit politische Umbrüche: Für das Abchasische entwickelte der deutsch-russische Wissenschaftler Peter von Uslar 1862 ein abgewandeltes kyrillisches Alphabet, das in den 1890er Jahren durch eigene Schriftzeichen ersetzt wurde. 1926 schuf Nikolai Marr ein modifiziertes Alphabet, das bereits 1928 durch die lateinische Schrift abgelöst wurde. 1938 wurden für das Abchasische die georgischen Schriftzeichen verbindlich, ehe man 1954 zum kyrillischen Alphabet mit Sonderzeichen zurückkehrte.[7] In Südossetien bestand seit dem späten 18. Jahrhundert eine Schriftlichkeit auf der Grundlage des georgischen Alphabets. Im 19. Jahrhundert wurde ein Wechsel zur kyrillischen Schrift verordnet, dem zwischen 1924 und 1937 der Gebrauch des lateinischen Alphabets folgte. Die Rückkehr zunächst zur georgischen, dann zur kyrillischen Schrift entspricht der Entwicklung in Abchasien.[8]

Sprache und Schrift wurden als starke Identitätselemente der georgischen Bevölkerung zum Politikum. Als im 19. Jahrhundert das Russische als offizielle Sprache von Verwaltung und Kirche an die Stelle des Georgischen trat, wurde die „Gesellschaft zur Verbreitung der Lese- und Schreibkunde unter den Georgiern" zur nationalen Gegenkraft. Die 1918 gegründete Staatsuniversität in Tbilisi sollte höhere Bildung in georgischer Sprache vermitteln. Alle Verfassungen Georgiens seit der ersten Unabhängigkeit (Verfassung vom 21. Februar 1921) über die Sowjetzeit (Verfassungen von 1922, 1926, 1937 und 1978) bis zur aktuellen Verfassung Georgiens (vom 24. August 1995) nennen das Georgische als Amts- und Staatssprache. Als nach der Einführung einer neuen Unionsverfassung (1977) im Jahr 1978 in der Verfassung der Georgischen SSR und abermals im Vorfeld einer geplanten Verfassungsänderung von 1988 das Russische dem Georgischen als Amtssprache gleichgestellt werden sollte, kam es in Tbilisi zu heftigen Demonstrationen, die mit der Wahrung der Eigenständigkeit des Georgischen als einziger offizieller Amtssprache endeten. Der sowjetische Anspruch, das Nationale zu überwinden, war in diesem Punkt gescheitert.[9]

Nach Wiedererlangung der staatlichen Unabhängigkeit lebten unter Gamsakhurdia Mythen auf, die der georgischen Spache eine vorrangige Stellung unter den Sprachen der Welt, eine besondere Natürlichkeit und eine Übereinstimmung mit dem nationalen Charakter der Georgier bescheinigten. Dazu wurden die besondere Harmonie der gesprochenen Sprache, die hohe Ausdrucksfähigkeit in allen Kontexten, der lexikalische Reichtum und die bis in die Gegenwart erhaltene Reinheit hervorgehoben.[10]

Abbild einer langen Bildungstradition: Die Literatur

Die Tatsache, dass sich die Sprache seit Jahrhunderten kaum veränderte und damit auch heute noch ältere Texte gelesen und verstanden werden können, ließ die georgische Literatur reich werden.[11] Berühmtestes Beispiel ist das im „Goldenen Zeitalter" entstandene, auf Shota Rustaveli zurückgeführte Nationalepos, dessen Titel „ვეფხისტყაოსანი, *vepkhis t'q'aosani*" meist mit „Der Recke im Tigerfell" oder „Der Mann im Pantherfell" oder in ähnlicher Weise wiedergegeben wird.[12] Es erwuchs aus der in ganz Kaukasien verbreiteten Erzähltradition und wurde bis ins 17. Jahrhundert ausschließlich mündlich tradiert.

Die ersten schriftlichen Zeugnisse sind älter und gehen auf religiöse Texte zurück, insbesondere auf Martyrologien und Heiligenviten.[13] Einzelne biblische Texte wurden wohl schon im 5. Jahrhundert übersetzt. Chroniken und Historiographien begründeten neben Ritterromanen und höfischen Preisliedern im 12. Jahrhundert die weltliche Literatur. In den Jahrhunderten territorialer Auflösung und Zersplitterung spielen persische Einflüsse ein Rolle, die sich in Werken von Vachtang VI. (1675–1737), Sulkhan Saba-Orbeliani (1658–1725) und Besarion Gabashvili („Besik'i"; 1750–1791) niederschlagen. In diese Zeit fallen auch erste wissenschaftliche Werke. Zu Begründern dieser literarischen Gattung gehört Vakhusht'i Bagrat'ioni (1696–1757), Sohn König Vakht'angs I., auf den eine historisch-geographische Darstellung und eine Geographie Georgiens zurückgehen, die auf Quellenstudien beruhen.[14]

Im 19. Jahrhundert wurden, nachdem Georgien unter russische Herrschaft geraten war und sich damit der europäischen Literatur zuwandte, Einflüsse der Romantik aufgegriffen, so von Alexandre Ch'avch'avadze (1786–1846), Grigol Orbeliani (1804–1883) und dem Dichter Nik'oloz Baratashvili (1817–1845). Ihr unmittelbarer Einfluss in Georgien blieb aber zunächst gering, weil bis in die zweite Hälfte des 19. Jahrhunderts noch zu geringe Lesekenntnisse bestanden. Baratashvili hinterließ ein wenig umfangreiches, aber von moralischen Idealen geprägtes Werk, mit dem er die Gesellschaft verbessern wollte. Mit Ilia Ch'avch'avadze (1837–1907) und Ak'ak'i Ts'ereteli (1840–1915) vermittelten zwei Schriftsteller im späten 19. und beginnenden 20. Jahrhundert die sozialen und politischen Fragen der Zeit: Menschenrechte, politische Vertretung, Abschaffung der Todesstrafe, Bildungsreformen und Bodenreform wurden ebenso thematisiert wie die nationale Frage. Alexandre Q'azbegi (1848–1893) orientierte sich am Realismus, Vazha Pshavela (eigentlich Luk'a Razik'ashvili; 1861–1915) war ein Naturromantiker, vermutlich in starkem Maß geprägt von seiner Gebirgsheimat Pshavien, aber auch von der Rezeption kultureller Strömungen Europas.[15] Vasilij Barnov (georg. Barnovi) (1856–1934) gehörte zu den Begründern des historischen Romans in Georgien; er baute auf Quellenstudien auf und knüpfte philosophische Überlegungen an die historischen Ereignisse an.

1915 schloss sich eine Gruppe von Literaten unter der Bezeichnung „Blaue [Trink-]Hörner" (ცისფერყანწელები; *tsisperq'ants'elebi*) zusammen, deren Gedichte in Boris Pasternaks Übersetzung über den georgischen Sprachraum hinaus bekannt wurden.[16] Zu den wichtigsten Vertretern gehörte neben T'itsian T'abidze (1895–1937) Grigol Robakidze (1882–1962), der zunächst in Georgien als Symbolist hervortrat. Er ist politisch nicht unumstritten, weil er – nachdem er vor dem Stalinschen Terror ins Exil nach Deutschland ausgewichen war – eine Nähe zum Nationalsozialismus zeigte. Konstantin Gamsakhurdia (1891–1975), der auch als Diplomat – unter anderem als Botschafter in Deutschland während der Weimarer Republik – tätig und Vater des ersten Präsidenten der Republik Georgien war, verfasste zahlreiche meist historische Romane, wollte die Kunst eigentlich außerhalb der Politik wissen, schrieb aber auch einen Roman über Stalins Jugend.

Im 20. Jahrhundert spiegelt die Entwicklung der georgischen Literatur die politische Entwicklung wider: Waren die beiden ersten anderthalb Jahrzehnte noch vom Fortleben des Diskurses der Nationwerdung bestimmt, so brachte die Entstehung des ersten demokratischen Staates eine Öffnung für moderne literarische Richtungen wie den Symbolismus, verbunden mit einer Öffnung nach dem Westen. Die zunehmende Sowjetisierung des Landes führte vor allem in den 1930er und 1940er Jahren auch zu einer Anpassung der Literatur. Literatur, die den staatlichen Interessen nicht entsprach, konnte nur unter der Hand verbreitet werden und wurde vielfach erst nach der Sowjetzeit bekannt. In den zurückliegenden drei Jahrzehnten erfolgte eine erneute Wende nach Westen, wobei die Auseinandersetzung mit der Sowjetzeit einen wichtigen Teil der Literaturarbeit einnahm.

Ch'abua Amirejibi (1921–2013) musste als Dissident nach 1944 fünfzehn Jahre in Lagerhaft verbringen, ehe er 1959 in der „Tauwetter-"periode freikam und Gedichte und Romane veröffentlichen konnte; sein Hauptwerk *data tutashkhia* (1973–1975) verbindet Elemente der Mythologie wie den Prometheusmythos mit historischen Ereignissen der russischen Herrschaft und der Auflehnung dagegen.

Darüber hinaus zeigt die georgische Literatur des frühen 20. Jahrhunderts eine spezifische Raumwahrnehmung. Das wird deutlich am Beispiel der Kolchis, wo in den 1930er Jahren von der Sowjetmacht Trockenlegungsmaßnahmen initiiert wurden, die aber bei weitem nicht den gewünschten Erfolg hatten. T'abidzes Poeme *Die neue Kolchis* (1931) und *Der Rioni-Hafen* (1928) reflektieren die sowjetischen Maßnahmen und entwickeln die Vorstellung, dass zwar eine massive Umgestaltung zu neuen Strukturen erfolge, gleichzeitig aber die überkommene Natur sich erhalte – eine Doppelung, die er mit der Doppelung der unheilbringenden und der „guten" Medea der griechischen Argonautensage vergleicht.[17]

Nicht übergangen werden darf die im 20. Jahrhundert im Exil und die in jüngster Zeit als Folge von Globalisierung und Emigration im Ausland entstandene, aber immer mit Georgien eng verbundene Literatur, die einer Phase der Dekolonialisierung zugeordnet werden kann. Zu letzterer zählt beispielsweise die umfangreiche Aufarbeitung der Geschichte des 20. Jahrhunderts durch Nino Haratischwili (geb. 1983 in Tbilisi; „Das achte Leben (Für Brilka)", 2014); es ist ein düsteres Bild, speziell vom Leben in der Hauptstadt während der Stalinzeit, das hier zur Bewältigung der Vergangenheit gezeichnet wird. Viel früher entstanden, aber erst durch Heinz Fähnrichs Übersetzung im deutschen Sprachraum wahrgenommen ist Avtandil Kvaskhvadzes (1904–1987) bedrückendes Werk „Das Spiel des Todesengels. Georgien unter Stalin. Ein dokumentarischer Roman" (georgisches Original 1977, deutsche Übersetzung 2017). Einen eindrucksvollen Einblick in die trostlose Situation Georgiens in den frühen 1990er Jahren gibt Nana Ekvtimishvilis Roman „Das Birnenfeld" (2018). Ak'a Morchiladze (eigentl. Giorgi Akhvlediani; geb. 1966), einer der meist gelesenen georgischen Autoren der Gegenwart, lebt in London und Tbilisi; sein 2007 erstmals veröffentlichter Roman „Liebe und Tod in Tiflis" (dt. 2021) spiegelt in ganz anderer Weise die Situation Anfang und Mitte der 1990er Jahre.

Bildende Kunst und Malerei

Mittelalterliche Beispiele für bildliche Darstellungen, die in hohem Maß von Byzanz beeinflusst wurden, finden sich in Kirchen und Klöstern. Mosaiken schmückten zunächst den Boden, kamen später aber auch an Wänden und Gewölben vor. Oft sind davon heute nur noch bescheidene Reste erhalten. Als bedeutendstes Mosaik gilt die Mariendarstellung in der Hauptkirche des Klosters Gelati bei Kutaisi. Freskenmalerei, die die Kirche bunt erscheinen lässt, griff bis in

8.03 Freskenmalerei im Höhlenkloster von Vardzia (September 2010)

8.04 Christus als Pankrator in der Svet'itskhoveli-Kathedrale von Mtskheta (September 2022)

die neueste Zeit immer wieder alte Darstellungen auf. Sie reichen vom allbeherrschenden Gott (Pankrator) über biblische Szenen bis zu den Herrscherinnen und Herrschern, für die die Darstellung in der Kirche zugleich eine Legitimation der Herrschaft war. Einen Höhepunkt erlebte die Freskenmalerei um die Wende vom 12. zum 13. Jahrhundert. Dabei entstanden auch regionale "Schulen", so etwa in Svanetien und Rach'a.

Eine andere Ausprägung religiöser Kunst sind Handschriften, deren Entstehung bis ins 5. Jahrhundert zurückreicht. Die meisten Handschriften der Frühphase sind nur als Palimpseste erhalten, d. h. rekonstruierbar auf Pergament, das später nochmals Verwendung fand. Sie zeigen mit ihren biblischen Texten, dass die Heilige Schrift bereits damals in die georgische Sprache übersetzt war. In Georgien bestanden im Mittelalter neben zahlreichen kleineren Bildungseinrichtungen zwei bedeutende geistliche Akademien in Iq'alto (Kachetien) und Gelati bei Kutaisi. Daneben war Neu-Athos / Akhali Atoni / Novyj Afon ein bedeutendes geistliches Zentrum. Seit dem 11./12. Jahrhundert entstanden auch Handschriften mit weltlichen Inhalten. Ein nationales Zentrum in Tbilisi bemüht sich um Schutz und Erhalt mittelalterlicher Handschriften.

Eine weltliche Malerei entwickelte sich erst im 19. Jahrhundert, wobei auf europäische Vorbilder zurückgegriffen wurde. Im Gegensatz dazu hielt Nik'o Pirosmanashvili, gen. Pirosmani (1862–1918) als Autodidakt in seinen Bildern das Alltagsleben der Georgier fest und wurde dadurch der wohl auch international bekannteste naive georgische Maler des ausgehenden 19. und beginnenden 20. Jahrhundert. Allerdings ist nur ein Bruchteil seines Schaffens erhalten. Weil er unter ärmlichen Verhältnisse lebte, verdiente er sich seinen Lebensunterhalt durch Ausmalung der Wände von Gaststätten und Schenken; von diesen Werken ist kaum etwas erhalten.[18] Als Vertreter des Realismus wurde Giorgi ("Gigo") I. Gabashvili (1862–1936) durch Personenporträts und Bilder bekannt, die nach einer 1894 durchgeführen Reise nach Zentralasien entstanden. Einer jüngeren Generation gehört Elene Akhvlediani (1898–1975), die auch als Theaterdekorateurin hervortrat; auf sie gehen – nach einem Aufenthalt in Paris – Ansichten städtischer Räume von Tbilisi, Kutaisi und Telavi zurück, die allerdings ab den 1930er Jahren immer stärker den Forderungen eines sozialistischen Realismus folgten. Davit K'ak'abadze (1889–1952) war

8.05 Werbung mit Pirosmani in Sighnaghi (Oktober 2017)

nicht nur Maler, sondern trat seit einem Frankreichaufenthalt in den frühen 1920er Jahren auch als Kunsttheoretiker hervor und arbeitete als Mitglied der Kunstakademie am neuen Medium Film. Seine Position an der Akademie verlor er 1948, weil er sich nicht dem Sowjetrealismus unterwerfen wollte, wie er sich schon einmal in den Jahren 1928 bis 1933 aus dem Kunstbetrieb zurückgezogen hatte. Auch Lado Gudiashvili (1896–1980) verbrachte die frühen 1920er Jahre in Frankreich, kehrte aber 1926 nach Georgien zurück, wo er in seinen Bildern auf alte kaukasische und persische Darstellungsweisen der Mythologie zurückgriff. Nach der Befreiung vom Stalinismus setzte in der georgischen Kunstszene in den späten 1950er Jahren eine Gegenbewegung zum sozialistischen Realismus durch Künstler ein, die gegenstandslos oder mit Maltechniken abseits des Realismus ausdrucksvolle Gemälde schufen. Beispielhaft sei als Vertreter dieser Generation Tengiz Mirzashvili (1934–2008) genannt, der unter anderem georgische Landschaften zu seinem Objekt machte.

Eine junge Generation von Künstlern verbindet georgisches Nationalgefühl mit antisowjetischer Orientierung, wie Werke von Otar Chkhart'ishvili (1938–2006) und Otar Laliashvili (geb. 1951) zeigen.[19] Es muss dabei betont werden, dass in Georgien eine sehr wirkmächtige junge Kunstszene existiert, die sich durch Ausstellungen oder in Galerien Ausdruck verschafft.

Nationale und internationale Elemente der Architektur

Die ältesten erhaltenen Gebäude oder Gebäudeteile sind Klöster und Kirchen. So geht der Klosterkomplex von Davit Gareja auf das 6. Jahrhundert zurück.

Unter den Werken der älteren Architektur sind vor allem die Kirchen zu nennen, deren Baustil sich von der Basilikaform zur Kreuzkuppelform entwickelte. Am Beispiel der Svet'itskhoveli-Kathedrale in Mtskheta ist der Übergang nachzuvollziehen: Die Kreuzkuppel krönt das in Form eines langgestreckten Kreuzes angelegte Kirchenschiff, unter dem man Reste einer älteren Basilika entdeckt hat. Die Kreuzkuppel erscheint – je nach Größe und Bedeutung des jeweiligen Bauwerks – in sehr unterschiedlicher Weise, weil der Grundtyp mit zentralem, quadratischem Hauptraum, angebauten Konchen, Dreiviertelkreisnischen zwischen ihnen und dem Ausbau von Eckräumen bereits den Hauptraum erweitert und vielfache Variationen erlaubt. Als vollendeter Prototyp gilt die Jvari-(Kreuz-)Kirche oberhalb Mtskheta, die an der Wende vom 6. zum 7. Jahrhundert neben der älteren, sehr kleinen, von Fürst Guram errichteten Kirche entstand.[20]

Der georgische Kirchenbau ist ein Traditionsträger. So wurden in den zurückliegenden drei Jahrzehnten seit der Wiedererlangung der Unabhängigkeit im Land viele kleine und größere Kirchen erbaut, die durchweg dem überkommenen Muster des Kreuzkuppelbaus folgen. Monumentalstes Beispiel hierfür ist die Dreifaltigkeitskathedrale in Tbilisi, die in den Jahren 1996 bis 2004 errichtet wurde.

Mit dem Aufschwung als Handelszentrum wurde Tbilisi zum Schaufenster der südkaukasischen Gouvernements des Russischen Reiches, was sich zwischen der Mitte des 19. Jahrhunderts und dem Beginn des Ersten Weltkriegs in zahlreichen Bauten der Stadtausgestaltung zeigt. Das gilt für die Gebäude an der repräsentativen Rustaveli-Avenue (damals Golovin-Avenue) ebenso wie für die Wohngebiete der russischen und europäischen Oberschicht (Stadtteile Sololak'i und Chughureti, Aghmashenebeli-Avenue). Historismus und Jugendstil fanden dort Eingang in die Stadtgestaltung. Um die Wende vom 19. zum 20. Jahrhundert traten einfachere Elemente des russischen Bauwesens hinzu.

In sowjetischer Zeit wurde Georgien bekannt für seine bisweilen unkonventionelle Architektur. Ein Beispiel hierfür ist das schon erwähnte Technikgebäude des Ministeriums für Straßenbau aus dem Jahr 1974, das über Kreuz gelegten Bauklötzen nachempfunden scheint (heute Hauptsitz der *Bank of Georgia*). Jüngeren Datum ist das Gebäude für rituelle Zeremonien (1985), wegen der häufigsten Nutzung auch Hochzeitspalast genannt, das sich in Tbilisi wie ein Sakralbau über dem Mt'k'vari erhebt.

Aber auch die jüngste Architektur experimentiert mit ungewohnten Formen. Während der Präsidentenpalast, den Saak'ashvili auf der linken Mt'k'vari-Seite mit Blick über die Stadt errichten ließ, eher konventionelle Monumentalität ausstrahlt, stieß die in einem Bogen über den Mt'k'vari führende Friedensbrücke auf eine sehr unterschiedliche Resonanz bei der Bevölkerung. Auch das Bürgeramt (um 2011) und das Museum im Riq'e-Park zeigen Eigenwilligkeit.

Kulturelle Leistung für die Öffentlichkeit: Film und Theater

Georgien war schon in der Sowjetzeit bekannt für seine Filmkunst, die auszuloten schien, was im Rahmen des Systems noch erlaubt war. Nach der Unabhängigkeit erlebte diese Kunstrichtung aus wirtschaftlichen Gründen einen Einbruch, ehe sich eine Reihe junger Regisseurinnen an einen Neubeginn machte.[21]

In sowjetischer Zeit hatten georgische Filmmacher schon früh den Mut gezeigt, auch politische Themen kritisch anzugehen. So nimmt der Stummfilmklassiker „Eliso" von 1928 des Regisseurs Nik'oloz Shengelaia mit der Deportation der Čečenen 1864 die 1944 erfolgten Deportationen kaukasischer Völker vorweg. Der 1930 unter der Regie von Mikhail K'alat'ozishvili entstandene Film „Das Salz Svanetiens" (georg.: ჯიმ შვანთე / მარილი სვანეთს [*jim shvante / marili svanets*]) dokumentiert die Lebensbedingungen svanischer Bergbewohner, die vom Salztransport im Großen Kaukasus leben. Der Regisseur wurde später unter dem russifizierten Namen Kalatozov mit „Die Kraniche ziehen" (1957) berühmt. Generationskonflikte, die sich aus der Auseinandersetzung mit der Stalinzeit ergaben, stehen im Mittelpunkt des Films „Die Reue" (georg.: „მონანიება" [*monanieba*]; russ.: „*Pokojanie*") (1984) des Regisseurs Tengiz Abuladze (1924–1994). Dieser Film, der als Vorbote der Perestrojka gelten kann, durfte erst 1986 in Kinos der Sowjetunion gezeigt werden, nachdem er im Westen bereits mehrfach hoch ausgezeichnet worden war. Schon vorher hatte Rezo Chkheidze mit dem von *Gruzijafil'm* im Jahr 1980 gedrehten Film: *Your Son the Land, the Story of a Rayon First Secretary* mit der Stalinzeit abgerechnet: Er erzählt, wie der Vater des neuen Landkreissekretärs unter Stalin in die Verbannung geschickt wurde, wo er starb. Der Sohn stößt nunmehr beim Umsetzen einer neuen Entwicklungsstrategie im Gebirgsraum auf Schwierigkeiten, die kaum zu überwinden sind; dieser Film wurde 1986 mit dem Leninpreis ausgezeichnet.[22]

Der gegenwärtige Film versucht, an die Tradition kritischen Hinterfragens von Zeitläuften anzuknüpfen, leidet aber unter fehlender Finanzierung, die in der Sowjetzeit vom Staat gewährleistet war. Ko-Produktionen mit ausländischer Beteiligung sind daher häufig. „Moira" [მოირა] (2015; Regisseur: Levan Tutberidze) zeichnet das Bild einer durch Umstände des gegenwärtigen Georgien zerrissenen Familie, in der es dem Protagonisten Mamuk'a, nach fünf Jahren aus dem Gefängnis entlassen, nicht gelingt, eine wirtschaftliche Basis zu finden, um die Familie wieder zu vereinen, in der der Vater nach einem Herzinfarkt an den Rollstuhl gefesselt ist, die Mutter als Arbeitsmigrantin in Griechenland etwas Geld verdient und der Bruder hofft, dass seine Zuneigung zur Tochter einer Nachbarsfamilie zu einer dauerhaften Beziehung führt. Die Realität in einem Hafenort nahe der georgisch-abchasischen Grenze führt in die Katastrophe. Die Zerrissenheit vieler Familien wird auch in Nana Ekvtimishvilis und Simon Groß' *„Meine glückliche Familie"* (georg.: ჩემი ბედნიერი ოჯახი; *chemi bednieri ojakhi*, 2017) deutlich, in dem der Ausbruch einer 52-jährigen Frau aus den Bindungen einer georgischen Großfamilie dargestellt wird. Verstörend wirkt die dokumentarische Nachzeichnung des deprimierenden Alltags weniger Personen im ehemals blühenden Bergbauzentrum Ch'iatura, die der Regisseur Rat'i Oneli in *„City of the Sun"* (*mzis qalaqi*; 2016) präsentiert.

Aus der Tradition in die Moderne: Musik und Tanz

Die georgische Musik muss als sehr eigentümlicher Aspekt der Kultur hervorgehoben werden, selbst wenn hier nicht auf Besonderheiten der Tonalität eingegangen werden kann. Sie findet ihre Wurzeln sowohl in der mittelalterlichen Kirchen- als auch in der traditionellen Volksmusik. In beiden Bereichen bildete sich die für weite Teile Georgiens charakteristische Polyphonie heraus.[23] In der Kirchenmusik dominiert dabei die Dreistimmigkeit; als Hinweis auf die Dreifaltigkeit Gottes haben die drei Stimmen gleiches Gewicht, während in der Volksmusik meist die Oberstimme dominiert, zweite und dritte Stimme sich unterzuordnen haben. Typische Instrumente für die Begleitung des Gesangs sind Chonguri und Panduri (Saiteninstrumente mit vier bzw. drei Saiten), Duduk'i, Surna, Salamuri und St'viri.[24] Dabei gibt es innerhalb Georgiens durchaus regionale Unterschiede, die sowohl den Inhalt als auch die begleitenden Instrumente betreffen.[25] In den tieferen Lagen Westgeorgiens zeichnet sich der Gesang in Gurien und Imeretien durch eine besondere Betonung von Dissonanzen aus, während die rituellen und Tanzlieder der westgeorgischen Bergvölker, vor allem der Svanen, die Dreistimmigkeit betonen. In Kartli und Kachetien sind die Tischlieder besonders ausdruckstark. Die Bergregionen Ostgeorgiens gelten mit den einfachen Harmonien und der Ein- oder Zweistimmigkeit (beispielsweise bei Tushen, Khevsuren und Pshaven) als ursprüngliches Ursprungsgebiet der georgischen Volkmusik.[26] Der polyphone Gesang der georgischen Bergvölker fand 2008 Eingang in die UNESCO-Liste des immateriellen Kulturerbes der Menschheit. Inhaltlich unterscheiden sich die Lieder, die von Frauen gesungen werden, meist von den Liedern der Männer: Während für die Frauen das Wohl der Kinder, das Leben mit der Natur und die Alltagsarbeit im Vordergrund stehen, singen die Männer von Jagd, Reisen und Tafelfreuden.

Neben der Volksmusik entwickelte sich aber auch ein städtisches Musikwesen, zunächst vor allem am Hof der georgischen Könige. Ein früher Hauptvertreter war im ausgehenden 18. Jahrhundert der 1759 zum Priester der armenischen Kirche geweihte Armenier Sayat Nova (eigentlich: Harutyun Sayadyan, 1712–1795), Hofmusiker am Hofe König Erekles II. Er wurde geköpft, als er sich nach der Eroberung Tbilisis durch die Truppen von Agha Mohammad Khan Kajar weigerte, zum Islam zu konvertieren; er fand sein Grab in der armenischen Kirche Surb

Gework (St. Georg) in Tbilisis Altstadt. Sayat-Nova wird bis heute hoch verehrt; seine Dichtung und seine Lieder waren weniger religiös als weltlich-romantisch orientiert.

In der Mitte des 19. Jahrhunderts setzte sich in der urbanen Musik der westliche, europäische Einfluss durch, nachdem die ersten Theater, insbesondere das Opernhaus, für die gebildete Oberschicht eröffnet worden waren. Vor allem klassische Musik kennzeichnet diese Neuerung. Der Initiator Davit Eristavi (1847–1890) gilt als erster georgischer Komponist „westlichen Stils". In der Folge fanden europäisches Harmonieempfinden und europäische Instrumente Eingang in die georgische Musik. Neben Tiflis profilierte sich Kutaisi als ein weiteres Zentrum bei der Ausbreitung dieser urbanen Musik. Unabhängig davon begann aber auch eine intensive Beschäftigung mit der Volksmusik. Die traditionelle (ländliche) Musik wurde im Nationalismusdiskurs des 19. Jahrhunderts als Teilaspekt der nationalen Identitätsbildung aufgegriffen und fand dadurch – parallel zur westeuropäischen Musik – Eingang in die Musikwahrnehmung der georgischen Eliten. Zu nennen ist etwa Dmit'ri Araq'ishvili (1873–1953), Komponist und Begründer des Berufsmusikerwesens in Georgien. Nach seiner Ausbildung in Moskau gehörte er zunächst zu den Mitgründern des dortigen Konservatoriums. Nach dem Ersten Weltkrieg kehrte er nach Tbilisi zurück und gehörte dort zu den Gründern eines Konservatoriums. Unter dem Eindruck der (ersten) Unabhängigkeit Georgiens reiste er durch das Land und sammelte Stücke der Volksmusik als Ausdruck nationaler Entwicklung. Sein Ziel war, der urbanen Oberschicht, die sich der europäischen Musik zugewandt hatte, auch die georgischen Traditionen näherzubringen. Ein Zeitgenosse Araq'ishvilis war Zakaria Paliashvili (1871–1933), unter dessen Werken insbesondere die Oper *Abesalom da Eteri* (Abesalom und Eteri) weitere Verbreitung erlebte; Motive aus der Opernmusik finden sich in der georgischen Nationalhymne wieder. Auch Paliashvili sammelte und bearbeitete Volkslieder und versuchte, die europäisch beeinflusste Musik mit der Authentizität georgischer Musiktradition zu verknüpfen. Niko Sulkhanishvili (1871–1919) wurde um die Jahrhundertwende zum Klassiker der georgischen Chormusik; nach ihm wurde 1991 der georgische Staatschor benannt. Seine Hymne *gmerto* diente sogar zeitweise als georgische Nationalhymne.

In der Sowjetzeit profilierte sich Andria Balachivnadze (1906–1992) als Gründer einer Komponistenschule. Später spielte das Zusammenwirken von Musik und Film eine größere Rolle, so etwa bei Revaz [Rezo] Laghidze (1921–1981).

Heute wird die Kulturszene der georgischen Hauptstadt sowohl von den Traditionen als auch von moderner Musik geprägt; die Stadt gilt inzwischen weltweit als eines der Zentren des Rap, der neben dem klassischen Jazz vertreten ist.[27] Eine Verbindung zwischen traditioneller und europäischer Musik mit Jazz versucht Rezo Kiknadze (geb. 1960), studierter Altphilologe, Komponist und Saxophonist, der zwischen 2012 und 2019 das Konservatorium in Tbilisi leitete.

At the crossroads of civilizations: Kulinarik – die georgische Küche

Die georgische Kultur wäre unvollständig beschrieben, würde man die Kulinarik übergehen, die nicht nur als Alltagskultur zu verstehen ist. Die georgische Küche gilt als eine der reichsten und vielfältigsten, was vielleicht dadurch bedingt ist, dass Anregungen von unterschiedlichsten Seiten – und das heißt auch: von den verschiedenen Herrschaftsmächten – übernommen wurden. Sie beruht auf umfassender Nutzung landwirtschaftlicher Produkte und spiegelt damit auch die Vielfalt der Agrarwirtschaft wider. Elemente sind: frische Kräuter (darunter vor allem Basilikum, Koriander, Petersilie, Minze, Estragon), Gemüse (Auberginen, Gurken, Paprika, Tomaten, im Herbst – von den Russen eingeführt – Kohl und Rote Bete), Fladenbrot und Maisbrot (*mch'adi*),

8.06 Werbung mit kulinarischer Vielfalt in Tbilisi (August 2019)

die Joghurtsuppe *mats'vnis sup'i*, Käse (*sulguni*), georgisches Käsebrot mit regionalen Abwandlungen (*khach'apuri*), Knoblauch und Zwiebeln, Auberginen mit Walnusspaste (*nigvziani badrijani*), gefüllte Nudelteigtaschen (*khinkali*), Geflügeltopf mit Tomaten (*chakhokhbili*), Rindfleisch-Reis-Eintopf mit Pflaumensauce (*kharcho*), Hammelfleisch mit Quitten (*tskhvris khortsi k'omshit*), Fleischspieße (vorzugsweise Hammel- oder Lammfleisch), Truthahn mit Walnusssauce (*indauris satsivi*), ferner Pflaumensauce (*t'q'emlis sats'ebeli*) oder Granatapfelsauce mit Walnüssen (*brots'eulis sousi k'ak'lit*), Obst.[28] Dazu kommt Wein als geradezu kulthaftes Getränk. Die lange Aufzählung von Zutaten und Gerichten der georgischen Küche muss durch den Hinweis darauf ergänzt werden, dass diese Gerichte (bisher) kaum als Fertiggerichte im Supermarkt zu erhalten sind, sondern traditionell in täglicher Handarbeit in der familiären Küche entstehen. Der hohe Arbeitsaufwand und das in der Familie weitergegebene Know-how erklären auch, warum es relativ wenig georgische Restaurants außerhalb Georgiens gibt.

Der Hinweis auf die georgische Kultur und Kulinarik wäre unvollständig ohne die Erwähnung des *supra* (სუფრა), mit „Bankett", „Festschmaus" oder „[Trink-] Gelage" eher unzureichend und daher etwas unpassend übersetzt, weil die Soziabilität, die in kunstvollen, ritualisierten oder auch politischen Trinksprüchen lebt, dabei zu wenig berücksichtigt bleibt.[29] Im *supra* fließen die verschiedenen kulturellen Aspekte zusammen: Basis sind Wein und die Vielfalt an Speisen, dazu kommt aber unabdingbar die Kunst des sprachlichen Vortrags, der sich in langen und meist anspruchsvollen Trinksprüchen zeigt, für die ein redegewandter *tamada* jeweils den Anstoß zu geben hat; oft wird auch der polyphone Gesang in das *supra* einbezogen. In den Inhalten der Trinksprüche ist die religiöse Bindung ebenso vertreten wie die Betonung sozialen Zusammenhalts, der in der Familie und im Freundeskreis, zwischen den Generationen, zwischen Gastgeber und Gast bestehen; der Ablauf des *supra* spiegelt ferner die Geschlechterdifferenz wider, die zunächst vielleicht befremdlich erscheint. 2017 wurde das georgische *supra* von der UNESCO in die Liste des immateriellen Kulturerbes aufgenommen.

Zwischenfazit

Georgien hat unter der Mitwirkung ganz unterschiedlicher Einflüsse eine sehr eigenständige Hochkultur mit langer historischer Tradition und teilweise archaischen Relikten entwickelt, sieht sich aber gleichzeitig unter Modernisierungsdruck. So wird zwar die eigene Sprache, die Sprache des „Recken im Tigerfell", gepflegt, doch gleichzeitig gewinnt die Suche nach einer *lingua franca* an Bedeutung. War dies im 19. und 20. Jahrhundert insbesondere das Russische, nachdem die zarische Herrschaft sich konsolidiert hatte, so tritt heute das Englische in den Vordergrund. Allerdings wird dadurch das Georgische nicht verdrängt – weder aus dem Alltag, noch im öffentlichen Leben. Der Respekt vor Traditionen (und dazu gehört auch die Tradition der Georgischen Kirche als Institution und Teil der Lebenswirklichkeit) zeigt sich auch in allen Bereichen der Kultur wie Literatur, Bildender Kunst und Musik. Dies schließt nicht die Offenheit für Neuerungen und eine gewisse Experimentierbereitschaft aus. Die überkommene Musikalität, die sich im polyphonen Gesang zeigt, wird durch die internationale Popmusik ergänzt, die heute in großstädtischen Diskotheken gespielt wird. Die Architektur hat sich – wiederum vor allem im städtischen Bereich – wenigstens seit Mitte des 19. Jahrhunderts offen für westeuropäische Einflüsse gezeigt, ohne Eigenentwicklungen zu unterdrücken. Und die Georgier zeigen selbstbewusst den Stolz, den sie auf ihr kulturelles Erbe haben, selbst wenn sie damit nicht immer denkmalschützerisch umgehen.

9

Ausblick: Zwölf Herausforderungen

Seit Mitte der 1990er Jahre erschien in der internationalen politikwissenschaftlichen Diskussion über die Folgen der Auflösung der Sowjetunion der Begriff des *„failing state“*, eines Staates, der zwar formal mit allen Merkmalen eines modernen Staates ausgestattet ist, aber dennoch zu scheitern droht, weil der gemeinsame Wille, die junge Staatlichkeit auszugestalten und weiterzuentwickeln, hinter Individualinteressen zurücktritt.[1] Gleichzeitig bedienten alle georgischen Regierungen das Narrativ einer in langer historischer Kontinuität gewachsenen Nation, ohne all die historischen Brüche zu berücksichtigen, die es bis in die jüngste Vergangenheit gegeben hat. Im Folgenden soll eine Reihe von Herausforderungen, vor denen Georgien steht, genannt werden. Sie können mit guter Governance bewältigt werden, erfordern aber kooperatives gouvernementales und zivilgesellschaftliches Handeln. Damit verbindet sich eine Agenda, die zusammenfassend die Aufgaben darstellt, die das Land zu lösen hat, um auf Dauer zu bestehen und dem Staatsnarrativ der geeinten Nation zu entsprechen. Die folgende Formulierung von zwölf Herausforderungen ist weder vollständig noch nach der Wichtigkeit und Priorität gereiht, sondern versucht, das Ineinandergreifen der Aufgaben zu verdeutlichen.

(1) Naturraum und Naturressourcen schützen und nachhaltig bewirtschaften

Vermutlich stehen Naturschutz und nachhaltige Ressourcennutzung im Denken vieler Georgier nicht an erster Stelle der aktuellen Herausforderungen. Aber die natürliche Vielfalt des Landes ist nicht nur ein Geschenk, sondern auch eine Aufgabe. Georgien verfügt zwar über ein weitgespanntes Netz von Schutzgebieten, und der Eintrag der kolchidischen Feuchtgebiete in die Liste des UNESCO-Weltnaturerbes ist ein Erfolg umfangreicher Forschungen zur Artenvielfalt, doch ruft der Widerstreit von Ökologie und Ökonomie immer wieder Konflikte um Erhalt und Nutzung natürlicher Ressourcen hervor: Die Anlage neuer Staudämme und Wasserkraftwerke ist ebenso umstritten, wie es einzelne Projekte des Straßenbaus oder auch des Pipelinebaus sind. Hier eine Balance zu finden und dabei die Belange der jeweils regional und lokal betroffenen Bevölkerung zu berücksichtigen, erfordert langwierige Aushandlungsprozesse, deren Erfolg nicht von vornherein feststeht. Einige Initiativen internationaler Organisationen zu Natur- und Umweltschutz verfolgen über den primären Schutz hinaus zwei weitere Ziele: Am Beispiel einzelner Testgebiete sollen die Vorteile einer nachhaltigen Bewirtschaftung aufgezeigt werden, und in den Konfliktregionen will man einen Beitrag zur Entspannung, im besten Fall zu friedlichem Miteinander leisten. Zu den wichtigsten regionalen Akteuren gehört das *Caucasus Environmental NGO Network* (CENN), das Nichtregierungsorganisationen mit Umweltbezug aus Armenien, Aserbaidschan und Georgien zusammenführt. Auf dieser Basis war es möglich, wenigstens bilaterale Projekte zu initiieren wie ein grenzübergreifendes Mt'k'vari/Kura-Projekt zur Verbesserung der Wasserqualität oder Ansätze für die Einrichtung grenzübergreifender Nationalparke an der georgisch-türkischen, georgisch-armenischen und georgisch-aserbaidschanischen Grenze.[2] Allerdings muss dahingestellt bleiben, ob diese oft groß angekündigten Projekte auch nur ansatzweise die gesteckten Ziele erreichen. Beim Ressourcenschutz sollten nicht die Bodenschätze im engeren

←9.01 *gergetis sameba* am Fuß des Kasbek (August 2011)

Sinne, sondern der Boden selbst und das Wasser im Vordergrund stehen, weil sie die Basis für eine Landwirtschaft sind, die die Bevölkerung ernähren kann. Belastungen, die sich für die Böden aus unangepasster Bewirtschaftung im 20. Jahrhundert ergeben, sind nicht beseitigt, neue Belastungen entstehen durch unzureichende Abfall- und Abwasserbeseitigung. Die natürliche Vielfalt bleibt gefährdet, „Nachhaltigkeit" ist im politischen Handeln oft nur eine Worthülse, und dabei sind die Folgen des Klimawandels noch nicht berücksichtigt, sondern es wird auf gesellschaftliche Resilienz vertraut.

(2) Aus der Landwirtschaft mindestens die Selbstversorgung sichern und durch Weiterverarbeitung zusätzliche Wertschöpfung entwickeln

Georgien verfügte zu Sowjetzeiten über ein landwirtschaftliches Potential, das für eine Selbstversorgung der Sowjetrepublik ausreichte – entweder unmittelbar durch Verwertung der Eigenproduktion oder indirekt über den Verkauf von Teilen der Produktion und die Zulieferung fehlender Nahrungsgüter wie Getreide von außen. In der Transformationsphase ging diese Balance verloren, weil die Betriebsstrukturen in guter Absicht, aber mit fatalen Folgen zu subsistenzorientierten Klein- und Kleinstbetrieben verändert wurden. Die Erholung der landwirtschaftlichen Bodennutzung kommt nur langsam und mit ausländischer Hilfe voran, Verarbeitung und Vermarktungswege sind noch nicht ausreichend ausgebaut. Es ist symptomatisch, dass ein Teil des Obstes und Gemüses, das in den Supermärkten georgischer Städte angeboten wird, Importware ist. Gegen die Entwicklung eines landwirtschaftlichen Genossenschaftswesens bestanden nach den Erfahrungen mit der Kollektivwirtschaft lange Zeit massive Vorurteile, die inzwischen mit einigen Erfolgsgeschichten reduziert werden konnten. Das Problem des Kleinbauerntums muss durch kooperative Betriebsformen und über die Schaffung zusätzlicher, vor allem nichtlandwirtschaftlicher Arbeitsplätze im ländlichen Raum gelöst werden, die wiederum spezifische Ausbildungsmaßnahmen voraussetzen. Nur so kann man eine weitere massive Abwanderung vom Land vermeiden.

Zu den aktuellen Entwicklungsproblemen Georgiens gehört bis heute die geringe Industrialisierung. Schon in sowjetischer Zeit war Georgien keine hochindustrialisierte Sowjetrepublik, sieht man von dem Bergbau in Westgeorgien und der Agroindustrie ab. Manche Defizite wurden durch Einbindung in die räumliche Arbeitsteilung der Sowjetwirtschaft ausgeglichen. Die Transformation des politischen und wirtschaftlichen Systems zog eine massive De-Industrialisierung nach sich, als bisherige Lieferketten rissen und ausländische Direktinvestitionen noch nicht ausgleichend wirken konnten. Jetzt stellt die schleppende Re-Industrialisierung, auch im agroindustriellen Bereich, ein wesentliches Handicap dar. Nur in bescheidenem Maße hat sich der negative Trend umgekehrt. Die liberalistische Wirtschaftspolitik lockte zwar einige ausländische Investoren an, doch bleibt der Beitrag des produzierenden Gewerbes zum Bruttosozialprodukt mit 24 % relativ niedrig. Georgien ist daher in allen Bereichen auf Importe angewiesen, denen zu wenig Exporte gegenüberstehen, so dass die Handelsbilanz negativ ist. Der Dienstleistungssektor, vor allem der Tourismus, kann dieses Defizit nur ansatzweise mildern, weil er zu stark von externen Einflüssen abhängig ist, wie der Einbruch während der Corona-Pandemie zeigte.

(3) Mit Infrastruktur die Voraussetzungen für weitere wirtschaftliche Entwicklung schaffen

Doch nicht nur an die Betriebsstruktur ist zu denken. Zu den Voraussetzungen für die wirtschaftliche Entwicklung gehören – neben dem funktionierenden Staatswesen – materielle und soziale Infrastruktur. Unter Präsident Saak'ashvili gab es erste wichtige Impulse: Die staatlichen

Investitionen im Energie- und Verkehrssektor sind beachtlich, wenn auch noch nicht ausreichend für wirtschaftliche Prosperität; sie wurden teilweise gegen ökologische Bedenken realisiert und trugen zu einer hohen Staatsverschuldung bei. Der Ost-West-Korridor ist zwischen Rustavi und Khashuri, Zestap'oni und Batumi großenteils als Autobahn ausgebaut, am Straßen- und Schienennetz wird weiter gearbeitet; dass ein Nord-Süd-Korridor eine ähnliche Dynamik entfaltet, ist im Moment noch eher Wunschdenken als Realität. Die Anfang der 1990er Jahre höchst problematische Energieversorgung Georgiens dürfte inzwischen einigermaßen gesichert sein. Unzureichend sind jedoch die kommunalen Infrastrukturen für Abfallentsorgung, Wasserversorgung und Kanalisation. Im Bereich der sozialen Infrastruktur ist das Nebeneinander von staatlichem und privatwirtschaftlichem System problematisch, weil qualitative Unterschiede bestehen und damit Einkommensunterschiede zu ungleichen Chancen im Bildungs- und Gesundheitswesen, letztlich zu einer gesellschaftlichen Divergenz führen. Beide Bereiche sind aber für die Entwicklung des Staates unabdingbar. In der Politik setzt Georgien einen liberalen Kurs fort, der ebenfalls die Gefahr fortbestehender Diskrepanzen zwischen arm und reich mit sich bringt. Die Korruption konnte erfolgreich zurückgedrängt werden, ist aber nicht beseitigt. Vor allem das Justizwesen steht noch immer in der Diskussion.

Zur wirtschaftlichen Entwicklung gehört auch die Wiederherstellung eines nachbarschaftlichen Verhältnisses zu Russland. Seit 2011 wurde über Handelskorridore zwischen Russland und Georgien verhandelt. Dies ist eine problematische Aufgabe, weil zwei der damals ins Auge gefassten Korridore durch die Sezessionsgebiete Abchasien und Südossetien führen und der dritte, im Verlauf der Georgischen Heerstraße konzipiert, ökologische Probleme aufwirft. Ende 2017 war die Annäherung zwischen Georgien und Russland soweit vorangekommen, dass ein Abkommen greifbar wurde. Aber die nicht klar abgegrenzten politischen Lager in Georgien, die Situation der beiden de-facto-Staaten Abchasien und Südossetien und die latente Gefahr eines russischen Übergriffs erschweren die Umsetzung. Der russische Angriffskrieg gegen die Ukraine verschlechterte seit dem Februar 2022 die Situation, denn er führte zu einer neuen, schwer kontrollierbaren Zuwanderung russischer Bevölkerung.

(4) Soziale Folgen der Transformation abfedern

Dabei wären eine Beruhigung und sichere Kontinuität dringend geboten. Denn der Einbruch, den die georgische Wirtschaft nach der Auflösung der Sowjetunion erlebte, führte zu einer Massenverarmung. Befragungen in den Jahren 1992, 1993 und 1994 zeigten, dass der Preisanstieg, die Kriminalität, die Situation in Abchasien, drohender Hunger und drohende Arbeitslosigkeit von der Bevölkerung als die drängendsten sozialen Probleme gesehen wurden, gefolgt von dem Mangel an Gebrauchsgütern, moralischen Verfallserscheinungen, der Verbreitung von Waffen und der Gefahr eines Bürgerkriegs.[3] Die wirtschaftliche Situation hat sich drei Jahrzehnte danach in vielem verbessert, aber die Armut ist noch lange nicht überwunden, wie die regelmäßig vom *Caucasus Research Resource Center* (CRRC) erhobenen Daten zur politischen Einstellung und zur sozialen Lage der Bevölkerung zeigen. Armut ist in den Städten, vor allem aber auf dem Land immer noch weit verbreitet, obwohl sich inzwischen – neben einer dünnen Schicht wohlhabender Bevölkerung – auch eine Mittelschicht herausbilden konnte. Von Armut besonders betroffen sind ältere Menschen, da die Renten bei weitem nicht zur Sicherung des Lebensunterhalts ausreichen. Als beste Sicherung gilt nach wie vor die soziale Einbindung in den Familienverband, was überkommenen Wertehaltungen entspricht. Sozialer Aufstieg ist für bildungsnahe Schichten wie anderswo leichter als für bildungsferne. Das Gesundheitswesen verlangt ebenfalls Verbesserungen, insbesondere in ländlichen Räumen.

(5) Die Folgen der Corona-Pandemie überwinden

Schwächen der medizinischen Versorgungen zeigten sich, nachdem auch Georgien im Jahr 2020 von der Pandemie betroffen wurde, die die Ausbreitung des Sars-CoV2-Virus bewirkt hatte. Dabei hatte das Land im Frühjahr schnell reagiert: Das öffentliche Leben wurde massiv eingeschränkt, nächtliche Ausgangsbeschränkungen und vor allem die Unterbindung von Mobilität sollten die Ausbreitung des Virus verhindern: Der internationale Flugverkehr wurde eingestellt, ebenso der öffentliche Nah- und Fernverkehr im Land; touristische Aktivitäten kamen weitgehend zum Erliegen. Tatsächlich gelang es zunächst, die Zahl der (erkannten) Infektionen und der Todesfälle niedrig zu halten. Ab September 2020 änderte sich dies, Herbst und Winter brachten viele Infektionen und auch zunehmende Todesfälle; am 12.12.2020 waren 187 000 Infektionen und 1 744 Todesfälle registriert; eine erneute Welle ließ bis Anfang Mai 2021 die Zahl der nachgewiesenen Infektionen auf 313 000, die der Todesfälle auf 4163 ansteigen. Den höchsten Schub an Neuinfektionen erlebte das Land Anfang Februar 2022 mit einem Sieben-Tages-Durchschnitt von 20 476 Erkrankungen, nachdem schon Ende September, Ende November und Anfang Dezember 2021 in mehreren kurzen Wellen die Zahl der täglichen Todesfälle auf über 70 gestiegen war. Im Spätsommer und Frühherbst 2022 traten nochmals etwas vermehrt Erkrankungen auf, doch führten sie nur in wenigen Fällen zum Tod. Bis Anfang März 2023 war die Gesamtzahl der bestätigten Infektionen auf 1 827 537, die der von oder mit Covid-19 verursachten Todesfälle auf 16 971 gestiegen. Bis zum Ende der regelmäßigen Erfassung durch die Johns Hopkins University hatten in Georgien 41,47% der Bevölkerung wenigstens eine Impfung erhalten.[4] Das Gesundheitswesen war aber während der Pandemie zeitweise nicht mehr in der Lage, die Versorgung der Erkrankten sicherzustellen. Erst im Sommer 2022 hatte sich das Leben wieder einigermaßen normalisiert, und auch der Tourismus konnte als wichtige Wirtschaftsaktivität wieder aufleben.

Die Überwindung der sozialen Folgen, die sich aus monatelanger Isolation ergaben, und der ökonomischen Konsequenzen, die das Herunterfahren der Wirtschaft, die Unterbrechung von Außenkontakten, Binnentransporten und das Erliegen des internationalen Tourismus bewirkten, belasten die Volkswirtschaft enorm. Georgien wurde durch die Pandemie auf seinem Wachstumspfad weit zurückgeworfen.

(6) Kulturelle Vielfalt leben, erhalten und vermitteln

Aber das Land verfügt noch über ganz andere Potentiale. Es ist geprägt von ungeheurem geistigem und materiellem Kulturerbe. Bauwerke, Bräuche und Literatur, Musik, Malerei und Filmkunst, Erfahrungen, Alltagserleben und Gastfreundschaft sind einzigartig und weltweit berühmt. Der Wunsch, diese Werte zu erhalten, ist unverkennbar, ebenso die hohe Kreativität, die neben der Bewahrung des Überkommenen auch junge Richtungen der (Alltags-)Kultur fördert.

Doch die wirtschaftliche Nutzung zeitigte auch negative Erscheinungen. Die Tourismuspolitik zu Beginn des 21. Jahrhunderts führte zu massiven Baumaßnahmen, die nicht unumstritten sind. Orte wie Sighnaghi oder Mest'ia erlebten Umgestaltungen, die das traditionelle Ortsbild zur Kulisse werden lassen. Von den Welterbestätten der UNESCO-Liste gehörte Mtskheta bereits einmal zu den bedrohten Stätten: Um die zentrale Kathedrale Svet'itskhoveli entstand anstelle älterer Wohnhäuser ein neues Stadtviertel, das mit Restaurants und Boutiquen ganz auf den

Tourismus ausgerichtet ist. Dem Eingang zum Kirchhof gegenüber wurde ein monumentaler Neubau als Museum und Fremdenverkehrszentrale geschaffen, dessen massiver Säulenvorbau sich weit von lokalen Bauformen entfernt. Und im Umfeld der Kathedrale legte man nicht nur ausgedehnte Parkplätze mit flächenhafter Bodenversiegelung an, sondern auch öffentliche Gebäude, die sich schwer mit der Würde des Kathedralenbaus vertragen. Die Kathedrale von Kutaisi wurde in einer Weise renoviert, die sich nicht mit dem Erhaltungsauftrag der UNESCO vereinbaren ließ; sie wurde aus der ursprünglichen Welterbestätte Kutaisi-Gelati ausgegliedert. Auch die svanetische Kulturlandschaft mit ihren Wohn- und Wachtürmen verliert durch die Ausweitung des Tourismus an Authentizität. Das Freilichtmuseum in Tbilisi, Teil des Ethnologischen Akademieinstituts, leidet unter massiven Mittelkürzungen, die allein den Erhalt erschweren und einen Ausbau fast unmöglich machen. Dies sind nur Beispiele, die erkennen lassen, dass der dauerhafte Erhalt kulturellen Erbes mit weiterreichenden Aufgaben verbunden ist.

(7) Regionale Besonderheiten anerkennen und eine moderne Raum-Ordnung für die Zukunft schaffen

Georgien ist kein einheitlich strukturiertes Land, in keiner Beziehung. Die administrativen Regionen sind nur teilweise Ausdruck vieler regionaler Besonderheiten. Die im Namen einiger Regionen sichtbare administrative Zusammenfassung von Teilräumen verschleiert die tatsächliche Vielfalt. Gerade in ihr liegt aber ein wichtiges Potential des Landes, wenn man die Identität der Bevölkerung und die Wirtschaft betrachtet.

Regionale Besonderheiten anzuerkennen bedeutet auch, die Eigenart ethnischer und linguistischer Gruppen, speziell der Minderheiten, anzuerkennen und ihnen die erforderlichen Freiräume für kulturelle Entfaltung zu gewähren. Dies gilt für die Gebirgsvölker ebenso wie für die Armenier und Azeri im Süden des Landes. Und es muss für Abchasen und Osseten gelten, um ihnen eine Rückkehr nach Georgien zu ermöglichen, denn militärische Operationen sind nicht zielführend, wie der Augustkrieg 2008 zeigte.

Dies bedeutet, dass die regionalen Eliten eine Partizipation der Bevölkerung fördern und nutzen sollten. Gleichzeitig muss bei regionalpolitischen Entscheidungen das Prinzip der Subsidiarität gelten, um den ausgeprägten Zentralismus von Verwaltungsentscheidungen zu reduzieren. Es sei allerdings nicht verkannt, dass es leichter ist, die Anerkennung regionaler Besonderheiten zu fordern, als eine entsprechende generelle Akzeptanz zu erreichen, weil in regionalen Besonderheiten immer auch das Potential von Abspaltung und Eigenständigkeitsbestrebungen liegt, die dem Staatsziel einer geschlossen auftretenden Nation widersprechen.

Keiner kann sagen, wie die Raumstruktur Georgiens in zwei oder drei Jahrzehnten aussehen wird. Die 2010er Jahre haben mit Ausbau der Infrastruktur, mit einigen neuen Industrieanlagen, mit partieller Wiederbelebung der Landwirtschaft Signale gesetzt, aber gleichzeitig die Verschuldung des Landes vorangetrieben. Die Vielfalt des Naturraums und des kulturellen Erbes sind eine Basis für den bis 2019 und seit 2022 wieder wachsenden Tourismus. Bodenschonende Anbaumethoden fördern die Nachhaltigkeit der Landwirtschaft. Die Lagebeziehungen zwischen Kaspischem und Schwarzem Meer können dem Handel und Transit dienen. Bei allen positiven Entwicklungen blieb Georgien aber auf seine Hauptstadt Tbilisi zentriert. Hatte sie beim letzten sowjetischen Zensus 1989 noch 23,0 % der Bevölkerung auf sich konzentriert, so ist dieser Anteil – nunmehr bezogen auf Rumpf-Georgien – bis 2022 auf 31,6 % gestiegen. Von den nächstgrößeren Städten verliert Kutaisi, das eigentlich einen Gegenpol in Westgeorgien darstellen sollte, weiterhin an Bevölkerung, während Batumi wieder wächst. Wenn aber auch Rustavi wieder eine positive Bevölkerungsentwicklung zeigt, darf nicht übersehen werden, dass es – wie auch das wesentlich kleinere Mtskheta – der hauptstädtischen Agglomeration zuzurechnen ist. Ob der West-Ost-Korridor eine Entwicklungsachse für dezentrale Ansiedlungen sein wird, ist im Augenblick nicht auszumachen. Weitere mittelgroße Städte wie Gori, Zugdidi, Telavi oder Akhaltsikhe mit zentralen Aufgaben zu betrauen und bei künftiger Industrialisierung zu bedenken, wäre ein Ausweg aus dem geschilderten Dilemma, wenn auch der gescheiterte Versuch, mit dem Umzug des Parlaments nach Kutaisi einen Beitrag zur Dezentralisierung zu leisten, eher dagegen spricht.

(8) Die Erfolge der Demokratisierung bewahren und vorantreiben

Eine solche Regionalpolitik erfordert nicht nur einen politischen Minimalkonsens im hauptstädtischen Entscheidungszentrum, sondern auch einen ausgewogenen Ausgleich zwischen Zentral- und Regionalverwaltungen. Im Vierteljahrhundert nach Erlangung der Unabhängigkeit hat Georgien mehrere politische Umbrüche erlebt: Der erste Präsident, Zviad Gamsakhurdia, wurde aus dem Amt vertrieben. Sein Nachfolger, Edvard Shevardnadze, musste in der „Rosenrevolution" sein Amt aufgeben und machte seinem Zögling und Widersacher Mikheil Saak'ashvili Platz, der zwar mit der Korruptionsbekämpfung gewissen Erfolg hatte, aber nach zwei Amtsperioden nicht zuletzt wegen einer zunehmend autoritären Regierungsweise von der Opposition abgelöst wurde. Auch zwischen 2013 und 2015 ist das Vertrauen in den Präsidenten und die Regierung zurückgegangen, und nur das Parlament gewann an Ansehen. Polizei und Bildungswesen verloren etwas an Wertschätzung, doch das Gesundheitswesen verzeichnete eine positive Entwicklung. Unverändert hoch blieb das Vertrauen in das Militär.[5] Die Wahlen von 2012 hatten gezeigt, dass ein politischer Wechsel sich ohne Unruhen vollziehen kann, doch in den Folgejahren verstärkte sich die Konfrontation zwischen den politischen Lagern. Sie sind in hohem Maß personenbezogen und haben sich noch nicht zu echten Parteien entwickelt. Dies wird insbesondere in der Person des Milliardärs Bidzina Ivanishvili deutlich, der sich zwar offiziell aus der Politik zurückgezogen hat, aber im Hintergrund als heimlicher Regent gilt.[6] Weithin fehlt die Bereitschaft, das Auftreten und Bestehen unterschiedlicher Auffassungen zu einzelnen politischen Fragen als normal anzuerkennen. Daraus erwachsen Befürchtungen, dass die junge Demokratie wieder geschwächt werden könnte, dass die Entwicklung der Zivilgesellschaft zurückbleibt, dass äußere Einflüsse überhand nehmen könnten, wobei vor allem ein erneutes Eingreifen des übermächtigen Nachbarn Russland befürchtet wird, der schon Wirtschaft und Politik in Abchasien und Südossetien bestimmt. Die Zunahme des Russischen als Verkehrsprache, die durch den Zuzug von Gegnern des russischen Angriffs auf die Ukraine gestiegen ist, wird daher skeptisch verfolgt.

(9) Die Integrität des Territoriums wiederherstellen

Damit tritt eine fundamentale Belastung der Entwicklung Georgiens hervor: Artikel 1 und 2 der Verfassung Georgiens beschwören die Integrität Georgiens in den Grenzen vom März 1991 und sehen folglich in den administrativen Grenzen der früheren Georgischen Sowjetrepublik die völkerrechtlich gültigen Staatsgrenzen, wie es auch der Grundgedanke bei der Auflösung der Sowjetunion gewesen war. Die Sezession Abchasiens und Südossetiens und deren Anerkennung durch einige Staaten ignorieren diese Festlegung und widersprechen damit – auch nach völkerrechtlicher Auffassung – der Verfassung. Jede Regierung, die seither in Tbilisi die Macht ausübte, hat sich diese Grundsätze zu eigen gemacht und mehr oder weniger explizit die Wiederherstellung der territorialen Integrität zu einem der höchsten, wenn nicht dem höchsten Staatsziel erhoben.[7] Die Realität sieht freilich völlig anders aus. Insbesondere nach dem Augustkrieg 2008 sind die Chancen, die abgefallenen Gebiete zurückzuerlangen, gering geworden. Aber die negativen historischen Erfahrungen von Fremdherrschaft und territorialer Zersplitterung lassen das Territorium als wichtigen Anker für das nationale Selbstbewusstsein erscheinen – für manche sogar wichtiger als die Sprache, wichtiger als die Religion.[8]

Dies bedeutet auch, dass Georgien zur Sicherung nach außen eine Politik der Einbindung in die internationale Zusammenarbeit anstrebt. Dabei stehen sich durchaus unterschiedliche Auffassungen gegenüber, die sich sich vor allem an der Frage des Verhältnisses zur Russland und der Integration in europäische Strukturen zeigen. Die Orientierung nach Europa scheint allgegenwärtig zu sein, wenn man daran denkt, dass überall neben der georgischen auch die europäische Flagge zu sehen ist. Aber eine solche Ausrichtung darf auch eine europäische Hinwendung zu den Problemen Georgiens erwarten. Das Verhältnis zu Russland ist diffiziler: Das mächtige Nachbarland sieht Georgien nach wie vor als Teil seiner Einflusssphäre, und die Präsenz Russlands in Abchasien und Südossetien zeigt das Gefährdungspotential für Rumpf-Georgien.

(10) Die nationale Identität erhalten und Minderheiten integrieren

Die Integrität des Territoriums ist nicht nur eine außen-, sondern auch eine innenpolitische Aufgabe. Georgien versteht sich als Nationalstaat, getragen im Wesentlichen von den ethnischen Georgiern, was eine gewisse Benachteiligung ethnischer Minderheiten nach sich zieht. Es kann dabei zwei historische Anknüpfungspunkte finden, das kartvelische Königreich zur Zeit der hochmittelalterlichen Blüte und die kurzlebige erste Republik nach dem Ersten Weltkrieg.[9] Beide Bezüge sind problematisch: Die erste Republik ging schnell unter dem Angriff der Bolschewisten unter, weil sie auf sich allein gestellt nicht lebensfähig war und zu wenig von außen gestützt wurde, und das mittelalterliche Königreich beruhte auf dem Kartvelismus und vernachlässigte regionale und ethnische Minderheiten in ähnlicher Weise, wie es heute geschieht. Die Idee des Nationalstaats ist eigentlich ein Konstrukt des 19. Jahrhunderts, erscheint vielen nicht mehr zeitgemäß, erlebte aber in den postsowjetischen Nachfolgestaaten eine Wiederbelebung – und nicht nur dort. Sie wird gefährlich, wenn sie sich mit einem Herrschaftsanspruch über Minderheiten verbindet und nicht auf die soziale und politische Integration der Gesamtbevölkerung abzielt. Die Frage der Minderheiten in den Grenzgebieten (georgische Ingiloer im Westen Aserbaidschans, aserbaidschanische Minderheit im Südosten Georgiens, Meskheten im georgisch-türkischen Grenzgebiet) bleibt derzeit ungelöst. Das Verhältnis zu Armenien ist wegen der Frage der armenischen Minderheit im Raum von Akhalkalaki angespannt. Hier ist eine weitere Entspannung erforderlich, die die innere Beruhigung Georgiens unterstützt.

Georgische Sprache und Schrift sowie die georgisch-orthodoxe Kirche sind die wichtigsten Pfeiler, auf denen die nationale Identität beruht; sie können sich leicht als Integrationshemmnisse gegenüber ethnolinguistischen und religiösen Minderheiten erweisen und damit die Herausbildung einer Nation, die vom Willen der gesamten Bevölkerung getragen ist, erschweren, wenn nicht gar verhindern. In der späten Sowjetzeit hatte sich eine nationale Identität herausgebildet, die weniger von kirchlicher oder nationaler Tradition als von relativer wirtschaftlicher Prosperität und der sehr eigenständigen Art mit dem System umzugehen lebte. Diese beiden Grundsteine brachen nach 1991 weg: Die Prosperität hatte auf dem Zugang zum sowjetischen Markt beruht, der nun nicht mehr existierte, und eine eigenständige Auseinandersetzung mit dem Sowjetsystem war nicht mehr gefragt. Die daraus resultierende Identitätskrise wuchs mit den territorialen Verlusten und dem inneren Zwist. Gamsakhurdia, Shevardnadze und Saak'ashvili wurden jeweils bei ihrem Amtsantritt von einem großen Teil der Bevölkerung als charismatische Führer anerkannt, verloren diesen Vertrauensvorschuss jedoch im Lauf ihrer Amtszeit. Jeder Machtwechsel änderte die Ausrichtung des Verhältnisses zwischen Präsident und Bevölkerung. Immerhin erreichte Saak'ashvili einen regionalen Kurswechsel in Adscharien, wodurch die autonome Republik wieder enger an die Zentralgewalt gebunden werden konnte. Die Wahl von 2012 brachte zwar einen erneuten Politikwechsel, doch fehlte dem durch eine Verfassungsänderung in seinen Kompetenzen geschwächten Präsidenten Giorgi Margvelashvili das Charisma der Vorgänger. Seine Nachfolgerin Salome Surabishvili wiedersetzte sich im März 2023 nach heftigen Demonstration in Tbilisi dem Versuch der regierenden Mehrheitspartei „Georgischer Traum", ein Gesetz zu „politischen Agenten" durchzusetzen, so dass dieses Gesetz nach der ersten Lesung im Parlament wenigstens vorläufig zurückgezogen wurde. Die Wiedervorlage des Gesetzentwurfs im Frühjahr 2024 wurde von heftigen Protesten begleitet. Mit der Mehrheit des „Georgischen Traums" nahm das Parlament das Gesetz nach der dritten Lesung an, doch zeigte sich deutlich der Zwiespalt zwischen unterschiedlichen politischen Orientierungen: Georgien steht möglicherweise an einem Scheideweg seiner künftigen Entwicklung. Dass die georgische Gesellschaft sich zunehmend pluralistisch zeigt, erschwert sicher den Weg zur nationalen Identitätsfindung. Als Gegenentwurf einer kleinen Minderheit besteht sogar eine Position, in Georgien solle die Monarchie wieder eingeführt werden – als eine Monarchie „von Gottes Gnaden", die in der Kirche einen starken Rückhalt findet und deren Position auch stärken würde.

Die georgische Identität ist mit einem Paradox verbunden:[10] Einerseits gibt sie sich im politischen Denken und Handeln liberal und zielt auf (West-) Europa ab. Andererseits ist die georgische Kirche ausgesprochen konservativ, bisweilen sogar modernisierungsfeindlich eingestellt. Sie nähert sich damit den Grundüberzeugungen der russischen Orthodoxie. Dieser Widerspruch in den Orientierungen dürfte sich hemmend auf die wirtschaftliche und soziale Entwicklung auswirken. Dies wird auch durch Positionen unterstrichen, sich sich gegen die Einflüsse der Globalisierung wenden.

(11) Äußere Sicherheit erlangen und Orientierung in einer neuen geopolitischen Situation finden

Seit der Sezession Abchasiens und Südossetiens und verstärkt seit dem Augustkrieg von 2008 und dem Krieg gegen die Ukraine gilt Russland für große Teile der Bevölkerung als latente Bedrohung, der Georgien durch eine Anlehnung an das westliche Ausland zu entgehen versucht. Zwar hatte Russland seine Grenztruppen im Süden Georgiens nach einer georgisch-russischen Vereinbarung 1998 abgezogen, aber die Truppenpräsenz in Südossetien und Abchasien hat sich verstärkt. Seit 2010/2011 betreiben politische Kräfte eine Wiederannäherung an Russland und anerkennen damit implizit die Rolle Russlands als Ordnungsmacht in Südkaukasien, ohne die verbale Westorientierung aufzugeben. Immerhin ist Russland ein wichtiger Außenhandelspartner Georgiens. Ein Problem stellt in dieser Beziehung das relativ geringe internationale Engagement für Georgien dar. Die USA hatten nur Mitte der 1990er Jahre stärkeres Interesse an Georgien gezeigt; vor allem der amerikanische Präsident George W. Bush prägte mit seinem Besuch in Georgien ein neues Freundschaftsverhältnis, während der Nachfolger Barack Obama schon größere Zurückhaltung übte.[11] Insgesamt ist stärkeres westliches Interesse an Südkaukasien nur spürbar, wenn Konflikte in dem Raum wieder aufflammen wie zuletzt bei der Rückeroberung Nagorno-Karabachs durch Aserbaidschan.

Das Verhältnis zu den nichtrussischen Nachbarstaaten ist nicht problemfrei, so dass Georgien auch an die Sicherung seiner äußeren Grenzen denken muss. Das Bestreben, in die NATO aufgenommen zu werden, findet in der äußeren Sicherheit seine Begründung. In der historischen Vergangenheit war insbesondere die Grenze zur Türkei immer wieder problematisch. Die Entstehung der Höhlensiedlung von Vardzia als „Versteck“ vor den muslimischen Nachbarn, die aktive Siedlungspolitik nahe der Grenze, die fehlende Bereitschaft, eine Wiederansiedlung von Meskheten im Grenzraum zu erlauben, die langwährende Unsicherheit hinsichtlich des Status von Adscharien sind Beispiele aus völlig unterschiedlichen historischen Kontexten. Auf der anderen Seite haben inzwischen beiderseitige wirtschaftliche Interessen die Beziehungen zwischen Georgien und der Türkei deutlich verbessert: Der Bau der internationalen Pipelines zwischen Aserbaidschan und der Türkei durch Georgien, die Anlage einer Stromtrasse, die den Export von Elektrizität ermöglicht, die Öffnung von Grenzübergängen sind Zeichen dafür.

(12) Einen sicheren Platz in einer unüberschaubar gewordenen Welt finden

Die Corona-Pandemie war noch nicht überwunden, als mit Russlands Angriffskrieg gegen die Ukraine in kurzer Zeit eine völlig neue geopolitische Kulisse entstand, in der Georgien seinen Standort finden musste. Die Tatsache, dass das Land die westlichen Sanktionen gegenüber Russland nicht übernahm, wurde mit der Abhängigkeit von diesem großen Markt begründet. Dennoch richtete Georgien gleichzeitig mit der Ukraine und Moldova ein Beitrittsgesuch an die Europäische Union, wenn auch von vornherein klar sein musste, dass eine beschleunigte Aufnahme kaum zu erwarten ist.

Schnell kamen zwei weitere Herausforderungen für Georgien hinzu: Ende März 2022 kündigte in Südossetien der politische Führer des De-facto-Staats, Anatoli Bibilov, eine baldige Abstimmung zu der Frage an, ob das Gebiet der Russischen Föderation beitreten solle.[12] Diese Äußerung wirft, selbst wenn als mutmaßliches Ergebnis eine Zustimmung der Bevölkerung angenommen wird, mehr Fragen auf, als Antworten gegeben werden können: Wie würde die georgische Regierung reagieren? Würde Russland Südossetien schnell aufnehmen wollen? Wie sehr wäre das fragile georgisch-russische Verhältnis belastet? Könnte die russische Führung eine Chance wittern, an ihrer kaukasischen Südflanke Georgien wieder in russische Abhängigkeit zu bringen? Dass das Ansinnen Südossetiens von georgischer Seite durch den Parlamentssprecher Shalva P'ap'uashvili als illegitim zurückgewiesen wurde, verwundert nicht.[13] Aber auch Russland hatte offensichtlich zu diesem Zeitpunkt kein Interesse an einer solchen Abstimmung, die Russland möglicherweise zum Handeln verpflichtet hätte – das Referendum wurde von Bibilovs Nachfolger Alan Gagloev kurzfristig abgesagt. Wenig später ging die Meldung durch die Medien, dass Georgien zum Ziel vieler Ausreisender aus Russland geworden sei, die den politischen Kurs des Kreml kritisch gegenüberstehen, den Angriffskrieg auf die Ukraine verurteilen und sich und ihre Familien in Georgien in Sicherheit bringen wollen.[14] Dass Georgien zum Zufluchtsort von Russen geworden ist, könnte wiederum in Zukunft das georgisch-russische Verhältnis ebenso belasten wie der momentane territoriale Verlust.

Die geopolitische Situation hat Rückwirkungen auf alle genannten Herausforderungen, vor denen das Land steht. Welchen Weg es geht, ob die Bevölkerung ihn mitzugehen bereit ist oder ob erneute Gegendemonstrationen vor dem Parlamentsgebäude auf die Tagespolitik einzuwirken versuchen, bleibt offen. Auch das ist aber ein Teilaspekt der Faszination, die von Georgien ausgeht.

Apparat

Anmerkungen

0 Faszination räumlicher Vielfalt

1 Dies ist ein Leitgedanke bei Gachechiladze 1995, der von ihm 2018 aufgegriffen wird; vgl. als zusammenfassende jüngere Darstellungen de Waal 2010 (Neuauflage 2018); Jones 2015.
2 Suny 1994.
3 Ó Tuathail 2008.
4 <https://www.eki.ee/wgrs/rom2_ka.htm> [15.5.2018]; Guidelines …, 2019–2020: 9.
5 Ausführlicher hierzu Kartosia 2018.
6 <http://transliteration.eki.ee/pdf/Georgian.pdf> [15.5.2018].

1 Erste Annäherungen

1 Die Fläche von Rumpf-Georgien (57 140 km^2) ist etwas größer als die Kroatiens oder die der beiden Bundesländer Baden-Württemberg und Hessen.
2 Reisner 2000a, 2004, 2009.
3 Fähnrich 2010: 478, 481; Jones 2015:221.
4 Wertsch 2005: 520 f.
5 Cheterian 2009.
6 Halbach 2013: 26 spricht von der "Rolle eines Strippenziehers im Hintergrund".
7 Suny 1994: 91f.
8 Suny 1994: 93 f.
9 <http://hdr.undp.org/en/content/latest-human-development-index-ranking> [25.7.2021].
10 <http://www.doingbusiness.org/rankings>; <http://www3.weforum.org/docs/GCR2017-2018/05FullReport/TheGlobalCompetitivenessReport2017%E2%80%932018.pdf> [14.1.2018]; vgl. zu anderen wirtschaftsbezogenen Indices *Caucasus analytical digest* No. 107 [27.11.2018].
11 <https://www.transparency.org/news/feature/corruption_perceptions_index_2017> [18.2.2019].
12 <https://rsf.org/en/ranking> [18.2.2019].
13 Fähnrich 2010: 5 f.
14 Cornell 2001: 298 ff.
15 Said 2000.
16 Blair 2011.
17 Layton 1995/2004: 195 ff.
18 Der Journalist Joshua Kucera (2017) hat einen Reisebericht über Georgien mit der Frage „Europa oder Asien?" verknüpft und zitiert eine Reihe von Auffassungen, die den Charakter des Konstrukts deutlich werden lassen (<http://roadsandkingdoms.com/2017/where-europe-begins-or-where-it-ends/?src=longreads> [24.5.2018]).
19 Die politikwissenschaftliche Interpretation des georgischen Europa-Diskurses bei Ó Beacháin / Coene 2014 verweist auch auf entgegengesetzte Positionen. Eine Analyse der öffentlichen Meinung in Georgien findet sich bei Müller 2011.
20 Nodia 2005: 43.
21 Zum Kooperationsdreieck der kaukasischen Staaten mit EU und Russland Knodt / Urdze 2016.
22 Papava 2017a.
23 <http://enpard.ge/en/background/> [18.2.2019].
24 <https://www.eumm.eu/data/file_db/factsheets/.council%20decision%20dec%202020.pdf> [11.3.2022]; <https://agenda.ge/en/news/2022/4904> [6.6.2023].
25 *Bundesministerium für wirtschaftliche Zusammenarbeit und Entwicklung*, 2005; dass. 2006.
26 Eine zusammenfassende Darstellung der Entwicklung der Grenzen in Südkaukasien gibt Archipova 2014; zeitnah zur Entwickung der Grenzen in den 1920er Jahren Allen 1927.
27 Cuciev 2006: 21.
28 Archipova 2014: 119ff.
29 *Sakartvelos istoriis at'lasi*, 2016: 72f.; Jones 2017: 145.

30 Birch 1987: 53; mit der Lebenswelt der georgischen Minderheit in Aserbaidschan beschäftigt sich Aivazishvili-Gehne 2023.

31 <https://eurasianet.org/georgia-azerbaijan-feud-over-border-monastery>; <https://civil.ge/archives/305216> [23.5.2019].

32 <https://civil.ge/archives/374990> [13.11.2020; 07.03.2021].

33 Verordnung Nr. 1221-368ss des Rats der Volkskommissare der Sowjetunion vom 6.11.1943: Pobol' / Poljan 2005: 399 ff.; Cuciev 2006: 76ff. [Tsutsiev 2014: 99]; Archipova 2014: 143 ff. Zu der politisch angestrebten Ansiedlung kam es jedoch nur in geringem Umfang, da keine direkten Wege vom hochsvanetischen Mest'ia in die angegliederten nordkaukasischen Gebiete führen.

34 Glezer *et al.* 1991.

35 Wright 1996.

36 Samkharadze 2012; Archipova 2014: 184ff.

37 Tsutsiev 2014: 81.

38 Fähnrich 2010: 457.

39 Tsutsiev 2014: 113.

40 Bei Kraus 2007: „Kreis".

41 Kraus 2007: 33.

42 Mądry / Kaczmarek-Khubnaia 2016, S. 137; Tavadze 2023.

43 Vgl. Ziegler 2005: 171ff.

44 Zum Folgenden vgl. das georgische Gesetz zur Selbstverwaltung vom 16.12. 2005; hier zitiert nach <www.md.undp.org/content/dam/moldova/docs/Publications/reforma eng.pdf> [27.4.2017].

45 Kraus 2007: 190, 293, 486.

46 Artman 2013.

47 Einzelheiten bei de Waal 2010: 147 ff.; Marc Junge, Daniel Müller, Wolfgang Feurstein, Ivan Džucha in Junge / Bonwetsch 2015: 191 f. 48 Birch 1987: 56 ff.; Cornell 2001: 144 ff.

49 Nodia 1999: 109.

50 Cornell 2001: 152.

51 Shubladze 1998: 171.

52 Hewitt 1998: 480 f.

53 Vgl. als Beispiel für einen unvoreingenommenen Klärungsversuch *International Alert* 2010.

54 <http://www.rferl.org/a/abkhazia-u-s-concern-border-crossing-points-closed/28354177.html> [21.3.2017].

55 Ó Beacháin 2017: 6.

56 Einzelheiten bei de Waal 2010: 135 ff.

57 Cornell 2001: 153 f.

58 Shubladze 1998: 178 f.

59 Gegenüberstellung bei Ó Tuathail 2008: 690 ff.

60 *Independent International Fact-Finding Mission on the Conflict in Georgia*, Sept. 2009; vgl. Cheterian 2009.

61 Cheterian 2009: 160 f.; *Independent International Fact-Finding Mission on the Conflict in Georgia*, Sept. 2009, vol. II: 26 ff.

62 <http://www.rferl.org/a/russia-south-ossetia-army-incorportation/28379998.html> [21.3.2017].

63 Charaia 2016.

64 <http://www.kavkaz-uzel.eu/articles/300955/> [30.5.2017].

65 Die Bezeichnung "Südossetien" existiert aus Sicht des georgischen Staates seit der Aufhebung der Autonomie nicht mehr, ist aber international weiterhin üblich und wird daher auch hier verwendet, ohne damit den Anspruch auf Unabhängigkeit zu rechtfertigen.

66 Halbach 2013: 22; Dülffer 2016; <http://www.civil.ge/eng/article.php?id=30238> [28.7.2017].

67 <https://www.civil.ge/archives/275926> [24.3.2019].

68 Mikaberidze 2007: 56ff.

69 Mitchell 2009: 175.

70 Nodia 2005: 53 ff.

71 Dazu Wright 1996, Birch 1996.

72 Vgl. für die Zeit bis 2008 *Independent International Fact-Finding Mission on the Conflict in Georgia*, Sept. 2009, vol. II: 61 ff.

73 The Law of Georgia on Occupied Territories; <https://web.archive.org/web/20140624083638/http://www.smr.gov.ge/docs/doc216.pdf> [16.2.2018].
74 Gerber 1997: 74 ff.; Nodia 2005: 45.
75 Charachidzé 1968: 9
76 Fähnrich 2010 und 2020 stellt seiner Darstellung der Geschichte Georgiens bzw. der Parnavasiden einen räumlichen Überblick voran, der dem Gewässersystem und den größeren Talschaften folgt. Ähnlich hatte schon Reineggs 1795/97 seinen Überblick über Kaukasien innerhalb ethnischer Siedlungsgebiete nach Flussgebieten gegliedert.
77 Suny 1994: 3f.
78 Das im Nationalarchiv der Republik Georgien aufbewahrte Manuskript wurde 2013 in die Liste des Weltdokumentenerbes der UNESCO eingetragen <http://www.unesco.org/new/fileadmin/MULTIMEDIA/HQ/CI/CI/pdf/mow/georgia_kingdom_and_atlas_en.pdf> [2.9.2020].
79 Breuste / Malich 1987 stellen Auszüge aus Reiseberichten aus dem 19. Jahrhundert zusammen.
80 Eine umfangreiche Zusammenstellung von Reisenden und ihrer Berichte bis in die Mitte der 1830er Jahre findet sich bei Dubois de Montpéreux 1839, T. I: XIXff.; Lorian / Bezhanovi (2019) greifen Reiseberichte mit ethnographischen Informationen heraus.
81 Lyall 1825, Bd. 2: 42f.
82 Schiltberger, Hans: Schiltberger's aus München von den Türken in der Schlacht von Nikopolis 1395 gefangen, in das Heidenthum geführt, und 1427 wieder heimgekommen Reise in den Orient und wunderbare Begebenheiten, Augsburg ca. 1477 nach Digitalisat der Bayerischen Staatsbibliothek der Inkunable 2°L.impr.c.n.mss. 76 <https://daten.digitale-sammlungen.de/~db/0003/bsb00032863/images/> [28.4.2020].
83 Chardin 1687.
84 Tournefort 1717: 301 <https://gallica.bnf.fr/ark:/12148/bpt6k853370/f329.item>; eine Ausgabe mit anderer Aufteilung (3 Bände?) erschien 1717 in Lyon bei Anisson et Posuel <https://digi.ub.uni-heidelberg.de/diglit/tournefort1717bd2/0481/scroll>. Dt. Übers.: ders. 1777: 260f. Die Orthographie des Originals wurde beibehalten
85 Tournefort 1717: 303.
86 Breuste / Malich 1987.
87 Güldenstädt 1787: 268ff.
88 Güldenstädt 1787: 268; vgl. ders. 1815: 128.
89 Güldenstädt 1815, Vorrede von Klaproth, S. IV f.
90 Ausführlich dargestellt von J. D. Gerstenberg: Biographische Skizze des Russisch-Kaiserl. Collegien-Raths Dr. Jacob Reineggs, in: Reineggs 1797, Bd. II, S. 216–395. Diese Darstellung beruht auf Berichten und Briefen von Reineggs selbst und auf Rückfragen bei beteiligten Personen, doch betont Gerstenberg die Unsicherheit, die der Darstellung bzw. unterschiedlichen Überlieferungslinien innewohnt, da Reineggs „seinem Biographen es nicht leicht macht, das Wahre vom Falschen, Dichtung von Wahrheit zu unterscheiden“ (ibid. S. 353–354). Nicht eingesehen: Petto, Rainer (2000): Dr. Reineggs und Graf Kohary in Georgien, Blieskastel: Gollenstein.
91 Neigebaur 1860, S. 239.
92 Gerstenberg, in: Reineggs 1797, Bd. II, bes. S. 370 ff.
93 Reineggs 1797, Bd. II, S. 47–49.
94 Reineggs 1797, Bd. II, S. 62: „sehr volkreich“; II, S. 63: „Der Garten- und Ackerbau, Viehzucht, Bienenpflege, Seidenbau, Handel, auch der nur erst hier einheimische Oelbaum machen die Einwohner sehr wohlhabend [...]“
95 Reineggs 1797, Bd. II, 69ff.
96 Reineggs 1797, Bd. II, S. 74.
97 Die Bibliographie, die Wardrop (1888: 174 ff.) seiner Darstellung anfügt, nennt eine große Zahl.
98 Klaproth 1823, I: 158
99 Klaproth 1823, I-II.
100 Klaproth 1823, I: 472 f.; II: 275 ff.
101 Klaproth 1823, I: 516.
102 Klaproth 1823, II: 7.
103 Der Bazar imponierte auch Friedricke von Freygang (1816: 114).
104 Klaproth 1823, II: 199.
105 Freygang 1816: 171 ff.
106 Freygang 1816: 56.
107 Kotzebue 1819: 37.
108 Lyall 1825, Bd. 1. 511.

109 Porter 1821.
110 Porter 1821: 92
111 Lyall 1825, Bd. 1: 516f.
112 Lyall 1825, Bd. 2: 156f.
113 Lyall 1825, Bd. 2: 46ff.
114 Vgl. zu Gamba und seiner Reise auch Sosiashvili 2012.
115 Gamba 1826: 55ff.
116 Fontanier 1829: 84ff.
117 Eichwald 1837: 409.
118 Eichwald 1837: 130ff.; 161ff.
119 Eichwald 1837: 291f.
120 Jäger 1830: 121.
121 Jäger 1830: 137.
122 Vetter 1829.
123 Engelhardt / Parrot 1815.
124 Engelhardt / Parrot 1815, Bd. 1: 217ff.
125 Beck 1984: 40.
126 Parrot 1834, Bd. 1: 34f.; ausführliche Beschreibung der Instrumente in Parrot 1834, Bd. 2.
127 Parrot 1834: 240f.
128 Dubois de Montpéreux 1839, T. I: 385ff.
129 Koch 1847: 2ff.
130 Koch 1847: 86ff.
131 Breuste 1983; Freshfield (1896, vol. 1: 13) hebt die Bedeutung dieser Karte als erster verlässlicher Übersicht über Kaukasien hervor.
132 Koch 1855.
133 Haxthausen 1856/1985.
134 Haxthausen 1856/1985: 51.
135 Einzelheiten bei Ratzel 1896.
136 Wagner 1848: 220 ff.
137 Wagner 1850.
138 Wagner 1850: 67.
139 Wagner 1850: 133 f.
140 Bodenstedt 1848.
141 Bodenstedt 1865/1992.
142 v. Hahn 1890, 1896, 1900.
143 Brosset 1851, I: 182 f., 190 ff.; II: 84 ff.; *Sixième Rapport*: 134 ff.
144 Breuste 1987.
145 Abich 1896 [/ 2020] Bd.1: 320 erwähnt die Entdeckung nebenbei in einem Brief an seine Mutter und seine Schwestern vom 10./22. Dezember 1846: „[...] Dieser Zweck ist nun vollständig erreicht und mit den erwünschten Resultaten bereichert, worunter ich die Entdeckung einer großen metallischen Formation rechne, die in Europa grossen Werth haben würde (Manganerz), kehrte ich gestern nach Koutais zurück. [...]"
146 Breuste 1986; Seibold / Seibold 2006; Milanovsky 2007.
147 Abich 1896 [/ 2020].
148 Abich 1896 [/ 2020], Bd. 1: 381.
149 Brosset 1851: VIII,
150 Radde 1878.
151 Breuste 1983a und 1987; King 2008: 143; vgl. Blasius 1904 mit Auszügen aus dem Briefwechsel.
152 Petzholdt 1866/67.
153 Petzholdt Bd. 1, 1866: 153ff.
154 Dabei werden auch verallgemeinernde, wenig erträgliche Klischees formuliert wie beispielsweise „Der Kaukasier ist faul." (Petzholdt Bd. 2, 1867: 114).
155 Petzholdt Bd. 1, 1866: 317ff.
156 Petzholdt Bd. 1, 1866: 367f.
157 Petzholdt Bd. 1, 1866: 382.

158 Gille 1859.
159 »Je pus me croire à la Fénice à Venise. Quant à la salle et les décors surtout, j'étais bien en Asie.« (Gille 1859: 267).
160 Gille 1859: 382.
161 Gille 1859: 391f.
162 Dumas 1966.
163 Thielmann 1875: 31; vgl. Nachtigal 2016: 252.
164 Thielmann 1875: 449.165 Bryce 1877.
166 Knappe Übersicht bei Freshfield 1896, vol. 1: 18ff.; vgl. die umfassenden Bestandsaufnahmen der alpinistischen Erschließung des Kaukasus bei Merzbacher 1901, Bd. 1: 219 ff. und Egger 1932.
167 Freshfield 1896, vol. 1: 136.
168 Freshfield 1869: 193f.
169 Vgl. Freshfield 1896, vol. 1: 185.
170 Freshfield 1869: 298ff. Freshfield nennt als Teilsiedlungen von Ushguli (bei ihm: „Ushkul") nur Zhibiani („Jibiani"), Chubiani („Tschubiani") und Murq'meli („Murkmer") und spricht von nicht weniger als 60 Türmen, die das Siedlungsbild prägen.
171 Freshfield 1869: 467.
172 Ein Vergleich von Aufnahmen von Vittorio Sella mit aktuellen Ansichten findet sich bei Pavan 2011.
173 Déchy 1905–1907.
174 Déchy Bd. 1, 1905: 149f.
175 Déchy Bd. 1, 1905: 153.
176 Déchy Bd. 1, 1905: 172.
177 Déchys Photographien hatten bereits vor Publikation des dreibändigen Werkes ein hohes Renommee unter den Alpinisten, insbesondere im Londoner *Alpine Club* (Freshfield 1896, Vol. 1: 135, 259).
178 Déchy Bd. 2, 1906: 51 ff.; vgl. die Trekking-Karte *Georgian Caucasus* 2014.
179 Déchy Bd. 2, 1906: 74ff.
180 Merzbacher 1901.
181 Rickmer-Rickmers 1903; Ficker et al. 1904; Egger 1932: 100f. Eine Dartellung Hoch-Svanetiens und des Ushba vor der Erstbesteigung des Südgipfels findet sich bei Iljin 1884.
182 Leist 1885: 15. Klischeehafte Stereotype werden auch in einer späteren Veröffentlichung sichtbar, die nach längerem Aufenthalt im Land entstand (Leist 1903).
183 Wardrop 1888.
184 Suttner 1909: 76.
185 Suttner 1909: 151.
186 Déchy Bd. 2, 1906: 164.
187 Freshfield 1896, vol. 1: 65ff. sowie vol. 2: 233 mit einer Übersicht über die Anreisewege zu den Hochgebirgszielen und weiteren Informationen nach Art eines Reiseführers.
188 Loria in Skinner *et al.* 2011: 40 ff.; Veröffentlichungen von Hamsun sind: „Im Märchenland. Erlebtes und Geträumtes aus Kaukasien", dt. 1903 (Hamsun 1990), sowie ein Schauspiel über die Königin Tamar.
189 Vgl. Loria / Bezhanovi 2019.

2 Der Naturraum: Vielfalt – Potentiale – Risiken

1 Einzelheiten bei Philip et al. 1989; vgl. Lecœur (1996); der Annahme einer solchen Störungslinie wird allerdings von Adamia et al. 2008 und Lursmanashvili 2016 widersprochen. Die plattentektonische Entwicklung im Bereich des eurasiatischen Faltengebirgsgürtels zeichnet Golonka 2004 unter Berücksichtigung der mutmaßlichen Bewegungen kleinerer Teilplatten (Terrane) in dreizehn Phasen nach. Sosson et al. 2010 modifizieren das dynamische Modell für den Kleinen Kaukasus durch den Nachweis von zwei Aufschiebungsphasen in der oberen Kreidezeit, die durch Ophiolithe der ozeanischen Kruste an der Geosutur nachzuweisen sind und erfolgten, ehe im frühen Tertiär die Subduktion einsetzte.
2 Adamia et al. 2008: 98; vgl. u. S. 147f.
3 W. Bally in Rikli 1914: 99.
4 Erkomaishvili et al. 2014: 174.
5 Zu den Gesteinen und ihrer Altersstellung Bolashvili et al. 2018: 10.

6 Lezhava et al. 2019.
7 Tintilozov 1976: 194; Gergedava 1988.
8 Biagi / Nisbet 2018.
9 Eine ausführliche Darstellung der Geomorphologie Georgiens hat Tielidze (2019) herausgegeben.
10 Franz 1973: 212.
11 v. Suchodoletz et al. 2015.
12 Franz 1973: 226.
13 Laermanns 2018; Laermanns et al. 2018; Bolashvili et al. 2018: 36.
14 Bolashvili et al. 2018: 23.
15 Vgl. unten S. 152f.
16 Kekelia et al. 2008; Okrostsvaridze et al. 2016.
17 <http://www.bergbaumuseum.de/index.php/de/forschung/projekte/fruehe-montanlandschaften-alter-orient-zentralasien/salz-kupfer-gold> [19.8.2015]. Das frühgeschichtliche Bergwerk hatte 2006 den Status von nationalem Kulturerbe erhalten, diesen jedoch im Juli 2013 verloren, so dass seither durch das aus einem australisch-georgischen Joint Venture hervorgegangene Bergbauunternehmen *Rich Metals Group* (RMG Gold) in einem Tagebau eine wirtschaftliche Nutzung möglich ist, die die alten, erst teilweise erschlossenen und dokumentierten Anlagen in hohem Maß gefährdet (<http://www.petitions24.com/sakdrisi> [19.8.2015]).
18 Safirova 2017: 17.2.
19 *Geostat: Statistical Yearbook 2016*: 144.
20 Überblick Chomakidze 2007; zur Kohle: C.V. Kavourides et al. 2000. Die in diesem Artikel angesprochenen Zementwerke wurden inzwischen durch die seit 2006 in Georgien tätige *HeidelbergCement* mit erheblichen Investitionen erneuert.
21 <http://www.mineral-exploration.de/newsletter/miningnewsletter2016-08.pdf> [15.5.2018].
22 Die Förderung stieg zwischen 1900 und 1913 von 661 000 auf 966 000 t (Zazanishvili / Kalandavishvili 2015: 11).
23 Jensen et al. 1983: 264 f., 520 f.
24 Levine 2011: 17.2; Safirova 2017: 17.5.
25 <http://www.mineral-exploration.de/newsletter/miningnewsletter2017-46.pdf>, S. 9 [15.5.2018].
26 Gagnidze et al. 2016
27 Kekelia et al. 2016.
28 Zur Geologie der Kupfer- und Goldlagerstätten Popkhadze et al. 2019.
29 Felix-Henningsen / Urushadze / Narimanidze et al. 2007; Narimanidze / Wichmann / Felix-Henningsen et al. 2005.
30 Levine 2011: 17.1.
31 Kekelia et al. 2016: 47.
32 <http://www.bbc.com/news/world-europe-13538604>; <http://www.osce.org/eea/110702?download=true> [23.3.2017].
33 *Geostat: Statistical Yearbook 2016*: 144; *Geostat: Statistical Yearbook 2022*: 148.
34 Safirova 2017: 17.3.
35 Volodicheva 2002: 355; Bolashvili et al. 2018: 44.
36 Weischet / Endlicher 2000: 346.
37 Meladze / Meladze 2017.
38 Franz 1973: 227.
39 *UNDP Georgia: Climate Change in the South Caucasus: Regional Impact Study 2011*, Tbilisi 2011. <http://www.ge.undp.org/content/dam/georgia/docs/publications/GE_SC-CC-2011.pdf> [8.9.2015]; Elizbarashvili et al. 2017.
40 Bordokoff 2014.
41 Bolashvili et al. 2018: 58.
42 Franz 1973: 219.
43 Tielidze / Lomidze / Asanidze 2015, S. 74; Tielidze / Chikhradze / Svanadze 2015; Tielidze 2016; Bolashvili et al. 2018: 68–71; Überblick bei Shagedanova et al. 2014.
44 Tielidze / Lominadze / Lomidze 2015: 395; vgl. mit ähnlichen Ergebnissen Tielidze / Galdrani / Kumladze 2015.
45 Bondyrev et al. 2015: 202.

46 Wing 2003; Zabanova 2012.
47 Laermanns 2018: 101.
48 Zu Dokučaevs Arbeiten über Kaukasien vgl. Kerimova et al. 2017.
49 Bolashvili et al. 2018: 74; vgl. Bondyrev et al. 2015: 214 ff. Zur pedologischen Differenzierung und bodenchemischen Charakteristik Jorbenadze et al. 2015.
50 Hanauer et al. 2017.
51 Narimadze et al. 2005.
52 Déchy Bd. 2, 1906: 317ff.; Rikli 1914; vgl. Beispiele bei Nakhutsrishvili 2013: 122ff.
53 Vashakmadze 2000: 38. Eine aktuelle Übersicht über die in Georgien vertretenen Pflanzengesellschaften mit zahlreichen Listen typischer Vertreter gibt Nakhutsrishvili 2013. Einen systematischen Einblick vermittelt die *Georgian biodiversity database*: <http://www.biodiversity-georgia.net/> [4.5.2021].
54 *Universität Innsbruck, Institut für Botanik*, 2012.
55 Slodowicz et al. 2018.
56 Zur kleinräumigen Differenzierung der Vegetation Westgeorgiens und zu Vegetationsrelikten Denk et al. 2001, zum Vordringen kühleliebender Pflanzenarten Gegechkori 2017.
57 Zu den kolchischen *Carpinus*-Wäldern vgl. Novák et al. 2021.
58 Nakhutsrishvili 2013: 11f.
59 Vgl. am Beispiel des Moores Ispani 2 de Klerk et al. 2009.
60 Connor et al. 2007.
61 Eine eingehende Schilderung der Pflanzenwelt im Hinterland von Sukhum findet sich bei Rikli 1914, S. 20 ff. Dort sind auch zahlreiche Neophyten aufgeführt, die durch Anpflanzung an der Schwarzmeerküste angesiedelt wurden.
62 Franz 1973: 230, 238
63 <https://whc.unesco.org/en/list/1616/> [14.12.2021]; vgl. beispielsweise Krebs et al. 2009.
64 Bussmann et al. 2016, 2017.
65 Akhalkatsi et al. 2012
66 Nakhutsrishvili 2013: 35.
67 Zu den kolchischen Wälder Nakhutsrishvili et al. 2015.
68 Nakhutsrishvili 2013: 39ff.
69 Gracheva 2003
70 Batsatsashvili / Kikvidze / Khutsishvili et al. 2017.
71 Heck / Laarz o.J.: Nordmann-Tanne: Zapfenstreich im Kaukasus, in: Spiegel-online <http://www.spiegel.de/wissenschaft/natur/nordmann-tanne-zapfenstreich-im-kaukasus-a-939863.html> [25.8.2015].
72 *Österreichische Entwicklungszusammenarbeit* 2012, S. 4; <http://www.entwicklung.at/uploads/media/Landesstrategie_Georgien_01.pdf> [18.7.2015]; <http://www.transparency.ge/en/node/1358> [23.8.2015].
73 *Kaukasische Post* 5.7.2013; <http://www.kaukasische-post.com/?p=1390> [Zugriff: 23.8.2015].
74 Quinn 2017.
75 Volodicheva 2002, S. 372; zur Differenzierung der Artenvielfalt vgl. Šetekauri / Ciskarauli 2004.
76 Nakhutsrishvili 2013: 13ff.
77 Callaway et al. 2000.
78 Im Herbst 2008 ging die Joint OSCE/UNEP Environmental Assessment Mission to Georgia den Folgen dieses Eingriffs nach; vgl. den Bericht der Freiburger Forschungsstelle für Feuerökologie: <http://www.fire.uni-freiburg.de/GlobalNetworks/SEEurope/OSCE-UNEP-GFMC-Env-Assessment-Georgia-Oct-2008-OSCE-34577_en.pdf> [19.8.2015].
79 <http://www.fire.uni-freiburg.de/GlobalNetworks/SEEurope/SEEurope_1.html> [19.8.2015].
80 Gachechiladze et al. 2017.
81 *Landšaftnaja karta Zakavkaz'ja* 1 : 1 000 000, 1983.
82 Bordokoff 2014: 60, 72ff.
83 Im Folgenden nach Stadelbauer 1990.
84 Eine umfassende Dokumentation auf der Grundlage eines Geographischen Informationssystems stellt das CENN bereit: <http://environment.cenn.org/> [14.12.2021]; zum Management auf der Basis lokalen Wissens Kheladze 2011.
85 Zur Geologie des Kasbek vgl. Paffengol'c 1977.
86 Bondyrev et al. 2015: 69.
87 Vgl. den Katalog historischer Erdbeben in Kaukasien bei Shebalin / Tatevossian 1997: 210 ff.

88 Zu den Erdbeben GIARDINI / BALASSANIAN [eds.] 1997; VARAZANASHVILI / TS'ERETELI / MUCHADZE 2008; Karte der Erdbeben in Georgien mit einer Liste der seismisch aktiven Strukturen sowie Liste der von Erdbeben ausgelösten Lawinenabgänge und gravitativen Massenselbstbewegungen bei ADAMIA et al. 2008: 84ff. u. 95 f.; BOLASHVILI et al. 2018: 25.
89 BONDYREV et al. 2015: 68.
90 Zur seismologischen Analyse TAN / TAYMAZ 2006, S. 541ff., zu den Folgen des Bebens JIBSON et al. 1994.
91 GABRICHIDZE et al. 2004.
92 Vgl. dazu *Caucasus environment outlook*, 2002: 76f.
93 GABRICHIDZE et al. 2004.
94 BOLASHVILI et al. 2018: 42.
95 *Atlas of Natural Hazards & Risks*, S. 54.
96 NACHTIGAL 2015: 89, 110. Der mehrfache, spektakuläre Eisbruch am Kasbek beschäftigte die Reisenden des 19. Jahrhunderts: KOTZEBUE 1819: 26 f., PORTER 1821: 146f. und GAMBA 1826: 24 gehen auf das Phänomen ein und erwähnen den Eisbruch vom September 1817, EICHWALD 1837: 762ff. schildert beide Ereignisse, MERZBACHER 1901, Bd. 1: 846 ff. die Folgen des Eisbruchs 1832.
97 Auflistung der Jahre bei BONDYREV et al. 2015: 69.
98 *Atlas of Natural Hazards & Risks*, S. 46; vgl. GAPRINDASHVILI / VAN WESTEN 2015.
99 *Atlas of Natural Hazards & Risks*, S. 44.
100 BONDYREV et al. 2015: 81.
101 GRACHEVA / URUSHADZE 2011.
102 GAPRINDASHVILI et al. 2016: 313.
103 TIBALDI et al. 2019.
104 Am Beispiel des Mt'k'vari-Nebenflusses Vere in Tbilisi zeigt GURCHIANI 2023 die Folgen fehlgeleiteter Flussbegradigung und Bodenversiegelung für die Stadtentwicklung auf.
105 REINEGGS 1795: 18
106 *Atlas of Natural Hazards & Risks*, S. 48.
107 BERUCHASHVILI 2017.
108 BONDYREV et al. 2015: 81
109 *Caucasus environmental outlook* 2002: 28.
110 SUCHODOLETZ et al. 2015.
111 WIESMAIR et al. 2016.
112 NARIMANIDZE / BRÜCKNER 1999; KORDZAKHIA et al. 2015.
113 FELIX-HENNINGSEN / SAYED 2009; HANAUER et al. 2009.
114 GUJARAIDZE 2014: 21 ff.
115 Irma Gurguliani auf dem 22. Wirtschafts- und Umweltforum der OSZE Anfang 2014 <https://www.osce.org/eea/110702?download=true> [7.1.2019].
116 BUACHIDZE et al. 2016.
117 Zahlreiche Beispiele für die Flussgebiete von Alazani, Iori und Rioni bei SHOTADZE / BARNOVI 2011.
118 Vgl. HEMPEL 1967.
119 URUSHADZE et al. 2010, S. 247.
120 Einzelbeschreibungen in *Zapovedniki Kavkaza* 1990.
121 MEESSEN 1988.
122 GERBER 1997: 107 ff.; FÄHNRICH 2010: 484.
123 ZAZANASHVILI / MALLON 2009.
124 Übersichtskarte bei BONDYREV et al. 2015: 149.
125 KALATAS 2015: 41ff.; SCHOTT et al. 2016: 11.
126 STEINMETZER 2005; URUSHADZE et al. 2010.
127 SJÖSTRAND 2016.
128 KALATAS 2015; SCHOTT et al. 2016; MELIK-ADAMYAN / KHACHATRYAN / BABAYAN 2017.
129 <http://apa.gov.ge/en/>.
130 Übersicht mit Kurzcharakteristik bei WITTICH / MAAS 2009, S. 27ff.
131 WOJTKIEWICZ et al. 2010.
132 TROSCHKE 2015.

3 Geschichte und Raum: Kurzer historischer Rückblick

1 Umfassende Darstellungen finden sich beispielsweise bei ALLEN 1932, LANG 1962, SUNY 1994, FÄHNRICH 2010 und RAYFIELD 2015. Eine hilfreiche tabellarische Übersicht bieten CHIARI / PAHL 2008: 244 ff.

2 Den sprechenden Titel „*Edge of Empires*" gibt RAYFIELD 2015 seiner Darstellung der Geschichte Georgiens.

3 Nicht wenige dieser Mythen und Legenden sind, deutlich als solche gekennzeichnet, in die Darstellung von FÄHNRICH 2010 eingebunden, die sich insgesamt von der Idee einer georgischen Nation leiten lässt. Vgl. zur politischen Instrumentalisierung auch CHRISTOPHE et al. 2017.

4 CHIKOVANI 2013.

5 VEKUA / LORDKIPANIDZE 2010; MGELADZE et al. 2011; LORDKIPANIDZE 2016; BOLASHVILI et al. 2018: 122; MAISURADZE / SCHOLLMEYER 2018: 16ff.

6 KAKHIANI et al. 2013.

7 Aus dem Blickwinkel der Vegetationsentwicklung CONNOR 2006, insbes. 261ff.; CONNOR / SADONA 2007.

8 BAR-YUSUF et al. 2011.

9 HANSEN / HELWING 2018: 27 ff.; OLLIVIER et al. 2018.

10 MUDŽIRI 2011: 39; HAMON et al. 2016.

11 BIAGI / NISBET 2018; PALUMBI 2018.

12 ROVA in SKINNER et al. 2011: 65 ff.; FURLANI et al. 2012.

13 SUNY 1994: 5; DSCHAPARIDSE 2016.

14 LAERMANNS et al. 2017; LAERMANNS et al. in LAERMANNS 2018: 60 ff.; PAPUASHVILI et al. 2021.

15 Beschreibung bei MUDŽIRI 2011: 46ff.

16 KUSBER 1994: 99.

17 SUNY 1994: 8; FÄHNRICH 2020: 30ff.

18 REISSNER 1989: 138; MAISURADZE / SCHOLLMEYER 2018: 92ff.

19 SUNY 1994, S. 8ff.

20 SUNY 1994: 12.

21 FÄHNRICH 2010: 92.

22 FÄHNRICH 2020: 40.

23 FÄHNRICH 2020.

24 HUMBOLDT 1845/2004: 262.

25 KAKHIDZE / KAKHIDZE in SKINNER et al. 2011: 76 ff.; NAWROTH 2016: 82; MAISURADZE / SCHOLLMEYER 2018: 88ff.

26 FÄHNRICH 2010: 82.

27 PARROT 1834.

28 BODENSTEDT 1992 [ed. WALBINER]: 242.

29 Zur Geschichte des Mythos und seiner Überlieferung bei Apollonios Rhodios sowie zu antiken Darstellungen MAISURADZE / SCHOLLMEYER 2018: insbes. 22ff.

30 ADRIMI-SISMANI in SKINNER et al. 2011: 80–89; OKROSTSVARIDZE et al. 2016.

31 FÄHNRICH 2010: 89.

32 FÄHNRICH 2020: 96.

33 PLINIUS, ***Naturalis historia*** VI, 30; zu den Berichten antiker Autoren über Georgien LABAS 2014.

34 SUNY 1994: 13.

35 MAMULADZE et al. 2017.

36 SUNY 1994: 14f.

37 FÄHNRICH 2010: 120 f.

38 SUNY 1994: 16f., 19.

39 RAYFIELD 2013: 195.

40 RUSTHAWELI 2014.

41 KILADZE et al. 2007.

42 Zu den zahlreichen Legenden über Nino vgl. FÄHNRICH 2010: 123 ff., ders. 2020: 68ff.; zu der Überlieferung der Christianisierungsgeschichte LABAS 2014: 120 ff.

43 Dazu ausführlich LABAS 2014: 206 ff.

44 FÄHNRICH 2010: 143.

45 LABAS 2014: 193 f.

46 KLDIASHVILI in SKINNER et al. 2011: 132 ff.

47 Fähnrich 2020: 93ff.
48 Zu Vakht'ang Gorgasali Fähnrich 2020: 84ff.
49 Mądry / Kaczmarek-Khubnaia 2016: 133.
50 Fähnrich 2010: 164.
51 Beispiele bei Fähnrich 2010: 177 ff.
52 Suny 1994: 32 f.
53 Fähnrich 2010: 187.
54 Tevzadze / Kikvidze 2016: 253.
55 Fähnrich 2010: 209.
56 Rayfield 2013: 118 ff.
57 Fähnrich 2010: 251; Rayfield 2013: 141.
58 Fähnrich 2010: 244 f.
59 Suny 1994: 45.
60 Tuite 1999/2003.
61 Merzbacher 1901, Bd. 1: 370.
62 Gachechiladze 1995: 10.
63 Gvaberidze 2010.
64 Vgl. dazu ausführlich mit Belegen Sarkisjanz 1961, Rayfield 2015.
65 King 2008: 21.
66 Bregadze 1976.
67 Umfassende Bauwerk- und Ausgrabungsdetails bei Zakaraja 1969.
68 Gachechiladze 1995: 23.
69 Kvachatadze / Janjalia 2012.
70 Suny 1994: 54; Rayfield 2015: 222; Soidse / Kandelhard 1997: 42f.
71 Vgl. dazu Krings 2002.
72 Beradze u. Kutsia 2000.
73 King 2008: 27.
74 Einzelheiten bei Rayfield 2015: 250 f.
75 Suny 1994: 59.
76 Suny 1994: 64. Bei Fähnrich wird dieser Vorgang als Korrumpierung des georgischen Adels durch Russland dargestellt, wie auch die Russifizierung der Verwaltung und die Ansiedlung nichtgeorgischer Bevölkerung als Maßnahmen zur Entfremdung Georgiens und russische kolonialherrschaftliche Machtdemonstration erscheinen (Fähnrich 2010: 373, 384).
77 Details bei Suny 1994: 65.
78 Mikaberidze 2007: 657 f.; Nachtigal 2016: 132 ff.
79 Layton 1994/2005; Hokanson 2008.
80 Auch 2001: 6 f.; Cuciev 2006.
81 Suny 1994: 84f.; weitere Einzelheiten bei Fähnrich 2010.
82 Auch 2001: 14.
83 Reisner 1995: 69; vgl. Suny 1994.
84 Suny 1994: 80.
85 Vgl. King 2008: 143.
86 Reisner 1995; 2004.
87 Reisner 2005.
88 Reisner 1994; Mikaberidze 2007: 221f.; Gogiashvili 2013.
89 Cuciev 2006: 30ff.
90 Nachtigal 2016.
91 Dazu Maka Shavgulidze in Skinner / Tamanishvili / Shanshiashvili 2011: 2006 ff.
92 Kusber 1994: 106 f.
93 Fähnrich 2010: 418 ff.
94 Suny 2009: 52.
95 Blank 1993, S. 33 f.
96 Fähnrich 2010: 434.

97 Vgl. den vom Goethe-Institut veröffentlichten autobiographischen Bericht unter <http://www.goethe.de/mmo/priv/1351129-STANDARD.pdf> [14.7.2019].
98 Fähnrich 2010: 451.
99 Cuciev 2006: 61ff. mit Karte 21.
100 Kappeler 1992, S. 303; Pietzonka 1995, S. 80f.
101 Ó Tuathail 2008, S. 673 f.
102 Gugushvili et al. 2016; vgl. auch Kekelia / Reisner 2021.
103 Cornell 2001: 138.
104 Cuciev 2006: 60 f.
105 King 2008: 187.
106 Vgl. die Dokumente in *Istorija kollektivizacii sel'skogo chozjajstva Gruzinskoj SSR*, 1970.
107 Zu Berias Aufstieg und seiner Politik vgl. King 2008: 191 ff.
108 Reisner in: v. Gumppenberg / Steinbach 2008, S. 39.
109 zur Mühlen 1971: 105 ff., 203 ff.
110 Cornell 2001: 142.
111 Aves 1992.
112 Jones / Parsons 1996: 295.
113 <http://1tv.ge/en/news/view/127628.html> [21.3.2017]; <https://agenda.ge/en/news/2016/2166> [6.11.2023]; Bussmann et al. 2016.
114 Zazanishvili / Kalandavishvili 2015 zeigen das Potential, das in den Relikten dieses Verbundsystems für einen Erhalt spricht.
115 Kusber 1994: 113; Jones 2015: 31 ff.; Rayfield (2012: 378) spricht von 21 Getöteten.
116 Nodia 1999: 108.
117 Jones / Parsons 1996: 302 ff.
118 Broers 2005.
119 Gachechiladze 1995: 39 f.
120 Radvanyi 2011: 171; Halbach 2013; Jones 2015: 165 f.
121 Mitchell 2009: 176.
122 Halbach 2013: 11 f.
123 Mitchell 2009.
124 *Narodnoe chozjajstvo Gruzinskoj SSR za 60 let*, 1980: 87.

4 Bevölkerung: Demographie – ethnolinguistische Gruppen – Sozialstruktur

1 <http://census.ge/en/population-census/2007-tslis-satsdeli-aghts'era> [25.10.2013].
2 <http://census.ge/en/results/census> [7.6.2018].
3 Hakkert 2017: 3.
4 GEOSTAT 2022: 18,
5 Berechnet nach *Statistical Yearbook of Georgia 2016*: 36f.; vollständigere Datensätze unter https://www.geostat.ge/en/modules/categories/41/population, Tab. 80 [27.8.2019]. Für die mittelgroßen Städte fehlen jüngere Daten.
6 Gachechiladze 1995: 45.
7 Gachechiladze 1995: 49 f.
8 Daten bei Rowland 2006: 226–228.
9 *Statistical Yearbook of Georgia* 2016: 35.
10 Gachechiladze 1995: 52f.
11 *Statistical Yearbook of Georgia* 2016: 23.
12 <https://www.geostat.ge/en/modules/categories/316/population-and-demography> [27.08.2019].
13 *Goskomstat SSSR* 1991: 14, 15, 18, 20.
14 Rowland 2006: 237.
15 Stat.Geo 2013; <http://www.geostat.ge/cms/site_images/_files/english/population/15.10.2013_krebuli%202012.pdf> [25.10.2013].
16 Rowland 2006: 223.
17 <https://www.geostat.ge/en/modules/categories/41/population> [27.8.2019].

18 Lundgren 2016: 16 mit dem Hinweis auf eine mögliche Überschätzung des Anteils der Abchasen.
19 <http://census.ge/en/results/census1/test> [18.3.2019].
20 Radvanyi / Thorez 1977; zu Rach'a: Kohler et al. 2017; vgl. Publikationen im Rahmen der Gießener Q'azbegi-Projekte AMIES und AMIES II.
21 Gachechiladze 1995: 49.
22 Statistical Yearbook 2016: 26.
23 <https://www.sem.admin.ch/dam/data/sem/internationales/herkunftslaender/europa-gus/geo/GEO-reform-gesundheitswesen-d.pdf> [26.7.2020].
24 GEOSTAT 2022: 34.
25 <http://www.geostat.ge/cms/site_images/_files/english/population/15.10.2013_krebuli%202012.pdf> [25.10.2013].
26 Ausführlich zur Bevölkerungsentwicklung Südossetiens Charebov 1981.
27 Vgl. dazu auch Müller 2008: 77 ff.
28 Beispiele für solche Sprachkontakte stellt Bielmeier 1994 zusammen.
29 Zahlen bei Müller 2008: 91 f., methodische Hinweise *ibid.*: 94.
30 *Geostat Statistical Yearbook* 2016: 22. Die Entwicklung zwischen 1926 und 1989 wird ausführlich von Gachechiladze 1995 dargestellt.
31 Daten bei Rowland 2006, S. 230.
32 Vgl. Karte 9; Karten und Statistiken größtenteils älterer Zustände finden sich unter <http://www.ethno-kavkaz.narod.ru/>.
33 Klimov 1994: 19.
34 Deeters 1963.
35 Klimov 1994, Fähnrich 2012.
36 Gachechiladze 1995: 77.
37 Beriašvili / Melikišvili / Solov'eva 2015.
38 Feurstein 2007.
39 Kadshaia / Fähnrich 2001.
40 Vgl. zur ethnolinguistischen Situation und zum politischen Umgang damit in der frühen Sowjetzeit Marc Junge, Daniel Müller, Wolfgang Feurstein, Ivan Džucha in Junge / Bonwetsch 2015: 170 ff.
41 Klimov 1994: 90. Fähnrich (2012: 512) nennt für die Ostgruppe des Georgischen kartvelisch, kakhisch, ingiloisch, fereydamisch (im Iran), khevsurisch, pshavisch, tushetisch, mtiulisch-gudamaq'arisch und mokhevisch als Dialekte, für die Westgruppe imerisch, rachisch, lechkhumisch, gurisch, ajarisch und imerkhevisch, für die Südgruppe meskhisch.
42 Radvanyi / Thorez 1977.
43 Mühlfried 2014: 65 ff.
44 Volkova 1977: 89.
45 Feurstein 2000.
46 Nodia 2005: 54.
47 Reisner 2000.
48 Aivazishvili-Gehne 2023.
49 Voell 2016; vgl. Okinashvili 2001.
50 Voell 2015; zum Nebeneinander von offiziellem und informellem Rechtskodex in Svanetien vgl. auch Koehler 1999.
51 Marc Junge, Daniel Müller, Wolfgang Feurstein, Ivan Džucha in Junge / Bonwetsch 2015: 172.
52 Nodia 2005: 64 f.
53 Nodia 2005: 64 f.
54 Marc Junge, Daniel Müller, Wolfgang Feurstein, Ivan Džucha in Junge / Bonwetsch 2015: 172 ff.; zu den Lazen Feurstein 2007.
55 Müller 2008: 99.
56 Nodia 2002: 43.
57 Khazanov 1992: 2.
58 Nodia 2002.
59 Klimov 1994: 47ff.
60 Müller 2008: 199 f.

61 Gachechiladze 1995: 82 ff. Eine Karte zur ethnischen Struktur Abchasiens nach den Zensusdaten von 2011 findet sich unter <http://www.ethno-kavkaz.narod.ru/ETHNO-CAUCASUS.files/Abkhaziagruz2011.png> [18.3.2018].
62 Müller 2008: 201 f.
63 Mikaladze 2015: 106.
64 Gachechiladze 1995: 86 f.
65 *Itogi Vsesojuznoj perepisi naselenija 1979 goda*, 1989: 3, 22.
66 Bregadze 1976, S. 250.
67 Gachechiladze 1995: 92; <https://upload.wikimedia.org/wikipedia/commonc/9/92/Georgia_Census_2002-_Ethnic_group_by_major_administrative_territorial_units.pdf> [26.7.2020].
68 Balci / Motika 2007: 341.
69 Jones 1992: 81.
70 Gippert 2008; Müller 2008: 101; Gvineria / Leroy-Mateu 2017; vgl. auch das Feldforschungsprojekt <http://www.kaukasiologie.ac.ge/> [26.3.2018].
71 Altman 1983: 3–16.
72 Gachechiladze 2021: 6 ff. mit einer Verteilungskarte für 1926; die meisten Juden lebten damals in Tbilisi und Kutaisi, den höchsten Anteil hatten sie an der Bevölkerung von Oni und Sachkhere (40,4 bzw. 35,7%).
73 *Itogi Vsesojuznoj perepisi naselenija 1979 goda*, 1989: 3, 9.
74 Gachechiladze 1995: 94.
75 <http://census.ge/files/results/Census_release_ENG.pdf> [26.7.2020]; Gachechiladze 2021: 14.
76 Bregadze 1976: 246 f.
77 Gachechiladze 1995: 89.
78 Rowland 2006: 238 f.
79 Hin 2003; Metreveli 2016.
80 Müller 2008: 104, 138.
81 Margošvili 1988; Kurtsikidze / Chikovani 2002: 13ff.; Sanikidze 2007.
82 Prasad 2012a: 12 f.
83 Rowland 2006: 239; German 2004.
84 Nodia 2005: 59 f.; Sanikidze 2007; Blandy 2009.
85 Halbach 2016a: 22 f.
86 Gippert 2008; Müller 2008: 100 f.
87 Kolesov 1997: 91 f.
88 de Waal 2010: 154 ff.; *Pontičeskie greki* 1997.
89 Sordia 2009.
90 Rowland 2006.
91 Fähnrich 2010: 482.
91a Applis 2022a.
92 Zhou 2012.
93 Gogishvili 2018: 146 ff.; <https://eurasianet.org/undeterred-by-slow-start-georgia-woos-chinese-investors> [8.10.2019].
94 Gvelesiani / Tvaltadze 2014.
95 Pearce / Rice 2014.
96 Wheatley 2009: 122.
97 Dvali / Badasyan 2014; Bobghiashvili et al. 2016.
98 <civil.ge/eng/article.php?id=30309> [28.7.2017].
99 *Council of Europe / Conseil d'Europe: Advisory Committee on the Framework Convention for the Protection of National Minorities: Third Opinion on Georgia adopted on 7 March 2019* <https://rm.coe.int/3rd-op-georgia-en/1680969b56> [27.7.2020].
100 Röder 2014.
101 Auch 2001: 70.
102 <http://einung.org.ge/bericht/> [18.06.2018].
103 Tatarashvili 2018.
104 Ismail-Zade 1982: 25; Tiggesbäumker 1983.
105 Černova-Dëke 2015: 86. Die schwäbischen Siedler von Freudenthal/Abastumani werden von Abich (1896: 146) in einem Brief vom 19. Oktober 1844 erwähnt: „Zwei Nächte verweilte ich in jenem Thale an den heissen Quellen,

in deren Nähe zehn deutsche Familien sich kürzlich angesiedelt haben, denen es mit der Zeit dort ganz gut gehen kann, ehrliche Schwaben, harmlose und fleissige Menschen, die in den schönen Tannenwäldern in ihrer Heimat zu sein glauben."

106 Auch 2001: 71.
107 Haigis 2005: 99.
108 *Europarat/Council of Europe*, 2017; Tatarashvili 2018.
109 <www.facebook.com/KulturerhaltGeorgien>.
110 Mania 2006: 13.
111 Tschogoschwili 2004: 68.
112 Auch 2001: 102ff. und 165ff.; Gelashvili 2010.
113 Thörner 1996. Eine Auflistung der Aktivitäten der Firma Siemens im Russischen Reich findet sich bei Auch 2001: 120ff.
114 Mania 2006.
115 Auch 2001: 191.
116 Zahlen nach Müller 2008: 133f.
117 Endler 2018: 101.
118 <http://einung.org.ge/> [18.06.2018]; <http://www.s414282258.online.de/SchwabenNetzwerkKaukasusWP/category/home/> [18.06.2018].
119 Überblick mit Schwerpunkt auf den christlichen Kirchen bei Fleischmann-Bisten 2005; zum ethno-religiösen Zusammenhang Müller 2008.
120 Gurchiani 2021.
121 Ullmann 2016; Mikeladze 2014.
122 Knapper Überblick bei Gazer 2005.
123 Gerber 1997: 105.
124 Čelidze ca. 2011.
125 Reisner 2015; Halbach 2016; Darieva 2021 am Beispiel von Batumi.
126 Halbach 2016: 20 f.
127 Gurchiani 2017; einen Einblick in die religiösen Rituale gläubiger Familien in Tbilisi vermittelt Körner 2017.
128 Gurchiani 2017a.
129 Beriašvili 2015: 585.
130 Radvanyi / Muduev 2007: 162.
131 Beriašvili 2015: 583f.
132 Darieva 2021: 20ff.
133 Haigis 2005.
134 Gerritsmann 2005.
135 Szakonyi 2007; Peinhopf 2014: 25; Marc Junge, Daniel Müller, Wolfgang Feurstein, Ivan Džucha in Junge / Bonwetsch 2015: 230.
136 Sanikidze / Walker 2004; Balci / Motika 2007; Halbach 2016: 20 ff.; Sanikidze 2018.
137 Karte bei Cuciev 2006: 43.
138 Beriašvili 2015: 587; Balci / Motika 2007.
139 Beriašvili 2015: 591.
140 Liles 2012; Halbach 2016: 21.
141 Balci / Motika 2007: 340; Sanikidze 2007 und 2018.
142 Kurtsikidze u. Chikovani 2002: 29.
143 Dazu ausführlich, vor allem am Beispiel der Pshaven und Khevsuren Charachidzé 1968; Fähnrich 2009 und 2020: 74ff. zu den vorchristlichen Kultstätten der georgischen Bergvölker.
144 Mühlfried 2015.
145 Vgl. v. Hahn 1900: 219ff.; Déchy Bd. 2, 1906: 77ff.; Nioradze 1931.
146 <https://hdr.undp.org/data-center/country-insights#/ranks> [9.2.2023].
147 <http://hdr.undp.org/sites/all/themes/hdr_theme/country-notes/GEO.pdf> [23.3.2017]; <http://hdr.undp.org/en/2018-update> [18.3.2019].
148 Kakulia / Kabanadze 2019.
149 Ausführlich Gachechiladze 1995: 111ff.
150 Peinhopf 2014.

151 *Geostat: Statistical Yearbook* 2016: 58.
152 Kakulia et al. 2017 mit ausführlichem Datenmaterial aus systematischen Haushaltsbefragungen; Tiwari et al. 2017: 15ff.
153 Rekhviashvili 2013.
154 Ziegler 2005: 35.
155 Details bei Salukvadze 2015.
156 Vertlib 1999: 152.
157 Bondyrev et al. 2015: 56.
158 <http://geostat.ge/index.php?action=page&p_id=149&lang=eng> [18.3.2019].
159 Altman 1983: 1–11.
160 Safirova 2017: 17.1.
161 Sumbadze / Tarkhan-Mouravi 2003.
162 <https://caucasusbarometer.org/en/cb2019ge/IMPISS1/> [15.9.2020].
163 Vertlib 1999: 148f.
164 Collier/Way 2004.
165 Mitchell 2009: 177.
166 Peinhopf 2014: 14.
167 Coyaud 1973: 316,
168 Gachechiladze 1995: 69.
169 Lyle 2012: 10.
170 Hahn 1900: 60.
171 Radvanyi / Thorez 1977 am Beispiel des Landkreises Q'azbegi.
172 Radvanyi 1987: 213 f.
173 *Independent International Fact-Finding Mission on the Conflict in Georgia* 2009, vol. II: 67.
174 Čurkin 1974: 34.
175 Vgl. Kohler et al 2017.
176 Mühlfried 2014.
177 Voell 2015.
178 Jalabadze / Janiashvili 2015; Voell 2015.
179 Trier / Tarashvili 2007, S. 9ff.; Lyle 2012, S. 5.
180 Lyle 2012: 6.
181 Lyle 2012: 9f.
182 Trier / Tarashvili 2007.
183 Eindrucksvolle Beispiele in *International Organization for Migration* 2019.
184 Gerber / Torosyan 2013, S. 1281.
185 <http://www.migrationpolicycentre.eu/docs/migration_profiles/Georgia.pdf> [28.3.2017] u.a.
186 Kalça / Ari 2016.
187 Müller 2008: 152f.
188 <www.unhcr.ch/world/euro/georgia.htm> [4.12.1999]; Ó Tuathail 2008: 675; Salukvadze et al. 2014: 46.
189 Rekhviashvili 2015a: 5f.
190 *Cottage settlements* ..., 2010.
191 *ibid.*
192 Speziell zu dem in den Medien immer wieder gezeigten ehemaligen Hotel Iveria in Tbilisi (heute Blue Radisson) vgl. ausführlich P. Manning in van Assche et al. 2009: 319ff.
193 Mitchneck et al. 2009: 1025.
194 Rekhviashvili 2015a; Lundgren 2016: 10f.
195 Salukvadze et al. 2014.
196 *Cottage Settlements* ... 2010.

5 Urbane und rurale Räume

1 Ziegler 2005: 74ff.
2 Kvirkvelija / Mgaloblišvili 1986.

3 Vgl. dazu Connor / Sagona 2007.
4 Fähnrich 2007.
5 Karten in *Sakartvelos erovnuli at'lasi* 2012.
6 Ziegler 2005: 237.
7 S. u. S. 289 f.
8 Applis 2018.
9 Trier u. Turashvili 2007: 27 f.
10 Eine „Idealverteilung" würde nach dem Modell der Rang-Größe-Regel bedeuten, dass die zweitgrößte Stadt etwa die Hälfte der Einwohnerzahl der größten, die drittgrößte ein Drittel, die viertgrößte ein Viertel usw. hat.
11 Džaošvili 1978; vgl. auch Harris 1970; Stadelbauer 1987.
12 Džaošvili 1983:14.
13 Dies gilt für die bei Antadze et al. (1967: 96 f.) vorgelegte Karte ebenso wie für die vergleichbare Klassifikation bei Gachechiladze (1995) und die ohne Quellenangaben übernommenen Karten bei Bondyrev et al. 2015: 48.
14 *Demografičeskij ežegodnik SSSR 1990*, 1990: 14 ff.
15 *Regional'naja geografija I*, 1983: 15, 22 ff.
16 Während Gachechiladze (1995) einige soziodemographische Daten auf Munizipalitätsebene verarbeitet, bieten Bondyrev et al. (2015: 48) eine funktionale und eine genetische Typologie an, deren Datenbasis nicht erläutert wird und die relativ schematisch bleibt.
17 Salukvadze / Golubchikov 2016: 39.
18 Dazu Gerkeuli 2010: 59 f.
19 Ziegler 2005: 61.
20 Ziegler 2005: 130.
21 Vgl. Gerkeuli 2010.
22 *Narodnoe chozjajstvo g. Tbilisi v 1975 g.*: 7.
23 *Tbilisi City Map* 2019.
24 Zur Stadtgeschichte vgl. Kvirkvelija 1985.
25 Gachechiladze 1995: 153 ff.
26 Salukvadze in Van Assche et al. 2009: 182 f.
27 Van Assche / Salukvadze 2014: 98.
28 Güldenstädt 1787: 268 ff. (in der Sprache des Originals).
29 Parrot 1834: 31.
30 Kvirkvelija 1985: 151; Ančabadze / Volkova 1990: 118.
31 Mgaloblišvili 1982: 110.
32 Zacharova 2013: 254.
33 Kvirkvelija 1985: 157 ff. und Beschreibungen in einschlägigen Reiseführern.
34 Wheeler 2016a; <http://architectuul.com/architecture/wedding-palace-tbilisi> [10.11.2019].
35 Sie werden von Bouzarovski et al. (2011) als Phänomen sozialer Resilienz interpretiert.
36 Mania 2006.
37 <http://www.goethe.de/ins/ge/prj/dig/wif/hsr/deindex.htm> [15.6.2016; gekürzt und verändert].
38 Gachechiladze / Salukvadze (2003: 20), hier zitiert nach Salukvadze / Golubchikov 2016: 44.
39 Ančabadze / Volkova 1990: 29; Meladze / Elizbarashvili 2016: 636; *Geostat* 2022.
40 Ančabadze / Volkova 1990: 29. Marc Junge, Daniel Müller, Wolfgang Feurstein, Ivan Džucha in Junge / Bonwetsch 2015: 212 weisen darauf hin, dass viele Armenier sprachlich assimiliert waren und georgisch sprachen, so dass die Angaben für 1899 wohl nach oben zu korrigieren sind.
41 Suny 2009: 18, 23.
42 Reisner 1995: 69 f.
43 Wheeler 2016; literarisch wird der Wohnhof mit der Mischung der Bevölkerung und den sozialen Differenzen eingehend geschildert von Haratischwili 2022: 35 ff.
44 Salukvadze in Van Assche et al. 2009: 180.
45 Salukvadze in Van Assche et al. 2009: 171.
46 GEOSTAT 2021: 3.
47 Zacharova 2013: 254.
48 Wheeler 2016; Details zur Entstehung und zum Verlauf des lokalen Konflikts bei Neuburg / Pranz 2018: 44 ff.
49 Dundua et al 2022.
50 Vgl. dazu als journalistischen Bericht <https://balticworlds.com/tbilisi-destroys-its-past/> [24.4.2023].

51 Kabachnik 2013 am Beispiel einer Demonstration von 2009, bei der auf der Rustaveli-Avenue symbolhaft Gefängniszellen aufgestellt wurden.
52 So beispielsweise im Spätsommer 2019 für die neunte Folge der amerikanischen Serie „*Fast and Furious*" <http://georgiatoday.ge/news/16916/Fast-and-Furious-9-to-Begin-Filming-in-Georgia-Sunday> [6.12.2019].
53 Suny 2009: 28.
54 Ziegler 2005: 127.
55 Ausführliche Darstellung und Beispiele bei Ziegler 2005: 160 ff., 193, 202 ff., 291 ff.
56 Erwähnt bei Salukvadze in Van Assche et al. 2009: 185.
57 Sharishvili in Van Assche et al. 2009: 216 f.
58 Van Assche et al. 2009: 267; vgl. Gerkeuli 2010: 61 ff.
59 <http://georgiatoday.ge/news/11086/Tbilisi-Land-Use-Master-Plan-Completed> [10.11.2019].
60 Ziegler 2005: 47.
61 Prizeman 2016.
62 <http://agenda.ge/en/article/2014/70> <https://www.balcanicaucaso.org/eng/Areas/Georgia/The-Panorama-Tbilisi-project-a-monster-in-town-186839> [26.3.2019]; Salukvadze / Golubchikov 2016: 52; Dundua / Karaia / Tabatadze 2022a.
63 Shatirishvili in Van Assche et al. 2009: 64 f.
64 Blogbeitrag von Nino Aivazishvili-Gehne unter <https://ambivalenzen.hypotheses.org/414> [25.12.2022].
65 Tchkoidze 2020: 477.
66 Gellert 1982: 385; Tchkoidze 2020.
67 Tchkoidze 2020: 499.
68 Die Einrichtung einer Wirtschaftssonderzone mit möglicherweise abweichenden rechtlichen Regelungen ist für das Gebiet beim Hafen Anak'lia in der Verfassung Georgiens (Art. 5, Abs. 5 in der Fassung von 2018) verankert <https://www.verfassungen.net/ge/index.htm> [20.2.2023].
69 <https://kaztransoil.kz/en/press_centre/news/2906-the-batumi-oil-terminal-special-report> [27.2.2022].
70 *National Statistics Office of Georgia* 2022: 35.
71 Gellert 1982: 385.
72 Stadelbauer 2018.
73 Vgl. Eichwald 1837: 215.
74 DWV / GTAI 2018: 65 und 2020: 67 nach <www.hualingfiz.ge> und <www.hualing.cn>.
75 Schätzung auf der Basis des Zensus von 2011 <http://www.geo-ref.net/ph/abh.htm> [3.3.2023].
76 Labas 2004: 80.
77 Koch 1855: 29 f.
78 <https://de.wikipedia.org/wiki/Sochumi> [3.3.2023].
79 Die hier und bei den anderen Städten aufgeführten Einwohnerzahlen sind den jeweiligen Zensus-Statistiken (exakte Angaben) bzw. der aktuellen Fortschreibung (gerundete Angaben) entnommen.
80 <http://azot.ge/> [15.6.2016].
81 Wejdenbaum 1888: 372.
82 Eichwald 1837: 187 f.
83 Kartlelishvili 2023:
84 Bilder in <http://www.mineral-exploration.de/newsletter/miningnewsletter2016-36.pdf> [15.5.2018].
85 Labas 2014: 79 f.
86 Zazanishvili / Kalandavishvili 2015: 67.
87 Mikaberidze 2007: 180.
88 <http://www.demoscope.ru/weekly/ssp/emp_lan_97_uezd.php?reg=531>; <http://www.ethno-kavkaz.narod.ru/axalcixe59.html> [alle 23.9.2020]; Geostat 2016a.
89 Einzelheiten zu den Ausgrabungen bei Džandieri 1969.
90 Stadtplan Telavi, Übersichtskarte Kachetien 2006.
91 Coyaud 1973: 307.
92 Džaošvili 1968: 287 ff.; 1977:204 ff.
93 *Narody Kavkaza* Bd. 2, 1962: 281 ff.; G. Čikovani und G. Bagration-Davitašvili in *Gruziny* 2015: 109 ff.
94 Vgl. Sumbadze 1978. Eine eingehende Beschreibung der traditionellen Hausformen Kaukasiens findet sich bei v. Hahn 1900, S. 269 ff. Auf die vorsowjetische Zeit beziehen sich auch Volkova / Džavachišvili (1982: 13 ff.), jedoch mit Bildmaterial aus den 1970er Jahren, das das Fortleben einiger älterer Gebäude dokumentiert.
95 Sousa / Alcindor 2020; Applis 2021: 52 ff.; Details auch bei < https://stefan-applis-geographien.com /2019/02/25/ushguli-das-architektonische-welt-erbe-swanetiens-ein-ueberblick/> [10.12.2019].

96 Čikovani 1971: 37; Coyaud 1973: 308.
97 Tatarashvili 2018.
98 Güldenstädt 1787: 368.
99 Volkova / Džavachišvili 1982, S. 20.
100 Nach Gachechiladze (1995: 79) entstanden 80 % der ländlichen Gebäude erst nach dem Zweiten Weltkrieg, vor allem in den 1950er bis Ende der 1980er Jahre, d. h. in der Zeit, in der Großkolchoze und Sovchoze durch Zusammenlegung kleinerer Kollektivwirtschaften gebildet wurden.
101 Čurkin 1974: 297.
102 Beriašvili et al. 2015: 109.
103 Gegešidze 1990: 233.
104 v. Hahn 1900, S. 69 f.
105 Volkova 1977: 86.
106 Vgl. auch die Beschreibungen bei Bordokoff 2014: 38 ff.
107 Džanelidze 1972.
108 Džanelidze 1972.
109 *Planirovka i zastrojka …*, 1980: 95 u. 189.
110 Beispiele bei Čurkin 1974: 345 ff.
111 Als Beispiel nennt Güldenstädt (1815: 94) die unter Erekle II. neu angelegten Dörfer Lomitsikhe und Vepkhitsikhe im östlichen Kachetien.
112 Trier / Turashvili 2007: 33.
113 Mikeladze 2014.
114 Dzagoeva / Kabisova 1981: 154.
115 Vgl. Details und Typologie u.a. bei Reissner 1989: 138 ff.; Janberidze / Tsitsishvili 1996 mit zahlreichen Einzelbeispielen.
116 *Ministry of Regional Development and Infrastructure* 2019.
117 Salukvadze 2015: 166.
118 Salukvadze 2015: 169.
119 <https://www.uni-giessen.de/fbz/fb09/institute/ilr/loek/forschung/projalt/amies> [27.10.2020]; Hüller 2019.
120 Bericht über Entwicklungsmaßnahmen in der Munizipalität Tetritsqaro: <https://eu4georgia.eu/wp-content/uploads/LDS-ENG-Final-Tetritskaro.pdf> [5.5.2023].
121 <https://eu4georgia.eu/wp-content/uploads/Enpard_Brochure_Engsmall.pdf> [4.3.2023].
122 <http://enpard.ge/ge/wp-content/uploads/2017/06/C-361872_ROM-final-Report_Kazbegi.pdf> [13.4.2018].
123 Übersicht über die Projekte mit Angabe der Fördersummen unter <http://enpard.ge/en/enpard-in-georgia/> [27.10.2020].
124 *Sakartvelos erovnuli at'lasi* 2012: 164; *National Atlas of Georgia* 2018: 116.
125 Report on the Joint ICOMOS / World Bank Advisory Mission to the World Heritage Property Bagrat'i Cathedral and Gelati Monastery (Georgia), 2015.
126 Zusammenstellung aller gesetzlichen Grundlagen in UNESCO: Management Plan for the World Heritage Site Gelati Monastery, 2017: 48 (unter <https://whc.unesco.org/en/list/710/documents/> [3.7.2018]).
127 pdf: <710bis-ICOMOS-2243-fr.pdf>, S. 11.
128 <https://whc.unesco.org/en/list/710> [14.6.2018].
129 UNESCO: State of conservation of World Heritage properties inscribed on the World Heritage list; WHC-10/34: COM7B.Add, 2010: <https://whc.unesco.org/archive/2010/whc10-34com-7B.Adde.pdf> [30.6.2018]; vgl. zu Gelati und der Bagrat'i-Kathedrale in Kutaisi auch Stadelbauer 2018: 49 ff.
130 <https://whc.unesco.org/en/list/708> [14.6.2018].
131 UNESCO-Dokument WHC/18/42.COM/7B.Add: <https://whc.unesco.org/archive/2018/whc18-42com-7BAdd-en.pdf> [24.6.2018].
132 Ausführlich zu Hochsvanetien und speziell Ushguli vgl. Applis 2019 u. 2021.
133 Schematische Abbildung bei Tuite 1999/2003: 15.
134 <https://whc.unesco.org/en/list/709> [14.6.2018].
135 Vgl. Applis 2019.
136 Vgl. Salukvadze / Backhaus 2020 am Beispiel der Munizipalitäten Mest'ia und St'epants'minda.
137 <https://whc.unesco.org/en/list/1616> [27.7.2021].
138 <https://whc.unesco.org/en/tentativelists/5223/> [2.7.2018].

139 *Colchic Rainforests and Wetlands. Nomination for Inscription on the World Heritage List under World Heritage Criteria IX and X.* Vol. 1 Nomination Dossier, o.O. u. J., S. 11 <https://whc.unesco.org/en/list/1616/documents/> [4.3.2023].
140 <https://whc.unesco.org/en/list/1616/documents/> [30.7.2021].
141 <https://whc.unesco.org/en/tentativelists/5221/> [25.9.2020]; zu *alaverdoba* Mühlfried 2015.
142 <https://whc.unesco.org/en/tentativelists/5222/> [25.9.2020]; vgl. Kvachatadze / Janjalia 2012.
143 <https://whc.unesco.org/en/tentativelists/5224/> [25.9.2020]; vgl. auch den erwähnten Grenzkonflikt mit Aserbaidschan (S. 38 f.).
144 <https://whc.unesco.org/en/tentativelists/5226/> [25.9.2020].
145 <https://whc.unesco.org/en/tentativelists/5227/> [1.7.2018].
146 <https://whc.unesco.org/en/tentativelists/5229/> [1.7.2018].
147 <https://whc.unesco.org/en/tentativelists/5230/> [1.7.2018].
148 <https://whc.unesco.org/en/tentativelists/5234/> [1.7.2018].
149 <https://whc.unesco.org/en/tentativelists/5236/> [1.7.2018].
150 Margottini et al. 2015
151 <https://whc.unesco.org/en/tentativelists/5225/> [25.9.2020].
152 <https://whc.unesco.org/en/tentativelists/5235/> [1.7.2018].
153 Kačarava et al. 1979.
154 <http://architectuul.com/architecture/wedding-palace-tbilisi> [10.11.2016]; <https://whc.unesco.org/en/tentativelists/5233/> [25.9.2020]; vgl. Wheeler 2016a: 61.
155 <https://whc.unesco.org/en/tentativelists/5232/> [2.7.2018].
156 Hahn 1900: 86; Radde (1878: 48) nennt für Shat'ili 38 Feuerstellen, was eine Einwohnerzahl von knapp 200 Personen vermuten lässt.
157 Sumbadze 1972.
158 <https://whc.unesco.org/en/tentativelists/5228/> [2.7.2018].
159 Stöllner et al. 2014; Andreas Hauptmann, Moritz Jansen, Thomas Stöllner: The Gold Mine of Sakdrissi: Results and analyses and a calculation of the prehistoric gold-exploitation, Bochum o. J. (<http://www.archeologia.be/georgia2.pdf> [2.7.2018]); Ghambashidze 2014; Stöllner 2014.
160 <http://www.bergbaumuseum.de/index.php/de/forschung/projekte/fruehe-montanlandschaften-alter-orient-zentralasien/salz-kupfer-gold> [19.8.2015].
161 <http://www.petitions24.com/sakdrisi> [19.8.2015].
162 <http://www.archeologia.be/georgia1.pdf> [24.6.2018].
163 <http://www.archeologia.be/georgia2.pdf> [24.6.2018].
164 Vgl. Gedevanishvili et al. 2008: 27 f. mit ergänzendem Bildmaterial der Photographen Otar Kobaliani, Otar Tskvitinidze und Geno Chiradze, die 1977 eine umfassende Bilddokumentation vorgenommen hatten.
165 Zu letzerem Zazanishvili / Kalandavishvili 2015.
166 Bondyrev et al. 2015: 64.

6 Wirtschaftspotentiale und ihre Nutzung

1 McGovern et al. 2017; Neef 2018.
2 Eghvaia et al. 2014; Bussmann et al. 2016; Saldadze 2018.
3 Auch 2001.
4 *Narodnoe chozjajstvo SSSR 1990*, 1991: 485 ff.
5 *GeoStat* 2017; 2022: 161.
6 <http://georgien.ahk.de/georgien/newsletter/agro-food-news-georgia/agro-sv/artikel/national-wine-agency-in-january-march-wine-export-grew-by-77-y-o-y/?cHash=1b36cd59ec0adcd29e7c3bd96df13ec7>; 25.5.2017.
7 *Kaukasische Post* 9.12.2018 <http://www.kaukasische-post.com/?p=2963> [17.9.2019].
8 <http://georgianwine.gov.ge/En/Files/Download/1041> [19.1.2018]).
9 <www.georgianwine.gov.ge> [4.3.2023]; zum Weinbau vgl. De Waal 2010: 11 ff.; Feiring 2016; Buschmann 2020: 52 ff.
10 Vertlib 1999; Broers 2005: 337.
11 Auf der Basis von Daten der World Bank; <https://datacommons.org/place/country/GEO?utm_medium=explore&mprop=amount&popt=EconomicActivity&cpv=activitySource%2CGrossDomesticProduction&hl=de#> [4.5.2023].

12 <http://www.mof.ge/en/4553> [17.9.2019]; https://www.geostat.ge/en/modules/categories/23/gross-domestic-product-gdp [1.9.2019; 4.3.2023].
13 Safirova 2017: 17.1.
14 <https://www.geostat.ge/en/modules/categories/35/external-trade>, Tab. 82 [1.9.2019].
15 *National Statistics Office of Georgia* 2021: 87.
16 <http://presidentofabkhazia.org/en/respublika_abkhazia/economy/> [28.4.2021].
17 *Caucasus Analytical Digest* 94 (28.4.2017): 11.
18 Altman 1983; Ivanov / Aisin 2023 am Beispiel der subtropischen Landwirtschaft.
19 Gurchiani 2017: 514.
20 Altman 1983: 4–3 ff.
21 King 2008: 201.
22 Lebedeneva 1998.
23 Altman 1983: 6–2; Mars / Altman 1983: 557; dies. 2008: 66.
24 Gerber 1997: 44 ff.; Christophe 2001; dies. 2005: 34; zur juristischen Beurteilung Kiknavelidze 2021.
25 Grossman 1977.
26 Kukhianidze 2009: 218.
27 Nodia 1999: 126 f.
28 Kukhianidze 2009: 222.
29 Mitchell 2009: 176 f.; Engvall 2012: 23; Beispiele für den Ämterkauf *ibid.*: 16; Kupatadze 2013.
30 Kukhianidze 2009: 227; Halbach 2013: 12 f.; Kupatadze 2014.
31 Vgl. zur Korruption auch Mirimanova / Klein 2006; Korruption, Schmuggel und erste Antikorruptionsmaßnahmen werden beleuchtet in Shelley et al. 2007/2013.
32 <https://www.transparency.org/en/cpi/2021> [25.2.2022]. Die Weltbank-Studie zu den Antikorruptionsmaßnahmen unter Saak'ashvili (*Fighting Corruption in Public Services*, 2012) schildert für die Bereiche Verkehrspolizei, Steuererhebung, Zollwesen, Elektrizitätsversorgung, Wirtschaftsunternehmen, Meldewesen, Universitätszugang und kommunale Dienstleistungen die Situation vor und nach den Reformen.
33 Tevzadze / Kikvidze 2016: 257.
34 Delyagin 2009; *Independent International Fact-Finding Mission on the Conflict in Georgia 2009*, vol. II: 103 ff.
35 Stadelbauer 1996: 101 ff.
36 Rekhviashvili 2015.
37 Gujaraidze 2014: 4.
38 Vertlib 1999: 150.
39 *Ost-Ausschuss* [der deutschen Wirtschaft] *Informationen* 2005, Nr. 06: 3.
40 Radvanyi 2011: 173.
41 Engvall 2012: 27 f.
42 <http://www.heritage.org/index/ranking> [16.9.2019].
43 <https://de.theglobaleconomy.com/Georgia/GDP_per_capita_PPP/> [15.6.2018].
44 <https://mof.ge/images/File/sagvalebi/External_Debt-07-2019_GE-EW.pdf> [9.9.2019].
45 Vertlib 1999: 157.
46 Safirova 2017: 17.1; Übersicht der Herkunftsländer 2013–2017 in DWV/GTAI 2018:30 2015–2019 in DWV / GTAI 2020: 24f.; <https://www.gtai.de/resource/blob/15242/765338c9b11461d9d891350b937e6bfe/GTAI-Wirtschaftsdaten_November_2022_Georgien.pdf > [4.3.2023].
47 <http://georgien.ahk.de/> [29.2.2018].
48 Rekhviashvili / Polese 2017: 5.
49 Dunn / Cowley 2015: 172.
50 <http://www.ebrd.com/georgia.html> [16.12.2017].
51 <http://georgien.ahk.de/news/news-detailansicht/artikel/adb-bestaetigt-unterstuetzung-fuer-georgien/?cHash=7c032891c35e7e5d53194b5eaa0cd84b> [18.12.2017].
52 <https://www.geostat.ge/media/32463/External-Merchandise-Trade-2019_publication-2020.pdf> [30.10.2020]; Deutsche Wirtschaftsvereinigung 2018: 23 <https://georgien.ahk.de/fileadmin/ahk_georgien/Publikation/Jahrbuch_cover_-min.pdf> [2.1.2019].
53 Koester 2017.
54 Papava et al. 2011.
55 Historische Details zur Georgischen Heerstraße bei Nachtigal 2015.
56 Dazu mit Betonung der geopolitischen Bedeutung im südkaukasischen Kontext und im Hinblick auf Chinas *Belt and Road Initiative* Siepmann / Edler 2020.

57 Smolnik 2018; <http://georgien.ahk.de/georgien/presse/news-detailansicht/artikel/investitionsplan-des-ten-t-sieht-die-umsetzung-von-18-projekten-in-georgien-vor/?cHash=843c62defb00783e8ca490d55759fc8a> [3.3.2019].

58 Nachtigal 2016: 111 ff., 120 f.

59 Papava / Charaia 2014: 62 f.

60 Geopolitische Bewertung vor der Inauguration der ***Belt and Road Initiative***, aber unter Rückgriff auf das Seidenstraßennarrativ („Eiserne Seidenstraße") bei Lussac 2008.

61 Mihm 2022.

62 <http://www.civil.ge/eng/article.php?id=14447>; Meldung vom 13.1.2007 [18.6.2016]; Papava / Charaia 2014.

63 <http://caucasuswatch.de/news/518.html> [16.6.2018].

64 Kverenčchiladze 1977: 213 f.; Nachtigal 2016: 260 ff.

65 Rikli 1914: 89.

66 Soviet Geography XVIII (1977): 208 ff.; zu Wirtschaftlichkeitsüberlegungen Kverenčchiladze 1977.

67 Borunov / Kandelaki 1989; ausführlich zu den politischen Hintergründen und Diskussionen Jones 1989; Gerber 1997: 154 ff.

68 Altman 1983: 1–2.

69 *Statistical Yearbok of Georgia* 2016:194.

70 Stadelbauer 1987.

71 v. Holt 2021; Details in <https://www.adb.org/projects/51257-001/main> und <https://kveshetikobiroad.ge/en/> [4.3.2023].

72 < https://www.adb.org/projects/documents/geo-51257-001-eia> [5.3.2023].

73 <http://gcaa.ge/eng/regular.php> [9.10.2019]; <https://bm.ge/en/article/passenger-traffic-of-georgian-airports-84-down-/73974> [28.4.2021].

74 *Ibid.*

75 Kavtaradze / Revutska / Bejanidze 2015.

76 Khokrishvili / Lebanidze 2022: 194.

77 DWV / GTAI 2018: 49ff. bzw. 2020: 51 f.; Smolnik 2018a: 133 ff. Details zur Planung unter <http://www.anaklia-development.com/> [9.10.2019].

78 <https://eurasianet.org/georgia-cancels-contract-for-black-sea-megaport> [6.10.2020]; <https://jamestown.org/program/georgia-attempts-to-revive-strategic-anaklia-deep-dea-port-project/> [10.11.2023].

79 Auch 2001: 173ff.

80 <https://www.kulevioilterminal.com/en/view-page/114/History> [27.2.2022].

81 Müller 2006; van der Leeuw 2000.

82 Details bei Blatchford 2005.

83 Papava 2017.

84 Vertlib 1999: 148.

85 Einige Daten im *Guide* 1989, S. II/25ff.; technische Details zum aktuellen Zustand und zur Leistung bei Dundua et al. 2019.

86 Fuchs et al. 2013.

87 Tibaldi et al. 2019.

88 Libmann 2015: 20ff.; <https://mtisambebi.ge/en/news/item/1330-russia-involved-in-energy-of-georgia-and-new-hydropower-plants-under-the-auspices-of-inter-rao [18.10.2023].

89 <http://greenalt.org/five-reasons-why-ebrd-should-pull-out-of-the-controversial-nenskra-hydropower-project/> [25.11.2019]. 2015 wurde ein Abkommen zwischen der georgischen Regierung und den beteiligten JSC geschlossen: <http://greenalt.org/wp-content/uploads/2019/06/contract.pdf>[25.11.2019]

90 <https://bankwatch.org/blog/the-never-ending-saga-of-the-nenskra-hpp> [6.6.2021]; Gutachten zu Umwelt- und Sozialverträglichkeit: <https://www.eib.org/en/projects/pipelines/all/20150670> und <https://www.eib.org/attachments/registers/80382015.pdf> [11.11.2023]; ausführlich zu dem umstrittenen Projekt Applis 2021: 191 ff.

91 <https://agenda.ge/en/news/2021/1490> [6.6.2021]; Gamma Consulting Ltd 2019.

92 <https://agenda.ge/en/news/2021/1232> [6.6.2021].

93 Bericht in ***ost-west-contact*** 12/2014: 70–71.

94 Georgia State Electrosystems JSC: Annual Report 2014, Tbilisi 2014 <http://www.gse.com.ge/new/wp-content/uploads/2015/07/SSA-ANNUAL_FORWEB_012.pdf> [9.5.2015]; DG Consulting Ltd: Transmission Grid Strenghthening Project: Construction of Akhaltsikhe – Batumi 220 kV Power Transmission Line, Environmental and Social Impact Assessment Report, Tbilisi 2014 <> [28.2.2022]; <https://www.gse.com.ge/sw/static/file/4-Stakeholders_Engagement_Plan___07.2020.pdf > [28.2.2022].

95 *Transmission System Operator* 2021; <https://www.german-economic-team.com/wp-content/uploads/2021/11/GET_GEO_NL_42_2021_de.pdf> [25.2.2022]; <https://www.german-economic-team.com/wp-content/uploads/2021/12/GET_GEO_PS_01_2021_en.pdf> [25.2.2022].
96 Kegel 2003.
97 Vgl. die weitestgehend identische Darstellung in *Atlas Gruzinskoj Sovetskoj Socialističeskoj Respubliki* (1964: 217/218) und *Sakartvelos erovnuli at'lasi* (2012: 108) bzw. *National Atlas of Georgia* (2018: 103).
98 Džaošvili 1973: 58.
99 Vgl. Wädekin 1969, Stadelbauer 1983.
100 Bardavelidze 1967; Robakidze 1988; Gračeva u. Černjachovskij ca. 1989: 8, speziell zur Entwicklung paralleler Rechtsnormen in Svanetien Koehler 1999.
101 Legashvili 2008.
102 Darstellung der wichtigsten Bewässerungssysteme um 1970 bei Čurkin 1974: 384 ff.
103 <http://www.fao.org/nr/water/aquastat/countries_regions/GEO/> [20.1.2018]
104 Details bei Buschmann 2020: 133 ff.
105 Millns 2013: 18; Salukvadze 2015: 161.
106 Salukvadze 2015: 162.
107 Buschmann 2020: 138.
108 Rolfes / Grout 2013: 18 ff.
109 Janison 2016: 78.
110 Übersicht und regionale Schwerpunkte bei Buschmann 2020: 152 f. nach Salukvadze 2006.
111 Buschmann 2020: 23, 142 ff.
112 <http://www.een-bayern.de/een/inhalte/Aktuelle-Meldungen/Anhaenge/Wirtschaftsfoerderung-durch-die-deutsche-Finanzielle-Zusammenarbeit-am-Beispiel-Georgien.pdf>; [13.3.2017].
113 Gadžiev 2003: 143; Caucasus environment outlook 2002: 7.
114 Lerman 2006: 116.
115 *Assessment of the Agriculture* ..., 2012: 10.
116 Kochlamazashvili et al. 2017.
117 Buschmann 2020: 54 ff.
118 Stadelbauer 1983: 166.
119 GEOSTAT 2022: 81.
120 Bedoshvili et al. 2009; vgl. *National Atlas of Georgia* 2018: 108.
121 <http://georgien.ahk.de/georgien/newsletter/agro-food-news-georgia/agro-sv/artikel/georgian-olives-plans-to-plant-olives-on-additional-1000-ha/?cHash=aa360a13d8f4b4c60cef14e29a33c702>; <http://agenda.ge/en/news/2017/1392> [2.1.2019].
122 Zhou 2012, S. 3. Nachkommen von Liu Junzhou, der Georgien 1924 wieder verließ, weil er der sowjetischen Aufforderung, Sowjetbürger zu werden, nicht entsprechen wollte, blieben mit Georgien eng verbunden.
123 Stadelbauer 1984: 199 ff.
124 <https://www.fairwild.org/all-fairwild-participants/2019/3/12/martin-bauer-georgia> [23.10.2019].
125 Vertlib 1999: 151; Trutter 2006: 263; <https://www.nordbayern.de/region/hoechstadt/georgien-tee-als-kapitel-auf-zeit-1.1975110?rssPage=SMO2Y2hzdGFkdA==> [29.4.2021].
126 ENPARD: *European Neighbourhood Programme for Agricultural and Rural Development* (Näheres: https://ec.europa.eu/budget/euprojects/european-neighbourhood-programme-agriculture-and-rural-development-enpard-georgia_en [20.1.2017]).
127 Kochlamazashvili / Kakulia 2015 mit einer Analyse der Wertschöpfungskette der georgischen Teewirtschaft.
128 GEOSTAT 2022: 81.
129 Gracheva 2003.
130 <http://www.rose-office.com/rosenlaender/georgien> [23.10.2019].
131 GEOSTAT 2018: 35, 91; GEOSTAT 2022: 111 f.
132 Suny 1994; 52. In Gurien wurde der Maisanbau vermutlich von pontischen Griechen eingeführt (Rayfield 2015: 272).
133 GEOSTAT 2018: 91.
134 GEOSTAT 2022: 66.
135 GEOSTAT 2022: 65.
136 GEOSTAT 2022: 113 f.
137 Stadelbauer 1983: 280 f.
138 Tevzadze / Kikvidze 2016: 255.

139 Vgl. u. a. Bussmann et al. 2016, 2016a, 2017; Bussmann 2017.
140 Samiladze 1979; Stadelbauer 1984b.
141 Buschmann 2020: 139 f.
142 Kalatas 2015: 151.
143 <http://georgien.ahk.de/georgien/newsletter/agro-food-news-georgia/agro-sv/artikel/agriculture-ministry-arabian-countries-demand-for-georgian-sheep-increased/?cHash=f7df7d730c5b5ad52bd79de1d99cfdfd> [25.5.2017].
144 <https://geobeekeepers.ge/uploads/Jara_Honey_Production_Handbook.pdf> [17.3.2022].
145 *Association of Young Economists of Georgia* (2017).
146 <https://elkana.org.ge/index.php?action=page&page=10&lang=eng> [9.8.2020]; der 2017 erschienene Jahresbericht für 2016 vermittelt einen Einblick in die regionale Differenzierung der Aktivitäten und der Kooperativen: <https://www.elkana.org.ge/uploads/publication/39/file_eng.pdf> [27.10.2020].
147 <http://www.ceeweb.org/wp-content/uploads/2013/11/Article-IFOAM-UNEP.pdf> [21.3.2017].
148 <http://www.arca-net.info/pages/detail.asp?id=305332&sprache=en&organisation=Demonstration%20and%20Seed%20Multiplication%20Plot%20in%20the%20Village%20of%20Tsnisi> [21.3.2017]. Die Schweizer Entwicklungsorganisation EDA hat mit Elkana einen Reiseführer für die Region Samtskhe-Javacheti im Internet veröffentlicht, der über den Hinweis auf Sehenswürdigkeiten hinaus Schwerpunkte bei Biodiversität und kulturellem Erbe setzt (*Samtskhe-Javakheti Travel Guide (Georgia)*, o. O. 2012; als .pdf unter <https://www.eda.admin.ch/content/dam/countries/countries-content/georgia/en/resource_en_211395.pdf> [21.3.2017]).
149 <http://georgien.ahk.de/georgien/newsletter/agro-food-news-georgia/agro-sv/artikel/agriculture-ministry-rehabilitation-of-gardabani-irrigation-systems-14th-regulating-valve-is-underway/?cHash=b6379cb81db05f2bd81190550ef6bd8b> [24.3.2017].
150 Prasad 2012.
151 <http://pdf.usaid.gov/pdf_docs/PA00K481.pdf>.
152 <http://georgien.ahk.de/georgien/newsletter/agro-food-news-georgia/agro-sv/artikel/agricomplex-to-be-launched-in-sagarejo/?cHash=142a4ff96217ea2a79defa9be8edcc9a> [1.5.2017]; <http://moli.ge/> [24.10.2019].
153 <https://btq.ge/georgian/home> [4.3.2023].
154 Safirova 2017: 17.1; *National Statistics Office of Georgia* 2021: 26 f.
155 Zazanishvili / Kalandavishvili 2015: 53 ff.
156 Zumbrunnen *et al.* 1983; vgl. Zumbrunnen / Osleeb 1986.
157 Levine 2011, S. 172; <http://www.geosteel.com.ge/?ln=en>; 23.3.2017.
158 <http://georgien.ahk.de/news/news-detailansicht/artikel/rustavi-metallurgical-plant-exportiert-nahtlose-rohre-in-die-eu/?cHash=4aa38fd1f95616d162aa5fd2773ff7d1>; 24.3.2017; Janison 2016: 114 f.
159 Überblick bei Dzagoeva 1987.
160 Delyagin 2009.
161 Janison 2016: 123 f.; <http://www.mnchemical.ge/en> [16.3.2019].
162 Čurkin 1974: 527.
163 Stadelbauer 1991.
164 Rekhviashvili 2015; Polese et al. 2016.
165 Kvirkvelia / Tsitsagi 2021 mit Details und ersten Einschätzungen aufgrund einer Umfrage im August 2020, als zumindest der Binnentourismus sich zeitweise wiederbelebte.
166 Detaillierte Auflistung der Potentiale bei Natalja Partskhaladze in Skinner et al. 2011: 196 ff. sowie Metreveli / Gogorishvili 2016.
167 Hewitt 1998: 486.
168 *Narodnoe chozjajstvo SSSR v 1990 g.*, 1991: 262f.; Steinmetzer 2006: 40.
169 Steinmetzer 2006; Amiranashvili et al. 2008; Bondyrev *et al.* 2015: 178 f.
170 *Statistical Yearbook of Georgia 2011*: S. 212; *dto. 2016*: 208; *dto. 2020*: 222.
171 <http://gnta.ge> [17.3.2018].
172 <http://georgien.ahk.de/news/news-detailansicht/artikel/einnahmen-durch-tourismus-in- 2016-um-119-gestiegen/?cHash=dc17220a075e6252b57b15789d49d70a> [24.4.2017].
173 Thielmann 1875: 104.
174 Gille 1859: 353.
175 Choštaria 2006.
176 Preobraženskij / Krivošeev 1980: 64 ff.
177 Steinmetzer 2006: 37.
178 *Atlas: Kurorty …*, 1989.
179 Vgl. Applis 2018 und 2020.

180 Güldenstädt 1787: 290.
181 <www.goderdzi.com> [17.4.2017].
182 Džaošvili 1978, S. 250; Ziegler 2005, S. 53 ff.; Kriegenherdt 2015, S. 228 ff.; *Svod statističeskich dannych o naselenii Zakavkazskago kraja, izvlečennych iz posemejnych spiskov 1886 g.* (1893). Izdan po rasporjaženiju Glavnonačal'stvujuščago graždanskoju častiju na Kavkaze Zakavkazskim statističeskim komitetom. Tiflis.
183 Petzholdt 1866, Bd. 1: 340.
184 Mitteilung der Deutschen Wirtschaftsvereinigung: <http://georgien.ahk.de/georgien/newsletter/agro-food-news-georgia/agro-sv/artikel/zvare-mineral-water-deposit-is-in-danger-of-destruction/?cHash=0cff10211bc9dee39db912b320322e15> [6.6.2016].
185 *Problems related to the Protection of Property Rights. The case of village Gonio* (2011); *dto. The case of Mestia* (2011); juristische Einzelfälle bei Rolfes / Grout 2013.
186 <https://www.euronews.com/travel/2022/06/19/georgias-new-glass-bridge-above-a-canyon-is-not-for-the-faint-hearted> [16.12.2022].
187 Asanidze et al. 2018.
188 Amiranashvili et al. 2008.
189 Applis 2021 mit einer gründlichen Einführung in den Natur- und Kulturraum und mit einer Präsentation der Potentiale, nicht nur für den Wandertourismus.
190 Engel *et al.* (2006: 45 ff., 70 ff.) zählten den Tourismus zu den ländlichen Entwicklungspotentialen Svanetiens, als es noch keine Hotels und wenige Privatunterkünfte gab.
191 Cappucci et al. 2015: 76 ff.
192 Gamkrelidze et al. 2019 (u. a. mit detaillierter Routenbeschreibung einer geologischen Exkursion entlang der Georgischen Heerstraße).
193 Meladze 2016; zum Weintourismus auch Khartishvili et al. 2019.
194 Paresishvili et al. 2017; Khomeriki / Meladze 2017; Hüller 2019.
195 Khartishvili et al. 2019.
196 Koshtaria / Chachava 2017.
197 Tatsächlich haben sich Verhaltensweisen traditioneller Gastfreundschaft wie etwa die Bereitschaft für zusätzliche Dienstleistungen bis in die Gegenwart erhalten, wie die Untersuchung von Gugushvili et al. 2019 am Beispiel Hoch-Svanetiens zeigt.
198 *FAO* 2018.
199 Khartishvili et al. 2019; Voll / Mosedale 2015.
200 <http://www.pankisi.org/cgi-bin/blosxom.cgi/english/main>, 25.4.2017; <http://nazysguesthouse.com/nature/#> 25.4.2017; aus der Sicht eines Ausländers beschrieben von Kopecek 2011. Vgl. auch den journalistischen Bericht von Hund 2023.
201 Gugushvili et al. 2017; Hüller et al. 2017.
202 Vgl. o. S: 85 ff.; Überblick bei Silvio Calvi in Skinner et al. 2011: 205 ff.
203 King 2008: 124.
204 Merzbacher 1901; vgl. o. S. 88 f.
205 Egger 1932; vgl. Beletsky 1961 zu den sowjetischen Bergsteigeraktivitäten.
206 Vgl. beispielsweise: <http://www.georgiano.de/kaukasus/Bergsteigen%20in%20Georgien-Kaukasus.html>; <http://www.georgia-insight.eu/reisen/bergsteigen/kasbek-besteigung-5-tage.html>; <http://www.climbinggeorgia.com/Eng/Kazbek.php>; [29.4.2017]; King 2008: 125 ff.
207 Khartishvili et al. 2019.
208 Erkomaishvili et al. 2014.
209 GEOSTAT 2021a: 223 ff.
210 <https://www.itb-berlin.com/de/presse/pressemitteilungen/news_175.html> [1.5.2021].
211 Radvanyi 1987: 240.
212 Radvanyi 1987: 233 ff.; aktuelle Bestandsaufnahme mit einer SWOT-Analyse und der Formulierung von Entwicklungszielen in *Ministry of Regional Development and Infrastructure*, 2019.
213 *Ministry of Regional Development and Infrastructure*, ca. 2018: 13, 53.
214 *Ministry of Regional Development and Infrastructure*, ca. 2018: 64.
215 <https://www.kiu.edu.ge> [8.3.2021].
216 <http://agenda.ge/news/81603/eng> [15.6.2018].
217 Vgl. Rodríguez-Pose / Hardy 2017.
218 <http://greenalt.org/about-us/> [25.11.2019].
219 Gujaraidze 2014: 10 f.

220 Höllmann 2022: 326 ff.
221 Höllmann 2022: 18.
222 Kavtaradze *et al.* 2015; Papava 2017b; Smolnik 2018a; Ismailov / Papava 2018.
223 Khokrishvili 2022; Sattarov 2022.
224 Smolnik 2018: 3; Smolnik 2018a: 128.
225 Vgl. beispielsweise <https://www.advantour.com/about.htm>; <https://silkroadexplore.com/destinations/georgia/>
226 <https://www.e-unwto.org/doi/pdf/10.18111/9789284402892> [25.1.2018].
227 So der Buchtitel von Fourastie 1949/1954.

7 Einige formale Elemente des Staatsaufbaus

1 Zakon Respubliki Gruzii „*O graždanstve Gruzii*" vom 25.3.1993; Jones 2017: 145.
2 Nodia 1999, S. 118.
3 <https://matsne.gov.ge/en/document/view/30346?publication=35> [5.12.2019].
4 <https://www.verfassungen.net/ge/index.htm> [21.1.2023].
5 Jones 2017: 145 ff.
6 Vgl. Soidse / Kandelhard 1997.
7 Jones 2015: 165 f.
8 Jones 2015: 151; 168 ff.
9 Nodia 2005: 79.
10 Vgl. Jones 2015: 44.
11 Nodia 1999: 128 ff.; Nodia 2005: 74 f.

8 Facetten kultureller Tradition und Eigenart

1 Vgl. Schulze in Gumppenberg u. Steinbach 2008, S. 217 ff.
2 Fähnrich 2012: 500 ff.
3 Smith et al. 1998.
4 Müller (2008: 58) zitiert eine entsprechende Bemerkung aus der Großen Sowjetenzyklopädie (*Bol'šaja Sovetskaja Ėnciklopedija*, t. 19, Moskva 1930: 556).
5 Beriašvili 2015: 78 f.; Gippert 2018: 10 ff.; Fähnrich 2020: 41 f. Georgische Historiker, darunter Ivane Javakhishvili, führen das georgische Alphabet auf die Zeit von König Parnavaz im 3. Jahrhundert v. Chr. zurück, andere setzen es in die Zeit der Christianisierung, und eine kleine Gruppe sieht das georgische Alphabet aus sumerischen Schriftzeichen entstanden.
6 Deeters 1963a: 130; Labas 2014: 140; Bolashvili et al. 2018: 123.
7 Mikaberidze 2007: 64.
8 Gachechiladze 1995: 86,
9 Gerber 1997: 94 ff.; Fähnrich 2010: 481.
10 Smith / Law / Wilson et al. 1998: 175 ff.
11 Eine ausführliche Bibliographie georgischer Literatur in deutschen Übersetzungen findet sich bei Chotiwari-Jünger 2003, S. 187–216, ältere Überblicke über die georgische Literatur bieten Deeters 1963a (vor allem ältere Literatur als Sprachzeugnisse) und Fähnrich 1981.
12 Vgl. die Einführung von Jost Gippert und Manana Tandaschwili zu Rusthaweli 2014: 12.
13 Deeters 1963a: 134 ff.; zur Bedeutung der frühen georgischen Texte für die Historiographie vgl. Labas 2014: 55 ff.
14 *aghts'era sameposa sakartveloisa* (Geschichte Georgiens; 1745) bzw. *sakartvelos geograpuli aghts'era* (Geographie Georgiens; 1750); Zautašvili 1977; Mikaberidze 2007: 176 f.
15 Rayfield 2005: 151 ff.; Schulze in Gumppenberg u. Steinbach 2008: 229.
16 Giuli Kalatozishvili in Skinner / Tamanishvili / Shanshiashvili 2011: 169.
17 Thun-Hohenstein / Andronikashvili 2018: 39 f.
18 Ori Z. Soltes in Skinner / Tamanishvili / Shanshiashvili 2011: 139 ff. Kakabadse 2021 (Originalpublikation in georgischer Sprache Tbilisi 2010) verbindet die biographische Spurensuche mit eindrucksvollen Blicken auf das Tbilisi um die Wende von 19. zum 20. Jahrhundert.
19 Schulze in Gumppenberg / Steinbach 2008: 221.

20 Ausführlich zur Entwicklung des georgischen Kirchenbaus Reissner 1989: 140 ff.; mehrere Einzelbeispiele bei Gink / Tompos o.J.; systematische Kurzhinweise auf die Lage zahlreicher Kirchenbauten nach Munizipalitäten und Gemeinden bei Fähnrich 2007.

21 Gvakharia 2015.

22 Radvanyi 1987: 239 und 242; vgl. zum georgischen Film Radvanyi / Amiredzibi 2007.

23 Reissner 1989: 212.

24 Schulze in Gumppenberg / Steinbach 2008: 224 ; Buadze / McMurtrie 2018: 167 ff.

25 Buadze / McMurtrie 2018: 151 und 153 ff.

26 Ziegler 1995: 1275.

27 Tsitsishvili in van Assche et al. 2009: 103 f.

28 Trutter 2006: 212 ff. mit weiteren Erläuterungen und Rezepten.

29 Altman 1983:5–10 ff.; Mühlfried 2006, Kotthoff 1999 und 2009, Tuite 2010.

9 Ausblick: Zwölf Herausforderungen

1 Nodia 2005: 40.

2 Besondere Aufmerksamkeit wurde den beiden längsten grenzüberschreitenden Flüssen, dem Arax und dem Mt'k'vari geschenkt. Als Einzelbereich der *Environment and Security Initiative* (ENVSEC) wurden das *South Caucasus River Monitoring (SCRM) Program* und das von der *US Agency for International Development* (USAID) getragene *South Caucasus Water Program* initiiert, die allerdings beide zeigten, dass konkrete Maßnahmen nur mit Finanzierung von außen möglich sind (Wittich / Maas 2009).

3 Gachechiladze 1995: 111 f.

4 <https://coronavirus.jhu.edu/map.html> [12.12.2020] und [3.5.2021]; <https://coronavirus.jhu.edu/region/georgia> [17.3.2023]; Tsitsagi et al. 2023 und Bokeria / Tutberidze 2023 zum Verlauf der Pandemie in Georgien und zu den Auswirkungen auf den Tourismus.

5 <http://crrc.ge/en/blog/changes-in-the-level-of-trust-and-political-institutions-in-georgia/606>; 17.6.2016.

6 Sehr eindringlich Andronikashvili 2022.

7 Vgl. Wertsch 2005: 523 ff.

8 Vgl. Cornell 2001: 40.

9 Radvanyi 2011: 168.

10 Čelidze ca. 2011: 137.

11 Wetzinger 2011.

12 <https://www.dw.com/de/südossetien-will-über-beitritt-zu-russland-abstimmen/a-61312667>; <https://taz.de/Referendum-ueber-Beitritt-zu-Russland/!5845618/> [31.3.2022].

13 <https://agenda.ge/en/news/2022/1027> [31.3.2022].

14 <https://www.faz.net/aktuell/politik/ausland/tausende-russen-suchen-zuflucht-in-georgien-flucht-vor-putin-17909543.html> [31.3.2022].

Abkürzungen

ADB – Asian Development Bank
ADI – Ausländische Direktinvestitionen
BIP – Bruttoinlandsprodukt
BSP – Bruttosozialprodukt
BTC – Baku-Tbilisi-Ceyhan-Erdölpipeline
BTE – Baku-Tbilisi-Erzurum-Erdgaspipeline (auch: South Caucasus Pipeline – SCP)
CENN – Caucasus Environmental NGO Network
CRRC – Caucasian Research Resource Center
DEZA – (Schweizerische Eidgenossenschaft:) Direktion für Entwicklung und Zusammenarbeit
EBRD – European Bank für Reconstruction and Development
ECHO – European Community Humanitarian Office
EIB – Europäische Investitionsbank
ENPARD – European Neighbourhood Programme for Agriculture and Rural Development
ENPI – European Neighbourhood and Partnership Instrument
EU – Europäische Union (European Union)
EUMM – European Union Monitoring Mission
EUR – Euro (gemeinsame Währung vieler Mitgliedsstaaten der Europäischen Union)
FDI – Foreign Direct Investment
GDP – Gross Domestic Product
GEL – Georgischer Lari (Landeswährung in Georgien)
GIZ – Gesellschaft für internationale Zusammenarbeit
GTZ – Gesellschaft für technische Zusammenarbeit [jetzt: GIZ]
GUAM – [Wirtschaftskooperation] Georgien, Ukraine, Armenien, Moldova
GUS – Gemeinschaft Unabhängiger Staaten
HDI – Human Development Index
IDP – Internally Displaced Persons (Binnenflüchtlinge)
INOGATE – Interstate Oil and Gas Transportation to Europe
JICA – Japan International Cooperation Agency
KfW – Kreditanstalt für Wiederaufbau
NATO – North Atlantic Treaty Organization
NGO – Non-Governmental Organization (Nichtregierungsorganisation)
OECD – Organization for Economic Co-operation and Development
OSZE – Organisation für Sicherheit und Zusammenarbeit in Europa
RDFG – (Association) Rural Development for Future Georgia
RgW – Rat für gegenseitige Wirtschaftshilfe (engl.: COMECON)
SCP – South Caucasus Pipeline
SDC – Swiss Agency for Development and Cooperation
SOCAR – State Oil Company of the Azerbaijan Republic
SSR – Sozialistische Sowjetrepublik
TACIS – Technical Assistance to the Commonwealth of Independent States
TANAP – Trans-Anatolian Natural Gas Pipeline
TAP – Trans-Adria-Pipeline
TEU – Twenty-foot Equivalent Unit (Kapazitätsmaß für Containerschiffe)

TRACECA – Transport Corridor Europe – Caucasus – Asia
UNDP – United Nations Development Programme
UNESCO – United Nations Educational, Scientific and Cultural Organization
UNHCR – United Nations High Commissioner for Refugees
UNOMIG – United Nations Observer Mission in Georgia
UNWTO – (United Nations) World Tourism Organization
USAID – United States Agency for International Development
USD – US-amerikanischer Dollar
WTO – World Trade Organization
WWF – World Wide Fund for Nature
ZV – Zarja Vostoka (kommunistische Tageszeitung in Georgien, bis Ende 1990, russisch)

(Nicht aufgeführt sind die in der deutschen Sprache üblichen und weit verbreiteten Abkürzungen wie „u. a.“, „usw.“, „vgl.“.)

Literatur

Vorbemerkung zu Literatur und Forschungsstand

Die Geographie Georgiens ist in der internationalen und speziell deutschen Fachliteratur im Vergleich zu anderen Ländern wenig behandelt worden, bis 1990 ohnehin meist nur im Zusammenhang mit der gesamten Sowjetunion. Einer großen Zahl an Einzeluntersuchungen steht nur eine geringe Zahl an länderkundlichen Gesamtdarstellungen gegenüber. Aktuell sind zwei Veröffentlichungen in englischer Sprache zu nennen: 1994 legte der georgische Geograph und Politiker Revaz Gachechiladze eine Monographie vor, die teilweise noch von den in der Sowjetzeit entstandenen Strukturen ausgehen musste, auch im wesentlichen auf statistischen Daten aus der Zeit vor dem politischen Umbruch beruhte, aber dennoch erste Veränderungen der Transformationszeit ansprechen konnte. Zwei Jahrzehnte später erschien eine Monographie von Igor V. Bondyrev, Zurab V. Davitashvili und Vijay P. Singh (2015) mit einem deutlichen Schwerpunkt auf dem Naturraum und unter Betonung historischer Kontexte.

Ältere, aber für die Geschichte räumlicher Entwicklung immer noch detailreiche und lesbare Darstellungen liegen vor allem in russischer Sprache vor. 1956, in zweiter, veränderter Auflage 1958 erschien der unter Leitung von A. N. Džavachišvili und S. N. Rjazancev eine wirtschaftsgeographische Darstellung *Gruzinskaja SSR* mit knappen Literaturhinweisen. Der unter der verantwortlichen Redaktion von F. F. Davitaja herausgegebene Band in der Reihe *Sovetskij Sojuz* (Antadze et al. 1967) enthält ebenfalls nur wenige Literaturhinweise. In jüngerer Zeit wurde in der 1992 begründeten Reihe „*Narody i kul'tury*" eine von L. K. Beriašvili, L. S. Melikišvili und L. T. Solov'eva (2015) herausgegebene, umfassende, aber wenig kritische ethnographische Darstellung der Georgier publiziert.

Dass für den vorliegenden Text Fachliteratur in georgischer Sprache nicht herangezogen wurde, ist ausschließlich der fehlenden Sprachkompetenz des Autors geschuldet. Dabei hat die Geographie in Georgien nicht nur eine kulturhistorische Bedeutung (Vakhusht'i Bagrat'ioni), sondern im 20. Jahrhundert und in der Gegenwart auch ein hohes wissenschaftliches Niveau. In sowjetischer Zeit waren wichtige Untersuchungen durch russische Ausgaben, manche auch mit Hilfe ausführlicher Zusammenfassungen zugänglich, in der Gegenwart wird vielfach in englischer Sprache publiziert. Unter den neueren Überblicksarbeiten sind zwei Ausgaben einer geographischen Darstellung von Beruchashvili, Davitashvili und Elizbarashvili (2009, 2012) zu erwähnen.

Eine wichtige Ergänzung zu textlichen Darstellungen sind Kartenwerke. Einem russischen Atlas der Georgischen Sowjetrepublik (*Atlas Gruzinskoj Sovetskoj Socialističeskoj Respubliki* 1964) folgte nach der Unabhängigkeit ein georgischer Nationalatlas (*Sakartvelos erovnuli at'lasi. National Atlas of Georgia. Nacional'nyj atlas Gruzii* 2012) in georgischer Sprache, dessen aktualisierte und stark modifizierte englische Version (Bolashvili et al. 2018) die räumlichen Strukturen des Landes für ein internationales Publikum aufarbeitet.

Unter den deutschen Publikationen seien zwei ältere Arbeiten genannt. Das monumentale Werk des Geographen und Alpinisten Gottfried Merzbacher (1901) führt über bergsteigerische Berichte hinaus eine Fülle an Detailbeobachtungen zusammen. In einer kurzen länderkundlichen Skizze behandelte Bruno Plaetschke (1933) Georgien im kaukasischen Zusammenhang.

Im französischen Schrifttum ist auf die kurze, aber inhaltsreiche Darstellung von Roger Brunet (1996) und die politisch-geographische Übersicht von Jean Radvanyi (2011) zu verweisen.

In der Zusammenarbeit einer internationalen Forschergruppe entstand der geopolitische Atlas Kaukasiens (Radvanyi / Béroutchachvili 2009), der Strukturdaten auf kleinräumiger Basis mit einer Darstellung von Konfliktsituationen verbindet.

Inzwischen gibt es zahlreiche, meist sehr gut recherchierte, ansprechend verfasste und mehrfach aktualisierte Reiseführer (z. Bsp. Hofmann 1990; Kaufmann 2008; Kriegenherdt [5]2017; Kvastiani, Spolanski u. Sternfeldt [10]2019; Kramm 2019; Applis 2021), die in einzelne Themen einführen und viele regionale Details vermitteln, doch vermisst man oft eine vertiefende Zusammenschau. Auch bei den im Internet verfügbaren Einzelinformationen fehlen solche Verknüpfungen. Aus der Rückschau des Diplomaten entstand das essayhafte, aber weitgehend stimmige Bild, das Boden (2018) von Georgien zeichnet, während Wackwitz (2018) als ehemaliger Leiter des Goethe-Instituts in Tbilisi gedankenreich das Kulturleben Südkaukasiens skizziert.

Reichhaltiger als geographische Untersuchungen ist die internationale Literatur zu Geschichte und Politik. Als Klassiker dürfen die Darstellung der Geschichte des georgischen Volkes bis zur russischen Eroberung von W. E. D. Allen (1932) und die Geschichte Sowjet-Georgiens von D. M. Lang (1962) gelten. Entstehung und Entwicklung der georgischen Nation verfolgt R. G. Suny (1988, [2]1994), die Geschichte Georgiens schildern – aus durchaus unterschiedlichen Blickwinkeln – H. Fähnrich (2010) und D. Rayfield (2012). Der politischen Geschichte des unabhängigen Georgien widmet sich S. Jones (2015).

Literatur

Abich, Hermann (1896 / Reprint 2020): Aus kaukasischen Ländern. Reisebriefe von Hermann Abich. Herausgegeben von dessen Witwe. Bd. 1–2, Wien [/ Saarbrücken].

Adamia, Sh., T. Mumladze, N. Sadradze, E. Tsereteli et al. (2008): Late Cenozoic Tectonics and Geodynamics of Georgia. – In: Georgian International Journal of Science and Technology 1 (1), S. 77–107.

Aivazishvili-Gehne, Nino (2023): Staatsbürgerschaft an der Grenze. Die georgischsprachigen Ingiloer in Aserbaidschan. Wiesbaden (Kaukasienstudien – Caucasian Studies; 14).

Akhalkatsi, Maia, Jana Ekhvaia, Zezva Akhanidze (2012): Diversity and Genetic Erosion of Ancient Crops and Wild Relatives of Agricultural Cultivars for Food: Implications for Nature Conservation in Georgia (Caucasus). – In: Tiefenbacher, John [ed.]: Perspectives of Nature Conservation – Patterns, Pressures and Prospects. Rijeka, S. 51–92.

Allen, W. E. D. (1927): New Political Boundaries in the Caucasus. – In: The Geographical Journal 69 (5), S. 430–441.

Allen, W. E. D. (1932): A History of the Georgian People: From the beginning down to the Russian conquest in the nineteenth century. London.

Altman, Yochanan (1983): A reconstruction, using anthropological methods, of the second economy of Georgia. PhD Diss. Middlesex Polytechnic University <http://eprints.mdx.ac.uk/6603/1/Altman-reconstructiob.phdpdf.pdf> [26.1.2019].

Amiranashvili, A., A. Matzarakis, L. Kartvelishvili (2008): Tourism Climate Index in Tbilisi. – In: Transactions of the Georgian Institute of Hydrometeorology 115, o. Sz. <http://www.urbanclimate.net/matzarakis1/papers/georgia_2008_TCI.pdf>

Ammon, Philipp (2015): Georgien zwischen Eigenstaatlichkeit und russischer Okkupation. Die Wurzeln des russisch-georgischen Konflikts vom 18. Jahrhundert bis zum Ende der ersten georgischen Republik (1920). Klagenfurt.

[Andronikashvili, Zaal] (2022): Georgischer Alptraum. Z. Andronikashvili über die autoritäre Entwicklung inTbilissi. – In: Osteuropa 72 (9–10), S. 193–200.

Antadze, K. D., G. G. Gvelesiani, T. I. Gvinianidze, N. G. Devidze et al. (1967): Gruzija. Moskva.

Applis, Stefan (2018): Tskaltubo: Ein ehemaliger Kurort zwischen Armutstourismus und Bädertourismus (Georgien). Online: <https://stefan-applis-geographien.com/2018/09/25/georgien-der-kurort-tskaltubo-zwischen-armutstourismus-und-baedertourismus-ein-ueberblick/> [1.5.2021].

Applis, Stefan (2019): On the influence of mountain and heritage tourism in Georgia: The exemplary case of Ushguli. – In: Erdkunde 73 (4), S. 259–275.

Applis, Stefan (2020): New Perspectives for Tskaltubo. – In: Caucasus Edition: Journal of Conflict Transformation 1 July 2020 <https://caucasusedition.net/new-perspectives-for-Tskaltubo> [14.07.2020].

Applis, Stefan (2021): Swanetien entdecken. Ein Kultur- und Naturreiseführer für Georgien. Halle.

Applis, Stefan (2022): Die Türme Swanetiens. Identität und Aushängeschild Georgiens. – In: Ost-West – Europäische Perspektiven 21 (4), S. 155–161.

Applis, Stefan (2022a): Auswanderung unter Vorbehalt: Russinnen und Russen in Georgien. – In: Geographische Rundschau 74 (12), S. 44–49.

Applis, Stefan (2023): Swanetien. Tradition und Moderne. Halle.

Archipova, E(katerina) V(ladimirovna) (2014): Gosudarstvennye granicy Rossii na Kavkaze: formirovanie i sovremennye problemy bezopasnosti. Volgograd.

Artman, Vincent M. (2013): Documenting Territory: Passportisation, Territory, and Exception in Abkhazia and South Ossetia. – In: Geopolitics 18 (3), S. 682–704.

Asanidze, Lasha, Zaza Lezhava, Nino Chikhradze, George Gaprindashvili, Guranda Avkopashvili (2018): Mapping of Potential Show Caves in the Racha Limestone Massiv. – In: [Conference Paper] NCKRI SYMPOSIUM 7, the 15th Multidisciplinary Conference on Sinkholes and the Engineering and Environmental Impacts of Karst and the 3rd Appalachian Karst Symposium At: Shepherdstown, West Virginia, April 2 through 6, 2018 < DOI: 10.5038/9780991000982.1064>.

Asian Development Bank [ed.] (2016): Realizing the Urban Potential in Georgia: National Urban Assessment. Manila <https://www.adb.org/sites/default/files/institutional-document/186168/urban-potential-georgia.pdf> [4.5.2021].

Assessment of the Agriculture and Rural Development Sectors in the Eastern Partnership Countries. Georgia (2012). Budapest: FAO Regional Office for Europe and Central Asia.

Association of Young Economists of Georgia (2017): Evaluation of the State Policy on Support of Farmers' Cooperation in Georgia in Respect of Farmers' Needs. [Tbilisi]

Auch, Eva-Maria (2001): Öl und Wein am Kaukasus. Deutsche Forschungsreisende, Kolonisten und Unternehmer im vorrevolutionären Aserbaidschan. Wiesbaden.

Aves, Jonathan (1992): The rise and fall of the Georgian nationalist movement, 1987–91. – In: Hosking, Geoffrey A., Jonathan Aves, Peter J. S. Duncan: The Road to Post-Communism. Independent Political Movements in the Soviet Union, 1987–1991. London, S. 157–179.

Baedeker, K[arl] (^{6}1904): Russland: Europäischer Russland, Eisenbahnen in Russ.-Asien, Teheran, Peking. Leipzig.

Balci, Bayram, Raoul Motika (2007): Islam in Post-Soviet Georgia. – In: Central Asian Survey 26 (3), S. 335–353.

Bardavelidze, V. V. (1967): Formes anciennes de la propriété foncière d'après le matériel ethnographique géorgien. – In: VII Meždunarodnyj kongress antropologičeskich i ėtnografičeskich nauk, Moskva (3–10 avgusta 1964g.). Tom IV. Moskva, S. 232–238.

Bar-Yosef, Ofer, Anna Belfer-Cohen, Tengiz Meshveliani, Nino Jakeli et al. (2011): Dzudzuana: an Upper Palaeolithic cave site in the Caucasus foothills (Georgia). – In: Antiquity 85, S. 331–349.

Batsatsashvili, Ketevan, Zaal Kikvidze, Manana Khutsishvili et al. (2017): Abies nordmanniana (Steven) Spach. – In: Bussmann, Rainer W. [ed.]: Ethnobotany of the Caucasus. Cham (CH), S. 67–71.

Bedoshvili, David, Christopher Martius, Ana Gulbani, Tamar Sanikidze (2009): Alternative Crops for the Subtropical Zone of West Georgia and Their Sales Opportunities and Risks on the European Market. Tashkent: ICARDA-CAC/FAO (Sustainable Agriculture in Central Asia and the Caucasus, 6).

Beletsky, E. (1961): Mountaineering in the U.S.S.R. – In: The Alpine Journal 61 (23), S. 310–329.

Beradze, Grigol, Karlo Kutsia (2000): Towards the Interrelations of Iran and Georgia in the 16th–18th Centuries. – In: Motika, Raoul; Michael Ursinus [Hg.]: Caucasia between the Ottoman Empire and Iran, 1555–1914. Wiesbaden (Kaukasienstudien – Caucasian Studies; 2), S. 121–131.

Beriašvili, L. K., L. Š. Melikišvili, L. T. Solov'eva [otv. red.] (2015): Gruziny. Moskva (serija „Narody i Kul'tury").

Beruchashvili, N. N. (2017): Identification and Mapping Virgin Landscapes in Georgia. – In: *Landscape Dimensions of Sustainable Development: Science – Planning – Governance.* Proceedings of International Conference 4–6 October 2017. Tbilisi, S. 280–286.

Beruchashvili, N., Z. Davitashvili, N. Elizbarashvili (2009): Geographie Georgiens (in georg. Sprache). Tbilisi: Saqartvelos matsne.

Beruchashvili, N., Z. Davitashvili, N. Elizbarashvili (2012): Geographie Georgiens (in georg. Sprache). Tbilisi: Klio-Meridian.

Biagi, Paolo, Renato Nisbet (2018): The Georgian Caucasus and its resources: the exploitation of the Mount Chikiani uplands during the metal ages. – In: Antiquity 92, S. 1–9. <https://doi.org/10.15184/aqy.2018.53>.

Bielmeier, Roland (1994): Sprachkontakte nördlich und südlich des Kaukasus. – In: Bielmeier, Roland, Reinhard Stempel unter Mitarbeit von René Lanszweert [Hg.]: Indogermanica et Caucasica. Festschrift für Karl Horst Schmidt zum 65. Geburtstag. Berlin (Untersuchungen zur indogermanischen Sprach- und Kulturwissenschaft; 6), S. 427–446.

Birch, Julian (1987): Border Disputes and Disputed Borders in the Soviet Federal System. – In: Nationalities Papers XV (1), S. 43–70.

Birch, Julian (1996): The Georgian / South Ossetian territorial and boundary dispute. – In: Wright, John F. R., Suzanne Goldenberg, Richard Schofield [eds.]: Transcaucasian boundaries. London, S. 151–189.

Blair, Betty (2011): The Core Author of Ali and Nino: Does it really matter? – In: Azerbaijan International 15.2–15.4, S. 12–15 <https://azer.com/aiweb/categories/magazine/ai152_folder/152_pdf/152_pdf_english/ai_152_ali_nino_editorial_eng.pdf > [19.2.2022].

Blandy, C. W. (2002): Pankisskoye Gorge: Residents, Refugees & Fighters. Camberly UK (Conflict Studies Research Centre; P37) <https://www.files.ethz.ch/isn/87427/02_mar.pdf> [01.04.2017].

Blank, Stephen (1993): The Soviet Conquest of Georgia. – In Central Asian Survey 12 (1), S. 33–46.

Blasius, Rudolf (1904): Gustav Radde †. Ein Lebensbild. – In: Journal für Ornithologie 52 (1), S. 1–49.

Blatchford, David (2005): Environmental and Social Aspects of the Baku-Tbilisi-Ceyhan Pipeline. – In: Starr, Frederic S., Cornell E. Svante [eds.]: The Baku-Tbilisi-Ceyhan Pipeline: Oil Window to the West. Washington, S. 119–150.

Bobghiashvili, Giorgi, Arsen Kharatyan, Irine Surmanidze (2016): Minority Language Education in Georgia. – In: Gamaghelyan, Philip, Sevil Huseynova, Maria Karapetyan, Sergey Rumjansev [eds.]: The South Caucasus and Its Neigborhood. From Politics and Economics to Group Rights. Istanbul, S. 254–276.

Boden, Dieter (2018): Georgien. Ein Länderportrait. Berlin.

Bodenstedt, Friedrich (1848): Die Völker des Kaukasus und ihre Freiheitskämpfe gegen die Russen.

Bodenstedt, Friedrich (1865/1992): Tausendundein Tag im Orient. Herausgegeben und mit einem Nachwort von Carsten-Michael Walbiner. Frankfurt: Societäts-Verlag [nach der Ausgabe 1865, in der dieser Bericht die Bände 1–3 der Gesammelten Schriften von Bodenstedt bilden; Erstausgabe Berlin 1850, als Digitalisat des Exemplars aus dem Nachlass Gottfried Merzbachers unter <https://reader.digitale-sammlungen.de/de/fs1/object/display/bsb10430835_00009.html>].

Bokeria, Marine, Mzia Tutberidze (2023): Changes in Hotel Management During the Covid-19 Pandemic and Post-pandemic Periods in Georgia. – In: Georgian Geographical Journal 3 (1) o. Sz. <https://journals.4science.ge/index.php/GGJ/article/view/1664> [3.11.2023],

Bondyrev, Igor V., Zurab V. Davitashvili, Vijay P. Singh (2015): The Geography of Georgia. Problems and Perspectives. Cham [CH].

Bordokoff, Peter Alexandrovich (2014): Perceptions of Climate Change and Vulnerability in Upper Svaneti, South Caucasus, Georgia. M.A. Thesis, Portland (University of Montana: Theses, Dissertations, Professional Papers; 4274).

Borunov, A. K., V. V. Kandelaki (1989): The Caucasian Pass Railroad Project: Geographic and Ecological Problems. – In: USSR Academy of Sciences, Institute of Geography, The United Nations University, Committee for the MAB Programme – Armenian SSR: *Guide Book for the Pre-Conference Excursion "Transformation of Mountain Environment: Regional Development and Sustainability; Consequences for Global Change (Caucasus, Transcaucasia, Armenia)"* II-2, S. 1–7 [dactyl., unveröff.].

Bouzarovski, Stefan, Joseph Salukvadze, Michael Gentile (2011): A Socially Resilient Urban Transition? The Contested Landscape of Apartment Building Extensions in Two Post-communist Cities. – In: Urban Studies 48 (13), S. 2689–2714.

Bregadze, N. A. (1976): K voprosu ob ėtničeskom sostave naselenija Gruzii v XVII v. – In: Kavkazskij ėtnografičeskij sbornik VI, Moskva, S. 238–253.

Breuste, Jürgen (1983): Karl Kochs Forschungsreisen nach Kaukasien 1836–1838 und 1843–1844. – In: Georgica 6, S. 55–61.

Breuste, Jürgen (1983a): Gustav Radde und sein Wirken als Geograph. – In: Petermanns Geographische Mitteilungen 127 (2), S. 109–113.

Breuste, Jürgen (1986): Der Beitrag Hermann Abichs zur geowissenschaftlichen Erforschung Kaukasiens im 19. Jahrhundert. – In: Petermanns Geographische Mitteilungen 130 (2), S. 101–107.

Breuste, Jürgen (1987): Die Swanetienreise 1864 – Der Beginn der langjährigen wissenschaftlichen Tätigkeit Gustav Raddes in Kaukasien. – In: Georgica 10, S. 73–78.

Breuste, Jürgen, Burkhard Malich [Hg.] (1987): Reisen im Kaukasus. Berichte aus dem 19. Jahrhundert. Leipzig.

Broers, Laurence (2005): After the ‚revolution': civil society and the challenges of consolidating democracy in Georgia. – In: Central Asian Survey 24 (3), S. 333–350.

Brosset, Marie Félicité ([1849-]1851 / repr. 2012): Rapports sur un Voyage archéologique dans la Géorgie et en Arménie, exécuté en 1847–1848 sous les auspices du prince Vorontzof, Lieutenant du Caucase. St. Pétersbourg (Digitalisat: < https://books.google.de/books?id=4ZuBhpTCme4C&pg=PAPP9&redir_esc=y#v=onepage&q&f=false >).

Brunet, Roger (1996): La Russie et les Pays Proches. – In: Rey, Violette, Roger Brunet [éds.]: Europes orientales, Russie, Asie Centrale. Paris (= Géographie universelle), S. 207–461.

Bryce, James (1877): Transcaucasia and Ararat: being notes of a vacation tour in the autumn of 1876. London.

Buachidze, Nugzar, Khatuna Chigviladze, George Kordzakhia, Ekaterina Shubladze, Lali Shavliashvili (2016): Research of Uncontrolled Landfills Impact on Environment in Georgia. – In: American Journal of Environmental Protection 5 (3), S. 65–70 <doi: 10.11648/j.ajep.20160503.14>.

Buadze, Tamar, Imke McMurtrie (2018): Songbook Georgia: Georgia's World Cultural Heritage. Liederbuch Georgien: Georgiens Weltkulturerbe. Wiesbaden.

Bugaj, Nikolaj Fedërovič (2014): Kavkaz. Ėtničeskie men'šinstva: prošloe i nastojaščee. Očerki. Moskva.

Bundesministerium für wirtschaftliche Zusammenarbeit und Entwicklung (2005): Die Kaukasusinitiative des BMZ: Verständigung ermutigen. Bonn (Materialien des BMZ; 137).

Bundesministerium für wirtschaftliche Zusammenarbeit und Entwicklung (2006): Naturschutz im Kaukasus. Bonn (Materialien des BMZ; 155).

Buschmann, Anna (2020): Quick and Dirty. Institutional analysis of agricultural land privatization in Post-Soviet Georgia. Diss. rer.agr. Berlin, Humboldt-Univ.

Bussmann, Rainer W. [ed.] (2017): Ethnobotany of the Caucasus. Cham (CH).

Bussmann, Rainer W., Narel Y. Paniagua-Zambrana, Shalva Sikharulidze *et al.* (2016): A comparative ethnobotany of Khevsureti, Samtskhe-Javakheti, Tusheti, Svaneti, and Racha-Lechkhumi, Republic of Georgia (Sakartvelo), Caucasus. – In: Journal of Ethnobotany and Ethnomedicine 2016 <DOI 10.1186/s13002-016-0110-2>.

Bussmann, Rainer W., Narel Y. Paniagua-Zambrana, Shalva Sikharulidze *et al.* (2016a): Medicinal and Food Plants of Svaneti and Lechkhumi, Sakartvelo (Republic of Georgia), Caucasus. – In: Medicinal and Aromatic Plants 5 (5), o. Sz (18 S.) <DOI: 10.4172/2167-0412.1000266>.

Bussmann, Rainer W., Narel Y. Paniagua-Zambrana, Shalva Sikharulidze *et al.* (2017): Ethnobotany of Samtskhe-Javakheti, Sakartvelo (Republic of Georgia), Caucasus. – In: Indian Journal of Traditional Knowledge 16 (1), S. 7–24.

Bussmann, Rainer W., Ketevan Batsatsashvili, Zaal Kikvidze *et al.* (2017): Ethnobotany of the Caucasus – Georgia. – In: Bussmann, Rainer W. [ed.]: Ethnobotany of the Caucasus. Cham (CH), S. 47–63.

Callaway, Ragan M., Zaal Kikvidze, David Kikodze (2000): Facilitation by unpalatable weeds may conserve plant diversity in overgrazed meadows in the Caucasus Mountains. – In: Oikos 89 (2), S. 275–282.

Capalbo, Carla (2017): Tasting Georgia: A Food and Wine Journey in the Caucasus with over 70 Recipes. London [dazu: <https://www.tastinggeorgia.com/>].

Cappucci, Marianna, Nino Pavliashvili, Luca Zarrilli (2015): New Trends in Mountain and Heritage Tourism: The case of Upper Svaneti in the context of Georgian tourist sector. – In: GeoJournal of Tourism and Geosites 15 (1), S. 67–80.

Caucasus analytical digest (2008 ff.): Bremen [Forschungsstelle Osteuropa] / Zürich [Center for Security Studies] No. 1, 17.12.2008 ff.

Caucasus Environment Outlook (CEO) 2002 (2002). UNEP [ed.] Tbilisi.

Čelidze, Anna (o. J., 2006): Ėtničeskij nacionalizm v duchovenstve Gruzinskoj Pravoslavnoj Cerkvi. – In: Južnyj Kavkaz: Territorii. Istorii. Ljudi. Sbornik statej. Tbilisi, S. 132–148.

Černova-Dëke, T. N. (2015): Svoeobrazie stanovlenija nemeckich kolonij na Južnom Kazkaze. – In: Ežegodnik Meždunarodnoj associacii issledovatelej istorii i kul'tury rossijskich nemcov 1, S. 78–92.

Charachidzé, Georges (1968): Le système religieux de la Géorgie paienne. Analyse structurale d'une civilisation. Paris.

Charaia, V. (2016): Economics of Conflict: Core Economic Dimensions of the Georgian-South Ossetian Context. – In: International Journal of Social, Behavioral, Educational, Economic, Business and Industrial Engineering 10 (10), S. 3415–3419.

[Chardin, Jean] (1687) : Des vortrefflichen Ritters Chardin, des grossen Königs in Persien Hoff-Handelsmanns/ Curieuse Persian- und Ost-Indische Reise-Beschreibung … Leipzig. Digitalisat: <https://digitale-sammlungen.de/de/view/bsb11062307?>.

Charebov, V. K. (1981): Demografičeskoe razvitie Južnoj Osetii za gody Sovetskoj Vlasti. – In: *Južnaja Osetija v period stroitel'stva socializma*. Tbilisi, S. 175–202.

Cheterian, Vicken (2009): The August 2008 War in Georgia: from ethnic conflict to border wars. – In: Central Asian Survey 28 (2), S. 155–170.

Chiari, Bernhard, Magnus Pahl [Hg.] (2008): Wegweiser zur Geschichte: Kaukasus. Im Auftrag des Militärgeschichtlichen Forschungsamtes. Paderborn.

Chikovani, Nino (2013): The De-Sovietisation und Nationalisation of History in Post-Soviet Georgia. – In: Karpenko, Oksana, Jana Javakhishvili [eds.]: Myths and Conflict in the South Caucasus. Vol. 1. Instrumentalisation of Historical Narratives. (London:) International Alert, S. 72–91.

Chomakidze, Demur (2007): Georgia: Natural Energy Resources. – In: Central Asia and the Caucasus 4(46), 2007, S. 26–34.

Choštaria, Tamara (o. J. 2006): Funkcional'no-planirovočnoe razvitie kurortov Boržomskogo rajona. – In: *Južnyj Kavkaz: Territorii. Istorii. Ljudi. Sbornik statej.* Tbilisi, S. 324–342.

Chotiwari-Jünger, Steffi (2003): Die Literaturen der Völker Kaukasiens. Neue Übersetzungen und deutschsprachige Bibliographie. Wiesbaden (Kaukasienstudien – Caucasian Studies; 5).

Christophe, Barbara (2001): Transformation als Inszenierung. Zur institutionellen und kulturellen Einbettung von Korruption in Georgien. – In: Höhmann, Hans-Hermann [Hg.]: Kultur als Bestimmungsfaktor der Transformation im Osten Europas. Konzeptionelle Entwicklungen – empirische Befunde. Bremen (Analysen zur Kultur und Gesellschaft im östlichen Europa; 10), S. 157–175.

Christophe, Barbara (2005): Metamorphosen des Leviathan in einer post-sozialistischen Gesellschaft: Georgiens Provinz zwischen Fassaden der Anarchie und regulativer Allmacht. Bielefeld.

Christophe, Barbara (2005a): Kultur der Korruption? Anmerkungen zur politischen Ordnung in Georgien. – In: Schröder, Bernd [Hg.]: Georgien – Gesellschaft und Religion an der Schwelle Europas. St. Ingbert (Annales Universitatis Saraviensis. Philosophische Fakultäten; 24), S. 33–46.

Christophe, Barbara, Christoph Kohl, Heike Liebau [Hg.] (2017): Geschichte als Ressource. Politische Dimensionen historischer Authentizität. Berlin.

Čikovani, T. A. (1971): Klassifikacija i genezis zakavkazskogo žilišča so stupenčato-venceobraznym perekrytiem. – In: *Chozjajstvo i material'naja kul'tura narodov Kavkaza v XIX-XX vv.* Moskva, S. 33–72.

Coene, Frederic (2010): The Caucasus: An Introduction. London.

Collier, Stephen J., Lucan Way (2004): Beyond the Deficit Model: Social Welfare in Post-Soviet Georgia. – In: Post-Soviet Affairs 20 (3); S. 258–284.

Connor, Simon Edward (2006): A Promethean Legacy: Late Quaternary Vegetation History of Southern Georgia, Caucasus. PhD Diss. University of Melbourne, Faculty of Arts, Social and Environmental Enquiry <https://minerva-access.unimelb.edu.au/handle/11343/39418> [30.12.2021]; Druckausgabe: (2011) Leuwen (Ancient Near Eastern Studies Supplement Series; 34).

Connor, Simon, Antonio Sagona (2007): Environment and society in the late prehistory of southern Georgia, Caucasus. – In: Lyonnet, Bertille [dir.]: Les Cultures du Caucase (VIe-IIIe millénaires avant notre ère): leurs relations avec le Proche-Orient, 2007, 1, S. 21–36.

Connor, Simon E., Ian Thomas, Eliso V. Kvavadze (2007): A 5600-yr history of changing vegetation, sea levels and human impacts from the Black Sea coast of Georgia. – In: The Holocene 17 (1), S. 25–36.

Cornell, Svante E. (2001): Small Nations and Great Powers: A study of ethnopolitical conflict in the Caucasus. London.

Cortner, Owen Garret (2023): Collectives to capital: Institutional, forest, and farm transitions in Georgia. Diss. Sc. ETH Zürich <https://doi.org/10.3929/ethz-b-000613885>.

Cottage Settlements for Georgia's new IDPs: Accountability in aid and construction (2010). Tbilisi: Transparency International Georgia.

Coyaud, L. M. (1973): Un exemple de planification rurale: Les campagnes de Géorgie soviétique. – In : Etudes rurales no. 49–50, S. 304–320.

Cuciev, Artur (2006) : Atlas ėtnopolitičeskoj istorii Kavkaza (1774–2004). Moskva [engl. Ausgabe 2014 s. Tsutsiev 2014].

Čurkin, A.[lbert] N. (1974): Stroitel'stvo i preobrazovanie sela v uslovijach intensifikacii sel'skochozjajstvennogo proizvodstva. Tbilisi.

Darieva, Tsypylma (2021): Faith, State, and Religious Competition in Georgia. Berlin (ZOiS Report 1/2021) <(https://www.zois-berlin.de/fileadmin/media/Dateien/ZOiS_Reports/ZOiS_Report_1_2021.pdf> [31.1.2022].

Déchy, Moriz von (1905): Im Kaukasus: Reisen und Forschungen. Bd. 1–3. Berlin.

Deeters, G. (1963): Die kaukasischen Sprachen. – In: *Armenisch und kaukasische Sprachen.* Köln, Leiden (= Handbuch der Orientalistisk I. Abt. 7. Bd.), S. 1–79.

Deeters, G. (1963a): Die georgische Literatur. – In: *Armenisch und kaukasische Sprachen.* Köln, Leiden (= Handbuch der Orientalistisk I. Abt. 7. Bd.), S. 129–156.

De Klerk, P., A. Haberl, A. Kaffke, M. Krebs, I. Matchutadze, M. Minke, J. Schulz & H. Joosten (2009): Vegetation history and environmental development since ca 6000 cal yr BP in and around Ispani 2 (Kolkheti lowlands, Georgia). – In: Quaternary Science Reviews 28, S. 890–910.

Delyagin (2009): A Testing Ground for Modernization and a Showcase of Success. – In: Russia in Global Affairs 8.3.2009 <http://eng.globalaffairs.ru/number/n_12538> [13.3.2017].

Demografičeskij ežegodnik SSSR 1990 (1990). Moskva: Goskomstat SSSR.

Denk, Thomas, Norbert Frotzler, Nino Davitashvili (2001): Vegetational patterns and distribution of relict taxa in humid temperate forests and wetlands of Georgia (Transcaucasia). – In: Biological Journal of the Linnean Society 72, S. 287–332.

Deutsche Wirtschaftsvereinigung [Hg.] (2018): Jahrbuch 2007–2017 <https://georgien.ahk.de/fileadmin/ahk_georgien/Publikation/Jahrbuch_cover_-min.pdf> [2.1.2019].

De Waal, Thomas (2011): Georgia's Choices. Charting a Future in Uncertain Times. Washington D.C.

Dragadze, Tamara (1988): Rural Families in Soviet Georgia. A Case Study in Racha Province. London, New York (International Library of Anthropology).

Dschaparidse, Otar (2016): Georgien von der Trialeti-Kultur bis zur Früheisenzeit. – In: Nawroth, Manfred [Hg.]: Die vor- und frühgeschichtlichen Funde aus Georgien. Berlin (Museum für Vor- und Frühgeschichte), S. 61–72.

Dubois de Montpéreux, Frédéric (1839): Voyage autour du Caucase, chez les Tcherkesses et les Abkhases, en Colchide, en Géorgie, en Arménie et en Crimée; avec un atlas géographique, pittoresque, archéologique, géologique, etc. T. I-VI. Paris.

Dubois de Montpéreux, Frédéric (1842–46): Reise um den Kaukasus zu den Tscherkessen und Abchasen, nach Kolchis, Georgien, Armenien und in die Krim. Bd. 1–3. Darmstadt.

Dülffer, Meike (2016): Wo die Grenzen wandern. – In: ZEIT online 17.4.2016 <http://www.zeit.de/politik/ausland/2016-04/georgien-abchasien-suedossetien-russland-eu> [25.5.2017].

Dumas, Alexandre (1966): Russlandreise, Kaukasische Fahrt. Aus dem Französischen neu übersetzt, Herausgegeben und mit einem Nachwort versehen von Th. P. Spiess. 2. Aufl. Hamburg.

Dundua, Anzor, Tamaz Vashakidze, Nugzar Uplisashvili (2019): Effective operation assessment of more than 25 years old and newly built hypropower plants. Tbilisi: Friedrich Ebert-Stiftung <http://library.fes.de/pdf-files/bueros/georgien/16203.pdf>.

Dundua, Salome, Tamar Amashukeli, Sandro Tabatadze (2022): What Makes Social Movements Successful: The Case of Gudiashvili Square. – In: Europe-Asia Studies [online] <DOI: 10.1080/09668136.2021.2012559>.

Dundua, Salome, Tamar Amashukeli, Sandro Tabatadze (2022a): Tbilisi Urban Social Movements: On the Verge of Success / Failure. – In: European Journal of Transformation Studies 10 (2), S. 21–39.

Dunn, Elizabeth Cullen, Austin Cowley (2015): Capitalizing on Aid: Post-war Development and Statebuilding in Georgia. – In: Voell, Stéphane, Iwona Kaliszewska [Hg.]: State and Legal Practice in the Caucasus: Anthropological Perspectives on Law and Politics. Farnham, S. 171–186.

Dvali, Ana, Edita Badasyan (2014): Problems of Kvemo Kartli and Samtskhe-Javakheti and Foreign Policy Preferences of the Local Populations. Research Report. Tbilisi [georg. und engl.].

DWV (Deutsche Wirtschaftsvereinigung), GTAI (German Trade & Invest) [Hg.] (2018; 2020): Georgien: Ein Markt mit Zukunft. Geschäftschancen und Rahmenbedingungen. 2. bzw. 3. aktual. Aufl. O. O. [Tbilisi].

Dzagoeva, E. P. (1987): Puti razvitija promyšlennosti v Jugo-Osetii. Cchinvali.

Džandieri, E. G. (1969): K istorii srednevekovogo goroda-kreposti Achalkalaki (v Džavacheti). – In: *Archeologičeskie pamjatniki feodal'noj Gruzii 1.* Tbilisi, S. 69–73 (georg. S. 46–69).

Džanelidze, A.N. (1972): Architekturno-planirovočnaja organizacija i ozelenenie obščestvennych poselkov subtropičeskich sovchozov zapadnoj Gruzii. – In: *Architektura sela.* Moskva (Ministerstvo sel'skogo chozjajstva SSSR. Moskovskij institut inženerov zemleustrojstva, Kafedra sel'skochozjajstvennoj architektury, Naučnye trudy; 57), S. 105–112.

Džaošvili, V.[achtang] Š.[alvovič] (1967) : Nekotorye voprosy territorial'nogo razmeščenija naselenija gornych stran (na primere Gruzinskoj SSR). – In: *Geografija naselenija i naselennych punktov SSSR.* Leningrad, S. 215–241.

Džaošvili, V.[achtang] Š.[alvovič] (1968): Naselenie Gruzii. Èkonomiko-geografičeskoe issledovanie. Tbilisi.

Džaošvili, V.[achtang] Š.[alvovič] (1977): Osobennosti i puti razvitija rasselenija Bol'šogo Kavkaza. – In: *Priroda i chozjajstvo Gruzii.* Tbilisi, S. 204–212.

Džaošvili, V.[achtang] Š.[alvovič] (1978) : Urbanizacija Gruzii: genezis, processy, problemy. Tbilisi.

Džaošvili, V.[achtang] Š.[alvovič] (1983) : Regional'nye centry – važnoe zveno v edinoj sisteme gorodov. – In: (Akademija nauk Gruzinskoj SSR, Institut geografii im. Vachušti) *Regional'naja geografija.* Tbilisi, S. 14–28.

Džavachišvili, A. N., S. N. Rjazancev [Red.] (1956; [2]1958): Gruzinskaja SSR: ėkonomiko-geografičeskaja charakteristika. Moskva.

Egger, Carl (1932): Die Eroberung des Kaukasus. Basel.

Eichwald, Eduard (1837): Reise auf dem Caspischen Meere und in dem Kaukasus. Teil 2: Reise in den Kaukasus. Tübingen (Digitalisat Bayerische Staatsbibliothek: <http://opacplus.bsb-muenchen.de/title/BV006817934/ft/bsb10709521?page=17> [4.5.2020]).

Ekhvaia, Jana, Maia Gurushidze, Frank R. Blattner, Maia Akhalkatsi (2014): Genetic diversity of Vitis vinifera in Georgia: relationships between local cultivars and wild grapevine, V. vinifera L. subsp. sylvestris. – In: Genetic Resources and Crop Evolution 61, S. 1507–1521.

Ekvtimishvili, Nana (2018): Das Birnenfeld. Roman. Aus dem Georgischen von Julia Dengg und Ekaterine Teti. Berlin.

Elizbarashvili, Mariam, Elizbar Elizbarashvili, Marika Tatishvili et al. (2017): Georgian climate change under global warming conditions. – In: Annals of Agrarian Science 15 (1), S. 17–25.

Endler, Adolf (2018): Kleiner kaukasischer Divan: Von Georgien erzählen. Göttingen.

Engel, Eric, Henrica von der Behrens, Dorian Frieden et al. (2006): Strategic Options towards Sustainable Development in Mountainous Regions. The Case of Zemo Svaneti, Georgia. Mestia / Berlin (SLE Publication Series).

Engelhardt, Moritz von, Friedrich Parrot (1815): Reise in die Krim und den Kaukasus. I. und II. Teil. Berlin.

Engval, Johan (2012): Against the Grain: How Georgia Fought Corruption and What It Means. Washington D.C. (Silk Road Paper).

Erkomaishvili, G., R. Gvelesiani, E. Kharaishvili, M. Chavleishvili (2014): Policy of Tourism and Opportunities of Development of Wellness Industry in Georgia. – In: International Journal of Social, Behavioral, Educational, Economic, Business and Industrial Engineering 8 (1), S. 171–175.

Europarat/Council of Europe [ed.] (2017): Kulturweg der deutschen Minderheit in Georgien. o. O.

European Neighbourhood Programme for Agriculture and Rural Development [ed.] (2015): The Georgian Tea Sector: A Value Chain Study. Tbilisi <http://enpard.ge/en/wp-content/uploads/2015/05/TeaValueChainAnalysis_ENG.pdf> [18.2.2019].

EWING, Amy (2003): Water Quality and Public Health Monitoring of Surface Waters in the Kura-Araks River Basin of Armenia, Azerbaijan, and Georgia. Albuquerque (The University of New Mexico: Water Resources Program, Publ. No. WRP-8).

FÄHNRICH, Heinz (1981): Die georgische Literatur. Ein Überblick. Tbilisi.

FÄHNRICH, Heinz (1999): Lexikon Georgische Mythologie. Wiesbaden (Kaukasusstudien – Caucasian Studies; 1).

FÄHNRICH, Heinz (2007): Kulturland Georgien. Kurzführer für Touristen. Wiesbaden.

FÄHNRICH, Heinz (2009): In den Bergen der Götter. Alte Glaubensvorstellungen, Überlieferungen und Bräuche bei den Georgiern des Kaukasus. Wiesbaden.

FÄHNRICH, Heinz (2010): Geschichte Georgiens. Leiden (Handbuch der Orientalistik, Abt. VIII; 21).

FÄHNRICH, Heinz (2012): Die georgische Sprache. Leiden (Handbuch der Orientalistik, Abt. VIII; 22).

FÄHNRICH, Heinz (2010/2014): Von Baumnamen abgeleitete georgische Siedlungsnamen. – In: Namenkundliche Informationen; 97, Leipzig, S. 133–143. URL (2014): <http://nbn-resolving.de/urn:nbn:de:bsz:15-qucosa-145543> [15.6.2016].

FÄHNRICH, Heinz (2020): Die Könige der Parnawasiden. Georgien in der Weltgeschichte. Wiesbaden.

FAO [*Food and Agriculture Organization*] (2018): Gender, agriculture and rural development in Georgia. Rome (Country Gender Assessment Series) <https://www.fao.org/3/ca0577en/CA0577EN.pdf > [16.2.2022]

FEIRING, Alice (2016): For the Love of Wine. My Odyssee Through the World's Most Ancient Wine Culture. Lincoln Nebr.

FELIX-HENNINGSEN, Peter, Tengiz F. URUSHADZE, Eliso I. NARIMANIDZE et al. (2007): Heavy Metal Pollution of Soils and Food Crops due to Mining Wastes in the Mashavera River Valley. – In: Bulletin of the Georgian National Academy of Sciences, Agriculture, vol. 175 (3), S. 97–106.

FELIX-HENNINGSEN, Peter, Mohammed A. H. A. SAYED (2009): Remediation von stark schwermetallbelasteten Kastanozems unter Bewässerung in Georgien – Ergebnisse von Laborversuchen. – In: *Deutsche Bodenkundliche Gesellschaft, Jahrestagung 2009*, Berichte.

FEURSTEIN, Wolfgang (2000): Die Eroberung und Islamisierung Südgeorgiens. – In: MOTIKA, Raoul / Michael URSINUS [Hg.]: Caucasia between the Ottoman Empire and Iran, 1555–1914. Wiesbaden (Kaukasienstudien – Caucasian Studies; 2), S. 21–29.

FEURSTEIN, Wolfgang (2007): Der sprachliche Reichtum der Kolchis. Untersuchungen zur südkaukasischen Sprache und Kultur der Mingrelier und Lasen. Freudenstadt.

FEY, Lena (2016). Which Knowledge, Which Agriculture? Local Farmers and Agricultural Development in Georgia. – In: HORNIDGE, Anna-Katharina, Anastasya SHTALTOVNA, Conrad SCHETTER [eds.]: Agricultural Knowledge and Knowledge Systems in Post-Soviet Societies. Bern etc., S. 93–125.

FICKER, Heinz von, Adolf SCHULZE, G. LEUCHS (1904): Uschbafahrten 1903. – In: Zeitschrift des Deutschen und Österreichischen Alpenvereins 35, S. 128–155.

Fighting Corruption in Public Services. Chronicling Georgia's Reforms (2012). Washington: The World Bank.

FISCHER, Eberhard, Andreas GRÖGER, Wolfram LOBIN (2018): Illustrated Field Guide to the Flora of Georgia (South Caucasus). (Koblenz Geographical Colloquia, Series Biogeographical Monographs; 3).

Fleischmann-Bisten, Walter (2005): Religiöser Pluralismus in Georgien. – In: Schröder, Bernd [Hg.]: Georgien – Gesellschaft und Religion an der Schwelle Europas. St. Ingbert (Annales Universitatis Saraviensis. Philosophische Fakultäten; 24), S. 71–88.

Fontanier, V.[ictor] (1829) : Voyages en Orient, entrepris par ordre du gouvernement français, de l'année 1821 à l'année 1829. Paris (Digitalisat: <https://gallica.bnf.fr/ark:/12148/bpt6k5511345d.textelmage> [3.5.2020]).

Fourastié, Jean (1949/1954): Le Grand Espoir du XXe siècle : progrès technique, progrès économique, progrès social. Paris. – Deutsche Übersetzung: Die große Hoffnung des zwanzigsten Jahrhunderts. Köln-Deutz.

Franz, Hans-Joachim (1973): Physische Geographie der Sowjetunion. Gotha/Leipzig.

Freshfield, Douglas William (1869): Travels in the Central Caucasus and Bashan including visits to Ararat and Tabreez and ascents of Kazbek and Elbruz. London (Digitalisat: <https://reader.digitale-sammlungen.de/de/fs1/object/display/bsb11122049_00013.html> und <http://mdz-nbn-resolving.de/urn:nbn:de:bvb:12-bsb11122049-2> [21.5.2020]).

Freshfield, Douglas William (1896): The Exploration of the Caucasus. With Illustrations by Vittorio Sella. Vols. 1–2, London, New York.

Fuchs, Martin, Herbert Weilguni, Martin Lagler, Richard Temsch, Bernhard Pelikan (2013): Strategische Umweltprüfung für den Ausbau der Kleinwasserkraft im Einzugsgebiet des Aragvi. – In: Heimerl, Stephan [Hg.]: Wasserkraftprojekte. Ausgewählte Beiträge aus der Zeitschrift Wasser-Wirtschaft. Wiesbaden, S. 163–170.

Furlani, Stefano, Giovanni Monegato, Alberto Stinghen et al. (2012): Palaeohydrographic evolution and its influence on human settlement in the Karthaliny Basin (Georgia). – In: Alpine and Mediterranean Quarterly 25 (1), S. 57–66.

Gabrichidze, Goram, Georgi Lomidze, Teimuraz Muchadze et al. (2004): April 2002 epicentral earthquake in Tbilisi, Georgia. Paper 13th World Conference on Earthquake Engineering Vancouver 2004, Paper No. 1063 <http://www.iitk.ac.in/nicee/wcee/article/13_1063.pdf> [10.11.2019].

Gachechiladze, Revaz (1995): The New Georgia: Space, Society, Politics. London (Changing Eastern Europe; 3).

Gachechiladze, Revaz (2021): A Historical Geography of Jewish Settlement in Georgia (the Caucasus). – In: Georgian Geographical Journal 1 (1), S. 1–17.

Gachechiladze, Revaz, Dali Nikolaishvili, Nana Bolashvili, Neli Jamaspashvili (2017): Scientific Heritage of Professor Nikoloz Beruchashvili (1947–2006). – In: Earth Sciences 6 (5–1), S. 111–122.

Gachechiladze, R., J. Salukvadze (2003): Social Problems of Tbilisi and its Metropolitan Region (TMR). – In: Gachechiladze, Revaz [ed.]: Social-economic and political geography at the department of human geography, Tbilisi State University. Collection of articles dedicated to the 80th year of the department. Tbilisi, S. 7–24.

Gadžiev, Kamaludin Seražudinovič (2003): Geopolitika Kavkaza. Moskva.

Gagnidze, N., N. Popkhadze, S. Kekelia et al. (2016) : Gold Occurences of Georgia. – In: *Power of Geology is the Precondition for Regeneration of Economics*. Tbilisi, S. 36–38.

Gamba, Jacques François (1826): Voyage dans la Russie méridionale, et particulièrement dans les provinces au delà du Caucase, fait depuis 1820 jusqu'en 1824. T. 2. Paris (Digitalisat: <https://gallica.bnf.fr/ark:/12148/bpt6k1178097/f44.image.texteImage> [3.5.2020]).

Gambaschidse, Irine, Andreas Hauptmann, Rainer Slotta, Ünsal Yalcin [Hg.] (2001): Georgien. Schaetze aus dem Land des goldenen Vlies. Katalog der Ausstellung des Deutschen Bergbau-Museums Bochum in Verbindung mit dem Zentrum für Archäologische Forschungen der Georgischen Akademie der Wissenschaften Tbilissi vom 28. Oktober 2001 bis 19. Mai 2002. Bochum.

Gamkrelidze, Irakli, Avtandil Okrostsvaridze, Ferando Maisadze et al. (2019): Main Features of Geological Structures and Geotourism Potential of Georgia, the Caucasus. – In: Modern Environmental Science and Engineering 5 (5), S. 422–442.

Gamma Consulting Ltd (2019): [Lower Namakhani HPP] Environmental Impact Assessment Report. Tbilisi <https://namakhvani.enka.com/en/about-us/studies/> [30.12.2021].

Gaprindashvili, George, Cees J. Van Westen (2015): Generation of a national landslide hazard and risk map for the country of Georgia. – In: Natural Hazards 2015 o. Sz. <DOI 10.1007/s11069-015-1958-5>.

Gaprindashvili, George, Tamaz Gerkeuli, Emil Tsereteli, Merab Gaprindashvili (2016): Geological Hazards in Samtskhe-Javakheti Region (Georgia). – In: International Journal of Geosciences 2016 (7), S. 311–324 <doi: 10.4236/ijg.2016.73024>.

Gatschetschiladse, Rewas (2017): Georgien im weltpolitischen Kontext. Aus dem Georgischen von Maja Lisowski. Klagenfurt (Wieser Enzyklopädie des europäischen Ostens).

Gazer, Hacik (2005): Die Georgische Orthodoxe Kirche. – In: Schröder, Bernd [Hg.]: Georgien – Gesellschaft und Religion an der Schwelle Europas. St. Ingbert (Annales Universitatis Saraviensis. Philosophische Fakultäten; 24), S. 55–70.

Gedevanishvili, Ekaterine, Nikoloz Vacheishvili, Tamar Khunadze, Iuza Khuskivadze (2008): Racha: Heritage Destroyed in the 1991 Earthquake, Tbilisi [georg./engl.].

Gegechkori, Arnold (2017): The Plio-Pleistocene ‚Borealization' Event of the Caucasus Biota. – In: *Landscape Dimensions of Sustainable Development: Science – Planning –Governance*. Proceedings of International Conference 4–6 October 2017. Tbilisi, S. 136–145.

Gegešidze, Michail Kirillovič (1990): Orošaemoe zemledelie v Gruzii (Opyt istoriko-ėtnografičeskogo izučenija). Tbilisi.

Gellert, Johannes F. (1982): Suchumi und Batumi: zwei georgische Schwarzmeerstädte – historisch-geographische Entwicklung. – In: Pädagogische Hochschule „Karl Liebknecht" Potsdam, Wissenschaftliche Zeitschrift 26 (3), S. 377–387.

Georgia State Electrosystems JSC [ed.] (2014): Annual Report 2014, Tbilisi <http://www.gse.com.ge/new/wp-content/uploads/2015/07/SSA-ANNUAL_FORWEB_012.pdf> [9.5.2015].

Gelaschwili, Simon (2010): Finanzkapital der Firma Siemens und Halske in Georgien im 19. Jahrhundert. Potsdam (= Universität Potsdam, Finanzwissenschaftliche Diskussionsbeiträge, Special Series. Arbeitspapiere des Deutsch-Georgischen Arbeitskreises für Finanz- und Sozialpolitik No. G-12).

Georgian National Tourism Association [ed.] (2014): 2013 Georgian Tourism in Figures. Structure and Industry Data. Tbilisi.

GEOSTAT (2016): Statistical Yearbook of Georgia 2016. Tbilisi.

GEOSTAT (2016a): Population Census 2014. Tbilisi.

GEOSTAT (2016b): Agriculture of Georgia 2015. Tbilisi.

GEOSTAT (2017): Number of Population as of January 1, 2017. Tbilisi.

GEOSTAT (2018): Agriculture of Georgia 2017. Tbilisi.

GEOSTAT (2021): Residential property price index in Georgia 2021, I quarter. Tbilisi.

GEOSTAT (2021a): Statistical Yearbook of Georgia 2021. Tbilisi.

GEOSTAT (2022): Agriculture of Georgia. Statistical Publication. Tbilisi.

GERBER, Jürgen (1997): Georgien: Nationale Opposition und kommunistische Herrschaft seit 1956. Baden-Baden (Schriftenreihe des Bundesinstituts für ostwissenschaftliche und internationale Studien; 32).

GERBER, Theodore P., Karine TOROSYAN (2013): Remittances in the Republic of Georgia: Correlates, Economic Impact, and Social Capital Formation. – In: Demography 50, S. 1279–1301.

GERGEDAVA, B. A. (1988): Types of Clastokarst Caves of the Caucasus. – In: Soviet Geography 29 (5), S. 514–528.

GERKEULI, Nino (2010): National Urban Policy in Georgia. – In: Sóos, Gábor, Markku TEMMES [eds.]: Metropolitan CEE: Big Cities, Capitals and City-regions in Central and Eastern Europe. Bratislava, S. 51–64.

GERMAN, Tracey C. (2004): The Pankisi Gorge: Georgia's achilles' heel in its relations with Russia? – In: Central Asian Survey 23 (1), S. 27–39.

GERRITSMANN, Esther Nike (2005): Juden in Georgien – eine Skizze. – In: SCHRÖDER, Bernd [Hg.]: Georgien – Gesellschaft und Religion an der Schwelle Europas. St. Ingbert (Annales Universitatis Saraviensis. Philosophische Fakultäten; 24), S. 127–138.

GHAMBASHIDZE, Irina (2014): The Mystery of the Sakdrisi Mines. – In: Museum (Georgian National Museum) 1-2014, S. 32–33.

GIARDINI, D. & S. BALASSANIAN [eds.] (1997): Historical and Prehistorical Earthquakes in the Caucasus. Dordrecht (NATO ASI series 2, no. 28).

GIEMSCH, Liane, Svend HANSEN [Hg.] (2018): Gold & Wein. Georgiens älteste Schätze. Begleitband zur Sonderausstellung 6. Oktober 2018 – 10. Februar 2019, Archäologisches Museum Frankfurt. Mainz.

[GILLE, Florent A.] (1859): Lettres sur le Caucase et la Crimée. Paris (Digitalisat: <https://books.google.de/books?id=H7ISwTHeHucC&printsec=frontcover&hl=de#v=onepage&q&f=false > [9.5.2020]).

GINK, Károly [Fotos], E. TOMPOS [Text] (o. J.; 1975): Georgien. Hanau.

GIPPERT, Jost (2008): Endangered Caucasian languages in Georgia: Linguistic parameters of language endangerment. – In: HARRISON, K. David, David S. ROOD, Arienne DWYER [eds.]: Lessons from Documented Endangered Languages. Amsterdam, S. 159–193.

GIPPERT, Jost (2018): Georgische Handschriften. Wiesbaden.

GLEZER, Ol'ga, Vladimir KOLOSOV, Nikolaj PETROV et al. (1991): Samaja političeskaja karta SSSR. – In: Moskovskie Novosti 11, 17.3.1991, S. 8–9.

GOGIASHVILI, Omar (2013): Ilia Chavchavadze – A national ideologist of the Georgian Nation. Tbilisi (georg., engl., russ.).

Gogishvili, David (2018): Mega-Events und urbane Enklaven. Wie die Stadtentwicklung privatisiert wird. – In: Nakhutsrishvili, Luka, *Heinrich-Böll-Stiftung* [Hg.]: Georgien, neu buchstabiert. Politik und Kultur eines Landes auf dem Weg nach Europa. Bielefeld, S. 141–152.

Golonka, J. (2004): Plate tectonic evolution of the southern margin of Eurasia in the Mesozoic und Cenozoic. – In: Tectonophysics 381, S. 235–273.

Goskomstat SSSR (1991): Nacional'nyj sostav naselenija SSSR po dannym Vsesojuznoj perepisi naselenija 1989 g. Moskva.

Gračeva, R. u. A. G. Čerjanovskij (ca. 1989): Opyt kollektivnogo issledovanija sistemy "geologičeskie fenomeny – zemledel'českie resursy – zemlepol'zovanie" v gornom regione (unveröff. Mskr.).

Gracheva, R. (2003): Unexpected Transformation of Nature Use and Soil Resources in the Eastern Coast of the Black Sea (the last 10 years). – In: Camarda D. (ed.), Grassini L. (ed.). Local resources and global trades: Environments and agriculture in the Mediterranean region. Bari. (= CIHEAM Options Méditerranéennes, sér. A; No. 57), S. 243–247.

Gracheva, Raisa G. u. Tengiz F. Urushadze (2011): Landslides in a Rural Mountainous Region: Damaging and Resource-Forming Impacts (South Georgia, Georgia). – In: Geography, Environment, Sustainability 4 (1), S. 59–68 <DOI: http://dx.doi.org/10.24057/2071-9388-2011-4-1-59-68>

Grossman, Gregory (1977): The Second Economy of the USSR. – In: Problems of Communism 26 (5), S. 25–40.

Gudzhabidze, V.V. (1978): Commuting in Small and Middle-size Towns of Soviet Georgia. – In: Soviet Geography 19, S. 393–405.

Güldenstädt, Johann Anton (1787/91): Reisen durch Rußland und im Caucasischen Gebürge. Auf Befehl der Russisch-Kaiserlichen Akademie der Wissenschaften herausgegeben von P. S. Pallas. Bd. 1–2, St. Petersburg (Digitalisat: <https://www.deutsche-digitale-bibliothek.de/item/OJZAI47SQTPF-GVPUOGACWYKMI4MHSOIV>; <https://gdz.sub.uni-goettingen.de/id/PPN33337097X> [28.4.2020]).

[Güldenstädt, Johann Anton] (1815): Dr. J. A. Güldenstädt's Reisen nach Georgien und Imerethi. Aus seinen Papieren gänzlich umgearbeitet und verbessert herausgegeben, und mit erklärenden Anmerkungen begleitet von Julius von Klaproth. Berlin (Digitalisat: <https://books.google.de/books?id=LGFKAAAAYAAJ&printsec=frontcover&hl=de#v=onepage&q&f=false>).

Gugushvili, Alexi, Peter Kabachnik, Aaron H. Gilbreath (2016): Cartographies of Stalin: Place, Scale, and Reputational Politics. – In: The Professional Geographer 68 (3), S. 356–367.

Gugushvili, Temur, Gvantsa Salukvadze, Joseph Salukvadze (2017): Fragmented development: Tourism-driven economic changes in Kazbegi, Georgia. – In: Annals of Agrarian Science 15, S. 49–54.

Gugushvili, Temur, Gvantsa Salukvadze, Joseph Salukvadze (2019): Has Traditional Georgian Hospitality Been Sustained Under Tourism Development? Evidence from the High Mountain Regions of Georgia. – In: Mountain Research and Development 39 (4), S. R20-R26.

Guidelines for Latin Transliteration of the Sound System of the Georgian Language (2019–2020). – In: State Language Department, Bulletin II, S. 9.

Gumppenberg, Marie-Carin von, Udo Steinbach [Hg.] (2008): Der Kaukasus. Geschichte – Kultur – Politik. München.

Gurchiani, Ketevan (2017): How Soviet is the Religious Revival in Georgia: Tactics in Everyday Religiosity. – In: Europe-Asia Studies 69 (3), S. 508–531.

GURCHIANI, Ketevan (2017a): Georgia in-between: religion in public schools. – In: Nationalities Papers 45 (7), S. 1100–1117 <DOI: 10.1080/00905992.2017.1305346>.

GURCHIANI, Ketevan (2021): Baptizing into Kin. Religion and Peace in a Multi-ethnic Village in Georgia. – In: Journal of Religion in Europa 14, S. 272–296.

GURCHIANI, Ketevan (2023): Rivers between nature, infrastructure, and religion. – In: Central Asian Survey 42 (1), S. 21–40 <DOI: 10.1080/02634937.2022.2094892>.

GVABERIDZE, Ts. (2010): The Akhaltsikhe Mint (14th – 16th centuries). – In: Dziebani. Journal of the Georgian Archeology No. 19, Tbilisi, S. 221–229 [georg. mit engl. Summary].

GVAKHARIA, Georgi (2015, ersch. 2016): Zwischen Zwang und Freiheit. Poesie und Realismus im georgischen Film. – In: Osteuropa 65 (7–10), S. 613–630.

GVELESIANI, Irina, Darejan TVALTADZE (2014): Languages today – competition of regional, national and international languages (on the example of Georgia). – In: European Scientific Journal Nov. 2014, S. 313–318.

GVELESIANI, Revaz, Nana MAISURADZE (2014): German Capital in Georgia at the End of the Nineteenth and the Beginning of the Twentieth Century and its Importance. – In: BIAGINI, Antonello, Giovanna MOTTA [eds.]: Empires and Nations from the Eighteenth to the Twentieth Century, vol. 2. Newcastle upon Tyne, S. 127–134.

GVINERIA, Tatia, Alexandra VEROY-MATEU (2017): Cultural Route of the Udi Minority in Georgia. O.O.: The European Union for Georgia <https://rm.coe.int/168070c7f7> [31.1.2022].

HAEBERLI, W., C. HUGGEL, A. KÄÄB et al. (2004): The Kolka-Karmadon rock/ice slide of 20 September 2002: an extraordinary event of historical dimensions in North Ossetia, Russian Caucasus. – In: Journal of Glaciology, 50/171, S. 533–546.

HAHN, C.[arl] von (1900): Bilder aus dem Kaukasus. Neue Studien zur Kenntnis Kaukasiens. Leipzig.

HAIGIS, Peter (2005): „Georgier deutscher Herkunft"?! – Die Evangelisch-Lutherische Kirche in Georgien und ihre Wurzeln. – In: SCHRÖDER, Bernd [Hg.]: Georgien – Gesellschaft und Religion an der Schwelle Europas. St. Ingbert (Annales Universitatis Saraviensis. Philosophische Fakultäten; 24), S. 89–101.

HAKKERT, Ralph (2017): Population Dynamics in Georgia. An Overview Based on the 2014 General Population Census Data. Tbilisi.

HALBACH, Uwe (1994): "Failing States"? Nationale, staatliche und ökonomische Festigkeit der südlichen GUS-Länder (Teil I–II). Köln (Berichte des Bundesinstituts für ostwissenschaftliche und internationale Studien, 20/1994 und 21/1994).

HALBACH, Uwe (2008): Rückblick auf den ‚Fünf-Tage-Krieg'. Dimensionen und Implikationen der Georgienkrise. – In: Osteuropa 58 (12), S. 65–79.

HALBACH, Uwe (2013): Bilanz einer "Farbrevolution".Georgien im politischen Wandel 2003–2013. Berlin (= SWP-Studie 2013/S24) <https://www.swp-berlin.org/fileadmin/contents/products/studien/2013_S24_hlb.pdf > [11.6.2016].

HALBACH, Uwe (2016): Religion und Nation, Kirche und Staat im Südkaukasus. Berlin (SWP-Studie S18/2016).

HALBACH, Uwe (2016a): The North and South Caucasus – separated or interlinked? – In: KNODT, Michèle, Sigita URDZE [eds.]: Caucasus, the EU and Russia – Triangular Cooperation? Baden-Baden (Schriftenreihe des Arbeitskreises Europäische Integration e. V.; 92), S. 21–35.

HAMON, Caroline, Mindia JALABADZE, Tata AGAPISHVILI et al. (2016): Gadachrili Gora: Architecture and organisation of a Neolithic settlement in the middle Kura Valley (6th millennium BC, Georgia). – In: Quartenary International 395, S. 154–169.

HAMSUN, Knut (1990): Im Märchenland. Berlin.

HANAUER Thomas, Besik KALANDADZE, Peter FELIX-HENNINGSEN, Diedrich STEFFENS (2009): In-situ Sanierung der schwermetallbelasteten Böden in der Region Bolnisi, Georgien. – In: *Deutsche Bodenkundliche Gesellschaft, Jahrestagung 2009*, Berichte.

HANAUER, Thomas, Carolin POHLENZ, Besik KALANDADZE et al. (2017): Soil distribution and soil properties in the subalpine region of Kazbegi; Greater Caucasus; Georgia: Soil quality rating of agricultural soils. – In: Annals of Agrarian Science 15, S. 1–10.

HANSEN, Sven, Barbara HELWING (2018): Der Beginn der Landwirtschaft im Kaukasus. – In: GIEMSCH, Liane, Svend HANSEN [Hg.]: Gold & Wein. Mainz, S. 27–41.

HARATISCHWILI, Nino (2014): Das achte Leben (für Brilka). Roman. 10. Aufl. Frankfurt a. M.

HARATISCHWILI, Nino (2022): Das mangelnde Licht. Roman. Frankfurt a. M.

HARRIS, Chauncy D. (1970): Cities of the Soviet Union. Studies in Their Functions, Size, Density, and Growth. Chicago.

HARTMANN, Jürgen (2013): Russland. Die post-kolonialen sowjetischen Nachfolgestaaten im Kaukasus. – In: HARTMANN, Jürgen: Einführung in das politische System und Vergleich mit den postsowjetischen Staaten. Wiesbaden, S. 220–234.

HARZL, Benedikt (2016): Der Georgisch-Abchasische Konflikt. Eine rechtliche und politische Analyse. Baden-Baden (= Schriftenreihe der Europäischen Akademie Bozen, Bereich „Minderheiten und Autonomien"; 30).

HAXTHAUSEN, August v. (1856, ND 1985): Transkaukasia. Andeutungen über das Familien- und Gemeindeleben und die socialen Verhältnisse einiger Völker zwischen dem Schwarzen und Kaspischen Meere. Reiserinnerungen und gesammelte Notizen. Teil 1–2. Leipzig bzw. Hildesheim.

HECK, Michael, Diana LAARZ (o. J.): Nordmann-Tanne: Zapfenstreich im Kaukasus. – In: Spiegel-online <http://www.spiegel.de/wissenschaft/natur/nordmann-tanne-zapfenstreich-im-kaukasus-a-939863.html> [25.8.2015].

HEMPEL, Ludwig (1967): Fossile und rezente Flurbilder im Kaukasus (Auf Grund einer Untersuchung im Jahre 1961). – In: Die Erde 98 (1), S. 5–30.

HENNING, Ingrid (1972): Die dreidimensionale Vegetationsanordnung in Kaukasien. – In: TROLL, Carl [Hg.]: Geoecology of the High Mountain Region of Eurasia. Landschaftsökologie der Hochgebirge Eurasiens. Wiesbaden (Erdwissenschaftliche Forschung; IV), S. 182–204.

HEWITT, George (1999): Abkhazia, Georgia and the Circassians (NW Caucasus). – In: Central Asian Survey 18 (4), S. 463–499.

HEWITT, George [ed.] (1999): The Abkhazians: A Handbook. Richmond (Surrey).

HIN, Judith (2003): Ethnic and Civic Identity: Incompatible Loyalties? The Case of Armenians in Post-Soviet Georgia. Utrecht (Nederlandse Geografische Studies 315).

HÖLLMANN, Thomas O. (2022): China und die Seidenstraße. Kultur und Geschichte von der frühen Kaiserzeit bis zur Gegenwart. München.

HOFMANN, Tessa (1990): Armenien und Georgien. Zwischen Ararat und Kaukasus. Leer.

HOKANSON, Katya (2008): Writing at Russia's Border. Toronto etc.

Holt, Lena von [Text], Tako Robakidze [Bild] (2021): Autobahn in die Wildnis. – In: Science Notes 6, S. 92–99.

Hüller, Sarah (2019): Linking Agriculture and Tourism. A Qualitative Study on the Status and Perspectives of the Kazbegi Region in the Greater Caucasus. Diss. Agrarwiss. Universität Gießen

Hüller, Sarah, Jennifer Heiny, Ingrid-Ute Leonhäuser (2017): Linking agricultural food production and rural tourism in the Kazbegi district – A qualitative study. – In: Annals of Agrarian Science 15, S. 40–48.

Humboldt, Alexander von (1845–1862/2004): Kosmos. Entwurf einer physischen Weltbeschreibung. Ediert und mit einem Nachwort versehen von Ottmar Ette und Oliver Lubrich. Frankfurt a. M. (Die andere Bibliothek).

Hund, Ulrike Maria (2023): Selbst sind die Frauen im Pankisi-Tal. – In: Frankfurter Allgemeine Zeitung 19. Oktober 2023, S. R5.

Iljin, A. (1884): Der Berg U'shba. – In: Petermanns Geogr. Mitteilungen 30, S. 142–148 und 183–192.

Independent International Fact-Finding Mission on the Conflict in Georgia [ed.] (2009): Report. Vols. I-III. s. l. <http://www.mpil.de/en/pub/publications/archive/independent_international_fact.cfm> [20.9.2017].

International Alert [ed.] (2010): International Engagement in the Georgian-Abkhaz Conflict Resolution Process. London.

International Organization for Migration (2008): Migration in Georgia: A Country Profile 2008. Geneva.

International Organization for Migration, Mission to Georgia (2019): Stories Untold. Return of Georgian Migrants in Photos. Tbilisi.

Ismailov, Eldar, Vladimer Papava (2018): Caucasian Tandem and the Belt and Road Initiative. – In: Central Asia and the Caucasus 19 (2), S. 7–17.

Ismail-zade, D[eljara] I[bragim kyzy] (1982): Russkoe krest'janstvo v Zakavkaz'e. 30e gody XIX – načalo XX v. Moskva.

Istorija kollektivizacii sel'skogo chozjajstva Gruzinskoj SSR (1927–1937 gg.) (1970). Tbilisi.

Itogi Vsesojuznoj perepisi naselenija 1959 goda, Gruzinskaja SSR (1963). Moskva.

Itogi Vsesojuznoj perepisi naselenija 1979 goda, Tom I: Čislennost' naselenija SSSR, sojuznych i avtonomnych respublik, kraev i oblastej (1989). Moskva.

Itogi Vsesojuznoj perepisi naselenija 1979 goda, Tom IV: Nacional'nyj sostav naselenija SSSR, Čast' 1, kn. 3 (1989). Moskva.

Ivanov, Denis, Anton Aisin (2023): Market under the Radar: Soviet Shadow Economy and Post-Soviet Preferences in Georgia. – In: Communist and Post-Communist Studies [online] <https://doi.org/10.1525/cpcs.2023.1997909>.

Jäger, B. (1830): Reise von St. Petersburg in die Krim und die Länder des Kaukasus im Jahre 1825; nebst einer Darstellung des natürlichen Reichthums, der Größe und Bevölkerung der Russischen Provinzen jenseit des Kaukasus. Leipzig (Digitalisat: <https://opacplus.bsb-muenchen.de/title/BV001605379> [19.2.2022]).

Jalabadze, Natia, Lavrenti Janiashvili (2015): Traditional Law and Blood Feud: Svan Legal Practice in Soviet Times and Contemporary Southern Georgia. – In: Voell, Stéphane, Iwona Kaliszewska [Hg.]: State and Legal Practice in the Caucasus: Anthropological Perspectives on Law and Politics. Farnham, S. 37–50.

Janberidze, Nodar, Irakly Tsitsishvili (1996): Architectural Monuments of Georgia. Moscow.

Janison, James (2016): Examining the International Political Economy of the Firm: the dynamics of state aggression in Georgian-Russian trade, 1996–2014. Providence, RI: B.A. thesis Brown University.

Jensen, Robert G., Theodore Shabad, Arthur W. Wright [eds.] (1983): Soviet Natural Resources in the World Economy. Chicago.

Jibson, R. W., C. S. Prentice, B. A. Borissoff et al. (1994): Some Observations of Landslides Triggered by the 29 April 1991 Racha Earthquake, Republic of Georgia. – In: Bulletin of the Seismological Society of America 84, No. 4, S. 963–973.

Johenning, Heike Maria, Peter Knoch (2019): Architekturführer Tiflis Tbilisi. Mit einem Ausflug nach Batumi. Berlin.

Jolicœur, Pierre, Frederic Labarre (2015): The Breakup of Georgia: Fragmentation or Settlement Fringe? – In: Journal of Borderland Studies 30 (1), S. 19–36 <http://dx.doi.org/10.1080/08865655.1012730>.

Jones, Stephen (1989): The Caucasian Mountain Railway Project: A Victory for Glasnost'. – In: Central Asian Survey 8 (2), S. 47–59.

Jones, Stephen (1992): Georgia: The Long Battle for Independence. – In: Rezun, M. [ed.]: Nationalism and the Breakup of an Empire. Russia and its Periphery. Westport, London, S. 73–96.

Jones, Stephen (2015): Georgia: A Political History since Independence. London.

Jones, Stephen, Robert Parsons (1996): Georgia and the Georgians. – In: Smith, Graham [ed.]: The Nationalities Question in the Soviet Union. 2nd ed. London, S. 291–313.

Jorbenadze, Leo T., Tengiz F. Urushadze, Teo T. Urushadze, Ilia U. Kunchulia (2017): Physical properties of the soils of Georgia. – In: Annals of Agrarian Science 15, S. 224–234 <http://dx.doi.org/10.1016/j.aasci.2017.05.008>.

Junge, Marc, Bernd Bonwetsch [Hg.] (2015): Bolschewistische Ordnung in Georgien. Der Große Terror in einer kleinen kaukasischen Republik. Berlin (Veröffentlichungen des Deutschen Historischen Instituts Moskau; 5).

Kabachnik, Peter (2013): Prison, Nuisance, or Spectacle? The 2009 «Cell» Protests in Tbilisi, Georgia. – In: Geopolitics 18 (1), S. 1–23.

Kačarava, D. D., G. G. Kipiani, O. D. Lordkipanidze, R. V. Puturidze (1979): Archeologičeskie raskopki na verchnej terrasse Vanskogo gorodišče (1970–1977gg.). – In: Lordkipanidze, O. D. [Hg.]: Vani IV. Archeologičeskie raskopki. Tbilisi, S. 135–156.

Kadshaia, Otar u. Heinz Fähnrich (2001): Mingrelisch-deutsches Wörterbuch. Wiesbaden (= Kaukasienstudien – Caucasian Studies; 3).

Kakabadse, Giorgi (2021): Der Mythos Niko Pirosmani. Auf den Spuren eines kuriosen Künstlerlebens im Georgien der Jahrhundertwende. Übersetzt aus dem Georgischen von Heinz Fähnrich. Wiesbaden.

Kakhiani, Kakha, Antonio Sagona, Claudia Sagona, Eliso Kvavadze et al. (2013): Archeological Investigations at Chobareti in Southern Georgia, the Caucasus. – In: Ancient Near Eastern Studies 50, S. 1–138.

Kakulia, Merab, Nodar Kapanadze (2019): The Middle Class in Georgia: Quantitative Assessment, Dynamics and Profile. Economic-statistical Study. Tbilisi: Georgian Foundation for Strategic and International Studies.

Kakulia, Merab, Nodar Kapanadze, Lali Khurkhuli (2017): Chronic Poverty and Income Inequality in Georgia. Economic-Statistical Study. Tbilisi: Georgian Foundation for Strategic and International Studies.

Kalatas, Talin (2015): Management Options in the Buffer Zones of Protected Areas in the South Caucasus – Socio-economic and Institutional Background and Economic Preferences. Diss. Agrarwiss. Universität Göttingen.

Kalça, Adam, Yılmaz Onur Ari (2016): Circular Migration between Georgia and Turkey: Is Triple Win a Solution for Illegal Employment? – In: International Conference on Eurasian Economies 2016, S. 14–19 <DOI: https://doi.org/10.36880/C07.01647> [15.2.2022].

Kappeler, Andreas (1992): Russland als Vielvölkerreich: Entstehung – Geschichte – Zerfall. München.

Kartlelishvili, Tatia (2023): Economic Survival Strategies in the Post-Socialist Mining City Chiatura. – In: Sbignev, Wladimir, Rano Turaeva [Hg.]: Mining cities in Central Asia and the South Caucasus: Survival strategies under conditions of extreme peripherialisation. Leipzig (Forum ifl; 43), S. 53–74.

Kartosia, Alexander (2018): Eine Stadt, ihr Name und ihre Geschichte. – In: Schreiber [Radonitzer], Eduard, Alexander Kartosia [Hg.]: Zug nach Tbilissi. Ein Lesebuch. Berlin, S. 322–328.

Kasradze, Tea, Nino Zamadze (2022): Challenges of Economic of Georgia: Good and Bad Economic Growth. – In: European Journal of Economics and Business Studies 8(2), S. 1–13 <https://revistia.com/files/articles/ejes_v8_i2s_22/Kasradze.pdf> [6.1.2024].

Katamadze, Davit, Guliko Katamadze (2023). Prospects for the formation of the transport and logistics hub of Georgia. – In: Access to Science, Business, Innovation in Digital Economy 4(1), S. 71–84 <https://doi.org/10.46656/access.2023.4.1(6)>.

Kaufmann, Rainer (2008): Georgien. Ein Reise-Lesebuch. Bruchsal.

Kavourides, C. V., I. P. Nikolaides, A. J. Logothetis (2000): The Prospects for the development of the Georgian coal mining industry: Comparison with alternative energy resources. – In: Panagiotou, P. N., T. N. Michalakopoulos [eds.]: Mine Planning and Equipment Selection 2000, Rotterdam, S. 431–436.

Kavtaradze, Medea, Nataliia Revutska, Natia Bejanidze (2015): Perspectives of Formation Maritime Logistic Clusters in Georgia. – In: European Scientific Journal 2, S. 295–301.

Kegel, Hannah (1991): Schaffung von Bauernbetrieben in Georgien. – Osteuropa 41, S. 366–373.

Kegel, Hannah (2003): The Significance of Subsistence Farming in Georgia as an Economic and Social Buffer. – In: Abele, Steffen, Klaus Frohberg [eds.]: Subsistence Agriculture in Central and Eastern Europe: How to Break the Vicious Circle? Halle (=Studies on the Agricultural and Food Sector in Central and Eastern Europe; 22), S. 147–160.

Kekelia, Elene, Oliver Reisner (2021): Golden or pink – Stalin as an embattled memory site. – In: Caucasus Survey, S. 1–19 <DOI: 10.1080/23761199.2020.1867473>.

Kekelia, Sergo A., Maren A. Kekelia, Simon I. Kuloshvili et al. (2008): Gold deposits and occurrences of the Greater Caucasus, Georgia republic: Their genesis and prospecting criteria. – In: Ore geology reviews 34 (3), S. 369–386 <doi:10.1016/j.oregeorev.2008.04.003>.

Kekelia, Sergo A., Maren A. Kekelia, Nona Gagnidze, Nino Popkhadze, Koba Lobzhanidze, Giorgi Kharazishvili (2016): Gold Potential of Georgia. – In: Bulletin of the Georgian National Academy of Sciences 10 (4), S. 41–49.

Kerimova, I. A., O. S. Romanova, V. A. Širokova (2017): Issledovanija V. V. Dokučaeva na Kavkaze. – In: *Landscape Dimensions of Sustainable Development: Science – Planning –Governance.* Proceedings of International Conference 4–6 October 2017. Tbilisi, S. 272–279.

Khartishvili, Lela, Andreas Muhar, Thomas Dax, Ioseb Khelashvili (2019): Rural Tourism in Georgia in Transition: Challenges for Regional Sustainability. – In: Sustainability 11, 410 <doi:10.3390/su11020410>.

Khazanov, Anatoly M. (1992): Meskhetian Turks in Search of Self-Identity. – In: Central Asian Survey 11 (4), S. 1–16.

Kheladze, Nino (2011): Assessing the feasibility of using local spatial knowledge in disaster risk management in Georgia. Enschede: Master Thesis, University of Twente, Faculty of Geo-Information Science and Earth Observation <http://purl.utwente.nl/essays/84950> [30.12.2021].

Khokrishvili, Elguja (2022): South Caucasus and Black Sea Connectivity: Focus on Georgia. – In: Labarre, Frederic, George Niculescu [eds.]: Peace Building through Economic and Infrastructure Integration in the South Caucasus. 23rd Workshop of the PfP Consortium Study Group "Regional Stability in the South Caucasus". Wien, S. 133–148.

Khokrishvili, Elguja, Bidzina Lebanidze (2022): Georgia and the Black Sea: Risks, Resilience and Opportunities. – In: Zeitschrift für Außen- und Sicherheitspolitik 15 (2-3), S. 189–200.

Khomeriki, Giorgi, Giorgi Meladze (2015): Resources and Threats of the Eco-Tourism Development in Georgia. – In: American Journal of Environmental Protection 4 (3–1), S. 180–185 <doi: 10.11648/j.ajep.s.2015040301.3>.

Khoshtaria, T.K., N.T. Chachava (2017): Prospect of ecotourism development in recreation areas of South Georgia. – In: Annals of Agrarian Science 15, S. 312–317.

Kiknavelidze, Giorgi (2021): Korruption in Georgien. Eine Untersuchung unter Berücksichtigung der deutschen Rechtslage und europäischer Präventionsmaßnahmen. Diss. iur. Universität Bonn.

Kiladze, Rolan I., Marina Sh. Gigolashvili, Georgi T. Ramishvili u. Vasilij J. Kukhianidze (2007): On the Possible Date of Adoption of Christianity as the State Religion in Georgia. – In: Bulletin of the Georgian National Academy of Sciences 175 (2), S. 137–140.

Kimhi, Ayal (2015): Land Reform and its Distributional Implications: The Case of Georgia. – In: Kimhi, Ayal, Zvi Lerman [eds.]: Agricultural Transition in Post-Soviet Europe and Central Asia after 25. International Workshop in Honor of Professor Zvi Lerman. Halle: IAMO (Studies on the Agricultural and Food Sector in Transition Economies; 79), S. 175–191.

King, Charles (2008): The Ghost of Freedom. A History of the Caucasus. Oxford.

Klaproth, Julius v. (1812/14): Reise in den Kaukasus und nach Georgien unternommen in den Jahren 1807 und 1808 auf Veranstaltung der Kaiserlichen Akademie der Wissenschaften zu St. Petersburg, enthaltend eine vollständige Beschreibung der Kaukasischen Länder und ihrer Bewohner. Halle und Berlin (Digitalisat: <https://archive.org/details/reiseindenkauka00klapgoog/page/n5/mode/2up> <https://archive.org/details/bub_gb_Obk4AQAAIAA/page/n5/mode/2up>)

Kleinhanss, Silke (2008): Die Außenpolitik Georgiens. Ein ‚Failing State' zwischen internem Teilversagen und externen Chancen. Berlin.

Klimov, Georgij A. (1994): Einführung in die kaukasische Sprachwissenschaft. Aus dem Russischen übersetzt und bearbeitet von Jost Gippert. Hamburg.

Knodt, Michèle, Sigita Urdze [eds.] (2016): Caucasus, EU and Russia – Triangular Cooperation? Baden-Baden (Schriftenreihe des Arbeitskreises Europäische Integration e. V.; 92).

Koch, Karl (1847): Wanderungen im Orient während der Jahre 1843 und 1844, [Bd.] III: Reisen in Grusien, am kaspischen Meere und im Kaukasus. Weimar.

Koch, Karl [Hg.] (1855): Die Kaukasischen Länder und Armenien. Reiseschilderungen von Curzon, K. Koch, Macintosh, Spencer und Wilbraham. Leipzig.

Kochlamazashvili, Irakli, Nino Kakulia (2015): The Georgian Tea Sector: A Value Chain Study. Tbilisi: ENPARD.

Kochlamazashvili, Irakli, Daviti Zhorzholiani, Nino Kakulia (2017): EU-supported agricultural cooperatives: a case of Georgia. Tbilisi: ENPARD.

Koehler, Jan (1999): Parallele und integrierte Rechtssysteme in einer postsowjetischen Peripherie: Swanetien im Hohen Kaukasus. – In: *Settling of Land Conflicts by Mediation. Schlichtung von Landkonflikten – ein workshop –, Berlin (Institut für Ethnologie, Deutsche Gesellschaft für technische Zusammenarbeit (GTZ), CD-ROM)* <https://www.oei.fu-berlin.de/en/research/cscca/downloads/jk_pub_swanetien.pdf> [27.11.2019].

Körner, Annabell (2017): Moral Education in Georgian Orthodox Christianity. Striving for a Georgian Modernity. – In: Hardenberg, Roland [ed.]: Approaching Ritual Economy. Socio-Cosmic Fields in Globalized Contexts. Tübingen (RessourcenKulturen; 4), S. 231–254.

Koester, Ulrich (2017): Das Freihandelsabkommen zwischen der EU und Georgien: Auswirkungen auf Agrarhandel und Wohlfahrt. Halle (IAMO Policy Brief, Leibniz-Institut für Agrarentwicklung in Transformationsökonomien, No. 32).

Kohler, Thomas, Nodar Elizbarashvili, Giorgi Meladze, Davit Svanadze, Heino Meessen (2017): The Demogeographic Crisis in Racha, Georgia: Depopulation in the Central Caucasus Mountains. – In: Mountain Research and Development, 37(4), S. 415–424 <https://doi.org/10.1659/MRD-JOURNAL-D-17-00064.1>.

Kolesov, V. I. (1997): Materialy po istorii i ėtnografii grekov-urumov. – In: *Pontičeskie greki*. Krasnodar, S. 90–106.

Kopecek, Vincenc (2011): Welcome to My Neighbour's Funeral: Pankisi Kists and International Tourism. – In: *The Scale of Globalization. Think Globally, Act Locally, Change Individually in the 21th Century*. Ostrava, S. 157–165 <http://conference.osu.eu/globalization/publ2011/157-165_Kopecek.pdf> [20.4.2017].

Kordzakhia, George, Lali Shavliashvili, Gulchina Kuchava, Nugzar Buachidze (2015): Research of Soil Degradation Processes in Georgia. – In: American Journal of Environmental Protection 4 (5), S. 51–59 <doi: 10.11648/j.ajep.20150405.1>.

Kotthof, Helga (1999): Mahlzeiten mit Moral. Georgische Trinksprüche zwischen Pathos und Poesie. – In: Bergmann, Jörg, Thomas Luckmann [Hg.]: Kommunikative Konstruktion von Moral, Bd. 2. Von der Moral zu den Moralen. Opladen, S. 13-49.

Kotthof, Helga (2009): Trinksprüche als Interaktionsrituale. Aspekte der Unterstützungshöflichkeit im georgisch-deutschen Vergleich. – In: Ehrhardt, Claus / Eva Neuland [Hrsg.]: Sprachliche Höflichkeit in interkultureller Kommunikation und DaF-Unterricht. Frankfurt a.M., S. 77–97.

Kotzebue, Moritz von (1819): Reise nach Persien mit der Russisch Kais. Gesandtschaft im Jahre 1817. Weimar: Hoffmannische Hofbuchhandlung.

Kramm, Nina unter Mitarbeit von Taymas Matboo und Philipp Schmatloch (2019, ^{2}2023): Georgien. Ostfildern (Stefan Loose Travel Handbücher).

KRAUS, Herwig (2007): Die Sowjetunion und ihre Nachfolgestaaten. Verzeichnis der Staaten, Regionen, Gebiete, Kreise und Hauptstädte. München.

KREBS, Matthias, Andreas KAFFKE, Pim de KLERK, Izolda MATCHUTADZE, Hanns JOOSTEN (2009): A future for Ispani 2 (Kolkheti, Georgia) and adjacent lands. – In: International Mire Conservation Group Newsletter 2009 (2), S. 3–14.

KRIEGENHERDT, Marlies (2017): Georgien. 5. Aufl. Bielefeld (Reise Know How).

KRINGS, Wilfried (2002): Geographisch-kartographische Landesaufnahme Georgiens im 18. Jahrhundert: das Werk des Prinzen Wachuschti Bagrationi und sein Wert für die Kenntnis der transkaukasischen Kulturlandschaft. – In: *Vorträge, Berichte, Posterbeiträge: 9. Kartographiehistorisches Colloquium, Rostock, 30. September — 2. Oktober 1998.* Bonn, S. 71–80.

KUCERA, Joshua (ca. 2015): Where Europe begins, Or Where It Ends? – In: *Roads and Kingdoms*, o. O. <http://roadsandkingdoms.com/2017/where-europe-begins-or-where-it-ends/> [20.09.2017].

KUKHIANIDZE, Alexandre (2009): Corruption and organized crime in Georgia before and after the ‚Rose Revolution'. – In: Central Asia Survey 28 (2), S. 215–234.

KUPATADZE, Alexander (2013): Police Reform in Georgia. – In: Caucasus Social Science Review 1 (1), S. 1–27.

KURTSIKIDZE, Shorena, Vakhtang CHIKOVANI (2002): Georgia's Pankisi Gorge: An Ethnographic Survey. Berkeley (Berkeley Program in Soviet and Post-Soviet Studies, Working Paper Series).

KUSBER, Jan (1994): Georgien – aktuelle Konflikte in historischer Perspektive. – In: NITSCHE, Peter [Hg.]: Die Nachfolgestaaten der Sowjetunion. Beiträge zu Geschichte, Wirtschaft und Politik. Frankfurt a.M. (Kieler Werkstücke, Reihe F: Beiträge zur osteuropäischen Geschichte; 3), S. 97–130.

KVACHATADZE, Ekaterine, Mzia JANJALIA (2012): Ananuri. Tbilisi.

KVASTIANI, Thea, Vadim SPOLANSKI, Andreas STERNFELDT (2019): Georgien. Unterwegs zwischen Kaukasus und Schwarzem Meer. 10. aktual. Aufl. Berlin.

KVERENČCHILADZE, R.[oman] I.[l'ič] (1976): Geografičeskie problemy transporta Gruzii. Tbilisi.

KVERENČCHILADZE, R.[oman] I.[l'ič] (1977): Problema transkavkazskoj pereval'noj železnodorožnoj magistrali (geografičeskie aspekty). – In: *Priroda i chozjajstvo Gruzii.* Tbilisi, S. 213–220.

KVIRKVELIA, Nana, Mariam TSITSAGI (2021): Impact of Covid-19 on Tourism in Georgia – an Overview. – In: Georgian Geographical Journal 1 (1), S. 27–33.

KVIRKVELIJA, Tengiz R. (1985): Architektura Tbilisi. Moskva.

KVIRKVELIJA, Tengiz R., Nodar M. MGALOBLIŠVILI (1986): Architektura Sovetskoj Gruzii. Moskva.

KWASHKHWADSE, Awtandil (2017): Das Spiel des Todesengels. Georgien unter Stalin. Ein dokumentarischer Roman. Übersetzt ins Deutsche von Heinz FÄHNRICH. Wiesbaden.

LABAS, Kamila (2014): Studien zur Geschichte der georgischen Länder vom 4. bis zum früheren 7. Jahrhundert. Diss. phil. Universität Wien.

LAERMANNS, Hannes (2018): A palaeogeographic and geoarchaeologic study on the Colchian plain along the Black Sea coast of Georgia. Diss rer.nat. Universität zu Köln.

LAERMANNS, Hannes, Daniel KELTERBAUM, Simon Matthias MAY et al. (2018): Mid-to Late Holocene landscape changes in the Rioni Delta area (Kolkheti lowlands, W Georgia). – In: Quaternary International, 465(Part A), S. 85–98 <https://doi.org/10.1016/j.quaint.2016.12.037>.

LAERMANNS, Hannes, Giorgi KIRKITADZE, Simon Matthias MAY et al. (2017): Bronze Age settlement mounds on the Colchian plain at the Black Sea Coast of Georgia: A geoarcheological perspective. – In: Geoarcheology 2017, S. 1–17 <doi.org/10.1002/gea.21670>.

LANG, D. M. (1962): A Modern History of Soviet Georgia. New York.

LAYTON, Susan (1994/2005): Russian Literature and Empire. Conquest of the Caucasus from Pushkin to Tolstoy. Cambridge.

LECŒUR, Charles (1996): Le Caucase, une très grande montagne à la croisée des plaques. – In: Hérodote, revue de géographie et de géopolitique no. 81, S. 25–34.

LEDENEVA, Alena V. (1998): Russia's Economy of Favour. *Blat*, Networking and Informal Exchange. Cambridge.

LEGASHVILI, I (2008): Persistent Organic Pollutants (Pops) Management in Georgia. – In: MEHMETLI, Ebru, Bogdana KOUMANOVA [eds.]: The Fate of Persistent Organic Pollutants (POPs) in the Environment, Dordrecht, S. 65–79.

LEIST, Arthur (1885): Georgien: Natur, Sitten und Bewohner. Leipzig.

LEIST, Arthur (1903): Das georgische Volk. Dresden.

LERMAN, Zvi (2006): The Impact of Land Reform on Rural Household Incomes in Transcaucasia. – In: Eurasian Geography and Economics 47 (1), S. 112–123.

LEVINE, Richard M. (2011): The Mineral Industry of Georgia. – In: (US Geological Survey [ed.]) *Minerals Yearbook 2009*, S. 17.1–17.6.

LEZHAVA, Zaza, Kukuri TSKARISHVILI, Lasha ASANIDZE et al. (2019): Karst Relief Development History of Zemo Imereti Plateau, Georgia, Caucasus. – In: Open Journal of Geology 9, S. 201–212 <https://doi.org/10.4236/ojg.2019.93014>.

LIBMAN, Alexander (2015): Russische Direktinvestitionen in Eurasien. Machtpolitik mit anderen Mitteln? Berlin (= SWP Studie 2015/S15) <https://www.swp-berlin.org/fileadmin/contents/products/studien/2015_S15_lbm.pdf> [11.6.2016].

LILES, Thomas (2012): Islam and Religious Transformation Adjara. Flensburg (ECMI Working Paper 57).

LINDNER, Hans-Günter, Zurab TSERTSVADZE (2018): Werte Georgiens. Expedition in eine aufstrebende Wirtschaft [deutsch-englisch-georgisch]. Halle (Saale).

LORDKIPANIDZE, David (2016): Die ersten Europäer in Dmanisi und das Paläolithikum in Georgien. – In: NAWROTH, Manfred [Hg.]: Die vor- und frühgeschichtlichen Funde aus Georgien. Berlin (Museum für Vor- und Frühgeschichte), S. 35–44.

LORIA, Manuchar, Zurab BEZHANOVI (2019): The Development of Ethnographic Thinking and the Formation of Visual Anthropology in Georgia in the 19th and the beginning of 20th century. – In: MICHAILIDIS, Iakovos D., Giorgios ANTONIOU [eds.]: Institution Building and Research under Foreign Domination. Europe and the Black Sea Region (early 19th – early 20th centuries). Thessaloniki, S. 245–273.

LUNDGREN, Minna (2016): Boundaries of Displacement. Belonging and Return among Forcibly Displaced Young Georgians from Abkhazia. Diss. Sociology, Mid Sweden University Östersund.

LURSMANASHVILI, N. (2016): Results of Complex Research of the Proposed „Borjomi-Kasbegi Fault". – In: *Power of Geology is the Precondition for Regeneration of Economics*. Tbilisi, S. 76–79.

LUSSAC, Samuel (2008) : The Baku-Tbilisi-Kars Railroad and Its Geopolitical Implications for the South Caucasus. – In: Caucasian Review for International Affairs 2 (4), S. 212–224.

Lyall, Robert (1825): Travels in Russia, the Krimea, the Caucasus, and Georgia. Vols.1–2, London [Digitalisat: <https://archive.org/details/Travel1820sLyall/mode/2up>].

Lyle, Justin (2012): Resettlement of Ecological Migrants in Georgia: Recent Developments and Trends in Policy, Implementation and Perceptions. Flensburg (ECMI Working Paper #53).

Mądry, Cezary u. Julia Kaczmarek-Khubnaia (2016): Historical determinants of regional divisions of Georgia and their implications for territorial governance. – In: Quaestiones Geographicae 35 (2), S. 131–139.

Maisuradze, Giorgi, Patrick Schollmeyer (2018): Medeas Heimat. Georgien in der Antike. Darmstadt.

Mamuladze, Shota, Radosław Karasiewicz-Szczypiorski, Tamar Shalikadze, Nagriz Surmanidze, Emzar Kakhidze (2017): Interim report on the Polish-Georgian excavation of a Roman fort in Gonio (Apsaros) in 2014. – In: Polish Archaeology in the Mediterranean 25, S. 533–552 <doi: 10.5604/01.3001.0010.2347>.

Mania, Maia (2006): European Architects in Tbilisi. Tbilisi.

Margošvili, L. Ju. (1988): K voprosu o poselenii kistov Pankisi. – In: *Voprosy istorii narodov Kavkaza.* Tbilisi, S. 245–255.

Margottini, C., N. Antidze, J. Corominas, G. B. Crosta et al. (2015): Landslide hazard, monitoring and conservation strategy for the safeguard of Vardzia Byzantine monastery complex, Georgia. – In: Landslides 12 (1), S. 193–204.

Markozashvili, Lasha (2015): Shifting Boundaries in Georgia – Cultural Factors of Abkhaz Disintegration. – In: Brańka, Tomasz, Jarosław Jańczek [eds.]: Boundaries Revisited. A Conceptual Turn in European Border Practices. Berlin (Thematicon; 25), S. 177–188.

Mars, Gerald, Yochanan Altman (1983): The Cultural Bases of Soviet Georgia's Second Economy – In: Soviet Studies 35, S. 546–560.

Mars, Gerald, Yochanan Altman (2008): Managing in Soviet Georgia: an extreme example in comparative management. – In: European Journal of International Management 2 (1), S. 56–70.

Martus, Ellie (2023): Building a green state? Environmental politics in Georgia. – In: Eurasian Geography and Economics [online] <DOI: 10.1080/15387216.2023.2169949>.

McGovern, Patrick, Mindia Jalabadze, Stephen Batiuk, Michael P. Callahan et al. (2017): Early Neolithic wine of Georgia in the South Caucasus. – In: PNAS Proceedings of the National Academy of Sciences of the United States of America 28 (114), S. E10309-E10318 <https://doi.org/10.1073/pnas.1714728114> [1.9.2019].

Meessen, Heino (1988): Naturschutz in Georgien. – In Geographische Rundschau 40 (9), S. 38–43.

Meessen, Heino (1992): Anspruch und Wirklichkeit von Naturschutz und Landschaftspflege in der Sowjetunion. Bewertungsversuch aufgrund von Geländeuntersuchungen in drei Gebirgsregionen des Grossen Kaukasus (Georgische Sozialistische Sowjetrepublik). Bern (Geographica Bernensia; P25).

Meladze, Giorgi, Nodar Elizbarashvili (2016): Demographic Development of Tbilisi (Past, Present, Future). – In: Yaldir, Hülya et al.: Current Topics in Social Sciences. Sofia, S. 633–644.

Meladze, M. (2014): Management of Ecotourism in Georgia. – In: European Scientific Journal 10 (10), S.62–68.

Meladze, Maia (2016): Wine Tourism as a Great Opportunity for Georgia. – In: European Scientific Journal, Special ed. Dec., S. 372–376.

Meladze, M., G. Meladze (2017): Climate change: A trend of increasingly frequent droughts in Kakheti region (East Georgia). – In: Annals of Agrarian Science 2017 <http://dx.doi.org/10.1016/j.aasci.2017.02.011>.

Melik-Adamyan, Hayk, Hamazasp Khachatryan, Tigran Babayan (2017): Ecotourist Potential of North-West Armenia. – In: *Landscape Dimensions of Sustainable Development: Science – Planning – Governance*. Proceedings of International Conference 4–6 October 2017. Tbilisi, S. 503–511.

Merzbacher, Gottfried (1901): Aus den Hochregionen des Kaukasus. Bd. 1–2. Leipzig.

Metreveli, Eka (2016): Conflicting Threat Perceptions and Securitization of Minority Issue: The Case of Javakheti, Georgia. [Paris, Tbilisi:] Cascade – Exploring the Security-Democracy Nexus in the Caucasus.

Metreveli, Marina, Irina Gogorishvili (2016): Tourist production and regional development. – In: Zbuchea, Alexandra, Dimitrios Nikolaides [eds.]: Responsible Entrepreneurship. Vision, Development and Ethics. București, S. 184–196.

Metreveli, M., D.J. Timothy (2010): Effects of the August 2008 War in Georgia on Tourism and its Resources. – In: Moufakkir, Omar, Ian Kelly [eds.]: Tourism, Progress and Peace, Wallingford, S. 134–147.

Mgaloblišvili, N. (1982): Rekonstrukcija ulic v staroj časti goroda Tbilisi. – In Architektura SSSR 1982/7–8, S. 110–113.

Mgeladze, Ana, David Lordkipanidze, Marie-Hélène Moncel, Jackie Despriee et al. (2011): Hominin occupations at the Dmanisi site, Georgia, Southern Caucasus: Raw materials and technical behaviours of Europe's first hominins. – In: Journal of Human Evolution 60, S. 571–596.

Mihm, Andreas (2022): Auf der eisernen Seidenstraße an Russland vorbei. – In: Frankfurter Allgemeine Zeitung 30.11.2022, S. 18.

Mikaberidze, Alexander (2015): Historical Dictionary of Georgia. 2nd ed. Lanham, Md; London.

Mikeladze, Tamta (2014): Crisis of Secularism and Loyalty Towards the Dominant Group: The Role of the Government in the 2012–2013 Religious Conflicts in Georgia. – In: Occasional Papers on Religion in Eastern Europe 34 (2), S. 21–31 <http://digitalcommons.georgefox.edu/ree/vol34/iss2/2> [7.12.2019].

Milanovsky, E. E. (2007): Hermann Abich (1806–1886): ‚the Father of Caucasian Geology' and his travels in the Caucasus and Armenian Highlands. – In: Geological Society, London, Special Publications 287, S. 177–181.

Millns, John (2013): Agriculture and Rural Cooperation. Examples from Armenia, Georgia and Moldova. Budapest (FAO Regional Office for Europe and Central Asia. Policy Studies on Rural Transition No. 2013-2).

Ministry of Regional Development and Infrastructure of Georgia (o. J.; ca. 2018): Regional Development Programme of Georgia 2018–2021. [Tbilisi] <https://policy.asiapacificenergy.org/sites/default/files/Regional Development Programme of Georgia 2018–2021 (EN).pdf > [28.2.2022].

Ministry of Regional Development and Infrastructure of Georgia (2019): Strategy for Development of High Mountain Settlements of Georgia 2019–2023. Tbilisi <https://mrdi.gov.ge/files/1/HM%20Strategy%20(ENG).pdf> [4.3.2023].

Mirimanova, N., D. Klein [eds.] (2006): Corruption and Conflict in the South Caucasus. London: International Alert.

Mitchell, Lincoln A. (2009): Compromising democracy: state building in Saakashvili's Georgia. – In: Central Asian Survey 28 (2), S. 171–183.

Mitchneck, Beth, Olga V. Mayorova, Joanna Regulska (2009): "Post"-Conflict Displacement: Isolation and Integration in Georgia. – In: Annals of the Association of American Geographers 99 (5), S. 1022–1032.

Mudžiri [Mujiri], Tejmuraz (2011): Gornorudnoe proizvodstvo v drevnej Gruzii. Mine Working in Ancient Georgia. Tbilisi (Studies of the Society of Assyriologists, Biblicists and Caucasiologists; 7).

Mühlfried, Florian (2006): Postsowjetische Feiern. Das Georgische Bankett im Wandel. Stuttgart (= Soviet and Post-Soviet Politics and Society; 34).

Mühlfried, Florian (2014): Being a State and States of Being in Highland Georgia. New York (= European Association of Social Anthropologists Series; 24).

Mühlfried, Florian (2015, ersch. 2016): Religion, Reinheit und Radikalisierung. Vom Ende des Alaverdoba-Fests in Georgien. – In: Osteuropa 65 (7–10): 587–598.

Mühlfried, Florian, Sergey Sokolovskiy [eds.] (2012): Exploring the Edge of Empire. Soviet Era Anthropology in the Caucasus and Central Asia. Berlin (Halle Studies in the Anthropology of Eurasia; 25).

Müller, Daniel (2008): Sowjetische Nationalitätenpolitik in Transkaukasien 1920–1953. Berlin.

Müller, Friedemann (2006): Erdölwirtschaft im Kaspischen Raum. Ressourcen, Erschließung, Unternehmensstrategien. – In: Geographische Rundschau 58 (3), S. 50–56.

Müller, Martin (2011): Public Opinion Toward the European Union in Georgia. – In: Post-Soviet Affairs 27 (1), S. S. 64–92.

Müller, Martin, Hans Gutbrod (2009): Europa bis zum Kaukasus? EUphorie in Georgien. – In: Europa regional 17 (4), S. 210–220.

Nachtigal, Reinhard (2016): Verkehrswege in Kaukasien. Ein Integrationsproblem des Zarenreiches 1780–1870. Wiesbaden (= Kaukasienstudien – Caucasian Studies; 13).

Nakhutsrishvili, George (2013): The Vegetation of Georgia (South Caucasus). Heidelberg (Geobotany Studies. Basics, Methods and Case Studies).

Nakhutsrishvili, G.[eorge], N. Zazanashvili, K. Batsatsashvili, C. S. Montalvo (2015): Colchic and Hyrcanian Forests of the Caucasus: similarities, differences and conservation status. – In: Flora Mediterranea 25, S. 185–192.

Narimanidze, Eliso, Helmut Brückner (1999): Survey on the metal contamination of agricultural soils in Georgia. – In: Land Degradation and Development 10, S. 467–488.

Narimanidze, Eliso I., Lars Wichmann, Peter Felix-Henningsen et al. (2005): Bergbaubedingte Schwermetallbelastungen von Böden und Nutzpflanzen in einem Bewässerungsgebiet südlich von Tiflis/Georgien – Ausmaß und ökologische Bedeutung. Giessen (Zentrum für internationale Entwicklungs- und Umweltforschung der Justus-Liebig-Universität Gießen, Discussion Paper Nr. 21).

Narodnoe chozjajstvo g. Tbilisi v 1975 g. (1975). Tbilisi.

Narodnoe chozjajstvo Gruzinskoj SSR za 60 let (1980). Tbilisi.

Narodnoe chozjajstvo SSSR za 1990 g. Statističeskij ežegodnik (1991). Moskva.

Narody Kavkaza (1960/62). T. 1–2, Moskva.

National Statistics Office of Georgia (2013): Demographic situation in Georgia: statistical abstract. Tbilisi.

National Statistics Office of Georgia (2014): Statistical Yearbook of Georgia 2014. Tbilisi.

National Statistics Office of Georgia (ca. 2014): Agricultural Census of Georgia 2014. Tbilisi.

National Statistics Office of Georgia (2021): National Accounts of Georgia 2019. Tbilisi.

National Statistics Office of Georgia (2022): Statistical Yearbook of Georgia 2022. Tbilisi.

National Statistics Office of Georgia (2023): Statistical Yearbook of Georgia 2023. Tbilisi.

Nawroth, Manfred [Hg.] (2016): Die vor- und frühgeschichtlichen Funde aus Georgien. Berlin (Museum für Vor- und Frühgeschichte).

Nawroth, Manfred (2016): Kolchis in der Antike. – In: Nawroth, Manfred [Hg.]: Die vor- und frühgeschichtlichen Funde aus Georgien. Berlin (Museum für Vor- und Frühgeschichte), S. 73–91.

Neef, Ernst (1967): Die theoretischen Grundlagen der Landschaftslehre. Gotha/Leipzig.

Neef, Reinder (2018): Eine Liane erobert die Welt – Die Weinreben (Vitis vinifera). – In: Giemsch, Liane, Svend Hansen [Hg.]: Gold & Wein. Mainz: 87–99.

Neuburg, Klaus, Sebastian Pranz *et al.* [Hg.] (2018): Tbilisi: Archive of Transition. Salenstein.

Nikolaishvili, Dali, George Dvalashvili (2015): Anthropogenic Changes of Caucasus Forest Landscapes. – In: Earth Sciences 4 (5-1), S. 54–59.

Nioradze, Georg (1931): Begräbnis- und Totenkultus bei den Chewsuren. Stuttgart.

Noack, Christian (2017): The Magnitostroi of Health: Sochi and the Transformation of the Caucasian Black Sea Coast as a Model for Regional Development in the Soviet Union and the Russian Federation. – In: Zeitschrift für Tourismus-Wissenschaft 9 (1), S. 65–86.

Nodia, Ghia (1999): Trying to Build (Democratic) State Institutions in Independent Georgia. – In: Mangott, Gerhard [Hg.]: Brennpunkt Südkaukasus. Aufbruch trotz Krieg, Vertreibung und Willkürherrschaft? Wien (Laxenburger Internationale Studien; 14), S. 105–137.

Nodia, Ghia [ed.] (2002): Ethnic-confessional groups and problems of civic integration in Georgia: Azeri, Javakheti Armenian and Muslim Meskhetian communities. Tbilisi: Caucasus Institute for Peace, Democracy and Development.

Nodia, Ghia (2005): Georgia: Dimensions of insecurity. – In: Coppieters, Bruno, Robert Legvold [eds.]: Statehood and Security. Georgia after the Rose Revolution, Cambridge/MA, S. 39–82.

Novák, Pavel, Vladimir Stupar, Veronika Kalníková (2021): *Carpinus orientalis* forests in Georgian Colchis: First insights. – In: Tuexenia 41, S. 37–51 <doi: 10.14471/2021.41.012 >.

Ó Beacháin, Donnacha (2017): Electoral Politics in the De Facto States of the South Caucasus. – In: Caucasian Analytical Digest 94 (28.4.2017), S. 3–7.

Ó Beacháin, Donnacha, Frederic Coene (2014): Go West: Georgia's European identity and its role in domestic politics and foreign policy objectives. – In: Nationalities Papers 42 (6), S. 923–941.

Ó Tuathail, Gearóid (2008): Russia's Kosovo: A Critical Geopolitics of the August 2008 War over South Ossetia. – In: Eurasian Geography and Economics 49 (6), S. 670–705.

Österreichische Entwicklungszusammenarbeit [Hg.] (2012): Georgien: Landesstrategie, Wien <http://www.entwicklung.at/uploads/media/Landesstrategie_Georgien_01.pdf> [18.7.2015].

Okinashvili, Nino (2001): Gab es eine Eidgenossenschaft im Hohen Kaukasus? Untersuchungen zur Schwureinung anhand svanischer Gedenkaufzeichnungen. – In: Bessmertny, Yuri L., Otto Gerhard Oexle [Hg.]: Das Individuum und die Seinen: Individualität in der okzidentalen und in der russischen Kultur in Mittelalter und früher Neuzeit. Göttingen (Veröffentlichungen des Max-Planck-Instituts für Geschichte; 163), S. 127–151.

Okrostsvaridze, A., N. Gagnidze, K. Akimidze (2016): A modern field investigation of the mythical "gold sands" of the ancient Colchis Kingdom and "Golden Fleece" phenomena. – In: Quaternary International 409, S. 61–69, <http://dx.doi.org/10.1016/j.quaint.2014.07.064>.

Ollivier, Vincent, Michel Fontugne, Caroline Hamon et al. (2018): Neolithic water management and flooding in the Lesser Caucasus (Georgia). – In: Quaternary Science Reviews 197, S. 267–287 <DOI:10.1016/j.quascirev.2018.08.016>.

Pačulia, V. (1963): Drevnejšie architekturnye pamjatniki Abchazii. – In: Architektura SSSR 1963/9, S. 56–59.

Paffengol'c, Konstantin Nikolaevič (1977): Kazbek (geologičeskij očerk). Erevan.

Palumbi, Giulio (2018): Die Kura-Araxes-Kultur im supraregionalen Kontext. – In: Giemsch, Liane, Svend Hansen [Hg.]: Gold & Wein. Mainz: 103–119.

Papava, Vladimer (2017): Georgia's Economy: from optimism to primitivism. [Tbilisi] (Georgian Foundation for Strategic and International Studies; Expert Opinion, 75).

Papava, Vladimer (2017a): A Eurasian or a European Future for Post-Soviet Georgia's Economic Development: Which is better? – In: Archives of Business Research 5 (1), S. 159–170 <doi: 10.14738/abr.51.2651>.

Papava, Vladimer (2017b): Belt and Road Initiative, the Russian Factor and Main Challenges for Georgia. – In: Eurasia Review 27/11/2017 <http://eprints.tsu.ge/368/>

Papava, Vladimer, Vakhtang Charaia (2014): Regional railways in the Central Caucasus and Georgia's economic interests. – In: The Caucasus and Globalization 8 (1–2), S. 58–67.

Papava, Vladimer, Tamar Taphladze, Nodar Urumberashvili (2011): On the Economic and Energy Cooperation in the Caucasus. – In: Bulletin of the Georgian National Academy of Sciences 5 (1), S. 164–169.

Papuashvili, Revaz, Nana Khakhutaishvili, Amiran Kakhidze (2021): To the Origins of Iron Production in Colchis (2nd half of the II millennium BC – 1st half of the I millennium BC). – In: Bulletin of the Georgian National Academy of Sciences 15 (3), S. 123–132.

Paresishvili, Otar, Laura Kvaratskhelia, Valentina Mirzaeva (2017): Rural Tourism as a Promising Trend of Small Business in Georgia: Topocality, capabilities, pecularities. – In: Annals of Agrarian Science 15: 344–348.

Parrot, Friedrich (1834): Reise zum Ararat, unternommen in Begleitung der Herren … Bd. 1–2, Berlin.

Parrot, Friedrich ([1834] 1985): Reise zum Ararat. Herausgegeben und mit einem Nachwort versehen von Marianne und Werner Stams. Leipzig.

Parsons, Robert (1990): Georgians. – In: Smith, Graham [ed.]: The Nationalities Question in the Soviet Union. London, S. 180–196.

Pavan, Vincenzo (2011): Svaneti Towers. Fortified Stone Villages in the Caucasus. – In: Pavan, Vincenzo: Glocal Stone. Verona (VeronaFiere – 46th Marmomac Fair); abgedruckt 2012 unter <https://amb-tbilisi.esteri.it/ambasciata_tbilisi/it/ambasciata/news/dall_ambasciata/special-issue-svaneti-towers.html> [31.12.2021].

Pearce, Katy E., Ronald E. Rice (2014): The Language Divide – The Persistence of English Proficiency as a Gateway to the Internet: The Cases of Armenia, Azerbaijan, and Georgia. – In: International Journal of Communication 8, S. 2834–2859.

Peinhopf, Andrea (2014): Ethnic Minority Women in Georgia – Facing a Double Burden? Flensburg (ECMI Working Paper 74).

Petrakov, D. A., V. Krylenko, S. S. Chernomorets et al. (2007): Debris flow hazard of glacial lakes in the Central Caucasus. – In: *Debris-Flow Hazards Mitigation: Mechanics, Prediction and Assessment*, Rotterdam, S. 703–714.

Petzholdt, Alexander (1866/1867): Der Kaukasus. Eine naturhistorische so wie land- und volkswirthschaftliche Studie, ausgeführt im Jahre 1863 und 1864. Bd. 1–2. Leipzig (Digitalisat: <urn:nbn:de:bvb:12-bsb10433685-7; urn:nbn:de:bvb:12-bsb10430691-2> [5.6.2020]).

Philip, A., A. Cisternas, A. Gvishiani u. A. Gorshkov (1989): The Caucasus: an actual example of the initial stages of continental collision. – In: Tectonophysics 161, S. 1–21.

Pietzonka, Barbara (1995): Ethnisch-territoriale Konflikte in Kaukasien. Eine politisch-geographische Systematisierung. Baden-Baden (Schriftenreihe des Bundesinstituts für ostwissenschaftliche und internationale Studien, Köln; 26).

Plaetschke, Bruno: Die Kaukasusländer. – In: Vosseler, Paul, Norbert Lichtenecker, Fritz Machatschek, Max Friederichsen [Hg.]: Mitteleuropa außer Deutsches Reich, Osteuropa in Natur, Kultur und Wirtschaft. Potsdam (Klute, Fritz [Hg.]: Handbuch der Geographischen Wissenschaft), S. 435–464.

Planirovka i zastrojka sel'skich naselennych mest v SSSR (1980). Moskva.

Pobol', Nikolaj L., Pavel M. Poljan [sostav.] (2005): Stalinskie deportacii 1928–1953. Moskva.

Polese, Abel, Lela Rekhviashvili, Jeremy Morris (2016): Informal Governance in Urban Spaces: Power, Negotiation and Resistance among Georgian Street Vendors. – In: Geography Research Forum 36, S. 15–32.

Pontičeskie greki (1997). Krasnodar (Studia Pontocaucasica; III).

Popkhadze, Nino, Greg Corbett, Jason Cunlife et al. (2019): Geological setting and lithological control of breccia-hosted Cu-Au ore at the Late Cretaceous Kvemo Bolnisi prospect, Bolnisi, Lesser Caucasus, Georgia. – In: *Proceedings of the 15th SGA Biennial Meeting, 27–30 August 2019, Glasgow, Scotland*, vol. 3, S. 1097–1100.

Porter, Robert Ker (1821): Travels in Georgia, Persia, Armenia, Ancient Babylonia etc. etc. during the years 1817, 1818, 1819, and 1820. Vols. 1–2. London (Digitalisat: <https://dl.tufts.edu/pdfviewer/d791st60b/f7623q97s>).

Prasad, Conor (2012): South African Boers in Georgia? Flensburg (ECMI Working Paper; 55).

Prasad, Conor (2012a): Georgia's Muslim Community: A Sel-Fulfilling Prophecy? Flensburg (ECMI Working Paper; 58).

Preobraženskij, V. S., V. M. Krivošeev [Hg.] (1980): Geografija rekreacionnych system SSSR. Moskva.

Price, Martin F. [ed.] (2000): Cooperation in the European Mountains 2: The Caucasus. Gland (IUCN Environmental Resarch Series; 13).

Prizeman, Oriel (2016): Maintenance of shared spaces: courtyards of Tbilisi. – In: Journal of Cultural Heritage Management and Sustainable Development 6 (3), S. 316–329.

Problems related to the Protection of Property Rights. The case of Mestia. (2011). O. O. [Tbilisi: Green Alternative et al.] <https://transparency.ge/sites/default/files/post_attachments/Report_Mestia_ENG_July_2011_.pdf> [11.2.2022].

Problems related to the Protection of Property Rights. The case of village Gonio. Report Summary in English (2011). O. O. [Tbilisi].

Quinn, Jesse (2017): *Gatekhili* Mountains, *gatekhili* State: Fractured Alpine Forest Governance and Post-Soviet Development in the Republic of Georgia. – In: Journal of Alpine Research / Revue de Géographie Alpine 105 (1), online [URL : <http://journals.openedition.org/rga/3619 ; DOI : 10.4000/rga.3619>].

Radde, Gustav (1878): Die Chews'uren und ihr Land (ein monographischer Versuch). Cassel.

Radvanyi, Jean (1984): Tradition et modernisation au Caucase. La politique soviétique de développement. – In: Grötzbach, Erwin, Gisbert Rinschede [Hg.]: Beiträge zur vergleichenden Kulturgeographie der Hochgebirge. Regensburg (Eichstätter Beiträge, Abteilung Geographie; 12), S. 213–234.

Radvanyi, Jean (1987): Soviet Policies in the Development of Mountain Regions (with particular reference to the Caucasus). – In: Soviet Geography 28, S. 209–243.

Radvanyi, Jean (2011): Les États Postsoviétiques: Identités en construction, transformations politiques, trajectoires économiques. 3e éd. Paris.

Radvanyi, Jean, Natia Amiredzibi [éds.] (2007): Le Cinéma Géorgien. Paris.

Radvanyi, Jean, Nicolas Béroutchachvili (2009): Atlas Géopolitique du Caucase: Russie, Géorgie, Arménie, Azerbaïdjan: un avenir commun possible? Paris.

Radvanyi, Jean, Shakhmardan S. Muduyev (2007): Challenges Facing the Mountain Peoples of the Caucasus. – In : Eurasian Geography and Economics 48 (2), S. 157–177 <DOI: 10.2747/1538-7216.48.2.15>.

Radvanyi, Jean, Pierre Thorez (1977) : La population et ses activités dans une haute vallée caucasienne : l'exemple du district de Kazbégui. – In: Revue de Géographie Alpine 65 (3), S. 307–324.

Rayfield, Donald (2000): The Literature of Georgia. A History. Surrey.

Rayfield, Donald (2005): Fünfzehnhundert Jahre georgische Literatur – ein Abriss. – In: Schröder, Bernd [Hg.]: Georgien – Gesellschaft und Religion an der Schwelle Europas. St. Ingbert (Annales Universitatis Saraviensis. Philosophische Fakultäten; 24), S. 141–158.

Rayfield, Donald (2013): Edge of Empires: A History of Georgia. London.

Regional'naja geografija I (1983). Tbilisi.

Reisner, Oliver (1995): Die Entstehungs- und Entwicklungsbedingungen der nationalen Bewegung in Georgien bis 1921. – In: Halbach, Uwe, Andreas Kappeler [Hg.]: Krisenherd Kaukasus. Baden-Baden (Nationen und Nationalitäten in Osteuropa; 2), S. 63–79.

Reisner, Oliver (2000): Integrationsversuche der muslimischen Adscharer in die georgische Nationalbewegung. – In: Motika, Raoul, Michael Ursinus [Hg.]: Caucasia between the Ottoman Empire and Iran, 1555–1914. Wiesbaden (Kaukasienstudien – Caucasian Studies; 2), S. 207–222.

Reisner, Oliver (2000a): Wanderer zwischen zwei Welten. Identitätskonflikte und Nationalbewußtsein georgischer Studenten in St. Petersburg. – In: Maurer, Trude, Eva-Maria Auch [Hg.]: Leben in zwei Kulturen. Akkulturation und Selbstbehauptung der Nichtrussen im Zarenreich. Wiesbaden (Schriften zur Geistesgeschichte des östlichen Europa; 22), S. 83–102.

Reisner, Oliver (2004): Die Schule der georgischen Nation. Eine sozialhistorische Untersuchung der nationalen Bewegung in Georgien am Beispiel der „Gesellschaft zur Verbreitung der Lese- und Schreibkunde unter den Georgiern" (1850–1917). Wiesbaden (= Kaukasienstudien – Caucasian Studies; 6).

Reisner, Oliver (2005): Zwischen kultureller Autonomie und staatlicher Unabhängigkeit: politische Konzeptionen und interethnische Beziehungen in Tbilisi, 1905–1917. – In: Adanir, Fikret u. Bernd Bonwetsch [Hg.]: Osmanismus, Nationalismus und der Kaukasus: Muslime und Christen, Türken und Armenier im 19. und 20. Jahrhundert. Wiesbaden (Kaukasienstudien – Caucasian Studies; 9), S.133–151.

Reisner, Oliver (2009): Travelling between Two Worlds – the Tergdaleuleba, their Identity Conflict and National Life. – In: Identity Studies 1, S. 36–50

Reisner, Oliver (2015): Sakral-national. Staat, Religion und Nation in Georgien. – In: Osteuropa 65 (7–10), S. 93–112.

Reissner, Ilma (1989): Georgien: Geschichte – Kunst – Kultur. Freiburg usw.

Rekhviashvili, Lela (2013): Development and the Role of the State: Visions of Post-Revolutionary Georgian Government. – In: Caucasus Social Science Review 1 (1) <http://openjournals.gela.org.ge/index.php/CSSR/article/view/214> [4.5.2021].

Rekhviashvili, Lela (2015): Marketization and the public-private divide. Contestations between the state and the petty traders over the access to public space in Tbilisi. – In: International Journal of Sociology and Social Policy 35 (7/8), S. 478–496.

Rekhviashvili, Lela (2015a): The Politics of Helping: mobilizing support for internally displaced persons after the 2008 Russia-Georgia war. – In: Journal of Internal Displacement 5 (2), S. 3–18.

Rekhviashvili, Lela, Abel Polese (2017): Liberalism and shadow interventionism in post-revolutionary Georgia (2003–2012). – In: Caucasus Survey 2017, 24 S. <http://dx.doi.org/10.1080/23761199.2017.1283471> [4.5.2021].

Rickmers, Willy Rickmer (1903): Kartsch-Chal und Suanetien im Jahre 1900. – In: Zeitschrift des Deutschen und Österreichischen Alpenvereins 34, S. 132–147.

Rikli, Martin [Hg.] (1914): Natur- und Kulturbilder aus den Kaukasusländern und Hocharmenien. Zürich.

Rimple, Paul (2012): Who owned Georgia? 2003–2012. [Tbilisi:] Transparency International Georgia.

Robakidze, A. I. (1988): O charaktere semejnoj sobstvennosti v Svaneti. – In: *Voprosy istorii narodov Kavkaza*. Tbilisi, S. 93–102.

Rodríguez-Pose, Andrés, Daniel Hardy (2017): Firm Competitiveness and Regional Disparities in Georgia. – In: Geographical Review 107 (2), S. 384–411.

Röder, Annemarie (2014): Ararat – Die Sehnsucht nach dem Bergungsort. Schwäbische Auswanderung unter den Kaukasus. – In: Prosser-Schell, Michael (Hg.): Symbolhafte Naturlandschaften und Naturwahrzeichen in historischen Siedlungsregionen mit Deutschen im östlichen Europa. Ausgewählte Aspekte. Münster (Schriftenreihe des Instituts für Volkskunde der Deutschen des östlichen Europa; 14), S. 195–231.

Rösch, Gertrud Maria (2011): Ein 'Georgien, aus nichts gemacht als aus Poesie'. Adolf Endlers und Clemens Eichs Reiseberichte als *lieux de mémoire*. – In: Fischer-Kania, Sabine u. Daniel Schäf [Hg.]: Sprache und Literatur im Spannungsfeld von Politik und Ästhetik: Christa Wolf zum 80. Geburtstag. München (Schriftenreihe des Instituts für Deutsch als Fremdsprachenphilologie; XI): 82–97.

Rolfes, Leonard Jr., Melany Grout (2013): Assessment of Citizens' Property Rights in Georgia. O. O.: Landesa Rural Development Institute <http://ewmi-prolog.org/images/files/4480ENG_-_Assessment_of_Property_Rights_in_Georgia.pdf >.

Rowland, Richard H. (2006): National and Regional Population Trends in Georgia, 1989–2002: Results from the 2002 Census. – In: Eurasian Geography and Economics 47 (2), S. 221–242.

Rusthaweli, Schota (2014): Der Recke im Tigerfell. Ein altgeorgisches Poem. Deutsche Nachdichtung von Hugo Huppert. Herausgegeben von Jost Gippert und Manana Tandaschwili. Wiesbaden.

Safirova, Elena (2017): The Mineral Industry of Georgia. – In: *USGS* [ed.]: 2014 Minerals Yearbook. Reston, VA (U.S. Geological Survey Minerals Yearbook), S. 17.1–17.7.

Sagratjan, A.[ristakes] T.[atevosovič] (1970): Istorija železnych dorog Zakavkaz'ja 1856–1921. Erevan.

Said, Kurban (2010; Erstaufl. 1937): Ali und Nino. Berlin.

Saldadze, Anna (2018): Untamed. 8000 Vintages of Georgian Wine. Tbilisi.

Salukvadze, Gvantsa, Norman Backhaus (2020): Is Tourism the Beginning or the End? Livelihoods of Georgian Mountain People at Stake. – In: Mountain Research and Development 40 (1), S. R28-R36 <https://doi.org/10.1659/MRD-JOURNAL-D-19-00078.1>

Salukvadze, Joseph (2006): Geoinformation Technologies in Land Management and Beyond: Case of Georgia. – In: *XXIII FIG Congress, Munich, Germany, October 8–13, 2006* <https://www.fig.net/resources/proceedings/fig_proceedings/fig2006/papers/plen03/plen03_02_salukvadze_0708.pdf > [17.2.2022].

Salukvadze, Joseph (2015): The Rural Georgia: Trends of Socioeconomic Development. – In: Sykała, Łukasz, Magdalena Dej, Oskar Wolski [eds.]: The LEADER Method. Transferring Experiences of the Visegrad Group Countries to Georgia. Kraków, S. 155–172.

Salukvadze, Joseph, Oleg Golubchikov (2016): City as a geopolitics: Tbilisi, Georgia – A globalizing metropolis in a turbulent region. – In: Cities 52, S. 39–54.

Salukvadze, Joseph, David Sichinava, David Gogishvili (2014): Socio-economic and spatial factors of alienation and segregation of internally displaced persons in the cities of Georgia. – In: Studia Regionalia 38, S. 45–60.

Šamiladze, V[achtang] M[amievič] (1979): Chozjajstvenno-kul'turnye i social'no-ėkonomičeskie problemy skotovodstva Gruzii. Tbilisi.

Šamiladze, V[achtang] M[amievič] (1986): Skotovodstvo v Gruzii (na gruzinskom jazyke). Tbilisi [russ. Zusammenfassung S. 158–161].

Samkharadze, Nikoloz (2012): Georgian State Border – Past and Present. Tbilisi: CSS – Center for Social Sciences <http://css.ge/wp-content/uploads/2019/07/nika_border_eng.pdf> [31.12.2021].

Sanikidze, George (2007): Islamic Resurgence in the Modern Caucasian Region: "Global" and "Local" Islam in the Pankisi Gorge. – In: Tomohiko Uyama [ed.]: Empire, Islam, and Politics in Central Eurasia. Sapporo: Slavic Research Center, S. 263–280.

Sanikidze, George (2018): Muslim Communities of Georgia: Old Problems and New Challenges. – In: Islamophobia Studies Journal 4 (2), S. 247–265.

Sanikidze, George, Edward W. Walker (2004): Islam and Islamic Practices in Georgia. Berkeley (Berkeley Program in Soviet and Post-Soviet Studies. Working Paper Series).

Sarkisjanz, E. (1961): Geschichte der orientalischen Völker Russlands bis 1917. Eine Ergänzung zur ostslawischen Geschichte Rußlands. München.

Sartania, Davit, Dali Nikolaishvili, Avtandil Ujmajuridze, Gia Chkhikvishvili (2017): The agrarian zone of Georgia according to the map by Ivane Javakhishvili. – In: Annals of Agrarian Science 15, S. 352–355.

Sattarov, Faridun (2022): The Emerging Potential of the Middle Corridor. – In: Horizons: Journal of International Relations and Sustainable Development, No. 21, S. 198–207 <URL: https://www.jstor.org/stable/10.2307/48686709>.

SBIGNEV, Wladimir, Rano TURAEVA [Hg.] (2023): Mining cities in Central Asia and the South Caucasus: Survival strategies under conditions of extreme peripherialisation. Leipzig (Forum ifl; 43).

SCHÄFER, Falk (2023): Georgien. Bielefeld (Reise Know How).

SCHOTT, Johanna, Talin KALATAS, Emilia NERCISSIANS et al. (2016): The impact of protected areas on local livelihoods in the South Caucasus. Halle (IAMO Discussion Paper; 152).

SCHRÖDER, Bernd [Hg.] (2005): Georgien – Gesellschaft und Religion an der Schwelle Europas. St. Ingbert (Annales Universitatis Saraviensis. Philosophische Fakultäten; 24).

SEIBOLD, Ilse, Eugen SEIBOLD (2006): Hermann Wilhelm Abich im Kaukasus: Zum zweihundersten Geburtstag. – In: Geologische Rundschau – International Journal of Earth Sciences 95, S. 1087–1100.

SEBISKVERADZE, Ketevan (2014): Unter dem Berg Ararat: „Schwaben" in Südkaukasien seit dem 19. Jahrhundert bis zur Gegenwart. – In: PROSSER-SCHELL, Michael (Hg.): Symbolhafte Naturlandschaften und Naturwahrzeichen in historischen Siedlungsregionen mit Deutschen im östlichen Europa. Münster, S. 233–255.

SEIBT, Werner [Hg.] (2002): Die Christanisierung des Kaukasus (Armenia, Georgia, Albania). Referate des internationalen Symposiums (Wien, 9.-12. Dezember 1999). Wien (Veröffentlichungen der Kommission für Byzantinistik; 9 = Österreichische Akademie der Wissenschaften, Philosophisch-historische Klasse; Denkschriften 296).

ŠETEKAURI, Š., L. CISKARAULI (2004): Sistematičeskaja geografičeskaja struktura vysokogornych lugov Bol'šogo Kavkaza (v predelach Gruzii). – In: Caucasian Geographical Review 4, S. 68–74.

SHAGEDANOVA, M., G. NOSENKO, S. KUTUZOV, O. ROTOTAEVA, T. KHROMOVA (2014): Deglaciation of the Caucasus Mountains, Russia/Georgia, in the 21st century observed with ASTER satellite imagery and aerial photography. – In: The Cryosphere 8, S. 2367–2379 <doi:10.5194/tc-8-2367-2014>.

SHARIKADZE, Nana (2023): An Introduction to Georgian Art Music: Sense-Making through Music. Newcastle upon Tyne.

SHELLEY, Louise, Eric R. SCOTT, Anthony LATTA [eds.] (2007; [2]2013): Organized Crime and Corruption in Georgia. London.

SHOTADZE, Mariam, Eliso BARNOVI (2011): Technical Report 2. Rapid Assessment of the Rioni and Alazani-Iori River Basins of Georgia. O.O.: USAID Integrated Natural Resouces Management of Watersheds (INRMW) of Georgia Program <https://www.eryniawtrasie.eu/wp-content/uploads/pdf/TechnicalReport2RioniAlazaniIori.pdf> [8.2.2023].

SHUBLADZE, Sopiko (1998): Responding to Conflicts in Georgia: A Need for Prevention. – In: BONVICINI, Gianni, Ettore GRECO, Bernard VON PLATE, Reinhardt RUMMEL [eds.]: Prevention Violent Conflict. Issues from the Baltic and the Caucasus. Baden-Baden (Aktuelle Materialien zur Internationalen Politik; 50), S. 168–194.

SIEPMANN, Nils, Dennis EDLER (2020): Geopolitik im Südkaukasus: die Ost-West-Autobahn in Georgien. – In Geographische Rundschau 72 (3), S. 40–45.

SIMON, Gerhard (1986): Das nationale Bewusstsein der Nichtrussen in der Sowjetunion. Köln (= Berichte des Bundesinstituts für ostwissenschaftliche und internationale Studien; 4/1986).

SJÖSTRAND, Anders (2016): Fuelwood on the Fringes: an analysis of conflict surrounding fuelwood access on the southern boundary of Borjomi-Kharagauli Protected Areas, Georgia. Master thesis Stockholm University, Department of Physical Geography; <https://www.diva-portal.org/smash/record.jsf?pid=diva2%3A924793&dswid=7537> [27.12.2021].

Skinner, Peter, Dimitri Tumanishvili, Ana Shanshiashvili [eds.] (2011): The Caucasus: Georgia on the Crossroads. Cultural exchange across the Europe and Beyond. Proceedings. 2nd International Symposium of Georgian Culture, November, 2–9, 2009, Florence, Italy. Tbilisi.

Slodowicz, Daniel, David Kikodze, Manana Khutsishvili, Levan Kalatozishvili, Heinz Müller-Schärer (2018): Monitoring of Invasive Alien Plants in Protected Areas of Georgia. – In: Bulletin of the Georgian National Academy of Sciences 12 (2), S. 111–116.

Smith, Graham [ed.] (1996): The Nationalities Question in the Post-Soviet States. 2nd edition. London, New York.

Smith, Graham, Vivien Law, Andrew Wilson, Annette Bohr, Edward Allworth (1998): Nation-building in the Post-Soviet Borderlands: The Politics of National Identities. Cambridge.

Smolnik, Franziska (2018): Georgien positioniert sich auf Chinas neuer Seidenstraße. Die Beziehungen zwischen Tbilisi und Peking im Lichte der Belt-and-Road-Initiative. Berlin (SWP aktuell; 8).

Smolnik, Franziska (2018a): Ambitionen, Konditionen, Restriktionen. Georgien auf der neuen Seidenstraße. – In: Osteuropa 68 (7), S. 121–140.

Smolnik, Franziska, Andrea Weiss [eds.] (2019): Reconfigurations of Political Space in the Caucasus. Power Practices, Governance and Transboundary Flows. London.

Soidse, Bessarion, Ronald Kandelhard (1997): Geschichtliche Grundlagen der Zivilrechtsreform in Georgien. – In: Recht in Ost und West 41 (2), S. 41–46.

Sordia, Giorgi (209): A Way Out? Initial steps towards addressing Romani issues in Georgia. Flensburg (European Centre for Minority Issues; Issue Brief 21).

Sosiashvili, Giorgi (2012): French Traveller Jacques François Gamba on Russia Georgia Relations in the 1st Quarter of the XIX Century. – In: Humanities and Social Sciences Review 1(3), S. 105–111 <http://www.universitypublications.net/hssr/0103/pdf/PAR242.pdf> [3.5.2020].

Sosson, M., Y. Rolland, C. Müller, T. Danelian et al. (2010): Subductions, obduction and collision in the Lesser Caucasus (Armenia, Azerbaijan, Georgia), new insights. – In: Sosson, M. et al. [eds.]: Sedimentary Basin Tectonics from the Black Sea and Caucasus to the Arabian Platform. London (Geological Society, London, Special Publications 340), S. 329–352.

Sousa, G.[oreti], M.[onica] Alcindor (2020): Symbolic Use of Domestic Space in the Upper Svanetian (Georgia) Vernacular House. – In: The International Archives of the Photogrammetry, Remote Sensing and Spatial Information Sciences, Volume XLIV-M-1-2020, 2020 HERITAGE2020 (3DPast | RISK-Terra) International Conference, 9–12 September 2020, Valencia, Spain <doi.org/10.5194/isprs-archives-XLIV-M-1-2020-95-2020>.

Soviet Geography I, 1960 ff. [fortgeführt von: Post-Soviet Geography (1992–1995), Post-Soviet Geography and Economics (1996–2002), Eurasian Geography and Economics (seit 2002)].

Stadelbauer, Jörg (1983): Hochgebirgstourismus in der Sowjetunion. Entwicklung, Formen und Probleme am Beispiel des Großen Kaukasus. – In: Erdkunde 37, S. 199–212.

Stadelbauer, Jörg (1983a): Studien zur Agrargeographie Transkaukasiens. Subtropische Landwirtschaft im gesamtsowjetischen Rahmen. Berlin (= Osteuropastudien der Hochschulen des Landes Hessen, Reihe I: Giessener Abhandlungen zur Agrar- und Wirtschaftsforschung des europäischen Ostens; 121).

Stadelbauer, Jörg (1983b): Landwirtschaftliche Integration in den Subtropen der Sowjetunion. Überbetriebliche Zusammenarbeit im transkaukasischen Agrarraum. Berlin (= Osteuropastudien der

Hochschulen des Landes Hessen, Reihe I: Giessener Abhandlungen zur Agrar- und Wirtschaftsforschung des europäischen Ostens; 120).

Stadelbauer, Jörg (1984): Bergnomaden und Yaylabauern in Kaukasien. Zur demographischen Entwicklung und zum sozioökonomischen Wandel bei ethnischen Gruppen mit nicht-stationärer Tierhaltung. – In: Paideuma 30, 1984, S. 201–229.

Stadelbauer, Jörg (1987): Transport and the Pattern of Settlement in Soviet Caucasia. – In: Tismer, J. F., J. Ambler, L. Symons [eds.]: Transport and Economic Development – Soviet Union and Eastern Europe. Berlin (= Osteuropa-Institut an der Freien Universität Berlin, Wirtschaftswissenschaftliche Veröffentlichungen; 42), S. 218–269.

Stadelbauer, Jörg (1991): Kolchozmärkte in der Sowjetunion. Geographische Studien zu Struktur, Tradition und Entwicklung des privaten Einzelhandels. Mainz (= Mainzer Geographische Studien; 36).

Stadelbauer, Jörg (1994): Die kaukasische Peripherie des späten Zarenreiches. Grundlagen der Kontinuität ethnischer Konflikte. – In: Haumann, Heiko, Stefan Plaggenborg [Hg.]: Aufbruch der Gesellschaft im verordneten Staat: Rußland in der Spätphase des Zarenreiches. Frankfurt a. M. (Menschen und Strukturen; 6), S. 13–41.

Stadelbauer, Jörg (1996): Die Nachfolgestaaten der Sowjetunion. Großraum zwischen Dauer und Wandel. Darmstadt (= Wissenschaftliche Länderkunden, 41).

Stadelbauer, Jörg (2015, ersch. 2016): Naturraum Kaukasien. Vielfalt, Kontraste, Risiken. – In: Osteuropa 65 (7–10), S. 7–44.

Stadelbauer, Jörg (2018): Schützen oder nutzen? Konflikte über das Bauerbe in Georgien. – In: Osteuropa 68 (7), S. 47–77.

Stadelbauer, Jörg (2021): Ländliche Räume in Georgien: Erhalt von kulturellem Erbe, Verfall oder postsozialistische Transformation? – In: Prosser-Schell, Michael, Maria Erb [Hg.]: Die Renaissance der ruralen Architektur. Fünf Beiträge zu traditionellen vernakularen Hausformen im östlichen Europa. Münster (Schriftenreihe des Instituts für Volkskunde der Deutschen des östlichen Europa; 23), S. 199–236.

Steinmetzer, Karin (2005): Der Borjomi-Kharagauli-Nationalpark in Georgien. Implementierung und Perspektiven im regionalen Kontext. – In: Natur und Landschaft 80 (1), S. 1–7.

Steinmetzer, Karin (2006): Tourismus in Georgien. Entwicklung und Herausforderungen. – In: Geographische Rundschau 58 (3), S. 37–43.

Stöllner, Thomas (2014): Sakdrissi – das älteste Goldbergwerk der Welt. – In: Blickpunkt Archäologie 1/2014, S. 94–103.

Stöllner, Thomas et al. (2014): Gold in the Caucasus: New research on gold extraction in the KuraAraxes Culture of the 4th millennium BC and early 3rd millennium BC. – In: Meller, Harald, Ernst Pernicka, Roberto Risch: Metalle der Macht. – Frühes Gold und Silber. Tagung des Landesmuseums für Vorgeschichte Halle. Halle, S. 71–110.

Stöllner, Thomas, Irina Gambashidze (2014): The Gold Mine of Sakdrisi and Earliest Mining and Metallurgy in the Transcaucasus and the Kura-Valley System. – In: *Problems of Early Metal Age Archeology of Caucasus and Anatolia*. Proceedings of International Conference. Tbilisi, S. 102–124.

Suchodoletz, Hans von, Andreas Gärtner, Silvan Hoth, Josephine Umlauft, Lasha Sukhishvili, Dominik Faust (2016): Late Pleistocene river migrations in response to thrust belt advance and sediment-flux steering – The Kura River (southern Caucasus). – In: Geomorphology 266, S. 53–65 <http://dx.doi.org/10.1016/j.geomorph.2016.04.026>.

Suchodoletz, Hans von, Martin Menz, Peter Kühn, Lasha Sukhishvili, Dominik Faust (2015): Fluvial sediments of the Algeti River in southeastern Georgia – An archive of Late Quarternary landscape activity and stability in the Transcaucasian region. – In: Catena 130, S. 95–107.

Sumbadze, L. (1978): The Georgian Museum of National Architecture and Ethnography in the Open Air. Tbilisi.

Sumbadze, NN. (1972): Gornaja Gruzija. Architekturnye tradicii – sovremennye problemy. – In: Architektura SSSR 1972/9, S. 23–26.

Sumbadze, Nana, George Tarkhan-Mouravi (2003): Political Profiles of the Georgian Electorate: Panel Survey Data. Tbilisi: Institute for Policy Studies.

Suny, Ronald Grigor (1994): The Making of the Georgian Nation. 2nd ed. Bloomington ([1]1988).

Suny, Ronald Grigor (2009): The Mother of Cities: Tbilisi/Tiflis in the Twilight of Empire. – In: Van Assche, Kristof et al. [Hg.]: City Culture and City Planning in Tbilisi. Where Europe and Asia Meet, Lewiston NY, S. 17–58.

Suttner, Bertha von (1909): Memoiren. Stuttgart / Leipzig.

Szakonyi, David (2007): Ethnic Mobilization in Post-Soviet Georgia: The Case of the Yezidi-Kurds. – In: Journal on Ethnopolitics and Minority Issues in Europe (JEMIE) 6 (2), S. 1–19.

Tan, Onur, Tancay Taymaz (2006): Active tectonics of the Caucasus: Earthquake source mechanisms and rupture histories obtained from inversion of teleseismic body waveforms. – In: Dilek, Y. u. S. Pavlides [eds.]: Postcollisional tectonics and magmatism in the Mediterranean region and Asia. Boulder, Colo. (Geological Society of America, Special Paper 409), S. 531–578.

Tatarashvili, Nestan (2018): Die deutschen Siedlungen und das deutsche architektonische Erbe in Georgien. Tbilisi [georg., dt., engl.].

Tavadze, Givi (2023): Administrative-territorial Organisation of Georgia in the 20th and 21st Centuries. – In: Georgian Geographical Journal 3 (1) <https://doi.org/10.52349/ggj.2023.01.04>

Tchkoidze, Eka (2020): Oil and soil: the role of Batoum's economic development in shaping of geopolitical significance of the Caucasus. – In: Harlaftis, Gelina, Victoria Konstantinova, Igor Lyman et al. [eds.]: Between Grain and Oil from the Azov to the Caucasus: The Port-Cities of the Eastern Coast of the Black See, Late 18th – Early 20th Century. Rethymnon, S. 461–520.

Tevzadze, Gigi, Zaal Kikvidze (2016): Ethno-ecological contexts of the Skhalta Gorge and the Upper Svaneti (Georgia, the Caucasus). – In: Journal of Political Ecology 23 (1), S. 246–262.

Thielmann, Max von (1875): Streifzüge im Kaukasus, in Persien und in der asiatischen Türkei. Leipzig.

Thörner, Klaus (1996): Deutscher Kaukasusimperialismus. – In: *Wider den Zeitgeist: Analysen zu Kolonialismus, Kapitalismus und Imperialismus*. Oldenburg, S. 119–156.

Thorez, Pierre (1978): Population et peuplement au Daghestan. – In: Bulletin de l'Association des Géographes Français 456, S. 293–305.

Thorez, Pierre (1983): Population et peuplement dans le Grand Caucase. – In: Annales de Géographie 92 (514), S. 660–690.

Thun-Hohenstein, Franziska, Zaal Andronikashvili (2018) : Die Kolchis und das Meer. Elemente einer symbolischen Raumordnung Georgiens. – In: Osteuropa 68 (7), S. 23–45.

Tibaldi, Alessandro, Paolo Oppizzi, John S. Gierke et al. (2019): Landslides near Enguri dam (Caucasus, Georgia) and possible seismotectonic effects. – In: Natural Hazards and Earth System Sciences 19, S. 71–91 <http://dx.doi.org/10.5194/nhess-19-71-2019>.

Tielidze, Levan (2016): Modern and Old Glaciers of Georgia. Tbilisi.

Tielidze, Levan [ed.] (2019): Geomorphology of Georgia. Cham (CH).

Tielidze, Levan G., Nino Chikhradze, David Svanadze (2015): Glaciers Amount and Extent Change in the Dolra River Basin in 1911–1960–2014 Years, Caucasus Mountains, Georgia, Observed with Old Topographical Maps and Landsat Satellite Imagery. – In: American Journal of Climate Change 4, S. 217–225 <http://dx.doi.org/10.4236/ajcc.2015.43017>.

Tielidze, Levan G., Lela Gadrani, Roman Kumladze (2015): A One Century Record of Changes at Nenskra and Nakra River Basins Glaciers, Caucasus Mountains, Georgia. – In: Natural Science 7 (3), S. 151–157 <doi:10.4236/ns.5015.73017>.

Tielidze, Levan G., Nino Lomidze, Lasha Asanidze (2015): Glaciers Retreat and Climate Change Effect During the Last One Century in Mestiachala River Basin, Caucasus Mountains, Georgia. – In: Earth Sciences 4 (2), S. 72–79 <doi: 10.11648/j.earth.20150402.12>.

Tielidze, Levan G., George Lominadze, Nino Lomidze (2015): Glaciers Fluctuation over the Last Half Century in the Headwaters of the Enguri River, Caucasus Mountains, Georgia. – In: International Journal of Geosciences 6, S. 393–401 <http://dx.doi.org/10.4236/ijg.2015.64031>.

Tiggesbäumker, G. (1983): Regular rural settlements in the 19th century Transcaucasia as a characteristic feature of German colonization. – In: Roberts, B. K., R. E. Glasscock: Villages, fields and frontiers: Studies in European rural settlement in the medieval and early modern period. Papers. Oxford, S. 71–81.

Tintilozov, Zurab Konstantinovič (1976): Karstovye peščery Gruzii (morfologičeskij analiz). Tbilisi.

Tiwari, Sailesh, Cesar Cancho, Moritz Meyer, Alan Fuchs (2018): South Caucasus in Motion: Economic and Social Mobility in Armenia, Azerbaijan and Georgia. Washington (The World Bank: Policy Research Working Paper; 8326).

Tournefort, Joseph Pitton de (1717): Relation d'un Voyage de Levant Fait par Ordre du Roy [...]. Paris, T. I-II (Digitalisat: <https://gallica.bnf.fr/arc:12148/bpt6k85336n/f1item.r=joseph+pitton+tournefort.langEN>).

[Tournefort, Joseph Pitton de] (1777): Herrn Pitton de Tournefort königlichen Raths etc. Beschreibung einer auf königlichen Befehl unternommenen Reise nach Levante. Aus dem Französischen übersetzt. Dritter Band, Nürnberg.

Transmission System Operator of JSC Georgian State Electrosystem (GSE) (2021): Ten-Year Network Development Plan of Georgia 2021–2031. Tbilisi <https://www.gse.com.ge/sw/static/file/TYNDP_GE-2021-2031_ENG_NEW.pdf> [25.2.2022].

Trier, Tom, Medea Turashvili (2007): Resettlement of Ecologically Displaced Persons: Solution of a Problem or Creation of a New? Eco-Migration in Georgia 1981–2006. Flensburg (ECMI Monograph #6).

Troschke, Manuela (2015): The Making of Environmental Policy in Georgia. – In: Südosteuropa 63 (3), S. 412–439.

Trutter, Marion [Hg.] (2006): Culinaria Russia. O. O.

Tschogoschwili, Nino (2004): Deutsche Siedler im Tiflis des 19. Jahrhunderts. – In: Iran und der Caucasus 8 (1), S. 65–79.

Tsitsagi, Mariam, Sofiko Dzhvarsheishvili, Nana Kvirkvelia, Aleksandre Shakhnazarovi (2023): Two Years of Pandemic (Georgian Perspectives). – In: Georgian Geographical Journal 3 (1) o. Sz. <https://journals.4science.ge/index.php/GGJ/article/view/1665/1624> [3.11.2023]

Tsutsiev, Arthur (2014): Atlas of the Ethno-Political History of the Caucasus. New Haven /London.

Tuite, Kevin (1999/2003): Real and imagined feudalism in Highland Georgia. Paper presented at the 98th meeting of the American Anthropological Association (21 November 1999), revised 2003 <http://georgica.tsu.edu.ge/files/03-Society/Anthropology/Tuite-1999.pdf> [12.3.2018].

Tuite, Kevin (2010): The Autocrat of the Banquet Table: the political and social significance of the Georgian supra. – In: Vamling, Karina [ed.]: Language, History and Cultural Identities in the Caucasus. Malmö (Caucasus Studies; 2), S. 9–35.

Ullmann, Angela (2016): Herausgeforderte Koexistenz in Georgien. Zürich (CSS Analysen zur Sicherheitspolitik; 186).

UNDP Georgia [ed.] (2011): Climate Change in the South Caucasus: Regional Impact Study 2011. [8.9.2015].

Universität Innsbruck, Institut für Botanik [ed.] (2012): Georgien-Exkursion 8.-19. Juli 2012. Innsbruck <https://www.uibk.ac.at/botany/studies/downloads/wm3_eu-exkursion-mit-uebung_exkursion-georgien-2012.pdf> [5.4.2017].

Urushadze, Tengiz, Teo Urushadze, Karl-Heinz Erdmann (2010): Rahmenbedingungen des Naturschutzes in Georgien. – In: Natur und Landschaft 85 (6), S. 245–250.

USSR Academy of Sciences, Institute of Geography, The United Nations University, Committee for the MAB Programme – Armenian SSR (1989): Guide Book for the Pro-Conference Excursion "Transformation of Mountain Environment: Regional Development and Sustainability; Consequences for Global Change (Caucasus, Transcaucasia, Armenia), September 25–30", dactyl., unpubl.

Vacheishvili, Nikoloz, Gigi Tevzadze (2014): Project Svaneti: Mystery of Svanetian Towers. <https://www.academia.edu/8947506/Nikoloz_Vacheishvili_Gigi_Tevzadze._Project_Svaneti_Mystery_of_Svanetian_Towers._History_and_hypothesis_2014> [9.3.2019].

Van Assche, Kristof, Joseph Salukvadze, Nick Shavishvili [eds.] (2009): City Culture and City Planning in Tbilisi: Where Europe and Asia Meet. Lewiston/NY: Edwin Mellen Press.

Van Assche, Kristof, Gert Verschraegen, Joseph Salukvadze (2010): Changing Frames: Citizen and Expert Participation in Georgian Planning. – In: Planning Practice and Research 25 (3), S. 377–395 <doi: 10.1080/02697459/2010.503431>.

Van der Leeuw, Charles (2000): Oil and Gas in the Caucasus & Caspian: A History. Richmond.

Varazanashvili, Otar, Nino Tsereteli, Teimuraz Muchadze (2008): Seismotectonic Conditions and Seismic Risk for Cities in Georgia. – In: Apostol, I. et al. [eds.]: Risk Assessment as a Basis for the Forecast and Preventions of Catastrophies, Amsterdam, S. 26–34.

Vashakmadze, V. (2000): Georgia. – In: Price, Martin F. [ed.]: Cooperation in the European Mountains 2: The Caucasus. Gland (IUCN Environmental Research Series; 13), S. 35-51.

Vekua, Abesalom, David Lordkipanidze (2010): Dmanisi (Georgia) – Site of Discovery of the Oldest Hominid in Eurasia. – In: Bulletin of the Georgian National Academy of Sciences 4 (2), S. 158–164.

Vertlib, Vladimir (1999): Die wirtschaftliche Dimension des Südkaukasus. – In: Mangott, Gerhard [Hg.]: Brennpunkt Südkaukasus. Aufbruch trotz Krieg, Vertreibung und Willkürherrschaft? Wien (Laxenburger Internationale Studien; 14), S. 139–213.

Vetter, F.[riedrich] Ch.[ristian] W.[ilhelm] (1829): Meine Reise nach Grusien im Jahre 1827. St. Petersburg, Leipzig [e-Buch: <https://books.google.de/books/about/Meine_Reise_nach_Grusien_im_Jahre_1827.html?id=pf4cJ7ITUiEC&redir_esc=y>].

Vladimirov, L. A., D. I. Sakarišvili, T. I. Garbičidze (1974): Vodnyj balans Gruzii. Tbilisi.

Voell, Stéphane (2015): Moral Breakdown among the Georgian Svans: A Car Accident Mediated between Traditional and State Law. – In: Voell, Stéphane, Iwona Kaliszewska [Hg.]: State and Legal Practice in the Caucasus: Anthropological Perspectives on Law and Politics. Farnham, S. 95–111.

Voell, Stéphane (2016): Identity and Traditional Law in Albania and Georgia. [Entwurf, Veröffentlichung vorgesehen in: Kahl, Thede, Ioana Nechiti [eds.]: Ethnic and Linguistic Diversity in Southern Europe and the Caucasus. Vienna].

Volkova, N. G. (1977): Bacbijcy Gruzii (ėtnografičeskie zametki). – In: Sovetskaja ėtnografija 1977/2, S. 84–89.

Volkova, N. G., G. N. Džavachišvili (1982): Bytovaja kul'tura Gruzii XIX-XX vekov: tradicii i innovacii. Moskva.

Voll, Frieder, Jan Mosedale (2015): Political-economic Transition in Georgia and its Implications for Tourism in Svaneti. – In: TIMS Acta [Novi Sad] 9, S. 91–103.

Volodicheva, Nataly (2002): The Caucasus. – In: Shahgedanova, Maria [ed.]: The Physical Geography of Northern Eurasia. Oxford, S. 350–376.

Wackwitz, Stephan (2018): Die vergessene Mitte der Welt. Unterwegs zwischen Tiflis, Baku, Eriwan. Erweiterte Neuausgabe Frankfurt a. M.

Wädekin, Karl-Eugen (1969): Die sowjetischen Staatsgüter. Expansion und Wandlungen des Sovchozsektors im Verhältnis zum Kolchozsektor von Stalins Tod bis heute. Wiesbaden (Osteuropastudien der Hochschulen des Landes Hessen, Reihe I. Giessener Abhandlungen zur Agrar- und Wirtschaftsforschung des europäischen Ostens; 47).

Wagner, Moritz (1848): Der Kaukasus und das Land der Kosaken in den Jahren 1843 bis 1846. Bd. 1–2. Dresden u. Leipzig: Arnoldische Buchhandlung (Digitalisat: <https://reader.digitale-sammlungen.de/de/fs1/object/display/bsb10430706_00003.html>).

Wagner, Moritz (1850): Reise nach Kolchis und nach den deutschen Colonien jenseits des Kaukasus. Mit Beiträgen zur Völkerkunde und Naturgeschichte Transkaukasiens. Leipzig: Arnoldische Buchhandlung (Digitalisat: <https://reader.digitale-sammlungen.de/de/fs1/object/display/bsb10468581_00007.html>).

Walravens, Hartmut (1999): Julius Klaproth (1783–1835). Leben und Werk. Wiesbaden (Orientalistik Bibliographie und Dokumentation; 3).

Wardrop, Oliver (1888): The Kingdom of Georgia. Notes of Travel in a Land of Women, Wine, and Song. London [frei verfügbares e-Buch: <https://www.gutenberg.org/files/48403/48403-h/48403-h.htm#p080>].

Wastl-Walter, Doris (2003): Das Gebirgsland Georgien im Spannungsfeld der globalen Geopolitik. – In: Jeanneret, François, Doris Wastl-Walter, Urs Wiesmann, Markus Schwyn [Hg.]: Welt der Alpen – Gebirge der Welt: Ressourcen, Akteure, Perspektiven. Bern, S. 229–242.

Weischet, Wolfgang, Wilfried Endlicher (2000): Regionale Klimatologie, Teil 2: Die Alte Welt, Stuttgart.

Wertsch, James V. (2005): Georgia as a Laboratory of Democracy. – In: Demokratisatsiya 13 (4), S. 519–535.

Wetzinger, Johannes (2011): Georgiens Außenpolitik unter Michail Saakaschwili: ein riskantes Spiel im Spannungsfeld zwischen Washington und Moskau. – In: Internationale Politik und Gesellschaft 2011 (1), S. 66–79.

Wheatley, Jonathan (2009): Managing ethnic diversity in Georgia: one step forward, two steps back. – In: Central Asian Survey 28 (2), S. 119–134.

Wheeler, Angela (2016): New Look for Old Tbilisi: Preservation Planning in Tbilisi Historic District. – In: *Identity Studies in the Caucasus and Black Sea Region*. Tbilisi, S. 70–85.

Wheeler, Angela (2016a): Socialist in Form, National in Content: preserving late Soviet culture at Tbilisi Palace of Rituals. M.Sc. thesis, Columbia University [New York].

Wiesmair, Martin, Hannes Fellhauer, Anja Magiera, Annette Otte, Rainer Waldhardt (2016): Estimating Vegetation Cover from High-Resolution Satellite Data to Assess Grassland Degradation in the Georgian Caucasus. – In: Mountain Research and Development 36 (1), S. 56–65 <doi: http://dx.doi.org/10.1659/MRD-JOURNAL-D-15-00064.1>.

Wittich, Anja, Achim Maas (2009): Regional Cooperation in the South Caucasus. Lessons for Peacebuilding, from Economy and Environment. Brussels: International Alert.

Wright, John F. R. (1996): The Geopolitics of Georgia. – In: Wright, John F. R., Suzanne Goldenberg, Richard Schofield [eds.]: Transcaucasian boundaries. London, S. 134–150.

Wojtkiewicz, Wera, Anja May, Adrian Hoppenstedt, Wolfgang Wende (2010): Einführung des Naturschutzinstruments „Landschaftsplanung" in der Region des Südkaukasus. – In: Natur und Landschaft 85 (8), S. 340–344.

Zabanova, Yana (2012): Water management in the Kura-Aras river basin as a platform for cross-border cooperation in the South Caucasus. – In: Kakachia, Kornely (ed.): Reinvegorating Cross Border Cooperation in Black Sea Region: Visions for Future, Tbilisi, S. 115–120.

Zacharova, E. Ju. (2013): Lokal'naja solidarnost': Mužskie kvartal'nye birži goroda Tbilisi kak čast' sosedskich soobščestv. – In: *Kavkazskij gorod: potencial ėtnokul'turnych svjazej v urbanističeskoj srede*. Sankt-Peterburg, S. 246–289.

Zakaraja, Parmen (1969): Drevnie kreposti Gruzii. Tbilisi.

Zarja Vostoka (Tageszeitung, versch. Ausgaben bis Ende 1990). Tbilisi.

Zautašvili, E. K. (1977): Kartografirovanie sel'skogo chozjajstva Gruzii XVIII stoletija po materialam Vachušti Bagrationi. – In: *Priroda i chozjajstvo Gruzii*. Tbilisi, S. 242–247.

Zazanashvili, Nano, Levan Kalandarishvili (2015): Industrial Heritage of Georgia: Chiatura – Zestafoni – Poti Industrial Circuit. Tbilisi.

Zazanashvili, Nugzar, David Mallon [eds.] (2009): Status and Protection of Globally Threatened Species in the Caucasus. Tbilisi.

Zhou, Jiayi (2012): Chinese in Georgia. Flensburg (ECMI Working Paper; 54).

Ziegler, Karl (2006): Städtebau in Georgien: vom Sozialismus zur Marktwirtschaft. Diss. TU Kaiserslautern.

Ziegler, S. (1995): Georgien. – In: Musik in Geschichte und Gegenwart. Sachteil, Bd. 3, Kassel, S. 1271–1282.

Ziegler, S. (1996) Mehrstimmigkeit. D. Kaukasische Mehrstimmigkeit. – In: Musik in Geschichte und Gegenwart. Kassel. Bd. 5, S. 1790–1796.

zur Mühlen, Patrick von (1971): Zwischen Hakenkreuz und Sowjetstern: Der Nationalismus der sowjetischen Orientvölker im Zweiten Weltkrieg. Düsseldorf.

Kartenwerke

Atlas Gruzinskoj Sovetskoj Socialističeskoj Respubliki (1964). Tbilisi, Moskva.

Adjara-Javakheti 1 : 200 000 (2010). Tbilisi (Travel Map, 6).

Atlas: Kurorty i kurortnye resursy Gruzinskoj SSR (1989). Moskva.

Atlas of Natural Hazards & Risks (2012). Tbilisi: CENN <drm.cenn.org/index.php/en/background-information/paper-atlas>.

Barisakho, Roshka, Juta, Asa gorge 1 : 50 000 (2016). Tbilisi (Geoland Trekking Maps, 3).

Bolashvili, Nana, Andreas Dittmann, Lorenz King, Vazha Neidze [eds.] (2018): National Atlas of Georgia. Stuttgart.

Borjomi Gorge, Bakuriani 1 : 50 000 (2009). Tbilisi (Geoland Trekking Maps, 12).

Georgian Caucasus 1 : 75 000 (2014). O. O. (Trekking Map).

Georgien. Reisekarte 1 : 800 000 (1995). Bruchsal: Erka.

Georgien 1 : 350 000 (2017). Bielefeld: Reise Know How.

Khevi, Mt. Kazbegi, Gudauri, Truso 1 : 50 000 (2015). Tbilisi (Geoland Trekking Maps, 4).

Kurorty i kurortnye resursy Gruzinskoj SSR. Atlas. Resorts and Resort Resources, Georgian SSR (1989). Moskva.

Landšaftnaja karta Zakavkaz'ja 1 : 1 000 000 (1983). Moskva: GUGK.

Mestia, Ushguli, Lashkheti 1 : 50 000 (2016). Tbilisi (Geoland Trekking Maps, 9).

Omalo, Pass Abano, Mt. Diklosmta 1 : 50 000 (2015). Tbilisi (Geoland Trekking Maps, 1).

Sakartvelos erovnuli at'lasi. National Atlas of Georgia. Nacional'nyj atlas Gruzii (2012). Tbilisi.

Sakartvelos istoriis at'lasi (2016). Tbilisi.

Sakartvelo. geograpiuli at'lasi (2009). Tbilisi.

Sakartvelos geograpiuli at'lasi (2006). [Tbilisi].

Shatili, Mutso, Mt. Didi Borbalo 1 : 50 000 (2009). Tbilisi (Geoland Trekking Maps, 2).

Stadtplan Telavi, Übersichtskarte Kachetien (2006). Biberach, Telavi [viersprachig].

Tbilisi City Map (2010, 2014, 2019). Tbilisi: Geoland.

Weltkarte 1 : 1 000 000, Sonderausgabe Volkstum. Blatt K37, Batum (1944). Wien.

Ortsnamenänderungen

Heutiger Name[1] [2]	Name in sowjetischer Zeit	vorsowjetischer Name
Abastumani (Ortsteil)	Abastumani	Freudental
Akhalgori	Leningori (1935–1991)	
Akhalsheni b. Rustavi		Hoffnungstal
Akhalsopeli (Abchas.)		Neudorf
Ambartapha		Traubental
Asureti	Asureti	Elisabethtal
Baghdati	Mayakovskiy (1940–1990)	Bagdadi
Bolnisi (seit 1944)	Lyuksemburg (1921–1944)	Katharinenfeld (1817) [Yekaterinfel'd]
Dedoplists'q'aro	Tsitelitskaro (1921–1991)	Tsarskie kolodtsy
Dmanisi	Bashkicheti (bis 1947)	Dmanisi
Dsiguta (Abchas.)		Gnadenberg
Duisi (Pank'isi-Tal)		(Pankisi)
Dzveli Kanda		Georgstal
Gardabani	Gardabani (1947), Karayazi	Gardabani
Iphnari (seit 2010)	(Val'dkheym)	Waldheim
Kavta (seit 2010)	Blumental	Blumental
Kharagauli	Ordzhonikidze bis 1989	Kharagauli
Khashuri (1934)	Khashuri (1917), Stalinisi (1931)	Mikhailovo (Surami?)
Khoni	Tsulukidze (1936–1989)	Khoni
Kobuleti		Churuk-su
Kotishi	Kotishi	Steinfeld
Ksania		Ksanka
Linda		Lindau
Marabda	Marabda	Wiesendorf
Marneuli (Ortsteil)	Marksheim (1927–1947)	Marnaul
Marneuli	Borchalo (1929)	
Martvili	Gegechkori (1936–1989/90)	Martvili (vorher Chqondidi)
Ninotsminda	Bogdanovka bis 1991	Bogdanovka (1829; vorher Altunkale)
Ozurgeti	Makharadze bis 1989	Ozurgeti
Pantiani		Birntal
Ruisbolo b. Gardabani		Grüntal
Sartichala (Ortsteil)	Rozenfel'd (Ortsteil)	Freudental
(Ortsteil)	Rozenfel'd (Ortsteil)	Marienfeld
(Ortsteil)	Rozenfel'd (Ortsteil)	Petersdorf
Senak'i	Mikha Tskhakaya (1933–1976) Tskhakaja (1976–1989)	Senaki
Shulaveri	Shaumiani (1925–1991)	Shulaveri

1 Name in der vereinfachten englischen Transkription; für die vorsowjetische und sowjetische Zeit wird die englische Transliteration aus dem Russischen bzw. deutsche Schreibweise (Kolonistendörfer) verwendet.

2 Verschiedene Quellen; vgl. <https://en.wikipedia.org/wiki/List_of_renamed_cities_in_Georgia> [26.8.2021].

St'epants'minda	Kazbegi/Q'azbegi (1921/25–2006)	Stepantsminda
Tamarisi	Tamarisi (seit 1944)	Traubenberg
Tbilisi (Didube)		Alexandersdorf
Tbilisi (Chughureti)		Neu-Tiflis
Tetrits'q'aro	Tetritskaro (seit 1940)	Aghbulaki
Trialeti	Rozenberg (1921–1940/1957)	Alexandershilf
	Molotovo (1940–1957)	
Tsalk'a	Tsalka (seit 1932)	Barmaksizi
Tsandryphsh	Gantiadi (1944–1991)	Sauči, Ermolov (bis 1944)
Tskhinval[i]	Tskhinvali	Tskhinvali
	Staliniri (1934–1961)	oset. Čreba
Ulyanovka	Ulyanovka	Aleksandrovka
Vardisubani		Rosental
Zest'aponi	Zestafoni (1921), Jugeli (1920)	Kvirila

Abbildungnachweise

1.33 Darstellung von Tiflis / Tbilisi bei Chardin: Chardin 1687 <https://digitale-sammlungen.de/de/view/bsb11062307?>

1.34 Titelblatt der von Peter Simon Pallas besorgten Ausgabe des Reiseberichts von Johann Anton Güldenstädt 1787: <https://gdz.sub.uni-goettingen.de/id/PPN33337097X>

1.35 Titelblatt des ersten Bandes von Klaproths Reisebericht, erschienen 1812: <https://archive.org/details/reiseindenkauka00klapgoog/page/n5/mode/2up>

1.37 Titelblatt von Gambas Reisebericht, erschienen 1826: <https://gallica.bnf.fr/ark:/12148/bpt6k117808v/f4,item.zoom>

1.39 Bevölkerungskarte („Feuerstellen") Khevsuretiens von Gustav Radde 1878 (Ausschnitt): Radde 1878, Anhang

1.40 Titelblatt von Thielmanns Reisebericht, erschienen 1875: <digital.ub.uni-duesseldorf.de/urn/urn:nbn:de:hbz:061:1-108656>

1.41 Titelblatt von Freshfields Reisebericht, erschienen 1869: <https;//www.digitale-sammlungen.de/de/view/bsb11122114?page=8.9>

1.43 Gottfried Merzbacher: Aus den Hochregionen des Kaukasus, 1901 (Außentitel): Merzbacher 1901 (Nachdruck Saarbrücken: Fines Mundi 2016), Bd. 1

6.05 Bruttoinlandsprodukt je Kopf der Bevölkerung, 1990–2022: <https://datacommons.org/place/country/GEO?utm_medium=explore&mprop=amount&popt=EconomicActivity&cpv=activitySource%2CGrossDomesticProduction&hl=de#> [4.5.2023]

Ortsregister

Personenregister

Sachregister

(**fett**: Karten)